한국산업인력공단 출제 기준 반영

항공 산업기사
필기시험문제

저자 소개

최형식
- 한국항공대학교 항공기계공학과 졸업
- 공군 정비 장교
- 공군 기술학교 정비교관 실장

- 아세아 항공직업전문학교 교수
- 인하 항공직업전문학교 교수
- 인하 공업전문대학교 강사
- 청연 항공직업전문학교 교수
- 인하대학교 평생교육원 강사
- 한국 항공직업전문학교 교수
- 국제 항공직업전문학교 교수
- 한국 과학기술직업전문학교 교수

권효덕
- 인하공업전문대학교 항공기계과 졸업
- 인천대학교 교육대학원 기계교육과 수료
- 공군 기술 부사관

- 아세아 항공직업전문학교 교수
- 인하 항공직업전문학교 교수
- 인하 공업전문대학교 강사
- 청연 항공직업전문학교 교수
- 인하 대학교 평생교육원 강사
- 국제 대학교 강사

이승호
- 인하공업전문대학교 항공기계과 졸업
- 항공정비 공학사
- 공군 기술 부사관

- 코리아나 항공직업전문학교 교수
- 인하 항공직업전문학교 교수
- 청연 항공직업전문학교 교수
- 한국 항공직업전문학교 교수
- 인하 대학교 평생교육원 강사
- 한국 항공대학교 사회교육원 교수
- 국제 대학교 외래교수

강현민
- 육군 항공정비대 검사과 주임
- 케이엔디티엔아이 검사팀 주임
- 한솔검사 기술팀 주임
- 인하 항공직업전문학교 교수
- 청연 항공직업전문학교 교수
- 아세아 항공직업전문학교 교수

양용호
- 항공정비 공학사
- 공군 기술 부사관
- 인하 항공직업전문학교교 강사
- 한국 과학기술직업전문학교 교수

이 책을 펴내며

인류는 미국의 라이트 형제가 직접 만든 가솔린 기관을 기체에 장치하여 1903년 12월 17일 키티호크에서 역사상 처음으로 동력 비행기를 조종하여 지속적인 비행에 성공하였습니다. 당시의 비행기는 12hp의 발동기를 부착한 무미익복엽기(無尾翼複葉機)로 된 플라이어 1호로, 처음 비행은 오빌의 조종으로 12초 동안 36m를 날았고, 다음 비행은 59초 동안 243.84m를 비행하였습니다.

그로부터 백 년이 조금 지난 오늘날 항공기의 성능은 비약적인 발전을 이루었고 그만큼 복잡해진 항공기를 정비하기 위하여 항공 정비는 각 분야별로 세분화되었으며, 항공기 정비사는 높은 수준의 자격 조건이 필요하게 되었습니다.

이 책은 "항공 산업기사 자격증" 취득을 위해 애쓰는 여러분에게 도움이 되고자 만들어졌습니다. 필자들은 항공 정비 관련 대학교나 전문 교육 기관에서 수십 년 동안 교육했던 경험을 바탕으로 보다 쉽고 정확하게 항공 관련 자격 분야를 공부할 수 있도록 성심으로 노력을 하였답니다.

- **첫째**, **한국산업인력공단의 출제 기준에 따라** "항공 역학, 항공 기관, 항공 기체, 항공 장비"의 과목별 핵심 내용을 요약하여 실었습니다.
- **둘째**, 1999년도부터 시행된 항공 산업기사 **기출문제를 완벽하게 분석하여 해당 단원에 맞게 재구성, 재배치**하여 요약을 바로 확인할 수 있게 하였습니다.
- **셋째**, 각 기출문제 중 설명이 필요한 문제는 **해설을 달아서 학습에 편리함**을 높였습니다.
- **넷째**, **2011년도부터 최신의 기출문제를 따로 묶어** 수험생들이 **실전 감각**을 키울 수 있게 모의고사 형식으로 구성하였습니다.

항공기는 매우 복잡하고 정밀한 기계이기 때문에 정비사가 되기 위해서는 많은 시간과 노력이 필요합니다. 하지만 여러분이 스스로 학습할 수 없을 정도로 어렵거나 힘든 분야는 아닐 것입니다. 항공기의 구조나 성능은 기종별로 매우 다르므로 평생 공부해야 하는 것이 사실이지만, 항공기의 기초적인 지식과 원리를 이해할 수 있는 수준이면 그 시작으로 충분할 것입니다. 이에 많은 항공사들이 이러한 기초 지식을 갖춘 사람들을 채용하여 사내에서 기종별 교육을 별도로 실시한 후에 정비 임무를 맡기고 있습니다.

항공 산업기사 역시, 항공기의 기초적인 지식과 원리를 이해하는 사람에게 부여되는 자격증이므로 용기를 갖고 도전해 보기 바라며 이 책이 모쪼록 여러분에게 도움이 되었으면 합니다. 어느 현장에서 여러분을 만날 그 날을 기다리며 꿈을 이루시길 희망합니다.

저자 일동

시험 안내

1 시험 종목
- 자격명 : **항공산업기사**
- 영문명 : Industrial Engineer Aircraft Maintenance
- 관련 부처 : 국토교통부
- 시행 기관 : 한국산업인력공단

2 자격 취득 방법
- 관련 학과 : 전문대학 이상의 항공 기계 공학, 항공 전자 공학, 항공 통신 공학 관련 학과
- 훈련 기관 : 사설 항공 정비 학원의 항공 정비 과정
- 시험 과목
  - 필기 : 1. 항공 역학 2. 항공 기관 3. 항공 기체 4. 항공 장비
  - 실기 : 항공기 정비 실무
- 검정 방법
  - 필기 : 객관식 4지 택일형 과목당 20문항(과목당 30분)
  - 실기 : 복합형[필답형(1시간) + 작업형(4시간 정도)]
- 합격 기준
  - 필기 : 100점을 만점으로 하여 과목당 40점 이상, 전 과목 평균 60점 이상
  - 실기 : 100점을 만점으로 하여 60점 이상

3 시험 수수료
- 필기 : 19,400원
- 실기 : 57,100원

4 기타 정보
- 항공기 운항의 안전성을 확보하기 위하여 항공기 정비 기술에 관한 실무 숙련 기능 및 항공 기술 전반에 관한 기초 지식과 그 적응 능력을 가진 사람을 육성하여 항공기 정비 및 제작에 관한 현장 업무를 수행할 인력을 양성하고자 자격 제도를 제정
- 1974년 항공 기사 2급과 1984년 항공 정비 기능사 1급으로 신설되어 1999년 3월 항공 산업 기사로 통합
- 자세한 내용은 실시 기관 홈페이지(http://www.q-net.or.kr) 참고
- 검정 현황

연도	필기			실기		
	응시	합격	합격률(%)	응시	합격	합격률(%)
2016년	5,631	1,800	32%	2,103	1,157	55%

필기 출제 기준

| 직무 분야 | 기계 | 중직무 분야 | 항공 | 자격 종목 | 항공산업기사 | 적용 기간 | 2017. 1. 1. ~ 2021. 12. 31. |

- **직무 내용** : 항공기 기체, 엔진, 전자 장비 등에 대한 기초 기술 업무 및 숙련된 기능을 바탕으로 규정된 정비 절차에 따라서 각 구성품과 계통의 작동 상태, 손상 상태를 점검 및 검사·시험하여 항공기의 감항성이 유지되도록 정비하는 직무

| 필기 검정 방법 | 객관식 | 문제 수 | 80 | 시험 시간 | 2시간 |

필기 과목명	문제 수	주요 항목	세부 항목	세세 항목
항공 역학	20	1. 공기 역학	1. 대기	1. 대기의 구성 2. 공기의 성질 3. 표준 대기
			2. 날개 이론	1. 날개 형상 2. 날개 단면 이론 3. 날개 이론
		2. 비행 역학	1. 비행 성능	1. 수평 비행 성능 2. 상승·하강 비행 성능 3. 선회 비행 성능 4. 이·착륙 비행 성능 5. 특수 비행 성능 6. 항속 성능
			2. 비행기의 안전성과 조종	1. 세로 안정과 조종 2. 가로 안정과 조종 3. 방향 안정과 조종 4. 조종면의 이론
		3. 프로펠러 및 헬리콥터	1. 프로펠러 추진 원리	1. 프로펠러의 추진 원리 2. 프로펠러의 성능
			2. 헬리콥터 비행 원리	1. 헬리콥터의 비행 원리 2. 헬리콥터의 성능
항공 기관	20	1. 항공기 엔진의 개요	1. 항공기 엔진의 개요 및 분류	1. 엔진의 개요 2. 엔진의 분류
			2. 열역학 및 항공 엔진 사이클	1. 열역학 기본 법칙 2. 항공 엔진 사이클
		2. 항공기 왕복 엔진	1. 왕복 엔진의 작동 원리 및 구조	1. 작동 원리 2. 구조 및 성능
			2. 왕복 엔진의 계통	1. 흡·배기 계통 2. 연료 계통 3. 윤활 계통 4. 시동 및 점화 계통

필기 과목명	문제 수	주요 항목	세부 항목	세세 항목
		3. 항공기 가스 터빈 엔진	1. 가스 터빈 엔진의 작동 원리 및 구조	1. 작동 원리 2. 구조 및 성능
			2. 가스 터빈 엔진의 계통	1. 흡·배기 계통 2. 연료 계통 3. 윤활 계통 4. 시동 및 점화 계통 5. 공기(air) 계통
			3. 가스 터빈 엔진의 작동과 검사	1. 가스 터빈 엔진의 작동과 검사 2. 배기가스와 소음 감소
		4. 프로펠러	1. 프로펠러	1. 프로펠러의 구조 및 명칭 2. 프로펠러의 계통 및 작동
항공 기체	20	1. 항공기 기체 구조 및 기체 계통	1. 기체 구조	1. 항공기 기체 구조 일반 2. 동체 및 날개 3. 엔진 마운트, 나셀 4. 도어 및 윈도
			2. 기체 계통	1. 조종 계통 2. 착륙 장치 및 브레이크 계통 3. 연료 계통
		2. 항공기 재료 및 요소	1. 항공기 재료	1. 철 및 비철 금속 재료 2. 비금속 재료 3. 복합 재료
			2. 항공기 요소 (Fastener 등)	1. 항공기 요소의 식별 2. 항공기 요소의 취급
		3. 기체 구조 수리 및 역학	1. 기체 구조의 수리	1. 판금 작업 2. 리벳 작업 3. 용접 작업 4. 복합 재료 수리 5. 부식 방지 처리
			2. 구조 역학의 기초	1. 응력과 변형률 2. 보의 응력과 변형 3. 비틀림 변형 4. 구조의 하중과 V-n 선도 5. 중량과 평형

필기 과목명	문제 수	주요 항목	세부 항목	세세 항목
항공 장비	20	1. 항공 전기 계통	1. 전기 회로	1. 직류와 교류 2. 회로 보호 장치 및 제어 장치 3. 직류 및 교류 측정 장비
			2. 직류 및 교류 전력	1. 축전지 2. 직류 및 교류 발전기 3. 직류 및 교류 전동기
			3. 변압, 변류 및 정류기	1. 변압, 변류 및 정류기
		2. 항공 계기 계통	1. 계기 일반	1. 항공 계기의 특성 2. 계기의 종류 3. 계기의 작동 원리
		3. 항공기 공·유압, 환경 제어 계통 및 연료 계통	1. 공·유압	1. 공압 계통 2. 유압 계통
			2. 환경 제어	1. 여압 및 온도 조절 2. 산소 계통
			3. 연료 계통	1. 연료 탱크 2. 공급·이송 장치 3. 지시 장치
		4. 항공기 방빙 및 비상 계통	1. 제빙, 제우 및 방빙 계통	1. 제빙, 제우 및 방빙 계통 2. 화재 탐지 및 소화 계통
			2. 비상 계통	1. 비상 계통
		5. 항공기 통신 및 항법 계통	1. 통신 계통	1. 유선 통신 2. 무선 통신
			2. 항법 계통	1. 원조 항법 2. 자립 항법 3. 지상 항법

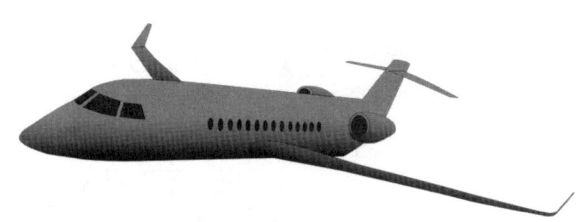

차례

※ 저자 소개 / 2
※ 이 책을 펴내며 / 3
※ 시험 안내 / 4
※ 출제 기준 / 5

제1부 항공 역학

제1장 대기

1. 대기의 구성 / 15
2. 대기의 특성 / 21
3. 고도 / 25

- 출제 예상 문제 / 18
- 출제 예상 문제 / 23
- 출제 예상 문제 / 26

제2장 공기 기초 역학

1. 유체 기본 방정식 / 27
2. 점성 유동 / 32
3. 압축성 유동 / 41

- 출제 예상 문제 / 29
- 출제 예상 문제 / 37
- 출제 예상 문제 / 43

제3장 양력·항력

1. 날개 단면 / 45
2. 대기 속도 / 58
3. 양력 / 60
4. 항력 / 63

- 출제 예상 문제 / 54
- 출제 예상 문제 / 59
- 출제 예상 문제 / 62
- 출제 예상 문제 / 65

제4장 날개 이론

1. 풍압 중심과 공력 중심 / 69
2. 평균 공력 시위 / 71
3. 날개의 평면 형상 / 76
4. 날개 고양력 장치 / 84

- 출제 예상 문제 / 70
- 출제 예상 문제 / 74
- 출제 예상 문제 / 82
- 출제 예상 문제 / 87

제5장 일반 비행 성능

1. 정상 비행 성능 / 89
2. 순항 비행 성능 / 106
3. 이·착륙 비행 성능 / 110

- 출제 예상 문제 / 96
- 출제 예상 문제 / 107
- 출제 예상 문제 / 112

제6장 특수 비행 성능

1. 실속 성능 / 116
2. 스핀 성능 / 119
3. 키돌이 성능 / 122

- 출제 예상 문제 / 117
- 출제 예상 문제 / 120
- 출제 예상 문제 / 122

제7장 안정과 조종

1. 정적 안정·동적 안정 / 124
2. 세로 안정 / 131
3. 방향 및 가로 안정 / 139
4. 고속기의 비행 불안정 / 148
5. 조종면 이론 / 152

- 출제 예상 문제 / 127
- 출제 예상 문제 / 136
- 출제 예상 문제 / 143
- 출제 예상 문제 / 150
- 출제 예상 문제 / 156

제8장 프로펠러

1. 프로펠러의 성능 / 160
2. 프로펠러의 구조 / 165
3. 프로펠러의 종류 / 170

- 출제 예상 문제 / 161
- 출제 예상 문제 / 167
- 출제 예상 문제 / 174

제9장 회전익 항공기

1. 회전익 항공기의 종류 / 177
2. 회전익 항공기의 구조 / 181
3. 회전익 항공기의 공기 역학 / 188

- 출제 예상 문제 / 180
- 출제 예상 문제 / 185
- 출제 예상 문제 / 193

제2부 항공 기관

제1장 항공기 기관의 개요

1. 항공기용 기관의 분류 / 203
2. 열역학의 기초 및 항공 기관 사이클 / 208

- 출제 예상 문제 / 205
- 출제 예상 문제 / 214

제2장 왕복 기관

1. 왕복 기관의 작동 원리 / 227
2. 왕복 기관의 구조 / 234
3. 연료 계통 / 249
4. 윤활 계통 / 263
5. 시동 및 점화 계통 / 268
6. 기관의 성능 / 277

- 출제 예상 문제 / 230
- 출제 예상 문제 / 243
- 출제 예상 문제 / 257
- 출제 예상 문제 / 265
- 출제 예상 문제 / 272
- 출제 예상 문제 / 278

제3장 가스 터빈 기관

1. 가스 터빈 기관의 구조 / 280
2. 연료 계통(Fuel System) / 299
3. 윤활유 및 윤활 계통 / 305
4. 시동 및 점화 계통 / 312
5. 그 밖의 계통 / 315
6. 가스 터빈 기관의 성능 / 319
7. 가스 터빈 기관의 작동 / 324

- 출제 예상 문제 / 287
- 출제 예상 문제 / 301
- 출제 예상 문제 / 308
- 출제 예상 문제 / 313
- 출제 예상 문제 / 317
- 출제 예상 문제 / 321
- 출제 예상 문제 / 325

제4장 프로펠러

1. 개요 / 330
2. 프로펠러의 성능 / 331
3. 프로펠러의 분류 / 333
4. 프로펠러의 작동 / 333
- 출제 예상 문제 / 335

제3부 항공 기체

제1장 항공기 기체 구조 및 기체 계통

1. 기체 구조 / 345
2. 기체 계통 / 361
- 출제 예상 문제 / 353
- 출제 예상 문제 / 373

제2장 항공기 재료 및 요소

1. 항공기 재료 / 383
2. 항공기용 기계 요소 / 405
- 출제 예상 문제 / 394
- 출제 예상 문제 / 421

제3장 기체 구조의 수리 및 역학

1. 기체 구조의 수리 / 433
2. 구조 역학의 기초 / 460
- 출제 예상 문제 / 445
- 출제 예상 문제 / 476

제4부 항공 장비

제1장 항공기 전기 계통

1. 전기 기초 이론 / 499
2. 축전지 / 515
3. 발전기 / 522
4. 변압기 / 531
5. 전동기 / 533
6. 전기 계측 및 배선 / 539
7. 항공기 조명 장치 / 547
- 출제 예상 문제 / 506
- 출제 예상 문제 / 519
- 출제 예상 문제 / 527
- 출제 예상 문제 / 532
- 출제 예상 문제 / 537
- 출제 예상 문제 / 543
- 출제 예상 문제 / 548

제2장 항공기 계기 계통

1. 항공 계기 일반 / 550 · 출제 예상 문제 / 553
2. 피토 정압 계기 / 556 · 출제 예상 문제 / 560
3. 압력 계기 / 564 · 출제 예상 문제 / 565
4. 온도 계기 / 567 · 출제 예상 문제 / 568
5. 자이로 계기 / 570 · 출제 예상 문제 / 572
6. 자기 계기 / 575 · 출제 예상 문제 / 578
7. 원격 지시 계기, 동기 계기 / 582 · 출제 예상 문제 / 582
8. 액량 계기 및 유량 계기 / 584 · 출제 예상 문제 / 585
9. 회전 계기(Tachometer) / 586 · 출제 예상 문제 / 586
10. 통합 표시 장치 / 587 · 출제 예상 문제 / 588

제3장 항공기 통신 및 항법 계통

1. 통신 장치 / 590 · 출제 예상 문제 / 599
2. 항법 장치 / 605 · 출제 예상 문제 / 615

제4장 항공기 공유압 및 환경 조절 계통

1. 유압 계통 일반 / 627 · 출제 예상 문제 / 630
2. 유압 동력 계통 및 장치 / 634 · 출제 예상 문제 / 636
3. 압력 조절, 제한 및 제어 장치 / 639 · 출제 예상 문제 / 640
4. 흐름 방향 및 유량 제어 장치 / 642 · 출제 예상 문제 / 645
5. 공기압 계통 / 646 · 출제 예상 문제 / 648
6. 객실 여압 계통 / 649 · 출제 예상 문제 / 654
7. 제빙, 방빙 계통 / 658 · 출제 예상 문제 / 660
8. 제우 계통 / 663 · 출제 예상 문제 / 663
9. 화재 탐지 및 소화 계통 / 664 · 출제 예상 문제 / 665
10. 비상 계통 / 669 · 출제 예상 문제 / 670

제5부 기출문제 671

제1부

Industrial Engineer Aircraft Maintenance

항공 역학

- 제1장 대기
- 제2장 공기 기초 역학
- 제3장 양력·항력
- 제4장 날개 이론
- 제5장 일반 비행 성능
- 제6장 특수 비행 성능
- 제7장 안정과 조종
- 제8장 프로펠러
- 제9장 회전익 항공기

 # 대기

1 대기의 구성

가 대기의 조성

1) 공기의 성분
① 높은 고도에서의 공기는 거의 수소로 형성
② 공기는 공기 역학적인 측면에서 단일 기체의 특성을 갖는 것으로 취급

2) 물리량

가) 밀도
① 단위 체적당 질량
② 밀도$(\rho) = \dfrac{질량}{체적}$
③ 단위 : kg/m^3, $kg \cdot s^2/m^4$

나) 비체적
① 단위 질량당 체적
② 비체적$(v) = \dfrac{1}{밀도(\rho)} = \dfrac{체적}{질량}$

다) 비중량
① 단위 체적당 중량
② 비중량$(\gamma) = \dfrac{중량}{체적} = \dfrac{W}{V} = \dfrac{mg}{V} = \rho g$

라) 부력
① 유체 중에 있는 물체에 작용하는 연직 상향의 힘
② 물체에 의해 배제된 유체와 같은 체적의 유체 무게와 같음.
③ $B = \gamma V$

마) 압력
① 단위 면적당 수직으로 작용하는 힘
$$압력(P) = \dfrac{수직\ 방향의\ 힘(F)}{면적(A)}$$

② 단위 : $N/m^2 = P_a$

③ 용기의 밑바닥에 유체가 작용하는 압력

$$P = \frac{W}{A} = \frac{mg}{A} = \frac{PVg}{A} = \frac{PAhg}{A} = \rho g h$$

④ 대기압 : 중력에 의해 공기가 어떤 면에 작용하는 압력
⑤ 절대 압력 : 완전 진공을 0으로 하여 측정한 압력
⑥ 계기 압력 : 압력이 측정되는 곳의 대기압을 0으로 하여 측정한 압력
⑦ 절대 압력 = 대기압 + 계기 압력

나 표준 대기의 조건

1) 국제 표준 대기(ISA : International Standard Atmosphere)
항공기 설계상 기준이 되는 대기 상태. ICAO에서 지정한 표준 대기

2) 표준 대기의 조건

① 건조한 공기로서 이상 기체의 상태 방정식 $P = \rho R T$가 고도, 장소, 시간에 관계없이 만족되어야 함.

② 고도 11km까지는 기온이 일정한 비율로 감소하고, 그 이상에서의 고도에서는 $-56.5℃$로 일정한 기온을 유지한다고 가정

$$T℃ = 15 - 6.5h(\text{km})$$

③ 평균 해발 고도의 기압, 밀도, 중력 가속도 및 온도는 다음과 같이 정한다.
  ㉠ 압력 P_o = 1atm = 760mmHg = 29.92inHg = 10332.3kg/m² = 14.7psi
       = 101,325Pa
  ㉡ 밀도 ρ_0 = 1.225kg/m³ = 0.12492kg·s²/m⁴ = 0.002378slug/ft³
  ㉢ 온도 T_0 = 15℃ = 288.16K = 59℉ = 518.688R
  ㉣ 중력 가속도 g_0 = 9.8m/s² = 32.2ft/s²
  ㉤ 음속 V_{a0} = 1,116ft/s = 340m/s = 1,224km/h

다 대기의 분류

1) 개요

① 대기권 : 지구를 둘러싸고 있는 기체의 총칭. 높이는 약 1,000km
② 대기권의 물리량은 수평 방향으로도 변화하나 수직 방향으로 가장 심하게 변화
③ 온도의 변화에 따라 몇 개의 층으로 분리

제1장 대기

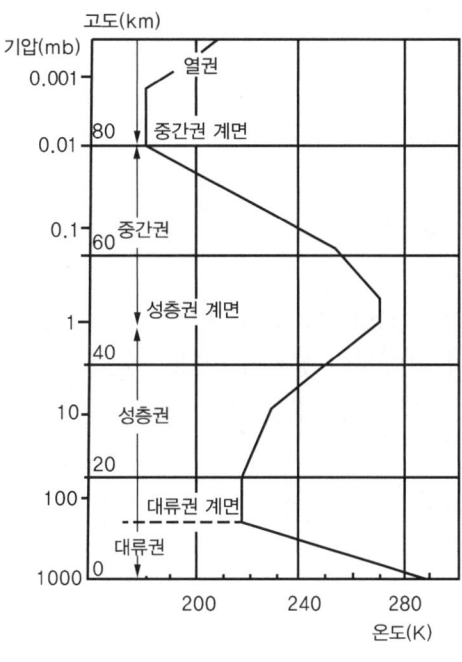

| 대기권 |

2) 대기권의 구분

가) 대류권(11km)
① 구름, 비, 눈, 안개 등의 기상 현상 발생
② 복사열로 인하여 1km 상승 시 6.5℃ 강하

$$T℃ = 15℃ - 6.5h(km)$$

③ 대류권계면 : 대류권과 성층권의 경계
④ 대류권계면이 제트기의 순항 고도
　㉠ 대기가 안정(구름 없음)
　㉡ 기온이 낮다(-56.5℃). → 추력 증가
　㉢ 공기가 희박 → 항력 감소
⑤ 제트 기류
　㉠ 고도 약 10km 지역에서 부는 고속의 공기 흐름
　㉡ 풍속은 평균 100~200km/h 정도, 최대 500km/h
　㉢ 편서풍

나) 성층권(50km)
① 아래층의 기온이 일정(-56.5℃)
② 위층은 오존층이 자외선을 흡수하므로 기온 상승

다) 중간권(80km)
① 높이에 따라 기온 감소
② 가장 기온이 낮음.

라) 열권(500km)
① 높이에 따라 기온 증가
② 전리층
   ㉠ 자외선에 의하여 대기가 전리되어 자유 전자의 밀도 증가
   ㉡ 전파를 흡수 반사하여 통신의 영향을 줌.
   ㉢ 극광이나 유성의 밝은 빛을 발생시킴.

마) 극외권
① 분자끼리 충돌할 기회가 적음.
② 각 분자와 원자는 지상에서 발사된 탄환과 같은 궤적을 그리며 운동

1 출제 예상 문제

01 유체에 완전히 잠겨 있는 일정한 부피(V)를 갖는 물체에 작용하는 부력을 옳게 나타낸 것은? (단, ρ : 밀도, γ : 비중량, 아래 첨자는 해당 물질을 의미한다)
① $\rho_{유체} \times V$
② $\gamma_{유체} \times V$
③ $\rho_{물체} \times V$
④ $\gamma_{물체} \times V$

해설
부력
- 유체 중에 있는 물체에 작용하는 연직 상향의 힘
- 이 힘은 물체에 의해 배제된 유체와 같은 체적의 유체의 무게와 같다.
- $B = \gamma V$

02 ICAO에서 정한 표준 대기에 대한 설명으로 옳은 것은?
① 일반적인 기상 현상이 발생되는 곳은 성층권이다.
② 대류권의 경우 고도가 증가하여도 온도가 일정하다.
③ 표준 대기의 값으로 대류권의 최대 높이는 약 36,000ft이다.
④ 성층권에서는 고도 변화에 관계없이 압력과 밀도가 일정하다.

03 항공기의 성능 등을 평가하기 위하여 표준 대기를 국제적으로 통일하는데, 이것을 정하는 기관은?
① UN
② FAA
③ ICAO
④ ISO

정답 01. ② 02. ③ 03. ③

04 해면 고도에서의 표준 대기 상태에 대한 값으로 옳은 것은?

① 중력 가속도는 32.2m/s²으로 한다.
② 해면 고도에서의 온도는 15℃이다.
③ 해면 고도에서의 밀도는 0.3kg/m³이다.
④ 해면 고도에서의 압력은 760cmHg이다.

해설
평균 해발 고도의 기압, 밀도, 중력 가속도 및 온도는 다음과 같이 정한다.
$P_o = 1\text{atm} = 760\text{mmHg} = 29.92\text{inHg}$
$\quad = 10332.3\text{kg/m}^2 = 14.7\text{psi} = 101,325\text{Pa}$
$\rho_0 = 1.225\text{kg/m}^3 = 0.12492\text{kg} \cdot \text{s}^2/\text{m}^4$
$\quad = 0.002378\text{slug/ft}^3$
$T_0 = 15℃ = 288.16\text{K} = 59°\text{F} = 518.688\text{R}$
$g_0 = 9.8\text{m/s}^2 = 32.2\text{ft/s}^2$
$V_{a0} = 1116\text{ft/s} = 340\text{m/s} = 1224\text{km/h}$

05 ICAO에서 설정한 해면 고도 표준 대기에 대한 값이 틀린 것은?

① 압력은 29.92inHg이다.
② 온도는 섭씨 0℃이다.
③ 밀도는 1.255kg/m³이다.
④ 음속은 340.29m/s이다.

06 표준 대기의 기온, 압력, 밀도, 음속을 옳게 나열한 것은?

① 15℃, 750mmHg, 1.5kg/m³, 330m/s
② 15℃, 760mmHg, 1.2kg/m³, 340m/s
③ 18℃, 750mmHg, 1.5kg/m³, 340m/s
④ 158℃, 756mmHg, 1.2kg/m³, 330m/s

07 해발 고도에서의 표준 기압을 나타내는 단위 중 수은주가 지시하는 값은?

① 29.92mmHg
② 760mmHg
③ 2,116mmHg
④ 1,013mmHg

08 다음 중 해면상 표준 대기에서 정압(static pressure)의 값으로 틀린 것은?

① 0kg/m²
② 2116.21695lb/ft²
③ 29.92inHg
④ 1013mbar

09 해면에서의 온도가 20℃일 때 고도 5km의 온도는 약 몇 ℃인가?

① -12.5
② -13.5
③ -14.5
④ -15.5

해설
$T℃ = 20 - 6.5h = 20 - 6.5 \times 5 = 12.5℃$

10 대기권을 낮은 층에서부터 높은 층의 순서로 나열한 것은?

① 대류권 - 극외권 - 성층권 - 열권 - 중간권
② 대류권 - 성층권 - 중간권 - 열권 - 극외권
③ 대류권 - 열권 - 중간권 - 극외권 - 성층권
④ 대류권 - 성층권 - 중간권 - 극외권 - 열권

11 대기권을 [보기]와 같이 고도에 따른 온도 분포에 의해 구분할 때 ( )안에 알맞은 것은?

대류권 - 성층권 - 중간권 - 열권 - (　　)

① 전리권
② 제트권
③ 극외권
④ 이탈권

12 다음 [보기]에서 설명하는 대기의 층은?

> • 고도에 따라 기온이 감소한다.
> • 대기의 순환이 일어난다.
> • 기상 현상이 일어난다.

① 대류권　　② 성층권
③ 중간권　　④ 열권

13 대류권에서는 지표에서 복사되는 열로 인하여 1km 올라갈 때 마다 기온이 어떻게 변하는가?

① 6.5℃씩 증가한다.
② 6.5℃씩 감소한다.
③ 4.5℃씩 증가한다.
④ 4.5℃씩 감소한다.

해설
$T℃ = 15℃ - 6.5h(km)$

14 대류권에서 고도가 증가함에 따라 공기의 밀도, 온도, 압력은 어떻게 되는가?

① 밀도, 온도는 감소하고 압력은 증가한다.
② 밀도는 증가하고 압력, 온도는 감소한다.
③ 밀도, 압력, 온도 모두 증가한다.
④ 밀도, 압력, 온도 모두 감소한다.

15 대기가 안정하여 구름이 없고, 기온이 낮으며, 공기가 희박하여 제트기의 순항 고도로 적합한 곳은?

① 대류권계면　　② 열권계면
③ 중간권계면　　④ 성층권계면

해설
대류권계면이 제트기의 순항 고도인 이유
• 대기가 안정하여 구름이 없다.
• 기온이 낮다(-56.5℃). → 추력 증가
• 공기가 희박하다. → 항력 감소

16 제트류는 일정한 방향과 속도로 부는데, 지구 북반구의 경우, 제트 기류가 발생하는 대기층, 방향, 평균 속도로 옳은 것은?

① 성층권, 동에서 서로, 약 37m/s
② 성층권, 서에서 동으로, 약 37m/s
③ 대류권, 서에서 동으로, 약 60m/s
④ 성층권, 서에서 동으로, 약 60m/s

해설
제트 기류
• 고도 약 10km 지역에서 부는 고속의 공기 흐름
• 풍속은 평균 100~200km/h 정도, 최대 500km/h
• 편서풍

17 오존층이 존재하는 대기의 층은?

① 대류권　　② 열권
③ 성층권　　④ 중간권

18 성층권 아래층의 기온은 높이에 관계없이 대체로 일정하지만 위층에서는 높아지는 데 그 이유는?

① 구름이 없기 때문
② 대기에 불순물이 있기 때문
③ 밀도가 높고 질소의 양이 많기 때문
④ 오존층이 있어 자외선을 흡수하기 때문

19 다음 중 열권에 대한 설명으로 옳은 것은?

① 대기 온도가 고도가 증가함에 따라 감소한다.
② 전리층이 형성되어 전파를 반사시킨다.
③ 공기 입자가 탄도를 그리면서 날아다닌다.
④ 대기가 안정하여 구름이 없어 제트기 순항 고도로 적합하다.

정답 12. ① 13. ② 14. ④ 15. ① 16. ② 17. ③ 18. ④ 19. ②

20 대기권 중에서 전파를 흡수, 반사하는 작용을 하여 통신에 영향을 끼치는 곳은?
  ① 성층권   ② 열권
  ③ 극외권   ④ 중간권

21 대기권에서 기온이 가장 낮은 층은?
  ① 성층권   ② 성층권계면
  ③ 대류권   ④ 중간권계면

22 대기권에서 태양이 방출하는 자외선에 의하여 대기가 전리되어 자유 전자의 밀도가 커지는 대기권 층은?
  ① 중간권   ② 성층권
  ③ 열권   ④ 극외권

23 다음 대기권의 구조 중 열권에 대한 바른 설명이 아닌 것은 무엇인가?
  ① 중간권 위에 있다.
  ② 각 분자, 원자는 지상에서 발사된 탄환과 같이 궤적 운동을 한다.
  ③ 극광이나 유성이 길게 밝은 빛의 꼬리를 남긴다.
  ④ 전리층이 있다.

2 대기의 특성

가 압축성과 비압축성

가) 압축성 유체(Compressible Fluid)
어떤 물리량의 변화에 대하여 유체의 밀도가 변화되는 유체

나) 비압축성 유체(Incompressible Fluid)
압력을 받아도 밀도의 변화가 거의 없는 유체

나 기체 상태 방정식

$$Pv = RT \qquad \frac{P}{\rho} = RT$$

P : 압력(kg/m²) v : 비체적(m³/kg)
R : 기체 상수(kg·m/kg·K) T : 절대 온도(K)

기체	기체 상수	
	kg·m/kg·K	J/kg·K
공기	29.27	286.85

정답 20. ② 21. ④ 22. ③ 23. ②

$$29.27 \frac{kg_f \cdot m}{kg_m \cdot K} = 29.27 \frac{m}{kg_m \cdot K} \times 9.8 kg_m \cdot \frac{m}{s^2} = 286.85 \frac{kg_m \cdot \frac{m^2}{s^2}}{kg_m \cdot K} = 286.85 J/kg \cdot K$$

① 온도와 압력은 정비례(정적 과정)
② 압력과 밀도는 정비례(등온 과정)
③ 온도와 밀도는 반비례(정압 과정)
④ 압력과 체적은 반비례(등온 과정)

다 기체의 전파 속도

1) 음속

$$C = \sqrt{\gamma RT} = \sqrt{\gamma gRT} = C_0 \sqrt{\frac{273 + T℃}{273}}$$

γ : 비열비(1.4), R : 기체 상수($R = 287 m^2/s^2 \cdot K$=29.27 kg·m/kg·K)
0℃인 공기 중에서의 음속은 331.2m/s, 15℃에서의 음속은 340m/s

2) 마하수와 흐름의 특성

$$M = \frac{V}{C}$$

마하수(M)	흐름의 특성
0.3 이하	아음속 흐름, 비압축성 흐름
0.3~0.75	아음속 흐름, 압축성 흐름
0.75~1.2	천음속 흐름, 압축성 흐름, 부분적 충격파 발생
1.2~5.0	초음속 흐름, 압축성 흐름, 충격파 발생
5.0 이상	극초음속 흐름, 충격파 발생, 흐름 특성 큰 변화

라 정상 흐름과 비정상 흐름

1) 정상 흐름(정상류, Steady Flow)
① 유체 내의 어떤 점에서 물리적인 상태가 시간에 대해서 일정한 흐름
② 에너지의 유입, 유출이 없는 흐름
③ 비행기가 일정한 속도로 주어진 고도를 비행할 때의 비행기 주위의 흐름

2) 비정상 흐름(비정상류, Unsteady Flow)
① 유체 내의 어떤 점에서 물리적인 특성이 시간에 대하여 변하는 흐름
② 에너지의 변화가 있는 흐름
③ 비행기의 속도가 계속 변할 때의 비행기 주위의 흐름

마 점성 흐름과 비점성 흐름

1) 이상 흐름(Ideal Flow)[이상 유체(Ideal Fluid), 비점성 흐름(Inviscid Flow)]
① 비압축성, 비점성의 유체로 상태 방정식을 만족하는 유체
② 점성의 영향을 무시

2) 실제 흐름(Real Flow)[실제 유체(Real Fluid), 점성 흐름(Viscous Flow)]
점성과 압축성의 영향을 고려하여야 하는 유체

2 출제 예상 문제

01 "비압축성이란 공기의 ( ) 변화를 무시할 수 있다는 것이다" ( ) 안에 알맞은 것은?
① 밀도　　② 온도
③ 압력　　④ 점성력

02 다음 중 비압축성 유체에 대한 설명으로 옳은 것은?
① 밀도의 변화를 무시할 수 있다.
② 비압축성 유체 음속의 크기는 영이다.
③ 초음속 영역에서의 유체는 비압축성으로 가정해도 된다.
④ 큰 배관에서 발생하는 수격 현상은 대표적인 비압축성 유동의 예이다.

03 이상 기체의 상태 방정식 $Pv = RT$에서 각각의 기호와 뜻이 바르게 된 것은?
① P : 절대 압력(kg/cm^2)
② v : 비체적(m^2/kg)
③ R : 기체 상수(kg·m/kg·K)
④ T : 절대 온도(R)

> **해설**
> 기체 상태 방정식
> $Pv = RT \qquad \dfrac{P}{\rho} = RT$
> P : 압력(kg/m^2)
> v : 비체적(m^3/kg)
> R : 기체 상수(kg·m/kg·K)
> T : 절대 온도(K)

04 대기의 특성 중 음속에 가장 직접적인 영향을 주는 물리적 요소는?
① 온도　　② 밀도
③ 기압　　④ 습도

> **해설**
> $C = \sqrt{\gamma RT} = \sqrt{\gamma gRT} = C_0 \sqrt{\dfrac{273 + T\text{℃}}{273}}$

정답 01. ① 02. 03. ③ 04. ①

05 음속을 구하는 식으로 옳은 것은? (단, K는 비열비, R은 공기의 기체 상수, g는 중력 가속도, T는 공기의 온도이다)

① $\sqrt{K \cdot g \cdot R \cdot T}$
② $\sqrt{\dfrac{g \cdot R \cdot T}{K}}$
③ $\sqrt{\dfrac{R \cdot T}{g \cdot K}}$
④ $\sqrt{\dfrac{K \cdot R \cdot T}{g}}$

06 공기 중에서 음파의 전파 속도를 나타낸 식으로 틀린 것은? (단, p : 압력, ρ : 밀도, R : 기체 상수, T : 온도, k : 공기의 비열비)

① $\sqrt{pT}$
② $\sqrt{\dfrac{dp}{d\rho}}$
③ $\sqrt{\dfrac{kp}{\rho}}$
④ $\sqrt{kRT}$

07 다음 중 마하수(Mach Number) M_a를 옳게 표현한 것은?

① M_a = 비행체 속도/음속
② M_a = 비행체 속도/(음속)^2
③ M_a = (비행체 속도)^2/음속
④ M_a = 음속/비행체 속도

08 항공기 주위를 흐르는 공기의 레이놀즈수와 마하수에 대한 설명으로 틀린 것은?

① 마하수는 공기의 온도가 상승하면 커진다.
② 레이놀즈수는 공기의 속도가 증가하면 커진다.
③ 마하수는 공기 중의 음속을 기준으로 나타낸다.
④ 레이놀즈수는 공기 흐름의 점성을 기준으로 한다.

해설

$C = \sqrt{\gamma RT}$, $M = \dfrac{V}{C}$

온도가 증가하면 음속도 증가하고 마하수는 감소

09 다음 속도의 범위 중 아음속 범위는?

① M<0.8   ② 0.8<M<1.2
③ 1.2<M<5.0   ④ 5.0<M

해설

마하수(M)	흐름의 특성
0.3 이하	아음속 흐름, 비압축성 흐름
0.3~0.75	아음속 흐름, 압축성 흐름
0.75~1.2	천음속 흐름, 압축성 흐름, 부분적 충격파 발생
1.2~5.0	초음속 흐름, 압축성 흐름 충격파 발생
5.0 이상	극초음속 흐름, 충격파 발생 흐름 특성 큰 변화

10 다음 속도의 범위 중 초음속 범위는?

① 1.1<M<1.5
② 0.8<M<1.2
③ 1.2<M<5.0
④ 5.0<M<7.0

11 제트 비행기가 240m/s의 속도로 비행할 때 마하수는 얼마인가? (단, 기온 : 20℃, 기체 상수 : 287m^2/s^{2}K, 비열비 : 1.40이다)

① 0.699   ② 0.785
③ 0.894   ④ 0.926

해설

$C = \sqrt{\gamma RT} = \sqrt{1.4 \times 287 \times 293} = 343.11 \, m/s$

$M = \dfrac{V}{C} = \dfrac{240}{343.11} = 0.699$

12 비행기가 1,000km/h의 속도로 10,000m 상공을 비행하고 있을 때 마하수는 약 얼마인가? (단, 10,000m 상공에서의 음속은 300m/s이다)

① 0.50 ② 0.93
③ 1.20 ④ 3.33

해설

$$M = \frac{V}{C} = \frac{\frac{1000}{3.6}}{300} = 0.9259$$

13 고도 약 2,300m에서 비행기가 825m/sec로 비행할 때 마하수는? (단, 음속 $C = C_0 \sqrt{\frac{273 + t℃}{273}}$, $C_0 = 330$m/sec

① 2.0 ② 2.5
③ 3.0 ④ 3.5

해설

$T℃ = 15 - 6.5h = 15 - 6.5 \times 2.3 = 0.05℃$

$C = 330 \sqrt{\frac{273 + 0.05}{273}} = 330 m/s$

$M = \frac{V}{C} = \frac{825}{300} = 2.5$

14 고도 1,500m에서 마하수 0.7로 비행하는 항공기가 있다. 고도 12,000m에서 같은 속도로 비행할 때 마하수는? (단, 고도 1,500m에서 음속은 335m/s이며, 고도 12,000m에서 음속은 295m/s이다)

① 약 0.3 ② 약 0.5
③ 약 0.8 ④ 약 1.0

해설

고도 1,500m에서 $V = M \times C = 0.7 \times 335 = 234.5$ m/s

고도 12,000m에서 $M = \frac{V}{C} = \frac{234.5}{295} = 0.79$

15 주어진 한 점에서의 정상 흐름과 비정상 흐름을 구별할 수 있는 요소가 아닌 것은?

① 점성 ② 속도
③ 밀도 ④ 압력

해설

정상 흐름(정상류, Steady Flow)
- 유체 내의 어떤 점에서 물리적인 상태가 시간에 대해서 일정한 흐름
- 에너지의 유입, 유출이 없는 흐름
- 비행기가 일정한 속도로 주어진 고도를 비행할 때의 비행기 주위의 흐름

3 고도

가 기하학적 고도(Geometrical Altitude : h)

① 지구 표면으로부터의 실제 고도
② 해발 고도
③ 중력 가속도가 일정하다고 보고 정한 고도

나 절대 고도(Absolute Altitude : h_a)

지면으로부터의 고도

정답 12. ② 13. ② 14. ③ 15. ①

다 지구 위치 고도 = 지구 포텐셜 고도(Geopotential Height : H)

① 높이를 변화시키는 데 필요한 일의 양
② 단위 질량의 위치 에너지를 표준 중력 가속도로 나눈 값

$$H = \frac{1}{g_0} \int_0^h g\,dh$$

③ 고도 20km까지는 기하학적 고도와 지구 포텐셜 고도는 거의 같음.
  ㉠ 기압 고도
  ㉡ 밀도 고도
  ㉢ 온도 고도

3 출제 예상 문제

01 절대 고도란?
① 해면상을 기준으로 측정한 고도
② 표준 대기압을 기준으로 측정한 고도
③ 지면으로부터 측정한 고도
④ 이륙 비행장을 기준으로 측정한 고도

02 지구의 중력 가속도가 일정한 것으로 가정하여 정한 고도는?
① 압력 고도
② 기하학적 고도
③ 밀도 고도
④ 지구 포텐셜 고도

02 공기 기초 역학

① 유체 기본 방정식

가 연속 방정식

1) 유선
   ① 유체의 입자가 움직이는 경로를 나타낸 선
   ② 어떤 유체의 입자가 각 점에서 가지는 속도 벡터의 접선

┃유관┃

2) 질량 유량
   ① 어떤 단면적을 통과하는 단위 시간당 유체의 질량
   ② 질량 유량 = 밀도×단면적×속도 = $\rho V A$

3) 압축성 유체의 연속 방정식

   유입된 유량과 유출된 유량은 같으므로

   $$\rho_1 A_1 V_1 = \rho_2 A_2 V_2$$
   즉, $\rho A V =$ 일정

4) 비압축성 유체의 연속 방정식

   비압축성 유체이면 밀도가 일정하므로, $\rho_1 = \rho_2$
   그러므로 $A_1 V_1 = A_2 V_2$
   즉, $A V =$ 일정

   > "유체의 단면적과 속도는 반비례"

   ※ 공기는 속도가 M0.3 이하일 때는 비압축성 유체로 가정하고, M0.3 이상일 때는 압축성 유체로 가정한다.

나 베르누이의 방정식

1) 비압축성 베르누이 방정식
① 에너지 보존의 법칙의 일종
② 에너지의 공급이나 유출이 없을 때 즉, 정상류일 때 성립
③ 유체에 작용하는 에너지의 합은 항상 일정 즉, 전압은 항상 일정
④ 압력에너지 + 운동에너지 + 위치에너지 = 일정

- $P + \dfrac{1}{2}\rho V^2 + \rho g z = $ 일정
- $P_1 + \dfrac{1}{2}\rho V_1^2 = P_2 + \dfrac{1}{2}\rho V_2^2$
- $P + q = $ 일정
- $P + \dfrac{1}{2}\rho V^2 = $ 일정

> "유체에 작용하는 압력과 속도는 반비례"

2) 정압 · 동압 · 전압

가) 정압(Static Pressure) (P)
① 유체의 모든 방향으로 일정하게 작용하는 압력
② 주어진 점의 위쪽에 있는 유체의 무게에 비례

나) 동압(Dynamic Pressure) (q)
① 유체의 운동 에너지에 의하여 발생하는 압력
② 운동 에너지가 압력 에너지로 변환된 것

$$q = \dfrac{1}{2}\rho V^2$$

다) 전압(Total Pressure) (P_t) = 정압 + 동압

라) 정체점(Stagnation Point) : 속도가 0인 점

마) U형 마노미터
① 두 지점의 압력차를 측정하는 장치
② 압력차는 마노미터의 높이차에 비례
③ $P_1 - P_2 = \gamma h$
   γ : 비중량(N/m^3)
   $\gamma = \rho g$

제2장 공기 기초 역학

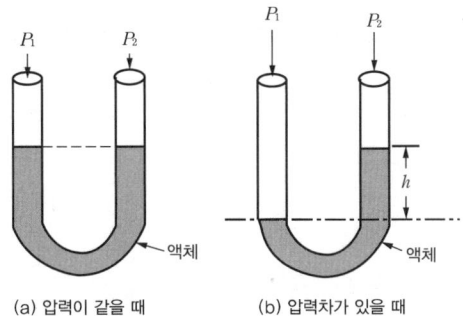

(a) 압력이 같을 때   (b) 압력차가 있을 때

┃ U형 마노미터 ┃

바) 피토 정압 장치
① 벤투리는 항력과 결빙 현상 그리고 곡예비행이 불가능
② 다이어프램이나 전기적인 신호 이용
③ 피토 정압관은 동체의 앞전이나 날개의 끝에 설치
④ 종류
  ㉠ 단순 피토관 : 전압만 측정
  ㉡ 피토 정압관 : 전압과 정압을 동시에 측정

3) 압축성 유체의 연속 방정식

$$\frac{k}{k-1} \cdot \frac{P}{\rho} + \frac{V^2}{2} = 일정 \quad k : 비열비$$

1 출제 예상 문제

01 압축성 유체에서 연속의 법칙을 옳게 나타낸 식은? (단, S, V, ρ는 각각 단면적, 유속, 밀도를 나타내고, 첨자 1, 2는 각 단면의 위치를 나타낸다)

① $\rho_1 V_1 = \rho_2 V_2$
② $S_1 \rho_1 = S_2 \rho_2$
③ $S_1 V_1 = S_2 V_2$
④ $S_1 V_1 \rho_1 = S_2 V_2 \rho_2$

02 면적이 20m²인 도관을 공기가 15m/s의 속도로 흐른다면 도관을 지나는 공기의 질량 유량은 몇 kg/s인가? (단, 공기의 밀도는 2kg/m³이다)

① 30   ② 40
③ 300 ④ 600

해설
질량 유량 $= \rho VA = 2 \times 15 \times 20 = 600 kg/s$

정답 01. ④   02. ④

제1부 항공 역학

03 연속의 법칙에 대한 설명으로 틀린 것은?
① 단위 시간당 유관 내의 두 단면을 통과하는 유량은 똑같다.
② 유속이 증가함에 따라 유량도 증가한다.
③ 유관의 단면적이 감소하면 유속은 증가한다.
④ 단면적이 동일한 경우 밀도가 증가하면 유속은 감소한다.

04 연속의 방정식을 설명한 내용으로 가장 올바른 것은? (단, 아음속이다)
① 유체의 점성을 고려한 방정식이다.
② 유체의 밀도와는 관계가 없다.
③ 비압축성 유체에만 적용된다.
④ 유체의 속도는 단면적과 관계된다.

05 압축성 유체의 연속 방정식 $\rho_1 A_1 V_1 = \rho_2 A_2 V_2$에 대한 설명 중 틀린 것은? (단, ρ : 유체의 밀도, V : 유체의 속도, A : 단면적이다)
① $\rho_1 = \rho_2$이라면 비압축성 유체이다.
② 에너지 보존 법칙으로부터 유도된다.
③ '$\rho A V$ = 일정'이라고 표현할 수 있다.
④ 단면적과 속도가 반비례함을 알 수 있다.

06 유체의 연속 방정식에 관한 설명으로 틀린 것은?
① 압축성의 영향을 무시하면 밀도 변화는 없다.
② 단면적을 통과하는 단위 시간당 유체의 질량을 질량 유량이라고 한다.
③ 아음속의 일정한 유체 흐름에서 단면적이 작아지면 유체 속도는 감소한다.
④ 관내 흐름이 정상 흐름이면 동일관 내 임의의 두 단면에서 각각의 질량 유량은 동일하다.

07 20cm와 30cm로 된 관이 서로 연결되어 있다. 다음 중 지름 20cm 관에서의 속도가 2.4m/sec일 때 30cm 관에서의 속도(m/sec)는 얼마인가?
① 0.19
② 1.07
③ 1.74
④ 1.98

해설
$A_1 V_1 = A_2 V_2$
$$V_2 = \frac{A_1}{A_2} V_1 = \frac{\frac{\pi}{4} \times 20^2}{\frac{\pi}{4} \times 30^2} \times 2.4 = 1.07 \text{m/s}$$

08 직경 20cm인 원형 배관이 직경 10cm인 배관과 연결되어 있다. 직경 20cm인 원형 배관을 지난 공기가 직경 10cm인 원형 배관을 지나게 되면 유속의 변화는 어떻게 되는가?
① 2배로 증가한다.
② 2배로 감소한다.
③ 4배로 증가한다.
④ 4배로 감소한다.

해설
속도는 지름의 제곱에 반비례

09 입구의 지름이 10cm이고 출구의 지름이 20cm인 원형 관에 액체가 흐르고 있다. 지름이 20cm인 단면적에서의 속도가 2.4m/s일 때 지름이 10cm인 단면적에서의 속도는 얼마인가?
① 2.4m/s
② 4.8m/s
③ 9.6m/s
④ 67.35m/s

해설
$A_1 V_1 = A_2 V_2$
$$V_1 = \frac{A_2}{A_1} V_2 = \frac{\frac{\pi}{4} \times 20^2}{\frac{\pi}{4} \times 10^2} \times 2.4 = 9.6 \text{m/s}$$

정답 / 03. ② 04. ④ 05. ② 06. ③ 07. ② 08. ③ 09. ③

10 유체의 운동 상태에 관계없이 항상 모든 방향으로 작용하는 유체의 압력을 정압이라고 하고 유체가 가진 속도에 의해 생기는 압력을 동압이라고 한다. 이때 동압의 관계식으로 옳은 것은?

① 동압 = 정압 + $\frac{1}{2}\rho V^2$

② 동압 = $\frac{1}{2}\rho V^2$

③ 동압 = $\sqrt{\frac{\rho V^2}{g}}$

④ 동압 = ρV^2

11 밀도가 0.1kg·s²/m⁴인 대기를 120m/s의 속도로 비행할 때 동압은 약 몇 kg/m²인가?

① 520 ② 720
③ 1020 ④ 1220

해설
$q = \frac{1}{2}\rho V^2 = \frac{1}{2} \times 0.1 \times 120^2 = 720\, kgf/m^2$

12 유체 흐름에서 베르누이 방정식을 나타내는 것은? (단, ρ : 밀도, V : 속도, A : 단면적, P : 정압, P_t : 전압)

① ρ·V·A = 일정
② A·V = 일정
③ P + ½v²
④ 정압 + 동압 = 전압

13 정상 흐름의 베르누이 방정식에 대한 설명으로 옳은 것은?

① 동압은 속도에 반비례한다.
② 정압과 동압의 합은 일정하지 않다.
③ 유체의 속도가 커지면 정압은 감소한다.
④ 정압은 유체가 갖는 속도로 인해 속도의 방향으로 나타나는 압력이다.

14 다음 베르누이 정리에 관련된 사항 중 옳지 못한 것은? (단, P_t : 전압, P : 정압, q : 동압, V : 속도, ρ : 밀도)

① $q = \frac{1}{2}\rho V^2$
② $P = P_t + q$
③ 이상 유체 정상 흐름에서 P_t는 일정하다.
④ 정압은 항상 존재한다.

15 공기가 아음속으로 관내를 흐를 때 관의 단면적이 점차로 증가한다면 이때 전압(Total Pressure)은?

① 일정하다.
② 점차 증가한다.
③ 감소하다가 증가한다.
④ 점차 감소한다.

해설
베르누이 정리에 의하면 단면적에 관계없이 전압은 항상 일정

16 유동하는 아음속 유체의 속도를 구하기 위해서는 다음 어느 것을 측정해야 하는가?

① 정압과 전온도 ② 정압과 온도
③ 전압과 전온도 ④ 정압과 전압

17 항공기에서 피토관(Pitot Tube)을 이용하여 속도 측정을 할 때 이용되는 공기압은?

① 정압, 전압 ② 대기압, 정압
③ 정압, 동압 ④ 동압, 대기압

18 Airfoil의 머무름점(Stagnation Point)이란 어떠한 점을 의미 하는가?

① 속도가 0이 되는 점을 말한다.
② 압력이 0이 되는 점을 말한다.
③ 속도, 압력이 동시에 0이 되는 점이다.
④ 마하수가 1이 되는 점을 말한다.

정답 10. ② 11. ② 12. ④ 13. ③ 14. ② 15. ① 16. ④ 17. ① 18. ①

> **해설**
> 머무름점(정체점, Stagnation Point) : 날개골 앞전에서 흐름의 속도가 0이 되는 점

19 360km/h의 속도로 표준 해면 고도 위를 비행하고 있는 항공기의 날개 상의 한 점에서 압력이 100kPa일 때 이 점에서의 유속은 약 몇 m/s 인가? (단, 표준 해면 고도에서 공기의 밀도는 1.23kg/m³이며, 압력은 1.01×10⁵N/m²)

① 105.82 ② 107.82
③ 109.82 ④ 111.82

> **해설**
> $$P_1 + \frac{1}{2}\rho V_1^2 = P_2 + \frac{1}{2}\rho V_2^2$$
> $$101000 + \frac{1}{2} \times 1.23 \times (\frac{360}{3.6})^2$$
> $$= 100000 + \frac{1}{2} \times 1.23 \times V_2^2$$
> $$V_2 = 107.82 \, \text{m/s}$$

20 양력을 발생시키는 원리를 설명할 수 있는 법칙은?

① 파스칼의 원리
② 에너지 보존 법칙
③ 베르누이 정리
④ 작용과 반작용 법칙

21 공기 흐름 속에 물체가 놓여 있을 때 공기의 입자가 받는 변화로 가장 적당한 것은?

① 속도 및 흐름의 방향에 대한 변화
② 밀도 및 흐름의 방향에 대한 변화
③ 온도 및 흐름의 방향에 대한 변화
④ 무게 및 흐름의 방향에 대한 변화

22 동쪽으로 100mi/h의 속도로 부는 제트 기류 속에서 북서쪽 방향으로 대기 속도(공기에 대한 비행기의 속도) 500mi/h로 비행하는 항공기의 대지에 대한 속도는 약 몇 mi/h인가?

① 345.5 ② 435.1
③ 475.5 ④ 520.1

> **해설**
> 대지 속도 = 대기 속도 – 공기 속도
>
>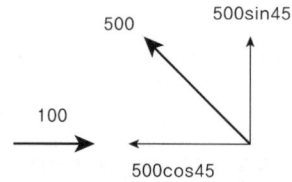
>
> $500\sin 45 = 500\cos 45 = 353.55$
> 수직 방향 속도 = 353.55
> 수평 방향 속도 = 353.55 – 100 = 253.55
> 합성 속도 = $\sqrt{353.55^2 + 253.55^2} = 435.1 \, \text{mi/h}$

---

2 점성 유동

가 점성 효과

① 점성 : 유체의 끈적끈적한 정도
② 점성 유체(실제 유체) : 점성이 존재하는 유체

정답 19. ② 20. ③ 21. ① 22. ②

③ 비점성 유체(이상 유체) : 점성이 존재하지 않는 유체
④ 유체의 점성에 의하여 마찰력 발생. 즉 마찰 항력 발생
⑤ **점성력** : 평판을 일정한 속도를 잡아당길 때 필요한 힘은 평판의 저항력과 동일

$$F = \mu S \frac{V}{h}$$

F : 점성력, μ : 절대 점성 계수, V : 평판의 속도, h : 높이

$$\nu = \frac{\mu}{\rho}$$

ν : 동점성 계수
힘은 평판의 넓이와 속도에 비례하고 거리에 반비례

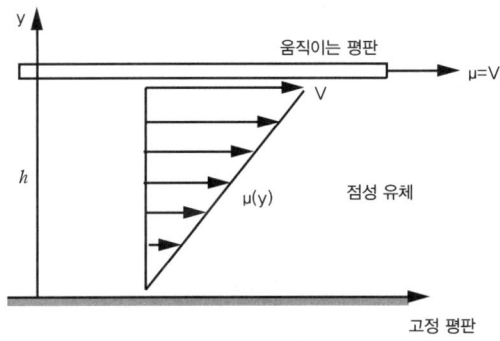

❚ 점성 흐름 ❚

⑥ 점성 계수의 단위

$$\mu = \frac{Fh}{SV} = \frac{kg \frac{m}{s^2} \cdot m}{m^2 \cdot \frac{m}{s}} = kg/s \cdot m$$

$$\nu = \frac{\mu}{\rho} = \frac{\frac{kg}{s \cdot m}}{\frac{kg}{m^3}} = m^2/s$$

⑦ 액체는 온도와 점성이 반비례하지만 기체는 비례

나 경계층(Boundary Layer)

1) 경계층의 정의

① 공기의 점성에 의하여 원래의 속도에 99%가 되는 점을 연결한 가상적인 선

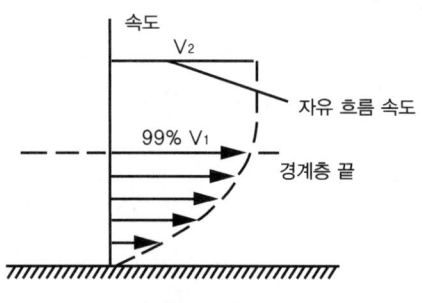

| 공기 흐름의 속도 변화 |

   ② 점성의 영향이 뚜렷한 벽 가까운 구역의 가상적인 층
   ③ 경계층의 두께는 유체의 속도가 빠를수록 얇음

2) 레이놀즈수(Reynolds Number)

   ① 레이놀즈수 : 관성력과 점성력의 비

   $$Re = \frac{관성력}{점성력} = \frac{\rho VL}{\mu} = \frac{VL}{\nu}$$

   L : 관의 지름이나 시위의 길이

   ② 층류(Laminar Flow) : 유체의 입자가 혼합되지 않고 층을 이루며 흐르는 흐름
   ③ 난류(Turbulent Flow) : 유체의 입자가 불규칙하게 혼합되며 흐르는 흐름
   ④ 천이(Transition) : 층류에서 난류로 변하는 현상
   ⑤ 임계 레이놀즈수(Critical Reynolds Number) : 천이가 발생할 때의 레이놀즈수
      ㉠ 상임계 레이놀즈수 : 층류에서 난류로 천이될 때의 레이놀즈수
      ㉡ 하임계 레이놀즈수 : 난류에서 층류로 천이될 때의 레이놀즈수

3) 경계층

   가) 층류 경계층
   ① 평판의 앞전 부근에서 발생
   ② 마찰 저항이 작음
   ③ 박리 발생

   나) 난류 경계층
   ① 층류 경계층에 비해 두께가 급격히 증가
   ② 평판의 뒷전에서 발생
   ③ 마찰 저항이 큼

④ 유체의 혼합이 잘 이루어져 운동량이 잘 전달되므로 박리 지연

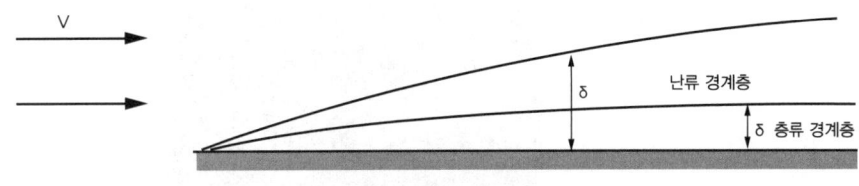

┃ 층류와 난류의 두께 비교 ┃

다) 점성 저층
① 층류와 특성이 유사한 흐름
② 난류 경계층 아래에서 발생

다 유동의 박리 현상(흐름의 떨어짐)

① 날개골 앞전 부근에서 속도 증가, 압력 감소
② 날개골 뒤로 갈수록 점성 마찰력에 의해 운동에너지가 압력에너지로 변환 즉 속도 감소, 압력 증가
③ **역압력 구배** : 날개의 뒷전으로 갈수록 공기 흐름의 속도가 감소하면서 압력이 증가하여 압력이 역으로 작용하는 현상
④ **흐름의 떨어짐** : 박리(Separation)
역압력 구배에 의하여 흐름이 역방향이 되어 공기의 입자가 표면에 떨어져 나가는 현상

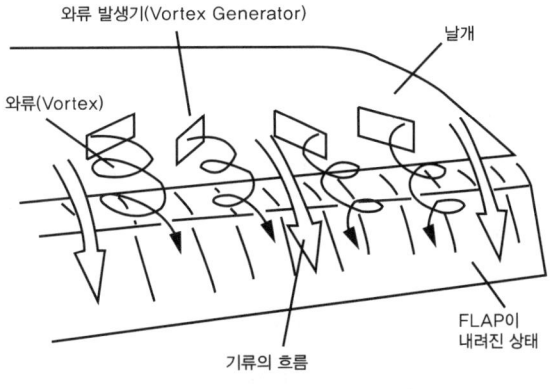

┃ 와류 발생기 ┃

⑤ 박리로 인하여 와류 발생 : 압력↑, 양력↓, 항력↑

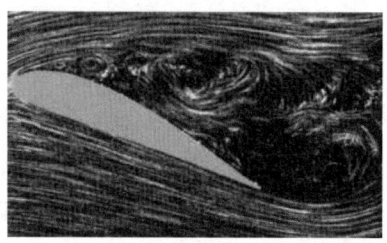

‖ 실속 ‖

⑥ 난류 경계층보다 층류 경계층에서 발생
⑦ 박리를 지연시키기 위해 와류 발생 장치(Vortex Generator) 설치

라 압력 계수(Pressure Coefficient)

① 비행체 주위의 압력 분포를 의미
② 정압과 동압의 비

$$C_p = \frac{P - P_0}{\frac{1}{2}\rho V_0^2} = 1 - (\frac{V}{V_0})^2$$

P_0 : 물체 상류의 압력, P : 물체 위의 정압
V_0 : 물체 상류의 속도, ρ : 물체 상류의 밀도

③ 정체점에서의 압력 계수
   $V = 0$이므로 $C_p = 1$
④ 물체로부터 멀리 떨어진 곳의 압력 계수
   $V = V_0$이므로 $C_p = 0$
⑤ 날개 윗면의 압력 계수는 대부분 음이고 날개 아랫면의 압력 계수는 대부분 양이므로 양력 발생

마 항력 계수

① 항력 계수 : 단위 면적당 항력과 운동 에너지의 비

$$C_D = \frac{항력}{\frac{1}{2}\rho V^2 S}$$

② 형상 항력 계수 = 압력 항력 계수 + 마찰 항력 계수

$$C_{DP} = C_{D압력} + C_{D마찰}$$

2 출제 예상 문제

01 유체 흐름을 이상 유체(Ideal Fluid)로 설정하기 위한 조건으로 옳은 것은?
① 압력 변화가 없다.
② 온도 변화가 없다.
③ 흐름 속도가 일정하다.
④ 점성의 영향을 무시한다.

02 유체의 점성을 고려한 마찰력에 대한 설명으로 옳은 것은?
① 마찰력은 유체의 속도에 반비례한다.
② 마찰력은 온도 변화에 따라 그 값이 변한다.
③ 유체의 마찰력은 이상 유체에서만 고려된다.
④ 마찰력은 유체의 종류에 관계없이 일정하다.

[해설]
$F = \mu S \dfrac{V}{h}$
절대 점성 계수 μ는 온도에 따라 변하는데 액체는 온도와 점성이 반비례하지만 기체는 비례한다.

03 그림과 같은 압력 구배가 없는 점성 흐름을 고찰할 때 작용힘(F)과 비례하지 않는 요소는?

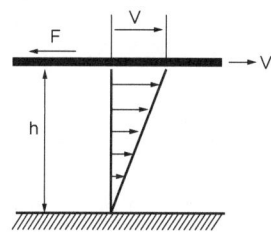

① 점성 계수(μ)   ② 물체의 속도(V)
③ 작용 면적(S)   ④ 거리(높이)(h)

04 점성에 의한 마찰력을 기술한 것 중에서 틀린 것은?
① 마찰력은 속도 구배에 비례한다.
② 마찰력은 면적의 제곱에 비례한다.
③ 마찰력은 절대 점성 계수에 비례한다.
④ 마찰력은 유체의 속도에 관계된다.

05 공기의 점성 효과에 대한 설명으로 가장 올바른 것은?
① 점성력은 속도(V), 면적(S), 점성 계수 μ에 반비례하고 경계층 두께에 비례한다.
② 비행하는 물체에 작용하는 점성력의 특성을 가장 잘 나타내는 식은 베르누이 정리이다.
③ 동점성 계수 ν는 밀도 ρ를 점성 계수 μ로 나눈 값이다.
④ 점성은 일반적으로 온도에 따라 그 값이 변한다.

06 동점성 계수를 나타내는 것은?
① 점성 계수/밀도   ② 밀도/점성 계수
③ 관성력/점성력   ④ 점성력/중력

07 다음 중 동점성 계수의 단위는?
① m^2/s ② $kg \cdot s/m^2$
③ $kg/m \cdot s$ ④ $kg/m \cdot s^2$

[해설]
$Re = \dfrac{VL}{\nu}$
- 레이놀즈수는 무차원 수이므로 분모와 분자의 단위가 같아야 한다.
- 속도의 단위는 m/s, 길이의 단위는 m이므로 동점성 계수의 단위는 m^2/s이다.

정답 01. ④ 02. ② 03. ④ 04. ② 05. ④ 06. ① 07. ①

제1부 항공 역학

08 공기의 동점성 계수 단위로 옳은 것은?
① stoke   ② poise
③ cm/s   ④ g/cm-s

해설
cm^2/s = stoke

09 경계층에 대한 설명으로 옳은 것은?
① 난류에서만 존재한다.
② 유체의 점성이 작용하는 영역이다.
③ 임계 레이놀즈수 이상에서 생긴다.
④ 흐름의 속도에 영향을 받지 않는다.

해설
경계층의 정의
- 공기의 점성에 의하여 원래의 속도에 99%가 되는 점을 연결한 가상적인 선
- 점성의 영향이 뚜렷한 벽 가까운 구역의 가상적인 층

10 다음 중 천이를 옳게 설명한 것은?
① 층류에서 난류로 넘어가는 지점
② 흐름이 표면에서 떨어지는 지점
③ 유체 입자가 나란히 흘러가는 흐름
④ 유체 입자가 뒤섞여 흘러가는 흐름

11 레이놀즈수(Reynolds Number)에 대한 설명으로 틀린 것은?
① 무차원 수이다.
② 유체의 관성력과 점성력의 비이다.
③ 레이놀즈수가 클수록 유체의 점성이 크다.
④ 유체의 속도가 빠를수록 레이놀즈수는 크다.

해설
$Re = \dfrac{관성력}{점성력} = \dfrac{\rho VL}{\mu} = \dfrac{VL}{\nu}$

12 레이놀즈수(Reynolds Number)에 대한 설명으로 틀린 것은?
① 단위는 cm^2/s이다.
② 동점성 계수에 반비례한다.
③ 관성력과 점성력의 비를 표시한다.
④ 임계 레이놀즈수에서 천이 현상이 일어난다.

해설
레이놀즈수는 단위가 없는 무차원 수

13 임계 레이놀즈수에 대한 설명 내용으로 가장 관계가 먼 것은?
① 층류에서 난류로 바뀔 때의 레이놀즈수
② 층류에서 또 다른 형태의 층류로 바뀔 때의 레이놀즈수
③ 난류에서 층류로 바뀔 때의 레이놀즈수
④ 유동 중 천이 현상이 일어날 때의 레이놀즈수

14 임계 레이놀즈수를 가장 올바르게 표현한 것은?
① 박리가 일어나는 레이놀즈수
② 천이가 일어나는 레이놀즈수
③ 아음속에서 천음속으로 바뀌는 레이놀즈수
④ 충격파가 일어나는 레이놀즈수

15 층류와 난류에 대한 설명으로 틀린 것은?
① 난류는 층류에 비해 마찰력이 크다.
② 난류는 층류보다 박리가 쉽게 일어난다.
③ 층류에서 난류로 변하는 현상을 천이라고 한다.
④ 층류에서는 인접하는 유체층 사이에 유체 입자의 혼합이 없고 난류에서는 혼합이 있다.

정답   08. ①   09. ②   10. ①   11. ③   12. ①   13. ②   14. ②   15. ②

해설

난류 경계층
- 층류 경계층에 비해 두께가 급격히 증가
- 평판의 뒷전에서 발생
- 마찰 저항이 큼
- 유체의 혼합이 잘 이루어져 운동량이 잘 전달되므로 박리 지연

16 레이놀즈수(Reynolds Number)는 유동현상에 있어서 관성력과 마찰력이 어떤 비로 작용하는가를 나타내는 무차원량이다. 다음 식에서 옳은 것은? (단, C : 날개의 시위 길이, ν : 동점성 계수 V : 공기 속도, ρ : 공기 밀도 μ : 절대 점성 계수)

① $\dfrac{Vc\nu}{\rho}$ ② $\dfrac{Vc}{\rho}$ ③ $\dfrac{Vc}{\mu}$ ④ $\dfrac{Vc}{\nu}$

17 층류에서 난류로 변하는 현상을 천이라고 하는데 이것에 영향을 주는 요소가 아닌 것은?

① 처음 들어오는 흐름의 난류 존재 여부
② 레이놀즈수의 크기
③ 흐름에 놓인 평판 크기
④ 흐름의 진동

18 날개의 시위 2m, 대기 속도가 300km/h, 공기의 동점성 계수 0.15cm²/sec일 때 레이놀즈수는 얼마인가?

① 1.1×10^7 ② 1.4×10^7
③ 1.4×10^8 ④ 1.4×10^8

해설

$Re = \dfrac{VL}{\nu} = \dfrac{\frac{300}{3.6} \times 2}{0.15 \times 10^{-4}} = 1.1 \times 10^7$

19 속도가 360km/h, 동점성 계수가 0.15 cm²/s인 풍동 시험부에 시위(Chord)가 1m인 평판을 넣고 실험할 때, 이 평판의 앞전(Leading Edge)으로부터 0.3m 떨어진 곳의 레이놀즈수는 얼마인가? (단, 레이놀즈수의 기준 속도는 시험부 속도이고, 기준 길이는 앞전으로부터 거리이다)

① 1×10^5 ② 1×10^6
③ 2×10^5 ④ 2×10^6

해설

$Re = \dfrac{VL}{\nu} = \dfrac{\frac{360}{3.6} \times 0.3}{0.15 \times 10^{-4}} = 2 \times 10^6$

20 유체 흐름과 관련된 용어의 설명으로 옳은 것은?

① 박리 : 층류에서 난류로 변하는 현상
② 층류 : 유체가 진동을 하면서 흐르는 흐름
③ 난류 : 유체의 유동 특성이 시간에 대해 일정한 정상류
④ 경계층 : 벽면에 가깝고 점성이 작용하는 유체의 층

21 공기 유동이 날개의 표면에 따라 흐르다가 날개의 표면에서 떨어지는 것을 무엇이라 하는가?

① 천이(Transition)
② 박리(Separation)
③ 난류(Turbulent)
④ 간섭(Interference)

정답 16. ④ 17. ④ 18. ① 19. ④ 20. ④ 21. ②

제1부 항공 역학

22 항공기 날개에서의 실속 현상이란 무엇을 의미하는가?
① 날개 상면의 흐름이 층류로 바뀌는 현상이다.
② 날개 상면의 항력이 갑자기 0이 되는 현상이다.
③ 날개 상면의 흐름 속도가 급격히 증가하는 현상이다.
④ 날개 상면의 흐름이 날개 상면의 앞전 근처로부터 박리되는 현상이다.

23 날개에서 발생하는 와류(Vortex)에 대한 설명으로 틀린 것은?
① 높은 받음각에서는 점성 효과에 의한 유동 박리(Flow Separation)로 발생하며 추가적인 양력 감소의 주요 요인이다.
② 와류면(Vortex Surface)을 걸쳐 압력 차이를 유지할 수 있는 날개 표면 와류(Bound Vortex)는 양력 발생과 직접적인 관련이 있다.
③ 날개의 양력 분포에 따라 발생하여 공기 흐름 방향(Down-Stream)으로 이동하며 유도 항력 발생의 주요 요인이다.
④ 윙렛(Wing Let)은 날개 끝에서 발생하는 와류(Wing Tip Vortex)에 의한 유도 항력을 감소시키기 위한 효과적인 장치이다.

> **해설**
> 박리의 주된 원인은 역압력 구배

24 다음 중 날개 주위에서 경계층(Boundary Layer)의 박리(Separation)가 발생되는 조건은?
① 음속에 도달하였을 때
② 역압력 구배가 형성될 때
③ 경계층이 정지되었을 때
④ 날개 표면의 점성이 줄어들 때

> **해설**
> 역압력 구배
> 날개의 뒷전으로 갈수록 공기 흐름의 속도가 감소하면서 압력이 증가하여 압력이 역으로 작용하는 현상

25 와류 발생 장치(Vortex Generator)의 주 목적은?
① 층류의 유지
② 난류의 생성
③ 불규칙 흐름의 제거
④ 항력 감소

26 Vortex Generator의 목적은?
① 층류 흐름의 유지
② 날개 끝 실속 방지
③ 흐름의 떨어짐 방지
④ 흐름의 떨어짐 발생

27 비행기가 표준 해발 고도에서 170m/s 속도로 비행하여 날개 상면의 임의의 점의 압력이 0.735kg/cm²이었다. 이 지역의 압력 계수는 얼마인가? (단, 이때의 대기압은 1.0332 kg/cm²이다)
① −1.651 ② −0.168
③ 0.408   ④ 0.628

> **해설**
> $$C_p = \frac{P-P_0}{\frac{1}{2}\rho V_0^2} = \frac{7350-10332}{\frac{1}{2}\times 0.125 \times 170^2} = -1.651$$

정답 22. ④ 23. ① 24. ② 25. ② 26. ③ 27. ①

3 압축성 유동

가 마하파

1) 마하파(Mach Wave)

가) 고요한 구역
① 원추 밖의 종소리가 들리지 않는 구역
② 교란이 전혀 없는 구역

나) 작용 구역
① 원추 안에 종소리가 들리는 구역
② 교란이 있는 구역

다) 마하각
마하파와 비행기의 진행 방향이 이루는 각

$$\sin\alpha_m = \frac{1}{M}$$

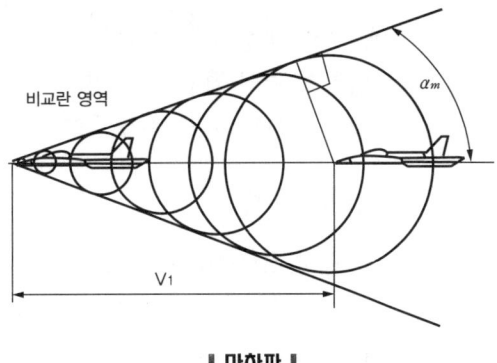

‖ 마하파 ‖

라) 마하파(Mach Wave) = 마하선(Mach Line)
① 고요한 구역과 작용 구역의 경계
② 초음속 흐름에서 미소한 교란이 전파되는 면
③ 압력과 밀도가 증가되어 압축성 영향을 나타냄

나 날개 단면의 충격파

1) 충격파의 발생

가) 날개에서의 초음속 흐름
① 날개 앞전에 경사 충격파가 발생하여 흐름의 속도가 감소
② 두께가 가장 큰 부분에서 흐름이 꺾이면서 팽창파가 발생하여 속도가 증가
③ 뒷전에서 다시 경사 충격파가 발생하여 속도 감소

나) 임계 마하수
충격파가 발생할 때의 비행기의 마하수

다) 충격 실속
충격파 뒤에서 압력이 급격히 증가하여 유체 입자가 박리하게 되므로 양력이 감소되고 항력이 증가하여 발생하는 실속 현상

2) 충격파의 정의

가) 흐름의 특성
① 아음속에서는 공기 흐름의 통로가 좁아지면 속도 증가, 압력 감소
② 초음속에서는 공기의 압축성 효과에 의해서 흐름의 통로가 좁아지면 속도 감소, 압력 증가
③ 충격파를 통과하면 압력, 밀도 그리고 온도는 증가하고 속도는 감소

나) 충격파(Shock Wave)
① 흐름의 속도가 음속보다 빠를 때 발생
② 흐름의 방향이 급격하게 변화되어 압력이 급격히 증가하여 폭발하는 현상
③ 압력의 불연속면
④ 압력, 밀도, 온도 증가

3) 충격파의 종류

가) 수직 충격파(Normal Shock Wave)
① 흐름에 대하여 수직으로 발생하는 충격파
② 천음속에서 발생
③ 천음속 흐름이 아음속으로 감소

나) 경사 충격파(Oblique Shock Wave)
① 통로가 급격히 좁아질 때 흐름에 대하여 경사지게 발생하는 충격파
② 초음속에서 발생
③ 초음속의 속도가 약간 감소

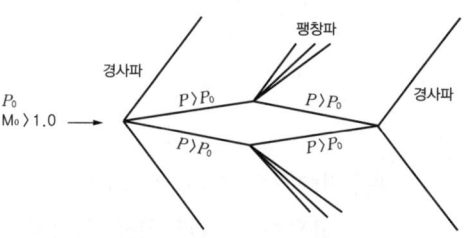

▎다이아몬드형 날개꼴 주위의 초음속 흐름▎

다) 팽창선(팽창파)(Expansion Fan)
① 마하선의 모양이 부채꼴 모양으로 생긴 선
② 팽창선을 지나면 압력과 밀도 감소, 속도 증가

4) 충격파에 의한 항력

가) 비압축성 흐름
① 비행체 표면의 마찰 항력
② 흐름의 떨어짐으로 인한 압력 항력
③ 마찰 항력과 압력 항력을 감소시키기 위해 유선형으로 제작

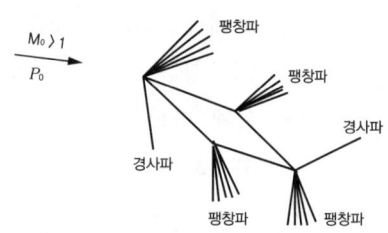

▎받음각이 있는 초음속 흐름▎

나) 조파 항력(Wave Drag)
① 초음속에서 충격파로 인하여 발생하는 항력
② 조파 항력에 영향을 주는 요소
  ㉠ 날개골의 받음각
  ㉡ 캠버선의 모양
  ㉢ 길이에 대한 두께의 비(두께비)
③ 조파 항력을 감소시키려면
  ㉠ 앞전을 뾰족하게
  ㉡ 두께는 얇게

3 출제 예상 문제

01 비행기가 고속으로 비행할 때 날개 위에서 충격 실속이 발생하는 시기는?
① 아음속에서 생긴다.
② 극초음속에서 생긴다.
③ 임계 마하수에 도달한 후에 생긴다.
④ 임계 마하수에 도달하기 전에 생긴다.

02 초음속 비행기에서 날개 표면에서 수직 충격파가 생기면 충격파 뒤의 현상은?
① 압력 증가   ② 속도 증가
③ 압력 일정   ④ 저항 감소

03 정지 충격파 전후의 유동 특성이 아닌 것은?
① 충격파를 통과하게 되면 흐름은 압축을 받게 된다.
② 충격파 전의 압력과 밀도는 충격파 후보다 항상 크다.
③ 충격파를 통과할 때 속도에너지의 일부가 열로 변환된다.
④ 충격파는 실제적으로 압력의 불연속면이라 볼 수 있다.

> **해설**
> 충격파를 통과하면 압력, 밀도 그리고 온도는 증가하고 속도는 감소

04 초음속 흐름 속에 쐐기형 에어포일이 그림과 같이 놓여 있다. 에어포일 주위에 충격, 팽창파가 생기고 초음속 흐름이 지나가고 있다. 다음의 설명에서 틀린 것은?

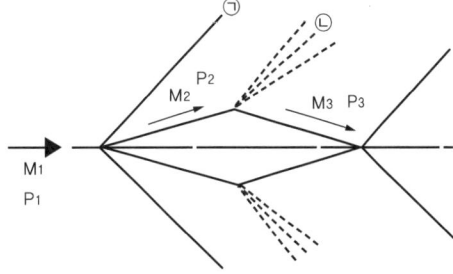

① ㉠ - 충격파 $M_1 > M_2$, $P_1 < P_2$
② ㉡ - 팽창파 $M_2 > M_3$, $P_1 < P_2$
③ ㉠ - 충격파 $M_1 > M_2$, $P_2 > P_3$
④ ㉡ - 팽창파 $M_2 < M_3$, $P_1 < P_2$

정답 01. ③ 02. ① 03. ②

제1부 항공 역학

[해설]

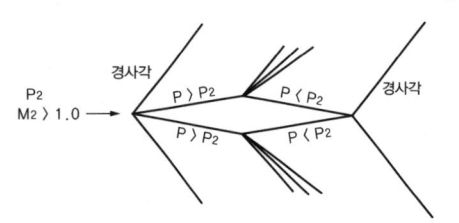

㉠은 경사 충격파, ㉡은 팽창파
$M_1 > M_2 < M_3$, $P_1 < P_2 > P_3$

정답 04. ②

03 양력 · 항력

① 날개 단면

가 날개 단면의 형상

1) 에어포일의 용어

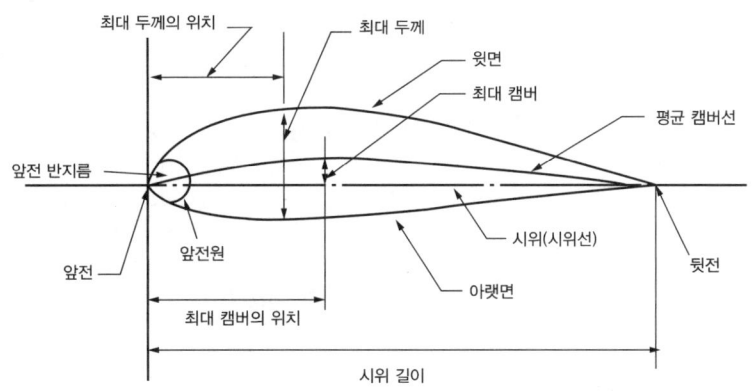

｜ 날개골의 명칭 ｜

① 앞전(Leading Edge) : 날개골 앞부분의 끝
② 뒷전(Trailing Edge) : 날개골 뒷부분의 끝
③ 시위(Chord) : 앞전과 뒷전을 연결하는 선, 특정 길이의 기준으로 사용
④ 두께 : 윗면과 아래면 사이의 수직 거리

$$두께비 = \frac{두께}{시위선의\ 길이}$$

⑤ 평균 캠버선(Mean Camber Line) : 두께의 이등분점을 연결한 선
⑥ 캠버(Camber)
   ⊙ 시위선에서 평균 캠버선까지의 거리, 시위선과의 %비로 표시
   ⓒ 대칭형 날개(Symmetric Airfoil) : 캠버가 0인 날개
⑦ 앞전 반경(Leading Edge Radius) : 앞전에서 평균 캠버선에 접하도록 그은 직선상에 중점을 갖고 에어포일 상하면에 접하는 원의 반경
⑧ 최대 두께의 위치 : 앞전에서부터 최대 두께까지의 시위선상의 거리
⑨ 최대 캠버의 위치 : 앞전에서부터 최대 캠버까지의 시위선상의 거리

2) 날개 단면과 관련된 용어의 정의

① 받음각(Angle Of Attack, α) : 공기 흐름의 속도 방향과 시위선 사이의 각도
② 붙임각(Incidence Angle, I) : 날개의 시위선과 항공기 동체의 중심선(세로축)이 이루는 각
③ 절대 받음각(Absolute A/A, α_a) : 항공기의 진행 방향과 무양력 시위선이 이루는 각
④ 무양력 시위선(Zero Lift Chord Line) : 날개에 양력이 발생하지 않는 방향으로 상대풍이 불어올 때 그 방향을 날개 단면상에 연장시켜 이루어지는 시위선
⑤ 무양력 받음각(Zero Lift A/A, α_0) : 영양력 받음각이라고도 하며 무양력 시위선과 시위선이 이루는 각

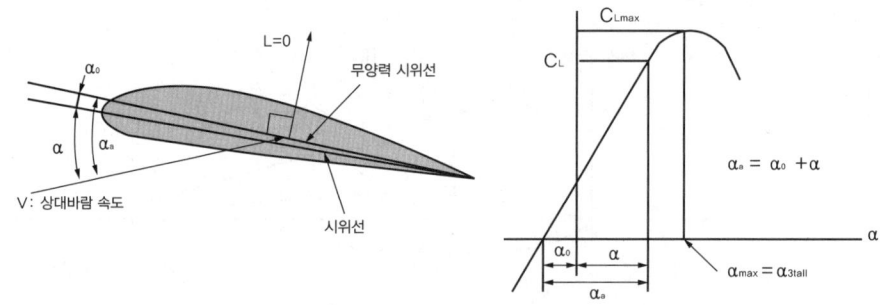

| 무양력 받음각 |

3) 대칭 날개 단면의 특성

① 시위선, 평균 캠버선 및 무양력 시위선이 동일
② 받음각과 절대 받음각이 동일
③ 캠버가 0
④ 무양력 받음각이 0

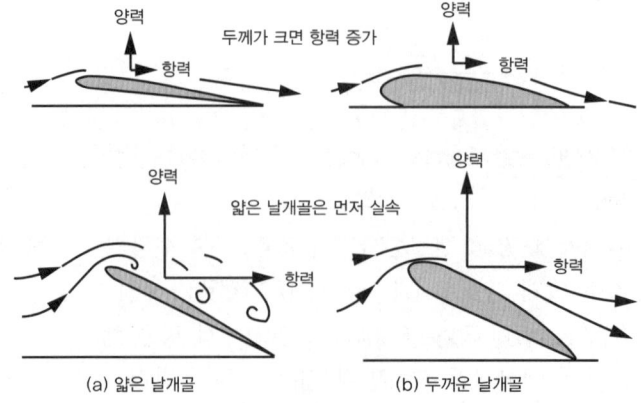

| 두께의 영향 |

4) 날개골의 모양에 따른 특성

가) 두께
① 얇은 날개 : 받음각이 작으면 항력 감소, 받음각이 커지면 박리가 발생되어 항력 증가
② 두꺼운 날개 : 받음각이 작을 때 항력 크나, 받음각 증가해도 박리가 쉽게 발생하지 않음

나) 두께 분포와 앞전 반지름
① 앞전 반지름이 작을수록 항력 감소
② 받음각이 증가하면 박리가 발생하여 항력 증가
③ 앞전 반지름이 클수록 받음각 증가 가능

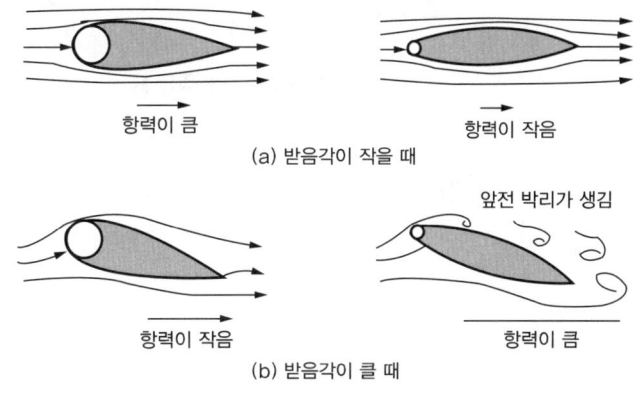

‖ 앞전 반지름의 영향 ‖

다) 캠버
캠버가 증가할수록 큰 양력을 얻을 수 있고, 큰 받음각으로 증가시킬 수 있지만 항력도 증가

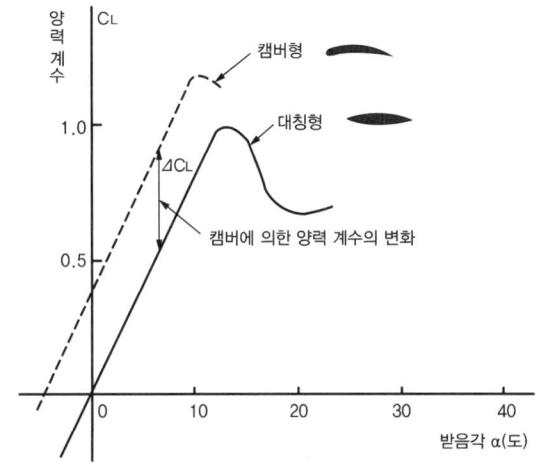

‖ 캠버에 대한 양력 계수의 변화 ‖

라) 시위

① 시위가 길면 레이놀즈수가 커서 윗면이 난류로 천이되기 쉬우므로 큰 받음각에서도 쉽게 박리 현상이 발생하지 않음
② 레이놀즈 효과 = 치수 효과(Scale Effect) : 레이놀즈수에 의한 특성 변화

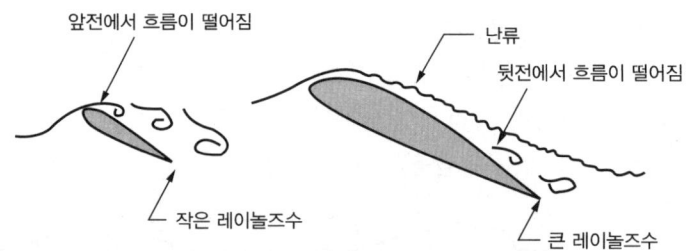

┃ 레이놀즈수의 영향 ┃

나 NACA 표준 에어포일

1) 4자 계열

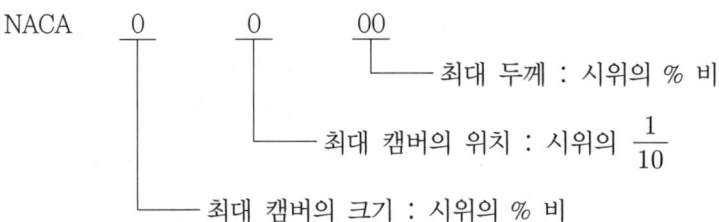

NACA 4312 : 최대 캠버의 크기는 시위의 4%이고 위치는 30%이며, 최대 두께는 12%
NACA 0006 : 대칭 에어포일로서 최대 두께는 6%

① 두께가 15 ~ 18% 정도까지는 두께가 두꺼울수록 실속각과 최대 양력 계수 증가
② 두께가 18% 이상일 때는 박리가 발생하여 최대 양력 계수 감소
③ 캠버가 클수록 영양력 받음각 큰 음의 값, 최대 양력 계수 증가
④ 캠버의 실용 범위 4% 정도
⑤ 항력은 두꺼운 날개가 작은 받음각에서는 크나 큰 받음각에서는 작음

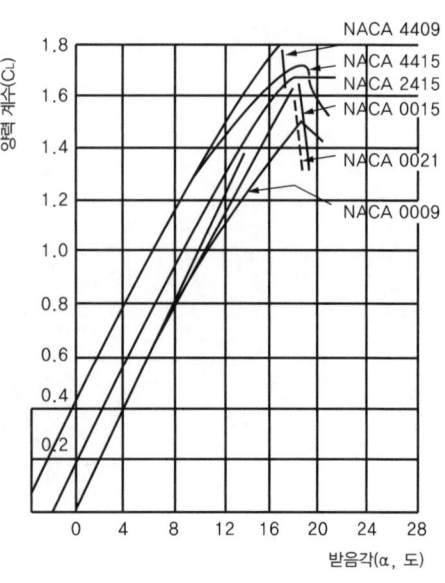

┃ 날개골의 양력 특성 ┃

2) 5자 계열

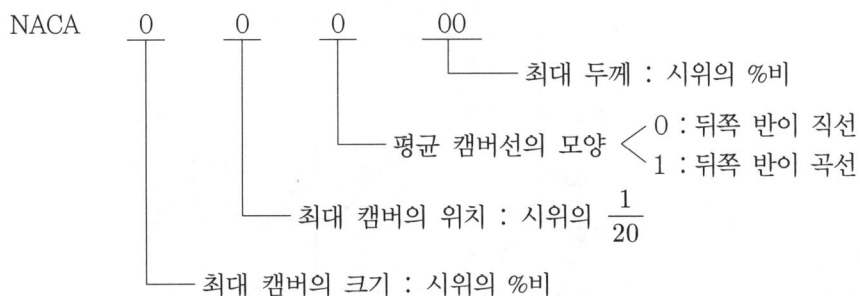

NACA 23015 : 최대 캠버의 크기가 2%이고, 최대 캠버의 위치는 15%이며 캠버의 뒤쪽 반이 직선이며, 최대 두께는 시위의 15%

① 4자 계열의 두께 분포를 변화시키지 않고 최대 캠버의 위치를 앞쪽으로 옮겨 앞전 곡률을 크게 하여 큰 받음각에서도 박리가 발생치 않도록 하여 양력 계수를 증가
② 중·대형 프로펠러기에 많이 사용

3) 6자 계열(층류 날개골)

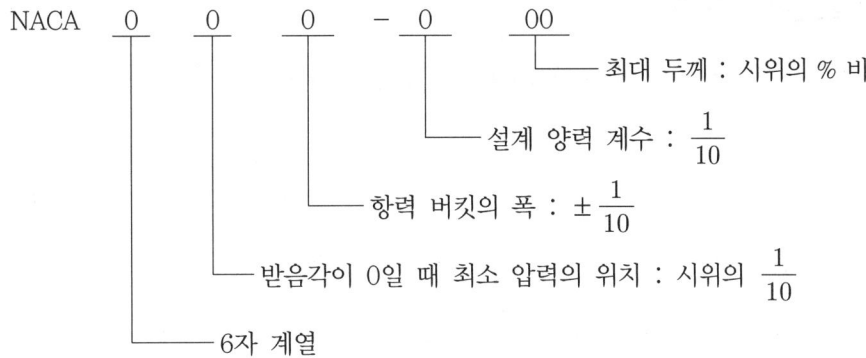

NACA 651-215 : 6자 계열 날개골로 받음각이 0일 때 최소 압력이 시위의 50%에 생기며 항력 버킷의 폭이 설계 양력 계수를 중심으로 ±0.1이다. 그리고 설계 양력 계수가 0.2이며 최대 두께가 시위의 15%

① **양항 극곡선** : 양력 계수 변화에 대한 항력 계수의 특성을 나타내는 곡선
② **항력 버킷(Drag Bucket)** : 양항 극곡선에서 어떤 양력 계수 부근에서 항력 계수가 갑자기 작아지는 부분으로 이 곡선 중심의 양력 계수가 설계 양력 계수, 두께가 얇을수록, 레이놀즈수가 클수록 좁아지고 깊어짐.
③ 6자 계열은 최대 두께의 위치가 중앙 부근에 위치하여 설계 양력 계수 부근에서 항력 계수가 작고, 받음각이 작을 때 층류 유지

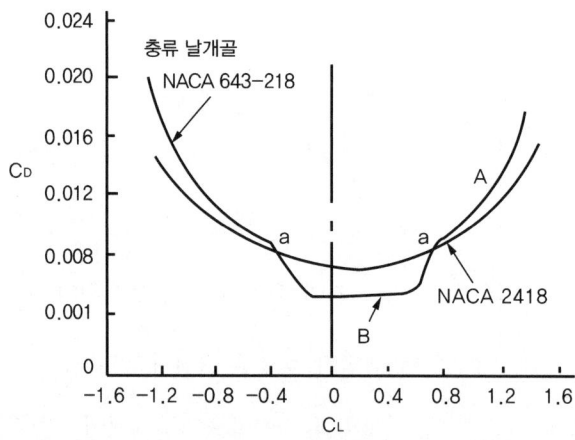

┃ 6자 계열 날개골의 특성 ┃

④ 4자 계열과 6자 계열의 압력 분포 : 6자 계열은 4자 계열보다 최소 압력점이 뒤로 이동하여 층류 흐름이 길어짐
⑤ 천음속 항공기에 주로 사용
⑥ 두께가 12%인 날개골들의 양력 특성이 좋음

4) 초음속 날개골

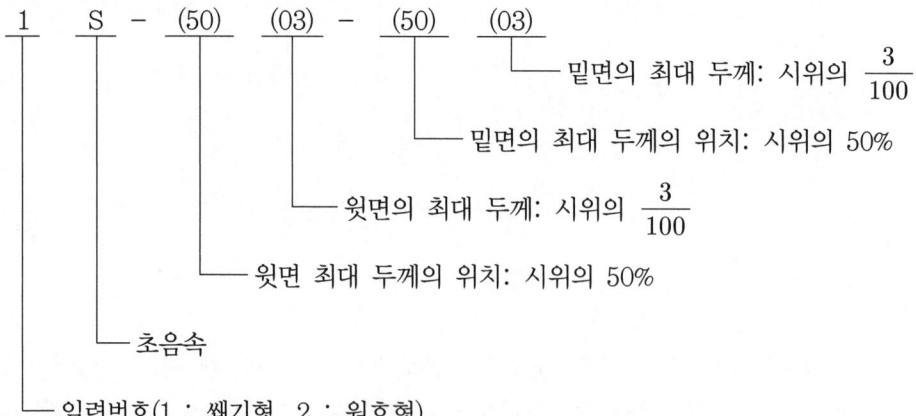

① 조파 항력 : 초음속에서 충격파에 의해 발생하는 항력
② 조파 항력은 앞전이 뾰족하고 얇을수록 감소

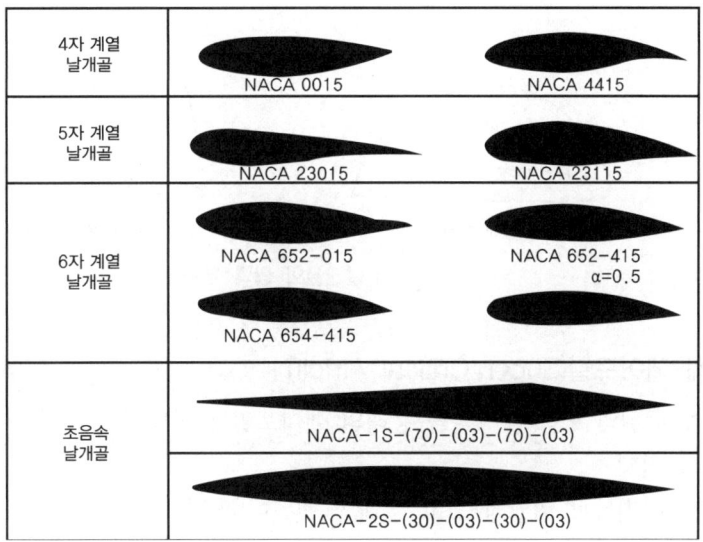

▮ NACA 표준 날개골 ▮

다 고속기 에어포일의 종류

1) 층류 날개골(Laminar flow airfoil)

① 천음속 항공기 : B747, A-300, MD-11
② 임계 마하수 : 날개에서 충격파가 발생할 때의 항공기의 마하수로 보통 0.85 ~ 0.99
③ 항공기의 속도가 빠를 때는 캠버가 크지 않더라도 원하는 양력을 얻을 수 있으나 항력도 증가
④ 속도를 증가시키면서 항력을 감소시키는 날개로 가능한 한 층류 경계층을 유지하여 항력 감소
⑤ 층류 경계층은 난류 경계층 보다 마찰 항력 감소
⑥ 최대 두께의 위치를 뒤에 놓고 앞전 반지름을 다소 작게 하여 최저 부압점을 뒤로 후퇴시켜 천이를 지연
⑦ 충격파 발생을 지연
⑧ 앞전 반지름을 작게 하면 받음각이 큰 경우 실속 속도가 증가
⑨ 최대 두께의 위치를 지나치게 후퇴시키면 박리로 인한 진동 발생
⑩ 항력 억제의 방법으로 뒤젖힘각을 둠

2) Peaky 에어포일

① 음속 비행 시 발생하는 충격파를 뒤로 후퇴시켜 그로 인한 항력 증가 억제
② 임계 마하수는 작으나 항력 발산 마하수는 커짐
③ 시위 앞부분의 압력 분포가 뾰족함

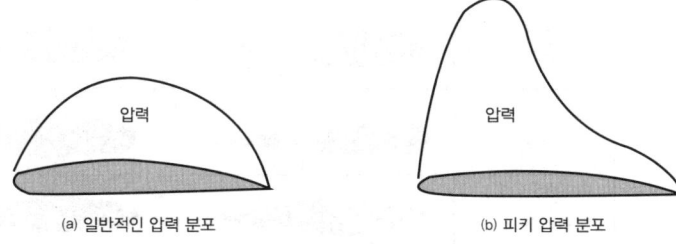

(a) 일반적인 압력 분포   (b) 피키 압력 분포

| 날개골의 압력 분포 |

3) 초임계 에어포일(Super Critical Airfoil)
① 날개 주위의 초음속 영역을 종래의 에어포일보다 넓혀 충격파를 약하게 하여 항력의 증가 억제
② 앞전 반지름이 비교적 크고 날개의 윗면이 평평
③ 임계 마하수 0.99
④ 초음속 날개의 고아음속에서의 장점
  ㉠ 동일 두께비의 경우 순항 마하수가 15% 정도 증가
  ㉡ 동일 순항 마하수에 항력을 증가시키지 않고 두께비 증가 가능

라 에어포일의 항공역학적 특성

1) 날개골에 작용하는 공기력
① 흐름 방향에 수직으로 양력 발생
② 흐름 방향과 같은 방향으로 항력 발생
③ 등가유해면적(Equivalent Parasite Area) : 항력 계수 1을 갖는 가상 평판의 면적

$$f = 1.28 S_p$$

2) 양력 계수와 항력 계수
① $L = \dfrac{1}{2}\rho V^2 C_L S$ C_L : 양력 계수

② $D = \dfrac{1}{2}\rho V^2 C_D S$ C_D : 항력 계수

③ 양항비 $= \dfrac{L}{D} = \dfrac{C_L}{C_D}$

④ 받음각 : 시위선과 상대풍이 이루는 각
⑤ 절대받음각 : 항공기의 진행 방향과 무양력 시 위선이 이루는 각

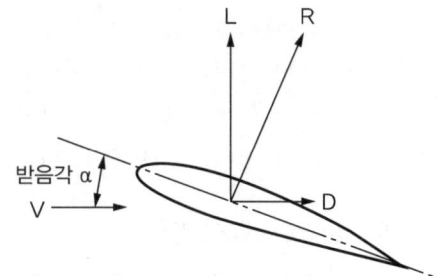

| 양력, 항력과 받음각 |

3) 공기력에 영향을 주는 요소
① 자유 공기의 흐름 속도
② 공기 밀도
③ 물체의 면적
④ 물체의 모양
⑤ 음속
⑥ 받음각
⑦ 물체 표면의 거침 정도
⑧ 공기의 점도

4) 받음각과 C_L, C_D의 관계

① $\alpha = -5.3^0$ $C_L = 0$
  영양력 받음각(Zero Lift Angle Of Attack) : 양력이 0이 되는 받음각
② $\alpha = 18°$까지 C_L이 직선적으로 증가
  C_{Lmax} : 최대 양력 계수
③ 실속각 : C_{Lmax}일 때의 받음각
④ 실속각 이후 C_L이 급격히 감소 : 실속(Stall)
⑤ $\alpha = -5^0$에서 항력 최소
  C_{Dmin} : 최소 항력 계수
⑥ 양력과 항력은 비례
  C_{Lmax}이 크고, C_{Dmin}과 C_{mo}가 작을수록 비행 성능 향상

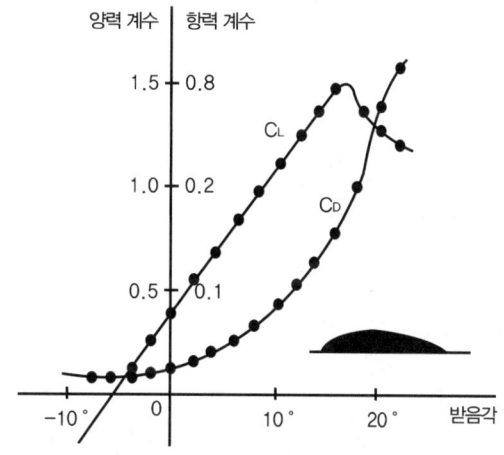

▌클라크 Y형 날개골의 양항 특성 ▌

1 출제 예상 문제

01 날개골(Airfoil)의 정의로 옳은 것은?
① 날개의 단면
② 날개가 굽은 정도
③ 최대 두께를 연결한 선
④ 앞전과 뒷전을 연결한 선

02 다음 그림에서 캠버는?

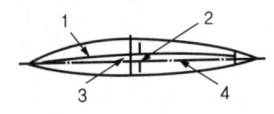

① 1　　② 2
③ 3　　④ 4

해설

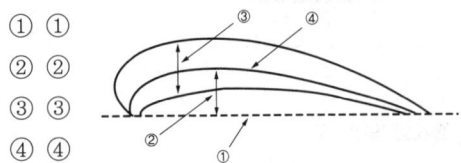

03 그림에서 날개의 가로세로비를 계산할 때 이용되는 것은?
① ①
② ②
③ ③
④ ④

04 그림과 같은 날개의 단면에서 시위선은?
① ①
② ②
③ ③
④ ④

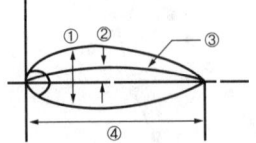

05 날개골의 명칭 중 평균 캠버선에 대한 설명으로 옳은 것은?
① 두께의 2등분점을 연결한 선
② 앞전과 뒷전을 연결하는 직선
③ 날개골의 위쪽과 아래쪽의 곡면
④ 시위선에서 수직선을 그었을 때 윗면과 아랫면 사이의 수직 거리

06 항공기 날개의 캠버가 증가를 하면 양력, 항력 계수는 어떻게 되는가?
① 양력 계수 증가, 항력 계수 감소
② 양력 계수 감소, 항력 계수 증가
③ 양력 계수 감소, 항력 계수 감소
④ 양력 계수 증가, 항력 계수 증가

07 날개골의 모양에 따른 특성 중 캠버에 대한 설명으로 틀린 것은?
① 받음각이 0도일 때도 캠버가 있는 날개골은 양력을 발생한다.
② 캠버가 크면 양력은 증가하나 항력은 비례적으로 감소한다.
③ 두께나 앞전 반지름이 같아도 캠버가 다르면 받음각에 대한 양력과 항력의 차이가 생긴다.
④ 저속 비행기는 캠버가 큰 날개골을 이용하고, 고속 비행기는 캠버가 작은 날개골을 사용한다.

해설
양력 계수와 항력 계수에 영향을 주는 요소
받음각, 캠버, 두께, 앞전 반지름, 가로세로비

정답　01. ①　02. ②　03. ④　04. ①　05. ①　06. ④　07. ②

제3장 양력·항력

08 양력 계수에 대한 설명으로 틀린 것은?
① 날개골의 두께와는 무관하다.
② 받음각에 관계되는 무차원 수이다.
③ 받음각을 증가시키면 양력 계수가 최댓값까지 증가한다.
④ 일정한 받음각을 넘으면 양력 계수가 급격히 감소하는 현상을 실속이라 한다.

09 최대 양력이 큰 날개가 아닌 것은?
① 캠버가 큰 날개
② 앞전 반경이 큰 날개
③ 세장비가 큰 날개
④ 시위가 짧은 날개

10 날개의 최대 양력 계수를 증가시키는 요소가 아닌 것은?
① 캠버
② 시위 길이
③ 스포일러
④ 날개 면적

11 다음 중 좋은 날개골이라고 할 수 있는 것은?
① 양력 계수가 크고 항력 계수도 클 것
② 양력 계수가 작고 항력 계수도 작을 것
③ 양력 계수가 작고 항력 계수는 클 것
④ 양력 계수가 크고 항력 계수는 작을 것

12 다음 중 일반적으로 단면 형태가 다른 것은?
① 도움 날개
② 방향 키
③ 피토 튜브
④ 프로펠러 깃

13 받음각(Angle Of Attack)에 대한 설명으로 옳은 것은?
① 후퇴각과 취부각의 차
② 동체 중심선과 시위선이 이루는 각
③ 날개 중심선과 시위선이 이루는 각
④ 항공기 진행 방향과 시위선이 이루는 각

14 항공기가 수평선과 날개의 시위선이 20도를 유지하고, 17도의 각도로 상승 비행을 하고 있을 때 받음각은 몇 도인가?
① 3
② 17
③ 23
④ 37

15 다음 중 항공기 날개의 절대 받음각(Absolute Angle Of Attack)을 옳게 설명한 것은?
① 항공기 동체 기준선과 무양력 시위선이 이루는 각
② 날개의 평균 캠버선과 시위선이 이루는 각
③ 항공기 진행 방향과 평균 캠버선이 이루는 각
④ 항공기의 진행 방향과 무양력 시위선이 이루는 각

해설
무양력 시위선(Zero Lift Chord Line)
날개에 양력이 발생하지 않는 방향으로 상대풍이 불어올 때 그 방향을 날개 단면상에 연장시켜 이루어지는 시위선

16 다음 중 항공기 받음각이 α인 날개의 양력 계수를 구하는 식은?
① $\pi \sin\alpha$
② $2\pi \sin\alpha$
③ $\pi \cos\alpha$
④ $2\pi \cos\alpha$

17 공기 역학적인 힘을 공력 계수를 이용하여 단위계나 스케일에 상관없이 일관되게 표현할 때 공력 계수에 영향을 미치는 요소가 아닌 것은?

① 마하수　　② 레이놀즈수
③ 받음각　　④ 비행경로각

> 해설
> 공력 계수 = 공기력 계수 = 양력 계수, 항력 계수

18 다음 에어포일 호칭 중 옳지 않은 것은?

① NACA 4자　　② NACA 5자
③ NACA 400　　④ CLARK Y

19 NACA 4자 계열의 AIRFOIL을 표기한 내용으로 틀린 것은?

"NACA2412"

① 최대 캠버가 시위의 2%이다.
② 최대 두께가 시위의 12%이다.
③ 앞 두자리가 00인 경우 대칭인 AIRFOIL을 의미한다.
④ 최대 캠버의 위치가 앞전으로부터 시위의 4% 앞에 있다.

20 4자 계열 날개골인 NACA 4512에서 4는 무엇을 의미하는가?

① 두께비가 시위의 4%
② 최대 캠버가 시위의 4%
③ 최대 캠버의 위치
④ 항력이 작은 날개골

> 해설

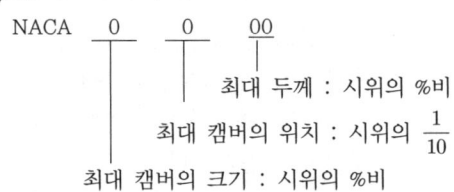

최대 두께 : 시위의 %비
최대 캠버의 위치 : 시위의 $\frac{1}{10}$
최대 캠버의 크기 : 시위의 %비

21 다음 중 아랫면과 윗면이 대칭인 날개골은?

① NACA 4412　　② NACA 2412
③ NACA 0012　　④ NACA 2424

22 받음각이 0도일 경우 양력이 발생하지 않는 것은?

① NACA 2412　　② NACA 4415
③ NACA 2415　　④ NACA 0018

23 4자 계열 날개골은 최대 두께가 시위 길이의 몇 % 정도에 위치한 날개골인가?

① 10%　　② 20%
③ 30%　　④ 40%

24 NACA 0018 날개골을 받음각 "1°"의 상태로 공기의 흐름에 놓았을 때 설명으로 틀린 것은?

① 흐름 방향 아래로 추력이 발생
② 흐름 방향의 수직으로 양력이 발생
③ 흐름 방향과 같은 방향으로 항력이 발생
④ 날개골의 윗면과 아랫면의 압력에 차이가 발생

> 해설
> 대칭형 에어포일에 받음각이 발생하면 흐름 방향에 수직으로 양력이 발생하고 흐름과 같은 방향으로 항력 발생

정답　17. ④　18. ③　19. ④　20. ②　21. ③　22. ④　23. ④　24. ①

25 4자 계열 날개골의 특징이 아닌 것은?

① 두께가 15 ~ 18% 정도까지는 두꺼울 수록 앞전 반지름도 커지므로 실속각과 최대 양력 계수가 커진다.
② 두께가 15 ~ 18% 이상에서는 큰 받음각일 때 최대 양력 계수값이 떨어진다.
③ 캠버의 실용 범위는 4% 정도이다.
④ 항력은 두께가 얇고 캠버가 적을수록 큰 받음각에서 작다.

해설
4자 계열 날개골
- 두께가 15~18% 정도까지는 두께가 두꺼울수록 실속각과 최대 양력 계수 증가
- 두께가 18% 이상일 때는 박리가 발생하여 최대 양력 계수 감소
- 캠버가 클수록 영양력 받음각 큰 음의 값, 최대 양력 계수 증가
- 캠버의 실용 범위 4% 정도
- 항력은 두꺼운 날개가 작은 받음각에서는 크나 큰 받음각에서는 작음

26 에어포일(Airfoil) "NACA 23012"에서 첫 번째 자리 숫자 "2"가 의미하는 것은?

① 최대 캠버의 크기가 시위(Chord)의 2%이다.
② 최대 캠버의 크기가 시위(Chord)의 20%이다.
③ 최대 캠버의 위치가 시위(Chord)의 15%이다.
④ 최대 캠버의 위치가 시위(Chord)의 20%이다.

해설
NACA 23012 : 최대 캠버의 크기가 2%이고, 최대 캠버의 위치는 15%이며 캠버의 뒤쪽 반이 직선이며, 최대 두께는 시위의 12%이다.

27 NACA 23012 날개골에 대한 설명으로 가장 올바른 것은?

① 최대 캠버가 시위의 2%로 앞전에서 15%에 위치한다.
② 최대 캠버가 시위의 20%로 앞전에서 30%에 위치한다.
③ 최대 두께가 15%이다.
④ 최대 두께가 12%로 최대 캠버는 앞전에서 50%에 위치한다.

28 NACA 23012에서 날개골의 최대 두께는 얼마인가?

① 시위의 12%   ② 시위의 15%
③ 시위의 20%   ④ 시위의 30%

29 다음 날개골의 호칭 NACA 23015에서 "3"에 관한 설명으로 옳은 것은?

① 최대 캠버가 시위의 15%이다.
② 최대 캠버가 시위의 1.5%이다.
③ 최대 캠버의 위치가 시위의 15%이다.
④ 최대 두께의 위치가 시위의 15%이다.

30 항공기에는 층류가 난류로 바뀌는 것을 지연시키기 위해 층류 에어포일(Laminar Airfoil)을 사용하는데 이는 무엇을 감소시키기 위한 것인가?

① 간섭 항력   ② 마찰 항력
③ 조파 항력   ④ 형상 항력

해설
층류 날개골(Laminar Flow Airfoil)
- 천음속 항공기 : B747, A-300, MD-11
- 속도를 증가시키면서 항력을 감소시키는 날개로 가능한 한 층류 경계층을 유지하여 항력 감소
- 층류 경계층은 난류 경계층보다 마찰 항력 감소
- 최대 두께의 위치를 뒤에 놓고 앞전 반지름을 다소 작게 하여 최저 부압점을 뒤로 후퇴시켜 천이를 지연
- 충격파 발생을 지연
- 항력 억제의 방법으로 뒤젖힘각을 둠

정답 25. ④ 26. ① 27. ① 28. ① 29. ③ 30. ②

31 다음 중 항력 버킷을 가장 올바르게 설명한 것은?

① 양 항력 곡선에서 어떤 양력 계수 부근에서 항력 계수가 갑자기 작아지는 부분
② 양 항력 곡선에서 어떤 항력 계수 부근에서 항력 계수가 갑자기 작아지는 부분
③ 양 항력 곡선에서 어떤 항력 계수 부근에서 양력 계수가 갑자기 작아지는 부분
④ 양 항력 곡선에서 어떤 양력 계수 부근에서 양력 계수가 갑자기 커지는 부분

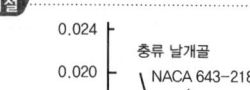

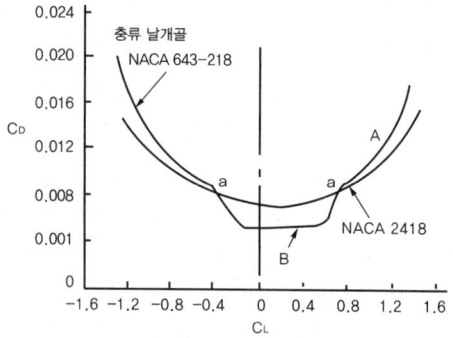

32 다음 중 초음속 날개의 에어포일로 가장 적당한 것은?

① 두께가 얇은 것
② 가로세로비가 큰 것
③ 앞전 반경이 큰 것
④ 캠버(Camber)가 큰 것

2 대기 속도

가 진대기 속도(True Air Speed : TAS)

실제 대기 속도

$$V_t = \sqrt{\frac{2(P_t - P)}{\rho}}$$

나 지시 대기 속도(Indicated Air Speed : IAS)

① 주로 해면 고도를 비행하는 저고도 항공기의 속도계에 지시되는 속도
② 계기 오차와 지연 오차를 보정한 속도

$$V_i = \sqrt{\frac{2(P_t - P)}{\rho_0}}$$

$$V_t = V_i \sqrt{\frac{\rho_0}{\rho}}$$

정답 31. ① 32. ①

다 등가 대기 속도(Equivalent Air Speed : EAS)

비행 고도의 밀도 대신 해면 고도의 밀도를 이용하여 산출한 속도

$$V_e = \sqrt{\frac{2(P_t - P)}{\rho_0}}$$

$$V_t = V_e \sqrt{\frac{\rho_0}{\rho}} = V_e \sqrt{\frac{1}{\sigma}}$$

라 수정 대기 속도(CAS : Calibrated Air Speed)

지시 대기 속도에서 피토 정압관의 장착 위치와 계기 자체에 의한 오차를 수정한 속도

$$V_c = \sqrt{\frac{2(P_t - P)}{\rho_0}}$$

※ 비압축성 대기 속도의 관계
    IAS = EAS = CAS

2 출제 예상 문제

01 진대기 속도(TAS)와 등가 대기속도(EAS)의 상관관계는?

① $TAS = EAS \rho_0^2$
② $TAS = EAS \rho_0$
③ $TAS = EAS \sqrt{\frac{\rho_0}{\rho}}$
④ $TAS = EAS \sqrt{\rho_0}$

02 등가 대기속도(V_e)와 진대기 속도(V_t)에 대한 설명으로 옳은 것은? (단, 밀도비 $\sigma = \frac{\rho}{\rho_0}$, P_t ; 전압, P_s: 정압, ρ_0 : 해면 고도 밀도, ρ : 현재 고도 밀도)

① 표준 대기의 대류권에서 고도가 증가할수록 진대기 속도가 등가 대기 속도보다 빠르다.
② 등가 대기 속도는 고도에 따른 온도 변화를 고려한 속도이다.
③ 등가 대기 속도와 진대기 속도와 관계는 $V_e = \sqrt{\frac{V}{\sigma}}$ 이다.
④ 베르누이 정리를 이용하여 등가 대기 속도를 나타내면 $V_e = \sqrt{\frac{P_t - P_s}{\rho_0}}$ 이다.

해설

$$V_t = V_e \sqrt{\frac{\rho_0}{\rho}} = V_e \sqrt{\frac{1}{\sigma}}$$

고도가 증가할수록 밀도가 낮아지므로 진대기 속도는 증가

정답 / 01. ③ 02. ①

03 라이트 형제는 인류 최초의 유인 동력 비행을 성공하던 날 최고 기록으로 59초 동안 이륙 지점에서 260m 지점까지 비행하였다. 당시 측정된 43km/h의 정풍을 고려한다면 대기 속도는 약 몇 km/h인가?

① 20 ② 40
③ 60 ④ 80

해설

비행기의 속도 $= \dfrac{260}{59} = 4.4\text{m/s} = 15.86\text{km/h}$

대기 속도 $=$ 비행기 속도 $+$ 바람 속도
$= 15.86 + 43 = 58.86\text{km/h}$

3 양력

가 순환 특성에 의한 양력

1) 쿠타 - 쥬코브스키의 개념

① 날개 윗면

자유 흐름 속도 V + 순환 흐름 속도 u

② 날개 아랫면

자유 흐름 속도 V − 순환 흐름 속도 u

③ 자유 와동 유동

$$Vr = const, \quad V = \dfrac{const}{r}$$

㉠ 곡선 경로의 유동 속도는 회전 중심의 반지름에 반비례
㉡ 토네이도와 같은 회오리의 유동 특성

④ 볼텍스의 세기

$$\Gamma = 2\pi Vr$$

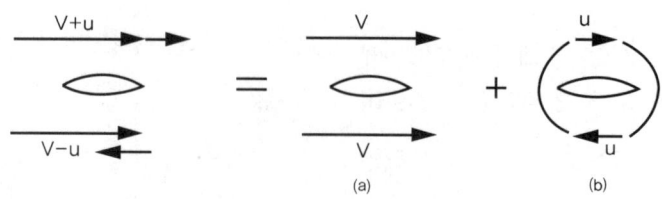

┃ 날개 주위의 흐름 분해 ┃

정답 03. ③

⑤ 쿠타 – 쥬코브스키 양력
   물체 주위에 와류가 생길 때 발생하는 양력

   $$L = \rho V \Gamma$$

2) 마그너스 효과
원형 단면 주위에 생긴 순환이 직선 유동과 조합될 경우에 발생하는 양력

3) 순환 이론
① 출발 와류(Starting Vortex)
   날개가 움직이기 시작한 후에 날개 아랫면의 입자가 위로 올라가 발생하는 와류

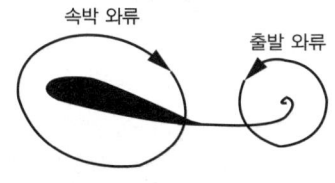

▮ 날개 주위의 순환 ▮

② 속박 와류(Bound Vortex)
   출발 와류와 방향이 반대로 앞전 주위에 발생하는 와류로 날개에 양력 발생
③ 날개 끝와류 = 익단 와류(Tip Vortex)
   날개 상하면의 압력차이에 의해서 발생하는 와류
④ 유도 속도(Induced Velocity)
   속박 와류와 익단 와류에 의해 공기가 움직이는 속도
⑤ 내리 흐름(Down Wash)
   ㉠ 유도 속도로 인하여 양력을 뒤로 처지게 하는 흐름으로 꼬리 날개를 밑으로 흐르게 함.
   ㉡ 날개 앞전에는 속박 와류에 의해 빗올림 흐름 발생
⑥ 겉보기 받음각(기하학적 받음각 Geometrical Angle Of Attack)
   내리 흐름에 의한 영향을 고려하지 않고 자유 흐름의 방향과 날개골의 시위선과 이루는 받음각
⑦ 유효 받음각(Effective Angle Of Attack)
   내리 흐름에 의한 날개 끝의 영향을 고려한 실제 받음각으로, 겉보기 받음각보다 약간 작음
⑧ 가로세로비가 작은 날개일수록 내리 흐름이 강함
⑨ 내리 흐름으로 인하여 실속각이 커지고 유도 항력 발생

3 출제 예상 문제

01 다음 중 항공기 날개 단면 주위에 발생하는 미지량 Γ의 크기를 결정하여 양력을 구하는 데 사용되는 이론은?

① Pascal 정리
② Bernoulli 정리
③ Prandtl 정리
④ Kutta-Joukowski 정리

02 원통의 중심 2m되는 곳의 속도가 20m/s일 때 Vortex의 크기는?

① 251   ② 126
③ 80   ④ 40

해설
$\Gamma = 2\pi Vr = 2\pi \times 20 \times 2 = 251.3$

03 원통의 회전에 의해 생긴 순환이 선형 흐름과 조합될 경우 양력이 발생하게 되는데, 이러한 효과를 무엇이라 하는가?

① 마그너스 효과 ② 마찰 효과
③ 실속 효과   ④ 점성 효과

04 비행 중인 날개 주위의 현상이 아닌 것은?

① 속박 와류와 날개 끝 와류에 의한 유도 속도로 인하여 밑으로 향하는 내리 흐름(Down Wash)이 발생한다.
② 날개 앞쪽에는 속박 와류에 의한 빗올림 흐름이 있다.
③ 내리 흐름으로 인하여 실제 받음각은 겉보기 받음각보다 작다.
④ 가로세로비가 클수록 내림 흐름은 강하다.

05 날개의 순환 이론에 대한 설명으로 가장 올바른 내용은?

① 날개의 앞쪽에는 출발 와류로 인한 빗올림 흐름이 있다.
② 속박 와류로 인하여 날개에 양력이 발생한다.
③ 날개를 지나는 흐름은 윗면에서는 정(+)압이고, 아랫면에서는 부(-)압이다.
④ 날개 끝 와류의 중심축은 흐름 방향에 직각이다.

06 물체에 작용하는 공기력에 대한 설명으로 옳은 것은?

① 공기력은 공기의 밀도와 속도의 제곱에 비례하고 면적에 반비례한다.
② 공기력은 공기의 밀도와 속도의 제곱에 반비례하고 면적에 반비례한다.
③ 공기력은 속도의 제곱에 비례하고 공기 밀도와 면적에 비례한다.
④ 공기력은 공기의 밀도와 속도의 제곱에 반비례하고 면적에 비례한다.

해설
$F \propto \rho S V^2$

07 비행기 날개에 작용하는 양력을 증가시키기 위한 방법이 아닌 것은?

① 양력 계수를 최대로 한다.
② 날개의 면적을 최소로 한다.
③ 항공기의 속도를 증가시킨다.
④ 주변 유체의 밀도를 증가시킨다.

정답 01. ④ 02. ① 03. ① 04. ④ 05. ② 06. ③ 07. ②

제3장 양력·항력

08 양력 계수에 대한 설명으로 틀린 것은?
 ① 날개골의 두께와는 무관하다.
 ② 받음각에 관계되는 무차원 수이다.
 ③ 받음각을 증가시키면 양력 계수가 최댓값까지 증가한다.
 ④ 일정한 받음각을 넘으면 양력 계수가 급격히 감소하는 현상을 실속이라 한다.

09 양력 계수가 0.25인 날개 면적 20m²의 항공기가 시속 720km의 속도로 비행할 때 발생하는 양력은 몇 N인가? (단, 공기의 밀도는 1.23kg/m³이다)
 ① 6,150   ② 10,000
 ③ 123,000   ④ 246,000

해설
$$L = \frac{1}{2}\rho V^2 C_L S$$
$$= \frac{1}{2} \times 1.23 \times \left(\frac{720}{3.6}\right)^2 \times 0.25 \times 20 = 123,000\text{N}$$

10 무게가 3,000kgf, 날개 면적 40m², 속도 100m/s, 밀도는 1/2kgf·s²/m⁴, 양력 계수 0.5일 때 양력은 몇 kgf인가?
 ① 40,000   ② 45,000
 ③ 50,000   ④ 60,000

해설
$$L = \frac{1}{2}\rho V^2 C_L S$$
$$= \frac{1}{2} \times \frac{1}{2} \times (100)^2 \times 0.5 \times 40 = 50,000\text{kgf}$$

11 비행기의 무게가 2,500[kg]이고, 큰 날개의 면적이 20[m²]이며, 해발 고도(밀도가 0.125[kgf·s²/m⁴])에서의 실속 속도가 120[km/h]인 비행기의 최대 양력 계수(C_{Lmax})는 얼마인가?
 ① 0.5   ② 1.8
 ③ 2.8   ④ 3.4

해설
$$C_{Lmax} = \frac{2W}{\rho V_s^2 S} = \frac{2 \times 2500}{0.125 \times \frac{120}{3.6} \times 20} = 1.8$$

4 항력

가 형상 항력(Profile Drag)

① 마찰 항력 : 물체 표면과 점성 유체 사이의 항력
② 압력 항력 : 속도에 의한 압력, 램압력으로 인한 항력
③ 형상 항력 : 마찰 항력과 압력 항력의 합으로 공기의 점성과 날개골의 두께로 인하여 발생

$$C_D = C_{Dp} + C_{Di} = C_{Dp} + \frac{C_L^2}{\pi e AR}$$

정답 08. ① 09. ③ 10. ③ 11. ②

나 유도 항력

가) 일반 날개의 유도 항력 계수

$$C_{Di} = \frac{C_L^2}{\pi e AR}$$

e : 스팬 효율 계수

스팬 효율 계수는 타원 날개의 경우 1이고 그 밖의 날개는 1보다 작음

나) 윙렛(winglet) 효과
① 날개 끝에 작은 날개를 수직으로 장착
② 스팬 효율 계수 e를 증가시켜 유도 항력 감소

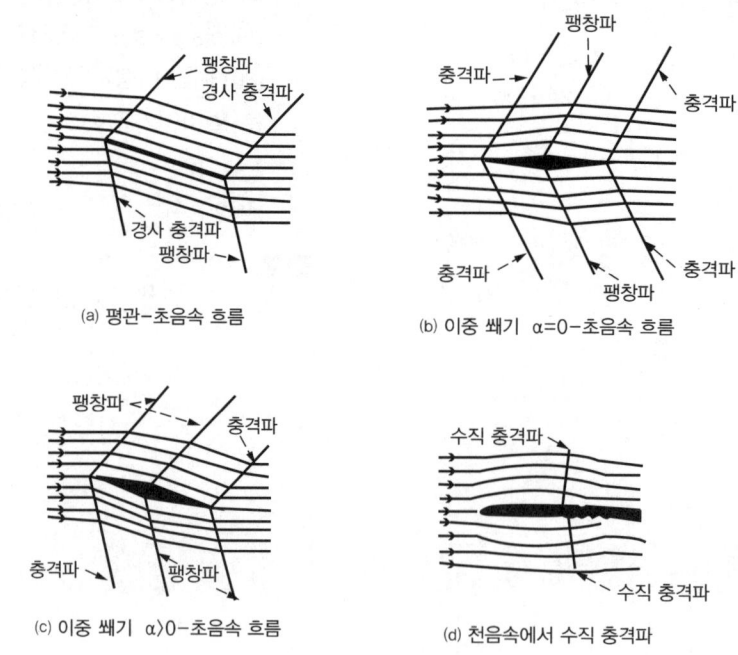

| 충격파의 흐름 형태 |

다 조파 항력(Wave Drag)

날개면이 초음속에 이를 때 충격파가 발생하여 생기는 항력
① 충격파를 통과하면 압력과 밀도 증가, 속도 감소
② **부착 충격파** : 뾰족한 물체 앞에 생기는 약한 충격파
③ **이탈 충격파** : 뭉툭한 물체 앞에 생기는 강한 충격파
④ **수직 충격파** : 천음속에서 발생하며 천음속 흐름을 아음속으로 변환

⑤ **경사 충격파** : 초음속에서 발생하며 흐름의 속도를 약간 감소
⑥ **팽창파** : 초음속 흐름에서 발생하며 속도 증가, 압력 감소

라 기타 항력

① 아음속의 총 항력 = 유도 항력 + 형상 항력 = 유도 항력 + 마찰 항력 + 압력 항력
② 초음속의 총 항력 = 유도 항력 + 형상 항력 + 조파 항력
              = 유도 항력 + 마찰 항력 + 압력 항력 + 조파 항력
③ **간섭 항력** : 동체의 각 구성품 사이에서 흐름의 혼합으로 발생하는 항력
④ **유해 항력** : 양력을 발생하지 않는 모든 항력으로 유도 항력만 제외

| fillet |

4 출제 예상 문제

01 항공기의 속도를 V라 할 때 항력은 속도와 어떤 관계를 갖는가?
   ① V에 비례
   ② V^2에 비례
   ③ $\sqrt{V}$에 비례
   ④ $\sqrt{V}$에 반비례

   해설
   $D = \frac{1}{2}\rho V^2 C_D S$

02 비행기의 항력을 표시하는 것 중에 등가 유해 면적(f)이라 하는 것은?
   ① 항력 계수가 1.28이 되는 평판이다.
   ② 항력 계수가 1이 되는 가상 평판의 면적이다.
   ③ 항력 계수가 0이 되는 평판의 면적이다.
   ④ 항력 계수가 1.5가 되는 가상 평판의 면적이다.

정답 01. ② 02. ②

03 유체 내에 있는 물체의 항력 요인과 관계 없는 것은?
① 유체의 밀도 ② 물체의 작용 면적
③ 유체의 속도 ④ 물체의 길이

04 100lbs의 항력을 받으며 200mph로 비행하는 비행기가 같은 자세로 400mph로 비행 시 작용하는 항력은 약 몇 lbs인가?
① 225 ② 300
③ 325 ④ 400

해설
항력은 속도의 제곱에 비례하므로
$100 : 200^2 = D : 400^2$
$D = \dfrac{400^2}{200^2} \times 100 = 400 \text{lbs}$

05 다음 중 마찰 항력에 대한 설명으로 옳은 것은?
① 점성 유체 속을 이동하는 물체의 표면과 유체 사이에 생기는 항력
② 점성 유체 속을 이동하는 물체의 내부와 외부 사이에 발생하는 항력
③ 흐름이 물체 표면에서 떨어져 하류 쪽으로 와류를 발생시켜 생기는 항력
④ 흐름이 물체 표면에서 붙어 상류 쪽으로 와류를 발생시켜 생기는 항력

06 형상 항력을 구성하는 항력으로만 나타낸 것은?
① 유도 항력 + 조파 항력
② 간섭 항력 + 조파 항력
③ 압력 항력 + 표면 마찰 항력
④ 표면 마찰 항력 + 유도 항력

07 형상 항력에 대한 설명 중 틀린 것은?
① 이상 유체에서는 나타나지 않는 항력이다.
② 공기가 점성을 가지기 때문에 나타나는 항력이다.
③ 날개골의 형태에 따라 다른 값을 갖는 항력이다.
④ 날개 표면의 유도 항력에 의해 발생한다.

08 다음 중 아음속흐름에서 날개의 총 항력으로 옳은 것은?
① 유도 항력 – 형상 항력
② 유도 항력 + 형상 항력
③ 마찰 항력 – 조파 항력
④ 마찰 항력 + 조파 항력

09 항공기의 날개에서 발생하는 양력으로 인하여 압력 항력이 발생하는데, 이것을 무슨 항력이라 하는가?
① 유도 항력 ② 조파 항력
③ 표면 마찰 항력 ④ 형상 압력

10 유도 항력(Induced Drag) 계수에 대한 설명 중 가장 올바른 것은?
① 양력이 발생하지 않을 때는 유도 항력은 존재하지 않는다.
② 저속 비행에서 유도 항력은 무시될 수 있다.
③ 날개의 가로세로비가 클수록 유도 항력은 증가한다.
④ 동일한 속도에서 항공기 무게가 증가하면 유도 항력은 감소한다.

정답 03. ④ 04. ④ 05. ① 06. ③ 07. ④ 08. ② 09. ④ 10. ①

제3장 양력·항력

11 항공기에 발생하는 항력(Drag)에는 여러 가지 종류의 항력이 있다. 아음속 비행 시에 발생하지 않는 항력은?
① 유도 항력   ② 마찰 항력
③ 압력 항력   ④ 조파 항력

12 날개 뒤쪽 공기의 하향 흐름에 의해 양력이 뒤로 기울어져 그 힘의 수평 성분에 해당하는 항력은?
① 조파 항력   ② 유도 항력
③ 마찰 항력   ④ 형상 항력

13 유도 항력 계수에 대한 설명으로 옳은 것은?
① 유도 항력 계수와 유도 항력은 반비례한다.
② 유도 항력 계수는 비행기 무게에 반비례한다.
③ 유도 항력 계수는 양력의 제곱에 반비례한다.
④ 날개의 가로세로비가 크면 유도 항력 계수는 작다.

해설
$D_i = \frac{1}{2}\rho V^2 C_{Di} S = \frac{1}{2}\rho V^2 \frac{C_L^2}{\pi e AR} S$

14 유도 항력 계수를 감소시키기 위한 방법이 아닌 것은?
① 스팬 효율이 높인다.
② 항공기 속도를 낮춘다.
③ 양력 계수를 감소시킨다.
④ 날개의 유효 가로세로비를 증가시킨다.

15 비행기 날개의 가로세로비가 커졌을 때 옳은 설명은?
① 양력이 감소한다.
② 유도 항력이 증가한다.
③ 유도 항력이 감소한다.
④ 스팬 효율과 양력이 증가한다.

해설
$C_{Di} = \frac{C_L^2}{\pi e AR}$ 이므로 유도 항력 계수와 가로세로비는 반비례

16 다음의 수식에서 틀린 것은?
① 유도 항력 계수 $(C_{Di}) = \frac{C_L^2}{\pi e AR}$
② 유도 항력 $D_i = \frac{C_L^2}{\pi e AR} qS$
③ 날개의 항력 계수 $C_D = C_{Dp} + C_{Di}$
④ 양항비 $(\frac{L}{D}) = \frac{C_L}{\pi e AR}$

17 날개의 면적을 유지하면서 가로세로비만 4배로 증가시켰을 때, 이 비행기의 유도 항력 계수는 어떻게 되는가?
① 4배로 증가한다.
② 1/2로 감소한다.
③ 1/4로 감소한다.
④ 1/16로 감소한다.

18 가로세로비가 10, 양력 계수가 1.2, 스팬 효율 계수가 0.8인 날개의 유도 항력 계수는?
① 0.018   ② 0.046
③ 0.048   ④ 0.057

해설
$C_{Di} = \frac{C_L^2}{\pi e AR} = \frac{1.2^2}{\pi \times 0.8 \times 10} = 0.0573$

19 날개의 길이가 50feet, 시위가 6feet인 비행기가 비행 시 양력 계수가 0.6 일 때 유도 항력 계수를 구하면? (단, 날개의 효율 계수 e = 1이라고 가정한다)

① 0.0105 ② 0.0138
③ 0.0210 ④ 0.0272

 해설

$$AR = \frac{b}{c} = \frac{50}{6} = 8.33$$
$$C_{Di} = \frac{C_L^2}{\pi e AR} = \frac{0.6^2}{\pi \times 1 \times 8.33} = 0.01375$$

20 스팬(Span)의 길이가 39ft, 시위(Chord)의 길이가 6ft인 직사각형 날개에서 양력 계수가 0.8일 때 유도 받음각은 약 몇 도인가? (단, 스팬 효율 계수는 1이다)

① 1.5 ② 2.2
③ 3.0 ④ 3.9

 해설

$$\alpha_i = \frac{C_L}{\pi e AR} = \frac{0.8}{\pi \times 1 \times \frac{39}{6}} = 0.0392\,rad = 2.24°$$

21 다음 중 2차원 날개와 비교하여 3차원 날개의 이론을 고려하면서 장착한 것은?

① 플랩 ② 윙렛
③ 슬롯 ④ 패널

22 항공기의 비행 성능을 좋게 하기 위하여 날개 끝부분에 장착하는 윙렛(Winglet)의 직접적인 역학적 효과는?

① 양력 증가 ② 마찰 항력 감소
③ 실속 방지 ④ 유도 항력 감소

해설

윙렛(winglet) 효과
- 날개 끝에 작은 날개를 수직으로 장착
- 스팬 효율 계수 e를 증가시켜 유도 항력 감소

23 비행기의 양력에 관계하지 않고 비행을 방해하는 유해 항력으로 볼 수 없는 것은?

① 조파 항력 ② 유도 항력
③ 마찰 항력 ④ 형상 항력

 날개 이론

① 풍압 중심과 공력 중심

가 풍압 중심(C.P. : Center of Pressure)

1) 날개골 주위의 속도 분포

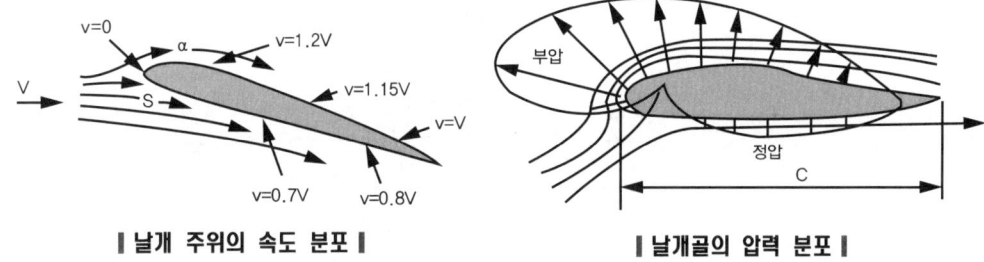

| 날개 주위의 속도 분포 | | 날개골의 압력 분포 |

① 머무름점(정체점, Stagnation Point)
   날개골 앞전에서 흐름의 속도가 0이 되는 점
② 윗면
   최대 두께 부분까지 속도 증가(압력 감소)후 원래의 속도로 감소(압력 증가)
③ 아래면
   최대 두께 부분까지 속도 감소(압력 증가)후 원래의 속도로 증가(압력 감소)
④ 날개 윗면은 부(−)압, 아래 면은 정(+)압이 작용

2) 압력 중심(C.P. : Center of Pressure)

① 압력이 작용하는 합력점
② 앞전에서부터 압력 중심까지의 거리와 시위 길이와의 비(%)로 나타냄

$$C.P. = \frac{\ell}{C} \times 100\%$$

③ 받음각 증가 : 앞으로 이동, $\frac{1}{4}$

④ 받음각 감소 : 뒤로 이동, $\frac{1}{2}$

⑤ 급강하 시 가장 많이 후퇴

⑥ 압력 중심의 이동이 너무 많으면 날개의 강도와 비행기의 안정성에 좋지 않음

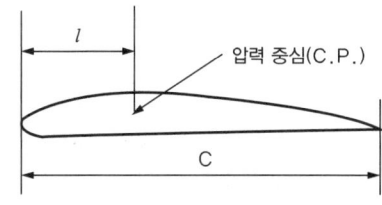

| 압력 중심의 위치 |

나 공기력 중심(A.C. : Aerodynamic Center)

① 모멘트 : 날개골의 압력 중심에 작용하는 공기력에 의해 발생하는 회전력

$$M = \frac{1}{2}\rho V^2 C_m S c$$

C_m : 모멘트 계수

② 공기력 중심(A.C. : Aerodynamic Center)
받음각이 변하더라도 모멘트의 크기가 변화하지 않는 점으로 MAC의 25%에 위치

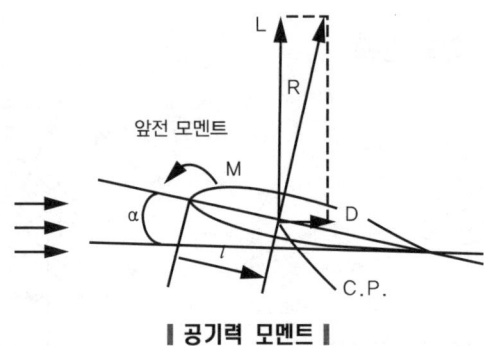

| 공기력 모멘트 |

1 출제 예상 문제

01 압력 중심(Center Of Pressure)에 관한 설명으로 가장 거리가 먼 것은?
① 날개에 압력이 작용하는 합력점이다.
② 압력 중심의 위치는 앞전으로부터 압력 중심까지의 거리와 시위 길이와의 비(%)로 나타낸다.
③ 보통의 날개에서 받음각이 커지면 압력 중심은 뒤로 이동한다.
④ 압력 중심 이동이 크면 비행기의 안정성에 좋지 않다.

해설

압력 중심
압력이 작용하는 합력점으로 받음각에 따라 이동

공기력 중심
받음각이 변하더라도 모멘트의 크기가 변화하지 않는 점으로 MAC의 25%에 위치

02 압력 중심에 가장 큰 영향을 끼치는 요소는 어느 것인가?
① 양력   ② 받음각
③ 항력   ④ 추력

정답 01. ③   02. ②

03 항공기 압력 중심(Center Of Pressure)에 대한 설명으로 틀린 것은?
  ① 받음각에 따라 위치가 이동되지 않는다.
  ② 항공기 날개에 발생하는 합성력의 작용점이다.
  ③ 받음각이 커짐에 따라 위치가 앞으로 변화한다.
  ④ 받음각이 작아짐에 따라 위치가 뒤로 이동한다.

04 받음각이 커지게 되면 풍압 중심(C.P)은 일반적으로 어떻게 되는가?
  ① 앞전 쪽으로 이동한다.
  ② 뒷전 쪽으로 이동한다.
  ③ 기류의 상태에 따라 앞전이나 뒷전 쪽으로 이동한다.
  ④ 풍압 중심은 받음각에 무관하게 일정한 위치가 된다.

05 공기력 중심(Aerodynamic Center)을 옳게 설명한 것은?
  ① 날개에 발생하는 합성력이 작용하는 점
  ② 받음각이 변해도 피칭 모멘트 값이 일정한 점
  ③ 받음각이 변하면 피칭 모멘트 값이 변화하지만 양력 계수가 일정한 점
  ④ 받음각이 변화함에 따라 피칭 모멘트 값이 0(Zero)이 되는 점

> **해설**
> 공기력 중심(A.C. : Aerodynamic Center)
> 받음각이 변하더라도 모멘트의 크기가 변화하지 않는 점으로 MAC의 25%에 위치

06 날개(Wing)의 공기력 중심에 대한 설명으로 옳은 것은?
  ① 받음각이 클수록 앞쪽으로 이동한다.
  ② 캠버가 클수록 같은 양력 변화에 따라 이동량이 크다.
  ③ 압력 중심과 공기력 중심은 일치하는 것이 일반적이다.
  ④ 키놀이 모멘트의 크기가 받음각에 대하여 변화되지 않는다.

2 평균 공력 시위

가 날개의 용어

1) **날개 면적(S)**
   날개 윗면의 투영 면적

2) **날개 길이(b)**
   날개 끝에서 끝까지의 거리

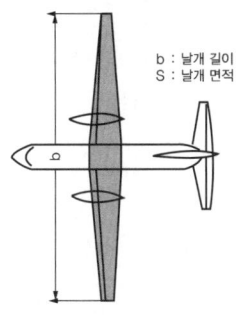
b : 날개 길이
S : 날개 면적

| 날개의 명칭 |

정답 03. ① 04. ① 05. ② 06. ④

3) 시위(C)

앞전과 뒷전을 이은 직선거리

※ 평균 공력 시위(MAC : Mean Aerodynamic Chord)
① 주날개의 항공 역학적 특성을 대표하는 시위
② 날개를 가상적인 직사각형으로 가정했을 때의 시위
③ 날개의 면적 중심을 통과하는 기하학적인 평균 시위

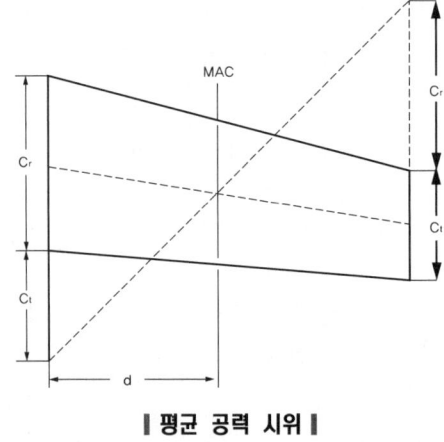

┃ 평균 공력 시위 ┃

4) 가로세로비(Aspect Ratio)

$$AR = \frac{b}{C_m} = \frac{b^2}{S}$$

5) 테이퍼비

날개 뿌리 시위와 날개 끝 시위와의 비

$$\lambda = \frac{C_t}{C_r}$$

직사각형 날개는 $\lambda = 1$, 삼각날개는 $\lambda = 0$

6) 뒤젖힘각

앞전에서 25%c되는 점들을 날개 뿌리에서 끝까지 연결한 선과 가로축이 이루는 각

7) 쳐든각과 쳐진각

기체를 앞에서 보았을 때 날개가 위로 올라갔거나 아래로 내려간 각도
① 쳐든각은 옆놀이 안정성 향상
② 여객기나 폭격기는 쳐든각
③ 고성능 전투기는 쳐진각

┃ 뒤젖힘각의 정의 ┃

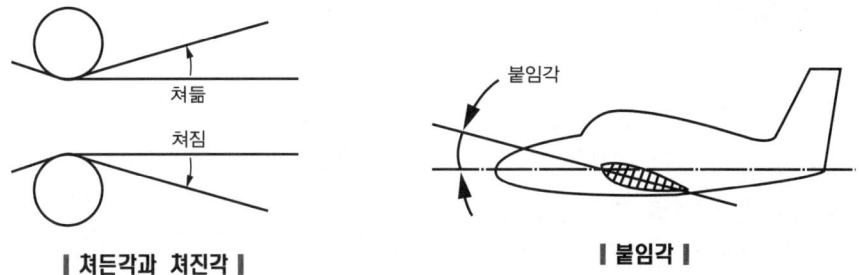

| 쳐든각과 쳐진각 | | 붙임각 |

8) 붙임각(Incidence Angle)
① 기체의 세로축과 시위선이 이루는 각
② 이륙 시에 양력을 크게 하기 위하여 설치

9) 기하학적 비틀림
① 날개 끝의 붙임각을 날개 뿌리의 붙임각보다 크게 하거나 작게 하는 것
② 익단 쪽으로 받음각을 적게 하면 익단 실속 방지
③ wash in : 날개 끝의 붙임각이 날개 뿌리보다 큰 것
④ wash out : 날개 끝의 붙임각을 날개 뿌리보다 작은 것

10) 공기 역학적 비틀림
날개 끝의 캠버가 날개 뿌리의 캠버보다 큰 것
영양력의 차이만큼 비틀어 내린 효과

11) 날개 끝 실속(Tip Stall)
항공기가 비행 시 날개 끝 부분에서 발생하는 실속으로 날개 끝 실속이 발생하면 급격한 옆놀이 현상으로 항공기는 회전 낙하

제1부　항공 역학

2　출제 예상 문제

01 공력 평균 공력 시위(MAC)에 대한 설명으로 가장 거리가 먼 내용은?

① 날개를 가상적으로 직사각형 날개라고 가정했을 때의 시위이다.
② 꼬리 날개와 착륙 장치의 비치 및 중심 위치의 이동 범위 등을 고려할 때 이용된다.
③ 실용적으로는 날개 모양에 면적 중심을 통과하는 기하학적 평균 시위를 말한다.
④ 중심 위치가 MAC의 25%라는 것은 중심이 뒷전으로부터 25%가 되는 점이다.

해설
평균 공력 시위(Mean Aerodynamic Chord)
- 주날개의 항공 역학적 특성을 대표하는 시위
- 날개를 가상적인 직사각형으로 가정했을 때의 시위
- 날개의 면적 중심을 통과하는 기하학적인 평균 시위

02 다음 중 가로세로비로서 가장 올바른 것은? (단, S=날개 면적, b=날개 길이, c=시위)

① S/b^2
② b^2/c
③ b^2/S
④ c/b

03 항공기의 가로세로비(Aspect Ratio)를 나타낸 식이 아닌 것은? (단, b : 날개의 길이, c : 시위의 길이, S : 날개의 면적)

① $\dfrac{b}{c}$
② $\dfrac{b^2}{S}$
③ $\dfrac{s}{c}$
④ $\dfrac{S}{c^2}$

04 날개 면적이 100m²이고 평균 공력 시위가 5m일 때 가로세로비는 얼마인가?

① 1　　② 2　　③ 3　　④ 4

해설
$$AR=\dfrac{b}{C_m}=\dfrac{b^2}{S}=\dfrac{S}{c^2}=\dfrac{100}{5^2}=4$$

05 날개 면적이 96m²이고 날개 길이가 32m일 때 가로세로비는 약 얼마인가?

① 2.1
② 3.0
③ 9.0
④ 10.7

해설
$$AR=\dfrac{b}{C_m}=\dfrac{b^2}{S}=\dfrac{32^2}{96}=10.67$$

06 한쪽 날개 끝에서 반대쪽 날개 끝까지 길이가 260cm이고, 날개 뿌리 시위 길이가 100cm인 삼각형 날개의 가로세로비는?

① 1.0
② 2.6
③ 5.2
④ 6.0

해설
$$AR=\dfrac{b^2}{S}=\dfrac{260^2}{\dfrac{1}{2}\times 260\times 100}=5.2$$

07 날개 뿌리 시위 길이가 60cm이고 날개 끝 시위 길이가 40cm인 사다리꼴 날개의 한 쪽 날개 길이가 150cm일 때 평균 시위 길이는 몇 cm인가?

① 40　　② 50　　③ 60　　④ 75

해설
$$S=\dfrac{(C_r+C_t)\times b}{2}=\dfrac{(60+40)\times 300}{2}=15000$$
$$c=\dfrac{S}{b}=\dfrac{15000}{300}=50\,cm$$

정답　01. ④　02. ③　03. ③　04. ④　05. ④　06. ③　07. ②

제4장 날개 이론

08 가로세로비가 9인 사각 날개의 시위 길이가 1m라면 스팬의 길이는 몇 m인가?
① 3 ② 4.5 ③ 9 ④ 18

해설
$AR = \dfrac{b}{C_m} = \dfrac{b^2}{S}$ 이므로
$b = AR \times c = 9 \times 1 = 9\text{m}$

09 기체의 세로축과 시위선이 이루는 각은?
① 처진각 ② 뒤젖힘각
③ 처든각 ④ 붙임각

10 17도로 상승하는 항공기 날개의 붙임각이 3도이고 받음각이 3도일 때 항공기의 수평선과 날개의 시위선이 이루는 각도는 몇 도인가?
① 17 ② 20 ③ 23 ④ 26

11 뒤젖힘각의 설명 중 올바른 것은?
① 시위의 25% 점들을 날개 뿌리에서 날개 끝까지 연결한 직선과 기체의 가로축이 이루는 각
② 날개가 수평을 기준으로 위로 올라가는 각도
③ 기체의 세로축과 날개의 시위선이 이루는 각
④ 날개 끝의 붙임각을 날개 뿌리의 붙임각보다 크거나 작게 한 것

12 날개 끝의 붙임각을 날개 뿌리의 붙임각보다 크게 하거나 작게 한 것은?
① 뒤젖힘각
② 쳐든각
③ 붙임각
④ 기하학적 비틀림

13 다음 중 익단 실속을 방지하기 위한 방법 중 옳은 것은?
① 날개를 Wash-Out 한다.
② 날개를 Wash-In 한다.
③ 취부각을 작게 한다.
④ 취부각을 크게 한다.

14 날개 끝 실속을 방지하기 위한 노력이 아닌 것은?
① 날개 끝 부분에 Slot를 설치한다.
② Stall Fence를 장착한다.
③ 날개 끝으로 갈수록 Wash Out을 준다.
④ 받음각을 크게 한다.

15 날개를 Wash Out 시키는 이유로 가장 올바른 내용은?
① 실속이 날개 뿌리(Root)에서 생기는 것을 방지하기 위해서
② 공력 중심을 날개 시위에 일정하게 갖도록 하기 위해서
③ 날개의 양력을 증가시키기 위해서
④ 실속이 날개 뿌리(Root)에서부터 시작하게 하기 위해서

정답 08. ③ 09. ④ 10. ② 11. ① 12. ④ 13. ① 14. ④ 15. ④

3 날개의 평면 형상

가 날개의 모양

1) 직사각형 날개

① 제작이 간단하므로 소형기에 많이 사용
② 날개 끝 실속이 적음
③ 날개 뿌리 부분에 붙임 강도가 약함

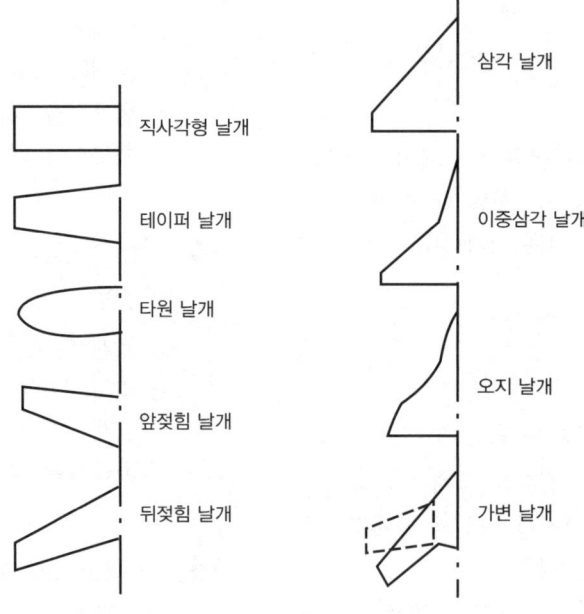

| 날개의 모양 |

2) 테이퍼 날개

① 날개 끝과 뿌리 시위의 길이가 다른 날개
② 유도 항력 감소
③ 기하학적 비틀림을 주어 날개 끝 실속 방지
④ 붙임 강도가 높음

3) 타원 날개

① 길이 방향의 양력 계수 분포 일정
② 유도 항력 최소

③ 옆놀이 시 날개 끝 실속 발생
④ 제작 곤란

4) 뒤젖힘 날개
① 충격파 발생 지연
② 임계 마하수 증가
③ 항력 발산 마하수 증가
④ 방향 안정성 증가
⑤ 고속 시의 저항 감소
⑥ 아음속 범위에서 경계층이 스팬 방향으로 흐르는 경향이 있으므로 tip stall 발생 (Fence 장착)
⑦ 실제 뒤젖힘 테이퍼 날개를 주로 사용

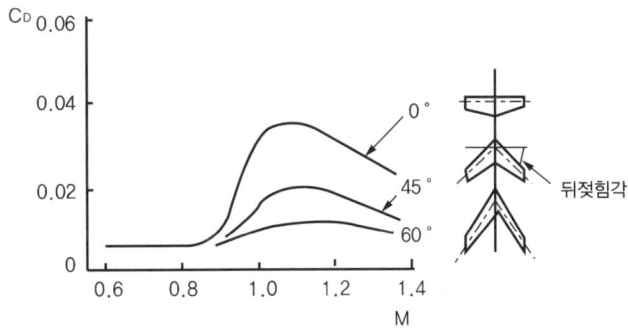

‖ 뒤젖힘과 항력 계수 ‖

5) 앞젖힘 날개
① 흐름이 날개 뿌리 방향을 향함
② 날개 끝 실속을 일으키지 않음

‖ 앞젖힘 날개 ‖

6) 삼각 날개
① 초음속기에 적합한 날개 모양
② 두께비가 작음
③ 임계 마하수 높음
④ 구조적으로 강도가 강함
⑤ 최대 양력을 얻기 위해서 날개 면적을 증가
⑥ 저속 비행 시 큰 받음각 필요
⑦ 이착륙 시 시계 불량
⑧ 이중 삼각 날개

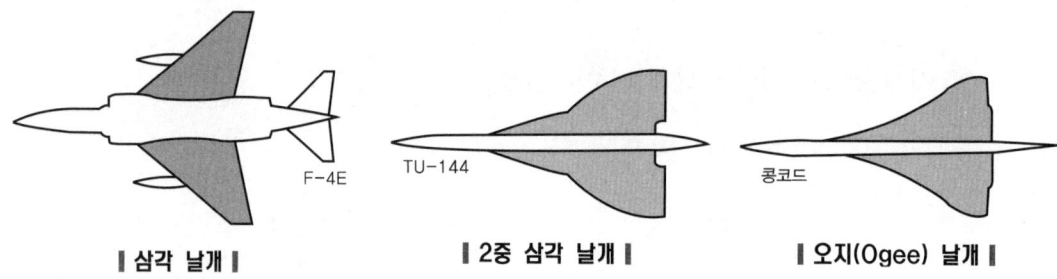

| 삼각 날개 | | 2중 삼각 날개 | | 오지(Ogee) 날개 |

7) 오지 날개
이중 삼각 날개를 완만한 S자 형으로 만든 날개로 콩코드기에 채택

8) 가변 날개
① 저속 시에는 직선 날개
② 고속 시에는 뒤젖힘 날개
③ F-14와 F-111에 적용

나 고속형 날개

1) 뒤젖힘 날개

가) 임계 마하수(Critical Mach No)
날개골 표면의 임의의 점에서의 마하수가 1이 되는 자유 흐름의 마하수

나) 항력 발산 마하수(Drag Divergence Mach No)
① 날개골의 항력이 급격히 증가할 때의 마하수
② 임계 마하수보다 약간 큼

다) 항력 발산 마하수를 높게 하려면
① 얇은 날개를 사용하여 표면에서의 속도 증가를 줄임
② 날개에 뒤젖힘각을 줌
③ 가로세로비가 작은 날개를 사용
④ 경계층을 제어
⑤ 이상의 조건을 잘 조합해서 설계해야 함

라) 뒤젖힘 날개의 실속 방지 장치
① 슬랫(Slat)
② 기하학적 비틀림
③ 톱날 앞전
④ 와류 발생 장치
⑤ 경계층 제어
⑥ 앞전 변형
⑦ 캠버 변화
⑧ 실속 막이(Stall Fence)를 장착

2) 삼각 날개와 오지 날개

가) 삼각 날개
① 가로세로비가 작은 삼각 날개는 앞전 와류가 발생하여 실속이 일어나기 어려움
② 받음각이 2° 이하일 때는 박리가 발생하지 않음
③ 받음각 3°가 되면 날개 끝 부근의 앞전 바로 뒤에 역압력 구배가 생겨 박리 발생 또, 날개의 밑면은 압력이 높고 윗면은 작아서 흐름이 날개 윗면으로 말려 올라가 와류 발생
④ 받음각이 5° 이상이 되면 앞전 전체에 걸쳐 박리가 발생되고 날개 끝에서 계속하여 와류 방출
⑤ 가로세로비가 작아 작은 받음각에서 양력 계수가 작으므로 이륙 시 큰 받음각이 요구되어 조종석의 전방 시계 불량
⑥ 날개 앞전에 와류 플랩(Vortex Flap) 등의 장치를 설치하여 작은 받음각에서도 와류를 발생하여 높은 양항비를 얻음
⑦ 고속기의 날개로 광범위하게 사용

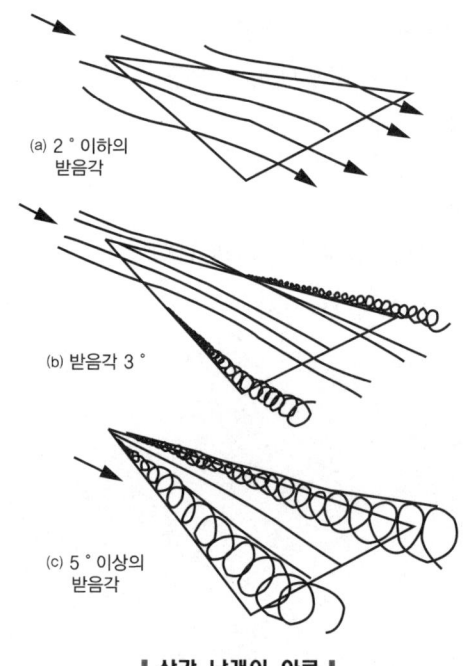

∥ 삼각 날개의 와류 ∥

나) 오지 날개
① 긴 시위
② 긴 스팬
③ 작은 면적
④ 콩코드 여객기에 채택
⑤ 날개의 면적을 감소시키기 위하여 앞전의 곡선이 안으로 굽어지도록 설계하여 와류의 발달을 촉진

다 날개의 실속성

1) 실속
날개에서 발생하는 양력이 비행기 무게를 감당하지 못하여 비행기가 하강하는 경우

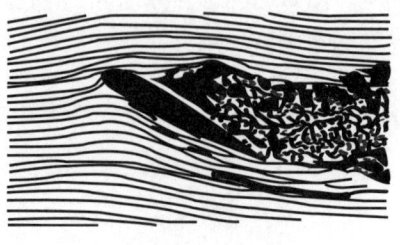

∥ 날개의 실속 ∥

① 무동력 실속(Power Off Stall)
　기관의 출력을 줄일 때 비행기의 속도가 작아져서 양력이 비행기 무게보다 작게 되어 비행기가 침하하는 현상
② 동력 실속(Power On Stall)
　기관의 출력은 충분히 크나 날개의 받음각이 너무 커서 날개 윗면의 박리로 인하여 양력을 발생하지 못하여 비행기가 고도를 유지할 수 없는 상태

2) 실속 특성

가) 전방 실속형
① 실속 영역에서 박리가 앞전에서부터 발생하여 양력이 급격히 감소
② 비행기가 급하게 실속 상태에 들어가 스핀 운동으로 연결됨
③ 두께가 얇은 날개골, 앞전 반지름이 작고 캠버가 작은 고속형 날개골, 가로세로비가 큰 날개

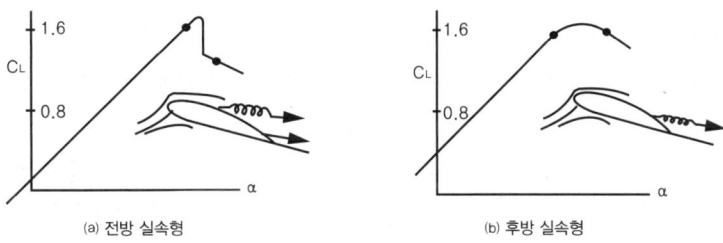

┃ 실속 특성 ┃

나) 후방 실속형
① 실속 영역에서 박리가 뒷전에서부터 발생하여 양력이 서서히 감소
② 두께가 두꺼운 날개골, 앞전 반지름과 캠버가 큰 저속형 날개골, 가로세로비가 작은 날개

3) 날개 모양에 따른 실속 특성

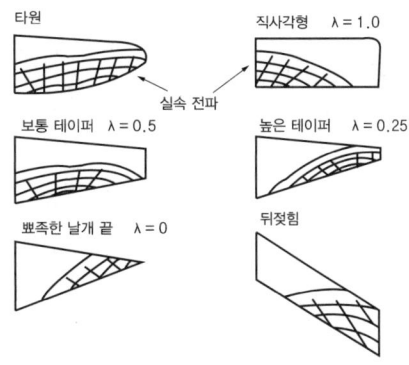

┃ 날개 모양과 실속 특성 ┃

4) 날개 끝 실속 방지법

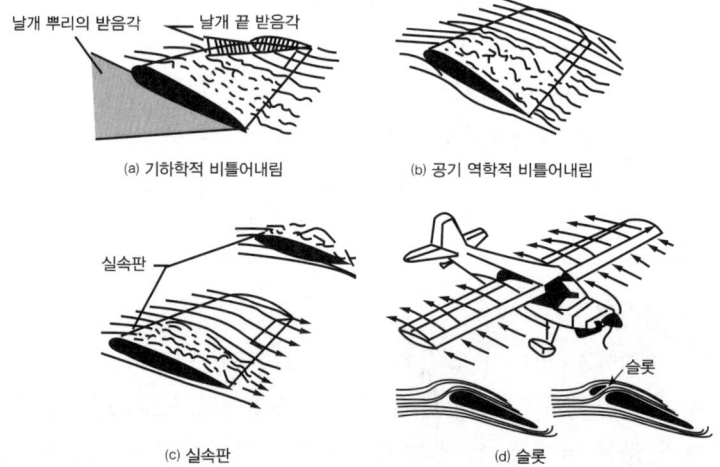

| 날개 끝 실속 방지 방법 |

① 테이퍼비를 너무 작게 하지 않는다.
② 날개 끝으로 감에 따라 받음각이 작아지도록 날개에 앞내림을 주어 실속이 날개 뿌리부터 시작되게 한다(기하학적 비틀림).
③ 날개 끝 부분에 두께비, 앞전 반지름, 캠버 등이 큰 날개골을 사용하여 날개 뿌리보다 실속각을 크게 한다. 날개 뿌리 부분에 역캠버인 날개골을 사용하기도 한다(공기 역학적 비틀림).
④ 날개 뿌리에 스트립을 붙여 받음각이 클 때 흐름이 떨어지게 하여 날개 끝보다 먼저 실속이 발생하도록 한다.
⑤ 날개 윗면에 슬롯을 설치하여 박리를 방지한다.

③ 출제 예상 문제

01 뒤젖힘(Sweep Back) 날개를 가진 항공기의 날개 앞전에서의 수직 방향 흐름 속도 V_2는?

① $V_2 = V \cdot \tan\lambda$
② $V_2 = V \cdot \cos\lambda$
③ $V_2 = V \cdot \sin\lambda$
④ $V_2 = \dfrac{V}{\cos\lambda}$

02 다음 중 뒤젖힘 날개의 가장 큰 장점은?

① 임계 마하수를 증가시킨다.
② 익단 실속을 막을 수 있다.
③ 유도 항력을 무시할 수 있다.
④ 구조적 안전으로 초음속기에 적합하다.

정답 01. ② 02. ①

03 날개의 후퇴각을 크게 하면 임계 마하수를 높일 수 있다. 그 이유로 옳은 것은?

① 항력 계수가 감소한다.
② 조종성이 좋아진다.
③ 압력 중심의 이동 범위가 작기 때문이다.
④ 날개 시위 방향으로 공기 흐름 속도가 작아지기 때문이다.

04 임계 마하수란?

① 공기의 압축성 영향에 의해 항공기의 항력이 급격히 증가할 때의 마하수
② 고속 버피팅(Buffeting)이 발생할 때의 마하수
③ 항공기가 선회에 들어갈 때 증대된 실속 속도를 마하수로 표시한 것
④ 날개 윗면 어느 점에서의 공기 흐름 속도가 정확히 음속에 도달할 때 항공기의 속도를 마하수로 표시한 것

05 비행기의 마하수(Mach Number)가 증가하면 충격파 때문에 항력이 급격히 커지는 현상은?

① Buffeting 현상
② Drag Divergence 현상
③ Stall 현상
④ Fluttering 현상

해설
항력 발산 마하수를 높게 하려면
- 얇은 날개를 사용하여 표면에서의 속도 증가를 줄인다.
- 날개에 뒤젖힘각을 준다.
- 가로세로비가 작은 날개를 사용한다.
- 경계층을 제어한다.
이상의 조건을 잘 조합해서 설계한다.

06 날개의 항력 발산(Drag Divergence) 마하수를 높이기 위한 적절한 방법이 아닌 것은?

① 날개에 워시 인(Wash In)을 해준다.
② 가로세로비가 작은 날개를 사용한다.
③ 날개에 후퇴각(Sweep Back Angle)을 준다.
④ 얇은 날개를 사용하여 표면에서의 속도 증가를 줄인다.

07 다음 중 항력 발산 마하수를 높게 하기 위한 날개를 설계할 때 옳은 것은?

① 쳐든각을 크게 한다.
② 날개의 뒤젖힘각을 준다.
③ 두꺼운 날개를 사용한다.
④ 가로세로비가 큰 날개를 사용한다.

08 그림과 같이 상대적으로 갑작스런 실속이 일어나는 특성을 갖는 날개골은?

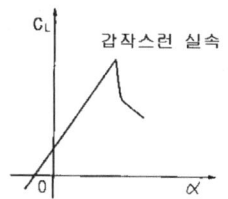

① 두께가 두꺼운 날개골
② 앞전 반지름이 큰 날개골
③ 캠버가 큰 날개골
④ 레이놀즈수가 작은 날개골

해설
전방 실속형
- 실속 영역에서 박리가 앞전에서부터 발생하여 양력이 급격히 감소
- 비행기가 급하게 실속 상태에 들어가 스핀 운동으로 연결됨
- 두께가 얇은 날개골, 앞전 반지름이 작고 캠버가 작은 고속형 날개골, 가로세로비가 큰 날개

정답 03. ④ 04. ④ 05. ② 06. ① 07. ② 08. ④

제1부 항공 역학

09 가로세로비가 큰 날개에서 갑자기 실속하는 경우와 가장 거리가 먼 것은?
① 두께가 얇은 날개골
② 앞전 반지름이 작은 날개골
③ 캠버가 큰 날개골
④ 레이놀즈수가 작은 날개골

10 다음 중 테이퍼형 날개(Taper Wing)의 실속 특성으로 옳은 것은?
① 날개 뿌리에서부터 실속이 일어난다.
② 날개 끝에서부터 실속이 일어난다.
③ 초음속에서 와류의 형태로 실속이 일어난다.
④ 스팬(Span) 방향으로 균일하게 실속이 발생한다.

해설

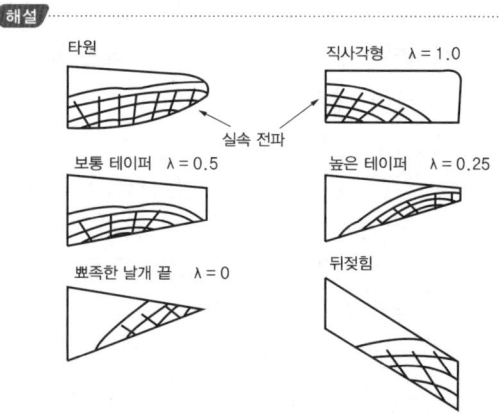

11 다음 중 날개 길이 방향의 양력 분포가 균일한 날개는?
① 테이퍼 날개 ② 원형 날개
③ 타원형 날개 ④ 직사각형 날개

4 날개 고양력 장치

가 플랩

1) 뒷전 플랩

   가) 단순 플랩
   ① 날개의 뒷전을 단순히 굽혀 캠버 증가
   ② 소형기나 저속기에 사용
   ③ 큰 각도로 굽히면 박리가 발생하므로 각도 제한

   나) 스플릿 플랩
   ① 날개 뒷전 밑면의 일부를 내려서 뒷면의 흐름을 빨아들여 박리를 지연
   ② 항력이 급격히 증가

   다) 슬롯 플랩
   ① 플랩을 내렸을 때 플랩의 앞에 틈이 생겨 밑면의 흐름을 윗면으로 올려 박리 방지
   ② 플랩을 큰 각도로 내릴 수 있음

정답 09. ③ 10. ② 11. ③

라) 파울러 플랩

날개 면적을 증가시키고 슬롯의 효과와 캠버 증가의 효과로 어떤 플랩보다도 양력의 증가가 가장 큼

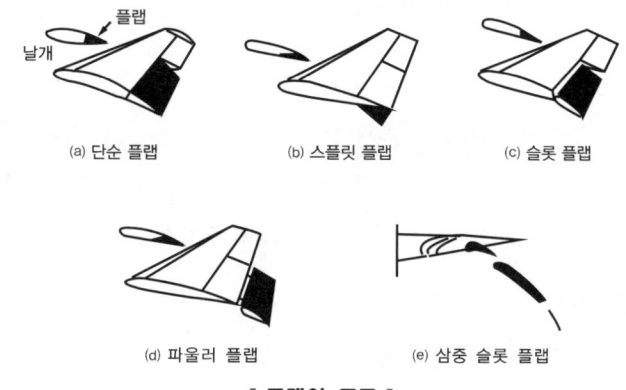

┃ 플랩의 종류 ┃

2) 앞전 플랩

가) 슬롯과 슬랫

날개 밑면의 흐름을 뒷면으로 유도하여 박리 지연

나) 크루거 플랩

날개 밑면에 접혀져 있는 플랩을 앞으로 꺽어 구부러지게 하여 앞전 반지름을 크게 하는 효과를 얻음

다) 드루프 앞전

앞전 반지름과 캠버를 동시에 증가시키는 효과를 얻음

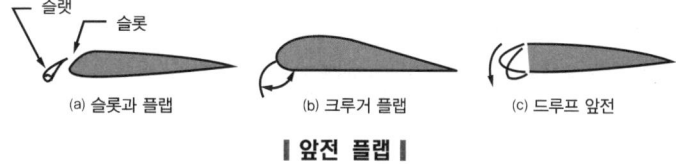

┃ 앞전 플랩 ┃

나 경계층 제어

가) 빨아들임 방식

날개 윗면의 흐름을 강제적으로 받아들여 흐름의 가속을 촉진함과 동시에 박리 방지

나) 불어날림 방식

압축기에서 빠져나온 고압 공기를 날개면 뒤쪽으로 분사시켜 흐름을 강제적으로 빨아들여 흐름의 가속을 촉진함과 동시에 박리를 방지

다 고항력 장치

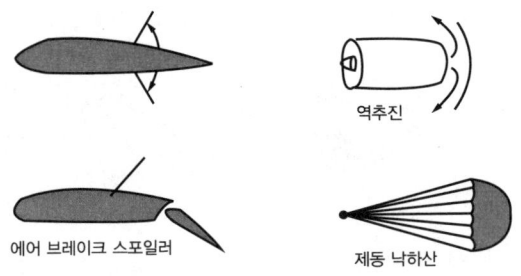

| 고항력 장치 |

1) 에어 브레이크

① 날개 중앙 부분에 부착한 평판의 일종
② 흐름을 강제로 박리시켜 양력을 감소시키고 항력을 증가시킴
③ 평판 면에 많은 구멍을 뚫는 이유
   버핏 감소, 날개의 피로 방지
④ 대형기에는 날개 윗면에 스포일러 사용
   ※ **스포일러를 사용하는 목적**
   - 양항비를 감소시켜 활공각 증가
   - 공중 스포일러로 사용
     뒤젖힘각을 갖는 고속기가 고속 시에 도움 날개를 사용하면 날개가 비틀려 키의 효율이 저하되는 "Aileron Reversal"이라는 현상이 발생하여 조종은 반대로 작용, 이때 도움 날개와 함께 스포일러 사용
   - 속도 브레이크로 사용

2) 역추력 장치(Thrust Reverser)

착륙 후 활주거리를 짧게 하기 위하여 사용

3) 제동 낙하산

착륙거리를 짧게 하거나 스핀에서 회복 시 사용

4 출제 예상 문제

01 고양력 장치의 원리를 가장 올바르게 설명한 것은?
① 최대 양력 계수 C_{Lmax}의 값을 증가시켜 실속 속도를 감소시키는 것이다.
② 레이놀즈수 증가시켜서 항력을 감소시키는 것이다.
③ 날개 면적을 줄여서 날개의 항력을 감소시키는 것이다.
④ 최대 양력 계수 C_{Lmax}의 값을 증가시켜 이륙 속도를 증가시키는 것이다.

02 다음 중 뒷전 플랩의 종류가 아닌 것은?
① 단순 플랩 ② 파울러 플랩
③ 스플릿 플랩 ④ 크루거 플랩

03 다음 중 날개의 캠버와 면적을 동시에 증가시켜 양력을 증가시키는 플랩은?
① 평 플랩(Plain Flap)
② 스프릿 플랩(Split Flap)
③ 파울러 플랩(Flower Flap)
④ 슬롯티드 평 플랩(Sloted Plain Flap)

> [해설]
> 파울러 플랩은 보다 높은 양력을 얻기 위한 방법으로
> • 날개를 꺾어서 항공기 날개골(Airfoil)의 캠버를 변화시키는 것
> • 일부 고양력 장치에 한해서 날개 면적을 증가시키는 것

04 고양력 장치의 하나인 파울러 플랩(Fowler Flap)이 양력을 증가시키는 원리만으로 짝지어진 것은?
① 날개 면적과 받음각의 증가
② 캠버의 변화와 경계층의 제어
③ 받음각의 증가와 캠버의 변화
④ 날개 면적의 증가와 캠버의 변화

05 다음의 고양력 장치 중에서 성능이 가장 좋은 것은?
① Fowler Flap ② Split Flap
③ Zap Flap ④ Plain Flap

06 다음 고양력 장치 중 앞전 플랩이 아닌 것은?
① 슬롯 ② 크로거 플랩
③ 드루프 플랩 ④ 파울러 플랩

07 다음 중 캠버를 변화시키지 않고 양력을 증가시키는 방법은?
① Slot
② Leading Edge Flap
③ Trailing Edge Flap
④ Movable Slot

08 에어 브레이크의 기능과 보조 날개의 보조 기능을 수행하는 장치는?
① 스포일러(Spoiler)
② 역추진 장치(Thrust Reverser)
③ 플랩(Flap)
④ 드래그 슈트(Drag Chute)

정답 01. ① 02. ④ 03. ③ 04. ④ 05. ① 06. ④ 07. ① 08. ①

09 다음 중 날개 상면에 공중 스포일러(Flight Spoiler)를 설치하는 이유로 옳은 것은?

① 양력을 증가시키기 위하여
② 활공각을 감소시키기 위하여
③ 최대 항속 거리를 얻기 위하여
④ 고속에서 도움 날개의 역할을 보조하기 위하여

해설
공중 스포일러
뒤젖힘각을 갖는 고속기가 고속 시에 도움 날개를 사용하면 날개가 비틀려 키의 효율이 저하되는 Aileron Reversal이라는 현상이 발생하여 조종은 반대로 작용한다. 이때 도움 날개와 함께 스포일러를 사용한다.

10 경계층 제어와 밀접한 관계가 있는 날개 요소는?

① Slat   ② Split Flap
③ Tap   ④ Spoiler

해설
경계층 제어 = 박리 지연

11 착륙거리를 짧게 하기 위한 고항력 장치가 아닌 것은?

① 지상 스포일러(Ground Spoiler)
② 역추진 장치(Thrust Reverser)
③ 드래그 슈트(Drag Chute)
④ 경계층 제어 장치

05 일반 비행 성능

1 정상 비행 성능

가 직선 수평 비행

1) **비행 성능**

① 정적 성능 : 가속도 비행을 하지 않는 경우의 비행 성능을 의미, 즉 추력(Thrust), 항력(Drag), 양력(Lift), 무게(Weight)만을 다루는 성능
② 동적 성능 : 정적 성능에 가속도 운동 첨가(관성력)
③ 공기력 : 항력(Ddrag), 양력(Lift)

2) **평형 상태**

운동하고 있는 물체에 작용하는 힘의 합과 모멘트의 합은 0

$$\sum F_x = 0, \quad \sum F_y = 0, \quad \sum F_z = 0$$
$$\sum M_x = 0, \quad \sum M_y = 0, \quad \sum M_z = 0$$

3) **비행기에 작용하는 힘**

① L : 양력
② D : 항력
③ T : 추력
④ W : 무게
⑤ C.F. : 원심력

$$C.F. = \frac{W}{g} \cdot \frac{V^2}{R}$$

⑥ ma : 가속도에 의한 힘(관성력)

$$ma = \frac{W}{g}a$$

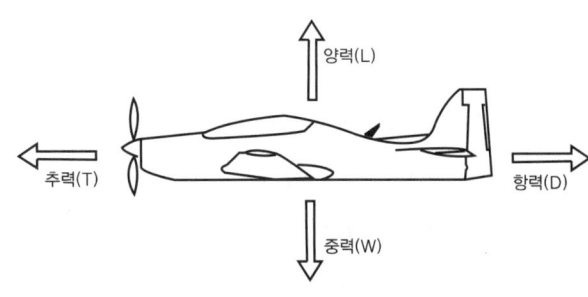

▮ 비행기에 작용하는 힘 ▮

⑦ 비가속도 직선 비행 시

$$C.F. = 0, \quad \frac{W}{g}a = 0$$

⑧ 주날개, 꼬리 날개 : 양력과 항력 작용
⑨ 동체 : 항력 작용

4) 필요 마력(Required Horse Power)

$$P_r = \frac{DV}{75} = \frac{1}{150}\rho V^3 C_D S$$

수평 비행 시 $L = W$ 이므로

$$P_r = \frac{W}{75}\sqrt{\frac{2W}{\rho S}} \cdot \frac{C_D}{C_L^{\frac{3}{2}}}$$

가) 필요 마력을 감소시키려면
① 항공기의 무게가 작아야 함
② $\dfrac{C_D}{C_L^{\frac{3}{2}}}$ 의 값이 작은 받음각으로 비행해야 함

나) 등속 수평 비행 중 필요 마력

$$P_r = \frac{TV}{75} = \frac{WV}{75} \cdot \frac{C_D}{C_L} = \frac{WV}{75} \cdot \frac{1}{C_L/C_D}$$

5) 이용 마력(Available Horse Power)

이용 마력 : 항공기의 기관에서 발생하는 마력

가) 프로펠러기 : $P_a = bHP \times \eta$
bHP : 제동 마력, η : 프로펠러 효율

나) 제트기 : $P_a = \dfrac{TV}{75}$

① 지시 마력(iHP) : 엔진에서 발생하는 순마력
② 마찰 마력(fHP) : 마찰에 의한 저항 마력
③ 제동 마력(bHP) : 지시 마력 - 마찰 마력, 프로펠러 축에 공급되는 마력
④ 여유 마력(잉여 마력) = 이용 마력 - 필요 마력 : 여유 마력이 발생하면 비행기는 상승 혹은 가속도 비행

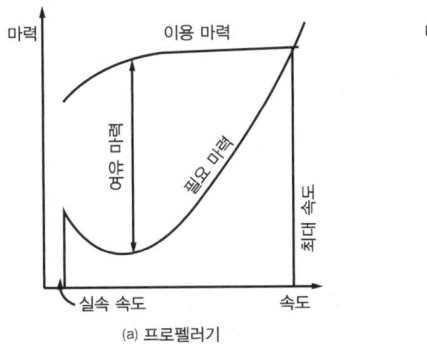
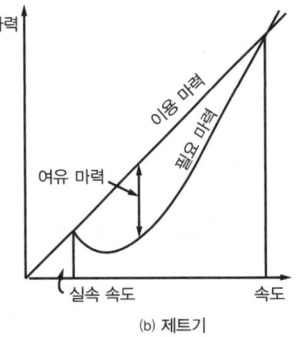

(a) 프로펠러기   (b) 제트기

┃ 비행기의 마력 곡선 ┃

나 상승 비행

1) 상승 비행

가) 동력 비행

① 1마력 : 단위 시간 동안 한 일의 단위로 사용

$$1\,PS = 75\,kgf \cdot m/s$$

② 프로펠러에 의한 추력 마력 = 이용 마력$(P_a) = \dfrac{TV}{75}$

나) 프로펠러 효율 : 입력과 출력의 비

$$\eta = \frac{출력}{입력} = \frac{\frac{TV}{75}}{BHP} = \frac{TV}{75\,BHP}$$

$$P_a = \frac{TV}{75} = \eta \times BHP$$

2) 상승률(R.C. : Rate of Climb)

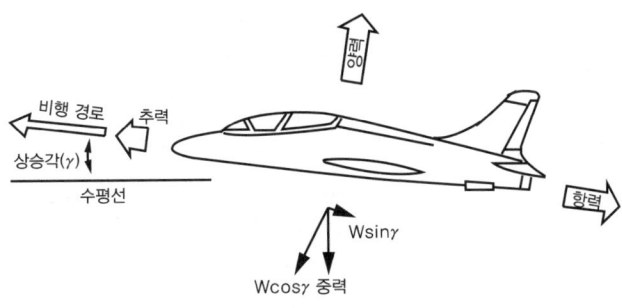

┃ 상승 비행 시의 힘의 작용 ┃

$$R.C. = V sin\gamma = \frac{75(P_a - P_r)}{W}$$

3) 고도의 영향

가) 속도와 고도와의 관계

$$V = V_0 \sqrt{\frac{\rho_0}{\rho}}$$

$\rho_0 > \rho$ 이므로 $V > V_0$, 즉 고도로 상승할수록 속도 증가

나) 필요 마력과 고도와의 관계

$$P_r = P_{r0} \sqrt{\frac{\rho_0}{\rho}}$$

$\rho_0 > \rho$ 이므로 $P_r > P_{r0}$, 즉 고도로 상승할수록 필요 마력 증가
그러나 고속 영역에서는 같은 속도에서 필요 마력은 감소

고도↑ → 밀도↓ ─┬─ 출력↓ → 이용 마력↓ ─┐
                                                  ├─ 상승률↓
                          └─ 필요 마력↑ ─────────┘

4) 상승 한계 및 상승 시간

고도↑ ─┬─ 필요 마력↑ ─┐
                    ├─ 여유 마력↓ → 상승률↓
           └─ 이용 마력↓ ─┘

가) 상승 한계
① 절대 상승 한계 : 상승률이 0이 되는 고도
② 실용 상승 한계 : 상승률이 0.5m/s가 되는 고도
                          절대 상승 한계의 80~90%
③ 운용 상승 한계 : 상승률이 2.5m/s가 되는 고도

나) $R.C._m$ (평균 상승률) $= \dfrac{고도 변화}{상승 시간}$, 상승 시간 $= \dfrac{고도 변화}{평균 상승률}$

제5장 일반 비행 성능

다 하강 비행

1) 활공 비행(Gliding)

$$\tan\theta = \frac{1}{\text{양항비}} = \frac{\text{고도}}{\text{활공 거리}}$$

① 활공각 θ는 양항비에 반비례
② 비행기가 멀리 활공 비행하려면 항력 계수를 작게
  ㉠ 마찰 항력을 작게 → 표면을 매끈하게
  ㉡ 압력 항력을 작게 → 모양을 유선형으로
  ㉢ 유도 항력을 작게 → 가로세로비를 크게

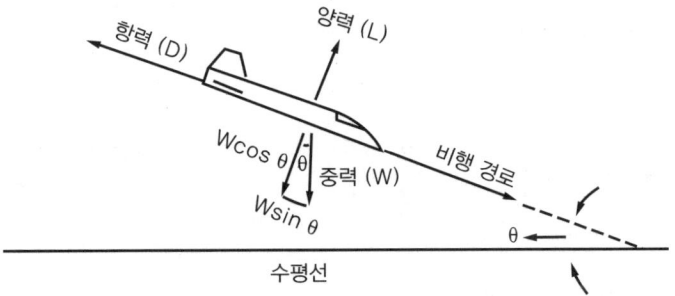

| 활공 비행기 힘의 작용 |

2) 받음각의 영향

① $\theta_{\min}$ = 최소 활공각

$$\tan\angle AOF = \frac{FA}{OF} = \frac{C_L}{C_D}$$

② B, C점
  ㉠ 활공각은 같음
  ㉡ B는 작은 받음각, C는 큰 받음각
③ D는 급강하
④ E는 배면 비행

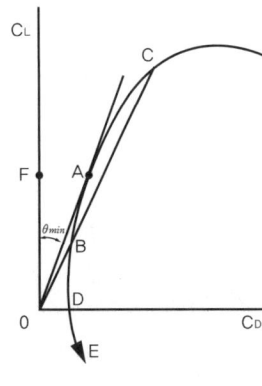

| 양항 극곡선 |

3) 급강하(diving)

$$W = D = \frac{1}{2}\rho V^2 C_D S$$

$$V_T = \sqrt{\frac{2W}{\rho C_D S}}$$

① 종극 속도(Terminal Velocity) : 급강하 시의 최대 속도
② 항공기가 급강하 시 종극 속도에 도달하면 속도는 더 이상 증가하지 않음

| 종극 속도 |

라 선회 비행

1) 정상 선회

수평면 내에서 일정한 선회 지름으로 원운동을 하는 비행

$$L\sin\phi = C.F. = \frac{W}{g} \cdot \frac{V^2}{R}$$

$$L\cos\phi = W$$

윗 식의 양변을 나누면

$$\tan\phi = \frac{C.F}{W} = \frac{V^2}{gR}$$

$$R = \frac{V^2}{g\tan\phi}$$

※ 선회 반지름을 작게 하려면
 • 선회 속도를 작게
 • 경사각을 크게
 • 받음각을 크게

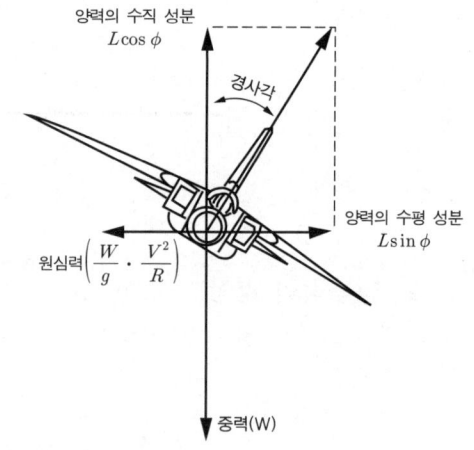

| 선회 비행 시에 작용하는 힘 |

2) 선회 속도

동일 받음각에서 선회 중의 양력은 비행 중의 양력보다 커야 함
즉 속도가 커야 함

$$V_t = \frac{V}{\sqrt{\cos\phi}}$$

$\cos\phi$가 항상 1보다 작으므로 $V_t > V$

V_s : 수평 비행 시의 실속 속도, V_{ts} : 선회 비행 시의 실속 속도

$$V_{ts} = \frac{V_s}{\sqrt{\cos\phi}}$$

선회 중의 실속 속도가 커짐에 따라 선회 비행 중의 속도가 수평 비행 중의 실속 속도 이상이라도 실속이 일어날 수 있으므로 주의 필요함

3) 선회 중의 하중 배수

$$n = \frac{L}{W} = \frac{1}{\cos\phi}$$

4) 비행 하중

가) 하중 배수

$$n = \frac{비행기의\ 무게 + 관성력}{비행기의\ 무게} = 1 + \frac{관성력}{비행기의\ 무게} = 1 + \frac{a}{g}$$

나) 안전 계수

| 제한 하중 배수 |

감항유별	제한 하중 배수(n)	제한 운동
A류	+6 ~ -3.0	곡예 비행
U류	+4.4 ~ -1.76	실용적으로 제한된 곡예 비행
N류	+3.8 ~ -1.52	곡예 비행 불가능
T류	+2.5 ~ -1.0	수송기로서의 운동 가능, 곡예 비행 불가능

① 제한 하중 : 비행 중에 생길 수 있는 최대 하중
② 극한 하중 : 구조물이 견딜 수 있는 최대 하중
　　　　　극한 하중 = 제한 하중 × 안전 계수
③ 각 부재의 안전 계수
　　㉠ 구조 부재 : 1.2~1.5
　　㉡ 조종 케이블 : 1.33
　　㉢ 피팅 : 1.15
④ 안전 계수를 크게 잡으면 강도상 좋으나 무게의 증가와 재료의 낭비를 가져옴

다) V-n 선도

속도와 하중 배수와의 관계로 항공기 운동에 대하여 제한을 주는 선도

제1부 항공 역학

1 출제 예상 문제

01 다음 중 등속도 수평 비행이라 함은 어떠한 비행인가?
① 일정한 가속도로 수평 비행하는 것을 말한다.
② 속도가 시간에 따라 일정하게 증가하면서 수평 비행함을 말한다.
③ 일정한 속도로 수평 비행함을 말한다.
④ 필요 마력이 일정하게 되는 수평 비행을 말한다.

02 항공기가 등속 수평 비행을 하기 위한 조건은 어느 것인가? (단, 양력 : L, 항력 : D, 추력 : T, 무게 : W)
① L = D, T = W
② L = W, D = T
③ L = T, D = W
④ L = D, L = T

03 항력 계수가 0.02이며, 날개 면적이 $20m^2$인 항공기가 150m/s로 등속도 비행을 하기 위해 필요한 추력은 약 몇 kgf인가? (단, 공기의 밀도는 $0.125 kgf \cdot s^2/m^4$이다)
① 433   ② 563
③ 643   ④ 723

해설
등속도 비행 시 추력 = 항력
$$D = \frac{1}{2}\rho V^2 C_D S$$
$$= \frac{1}{2} \times 0.125 \times 150^2 \times 0.02 \times 20 = 562.5\,kgf$$

04 필요 마력에 대한 설명으로 가장 올바른 것은?
① 고도가 높을수록 밀도가 증가하여 필요 마력은 커진다.
② 날개 하중이 작을수록 필요 마력은 커진다.
③ 항력 계수가 작을수록 필요 마력은 작다.
④ 속도가 작을수록 필요 마력은 크다.

해설
$$P_r = \frac{DV}{75} = \frac{1}{150}\rho V^3 C_D S$$

05 항공기의 필요 동력과 속도와의 관계로 옳은 것은?
① 속도에 반비례한다.
② 속도의 제곱에 비례한다.
③ 속도의 세제곱에 비례한다.
④ 속도의 제곱에 반비례한다.

06 날개 면적이 $100[m^2]$이며, 고도 5,000[m]에서 150[m/sec]로 비행하고 있는 항공기가 있다. 이 때의 항력 계수는 0.02이다. 필요 마력[ps]은? (단, 공기의 밀도(ρ)는 $0.070[kg \cdot s^2/m^4]$이다)
① 1,890   ② 2,500
③ 3,150   ④ 3,250

해설
$$P_r = \frac{1}{150}\rho V^3 C_D S$$
$$= \frac{1}{150} \times 0.07 \times 150^3 \times 0.02 \times 100 = 3,150\,ps$$

정답 01. ③ 02. ② 03. ② 04. ③ 05. ③ 06. ③

07 프로펠러의 효율이 80%인 항공기가 기관의 최대 출력이 800ps인 경우 이 비행기가 수평 최대 속도에서 낼 수 있는 최대 이용 마력은 몇 ps인가?

① 640 ② 760
③ 800 ④ 880

해설
$P_a = \eta \times BHP = 0.8 \times 800 = 640\,ps$

08 비행기의 무게가 5,000kgf이고 기관 출력이 400HP이다. 프로펠러 효율 0.85로 등속 수평 비행한다면, 이때 비행기의 이용 마력은 몇 HP인가?

① 340 ② 370
③ 415 ④ 460

해설
$P_a = \eta \times BHP = 0.85 \times 400 = 340\,HP$

09 항공기의 중량이 일정한 경우에 항공기의 추력과 양항비(Lift-Drag Ratio)와는 어떠한 관계가 있는가?

① 추력은 양항비에 비례한다.
② 추력은 양항비에 반비례한다.
③ 추력은 양항비의 제곱에 비례한다.
④ 추력은 양항비의 제곱에 반비례한다.

해설
$T = \dfrac{W}{\text{양항비}}$

10 항공기 중량이 900kgf, 날개의 면적이 10m²인 제트 항공기가 수평 등속도로 비행할 때 추력은 몇 kgf인가? (단, 양항비는 3이다)

① 300 ② 250
③ 200 ④ 150

해설
$T = \dfrac{W}{\text{양항비}} = \dfrac{900}{3} = 300\,kgf$

11 이륙 중량이 1,500kgf, 기관 출력이 200hp인 비행기가 5,000m 고도를 50%의 출력으로 270km/h 등속도 순항 비행하고 있을 때 양항비는 얼마인가?

① 5   ② 10
③ 15 ④ 20

해설
등속도 비행이므로
$P_a = P_r = \dfrac{TV}{75} = \eta \cdot bHP$
$T = \dfrac{75\eta \cdot bHP}{V} = \dfrac{75 \cdot 0.5 \times 200}{270/3.6} = 100$
$T = \dfrac{W}{\text{양항비}}$ 이므로
양항비 $= \dfrac{W}{T} = \dfrac{1,500}{100} = 15$

12 중량이 2,000kgf인 항공기가 20m/s로 비행할 때 양항비가 8이라면 필요한 출력은 몇 kgf·m/s인가?

① 4,000 ② 4,500
③ 5,000 ④ 6,000

해설
$P_r = \dfrac{TV}{75} = \dfrac{WV}{75} \cdot \dfrac{C_D}{C_L} = \dfrac{WV}{75} \cdot \dfrac{1}{C_L/C_D}$ 이므로
필요 출력 $= T \times V = \dfrac{WV}{\text{양항비}}$
$= \dfrac{2,000 \times 20}{8} = 5,000\,kgf \cdot m/s$

13 다음 중 이륙 중량이 1,500kg, 기관 출력이 250HP인 비행기가 해면 고도를 80%의 출력으로 180km/h로 순항 비행할 때 양항비는?

① 5.0   ② 5.25
③ 6.0   ④ 6.25

정답 07. ① 08. ① 09. ② 10. ① 11. ③ 12. ③ 13. ①

해설

$$P_r = \frac{TV}{75} = \frac{WV}{75} \cdot \frac{C_D}{C_L} = \frac{WV}{75\,\text{양항비}}$$ 이므로

$$\text{양항비} = \frac{WV}{75P_r} = \frac{1,500 \times \frac{180}{3.6}}{75 \times 250 \times 0.8} = 5$$

14 여유 마력(Excess Horsepower)이란 무엇인가?

① 이용 마력 + 필요 마력
② 이용 마력 − 필요 마력
③ 이용 마력 × 필요 마력
④ 필요 마력 − 이용 마력

15 이용 동력(P_A), 잉여 동력(P_E), 필요 동력(P_R)의 관계를 옳게 나타낸 것은?

① $P_A + P_E = P_R$ ② $P_R \times P_A = P_E$
③ $P_E + P_R = P_A$ ④ $P_A \times P_E = P_R$

해설 $P_E = P_A - P_R$ 이므로 $P_A = P_E + P_R$

16 비행 속도가 300m/s인 항공기가 상승각 30°로 상승 비행 시 상승률은 몇 m/s인가?

① 100   ② 150
③ 150√3   ④ 200

해설 $R.C = V\sin\theta = 300\sin30° = 150\,\text{m/s}$

17 비행기가 230km/h로 수평 비행할 때 비행기의 상승률이 10m/s라고 하면, 이 비행기 상승각은 약 몇 °인가?

① 4.8   ② 7.2
③ 9.0   ④ 12.0

해설 $R.C = V\sin\gamma$ 이므로

$$\gamma = \sin^{-1}\left(\frac{R.C}{V}\right) = \sin^{-1}\left(\frac{10}{\frac{230}{3.6}}\right) = 9.00°$$

18 다음 중 상승률이란?

① $\dfrac{75(\text{이용 마력} - \text{필요 마력})}{W}$

② $\dfrac{\text{이용 마력} - \text{필요 마력}}{W^2}$

③ $\dfrac{75(\text{필요 마력} - \text{이용 마력})}{W}$

④ $\dfrac{\text{필요 마력} - \text{이용 마력}}{W^2}$

19 등속 상승 비행에 대한 상승률을 나타내는 식이 아닌 것은?

V : 비행 속도, γ : 상승각, W : 항공기 무게, T_A : 이용 추력, T_R : 필요 추력

① $V\sin\gamma$ ② $\dfrac{(T_A - T_R)V}{W}$

③ $\dfrac{\text{잉여 동력}}{W}$ ④ $\dfrac{T_A - T_R}{W}$

해설

$$R.C = V\sin\gamma = \frac{75(P_a - P_r)}{W} = \frac{TV - DV}{W}$$

20 항공기가 상승하기 위한 수평 비행 시 필요 마력과 상승 시 이용 마력의 관계로 옳은 것은?

① 이용 마력 = 필요 마력
② 이용 마력 > 필요 마력
③ 이용 마력 ≤ 필요 마력
④ 이용 마력 < 필요 마력

해설 $R.C = V\sin\gamma = \dfrac{75(P_a - P_r)}{W}$ 이므로
상승 비행 시 $P_a > P_r$

정답 14. ② 15. ③ 16. ② 17. ③ 18. ① 19. ④ 20. ②

제5장 일반 비행 성능

21 항공기가 상승 비행하려면 다음 중 어느 조건이 만족되어야 하는가?
① 필요 마력이 최소한 이용 마력보다는 커야 한다.
② 필요 마력과 이용 마력이 같으면 된다.
③ 필요 마력이 이용 마력보다 작아야 한다.
④ 이용 마력과 필요 마력의 합이 그 비행기의 중력에 속도를 곱한 값과 같아야 한다.

22 다음 중 항공기의 상승률과 하강률에 가장 큰 영향을 주는 것은?
① 받음각 ② 잉여 마력
③ 가로세로비 ④ 비행 자세

해설

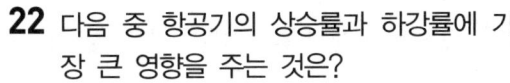

23 항공기의 무게가 5,000kg이고, 해발 고도에서 잉여 마력이 50HP일 때 이 비행기의 분당 상승률은?
① 35 ② 45 ③ 51 ④ 62

해설

$$R.C = \frac{75(P_a - P_r)}{W} = \frac{75 \times 50}{5,000}$$
$$= 0.75\,m/s = 45\,m/\min$$

24 일정 고도에서 정상 수평 비행 시 그림과 같은 마력 곡선을 갖는 비행기에 대한 설명으로 옳은 것은?

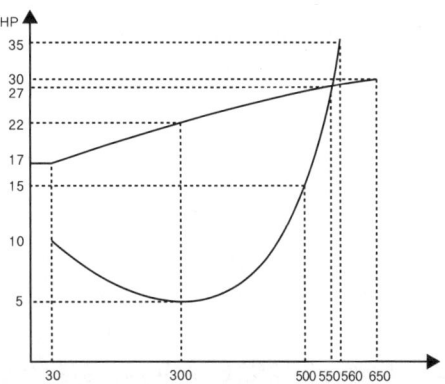

① 실속 속도는 300mph이다.
② 최대 속도는 550mph이다.
③ 300mph에서 잉여 마력은 22hp이다.
④ 제트 비행기의 전형적인 마력 곡선이다.

해설

- 실속 속도 30mph
- 최대 수평 속도 550mph
- 최대 잉여 마력 17hp
- 최대 상승 비행 가능한 속도 300mph

25 무게가 $500\,lbs$인 비행기의 마력 곡선이 그림과 같다면 수평 정상 비행할 때 최대 상승률은 몇 $ft/\min$인가? (단, HP_{req}는 필요 마력, HP_{av}는 이용 마력, 비행 경로선과 추력선 사이 각, 비행 경로 각은 작다)

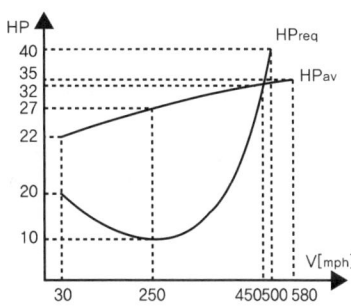

① 1,122 ② 1,555
③ 2,360 ④ 2,500

해설

$$R.C = \frac{550(P_a - P_r)}{W}$$
$$= \frac{550(27-10)}{500} = 18.7\,ft/s = 1,122\,ft/\min$$

정답 21. ③ 22. ② 23. ② 24. ② 25. ①

26 다음 그림에서 최대 상승률을 얻는 지점은?

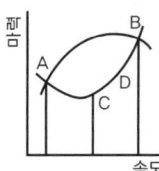

① A ② B ③ C ④ D

27 비행기가 상승함에 따라 점점 상승률이 떨어진다. 절대 상승 한계에서 이용 마력과 필요 마력과의 관계를 가장 올바르게 표현한 것은?

① 이용 마력이 필요 마력보다 크다.
② 이용 마력과 필요 마력이 같다.
③ 이용 마력이 필요 마력보다 작다.
④ 고도에 따라 마력이 변하므로 비교할 수 없다.

28 절대 상승 한도란?

① 상승률이 0m/sec가 되는 고도
② 상승률이 0.5m/sec가 되는 고도
③ 상승률이 5cm/sec가 되는 고도
④ 상승률이 0.5cm/sec가 되는 고도

해설
상승 한계
- 절대 상승 한계 : 상승률이 0이 되는 고도
- 실용 상승 한계 : 상승률이 0.5m/s가 되는 고도(절대 상승 한계의 80~90%)
- 운용 상승 한계 : 상승률이 2.5m/s가 되는 고도

29 실용 상승 한도란 어느 것인가?

① 항공기의 상승률이 0m/s인 고도
② 항공기의 상승률이 100ft/min인 고도
③ 항공기의 상승률이 100m/min인 고도
④ 항공기의 상승률이 0.5ft/s인 고도

30 그림과 같은 하강하는 항공기에서 힘의 성분(A)에 옳은 것은?

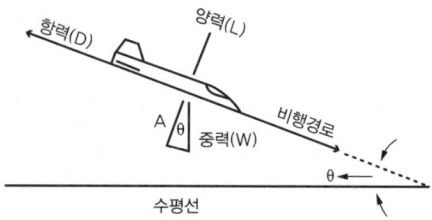

① $W\sin\theta$ ② $W\cos\theta$
③ $W\tan\theta$ ④ $\dfrac{W}{\sin\theta}$

31 활공 비행에서 활공각을 θ라고 할 때 활공각을 나타내는 식은? (L = 양력, W = 비행기 무게, D = 항력)

① $\sin\theta = \dfrac{L}{D}$ ② $\cos\theta = \dfrac{W}{L}$
③ $\tan\theta = \dfrac{L}{D}$ ④ $\tan\theta = \dfrac{D}{L}$

32 활공 비행에서 활공각을 나타내는 식으로 가장 올바른 것은? (단, θ = 활공각, C_L = 양력 계수, C_D = 항력 계수, T = 추력, W = 항공기 무게)

① $\sin\theta = C_L/C_D$
② $\cos\theta = W/C_L$
③ $\tan\theta = C_D/C_L$
④ $\tan\theta = C_L/C_D$

33 무동력으로 하강 비행할 때 강하율을 최소로 하는 조건은?

① 이용 마력이 최소가 되는 속도
② 이용 마력이 최대가 되는 속도
③ 필요 마력이 최대가 되는 속도
④ 필요 마력이 최소가 되는 속도

34 활공기에서 활공 거리를 증가시키기 위한 방법으로 옳은 것은?

① 압력 항력을 크게 한다.
② 형상 항력을 최대로 한다.
③ 날개의 가로세로비를 크게 한다.
④ 표면 박리 현상 방지를 위하여 표면을 적절히 거칠게 한다.

해설
활공 거리를 증가 시키려면
- 마찰 항력을 작게 → 표면을 매끈하게
- 압력 항력을 작게 → 모양을 유선형으로
- 유도 항력을 작게 → 가로세로비를 크게

35 어떤 항공기가 1km 상공을 30°로 활공하고 있다. 항공기의 대기 속도가 100km/h일 때 침하 속도는?

① 5km/h   ② 20km/h
③ 25km/h ④ 50km/h

해설
침하 속도 $= V \sin Q = 100 \sin 30° = 50 \, km/h$

36 글라이더가 고도 2,000m 상공에서 양항비 20인 상태로 활공한다면 도달할 수 있는 수평 활공 거리는 몇 m인가?

① 2,000   ② 20,000
③ 4,000   ④ 40,000

해설
$\tan\theta = \dfrac{1}{양항비} = \dfrac{고도}{활공 거리}$ 이므로
활공 거리 $=$ 양항비 $\times$ 거리 $= 20 \times 2,000 = 40,000 \, m$

37 글라이더가 1,000m 상공에서 활공하여 수평 활공 거리가 2,000m라면, 이 때의 양항비는 얼마인가?

① 1   ② 2
③ 3   ④ 4

해설
$\tan\theta = \dfrac{1}{양항비} = \dfrac{고도}{활공 거리}$ 이므로
양항비 $= \dfrac{활공 거리}{고도} = \dfrac{2,000}{1,000} = 2$

38 활공각 30°로 활공하고 있는 항공기의 양력이 1,500kgf일 때 이 항공기에 작용하는 항력은 약 몇 kgf인가?

① 748   ② 866
③ 937   ④ 1,328

해설
$\tan\theta = \dfrac{1}{양항비} = \dfrac{D}{L}$
$D = L \tan\theta = 1,500 \tan 30 = 866.025 \, kgf$

39 무게 1,000kgf의 항공기가 30°의 활공각으로 활공하고 있을 경우 항공기에 작용하고 있는 양력은 약 몇 kgf인가?

① 577   ② 866
③ 1,000 ④ 1,732

해설
$L = W \cos\theta = 1,000 \cos 30 = 866.025 \, kgf$

40 다음 그래프는 양항 극곡선을 나타낸 것이다. 그래프 중 최소 활공각을 나타내는 것은?

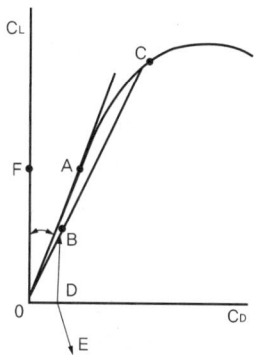

① OF   ② OA
③ OC   ④ OD

41 그림과 같은 활공기의 양·항력 곡선에 대한 설명 중 가장 올바른 것은?

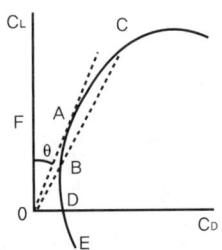

① 최장거리 활공 비행은 A점 받음각으로 활공하면 좋다.
② 최장거리 활공 비행은 C점 받음각으로 활공하면 좋다.
③ 수평 활공 비행은 D점 받음각으로 이루어진다.
④ 수직 활공 비행은 F점 받음각으로 이루어진다.

해설
- A : 최소 활공각
- D : 급강하 비행
- E : 배면 비행

42 항공기가 기관이 정지한 상태에서 수직 강하 하고 있을 때 도달할 수 있는 최대 속도를 종극 속도라 한다. 종극 속도는 어떠한 상태에 이를 때의 속도를 말하는가?
① 항공기 총 중량과 항공기에 발생되는 양력이 같은 경우
② 항공기 총 중량과 항공기에 발생되는 항력이 같아지는 경우
③ 항공기 양력의 수평 분력과 항력의 수직 분력이 같은 경우
④ 항공기 양력과 항력이 같은 경우

43 다음 중 종극 속도(Terminal Velocity)의 정의로 옳은 것은?
① 비행기가 수평 비행 시 도달할 수 있는 최대 속도
② 비행기가 회전 비행 시 도달할 수 있는 최대 속도
③ 비행기가 수직 상승 시 도달할 수 있는 최대 속도
④ 비행기가 수직 강하 시 도달할 수 있는 최대 속도

44 날개 하중이 30kgf/s²이고 무게가 1,000kgf인 비행기가 7,000m 상공에서 급강하 하고 있을 때 항력 계수가 0.1이라면 급강하 속도는 몇 m/s인가? (단, 밀도는 0.06kgf·s²/m⁴이다)
① 100
② $100\sqrt{3}$
③ 200
④ $100\sqrt{5}$

해설
$$V_T = \sqrt{\frac{2W}{\rho C_D S}} = \sqrt{\frac{2}{0.06 \times 0.1} \times 30} = 100 m/s$$

45 무게가 100kg인 조종사가 2,000m의 상공을 일정 속도로 낙하산으로 강하하고 있을 때 낙하산 지름이 7m, 항력 계수가 1.3이라면 낙하 속도는 약 몇 m/s인가? (단, 공기 밀도는 0.1kg·s²/m⁴이며, 낙하산의 무게는 무시한다)
① 6.3
② 4.4
③ 2.2
④ 1.6

해설
$$V_T = \sqrt{\frac{2W}{\rho C_D S}} = \sqrt{\frac{2 \times 100}{0.1 \times 1.3 \times \frac{\pi}{4} 7^2}} = 6.3 m/s$$

46 비행기가 선회 비행을 할 때 정상 선회라 하는 것은 어떤 경우인가?
① 원심력이 구심력보다 큰 경우이다.
② 원심력이 구심력과 같은 경우이다.
③ 원심력이 구심력보다 작은 경우이다.
④ 속도가 원심력보다 큰 경우이다.

정답 41. ① 42. ② 43. ④ 44. ① 45. ① 46. ②

47 정상 수평 선회하는 항공기에 작용하는 원심력과 구심력에 대한 설명으로 옳은 것은?

① 원심력은 추력의 수평 성분이며 구심력과 방향이 반대다.
② 원심력은 중력의 수직 성분이며 구심력과 방향이 반대다
③ 구심력은 중력의 수평 성분이며 원심력과 방향이 같다.
④ 구심력은 양력의 수평 성분이며 원심력과 방향이 반대다.

48 선회(Turns)비행 시 외측으로 Slip하는 이유는?

① 경사각이 작고 구심력이 원심력보다 클 때
② 경사각이 크고 구심력이 원심력보다 작을 때
③ 경사각이 크고 구심력보다 클 때
④ 경사각은 작고 원심력이 구심력보다 클 때

49 항공기를 오른쪽으로 선회시킬 경우 가해주어야 할 힘은? (단. 오른쪽 방향으로 양(+)으로 한다)

① 양(+) 피칭 모멘트
② 음(−) 롤링 모멘트
③ 제로(0) 롤링 모멘트
④ 양(+) 롤링 모멘트

해설
선회 비행을 하려면 선회 방향으로 롤링 모멘트를 발생시켜 기체를 경사지게 한다.

50 비행기가 상승하면서 선회 비행을 하는 경우는?

① 양력의 수직 분력이 중량보다 커야 한다.
② 양력의 수직 분력이 중량보다 작아야 한다.
③ 양력의 수직 분력과 중량이 같아야 한다.
④ 양력과 수직 분력에 관계없다.

51 비행기의 선회 반지름을 줄이기 위한 방법으로 옳은 것은?

① 선회각을 작게 한다.
② 선회 속도를 작게 한다.
③ 날개 면적을 작게 한다.
④ 중력 가속도를 작게 한다.

해설
• 선회 반지름
$$R = \frac{V^2}{g \tan\phi}$$
• 선회 반지름을 작게 하려면
  − 선회 속도를 작게
  − 경사각을 크게
  − 받음각을 크게

52 다음 중 선회 비행 성능에 대한 설명 중 옳지 않은 것은?

① 정상 선회를 하려면 원심력과 양력의 수평 성분이 같아야 한다.
② 원심력이 양력의 수평 성분인 구심력보다 더 크면 스키드(Skid)가 나타난다.
③ 선회 반경을 최소로 하기 위해서는 비행 속도를 최소로 하고, 경사각 또한 최소로 하는 것이 좋다.
④ 슬립(Slip)은 경사각이 너무 크거나 러더의 조작량이 부족할 경우 일어나기 쉽다.

해설
$R = \dfrac{V^2}{g \tan\phi}$ 이므로 선회 반경을 작게 하려면 선회 속도를 작게, 경사각을 크게

정답 47. ④ 48. ④ 49. ④ 50. ① 51. ② 52. ③

제1부 항공 역학

53 무게가 1,500kg인 비행기가 30° 경사각, 100km/h의 속도로 정상 선회를 하고 있을 때 선회 반경은 약 몇 m인가?
① 13.6 ② 136.4
③ 1364 ④ 1500

해설
$$R = \frac{V^2}{g \tan\phi} = \frac{(\frac{100}{3.6})^2}{9.8 \times \tan 30°} = 136.37\,\mathrm{m}$$

54 항공기가 선회 속도 20m/s, 선회각 45° 상태에서 선회 비행을 하는 경우 선회 반경은 약 몇 m인가?
① 20.4 ② 40.8
③ 57.7 ④ 80.5

해설
$$R = \frac{V^2}{g \tan\phi} = \frac{20^2}{9.8 \times \tan 45°} = 40.85\,\mathrm{m}$$

55 중량 3,200kgf인 비행기가 경사각 15°로 정상 선회를 하고 있을 때 이 비행기의 원심력은 약 몇 kgf인가?
① 857 ② 1,600
③ 1,847 ④ 3,091

해설
$\tan\phi = \dfrac{C.F}{W}$ 이므로
$C.F = W\tan\phi = 3,200\tan 15° = 857.4\,\mathrm{kgf}$

56 다음 중 수평 선회에 대한 설명으로 틀린 것은?
① 선회 반경은 속도가 클수록 커진다.
② 경사각이 크면 선회 반경은 작아진다.
③ 경사각이 클수록 하중 배수는 커진다.
④ 선회 시 실속 속도는 수평 비행 실속 속도보다 작다.

해설
선회 속도
$$V_{ts} = \frac{V_s}{\sqrt{\cos\phi}}$$
선회 중의 실속 속도가 커진다. 따라서 선회 비행 중의 속도가 수평 비행 중의 실속 속도 이상이라도 실속이 일어날 수 있으므로 주의하여야 한다.

57 수평 비행할 때 실속 속도가 80km/h인 비행기가 60° 경사 선회할 때 실속 속도 [km/h]는 약 얼마인가?
① 90 ② 109
③ 113 ④ 120

해설
$$V_{ts} = \frac{V_s}{\sqrt{\cos\phi}} = \frac{80}{\sqrt{\cos 60}} = 113.1\,\mathrm{km/h}$$

58 비행기가 정상 비행 시 110km/h로 실속 한다면 하중 배수가 1.3인 경우 실속 속도는 약 몇 km/h인가?
① 34 ② 68
③ 125 ④ 250

해설
$V_{ts} = \dfrac{V_s}{\sqrt{\cos\phi}}$ 이고, $n = \dfrac{L}{W} = \dfrac{1}{\cos\phi}$ 이므로
$V_{ts} = \sqrt{n}\,V_s = 110\sqrt{1.3} = 125.4\,\mathrm{km/h}$

59 무게 22,000kgf, 날개 면적 80m²인 비행기가 양력 계수 0.45 및 경사각 30° 상태로 정상 선회(균형 선회) 비행을 하는 경우 선회 반경은 약 몇 m인가? (단, 공기 밀도는 1.22kg/m³이다)
① 1,000 ② 2,000
③ 3,000 ④ 4,000

정답 53. ②　54. ②　55. ①　56. ④　57. ③　58. ③　59. ②

해설

$$V_t = \frac{V}{\sqrt{\cos\theta}} = \sqrt{\frac{2W}{\rho C_L S \cos\theta}}$$
$$= \sqrt{\frac{2 \times 22,000}{\frac{1.22}{9.8} \times 0.45 \times 80 \times \cos 30}} = 106.47\,\text{m/s}$$
$$R = \frac{V^2}{g\tan\theta} = \frac{106.47^2}{9.8 \times \tan 30} = 2,003.6\,\text{m}$$

60 V-n 선도에서 n(하중 계수)을 올바르게 나타낸 것은? (단, L : 양력, D : 항력, T : 추력, W : 무게)

① $\frac{L}{W}$ ② $\frac{W}{L}$ ③ $\frac{T}{D}$ ④ $\frac{D}{T}$

61 비행기가 등속도 수평 비행을 할 때 작용하는 하중 배수(g)는?

① 0g ② 0.5g
③ 1g ④ 1.8g

62 선회각 ϕ로 정상 수평 선회 비행하는 비행기의 하중 배수를 나타낸 식은? (단, W는 항공기 무게이다)

① $W\cos\phi$ ② $\frac{W}{\cos\phi}$
③ $\cos\phi$ ④ $\frac{1}{\cos\phi}$

해설

선회 중의 하중 배수
$$n = \frac{L}{W} = \frac{1}{\cos\phi}$$

63 정상 선회에 대한 설명으로 옳은 것은?

① 경사각이 크면 선회 반경은 커진다.
② 선회 반경은 속도가 클수록 작아진다.
③ 경사각이 클수록 하중 배수는 커진다.
④ 선회 시 실속 속도는 수평 비행 실속 속도보다 작다.

해설

$n = \frac{L}{W} = \frac{1}{\cos\phi}$ 이므로 경사각이 클수록 하중 배수도 증가

64 항공기가 45°의 경사각(Bank Angle)으로 정상 수평 선회 비행을 하고 있다. 이 때 이 항공기에 작용하는 하중 배수(Load Factor)는 얼마인가?

① $\sqrt{2}$ ② $\sqrt{3}$
③ $\frac{\sqrt{2}}{2}$ ④ $\frac{\sqrt{3}}{2}$

해설

$$n = \frac{L}{W} = \frac{1}{\cos\phi} = \frac{1}{\cos 45} = \sqrt{2}$$

65 무게가 4,000kg인 항공기가 선회각 60°로 정상 선회 시 하중 배수가 2라면 양력은?

① 2,000kg ② 4,000kg
③ 6,000kg ④ 8,000kg

해설

$n = \frac{L}{W}$, $L = nW = 2 \times 4,000 = 8,000\,\text{kg}$

정답 60. ① 61. ③ 62. ④ 63. ③ 64. ① 65. ④

2 순항 비행 성능

가 수평 비행

1) 수평 비행

가) 비행 상태에 따른 힘의 상태

수평 비행 : $L = W$, 상승 비행 : $L > W$, 하강 비행 : $L < W$
등속도 비행 : $D = T$, 가속도 비행 : $D < T$, 감속도 비행 : $D > T$

나) 수평 비행 시 최소 속도(실속 속도)

실속 상태에서는

$$L = W = \frac{1}{2}\rho V_s^2 C_{Lmax} S, \quad V_{\min} = V_s = \sqrt{\frac{2W}{\rho C_{Lmax} S}}$$

착륙 속도는 실속 속도의 1.2배로 80~150km/h

2) 순항 성능

가) 순항

① 순항(Cruising) : 이륙, 착륙, 상승 그리고 하강을 제외한 수평 비행
② 경제 속도 : 필요 마력이 최소인 상태에서 연료 소비량이 가장 작은 속도
③ 순항 비행 방식
  ㉠ 장거리 순항 방식 : 연료가 소비됨에 따라 속도가 증가하므로 기관의 출력을 점차 감소시켜 속도를 일정하게 비행하는 방식
  ㉡ 고속 순항 방식 : 기관의 출력을 일정하게 하여 속도를 증가시키는 방식

나) 항속 거리(Range)

① 프로펠러 비행기

$$R = \frac{540\eta}{c} \cdot \frac{C_L}{C_D} \cdot \frac{W_1 - W_2}{W_1 + W_2}(km)$$

※ 프로펠러 비행기의 항속 거리를 크게 하려면
  ㉠ 프로펠러 효율을 크게
  ㉡ 연료 소비율을 작게
  ㉢ 양항비가 최대인 받음각으로 비행 → 가로세로비를 크게
  ㉣ 연료를 많이 탑재

② 제트기

$$R = 3.6 \cdot \frac{C_L^{\frac{1}{2}}}{C_D} \sqrt{\frac{2}{\rho} \cdot \frac{W}{S}} \cdot \frac{B}{C_t \cdot W} (km)$$

※ 제트 비행기의 항속 거리를 크게 하려면
  ㉠ 연료 소비율을 작게
  ㉡ $\frac{C_L^{\frac{1}{2}}}{C_D}$이 최대인 받음각으로 비행 → 가로세로비를 크게
  ㉢ 연료를 많이 탑재

구분	항속 거리		항속 시간	
	프로펠러기	제트기	프로펠러기	제트기
양항비	$(\frac{C_L}{C_D})_{\max}$	$(\frac{C_L^{1/2}}{C_D})_{\max}$	$(\frac{C_L^{3/2}}{C_D})_{\max}$	$(\frac{C_L}{C_D})_{\max}$
고도		고고도	저고도	

2 출제 예상 문제

01 중량이 5,000kg, 면적이 30m², 비행 속도가 100m/s, 밀도가 0.125kg·s²/m⁴인 경우 항공기의 양력 계수는?

① 0.26 ② 0.32
③ 0.44 ④ 0.54

해설
$L = W = \frac{1}{2} \rho V^2 C_L S$
$C_L = \frac{2W}{\rho V^2 S} = \frac{2 \times 5,000}{0.125 \times 100^2 \times 30} = 0.26$

02 날개 면적이 100m²인 비행기가 400km/h의 속도로 수평 비행하는 경우에 이 항공기의 중량은 어느 정도인가? (단, 이때의 양력 계수는 0.6이며, 공기 밀도는 0.125kg·s²/m⁴이다)

① 46,300kg ② 60,000kg
③ 15,600kg ④ 23,300kg

해설
$L = W = \frac{1}{2} \rho V^2 C_L S$
$= \frac{1}{2} \times 0.125 \times (\frac{400}{3.6})^2 \times 0.6 \times 100 = 46,300 \, kg$

정답 01. ① 02. ①

제1부 항공 역학

03 다음 중 프로펠러 비행기의 이용 마력과 필요 마력을 비교할 때 필요 마력이 최소가 되는 비행 속도는?

① 최고 속도
② 최저 상승률일 때의 속도
③ 최대 항속 거리를 위한 속도
④ 최대 항속 시간을 위한 속도

04 프로펠러 항공기의 항속 거리를 최대로 하기 위한 방법은?

① 연료 소비율 최대, 양항비 최대 조건으로 비행한다.
② 연료 소비율 최소, 양항비 최대 조건으로 비행한다.
③ 연료 소비율 최대, 양항비 최소 조건으로 비행한다.
④ 연료 소비율 최소, 양항비 최소 조건으로 비행한다.

해설

$R = \dfrac{540\eta}{c} \cdot \dfrac{C_L}{C_D} \cdot \dfrac{W_1 - W_2}{W_1 + W_2} (km)$

프로펠러 비행기의 항속 거리를 크게 하려면
- 프로펠러 효율을 크게
- 연료 소비율을 작게
- 양항비가 최대인 받음각으로 비행
  → 가로세로비를 크게
- 연료를 많이 탑재

05 프로펠러 비행기의 항속 거리를 증가시키기 위한 방법이 아닌 것은?

① 연료 소비율을 적게 한다.
② 프로펠러 효율을 크게 한다.
③ 날개의 가로세로비를 작게 한다.
④ 양항비가 최대인 받음각으로 비행한다.

06 프로펠러 항공기가 최대 항속 시간으로 비행하기 위한 조건으로 옳은 것은?

① $\left(\dfrac{C_D^{\frac{3}{2}}}{C_L}\right)_{최소}$ ② $\left(\dfrac{C_L^{\frac{3}{2}}}{C_D}\right)_{최소}$

③ $\left(\dfrac{C_D^{\frac{3}{2}}}{C_L}\right)_{최대}$ ④ $\left(\dfrac{C_L^{\frac{3}{2}}}{C_D}\right)_{최대}$

해설

구분	항속 거리		항속 시간	
	프로펠러기	제트기	프로펠러기	제트기
양항비	$\left(\dfrac{C_L}{C_D}\right)_{max}$	$\left(\dfrac{C_L^{\frac{1}{2}}}{C_D}\right)_{max}$	$\left(\dfrac{C_L^{\frac{3}{2}}}{C_D}\right)_{max}$	$\left(\dfrac{C_L}{C_D}\right)_{max}$
고도		고고도		저고도

07 다음 중 제트 항공기가 최대 항속 시간으로 비행하기 위한 조건으로 옳은 것은?

① (C_L/C_D) 최대 ② (C_L/C_D) 최소
③ $(C_L/C_D^{\frac{1}{2}})$ 최대 ④ $(C_L/C_D^{\frac{1}{2}})$ 최소

08 제트 항공기가 최대 항속 거리로 비행하기 위한 조건은? (단, C_L 양력 계수, C_D 항력 계수이며, 연료 소비율은 일정하다)

① $\left(\dfrac{C_L^{\frac{1}{2}}}{C_D}\right)$ 최대 및 고고도

② $\left(\dfrac{C_L^{\frac{1}{2}}}{C_D}\right)$ 최대 및 저고도

③ $\left(\dfrac{C_L}{C_D}\right)$ 최대 및 고고도

④ $\left(\dfrac{C_L}{C_D}\right)$ 최대 및 저고도

정답 03. ④ 04. ② 05. ③ 06. ④ 07. ① 08. ①

09 프로펠러 항공기의 항속 거리를 최대로 하기 위한 조건으로 옳은 것은? (단, C_{DP}는 유해 항력 계수, C_{DI}는 유도 항력 계수이다)

① $C_{DP} = C_{DI}$ ② $C_{DP} = 2C_{DI}$
③ $C_{DP} = 3C_{DI}$ ④ $3C_{DP} = C_{DI}$

해설

구분	항속 거리		항속 시간	
	프로펠러기	제트기	프로펠러기	제트기
양항비	$(\frac{C_L}{C_D})_{max}$	$(\frac{C_L^{\frac{1}{2}}}{C_D})_{max}$	$(\frac{C_L^{\frac{3}{2}}}{C_D})_{max}$	$(\frac{C_L}{C_D})_{max}$
항력계수	$C_{DP} = C_{DI}$	$C_{DP} = 3C_{DI}$	$C_{DP} = \frac{1}{3}C_{DI}$	$C_{DP} = C_{DI}$

10 비행기의 항속 거리를 나타내는 식은? (R : 항속 거리, B : 연료 탑재량, V : 순항 속도, P : 순항 중의 기관의 출력, t : 항속 시간, C : 마력당 1시간에 소비하는 연료량)

① $R = \frac{V}{t}$ ② $R = \frac{C \cdot P}{V \cdot B}$
③ $R = V \frac{B}{C \cdot P}$ ④ $R = P \frac{B}{C \cdot V}$

해설

거리 = 속도 × 시간, $R = Vt$
$C = \frac{B}{P \cdot t}$ 이므로 $t = \frac{B}{C \cdot P}$
∴ $R = V \frac{B}{C \cdot P}$

11 항공기의 비항속 거리(Specific Range)와 비항속 시간(Specific Endurance)을 옳게 나타낸 것은? (단, dt : 비행 시간, ds : dt 동안 비행 거리, dQ : 비행 중 dt 동안 연료 소비량)

① 비항속 거리 : $\frac{dQ}{ds}$, 비항속 시간 : $\frac{dQ}{dt}$
② 비항속 거리 : $\frac{ds}{dQ}$, 비항속 시간 : $\frac{dQ}{dt}$
③ 비항속 거리 : $\frac{ds}{dQ}$, 비항속 시간 : $\frac{dt}{dQ}$
④ 비항속 거리 : $\frac{dQ}{ds}$, 비항속 시간 : $\frac{dt}{dQ}$

해설

비항속 거리 = $\frac{항속 거리}{연료 소비량}$
비항속 시간 = $\frac{항속 시간}{연료 소비량}$

12 다음의 제원 및 성능을 가진 프로펠러 비행기의 항속 거리는 약 몇 Km인가? (단, 프로펠러 효율 $\eta = 0.7$, 연료 무게 : 5,000 kg, 연료 소비율 : 0.25kg/HP·h, 이륙 무게 : 11,300Kg, 양항비 $\frac{C_L}{C_D} = 7.0$)

① 2,502 ② 3,007
③ 3,514 ④ 4,005

해설

$R = \frac{540\eta}{c} \cdot \frac{C_L}{C_D} \cdot \frac{W_1 - W_2}{W_1 + W_2}$ (km)
$= \frac{540 \times 0.7}{0.25} \times 7 \times \frac{5,000}{11,300 + 6,300} = 3,006.8 \text{ km}$
$W_1 - W_2 = $ 연료 무게
$W_2 = W_1 - $ 연료 무게

13 항공기의 항속 거리가 3,600km이고, 항속 시간이 2시간이며, 비행 중 연료 소비량이 400kgf이라면, 이 항공기의 비항속 거리(Specific Range)는 몇 m/kgf인가?

① 900 ② 1,200
③ 1,800 ④ 1,600

해설

비항속 거리 = $\frac{항속 거리}{연료 소비량} = \frac{3,600}{400} = 900 \text{ m/kgf}$

정답 09. ① 10. ③ 11. ③ 12. ② 13. ①

3 이·착륙 비행 성능

가 이륙

이륙 속도는 안전을 위하여 실속 속도의 1.2배로 함

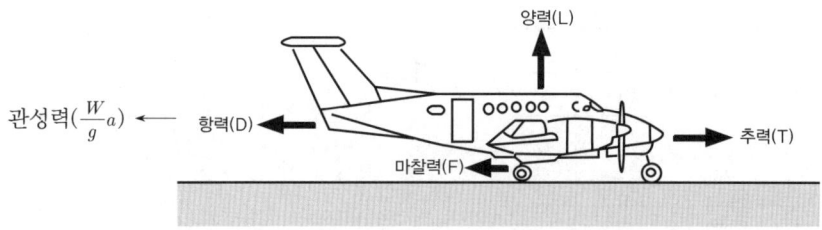

| 이륙 활주 중 비행기에 작용하는 힘 |

$$S = \frac{W}{2g} \frac{V^2}{T-D-F}$$

T-D-F : 평균 가속력

가) 이륙 거리
① 지상 활주 거리 : 비행기가 출발점에서 L/G가 땅에서 떨어질 때까지의 거리
② 상승 거리 : L/G가 땅에서 떨어질 때부터 장애물 고도에 도달하기까지의 거리
③ 이륙 거리 : 지상 활주 거리에 상승 거리를 합한 거리
④ 장애물 고도 : 안전한 비행 상태의 고도
    ㉠ 프로펠러기 : 15m(50ft)
    ㉡ 제트기 : 10.7m(35ft)

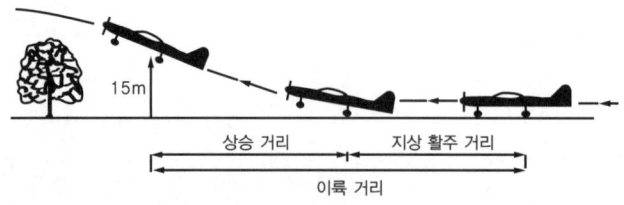

| 비행기의 이륙 과정 |

나) 이륙 거리를 짧게 하기 위한 방법
① 무게가 가벼워야 한다.
② 기관의 추력이 커야 한다.
③ 항력이 작은 비행 자세로 비행하여야 한다.
④ 맞바람을 받으면서 이륙한다.

⑤ 고양력 장치를 사용한다.
⑥ 마찰력이 작아야 한다.

나 착륙

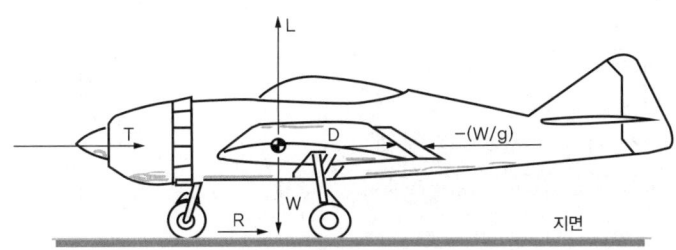

┃ 착륙 중 비행기에 작용하는 힘 ┃

$$S = \frac{W}{2g} \cdot \frac{V^2}{D + \mu W}$$

가) 착륙 거리

① 착륙 거리 = 착륙 진입 거리 + 지상 활주 거리
② 착륙 진입 거리 : 장애물 고도에서 접지할 때까지의 수평 거리
③ 지상 활주 거리 : 바퀴가 활주로에 접지한 후 완전히 정지할 때까지의 거리

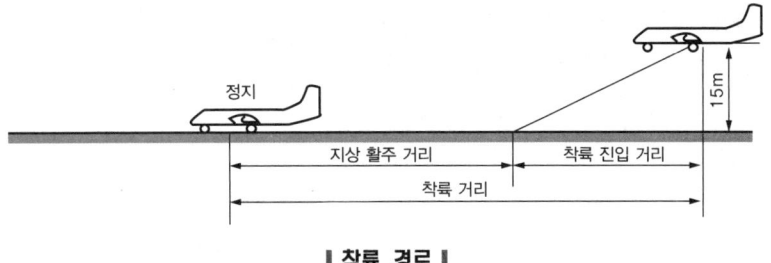

┃ 착륙 경로 ┃

나) 착륙 거리를 짧게 하기 위한 방법

① 무게가 가벼워야 한다.
② 접지 속도를 작게 한다(고양력 장치 등을 사용하여 실속 속도를 작게 하여 접지 속도를 최소로 함).
③ 항력을 크게 한다.
④ 맞바람을 받고 착륙한다.
⑤ 마찰력을 크게 한다.

3 출제 예상 문제

01 다음 중 최대 이륙 중량을 올바르게 설명한 것은?

① 이륙 시의 최대 중량
② 착륙 시의 최대 중량
③ 총 중량에서 유상 하중을 뺀 무게
④ 이륙에 소모되는 연료의 총 무게

02 다음 설명 중 틀린 것은?

① 실속 속도가 커질수록 착륙 속도가 작아진다.
② 착륙 속도가 작으면 활주 거리가 짧아진다.
③ 이륙 속도는 실속 속도의 1.2배로 한다.
④ 실속 속도는 약 80~130km/h이다.

03 비행기의 무게가 1,500kgf이고, 날개 면적이 40m², 최대 양력 계수가 1.5일 때 착륙 속도는 몇 m/s인가? (단, 공기 밀도는 0.125kgf·s²/m⁴이고, 착륙 속도는 실속 속도의 1.2배로 한다)

① 10   ② 16
③ 20   ④ 24

해설

착륙 속도 $= 1.2 V_s = 1.2 \sqrt{\dfrac{2W}{\rho C_{Lmax} S}}$
$= 1.2 \sqrt{\dfrac{2 \times 1,500}{0.125 \times 1.5 \times 40}} = 24\,\text{m/s}$

04 최대 이륙 중량과 최대 착륙 중량의 제한치에 차이를 둔 비행기가 있다면, 그 이유로 가장 올바른 것은?

① 착륙 장치의 강도상
② 유상 하중을 크게 잡기 위해서
③ 설계의 편의상
④ 체공 중에 연료 소비하는 것을 감안하였으므로

05 그림과 같은 프로펠러 항공기 이륙 경로에서 이륙 거리는?

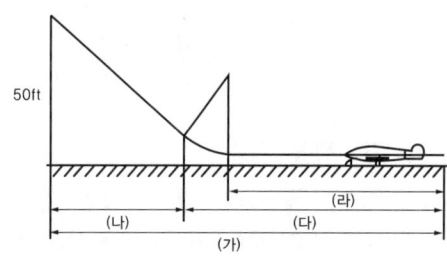

① (가)   ② (나)
③ (다)   ④ (라)

해설

이륙 거리 = 지상 활주 거리 + 이륙 상승 거리

06 프로펠러 비행기의 이륙 거리(Take-Off Distance)란?

① 이륙을 위한 지상 활주 거리+5m 상승까지의 공중 수평 거리
② 이륙을 위한 지상 활주 거리+15m 상승까지의 공중 수평 거리
③ 이륙을 위한 지상 활주 거리+50m 상승까지의 공중 수평 거리
④ 이륙을 위한 지상 활주 거리+75m 상승까지의 공중 수평 거리

정답   01. ①   02. ①   03. ④   04. ①   05. ①   06. ②

07 제트 비행기의 실제적인 이륙 거리는?
① 지상 활주 거리
② 지상에서 이륙 후 고도 10.7m(35ft)까지 도달하는 데 소요되는 상승 거리
③ 지상 활주 거리 + 고도 10.7m(35ft)까지 도달하는 데 소요되는 상승 거리
④ 지상 활주 거리 + 고도 15m(50ft)까지 도달하는 데 소요되는 상승 거리

08 비행기의 이륙 활주 거리를 짧게 하기 위한 방법이 아닌 것은?
① 기관의 추력을 크게 한다.
② 비행기의 무게를 감소한다.
③ 슬렛(Slat)과 플랩(Flap)을 사용한다.
④ 항력을 줄이기 위해 작은 날개를 사용한다.

해설
이륙 거리를 짧게 하기 위한 방법
$$S = \frac{W}{2g} \frac{V^2}{T-D-F}$$
- 무게가 가벼워야 한다.
- 기관의 추력이 커야 한다.
- 항력이 작은 비행 자세로 비행하여야 한다.
- 맞바람을 받으면서 이륙한다.
- 고양력 장치를 사용한다.
- 마찰력이 작아야 한다.

09 항공기 이륙 거리를 짧게 하기 위한 방법으로 옳은 것은?
① 정풍(Head Wind)을 받으면서 이륙한다.
② 항공기 무게를 증가시켜 양력을 높인다.
③ 이륙 시 플랩이 항력 증가의 요인이 되므로 플랩을 사용하지 않는다.
④ 기관의 가속력을 가능한 최소가 되도록 한다.

10 이륙 활주 거리를 짧게 하기 위해서는 다음 어느 조건이 만족되어야 하는가?
① 익면 하중이 크고 양력 계수도 클 것
② 익면 하중이 크고 지면 마찰 계수가 작을 것
③ 익면 하중이 작고 지면 마찰 계수가 클 것
④ 익면 하중이 작고 양력 계수가 클 것

11 다음 중 이륙 시 활주 거리를 줄일 수 있는 조건으로 틀린 것은?
① 추력을 최대로 한다.
② 날개 하중을 작게 한다.
③ 고양력 장치를 사용한다.
④ 고도가 높은 비행장에서 이륙한다.

12 항공기 이륙 거리를 줄이기 위한 방법이 아닌 것은?
① 항공기의 무게를 가볍게 한다.
② 플랩과 같은 고양력 장치를 사용한다.
③ 기관의 추력을 작게 하여 이륙 활주 중 가속도를 증가시킨다.
④ 맞바람을 받으면서 이륙하여 바람의 속도만큼 항공기의 속도를 증가시킨다.

13 이착륙 성능에 대한 설명으로 틀린 것은?
① 일반적으로 이륙 속도는 실속 속도(Power-Off 시)의 1.2배로 한다.
② 항공기가 이륙할 때 정풍(Head Wind)을 받으면 이륙 거리와 이륙 시간이 짧아진다.
③ 항공기가 착륙할 때 항공기가 장애물 고도 위치에서 접지할 때까지의 수평 거리를 착륙 공중 거리라 한다.
④ 항공기가 이륙할 때 항공기의 이륙 거리는 지상 활주 거리를 말한다.

해설
이륙 거리 = 지상 활주 거리 + 상승 거리

정답 07. ③ 08. ④ 09. ① 10. ④ 11. ④ 12. ③ 13. ④

14 이륙과 착륙에 대한 비행 성능의 설명으로 옳은 것은?

① 착륙 활주 시에 항력은 아주 작으므로 보통 이를 무시한다.
② 이륙할 때 장애물 고도란 위험한 상태의 고도를 말한다.
③ 착륙 거리란 지상 활주 거리에 착륙 진입거리를 더한 것이다.
④ 이륙할 때 항력은 속도의 제곱에 반비례하므로 속도를 증가시키면 항력은 감소하게 되어 이륙한다.

15 제트 비행기의 장애물 고도는 약 몇 ft인가?

① 10   ② 15   ③ 35   ④ 50

해설

장애물 고도
- 프로펠러기 : 50ft, 15m
- 제트기 : 35ft, 10.7m

16 비행기 이·착륙 시 마찰 계수가 최소인 활주로 상태는?

① 콘크리트   ② 넓은 운동장
③ 굳은 잔디밭   ④ 풀이 짧은 들판

17 비행기의 이륙 활주 거리가 겨울에 비해 여름철이 더 긴 주된 이유는?

① 활주로 온도가 증가함에 따라 밀도 감소
② 활주로 노면의 습도 증가로 인한 항력 증가
③ 활주로 온도가 증가함에 따라 지면 마찰력 감소
④ 온도 증가에 따라 동체가 팽창하여 형상 항력 증가

18 항공기가 A지점에서 정지 상태로 부터 일정한 가속도로 이륙을 시작하여 30초 후에 900m 떨어진 B지점을 통과하며 이륙했다고 할 때, 이 항공기의 평균 이륙 속도는 몇 m/s인가?

① 50   ② 60   ③ 70   ④ 90

해설

$S = \frac{1}{2}at^2$, $a = \frac{V}{t}$ 이므로

$V = \frac{2S}{t} = \frac{2 \times 900}{30} = 60 \, m/s$

19 정지 상태인 항공기가 30초 후에 900m 지점을 통과하며 이륙을 했을 때 이 항공기의 가속도는 몇 m/s²인가?

① 2   ② 3   ③ 4   ④ 5

해설

$S = \frac{1}{2}at^2$ 이므로

$a = \frac{2S}{t^2} = \frac{2 \times 90}{30^2} = 2 \, m/s^2$

20 항공기의 이륙 무게가 34,000kg이고, 날개 면적이 232m², 최대 양력 계수 C_{Lmax} =1.5, 평균 가속력 3,820kg, 이륙 속도는 실속 속도의 1.2배일 때 이륙 활주 거리를 구하면?

① 1,020m   ② 1,170m
③ 1,210m   ④ 1,300m

해설

$V_s = \sqrt{\frac{2W}{\rho C_{Lmax} S}}$

$= \sqrt{\frac{2 \times 34,000}{0.125 \times 232 \times 1.5}} = 39.54 m/s$

이륙 속도 $V = 1.2 \times V_s = 47.44 m/s$

$S = \frac{W}{2g} \frac{V^2}{T-D-F} = \frac{34,000 \times 47.44^2}{2 \times 9.8 \times 3820} = 1,021.995m$

정답 14. ③   15. ③   16. ①   17. ①   18. ②   19. ①   20. ①

21 최대 항력 계수가 큰 날개 단면적을 갖는 항공기는 다음 중 어떤 특징을 갖는가?
① 착륙 속도 감소, 이륙 속도 증가
② 착륙 속도 증가, 이륙 속도 감소
③ 착륙 속도 증가, 이륙 속도 증가
④ 착륙 속도 감소, 이륙 속도 감소

22 착륙 접지 시 역추력을 발생시키는 비행기에 작용하는 순감 속력(F_a)에 대한 식을 가장 올바르게 나타낸 것은? (단, 추력 : T, 항력 : D, 중력 : W, 양력 : L, 활주로 마찰계수 : m)
① $F_a = T - D + m(W - L)$
② $F_a = T + D + m(W + L)$
③ $F_a = T - D + m(W + L)$
④ $F_a = T + D + m(W - L)$

23 항공기의 착륙 거리를 짧게 하는 방법으로 옳은 것은?
① 항력을 작게 한다.
② 착륙 속도를 크게 한다.
③ 지면 마찰이 큰 활주로에 착륙한다.
④ 활주 시 비행기의 양력을 크게 한다.

24 비행기가 착륙할 때 활주로 15m 높이에서 실속 속도보다 더 빠른 속도로 활주로에 진입하며 강하하는 이유는?
① 비행기의 착륙 거리를 줄이기 위해서
② 지면 효과에 의한 급격한 항력 증가를 줄이기 위해서
③ 항공기 소음을 속도 증가를 통해 감소시키기 위해서
④ 지면 부근의 돌풍에 의한 비행기의 자세 교란을 방지하기 위해서

25 항공기 총 중량 24,000kgf의 75%가 주(제동)바퀴에 작용한다면 마찰 계수가 0.7일 때 주 바퀴의 최소 제동력은 몇 kgf인가?
① 5,250   ② 6,300
③ 12,600 ④ 20,000

06. 특수 비행 성능

① 실속 성능

가 실속

① 실속 속도

$$V_s = \sqrt{\frac{2W}{\rho C_{Lmax} S}}$$

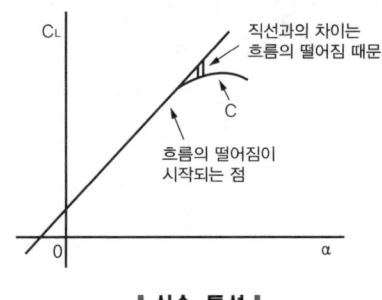

┃ 실속 특성 ┃

② 버핏 : 주날개에서 박리로 인한 후류가 날개나 꼬리 날개를 진동시켜 발생되는 현상
③ 모든 비행기에는 실속 경보 장치 설치
④ 실속이 발생하면
    ㉠ 버핏
    ㉡ 승강키 효율 감소
    ㉢ 기수 내림(Nose Down)

나 실속의 종류

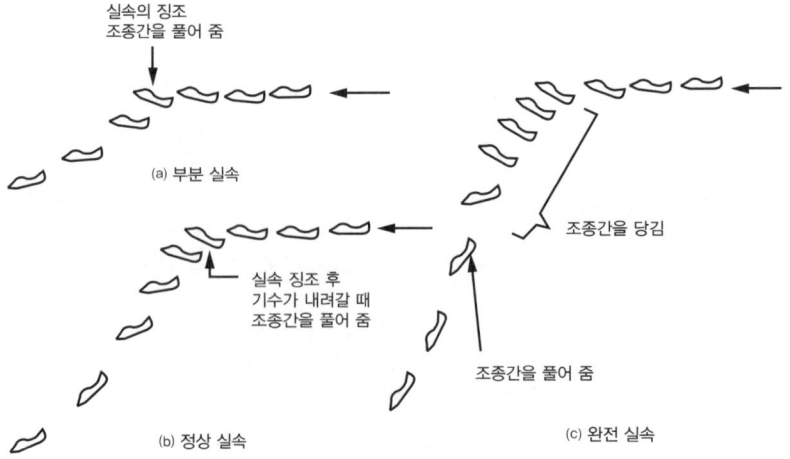

┃ 실속의 종류 ┃

제6장 특수 비행 성능

① 부분 실속(Partial Stall)
조종간 당김 → 실속 경보 장치 작동 → 조종간 풀어 줌 → 실속 탈출
② 정상 실속(Normal Stall)
조종간 당김 → 실속 경보 장치 작동 → 조종간 계속 당김 → 조종간 풀어 줌 → 실속 탈출
③ 완전 실속(Complete Stall)
조종간 당김 → 실속 경보 장치 작동 → 조종간 계속 당김 → 수직 하강 자세 → 조종간 풀어 줌 → 실속 탈출

다 고도와 실속 속도

V_s' : 임의의 고도에서의 실속 속도 ρ : 임의의 고도에서의 밀도
V_s : 해발 고도에서의 실속 속도 ρ_0 : 해발 고도에서의 밀도

$$\frac{V_s'}{V_s} = \frac{\sqrt{\frac{2W}{\rho C_{Lmax} S}}}{\sqrt{\frac{2W}{\rho_0 C_{Lmax} S}}} = \sqrt{\frac{\rho_0}{\rho}}$$

$\sqrt{\frac{\rho_0}{\rho}} > 1$ 이므로 $V_s' > V_s$

1 출제 예상 문제

01 비행기가 수평 비행 시 최소 속도를 나타낸 식으로 옳은 것은? (단, W : 비행기 무게, ρ : 밀도, S : 기준 면적, C_{Lmax} : 최대 양력 계수이다)

① $\sqrt{\frac{2W\rho}{SC_{Lmax}}}$ ② $\sqrt{\frac{SW}{\rho C_{Lmax}}}$
③ $\sqrt{\frac{2W}{\rho S C_{Lmax}}}$ ④ $\sqrt{\frac{2S\rho}{WC_{Lmax}}}$

해설
수평 비행 시 최소 속도 = 실속 속도

02 고정익 항공기의 실속 속도(Stall Speed)를 증가시키는 방법이 아닌 것은?
① 날개 하중의 증가
② 비행 고도의 증가
③ 선회 반경의 증가
④ 최대 양력 계수의 감소

해설
$$V_s = \sqrt{\frac{2w}{\rho C_{Lmax} S}}$$

정답 / 01. ③ 02. ③

03 비행기의 무게가 2,500kg, 큰 날개의 면적이 30m²이며, 해발 고도에서의 실속 속도가 100km/h인 비행기의 최대 양력 계수는 약 얼마인가? (단, 공기의 밀도는 0.125kg·s²/m⁴이다)

① 1.5
② 1.7
③ 3.0
④ 3.4

해설

$$C_{Lmax} = \frac{2W}{\rho V^2 S} = \frac{2 \times 2,500}{0.125 \times (\frac{100}{3.6})^2 \times 30} = 1.728$$

04 날개의 가로세로비가 8, 시위 길이가 0.5인 직사각형 날개를 장착한 무게 200kgf인 항공기가 해발 고도로 등속 수평 비행하고 있다. 최대 양력 계수가 1.4일 때, 비행 가능한 최소 속도는 몇 m/s인가? (단, 밀도는 1.225kg/m³이다)

① 5.40
② 16.90
③ 23.90
④ 33.81

해설

$AR = \frac{b}{c}$ 이므로 $b = AR \times c = 8 \times 0.5 = 4m$

$S = b \times c = 4 \times 0.5 = 2m^2$

$$V_s = \sqrt{\frac{2W}{\rho C_{Lmax} S}}$$
$$= \sqrt{\frac{2 \times 200}{\frac{1.225}{9.8} \times 1.4 \times 2}} = 33.81 \, m/s$$

05 중량이 2,500kgf, 날개 면적이 10m², 최대 양력 계수가 1.6인 항공기의 실속 속도는 몇 m/s인가? (단, 공기의 밀도는 0.125kgf·s²/m⁴로 가정한다)

① 40
② 50
③ 60
④ 100

해설

$$V_s = \sqrt{\frac{2W}{\rho C_{Lmax} S}} = \sqrt{\frac{2 \times 2,500}{0.125 \times 1.6 \times 10}} = 50 \, m/s$$

06 플랩을 사용하여 날개의 최대 양력 계수를 2배로 증가시켰다면 실속 속도는 약 몇 배가 되는가?

① 0.5
② 0.7
③ 1.4
④ 2.0

해설

$V_s = \sqrt{\frac{2w}{\rho C_{Lmax} S}}$ 이므로

실속 속도는 $\sqrt{\frac{1}{C_{Lmax}}}$ 과 비례 $\sqrt{\frac{1}{2}} = 0.707$

07 실속이 발생했을 때 나타나는 현상이 아닌 것은?

① 버핏 현상
② 승강키의 효율 저하
③ 기수 올림 현상(Nose-Up)
④ 항력 증가

08 일반적으로 항공기가 실속에 가까워지면 흐름의 박리에 의해 후류가 날개나 기체 등을 진동시키는 현상을 무엇이라 하는가?

① 버즈(Buzz)
② 실속(Stall)
③ 버피팅(Buffeting)
④ 항력 발산(Drag Divergence)

2 스핀 성능

1) 자전 현상(Auto-Rotation)
받음각이 실속각보다 큰 경우 작은 옆놀이 운동이 계속 발산하는 현상

2) 스핀 = 자전 + 수직 강하

3) 스핀의 종류

가) 수직 스핀 = 정상 스핀
① 받음각 $20° \sim 40°$
② 낙하 속도는 $40 \sim 80 m/s$
③ 회복 가능한 특수 비행법
④ B점에서의 비행기의 세로축과 진행 방향은 불일치 즉, 스핀 중에 옆미끄럼(Side Slip)을 수반

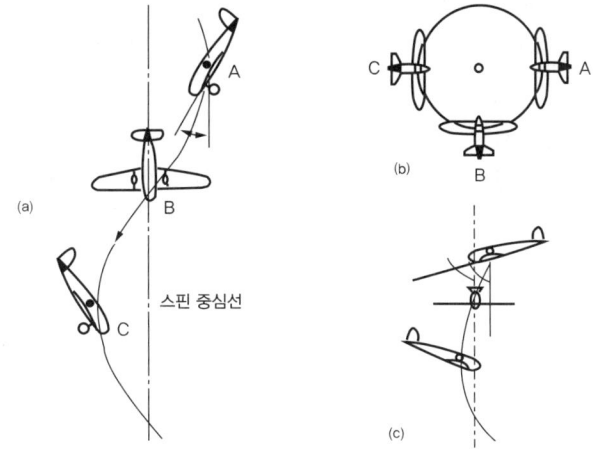

| 스핀 운동 형태 |

나) 수평 스핀
① 받음각은 약 $60°$
② 각속도는 가속
③ 회전 반경은 작은 나선
④ 회복 불가능

다) 스핀에 들어가려면
조종간을 잡아당겨 실속 → 방향키를 한쪽만 작동 → 빗놀이 모멘트에 의하여 기수가 틀어짐 → 바깥쪽 날개의 속도 증가 → 양력 증가 → 뱅크 시작 → 수직 스핀

제1부 항공 역학

라) 스핀에서 탈출하려면

승강키를 앞으로 밀고 → 방향키를 스핀과 반대 방향 → 급강하
이때 도움 날개는 실속 상태에 있기 때문에 전혀 역할을 하지 못함

2 출제 예상 문제

01 받음각이 실속각보다 클 경우에 날개에 가벼운 옆놀이 운동이나 교란을 주면 날개는 회전을 시작하고, 회전은 점점 더 빨라져서 일정 회전수로 회전을 하게 되는데 고정익 항공기에서는 스핀이라고 하는 현상은?

① 자전 현상 ② 공전 현상
③ 실속 현상 ④ 키놀이 현상

02 고정 날개 항공기의 자전 운동(Auto Rotation)이 발생할 수 있는 조건은?

① 낮은 받음각 상태
② 실속 받음각 이전 상태
③ 최대 받음각 상태
④ 실속 받음각 이후 상태

해설
자전 현상
받음각이 실속각보다 큰 경우 작은 옆놀이 운동이 계속 발산하는 현상

03 자동 회전과 수직 강하가 조합된 비행으로 조종간을 잡아 당겨서 실속시킨 후, 방향키 페달을 한쪽만 밟아 주는 조종 동작으로 발생되는 비행은?

① 스핀 비행 ② 스톨 비행
③ 선회 비행 ④ 슬립 비행

04 받음각이 클 때 기체 전체가 실속되고 그 결과 옆놀이와 빗놀이를 수반하여 나선을 그리면서 고도가 감소되는 비행 상태는?

① 스핀(Spin) 상태
② 더치롤(Dutch Roll) 상태
③ 크랩 방식(Crab Method)에 의한 비행 상태
④ 윙다운 방식(Wing Down Method)에 의한 비행 상태

05 비행기의 스핀(Spin) 비행과 가장 관련이 깊은 현상은?

① 자전 현상(Autorotation)
② 날개드롭 현상(Wing Drop)
③ 가로방향 불안정 현상(Dutch Roll)
④ 디프 실속 현상(Deep Srall)

06 스핀 현상에 대한 틀린 설명을 고르시오?

① 자전 현상(Auto-Rotation)은 실속받음각보다 작은 상태에 발생한다.
② 정상 스핀은 강하 속도와 옆놀이 각속도가 일정하게 유지되면서 강하하는 운동
③ 수직 스핀은 20~40°정도의 받음각을 갖는다.
④ 수평 스핀은 회전 각속도가 상당히 빠르다.

정답 01. ① 02. ④ 03. ① 04. ① 05. ① 06. ①

07 항공기의 스핀에 대한 설명으로 틀린 것은?

① 수직 스핀은 수평 스핀보다 회전 각속도가 크다.
② 스핀 중에는 일반적으로 옆미끄럼(Side Slip)이 발생한다.
③ 강하 속도 및 옆놀이 각속도가 일정하게 유지되면서 강하하는 상태를 정상 스핀이라 한다.
④ 스핀 상태를 탈출하기 위하여 방향키를 스핀과 반대 방향으로 밀고, 동시에 승강키를 앞으로 밀어낸다.

08 비행기가 스핀 비행을 할 경우 이를 회복(정상 수평 비행 상태)시키려면 비행기를 우선 어떻게 해야 하는가?

① 강하시킨다.
② 상승시킨다.
③ 선회시킨다.
④ 실속시킨다.

09 그림과 같은 항공기의 운동은 어떤 운동의 결합으로 볼 수 있는가?

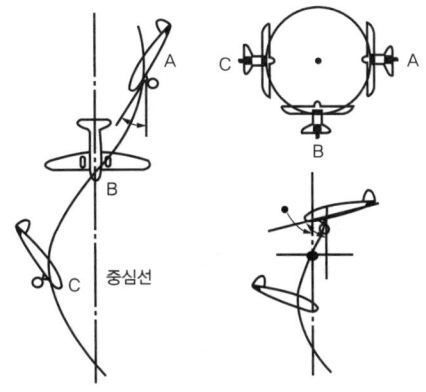

① 자전 운동(Autorotation) + 수직 강하
② 자전 운동(Autorotation) + 수평 선회
③ 균형 선회(Turn Coordination) + 빗놀이
④ 균형 선회(Turn Coordination) + 수직 강하

해설
스핀 비행 = 자전 운동(Autorotation) + 수직 강하

10 수평 스핀과 수직 스핀의 낙하 속도와 회전 각속도 크기를 옳게 나타낸 것은?

① 수평 스핀 낙하 속도 > 수직 스핀 낙하 속도,
수평 스핀 회전 각속도 > 수직 스핀 회전 각속도
② 수평 스핀 낙하 속도 < 수직 스핀 낙하 속도,
수평 스핀 회전 각속도 < 수직 스핀 회전 각속도
③ 수평 스핀 낙하속도 > 수직 스핀 낙하 속도,
수평 스핀 회전 각속도 < 수직 스핀 회전 각속도
④ 수평 스핀 낙하 속도 < 수직 스핀 낙하 속도,
수평 스핀 회전 각속도 > 수직 스핀 회전 각속도

3 키돌이 성능

추력과 항력이 같다면
상승에 의한 운동에너지 손실
$$= \frac{WV_1^2}{2g} - \frac{WV_2^2}{2g}$$
상단점과 하단점의 위치에너지 차이 $= 2WR$
운동에너지와 위치에너지는 같으므로
$$\frac{WV_1^2}{2g} - \frac{WV_2^2}{2g} = 2WR$$
$$V_1^2 - V_2^2 = 4gR$$
상단점에서 $L_2 = 0$이라면
$$W + L_2 = \frac{WV_2^2}{gR} \text{에서}$$
$$V_2^2 = gR$$
$$V_1^2 = 5gR$$
하단점에서 $L_1 = W + \frac{WV_1^2}{gR}$ 이므로
$$L_1 = 6W$$

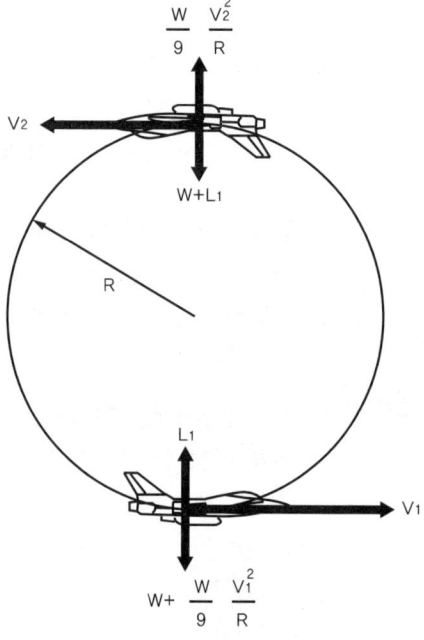

┃ 키돌이 비행 ┃

3 출제 예상 문제

01 저속의 비행기에서 키돌이(Loop) 비행을 시작하기 위한 조작으로 가장 적합한 것은?

① 조종간을 당겨 비행기를 상승시켜 속도를 증가시킨다.
② 조종간을 당겨 비행기를 상승시켜 속도를 감소시킨다.
③ 조종간을 밀어 비행기를 하강시켜 속도를 증가시킨다.
④ 조종간을 밀어 비행기를 하강시켜 속도를 감소시킨다.

제6장 특수 비행 성능

02 키돌이(Loop) 비행 시 발생되는 비행이 아닌 것은?
① 수직 상승　② 배면 비행
③ 수직 강하　④ 선회 비행

03 키돌이(Loop) 비행 시 상단점에서의 하중 배수를 0이라고 하면 이론적으로 하단점에서의 하중 배수는 얼마인가?
① 0　② 1
③ 3　④ 6

> **해설**
> 키돌이 비행 시 상단점의 하중 배수는 0이고 하단점의 하중 배수는 6

정답　01. ③　02. ④　03. ④

07 안정과 조종

1 정적 안정 · 동적 안정

가 정적 안정

1) 평형 상태
① 물체에 작용하는 모든 힘의 합과 모멘트의 합이 0인 상태
② 비행기에 가속도 성분이 없는 정상 비행 상태

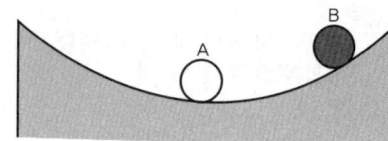
(a) 양(+)의 정적 안정

2) 안정성
비행기가 평형 상태로 정상 비행을 하고 있을 때 돌풍 등의 교란을 받았을 경우 조종사의 조종 또는 자동 조종 장치 등의 힘을 이용한 비행기 자체의 힘에 의하여 원정상 비행 상태로 되돌아가려는 성질

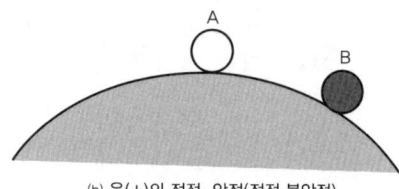
(b) 음(+)의 정적 안정(정적 불안정)

3) 정적
마지막 상태를 생각하지 않는 경우 평형 상태로 되돌아가려는 초기의 경향

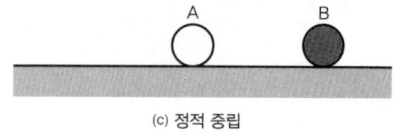
(c) 정적 중립

| 정적 안정 |

4) 정적 안정 = 양(+)의 정적 안정
평형 상태에서 벗어난 뒤에 다시 평형 상태로 되돌아가려는 경향

5) 정적 불안정 = 음(−)의 정적 안정
평형 상태에서 벗어난 뒤에 교란된 방향으로 계속 움직이려는 경향

6) 정적 중립
교란된 물체가 원래의 평형 상태로 되돌아오지도 않고 교란을 받은 방향으로도 이동하지 않는 경우

나 동적 안정

1) 동적 안정 = 양(+)의 동적 안정
① 운동의 진폭이 시간에 따라 감소
② 감쇠 운동
③ 에너지 소모

2) 동적 불안정 = 음(-)의 동적 안정
① 운동의 진폭이 시간에 따라 증가
② 발산 운동
③ 에너지 공급

3) 동적 중립
① 운동의 진폭이 시간에 따라 일정
② 비 감쇠 운동

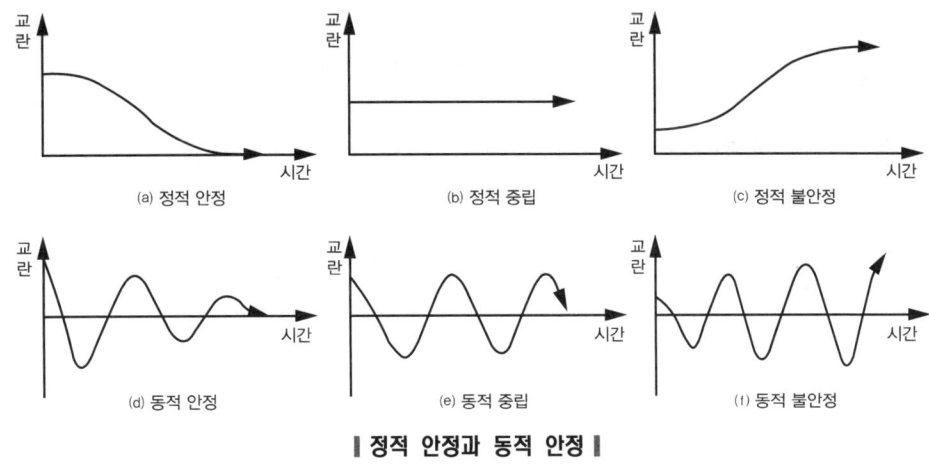

| 정적 안정과 동적 안정 |

다 평형과 조종

1) 평형
비행기에 작용하는 모든 힘의 합이 0이며 키놀이, 옆놀이, 그리고 빗놀이 모멘트의 합이 0인 경우

2) 조종
① 조종면을 움직여서 비행기를 원하는 방향으로 운동시키는 것
② 조종과 안정은 서로 상반된 성질이므로 동시에 만족시킬 수 없음

라 비행기의 기준 축

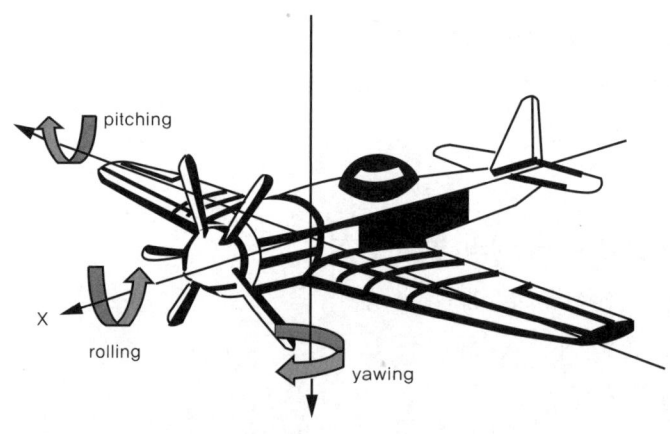

| 비행기의 기준 축 |

모든 기체 축의 양(+)의 모멘트는 오른손 법칙을 따르며, 다음과 같은 방향이 +가 됨
① 옆놀이 모멘트는 오른날개를 아래로 내리는 방향
② 키놀이 모멘트는 기수를 올리는 방향
③ 빗놀이 모멘트는 오른 날개가 뒤로 가는 방향

마 조종 계통

1) 주 조종 계통

도움 날개(aileron), 승강키(elevator), 방향키(rudder)

2) 부 조종 계통

고양력 장치, spoiler

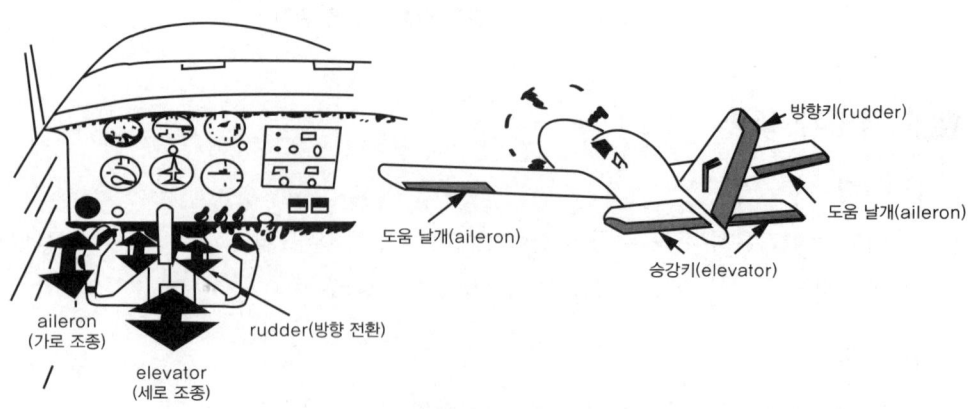

| 조종 계통 |

3) 도움 날개
① 가로 조종, 즉 옆놀이에 주로 사용
② 올림과 내림의 범위가 서로 다른 차등 날개를 사용
③ 차동 도움 날개(Aileron Differential) : 도움 날개의 공기 저항이 올릴 때보다 내릴 때가 더 크기에 공력 커플링 발생

| 차동 도움 날개 |

4) 승강키
세로 조종 즉 키놀이에 주로 사용

5) 방향키
① 방향 조종 즉 빗놀이에 주로 사용
② 옆바람이나 도움 날개의 조종에 따른 빗놀이 모멘트 상쇄

1 출제 예상 문제

01 평형 상태에 있는 비행기가 교란을 받았을 때 처음의 상태로 돌아가려는 힘이 자체적으로 발생하게 되는 데 이와 같은 정적 안정 상태에서 작용하는 힘을 무엇이라 하는가?
① 가속력　　② 기전력
③ 감쇠력　　④ 복원력

02 비행기의 안정성과 조종성에 관하여 가장 올바르게 설명한 것은?
① 안정성과 조종성은 정비례한다.
② 안정성과 조종성은 서로 상반되는 성질을 나타낸다.
③ 비행기의 안정성은 크면 클수록 바람직하다.
④ 정적 안정성이 증가하면 조종성은 증가된다.

정답　01. ④　02. ②

03 비행기에 있어서 정적 안정을 가장 올바르게 설명한 것은?
① 수평 비행 시에 가속도를 일정하게 유지하려는 경향
② 평형 상태에서 이탈된 후, 시간에 따라 운동의 진폭이 감소하려는 경향
③ 항력의 크기에 비하여 양력의 크기가 큰 상태
④ 평형 상태에서 벗어난 뒤에 다시 평형 상태로 되돌아가려는 초기의 경향

04 다음 중 정적 중립을 나타낸 것은?

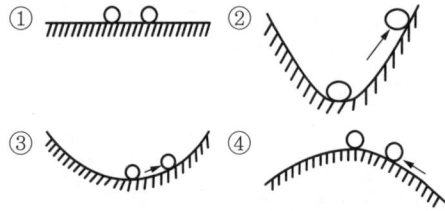

05 평형 상태를 벗어난 비행기가 이동된 위치에서 새로운 평형 상태가 되는 경우를 무엇이라고 하는가?
① 동적 안정(Dynamic Stability)
② 정적 안정(Positive Static Stability)
③ 정적 중립(Neutral Static Stability)
④ 정적 불안정(Negative Static Stability)

06 다음 중 비행기의 안정성과 조종성에 관한 설명으로 가장 옳은 것은?
① 안정성과 조종성은 상호간에 정비례한다.
② 정적 안정성이 증가하면 조종성도 증가된다.
③ 비행기의 안정성은 크면 클수록 바람직하다.
④ 안정성과 조종성은 서로 상반되는 성질을 나타낸다.

07 항공기의 정적 안정성이 작아지면 조종성 및 평형을 유지시키려는 힘의 변화로 가장 올바른 것은?
① 조종성은 감소되며, 평형 유지는 쉬워진다.
② 조종성은 감소되며, 평형 유지가 어렵다.
③ 조종성은 증가하며, 평형 유지는 쉬워진다.
④ 조종성은 증가하나, 평형 유지는 어려워진다.

08 다음 그림은 비행기가 진동하는 과정이다. 이 항공기의 동적 특성을 표시한 것 중 옳은 것은?

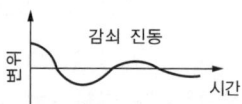

① 정적 불안정   ② 동적 안정
③ 정적 불안정   ④ 정적 안정

09 항공기의 동적 안정성이 양(+)인 상태에서의 설명으로 옳은 것은?
① 운동의 주기가 시간에 따라 일정하다.
② 운동의 주기가 시간에 따라 점차 감소한다.
③ 운동의 진폭이 시간에 따라 점차 감소한다.
④ 운동의 고유 진동수가 시간에 따라 점차 감소한다.

10 정적 안정과 동적 안정의 관계에 대한 설명으로 가장 옳은 것은?
① 동적 안정이 (+)이면 정적 안정은 반드시 (+)이다.
② 동적 안정이 (−)이면 정적 안정은 반드시 (−)이다.
③ 정적 안정이 (+)이면 동적 안정은 반드시 (−)이다.
④ 정적 안정이 (−)이면 동적 안정은 반드시 (+)이다.

해설 동적 안정이나 불안정은 원래 방향으로 움직이려는 초기의 경향이 있으므로 모두 정적으로 안정

11 다음 중 정적 안정과 동적 안정의 관계를 가장 옳게 설명한 것은?
① 동적 안정은 정적 안정의 전제 조건이 된다.
② 정적 안정이 있다고 해서 반드시 동적 안정도 있다고는 할 수 없다.
③ 정적 안정이 있는 대부분의 경우에는 동적 안정은 기대할 수 없다.
④ 정적 안정과 동적 안정은 진폭의 면에서 서로 반대되는 개념이다.

12 항공기의 구조 중에서 정적 안정과 가장 관계가 먼 것은?
① 날개　　② 동체
③ 꼬리 날개　④ 도어(Door)

13 비행기에 작용하는 모든 힘의 합이 영(0)이며, 키놀이, 옆놀이 및 빗놀이 모멘트의 합도 영(0)인 경우의 상태는?
① 정렬 상태　② 평형 상태
③ 안정 상태　④ 고정 상태

14 비행기의 평형 상태를 뜻하는 것이 아닌 것은?
① 작용하는 모든 힘의 합이 무게 중심에서 "0"인 상태
② 속도 변화가 없는 상태
③ 비행기의 기관이 추력을 일정하게 내는 상태
④ 비행기의 회전 모멘트 성분들이 없는 상태

15 비행기가 트림 상태(Trim Condition)의 비행은 비행기 무게 중심 주위의 모멘트가 어떤 상태인가?
① "부(−)"인 경우
② "정(+)"인 경우
③ "영(0)"인 경우
④ "정"과 "영"인 경우

16 정상 수평 비행에서 Trim 상태일 때 피칭 모멘트 계수의 값은?
① $C_{Mc.g.} = 1$　② $C_{Mc.g.} = 0$
③ $C_{Mc.g.} < 0$　④ $C_{Mc.g.} > 0$

17 양의 세로 안정성을 가지는 일반형 비행기의 순항 중 트림 조건으로 알맞은 것은? (단, 화살표는 힘의 방향, ◐는 무게 중심을 나타낸다)

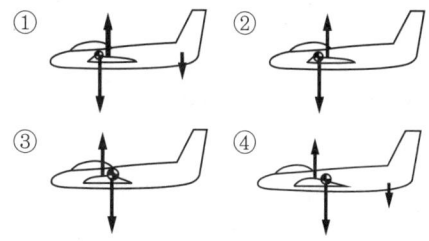

18 비행기의 안정과 조종, 그리고 운동의 문제를 다루는 데 있어서, 기준이 되는 좌표축(기준 축 : Body Axis)은 비행기의 어느 것을 원점으로 하는가?
① 공기력 중심   ② 공기 역학적 중심
③ 무게 중심   ④ 기하학적 중심

19 X축에 작용하는 모멘트는?
① 옆놀이 모멘트
② 키놀이 모멘트
③ 빗놀이 모멘트
④ 옆놀이 + 키놀이 모멘트

20 비행기의 세로축(Longitudinal Axis)을 중심으로 한 운동(Rolling)에 가장 관계가 깊은 조종면은?
① 도움 날개(Aileron)
② 승강키(Elevator)
③ 방향키(Rudder)
④ 플랩(Flap)

21 비행기의 가로축(Lateral Axis)을 중심으로 한 피치 운동(Pitching)을 조종하는 데 주로 사용되는 조종면은?
① 플랩(Flap)
② 방향키(Rudder)
③ 도움 날개(Aileron)
④ 승강키(Elevator)

22 비행기에 옆놀이 모멘트(Rolling Moment)를 주는 Surface는?
① 승강키   ② 방향키
③ 고양력 장치   ④ 도움 날개

23 비행기의 운동과 조종면과의 관계가 잘못된 것은?
① Yawing-Elevator
② Itching-Elevator
③ Yawing-Rudder
④ Rolling-Aileron

24 비행기가 날개를 내리거나 올려 비행기의 전후축(세로축 : Longitudinal Axis)을 중심으로 움직이는 것과 관련된 모멘트는?
① 옆놀이 모멘트(Rolling Moment)
② 빗놀이 모멘트(Yawing Moment)
③ 키놀이 모멘트(Pitching Moment)
④ 방향 모멘트(Directional Moment)

25 다음 중 항공기 축에 대한 조종면과 회전 동작 명칭을 옳게 짝지은 것은?
① 가로축 - 방향키 - 키놀이
② 가로축 - 방향키 - 옆놀이
③ 세로축 - 승강키 - 빗놀이
④ 세로축 - 도움 날개 - 옆놀이

26 항공기 기수를 우측으로 선회할 경우 관련 Moment 설명으로 가장 올바른 것은?
① 음(-) 롤링 모멘트
② 양(+) 피칭 모멘트
③ 양(+) 요잉 모멘트
④ 제로 롤링 모멘트

정답 18. ③ 19. ① 20. ① 21. ④ 22. ④ 23. ① 24. ① 25. ④ 26. ③

27 차동 도움 날개를 가장 올바르게 설명한 것은?
① 좌·우측 도움 날개의 위치를 비대칭으로 한다.
② 좌·우측 도움 날개의 작동 속도를 다르게 한다.
③ 도움 날개의 올림각과 내림각을 다르게 한다.
④ 좌·우측 도움 날개의 면적을 다르게 한다.

28 항공기가 선회할 때 관계되는 축을 모두 짝지은 것은?
① 세로축
② 수직축
③ 세로축 및 수직축
④ 수직축과 가로축

29 정상 수평 비행하고 있는 항공기에서 조종간을 우측으로 하고 오른쪽 방향키 페달을 차면 항공기는 다음의 어떤 상태로 운동하겠는가?
① 좌측 보조익이 내려가고 기수는 오른쪽
② 좌측 보조익이 올라가고 기수는 오른쪽
③ 좌측 보조익이 내려가고 기수는 왼쪽
④ 좌측 보조익이 올라가고 기수는 왼쪽

30 비행기 조종실의 조종간을 뒤로 당기고 왼쪽으로 돌리면 우측의 도움 날개와 수평 꼬리 날개 승강키의 운동 설명으로 가장 올바른 것은?
① 우측 도움 날개는 아래로, 승강키는 위로
② 우측 도움 날개는 위로, 승강키는 아래로
③ 우측 도움 날개는 아래로, 승강키는 아래로
④ 우측 도움 날개는 위로, 승강키는 위로

2 세로 안정

가 정적 세로 안정

1) 정의

비행기가 돌풍 등의 외부적인 영향을 받거나 인위적인 조종에 의해 승강기가 변위되면 받음각이 변화되고 비행기는 즉시 세로 방향의 운동을 시작
① **정적 세로 안정** : 원래의 평형 상태로 되돌아가려는 성질
② **정적 세로 불안정** : 반대 방향의 조종력에 의해 제한될 때까지 영향을 받은 방향으로 계속 운동
③ **정적 세로 중립** : 변화된 받음각 상태에 계속 머무르려는 성질로 조종에 대해 민감

정답 27. ③ 28. ③ 29. ① 30. ①

2) 그래프 해설

① 키놀이 모멘트

$$M = C_M \cdot q \cdot S \cdot c$$

$$C_M = \frac{M}{q \cdot S \cdot c}$$

M : 무게 중심에 대한 키놀이 모멘트 q : 동압 S : 날개 면적
c : 평균 공력 시위 C_M : 키놀이 모멘트 계수

② 정적 세로 안정

㉠ 하강 비행 → 받음각↓ → C_L↓ → C_M↑ → +의 키놀이 모멘트 발생

㉡ 상승 비행 → 받음각↑ → C_L↑ → C_M↓ → -의 키놀이 모멘트 발생

㉢ C_M과 C_L의 곡선에서 음의 기울기로 나타남

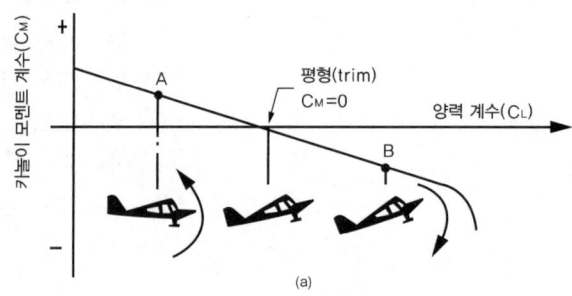

┃ 정적 세로 안정 ┃

③ 정적 세로 불안정

㉠ 하강 비행 → 받음각↓ → C_L↓ → C_M↓ → -의 키놀이 모멘트 발생

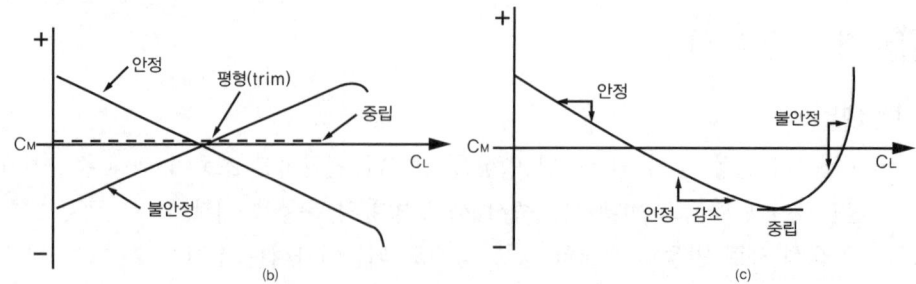

┃ 정적 세로 안정 ┃

㉡ 상승 비행 → 받음각↑ → C_L↑ → C_M↑ → +의 키놀이 모멘트 발생

㉢ C_M과 C_L의 곡선에서 양의 기울기로 나타남

④ 정적 세로 중립 : 곡선의 기울기가 0

3) 비행기의 날개와 무게 중심의 위치, 수평 꼬리 날개가 정적 세로 안정에 미치는 영향

무게 중심이 공기 역학적 중심보다 뒤에 있을 때 (+)
무게 중심이 공기 역학적 중심보다 아래에 있을 때 (-)

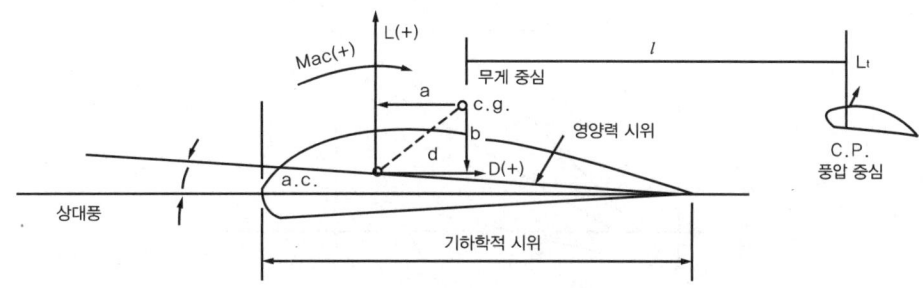

| 세로 안정에 미치는 영향 |

즉, 그림에서 b는 (-)

$M_{c.g.}$: 날개와 꼬리 날개에 의한 무게 중심 주위의 모멘트
$M_{c.g.wing}$: 날개만에 의한 키놀이 모멘트
$M_{c.g.tail}$: 수평 꼬리 날개에 의한 키놀이 모멘트

$$M_{C.G} = M_{c.g.wing} + M_{c.g.tail}$$

$$C_{Mc.g.} = C_{Mac} + C_L \frac{a}{c} - C_D \frac{b}{c} - C_{Lt} \frac{l \cdot S_t \cdot q_t}{qSc}$$

가) 비행기의 세로 안정을 좋게 하기 위한 방법

① a의 값이 -가 될수록 안정
   무게 중심이 공기 역학적 중심보다 앞에 위치
② b의 값이 +일수록 안정
   높은 날개일수록 안정
③ 꼬리 날개 부피(tail volume) 즉, $S_t \cdot l$이 클수록 안정
   꼬리 날개 면적 ↑ 또는 거리 l ↑
④ 꼬리 날개 효율 $(\frac{q_t}{q})$이 클수록 안정

4) 세로 조종

가) 기동 조종 조건

① 안정성이 증가하면 조종이 어려워지므로 조종면이 많이 변위되어야 함
② 무게 중심이 18%MAC 앞에 위치하면 조종면을 최대로 변위시켜도 최대 양력 계수를 얻을 수 없음

③ 초음속 비행 시 무게 중심이 앞으로 이동하므로 최대 양력 계수를 얻기 위하여 강력한 조종면이 요구됨

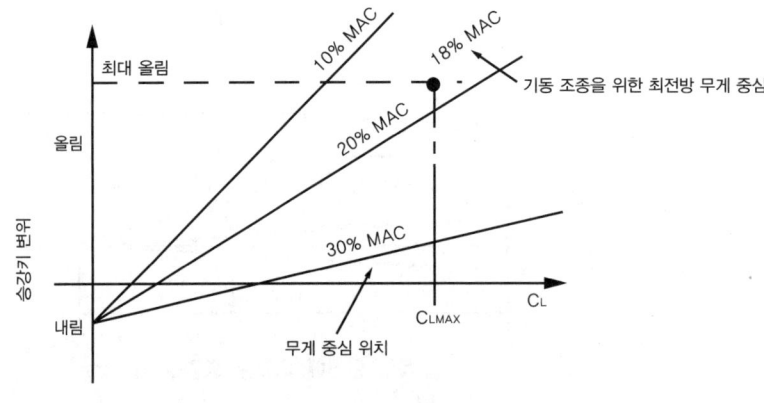

┃ 세로 조종 ┃

나) 이륙 조종 조건

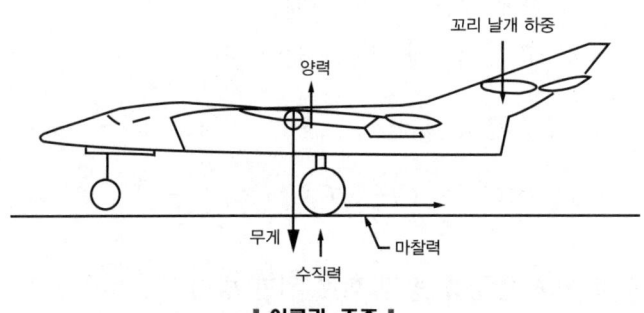

┃ 이륙과 조종 ┃

① 승강키를 이륙 자세에 넣으면 전방 착륙 장치의 하중은 0
② 마찰력과 무게는 기수 내림 모멘트를 발생
③ 플랩을 내리면 양력이 발생하여 기수 내림 모멘트가 발생하지만 꼬리 날개의 내리 흐름을 증가에 의한 기수 올림 모멘트에 의하여 상쇄
④ 수평 꼬리 날개는 특정 속도에서 이륙 자세를 취하기 위한 기수 올림 모멘트를 발생시켜야 함
⑤ 프로펠러기는 실속 속도의 80%, 제트기는 90%에서 이륙 자세를 취할 수 있는 충분한 조종력을 가져야 함

다) 착륙 조종 조건

착륙 시 받음각의 증가로 인하여 수평 꼬리 날개의 기수 내림 모멘트가 발생하므로 큰 승강키의 변위가 필요

나 동적 세로 안정

1) 장주기 운동
① 주기가 매우 긴 운동
   주기 : 20~100초
② 운동 에너지와 위치 에너지가 교대로 교환되는 것

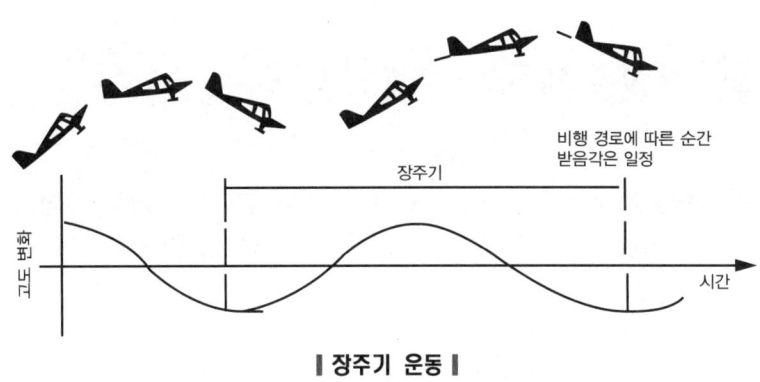

∥ 장주기 운동 ∥

2) 단주기 운동
① 외부의 영향을 받은 비행기는 정적 안정과 키놀이 감쇠에 의해 진폭이 감쇠되어 평형 상태로 복귀
② 주기 : 0.5초

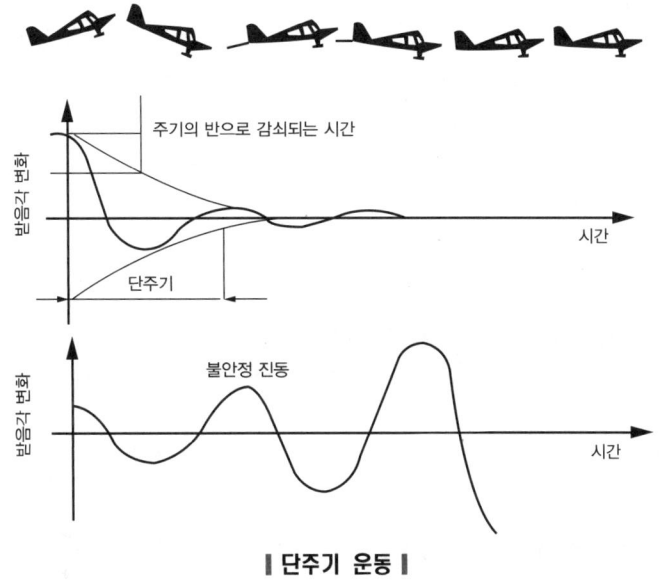

∥ 단주기 운동 ∥

3) 승강키 자유 운동
① 승강키를 자유롭게 하였을 때 발생되는 짧은 주기의 진동
② 주기 : 0.3~1.5초

2 출제 예상 문제

01 항공기의 중립점(NP)에 대한 정의로 옳은 것은?
① 항공기에서 무게가 가장 무거운 점
② 항공기 세로 길이 방향에서 가운뎃점
③ 받음각에 따른 피칭 모멘트가 0인 점
④ 받음각에 따른 피칭 모멘트가 일정한 점

02 항공기가 세로 안정하다는 것은 어떤 것에 대해서 안정하다는 의미인가?
① 롤링(Rolling)
② 피칭(Pitching)
③ 요잉(Yawing)과 피칭(Pitching)
④ 롤링(Rolling)과 피칭(Pitching)

해설
- 세로 안정 : Pitching
- 가로 안정 : Rolling
- 방향 안정 : Yawing

03 항공기 피칭 모멘트(Pitching Moment)가 서서히 증가하는 경향이 있다. 이 같은 현상은?
① 세로 안정성(Longitudinal Stability)의 감소
② 가로 안정성(Lateral Stability)의 증대
③ 가로 안정성의 감소
④ 세로 안정성의 증대

04 항공기가 세로 안정성이 있다는 것은 다음 중 어느 경우에 해당하는가?
① 받음각이 증가함에 따라 키놀이 모멘트 값이 부(−)의 값을 갖는다.
② 받음각이 증가함에 따라 키놀이 모멘트 값이 정(+)의 값을 갖는다.
③ 받음각이 증가함에 따라 옆놀이 모멘트 값이 부(−)의 값을 갖는다.
④ 받음각이 증가함에 따라 옆놀이 모멘트 값이 정(+)의 값을 갖는다.

05 다음 중 정적으로 안정된 항공기에 해당하는 것은? (단, C_M : 피칭 모멘트 계수, α : 받음각이다)
① C_M이 α에 대한 기울기가 + 값일 경우
② C_M이 α에 대한 기울기가 − 값일 경우
③ C_M이 α에 대한 기울기가 0 값일 경우
④ C_M이 α에 대한 기울기가 1 값일 경우

해설

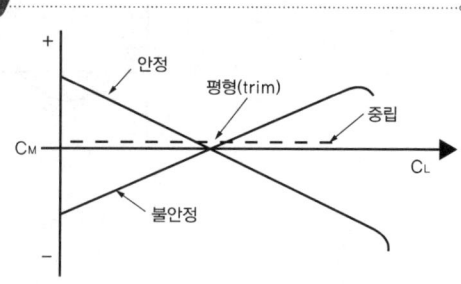

정답 01. ③ 02. ② 03. ① 04. ① 05. ②

06 비행기의 정적 세로 안정성을 나타낸 그림과 같은 그래프에서 가장 안전한 비행기는? (단, 비행기의 기수를 내리는 방향의 모멘트를 음(-)으로 하며, C_M은 피칭 모멘트 계수, α는 받음각이다)

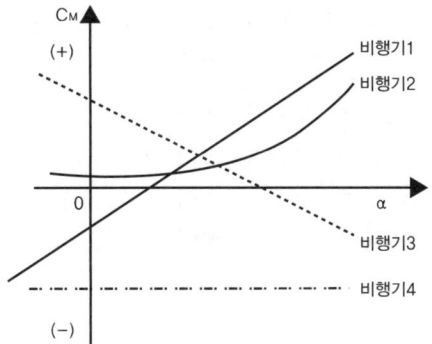

① 비행기 1　　② 비행기 2
③ 비행기 3　　④ 비행기 4

해설
키놀이 모멘트와 받음각과의 그래프에서 기울기가 음(-)일수록 정적 세로 안정성 증가

07 키놀이 운동의 고유 진동수에 가깝게 비행기를 조종하였을 때 비행기에 나타나는 현상으로 가장 올바른 것은?

① 비행기는 감쇠 진동을 하게 된다.
② 비행기는 발산 진동을 하게 된다.
③ 동적으로 안정한 상태로 된다.
④ 비행기로부터 에너지가 발산된다.

08 세로 안정과 가장 관련이 깊은 것은?

① 날개
② 수평 꼬리 날개
③ 수직 꼬리 날개
④ 도움 날개

09 비행기의 세로 운동의 주요 변수 요인이 아닌 것은?

① 비행기의 키놀이 자세
② 공기 밀도
③ 받음각
④ 비행 속도

10 비행기의 세로 안정과 관련된 꼬리 날개 부피(Tail Volume)를 옳게 표현한 것은?

① 수평 꼬리 날개의 면적 × 수평 꼬리 날개의 두께
② 수평 꼬리 날개의 길이 × 날개의 공기 역학적 중심에서 수평 꼬리 날개의 압력 중심까지의 거리
③ 수평 꼬리 날개의 면적 × 무게 중심에서 수평 꼬리 날개의 압력 중심까지의 거리
④ 수평 꼬리 날개의 길이 × 무게 중심에서 수평 꼬리 날개의 압력 중심까지의 거리

11 비행기의 세로 안정을 좋게 하기 위한 방법이 아닌 것은?

① 수직 꼬리 날개의 면적을 증가시킨다.
② 수평 꼬리 날개 부피 계수를 증가시킨다.
③ 무게 중심이 날개의 공기 역학적 중심 앞에 위치하도록 한다.
④ 무게 중심에 관한 피칭 모멘트 계수가 받음각이 증가함에 따라 음(-)의 값을 갖도록 한다.

해설
비행기의 세로 안정 향상법
- 무게 중심이 공기 역학적 중심보다 앞에 위치
- 무게 중심이 공기 역학적 중심보다 아래에 위치
- 꼬리 날개 부피(Tail Volume) 즉, $S_t \cdot \ell$이 클수록 안정
- 꼬리 날개 효율 $\left(\dfrac{q_t}{q}\right)$이 클수록 안정

정답 06. ③　07. ②　08. ②　09. ②　10. ③　11. ①

제1부 항공 역학

12 항공기의 세로 안정성에 대한 설명 중 틀린 것은?
① 무게 중심 위치가 공기 역학적 중심보다 전방에 위치할수록 안정성이 증가한다.
② 날개가 무게 중심 위치보다 높은 위치에 있을 때 안정성이 좋다.
③ 꼬리 날개 면적을 크게 하면 안정성이 좋다.
④ 꼬리 날개 효율을 작게 할수록 안정성이 좋다.

13 꼬리 날개가 주날개의 뒤에 위치하는 일반적인 항공기에서 수평 꼬리 날개의 체적 계수(Tail Volume Coefficient)에 대한 설명으로 틀린 것은?
① 주날개의 면적에 반비례한다.
② 주날개의 시위 길이에 반비례한다.
③ 수평 꼬리 날개의 면적에 비례한다.
④ 수평 꼬리 날개의 시위 길이에 비례한다.

해설
꼬리 날개의 체적 계수
$= \dfrac{\text{꼬리 날개의 면적} \times \text{무게 중심까지의 거리}}{\text{주날개의 면적} \times \text{평균 공력 시위}}$

14 다음 설명 중 틀리는 것은?
① 무게 중심이 항공기 전방에 위치할수록 좋다.
② 공기력 중심이 시위의 25%에 위치한다.
③ 풍압 중심이 시위의 25%에 위치한다.
④ 항공기 무게 중심이 항공기 후방에 위치할수록 안전하다.

15 다음 중 비행기의 세로 안정성에 가장 적은 영향을 미치는 것은?
① 항공기 중심 위치
② 수직 안정판의 면적
③ 수평 안정판의 면적
④ 수평 안정판의 장착 위치

16 다음 중 ( )안에 알맞은 것은?

비행기에서 무게 중심이 공기 역학적 중심보다 앞쪽에 위치할수록 세로 안정은 (㉠)하고, 조종성은 (㉡)진다.

① ㉠ 감소 ㉡ 높아
② ㉠ 감소 ㉡ 낮아
③ ㉠ 증가 ㉡ 높아
④ ㉠ 증가 ㉡ 낮아

17 키놀이 진동 시 속도와 고도는 변화하나 받음각이 일정하고 수직 방향의 가속도는 거의 변하지 않는 주기 운동을 무엇이라 하는가?
① 단주기 운동
② 승강키 주기 운동
③ 장주기 운동
④ 도움 날개 주기 운동

18 다음 중 비행기가 장주기 운동을 할 때 변화가 없는 요소는?
① 받음각
② 비행 속도
③ 키놀이 자세
④ 비행 고도

19 비행기에 단주기 운동이 발생되었을 때 가장 좋은 방법은?
① 조종간을 자유롭게 놓는다.
② 조종간을 고정시킨다.
③ 조종간을 당긴다(상승 비행).
④ 조종간을 놓는다(하강 비행).

정답 12. ④ 13. ④ 14. ④ 15. ② 16. ④ 17. ③ 18. ① 19. ①

20 세로 정안정에 관련된 용어를 설명한 것으로 틀린 것은?
① 무게 중심(CG)은 중력의 총합을 대표하는 점이다.
② 중립점(NP)은 무게 중심의 전방 한계를 결정짓는다.
③ 정적 여유(SM)는 무게 중심과 중립점 간의 거리이다.
④ 공력 중심(AC)에서는 받음각에 따라 피칭 모멘트의 변화가 없다.

3 방향 및 가로 안정

가 정적 방향 안정

1) 정의

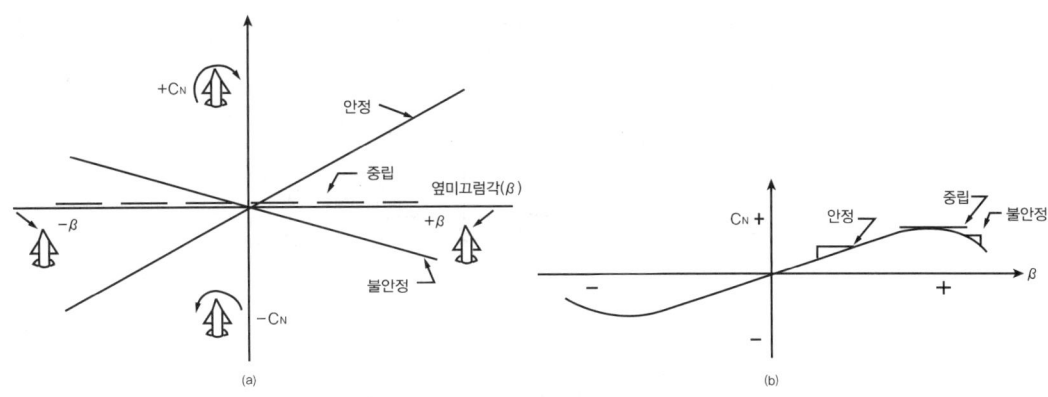

| 정적 방향 안정 |

가) 빗놀이 모멘트
① 수직축에 대하여 기수를 회전시키려는 모멘트
② 기수를 오른쪽으로 회전시키려는 모멘트를 +

$$N = C_N \cdot q \cdot S \cdot b \text{ 또는 } C_N = \frac{N}{q \cdot S \cdot b}$$

나) 빗놀이각(ψ)
① 비행기의 기수와 상대풍이 이루는 각
② 기수가 상대풍에 대해서 우측에 있을 때 +

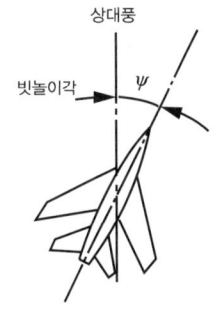

| 빗놀이각 |

정답 20. ②

다) 옆미끄럼각(β)

① 옆미끄럼각과 크기는 같고 방향이 반대
② 기수가 상대풍에 대해서 좌측에 있을 때 +

라) 정적 방향 안정

양의 빗놀이각이 발생하면 즉 비행기의 기수를 우측으로 회전시킬 때 음의 빗놀이 모멘트가 발생하여 비행기가 원래의 방향으로 되돌아오려는 성질

마) 정적 방향 불안정

양의 빗놀이각이 발생하면 즉 비행기의 기수를 우측으로 회전시킬 때 양의 빗놀이 모멘트가 발생하여 비행기가 회전하는 방향으로 계속 회전하려는 성질

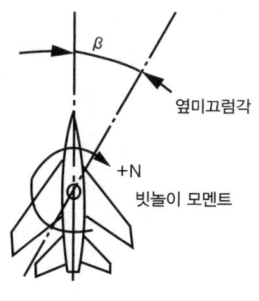

‖ 옆미끄럼각 ‖

2) 비행기 구성 요소들의 방향 안정에 대한 영향

가) 수직 꼬리 날개

① 비행기가 옆미끄럼 상태에 들어가면 수직 꼬리 날개에 받음각이 변화되어 양력이 발생하고 무게 중심에 대한 빗놀이 모멘트가 발생되어 비행기의 기수를 상대풍 방향으로 이동

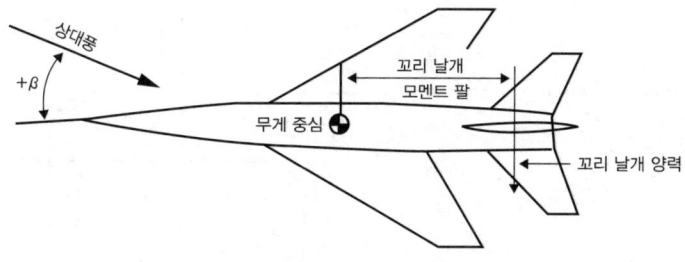

‖ 수직 꼬리 날개의 영향 ‖

② 가로세로비가 작은 동체밑 안정판이나 도살 핀(Dorsal Fin)을 부착하면 방향 안정성 향상

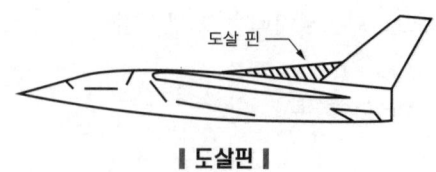

‖ 도살핀 ‖

나) 뒤젖힘각

바람이 불어오는 방향의 날개에 수직으로 작용하는 속도 성분이 크므로 항력도 커서 바람이 부는 방향으로 빗놀이 발생

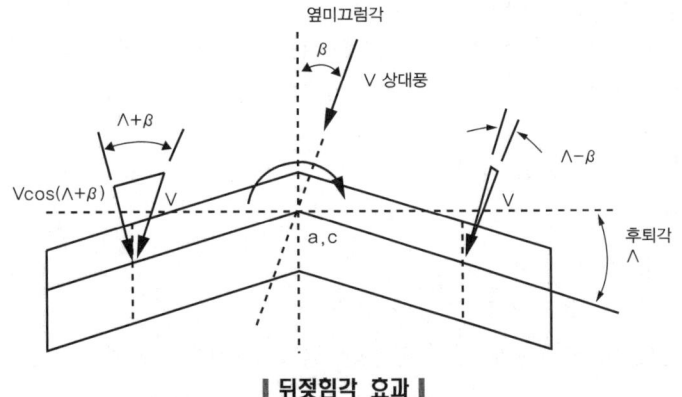

| 뒤젖힘각 효과 |

다) 동체와 기관
① 적은 미끄럼각에서 불안정한 영향
② 큰 미끄럼각에서 안정한 영향

라) 추력 효과
① 프로펠러 회전면이나 제트 입구가 무게 중심의 앞에 위치했을 때 불안정 유발
② 시계 방향으로 회전 시 좌측으로 빗놀이

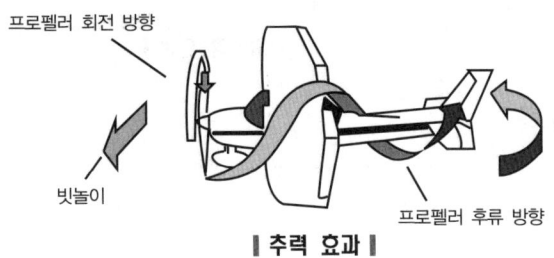

| 추력 효과 |

나 정적 가로 안정

1) 정적 가로 안정

① 비행기에 옆미끄럼 발생 시 적절한 옆미끄럼 모멘트가 발생하여 비행기를 수평 비행 상태로 복귀시키려는 성질

$$L' = C_L' \cdot q \cdot S \cdot b$$

L' : 옆놀이 모멘트
b : 날개 길이
C_L' : 옆놀이 모멘트 계수

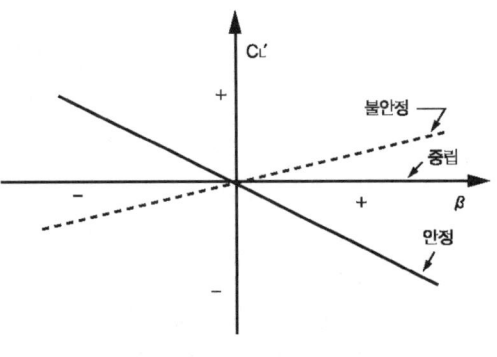

| 옆놀이 모멘트 계수 |

② 비행기가 양의 옆미끄럼각을 가지게 될 경우 음의 옆놀이 모멘트를 갖는 것이 안정
③ 옆미끄럼각에 대한 옆놀이 모멘트 계수 곡선이 음의 기울기를 가질 때 안정
④ 일반적으로 바람직한 가로 조종 특성은 정적 가로 안정일 때 얻어진다.

2) 가로 안정에 영향을 미치는 요소

가) 날개

① 쳐든각 효과
   ㉠ 가로 안정에 가장 중요한 요소
   ㉡ 옆놀이 모멘트에 대한 안정한 옆놀이 모멘트 발생

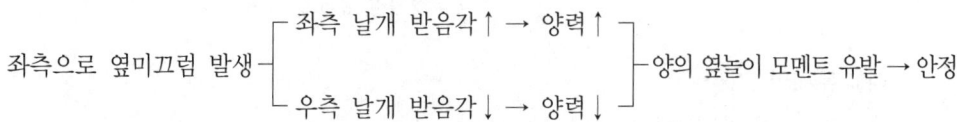

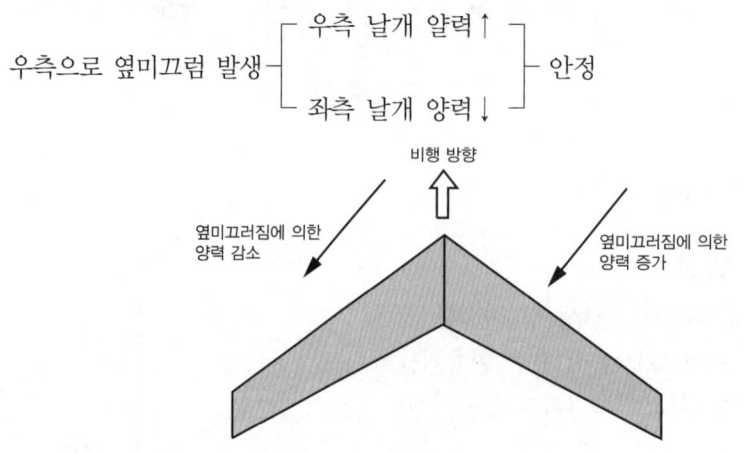

┃ 쳐든각 효과 ┃

나) 뒤젖힘각 효과

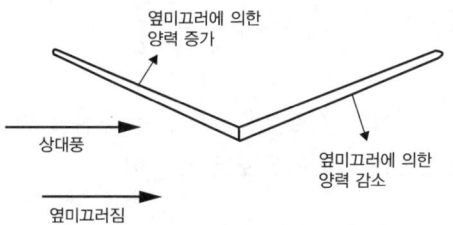

┃ 뒤젖힘각 효과 ┃

다) 동체

① 동체 아래에 위치한 날개는 쳐진각 효과
② 동체 위에 위치한 날개는 쳐든각 효과

제7장 안정과 조종

라) 수직 꼬리 날개

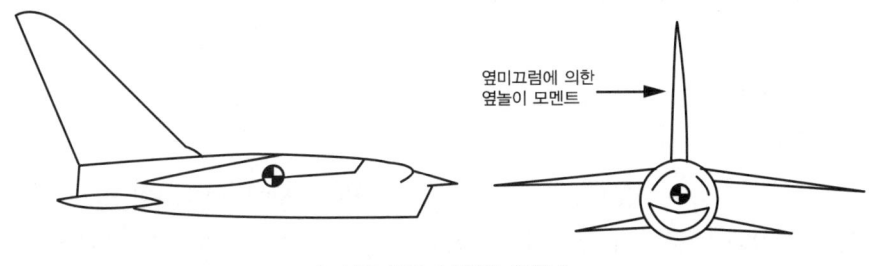

| 수직 꼬리 날개의 영향 |

3) 동적 방향 및 가로 안정

가) 방향 불안정
① 초기의 작은 옆미끄럼각에 대해 옆미끄럼을 증가시키는 경향
② 옆미끄럼은 비행기가 바람 방향으로 기수를 돌리거나 구조적으로 파괴가 일어날 때까지 증가

나) 나선 불안정
① 정적 방향 안정성이 쳐든각보다 훨씬 클 때 나타나며 나선 하향 운동
② 점진적인 나선 강하 운동

다) 가로 방향 불안정 = 더치 롤(Dutch roll)
① 가로 진동과 방향 진동이 결합된 것
② 빗놀이와 옆놀이의 결합 운동
③ 정적 방향 안정보다 쳐든각 효과가 클 때 발생

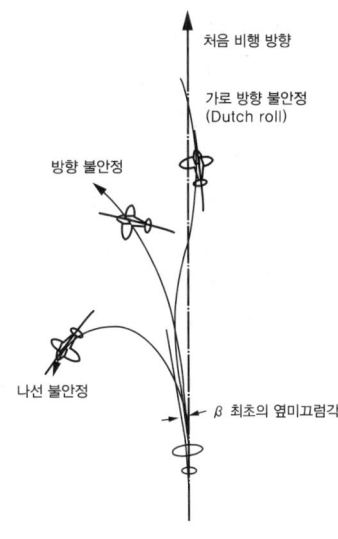

| 가로 및 방향 불안정 |

---

③ 출제 예상 문제

01 항공기의 방향 안정성이 주된 목적인 것은?
① 수평 안정판 ② 주익의 상반각
③ 수직 안정판 ④ 주익의 붙임각

정답 01. ③

제1부 항공 역학

02 항공기에 장착된 도살 핀(Dorsal Fin)이 손상되었다면 다음 중 가장 큰 영향을 받는 것은?
① 가로 안정
② 동적 세로 안정
③ 방향 안정
④ 정적 세로 안정

03 방향 안정성에 영향을 주는 요소가 아닌 것은?
① 수직 꼬리 날개
② 동체와 기관
③ 상반각
④ 추력 효과

04 비행기가 옆미끄럼 상태에 들어갔을 때의 설명으로 옳은 것은?
① 수직 꼬리 날개의 받음각에는 변화가 없다.
② 수평 꼬리 날개의 옆미끄럼 힘이 발생한다.
③ 무게 중심에 대한 빗놀이 모멘트가 발생한다.
④ 비행기의 기수를 상대풍과 반대 방향으로 이동시키려는 힘이 발생한다.

05 방향 안정성에 관한 설명으로 틀린 것은?
① 도살 핀(Dorsal Pin)을 붙이면 큰 옆 미끄럼각에서 방향 안정성이 좋아진다.
② 수직 꼬리 날개의 위치를 비행기의 무게 중심으로부터 멀리 할수록 방향 안정성이 증가한다.
③ 가로 및 방향 진동이 결합된 옆놀이 및 빗놀이의 주기 진동을 더치롤(Dutch Roll)이라 한다.
④ 단면이 유선형인 동체는 일반적으로 무게 중심이 동체의 1/4 지점의 후방에 위치하면 방향 안정성이 좋다.

06 비행기의 정적 방향 안정성에 있어서 불안정한 영향을 끼치는 요소는?
① 수직 꼬리 날개
② 도살 핀
③ 후퇴 날개
④ 동체

07 고정익 항공기의 도살 핀(Dorsal Fin)과 벤트럴 핀(Ventral Fin)의 기능에 대한 설명으로 틀린 것은?
① 더치롤 특성을 저해시킬 수 있다.
② 큰 받음각에서 요댐핑(Yaw Damping)을 증가시키는 데 효과적이다.
③ 나선 발산(Spiral Divergence) 시의 비행 특성에 영향을 준다.
④ 프로펠러에서 발생하는 나선 후류의 영향을 줄이는 역할을 한다.

> **해설**
> 도살 핀과 벤트럴 핀은 방향 안정에 영향을 주는 요소

08 날개의 뒤젖힘각 효과(Sweepback Effect)에 대한 설명으로 가장 올바른 것은?
① 방향 안정(Directional Stability)에는 영향이 있지만 가로 안정(Lateral Stability)에는 영향이 없다.
② 방향 안정(Directional Stability)에는 영향이 있지만 가로 안정(Lateral Stability)에는 영향이 없다.
③ 방향 안정(Directional Stability), 가로 안정(Lateral Stability) 모두에 영향이 있다.
④ 방향 안정(Directional Stability), 가로 안정(Lateral Stability) 모두에 영향이 없다.

정답 02. ③ 03. ③ 04. ③ 05. ④ 06. ④ 07. ④ 08. ③

09 정적 방향 안정성에 대한 추력 효과에 대하여 가장 올바르게 설명한 내용은?
① 프로펠러 회전면이나 제트 입구가 무게 중심의 앞에 위치했을 때 불안정을 유발한다.
② 수직 꼬리 날개에서 추력에 의한 유도 속도의 변경에 기인하는 간섭 효과는 일반적으로 제트 비행기인 경우에 더 심각하다.
③ 수직 꼬리 날개에서 추력에 의한 흐름 방향의 변경에 기인하는 간섭 효과는 일반적으로 제트 비행기인 경우에 더 심각하다.
④ 추력 효과가 정적 안정에 불리한 영향을 가장 크게 미치는 경우는 추력이 작고 동압이 클 때이다.

10 수직 꼬리 날개와 방향 안정의 관계에 대하여 설명한 내용 중 가장 올바른 것은?
① 수직 꼬리 날개 면적의 증가는 항력의 증가를 수반하므로 매우 작은 값으로 제한하도록 하고, 그 대신 주날개의 면적을 증가시키도록 해야 한다.
② 마하수가 큰 초음속 비행기에서는 수직 꼬리 날개에 의한 안정성이 증가한다.
③ 큰 마하수에서 충분한 방향 안정성을 가지기 위해서, 초음속기의 경우 상대적으로 작은 수직 꼬리 날개를 가진다.
④ 정적 방향 안정에 미치는 수직 꼬리 날개의 영향은 수직 꼬리 날개 양력 변화와 모멘트 팔 길이에 의존한다.

11 방향키 부유각(Float Angle)이란?
① 방향키를 밀었을 때 공기력에 의해 방향키가 변위되는 각
② 방향키를 당겼을 때 공기력에 의해 방향키가 변위되는 각
③ 방향키를 고정했을 때 공기력에 의해 방향키가 변위되는 각
④ 방향키를 자유로 했을 때 공기력에 의해 방향키가 자유로이 변위되는 각

12 항공기의 옆미끄럼(Side Slip)에 의한 롤링 모멘트(Rolling Moment) 변화가 가장 크게 작용하는 것은?
① 에어론(Aileron)
② 안정판(Stabilizer)
③ 후퇴각
④ 상반각(Dihedral Angle)

13 날개의 쳐든각은 비행기의 어느 축 주위의 안정성에 가장 효과적인가? (단, 쳐든각은 Dihedral Angle이다)
① 수직축
② 세로축
③ 가로축
④ 쳐든각은 안정성과 무관하고, 비행기 양력에 관계가 있다.

14 가로 안정에 영향을 끼치지 않는 것은?
① 수평 안정판   ② 수직 안정판
③ 주익 상반각   ④ 주익 후퇴각

15 다음 중 항공기의 가로 안정성을 높이는 데 일반적으로 가장 기여도가 높은 것은?
① 수직 꼬리 날개 ② 주날개의 상반각
③ 수평 꼬리 날개 ④ 주날개의 후퇴각

해설
가로 안정에 영향을 미치는 요소
• 쳐든각 - 가장 큰 영향
• 뒤젖힘각
• 동체
• 수직 꼬리 날개

정답 09. ① 10. ④ 11. ④ 12. ④ 13. ② 14. ① 15. ②

제1부 항공 역학

16 비행기의 옆놀이(Rolling) 안정에 가장 큰 영향을 주는 것은?
① 수평 안정판
② 주날개의 받음각
③ 수직 꼬리 날개
④ 주날개의 후퇴각

17 항공기 날개에 상반각을 주게 되면 다음과 같은 특성을 갖게 한다. 가장 올바른 내용은?
① 유도 저항을 적게 하고 방향 안정성을 좋게 한다.
② 옆미끄럼을 방지하고 가로 안정성을 좋게 한다.
③ 익단 실속을 방지하고 세로 안정성을 좋게 한다.
④ 선회 성능을 향상시키나 가로 안정성을 해친다.

18 항공기에 쳐든각(Dihedral Angle)을 주는 가장 큰 이유는 무엇인가?
① 임계 마하수를 높일 수 있다.
② 익단 실속을 방지할 수 있다.
③ Pitching moment에 대한 안정성을 준다.
④ Rolling과 Yawing moment에 대한 안정성을 준다.

19 날개의 쳐든각(Dihedral Angle)을 가지고 있는 비행기가 왼쪽으로 옆미끄럼을 하게 되면?
① 왼쪽 날개 및 오른쪽 날개의 받음각이 동시에 증가한다.
② 왼쪽 날개 및 오른쪽 날개의 받음각이 동시에 감소한다.
③ 왼쪽 날개의 받음각은 증가하고 오른쪽 날개의 받음각은 감소한다.
④ 왼쪽 날개의 받음각은 감소하고 오른쪽 날개의 받음각은 증가한다.

20 다음 중 비행기의 가로 안정성에 가장 작은 영향을 주는 것은?
① 쳐든각　　② 동체
③ 프로펠러　④ 수직 꼬리 날개

21 빗놀이 모멘트를 상쇄시키기 위해 같이 작동시키는 조종 계통은?
① 도움 날개와 승강키
② 승강키와 방향타
③ 방향타와 도움 날개
④ 도움 날개와 플랩

22 다음 중 옆놀이 운동과 관계가 없는 것은?
① 큰날개의 쳐든각
② 수평 안정판
③ 큰날개의 후퇴각
④ 수직 안정판

23 가장 큰 쳐든각(Dihedral Angle)을 필요로 하는 경우는?
① 날개가 동체의 상부에 위치하는 경우
② 날개가 동체의 하부에 위치하는 경우
③ 날개가 동체의 중심부에 위치하는 경우
④ 날개가 동체의 상부로부터 약 25% 위치에 있는 경우

해설
동체와 날개의 위치
- 동체 아래에 위치한 날개는 쳐진각 효과
- 동체 위에 위치한 날개는 쳐든각 효과

정답 16. ③　17. ②　18. ④　19. ③　20. ③　21. ③　22. ②　23. ②

24 동체에 붙는 날개의 위치에 따라 쳐든각 효과의 크기가 달라지는데 그 효과가 큰 것에서 작은 순서로 나열된 것은?

① 높은 날개 - 중간 날개 - 낮은 날개
② 낮은 날개 - 중간 날개 - 높은 날개
③ 중간 날개 - 낮은 날개 - 높은 날개
④ 높은 날개 - 낮은 날개 - 중간 날개

해설
날개가 동체 위에 위치할수록 가로 안정성 증가

25 동적 가로 안정이 불안정할 때 나타나는 현상과 가장 거리가 먼 것은?

① 방향 불안정
② 세로 방향 불안정
③ 나선 불안정
④ 가로 방향 불안정

26 더치롤(Dutch Roll)에 대한 설명으로 옳은 것은?

① 가로 진동과 방향 진동이 결합된 것이다.
② 조종성을 개선하므로 매우 바람직한 현상이다.
③ 대개 정적으로는 안정하지만 동적으로는 불안정하다.
④ 나선 불안정(Spiral Divergence)상태를 말한다.

해설
가로 방향 불안정 = 더치 롤(Dutch Roll)
• 가로 진동과 방향 진동이 결합된 것
• 빗놀이와 옆놀이의 결합 운동
• 정적 방향 안정보다 쳐든각 효과가 클 때 발생

27 항공기 횡(가로) 운동 중 나타날 수 있는 정적 불안정성에 대한 설명으로 틀린 것은?

① 항공기가 방향 안정성이 결여되어 있을 경우 방향 운동의 발산이 일어나며 외란이 주어질 경우 항공기는 회전을 하여 미끄러짐 각이 계속해서 증가하게 된다.
② 방향과 가로 안정성이 높을 경우 나선형 발산 운동이 나타나 외란이 주어지게 되면, 항공기는 점차적으로 나선형 운동에 진입하게 된다.
③ 더치 롤(Dutch Roll) 진동은 같은 주파수에 서로 위상이 다른 롤과 요우 방향의 진동으로 특징지어지는 가로 진동과 방향 진동이 결합된 현상이다.
④ 윙 로크(Wing Rock)란 여러 개의 자유도에 동시에 영향을 미치는 복잡한 운동이며, 가장 기본이 되는 운동은 롤에서의 진동 현상이다.

28 항공기에 작용하는 공기 역학적인 힘, 관성력, 탄성력이 상호 작용에 의하여 생기는 주기적인 불안정한 진동을 무엇이라 하는가?

① 피치 다운(Pitch down)
② 플러터(Flutter)
③ 디프 스톨(Deep stall)
④ 피치업(Pitch up)

정답 24. ① 25. ② 26. ① 27. ② 28. ②

4 고속기의 비행 불안정

가 세로 불안정

1) 턱 언더(Turk Under)
① 음속에 가까운 속도로 비행할 때 속도를 증가시킬수록 기수가 내려가는 경향
② 발생 원인
  ㉠ 비행기의 속도가 임계 마하수를 넘으면 풍압 중심이 뒤쪽으로 이동
  ㉡ 속도가 증가하면 양력 계수가 작아지고 수평 꼬리 날개에 작용하는 내리 흐름도 작아져 꼬리 날개의 받음각 증가
③ 마하 트리머(Mach Trimmer), 피치 트림 보상기(Pitch Trim Compensator) 제트 수송기에서 턱언더를 자동 수정하는 기기
④ 턱언더나 버피팅에서 벗어나려면 속도 브레이크, 추력 브레이크, 드래그 슈트를 사용하여 속도 감소

2) 피치 업(Pitch Up)
① 비행기가 하강 비행을 하는 동안 조종간을 당겨 기수를 올리려할 때 받음각과 각속도가 특정값을 넘게 되면 예상한 정도 이상으로 기수가 올라가고 이를 회복할 수 없는 현상
② 원인
  ㉠ 뒤젖힘 날개 날개 끝 실속
  ㉡ 뒤젖힘 날개의 비틀림
  ㉢ 날개의 풍압 중심이 앞으로 이동
  ㉣ 승강키의 효율 감소
③ 고속으로 비행하는 항공기는 트림 탭을 사용하면 피치 업이 발생하므로 수평 안정판으로 트림

| 피치 업 |

3) 디프 실속(Deep Stall)
① 수평 꼬리 날개가 높은 위치에 있거나, T형 꼬리 날개가 실속할 때 발생
② 날개가 후방 엔진 포트가 실속 상태에 있을 때 동압이 작은 후류 중에 수평 꼬리 날개가 들어가기 때문에 안정을 상실하고 또 큰 받음각을 주어서 안정성을 회복하려면 승강키의 효율이 떨어져 실속을 회복하기 어려운 현상
③ 수평 꼬리 날개가 낮은 위치에 있을 때

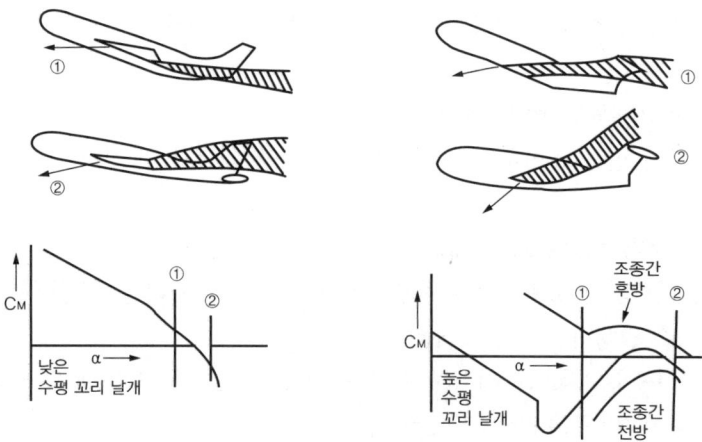

| 디프 실속 |

나 가로 불안정

1) 날개 드롭(Wing Drop)

① 비행기가 완전 좌우 대칭이 아니므로 천음속 도달 시 한쪽 날개가 충격 실속을 일으켜 발생하는 급격한 옆놀이 현상

② 비교적 두꺼운 날개를 사용한 비행기가 천음속으로 비행 시 발생

2) 옆놀이 커플링(Rolling Coupling) = 상호 효과(Cross Effect)

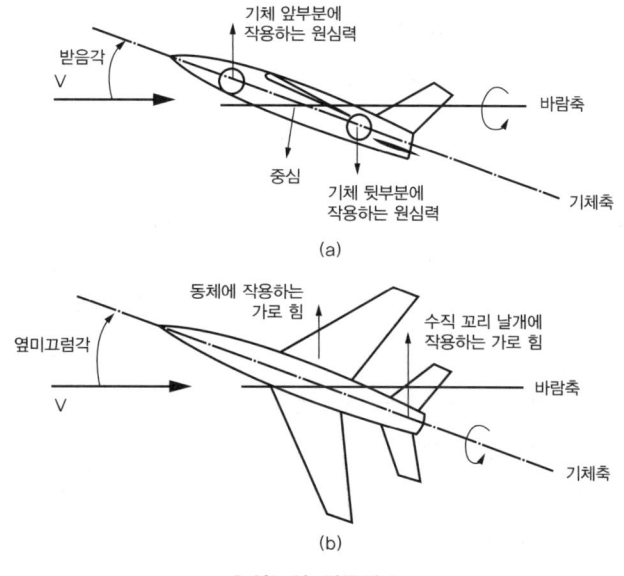

| 옆놀이 커플링 |

① 비행기의 좌표 축에서 어떤 한 축 주위에 교란을 줄 때에 다른 축 주위에도 교란이 생기는 것
② 공력 커플링(Aerodynamic Coupling)
　방향키 만을 조작하거나 옆미끄럼 운동을 하였을 때 빗놀이와 동시에 옆놀이가 발생하는 현상
③ 관성 커플링(Inertia Coupling)
　㉠ 비행기가 고속으로 비행할 때 공기 역학적인 힘과 관성력이 상호 영향을 준 결과로 발생하는 자연스러운 현상
　㉡ 기체축이 바람축에 경사지게 될 때 옆놀이 운동을 하게 되면 키놀이 모멘트가 발생
④ 옆놀이 커플링(Rolling Coupling)
　큰 각속도가 받음각을 가지게 될 때 큰 관성 커플링을 일으켜 받음각과 옆미끄럼각을 계속 증가시켜서 발산하게 되는 현상
⑤ 옆놀이 커플링을 줄이는 방법
　㉠ 수직 꼬리 날개의 면적 증가
　㉡ 동체 하부에 벤트럴 핀(Ventral Fin) 장착

4 출제 예상 문제

01 비행기가 음속에 가까운 속도로 비행 시 속도를 증가시킬수록 기수가 내려가는 현상은?
① 피치 업(Pitch Up)
② 턱 언더(Tuck Under)
③ 디프 스톨(Deep Stall)
④ 역 빗놀이(Adverse Yaw)

02 다음 중 마하 트리머(Mach Trimmer)로 수정할 수 있는 주된 현상은?
① 더치 롤(Dutch Roll)
② 턱 언더(Tuck Under)
③ 나선 불안정(Spiral Divergence)
④ 방향 불안정(Directional Divergence)

03 수평 등속도 비행을 하던 비행기의 속도를 증가시켰을 때 그 상태에서 수평 비행을 하기 위해서는 받음각은 어떻게 하여야 하는가?
① 감소시킨다.
② 증가시킨다.
③ 변화시키지 않는다.
④ 감소하다 증가시킨다.

해설
속도 증가 → 양력 증가 → 상승 비행

정답 01. ② 02. ② 03. ①

제7장 안정과 조종

04 비행기가 하강 비행을 하는 동안 조종간을 당겨 기수를 올리려 할 때, 받음각과 각속도가 특정 값을 넘게 되면 예상한 정도 이상으로 기수가 올라가게 되는 현상은?

① 피치 업(Pitch Up)
② 스핀(Spin)
③ 버피팅(Buffeting)
④ 디프 스톨(Deep Stall)

05 [보기]와 같은 현상의 원인이 아닌 것은?

[보기]
비행기가 하강 비행을 하는 동안 조종간을 당겨 기수를 올리려 할 때, 받음각과 각속도가 특정값을 넘게 되면 예상한 정도 이상으로 기수가 올라가고, 이를 회복할 수 없는 현상

① 처든각 효과의 감소
② 뒤젖힘 날개의 비틀림
③ 뒤젖힘 날개의 날개 끝 실속
④ 날개의 풍압 중심이 앞으로 이동

해설
피치 업의 원인
• 뒤젖힘 날개 날개 끝 실속
• 뒤젖힘 날개의 비틀림
• 날개의 풍압 중심이 앞으로 이동
• 승강키의 효율 감소

06 항공기가 수평 비행이나 급강하로 속도를 증가할 때 천음속 영역에 도달하게 되면 한쪽 날개가 실속을 일으켜서 양력을 상실하여 급격한 옆놀이를 일으키는 현상을 무엇이라 하는가?

① 디프 스톨(Deep Stall)
② 턱 언더(Tuck Under)
③ 날개 드롭(Wing Drop)
④ 옆놀이 커플링(Rolling Coupling)

07 날개 드롭(Wing Drop)에 대한 설명으로 틀린 것은?

① 옆놀이와 관련된 현상이다.
② 두꺼운 날개를 사용한 비행기가 천음속으로 비행 시 발생한다.
③ 한쪽 날개가 충격 실속을 일으켜서 갑자기 양력을 상실하며 발생하는 현상이다.
④ 아음속에서 충격파가 과도할 경우 날개가 동체에서 떨어져 나가는 현상을 말한다.

08 날개 밑에 장착되는 보틸론(Vortilon)의 역할은?

① 가로 안정 유지
② 디프 스톨(Deep Stall) 방지
③ 유도 항력 감소
④ 옆미끄럼(Side Slip) 방지

09 고속 항공기에서 방향키 조작으로 빗놀이와 동시에 옆놀이 운동이 함께 일어나는 것처럼 비행기 좌표 축에서 어떤 한 축 주위에 교란을 줄 때 다른 축 주위에도 교란이 생기는 현상을 무엇이라 하는가?

① 실속(Stall)
② 스핀(Spin) 운동
③ 커플링(Coupling) 효과
④ 자동 회전(Autorotation)

해설
커플링
비행기의 좌표 축에서 어떤 한 축 주위에 교란을 줄 때에 다른 축 주위에도 교란이 생기는 것
• 공력 커플링
• 관성 커플링
• 옆놀이 커플링

정답 04. ① 05. ① 06. ③ 07. ④ 08. ② 09. ③

10 초음속 전투기는 큰 관성 커플링을 일으켜 받음각과 옆미끄럼각을 계속 증가시켜 발산하게 되는데 이를 무엇이라 하는가?

① 키놀이 커플링 ② 공력 커플링
③ 빗놀이 커플링 ④ 옆놀이 커플링

11 옆놀이 커플링(Roll Coupling)을 줄이는 방법으로 가장 거리가 먼 것은?

① 쳐든각 효과를 감소시킨다.
② 방향 안정성을 증가시킨다.
③ 정상 비행 상태에서 불필요한 공력 커플링을 감소시킨다.
④ 정상 비행 상태에서 하중 배수를 제한한다.

해설
옆놀이 커플링을 줄이는 방법
• 수직 꼬리 날개의 면적 증가
• 동체 하부에 벤트럴 핀(Ventral Fin) 장착

12 옆놀이 커플링(Roll Coupling)을 줄이는 방법으로 틀린 것은?

① 방향 안정성을 증가시킨다.
② 옆놀이 운동에서 옆놀이율이나 기간을 제한한다.
③ 정상 비행 상태에서 바람 축과의 경사를 최대한 크게한다.
④ 정상 비행 상태에서 불필요한 공력 커플링을 감소시킨다.

13 최근의 초음속기에서 옆놀이 커플링 현상을 막기 위해 가장 많이 사용하는 방법은?

① 벤트럴 핀(Ventral Pin) 부착
② 볼택스 플랩(Vortex Flap) 사용
③ 실속 스트립(Stall Strip) 사용
④ 윙넷(Wingnet) 부착

5 조종면 이론

가 조종면의 효율

1) NACA 0009 날개골의 특성

① 두께가 시위의 9%인 날개골
② 수평 및 수직 꼬리 날개에 많이 사용
③ 플랩의 시위 $C_f = 0.15C$
④ 날개골과 플랩 사이의 간격 : $0.005C$
⑤ 플랩이 변위됐을 때의 기울기는 중립 상태의 기울기와 동일
⑥ 플랩이 변위되면 영양력 받음각과 최대 양력 계수의 받음각(실속각)만 변화

2) 조종면의 변위에 따른 양력 계수의 변화

① 곡선의 기울기 $= \dfrac{dC_L}{d\delta_L}$

② 조종면의 효율 변수
플랩의 변위에 따른 날개골 전체의 양력 계수를 변화시키는 능력

$$\tau_c = \dfrac{dC_L}{d\delta_L}$$

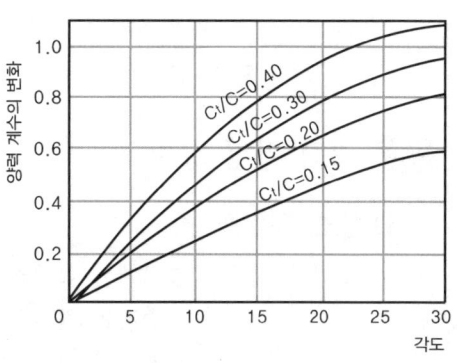

┃ 양력 계수의 변화 ┃

나 힌지 모멘트와 조종력

1) 힌지 모멘트

날개 상하면의 압력차로 인해 발생하는 모멘트

$$H = C_h \dfrac{1}{2}\rho V^2 bc^2 = C_h q bc^2$$

H : 힌지 모멘트 C_h : 힌지 모멘트 계수
b : 조종면의 폭 c : 조종면의 평균 시위

2) 조종력

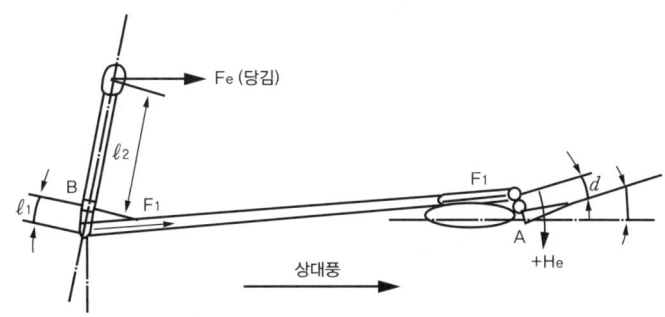

┃ 승강키 조종 계통 ┃

$$F_e = K \cdot H_e$$

F_e : 조종력, H_e : 승강키 힌지 모멘트, K : 조종 계통의 기계적 장치에 의한 이득

$$F_e = \dfrac{l_1}{l_2 \times d} q bc^2 C_h$$

① 비행 속도 2배 시 조종력 4배
② 조종면의 폭과 시위를 2배로 하면 조종력은 8배
③ 고속, 대형 항공기는 공력 평형 장치나 탭, 부스터 장치 등을 사용

다 공력 평형 장치

1) 앞전 밸런스

조종면의 힌지 중심에서 앞쪽을 길게 하여 힌지 모멘트를 감소하게 하여 조종력을 경감시킴.

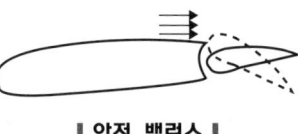

┃ 앞전 밸런스 ┃

2) 혼 밸런스

밸런스 역할을 하는 조종면을 플랩의 아래 윗면의 압력차에 의해서 앞전 밸런스와 같은 역할

① 비보호 혼 : 밸런스 부분이 앞전까지 뻗쳐 나온 것
② 보호 혼 : 앞에 고정면을 갖는 것

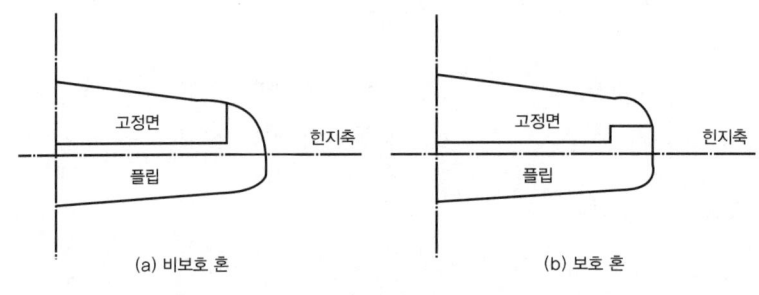

┃ 혼 밸런스 ┃

3) 내부 밸런스

플랩의 앞전이 밀폐되어 있어 플랩의 아래 윗면의 압력차에 의해서 앞전 밸런스와 같은 역할

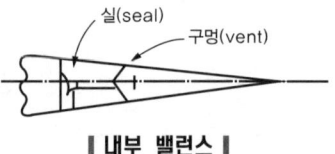

┃ 내부 밸런스 ┃

4) 프리즈 밸런스

연동되는 도움 날개에서 발생하는 힌지 모멘트가 서로 상쇄하도록 하여 조종력을 경감

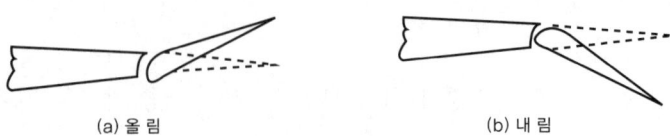

┃ 프리즈 밸런스 ┃

라 탭

1) 트림 탭(Trim Tab)

조종면의 힌지 모멘트를 감소시켜 조종사의 조종력을 0으로 해주는 역할

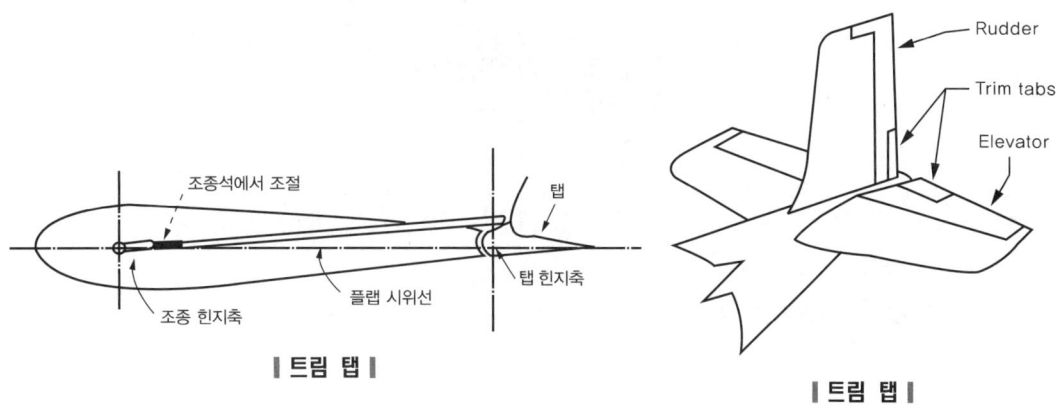

┃ 트림 탭 ┃   ┃ 트림 탭 ┃

2) 평형 탭(Balance Tab)

조종면이 움직이는 것에 비례해서 작동
① 조종면과 같은 방향 : 힌지 모멘트 증가
② 조종면과 반대 방향 : 조종력 경감

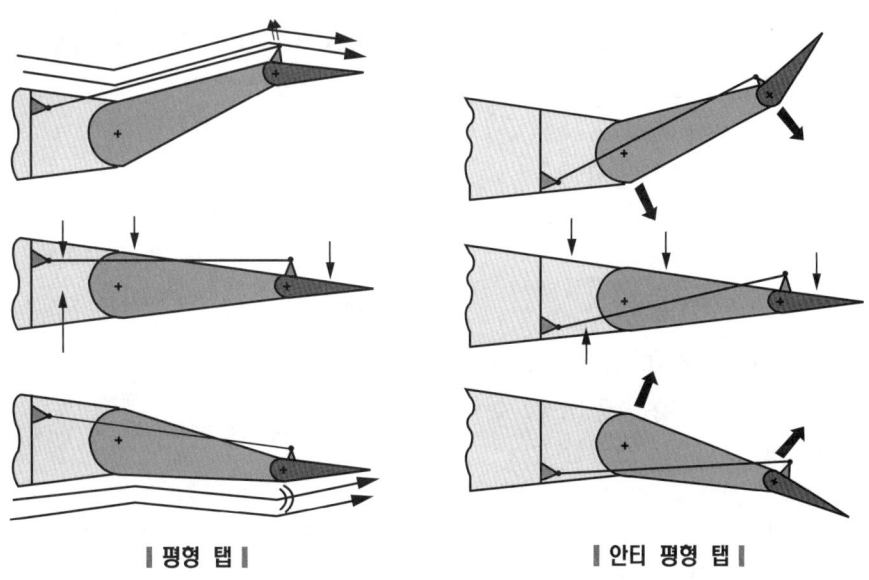

┃ 평형 탭 ┃   ┃ 안티 평형 탭 ┃

3) 서보 탭(Servo Tab)

탭만 움직여 조종면 작동

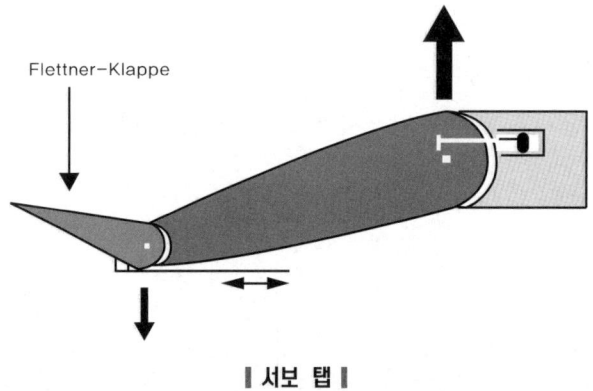

| 서보 탭 |

4) 스프링 탭(Spring Tab)

스프링을 설치하여 탭의 작용을 배가시키도록 한 장치

5 출제 예상 문제

01 비행기 조종면에 매스 밸런스(Mass Balance)를 하는 가장 큰 목적은?

① 조종면의 진동 방지
② 기수 올림 모멘트 방지
③ 조종면 효과 증대
④ 힌지 모멘트 감소

02 다음의 내용 중 가장 올바른 것은?

① 조종면은 힌지 축을 중심으로 위와 아래로 또는 좌우로 변위한다.
② 조종면이 변해도 캠버는 항상 일정하다.
③ 조종면에 발생하는 힌지 모멘트는 동압과 힌지 모멘트 계수에 반비례한다.
④ 조종면의 폭과 시위의 크기를 2배로 하면 조종력은 4배가 된다.

03 비행기의 조종력을 결정하는 요소가 아닌 것은?

① 조종면의 크기
② 비행기의 속도
③ 비행기의 추진 효율
④ 조종면의 힌지 모멘트 계수

해설

$F_e = K \cdot H_e, \quad H = C_h \dfrac{1}{2}\rho V^2 bc^2 = C_h q bc^2$

조종력은 힌지 모멘트, 밀도, 조종면의 크기에 비례하고 속도의 제곱에 비례

04 도움 날개(Aileron) 및 승강키(Elevator)의 힌지 모멘트와 이들 조종면을 원하는 위치에 유지하기 위한 조종력과의 관계로서 가장 올바른 것은?

정답 01. ① 02. ① 03. ③ 04. ③

① 힌지 모멘트가 커져도 필요한 조종력에는 변화가 없다.
② 힌지 모멘트가 크면 조종력은 작아도 된다.
③ 힌지 모멘트가 크면 조종력도 커야 한다.
④ 아음속 항공기에서는 힌지 모멘트가 커질수록 필요한 조종력은 작아진다.

05 다음의 진술 내용 중 가장 올바른 것은?

① 조종면을 조작하기 위한 조종력은 힌지 모멘트의 크기에 관계가 있다.
② 조종면에 변위를 주게 되어도 그 윗면과 아랫면 또는 좌측면과 우측면의 압력 분포에는 영향을 미치지 않는다.
③ 힌지 모멘트는 항상 비행기의 조종을 용이하게 하는데 도움을 준다.
④ 힌지 모멘트는 힌지 모멘트 계수, 동압 그리고 조종면의 크기에 반비례한다.

06 비행기 속도가 2배로 증가했을 때 조종력은?

① 변화 없다.
② 2배로 증가한다.
③ 더 감소한다.
④ 4배로 증가한다.

07 조종면의 폭이 2배가 되면 조종력은 몇 배가 되어야 하는가?

① 1/2배　　② 변함 없음
③ 2배　　　④ 4배

08 다음 중 가장 큰 조종력이 필요한 경우는?

① 비행 속도가 빠르고 조종면의 크기가 큰 경우
② 비행 속도가 빠르고 조종면의 크기가 작은 경우
③ 비행 속도가 느리고 조종면의 크기가 큰 경우
④ 비행 속도가 느리고 조종면의 크기가 작은 경우

해설
$$F_e = K \cdot H_e = K \cdot C_h \frac{1}{2}\rho V^2 bc^2 = K \cdot C_h qbc^2$$
조종력은 속도의 제곱에 비례하고 조종면의 크기에 비례

09 수평 꼬리 날개에 의한 모멘트의 크기를 가장 올바르게 설명한 것은? (단, 양(+), 음(−)의 부호는 고려하지 않는 것으로 함)

① 수평 꼬리 날개의 면적이 클수록, 그리고 수평 꼬리 날개 주위의 동압이 작을수록 커진다.
② 수평 꼬리 날개의 면적이 클수록, 그리고 수평 꼬리 날개 주위의 동압이 클수록 커진다.
③ 수평 꼬리 날개의 면적이 작을수록, 그리고 수평 꼬리 날개 주위의 동압이 클수록 커진다.
④ 수평 꼬리 날개의 면적이 작을수록, 그리고 수평 꼬리 날개 주위의 동압이 작을수록 커진다.

10 운항 중인 항공기에서 조종면의 조종 효과를 발생시키기 위해서 주로 변화시키는 것은?

① 날개골의 면적
② 날개골의 두께
③ 날개골의 캠버
④ 날개골의 길이

해설
조종면을 변위시키면 캠버와 받음각 변화

정답　05. ①　06. ④　07. ③　08. ①　09. ②　10. ③

제1부 항공 역학

11 비행기의 조종간에 걸리는 힘을 작게 하기 위해서 힌지 모멘트를 조절하기 위한 장치로 가장 부적합한 것은?

① 스포일러(Spoiler)
② 서보 탭(Servo Tab)
③ 혼 밸런스(Horn Balance)
④ 앞전 밸런스(Leading Edge Balance)

해설
조종력 경감 장치
- 공력 평형 장치 : 앞전 밸런스, 혼 밸런스, 내부 밸런스, 프리즈 밸런스
- 탭 : 트림 탭, 평형 탭, 서보 탭, 스프링 탭

12 조종면에서 앞전 밸런스(Leading Edge Balance)를 설치하는 주된 목적은?

① 양력 증가
② 조종력 감소
③ 항력 감소
④ 항공기 속도 증가

13 조종력 경감 장치 중 밸런스 역할을 하는 조종면을 그림과 같이 플랩의 일부분에 집중시키는 공력 평형 장치의 명칭은?

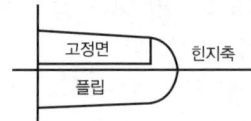

① 혼 밸런스
② 앞전 밸런스
③ 내부 밸런스
④ 프리즈 밸런스

14 비행기의 조종력을 경감시키는 공력 평형 장치가 아닌 것은?

① 혼 밸런스(Horn Balance)
② 조종 밸런스(Control Balance)
③ 내부 밸런스(Internal Balance)
④ 앞전 밸런스(Leading Edge Balance)

해설
공력 평형 장치
- 앞전 밸런스 : 조종면의 힌지 중심에서 앞쪽을 길게 하여 힌지 모멘트를 감소하게 하여 조종력을 경감시킴
- 혼 밸런스 : 밸런스 역할을 하는 조종면을 플랩의 아래 윗면의 압력 차에 의해서 앞전 밸런스와 같은 역할
- 내부 밸런스 : 플랩의 앞전이 밀폐되어 있어 플랩의 아래 윗면의 압력 차에 의해서 앞전 밸런스와 같은 역할
- 프리즈 밸런스 : 연동되는 도움 날개에서 발생하는 힌지 모멘트가 서로 상쇄하도록 하여 조종력을 경감시킴

15 도움 날개에 주로 사용하는 조종력 경감 장치로 양쪽 힌지 모멘트가 서로 상쇄되도록 하여 조종력을 감소시키는 장치는?

① 혼 밸런스(Horn Balance)
② 프리즈 밸런스(Frise Balance)
③ 내부 밸런스(Internal Balance)
④ 앞전 밸런스(Leading Edge Balance)

16 플랩 앞전이 시일로 밀폐되어 있어서 플랩 상하면의 압력차에 의해서 Over Hang Balance와 같은 역할을 하는 것은?

① Internal Balance
② Horn Balance
③ Fries Balance
④ Tap Balance

17 밸런스 탭(Balance Tab)에 대한 설명으로 옳은 것은?

① 조종면과 반대로 움직여 조종력을 경감시켜 준다.
② 조종면과 같은 방향으로 움직여 조종력을 줄여 준다.
③ 조종면과 반대로 움직여 조종력을 제로(Zero)로 만들어 준다.
④ 조종면과 같은 방향으로 움직여 조종력을 제로(Zero)로 만들어 준다.

정답 11. ① 12. ② 13. ① 14. ② 15. ② 16. ① 17. ①

18 밸런스 탭 중 래깅 탭에 대한 설명으로 옳은 것은?

① 조종면과 반대로 움직여 조종력을 경감시켜 준다.
② 조종면과 같은 방향으로 움직여 조종력을 경감시켜 준다.
③ 조종면과 반대로 움직여 조종력을 제로(0)로 만들어 준다.
④ 조종면과 같은 방향으로 움직여 조종력을 제로로 만들어 준다.

19 일반적인 형태의 비행기는 3축에 대한 회전 운동을 각각 담당하는 3종류의 주조종면을 가진다. 하지만 수평 꼬리 날개가 없는 전익기나 델타익기의 경우 2축에 대한 회전 운동을 1종류의 조종면이 복합적으로 담당하는데 이때의 조종면의 명칭은?

① 카나드(Canard)
② 엘레본(Elevon)
③ 플래퍼론(Flaperon)
④ 테일러론(Taileron)

해설
엘레본은 엘리베이터와 에일러론을 결합시킨 장치로 양 날개의 엘레본을 같은 방향으로 움직이면 엘리베이터의 역할을 하고 서로 다른 방향으로 움직이면 에일러론의 역할을 한다.

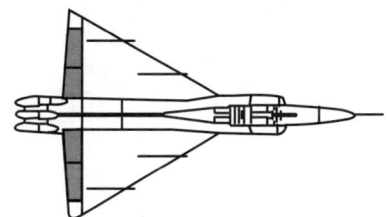

프로펠러

1 프로펠러의 성능

가 프로펠러 고형비

$$\text{프로펠러 고형비} = \frac{\text{모든 깃의 면적}}{\text{원형판의 면적}}$$

나 프로펠러의 추력

① 추력

$$T = C_t \rho n^2 D^4 \qquad C_t : \text{추력 계수}$$

② 토크

$$Q = C_q \rho n^2 D^5 \qquad C_q : \text{토크 계수}$$

③ 동력

$$P = Q \times \omega = Q \times 2\pi n = 2\pi C_q \rho n^3 D^5 = C_p \rho n^3 D^5 \qquad C_p : \text{동력 계수}$$

다 프로펠러의 효율

1) 프로펠러 효율

  기관으로부터 프로펠러에 전달된 축동력과 프로펠러가 발생한 출력의 비

$$\eta_p = \frac{T \cdot V}{P} = \frac{C_t \rho n^2 D^4 \cdot V}{C_p \rho n^3 D^5} = \frac{C_t}{C_p} \cdot \frac{V}{nD}$$

2) 진행률(advance ratio)

  깃의 회전 속도에 대한 비행 속도와의 관계

$$J = \frac{V}{nD}$$

라 프로펠러에 작용하는 힘과 응력

1) **추력과 휨 응력**

   추력에 의해서 프로펠러 앞으로 휨 응력이 발생하나 원심력과 상쇄되어 그 영향이 크지 않음

2) **원심력과 인장 응력**

   ① 회전 시에 발생하는 원심력에 의해 인장 응력이 발생
   ② 프로펠러에 작용하는 힘 중 가장 크게 작용

3) **비틀림과 비틀림 응력**

   ① 깃에 작용하는 공기 속도의 합성 속도가 프로펠러 중심축의 방향과 일치하지 않기 때문에 발생
   ② 공기력 비틀림 모멘트
      깃이 회전할 때 공기 흐름에 대한 반작용으로 깃의 피치를 크게 하려는 방향으로 발생
   ③ 원심력 비틀림 모멘트
      깃이 회전하는 동안 원심력이 작용하여 깃의 피치를 작게 하려는 경향
   ④ 비틀림 응력은 프로펠러 회전 속도의 제곱에 비례

1 출제 예상 문제

01 프로펠러의 역할을 옳게 설명한 것은?
   ① 항공기의 전진 속도에 의해 풍차 회전을 일으킨다.
   ② 기관으로부터 지시 마력을 받아 양력을 발생시킨다.
   ③ 기관으로부터 제동 마력을 받아 양력을 발생시킨다.
   ④ 기관으로부터 제동 마력을 받아 추력을 발생시킨다.

02 프로펠러의 고형비(Solid Ratio)란?
   ① 모든 깃의 부피/프로펠러 원형판의 부피
   ② 프로펠러 원형판의 부피/모든 깃의 부피
   ③ 모든 깃의 면적/프로펠러 원형판의 면적
   ④ 프로펠러 원형판의 면적/모든 깃의 면적

03 프로펠러의 수(B)와 반지름(R) 및 평균 공력 시위(c)가 주어질 때, 프로펠러의 디스크 면적에 대한 전체 깃 면적의 비인 고형비(Solidity Ratio) σ는 다음 중에 어떻게 정의되는가?
   ① $\sigma = c/2\pi RB$ ② $\sigma = Bc/2\pi R$
   ③ $\sigma = c/\pi RB$ ④ $\sigma = Bc/\pi R$

정답 01. ④ 02. ③ 03. ④

제1부 항공 역학

04 프로펠러에 작용하는 공기력은 무엇에 비례하는가?

ρ : 공기 밀도
μ : 공기 절대 점성 계수
S : 프로펠러 깃 면적
V : 프로펠러 속도

① $\mu S V^2$ ② $\dfrac{\mu V^2}{S}$
③ $\rho S V^2$ ④ $\dfrac{\rho V^2}{S}$

05 프로펠러가 항공기에 가해준 소요 동력을 구하는 식은?

① 추력 / 비행 속도
② 추력 × 비행 속도
③ 추력 × 비행 속도$^{\frac{2}{3}}$
④ 추력 × 비행 속도^2

[해설] 동력 = 일/시간 = 힘×거리/시간 = 힘 × 속도

06 프로펠러의 추력에 대한 설명 내용으로 가장 올바른 것은?

① 프로펠러의 추력은 공기 밀도에 비례하고 회전면의 넓이에 반비례한다.
② 프로펠러의 추력은 회전면의 넓이에 비례하고 깃의 선속도의 자승에 반비례한다.
③ 프로펠러의 추력은 공기 밀도에 반비례하고 회전면의 넓이에 비례한다.
④ 프로펠러의 추력은 회전면의 넓이에 비례하고 깃의 선속도의 자승에 비례한다.

[해설] $T \propto \rho S V^2$

07 프로펠러 항공기의 추력과 속도와의 관계로 틀린 것은?

① 저속에서는 프로펠러 후류의 영향은 없다.
② 비행 속도가 감소하면 이용 추력은 증가한다.
③ 추력이 증가하면 프로펠러 후류 속도도 증가한다.
④ 비행 속도가 실속 속도 부근에서는 후류 영향이 최댓값이 된다.

08 프로펠러의 동력(P)과 추력(T)에 관한 식으로 옳은 것은? (단, n : 프로펠러 회전수, D : 프로펠러 회전면의 지름, C_P : 동력 계수, C_t : 추력 계수, ρ : 공기 밀도)

① $P = C_P \rho n^2 D^3$, $T = C_t \rho n^2 D^5$
② $P = C_P \rho n^3 D^5$, $T = C_t \rho n^2 D^5$
③ $P = C_P \rho n^2 D^3$, $T = C_t \rho n^2 D^4$
④ $P = C_P \rho n^3 D^5$, $T = C_t \rho n^2 D^4$

[해설]
$T = C_t \rho n^2 D^4$
$Q = C_q \rho n^2 D^5$
$P = C_p \rho n^3 D^5$

09 프로펠러 추력 계수 C_t을 나타내는 것은? (단, T : 추력, n : 초당 회전수, D : 직경 ρ : 밀도, V : 비행 속도)

① $T/n^2 D^4$ ② $T/n^2 D^5$
③ $T/\rho n^2 D^4$ ④ $T/\rho n^2 D^5$

정답 04. ③ 05. ② 06. ④ 07. ② 08. ④ 09. ③

10 프로펠러에 작용하는 토크(Torque)의 크기를 옳게 나타낸 것은? (단, ρ : 공기 밀도, n : 프로펠러 회전수 C_q : 토크 계수, D : 프로펠러의 지름)

① $C_q \rho n^2 D^5$
② $C_q \rho n D$
③ $\dfrac{C_q D^2}{\rho n}$
④ $\dfrac{\rho n}{C_q D^2}$

11 프로펠러의 동력 계수를 옳게 나타낸 식은? (단, P : 동력, n : 초당 회전수, D : 직경, ρ : 밀도, V : 비행 속도)

① $\dfrac{P}{n^3 D^4}$
② $\dfrac{P}{\rho n^3 D^4}$
③ $\dfrac{P}{n^3 D^5}$
④ $\dfrac{P}{\rho n^3 D^5}$

12 프로펠러에 흡수되는 동력과 프로펠러의 회전수(n), 프로펠러의 지름(D)에 대한 관계로 옳은 것은?

① n의 제곱에 비례하고 D의 제곱에 비례한다.
② n의 제곱에 비례하고 D의 3제곱에 비례한다.
③ n의 3제곱에 비례하고 D의 4제곱에 비례한다.
④ n의 3제곱에 비례하고 D의 5제곱에 비례한다.

13 프로펠러의 회전수가 2,800rpm, 지름이 6.9ft, 기관 추력이 400lb인 해발 고도에서 추력 계수는?

① 0.00345
② 0.0345
③ 0.00674
④ 0.067

해설

$C_t = \dfrac{T}{\rho n^2 D^4} = \dfrac{400}{0.002378 \times \left(\dfrac{2,800}{60}\right)^2 \times 6.9^4} = 0.0345$

14 프로펠러의 회전수가 3,000rpm, 지름이 6ft, 제동 마력이 400HP일 때 해발 고도에서의 동력 계수는 약 얼마인가? (단, 해발 고도에서 공기 밀도는 0.002378slug/ft³이다)

① 0.015
② 0.035
③ 0.065
④ 0.095

해설

$C_p = \dfrac{P}{\rho n^3 D^5}$

$= \dfrac{400 \times 550}{0.002378 \times \left(\dfrac{2800}{60}\right)^3 \times 6^5} = 0.095$

15 다음 중 프로펠러 효율에 대한 설명으로 옳은 것은?

① 축동력에 비례한다.
② 회전력 계수에 비례한다.
③ 진행률에 비례한다.
④ 추력 계수에 비례한다.

해설

$\eta_p = \dfrac{T \cdot V}{P} = \dfrac{C_t \rho n^2 D^4 \cdot V}{C_p \rho n^3 D^5} = \dfrac{C_t}{C_p} \cdot \dfrac{V}{nD}$

16 다음 중 프로펠러의 효율(n)을 잘못 표현한 것은? (단, T : 추력, D : 지름, V : 비행 속도, J : 진행률, n : 회전수, P : 동력, C_p : 동력 계수, C_t : 추력 계수)

① n= $\dfrac{TV}{P}$
② n= $\dfrac{C_t}{C_p} \dfrac{nD}{V}$
③ n= $\dfrac{C_t}{C_p} J$
④ n<1

17 100m/s로 비행하는 프로펠러 항공기에서 프로펠러를 통과하는 순간의 공기 속도가 120m/s가 되었다면, 이 항공기의 프로펠러 효율은 약 얼마인가?

① 76%
② 83.3%
③ 91%
④ 97.4%

정답 10. ① 11. ④ 12. ④ 13. ② 14. ④ 15. ③ 16. ② 17. ②

제1부 항공 역학

18 프로펠러가 회전하면서 작용하는 원심력에 의해 발생하는 것으로 짝지어진 것은?
① 휨 응력, 굽힘 모멘트
② 인장 응력, 비틀림 모멘트
③ 압축 응력, 굽힘 모멘트
④ 압축 응력, 비틀림 모멘트

19 프로펠러의 효율에 대한 설명으로 가장 옳은 것은?
① 비행 속도가 증가하면 깃 각이 작아져야 한다.
② 비행기가 이륙하거나 상승 시에는 깃 각을 크게 해야 한다.
③ 프로펠러의 효율을 좋게 하기 위해서 진행률이 작을 때는 깃 각을 크게 해야 한다.
④ 비행 중 프로펠러 깃 각이 변하는 가변 피치 프로펠러를 사용하면 프로펠러 효율이 좋다.

해설
정속 프로펠러 = 가변 피치 프로펠러
조속기를 장착하여 Low~High 피치 범위 내에서 비행 고도, 비행 속도, 스로틀 개도에 관계없이 조종사가 선택한 rpm을 일정하게 유지시켜 진행률에 대해 최량의 효율을 가질 수 있는 프로펠러

20 프로펠러의 깃의 미소길이 dr에 발생하는 미소 양력이 dL, 항력이 dD이고 이 때의 유입각(Advance Angle)이 α라면 이 미소 길이에서 발생하는 미소 추력 dT는?
① dT = dL cos α − dD sin α
② dT = dL cos α + dD sin α
③ dT = dL sin α − dD cos α
④ dT = dL sin α + dD cos α

21 프로펠러의 진행비(Advance Ratio)를 올바르게 나타낸 것은? (단, V : 속도, n : 프로펠러 회전 속도, D : 프로펠러 지름)
① $J = \dfrac{V}{nD}$ ② $J = \dfrac{nD}{V}$
③ $J = \dfrac{n}{VD}$ ④ $J = \dfrac{D}{VD}$

22 프로펠러 항공기의 비행 속도를 옳게 나타낸 식은? (단, 프로펠러의 진행률 : J, 회전면의 지름 : D, 회전수 : n이다)
① $\dfrac{J}{nD}$ ② $\dfrac{nD}{J}$
③ JnD ④ $\dfrac{JD}{n}$

23 프로펠러의 직경이 2m, 회전 속도 1,800 rpm, 비행 속도 360km/h일 때 진행률(Advance Ratio)은 약 얼마인가?
① 1.67 ② 2.57
③ 3.17 ④ 3.67

해설
$$J = \dfrac{V}{nD} = \dfrac{\frac{360}{3.6}}{\frac{1,800}{60} \times 2} = 1.67$$

24 지름이 6.7ft인 프로펠러가 2,800rpm으로 회전하면서 80mph로 비행하고 있다면 이 프로펠러의 진행률은 약 얼마인가?
① 0.23 ② 0.37
③ 0.62 ④ 0.76

해설
진행률
$$J = \dfrac{V}{nD} = \dfrac{80 \times \frac{5,280}{3,600}}{\frac{2,800}{60} \times 6.7} = 0.375$$

정답 18. ② 19. ④ 20. ① 21. ① 22. ③ 23. ① 24. ②

25 프로펠러 효율은 진행률에 비례하게 되는데 진행률이란 무엇인가?
   ① 추력과 토크와의 비율
   ② 유효 피치와 프로펠러 지름과의 비율
   ③ 유효 피치와 기하학적 피치와의 비율
   ④ 기하학적 피치와 프로펠러 지름과의 비율

> **해설**
> 진행률(Advance Ratio)
> 깃의 회전 속도에 대한 비행 속도와의 관계
> $J = \dfrac{V}{nD} = \dfrac{유효 피치}{지름}$

26 프로펠러 진행률(Advance Ratio)의 정의 J = V/nD에서 진행률 J의 단위는?
   ① rps(Revolutions Per Second)
   ② m/s
   ③ m
   ④ 무차원

27 프로펠러 회전에 의해 깃이 허브 중심에서 밖으로 빠져 나가려는 힘은?
   ① 추력   ② 원심력
   ③ 비틀림 응력   ④ 구심력

28 프로펠러의 비틀림 응력 중 원심력에 의한 비틀림은 깃의 어느 방향으로 비트는가?
   ① 원주 방향
   ② 피치를 적게 하는 방향
   ③ 허브 중심 방향
   ④ 피치를 크게 하는 방향

29 프로펠러의 깃 각을 저 피치로 돌리려는 힘은?
   ① 원심력에 의한 비틀림
   ② 추력에 의해
   ③ 항력에 의해
   ④ 하중에 의해

---

② 프로펠러의 구조

허브, 생크(Shank) 또는 뿌리, 깃의 구조로 되어 있으며 허브에는 조속기(Governor) 장착

가 프로펠러 깃

① 깃 생크(Blade Shank) : 깃의 뿌리 부분으로 허브에 연결되며, 추력이 발생하지 않음
② 깃 : 추력을 발생시키는 부분
③ 깃 끝(Blade Tip) : 깃의 가장 끝 부분으로 회전 반지름이 가장 크고, 특별한 색깔을 칠해 회전 범위를 나타냄
④ 깃 커프스(Blade Cuffs) : 깃 생크 부분에서도 추력이 발생할 수 있도록 장착하는 날개골 모양의 장치

정답 25. ② 26. ④ 27. ② 28. ② 29. ①

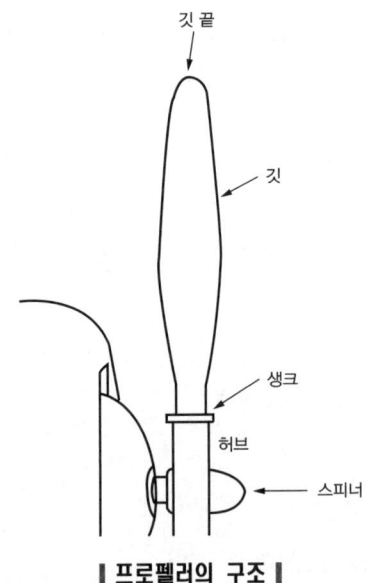

| 프로펠러의 구조 |

⑤ 깃의 위치 : 허브를 중심으로부터 깃을 따라 위치를 표시한 것으로 일정한 간격으로 나누어 정하며 일반적으로 허브의 중심에서 6인치 간격으로 깃 끝까지 나누어 표시
⑥ 깃 각
  ㉠ 회전면과 깃의 시위선이 이루는 각
  ㉡ 프로펠러의 깃 각은 중심에서 75% 지점되는 위치의 깃 각을 의미

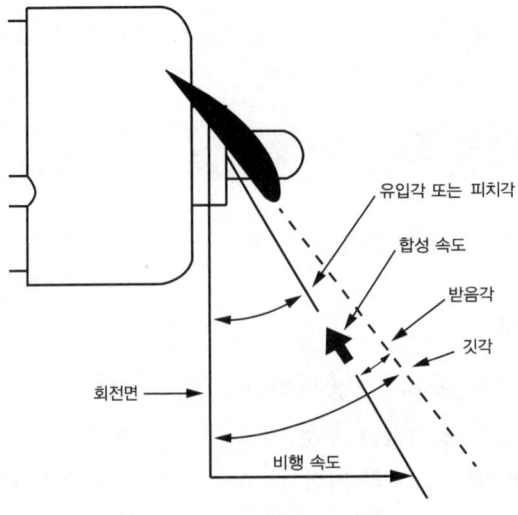

| 프로펠러의 깃 각 |

⑦ 유입각(피치각) : 비행 속도와 깃의 선속도를 합하여 하나의 합성 속도로 만든 다음 이것과 회전면이 이루는 각
⑧ 받음각 : 깃 각에서 유입각을 뺀 각

나 프로펠러 피치

1) 기하학적 피치
① 깃을 한 바퀴 회전시켜 프로펠러가 앞으로 전진할 수 있는 이론적인 거리
② 깃끝으로 갈수록 깃 각을 작게 비틀어 기하학적 피치를 일정하게 함.
③ 1회전할 때의 기하학적 피치 $= 2\pi r \cdot \tan\beta$ β : 깃 각

2) 유효 피치
① 공기 중에서 프로펠러가 1회전할 때 실제로 전진하는 거리
② 유효 피치 $= V \times \dfrac{60}{n}$ $n : rpm$

3) 프로펠러 슬립

$$\text{프로펠러 슬립} = \dfrac{\text{기하학적 피치} - \text{유효 피치}}{\text{기하학적 피치}} \times 100(\%)$$

| 프로펠러 슬립 |

2 출제 예상 문제

01 프로펠러의 한 단면 그림에서 도면에 표시된 표시 내용이 맞는 것은?

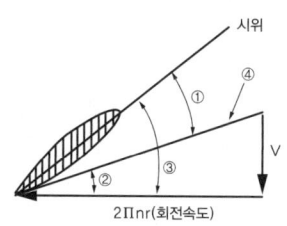

① ① - 피치각
② ② - 받음각
③ ③ - 깃 각
④ ④ - 전진 속도

정답 01. ③

02 프로펠러 깃의 받음각에 영향을 주는 두 가지 요소는?
① 깃 각과 공기의 탄성력
② 비행 속도와 깃 각
③ 비행 속도와 회전수
④ 깃 각과 회전수

03 프로펠러의 허브 중심으로부터 길이 방향 6인치 간격으로 깃끝까지 나누어 표시한 것은?
① 스테이션(Station)
② 커프스(Cuffs)
③ 피치(Pitch)
④ 슬립(Slip)

04 다음 중 지름이 2m인 프로펠러에서 중심으로부터 40cm 떨어진 지점의 깃 스테이션(Station)은?
① 0.2   ② 0.4
③ 0.6   ④ 0.8

05 항공기를 강체로 가정하여 프로펠러를 1회전시킬 때 전진하는 거리를 무엇이라 하는가?
① 유효 피치   ② 기하학적 피치
③ 프로펠러 슬립   ④ 프로펠러 피치

06 프로펠러의 기하학적 피치비(Geometric Pitch Ratio)를 가장 올바르게 정의한 것은?
① 기하학적 피치 / 프로펠러 반지름
② 프로펠러 반지름 / 기하학적 피치
③ 기하학적 피치 / 프로펠러 지름
④ 프로펠러 지름 / 기하학적 피치

07 프로펠러의 깃 각(Blade Angle)이 β일 때 기하학적 피치는 어떻게 표현할 수 있는가? (단, D : 프로펠러의 직경)
① $\pi D \cdot \frac{1}{2}\tan\beta$ ② $\pi D\tan\beta$
③ $\pi D \cdot \frac{1}{2}\sin\beta$ ④ $\pi D\sin\beta$

08 프로펠러의 중심으로부터 35in. 위치에서 프로펠러 깃 각이 45°이라면 기하학적 피치는 몇 in인가?
① 102   ② 220
③ 1633   ④ 1795

해설
$G.P = 2\pi r \cdot \tan\beta = 2\pi \times 35 \cdot 45 = 219.9\text{in}$

09 유효 피치를 설명한 것 중 틀린 것은?
① 공기 중에서 프로펠러가 1회전 할 때 실제 전진한 거리이다.
② $V \times (60/n)$ (V는 비행 속도, n은 프로펠러 회전 속도)로 표시할 수 있다.
③ 일반적으로 기하학적 피치보다 작다.
④ r은 프로펠러 중심부터의 거리, β는 깃 각일 때 날개골은 $2\pi * \tan\beta$의 유효 피치를 가진다.

10 프로펠러 항공기의 비행 속도가 V, 회전 수가 N rpm일 때, 이 항공기 프로펠러의 유효 피치는?
① $\dfrac{VN}{60}$ ② $\dfrac{60N}{V}$
③ $\dfrac{60V}{N}$ ④ $\dfrac{N}{60V}$

11 프로펠러 슬립(Propeller Slip)을 가장 올바르게 표현한 것은?

① [고 피치/저 피치각] × 100
② 진행률 / 프로펠러 효율
③ [(기하학적 피치 – 유효 피치)/기하학적 피치] × 100
④ [(유효 피치 – 기하학적 피치)/유효 피치] × 100

12 프로펠러의 슬립(Slip)이란?

① 유효 피치에서 기하학적 피치를 뺀 값을 평균 기하학적 피치의 백분율로 표시
② 기하학적 피치에서 유효 피치를 뺀 값을 평균 기하학적 피치의 백분율로 표시
③ 유효 피치에서 기하학적 피치를 나눈 값을 백분율로 표시
④ 유효 피치와 기하학적 피치를 합한 값을 백분율로 표시

13 프로펠러 깃 단(Tip)에서의 슬립(Slip)을 나타낸 식으로 옳은 것은? (단, 유효 피치 : $\frac{V}{n}$, 기하 피치 : $\pi D tan\beta$, D : 프로펠러 회전면 지름, β : 깃 각, n : 회전수(rps), V : 비행 속도)

① $\dfrac{\pi D tan\beta - \dfrac{V}{n}}{\pi D tan\beta} \times 100\%$

② $\dfrac{\pi D tan\beta + \dfrac{V}{n}}{\pi D tan\beta} \times 100\%$

③ $\dfrac{\pi D tan\beta + \dfrac{V}{n}}{\dfrac{V}{n}} \times 100\%$

④ $\dfrac{\pi D tan\beta - \dfrac{V}{n}}{\dfrac{V}{n}} \times 100\%$

14 프로펠러의 피치 분포(Pitch Distribution)를 가장 올바르게 설명한 것은?

① 프로펠러 허브로부터 깃 끝까지의 피치각의 점진적인 변화
② 프로펠러 허브로부터 깃 끝까지의 슬립각의 점진적인 변화
③ 프로펠러 허브로부터 깃 끝까지의 받음각의 점진적인 변화
④ 프로펠러 허브로부터 깃 끝까지의 깃각의 점진적인 변화

15 프로펠러 후류(Ship Stream)의 공기 속도와 비행 속도의 차이를 무슨 속도라 하는가?

① 가속 속도(Accelerated Velocity)
② 후류 속도(Slip Stream Velocity)
③ 유도 속도(Induced Velocity)
④ 하류 속도(Down Stream Velocity)

16 프로펠러 깃을 통과하는 순수한 유도 속도를 옳게 표현한 것은?

① 프로펠러 깃을 통과하는 공기 속도 + 비행 속도
② 프로펠러 깃을 통과하는 공기 속도 – 비행 속도
③ 프로펠러 깃을 통과하는 공기 속도 × 비행 속도
④ 비행 속도 ÷ 프로펠러 깃을 통과하는 공기 속도

17 프로펠러에서 깃 뿌리에서 깃 끝으로 위치 변화에 따른 기하학적 피치 변화는?

① 감소하도록 설계한다.
② 일정하도록 설계한다.
③ 증가하도록 설계한다.
④ 중간 지점이 최대가 되게 설계한다.

정답 11. ③ 12. ② 13. ① 14. ④ 15. ③ 16. ② 17. ②

18 프로펠러 깃은 뿌리에서 깃 끝 까지 일정하지 않고 깃 끝으로 갈수록 깃 각이 작아지도록 비틀려 있다. 그 이유로 가장 올바른 것은?

① 깃의 전 길이에 걸쳐 기하학적인 피치를 같게 하기 위하여
② 깃의 전 길이에 걸쳐 유효 피치를 같게하기 위하여
③ 깃의 전 길이에 걸쳐 프로펠러 슬립을 같게하기 위하여
④ 깃 끝 실속을 줄이기 위하여

19 프로펠러의 깃 각에 비틀림을 주는 가장 큰 이유는?

① 깃의 뿌리에서 끝까지 받음각을 일정하게 유지시킨다.
② 깃의 뿌리에서 끝까지 유입각을 일정하게 유지시킨다.
③ 깃의 뿌리에서 끝까지 피치를 일정하게 유지시킨다.
④ 깃의 뿌리에서 끝으로 감에 따라 피치를 감소시킨다.

20 프로펠러의 깃 각이 일정하다면, 깃 끝으로 갈수록 받음각의 변화는?

① 작아진다.
② 일정하다.
③ 커진다.
④ 중간 부분이 최대가 된다.

3 프로펠러의 종류

가 사용 재료에 따른 분류

① 목재 프로펠러
② 금속재 프로펠러

나 피치 변경 기구에 의한 분류

1) 고정 피치 프로펠러
    ① 피치를 변경시킬 수 없는 프로펠러
    ② 프로펠러 전체를 한 부분으로 제작
    ③ 순항 속도에서 가장 효율이 좋은 깃 각으로 제작
    ④ 경비행기에 주로 사용

2) 조정 피치 프로펠러

한 개 이상의 속도에서 최상의 효율을 얻을 수 있도록 피치 조정이 가능한 프로펠러(지상에서 정비사가 조정 가능)

3) 가변 피치 프로펠러

공중에서 비행 목적에 따라 조종사에 의해 피치 변경이 가능한 프로펠러

가) 2단 가변 프로펠러(헤밀턴 프로펠러 주로 사용)

① 비행 중 저 피치, 고 피치의 2개의 위치만 변경할 수 있는 프로펠러
② 피치의 변경
    ㉠ 저 피치로 선택하는 경우 : 저속(이·착륙 시)
    ㉡ 고 피치로 선택하는 경우 : 고속(순항·하강 시)
③ 저 피치로 변경시키는 힘 : 오일 압력
④ 고 피치로 변경시키는 힘 : 카운터 웨이트의 원심력
⑤ 저 피치에서 고 피치로 변경되는 순서 : 이륙 → 상승 → 순항 → 강하

나) 정속 프로펠러

① 조속기를 장착하여 Low~High 피치 범위 내에서 비행 고도, 비행 속도, 스로틀 개도에 관계없이 조종사가 선택한 rpm을 일정하게 유지시켜 진행률에 대해 최량의 효율을 가질 수 있는 프로펠러
② 과속(Over Speed) 상태
    피치각을 크게 하는 힘 : 카운터 웨이트의 원심력
③ 저속(Under Speed) 상태
    피치각을 작게 하는 힘 : 조속기 오일 압력

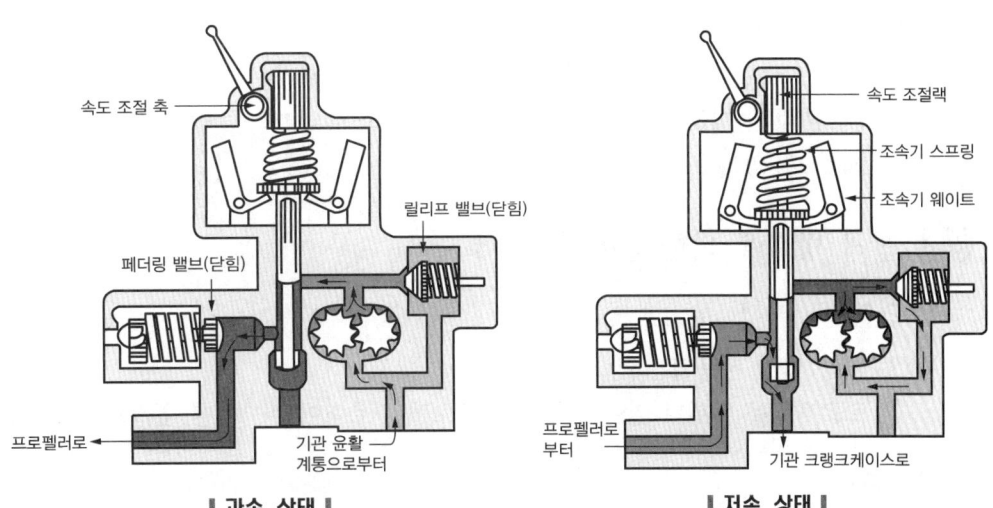

‖ 과속 상태 ‖　　　　　　‖ 저속 상태 ‖

④ 정속 상태
  ㉠ 파일럿 밸브가 중앙 위치에 놓여 윤활유의 출입 통제
  ㉡ 정속 회전 상태 변경 시는 피치 레버를 조작하여 스프링 강도 조절

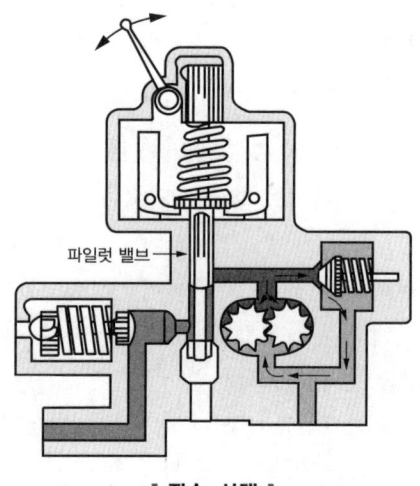

| 정속 상태 |

다) 완전 페더링 프로펠러
① 풍차 회전
  비행 중 정지된 프로펠러가 기관을 회전시키는 운동
② 페더링 프로펠러
  정속 프로펠러에 페더링을 더 추가한 형식으로 엔진 정지 시 항공기의 공기 저항을 감소시키고 풍차 회전에 따른 기관의 고장 확대를 방지하기 위해 프로펠러 깃을 비행 방향과 평행이 되도록 피치를 변경시키는 것

라) 역 피치 프로펠러
정속 프로펠러에 페더링 기능과 역 피치 기능을 부가시킨 장치로 착륙거리를 단축하기 위해 저 피치보다 더 적은 역 피치를 취하여 역추력을 발생시켜 착륙거리를 단축시킬 수 있는 프로펠러

다 장착 방식에 의한 분류

1) 견인식
① 가장 많이 사용되는 방법
② 프로펠러를 비행기 앞에 장착하여 프로펠러 추력이 비행기를 앞으로 끌고 가는 방법

2) 추진식
프로펠러를 비행기 뒷부분에 장착하여 프로펠러 추력이 비행기를 밀고 가는 방법

3) 이중 반전식
① 프로펠러 앞이나 뒤에 이중으로 된 축에 프로펠러 장착
② 프로펠러의 회전 방향은 서로 반대
③ 프로펠러의 자이로 효과 제거

4) 탠덤식
비행기 앞과 뒤에 견인식과 추진식 프로펠러를 모두 갖춘 방법

라 프로펠러 깃 끝 속도

$$V_t = \sqrt{V^2 + (2\pi nr)^2} = \sqrt{V^2 + (\pi nD)^2}$$

① 깃 끝 속도가 음속에 가깝게 되면
    ㉠ 공기의 압축성 영향으로 깃 끝 근처에서 실속 발생
    ㉡ 깃의 양력 감소와 항력 증가로 프로펠러 효율 감소
② 깃 끝 속도를 음속의 90%로 제한
③ 깃의 길이를 줄이거나 감속 기어를 장착하여 회전수 감소

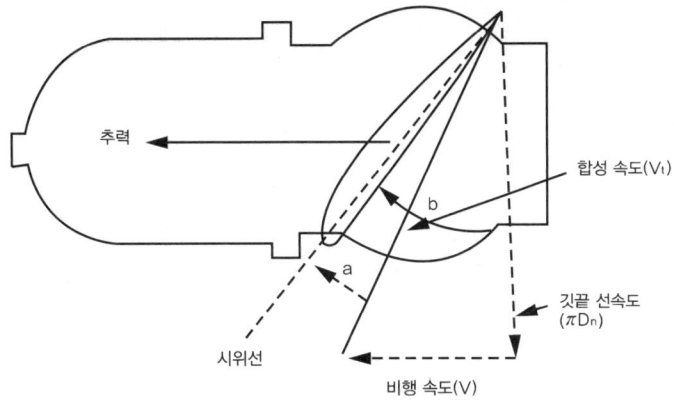

|깃 끝 속도|

3 출제 예상 문제

01 비행기에 사용되는 프로펠러를 설계할 때 만족시키지 않아도 되는 성능은?
① 이륙 성능 ② 상승 성능
③ 순항 성능 ④ 착륙 성능

02 고정 피치 프로펠러의 경우 어떤 속도에서 효율이 가장 좋도록 깃 각이 결정되는가?
① 이륙 시 ② 착륙 시
③ 순항 시 ④ 상승 시

03 고정 피치 프로펠러를 장착한 항공기의 비행 속도가 증가하는 경우에 가장 올바른 내용은?
① 깃 각이 증가한다.
② 깃의 받음각이 증가한다.
③ 깃 각이 감소한다.
④ 깃의 받음각이 감소한다.

04 조정 피치 프로펠러에 대한 설명으로 가장 올바른 것은?
① 지상에서 피치를 조정한다.
② 비행 중 조종사가 피치를 조정한다.
③ 기관의 회전 속도가 유지되도록 자동으로 피치가 조정된다.
④ 피치가 일정하도록 기관의 회전 속도가 조정된다.

05 이륙 시 조정 피치 프로펠러의 깃 각은?
① 저 피치 ② 중 피치
③ 고 피치 ④ 피치 변화 없다.

06 2단 가변 피치 프로펠러의 경우 피치각이 가장 큰 비행 상태는 어느 것인가?
① 이륙 비행 ② 상승 비행
③ 순항 비행 ④ 하강 비행

07 다음 중 프로펠러 효율을 높이는 방법으로 가장 옳은 것은?
① 저속과 고속에서 모두 큰 깃 각을 사용한다.
② 저속과 고속에서 모두 작은 깃 각을 사용한다.
③ 저속에서는 작은 깃 각을 사용하고 고속에서는 큰 깃 각을 사용한다.
④ 저속에서는 큰 깃 각을 사용하고 고속에서는 작은 깃 각을 사용한다.

해설
이륙과 상승 시에는 작은 깃 각, 순항과 강하 시에는 큰 깃 각

08 프로펠러의 효율에 대한 설명 내용으로 가장 옳은 것은?
① 프로펠러의 효율을 좋게 하기 위해서 진행률이 작을 때는 깃 각을 크게 해야 한다.
② 비행기가 이륙하거나 상승 시에는 깃 각을 크게 해야 한다.
③ 비행 속도가 증가하면 깃 각이 작아져야 한다.
④ 비행 중 프로펠러 깃 각이 변하는 가변 피치 프로펠러를 사용하면 프로펠러 효율이 좋다.

정답 01. ④ 02. ③ 03. ④ 04. ① 05. ① 06. ④ 07. ③ 08. ④

09 비행 속도가 증가함에 따라 최대 프로펠러 효율을 얻고자 한다. 이때 깃 각의 변화는 어떻게 되어야 하는가?

① 증가한 후 감소해야 한다.
② 증가해야 한다.
③ 감소한 후 증가해야 한다.
④ 감소해야 한다.

10 비행 중 저 피치와 고 피치 사이의 무한한 피치를 선택할 수 있어 비행 속도나 기관 출력의 변화에 관계없이 프로펠러의 회전 속도를 항상 일정하게 유지하여 가장 좋은 효율을 유지하는 프로펠러의 종류는?

① 고정 피치 프로펠러
② 정속 프로펠러
③ 조정 피치 프로펠러
④ 2단 가변 피치 프로펠러

11 정속 프로펠러에서 출력에 알맞은 깃 각을 자동적으로 변경시키는 장치는?

① 카운터 웨이트(Counter Weight)
② 3길 밸브(3-Way Valve)
③ 조속기(Governor)
④ 원심력(Centrifugal Force)

12 프로펠러의 역 피치(Reversing)를 사용하는 주목적은?

① 추력의 증가를 위해서
② 추력을 감소시키기 위해서
③ 착륙 시 활주 거리를 줄이기 위해서
④ 후진 비행을 위해서

13 프로펠러의 페더링(Feathering) 상태란 깃 각이 어느 상태인가?

① 깃 각이 0°에 근접한 상태
② 깃 각이 90°에 근접한 상태
③ 깃 각이 −90°에 근접한 상태
④ 깃 각이 180°에 근접한 상태

14 프로펠러의 장착 방식 중에서 가장 많이 사용되는 방식으로 프로펠러가 기관의 앞쪽에 부착되는 방식은?

① 견인식   ② 추진식
③ 이중 반전식 ④ 탠덤식

15 프로펠러의 회전 깃 단의 마하수 정의로 옳은 것은? (단, n : 프로펠러 회전수 (rps), D : 프로펠러 직경, a : 음속)

① $\dfrac{\pi n}{a}$ ② $\dfrac{2\pi n}{a}$
③ $\dfrac{\pi n D}{a}$ ④ $\dfrac{2\pi n D}{a}$

16 프로펠러 깃의 날개 단면에서 유입되는 합성 속도 Vt의 크기를 올바르게 표현한 것은? (단 V : 비행 속도, r : 프로펠러 반경, n : 프로펠러 회전수)

① $V_t = \sqrt{V^2 - (\pi n r)^2}$
② $V_t = \sqrt{V^2 + (\pi n r)^2}$
③ $V_t = \sqrt{V^2 - (2\pi n r)^2}$
④ $V_t = \sqrt{V^2 + (2\pi n r)^2}$

17 프로펠러 회전면을 기준으로 한 좌표계를 설정하여 주변 유동을 분석할 때 이상적인 프로펠러의 효율은? (단 V_1 : 비행 속도 V_2 : 회전면에서의 상대 유속 V_3 : 후류에서의 상대 유속)

① V_2/V_1 ② V_3/V_1
③ V_1/V_2 ④ V_1/V_3

정답 09. ② 10. ② 11. ③ 12. ③ 13. ② 14. ① 15. ③ 16. ④ 17. ①

18 프로펠러의 이상적인 효율을 비행 속도(V)와 프로펠러를 통과할 때의 기체 유동 속도(V_1) 및 순수 유도 속도(w)로 옳게 표현한 것은? (단, $V_1 = V+w$)

① $\dfrac{V_1}{V_1+w}$ ② $\dfrac{V}{V+w}$

③ $\dfrac{2V}{V_1+w}$ ④ $\dfrac{2V_1}{V+w}$

19 프로펠러 단면을 얇은 날개 이론에 의해 분석하면, 받음각에 대한 양력 계수의 변화율은? (단, 양력 계수는 자유 유동의 동압과 시위와 단위 스팬에 의해 무차원화 되었고, π는 원주율이다)

① $1/\pi$ ② 1
③ π ④ 2π

20 프로펠러의 감속 장치에서 주동 기어의 잇수를 N_a, 유성 기어의 잇수를 N_b, 고정 기어의 잇수를 N_c라 할 때 감속비 r은?

① $r = \dfrac{N_a}{N_a+N_b+N_c}$

② $r = \dfrac{N_a}{N_a+N_c}$

③ $r = \dfrac{N_a+N_b}{N_a+N_b+N_c}$

④ $r = \dfrac{N_b}{N_a+N_c}$

21 프로펠러가 n rps로 회전하고 있을 때 이 프로펠러의 각속도는?

① πn   ② πn/60
③ 2πn   ④ 2πn/60

> **해설**
> 프로펠러 1회전 회전 각도 : 2π rad
> 프로펠러 n회전 회전 각도 : 2πn rad

22 프로펠러의 회전수가 $N[rpm]$이라면 프로펠러의 각속도[rad/s]를 구하는 식으로 옳은 것은?

① $\dfrac{60}{\pi N}$ ② $\dfrac{\pi N}{60}$

③ $\dfrac{60}{2\pi N}$ ④ $\dfrac{2\pi N}{60}$

> **해설**
> 프로펠러 1회전 회전 각도 : 2π rad
> 프로펠러 N회전 회전 각도 : 2πN/60 rad

23 프로펠러가 1,020rpm으로 회전하고 있을 때 이 프로펠러의 각속도는 몇 deg/s인가?

① 17   ② 106
③ 750   ④ 6120

> **해설**
> $1,020 rpm = \dfrac{1,020}{60} rps = 17 rps$
> $= 17 \times 360 = 6,120 deg/s$

정답 18. ② 19. ④ 20. ② 21. ③ 22. ④ 23. ④

 회전익 항공기

1 회전익 항공기의 종류

가 단일 회전 날개 헬리콥터

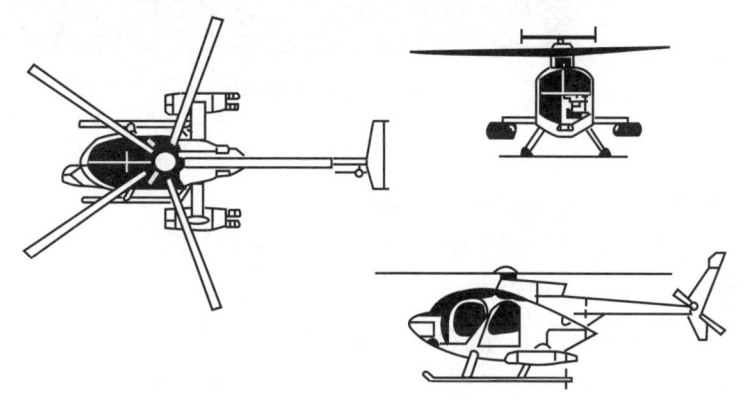

| 단일 회전 날개 헬리콥터 |

① 각 하나의 주회전 날개와 꼬리 회전 날개
② 주회전 날개의 역할 : 양력과 추력 발생
③ 꼬리 회전 날개의 역할
  ㉠ 주회전 날개에서 발생하는 토크 상쇄
  ㉡ 피치각을 조절하여 헬리콥터의 방향 조종
④ 장점
  ㉠ 꼬리 회전 날개의 동력이 적음
  ㉡ 조종 계통 단순
  ㉢ 출력 전달 계통의 고장이 적음
  ㉣ 조종성과 성능이 양호
  ㉤ 가격 저렴
⑤ 단점
  ㉠ 동력의 일부를 꼬리 회전 날개의 구동에 사용
  ㉡ 꼬리 회전 날개는 양력의 발생에 도움이 되지 않음
  ㉢ 격납에 불편
  ㉣ 꼬리 회전 날개 회전 시 위험

나 동축 역회전식 회전 날개 헬리콥터

| 동축 역회전식 |

① 동일한 축 위에 2개의 주회전 날개를 아래위로 겹쳐서 반대 방향으로 회전
② 대부분의 러시아 헬리콥터에 채택
③ 국내에서는 산불 진화용으로 운영
④ 장점
    ㉠ 주회전 날개에서 발생하는 토크 상쇄
    ㉡ 조종성 양호
    ㉢ 고양력
    ㉣ 지상 작업자 안전
⑤ 단점
    ㉠ 복잡한 조종 기구
    ㉡ 와류의 상호 작용으로 성능 저하
    ㉢ 높은 기체 높이

다 병렬식 회전 날개 헬리콥터

| 병렬식 |

① 2개의 회전 날개를 비행 방향에 대하여 옆으로 배열
② 헬리콥터가 개발되던 초기에 많이 사용
③ 장점
　㉠ 가로 안정성 양호
　㉡ 양력 발생 효과적
　㉢ 토크 상쇄용 기구 불필요
　㉣ 기체의 길이가 짧음
　㉤ 수평 비행 시 유도 손실이 적음
　㉥ 고속 수평 비행 시 양력 증가
④ 단점
　㉠ 수평 비행 시 유해 항력이 큼
　㉡ 세로 불안정
　㉢ 대형기에 부적합

라 직렬식 회전 날개 헬리콥터

| 직렬식 회전 날개 헬리콥터 |

① 2개의 주회전 날개를 비행 방향에 대해 앞뒤로 배열
② 대형기에 적합
③ 장점
　㉠ 세로 안정성 양호
　㉡ 앞에서 본 기체의 단면적과 폭이 작음
　㉢ 구조 간단
④ 단점
　㉠ 동력 전달 기구 복잡
　㉡ 가로 불안정
　㉢ 회전 속도 동조 장치 필요
　㉣ 유도 손실 증가

마 제트 반동 회전 날개 헬리콥터

① 회전 날개의 깃 끝에 램제트 기관을 장착하여 그 반동에 의해 회전 날개 구동
② 장점
  ㉠ 토크 보상 장치 불필요
  ㉡ 동력 전달 기구 불필요
  ㉢ 조종 계통 간단
  ㉣ 저저항
③ 단점
  ㉠ 제트 기관의 저효율
  ㉡ 고 연료 소모율로 인한 항속 거리 제한
  ㉢ 소음

1 출제 예상 문제

01 헬리콥터의 종류 중 꼬리 회전 날개(Tail Rotor)가 필요한 헬리콥터는?

① 단일 회전 날개 헬리콥터
② 동축 역회전식 회전 날개 헬리콥터
③ 병렬식 회전 날개 헬리콥터
④ 직렬식 회전 날개 헬리콥터

02 공중 정지 비행 시 헬리콥터의 방향을 변경시키기 위한 방법은?

① 회전 날개의 회전수를 변화
② 회전 날개의 피치각을 변경
③ 테일로터의 추력을 가감
④ 회전 날개의 코닝각을 변경

03 헬리콥터를 전진시키는 힘으로 가장 올바른 것은?

① 회전판을 경사시켜 발생하는 추력의 수평 성분
② 로터 블레이드에서 나오는 유도 속도 성분
③ 테일 로터의 회전력
④ 터보 샤프트 엔진의 배기가스 추력

04 전진하는 회전 날개 깃에 작용하는 양력을 헬리콥터 전진 속도(V)와 주 회전 날개의 회전 속도(v)로 옳게 설명한 것은?

① $(v+V)^2$에 비례한다.
② $(v-V)^2$에 비례한다.
③ $(\frac{v+V}{v-V})^2$에 비례한다.
④ $(\frac{v-V}{v+V})^2$에 비례한다.

해설

전진 깃(90도) : 회전 속도 + 전진 속도
후퇴 깃(270도) : 회전 속도 - 전진 속도

정답 01. ① 02. ③ 03. ① 04. ①

2 회전익 항공기의 구조

1) 회전익 항공기의 각 부의 명칭

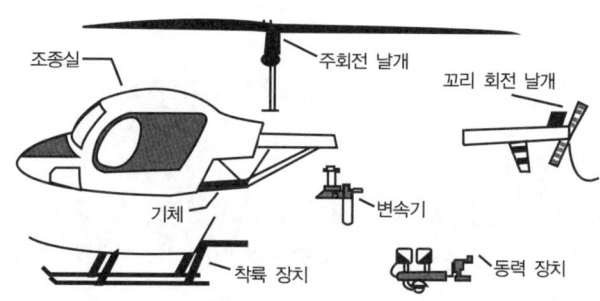

| 회전익 항공기의 구조 |

가) 허브
주회전 날개의 깃이 기관의 동력을 전달하는 회전 축과 결합되는 부분

나) 주회전 날개
① 추력과 양력 발생
② 깃과 허브로 구성
③ 플래핑 힌지와 리드-래그 힌지를 통하여 회전 날개 허브에 연결
④ 최근에는 허브 없는 회전익 항공기도 개발

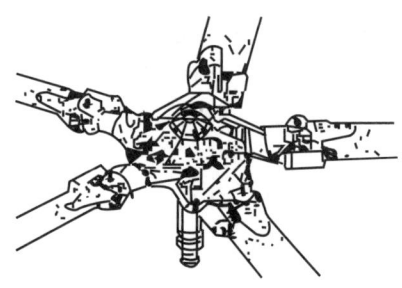

| 회전 날개와 허브 |

다) 꼬리 회전 날개
① 토크 상쇄
② 방향 조종
③ NORTAR(No Tail Rotor)나 프네스트론(Fenestron) 장치로 대체

라) 플래핑 힌지
회전 날개의 깃이 주기적으로 위와 아래로 움직이는 운동

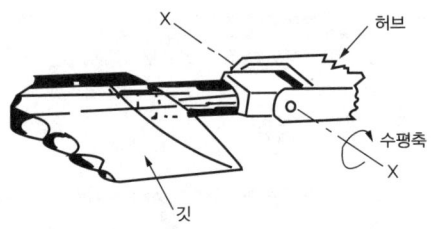

∥ 플래핑 힌지 축 ∥

마) 리드-래그 힌지
① 회전 날개의 회전면 안에서 깃이 앞뒤로 움직이는 운동
② 과도한 리드-래그 운동을 억제하기 위하여 리그-래그 감쇄기 장착

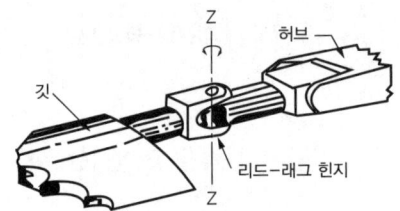

∥ 리드-래그 힌지(항력 힌지) ∥

바) 회전 원판과 원추각
① 회전 원판(날개 끝 경로면)
  회전 날개의 회전면
② 원추각=코닝각=β_0
  ㉠ 회전면과 원추 모서리가 이루는 각
  ㉡ 원심력과 양력의 합력으로 결정

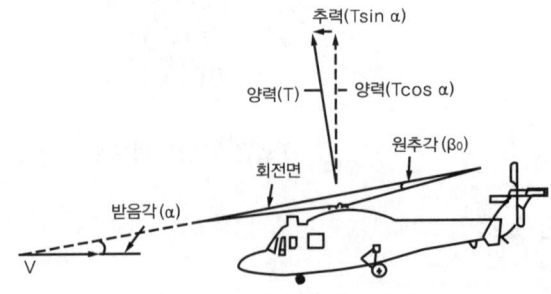

∥ 회전 날개의 원추각 ∥

③ 받음각=α
  회전면과 상대풍이 이루는 각

사) 비틀림각

회전 날개의 깃 끝으로 갈수록 회전 속도가 증가하여 양력이 증가하므로 깃 끝의 양력을 감소시키기 위해 주는 깃의 비틀림

아) 회전 경사판

① 회전 날개 허브의 아래쪽에 위치
② 피치각을 만들어 주는 기구
③ 회전 경사판과 비회전 경사판으로 구성
④ 조종간을 움직이면 두 경사판은 같이 작동

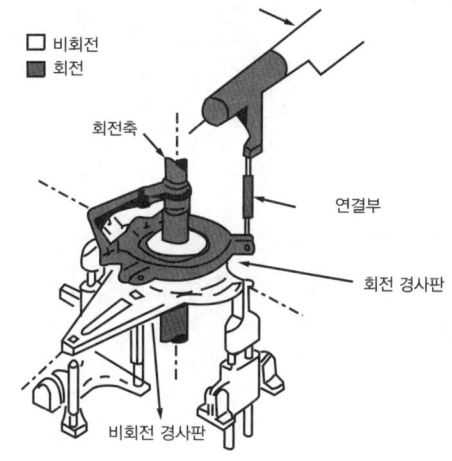

│ 회전 경사판 │

2) 회전익 항공기의 회전 날개

가) 회전 날개 지름

필요한 성능을 낼 수 있는 최소 지름의 회전 날개를 선정

나) 깃끝 속도

① 제약 조건하에서 가장 빠른 깃끝 속도를 선정
② 소음 제한 깃 끝 속도 : 225m/s

다) 깃의 면적

① 가벼운 깃 무게와 비용, 좋은 정지 비행 성능을 위해서는 깃 면적이 작아야 한다.
② 고속에서의 좋은 기동성을 위해서는 깃 면적이 커야 한다.
③ F.M.(figure of merit)
  정지 비행을 하는 회전 날개의 효율을 나타내기 위한 것으로, 정지 비행 시에 필요한 최소의 마력을 정지 비행에 실제 사용된 마력으로 나눈 값으로, 현재에 운용되는 대부분의 헬리콥터는 0.7 부근의 값을 가진다.

라) 깃의 수
① 적은 비용, 작은 허브 항력, 가벼운 허브 무게, 보관의 용이 등을 위해서는 가능한 한 깃의 수가 적어야 한다.
② 저진동을 위해서는 깃의 수가 많아야 한다.
③ 적은 수의 깃
　㉠ 제작 비용 저렴
　㉡ 저항력
　㉢ 정비 용이
　㉣ 깃 끝 손실 초래
④ 많은 수의 깃
　㉠ 저진동
　㉡ 비틀림 발생

마) 깃의 비틀림각
① 좋은 정지 비행 성능과 후퇴하는 깃의 실속을 지연시키기 위하여 커야 한다.
② 전진 비행 시의 작은 진동과 깃 하중을 위해서는 작아야 한다.
③ 깃의 비틀림각이 커지면 정지 비행 시의 성능은 향상되지만 전진 비행 시 깃이 휘게 되고 진동을 유발한다.

바) 깃 끝 모양
① 비용을 최소화하기 위해서는 깃끝이 직사각형이 되어야 한다.
② 압축성 효과를 지연시키고 소음을 감소시키며 적당한 동적 비틀림을 위해서는 깃끝 모양이 직사각형이 되어서는 안 된다.
③ 최근에는 테이퍼형이나 뒤젖힘형이 사용된다.

| 깃끝의 종류와 모양 |

종류	모양
테이퍼형	
뒤젖힘형	
기타	

사) 깃 테이퍼
① 최소의 제작 비용과 설계, 시험을 위해서는 테이퍼가 없어야 한다.
② 좋은 정지 비행 성능을 위해서는 테이퍼가 커야 한다.

아) 깃 뿌리 길이
  ① 전진하는 깃의 항력 감소를 위해서는 짧을수록 좋다.
  ② 후퇴하는 깃의 항력 감소를 위해서는 길수록 좋다.

자) 회전 방향
  ① 설계자의 습관에 따른다.
  ② 미국은 전진하는 깃을 오른쪽, 지상에서 보면 시계 방향이다.
  ③ 러시아는 전진하는 깃을 왼쪽, 지상에서 보면 반시계 방향이다.

차) 깃 단면
  ① 전진하는 깃은 작은 받음각에서 큰 항력 발산 마하수를 가지도록 깃이 얇아야 하고, 캠버가 없어야 한다.
  ② 후퇴하는 깃은 적당한 마하수에서 큰 실속 받음각을 갖도록 두껍고 캠버가 커야 한다.

| 깃 단면의 발달 과정 |

2 출제 예상 문제

01 헬리콥터 회전 날개(Rotor Blade)에 사용되는 기본 힌지(Hinge)는?
 ① 플래핑(Flapping) 힌지, 페더링(Feathering) 힌지, 전단(Shear) 힌지
 ② 플래핑 힌지, 페더링 힌지, 항력(Lead-Lag) 힌지
 ③ 페더링 힌지, 항력 힌지, 전단 힌지
 ④ 플래핑 힌지, 항력 힌지, 경사(Slope) 힌지

02 헬리콥터가 전진 비행 시 나타나는 효과가 아닌 것은?
 ① 회전 날개 회전면의 앞부분과 뒷부분의 양항비가 달라진다.
 ② 회전면 앞부분의 양력이 뒷부분보다 커진다.
 ③ 왼쪽 방향으로 옆놀이 힘(Roll Force)이 발생한다.
 ④ 기관의 가속력을 가능한 최소가 되도록 한다.

03 헬리콥터가 V_1속도로 전진 비행 시 조종사 오른쪽에 위치한 전진하는 회전 날개에서 발생하는 양력은? (단, 회전 날개는 원주 속도 V_2로 회전한다)

① $V_1 + V_2$에 비례
② $(V_1 + V_2)^2$에 비례
③ $(V_1 - V_2)$에 비례
④ $(V_1 - V_2)^2$에 비례

04 헬리콥터가 전진 비행을 할 때 주 회전 날개의 전진 깃과 후진 깃에서 발생하는 양력차이를 보정해 주는 장치는?

① 플래핑 힌지(Flapping Hinge)
② 리드-래그 힌지(Lead-Lag Hinge)
③ 동시 피치 제어간(Collective Pitch Control Lever)
④ 사이클릭 피치 조종간(Cyclic Pitch Control Lever)

05 전진 비행하는 헬리콥터의 주회전 날개에서 플래핑 운동에 대한 설명으로 틀린 것은?

① 전진 블레이드와 후진 블레이드의 받음각을 변화시킨다.
② 전진 블레이드와 후진 블레이드의 상대 속도 차이에 의해 양력 차이가 발생한다.
③ 전진 블레이드와 후진 블레이드의 양력 차이를 해소한다.
④ 전진 블레이드와 후진 블레이드의 회전수 차에 의해 발생한다.

06 헬리콥터의 양력 분포 불균형을 해결하는 방법으로 가장 올바른 것은?

① 전진하는 깃과 후퇴하는 깃의 받음각을 같게 한다.
② 전진하는 깃과 뒤로 후퇴하는 깃의 피치각을 동시에 증가시킨다.
③ 전진하는 깃의 피치각은 감소시키고 뒤로 후퇴하는 깃의 피치각은 증가시킨다.
④ 전진하는 깃의 피치각은 증가시키고 뒤로 후퇴하는 깃의 피치각은 감소시킨다.

07 헬리콥터의 메인 로터 블레이드에 플래핑 힌지를 장착함으로써 얻을 수 있는 장점이 아닌 것은?

① 돌풍에 의한 영향을 제거할 수 있다.
② 지면 효과를 발생시켜 양력을 증가시킬 수 있다.
③ 회전축을 기울이지 않고 회전면을 기울일 수 있다.
④ 주회전 날개 깃 뿌리(Root)에 걸린 굽힘 모멘트를 줄일 수 있다.

08 헬리콥터에서 전진 깃은 항력의 증가로 후방으로 쳐지고 후진 깃은 항력의 감소로 앞서는 현상을 무엇이라 하는가?

① 코리올리 효과
② 리드래그 효과
③ 페더링 효과
④ 정답 없음

09 헬리콥터에서 기하학적 불균형을 제거할 수 있도록 하기 위해 부착된 것은?

① 피치 암
② 페더링 힌지
③ 플래핑 힌지
④ 리드-래그 힌지

정답 03. ② 04. ① 05. ④ 06. ③ 07. ② 08. ② 09. ④

10 헬리콥터 주회전 날개의 공력 및 회전 동력학 특성에 대한 설명으로 틀린 것은?

① 전진 비행 속도의 증가에 따라 역풍 영역(Reverse Flow Zone)이 증가한다.
② 주회전 날개의 리드-래그 힌지(Lead-Lag Hinge)가 없으면 전진 비행이 불가능하다.
③ 전진 비행 속도의 증가에 따라 좌우측 주회전 날개 회전면에서 공기 속도의 불균형이 증가한다.
④ 주회전 날개에 설치된 다양한 힌지 중 플래핑 힌지(Flapping Hinge)가 헬리콥터 기동 비행 능력과 직접적인 연관이 있다.

해설
리드 래그 힌지는 주회전 날개의 굽힘 모멘트 제거

11 헬리콥터에서 회전 날개의 깃(Blade)은 회전하면 회전면을 밑면으로 하는 원추의 모양을 만들게 된다. 이때 이 회전면과 원추 모서리가 이루는 각을 무슨 각이라 하는가?

① 받음각(Angle Of Attack)
② 코닝각(Coning Angle)
③ 피치각(Pitch Angle)
④ 플래핑각(Flapping Angle)

12 헬리콥터의 코닝 앵글(Coning Angle)을 설명한 내용으로 틀린 것은?

① 원심력과 블레이드(Blade)의 시위선과 이루는 각이다.
② 헬리콥터에 무거운 하중을 매달았을 때는 코닝 앵글이 크게 된다.
③ 원심력과 양력 때문에 생기는 각이다.
④ 원심력이 일정하다면 코닝 앵글도 일정하다.

13 헬리콥터 회전 날개의 회전면과 회전 날개(원추모서리)사이의 각을 코닝각(Coning Angle)이라 부르는데 이러한 코닝각을 결정하는 요소는?

① 항력과 원심력의 합력
② 양력과 추력의 합력
③ 양력과 원심력의 합력
④ 양력과 항력의 합력

14 특정한 헬리콥터에서는 회전 날개(Rotor Blades)에 비틀림각을 주는데, 그 이유로 가장 옳은 것은?

① 정지 비행 시 균일한 유도 속도의 분포를 얻기 위해
② 회전 날개의 강도를 보장하기 위해
③ 회전 날개 후류의 영향을 최소화하기 위해
④ 회전 날개의 회전 속도를 증가시키기 위해

15 헬리콥터 회전 날개의 각 요소를 결정하는 것에 대한 설명으로 틀린 것은?

① 진동을 줄이기 위해서는 깃의 수는 많아야 한다.
② 깃의 면적은 고속에서의 기동성을 위해서는 작아야 한다.
③ 회전 날개 지름은 좋은 정지 비행 성능을 위해서는 커야 한다.
④ 전진 비행 시 작은 진동과 균일한 깃 하중을 위해서는 깃 비틀림각은 작아야 한다.

정답 10. ② 11. ② 12. ① 13. ③ 14. ① 15. ②

3 회전익 항공기의 공기 역학

1) 정지 비행

헬리콥터가 전후 좌우 방향으로 이동하지 않고 일정 고도를 유지하며 공중에 떠 있는 상태

$$V_r = \Omega \cdot r$$

V_r : 회전 축으로부터 r의 위치에 있는 깃 단면의 회전 선속도
Ω : 회전 날개의 각속도
r : 회전 축으로부터 깃 단면까지의 거리

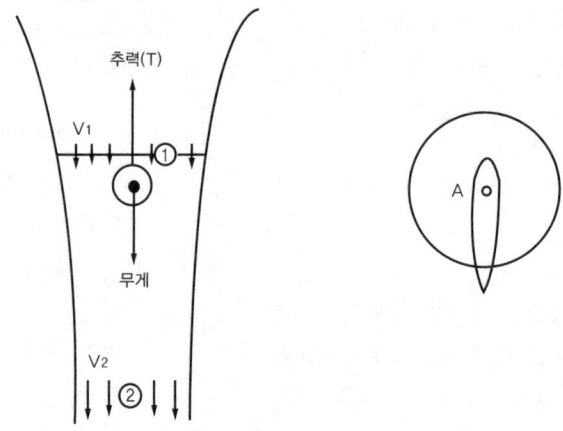

❘ 회전익 항공기에 작용하는 힘 ❘

가) 운동량 이론

① 회전 날개에 의해서 만들어지는 회전면에서의 운동량 차이를 이용하여 추력을 구하는 방법

헬리콥터의 무게 = 회전 날개의 추력

$$W = T$$
$$V_2 = 2V_1$$
$$T = 2\rho A V_1^2$$

② 유도 속도 : 회전면에서의 속도

$$V_1 = \sqrt{\frac{T}{2\rho A}}$$

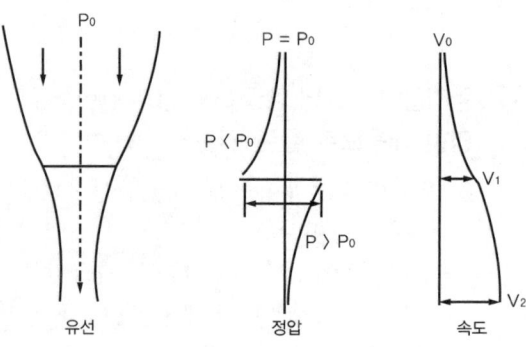

❘ 회전 날개의 압력과 속도 분포 ❘

③ 회전면 하중 = 원판 하중

$$D.L. = \frac{T}{A} = \frac{W}{\pi R^2}$$

④ 마력 하중

$$마력 \ 하중 = \frac{W}{HP}$$

나) 깃 요소 이론

깃의 한 단면에 작용하는 공기 흐름으로부터 양력과 항력 성분을 구하고, 이 힘들을 회전면에 수직한 성분과 평행한 성분으로 나누어 수직한 성분을 회전 날개의 깃 뿌리에서부터 깃 끝까지 합하여 깃의 개수와 곱하여 회전 날개면에서 발생되는 추력의 크기를 구하는 방법

다) 와류 이론

깃의 뒷전에서 떨어져 나가는 와류에 의한 영향을 포함하여 깃에서의 정확한 유도 속도를 계산하기 위한 방법

2) 전진 비행

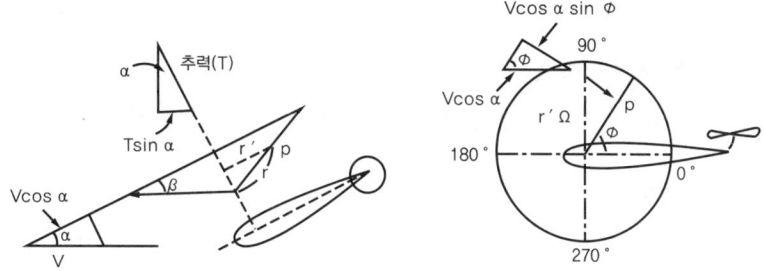

∥ 전진 비행 중 회전 날개에 작용하는 속도 성분 ∥

가) 전진 비행 때 깃의 양력과 항력

V : 전진 속도

Ω : 회전 각속도

P점에서의 회전 깃속도

$$r'\Omega = r\cos\beta_0 \Omega$$

전진 비행 시 깃에 작용하는 풍속

$$V\cos\alpha\sin\phi$$

깃이 받는 상대 풍속

$$V_\phi = V\cos\alpha\sin\phi + r\cos\beta_0\Omega$$

$\phi = 90°$일 때 V_ϕ가 최대, $\phi = 270°$일 때 V_ϕ가 최소

나) 역풍 지역
① $\phi = 270°$ 부근에서 발생
② 회전 날개의 깃 뿌리 근처에서 회전 깃 속도보다 전진 속도가 빨라 상대풍의 방향이 깃의 뒷전에 작용하는 구역
③ 전진 속도가 증가하면 역풍지역이 커지고 양력이 발생치 않으므로 헬리콥터는 전진 속도에 한계가 있음

다) 양력 불평형

라) 동적 실속
① 받음각이 주기적으로 변화되는 깃에서의 실속
② 하향 날개에서 발생하므로 방위각 270° 부근에서 주로 발생

3) 전이 양력(Translation Lift)
헬리콥터 정지 비행 상태에서 전진 비행 상태로 전환할 때 주회전 날개에 의하여 추가되는 양력

4) 블로우 백(Blowback)
전진 깃과 후퇴 깃의 양력 불평형으로 주회전 날개의 회전면이 뒤로 기울어지는 현상

5) 시계추 작동(Pendular Action)
① 주회전익 장치가 하나뿐인 헬리콥터는 시계추의 구조와 같이 질량이 상당히 큰 동체가 하나의 점에 매달려 있는 것과 같아 한번 흔들리면 시계추와 같이 전후 또는 좌우로 자연스럽게 발생하는 진동 운동
② 과도하게 조종할수록 더욱 커지므로 조종조작은 가급적 부드럽게 수행

6) 편류(Drift Or Translating Tendency)
① 정지 비행을 할 때 주회전익 장치를 하나만 가진 헬리콥터는 꼬리 회전 날개에서 발생하는 추력으로 인하여 그 방향으로 움직이는 현상
② 편류가 발생하지 않도록 하기 위하여
  ㉠ 꼬리 회전 날개에서 발생하는 추력을 상쇄하기 위하여 주회전익의 중심 축(mast)이 약간 기울어지도록 주동력 전달 장치를 장착하여 꼬리 회전 날개 추력 방향과 반대 방향으로 약간의 추력을 발생시킴.

ⓛ 주기조종이 중앙에 올 때 주회전 날개 회전판이 꼬리 회전 날개 추력과 약간 반대 방향으로 기울어지도록 조종 장치를 조절
ⓒ 정지 비행 때만 주회전 날개 회전판이 꼬리 회전 날개 추력과 약간 반대 방향으로 기울어지도록 주기 조종 장치를 설계
③ 반시계 방향으로 도는 주회전익 장치를 가진 헬리콥터에서 이러한 편류 현상을 방지하려면 왼쪽 스키드가 아래로 처지고, 위에서 바라볼 때 시계 방향으로 도는 회전익의 경우는 반대로 오른쪽 스키드가 아래로 처짐.

7) 코리오리스 효과(Coriolis Effect)

① 각운동량 보존의 법칙(Law Of Conservation Of Angular Momentum)
② 질량 중심이 회전축으로부터 멀어지면 회전 속도가 빨라지고 질량 중심이 회전 축에 가까워지면 회전 속도가 빨라지는 현상
③ 회전 날개가 위로 쳐들어지면 회전 날개의 질량 중심이 회전 축에 가까워지기 때문에 회전 날개는 가속되고 회전익이 아래로 처지면 질량 중심이 멀어져 감속하게 됨.

8) 플래핑과 리드래그

가) 플래핑

나) 리드-래그(Lead-Lag)

다) 회전 경사판

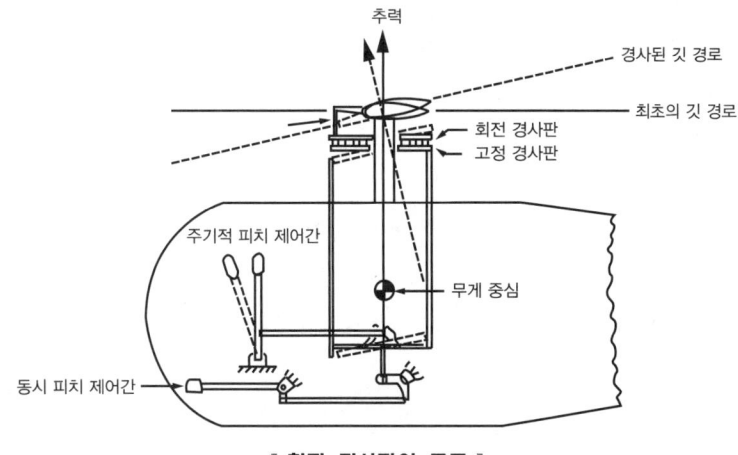

∥ 회전 경사판의 구조 ∥

① 회전 경사판 : 깃과 같이 회전하는 회전 경사판과 정지되어 있는 고정 경사판으로 구성
② 주기적 피치 제어간 : 전진, 후진, 횡진 비행
③ 동시 피치 제어간 : 상승 하강 비행

9) 자동 회전
① 동력 전달 상태 불능 → 하강 비행 → 일정 회전수 유지 → 안전 착륙
② 회전 날개의 축에 토크가 작용하지 않는 상태에서 일정한 회전수를 유지

10) 지면 효과
① 정지 비행 때의 후류가 지면에 영향을 줌으로서 회전 날개 회전면 아래의 공기 압력이 대기압보다 증가하게 되어 양력의 증가를 가져오는 것

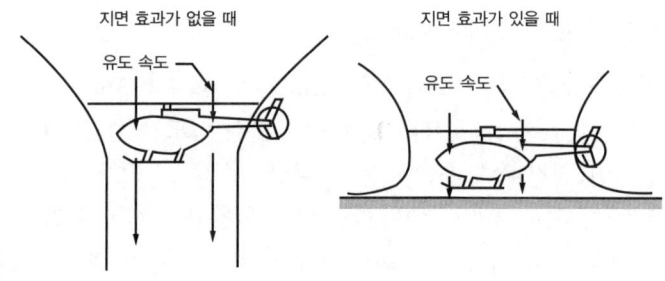

| 지면 효과 |

② 회전 날개 반지름 정도의 고도에 있을 때 5~10%의 추력 증가
③ 회전 고도가 회전 날개 지름보다 크면 지면 효과 소멸
④ 지면 가까이에서 후류가 소용돌이를 발생시켜 진동 발생

11) 수평 최대 속도
회전익 항공기의 최대 속도는 대략 300km/h
① 후퇴하는 깃의 날개 끝 실속
$\phi = 270°$에서 $V_\phi = r\cos\beta_0 \Omega - V\cos\alpha$가 되어 최소
② 후퇴하는 깃 뿌리의 역풍 범위
$V_\phi = r\cos\beta_0 \Omega - V\cos\alpha$에서 r이 작아 역풍 지역 발생
③ 전진하는 깃 끝의 마하수 영향
$\phi = 90°$에서 $V_\phi = r\cos\beta_0 \Omega + V\cos\alpha$가 되어 최대

3 출제 예상 문제

01 헬리콥터가 Hovering할 때의 관계식으로 맞는 것은?

① 헬리콥터 무게 < 양력
② 헬리콥터 무게 = 양력
③ 헬리콥터 무게 > 양력
④ 헬리콥터 무게 = 양력 + 원심력

02 헬리콥터 회전 날개의 추력을 계산하는 데 사용되는 이론은?

① 기관 연료 소비율에 따른 연소 이론
② 로터 블레이드의 코닝각의 속도 변화 이론
③ 로터 블레이드의 회전관성을 이용한 관성 이론
④ 회전면 앞에서의 공기 유동량과 회전면 뒤에서의 공기 유동량의 차이를 운동량에 적용한 이론

해설
운동량 이론
회전 날개에 의해서 만들어지는 회전면에서의 운동량 차이를 이용하여 추력을 구하는 방법

03 헬리콥터 전진 비행 성능에 가장 영향을 적게 주는 요소는?

① 밀도 고도   ② 바람의 속도
③ 지면 효과   ④ 헬리콥터의 총 중량

04 헬리콥터를 전진, 후진, 옆으로 비행을 시키기 위하여 회전면을 경사시키는 데 사용되는 조종 장치는?

① 동시 피치 조종 장치
② 추력 조절 장치
③ 주기 피치 조종 장치
④ 방향조종 페달

05 헬리콥터를 전진 비행 또는 원하는 방향으로의 비행을 위해 회전면을 기울여 주는 조종 장치는?

① 페달
② 콜렉티브 조종 레버
③ 피치 암
④ 사이클릭 조종 레버

해설
헬리콥터의 조종 계통
• 사이클릭(주기적) : 전진, 후진, 횡진
• 콜렉티브(동시) : 상승, 하강
• 페달 : 방향 조종

06 헬리콥터의 동시 피치 제어간을 올리면 나타나는 현상에 대하여 가장 올바르게 설명한 것은?

① 피치가 커져 전진 비행을 가능하게 한다.
② 피치가 커져 수직으로 상승할 수 있다.
③ 피치가 작아져 추진 비행을 바르게 한다.
④ 피치가 작아져 수직으로 상승할 수 있다.

07 헬리콥터에서 콜렉티브 피치 조종(Collective Pitch Control)이란 무엇인가?

① 메인 로터 블레이드의 회전각에 따라 받음각을 조절하는 조작
② 메인 로터 블레이드가 전진 회전 시 받음각을 감소시키는 조작
③ 메인 로터 블레이드의 양력을 증가, 감소시키는 조작
④ 로터 블레이드 회전 축을 운동하고자 하는 방향으로 기울이는 조작

정답 01. ② 02. ④ 03. ③ 04. ③ 05. ④ 06. ② 07. ③

08 헬리콥터 회전 날개의 조종 장치 중 주기 피치 조종과 동시 피치 조종을 해야 할 필요성이 있다. 이를 위해서 사용되는 장치는?

① 안정 바(Stabilizer Bar)
② 트랜스미션(Transmission)
③ 평형 탭(Balance Tab)
④ 회전 경사판(Swash Plate)

09 다음 중 헬리콥터에서 세로축에 대한 움직임(Rolling : 횡요)은 무엇에 의해서 움직이게 되는가?

① 트림 피치 컨트롤 레버(Trim Pitch Control Lever)
② 콜렉티브 피치 컨트롤(Collective Pitch Control Lever)
③ 테일 로터 피치 컨트롤(Tail Rotor Pitch Control)
④ 사이클릭 피치 컨트롤(Cyclic Pitch Control Lever)

10 비행기가 무동력으로 하강하는 것에 대응하는 헬리콥터가 갖고 있는 가장 큰 특징은?

① 수직 상승
② 자전 하강(Autorotation)
③ 플래핑(Flapping)
④ 리드-래그(Lead-Lag)

11 그림과 같은 전진 속도 없이 자동 회전(Auto Rotation) 비행하는 헬리콥터의 회전 날개에서 회전력을 증가시키는 힘을 발생하는 영역은?

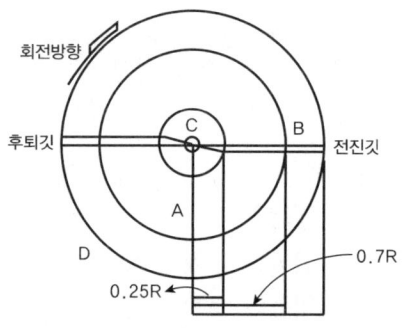

① A지역 ② B지역
③ C지역 ④ D지역

해설
- A : 자동회전 영역
- B : 프로펠러 영역
- C : 실속 영역

12 헬기 중량이 7,500lb, 블레이드가 3개일 때 깃 하나에서 최소 얼마의 양력이 발생하는가?

① 1,500lb ② 2,000lb
③ 2,500lb ④ 3,000lb

13 헬리콥터의 원판 하중(Disk Loading : DL)을 옳게 나타낸 것은? (단, W : 헬리콥터 무게, R : 주회전 날개의 반지름)

① $\dfrac{W}{2\pi R}$ ② $\dfrac{W}{2\pi R^2}$
③ $\dfrac{W}{\pi R}$ ④ $\dfrac{W}{\pi R^2}$

14 다음과 같은 조건에서 헬리콥터의 원판하중은 약 몇 kg/m²인가?

- 헬리콥터의 총 중량 : 800kgf
- 기관 출력 : 160HP
- 회전 날개의 반경 : 2.8m
- 회전 날개 깃의 수 : 2개

① 28.5kg/m² ② 30.5kg/m²
③ 32.5kg/m² ④ 35.5kg/m²

정답 08. ④ 09. ④ 10. ② 11. ① 12. ③ 13. ④ 14. ③

해설

$$D.L. = \frac{T}{A} = \frac{W}{\pi R^2} = \frac{800}{\pi \times 2.8^2} = 32.48 \, kg/m^2$$

15 비행 속도가 100m/s이고 프로펠러를 지나는 공기의 속도는 비행 속도와 유도 속도의 합으로 120m/s가 된다면 공기의 밀도가 0.125kgf·s²/m⁴이고, 프로펠러 디스크의 면적이 2m²일 때 발생하는 추력은 몇 kgf인가?

① 300 ② 600
③ 1200 ④ 3000

해설

$$T = 2\rho A(V+w)w$$
$$= 2 \times 0.125 \times 2 \times 120 \times 20 = 1200 \, kgf$$

16 프로펠러의 추력을 나타내는 식으로 옳은 것은? (단, A : 프로펠러의 회전 면적, ρ : 공기 밀도, V : 비행 속도, v : 프로펠러의 유도 속도)

① $\rho A(V+v)v$ ② $2\rho A(V+v)v$
③ $\rho A(V-v)v$ ④ $2\rho A(V-v)v$

17 헬리콥터에서 필요 마력을 구성하는 마력과 가장 관계가 먼 것은?

① 유도 항력 마력 ② 형상 항력 마력
③ 조파 항력 마력 ④ 유해 항력 마력

18 헬리콥터의 정지 비행 상승 한도(Hovering Ceiling)를 가장 올바르게 표현한 것은?

① 이용 마력 > 필요 마력
② 이용 마력 = 필요 마력
③ 이용 마력 < 필요 마력
④ 유도 항력 마력 = 이용 마력 + 필요 마력

19 헬리콥터에서 직교하는 세 개의 X, Y, Z 축에 대한 모든 힘과 모멘트 합이 각 각 0이 되는 상태를 무엇이라 하는가?

① 전진 상태 ② 균형 상태
③ 자전 상태 ④ 정지 상태

20 헬리콥터는 제자리 비행 시 균형을 맞추기 위해서 주 회전 날개 회전면이 회전 방향에 따라 동체의 좌측이나 우측으로 기울게 되는데 이는 어떤 성분의 역학적 평형을 맞추기 위해서 인가? (단, X, Y, Z는 기체축(동체축) 정의를 따른다)

① X축 모멘트의 평형
② X축 힘의 평형
③ Y축 모멘트의 평형
④ Y축 힘의 평형

21 헬리콥터 정지 비행 시 회전면에 의해 가속되는 유도 속도가 V_1이라면 회전면 후방으로 가속된 공기의 압력이 대기압(P_0) 상태가 되었을 때 그 지점에서의 속도 V_2는 어떻게 되겠는가?

① $V_2 = V_1$ ② $V_2 = 2V_1$
③ $V_2 = 4V_1$ ④ $V_2 = 0$

22 헬리콥터 정지 비행 상태에서 전진 비행 상태로 전환 할 때 주회전 날개에 의하여 추가되는 양력을 무엇이라 하는가?

① 유도 흐름(Induced Flow)
② 세차 양력(Procession Lift)
③ 전이 양력(Translation Lift)
④ 불균형 양력(Dissymmetry Lift)

정답 15. ③ 16. ② 17. ③ 18. ② 19. ② 20. ④ 21. ② 22. ③

23 전진 비행 중인 헬리콥터의 진행 방향 변경은 어떻게 이루어지는가?

① 꼬리 회전 날개를 경사시킨다.
② 꼬리 회전 날개의 회전수를 변경시킨다.
③ 주회전 날갯깃의 피치각을 변경시킨다.
④ 주회전 날개 회전면을 원하는 방향으로 경사시킨다.

24 프로펠러에 의해 형성되는 프로펠러 주위에서 공기 흐름에 의해 구성되는 유관(Stream Tube)의 단면적 형태는?

① 점점 증가하다가 감소한다.
② 점점 감소하다가 증가한다.
③ 점진적으로 증가한다.
④ 점진적으로 감소한다.

25 헬리콥터에서 유도 속도를 가장 올바르게 표현한 것은?

① 하버링 중의 로터 회전면의 하류의 풍압이다.
② 로터 회전면의 하류의 공기의 풍압이다.
③ 로터 회전면의 하류의 공기의 속도이다.
④ 로터 회전면의 상류의 공기의 흐름이다.

26 헬리콥터가 전진 비행할 때 속도와 유도 마력과의 관계로 가장 올바른 것은?

① 전진 속도가 증가하면 유도 마력은 증가한다.
② 전진 속도가 증가하면 유도 마력은 감소한다.
③ 전진 속도가 증가하면 유도 마력은 변화하지 않는다.
④ 전진 속도가 증가하면 유도 마력도 느리게 증가한다.

27 그림은 주 로터(Main Rotor)와 테일 로터(Tail Rotor)를 갖는 헬리콥터에서 발생하는 요구 마력을 발생 원인별로 속도에 따른 변화를 나타낸 것으로 이에 대한 설명으로 옳은 것은?

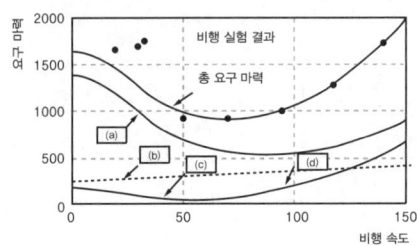

① (a)는 테일 로터의 요구 마력이다.
② (b)는 주 로터 블레이드의 항력에 의한 형상 마력이다.
③ (c)는 동체의 항력에 의한 유해 마력이다.
④ (d)는 주 로터 유도 속도에 의한 유도 마력이다.

해설
- (a) : 주 로터의 유도 마력
- (b) : 주 로터의 항력에 의한 형상 마력
- (c) : 테일 로터의 형상 마력
- (d) : 동체의 저항에 의한 유해 마력

28 일반적인 헬리콥터 비행 중 주 회전 날개에 의한 필요 마력의 요인으로 보기 어려운 것은?

① 유도 속도에 의한 유도 항력
② 공기의 점성에 의한 마찰력
③ 공기의 박리에 의한 압력 항력
④ 경사 충격파 발생에 따른 조파 저항

정답 23. ④ 24. ④ 25. ③ 26. ② 27. ② 28. ④

29 헬리콥터 날개의 지면 효과를 가장 옳게 설명한 것은?

① 헬리콥터 날개의 기류가 지면의 영향을 받아 회전면 아래의 항력이 증가되어 헬리콥터의 무게가 증가되는 현상
② 헬리콥터 날개의 기류가 지면의 영향을 받아 회전면 아래의 양력이 증가되어 헬리콥터의 무게가 증가되는 현상
③ 헬리콥터 날개의 후류가 지면에 영향을 주어 회전면 아래의 항력이 증가되고 양력이 감소되는 현상
④ 헬리콥터 날개의 후류가 지면에 영향을 주어 회전면 아래의 압력이 증가되어 양력의 증가를 일으키는 현상

해설
지면 효과
- 정지 비행 때의 후류가 지면에 영향을 줌으로서 회전 날개 회전면 아래의 공기 압력이 대기압보다 증가하게 되어 양력의 증가를 가져오는 것
- 회전 날개 반지름 정도의 고도에 있을 때 5~10%의 추력 증가
- 회전 고도가 회전 날개 지름보다 크면 지면 효과 소멸
- 지면 가까이에서 후류가 소용돌이를 발생시켜 진동 발생

30 헬리콥터에서 발생되는 지면 효과의 장점이 아닌 것은?

① 양력의 크기가 증가한다.
② 많은 중량을 지탱할 수 있다
③ 회전 날개깃의 받음각이 증가한다.
④ 기체의 흔들림이나 추력 변화가 감소한다.

31 다음 중 헬리콥터의 비행 시 발생할 수 있는 현상이 아닌 것은?

① 턱 언더   ② 코리오리스 효과
③ 지면 효과   ④ 자이로 세차 운동

32 전진 비행 중 헬리콥터의 메인 로터 블레이드의 각 점에서 받음각의 관계로 가장 올바른 것은?

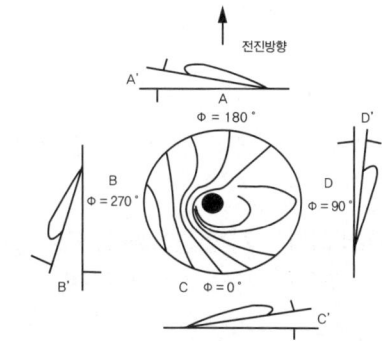

① A>C, B=D   ② A=C, B<D
③ A=C, B>D   ④ A<C, B=D

33 헬리콥터가 비행기처럼 고속으로 비행할 수 없는 이유가 아닌 것은?

① 후퇴하는 깃의 날개 끝 실속 때문에
② 후퇴하는 깃 뿌리의 역풍 범위 때문에
③ 전진하는 깃 끝의 마하수 영향 때문에
④ 전진하는 깃 끝의 항력이 감소하기 때문에

해설
회전익 항공기의 최대 속도는 대략 300km/h 정도이며 그 이유는 다음과 같다.
- 후퇴하는 깃의 날개 끝 실속
- 후퇴하는 깃 뿌리의 역풍 범위
- 전진하는 깃 끝의 마하수 영향

34 헬리콥터는 수평 최대 속도로 비행기와 같이 고속도로 비행할 수 없다. 그 이유에 대한 설명 중 가장 관계가 먼 내용은?

① 회전 날개(Rotor Blades)의 강도 문제 때문에
② 후퇴하는 깃의 날개 끝 실속 때문에
③ 후퇴하는 깃 뿌리의 역풍 범위가 커지기 때문에
④ 전진하는 깃 끝의 충격 실속 때문에

정답 29. ④ 30. ④ 31. ① 32. ③ 33. ④ 34. ①

35 헬리콥터 속도가 초과 금지 속도에 이르면 후진 블레이드 실속 징후가 발생되는데 그 징후가 아닌 것은?

① 높은 중량 증가
② 기수 상향 방향
③ 비정상적인 진동
④ 후진블레이드 방향으로 헬리콥터 경사

36 헬리콥터가 자전 강하(Auto-Rotation)를 하는 경우로 가장 적합한 것은?

① 무동력 상승 비행
② 동력 상승 비행
③ 무동력 하강 비행
④ 동력 하강 비행

해설
자동 회전(Auto-Rotation)
헬리콥터 기관의 동력전달 상태가 불능 시 회전 날개의 축에 토크가 작용하지 않는 상태에서 일정한 회전수를 유지

37 헬리콥터의 자동 회전(Auto-Rotation)비행에 대한 설명이 아닌 것은?

① 호버링의 일종으로 양력과 무게의 균형을 유지한다.
② 기관이 고장 났을 경우 로터 블레이드의 독립적인 자유 회전에 의한 강하비행을 말한다.
③ 위치에너지를 운동 에너지로 바꾸면서 무동력으로 하강하는 것이다.
④ 공기 흐름은 상향 공기 흐름을 일으켜 착륙에 필요한 양력을 발생시킨다.

38 헬리콥터 구동 계통에서 자유 회전 장치(Free Wheeling Unit)의 주목적으로 옳은 것은?

① 주 회전 날개 제동장치를 풀어서 작동일 가능하게 한다.
② 기관이 정지되거나 제한된 주 회전 날개의 회전수보다 느릴 때 주 회전 날개와 기관을 분리한다.
③ 시동 중에 주 회전 날개 깃의 굽힘 응력을 제거한다.
④ 착륙을 위해서 기관의 과회전을 허용한다.

39 헬리콥터는 자동 회전을 행하기 위하여 프리휠 장치를 필요로 한다. 이 장치의 가장 중요한 역할은?

① 회전 날개는 기관에 의해서 구동되나 회전 날개가 기관을 구동시킬 수 없도록 하는 장치
② 회전 날개는 기관에 의해 구동되며, 기관 정지 시 회전 날개가 기관을 구동시킬 수 있도록 하는 장치
③ 회전 날개는 기관에 의해서 구동되나, 자전 강하 시 회전 날개가 기관을 구동시킬 수 있는 장치
④ 기관 정지 시 회전 날개의 회전력으로 비상 장비를 작동시킬 수 있게 만든 장치

40 헬리콥터의 꼬리 회전 날개(Tail Rotor)가 외부 물체 등에 부딪치거나 다른 원인에 의하여 갑자기 정지하게 되면 발생할 수 있는 현상으로서 가장 거리가 먼 것은?

① 테일 붐 마운트의 손상
② 테일 붐의 비틀림(Twist)
③ 행거 베어링 마운트의 손상
④ 테일 드라이브 샤프트의 비틀림

정답 35. ① 36. ③ 37. ① 38. ② 39. ① 40. ④

41 대부분의 헬리콥터 회전 날개는 받음각의 변화에 따른 풍압 중심의 이동을 방지하기 위해 어떤 날개골을 사용하였는가?

① 앞전 반지름이 큰 날개골
② 두께가 두꺼운 날개골
③ 대칭형 날개골
④ 캠버가 작은 날개골

42 헬리콥터에 기체 진동을 주는 원인 중 한 가지로 래그각(Lag Angle)이 주기적으로 증가하는 운동을 의미하는 것은?

① 위빙(Weaving)
② 플래핑(Flapping)
③ 헌팅(Haunting)
④ 페더링(Feathering)

43 헬리콥터 회전 날개의 무게 중심(Center Of Gravity)과 회전 축과의 거리가 회전 날개의 플래핑 운동(Flapping)에 의하여 길어지거나 짧아지므로서 회전 날개의 회전 속도가 증가하거나 감소하는 현상은?

① 자이로스코픽 힘(Gyroscopic Force)
② 코리오리스 효과(Coriolis Effect)
③ 추력편향 효과
④ 회전축 편심 효과

44 헬리콥터의 코리오리스 효과를 주는 코리올리스 가속도를 옳게 나타낸 것은? (단, r : 헬리콥터 깃의 반지름, V_r : 법선 방향의 속도, ω : 각속도)

① $\dfrac{d\omega}{dt}$
② $r\dfrac{d\omega}{dt}$
③ $r\omega$
④ $2V_r\omega$

해설
코리올리 힘 $F = 2mV_r\omega$
코리올리스 가속도 $= 2V_r\omega$

45 회전익 장치가 하나뿐인 헬리콥터는 질량이 큰 동체가 하나의 점에 매달려 있는 것과 같아 한번 흔들리면 전후 좌우로 자연스럽게 진동 운동을 하게 되는데 이런 현상을 무엇이라 하는가?

① 지면 효과(Ground Effect)
② 시계추 작동(Pendular Action)
③ 코리올리 효과(Coriolis Effect)
④ 편류(Drift Or Translating Tendency)

해설
시계추 작동(Pendular Action)
주회전익 장치가 하나뿐인 헬리콥터는 시계추의 구조와 같이 질량이 상당히 큰 동체가 하나의 점에 매달려 있는 것과 같다. 그래서 한번 흔들리면 시계추와 같이 전후 또는 좌우로 자연스럽게 진동 운동을 하게 된다. 이런 현상은 과도하게 조종할수록 더욱 커진다. 그래서 조종조작은 가급적 부드럽게 수행하여야 한다.

46 헬리콥터에서 양력 불균형 현상이 일어나지 않도록 주 회전 날개깃의 플래핑 작용의 결과로 나타내는 현상은?

① 사이클릭 페더링
② 원추 현상
③ 후진 블레이드 실속
④ 블로우 백

47 헬리콥터 비행 시 블로우백 현상으로 추력성분이 줄어들어 속도가 떨어지게 되는데 이를 보완하기 위한 방법은?

① 위상 지연
② 상향 플래핑
③ 사이클릭 조종
④ 하향 플래핑

해설
블로우 백(Blow Back)
전진 깃과 후퇴 깃의 양력 불평형으로 주회전 날개의 회전면이 뒤로 기울어지는 현상

정답 41. ③ 42. ③ 43. ② 44. ④ 45. ② 46. ④ 47. ③

Industrial Engineer Aircraft Maintenance

제2부

항공 기관

- 제1장 항공기 기관의 개요
- 제2장 왕복 기관
- 제3장 가스 터빈 기관
- 제4장 프로펠러

01 항공기 기관의 개요

1 항공기용 기관의 분류

가 왕복 기관의 분류

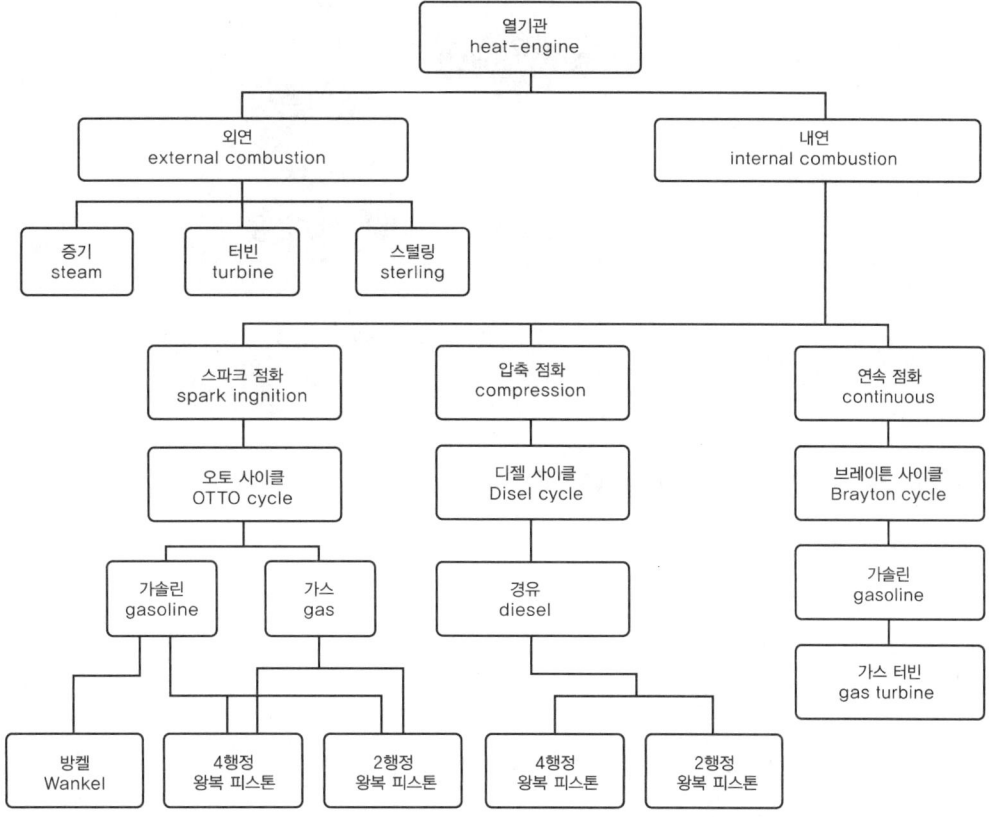

1) 냉각 방법에 의한 분류
   ① 액랭식
   ② 공냉식

2) 실린더 배열 방법에 의한 분류

① 직렬형(In-line Type)
② V형(V Type)
③ 대향형(Opposed Type)
④ 성형(Radial Type) : 중량당 마력비 최대

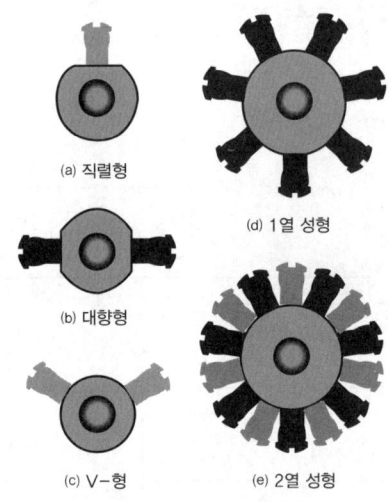

┃ 실린더 배열에 의한 분류 ┃

나 가스 터빈 기관의 종류 및 분류

1) 압축기 형태에 따른 분류

① 원심식 압축기 기관
② 축류식 압축기 기관
③ 축류-원심식 압축기 기관

2) 출력 형태에 따른 분류

① 제트 기관 : 터보 제트와 터보팬
② 회전 동력 기관 : 터보 프롭과 터보 샤프트

다 가스 터빈 기관의 특성

1) 왕복 기관에 대한 장점

① 연소가 연속적이므로 중량당 출력이 큼
② 왕복 운동 부분이 없어 진동이 적고 고회전 가능

③ 추운 기후에서도 시동이 쉽고 윤활유 소모 적음
④ 비교적 저급 연료를 사용
⑤ 비행 속도가 클수록 효율이 높고 초음속 비행 가능

2) 단점
① 연료 소모량이 많음
② 소음

1 출제 예상 문제

01 제트 기관류의 발명 순서를 시대 순으로 옳게 나열한 것은?
① 헤로의 에어리파일 → 중국 금나라의 로켓 → 브랜카의 터빈 장치 → 휘틀의 터보 제트 기관
② 헤로의 에어리파일 → 중국 금나라의 로켓 → 휘틀의 터보 제트 기관 → 브랜카의 터빈 장치
③ 중국 금나라의 로켓 → 헤로의 에어리파일 → 브랜카의 터빈 장치 → 휘틀의 터보 제트 기관
④ 중국 금나라의 로켓 → 헤로의 에어리파일 → 휘틀의 터보 제트 기관 → 브랜카의 터빈 장치

해설
헤로의 에어리파일(B.C. 100~200년)
금나라의 로켓(A.D. 1230년)
브랜카의 터빈(A.D. 1629년)
휘틀의 터보 제트 엔진(A.D. 1937년)

02 다음 중 내연 기관이 아닌 것은?
① 디젤 기관   ② 가스 터빈 기관
③ 가솔린 기관   ④ 증기 터빈 기관

03 왕복 기관의 분류 방법으로 옳은 것은?
① 연소실의 위치 및 냉각 방식 의하여
② 냉각 방식 및 실린더 배열에 의하여
③ 실린더 배열과 압축기의 위치에 의하여
④ 크랭크축의 위치와 프로펠러 깃의 수량에 의하여

04 [보기]에 나열된 왕복 기관의 종류는 어떤 특성으로 분류한 것인가?

[보기]
V형, X형, 대향형, 성형

① 기관의 크기
② 실린더의 회전 형태
③ 기관의 장착 위치
④ 실린더의 배열 형태

05 중량당 마력비가 가장 큰 기관의 실린더 배열 형식은?
① 직렬형   ② 대향형
③ 성형   ④ V형

정답 01. ① 02. ④ 03. ② 04. ④ 05. ③

제2부 항공 기관

06 왕복 기관을 실린더 배열에 따라 분류할 때 대향형 기관을 나타낸 것은?

① (그림)　② (그림)
③ (그림)　④ (그림)

07 다음 중 추진 시 공기를 흡입하지 않고 기관 자체 내의 고체 또는 액체의 산화제와 연료를 사용하는 비공기 흡입 기관은?
① 로켓　② 펄스 제트
③ 램 제트　④ 터보 프롭

해설 로켓은 별도의 공기 흡입 기관 없이 기관 내부의 산화제를 이용하는 기관

08 다음 중 추진체에 의해 발생되는 최종 기체가 다른 것은?
① 왕복 기관　② 램 제트 기관
③ 터보팬 기관　④ 터보 제트 기관

09 [보기]에서 왕복 기관과 비교했을 때 가스 터빈 기관의 장점만을 나열한 것은?

[보기]
(A) 중량당 출력이 크다.
(B) 진동이 작다.
(C) 소음이 작다.
(D) 높은 회전수를 얻을 수 있다.
(E) 윤활유의 소모량이 적다.
(F) 연료 소모량이 적다.

① (A), (B), (D), (E)
② (A), (C), (D), (F)
③ (B), (C), (E), (F)
④ (A), (D), (E), (F)

10 [보기]와 같은 특성을 가진 기관의 명칭은?

[보기]
• 비행 속도가 빠를수록 추진 효율이 좋다.
• 초음속 비행이 가능하다
• 배기 소음이 심하다

① 터보 프롭 기관　② 터보팬 기관
③ 터보 제트 기관　④ 터보축 기관

11 다음 중 추진체에 의해 발생되는 주된 최종 기체가 아닌 것은?
① 램 제트 기관　② 터보 프롭 기관
③ 터보팬 기관　④ 터보 제트 기관

해설 터보 프롭 기관은 대부분의 추력을 프로펠러에서 얻는다.

12 그림과 같은 형식의 가스 터빈 기관을 무엇이라 하는가?

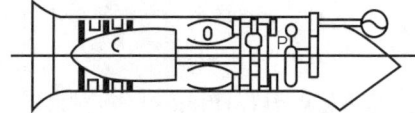

① 터보팬 기관　② 터보 제트 기관
③ 터보축 기관　④ 터보 프롭 기관

13 다음 중 프로펠러를 회전시켜 추진력을 얻는 가스 터빈 기관은?
① 램 제트 기관　② 펄스 제트 기관
③ 터보 제트 기관　④ 터보 프롭 기관

14 다음 중 연료를 직접 분사하여 특별한 장치가 없이 압축열에 의한 자연 착화를 시키는 압축 점화 방법의 기관은?
① 가스 기관　② 가솔린 기관
③ 디젤 기관　④ 헤셀먼 기관

제1장 항공기 기관의 개요

15 다음 중 터빈 형식 기관에 해당되는 것은?
① 로켓   ② 램 제트
③ 펄스 제트   ④ 터보팬

16 항공기용 엔진 중 터빈식 회전 엔진이 아닌 것은?
① 램 제트 엔진
② 터보 프롭 엔진
③ 가스 터빈 엔진
④ 터보 제트 엔진

17 아음속에서 연료 소비율과 소음이 작기 때문에 민간 여객기에 널리 이용되는 가스 터빈 기관 형식은?
① 펄스 제트 기관
② 램 제트 기관
③ 터보 제트 기관
④ 터보팬 기관

18 민간 대형 여객기에 적합한 터보팬 기관의 특징으로 옳은 것은?
① 초고속 비행에 적합하며, 터보 제트 기관에 비해 추진 효율은 나쁘다.
② 저속 비행에 적합하며, 터보 제트 기관에 비해 추진 효율이 우수하다.
③ 고속 비행에 적합하며, 터보 제트 기관에 비해 추진 효율이 우수하다.
④ 저속 비행에 적합하며, 터보 제트 기관에 비해 추진 효율은 나쁘다.

해설
터보팬 기관의 장점
• 아음속에서 추진 효율이 우수
• 저 연료 소비율
• 저 소음
• 짧은 이착륙 거리
• 날씨의 영향을 받지 않음

19 터보팬 엔진에 대한 설명으로 틀린 것은?
① 터보 제트와 터보 프롭의 혼합적인 성능을 갖는다.
② 단거리 이착륙 성능은 터보 프롭과 유사하다.
③ 확산형 배기 노즐을 통해 빠른 속도로 공기를 가속시킨다.
④ 터빈에 의해 구동되는 여러 개의 깃을 갖는 일종의 프로펠러 기관이다.

20 공기를 빠른 속도로 분사시킴으로서 소형, 경량으로 큰 추력을 낼 수 있고 비행 속도가 빠를수록 추진 효율이 좋고, 아음속에서 초음속에 걸쳐 우수한 성능을 가지는 엔진의 형식은?
① Turbojet Engine
② Turboshaft Engine
③ Ramjet Engine
④ Turboprop Engine

21 다음 중 고공에서 극초음속으로 비행하는데 성능이 가장 좋은 기관은?
① 터보팬 기관
② 램 제트 기관
③ 펄스 제트 기관
④ 터보 제트 기관

22 다음의 가스 터빈 기관 중 배기 소음이 가장 심한 기관은?
① 터보 제트 기관
② 터보팬 기관
③ 터보 프롭 기관
④ 터보 샤프트 기관

정답 15. ④ 16. ① 17. ④ 18. ③ 19. ③ 20. ① 21. ② 22. ①

23 가스 터빈 기관의 효율이 높을수록 얻을 수 있는 장점이 아닌 것은?

① 연료 소비율이 작아진다.
② 활공 거리를 길게 할 수 있다.
③ 같은 적재 연료에서 항속 거리를 길게 할 수 있다.
④ 필요한 적재 연료의 감소분만큼 유상 하중을 증가시킬 수 있다.

[해설]
활공 비행 중에는 기관의 추력이 0인 상태이므로 기관의 효율과 무관

24 일반적으로 장거리를 순항하는 가스 터빈 기관 항공기의 효율적인 고도를 36,000ft로 정한 이유는?

① 36,000ft가 가스 터빈 기관 항공기의 비행에 알맞은 제트 기류를 이루고 있기 때문이다.
② 36,000ft 이상부터는 기온이 일정해지고 기압이 강하하기 때문이다.
③ 36,000ft 이상부터는 기압과 기온이 급격히 강하하기 때문이다.
④ 36,000ft 이상부터는 기압이 일정해지고 기온이 강하하기 때문이다.

2 열역학의 기초 및 항공 기관 사이클

가 단위와 용어

1) 단위계
   ① 공학 단위계 : MKS(m, kg_f, sec)
   ② 영국 단위계 : FPS(ft, slug, sec)
   ③ 국제 단위계(SI) : m(길이), kg(질량), sec(시간), K(온도), Cd(광도), A(전류) 등

2) 힘(Force)

   $F = ma$, $1N = 1kg \times 1m/s = 10^5$ dyn
   $1dyn = 1g \times 1cm/s^2$

3) 일(Work)

   $W = FS$, $1J = 1N \cdot m = 10^7$ erg

4) 일률(동력, Power)

   $P = FV$, $1W = 1J/sec$
   ※ $1HP = 746W$(영국식) $= 550 ft \cdot lb/sec$
   $1PS = 735W$(프랑스식) $= 75kg \cdot m/sec$

정답 23. ② 24. ②

5) 온도와 절대 온도

가) 온도(Temperature)
① 섭씨(Celcius, Centigrade) : 미터계
② 화씨(Fahrenheit) : 영국계

$$T°C = \frac{5}{9}(T°F - 32), \ T°F = \frac{9}{5}T°C + 32$$

나) 절대 온도(Absolute Temp)
① 섭씨의 절대 온도는 캘빈(Kelvin), K=℃+273
② 화씨의 절대 온도는 랭킨(Rankine), R=°F+460

6) 비열(Specific Heat)

단위 질량의 물질을 단위 온도까지 올리는 데 필요한 열량을 말하며, 기체의 경우에는 온도와 압력의 영향을 받음(단위 kcal/kg · ℃).
① 정압 비열 : C_P
② 정적 비열 : C_v
③ $C_p - C_v = R$
④ 비열비
  ㉠ 정압 비열과 정적 비열의 비
  ㉡ $k = \dfrac{C_p}{C_v} > 1$
  ㉢ 공기의 비열비 1.4

7) 비체적과 밀도

① 비체적(Specific Volume) : m^3/kg
   단위 질량당의 체적을 말하며 기호로 v를 사용
② 밀도(Density) : kg/m^3
   단위 체적의 물질이 차지하는 질량을 말하며 기호로 ρ를 사용

8) 압력(pressure) : $1Pa = 1N/m^2$

단위 면적에 수직으로 작용하는 힘의 세기, 즉 단위 면적당의 무게

9) 강도 성질과 종량 성질

① 강도 성질
  ㉠ 물질의 질량(크기)에 관계없는 성질로 물질의 강도(세기)만을 고려한 상태량
  ㉡ 압력, 온도, 전압, 높이, 점도, 밀도

② 종량 성질
    ㉠ 물질의 질량(무게)에 비례하는 성질의 상태량
    ㉡ 체적, 내부 에너지, 엔탈피, 엔트로피, 전기 저항

10) 계와 작동 물질
① 계(System) : 열역학적 관심의 대상이 되는 부분
② 주위(Surrounding) : 계를 제외한 나머지 부분
③ 작동 물질(작동 유체 : Working Fluid)
    에너지를 저장하거나 운반하기 위해 사용되는 물질

나 열역학 제1법칙

1) 에너지 보존의 법칙
에너지에는 여러 가지가 있지만 상호간에 변환이 가능하고 그 물체가 가지고 있는 에너지의 총합은 외부와 에너지를 교환하지 않는 한 일정

2) 열과 일의 관계

$$W = JQ$$

W : 일(kg·m)
Q : 온도 상승에 필요한 열(kcal)
J : 열의 일당량(427kg$_f$·m/kcal) ⇒ 1kcal의 열량이 427kg$_f$·m의 일로 변환
A : 일의 열당량(1/J=1/427kcal/kg$_f$·m)

다 엔탈피(Enthalpy)

내부 에너지와 유동 에너지의 합으로 정의되는 열역학적 성질로 기호 H를 사용하는 종량적 성질(H=U+PV)

1) 유체의 열역학적 특성

가) 이상 기체의 상태 방정식

$$Pv = RT \quad (P : 압력,\ v : 비체적,\ T : 절대 온도,\ R : 기체 상수)$$

$$\frac{P_1 v_1}{T_1} = \frac{P_2 v_2}{T_2}$$

즉, 온도가 일정할 때 압력과 체적은 반비례

나) 과정과 사이클
① 과정(Process) : 계가 어떤 열평형 상태에서 다른 열평형 상태로 변화하는 경로
② 사이클(Cycle) : 어떤 계가 임의의 과정을 밟아서 맨 처음 상태로 되돌아올 때 그 계는 사이클(Cycle)을 이루었다고 함.
③ 가역 과정(Reversible Process) : 완전 탄성 충돌과 같이 반응이 반대로 진행되더라도 물리 법칙에 위배되지 않는 과정

라 작동 유체의 상태 변화

가) 등온 과정(Isothermal Process)

$$Pv = C(일정), \text{ 또는 } P_1v_1 = P_2v_2$$

나) 정적 과정(Constant Volume Process)
① $\dfrac{P}{T} = \dfrac{R}{v} = C$, 또는 $\dfrac{P_1}{T_1} = \dfrac{P_2}{T_2}$
② $Q = mC_v(T_2 - T_1)$
③ $W = mR(T_1 - T_2)$

다) 정압 과정(Constant Pressure Process)
① $\dfrac{v}{T} = \dfrac{R}{P} = C$, 또는 $\dfrac{v_1}{T_1} = \dfrac{v_2}{T_2}$
② $Q = mC_p(T_2 - T_1)$
③ $W = mR(T_2 - T_1)$

라) 단열 과정(Adiabatic Process)
① $Pv^k = C$
② $P_1v_1^k = P_2v_2^k$, 또는 $\dfrac{P_2}{P_1} = (\dfrac{v_1}{v_2})^k$가 되고

$$Pv = RT를 \text{ 이용하면 } \dfrac{T_2}{T_1} = (\dfrac{v_1}{v_2})^{k-1} = (\dfrac{P_2}{P_1})^{\frac{k-1}{k}}$$

마) 폴리트로픽 변화(Polytropic Change)

$$Pv^n = C$$

마 열역학 제2법칙

1) 열의 방향성

가) 열역학 제2법칙의 서술

① Clausius의 정의(열의 이동 방향)

열은 저온부로부터 고온부로 자연적으로는 전달되지 않는다. 즉, 일을 소비하지 않고 열을 저온부에서 고온부로 이동시키는 것은 불가능하다.

② Kelvin-Plank의 정의(열의 변환 방향)

단지 하나만의 열원과 열 교환함으로써 사이클에 의해 열을 일로 변화시킬 수 있는 열기관을 제작할 수 없다.

나) 열기관의 이상적 사이클

① 카르노 사이클(Carnot's Cycle) : 열기관 중에서 열효율이 가장 좋은 이상적인 기관으로 2개의 등온 과정과 2개의 단열 과정으로 이루어진다.

② 카르노 사이클의 열효율

$$\eta_{th} = \frac{W}{Q_1} = \frac{Q_1 - Q_2}{Q_1} = 1 - \frac{Q_2}{Q_1}$$

이상적 열기관에서는 $\frac{Q_2}{Q_1} = \frac{T_2}{T_1}$ 이 성립하므로

$$\eta_{th} = \frac{W}{Q_1} = \frac{1 - Q_2}{Q_1} = 1 - \frac{T_2}{T_1}$$

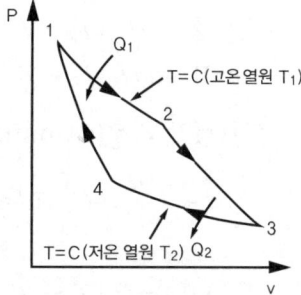

| 카르노 사이클 |

바 왕복 기관의 기본 사이클

1) 오토 사이클(Otto Cycle)

1876년 독일의 오토가 고안한 4행정 기관의 사이클로서 전기(Spark Plug)로 점화되는 내연 기관의 이상적인 사이클이며 정적 사이클이라 한다.

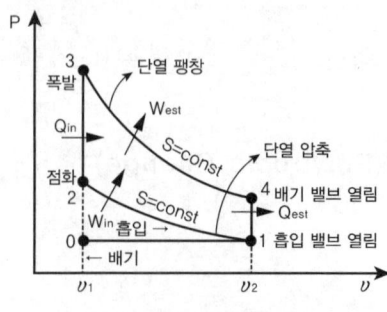

| 오토 사이클 |

2) 이론 열효율

$$\eta_{tho} = 1 - \left(\frac{v_2}{v_1}\right)^{k-1} = 1 - \left(\frac{1}{\varepsilon}\right)^{k-1} = 1 - \frac{1}{\epsilon^{k-1}}$$

단, 여기서 ε는 압축비이며 $\frac{V_1}{V_2}$

사 가스 터빈 기관의 기본 사이클

1) 브레이튼 사이클

1872년 브레이튼에 의해 고안된 가스 터빈 기관의 이상적인 사이클로서 연소 과정이 정압 상태에서 이루어지므로 정압 사이클이라 한다.

2) 열효율

$$\eta_B = 1 - \frac{T_1}{T_2} = 1 - \left(\frac{1}{\gamma_p}\right)^{\frac{k-1}{k}}$$

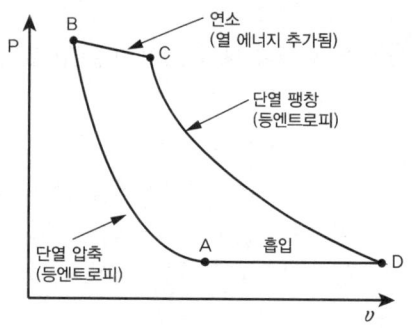

▌브레이튼 사이클▐

압력비가 클수록 열효율은 증가하나 터빈 입구 온도(TIT)가 상승한다.

아 디젤 사이클

디젤 엔진의 기본이 되는 사이클로, 단열 압축, 정압 팽창, 단열 팽창, 정적 방열로 이루어지는 열기관의 사이클이다.

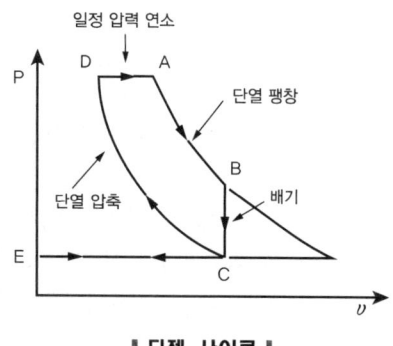

▌디젤 사이클▐

제2부 항공 기관

2 출제 예상 문제

01 물질의 질량에 가해지는 힘의 크기를 식으로 나타낸 것은? (단, F : 힘, m : 질량, a : 가속도)

① F ∝ ma
② F ∝ $\frac{m}{a}$
③ F ∝ m(1+a)
④ F ∝ $\frac{a}{m}$

02 화씨 온도에서 물이 어는 온도와 끓는 온도는 각각 몇 °F 인가?

① 어는 온도 : 0, 끓는 온도 : 100
② 어는 온도 : 12, 끓는 온도 : 192
③ 어는 온도 : 22, 끓는 온도 : 202
④ 어는 온도 : 32, 끓는 온도 : 212

[해설]
화씨 온도(°F)
물의 어는점을 32도 끓는점을 212도로 하여 180 등분한 온도

03 열역학에서 사용되는 단위에 대한 설명으로 옳은 것은?

① 1PS 마력은 145kgf·m/s이다.
② 1BTU는 물 1lb의 온도를 1℃ 높이는 데 필요한 열량을 말한다.
③ 비열이란 일정 유체 1kg을 1시간 끓이는 데 필요한 열량을 말한다.
④ 화씨 온도는 얼음의 융점과 물의 비등점 사이를 180등분한 눈금을 이용한다.

04 섭씨 온도= T_C, 화씨 온도= T_F 로 표시할 때 화씨 온도를 섭씨 온도로 환산하는 관계식 중 옳은 것은?

① $T_C = \frac{5}{9}(T_F - 32)$
② $T_C = \frac{9}{5}(T_F - 32)$
③ $T_C = \frac{5}{9}(T_F + 32)$
④ $T_C = \frac{9}{5}(T_F + 32)$

05 섭씨 15℃를 환산하였을 때 가장 옳게 나타낸 것은?

① 절대 온도 59K
② 랭킨 온도 59°R
③ 절대 온도 518K
④ 랭킨 온도 518°R

[해설]
• 섭씨의 절대 온도는 캘빈(Kelvin)
  K = ℃ + 273
• 화씨의 절대 온도는 랭킨(Rankine)
  R = °F + 460

06 3PS는 약 몇 와트인가?

① 2239.5
② 2206.5
③ 1650
④ 225

[해설]
$1HP = 746\,W$
$1PS = 735.5\,W$
$3PS = 3 \times 735.5 = 2206.5\,W$

07 유체에 완전히 잠겨 있는 일정한 부피(V)를 갖는 물체에 작용하는 부력을 옳게 나타낸 것은? (단, ρ : 밀도, γ : 비중량, 아래 첨자 : 해당 물질)

① $\rho_{유체} \times V$
② $\gamma_{유체} \times V$
③ $\rho_{물체} \times V$
④ $\gamma_{물체} \times V$

정답 01. ① 02. ④ 03. ④ 04. ① 05. ④ 06. ② 07. ②

제1장 항공기 기관의 개요

08 1기압 상태에서 물 1g의 온도를 1℃ 높이는 데 필요한 열량은 얼마인가?
① 1칼로리(Calorie)
② 1BTU(British Thermal Unit)
③ 1줄(Joule)
④ 1비열

09 체적을 일정하게 유지시키면서 단위 질량을 단위 온도로 높이는 데 필요한 열량을 무엇이라 하는가?
① 단열　　　② 정압 비열
③ 비열비　　④ 정적 비열

해설
- 정적 비열 : 체적이 일정한 상태에서 물질을 1℃ 높이는 데 필요한 열량
- 정압 비열 : 압력이 일정한 상태에서 물질을 1℃ 높이는 데 필요한 열량

비열비 = $\dfrac{\text{정압 비열}}{\text{정적 비열}}$

정압 비열이 정적 비열보다 크므로 비열비는 항상 1보다 큼

10 정압 비열 0.114kcal/kg·℃인 기체 5kg을 정압 상태 0℃에서 20℃까지 가열하였다면 이 때 공급된 열량은 몇 kcal인가?
① 11.4　　② 22.8
③ 88.0　　④ 114

해설
공급된 열량 = 비열 × 질량 × 온도 변화
= 0.114 × 5 × 20 = 11.4kcal

11 비열비(γ)에 대한 공식 중 맞는 것은?
(단, C_P : 정압 비열, C_V : 정적 비열)
① $\gamma = \dfrac{C_V}{C_P}$　　② $\gamma = \dfrac{C_P}{C_V}$
③ $\gamma = 1 - \dfrac{C_P}{C_V}$　　④ $\gamma = \dfrac{C_P - 1}{C_V}$

12 이상 기체에 대한 설명으로 틀린 것은?
① 엔탈피는 온도만의 함수이다.
② 내부 에너지는 온도만의 함수이다.
③ 비열비(Specific Heat Ratio) 값은 항상 1이다.
④ 상태 방정식에서 압력은 체적과 반비례 관계이다.

13 공기의 정압 비열이 0.24kcal/kg·℃라면 정적 비열은 약 몇 kcal/kg·℃인가? (단, 비열비 : 1.4)
① 0.17　　② 0.34
③ 0.53　　④ 5.83

해설
$\gamma = \dfrac{C_p}{C_v}$ 이므로

$C_v = \dfrac{C_P}{\gamma} = \dfrac{0.24}{1.4} = 0.17$

14 열역학적 성질에는 강도 성질과 종량 성질이 있는데, 강도 성질과 가장 관계가 먼 것은?
① 온도　　② 밀도
③ 비체적　④ 질량

해설
강도 성질
- 물질의 질량(크기)에 관계없는 성질로 물질의 강도(세기)만을 고려한 상태량
- 압력, 온도, 전압, 높이, 점도, 밀도

종량 성질
- 물질의 질량(무게)에 비례하는 성질의 상태량
- 체적, 내부 에너지, 엔탈피, 엔트로피, 전기 저항

15 열역학적 성질에는 강도 성질과 종량 성질이 있다. 다음 중 강도 성질과 가장 관계가 먼 것은?
① 온도　　② 밀도
③ 압력　　④ 체적

정답　08. ①　09. ④　10. ①　11. ②　12. ③　13. ①　14. ④　15. ④

제2부 항공 기관

16 계(System)와 주위(Surrounding)가 열교환(Heat Transfer)을 하는 방법이 아닌 것은?

① 전도(Conduction)
② 탄화(Pyrolysis)
③ 복사(Radiation)
④ 대류(Convection)

17 열역학적 성질(Thermodynamic Property)이 아닌 것은?

① 온도
② 압력
③ 엔탈피(Enthalpy)
④ 열

18 열역학에서 문제의 대상이 되는 지정된 양의 물질이나 공간의 지정된 영역을 무엇이라 하는가?

① 물질(Substance)
② 계(System)
③ 주위(Surrounding)
④ 경계(Boundary)

해설
- 계(System) : 열역학적 관심의 대상이 되는 부분
- 주위(Surrounding) : 계를 제외한 나머지 부분
- 작동 물질(작동 유체 : Working Fluid) : 에너지를 저장하거나 운반하기 위해 사용되는 물질

19 실제 또는 상징적인 경계에 의하여 주위로부터 구분되는 공간의 일부를 무엇이라 하는가?

① 개방 ② 밀폐
③ 형태 ④ 계

20 에너지 상호간 변환이 가능하고 물체가 갖고 있는 에너지의 총합은 외부와 에너지를 교환하지 않는 한 일정하다는 법칙은?

① 에너지 보존 법칙
② 보일의 법칙
③ 샤를의 법칙
④ 열역학 제2법칙

해설
열역학 제1법칙 = 에너지 보존의 법칙
에너지에는 여러 가지가 있지만 상호간 변환이 가능하고 그 물체가 가지고 있는 에너지의 총합은 외부와 에너지를 교환하지 않는 한 일정

21 에너지 보존 법칙과 가장 관계가 깊은 것은?

① 열역학 제1법칙 ② 열역학 제2법칙
③ 열역학 제3법칙 ④ 열역학 제4법칙

22 폐쇄계에 대한 열역학 제1법칙을 가장 올바르게 설명한 것은?

① 열과 에너지, 일은 상호 변환 가능하며 보존된다.
② 열효율 100%인 동력 장치는 불가능하다.
③ 2개의 열원 사이에서 동력 사이클을 구성할 수 있다.
④ 질량은 보존된다.

23 열역학 제1법칙에 대한 내용으로 가장 올바른 것은?

① 밀폐계가 사이클을 이룰 때의 열 전달량은 이루어진 일보다 항상 많다.
② 밀폐계가 사이클을 이룰 때의 열 전달량은 이루어진 일과 정비례 관계를 가진다.
③ 밀폐계가 사이클을 이룰 때의 열 전달량은 이루어진 일과 반비례 관계를 가진다.
④ 밀폐계가 사이클을 이룰 때의 열 전달량은 이루어진 일보다 항상 작다.

정답 16. ② 17. ④ 18. ② 19. ④ 20. ① 21. ① 22. ① 23. ②

24 열역학에서 "밀폐계가 사이클을 수행할 때의 열 전달량은 이루어진 일과 정비례 관계를 가진다"라는 말로 표현되는 법칙은?

① 열역학 제1법칙
② 열역학 제2법칙
③ 열역학 제3법칙
④ 열역학 제4법칙

25 엔탈피(Enthalpy)의 차원과 같은 것은?

① 에너지　② 동력
③ 운동량　④ 엔트로피

해설
엔탈피
물질이 지니고 있는 단위 중량당 열함량을 의미하는 것으로 물체가 갖는 열에너지와 운동에너지의 합으로 나타낸다.

26 내부 에너지와 유동 에너지의 합으로 정의되는 하나의 열역학 성질로서 종량 성질을 갖는 것은?

① 비열
② 열량
③ 엔트로피(Enthropy)
④ 엔탈피(Enthalpy)

27 엔탈피를 가장 올바르게 설명한 것은?

① 열역학 제2법칙으로 설명된다.
② 이상 기체만 갖는 성질이다.
③ 모든 물질의 성질이다.
④ 내부에너지와 유동일의 합이다.

28 초기 압력과 체적이 각각 $P_1 = 1,000 N/cm^2$, $V_1 = 1,000 cm^3$인 이상 기체가 등온 상태로 팽창하여 체적이 $2,000 cm^3$이 되었다면, 이 때 기체의 엔탈피 변화는 몇 J인가?

① 0　② 5
③ 10　④ 20

해설
이상 기체의 등온 과정은 엔탈피의 변화가 없음

29 왕복 기관의 열효율이 25%, 정미 마력이 50ps일 때, 총 발열량은 약 몇 kcal/h인가? (단, 1ps는 75kgf · m/s, 1kcal은 427kgf · m 이다)

① 8.75　② 35
③ 31,500　④ 126,000

해설
정미 마력 = 제동 마력
발열량 $= 50 \times 75 \times \dfrac{3,600}{427} = 31,615.9 \, cal$

30 이상 기체에 대한 설명 중 가장 관계가 먼 내용은?

① 온도가 일정할 때 압력은 체적에 반비례한다.
② 압력이 일정할 때 체적은 절대 온도에 비례한다.
③ 압력과 체적의 곱은 절대 온도에 비례한다.
④ 체적이 일정할 때 압력은 절대 온도에 반비례한다.

31 보일 · 샤를의 법칙을 설명한 내용으로 가장 올바른 것은?

① 체적은 압력에 반비례하고, 절대 온도에 비례한다.
② 체적은 압력에 비례하고, 절대 온도에 비례한다.
③ 체적은 압력에 반비례하고, 절대 온도에 반비례한다.
④ 체적은 압력에 반비례하고, 절대 온도에 반비례한다.

정답 24. ①　25. ①　26. ④　27. ④　28. ①　29. ③　30. ④　31. ①

제2부 항공 기관

32 공기를 외부의 열로부터 차단하고 열의 출입을 수반하지 않은 상태에서 팽창시키면 온도는 어떻게 되는가?
① 감소한다.
② 상승한다.
③ 일정하다.
④ 감소하다가 증가한다.

33 완전 가스 상태 변화에서 처음 상태보다 압력이 2배, 체적이 3배로 되었다면 나중 온도는 처음의 몇 배가 되겠는가?
① 0 ② 1.5
③ 6 ④ 8

[해설] 상태 방정식 $Pv = RT$에서
$T = \dfrac{Pv}{R}$이므로 압력이 2배, 체적이 3배 증가하면 온도는 6배 증가

34 압력 7atm, 온도 300℃인 $0.7m^3$의 이상 기체가 압력 5atm, 체적 $0.56m^3$의 상태로 변화했다면 온도는 약 몇 ℃가 되는가?
① 54 ② 87
③ 115 ④ 187

[해설] $\dfrac{P_1v_1}{T_1} = \dfrac{P_2v_2}{T_2}$이므로

$\dfrac{P_1v_1}{T_1} = \dfrac{P_2v_2}{T_2}$

$T_2 = T_1 \dfrac{P_2v_2}{P_1v_1} = 573 \times \dfrac{5 \times 0.56}{7 \times 0.7} = 327.4\,K = 54℃$

35 표준 상태에서의 이상 기체 20ℓ를 5기압으로 압축하였을 때 부피는 몇 ℓ가 되겠는가?
① 0.25 ② 2.5
③ 4 ④ 10

[해설] 등온 과정에서 $Pv =$ 일정이므로
$P_1v_1 = P_2v_2$, $1 \times 20 = 5 \times v_2$
$v_2 = 4$

36 온도 20℃의 이상 기체가 압력 760mmHg인 공간 $100m^3$에 채워져 있다. 만약 밀폐된 공간 $500m^3$으로 등온 팽창하였다면 이때의 압력은 몇 mmHg인가?
① 152 ② 304
③ 3040 ④ 3800

[해설] $P_1v_1 = P_2v_2$이므로
$P_2 = \dfrac{v_1}{v_2}P_1 = \dfrac{100}{500} \times 760 = 152\,mmHg$

37 단열 변화에 대한 설명으로 옳은 것은?
① 팽창 일을 할 때는 온도가 올라가고 압축 일을 할 때는 온도가 내려간다.
② 팽창 일을 할 때는 온도가 내려가고 압축 일을 할 때는 온도가 올라간다.
③ 팽창 일을 할 때와 압축 일을 할 때에 온도가 모두 올라간다.
④ 팽창 일을 할 때와 압축 일을 할 때에 온도가 모두 내려간다.

38 가스를 팽창 또는 압축시킬 때 주의와 열의 출입을 완전히 차단시킨 상태에서 변화하는 과정을 나타낸 식은? (단, P는 압력, v는 비체적, T는 온도, k는 비열비이다)
① $Pv =$ 일정
② $Pv^k =$ 일정
③ $\dfrac{P}{T} =$ 일정
④ $\dfrac{T}{v} =$ 일정

정답 32. ① 33. ③ 34. ① 35. ③ 36. ① 37. ② 38. ②

제1장 항공기 기관의 개요

39 체적 10cm³ 속의 완전 기체가 압력 760 mmhg 상태에서 체적이 20cm³로 단열 팽창하면 압력은 몇 mmhg로 변하는가? (단, 비열비는 1.40이다)

① 217　　　② 288
③ 302　　　④ 364

해설
단열 과정
$\frac{P_2}{P_1} = (\frac{v_1}{v_2})^k$ 이므로
$P_2 = P_1(\frac{v_1}{v_2})^k = 760(\frac{10}{20})^{1.4} = 287.99\,\text{mmhg}$

40 열역학에서 가역 과정의 조건으로 가장 올바른 것은?

① 마찰과 같은 요인이 있어도 상관없다.
② 계와 주위가 항상 불균형 상태이어야 한다.
③ 바깥 조건의 작은 변화에 의해서는 반대로 만들 수 없다.
④ 과정이 일어난 후에도 처음과 같은 에너지 양을 갖는다.

41 온도가 일정하게 유지되는 상태 변화를 무엇이라 하는가?

① 정압 변화　　　② 등온 변화
③ 정적 변화　　　④ 단열 변화

42 다음 중 등엔트로피 과정(Isentropic Process)의 설명으로 옳은 것은?

① 가역, 단열 과정
② 비가역, 단열 과정
③ 가역, 등온 과정
④ 비가역, 등온 과정

해설
가역 과정에서 유체를 출입하는 열량을 절대 온도로 나눈 값을 엔트로피라 하고 단열 과정은 열의 변화가 없으므로 엔트로피 일정

43 완전 가스의 열역학적인 상태 변화에 속하지 않는 것은?

① 등온 변화　　　② 가용 변화
③ 정압 변화　　　④ 폴리트로픽 변화

44 정적 비열 0.2Kcal/kg·K인 이상 기체 5kg이 일정 압력하에서 50Kcal의 열을 받아 온도가 0℃에서 20℃까지 증가하였다. 이때 외부에 한 일은 몇 kcal인가?

① 4　　　② 20
③ 30　　　④ 70

해설
정압 과정의 열량
$Q = mC_p(T_2 - T_1)$
$C_p = \frac{Q}{m(T_2 - T_1)} = \frac{50}{5(20-0)} = 0.5$
$R = C_p - C_v = 0.5 - 0.2 = 0.3$
$W = mR(T_2 - T_1) = 5 \times 0.3 \times (20-0) = 30\,\text{kcal}$

45 배기 노즐에서 온도 310℃인 가스가 등엔트로피 과정으로 분사 팽창하여 온도가 298℃가 되었다면 배기가스의 분출 속도는 약 몇 m/s인가? (단, 공기의 정압 비열은 0.249kcal/kg·℃이다)

① 50.5　　　② 111.8
③ 151　　　④ 158.1

46 열은 외부의 도움 없이는 스스로 저온에서 고온으로 이동하지 않는다는 것은 누구의 주장인가?

① Clausius　　　② Kelvin
③ Carnot　　　④ Boltzman

정답　39. ②　40. ④　41. ②　42. ①　43. ②　44. ③　45. ④　46. ①

47 열역학 제2법칙에 대한 설명이 아닌 것은?

① 에너지 전환에 대한 조건을 주는 법칙이다.
② 열과 일 사이의 에너지 전환과 보존을 말한다.
③ 열은 그 자체만으로는 저온 물체로부터 고온 물체로 이동할 수 없다.
④ 자연계에 아무 변화를 남기지 않고 어느 열원의 열을 계속하여 일로 바꿀 수는 없다.

해설
열역학 제2법칙의 서술
- Clausius의 정의(열의 이동 방향) : 열은 저온부로부터 고온부로 자연적으로는 전달되지 않는다. 즉, 일을 소비하지 않고 열을 저온부에서 고온부로 이동시키는 것은 불가능하다.
- Kelvin-Plank의 정의(열의 변환 방향) : 단지 하나만의 열원과 열 교환함으로써 사이클에 의해 열을 일로 변화시킬 수 있는 열기관을 제작할 수 없다.

48 열역학 제2법칙을 가장 잘 설명한 것은?

① 일은 열로 전환될 수 있다.
② 열은 일로 전환될 수 있다.
③ 에너지 보존 법칙을 나타낸다.
④ 에너지 변화의 방향성과 비가역성을 나타낸다.

49 열기관에서 열효율을 나타낸 식으로 옳은 것은?

① $\dfrac{일}{공급 열량}$ ② $\dfrac{공급 열량}{방출 열량}$

③ $\dfrac{방출 열량}{일}$ ④ $\dfrac{방출 열량}{공급 열량}$

50 항공기 왕복 기관의 제동 마력과 단위 시간당 기관이 소비한 연료 에너지와의 비는 무엇인가?

① 제동 열효율 ② 기계 열효율
③ 연료 소비율 ④ 일의 열당량

해설
제동 열효율(Brake Thermal Efficiency)
제동 마력과 단위 시간당 기관이 소비한 연료에너지(저발열량)와의 비

$$\eta_m = \dfrac{제동 마력}{시간당연료 소비량} = \dfrac{75 \times bHP}{J \times F_b \times H_L}$$

J : 열의 일당량(427kg.m/kcal)
F_b : 연료 소비율(kg/s)
H_L : 저발열량(kcal/kg)

51 열기관 사이클 중에서 이론적으로 열효율이 가장 좋은 가상적인 사이클은?

① 카르노 사이클 ② 브레이튼 사이클
③ 오토 사이클 ④ 디젤 사이클

52 그림은 어떤 사이클을 나타낸 것인가?

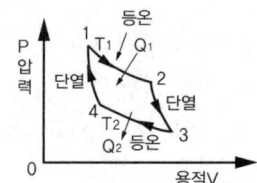

① 정압 사이클 ② 정적 사이클
③ 카르노 사이클 ④ 합성 사이클

53 온도 T_H인 고열원과 T_C인 저열원 사이에서 열량 Q_H를 받아 Q_C를 방출하여서 작동하고 있는 카르노(Carnot) 사이클이 있다. 열효율을 가장 올바르게 표현한 것은?

① $\eta = 1 - \dfrac{T_C}{\sqrt{T_H}}$

② $\eta = 1 - \dfrac{T_C}{T_H}$

③ $\eta = \dfrac{Q_C}{Q_H} - \dfrac{T_C}{T_H}$

④ $\eta = \dfrac{T_H}{Q_H} - \dfrac{T_C}{Q_C}$

54 [그림]은 오토 사이클의 P-V 선도이다. 3-4 과정은?

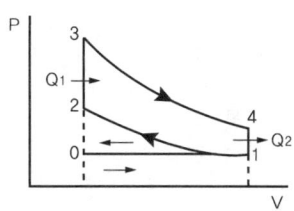

① 단열 팽창 ② 단열 압축
③ 정적 방열 ④ 정적 방열

해설

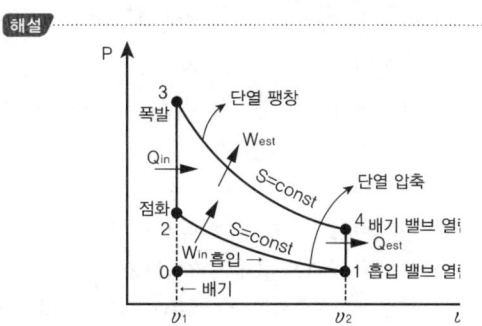

55 그림과 같은 오토(OTTO) 사이클의 P-V 선도에서 압축비를 나타낸 식은?

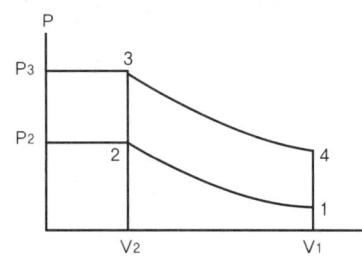

① $\dfrac{V_1}{V_2}$ ② $\dfrac{V_2}{V_1}$
③ $\dfrac{V_2}{V_1+V_2}$ ④ $\dfrac{V_1}{V_1+V_2}$

56 왕복 기관에서 실린더의 압축비로 옳은 것은? (단, V_c : 연소 체적, V_s : 행정 체적)

① $\dfrac{V_s}{V_c}$ ② $\dfrac{V_c}{V_s}$
③ $1+\dfrac{V_s}{V_c}$ ④ $1+\dfrac{V_c}{V_s}$

해설

$\epsilon = \dfrac{Vc+Vs}{Vc} = 1+\dfrac{V_s}{V_c}$

57 항공용 왕복 기관의 압축비를 옳게 나타낸 것은? (단, V_d : 행정 체적, V_c : 연소실 체적)

① $\dfrac{V_c-V_d}{V_c}$ ② $\dfrac{V_c+V_d}{V_d}$
③ $\dfrac{V_c+V_d}{V_c}$ ④ $\dfrac{V_c-V_d}{V_d}$

58 실린더 체적이 80in³, 피스톤 행정 체적이 70in³이라면 압축비는 얼마인가?

① 7:1 ② 8:1
③ 9:1 ④ 10:1

해설

$\epsilon = \dfrac{\text{실린더 체적}}{\text{연소실 체적}} = \dfrac{\text{연소실 체적}+\text{행정 체적}}{\text{연소실 체적}}$
$= \dfrac{80}{10} = 8$

59 총 배기량이 1,500cc인 왕복 엔진의 압축비가 8.5라면 총 연소실 체적은 약 몇 cc인가?

① 150 ② 200
③ 250 ④ 300

해설

$\epsilon = \dfrac{Vc+Vs}{Vc} = 1+\dfrac{V_s}{V_c}$ 이므로

$V_c = \dfrac{V_s}{\epsilon-1} = \dfrac{1,500}{8.5-1} = 200$

정답 54. ① 55. ① 56. ③ 57. ③ 58. ② 59. ②

60 그림과 같은 오토 사이클의 P-V 선도에서 $V_1 = 5m^3/kg$, $V_2 = 1m^3/kg$인 경우 압축비는 얼마인가?

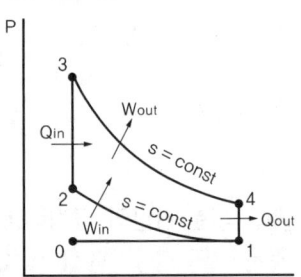

① 0.2 ② 2.5
③ 5   ④ 10

해설
$\epsilon = \dfrac{V_1}{V_2} = \dfrac{5}{1} = 5$

61 다음 그림은 정적 사이클에 대한 P-V 선도이다. 단열 팽창은 어느 곳인가?

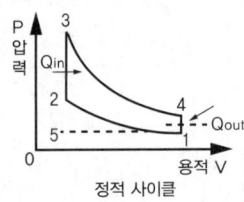

① 1-2 ② 2-3
③ 3-4 ④ 4-1

62 그림과 같이 압력(P) - 부피(V) 선도 상의 오토 사이클(Otto Cycle)에서 과정 1 → 2, 3 → 4는 어떤 변화인가?

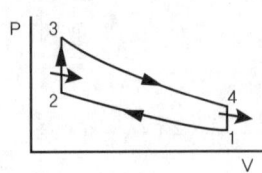

① 등온 압축, 등온 팽창
② 단열 압축, 등온 팽창
③ 등온 압축, 단열 팽창
④ 단열 압축, 단열 팽창

해설
1-2 : 단열 압축
2-3 : 정적 가열
3-4 : 단열 팽창
4-1 : 정적 방열

63 왕복 기관의 작동 과정에 대한 설명으로 틀린 것은?

① 항공용 왕복 기관은 4행정 5현상 사이클이다.
② 항공용 왕복 기관에서 실제 일은 팽창 행정에서 발생한다.
③ 4행정 기관은 각 사이클 당 크랭크축이 2회전함으로써 1사이클이 완료된다.
④ 4행정 기관은 2개의 정압 과정과 2개의 단열 과정으로 1사이클이 완료된다.

해설
오토 사이클은 2개의 정적 과정과 2개의 단열 과정으로 구성

64 오토 사이클의 열효율을 옳게 나타낸 것은?

① $1 - \dfrac{1}{\epsilon^{k-1}}$ ② $\dfrac{k-1}{\epsilon^{k-1}}$

③ $1 - \epsilon^{\frac{1}{k-1}}$ ④ $\dfrac{1}{1 - \epsilon^{k-1}}$

65 이상적인 오토 사이클(Otto Cycle) 기관에서 열효율 η를 나타내는 식은?(단, r : 압축비, k : 비열비($\dfrac{C_p}{C_v}$))

① $\eta = 1 - (\dfrac{1}{r})^{k-1}$ ② $\eta = 1 - (\dfrac{1}{r})^k$

③ $\eta = 1 - (\dfrac{1}{r})$ ④ $\eta = (\dfrac{1}{r})^k - 1$

제1장 항공기 기관의 개요

66 오토 사이클의 열효율에 대한 설명으로 틀린 것은?
① 압축비가 증가하면 열효율은 증가한다.
② 압축비가 1이라면 열효율은 무한대가 된다.
③ 동작 유체의 비열비가 1이라면 열효율은 0이 된다.
④ 동작 유체의 비열비가 증가하면 열효율도 증가한다.

해설

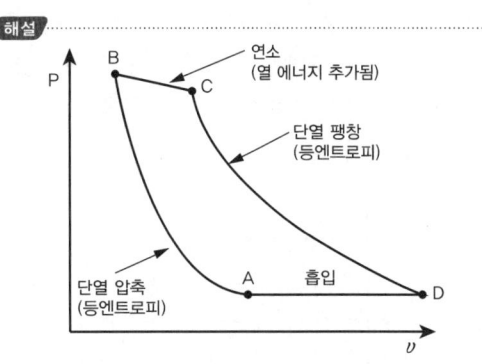

67 압축비와 가열량이 일정할 때, 이론적인 열효율이 가장 높은 사이클은?
① 오토 사이클 ② 사바테 사이클
③ 디젤 사이클 ④ 브레이튼 사이클

68 오토 사이클의 열효율은 다음 중 어느 것에 의해 가장 크게 영향을 받는가?
① 흡기 온도 ② 압축비
③ 혼합비 ④ 옥탄가

69 브레이튼 사이클(Brayton Cycle)은 어떤 기관의 이상적인 기본 사이클인가?
① 디젤 기관
② 가솔린 기관
③ 가스 터빈 기관
④ 스털링 기관

해설
브레이튼 사이클 : 가스 터빈 기관
오토 사이클 : 왕복 기관
카르노 사이클 : 이상적인 기관

70 가스 터빈 기관의 이론 사이클에서 흡열 반응은 어떤 시기에 이루어지는가?
① 정압 상태 ② 정적 상태
③ 단열 팽창 ④ 단열 압축

71 그림과 같은 브레이튼 사이클 선도의 각 단계와 가스 터빈 기관의 작동 부위를 옳게 짝지은 것은?

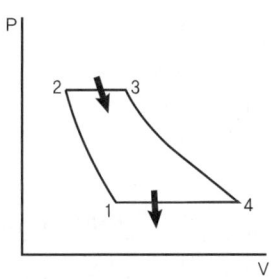

① 1→2 : 디퓨저 ② 2→3 : 연소기
③ 3→4 : 배기구 ④ 4→1 : 압축기

72 그림과 같은 브레이튼(Brayton) 사이클의 P-V 선도에 대한 설명으로 옳은 것은?

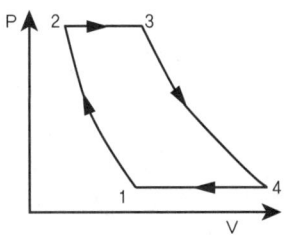

① 1-2 과정 중 온도는 일정하다.
② 2-3 과정 중 온도는 일정하다.
③ 3-4 과정 중 엔트로피는 일정하다.
④ 4-1 과정 중 엔트로피는 일정하다.

정답 66. ② 67. ① 68. ② 69. ③ 70. ① 71. ② 72. ③

73 그림과 같은 단순 가스 터빈 기관 사이클의 P-V 선도에서 압축기가 공기를 압축하기 위하여 소비한 일은 선도의 어떤 면적과 같은가?

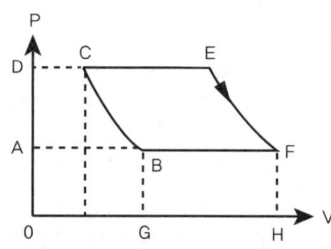

① 도형 ABCDA
② 도형 BCEFB
③ 도형 OGBCDO
④ 도형 AFEDA

해설
압축일 : ABCDA
팽창일 : ADEFA
순일 : BCEFB

74 다음과 같은 가스 터빈 기관의 기본 구성도와 브레이튼 사이클(Brayton Cycle)에서 연소기의 가열량을 옳게 나타낸 것은?

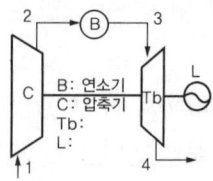 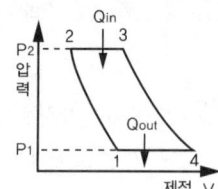

① $C_p(T_2 - T_1)$ ② $C_p(T_3 - T_2)$
③ $C_p(T_3 - T_4)$ ④ $C_p(T_1 - T_4)$

75 브레이튼 사이클(Brayton Cycle)의 이론 열효율을 옳게 표시한 것은? (단, r_p : 압력비, k : 비열비)

① $1 - r_p^{\frac{1}{k-1}}$ ② $1 - r_p^{\frac{k-1}{k}}$
③ $1 - r_p^{\frac{k}{k-1}}$ ④ $1 - r_p^{\frac{1-k}{k}}$

해설
브레이튼 사이클의 열효율
$\eta_B = 1 - \frac{T_1}{T_2} = 1 - (\frac{1}{\gamma_p})^{\frac{k-1}{k}}$

76 가스 터빈의 이상 사이클로서 열효율이 맞게 짝지어진 것은?

① Otto 사이클, $(\eta_{th}) = 1 - (\frac{v_1}{v_2})^{k-1}$

② Sabathe 사이클,
$(\eta_{th}) = 1 - (\frac{1}{r_{va}^{k-1}})$

③ Diesel 사이클,
$(\eta_{th}) = 1 - \frac{1}{r_{va}^{k-1}}\{\frac{r_f^{k-1}}{k(r_f - 1)}\}$

④ Brayton 사이클,
$(\eta_{th}) = 1 - (\frac{1}{r_p})^{(k-1)/k}$

77 그림과 같은 브레이튼 사이클(Brayton Cycle)에서 2-3 과정은?

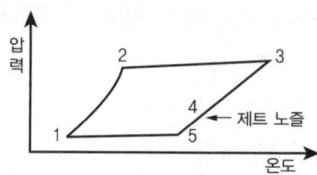

① 압축 과정   ② 연소 과정
③ 팽창 과정   ④ 방출 과정

해설
1-2 : 단열 압축
2-3 : 정압 연소
3-4 : 단열 팽창
4-1 : 정압 방열

78 브레이튼 사이클(Brayton Cycle)의 이상적인 기본 사이클 과정으로 옳은 것은?

① 단열 압축-등적 가열-단열 팽창-등적 방열
② 단열 압축-등압 가열-단열 팽창-등적 방열
③ 단열 압축-등적 가열-등압 가열-단열 팽창
④ 단열 압축-등압 가역-단열 팽창-등압 방열

79 그림과 같은 브레이튼 사이클의 P-V 선도에 대한 설명 중 틀린 것은?

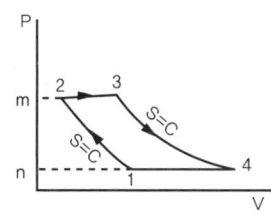

① 넓이 1-2-3-4-1은 사이클의 참 일
② 넓이 3-4-n-m-3은 터빈의 팽창일
③ 넓이 1-2-m-n-1은 압축일
④ 정압 과정과 단열 과정이 1개씩 있음

80 [그림]은 어느 기관의 이론 공기 사이클이다. 어느 기관의 사이클인가? (단, Q : 열의 출입, W : 일의 출입)

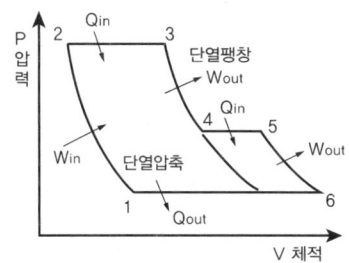

① 2단 압축 브레이튼 사이클
② 과급기를 장착한 디젤 사이클
③ 과급기를 장착한 오토 사이클
④ 후기 연소기(After Burner)를 장착한 가스 터빈 사이클

81 1개의 정압 과정과 1개의 정적 과정 그리고 2개의 단열 과정으로 이루어진 사이클은?

① 오토 사이클
② 카르노 사이클
③ 디젤 사이클
④ 역카르노 사이클

82 그림은 어떤 열역학 사이클을 나타낸 것인가?

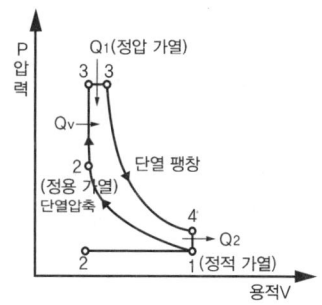

① 합성 사이클   ② 정적 사이클
③ 정압 사이클   ④ 카르노 사이클

해설
디젤 사이클 = 정압 사이클
디젤 엔진의 기본이 되는 사이클로, 단열 압축, 정압 팽창, 단열 팽창, 정적 방열로 이루어지는 열기관의 사이클

83 그림은 가스 사이클의 지압 선도이다. 어떤 가스 사이클을 나타낸 것인가?

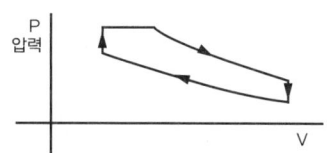

① 오토 사이클   ② 카르노 사이클
③ 디젤 사이클   ④ 사바테 사이클

84 다음 중 가스를 작동 유체로 사용하는 사이클이 아닌 것은?

① Otto Cycle
② Diesel Cycle
③ Rankine Cycle
④ Brayton Cycle

85 압축비가 동일할 때 사이클의 이론 열효율이 가장 높은 것부터 낮은 것 순서로 나열한 것은?

① 정적 - 정압 - 합성
② 정적 - 합성 - 정압
③ 합성 - 정적 - 정압
④ 정압 - 합성 - 정적

 # 왕복 기관

1 왕복 기관의 작동 원리

가 작동 원리

1) 마력

① 지시 마력(Indicated Horse Power : iHP)

$$iHP = \frac{P_{mi}LANK}{75 \times 2 \times 60} = \frac{P_{mi}LANK}{2 \times 4500}$$

P_{mi} : 지시 평균 유효 압력(kgf/cm^2), L : 행정 거리(m)
A : 실린더 단면의 넓이(cm^2), N : 기관의 분당 회전수(rpm)
K : 실린더 수

② 마찰 마력(Friction Horse Power : fHP)
③ 제동 마력(Brake Horse Power : bHP, 축마력)

$$bHP = \frac{P_{mb}LANK}{75 \times 2 \times 60}, \quad bHP = iHP - fHP$$

제동 마력은 크랭크축에 부착하는 Prony Brake나 Dynamometer로 측정할 수 있으며 지시 마력의 85~90%의 값을 가짐

2) 체적 효율

$$\eta_v = \frac{\text{대기압하에서의 충진 체적}}{\text{피스톤 배기량}} \times 100(\%)$$

3) 기계 효율(Mechanical Efficiency)

$$\eta_m = \frac{bHP}{iHP} \times 100(\%)$$

제동 마력과 지시 마력의 비로서 현재 약 85%~95% 정도

4) 제동 열효율(Brake Thermal Efficiency)

제동 마력과 단위 시간당 기관이 소비한 연료 에너지(저발열량)와의 비

$$\eta_m = \frac{제동\ 마력}{시간당\ 연료\ 소비량} = \frac{75 \times bHP}{J \times F_b \times H_L}$$

J : 열의 일당량(427kg.m/kcal)
F_b : 연료 소비율(kg/s)
H_L : 저발열량(kcal/kg)

5) 비연료 소비율(Specific Fuel Consumption)

1시간당 1마력을 발생시키는 데 소비된 연료의 질량

$$f_b = \frac{F_b}{bHP} \times 3600 \times 1000\,(g/PS-h)$$

6) 열 분배

대표적 왕복 기관의 열량 분포는 배기 손실이 40%로 가장 많고 냉각 손실이 25%, 마찰 손실이 5% 정도이며 나머지 30% 정도가 제동일로 사용

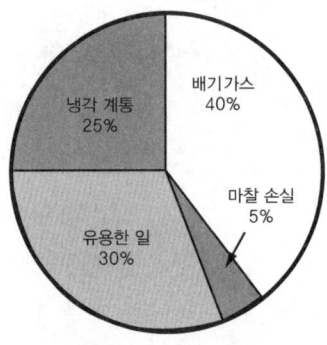

┃왕복 기관의 열량 분포┃

나 4행정 기관의 원리

1) 용어의 정의

① 상사점(Top Dead Center : TDC or TC)
② 하사점(Bottom Dead Center : BDC or BC)
③ 실린더 지름(Cylinder Bore)
④ 행정(Stroke)
⑤ 주기(Cycle)
　실린더 내의 피스톤에 의해 4행정 5현상의 열역학 제1법칙을 1회 완료하는 것으로 크랭크축의 완전한 2회전, 즉 720° 회전하는 것

2) Valve Lead, Valve Lag

① Valve Lead
　상사점이나 하사점 전에 열리는 것
② Valve Lag
　상사점이나 하사점 후에 닫히는 것

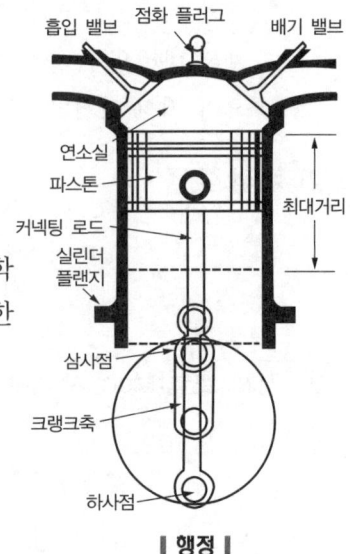

┃행정┃

3) 밸브 오버 랩(Valve Over Lap)

① 시기

배기 행정 말기에서 흡입 행정 초기까지

② 상태

두 밸브가 동시에 열려 있는 상태

③ 장점

㉠ 실린더 및 배기 밸브의 냉각

㉡ 배기가스의 완전 배출

㉢ 체적 효율 증가

④ 단점

㉠ 연료 소모의 증가

㉡ 역화(back fire)의 유발 가능성

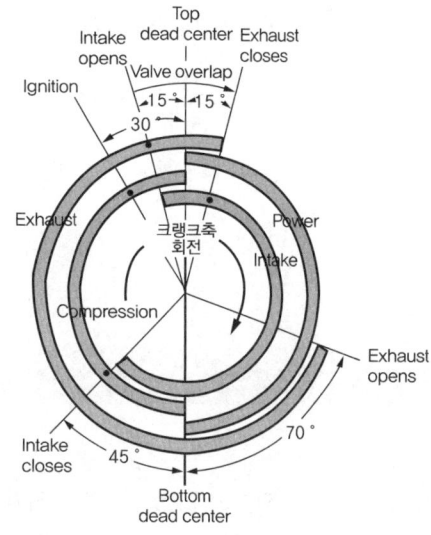

‖ 밸브 타이밍 ‖

4) 점화 진각(Spark Advanced Angle)

실린더 안의 최고 압력이 상사점 후 10° 근처에서 발생되도록 해야 효율적이므로, 화염 전파 속도를 감안하여 상사점 전에서 점화

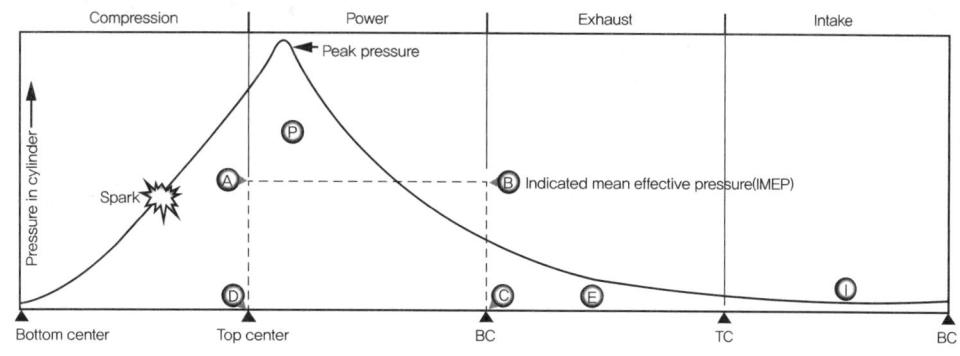

‖ 압력과 피스톤의 위치 ‖

5) 압축비(Compression Ratio)

피스톤이 상사점에 있을 때 연소실 체적과 피스톤이 하사점에 있을 때 기통 전체 체적의 비로 ε이라 하며, $\varepsilon = \dfrac{V_c + V_d}{V_c}$

6) 비정상 연소

① 디토네이션(Detonation) : 점화 후 자연 발화 발생

② 조기 점화(Pre-Ignition) : 점화 전 자연 발화 발생

7) 총 배기량(Displacement)

$$\frac{\pi D^2}{4} \times l \times K$$

D : 실린더 지름, l : 행정 거리, K : 실린더 수

1 출제 예상 문제

01 피스톤의 지름이 16cm, 행정 거리가 0.15m, 실린더 수가 6개인 왕복 기관의 총 행정 체적은 약 몇 L인가?

① 13　　② 18
③ 23　　④ 28

해설
행정 체적(KAL) $= 6 \times \dfrac{\pi \times 16^2}{4} \times 15$
$= 18,086\,cm^3 ≒ 18\,L$

02 왕복 기관의 체적 효율에 영향을 미치지 않는 것은?

① 기관 회전수
② 부적절한 밸브 타이밍
③ 기화기 공기 온도
④ 연료와 공기의 혼합비

해설
$\eta_v = \dfrac{\text{대기압하에서의 충진 체적}}{\text{피스톤 배기량}} \times 100(\%)$

03 다음 중 왕복 기관의 체적 효율(Volumetric Efficiency)을 높이는 방법이 아닌 것은?

① 흡입 공기 온도를 낮춘다.
② 높은 고도에서 작동시킨다.
③ 과급기(supercharger)를 사용한다.
④ 흡입구 및 기화기의 압력 손실을 낮춘다.

04 지시 마력이 80hp인 항공기 왕복 기관의 제동 마력이 64hp라면 기계 효율은?

① 0.20　　② 0.25
③ 0.80　　④ 1.25

해설
$\eta_m = \dfrac{bHP}{iHP} \times 100(\%) = \dfrac{64}{80} \times 100 = 80\%$

05 항공기 왕복 기관의 제동 마력과 단위 시간당 기관의 소비한 연료 에너지와의 비를 무엇이라 하는가?

① 제동 열효율　② 기계 열효율
③ 연료 소비율　④ 일의 열당량

06 왕복 기관에 대한 설명으로 가장 관계가 먼 내용은?

① 지시 마력은 지압 선도로부터 구한다.
② 축마력은 실제 크랭크축으로부터 구한다.
③ 비연료 소비율(SFC)은 1시간당 1마력당의 연료 소비량이다.
④ 기계 효율은 지시 마력과 이론 마력과의 비이다.

정답 01. ②　02. ④　03. ②　04. ③　05. ①　06. ④

07 왕복 기관의 지시 마력을 구하는 방법은?
  ① 동력계로 측정한다.
  ② 마찰 마력으로 구한다.
  ③ 지시 선도(Indicator Diagram)를 이용한다.
  ④ 프로니 브레이크(Prony Brake)를 이용한다.

08 다음 중 항공기 왕복 기관에서 일반적으로 가장 큰 값을 갖는 것은?
  ① 마찰 마력   ② 제동 마력
  ③ 지시 마력   ④ 모두 같음

  해설
  지시 마력 = 제동 마력 + 마찰 마력

09 다음 중 마찰 마력을 옳게 표현한 것은?
  ① 제동 마력과 정격 마력의 차
  ② 지시 마력과 제동 마력의 차
  ③ 지시 마력과 정격 마력의 차
  ④ 기관의 용적 효율과 제동 마력의 차

10 지시 마력이 나타내는 식에서 N이 의미하는 것은? (단, P_{mi} : 지시 평균 유효 압력, L : 행정 길이, A : 피스톤 넓이, K : 실린더 수)
  ① 기계 효율
  ② 축마력
  ③ 기관의 회전수
  ④ 제동 평균 유효 압력

  해설
  지시 마력
  $$iHP = \frac{P_{mi}LANK}{75 \times 2 \times 60} = \frac{P_{mi}LANK}{2 \times 4500}$$

11 실린더 내부의 가스가 피스톤에 작용한 동력은?
  ① 도시 마력   ② 마찰 마력
  ③ 제동 마력   ④ 축마력

12 가솔린 기관의 출력을 나타내는 대표적인 수치로 평균 유효 압력(P_{me})이 사용된다. 이 P_{me}를 증가시키는 유효한 방법으로 가장 관계가 먼 것은?
  ① 부스트 압력을 높인다.
  ② 흡기 온도를 될 수 있는 대로 높인다.
  ③ 마찰 손실을 최소한으로 한다.
  ④ 배압을 가능한 한 낮게 유지한다.

13 왕복 기관의 지시 마력을 PS 단위로 계산하는 식은? [단, P_{mi} : 지시 평균 유효 압력(kg/cm^2), L : 행정 길이(m) Pmb : 제동 평균 유효 압력(kg/cm^2), K : 실린더 수, N : 기관의 분당 회전수, bHP : 제동 마력 A : 피스톤 단면적(cm^2)]
  ① $\dfrac{75 \times 2 \times 60 \times bHP}{L \cdot A \cdot N \cdot K}$
  ② $\dfrac{P_{mi} \cdot L \cdot A \cdot N \cdot K}{75 \times 2 \times 60}$
  ③ $\dfrac{75 \times 2 \times 60 \times P_{mb}}{L \cdot A \cdot N \cdot K}$
  ④ $\dfrac{P_{mb} \cdot L \cdot A \cdot N \cdot K}{75 \times 2 \times 60}$

14 피스톤의 단면적 120cm^2, 행정 거리 50cm인 실린더 14개를 갖는 4행정 왕복 기관이 1,800rpm으로 작동할 때 평균 유효 압력이 20kgf/cm^{2}라면 지시 마력은 몇 ps인가?
  ① 3,200   ② 3,360
  ③ 4,520   ④ 6,720

  해설
  $$iHP = \frac{P_{mi} \cdot L \cdot A \cdot N \cdot K}{75 \times 2 \times 60}$$
  $$= \frac{20 \times 0.5 \times 120 \times 1,800 \times 14}{75 \times 2 \times 60} = 3,360\,ps$$

정답 07. ③ 08. ③ 09. ② 10. ③ 11. ① 12. ② 13. ② 14. ②

15 6기통, 4행정 왕복 기관의 제동 마력이 300 ps, 회전 속도가 2,400rpm일 때 토크는 약 몇 kgf·m인가? (단, 1ps는 75kgf·m/s이다)

① 67.8 ② 75.2
③ 89.5 ④ 119.3

해설

$$BHP = \frac{2\pi \times P \times R \times n}{75 \times 60} = \frac{P \times R \times n}{716} = \frac{T \times n}{716}$$

$$T = \frac{716 \times BHP}{n} = \frac{716 \times 300}{2,400} = 89.52 \, kgf \cdot m$$

여기서,
R : 크랭크 암의 회전 반지름(m)
P : 실린더 내의 전압력(kg)
n : 분당 회전수(rpm)
T : PR-토크(kg·m)

16 제동 마력을 구하는 식으로 옳은 것은? (단, P : 제동 평균 유효 압력[psi], K : 실린더수, L : 행정 거리[ft], N : rpm/2, A : 피스톤 단면적[in²], b : 제동 마력[HP])

① $bHP = \frac{PLAN}{375}$ ② $bHP = \frac{PLAK}{475}$

③ $bHP = \frac{PANK}{550}$ ④ $bHP = \frac{PLANK}{33000}$

17 4사이클 왕복 기관의 제동 마력[PS]을 구하는 식으로 옳은 것은? [단, P : 제동 평균 유효 압력(kgf/cm²), K : 실린더 수, A : 피스톤 단면의 넓이(cm²), L : 행정 거리(m), N : 기관의 회전수(rpm)]

① $\frac{PLANK}{75 \times 60}$ ② $\frac{PLANK}{75 \times 2 \times 60}$

③ $\frac{PLANK}{550}$ ④ $\frac{PLANK}{5500}$

18 어떤 기관의 피스톤 지름이 16cm, 행정 길이가 0.16m 실린더 수가 6, 제동 평균 유효 압력이 8kg/cm², 회전수가 2,400 rpm일 때의 제동 마력(ps)은 얼마인가?

① 411.6 ② 511.6
③ 611.6 ④ 711.6

해설

$$bHP = \frac{PLANK}{75 \times 2 \times 60}$$

$$= \frac{8 \times 0.16 \times \frac{\pi}{4} 16^2 \times 2,400 \times 6}{75 \times 2 \times 60} = 411.77 \, ps$$

19 왕복 기관의 평균 유효 압력에 대한 설명으로 옳은 것은?

① 사이클당 유효일을 행정 거리로 나눈 값
② 사이클당 유효일을 행정 체적으로 나눈 값
③ 행정 길이를 사이클당 기관의 유효일로 나눈 값
④ 행정 체적을 사이클당 기관의 유효일로 나눈 값

해설

$$P_m (평균압력) = \frac{F(힘)}{A(면적)} = \frac{\frac{W(일)}{s(거리)}}{A} = \frac{W}{V(체적)}$$

20 왕복 기관의 피스톤 지름이 16cm인 피스톤에 65kgf/cm²의 가스 압력이 작용하면 피스톤에 미치는 힘은 약 몇 ton인가?

① 10 ② 11
③ 12 ④ 13

해설

$P = \frac{F}{A}$ 이므로

$F = PA = 65 \times \frac{\pi}{4} \times 16^2 = 13,069 \, kgf = 13 \, ton$

21 R-1650의 항공기 왕복 기관에서 실린더 수가 14개이고 피스톤의 행정 거리가 6inch라면 피스톤의 면적은 약 몇 inch²인가?

① 19.64 ② 48.23
③ 117.8 ④ 275.14

해설

배기량 = KAL이므로
$A = \dfrac{배기량}{KL} = \dfrac{1,650}{6 \times 14} = 19.64$

22 왕복 기관의 진동을 감소시키기 위한 방법으로 틀린 것은?

① 압축비를 높인다.
② 실린더 수를 증가시킨다.
③ 피스톤의 무게를 적게 한다.
④ 평형추(Counter Weight)를 단다.

23 항공용 왕복 기관의 기본 성능 요소에 관한 설명으로 틀린 것은?

① 총 배기량은 기관이 2회전하는 동안 1개의 실린더에서 배출한 배기가스의 양이다.
② 기관의 총 배기량이 증가하면 기관의 최대 출력이 증가한다.
③ 열에너지로부터 기계적 에너지로 변환되는 전체 마력을 지시 마력(Indicated Horse Power)이라 한다.
④ 구동 장치나 프로펠러에 전달되는 실질적인 마력을 축마력(Shaft Horse Power)이라 한다.

24 4행정 사이클 엔진에서 한 실린더가 분당 200번 폭발할 때 크랭크축의 회전수는?

① 100rpm ② 200rpm
③ 400rpm ④ 800rpm

25 크랭크축의 회전 속도가 2,400rpm인 14기통 2열 성형기관에서 3-로브 캠판의 회전 속도는 몇 rpm인가?

① 200 ② 400
③ 600 ④ 800

해설

크랭크축에 대한 캠판의 속도 = $\dfrac{1}{로브수 \times 2}$
$= \dfrac{1}{2 \times 3} = \dfrac{1}{6}$이므로
캠판의 회전 속도 = $\dfrac{2,400}{6} = 400$rpm

26 일반적으로 왕복 기관 실린더 내의 최대 폭발 압력이 발생하는 시점은?

① 피스톤의 정확한 상사점에서
② 피스톤의 상사점 후 크랭크각 약 10°에서
③ 피스톤의 상사점 후 크랭크각 약 25°에서
④ 피스톤의 하사점 후 크랭크각 약 25°에서

27 왕복 기관의 작동 상태 중 배기 밸브는 닫혀 있고 흡입 밸브가 닫히고 있다면 피스톤의 행정은?

① 흡입 행정 ② 압축 행정
③ 동력 행정 ④ 배기 행정

28 왕복 기관의 흡입 및 배기 밸브가 실제로 열리고 닫히는 시기로 가장 옳은 것은?

① 흡입 밸브 : 열림-상사점, 닫힘-하사점, 배기 밸브 : 열림-하사점, 닫힘-상사점
② 흡입 밸브 : 열림-상사점 전, 닫힘-하사점 전, 배기 밸브 : 열림-하사점 후, 닫힘-상사점 후
③ 흡입 밸브 : 열림-상사점 전, 닫힘-하사점 전, 배기 밸브 : 열림-하사점 전, 닫힘-하사점 후
④ 흡입 밸브 : 열림-상사점 전, 닫힘-하사점 후, 배기 밸브 : 열림-하사점 전, 닫힘-상사점 후

정답 22. ① 23. ① 24. ③ 25. ② 26. ② 27. ② 28. ④

29 실린더 내의 유입 혼합기 양을 증가시키며, 실린더의 냉각을 촉진시키기 위한 밸브 작동은?

① 흡입 밸브 래그
② 배기 밸브 래그
③ 흡입 밸브 리드
④ 배기 밸브 리드

해설
밸브 오버랩(Valve Overlap)
- 배기 행정 말기에서 흡입 행정 초기까지 두 밸브가 동시에 열려 있는 상태
- 흡입 행정에서 흡입 밸브는 상사점 전에 열리고 (Valve Lead), 하사점 후에 닫힘(Valve Lag)

30 왕복 기관에서 밸브 오버 랩(Valve Overlap) 가장 큰 장점이 되는 것은?

① 배기 밸브의 냉각을 돕고 더 많은 출력을 얻는다.
② 후화(Ater Fre)를 방지한다.
③ 배기가스(Exhaust Gas)를 속히 배출시킨다.
④ 혼합기(Mxture Gas)를 실린더 내에 더 많이 넣어 준다.

31 왕복 엔진에서 밸브 오버랩(Valve Oer Lap)을 두는 이유로 틀린 것은?

① 냉각을 돕는다.
② 체적 효율을 향상시킨다.
③ 밸브의 온도를 상승시킨다.
④ 배기가스를 완전히 배출시킨다.

32 다음과 같은 밸브 타이밍을 가진 왕복 기관의 밸브 오버랩은 얼마인가? (단, I.O : 25° BTC, E.O : 55° BBC, I.C : 60° ABC E.C : 15° ATC)

① 25°
② 40°
③ 60°
④ 75°

해설
밸브 오버랩(Valve Overlap)
배기 행정 말기에서 흡입 행정 초기까지 두 밸브가 동시에 열려 있는 상태
I.O + E.C = 25 + 15 = 40

2 왕복 기관의 구조

가 전방 부분(Front Or Nose Section)

1) 프로펠러 축(Propeller Shaft)
① 플랜지 타입(Flange Type)
② 테이퍼 타입(Taper Type)
③ 스프라인 타입(Spline Type)

정답 29. ③ 30. ④ 31. ③ 32. ②

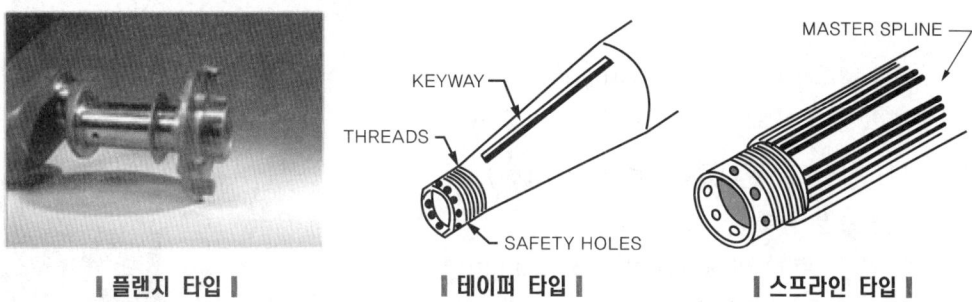

| 플랜지 타입 | | 테이퍼 타입 | | 스프라인 타입 |

2) 감속 기어(Reduction Gear)

가) 목적

크랭크축의 회전 속도를 크게 하여 출력을 증가시키되 프로펠러의 깃 끝 속도를 음속 이하로 감소시키기 위해 사용

나) 종류

① 평기어식(Spur-Reduction Gear) : 일부의 저출력 기관에 사용
② 유성기어식(Planetary Reduction Gear System) : 대부분의 성형 기관에 사용

감속비 : $R = \dfrac{Na}{Na+Nc}$ (내측 기어가 고정),

$R = \dfrac{Nc}{Na+Nc}$ (외측 기어가 고정)

Na : 구동 기어 잇 수, Nc : 고정 기어 잇 수

3) 전방 케이스(Front Case)

4) 추력 베어링(Thrust Bearing)

5) 캠 판(Cam Plate-Cam Ring)

6) 기타 액세서리

전방 배유 오일 펌프(Nose Scavenge Oil Pump), 조속기(Governor), 마그네토(Magneto) 등

나 동력 부분(Power Section)

1) 실린더

가) 실린더 헤드(Cylinder Head)

① 냉각 핀(Cooling Fin)
② 연소실 : 원통형, 반구형, 원뿔형이 있으나 반구형이 일반적

③ 로커 박스(Rocker Box)
④ 밸브 가이드(Valve Guide)
⑤ 밸브 시트(Valve Seat)

나) 실린더 동체(Cylinder Barrel)

① 표면 경화
  ㉠ 질화처리(Nitriding) : Blue Paint
  ㉡ 크롬 도금(Cr Plating) : Orange Paint(크롬 도금한 실린더에는 크롬 도금한 피스톤 링을 사용하면 안 됨)
② 종통형(Choke Bore)
  ㉠ 열팽창을 고려하여 상사점 부근을 하사점 부근보다 약간 작게 만든 실린더
  ㉡ 정상 작동 시 올바른 내경 유지

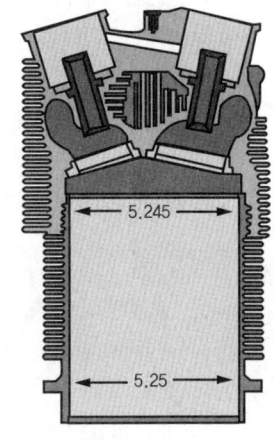

┃ 종통형 실린더 ┃

2) 피스톤

가) 역할

① 연소 가스에 의한 압력을 받아 커넥팅 로드를 통해 크랭크축에 힘을 전달
② 밸브를 통해 배기가스를 흡입 및 배출
③ 피스톤은 약 2000℃ 정도의 연소 가스 온도와 40 ~ 60kg/cm²의 고압을 받으면서 10 ~ 15m/s에 달하는 고속으로 왕복 운동

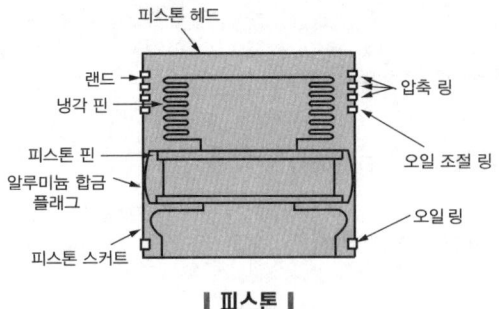

┃ 피스톤 ┃

나) 구조

① 헤드(Head) : 평면형, 오목형, 컵형, 돔형, 반원뿔형
② 냉각 핀

다) 피스톤 간격(Piston Clearance)

열팽창에 의해 피스톤이 실린더에 달라붙는 것을 방지하기 위하여 피스톤의 바깥지름을 실린더의 안지름보다 조금 작게 만들어 실린더와 피스톤 사이에 간격을 둠

라) 피스톤 링(Piston Ring)

① 목적
- ㉠ 기밀 유지 – 피스톤 간격을 메움
- ㉡ 오일 제어 – 윤활
- ㉢ 열 전도 – 냉각

② 재질

마멸에 잘 견디고 고온에서도 탄성을 유지할 수 있으며 열전도율이 좋은 고급 회주철을 사용

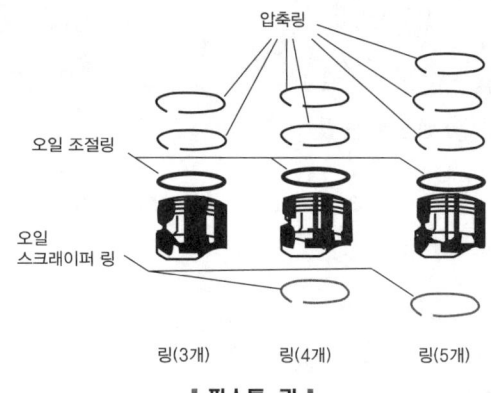

‖ 피스톤 링 ‖

③ 종류
- ㉠ 압축 링(Compression Ring)
- ㉡ 오일 링(Oil Ring)
    1) 오일 조절링(Oil Control Ring)
    2) 오일 제거링(Oil Wiper, Scraper Ring)

④ 링의 단면 모양

직사각형, 경사형, 쐐기형

⑤ 링의 끝 간격(Joint) 모양

맞대기형(많이 사용), 계단형, 경사형

⑥ 피스톤 핀(Piston Pin)
- ㉠ 고정식 : 피스톤 핀이 움직일 수 없음
- ㉡ 반부동식 : 피스톤 핀 보스에서만 움직임
- ㉢ 전부동식 : 피스톤 핀 보스 및 커넥팅 로드에서도 자유롭게 움직일 수 있음

⑦ 유압 폐쇄(Hydraulic Lock)
- ㉠ 왕복 기관의 하부 실린더로 윤활유가 배출되는 것으로 피스톤 링 사이로 윤활유가 배출되어 연소실에 채워진 상태
- ㉡ 기관 시동 전에 윤활유가 제거되지 않으면 심각한 손상이 발생

ⓒ 유압 폐쇄를 없애기 위해서는 손으로 프로펠러를 몇 바퀴 회전

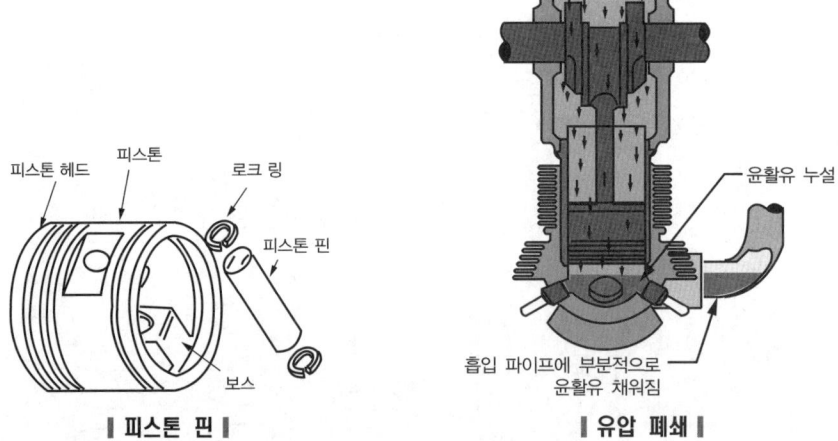

| 피스톤 핀 | | 유압 폐쇄 |

3) 밸브 및 밸브 기구(Valve & Valve Mechanism)

가) 밸브

① 종류(헤드의 모양에 따라)
  ㉠ 평면형(Flat Type) : 저출력 기관의 흡·배기
  ㉡ 튤립형(Tulip Type) : 고출력 기관의 흡기
  ㉢ 버섯형(Mushroom Type) : 고출력 기관의 배기

| 밸브 종류 |

② 흡입 밸브(Intake Valve)
  실리콘니켈-크롬강을 주로 사용
③ 배기 밸브(Eexhaust Valve)
  니켈-크롬강. 밸브 스템 속에 금속나트륨(Sodium : 약 200°F에서 녹아 냉각 작용 촉진)을 넣어 냉각

나) 밸브 스프링(Valve Spring)
  굵기와 지름이 다른 2개의 스프링을 겹치게 장착하는 이유
① 진동(서징 : Surging) 방지
② 스프링 1개가 절손했을 경우의 안전성 확보

다) 밸브 작동 기구(Valve Operating Mechanism)

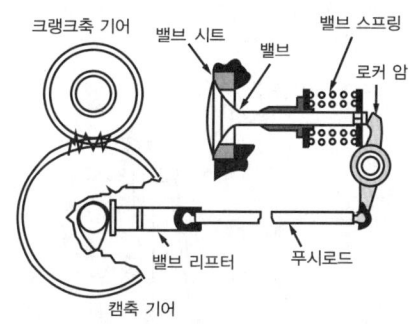

┃ 밸브 작동 기구 ┃

① 대향형 기관의 밸브 기구

크랭크축 회전 → 캠 축 회전(크랭크축의 ½ 회전) → 태핏(유압식 밸브 리프터) → 푸시로드 → 로커 암 → 밸브(밸브 닫힘 : 밸브 스프링)

② 성형 기관의 밸브 기구

크랭크축 회전 → 캠 플레이트(판) 회전 → 태핏 → 푸시 로드 → 로커 암 → 밸브(밸브 닫힘 : 밸브 스프링)

③ 구성

ㄱ. 캠판(Cam Plate, Cam Ring)

ㄴ. 크랭크축에 대한 캠판의 속도는 $\dfrac{1}{로브수 \times 2}$ 이므로 기어 모양과 회전 방향에 따라 다음과 같은 공식이 적용

$$n = \dfrac{N \pm 1}{2}, \quad r = \dfrac{1}{n \times 2}$$

(n : 캠로브 수, N : 실린더 수, r : 회전비)

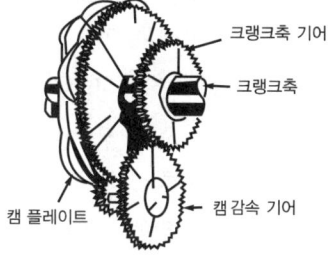

┃ 캠판 ┃

※ 대향형 기관에서는 캠축에 기통수×2, 즉 밸브 수만큼의 캠로브(Cam Lobe)가 있어 크랭크축의 1/2 속도로 회전

ㄷ. 태핏(Tappet)

※ 대향형 기관에서는 하이드로릭 밸브 리프트(Hydraulic Valve Lift)로 되어 있어 오일 압력에 의해 작동 중 밸브 간격을 항상 "0"으로 유지하므로 정비가 간단하고 작동 유연

ㄹ. 푸시로드(Pushrod)

ㅁ. 로커 암(Rocker Arm)

라) 밸브 간극(Valve Clearance)

① 푸시로드(Push Rod)가 Unload 상태일 때 밸브 끝(Valve Tip)과 로커 암(Rocker Arm) 사이의 간격

② 간격이 너무 좁으면 빨리 열리고 늦게 닫히고,
간격이 너무 넓으면 늦게 열리고 빨리 닫힘
③ 열간 간격(작동 간격) : 0.07″
④ 냉간 간격(검사 간격) : 0.01″

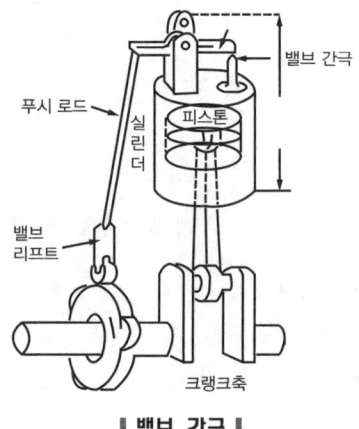

┃ 밸브 간극 ┃

4) 커넥팅 로드(Connecting Rod)

가) 연결
① 소단부(Small End)
피스톤 핀으로 피스톤과 연결
② 대단부(Large End)
크랭크 핀으로 크랭크축에 연결

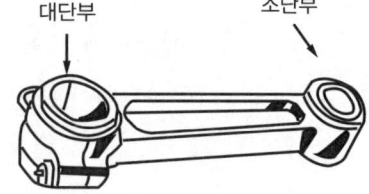

┃ 평형 커넥팅 로드 ┃

나) 종류
① 평형(Plain Type) : 대향형, 직렬형 기관에 사용
② 포크블레이드형(Fork & Blade Type) : V형 기관에 사용
③ 마스터 아티큘레이티드형(Master & Articulated Rod Type) : 성형 기관에 사용

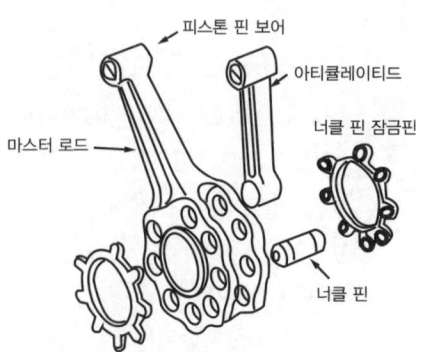

┃ 마스터 아티큘레이티드형 ┃

※ 복경사각 : 마스터 로드 실린더 외의 피스톤들이 마스터 로드의 대단부 원주 상에 너클 핀으로 고정되며 원운동하는 원주 상에 회전 중심을 두고 있는 관계로, 각각의 고유한 타원 궤적을 갖게 되어 각 실린더마다 상사점에 미세한 차이를 갖게 됨

5) 크랭크축(Crank Shaft)

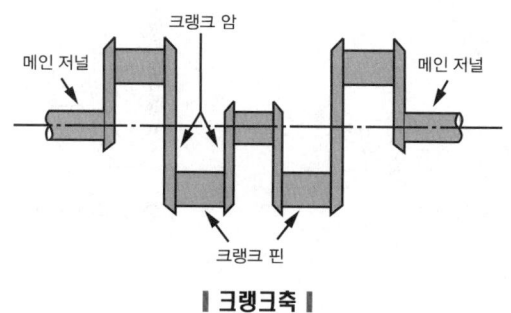

▌크랭크축 ▌

가) 재질

고강도의 니켈크롬몰리브덴강(Ni-Cr-Mo Steel)을 단조하여 제작

나) 구성 요소

① 메인 저널(Main Journal)
② 크랭크 암(Crank Arm/Crank Cheek)
③ 크랭크 핀(Crank Pin/Crank Throw)
  ㉠ 커넥팅 로드(Connecting Rod)의 대단부(Large End)가 연결되는 부분
  ㉡ 무게 경감과 오일 통로 및 슬러지 챔버(Sludge Chamber)의 역할을 위해 중공으로 제작
④ 평형추(Counter Weight) & 챔버(Damper)
  ㉠ 평형추(Counter Weight) : 크랭크축의 정적 평형 담당
  ㉡ 다이나믹 댐퍼(Dynamic Damper) : 크랭크축의 변형과 비틀림 진동 방지

6) 크랭크 케이스(Crank Case)

기관의 몸체를 이루고 있는 부분

7) 베어링(Bearing)

가) 평 베어링(Plain Bearing)

방사상 하중만 담당

나) 롤러 베어링(Roller Bearing)

① 직선 롤러 베어링(Straight Roller Bearing) : 방사형 하중에만 사용
② 테이퍼 롤러 베어링(Taper Roller Bearing) : 방사형 하중과 추력 하중에 사용

다) 볼 베어링(Ball Bearing)

추력 하중과 방사형 하중에 강하므로 대형 왕복 기관 및 가스 터빈 기관의 추력 베어링으로 사용

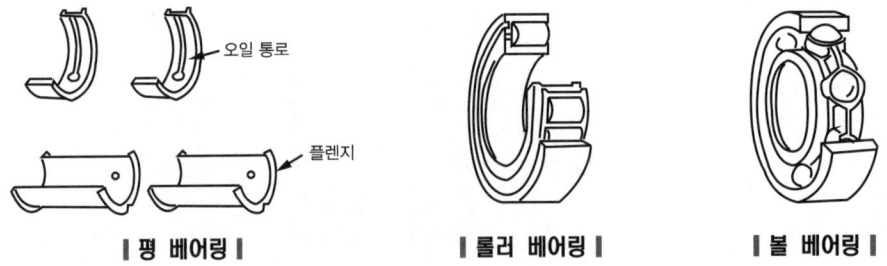

| 평 베어링 | | 롤러 베어링 | | 볼 베어링 |

다 공기 흡입과 과급기 부분

1) 공기 흡입 부분(Air Induction System)

① 공기 필터(Air Filter)
② 알터네이트 공기 밸브 (Alternate Air Valve)
③ 히터 머프(Heater Muff)
④ 기화기(Carburetor)
⑤ 흡입 매니폴드(Intake Manifold)

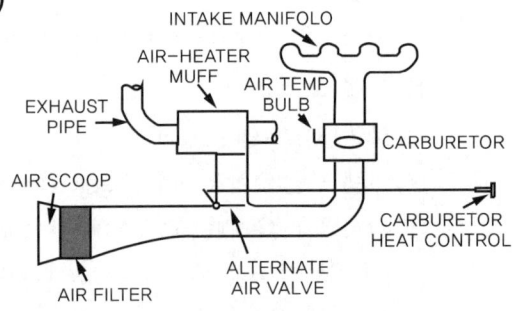

| 공기 흡입 부분 |

2) 과급기(Supercharger)

가) 역할
① 이륙 시 짧은 시간 동안에 최대 출력을 증가
② 기압이 낮은 고고도 비행 시 출력을 증가시켜 순항 고도 증가

나) 종류
① 형식에 따라 : 원심력식, 루츠식, 베인식
② 장착 위치에 따라 : 내부 기계식, 배기 터빈식

다) 원심력식 과급기(왕복 기관에 많이 사용)
임펠러, 디퓨저, 매니폴드로 구성

라) 터보 컴파운드 기관(Turbo Compound Engine)
터보 과급기(Turbo Supercharger)의 원리를 이용하여 배기가스로 동력 공급 터빈(Power Recovery Turbine)을 구동하고 이 회전력을 내부의 감속기어 장치에서 감속하여 크랭크축에 추가 동력 공급

라 뒷부분(Rear Section, Accessory Section)

오일 펌프, 마그네토, 기화기, 시동기, 발전기, 연료 펌프 등 장착

2 출제 예상 문제

01 피스톤 엔진 실린더 내벽의 크롬 도금에 대한 설명으로 가장 올바른 것은?
① 실린더 내벽의 열팽창을 크게 한다.
② 실린더 내벽의 표면을 경화시킨다.
③ 청색 표시를 한다.
④ 반드시 크롬 도금한 피스톤 링을 사용한다.

02 실린더의 내벽을 경화시키는 방법은?
① Nitriding ② Shot Peening
③ Ni Plating ④ Zn Plating

03 실린더 헤드의 안쪽에 있는 연소실의 모양 중 가장 연소가 잘 이루어지는 형은?
① 원통형 ② 반구형
③ 원뿔형 ④ 오목형

04 초크(Choked) 또는 테이퍼 그라운드(Taper-Ground) 실린더 배럴을 사용하는 가장 큰 이유는?
① 시동 시 압축 압력의 증가를 위해
② 정상 작동 온도에서 실린더의 원활한 작동을 위해
③ 정상적인 실린더 배럴(Cylinfer Barrel)의 마모를 보상하기 위해
④ 피스톤 링(Piston Ring)의 마모를 미리 알기 위해

해설
종통형(Choke Bore) 실린더
- 열팽창을 고려하여 상사점 부근을 하사점 부근보다 약간 작게 만든 실린더
- 정상 작동 시 올바른 내경 유지

05 피스톤의 구비 조건이 아닌 것은?
① 관성의 영향을 크게 받을 것
② 온도차에 의한 변형이 적을 것
③ 열전도가 양호할 것
④ 중량이 가벼울 것

06 왕복 엔진의 피스톤(Piston) 링의 주요 기능으로 가장 거리가 먼 것은?
① 연소실 내 압력 유지
② 윤활유가 과도하게 연소실로 들어가는 것을 방지
③ 연소 압력 상승
④ 피스톤 열을 실린더 벽면으로 전달하는 기능

정답 01. ② 02. ① 03. ② 04. ② 05. ① 06. ③

제2부 항공 기관

07 피스톤의 링의 끝은 링 홈에 링을 끼운 상태에서 끝 간격을 가지도록 해야 한다. 피스톤 링의 끝 간격 모양 중 제작이 쉽고, 사용하기 편리한 형으로 일반적으로 가장 널리 이용되는 것은?
① 계단형　② 경사형
③ 맞대기형　④ 쐐기형

08 피스톤 링은 연소실을 밀폐시키는 역할 이외에 어떤 역할을 하는가?
① 피스톤 핀(Pin)을 윤활시킨다.
② 크랭크 케이스(Case) 압력을 축소시킨다.
③ 실린더가 헤드(Head)로 너무 가까이 접근하는 것을 방지한다.
④ 열 분산을 돕는다.

09 피스톤 오일 링(Piston Oil Ring)에 의하여 모여진 여분의 오일은 다음 중 어느 경로를 통하여 흐르는가?
① 피스톤 핀 중앙에 뚫린 구멍으로
② 피스톤 오일 링 홈에 있는 드릴 구멍을 통하여
③ 피스톤 핀에 있는 드릴 구멍을 통하여
④ 실린더 벽면의 작은 틈을 타고

10 성형 왕복 기관에서 기관 정지 후 하부에 위치한 실린더에서 오일이 실린더 상부 쪽으로 스며들어 축적되는 현상은?
① 베이퍼 로크(Vapor Lock)
② 임팩트 아이스(Impact Ice)
③ 하이드로릭 로크(Hydraulic Lock)
④ 이베포레이션 아이스(Evaporation Ice)

해설
유압 폐쇄(Hydraulic Lock)
- 왕복 기관의 하부 실린더로 윤활유가 배출되는 것으로 피스톤 링 사이로 윤활유가 배출되어 연소실에 채워진 상태
- 기관 시동 전에 윤활유가 제거되지 않으면 심각한 손상이 발생
- 유압 폐쇄를 없애기 위해서는 손으로 프로펠러를 몇 바퀴 회전

11 왕복 기관에서 둘 또는 그 이상의 밸브 스프링(Valve Spring)을 사용하는 가장 큰 이유는?
① 밸브 간격을 "0"으로 유지하기 위하여
② 한 개의 밸브 스프링(Valve Spring)이 파손될 경우에 대비하기 위하여
③ 축을 감소시키기 위하여
④ 밸브의 변형을 방지하기 위하여

12 왕복 기관에서 실린더 배기 밸브의 과열을 방지하기 위해 밸브 내부에 삽입하는 물질은?
① 합성 오일　② 수은
③ 금속나트륨　④ 실리카겔

해설
배기 밸브 스템 속에 Sodium(금속나트륨 : 약 200°F에서 녹아 냉각 작용 촉진)을 넣어 냉각

13 배기 밸브 제작 시 축에 중공(Hollow)을 만들고 금속나트륨을 삽입하는 것은 어떤 효과를 위해서인가?
① 밸브 서징을 방지한다.
② 밸브에 신축성을 부여하여 충격을 흡수한다.
③ 밸브 헤드의 열을 신속히 밸브 축에 전달한다.
④ 농후한 연료에 분사되어 농도를 낮춰 준다.

정답　07. ③　08. ④　09. ②　10. ③　11. ②　12. ③　13. ③

14 피스톤 핀과 크랭크축을 연결하는 막대이며, 피스톤의 왕복 운동을 크랭크축으로 전달하는 일을 하는 기관의 부품은?

① 실린더 배럴 ② 피스톤 링
③ 커넥팅 로드 ④ 플라이휠

15 항공기 왕복 기관에서 크랭크축의 주요 3부분에 속하지 않는 것은?

① Main Journal
② Crank Pin
③ Connecting Rod
④ Crank Arm

16 왕복 기관의 크랭크축(Crank Shaft)은 기관부의 뼈대인 만큼 강인한 재료로 구성되어야 하는데 다음 중 그 구성 재료로 가장 적합한 것은?

① 티타늄강
② 마그네슘합금
③ 스테인리스강
④ 크롬-니켈-몰리브덴강

17 왕복 기관의 크랭크 핀(Crank Pin)이 일반적으로 속이 비어 있는 목적이 아닌 것은?

① 윤활유의 통로를 형성한다.
② 크랭크축의 중량을 감소시킨다.
③ 크랭크축의 냉각 효과를 갖는다.
④ 탄소 퇴적물이 모이는 공간으로 활용된다.

> **해설**
> 크랭크 핀(Crank Pin, Crank Throw)
> • 커넥팅 로드의 대단부가 연결되는 부분
> • 무게 경감과 오일 통로 및 Sludge Chamber의 역할을 위해 중공으로 제작

18 왕복 성형 기관의 크랭크축에서 정적 평형은 어느 것에 의해 이루어지는가?

① Dynamic Damper
② Counter Weight
③ Dynamic Suspension
④ Split Master Rod

> **해설**
> • 평형추(Counter Weight) : 크랭크축의 정적 평형 담당
> • 다이나믹 댐퍼(Dynamic Damper) : 크랭크축의 변형과 비틀림 진동 방지

19 다이나믹 댐퍼의 주 목적으로 옳은 것은?

① 크랭크축의 자이로 작용을 방지하기 위하여
② 항공기가 교란되었을 때 원위치로 복원시키기 위하여
③ 크랭크축의 비틀림 진동을 감쇠하기 위하여
④ 커넥팅 로드의 왕복 운동을 방지하기 위하여

20 저출력 소형 항공기 왕복 기관의 크랭크축에 일반적으로 사용되는 베어링은?

① 볼(Ball) 베어링
② 롤러(Roller) 베어링
③ 평형(Plain) 베어링
④ 니들(Needle) 베어링

> **해설**
> • 평형 베어링 : 저출력 기관의 커넥팅 로드, 크랭크 축, 캠 축 등에 사용
> • 볼 베어링 : 대형 성형 기관과 가스 터빈 기관의 추력 베어링으로 사용

정답 14. ③ 15. ③ 16. ④ 17. ③ 18. ② 19. ③ 20. ③

21 왕복 기관의 크랭크축에 일반적으로 사용되는 베어링은?

① 평형(Plain) 베어링
② 롤러(Roller) 베어링
③ 볼(Ball) 베어링
④ 니들(Needle) 베어링

22 다음 중 기관에서 축방향과 동시에 반경방향의 하중을 지지할 수 있는 추력 베어링 형식은?

① 평면 베어링   ② 볼 베어링
③ 직선 베어링   ④ 저널 베어링

23 왕복 기관에서 밸브 간격이 과도하게 클 경우 가장 올바르게 설명한 것은?

① 밸브 오버 랩(Over Lap) 증가
② 밸브 오버 랩(Over Lap) 감소
③ 밸브의 수명 증가
④ 밸브 오버 랩(Over Lap)과 무관

24 흡입 밸브와 배기 밸브의 팁 간극이 모두 너무 클 경우 발생하는 현상은?

① 점화 시기가 느려진다.
② 오일 소모량이 감소한다.
③ 실린더의 온도가 낮아진다.
④ 실린더의 체적 효율이 감소한다.

> **해설**
> 팁 간극이 너무 크면 흡입 밸브는 늦게 열리고 배기 밸브는 일찍 닫혀서 체적 효율 감소

25 왕복 기관의 실린더를 분해 및 조립할 때 주의 사항으로 틀린 것은?

① 실린더를 장착할 때 12시 방향의 너트를 먼저 조인 후 다른 너트를 조인다.
② 실린더를 떼어내기 전에 외부에 부착된 부품들을 먼저 떼어 낸다.
③ 실린더를 떼어낼 때 피스톤 행정을 배기 상사점 위치에 맞춘다.
④ 실린더를 장착할 때 피스톤 링의 터진 방향을 링의 개수에 따라 균등한 각도로 맞춘다.

> **해설**
> 실린더를 장탈할 때는 피스톤의 위치를 압축 행정 상사점에 맞추어 흡입 밸브와 배기 밸브가 닫힌 상태로 유지시켜 밸브 기구에 힘이 작용하지 못하도록 한다.

26 유압 리프터(Hydraulic Valve Lifter)를 사용하는 수평 대항형 엔진에서 밸브 간극을 조절하려면 어떻게 해야 하는가?

① 로커 암(Rocker Arm)을 조절
② 로커 암(Rocker Arm)을 교환
③ 푸시로드(pushrod)를 교환
④ 밸스 스템(Stem) 심(Sim)으로 조정

27 차압 시험기를 이용한 압축점검(Compression Check)을 피스톤이 하사점에 있을 때 하면 안 되는 이유는?

① 폭발의 위험성이 있기 때문에
② 최소한 한 개의 밸브가 열려 있기 때문에
③ 과한 압력으로 게이지가 손상되기 때문에
④ 실린더 체적이 최대가 되어 부정확하기 때문에

> **해설**
> 실린더 압축 검사
> 실린더의 밸브와 피스톤 링 등에서 압축가스가 새는지의 여부를 검사하는 것으로 압축 상사점에서 실시

정답 21. ① 22. ② 23. ② 24. ④ 25. ③ 26. ③ 27. ②

28 항공기 왕복 기관에서 고도 증가에 따르는 배기 배압(Exhaust Back Pressure)의 감소는?
① 소기 효과를 향상시켜 제동 마력을 향상시킨다.
② 소기 효과를 저하시켜 제동 마력을 감소시킨다.
③ 마력과는 관계가 없다.
④ 흡기 다기관의 압력을 저하시킨다.

29 왕복 기관에서 흡기 압력이 증가할 때 나타나는 효과는?
① 충진 체적이 증가한다.
② 충진 체적이 감소한다.
③ 충진 밀도가 증가한다.
④ 연료, 공기 혼합기의 무게가 감소한다.

30 항공기 왕복 기관의 배기 계통의 목적 및 용도로 틀린 것은?
① 압을 높이지 않고 가스를 배출한다.
② 연소 가스 내의 유해 성분 밀도를 높인다.
③ 기내 난방이나 슈퍼차저의 구동 등에 사용된다.
④ 기화기 결빙이 우려될 경우 흡기의 예열에 사용된다.

31 고출력 왕복 기관에 사용되는 일종의 압축기로 혼합가스 또는 공기를 압축시켜 실린더로 보내어 큰 출력을 내도록 하는 것은?
① 기화기   ② 공기 덕트
③ 매니폴드   ④ 과급기

32 이륙 또는 고고도 비행 시 왕복 엔진의 출력을 최대로 하기 위하여 흡기 압력을 대기압 이상 압력으로 유지시켜 주는 장치는?
① 다기관(Manifold)
② 애프터버너(Afterburner)
③ 카뷰레터(Carburetor)
④ 슈퍼차저(Supercharger)

33 항공기 왕복 기관의 회전수가 일정한 상태에서 고도가 증가할 때 기관 출력에 대한 설명으로 옳은 것은? (단, 기온의 변화는 없으며, 과급기는 없다)
① 밀도가 감소하여 출력이 감소한다.
② 밀도는 증가하나 출력은 일정하다.
③ 밀도가 증가하여 출력이 감소한다.
④ 밀도가 일정하므로 출력이 일정하다.

34 다음 중 터보차저(Turbocharger)의 에너지 공급원으로 옳은 것은?
① 크랭크축   ② 발전기
③ 배터리   ④ 배기가스

35 고도가 높아지면서 나타나는 기관의 변화가 아닌 것은?
① 기관 출력의 감소
② 기압 감소로 오일 소모 증가
③ 점화 계통에서 전류가 새어나감(Leak Out)
④ 기압 감소로 연료 비등점이 낮아져 증기 폐색 발생

정답 28. ① 29. ③ 30. ② 31. ④ 32. ④ 33. ① 34. ④ 35. ②

36 왕복 기관으로 흡입되는 공기 중의 습기 또는 수증기가 증가할 경우 발생할 수 있는 현상으로 옳은 것은?

① 체적 효과가 증가하여 출력이 증가한다.
② 일정한 RPM과 다기관 압력하에서는 기관 출력이 감소한다.
③ 고출력에서 연료 요구량이 감소하여 이상 연소 현상이 감소된다.
④ 자동 연료 조절 장치를 사용하지 않는 기관에서는 혼합기가 희박해진다.

해설
수증기나 습기가 증가할 경우 공기의 밀도가 감소하여 출력이 감소

37 다음 중 항공기 왕복 기관의 흡입 계통에서 작은 양의 공기 누설이 기관 작동에 큰 영향을 미치는 경우는?

① 저속 상태일 때
② 고출력 상태일 때
③ 이륙 출력 상태일 때
④ 연속 사용 최대 출력 상태일 때

38 왕복 기관이 완전히 정지하였을 때 흡입 매니폴드(Intake Manifold)의 압력계가 나타내는 압력으로 옳은 것은?

① 0inHg
② 59inHg
③ 대기 압력
④ 항공기 기종마다 다르다.

해설
과급기가 없는 기관의 매니폴드 압력은 대기압보다 낮으며 항공기 정지 시 매니폴드 압력은 대기압과 같다.

39 과급기(Supercharger)를 장착하지 않은 왕복 기관의 경우 표준 해면상(Sea Level)에서 최대 흡기 압력(Maximum Manifold Pressure)은 몇 inhg인가?

① 17
② 27.2
③ 29.92
④ 30.92

해설
과급기를 장착하지 않은 기관의 흡기압력은 대기압보다 높을 수 없다.

40 다음 중 왕복 기관의 출력에 가장 큰 영향을 미치는 압력은?

① 섬프 압력
② 오일 압력
③ 연료 압력
④ 다기관 압력(MAP)

41 왕복 기관에서 과급기를 장착하는 주 목적은 무엇인가?

① 연료 소비율의 향상
② 고공에서 출력 저하 방지
③ 착륙 효율의 향상
④ 기관 효율의 향상

42 외부 과급기(External Supercharger)를 장착한 왕복 엔진의 흡기 계통 내에서 압력이 가장 낮은 곳은?

① 기화기 입구   ② 흡입 다기관
③ 과급기 입구   ④ 스로틀 밸브 앞

43 고출력 왕복 기관에 사용되는 일종의 압축기로 혼합가스 또는 공기를 압축시켜 실린더로 보내어 큰 출력을 내도록 하는 것은?

① 기화기   ② 공기 덕트
③ 매니폴드   ④ 과급기

44 왕복 기관에 사용되는 과급기로 얻을 수 있는 효과가 아닌 것은?

① 기관의 마력당 중량을 낮춘다.
② 흡기 압력을 높여 평균 유효 압력을 증가시킨다.
③ 공기 흐름량을 조절하여 매니폴드를 보호한다.
④ 연료 기화를 촉진시켜 연료 소비율을 감소시킨다.

45 지상에서 작동중인 항공기 왕복 기관의 카울 플랩(Cowl Flap)의 위치로 가장 올바른 것은?

① 완전 닫힘　② 완전 열림
③ 1/3 열림　④ 1/3 닫힘

46 로커 암의 부싱이나 베어링의 내경을 측정하는데 가장 적절한 측정 기기는?

① Deep Gage
② Thickness Gage
③ Dial Gage
④ Telescoping Gage

③ 연료 계통

가 연소

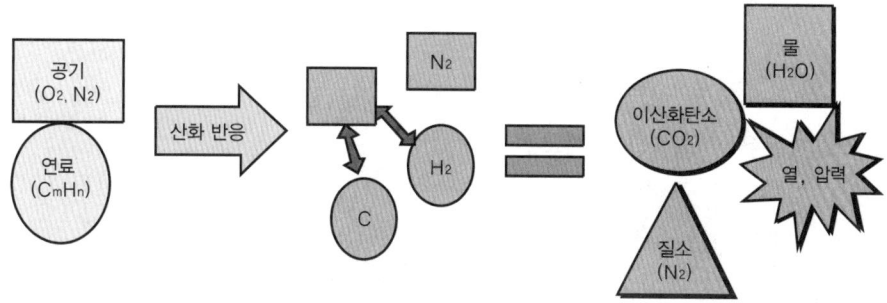

┃ 연료와 공기의 연소 ┃

정답　44. ③　45. ②　46. ④

1) 연료와 공기의 연소

항공용 연료는 탄소(C)와 수소(H)가 화합된 탄화수소(C_mH_n)

가) 발열량
① 고 발열량 : 연소 생성물 중 물이 액체로 존재할 경우의 발열량
② 저 발열량 : 연소 생성물 중 물이 기체로 존재할 경우의 발열량

나) 연소 형태
① 예혼합 화염
　㉠ 가솔린 엔진의 연소 형태
　㉡ 연소 전 연료와 공기가 섞여 있는 상태에서 점화 후 화염이 미연소 가스 영역으로 전파되면서 일어나는 연소
② 확산 화염
　㉠ 디젤 엔진이나 가스 터빈 엔진의 연소 형태
　㉡ 액체 연료가 증발하면서 공기와 혼합되어 연소

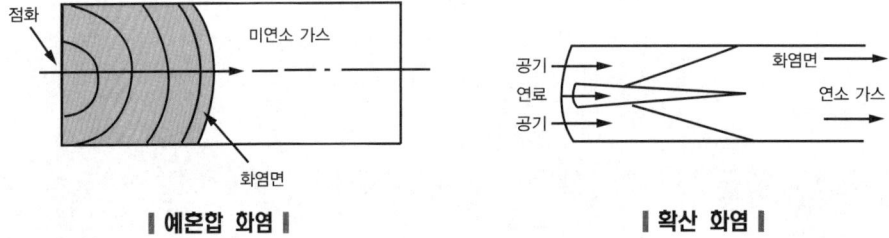

| 예혼합 화염 | | 확산 화염 |

③ 자연 발화
　㉠ 연소실 내의 온도가 발화점에 이르러 자연 발화하는 현상
　㉡ 비정상 연소이며, 조기 점화와 디토네이션(Detonation) 등

2) 연료: 항공용 가솔린(AV Gas : Aviation Gasoline)

가) 항공용 가솔린의 구비조건
① 발열량이 클 것
② 기화성이 좋을 것
③ 증기 폐색(Vapor Lock)을 잘 일으키지 않을 것
④ 안전성, 내한성이 클 것
⑤ 부식성이 작을 것

나) 기화성과 증기 폐색(Vapor Lock)
① ASTM(American Society for Testing Materials) 증류 시험 장치
연료의 기화성을 측정

② 증기 폐색(증기 폐쇄 : Vapor Lock)

기화성이 너무 높은 연료가 관속을 흐를 때 열을 받으면 기포가 생기고 기포가 많아지면 연료의 흐름을 차단하는 현상

㉠ 원인
- 연료 증기압이 연료 압력보다 클 때
- 연료관에 열이 가해질 때
- 연료관이 심히 굴곡되거나 오리피스가 있을 때

㉡ 대책
- 연료 튜브를 열원에서 멀리하고, 아주 급격한 휘어짐을 피함
- 부스터 펌프(Boost Pump) 장착(최선의 방법)
- 휘발성 억제
- 증기 분리기(Vapor Separator) 설치

③ 레이드 증기압계(Reid Vapor Pressure Bomb)
연료의 증기압을 측정하는 장치

다) 연료의 제폭성

① 안티노크(Anti-Knock)성
연료가 가진 성질 중에서 노크를 잘 일으키지 않으려는 성질

② 안티노크제
㉠ 4에틸납이 사용되고 2브롬화 에틸 및 염료를 함께 사용
㉡ 4에틸납은 연소할 때 산화납이 형성되어 실린더 내에 부착되므로 TCP(인산트리크레실)를 첨가하여 배기가스와 함께 밖으로 배출

③ 디토네이션(Detonation)
㉠ 연소실 내에서 정상적으로 점화되어 연소가 일어날 때 압축비가 너무 크면 미 연소된 부분의 혼합기가 부분적으로 단열 압축되어 고온 고압이 되고 자연 발화하는 충격파의 일종으로 이때 발생하는 소리를 Knock라 함
㉡ 실린더 내의 압력과 온도가 급상승하고 출력이 감소하며 기관 파손 원인

라) 안티노크성의 측정법

① CFR(Cooperative Fuel Reserch) 기관
연료의 안티노크성을 측정하는 기관으로 가변 압축비를 가진 단일 기통 4행정 액냉식 기관

② 옥탄가(Octan Number : O.N)
이소옥탄과 노말헵탄으로 만든 표준 연료 중 이소옥탄의 함유된 %(체적 비율)

③ 성능가(Performance Number : P.N)
이소옥탄만으로 이루어진 연료에 4에틸납을 섞어 출력 증가분을 합한 성능 번호

나 왕복 기관의 연료 계통(Fuel System)

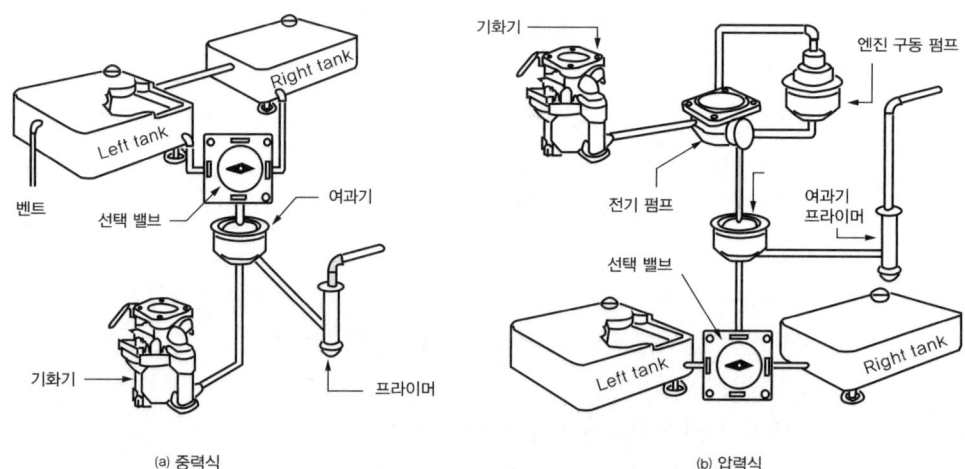

(a) 중력식　　　　　　　　(b) 압력식

| 연료 계통 |

1) 개요
① 중력식 연료 공급 계통(Gravity Fuel Feed System)
② 압력식 연료 공급 계통(Pressure Fuel Feed System)

2) 주요 구성

가) 연료 탱크(Fuel Tank)

나) 부스터 펌프(Booster Pump)
① 형식 : 전기로 작동되는 원심력식
② 작동 시기 : 시동시, 이륙(상승) 시, 비상시, 연료 이송(배출) 시

다) 선택 및 차단 밸브(Selector & Shut Off Valve)

라) 여과기(Filter)
① 종류 : 카트리지형(Cartridge), 스크린형(Screen)
② 위치 : 탱크의 입출구, 계통의 최저부(주필터), 기화기 입구 등

마) 주 연료 펌프(Engine Driven Fuel Pump)
① 형식 : 베인형(Vane Type)
② 작동
　㉠ 구동 기어에 물린 베인(Vane)들이 회전하면서 가압
　㉡ 자체 연료로 윤활 및 냉각
③ 릴리프 밸브(Relief Valve)
④ 바이패스 밸브(Bypass Valve)

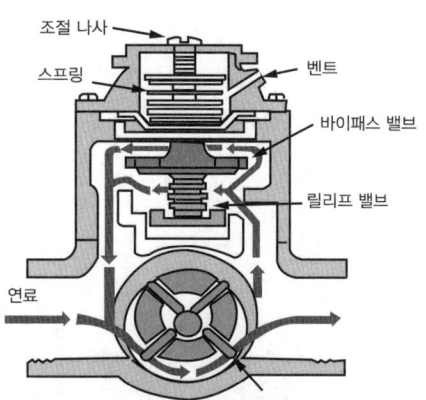

| 주 연료 펌프 |

바) 프라이머(Primer)

시동 시의 저온 상태에서는 연료의 기화가 되지 못해 과희박 상태로 시동이 어려우므로, 연소실 내에 직접 연료를 분사하여 농후한 혼합 가스를 만들어 시동을 쉽게해 주는 장치

3) 기화기(Carburator)

가) 혼합비와 기관출력

① 혼합비(Mixture Ratio) : 연료와 공기의 혼합 중량비(무게비)
  ㉠ 이론 혼합비 - 1 : 15(0.067)
  ㉡ 가연 범위 - 1 : 8 ~ 18
  ㉢ 적정 출력 혼합비 - 1 : 12 ~ 14

② 후화(After Fire)
  ㉠ 과농후 혼합비
  ㉡ 배기 행정이 끝난 다음에도 연소가 진행되어 배기관을 통하여 불꽃이 배출

③ 역화(Back Fire)
  ㉠ 과희박 혼합비
  ㉡ 흡입 행정에서 흡입 밸브가 열렸을 때 실린더 안에 남아 있는 화염 불꽃에 의하여 매니폴드나 기화기 안의 혼합 가스로까지 인화

나) 기화기 이론

① 이론과 기능

$$V_1 A_1 = V_2 A_2, \quad P + \frac{1}{2}\rho V^2 = 일정$$

② 공기 블리드(Air Bleed)

연료 노즐에서 연료에 공기를 섞어 주어 관 내의 연료 무게가 가벼워져 작은 압력으로도 연료 흡입이 가능하고 공기 중으로 연료 분사 시 더 작은 방울로 분무시키는 역할

다) 기화기의 종류와 작동

① 부자식 기화기(Float Type Carburetor)
- 구조가 간단하고 소형에 적합
- 비행 자세의 영향이 크고 기화열에 의한 온도 강하로 결빙 발생
- 대형 또는 곡예용으로는 부적합

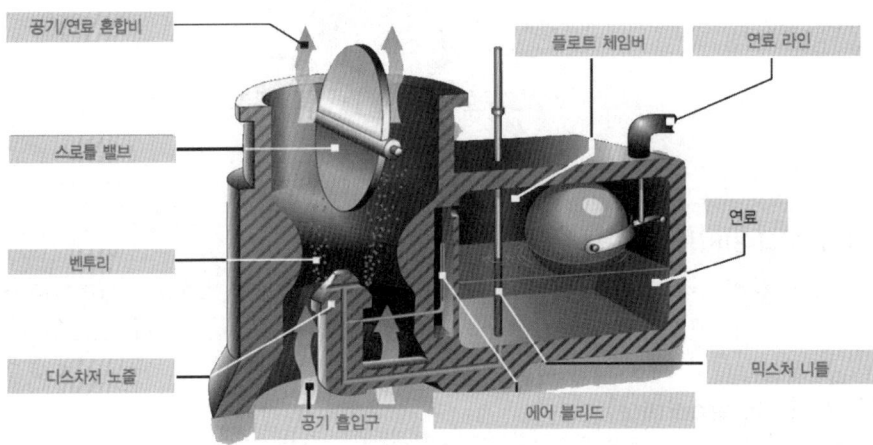

| 부자식 기화기 |

㉠ 주 메터링 장치(Main Metering System) : Main Metering Jet, Main Discharge Nozzle
- 연료 공기 혼합비를 맞춤.
- 방출 노즐의 압력을 낮춤.
- 스로틀 전개 시 공기 양을 조절
㉡ 완속 장치(Idle System)

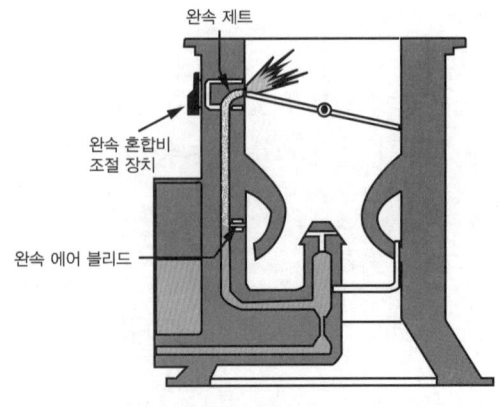

| 완속 장치 |

ⓒ 이코노마이저 장치(Economizing System)
기관의 출력이 순항 출력 이상의 높은 출력일 때 연료를 더 공급하여 농후 혼합비를 만들어 주는 장치로, 연료의 기화열에 의하여 연소실 온도를 낮추어 디토네이션 방지
- 니들 밸브형(Needle Valve Type)
- 피스톤형(Piston Type)
- 매니폴드 압력 작동형(Manifold Pressure Operated Type)

ⓔ 가속 장치(Acceleration System)
기관의 출력을 갑자기 증가시킬 때 연료를 더 많이 강제적으로 증가시켜 적당한 혼합 가스가 되도록 하는 장치

ⓓ 혼합비 조정 장치(Mixture Control System)
- 기능 : 고고도에서 과농후 방지, 순항 시 희박 혼합비로 연료 절감
- 종류 : 후망 흡입형(Back Suction Type), 니들 밸브형(Needle Valve Type), 공기구형(Air Port Type)

② 압력 분사식 기화기(Pressure Injection Type Carburetor)
㉠ 특징
- 결빙이 없음
- 비행 자세에 관계없이 효율 증가
- 정확한 비율로 공급
- 압력 분사하므로 작동이 유연하고 경제적
- 출력 맞춤이 간단하고 균일
- 증기 폐쇄의 염려가 없음

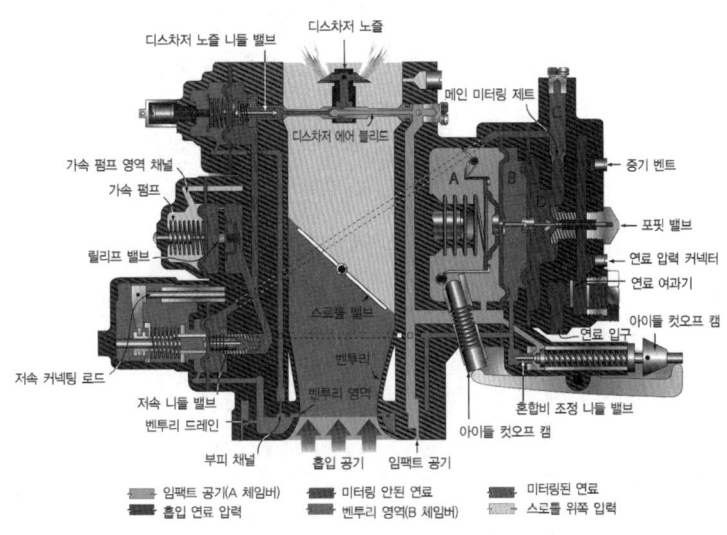

∥ 압력 분사식 기화기 ∥

ⓒ 작동 원리
    - A Chamber : 임팩트 공기 압력(Impact Air Pressure)
    - B Chamber : 벤투리 부압(Venturi Suction Pressure)
    - C Chamber : 계량된 연료 압력(Metered Fuel Pressure)
    - D Chamber : 미계량된 연료 압력(Unmetered Fuel Pressure)
    - A-B=공기 계량 힘(Air Metering Force)--$\triangle P_a$
    - D-C=연료 계량 힘(Fuel Metering Force)--$\triangle P_f$
    - $\triangle P_a - \triangle P_f$=Poppet Valve Opening Rate
  ⓒ 자동 혼합비 조정 장치(Amc : Automatic Mixture Control Unit)
    외기 온도 및 고도의 증감에 따라 밀도가 변하므로 이에 따른 적절한 혼합비 조절하는 장치
  ⓓ 물분사 장치(Adi : Anti Detonation Injection)
    기관에 디토네이션을 발생시키지 않고 추가 출력을 낼 수 있도록 혼합기와 실린더 냉각을 위해 사용

4) 직접 연료 분사 장치(Direct Fuel Injection System)

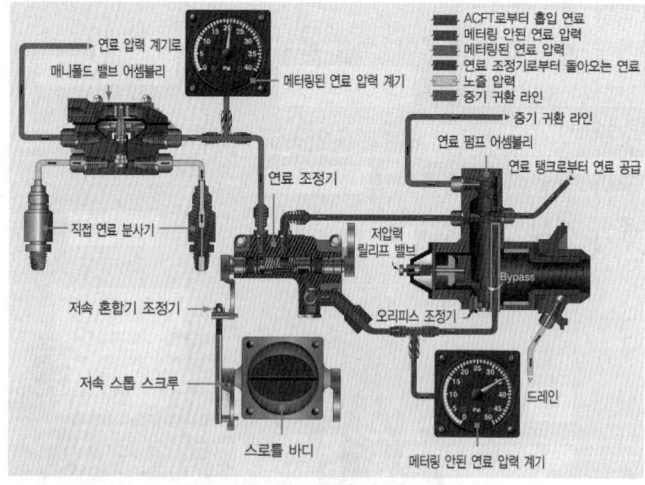

∥ 직접 연료 분사 장치 ∥

가) 장점
① 비행 자세에 영향을 받지 않음
② 결빙의 염려가 없음
③ 연료 분배가 균일
④ 역화의 우려가 없음
⑤ 시동성 및 가속성 양호
⑥ 엔진 효율이 증가

나) 구성품
① 연료 공기 조절 장치(Fuel Air Control Unit)
② 연료 분사 점프(Fuel Injection Pump)
③ 방출 노즐(Discharge Nozzle)

3 출제 예상 문제

01 증기 폐색(Vapor Lock)에 대한 설명으로 옳은 것은?
① 기화기의 이상으로 액체 연료와 공기가 혼합되지 않는 현상
② 기화기에서 분사된 혼합 가스가 거품을 형성하여 실린더의 연료 유입을 폐쇄하는 현상
③ 혼합 가스가 아주 희박해져 실린더로의 연료 유입이 폐쇄되는 현상
④ 액체 연료가 기화기에 이르기 전에 기화되어 기화기에 이르는 통로를 폐쇄하는 현상

해설
증기 폐색(증기 폐쇄 : Vapor Lock)
기화성이 너무 높은 연료가 관속을 흐를 때 열을 받으면 기포가 생기고 기포가 많아지면 연료의 흐름을 차단하는 현상

02 왕복 엔진에 사용되는 고휘발성 연료가 너무 쉽게 증발하여 연료 배관 내에서 기포가 형성되어 초래할 수 있는 현상은?
① 베이퍼 로크(Vapor Lock)
② 임팩트 아이스(Impact Ice)
③ 하이드로릭 로크(Hydraulic Lock)
④ 이베포레이션 아이스(Evaporation Ice)

03 항공기용 왕복 기관의 연료 계통에서 베이퍼 로크(Vapor Lock)의 원인이 아닌 것은?
① 연료 온도 상승
② 연료의 낮은 휘발성
③ 연료에 작용되는 압력의 저하
④ 연료 탱크 내부 슬로싱(Sloshing)

해설
베이퍼 로크의 원인
• 연료 증기압이 연료 압력보다 클 때
• 연료관에 열이 가해질 때
• 연료관이 심히 굴곡되거나 오리피스가 있을 때

04 항공기 왕복 기관 연료의 옥탄가에 대한 설명으로 틀린 것은?
① 연료의 제폭성을 나타낸다.
② 옥탄가는 낮을수록 기관의 효율이 좋아진다.
③ 연료의 이소옥탄이 차지하는 체적 비율을 말한다.
④ 옥탄가가 높을수록 기관의 압축비를 더 높게 할 수 있다.

해설
옥탄가(Octan Number : O.N)
• 안티노크성의 정도를 수치로 나타낸 것
• 이소옥탄과 노말헵탄으로 만든 표준 연료 중 이소옥탄의 함유된 %(체적 비율)

정답 01. ④ 02. ① 03. ② 04. ②

제2부 항공 기관

05 옥탄가 90이라는 항공기 연료를 옳게 설명한 것은?

① 노말헵탄 10%를 세탄 90%의 혼합물과 같은 정도를 나타내는 가솔린
② 연소 후에 발생하는 옥탄가스의 비율이 90% 정도를 차지하는 가솔린
③ 연소 후에 발생하는 세탄가스의 비율이 10% 정도를 차지하는 가솔린
④ 이소옥탄 90%에 노말헵탄 10%의 혼합물과 같은 정도를 나타내는 가솔린

06 연료의 퍼포먼스 수(Performance Number) 115란 무엇을 의미하는가?

① 옥탄가 100의 연료를 사용할 때보다 4에틸연을 첨가하여 기관의 출력을 15% 증가하여 노크 현상을 일으키지 않는 연료
② 옥탄가 100의 연료에 질량비로서 4에틸연을 15% 더 첨가한 연료
③ 옥탄가 100의 연료에 체적비로서 4에틸연을 15% 더 첨가한 연료
④ 옥탄가 115에 해당하는 내폭성을 갖는 연료

07 항공기용 연료의 퍼포먼스 수 100/130의 의미를 가장 올바르게 표현한 것은?

① 100은 농후 혼합비의 퍼포먼스 수이고 130은 희박 혼합비의 퍼포먼스 수이다.
② 100은 희박 혼합비의 퍼포먼스 수이고 130은 농후 혼합비의 퍼포먼스 수이다.
③ 100/130은 옥탄가에 대한 퍼포먼스 수의 비율이다.
④ 100은 옥탄가이고 130은 퍼포먼스 수이다.

08 항공기 왕복 기관 연료의 안티노크(Anti-Knock)제로 가장 많이 사용되는 것은?

① 벤젠 ② 에틸납
③ 톨루엔 ④ 메틸알코올

해설
안티노크제
- 4에틸납이 사용되고 2브롬화 에틸 및 염료를 함께 사용
- 4에틸납은 연소할 때 산화납이 형성되어 실린더 내에 부착되므로 TCP(인산트리크레실)를 첨가하여 배기가스와 함께 밖으로 배출

09 왕복 기관에 노크 현상을 일으키는 요소가 아닌 것은?

① 압축비 ② 연료의 옥탄가
③ 실린더 온도 ④ 연료의 이소옥탄

해설
노킹의 발생 원인
- 혼합기의 과도한 온도와 압력
- 느린 혼합기의 화염전파 속도
- 부적당한 연료 사용

10 가솔린 엔진에서 노킹(Knocking)을 방지하기 위한 방법으로 틀린 것은?

① 제폭성이 좋은 연료를 사용한다.
② 화염 전파 거리를 짧게 해준다.
③ 착화 지연을 길게 한다.
④ 연소 속도를 느리게 한다.

11 왕복 기관에서 실린더 안티 노크성(Anti-Knock Characteristic)을 가진 연료를 사용하는 가장 큰 이유는 무엇을 방지하기 위한 것인가?

① 디토네이션(Detonation)
② 역화(Back Fire)
③ 킥백(Kick Back)
④ 후화(After Fire)

정답 05. ④ 06. ① 07. ② 08. ② 09. ④ 10. ④ 11. ①

12 디토네이션(Detonation)을 발생시키는 과도한 온도와 압력의 원인이 아닌 것은?

① 늦은 점화 시기
② 높은 흡입 공기 온도
③ 연료의 낮은 옥탄값
④ 희박한 연료-공기 혼합비

해설
노킹의 발생 원인
- 혼합기의 과도한 온도와 압력
- 느린 혼합기의 화염 전파 속도
- 부적당한 연료 사용
- 희박 혼합비

13 디토네이션(Detonation)을 일으키는 주요 인으로 가장 올바른 것은?

① 너무 늦은 점화 시기
② 너무 낮은 옥탄가의 연료 사용
③ 오버홀 시 부정확한 밸브 연마
④ 너무 높은 옥탄가의 연료 사용

14 왕복 기관에서 발생하는 노크 현상과 관계가 가장 먼 것은?

① 압축비   ② 연료의 기화성
③ 실린더 온도 ④ 연료의 옥탄가

해설
디토네이션(Detonation)
- 연소실 내에서 정상적으로 점화되어 연소가 일어날 때 압축비가 너무 크면 미 연소된 부분의 혼합기가 부분적으로 단열 압축되어 고온 고압이 되고 자연 발화하는 충격파의 일종으로 이 때 발생하는 소리를 Knock라 함
- 실린더 내의 압력과 온도가 급상승하고 출력이 감소하며 기관 파손 원인

15 왕복 기관의 압축비가 너무 클 때 일어나는 현상이 아닌 것은?

① 조기점화(Preignition)
② 디토네이션(Detonation)
③ 과열 현상과 출력의 감소
④ 하이드로릭 로크(Hydraulic-Lock)

해설
압축비가 너무 높으면 조기점화와 디토네이션으로 인한 노킹이 발생하고 고온 고압으로 인한 출력저하 현상 발생

16 왕복 기관을 시동할 때 실린더 안에 직접 연료를 분사시켜 농후한 혼합 가스를 만들어 줌으로써 시동을 쉽게 하는 장치는?

① 프라이머   ② 기화기
③ 과급기   ④ 주연료 펌프

17 왕복 기관 시동 시 스로틀(Throttle) 밸브가 정상 작동할 때보다 적게 열린다면 발생되는 현상으로 옳은 것은?

① 역화   ② 농후 혼합비
③ 조기점화   ④ 희박 혼합비

18 공기의 밀도가 감소하는 고고도에서 항공기 왕복 기관의 출력이 감소하는 데 그 원인으로 가장 옳은 것은?

① 연료 흐름 속도의 감소
② 연료·공기 혼합비의 과희박
③ 연료·공기 혼합비의 과농후
④ 기화기와 다기관 사이의 차압 증가

해설
혼합비 조정 장치(Mixture Control System)
- 기능 : 고고도에서 과농후 방지, 순항 시 희박 혼합비로 연료 절감
- 종류 : back suction type, needle valve type, air port type

정답 12. ① 13. ② 14. ② 15. ④ 16. ① 17. ② 18. ③

19 다음 중 왕복 기관의 기화기에 있는 혼합기 조절 장치에 대한 설명으로 틀린 것은?

① 후방 흡입형, 니들형, 공기구형 등이 있다.
② 해당 출력에 적합한 혼합비가 되도록 연료량을 조정한다.
③ 혼합비 조정 밸브를 닫으면 연료의 분출량이 줄어들어 혼합비가 희박해진다.
④ 고도 증가에 따른 공기 밀도의 감소로 인하여 혼합비가 희박한 상태로 되는 것을 방지한다.

20 저속으로 작동 중인 왕복 기관에서 흡입 계통(Induction System)으로 역화(Back Fire)가 발생되었다면 원인은?

① 너무 과도한 혼합기
② 너무 희박한 혼합기
③ 너무 낮은 완속 운전(Idle Speed)
④ 디리치먼트 밸브(Derichment Valve)의 막힘

[해설]
과농후 : 후화
과희박 : 역화

21 왕복 기관에서 혼합비가 희박하고 흡입 밸브(Intake Valve)가 너무 빨리 열리면 어떤 현상이 나타나는가?

① 노킹(Knocking)
② 역화(Back Fire)
③ 후화(After Fire)
④ 디토네이션(Detonation)

22 근래 기화기의 자동 연료 흐름 메터링 기구는 다음 어느 것에 의하여 작동되는가?

① 기화기를 통과하는 공기의 질량과 속도
② 기화기를 통과하는 공기의 속도
③ 기화기를 통하여 움직이는 공기의 질량
④ 스로틀 위치

23 연료 차단 밸브 레버(Fuel Shut Off Valve Lever)를 Open 위치에 놓았을 때 연료를 연료 조절 장치(Fuel Control Unit)로부터 연소실로 보내 주는 것은?

① 최소 가압 및 차단 밸브(Minimum Pressure and Shut off Valve)
② 메인 메터링 밸브(Main Metering Valve)
③ 여압 및 덤프 밸브(Pressurizing And Dump Valve)
④ 부스터 펌프(Booster Pump)

24 항공용 왕복 기관의 플로트(Float)식 기화기에 대한 설명으로 옳은 것은?

① 플로트실 유면은 니들 밸브와 시트 사이에 와셔를 첨가하면 유면이 상승한다.
② 플로트실 유면은 니들 밸브와 시트 사이에 와셔를 제거하면 유면이 하강한다.
③ 주 연료 노즐에서 분사양은 플로트실의 압력과 벤투리의 압력차에 따라 결정된다.
④ 니들 밸브와 시트 사이의 와셔를 제거하면 공급 연료 감소로 혼합비가 희박해진다.

25 항공기 왕복 기관의 연료 계통에서 저속과 순항 운전 시 닫히지만 고속 운전 시에 열려서 연소 온도를 낮추고 디토네이션을 방지시킬 목적으로 농후 혼합비가 되도록 도와주는 밸브의 명칭은?

① 저속 장치
② 혼합기 조절 장치
③ 가속 장치
④ 이코너마이저 장치

정답 19. ④ 20. ② 21. ② 22. ① 23. ① 24. ③ 25. ④

제2장 왕복 기관

> **해설**
> 이코노마이저 장치(Economizing System)
> 기관의 출력이 순항 출력 이상의 높은 출력일 때 연료를 더 공급하여 농후 혼합비를 만들어 주는 장치로, 연료의 기화열에 의하여 연소실 온도를 낮추어 디토네이션 방지

26 이코노마이저 밸브가 닫힌 위치로 고착된다면 무슨 일이 일어나겠는가?
① 순항 속도 이상에서 디토네이션이 발생하게 된다.
② 순항 속도 이상에서 조기 점화가 발생하게 된다.
③ 순항 속도 이하에서 디토네이션이 발생하게 된다.
④ 순항 속도 이하에서 조기 점화가 발생하게 된다.

27 부자식 기화기에서 기관이 저속 상태일 때 연료를 분사하는 장치는?
① Venturi
② Main Discharge Nozzle
③ Main Orifice
④ Idle Discharge Nozzle

28 항공기 왕복 기관에서 가속 장치의 가장 중요한 기능은?
① 스로틀이 갑자기 닫힐 때 순간적으로 혼합기를 희박하게 하여 엔진이 무리 없이 가속되게 한다.
② 스로틀이 갑자기 열릴 때 순간적으로 혼합기를 농후하게 하여 엔진이 무리 없이 가속되게 한다.
③ 스로틀이 거의 닫히고 엔진이 천천히 작동될 때 연료를 공급하여 가속되게 한다.
④ 기관의 출력이 순항 출력 이상의 높은 출력일 때 농후 혼합비를 만들어 주기 위해서 추가 연료를 공급하여 가속되게 한다.

29 부자식 기화기를 사용하는 왕복 기관에서 연료는 어느 곳을 통과할 때 분무화되는가?
① 기화기 입구
② 연료 펌프 출구
③ 부자실(Float Chamber)
④ 기화기 벤투리(Carburetor Venturi)

30 부자식 기화기(Float Type Carburetor)에서 부자(Float)의 높이(Level)를 조절하는 데 사용되는 일반적인 방법은?
① 부자의 축을 길거나 짧게 조절
② 부자의 무게를 증감시켜서 조절
③ 부자의 피봇 암(Pivot Arm)의 길이를 변경
④ 니들 밸브 시트에 심(Shim)을 추가하거나 제거시켜 조절

31 왕복 기관의 부자식 기화기에서 부자실(Float Chamber)의 연료 유면이 높아졌을 때 기화기에서 공급하는 혼합비는 어떻게 변하는가?
① 농후해진다.
② 희박해진다.
③ 변하지 않는다.
④ 출력이 증가하면 희박해진다.

> **해설**
> 부자실의 유면이 높으면 농후해지고 낮으면 희박해진다.

정답 26. ① 27. ④ 28. ② 29. ④ 30. ④ 31. ①

32 왕복 기관의 기화기 빙결로 인하여 나타나는 현상이 아닌 것은?
① 출력 감소   ② 흡기 압력 감소
③ 디토네이션   ④ 역화(Back Fire)

33 항공기 왕복 기관에서 유입 공기에 의한 임팩트 압력 및 벤투리에 의한 부압의 차이로 유입 공기량을 측정하는 방식의 기화기는?
① 압력 분사식 기화기
② 부자식 기화기
③ 경계 압력식 기화기
④ 충동식 기화기

> **해설**
> - A Chamber : 임팩트 공기 압력(Impact Air Pressure)
> - B Chamber : 벤투리 부압(Venturi Suction Pressure)
> - C Chamber : 계량된 연료 압력(Metered Fuel Pressure)
> - D Chamber : 미계량된 연료 압력(Unmetered Fuel Pressure)
> - A – B = 공기 계량 힘(Air Metering Force)
> - D – C = 연료 계량 힘(Fuel Metering Force)

34 압력식 기화기에서 농후(Enrichment) 밸브는 다음 중 어느 압력에 의하여 열려지는가?
① 공기압
② 수압
③ 연료압
④ 벤투리 공기압

35 항공기 왕복 기관에서 직접 연료 분사 장치의 주요 구성품이 아닌 것은?
① 연료 분사 펌프
② 분사 노즐
③ 주 조정 장치
④ 주 공기 블리드

36 항공용 직접 연료 분사(Direct Fuel Injec-Tion)식 왕복 기관에서 연료가 분사되는 부분이 아닌 것은?
① 흡입 매니폴드
② 흡입 밸브
③ 벤투리 목부분
④ 실린더의 연소실

> **해설**
> 직접 연료 분사 장치
> 주조정 장치에서 연료를 조절하여 높은 압력으로 각 실린더의 연소실 안이나 흡입구 또는 매니폴드에 분사

37 왕복 기관의 압력식 기화기에서 저속혼합 조정(Idle Mixture Control)을 하는 동안 정확한 혼합비를 알 수 있는 계기는?
① 공기 압력 계기
② 연료 유량 계기
③ 연료 압력 계기
④ RPM 계기와 MAP 계기

제2장 왕복 기관

4 윤활 계통

가 윤활유(Lubricant)

1) 윤활유의 종류

　① 식물성(Vegetable Lubricant)
　② 동물성(Animal Lubricant)
　③ 광물성(Mineral Lubricant)
　④ 합성유(Synthetic Lubricant)
　　㉠ MIL-L-7808 → type Ⅰ : 1960년대 사용
　　㉡ MIL-L-23699 → type Ⅱ : 1970년대부터 현재까지 사용

2) 윤활유의 작용

　① 윤활 작용 : 오일 막 형성, 마찰 감소
　② 냉각 작용 : 고열 부분에서 열을 흡수하여 부품 냉각
　③ 기밀 작용 : 가스 누설 방지
　④ 청결 작용 : 계통 내를 순환하면서 금속분이나 불순물 제거
　⑤ 방청 작용 : 산소 및 습기 차단
　⑥ 완충 작용

3) 윤활유 공급 방식

　① 비산식(Splash) : 비산식은 커넥팅 로드의 대단부(크랭크 쪽)에 달려 있는 윤활유 국자에 의해 섬프에 괴어 있는 윤활유를 크랭크축의 매 회전마다 원심력으로 윤활유를 뿌려 크랭크축 베어링, 캠, 캠 축 베어링, 실린더 벽 등에 공급하는 방법
　② 압송식(Pressure) : 윤활유 펌프로 윤활유에 압력을 가하여 윤활이 필요한 부분까지 뚫려 있는 윤활유 통로를 통하여 윤활유를 운동 부분에 공급하는 방법
　③ 복합식 : 비산식과 압송식을 절충한 방법으로 캠 축 베어링, 밸브 기구, 커넥팅 로드 베어링은 압송식으로, 실린더 부분은 비산식으로 공급하는 방법으로 최근의 왕복 기관에는 이 방법이 주로 사용

4) 윤활유의 구비 조건

　① 유성이 좋을 것
　② 점도가 적당할 것
　③ 점도 지수가 높을 것
　　㉠ 세이볼트 유니버설 점도계(Saybolt Universal Viscosimeter) : 오일의 점도를 측정하는 데 사용하는 장치

ⓒ 오일 희석(Oil Dilution) : 왕복 엔진을 추운 날씨에 작동시킬 때 시동을 쉽게 하기 위하여 엔진을 정지시키기 직전에 오일에 연료를 섞어 오일의 점성을 낮추는 방법
④ 유동점이 낮을 것
⑤ 산화, 탄화, 부식성이 적을 것

5) 오일 분광 검사(SOAP)

항공기 기관의 윤활유 계통에서 채취한 오일 표본을 분광계로 분석하여 오일 내에 함유된 마모 금속을 평가하는 예방 정비 활동

① 시료 채취
  ㉠ 기관 정지 후 30분 이내에 채취
  ㉡ 탱크 바닥으로부터 ⅓ 높이에서 채취

② 성분 별 이상 위치
  ㉠ 철금속 : 피스톤 링, 밸브 스프링, 베어링
  ㉡ 주석 : 납땜한 곳
  ㉢ 은분 입자 : 마스터 로드 실(Seal)
  ㉣ 구리 입자 : 부싱, 밸브 가이드
  ㉤ 알루미늄 합금 : 피스톤, 기관 내부

나 윤활 계통(Lubricating System)

1) 윤활 계통의 종류

① 습식 섬프 계통(Wet Sump System)
② 건식 섬프 계통(Dry Sump System)

2) 윤활 계통의 구성품

가) 오일 탱크(Oil Tank)

나) 호퍼 탱크(Hopper Tank)
① 위치 : 오일 탱크 내
② 역할 : 시동 시 난기 운전 시간 단축, 배면 비행 시 오일 공급, 거품 방지

다) 압력 펌프(Oil Pressure Pump)
① 형식 : 기어형(Gear Type)
② 오일 압력 릴리프 밸브(Oil Pressure Relief Valve)
③ 바이패스 밸브(Bypass Valve)
④ 체크 밸브(Check Valve)

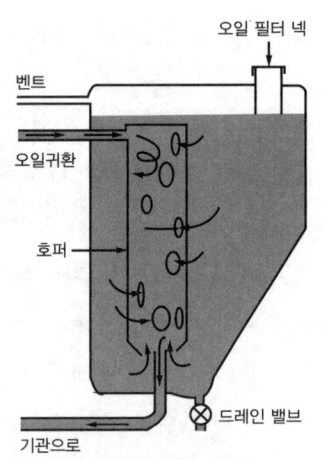

| 호퍼 탱크 |

제2장 왕복 기관

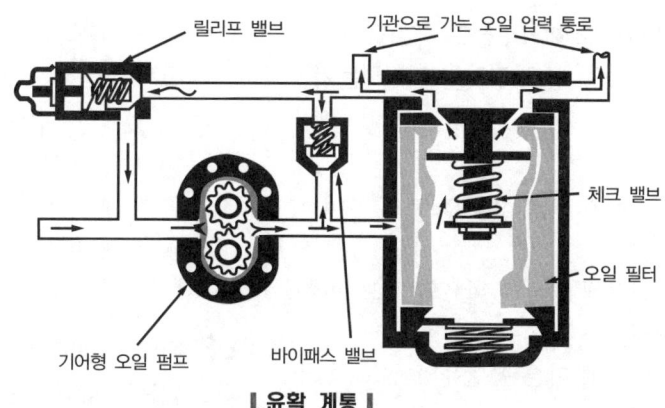
| 윤활 계통 |

라) 오일 냉각기(Oil Cooler, 공냉식)

① 오일 온도 조절 밸브

냉각기 입구에 위치하여 귀유되는 오일의 온도에 따라 유로를 결정하여 온도를 유지

② 바이패스 밸브

냉각이 필요 없을 경우 냉각기 코어(Core)를 우회

4 출제 예상 문제

01 왕복 기관 윤활 계통에서 윤활유의 역할이 아닌 것은?

① 금속가루 및 미분을 제거한다.
② 금속 부품의 부식을 방지한다.
③ 연료에 수분의 침입을 방지한다.
④ 금속면 사이의 충격 하중을 완충시킨다.

해설

윤활유의 작용
- 윤활 작용 : 오일 막 형성, 마찰 감소
- 냉각 작용 : 고열 부분에서 열을 흡수하여 부품 냉각
- 기밀 작용 : 가스 누설 방지
- 청결 작용 : 계통 내를 순환하면서 금속분이나 불순물 제거
- 방청 작용 : 산소 및 습기 차단
- 완충 작용

02 왕복 엔진 오일의 기능이 아닌 것은?

① 재생 작용   ② 기밀 작용
③ 윤활 작용   ④ 냉각 작용

03 다음 중 왕복 기관에서 순환하는 오일에 열을 가하는 요인 중 가장 작은 영향을 주는 것은?

① 커넥팅 로드 베어링
② 연료 펌프
③ 피스톤과 실린더벽
④ 로커암 베어링

정답 / 01. ③ 02. ① 03. ②

제2부 항공 기관

04 항공기 기관용 윤활유의 점도 지수(Viscosity Index)가 높다는 것은 무엇을 의미하는가?
① 온도 변화에 따른 윤활유의 점도 변화가 작다.
② 온도 변화에 따른 윤활유의 점도 변화가 크다.
③ 압력 변화에 따른 윤활유의 점도 변화가 작다.
④ 압력 변화에 따른 윤활유의 점도 변화가 작다.

[해설]
점도 지수
온도 변화에 의한 오일의 점도 변화를 나타낸 수로 점도 지수가 높다는 것은 온도 변화에 따른 윤활유의 점도 변화가 작은 것을 의미

05 왕복 기관의 오일 탱크에 대한 설명으로 옳은 것은?
① 일반적으로 오일 탱크는 오일펌프 입구보다 약간 높게 설치한다.
② 물이나 불순물을 제거하기 위해 탱크 밑바닥에는 딥스틱이 있다.
③ 윤활유의 열팽창에 대비해서 드레인 플러그가 있다.
④ 오일 탱크의 재질은 일반적으로 강도가 높은 철판으로 제작된다.

[해설]
오일의 공급을 원활하게 하기 위해 오일 탱크는 오일펌프보다 높은 곳에 설치

06 일반적으로 왕복 기관에서 가장 많이 사용되는 오일 펌프 형식은?
① Vane Type
② Piston Type
③ Gear Type
④ Centrifugal Type

07 윤활 계통 중 오일 탱크의 오일을 베어링까지 공급해 주는 것은?
① 드레인 계통(Drain System)
② 가압 계통(Pressure System)
③ 브레더 계통(Brrather System)
④ 스캐빈지 계통(Scavange System)

08 왕복 기관에 사용되는 기어(Gear)식 오일 펌프의 사이드 클리어런스(Side Clearance)가 크면 나타나는 현상은?
① 오일 압력이 높아진다.
② 오일 압력이 낮아진다.
③ 과도한 오일 소모가 나타난다.
④ 오일 펌프에 심한 진동이 발생한다.

[해설]
기어의 간격이 크면 오일의 압력이 증가되지 못한다.

09 항공기용 왕복 기관 윤활 계통에서 소기 펌프(Scavenge Pump)의 역할로 옳은 것은?
① 프로펠러 거버너로 윤활유를 보내 준다.
② 크랭크축의 중공 부분으로 윤활유를 보내 준다.
③ 오일 탱크로부터 윤활유를 각각의 윤활 부위로 보내 준다.
④ 윤활 부위를 빠져 나온 윤활유를 다시 오일 탱크로 보내 준다.

10 항공기 기관의 오일 필터가 막혔다면 어떤 현상이 발생하는가?
① 기관 윤활 계통이 윤활 결핍 현상이 온다.
② 높은 오일 압력 때문에 필터가 파손된다.
③ 오일이 바이패스 밸브(Bypass Valve)를 통하여 흐른다.
④ 높은 오일 압력으로 체크 밸브(Check Valve)가 작동하여 오일이 되돌아온다.

정답 04. ①　05. ①　06. ③　07. ②　08. ②　09. ④　10. ③

11 윤활유 여과기에 대한 설명으로 옳은 것은?

① 카트리지 형은 세척하여 재사용이 가능하다.
② 여과 능력은 여과기를 통과할 수 있는 입자의 크기인 미크론(Micron)으로 나타낸다.
③ 바이패스 밸브는 기관 정지 시 윤활유의 역류를 방지하는 역할을 한다.
④ 바이패스 밸브는 필터 출구 압력이 입구 압력보다 높을 때 열린다.

12 왕복 기관에서 시동 전에 반드시 프리오일링(Pre-Oiling)을 하여야 하는 경우는?

① 엔진 오일 교환 시
② 오일 라인 교환 시
③ 오일 여과기 교환 시
④ 새로운 기관으로 교환 시

해설
새로 장착된 엔진을 시험 비행 하기 전에 엔진 베어링이 건조한 상태에서 고속운전 시 엔진 구동 오일 펌프로부터 윤활유가 도달되기 전에 마찰에 의해 베어링이 파손될 수 있기 때문에 이를 방지하기 위해 엔진 베어링은 사전에 윤활유로 프리오일링(Pre-Oiled)되어야 한다.

13 SOAP에 대한 설명으로 가장 올바른 것은?

① 오일 중의 카본 발생량을 측정하여 연소실 부분품의 이상 상태를 점검한다.
② 오일의 색깔과 산성도를 측정하여 오일의 품질 저하 상태를 점검한다.
③ 오일 중의 포함된 기포의 발생량을 측정하여 오일 계통의 이상 상태를 점검한다.
④ 오일 중에 포함되는 미량의 금속 원소에 의해 베어링 부분품의 이상 상태를 점검한다.

14 낮은 기온 중의 왕복 기관 시동을 돕기 위한 오일 희석(Oil Dilution) 장치에서 엔진 오일을 희석시키는 것은?

① Alcohol   ② Gasoline
③ Propane   ④ Kerosene

해설
오일 희석(Oil Dilution)
왕복 엔진을 추운 날씨에 작동시킬 때 시동을 쉽게 하기 위하여 엔진을 정지시키기 직전에 오일에 연료를 섞어 오일의 점성을 낮추는 방법

15 정기 점검 중인 왕복 엔진에서 반짝거리는 작은 금속편이 여과기(Filter)에서는 발견되고 마그네틱 드레인 플러그(Magnetic Drain Plug)에서는 발견되지 않았다면 어떻게 조치하여야 하는가?

① 보기의 기어(Gear)가 마모된 것으로 장탈하거나 오버홀이 필요하다.
② 평형(Plain) 베어링이 비정상적으로 마모되어 발생된 것으로 점검해 볼 필요가 있다.
③ 실린더 벽이나 링이 마모된 것으로 엔진을 장탈하여야 한다.
④ 평형(Plain)베어링 또는 알루미늄 피스톤의 정상적인 마모이므로 문제가 되지 않는다.

16 오일 오염의 가장 큰 원인은 무엇인가?

① 피스톤으로부터 벗겨져 나간 탄소
② 베어링의 금속 입자
③ 희박 계통
④ 슬러지

정답 11. ② 12. ④ 13. ④ 14. ② 15. ② 16. ①

17 엔진 오일 탱크 내 호퍼(Hopper)의 주목적은?

① 오일을 냉각시켜 준다.
② 오일 압력을 상승시켜 준다.
③ 오일 내의 연료를 제거시켜 준다.
④ 시동 시 오일의 온도 상승을 돕는다.

해설

호퍼 탱크(Hopper Tank)
오일 탱크 내에 위치하며 시동 시 오일 온도를 상승시켜 난기 운전 시간 단축, 배면 비행 시 오일 공급, 거품 방지

18 왕복 기관의 오일 냉각기 흐름 조절 밸브(Oil Pressure Flow Control Valve)가 열리는 조건은?

① 기관으로부터 나오는 오일의 온도가 너무 높을 때
② 기관으로부터 나오는 오일의 온도가 너무 낮을 때
③ 기관 오일 펌프 배출 체적이 소기 펌프 출구 체적보다 클 때
④ 소기 펌프 배출 체적이 기관 오일 펌프 입구 체적보다 클 때

해설

- 오일 온도 조절 밸브 : 냉각기 입구에 위치하여 귀유되는 오일의 온도에 따라 유로를 결정하여 온도를 유지
- 바이패스 밸브 : 냉각이 필요 없을 경우 냉각기 코어(Core)를 우회

19 밸브 가이드(Valve Guide)의 마모로 발생할 수 있는 문제점은?

① 높은 오일 소모량
② 낮은 오일 압력
③ 낮은 실린더 압력
④ 높은 오일 압력

5 시동 및 점화 계통(Starting & Ignition System)

가 시동 계통(Starting System)

1) 수동식

2) 전기식

　가) 관성식 시동기(Inertia Type Starter)

　나) 직접 구동 시동기(Direct Cranking Starter)
　　현재 대부분의 항공기 왕복 기관에서 사용
　① 소형기 : 12V 또는 24V, 50~100A
　② 대형기 : 24V, 300~500A

정답 17. ④ 18. ② 19. ①

다) 시동 보조 장치
- ① 임펄스 커플링(Impulse Coupling)
- ② 부스터 코일(Booster Coil)
- ③ 인덕션 바이브레이터(Induction Vibrator)

나 점화 계통(Ignition System)

1) 종류
- ① 축전지식 : 자동차에서 사용
- ② 마그네토식 : 항공용 왕복 기관에 사용

2) 점화 방식

가) 단일 점화 방식
　자동차에 적용

나) 이중 점화 방식
- ① 항공기에 적용
- ② 독립된 2개의 계통으로 구성
1기통에 2개의 점화 플러그

2중 점화　　단독 점화
| 점화 방식 |

3) 계통의 종류
① 고압 점화 계통(High Tension Ignition System)

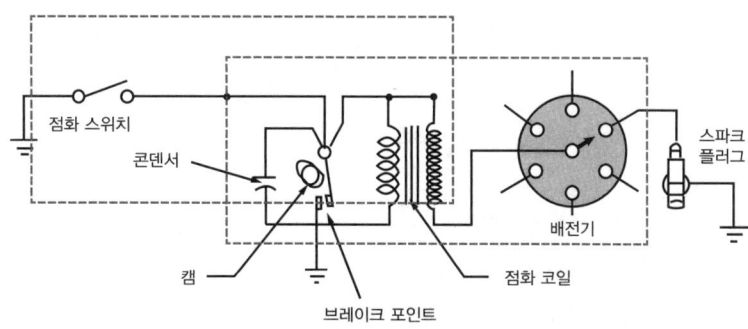

| 고압 점화 계통 |

② 저압 점화 계통(Low Tension Ignition System)

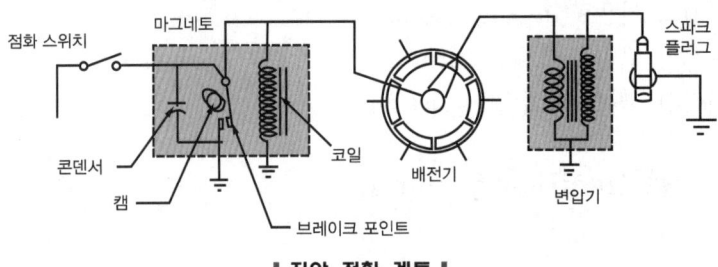

| 저압 점화 계통 |

4) 마그네토 작동 원리와 구성

가) 마그네토(Magneto)의 작동 원리

구동축에 연결된 회전 자석이 회전하면서 폴슈(Pole Shoe)를 통해 코일 코어(Coil Core)에 자력선을 구축하고 1차 코일의 자속 밀도가 최대로 됐을 때 브레이커 포인트가 떨어져 1차 회로를 차단하면 1차 자속과 정 자속의 합성 자속을 급속히 붕괴시키고 자속의 급격한 붕괴는 시간에 대한 자속의 변화율을 크게 하므로 2차 코일에 고압 전기가 유도된다.

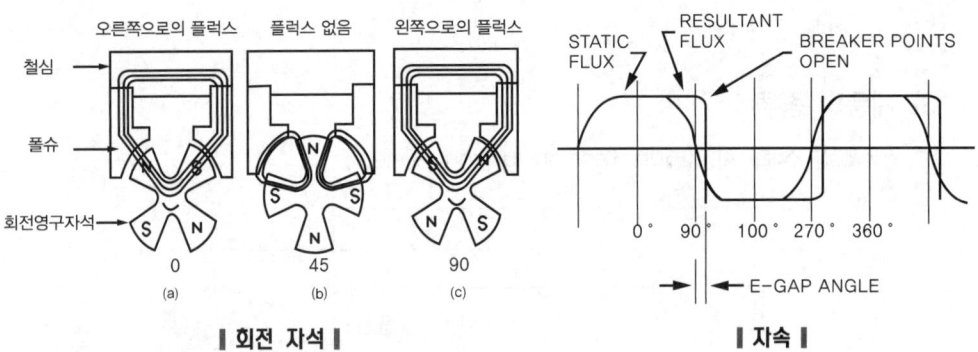

| 회전 자석 | | 자속 |

나) 각 구성품의 구조와 역할

① 회전 영구 자석(Rotating Magnet)
  ※ 유효 회전 속도(Coming-In Speed)
    • 회전 영구 자석이 회전하여 전기를 발생시킬 수 있는 가장 느린 속도
    • 보통 100 ~ 200rpm
    • 시동 시는 시동기 회전 속도가 느려 이 속도에 도달되기 어려우므로 시동 보조 장치가 필요
② 폴슈[Pole Shoe(Fixed Magneto)]
③ 코일 어셈블리(Coil Assembly)
  ㉠ 1차 코일(Primary Coil)
  ㉡ 2차 코일(Secondary Coil)

④ 브레이커 포인트(Breaker Point)
  ㉠ 콘덴서(Condenser)와 함께 1차 회로에 병렬
  ㉡ 재질 : 백금과 이리듐의 합금
   ※ E-Gap
     회전 영구 자석이 중립 위치를 출발하여 브레이커 포인트가 떨어지려는 순간까지 회전하는 각도를 크랭크축의 회전각도로 환산한 각도
   ※ 보상 캠 = 보정 캠(Compensated Cam)
     • 성형 기관의 커넥팅 로드는 주커넥팅 로드와 부커넥팅 로드를 사용하는 관계로 복경사각 발생
     • 복경사각을 보상하기 위해 각 실린더마다 각기 다른 크기의 캠 로브를 하나씩 가진 보상 캠을 사용

⑤ 콘덴서(Condenser)
  ㉠ 브레이커 포인트와 1차 회로에 병렬로 연결되어 브레이커 포인트에 생기는 과도한 아크를 방지
  ㉡ 철심의 잔류 자기를 빨리 소멸시키는 역할

⑥ 배전기(Distributor)
   배전기 회전자(Finger)는 크랭크축의 ½ 회전비로 회전

⑦ 하네스(Harness)
   배전기와 점화 플러그를 연결하여 주는 금속 덮개(Shield)가 씌어져 있는 고압선

⑧ 점화 플러그(Spark Plug)
  ㉠ 구성 : 전극(중심 전극, 접지 전극), 세라믹 절연체, 금속 셸
  ㉡ 분류
     • 접지 전극 수 : 1극, 2극, 3극, 4극
     • 열에 의한 분류: Hot형, Cold형
     • 직경에 의한 분류 : 14Mm, 18Mm

⑨ 점화 스위치(Ignition(Magneto) Switch)
   Both, R(Right), L(Left), OFF

⑩ P-Lead
   점화 스위치와 마그네토의 1차 회로(Breaker Point)를 병렬 연결하여 스위치의 기능을 마그네토에 전달하는 1차선

다) 점화 순서(Firing Order)
① 14기통(+9, −5)
   1-10-5-14-9-4-13-8-3-12-7-2-11-6
② 18기통(+11, −7)
   1-12-5-16-9-2-13-6-17-10-3-14-7-18-11-4-15-8

5 출제 예상 문제

01 수평대향형 엔진(Horizontal Opposed Engine)의 점화 순서에서 특히 고려해야 할 점은?

① 점화 순서의 균형을 맞추어 엔진의 진동을 최소가 되게
② 순항 비행 시 최대의 회전 토크가 발생하도록
③ 기계적 효율이 최대가 되게
④ 설계가 간단하게

02 항공기 왕복 기관의 마그네토(Magneto)에서 발생하는 전류는?

① 교류　② 직류
③ 스텝파류　④ 구형파류

03 정상 작동 중인 왕복 기관에서 점화가 일어나는 시점은?

① 상사점 전　② 상사점
③ 하사점 전　④ 하사점

04 왕복 기관의 점화 시기를 점검하기 위하여 타이밍 라이트(Timing Light)를 사용할 때, 마그네토 스위치는 어디에 위치시켜야 하는가?

① BOTH　② OFF
③ LEFT　④ RIGHT

05 왕복 기관 마그네토에 사용되는 콘덴서의 용량이 너무 작으면 발생하는 현상은?

① 점화 플러그가 탄다.
② 브레이커 접점이 탄다.
③ 기관 시동이 빨리 걸린다.
④ 2차 권선에 고전류가 생긴다.

해설
콘덴서(Condenser)
- 브레이커 포인트와 1차 회로에 병렬로 연결되어 브레이커 포인트에 생기는 과도한 아크를 방지
- 철심의 잔류 자기를 빨리 소멸시키는 역할

06 왕복 기관의 마그네토 브레이커 포인트(Breaker Point)가 과도하게 소실되었다. 다음 중 어떤 것을 교환해 주어야 하는가?

① 1차 코일
② 2차 코일
③ 배전반 접점
④ 콘덴서(Condenser)

07 왕복 기관의 마그네토 브레이커 포인트(Breaker Point)가 고착되었다면 어떤 현상을 초래하는가?

① 기관 시동 시 역화가 발생한다.
② 마그네토의 작동이 불가능하다.
③ 고속 회전 점화 시 과열 현상이 발생한다.
④ 스위치를 off 해도 기관이 정지하지 않는다.

해설
마그네토(Magneto)의 작동 원리
1차 코일의 자속 밀도가 최대로 됐을 때 브레이커 포인트가 떨어져 1차 회로를 차단하면 1차 자속과 정 자속의 합성 자속을 급속히 붕괴시키고 자속의 급격한 붕괴는 시간에 대한 자속의 변화율을 크게 하므로 2차 코일에 고압 전기가 유도된다.

정답 01. ①　02. ①　03. ①　04. ①　05. ②　06. ④　07. ②

08 항공기 왕복 기관의 회전 속도가 증가함에 따라 마그네토 1차 코일에서 발생되는 전압의 변화를 옳게 설명한 것은?

① 증가한다.
② 감소한다.
③ 일정한 상태를 지속한다.
④ 전압 조절기 맞춤에 따라 변한다.

09 왕복 엔진의 마그네토에서 접점(Breaker Point) 간격이 커지면 점화시기와 강도는?

① 점화가 늦게 되고 강도가 약해진다.
② 점화가 늦게 되고 강도가 높아진다.
③ 점화가 일찍 되고 강도가 약해진다.
④ 점화가 일찍 되고 강도가 높아진다.

10 왕복 기관 작동 중 점화 스위치와 우측 마그네토를 연결한 선이 끊어졌을 때 나타나는 현상으로 옳은 것은?

① 기관의 출력이 떨어진다.
② 우측 마그네토 접점이 타 버린다.
③ 우측 마그네토가 작동되지 않는다.
④ 점화 스위치를 off에 놓아도 기관은 계속 작동한다.

> **해설**
> 점화 스위치를 on 위치에 놓으면 단선되고 off 위치에 놓으면 연결되는데, 마그네토 선이 단선되었다는 것은 점화 스위치가 계속 on되었다는 것을 의미

11 왕복 기관에서 마그네토의 작동을 정지시키려면 1차 회로를 어떻게 하여야 하는가?

① 접지에서 분리시킨다.
② 축전지에 연결시킨다.
③ 점화 스위치를 OFF 위치에 둔다.
④ 점화 스위치를 BOTH 위치에 둔다.

12 왕복 기관의 마그네토가 점화에 유효한 고전압을 발생할 수 있는 최소 회전 속도를 무엇이라고 하는가?

① E-갭 스피드(E-Gap Speed)
② 아이들 회전수(Idle Speed)
③ 2차 회전수(Secondary Speed)
④ 커밍-인 스피드(Coming-In Speed)

> **해설**
> 유효 회전 속도(Coming-In Speed)
> • 회전 영구 자석이 회전하여 전기를 발생시킬 수 있는 가장 느린 속도
> • 보통 100 ~ 200 rpm
> • 시동 시는 시동기 회전 속도가 느려 이 속도에 도달되기 어려우므로 시동 보조 장치가 필요

13 마그네토(Magneto)의 브레이커 어셈블리에서 접촉은 일반적으로 어떤 재료로 되어 있는가?

① 은(Silver)
② 구리(Copper)
③ 백금(Platinum) - 이리듐(Iridium) 합금
④ 코발트(Cobalt)

14 왕복 기관의 저압 점화 계통에서 각각의 스파크 플러그(Spark Plug)에 필요한 것은?

① 변압기   ② 캠
③ 콘덴서   ④ 브레이커 포인트

15 왕복 기관에서 저압 점화 계통을 사용할 때 주된 단점과 관계되는 것은?

① 플래시 오버
② 캐패시턴스
③ 무게의 증대
④ 고전압 코로나

정답 08. ① 09. ③ 10. ④ 11. ③ 12. ④ 13. ③ 14. ① 15. ③

16 그림은 어떤 장치의 회로를 나타낸 것인가?

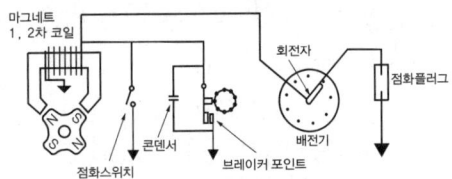

① 축전지 점화 계통
② 혼합비 조절 연료 계통
③ 고압 마그네토 점화 계통
④ 저압 마그네토 점화 계통

17 왕복 기관의 고압 마그네토(Magneto)에 대한 설명으로 틀린 것은?

① 전기 누설 가능성이 많은 고공용 항공기에 적합하다.
② 콘덴서는 브레이커 포인트와 병렬로 연결되어 있다.
③ 마그네토의 자기 회로는 회전 영구 자석, 폴슈(Pole Shoe) 및 철심으로 구성되어 있다.
④ 1차 회로는 브레이커 포인트가 붙어 있을 때에만 폐회로를 형성한다.

[해설]
- 고압 점화 계통 : 1차 코일에서 저압이 발생하면 2차 코일에서 20,000~25,000 V의 높은 전압이 유도되어 점화 플러그에 고압의 전기를 공급
- 저압 점화 계통 : 마그네토에서는 저전압을 발생시켜 전선을 통해 실린더로 공급되고 스파크 플러그 바로 전에서 변압 코일로 고압으로 승압시켜 점화 플러그에 고전압을 공급, 전기 누설 없이 고공을 비행하는 항공기에 적합

18 9개 실린더를 갖고 있는 성형기관(Radial Engine)의 마그네토 배전기(Distributor) 6번 전극에 꽂혀있는 점화 케이블은 몇 번 실린더에 연결시켜야 하는가?

① 2   ② 4
③ 6   ④ 8

[해설]
9기통 성형 기관의 점화 순서
1 3 5 7 9 2 4 6 8

19 왕복 기관의 마그네토 캠축과 기관크 랭크축의 회전 속도비를 옳게 나타낸 식은? (단, 캠의 로브수와 극수는 같고, n : 마그네토의 극수, N : 실린더 수이다)

① N/n   ② N/2n
③ N/n+1   ④ N+1/2n

[해설]
$$\frac{\text{마그네토 회전 속도}}{\text{크랭크축 회전 속도}} = \frac{\text{실린더 수}}{2 \times \text{극수}}$$

20 마그네토의 배전기(Distributor) 로터의 속도를 결정하는 공식은?

① 크랭크축 속도 / 2
② 실린더 수 / (2 × 로브의 수)
③ 실린더 수 / 로브(Lobe)의 수
④ 실린더 수 × 로브의 수

21 보정 캠(Compensated Cam)을 가진 마그네토를 장착한 9기통 성형 기관의 회전 속도가 100rpm일 때 [보기]의 각 요소가 옳게 나열된 것은?

[보기]
㉠ 보정 캠의 회전수(rpm)
㉡ 보정 캠의 로브 수
㉢ 분당 브레이커 포인트 열림 및 닫힘 횟수

① ㉠ 50 ㉡ 9 ㉢ 900
② ㉠ 50 ㉡ 9 ㉢ 450
③ ㉠ 100 ㉡ 9 ㉢ 450
④ ㉠ 100 ㉡ 18 ㉢ 900

[해설]
보정 캠의 회전 속도 : 크랭크축 회전 속도의 1/2
보정 캠의 로브 수 : 실린더 수
분당 브레이커 포인트 열림 및 닫힘 횟수: 보정 캠의 회전 속도 × 실린더 수

정답 16. ③ 17. ① 18. ① 19. ② 20. ① 21. ②

22 마그네토에서 Timing Mark를 한 줄로 정렬시켰다는 것은 무엇을 지시하는 것인가?

① E-Gap 위치
② 중립 위치
③ Breaker Point가 닫혀진 위치
④ 완전 기록 위치

23 왕복 기관에 사용되는 점화 플러그의 전기불꽃(Spark) 강도에 가장 큰 영향을 미치는 것은?

① 점화진각
② 실린더 내의 압력
③ E-Gap 각도
④ 2차 콘덴서의 용량

해설

E-Gap
회전 영구 자석이 중립 위치를 출발하여 브레이커 포인트가 떨어지려는 순간까지 회전하는 각도를 크랭크축의 회전 각도로 환산한 각도

24 E-Gap 각이란 마그네토의 폴(Pole)의 중립 위치로부터 어떤 지점까지의 각도를 말하는가?

① 접점이 닫히는 지점
② 접점이 열리는 지점
③ 1차 전류가 가장 낮은점
④ 2차 전류가 가장 낮은점

25 마그네토의 표시 DF18RN의 설명으로 옳은 것은?

① 단식이다.
② 오른쪽으로 회전한다.
③ 실린더 수는 8개이다.
④ 베이스 장착 방식이다.

해설

순서	부호	의미
1	S	단식
	D	복식
2	B	베이스 장착
	F	플랜지 장착
3	4, 6, 7, 9 등	배전기 전극 수
4	R	시계 방향
	L	반시계 방향
5	알파벳	제작 회사 약칭

26 마그네토의 임펄스 커플링(Impulse Coupling)의 주된 목적은?

① 시동 시 마그네토의 부하를 흡수한다.
② 시동 시 마그네토의 토크를 방지한다.
③ 시동 시 마그네토의 밸브 타이밍을 조정한다.
④ 시동 시 마그네토가 고속으로 회전하도록 도와준다.

해설

시동 보조 장치
- 승압 코일(Booster Coil) : 시동기 축전지를 이용하는 유도 코일로 승압된 전압을 배전기 회전자의 리타드 핑거를 통해 점화 플러그에 불꽃 샤워를 발생하도록 하는 장치
- 유도 진동기(Induction Vibrator) : 유도 시 충분한 전원을 공급하기 위해 축전지로부터 마그네토 1차 코일에 단속 전류를 보내 마그네토에서 고전압으로 승압시키도록 한 장치
- 임펄스 커플링(Impulse Coupling) : 시동시 마그네토를 순간 가속시켜 고전압 발생, 점화시기를 지연시켜 킥백 방지

정답 22. ① 23. ③ 24. ② 25. ② 26. ④

27 지상에서 작동 중인 엔진이 거칠게 운전 중인 것을 발견하여 확인한 결과, 마그네토 드롭(Magneto Drop)은 정상이지만 다기관 압력(Manifold Pressure)이 정상보다 높다면 가장 직접적인 원인은 무엇인가?

① 마그네토 중 한 개의 하이텐션 리이드(High-Tension Lead)가 불확실하게 연결되어 있다.
② 흡입 다기관(Intake Manifold)에서 공기가 새고 있다.
③ 하나의 실린더가 작동을 하지 않는다.
④ 실린더의 서로 다른 점화 플러그의 결함이다.

28 다음 중 점화 플러그를 구성하는 주요 부분이 아닌 것은?

① 전극 ② 세라믹 절연체
③ 보상 캠 ④ 금속 셸(Shell)

해설
점화 플러그의 주요 구성품
- 전극(중심 전극, 접지 전극)
- 세라믹 절연체
- 금속 셸

29 다음 중 보상 캠(Compensated Cam)이 사용되는 엔진 형식은?

① V-형(V-Type)
② 직렬형(Inline Type)
③ 성형(Radial Type)
④ 대향형(Opposit Type)

30 고압 점화 케이블을 유연한 금속제 관속에 넣어 느슨하게 장착하는 주된 이유는?

① 접지 회로 저항을 줄이기 위하여
② 고고도에서 방전을 방지하기 위하여
③ 케이블 피복제의 산화와 부식을 방지
④ 작동 중 고주파의 전자파 영향을 줄이기 위하여

해설
고압 점화 케이블은 고주파로 인한 통신의 잡음이나 누전을 없애기 위해 금속으로 여러 번 피복

31 왕복 기관의 마그네토 낙차(Drop)를 점검할 때 좌측 또는 우측의 단일 마그네토 점검을 2~3초 이내에 해야 하는 이유로 가장 옳은 것은?

① 기관이 과열될 수 있기 때문이다.
② 마그네토에 과부하가 걸리기 때문이다.
③ 점화 플러그가 오염(Fouling)되기 때문이다.
④ 마그네토 과열로 기능을 상실하기 때문이다.

6 기관의 성능

가 항공기용 왕복 기관의 구비 조건

① 마력당 중량비가 작을 것(소형 경량화) : 0.61 ~ 1.22kg/kW(0.45 ~ 0.9kg/PS)
② 신뢰성이 클 것
③ 내구성이 좋을 것(수명 시간이 길 것)
④ 열효율이 높을 것(낮은 연료 소비율)
⑤ 진동이 적을 것
⑥ 정비가 용이할 것
⑦ 적응성이 높을 것(작동의 유연성)

나 기관의 성능 요소

가) 행정 체적

나) 압축비(Compression Ratio)

다) 왕복 기관의 동력

① 제동 마력
② 이륙 마력
③ 정격 마력(METO 마력)
   ※ 임계 고도(Critical Altitude) : 정격 마력을 유지할 수 있는 최고 고도로 무과급 기관에서는 해면 고도
④ 순항 마력

라) 열효율, 체적 효율, 기계 효율

① 지시 열효율

$$\eta_m = \frac{\text{연소 가스가 실제로 한 일}}{\text{엔진 공급 열량}} \times 100(\%) = \frac{W_i}{Q_i}$$

② 체적 효율

$$\eta_v = \frac{\text{대기압하에서의 충진 체적}}{\text{피스톤 배기량}} \times 100(\%)$$

③ 기계 효율

$$\eta_m = \frac{\text{제동 마력}}{\text{지시 마력}} \times 100(\%)$$

6 출제 예상 문제

01 M.E.T.O 마력에 대한 설명으로 가장 올바른 것은?
① 순항 마력이다.
② 시간 제한 없이 장시간 연속 작동을 보증할 수 있는 연속 최대 마력이다.
③ 기관이 낼 수 있는 최대의 마력이다.
④ 열효율이 가장 좋은 상태에서 얻어지는 동력이다.

02 엔진 정격(Engine Rating)은 정해진 조건 하에서 엔진을 운전할 경우 보증되고 있는 엔진의 성능 값을 말하는데, 다음 중 이에 속하지 않는 것은?
① 이륙 출력
② 최대 연속 출력
③ 사용 가능 연료 및 오일의 등급
④ 최대 하강 출력

03 왕복 기관을 장착한 비행기가 이륙한 후에도 최대 정격 이륙 출력으로 계속 비행하는 경우에 대한 설명으로 옳은 것은?
① 기관이 과열되어 비행이 곤란해진다.
② 공기 흡입구가 결빙되어 출력이 저하된다.
③ 연료 소모가 많지만 1시간 이내에서 비행할 수 있다.
④ 일반적으로 기관의 최대 출력을 증가시키기 위한 방법으로 자주 사용한다.

해설
왕복 기관의 이륙 출력은 이륙 시 5분 이내로 작동 제한

04 왕복 기관의 지상 시운전 시 최대 마력이 되지 않는다면 예상되는 원인이 아닌 것은?
① 기화기에 결빙이 형성되어 있다.
② 이그나이터의 간극이 규정 값 이상이다.
③ 기화기 히트(Heat)가 "ON" 위치에 있다.
④ 스로틀(Throttle)이 완전히 전개되지 않는다.

05 왕복 기관에서 발생되는 진동의 원인이 아닌 것은?
① 토크의 변동
② 오일 조절 링의 마모
③ 크랭크축의 비틀림 진동
④ 왕복 관성력과 회전 관성력의 불균형

06 왕복 기관을 시동할 때 기화기 혼합 조정 레버의 위치는?
① "Full Rich"에 놓고 시동한다.
② "Auto Rich"에 놓고 시동한다.
③ "Full Lean"에 놓고 Primer로 시동한다.
④ "Idle Cut Off"에 놓고 Primer로 시동한다.

07 왕복 기관을 시동할 때 기화기 공기 히터(Carburetor Air Heater)의 조작 장치 상태는?
① Hot 위치
② Neutral 위치
③ Cracked 위치
④ Cold(Normal) 위치

해설
왕복 기관 시동 순서
• 주 스위치 ON
• 연료 부스터 펌프 ON
• 기관이 차가우면 프라이머를 3~5번 작동
• 연료 공급 밸브를 확실하게 열고 연료 이송 밸브를 OFF

정답 01. ② 02. ④ 03. ① 04. ② 05. ② 06. ④ 07. ④

- 혼합비 조절 레버를 FULL RICH 위치에 놓고 기화기 히터를 OFF로 한 후 스로틀 레버를 1/10 정도 열어 놓는다.
- 점화 스위치 ON

08 항공기 왕복 기관을 작동 후 검사하여 보니 오일 소모량이 많고 점화 플러그가 더러워졌다면 그 원인이 아닌 것은?

① 점화 플러그 장착 불량
② 실린더 벽의 마모 증가
③ 피스톤링의 마모 증가
④ 밸브 가이드의 마모 증가

09 기관의 손상을 방지하기 위해 왕복 기관 시동 후 바로 작동 상태를 점검하기 위하여 확인해야 하는 계기는?

① 흡입 압력 계기
② 연료 압력 계기
③ 오일 압력 계기
④ 기관 회전수 계기

10 왕복 기관의 작동 중 점검하여야 할 사항과 가장 관계가 먼 것은?

① 흡기 압력
② 공기 블리드
③ 배기가스 온도
④ 엔진 오일의 압력

해설

왕복 기관 작동 점검
- 오일 압력
- 오일 온도
- 실린더 헤드 온도
- 기관 회전수
- 매니폴드 압력
- 마그네토 낙차 점검

11 마그네토(Magneto)의 배전기 블록(Distributor Block)에 전기 누전 점검 시 사용하는 기기는?

① Voltmeter
② Feeler Gage
③ Harness Tester
④ High Tension Am Meter

정답 08. ① 09. ③ 10. ② 11. ③

03 가스 터빈 기관

① 가스 터빈 기관의 구조

가 가스 발생기(Gas Generator)

압축기(Compressor), 연소실(Combustion Chamber), 터빈(Turbine)

나 공기 흡입 덕트(Air Inlet Duct)

1) 개요
   ① 압력 효율비(Duct Pressure Efficiency Ratio)
      ㉠ 흡입관 입구의 전압과 압축기 입구의 전압의 비율
      ㉡ 마찰 손실이 적고, 램 압력 상승에서 손실이 작을 때, 대략 98%
   ② 램 압력 회복점(Ram Recovery Point)
      ㉠ Ram 압력 상승이 마찰 손실과 같아지는 항공기의 속도
      ㉡ 압축기 입구 압력(CIP)이 대기압과 같아지는 항공기 속도
      ㉢ 최적의 아음속 덕트는 낮은 램 회복점

2) 종류
   ① 확산형(Divergent Duct)
   ② 수축-확산형(Convergent-Divergent Duct)

다 팬(Fan)

1) 1차 공기

   팬을 통과한 공기 중 연소에 참여한 공기

2) 2차 공기

   팬을 통과한 공기 중 노즐을 통하여 분사된 공기

3) 바이패스비 = $\dfrac{2차\ 공기량}{1차\ 공기량}$

라 압축기(Compressor)

1) 원심력식 압축기(Centrifugal Force Type Compressor)

가) 구성
① 임펠러 : 공기의 속도를 가속
② 디퓨저 : 속도에너지를 압력에너지로 전환
③ 매니폴드 : 공기의 방향 전환

나) 종류
단흡입, 겹흡입, 다단식

다) 장점
① 높은 단당 압력비
② 제작 용이, 가격 저렴
③ 구조가 튼튼하고 경량
④ 물 분사 효과가 크고 가속이 빠름
⑤ 정비가 쉽고 신뢰성이 높음

라) 단점
① 입출구의 압력비가 낮음
② 대량·공기의 처리가 불가능하여 대형으론 불가
③ 효율이 낮고 전면 저항이 큼

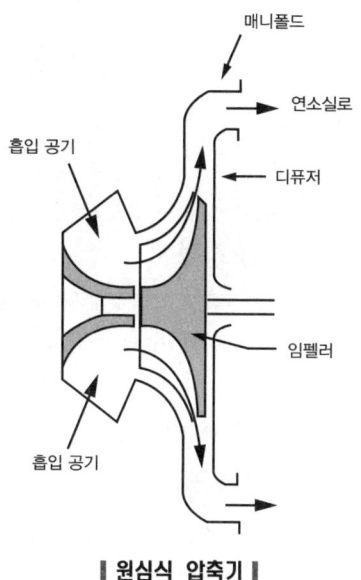

▮ 원심식 압축기 ▮

2) 축류식 압축기(Axial Flow Type Compressor)

가) 구성
로터와 스테이터

나) 1단(1Stage)
1열의 로터 깃과 1열의 스테이터 깃

다) 압축기의 압력비
압축기의 단수를 n, 단당 압력비를 r_s라 할 때
압력비 γ는 $\gamma = (r_s)^n$

라) 반동도
1단에서 일어날 수 있는 압력 상승 중 로터 깃에 의한 압력 상승의 백분율

$$\text{반동도} = \frac{\text{로터에 의한 압력 상승}}{\text{단의 압력 상승}} \times 100 = \frac{P_2 - P_1}{P_3 - P_1} \times 100 (\%)$$

마) 압축기 단열 효율
① 이상적 압축에 필요한 일과 실제 압축에 필요한 일과의 비
② 대략 85% 정도

$$\eta_c = \frac{\text{이상적인 압축 일}}{\text{실제 압축 일}} = \frac{T_{2i} - T_1}{T_2 - T_1},$$

$$T_{2i} = T_1 \gamma^{\frac{k-1}{k}}$$

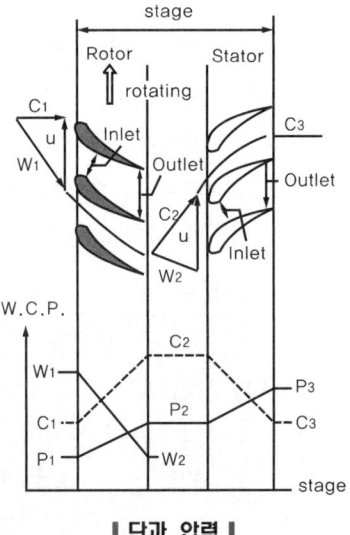

┃단과 압력┃

바) 장점
① 대량 공기 처리 가능
② 압력비 증가를 위해 다단으로 제작 가능
③ 입·출구의 압력비가 높음
④ 효율이 높고 고성능 기관에 사용

사) 단점
① FOD(Foreign Object Damage : 외부 물질에 의한 손상)에 약함
② 제작 비용이 고가
③ 무게가 무거움

※ 입구 안내 깃(I.G.V : inlet guide vane)
압축기 전방 프레임 내부에 있는 고정자로 공기가 흡입될 때 흐름 방향을 회전자가 압축하기 가장 좋은 각도로 안내하여 압축기 실속을 방지하고 효율을 높인다. 최근의 IGV는 가변으로 하여 VIGV라 한다.

아) 압축기 실속(Compressor Stall)
① 실속 원인
㉠ 압축기 출구 압력(CDP : Compressor Discharge Pressure)이 너무 클 때
㉡ 압축기 입구 온도(CIT : Compressor Inlet Temperature)가 너무 높을 때
㉢ Choke 현상 발생 시
② 실속 방지법
㉠ 다축식 구조(Multi Spool)
㉡ 가변 스테이터 깃(VSV : Variable Stator Vane)
㉢ 블리드 밸브(Bleed Valve)
㉣ 가변 바이패스 밸브

3) 압축기 깃 손상의 종류
① 마모(Abrasion) : 마찰로 금속의 일부가 거칠어지거나 닳아 없어진 것
② 굽음(Bend) : 과도한 열, 압력, 응력으로 구조가 뒤틀려 변형된 것

③ 들뜸(Blister) : 도금이나 페인트 층이 분리되어 부풀어 오른 것
④ 부풀음(Bulge) : 과도한 압력이나 열에 의해 부풀어 오르거나 팽창된 것
⑤ 거스러미(Burr) : 부품을 자르거나 깎은 뒤에 남아 있는 거친 모서리
⑥ 국부 마찰(Chafing) : 튜브나 전선이 서로 맞닿아 마찰이 일어나는 현상
⑦ 부식(Corrosion) : 화학적인 작용에 인해 금속의 표면이 변질되는 것
⑧ 균열(Crack) : 응력이 집중되어 나타나는 가는 선형의 깨짐이나 균열
⑨ 오그라짐(Curled) : 블레이드가 늘어나 케이스에 닿아 끝이 구부러짐
⑩ 움푹 패임(Dent) : 충격이나 압력으로 표면이 U자 형태로 함몰된 것
⑪ 뒤틀림(Distortion) : 충격, 피로, 과도한 열에 의해서 틀어진 것
⑫ 침식(Erosion) : 가스, 알갱이, 화학 물질의 흐름에 의해 표면이 닳은 것
⑬ 벗겨짐(Flaking) : 도금이나 페인트 된 표면에서 박편이 떨어져 나간 것
⑭ 걸림(Galling) : 접촉 표면의 상대 운동에 의해 마찰과 진동으로 닳은 것
⑮ 가우징(Gouging) : 표면이 찢어지거나 파진 자국
⑯ 홈 패임(Grooving) : 상대적인 운동으로 매끈하고 둥글게 파진 홈
⑰ 홈집(Imperfection) : 부품의 표면이 불규칙하거나 잘못된 상태
⑱ 찍힘(Nick) : 서로 부딪혀서 생긴 작고 날카로운 V자 형태의 자국
⑲ 얽은 자국(Pitting) : 표면에 생긴 작고 불규칙한 모양의 작은 구멍 자국
⑳ 미세 긁힘(Scratches) : 날카로운 물체에 의해 좁고 얕은 선형의 긁힘
㉑ 심한 긁힘(Scoring) : 예리한 모서리나 이물질에 의해 심하게 긁힌 것
㉒ 부스러짐(Spalling) : 하중, 피로, 균열로 인해 표면이 떨어져서 패인 것
㉓ 찢겨짐(Tear) : 충격이나 응력에 의해서 찢어진 것
㉔ 닳음(Wear) : 표면이 갈리거나 낡아져서 길이, 두께, 크기가 줄어든 것

마 연소실(Combustion Chamber)

1) 종류와 구성

가) 캔형(Can Type)

① 장점
  ㉠ 구조 튼튼
  ㉡ 설계 및 정비 간단

② 단점
  ㉠ 고공 저기압에서 연소 불안정으로 연소 정지(Flame Out)
  ㉡ 과열 시동
  ㉢ 출구 온도 분포 불균일

나) 애뉼러형(Annular Type)
  ① 장점
    ㉠ 구조 간단
    ㉡ 짧은 길이
    ㉢ 연소 안정
    ㉣ 출구 온도 분포 균일
    ㉤ 제작비 저렴
  ② 단점
    ㉠ 구조 약함
    ㉡ 정비 불편
다) 캔-애뉼러형(Can-Annular Type)
    ㉠ 구조 견고
    ㉡ 출구 온도 분포 균일
    ㉢ 짧은 길이
    ㉣ 연소 및 냉각 면적이 큼
    ㉤ 정비 간단

2) 연소실의 작동 원리
  ① 1차 연소 영역(연소 영역)
  ② 2차 연소 영역(혼합 및 냉각 영역)

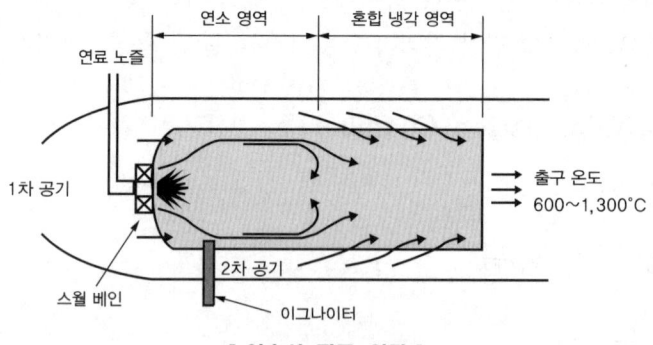

┃연소실 작동 원리┃

3) 연소실의 성능
  ① 연소 효율
  ② 압력 손실
  ③ 출구 온도 분포
  ④ 고공 재시동 특성

바 터빈

1) 반지름형 터빈(Radial Flow Type Turbine)

2) 장점
① 제작 용이
② 소형에서 효율이 양호
③ 1단에서 4.0 정도의 팽창비

3) 단점
① 다단으로 할 경우 효율이 감소
② 구조 복잡
③ 대형으로 부적합

4) 축류형 터빈(Axial Flow Type Turbine)

가) 구조

정익(Stator, Nozzle), 동익(Rotor Blade, Bucket)

※ 반동도 : 한 단의 팽창 중 동익에 의한 팽창의 백분율

$$\text{반동도}(\Phi_c) = \frac{\text{동익에 의한 팽창}}{\text{단의 팽창}} \times 100(\%) = \frac{P_2 - P_3}{P_1 - P_3} \times 100(\%)$$

나) 종류

① 반동 터빈(Reaction Turbine)
㉠ 스테이터 및 로터에서 연소 가스가 팽창하여 압력 감소가 이루어지는 터빈
㉡ 반동도는 50% 이하

② 충동 터빈(Impulse Turbine)
㉠ 가스 팽창은 터빈 노즐에서만 이루어지고 로터 깃에서는 이루어지지 않으며 깃을 통과하면서 속도나 압력은 변하지 않고 흐름의 방향만 변화
㉡ 반동도가 0%인 터빈

③ 실제 터빈 깃(충동-반동 터빈)
로터 깃을 깃끝으로 갈수록 깃 각을 작게 비틀어주어 깃 뿌리에서는 충동 터빈으로 깃 끝으로 갈수록 반동 터빈이 되게 함으로서 토크를 일정하게 하여 로터 깃의 출구에서 속도와 압력을 같게 유지시키는 방식

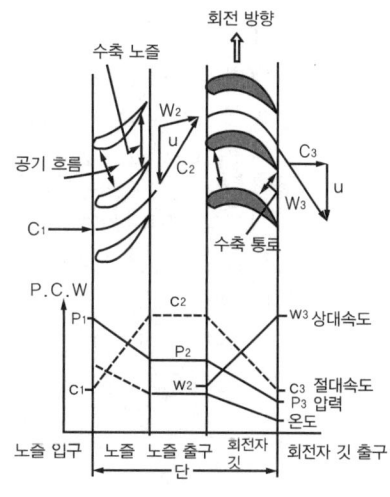

┃ 단과 압력 ┃

5) 터빈 깃의 냉각 방법

① 대류 냉각(Convection Cooling)
  내부에 통로를 만들어 찬 공기를 흐르게 함으로써 깃을 냉각시키는 방법
② 충돌 냉각(Impingement Cooling)
  터빈 깃 앞전 부분의 냉각에 사용하는 방식으로 냉각 공기를 앞전에 충돌시켜 냉각
③ 공기막 냉각(Air Film Cooling)
  터빈 깃의 표면에 작은 구멍을 뚫어 이 구멍을 통하여 냉각 공기를 분출시켜 공기막을 형성함으로써 연소 가스가 터빈 깃에 직접 닿지 못하도록 함
④ 침출 냉각(Transpiration Cooling)
  터빈 깃을 다공성 재질로 만들고 깃의 내부를 비게하여 찬 공기가 터빈 깃을 통하여 스며 나오게 하여 깃을 냉각시키는 방식

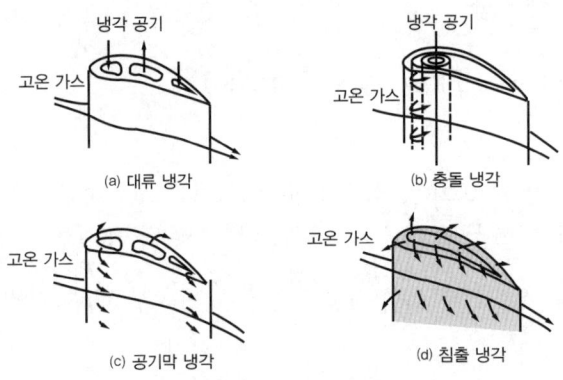

┃ 터빈 깃의 냉각 방법 ┃

사 배기 계통(Exhaust Section)

① 배기 덕트(Exhaust Duct : Tail Pipe)
  터빈을 통과한 배기가스를 정류하는 동시에 압력에너지를 속도 에너지로 바꾸어 추력 증가
② 고정 면적 배기 노즐(Convergent Duct)
  아음속 항공기 배기 노즐
③ 가변 면적 배기 노즐(Variable Area Exhaust Nozzle)
  초음속 항공기 배기 노즐

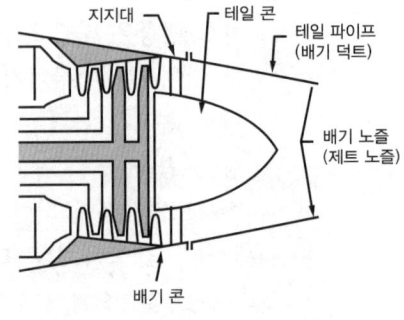

┃ 배기 계통 ┃

제3장 가스 터빈 기관

1 출제 예상 문제

01 다음 그래프는 가스 터빈 기관의 각 부분에 대한 내부 가스 흐름의 어떤 특성을 나타낸 것인가?

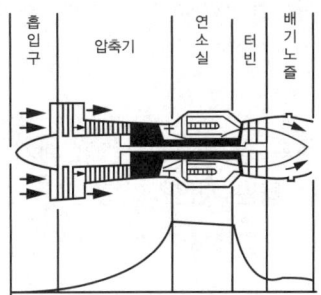

① 온도   ② 속도
③ 체적   ④ 압력

02 흡입 덕트의 결빙 방지를 위해 공급하는 방빙원(Anti Icing Source)은?

① 압축기의 블리드 공기
② 연소실의 뜨거운 공기
③ 연료 펌프의 연료 이용
④ 오일 탱크의 오일 이용

03 다음 중 아음속 항공기의 흡입구에 관한 설명으로 옳은 것은?

① 수축형 도관의 형태이다.
② 수축-확산형 도관의 형태이다.
③ 흡입 공기 속도를 낮추고 압력을 높여 준다.
④ 음속으로 인한 충격파가 일어나지 않도록 속도를 감속시켜 준다.

04 다음 중 가스 터빈 기관의 가스 발생기(Gas Generator)에 포함되지 않는 것은?

① 터빈   ② 연소실
③ 후기 연소기   ④ 압축기

[해설]
가스 발생기
압축기, 연소실, 터빈

05 다음 중 가스 터빈 기관의 주요 구성품 3가지에 해당하지 않는 것은?

① 터빈(Turbine)
② 연소기(Combustor)
③ 샤프트(Shaft)
④ 압축기(Compressor)

06 다음 중 후기 연소기가 없는 터보 제트 기관에서 전압력이 가장 높은 곳은?

① 공기 흡입구
② 압축기 입구
③ 압축기 출구
④ 터빈 출구

[해설]

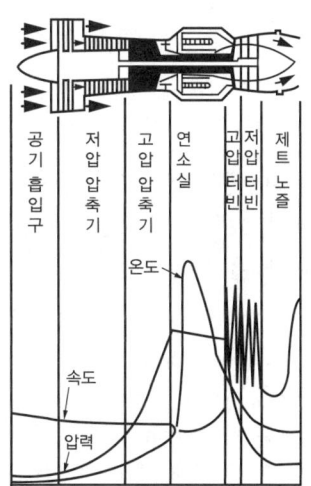

정답 01. ④ 02. ① 03. ③ 04. ③ 05. ③ 06. ③

07 가스 터빈 기관의 공기 흐름 중에서 압력이 가장 높은 곳은?
① 압축기 ② 터빈 노즐
③ 디퓨저 ④ 터빈 로터

08 가스 터빈 기관에서 디퓨저(Diffuser)의 주 목적은?
① 공기의 속도를 증가시킨다.
② 공기의 압력과 속도를 증가시킨다.
③ 공기의 속도를 감소시키고 압력은 증가시킨다.
④ 공기의 압력을 감소시킨다.

09 가스 터빈 기관 내의 가스의 특성 변화에 대한 설명으로 옳은 것은?
① 항공기 속도가 느릴 때 공기는 대기압보다 낮은 압력으로 압축기 입구로 들어간다.
② 연소실의 온도보다 이를 통과한 터빈의 가스 온도가 더 높다.
③ 항공기 속도가 증가하면 압축기 입구의 압력은 대기압보다 작아진다.
④ 터빈 노즐의 수축 통로에서 압력이 감소되면서 배기가스의 속도가 급격히 감속된다.

10 초음속 항공기의 기관에 사용하는 배기 노즐로 초음속 제트를 효율적으로 얻기 위한 노즐은?
① 수축 노즐 ② 확산 노즐
③ 수축 확산 노즐 ④ 동축 노즐

〔해설〕
• 아음속기 : 수축형
• 초음속기 : 수축 확산형, 가변 면적 배기 노즐

11 일반적인 아음속기의 공기 흡입구 형상으로 옳은 것은?
① 확산(Divergent)형 덕트
② 수축(Convergent)형 덕트
③ 수축(Convergent-Divergent)
 - 확산형 덕트
④ 확산(Divergent-Convergent)
 - 수축형 덕트

12 아음속 항공기의 수축형 배기 노즐의 역할로 옳은 것은?
① 속도를 감소시키고 압력을 증가시킨다.
② 속도를 감소시키고 압력을 감소시킨다.
③ 속도를 증가시키고 압력을 증가시킨다.
④ 속도를 증가시키고 압력을 감소시킨다.

13 가스 터빈 기관의 압축 효율이 가장 좋은 압축기 입구에서의 공기 속도는?
① 마하 0.1 정도 ② 마하 0.2 정도
③ 마하 0.4 정도 ④ 마하 0.5 정도

〔해설〕
가스 터빈 기관의 압축기 입구 속도는 마하 0.5를 유지하는 것이 가장 압축 효율이 좋음

14 가스 터빈 기관에서 가변 정익(Variable Stator Vane)을 장착하는 가장 큰 이유는 언제 발생하는 실속을 방지하기 위해서인가?
① 저속에서 가속과 감속 시
② 순항에서 가속과 감속 시
③ 고속에서 가속과 감속 시
④ 급강하에서 가속과 감속 시

〔해설〕
기관 시동 시와 저속일 경우 공기 흡입 속도가 느려서 압축기 실속이 발생하므로 실속을 방지하기 위해 가변 정익 사용

정답 07. ③ 08. ③ 09. ① 10. ③ 11. ① 12. ④ 13. ④ 14. ①

15 가스 터빈 기관의 공기 흡입 덕트(Duct)에서 발생하는 램 회복점을 옳게 설명한 것은?
① 램 압력 상승이 최대가 되는 항공기의 속도
② 마찰 압력 손실이 최소가 되는 항공기의 속도
③ 마찰 압력 손실이 최대가 되는 항공기의 속도
④ 흡입구 내부의 압력이 대기 압력으로 돌아오는 점

해설
램 압력 회복점(Ram Recovery Point)
- Ram 압력 상승이 마찰 손실과 같아지는 항공기의 속도
- 압축기 입구 압력(CIP)이 대기압과 같아지는 항공기 속도

16 기관 흡입구의 장치 중 동일 목적으로 사용되어지는 것으로 짝지어진 것은?
① 움직이는 쐐기형(Movable Wedge) - 와류 분산기(Vortex Dissipator)
② 움직이는 스파이크(Movable Spike) - 움직이는 베인(Movable Vane)
③ 움직이는 베인(Movable Vane) - 움직이는 쐐기형(Movable Wedge)
④ 와류 분산기(Vortex Dissipator) - 움직이는 베인(Movable Vane)

해설
- 와류 분산기(Vortex Dissipator) : 기관이 지면과 가까워 FOD가 흡입되는 것을 방지
- 움직이는 베인(Movable Vane) : 기관 흡입구의 공기 방향을 급전환시켜 모래나 얼음 등을 밑으로 방출
- 움직이는 쐐기형(Movable Wedge) : 충격파를 발생시켜 공기 속도 감소
- 움직이는 스파이크(Movable Spike) : 공기 흐름을 최적화시켜 기관의 출력 증대

17 터보팬 기관에서 BPR(By-Pass Ratio)를 가장 올바르게 설명한 내용은?
① 흡입된 전체의 공기 유량과 배출된 전체의 유량의 비
② 2차 공기의 흡입된 량과 2차 공기의 방출된 공기량의 비
③ 압축기를 통과한 공기의 유량과 터빈을 통과한 유량의 비
④ 압축기를 통과한 공기의 유량과 팬을 통과한 공기 유량의 비

18 터보팬 제트 기관의 1차 공기량이 50kgf/s, 2차 공기량 60kgf/s, 1차 공기 배기 속도 170m/s, 2차 공기 배기 속도 100m/s이라면 이 기관의 바이패스비(By-Pass Ratio)는 얼마인가?
① 0.59   ② 0.83
③ 1.2   ④ 1.7

해설
바이패스비
$$BPR = \frac{2차\ 공기의\ 중량\ 유량}{1차\ 공기의\ 중량\ 유량} = \frac{W_s}{W_p} = \frac{60}{50} = 1.2$$

19 가스 터빈 기관에서 축류식 압축기의 단수를 n, 단당 압력비를 Ys라 할 때 이 압축기의 전체 압력비 Y를 구하는 식으로 옳은 것은?
① $Y = n \times Y_s$ ② $Y = n^{Y_s}$
③ $Y = n + Y_s$ ④ $Y = (Y_s)^n$

20 가스 터빈 기관에서 축류 압축기의 1단당 압력비가 1.8일 때 압축기가 3단이라면 압력비는 약 얼마인가?
① 5.4   ② 5.8
③ 6.5   ④ 7.8

해설
$\gamma = (r_s)^n = 1.8^3 = 5.832$

정답 15. ④ 16. ④ 17. ④ 18. ③ 19. ④ 20. ②

21 축류형 압축기의 반동도를 옳게 나타낸 것은?

① $\dfrac{\text{로터에 의한 압력 상승}}{\text{단당 압력 상승}} \times 100$

② $\dfrac{\text{압축기에 의한 압력 상승}}{\text{터빈에 의한 압력 상승}} \times 100$

③ $\dfrac{\text{저압 압축기에 의한 압력 상승}}{\text{고압 압축기에 의한 압력 상승}} \times 100$

④ $\dfrac{\text{스테이터에 의한 압력 상승}}{\text{단당 압력 상승}} \times 100$

해설

반동도 $= \dfrac{\text{로터에 의한 압력 상승}}{\text{단의 압력 상승}} \times 100$

$= \dfrac{P_2 - P_1}{P_3 - P_1} \times 100 (\%)$

22 축류식 압축기의 1단당 압력비가 1.6이고, 회전자 깃에 의한 압력 상승비가 1.3일 때 압축기의 반동도는?

① 0.2 ② 0.3
③ 0.5 ④ 0.6

해설

반동도 $= \dfrac{\text{로터에 의한 압력 상승}}{\text{단의 압력 상승}} \times 100$

$= \dfrac{0.3}{0.6} \times 100 = 50\%$

23 압축기 입구에서 공기의 압력과 온도가 각각 1기압, 15℃이고, 출구에서 압력과 온도가 각각 7기압, 300℃일 때, 압축기의 단열 효율은 몇 %인가? (단, 공기의 비열비는 1.4이다)

① 70 ② 75
③ 80 ④ 85

해설

압축기 단열 효율

$T_{2i} = T_1 \gamma^{\frac{k-1}{k}} = 288 \times 7^{\frac{1.4-1}{1.4}} = 502.1$

$\eta_c = \dfrac{\text{이상적인 압축 일}}{\text{실제 압축 일}} = \dfrac{T_{2i} - T_1}{T_2 - T_1}$

$= \dfrac{502 - 288}{573 - 288} = 0.75$

24 다음 중 원심력식 압축기의 주요 구성품이 아닌 것은?

① 임펠러   ② 디퓨저
③ 고정자   ④ 매니폴드

25 원심형 압축기(Centrifugal Type Compressor)의 가장 큰 장점은 무엇인가?

① 단당 압력비가 높다.
② 장착이 쉽고 전체 압력비를 높게 할 수 있다.
③ 기관의 단위 전면 면적당 추력이 크다.
④ 가볍고 효율이 높기 때문에 고성능기관에 적합하다.

해설

원심식 압축기의 장점
- 높은 단당 압력비
- 제작 용이, 가격 저렴
- 구조가 튼튼하고 경량
- 물분사 효과가 크고 가속이 빠름
- 정비가 쉽고 신뢰성이 높음

원심식 압축기의 단점
- 입출구의 압력비가 낮음
- 대량공기의 처리가 불가능하여 대형으론 불가
- 효율이 낮고 전면 저항이 큼

26 원심형 압축기의 단점으로 옳은 것은?

① 단당 압력비가 작다.
② 무게가 무겁고 시동 출력이 낮다.
③ 동일 추력에 대하여 전면 면적이 크다.
④ 축류형 압축기와 비교해 제작이 어렵고 가격이 비싸다.

정답 21. ① 22. ③ 23. ② 24. ③ 25. ① 26. ③

27 가스 터빈 기관용 원심식 압축기에 대한 설명으로 틀린 것은?
① 시동 출력이 낮다.
② 단당 압축비가 높다.
③ 회전 속도 범위가 넓다.
④ 대형 기관과 주동력 장치에 주로 사용한다.

28 원심식 압축기(Centrifugal Flow Compressor)의 장점이 아닌 것은?
① 시동 파워가 낮다.
② 단당 큰 압력 상승이 가능하다.
③ 축류식과 비교하여 구조가 간단하다.
④ 단 사이의 에너지 손실이 적어 다축 연결이 유용하다.

29 가스 터빈 기관용 원심식 압축기에 대한 설명으로 틀린 것은?
① 시동 출력이 낮다.
② 단당 압축비가 높다.
③ 회전 속도 범위가 넓다.
④ 대형 기관과 주동력 장치에 주로 사용한다.

30 가스 터빈 기관에서 사용하는 압축기 중 원심형과 비교하여 축류형의 장점은?
① 무게가 가볍다.
② 압축기의 효율이 높다.
③ 시동 출력이 낮다.
④ 회전 속도 범위가 넓다.

해설
축류형 압축기의 장점
• 대량 공기 처리 가능
• 압력비 증가를 위해 다단으로 제작 가능
• 입·출구의 압력비가 높음
• 효율이 높고 고성능 기관에 사용

31 가스 터빈 기관에서 사용하는 압축기 중 원심력식보다 축류식이 좋은 점은?
① 무게가 가볍다.
② 염가이다.
③ 단당 압력비가 높다.
④ 전면 면적에 비해 공기 유량이 크다.

32 축류형 압축기가 가스 터빈에 많이 사용되는 이유로 가장 거리가 먼 것은?
① 단당 압력비가 높다.
② 많은 공기량을 처리할 수 있다.
③ 다단화가 용이해서 고압력비를 얻을 수 있다.
④ 압축기 효율이 높다.

33 축류형 압축기에서 1단(Stage)의 의미를 옳게 설명한 것은?
① 저압 압축기(Low Compressor)를 말한다.
② 고압 압축기(High Compressor)를 말한다.
③ 1열의 로터(Rotor)와 1열의 스테이터(Stator)를 말한다.
④ 저압 압축기(Low Compressor)와 고압 압축기(High Compressor)를 합하여 일컫는 말이다.

34 팬 블레이드(Fan Blade) 등의 저압 압축기(Low Pressure Compressor)에 사용되는 금속 재료는?
① 스테인리스 강(Stainless Steel)
② 내열 합금(Heat Resistant Alloy)
③ 티타늄 합금(Titanium Alloy)
④ 저 합금강(Low Alloy Steel)

정답 27. ④ 28. ④ 29. ④ 30. ② 31. ④ 32. ① 33. ③ 34. ③

35 가스 터빈 기관에서 압축기 실속(Compressor Stall)의 원인이 아닌 것은?

① 압축기의 손상
② 터빈의 변형 또는 손상
③ 설계 rpm 이하에서의 기관 작동
④ 기관 시동용 블리드 공기의 낮은 압력

해설
압축기 실속 원인
- 압축기 출구 압력(CDP : Compressor Discharge Pressure)가 너무 클 때
- 압축기 입구 온도(CIT : Compressor Inlet Temperature)가 너무 높을 때
- Choke 현상 발생 시
- 압축기 입구 속도가 느릴 때

36 제트 기관에서 압축기의 실속은 어느 때 일어나는가?

① 항공기 속도가 압축기 회전 속도에 비해 너무 클 때
② 항공기 속도가 압축기 회전 속도에 비해 너무 작을 때
③ 항공기 추력이 압축기 압력보다 너무 클 때
④ 항공기 추력이 압축기 압력보다 작을 때

37 가스 터빈 기관의 흡입구에 형성된 얼음이 압축기 실속을 일으키는 이유는?

① 공기 흐름을 방해하므로
② 공기 압력을 증가시키므로
③ 공기 속도를 증가시키므로
④ 공기 전 압력을 일정하게 하므로

38 가스 터빈 기관의 흡입구에 형성된 얼음이 압축기 실속을 일으키는 이유는?

① 공기 압력을 증가시키기 때문에
② 공기 속도를 증가시키기 때문에
③ 공기 전압력을 일정하게하기 때문에
④ 공기 통로의 면적을 작게 만들기 때문에

39 다음 중 가스 터빈 기관에서 축류 압축기의 실속이 발생하는 경우가 아닌 것은?

① 흡입구로 들어오는 난류나 분열된 흐름 때문에 속도 벡터를 감소시켜 받음각이 커지는 경우
② 갑작스런 기관 가속으로 인한 과다한 연료 흐름 때문에 연소실의 역압력이 커져서 속도 벡터를 감소시켜 받음각이 커지는 경우
③ 갑작스런 감속에 의한 희박한 혼합비 때문에 연소실의 역압력이 감소되어 속도 벡터를 증가시켜 받음각이 작아지는 경우
④ 가변 스테이터가 설치된 압축기의 회전 속도가 일정하게 유지되는 경우

40 가스 터빈 기관의 축류식 압축기의 실속을 방지하기 위한 방법이 아닌 것은?

① 다축식 구조
② 가변 고정자 깃
③ 블리드 밸브
④ 가변 회전자 깃

해설
압축기 실속 방지법
- 다축식 구조(Multi Spool)
- 가변 스테이터 깃(VSV : Variable Stator Vane)
- Bleed Valve
- 가변 바이패스 밸브

41 축류형 압축기의 실속(Stall) 방지 장치가 아닌 것은?

① 다축 기관　　② 가변 스테이터
③ 블리드 밸브　④ 공기 흡입 덕트

정답　35. ④　36. ②　37. ①　38. ④　39. ④　40. ④　41. ④

42 다음 중 축류 압축기의 실속을 방지하기 위한 방법이 아닌 것은?
① 확산형 배기 덕트를 장착한다.
② 다축 기관의 구조를 사용한다.
③ 가변 스테이터(Stator)를 장착한다.
④ 블리드 밸브(Bleed Valve)를 장착한다.

43 다음 중 가스 터빈 기관의 압축기 블레이드 오염(Dirty)으로 발생되는 현상은?
① Low R.P.M   ② High R.P.M
③ Low E.G.T   ④ High E.G.T

해설
압축기 깃의 오염으로 압축기 실속이 발생할 수 있고 이로 인해 배기가스 온도 증가

44 가변 스테이터 구조의 목적으로 옳은 것은?
① 동익의 회전 속도를 일정하게 한다.
② 유입 공기의 절대 속도를 일정하게 한다.
③ 동익에 대한 유입 공기의 받음각을 일정하게 한다.
④ 동익에 대한 유입 공기의 상대 속도를 일정하게 한다.

해설
가변 스테이터 베인(Variable Stator Vane)
압축기 내부의 각 단계마다 공기 흐름의 방향을 교정하여 회전자의 받음각을 일정하게 하여 압축기 실속 방지

45 시운전 중인 가스 터빈 엔진에서 축류형 압축기의 RPM이 일정하게 유지된다면 가변 스테이터 깃(Vane)의 받음각은 무엇에 의해 변하는가?
① 압력비의 감소
② 압력비의 증가
③ 압축기 직경의 변화
④ 공기 흐름 속도의 변화

46 가스 터빈 기관에서 압축기 스테이터 베인(Stator Vanes)의 가장 중요한 역할은 무엇인가?
① 배기가스의 압력을 증가시킨다.
② 배기가스의 속도를 증가시킨다.
③ 공기 흐름의 속도를 감소시킨다.
④ 공기 흐름의 압력을 감소시킨다.

47 판재로 제작된 기관 부품에 발생하는 결함으로서 움푹 눌린 자국을 무엇이라고 하는가?
① Nick   ② Dent
③ Tear   ④ Wear

해설
- 찍힘(Nick) : 서로 부딪혀서 생긴 작고 날카로운 V자 형태의 자국
- 움푹 패임(Dent) : 충격이나 압력으로 표면이 U자 형태로 함몰된 것
- 찢겨짐(Tear) : 충격이나 응력에 의해서 찢어진 것
- 닳음(Wear) : 표면이 갈리거나 낡아져서 길이, 두께, 크기가 줄어든 것

48 가스 터빈 기관의 연소실 효율이란?
① 공급 에너지와 기관의 추력비이다.
② 연소실 입구와 출구 사이의 온도비이다.
③ 연소실 입구와 출구 사이의 전압력비이다.
④ 공기의 엔탈피 증가와 공급 열량과의 비이다.

해설
연소 효율
공급된 열량과 공기의 실제 증가된 에너지의 비

$$\text{연소 효율}(\eta b) = \frac{\text{입구와 출구의 총에너지 차이}}{\text{공급된 열량} \times \text{연료 저발열량}}$$

연소 효율은 압력 및 온도가 낮을수록, 공기의 속도가 클수록 낮아진다. 즉, 고도가 높아질수록 연소 효율이 낮아지며 보통 연소 효율은 95% 이상이어야 한다.

정답 42. ① 43. ④ 44. ③ 45. ④ 46. ③ 47. ② 48. ④

제2부 항공 기관

49 가스 터빈 엔진의 연소실에 대한 설명 내용으로 가장 올바른 것은?

① 압축기 출구에서 공기와 연료가 혼합되어 연소실로 분사된다.
② 연소실로 유입된 공기의 75% 정도는 연소에 이용되고 나머지 25% 정도의 공기는 냉각에 이용된다.
③ 1차 연소 영역을 연소 영역이라 하고 2차 연소 영역을 혼합 냉각 영역이라고 한다.
④ 최근 JT9D, CF6, RB-211 엔진 등은 물론 엔진 크기에 관계없이 캔형의 연소실이 사용된다.

[해설]

연료노즐 / 연소 영역 / 혼합 냉각 영역 / 1차 공기 / 출구 온도 800~1,300℃ / 2차 공기 / 스월 베인 / 이그나이터

50 가스 터빈 기관 연소실의 2차 공기에 대한 설명으로 옳은 것은?

① 14 ~ 18 : 1의 최적 혼합비를 유지한다.
② 스월가이드 베인이 있어 강한 선회를 주어 적당한 난류를 발생시킨다.
③ 2차 공기는 연소실로 유입되는 전체 공기의 약 25% 정도이다.
④ 흡입된 공기로 연소 가스를 희석하여 연소실 출구 온도를 낮춘다.

51 가스 터빈 기관의 연소용 공기량은 일반적으로 연소실(Combustion Chamber)을 통과하는 총 공기량의 몇 % 정도인가?

① 25　　② 50
③ 75　　④ 100

52 가스 터빈 기관의 연소실 성능에 대한 설명으로 가장 올바른 것은?

① 연소 효율은 고도가 높을수록 좋아진다.
② 연소실 출구 온도 분포는 일반적으로 안쪽 지름쪽이 바깥 지름쪽 보다 높은 것이 좋다.
③ 연소실 출구에서의 전 압력(Total Pressure)을 압력 손실이라 하며 보통 20% 정도이다.
④ 고공 재시동 가능 범위가 넓을수록 좋다.

53 장탈과 장착이 가장 편리한 가스 터빈 기관 연소실 형식은?

① 가변 정익형　　② 캔형
③ 캔-애뉼러형　　④ 애뉼러형

54 압력 강하가 가장 적은 연소실의 형식은?

① 애뉼러형(Annular Type)
② 캐뉼러형(Canular Type)
③ 캔형(Can Type)
④ 역류캔형(Counter Flow Can Type)

55 가스 터빈 기관에서 길이가 짧으며 구조가 간단하고 연소 효율이 좋은 연소실은?

① 캔형　　② 터뷸러형
③ 애뉼러형　　④ 실린더형

[해설]
애뉼러형 연소실의 장점
- 연소실 구조가 간단하다.
- 캔형에 비해 길이가 짧다.
- 연소가 안정하여 연소 정지 현상이 없다.
- 출구 온도 분포가 균일하다.
- 연소 효율이 좋다.

정답　49. ③　50. ④　51. ①　52. ④　53. ②　54. ①　55. ③

제3장 가스 터빈 기관

56 가스 터빈 연소실의 공기 흡입구에 있는 선회 베인(Swirl Vane)에 대한 설명으로 옳은 것은?
① 캔형 연소실에는 없다.
② 연소 영역을 길게 한다.
③ 1차 공기에 선회를 준다.
④ 연료 노즐 부근의 공기 속도가 빨라진다.

해설
선회 깃(Swirl Vane)
가스 터빈 연소실에서 1차 공기에 선회 운동을 일으켜 공기의 유입 속도를 감소시키고 화염 전파 속도를 증가시킴. 보통 연료 분사 노즐 앞에 1차 공기 입구에 장착

57 케로신 연료를 주로 사용하는 제트 기관의 연료와 공기 혼합비(공연비)에 대한 설명으로 틀린 것은?
① 연소에 필요한 최적의 이론적인 공연비는 약 15 : 1이다.
② 연소실로 유입되는 공기 중 1차 공기만이 연소에 사용된다. 연소실에서는 연소 효율을 높이기 위해 공연비를 14 : 1에서 18 : 1 정도로 제한한다.
③ 연소실에서 연소 효율을 높이기 위해 공연비를 14 : 1에서 18 : 1 정도로 제한한다.
④ 스월 가이드 베인(Swirl Guide Vane)은 연소실에서 공기유입량을 조절해 주는 역할을 한다.

해설
스월 가이드 베인(Swirl Guide Vane)
1차 공기에 강한 선회를 주어 난류를 발생시켜 연소 효율을 높인다.

58 가스 터빈 기관의 연소실에 부착된 부품이 아닌 것은?
① 연료 노즐   ② 선회 깃
③ 가변 정익   ④ 점화 플러그

59 가스 터빈 기관 내부에서 가스의 속도가 가장 빠른 곳은?
① 연소실   ② 터빈 노즐
③ 압축기 부분 ④ 터빈 로터

해설
터빈 스테이터를 터빈 노즐이라고 하며 속도를 증가시키는 역할을 함.

60 가스 터빈 기관에서 터빈 노즐(Turbine Nozzle)의 주된 목적은?
① 터빈의 냉각을 돕기 위해서
② 연소 가스의 속도를 증가시키기 위해서
③ 연소 가스의 온도를 증가시키기 위해서
④ 연소 가스의 압력을 증가시키기 위해서

61 다음 중 터보팬 기관에서 터빈 노즐 가이드 베인(Turbine Nozzle Guide Vane)의 냉각에 주로 사용되는 것은?
① 저압 압축기 배출공기
② 고압 압축기 배출공기
③ 팬 배기 공기(Fan Discharge Air)
④ 연소실 냉각 구멍을 통해 들어온 공기

62 터보 제트 엔진의 터빈에 대한 설명으로 틀린 것은?
① 연소실에서 연소된 고속 가스에서 운동에너지를 흡수하여 축에 전달시켜 준다.
② 1단계 터빈의 냉각은 오일 냉각 방법을 쓰고 있다.
③ 충동 터빈을 지나는 가스의 압력과 속도는 변하지 않고 흐름의 방향을 바꾸어 준다.
④ 반동 터빈은 가스의 속도와 압력을 변화시켜 준다.

정답 56. ③ 57. ④ 58. ③ 59. ② 60. ② 61. ③ 62. ②

63 가스 터빈 기관에서 터빈을 통과하는 가스의 압력과 속도는 변하지 않고 흐름 방향만 바뀌는 터빈은?

① 충동 터빈   ② 구동 터빈
③ 반동 터빈   ④ 이차 터빈

해설
충동 터빈(Impulse Turbine)
• 가스 팽창은 터빈 노즐에서만 이루어지고 로터 깃에서는 이루어지지 않으며 깃을 통과하면서 속도나 압력은 변하지 않고 흐름의 방향만 변화
• 반동도가 0%인 터빈

64 충동 터빈(Impulse Turbine)의 반동도는 얼마인가?

① 0   ② 1
③ 2   ④ 3

65 항공기용 가스 터빈 기관에서 터빈 깃 끝단의 슈라우드(Shrouded) 구조의 특징이 아닌 것은?

① 깃을 가볍게 만들 수 있다.
② 터빈 깃의 진동 억제 특성이 우수하다.
③ 깃 팁(Tip)에서 가스 누설 손실이 적다.
④ 깃 팁(Tip)에서 공기 역학적 성능이 우수하다.

해설
슈라우드
블레이드 팁에서의 가스 손실을 줄이고 공기의 흐름을 유지하며 진동 방지

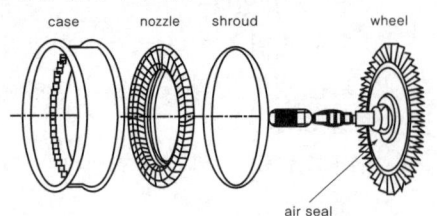

66 팬 블레이드의 미드 스팬 슈라우드(Mid Span Shroud)에 대한 설명으로 틀린 것은?

① 유입되는 공기의 흐름을 원활하게 하여 공기 역학적인 항력을 감소시킨다.
② 팬 블레이드 중간에 원형링을 형성하게 설치되어 있다.
③ 상호 마찰로 인한 마모 현상을 줄이기 위해 주기적으로 코팅을 한다.
④ 공기 흐름에 의한 블레이드의 굽힘 현상을 방지하는 기능을 한다.

해설
미드-스팬 슈라우드(Mid-span Shroud)

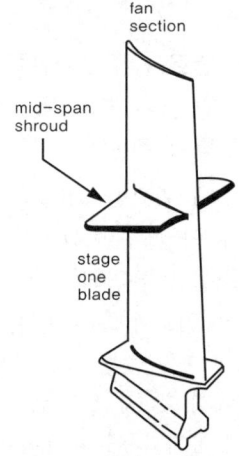

공기 흐름에 의한 굽힘력에 견딜 수 있도록 하고 블레이드와 블레이드가 서로 지지하는 것을 도와준다. 그러나 슈라우드는 공기 흐름을 방해할 뿐만 아니라 항력을 증가시켜 팬 효율을 감소시킨다.

67 가스 터빈 기관에서 터빈 블레이드의 진동을 축소시키고 공기 흐름 특성을 개선시키는 것은?

① 충동형 블레이드(Impulse Blade)
② 슈라우드 블레이드(Shrouded Blade)
③ 전나무형 블레이드(Fir Tree Blade)
④ 도브 테일형 블레이드(Dove Tail Blade)

68 제트 엔진에서 TCCS란 무엇을 의미하는가?

① 엔진의 추력을 자동적으로 제어해 주는 계통을 말한다.
② 터빈 블레이드와 터빈 케이스 사이의 간극을 최소가 되게 해주는 계통이다.
③ 주로 중·소형의 터보팬 엔진에 많이 사용한다.
④ TCCS는 Thrust Case Cooling System의 약자이다.

해설
TCCS(Turbine Case Cooling System)
팬에서 배출되는 냉각공기를 터빈 케이스 외부 표면에 내뿜어서 케이스를 수축시켜 블레이드 팁간격을 적정하게 보정함으로써 터빈 효율의 향상에 의한 연비의 개선을 목적으로 사용

69 터빈 블레이드 끝(Blade Tip)과 터빈 케이스 안쪽의 에어시일(Air Seal)과의 간극을 줄여주기 위해서 터빈 케이스 외부를 냉각시켜 준다. 여기에 사용되는 냉각 공기는?

① 압축기 배출 공기
② 연소실 냉각 공기
③ 팬 압축 공기
④ 외부 공기

70 일반적으로 가스 터빈 기관에서 프리 터빈(Free Turbine)이 부착된 기관은?

① 터보 제트   ② 램 제트
③ 터보 프롭   ④ 터보팬

해설
프리 터빈
터보 프롭이나 터보 샤프트 기관에서 축에 부하가 걸릴 경우 압축기 실속을 방지하기 위해 사용되는 터빈

71 터빈 깃(Vane)이 압축기 깃보다 더 많은 결함(Damage)이 나타난다. 이는 터빈 깃이 압축기 깃보다 더 많은 무엇을 받기 때문인가?

① 열응력
② 연소실 내의 응력
③ 추력 간극(Clearance)
④ 진동과 다른 응력

72 터빈 깃의 냉각 방법 중 깃 내부를 중공으로 하여 차가운 공기가 터빈 깃을 통하여 스며 나오게 함으로써 터빈 깃을 냉각시키는 것은?

① 대류 냉각   ② 충돌 냉각
③ 공기막 냉각 ④ 증발 냉각

해설
터빈 깃의 냉각 방법
- 대류 냉각(Convection Cooling) : 내부에 통로를 만들어 찬 공기를 흐르게 함으로써 깃을 냉각시키는 방법
- 충돌 냉각(Impingement Cooling) : 터빈 깃 앞전 부분의 냉각에 사용하는 방식으로 냉각 공기를 앞전에 충돌시켜 냉각
- 공기막 냉각(Air Film Cooling) : 터빈 깃의 표면에 작은 구멍을 뚫어 이 구멍을 통하여 냉각 공기를 분출시켜 공기막을 형성함으로써 연소 가스가 터빈 깃에 직접 닿지 못하도록 함
- 침출 냉각(Transpiration Cooling) : 터빈 깃을 다공성 재질로 만들고 깃의 내부를 비게 하여 찬 공기가 터빈 깃을 통하여 스며 나오게 하여 깃을 냉각시키는 방식

73 터빈 깃의 냉각 방법 중 터빈 깃을 다공성 재료로 만들고 깃 내부는 중공으로 하여 차가운 공기가 터빈 깃을 통하여 스며 나오게 함으로써 터빈 깃을 냉각시키는 것은?

① 대류 냉각   ② 충돌 냉각
③ 공기막 냉각 ④ 침출 냉각

정답 68. ② 69. ③ 70. ③ 71. ① 72. ① 73. ④

74 터빈 깃(Blade)의 냉각 방법 중 깃을 다공성 재료로 만들고 내부는 중공으로 하여 [그림]의 화살표와 같이 차가운 공기가 터빈 깃을 통하여 스며 나오게 하는 냉각 방법은?

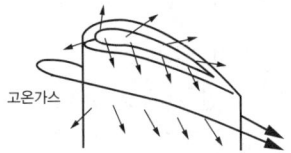

① 대류 냉각(Convection Cooling)
② 충돌 냉각(Impingement Cooling)
③ 증발 냉각(Transpiration Cooling)
④ 공기막 냉각(Air Film Cooling)

75 블레이드 내부에 작은 공기 통로를 설치하여 블레이드 앞전을 향하여 공기를 충돌시켜 냉각하는 방법은?

① Transpiration Cooling
② Convection Cooling
③ Impingement Cooling
④ Film Cooling

76 가스 터빈 기관에서 배기가스의 온도 측정 시 저압 터빈 입구에서 사용하는 온도 감지 센서는?

① 열전대(Thermocouple)
② 써모스탯(Thermostat)
③ 써미스터(Thermistor)
④ 라디오미터(Radiometer)

77 가스 터빈 기관의 배기부에서 배기 파이프(Exhaust Pipe) 또는 테일 파이프라고도 하며, 터빈을 통과한 배기가스를 대기 중으로 유도하기 위한 통로 역할을 하는 부분의 명칭과 그림에서 이에 해당하는 것을 옳게 짝지은 것은?

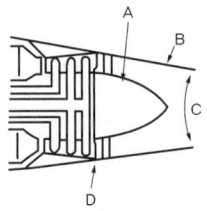

① 배기 노즐 - A   ② 배기 덕트 - B
③ 배기 콘 - C   ④ 테일 콘 - D

[해설]

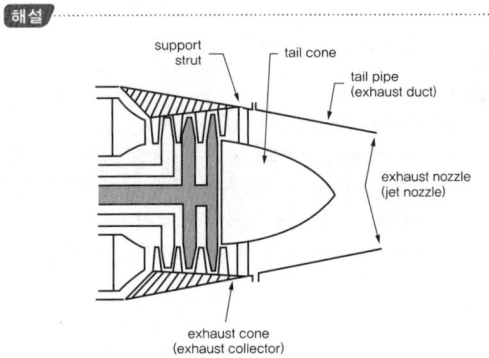

78 가스 터빈 기관의 배기 계통 중 배기 파이프(Exhaust Pipe) 또는 테일 파이프라고도 하며 터빈을 통과한 배기가스를 대기 중으로 방출하기 위한 통로 역할을 하는 것은?

① 배기 덕트
② 고정 면적 노즐
③ 배기 소음 방지 장치
④ 역추력 장치

79 다음 중 터보 제트 기관에서 배기 노즐(Exhaust Nozzle)의 주목적은?

① 배기가스를 균일하게 정류만 하기 위하여
② 배기가스의 온도를 높게 조절하기 위하여
③ 배기가스의 고온에너지를 압력에너지로 바꾸어 추력을 얻기 위하여
④ 배기가스의 압력에너지를 속도에너지로 바꾸어 추력을 얻기 위하여

정답 74. ③ 75. ③ 76. ① 77. ② 78. ① 79. ④

80 제트 엔진에서 배기 노즐의 가장 중요한 기능은? (단, 노즐에서의 유속은 초음속이다)

① 배기가스의 속도와 압력을 증가시킨다.
② 배기가스의 속도를 증가시키고 압력을 감소시킨다.
③ 배기가스의 속도와 압력을 감소시킨다.
④ 배기가스의 속도를 감소시키고 압력을 증가시킨다.

81 수축형 배기 노즐의 초크(Choke) 현상에 대한 설명으로 틀린 것은?

① 마하 1에서 가스의 흐름은 안정된다.
② 기관 압력비(EPR) 계기가 1.89 이상을 지시할 때 배기 노즐은 초크 상태이다.
③ 가스가 초크된 오리피스를 빠져나갈 때는 반경 방향이 아닌 축방향으로 가속된다.
④ 마하 1이 되면 가스 흐름은 대기로 열린 배기 노즐에서 초크되어진다.

해설
아음속기에 사용되는 수축형 배기 노즐은 배기가스 속도를 마하 1까지 증가시킬 수 있으나 그 이상이 되면 배기가스 흐름이 막히는 초크 현상 발생

82 가스 터빈 기관의 핫 섹션(Hot Section)에 대한 설명으로 틀린 것은?

① 큰 열응력을 받는다.
② 가변 스테이터 베인이 붙어 있다.
③ 직접 연소 가스에 노출되는 부분이다.
④ 재료는 니켈, 코발트 등의 내열 합금이 사용된다.

해설
핫 섹션(Hot Section)
• 고온의 연소 가스에 직접 노출되는 부분
• 연소실, 터빈, 배기 노즐
• 내열합금 사용

2 연료 계통(Fuel System)

가 연료(Fuel)

1) 가스 터빈 기관 연료의 구비 조건

① 증기압이 낮을 것
② 어는점이 낮을 것
③ 인화점이 높을 것
④ 대량 생산이 가능하고 가격이 저렴할 것
⑤ 발열량이 크고 부식성이 없을 것
⑥ 점성이 낮고 깨끗하며 균질일 것

2) 연료 선택 시 고려 사항
① 연료의 이용도
② 기관 성능(연소실 효율, 고도 한계, RPM, 찌꺼기, 고공 재시동 특성)
③ 계통 내의 증기, 액체 손실, 증기 폐쇄, 청결성 등

3) 연료의 종류
① 민간용 : 제트A-1, 제트A, 제트B
② 군용 : JP-3, JP-4, JP-5, JP-6

나 연료 계통(Fuel System)

가) 주 연료 펌프
원심형, 기어형, 피스톤형

나) 연료 조절 장치(FCU)
① 종류
  ㉠ 유압 기계식과 전자식, 현재까지는 유압 기계식, 점차 전자식 사용 추세
  ㉡ 유압 기계식 : 수감 부분(Computing Section)과 유량 조절 부분(Metering Section)으로 구성
  ㉢ 수감 요소
   • RPM(Revolution Per Minute) : 회전수
   • CDP(Compressor Discharge Pressure) : 압축기 출구 압력
   • CIT(Compressor Inlet Temperature) 또는 CIP(Compressor Inlet Pressure) : 압축기 입구 온도 또는 압축기 입구 압력
   • PLA(Power Lever Angle) : 동력 레버의 위치

다) 여압 및 드레인 밸브
① 위치
  연료 조정 장치와 연료 매니폴드 사이
② 목적
  ㉠ 연료의 흐름을 1, 2차로 분리
  ㉡ 일정한 압력이 될 때까지 연료 차단
  ㉢ 엔진 정지 시 매니폴드나 연료 노즐에 남아있는 연료를 배출

라) 연료 매니폴드

마) 연료 노즐
① 증발식(Vaporizing Tube Type)
② 분무식(Atomizer Type) : 고압에 의해 분사

㉠ 단식 노즐(Simplex Nozzle) : 구조는 간단하나 대형으론 불가능
㉡ 복식 노즐(Duplex Nozzle)
- 1차 연료 : 노즐 중심의 작은 오리피스로부터 150° 각도로 넓게 분사, 시동 시 착화 용이
- 2차 연료 : 큰 오리피스로부터 50° 각도로 좁고 멀리 분사하여 연소실 벽면 보호

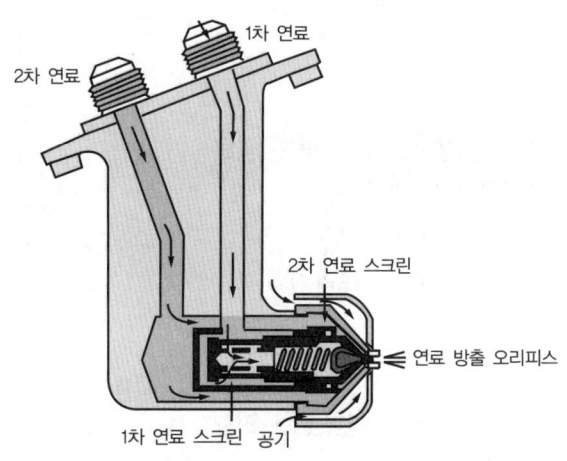

┃복식 연료 노즐┃

바) 연료 여과기

카트리지형(Cartridge Type), 스크린형(Screen Type), 스크린 디스크형(Screen-Disc Type)

2 출제 예상 문제

01 다음 중 민간 항공기용 가스 터빈 기관에 사용되는 연료는?

① Jet A-1　② Jet B-5
③ JP-4　　④ JP-8

해설
가스 터빈 연료의 종류
민간용 : 제트A-1, 제트A, 제트B
군용 : JP-3, JP-4, JP-5, JP-6

02 민간 항공기용 연료로서 ASTM에서 규정된 성질을 가지고 있는 가스 터빈 기관용 연료는?

① JP-2
② JP-3
③ AV-G형
④ A-1형

정답 01. ① 02. ④

03 가스 터빈 기관의 연료 중 항공 가솔린의 증기압과 비슷한 값을 가지고 있으며, 등유와 낮은 증기압의 가솔린과의 합성 연료이고, 군용으로 주로 많이 쓰이는 원료는?
① 제트 A형
② JP-4
③ AV-GAS
④ JP-6

04 다음 중 제트 엔진 연료로 JP-3을 구성하는 성분과 가장 거리가 먼 것은?
① 디젤유
② 케로신
③ 항공유
④ 하이드라진

05 항공기 가스 터빈 기관의 연료로서 필요한 조건이 아닌 것은?
① 발열량이 클 것
② 휘발성이 낮을 것
③ 부식성이 없을 것
④ 저온에서 동결되지 않을 것

[해설]
가스 터빈 기관 연료의 구비 조건
- 증기압이 낮을 것
- 어는점이 낮을 것
- 인화점이 높을 것
- 대량 생산이 가능하고 가격이 저렴할 것
- 발열량이 크고 부식성이 없을 것
- 점성이 낮고 깨끗하며 균질일 것

06 가스 터빈 기관 연료의 구비 조건으로 가장 거리가 먼 것은?
① 연료의 증기압이 낮아야 한다.
② 어는점이 높아야 한다.
③ 인화점이 높아야 한다.
④ 단위 무게당 발열량이 커야 한다.

07 가스 터빈 기관 연료의 성질로 가장 옳은 것은?
① 발열량은 연료를 구성하는 탄화수소와 그 외 화합물의 함유물에 의해서 결정된다.
② 연료 노즐에서의 분출량은 연료의 점도에는 영향을 받으나, 노즐의 형상에는 영향을 받지 않는다.
③ 유황분이 많으면 공해 문제를 일으키지만 기관 고온 부품의 수명을 연장시킨다.
④ 가스 터빈 기관 연료는 왕복 기관보다 인화점이 낮으므로 안전하다.

08 가스 터빈 기관 연료 계통의 기본적인 유로의 형성으로 가장 올바른 것은?

① 주연료 펌프
② 연료 여과기
③ 연료 조정 장치
④ 여압 및 드레인 밸브
⑤ 연료 매니폴드
⑥ 연료 노즐

① ①, ②, ③, ④, ⑤, ⑥
② ①, ②, ③, ⑤, ④, ⑥
③ ①, ③, ②, ④, ⑤, ⑥
④ ①, ③, ②, ⑤, ④, ⑥

09 가스 터빈 기관의 연료 계통에서 연료 필터(또는 연료 여과기)는 일반적으로 어느 곳에 위치하는가?
① 항공기 연료 탱크 위에 위치한다.
② 기관 연료 펌프의 앞뒤에 위치한다.
③ 기관 연료 계통의 가장 낮은 곳에 위치한다.
④ 항공기 연료 계통에서 화염원과 먼 곳에 위치한다.

정답 03. ② 04. ④ 05. ② 06. ② 07. ① 08. ① 09. ②

10 제트 엔진에서 사용하는 연료 펌프 형식이 아닌 것은?
① 스프레이 펌프 ② 원심력 펌프
③ 기어 펌프   ④ 플런저 펌프

11 연료 계통에 사용되는 릴리프 밸브(Relief Valve)에 대한 설명으로 옳은 것은?
① 연료 펌프의 출구 압력이 규정치 이상으로 높아지면 펌프 입구로 되돌려 보낸다.
② 연료 여과기(Fuel Filter)가 막히면 계통 내에 여과기를 통과하지 않고 연료를 공급한다.
③ 연료 압력 지시부(Fuel Pressure Transmitter)의 파손을 방지하기 위하여 소량의 연료만 통과시킨다.
④ 연료 조정 장치(Fuel Control Unit)의 윤활을 위하여 공급되는 연료 압력을 조절한다.

12 가스 터빈 엔진 연료 조절 장치의 기본 요소를 3개로 나눌 때 가장 관계가 먼 것은?
① 센싱부   ② 컴퓨팅부
③ 미터링부   ④ 드레인부

13 가스 터빈 기관의 연료 조절 장치의 수감 부분에서 수감하는 주요 작동 변수가 아닌 것은?
① 기관의 회전수
② 압축기 입구 온도
③ 연료 펌프의 출구 압력
④ 동력 레버의 위치

> **해설**
> 연료 조절 장치의 수감 요소
> • RPM(Revolution Per Minute)
> • CDP(Compressor Discharge Pressure)
> • CIT(Compressor Inlet Temperature) 또는 CIP(Compressor Inlet Pressure)
> • PLA(Power Lever Angle)

14 가스 터빈 엔진에서 연료 조절 장치(Fuel Control Unit)가 받는 기본 입력 자료로 가장 거리가 먼 것은?
① 파워 레버 위치(PLA)
② 압축기 입구 온도(CIT)
③ 압축기 출구 압력(CDP)
④ 배기가스 온도(EGT)

15 가스 터빈 기관의 연료 조정 장치에 대한 설명으로 옳은 것은?
① 수감 요소 중 기관 회전수가 증가하면 연료를 증가시킨다.
② 스로틀 레버 급가속 시 혼합비의 과희박으로 압축기 실속을 일으킬 수 있다.
③ 연료 조정 장치는 유압 기계식과 압력식이 주로 쓰인다.
④ 수감 요소 중 압축기 출구 압력이 증가하면 연료를 증가시킨다.

16 가스 터빈 기관의 연료 조정 장치(FCU) 기능이 아닌 것은?
① 연료 흐름에 따른 연료 필터의 사용 여부를 조정한다.
② 출력 레버 위치에 맞게 대기 상태의 변화에 관계없이 자동적으로 연료량을 조절한다.
③ 출력 레버 위치에 해당하는 터빈 입구 온도를 유지한다.
④ 파워 레버의 작동이나 위치에 맞게 기관에 공급되는 연료량을 적절히 조절한다.

> **해설**
> 연료 조절 장치(FCU)
> 종류 : 유압 기계식과 전자식

정답 10. ① 11. ① 12. ④ 13. ③ 14. ④ 15. ④ 16. ①

17 제트 엔진에서 연료 조절 장치(Fuel Control Unit)의 일반적인 기본 입력 신호로 가장 올바른 것은?

① 엔진 회전수(RPM), 대기 압력(PAM), 압축기 출구 압력(CDP), 배기가스 온도(EGT)
② 파워 레버 위치(PLA), 엔진 회전수(RPM), 대기 압력(PAM), 압축기 입구 온도(CIT), 압축기 출구 압력(CDP)
③ 파워 레버 위치(PLA), 연료 압력(FP), 연소실 압력(PB), 터빈 입구 온도(TIT)
④ 파워 레버 위치(PLA), 엔진 회전수(RPM), 터빈 입구 온도(TIT), 압축기 출구 압력(CDP)

18 FADEC(Full Authority Digital Electronic Control)이라는 엔진 제어 기능 중 잘못된 것은?

① 엔진 연료 유량
② 압축기 가변 스테이터 각도
③ 실속 방지용 압축기 블리드 밸브
④ 오일 압력

19 항공기용 가스 터빈 기관 연료 계통에서 연료 매니폴드로 가는 1차 연료와 2차 연료를 분배하는 역할을 하는 부품은?

① P&D 밸브　② 체크 밸브
③ 스로틀 밸브　④ 파워 밸브

해설
여압 및 드레인 밸브의 목적
- 연료의 흐름을 1, 2차로 분리
- 일정한 압력이 될 때까지 연료 차단
- 엔진 정지 시 매니폴드나 연료 노즐에 남아 있는 연료를 배출

20 가스 터빈 기관에서 연료 계통의 여압 및 드레인 밸브(P&D Valve)의 기능이 아닌 것은?

① 일정 압력까지 연료 흐름을 차단한다.
② 1차 연료와 2차 연료 흐름으로 분리한다.
③ 연료 압력이 규정치 이상 넘지 않도록 조절한다.
④ 기관 정지 시 노즐에 남은 연료를 외부로 방출한다.

21 가스 터빈 기관의 연료 분사 방법에 대한 설명으로 옳은 것은?

① 1차 연료는 균등한 연소를 얻을 수 있도록 비교적 좁은 각도로 분사된다.
② 1차 연료는 물분사와 함께 이루어지며 비교적 좁은 각도로 분사된다.
③ 2차 연료는 연소실 벽면 보호와 균등한 연소를 위해 비교적 좁은 각도로 분사된다.
④ 2차 연료는 시동을 용이하게 하기 위해 비교적 넓은 각도로 분사된다.

해설
1차 연료는 시동을 용이하게 하기 위해 비교적 넓은 각도로, 2차 연료는 연소실 벽면 보호와 균등한 연소를 위해 비교적 좁은 각도로 분사된다.

22 복식 연료 노즐에 대한 설명 중 가장 관계가 먼 것은?

① 1차 연료는 노즐의 가장자리 구멍으로 분사되고, 2차 연료는 중심에 있는 작은 구멍을 통하여 분사된다.
② 2차 연료는 고속 회전 시 1차 연료보다 비교적 멀리 분사된다.
③ 공기를 공급하여 미세하게 분사되도록 한다.
④ 1차 연료는 넓은 각도로 분사된다.

정답　17. ②　18. ④　19. ①　20. ③　21. ③　22. ①

23 복식 연료 노즐에 대한 설명 내용으로 가장 올바른 것은?
① 리버스 인젝션을 한다.
② 연료에 회전 에너지를 주면서 분사하는 것이다.
③ 공기 흐름량과 압력에 따라 분사각을 변화시킨다.
④ 낮은 흐름량일 때와 높은 흐름량일 때의 2단계의 분사를 한다.

24 연료 분사 계통의 부품이 아닌 것은?
① 분사 펌프   ② 분무 노즐
③ 흐름 분할기 ④ 주 공기 블리드

25 가스 터빈 기관의 연료 가열기 작동 검사에 대한 설명으로 틀린 것은?
① 연료 가열기 작동 중 기관 압력비는 미세하게 떨어진다.
② 연료 가열기에 의하여 연료 온도가 상승함에 따라 오일 온도도 미세하게 상승한다.
③ 필터 바이패스 등(Filter Bypass Light)이 켜지면 연료 가열 장치는 작동이 정지된다.
④ 계기판의 기관 압력비, 오일 온도, 연료 필터 상태로 확인 가능하다.

> **해설**
> 연료에 포함된 수분의 결빙에 의해 연료의 흐름이 막히는 것을 방지하기 위해 연료 가열기를 사용

26 가스 터빈 기관의 연료 부품 중 연료 소비율을 알려주는 것은?
① 연료 매니폴드
② 연료 오일 냉각기
③ 연료 조절 장치
④ 연료 흐름 트랜스미터

> **해설**
> Fuel Flow Transmitter
> 연료 오일 냉각기의 하부에 위치하며 연료 흐름비를 전기적인 신호로 바꾸어 계기로 보냄

27 가스 터빈 기관에서 연료·오일 냉각기의 목적에 대한 설명으로 옳은 것은?
① 연료와 오일을 함께 냉각한다.
② 연료는 가열하고 오일은 냉각한다.
③ 연료는 냉각하고 오일 속의 이물질을 가려 낸다.
④ 연료 속의 이물질을 가려내고 오일은 냉각한다.

---

③ 윤활유 및 윤활 계통

가 윤활

1) 윤활 부분
① 압축기와 터빈을 지지하는 주 베어링들
② 보기부를 구동하는 구동 기어들과 그 축의 베어링들

정답 23. ④ 24. ④ 25. ③ 26. ④ 27. ②

2) 윤활 방법

고압 분무식(pressure spray)

3) 윤활 목적

① 윤활 작용 : 마찰과 마멸 감소
② 냉각 작용 : 고온부의 마찰열 흡수
③ 기밀 작용 : 두 금속 사이를 윤활유로 채워 가스의 누설을 방지하여 압력 저하 방지
④ 세척 작용 : 기관의 내부에서 마멸이나 여러 가지 작동에 의하여 생기는 금속가루, 먼지 및 찌꺼기 등의 불순물을 옮겨서 걸러 주는 작용
⑤ 방청 작용 : 금속 표면과 공기가 직접 접촉하는 것을 방지하여 녹이 생기는 것을 방지
⑥ 완충 작용 : 충격 하중을 받는 부품 사이에서의 완충 및 소음 감소 작용

나 윤활유

1) 구비 조건

① 점성과 유동점이 낮을 것(-56 ~ 250℃까지)
② 점도 지수가 높을 것
③ 공기와 윤활유의 분리성이 좋을 것
④ 인화점, 산화 안정성, 열적 안정성이 높고 기화성이 낮을 것

2) 종류

가) 광물성유

나) 합성유(synthetic lub)

① type Ⅰ : MIL- L- 7808----1960년대까지 사용
② type Ⅱ : MIL- L- 23699---1970년대부터 현재까지 사용
③ Advanced type Ⅱ : MIL-L-27502---type Ⅱ 오일의 내열성을 더 향상시킴.

다 윤활 계통

1) 탱크

① 공기 분리기 : 섬프에서 들어온 공기를 대기 중으로 방출
② 섬프 벤트 체크 밸브(sump vent check valve) : 섬프내의 공기압력이 너무 높을 때 탱크로 방출
③ 압력 조절 밸브 : 탱크 안의 압력이 너무 클 때 대기 중으로 방출
 ※ hot tank : 공기와 오일을 쉽게 분리하기 위해 섬프에서 냉각기를 거치지 않고 바로 탱크로 귀환

제3장 가스 터빈 기관

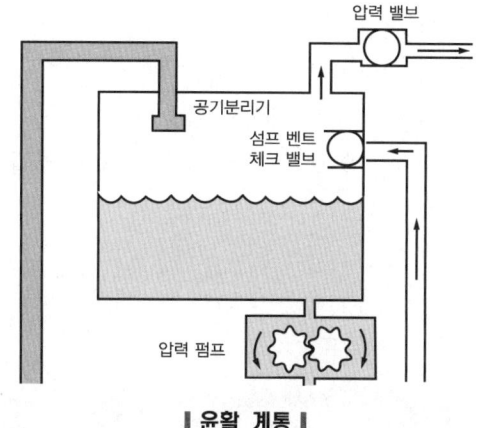

| 윤활 계통 |

2) 윤활 및 배유 펌프(Lube & Scavenge Pump)

① 종류 : 기어형(Gear Type), 베인형(Vane Type), 제로터형(Gerotor Type)

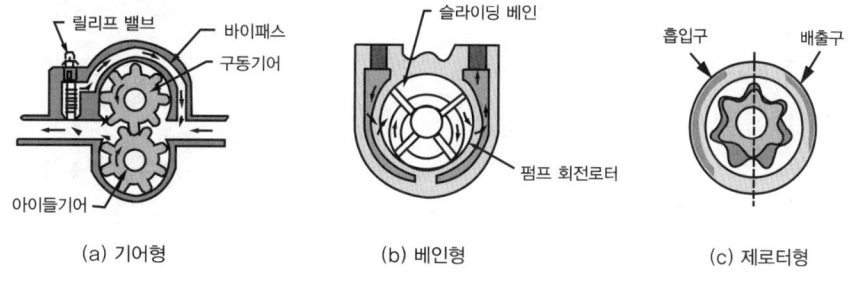

| 윤활유 펌프의 종류 |

② 윤활 펌프(Lube Pump) : 기관으로 오일을 공급하는 펌프로 출구에 릴리프 밸브(Relief Valve) 장착

③ 배유 펌프(Scavenge Pump) : 섬프에 모인 오일을 탱크로 귀환시키는 펌프로 공기와 혼합되어 체적이 증가하므로 압력 펌프보다 용량이 큼

3) 여과기

카트리지형(Cartridge), 스크린형(Screen), 스크린 카트리지형(Screen-Cartridge)

4) 연료 윤활유 냉각기(Fuel Oil Cooler)

① 오일은 냉각, 연료는 가열
② 윤활유 온도조절 밸브에 의해 오일의 온도가 낮으면 통과시키고 높으면 냉각기로 공급

5) 블리더 및 여압 계통
① 고도 및 대기압이 변하더라도 오일을 원활히 공급
② 배유 펌프가 기능을 충분히 발휘하도록 함
③ 섬프 내부 압력을 대기압보다 약간 낮은 일정한 부압으로 유지

3 출제 예상 문제

01 가스 터빈 기관에 사용되고 있는 윤활 계통의 구성품이 아닌 것은?
① 압력 펌프
② 조속기
③ 소기 펌프
④ 여과기

02 가스 터빈의 윤활 계통에 대한 설명으로 옳은 것은?
① 윤활유 펌프는 피스톤(Piston)식이 주로 쓰인다.
② 윤활유의 양을 측정 및 점검하는 것은 Drip Stick이다.
③ 배유 윤활유에 함유된 공기를 분리시키는 것은 드웰 챔버(Dwell Chamber)이다.
④ 냉각기의 바이패스 밸브는 입구의 압력이 낮아지면 바이 패스시킨다.

[해설]
드웰 챔버
오일과 공기가 섞인 혼합기가 드웰 챔버로 들어가면 배유 펌프가 압력을 가하여 오일을 위로 밀어올린다.

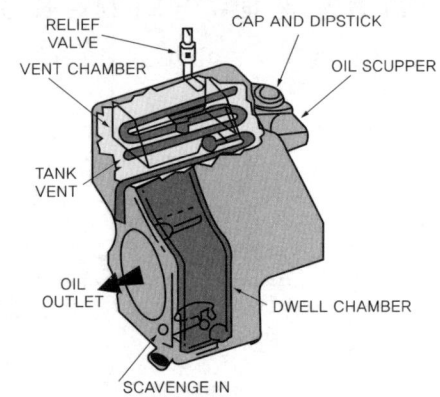

03 항공기 터빈 기관의 오일 계통에서 사용되는 그림과 같은 압력 오일 펌프의 명칭은?

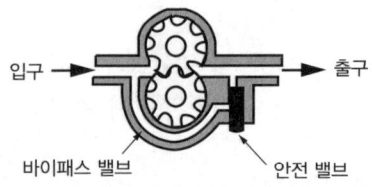

① 기어식
② 베인식
③ 루츠식
④ 플런저식

04 건식 윤활유 계통 내의 배유 펌프의 용량이 압력 펌프의 용량보다 큰 이유로 옳은 것은?

① 기관 부품에 윤활이 적절하게 될 수 있도록 윤활유의 최대 압력을 제한하고 조절하기 위해
② 윤활유에 거품이 생기고 열로 인해 팽창되어 배유되는 윤활유의 양이 많아지기 때문
③ 기관이 마모되고 갭(Gap)이 발생하면 윤활유 요구량이 커지기 때문
④ 윤활유를 기관을 통하여 순환시켜 예열이 신속히 이루어지게 하기 위해서

해설
윤활 과정을 마친 윤활유는 공기와 이물질이 혼합되어 부피가 증가하므로 배유 펌프는 압력 펌프보다 용량이 2배 정도 커야 함

05 가스 터빈 기관의 윤활유 펌프에 대한 설명으로 틀린 것은?

① 압력 펌프는 배유 펌프보다 용량이 2배 이상 크다.
② 윤활유 펌프의 형식에는 기어형, 베인형, 제로터형 등이 있다.
③ 윤활유를 윤활이 필요한 각 부위에 일정하게 공급하는 펌프는 압력 펌프이다.
④ 각각의 윤활유 섬프에 모여진 윤활유를 윤활 탱크로 돌려보내는 펌프는 배유 펌프이다.

06 항공기용 가스 터빈 기관 오일 계통에 사용되는 기어 펌프의 작동에 대한 설명으로 옳은 것은?

① 아이들 기어(Idle Gear)는 동력을 전달받아 회전하고 구동 기어(Drive Gear)는 아이들 기어에 맞물려 자연스럽게 회전한다.
② 구동 기어(Drive Gear)는 동력을 전달받아 회전하고 아이들 기어(Idle Gear)는 구동 기어에 맞물려 자연스럽게 회전한다.
③ 구동 기어(Drive Gear)와 아이들 기어(Idle Gear) 모두 오일 압력에 의해 자연적으로 회전한다.
④ 구동 기어(Drive Gear)와 아이들 기어(Idle Gear) 모두 동력을 전달받아 회전한다.

07 가스 터빈 기관에 사용되는 윤활유의 구비 조건으로 틀린 것은?

① 인화점이 높을 것
② 부식성이 클 것
③ 유동점이 낮을 것
④ 산화 안전성이 클 것

해설
가스 터빈 기관 윤활유의 구비 조건
- 점성과 유동점이 낮을 것(-56 ~ 250℃까지)
- 점도 지수가 높을 것
- 공기와 윤활유의 분리성이 좋을 것
- 인화점, 산화 안정성, 열적 안정성이 높고 기화성이 낮을 것

08 가스 터빈 기관에 사용되는 오일의 구비 조건이 아닌 것은?

① 유동점이 낮을 것
② 인화점이 높을 것
③ 화학 안정성이 좋을 것
④ 공기와 오일의 혼합성이 좋을 것

09 다음 중 가스 터빈 오일의 구비 조건으로 틀린 것은?

① 점성이 높을 것
② 유동점이 낮을 것
③ 인화점이 높을 것
④ 거품 저항성이 클 것

정답 04. ② 05. ① 06. ② 07. ② 08. ④ 09. ①

제2부 항공 기관

10 다음 중 윤활유의 점도를 나타내는 것은?
① MIL   ② SAE
③ SUS   ④ NAS

> **해설**
> 윤활유의 점도는 세이볼트 유니버설 점도계(SUS : Saybolt Universal Second)로 흐름에 대한 저항을 시간으로 측정

11 오일의 점성은 다음 중 무엇을 측정하는 것인가?
① 밀도   ② 발화점
③ 비중   ④ 흐름에 대한 저항

12 터보 제트 기관과 왕복 기관의 오일 소비량을 옳게 나타낸 것은?
① 터보 제트 기관 ≡ 왕복 기관
② 터보 제트 기관 ≥ 왕복 기관
③ 터보 제트 기관 ≫ 왕복 기관
④ 터보 제트 기관 ≪ 왕복 기관

> **해설**
> 가스 터빈 기관의 윤활의 주목적은 윤활과 냉각으로 제한되므로 오일 소비량이 왕복 기관에 비해 적으나 누설 시 치명적

13 가스 터빈 기관의 윤활 계통에 대한 설명으로 틀린 것은?
① 가스 터빈은 고회전하므로 윤활유 소모량이 많기 때문에 윤활유 탱크의 용량이 크다.
② 주 윤활 부분은 압축기 축과 터빈축의 베어링부와 액세서리 구동 기어의 베어링부이다.
③ 건식 섬프형은 탱크가 기관 외부에 장착되고 윤활유의 공급과 배우는 펌프로 강압하여 이송한다.
④ 가스 터빈 윤활 계통은 주로 건식 섬프형이고 습식 섬프형은 저출력 왕복 기관에 쓰인다.

14 오일 펌프 릴리프 밸브(Oil Pump Relief Valve)의 역할은?
① 오일 냉각기를 보호한다.
② 오일 계통에 오일의 압력을 증가시킨다.
③ 오일 계통이 막힐 경우 재순환 회로에 오일을 되돌린다.
④ 펌프 출구의 압력이 높을 때 펌프 입구로 오일을 되돌린다.

15 가스 터빈 기관 작동 시 윤활 계통에서 윤활유 압력이 규정값 이상으로 높게 지시되었다면 그 원인으로 볼 수 없는 것은?
① 윤활유 공급관에 오물이 끼었다.
② 윤활유 공급관이 베어링 레이스와 접촉되었다.
③ 윤활유 펌프의 릴리프 밸브 스프링이 파손되었다.
④ 베어링 쪽에 공급하는 윤활유 제트가 오므라들었다.

> **해설**
> 릴리프 밸브의 오일 스프링이 파손되었다면 오히려 계통의 오일 압력이 낮아짐

16 기관 오일 계통의 부품 중 베어링부의 이상 유무와 이상 발생 장소를 탐지하는 데 이용되는 부품은?
① 오일 필터
② 마그네틱 칩 디텍터
③ 오일 압력 조절 밸브
④ 오일 필터 막힘 경고등

정답 10. ③ 11. ④ 12. ④ 13. ① 14. ④ 15. ③ 16. ②

해설

오일 필터 하부에 자석 플러그(Magnetic Chip Detector)를 설치하여 금속 입자의 검출 여부로 기관의 윤활 계통 고장 탐구 가능

17 가스 터빈 기관 계통 중에서 마그네틱 칩 디텍터(Magnetic Chip Detector)를 점검하여야 하는 계통은?

① 연료 계통   ② 시동 계통
③ 윤활 계통   ④ 발전 계통

18 브리더 공기(Breather Air)로부터 공기와 오일을 분리하기 위해 기어 박스(Gear Box) 내에 설치되어 있는 것은?

① Deoiler   ② Oil Separate
③ Air Separate   ④ Deairer

19 가스 터빈 기관의 윤활 계통에서 저온 탱크 계통(Cold Tank Type)에 대한 설명으로 옳은 것은?

① 냉각기에서 냉각된 윤활유는 오일 노즐을 거치면서 가열되며 오일 탱크로 이동한다.
② 윤활유 탱크의 윤활유는 연료 가열기에 의하여 가열된다.
③ 윤활유는 배유 펌프에서 윤활유 탱크로 곧바로 이동한다.
④ 냉각기가 배유 펌프와 탱크 사이에 위치하여 냉각된 윤활유가 탱크로 유입된다.

20 다음 그림과 같은 여과기의 형식은?

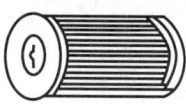

① 디스크형(Disk Type)
② 스크린형(Screen Type)
③ 카트리지형(Cartridge Type)
④ 스크린-디스크형(Screen-Disk Type)

21 가스 터빈 기관의 오일 필터를 손상시키는 힘이 아닌 것은?

① 고주파수로 인한 피로 힘
② 흐름 체적으로 인한 압력 힘
③ 오일이 뜨거운 상태에서 발생하는 압력 힘
④ 열 순환(Thermal Cycling)으로 인한 피로 힘

22 가스 터빈 기관에서 사용하는 합성 오일은 오래 사용할수록 어두운 색깔로 변색되는데 이것은 오일 속의 어떤 첨가제가 산소와 접촉되면서 나타나는 현상인가?

① 점도 지수 향상제
② 부식 방지제
③ 산화 방지제
④ 청정 분산제

정답 17. ③ 18. ① 19. ④ 20. ③ 21. ③ 22. ③

4 시동 및 점화 계통

가 시동 계통

1) **전기식 시동 계통(Electric Starting System)**
   ① 전동기식 시동기
   기관의 회전 속도가 자립 회전 속도를 넘어서면 시동 전동기에 역 전류가 흘러 동력이 차단되고 시동기는 정지
   ② 시동기 발전기식 시동 계통(Starter-Generator Type)
   시동시 시동기 역할을 수행하고 자립 회전 속도 후 발전기 역할을 수행하여 무게를 감소하기 위해 사용

2) **공기식 시동 계통(Pneumatic Starting System)**
   ① 공기 터빈식 시동기(Air Turbine Type)
   별도의 보조 가스 터빈 기관에 의해 공기 공급, 대형기에 많이 사용
   ② 가스 터빈 시동기(Gas Turbine Type)
   외부 동력 없이 자체 시동이 가능한 시동기로 자체가 완전한 소형 가스 터빈 기관
   ③ 공기 충돌식 시동기(Air Impingement Type)
   공기 유입 덕트만 가지고 있기 때문에 시동기 중 가장 간단한 형태이고 작동 중인 엔진이나 지상 동력 장치로부터 공급된 공기를 첵 밸브를 통하여 터빈 블레이드나 원심력식 압축기에 공급하여 기관을 회전

나 점화 계통(Ignition)

1) **유도형 점화 계통**
   ① 직류 유도형 : 28V DC
   ② 교류 유도형 : 115V 400Hz

2) **용량형 점화 계통**
   ① 직류 고전압 용량형 점화 계통
   ② 교류 고전압 용량형 점화 계통

3) **이그나이터(Ignitor)**
   ① 애눌러 간극형(Annular Gap Type)
   ② 컨스트레인 간극형(Constrained Gap Type)

4) 왕복 기관과의 차이점

① 시동할 때만 점화
② 탑재용 분석 장비가 필요 없음
③ 이그나이터의 교환이 빈번하지 않음
④ 이그나이터가 두 개 정도만 필요
⑤ 교류 전력 이용 가능
⑥ 타이밍 장치가 필요 없음

다 보조 장비

1) 지상 동력 장비(GPU : Ground Power Unit)

① GTC : Gas Turbine Compressor
② GTG : Gas Turbine Compressor & Generator

2) 보조 동력 장비(APU : Auxiliary Power Unit)

4 출제 예상 문제

01 가스 터빈 기관의 시동기(Starter)는 일반적으로 어느 곳에 장착되는가?
① 보기 기어 박스 ② 타코미터
③ 연료 조절 장치 ④ 블리드 패드

02 독립된 소형 가스 터빈 기관으로 외부의 동력 없이 기관을 시동시키는 시동 계통은?
① 전동기식 시동 계통
② 공기 터빈식 시동 계통
③ 가스 터빈식 시동 계통
④ 시동-발전기식 시동 계통

해설

가스 터빈 기관의 공기식 시동 계통(Pneumatic Starting System)
- 공기 터빈식 시동기(Air Turbine Type)
  별도의 보조 가스 터빈 기관에 의해 공기 공급, 대형기에 많이 사용
- 가스 터빈 시동기(Gas Turbine Type)
  외부 동력 없이 자체 시동이 가능한 시동기로 자체가 완전한 소형 가스 터빈 기관
- 공기 충돌식 시동기(Air Impingement Type)
  공기 유입 덕트만 가지고 있기 때문에 시동기 중 가장 간단한 형태이고 작동 중인 엔진이나 지상 동력 장치로부터 공급된 공기를 체크 밸브를 통하여 터빈 블레이드나 원심력식 압축기에 공급하여 기관을 회전

정답 01. ① 02. ③

제2부 항공 기관

03 가스 터빈 기관의 시동기 중 가장 가볍고 간단한 것은?

① 공기 충돌식 시동기
② 공기 터빈 시동기
③ 가스 터빈식 시동기
④ 유압식 시동기

04 다음 중 가스 터빈 기관에서 사용되는 시동기의 종류가 아닌 것은?

① 전기식 시동기(Electric Starter)
② 마그네토 시동기(Magneto Starter)
③ 시동 발전기(Starter Generator)
④ 공기식 시동기(Pneumatic Starter)

05 가스 터빈 엔진의 공압 시동기에 대한 설명으로 틀린 것은?

① APU 또는 지상 시설에서의 고압 공기를 사용한다.
② 기어 박스를 매개로 엔진의 압축기를 구동시킨다.
③ 시동 완료 후 발전기로서 작동한다.
④ 사용 시간에 제한이 있다.

06 가스 터빈 기관의 공압 시동기(Pneumatic Starter)에 공급되는 고압 공기 동력원이 아닌 것은?

① 다른 기관의 배기가스(Exhaust Gas)
② 다른 기관의 블리드 공기(Bleed Air)
③ 지상 동력 장치(GPU, Ground Power Unit)
④ 보조 동력 장치(APU, Auxiliary Power Unit)

07 쌍발 항공기에 장착된 가스 터빈 기관의 공압 시동기(Pneumatic Starter)에 필요한 공압 공기로 사용이 불가능한 것은?

① 램 공기(Ram Air)
② 보조 동력 장치에 의한 고압 공기
③ 지상 동력 장비에 의한 공압 공기
④ 시동된 타기관의 압축기 블리드 공기

08 가스 터빈의 점화 계통에 사용되는 부품이 아닌 것은?

① 익사이터(Exciter)
② 마그네토(Magneto)
③ 리드 라인(Lead Line)
④ 점화 플러그(Igniter Plug)

09 가스 터빈 기관의 점화 계통에 대한 설명 중 틀린 것은?

① 유도형과 용량형이 있다.
② 점화 시기 조절 장치가 없다.
③ 기관 작동 중에 항상 점화한다.
④ 높은 에너지의 전기 스파크를 이용한다.

10 가스 터빈 기관의 점화 계통에 대한 설명 중 틀린 것은?

① 높은 에너지의 전기 스파크를 이용한다.
② 왕복 기관에 비해 점화가 용이하다.
③ 유도형과 용량형이 있다.
④ 점화 시기 조절 장치가 없다.

11 가스 터빈 기관의 용량형 점화 계통에서 높은 에너지의 점화 불꽃을 일으키는 데 사용하는 것은?

① 유도 코일
② 콘덴서
③ 바이브레이터
④ 점화 계전기

정답 03. ① 04. ② 05. ③ 06. ① 07. ① 08. ② 09. ③ 10. ② 11. ②

12 가스 터빈 기관의 용량형 점화 장치에서 점화기(Igniter)가 장착되지 않은 상태로 작동할 때, 열이 축적되는 것을 방지하는 것은?

① 블리드 저항(Bleed Resistor)
② 저장 축전기(Storage Capacitor)
③ 더블러 축전기(Doubler Capacitor)
④ 고압 변압기(Hight Tension Transformer)

해설
블리더 저항의 역할
- 저장 콘덴서의 방전이 있은 후 다음 방전을 위해 트리거 콘덴서의 잔류 전하를 방출
- 이그나이터가 장착되지 않은 상태에서 점화 장치를 작동시켰을 때 전압이 과도하게 상승하여, 절연 파괴 현상이 발생하는 것을 방지

13 가스 터빈 기관의 교류 고전압 축전기 방전 점화 계통에서 고전압 펄스를 형성하는 곳은?

① 접점(Breaker)
② 정류기(Rectifier)
③ 멀티로브 캠(Multilobe Cam)
④ 트리거 변압기(Trigger Transformer)

해설
트리거 변압기(Trigger Transformer)
고전압 펄스가 요구되는 곳에 사용되며 최대에너지의 집중을 가능하게 한다.

14 대형 터보팬(Turbo Fan) 엔진을 장착한 항공기에서 점화 계통(Ignition System)이 자화되었을 때, 익사이터(Exciter)의 일차 코일에 공급되는 전원은?

① AC 115V, 60Hz
② AC 115V, 400Hz
③ DC 28V, 400Hz
④ AC 220V, 60Hz

해설
점화 익사이터
점화 플러그에서 고온 고에너지의 강력한 전기 불꽃을 튀게 하기 위해 항공기의 저전원 전압을 고전압으로 변환하는 장치로 점화 유닛(Ignition Unit)이라고도 불린다. 점화 스위치를 ON시키면 항공기의 교류 115V, 400Hz 전류가 무선 잡음 방지용 라디오 여과기를 통해서 전원 트랜스포머(Transformer)의 1차 권선에 공급된다.

15 제트 기관에서 고온 고압의 강력한 전기 불꽃을 일으키기 위해 저전압을 고전압으로 바꾸어 주는 것은?

① 연료 노즐(Fuel Nozzle)
② 점화 플러그(Igniter Plug)
③ 점화 익사이터(Ignition Exciter)
④ 하이텐션 리드 라인(High-tension Lead Line)

5 그 밖의 계통

가 소음 감소 장치(Noise Suppressors)

1) 개요

① 소음의 원인 : 배기 소음(저주파)
　　배기가스가 대기와 부딪혀 혼합되므로 발생

② 소음의 크기 : 가스 속도의 6 ~ 8제곱에 비례하고 노즐 지름의 제곱에 비례
③ 터보 제트에서 특히 심함

2) 종류
① 꽃무늬형
② 다수 튜브 제트 노즐형(Multi Tube Jet Nozzle)

3) 소음 감소의 원리
① 저주파음을 고주파음으로 전환
② 분출 가스에 대한 대기의 상대 속도를 감소
③ 대기와 혼합되는 면적을 증가

나 추력 증가 장치

1) 후기 연소기(Ab : After Burner)

가) 개요
① 주연소실에서 2차 공기의 양이 75%가 되므로 배기 덕트에서 재연소
② 기관의 전면 면적이나 중량 증가 없이 추력 증가
③ 총추력의 50%까지 추력 증가가 가능하지만, 연료는 약 3배 소모되어 군용으로만 씀

나) 구조
① AB Liner
② 연료 분무대(Fuel Spray Bar)
③ 불꽃 홀더(Flame Holder)
④ 가변 면적 배기 노즐(Variable Area Exhaust Nozzle)

2) 물 분사 장치(Water Injection System)
① 물이나 물과 알콜의 혼합액을 이륙 시에만 압축기 입구나 디퓨저 출구에 분사하여 흡입 공기의 온도를 감소시키고 공기 밀도가 증가하여 추력 증가
② 추력 증가량은 10 ~ 30%
③ 대기 온도가 높을수록 물분사 효과 증대
④ 알콜을 사용하는 이유는 물의 결빙을 막고 연소 온도를 높이기 위함

다 역추력 장치(Thrust Reverser)

1) 종류
① 항공 역학적 차단 방식(Cascade Type)

② 기계적 차단 방식(Calm Shell Type)

가) 재흡입 실속

항공기의 속도가 너무 작을 때 배기가스가 기관 흡입 도관으로 다시 흡입되어 압축기가 실속되는 현상

나) 추력의 크기

역 추력 장치에 의하여 얻을 수 있는 역추력은 최대 정상 추력의 40 ~ 50% 정도

5 출제 예상 문제

01 항공 기관의 후기 연소기에 대한 설명으로 틀린 것은?

① 전면 면적의 증가 없이 추력을 증가시킨다.
② 연료의 소비량 증가 없이 추력을 증가시킨다.
③ 총 추력의 약 50%까지 추력의 증가가 가능하다.
④ 고속 비행하는 전투기에 사용 시 추력이 증가된다.

[해설]
후기 연소기(AB : After Burner)
- 주연소실에서 2차 공기의 양이 75%가 되므로 배기 덕트에서 재연소
- 기관의 전면 면적이나 중량 증가 없이 추력 증가
- 총추력의 50%까지 추력 증가가 가능하나 연료는 3배정도 소모되므로 군용에만 사용

02 제트 엔진 후기 연소기(After Burner)에 대한 설명으로 가장 올바른 내용은?

① 엔진 열효율이 증가된다.
② 추력을 크게 할 수 있다.
③ 착륙할 때 사용한다.
④ 여객기 엔진에 주로 장착된다.

03 후기 연소기(After Burner)의 4가지 기본 구성품으로 가장 올바른 것은?

① Main Flame, Fuel Spray Bar, Flame Holder, Variable Area Nozzle
② Afterburner Duct, Fuel Spray Bar, Flame Holder, Variable Area Nozzle
③ Afterburner Duct, Main Flame, Flame Holder, Variable Area Nozzle
④ Afterburner Duct, Fuel Spray Bar, Main Flame, Variable Area Nozzle

[해설]
후기 연소기의 구성품
- AB Liner
- 연료 분무대(Fuel Spray Bar)
- 불꽃 홀더(Flame Holder)
- 가변면적 배기 노즐(Variable Area Exhaust Nozzle)

04 다음 중 역추력 장치를 사용하는 가장 큰 목적은?

① 이륙 시 추력 증가
② 기관의 실속 방지
③ 재 흡입 실속 방지
④ 착륙 후 비행기 제동

정답 01. ② 02. ② 03. ② 04. ④

제2부 항공 기관

05 대형 터보팬 기관에서 역추력 장치를 작동시키는 방법은?

① 플랩 작동 시 함께 작동한다.
② 항공기의 자중에 따라 고정된다.
③ 제동 장치가 작동될 때 함께 작동한다.
④ 스로틀 또는 파워 레버에 의해서 작동한다.

[해설]
역추력 장치
역추력 장치는 스로틀 레버에 의해 작동되며 저속 위치, 지상에 있을 때가 아니면 작동하지 않음

06 가스 터빈 기관의 역추력 장치에 관한 설명으로 틀린 것은?

① 정상 착륙 시 제동 능력 및 방향 전환 능력을 도우며, 제동 장치의 수명을 연장시켜 준다.
② 공기 역학적 차단 장치인 Cascade Reverser와 기계적 차단 장치인 Clamshell Reverser가 있다.
③ 항공기의 속도가 느린 시기에 효과가 있으며 속도가 빠른 경우에는 배기가스가 기관에 재흡입되어 실속을 일으킬 수 있다.
④ 터빈 리버서는 전체 역추력의 20~30% 정도에 지나지 않고 고장의 발생률이 높아 팬 리버서만을 사용하기도 한다.

[해설]
재흡입 실속
항공기의 속도가 너무 작을 때 배기가스가 기관 흡입 도관으로 다시 흡입되어 압축기가 실속되는 현상

07 가스 터빈 기관의 역추력 장치 작동에 대한 설명으로 옳은 것은?

① 항공기의 지상 접지 후 또는 지상 후진 시 작동한다.
② 작동하기 시작한 후 항공기가 완전히 정지할 때까지 사용하여야 한다.
③ 항공기의 지상 속도가 일정 속도 이하가 되면 작동을 멈춰야 한다.
④ 반드시 항공기의 지상 접지 전 작동하며 접지와 동시에 멈춘다.

08 현재 사용 중인 대부분의 대형 터보팬 엔진의 역추력 장치(Thrust Reverser)의 가장 큰 특징은?

① Fan Reverser와 Thrust Reverser를 모두 갖춘 구조가 많이 이용된다.
② Fan Reverser만 갖춘 구조가 가장 많이 이용된다.
③ Turbine Reverser만 갖춘 구조가 이용된다.
④ 역추력 장치를 구동하기 위한 동력으로는 유압식이 주로 사용된다.

09 터보팬 기관의 역추력 장치 부품 중 팬을 지난 공기를 막아 주는 역할을 하는 것은?

① 블록 도어(Blocker Door)
② 공기 모터(Pneumatic Motor)
③ 캐스케이드 베인(Cascade Vane)
④ 트랜슬레이팅 슬리브(Translating Sleeve)

10 최근 항공기 엔진의 추력 조정 계통(Thrust Control System)에서 리솔버(Resolver)에 대한 설명으로 옳은 것은?

① 추력 레버(Thrust Lever)의 움직임을 전기적인 신호(Signal)로 바꾸어 준다.
② 추력 레버(Thrust Lever)의 상부에 장착되어 있다.
③ 추력 레버(Thrust Lever)가 최대 추력 위치를 벗어나지 않게 스톱퍼(Stopper) 역할을 한다.
④ 주로 유압-기계식(Hydro-Mechanical Type)의 연료 조정 장치에 계통에 사용된다.

정답 05. ④ 06. ③ 07. ③ 08. ② 09. ① 10. ①

제3장 가스 터빈 기관

6 가스 터빈 기관의 성능

가 가스 터빈 기관의 출력

1) 진추력(Net Thrust)

가) Turbo Jet

$$F_n = \frac{W_a}{g}(V_j - V_a) \text{ 또는 } F_n(N) = \dot{m}_a(V_j - V_a)$$

W_a : 공기 중량 V_j : 배기가스 속도
V_a : 흡입 공기 속도 $\dot{m}_a$: 공기 질량

나) Turbo Fan

$$F_n = \frac{W_p}{g}(V_p - V_a) + \frac{W_s}{g}(V_s - V_a) \text{ 또는 } F_n = \dot{m}_{pa}(V_p - V_a) + \dot{m}_{sa}(V_s - V_a)$$

W_p : 1차 공기 중량 W_s : 2차 공기 중량
$\dot{m}_{pa}$: 1차 공기 질량 $\dot{m}_{sa}$: 2차 공기 질량

다) $BPR = \dfrac{W_s}{W_p}$ 또는 $BPR = \dfrac{\dot{m}_{sa}}{\dot{m}_{pa}}$

2) 총추력(Gross Thrust)

가) Turbo Jet

$$F_g = \frac{W_a}{g}V_j \text{ 또는 } F_g = \dot{m}_a V_j$$

나) Turbo Fan

$$F_g = \frac{W_p}{g}V_p + \frac{W_s}{g}V_s \text{ 또는 } F_g = \dot{m}_{pa}V_p + \dot{m}_{sa}V_s$$

3) 비추력(Specific Thrust)

가) Turbo Jet

$$F_s = \frac{F_n}{W_a} = \frac{V_j - V_a}{g}$$

나) Turbo Fan

$$F_s = \frac{W_p(V_p - V_a) + W_s(V_s - V_a)}{g(W_p + W_s)}$$

4) 추력 중량비(Thrust Weight Ratio)

$$F_w = \frac{F_n}{W}(kg/kg)$$

5) 추력 마력(Thrust Horse Power)

진추력(F_n)을 발생하는 기관이 속도(V_a)로 비행할 때 기관의 동력을 마력으로 환산한 것

$$THP = \frac{F_n \times V_a}{75}(HP) \quad F_n\text{이}(N)\text{으로 계산될 때 } THP = \frac{F_n V_a}{g \cdot 75}$$

6) 추력비 연료 소비율(TSFC)

1N(kg·m/s)의 추력을 발생하기 위해 1시간 동안 기관이 소비하는 연료의 중량

$$TSFC = \frac{W_f \times 3600}{F_n} \quad \text{또는 } TSFC = \frac{g\dot{m}_f \times 3600}{F_n}(kg/N \cdot h, \ kg/kg \cdot h, \ lb/lb \cdot h)$$

W_f : 연료 중량, $\dot{m}_f$: 연료 질량

나 추력에 영향을 끼치는 요소

① 밀도　　　② 속도
③ 고도　　　④ rpm
⑤ 압력

다 가스 터빈 기관의 효율

가) 추진 효율(Propulsive Efficiency)
① 공기가 기관을 통과하면서 얻은 운동에너지에 의한 동력과 추진 동력(진추력 × 비행 속도)의 비
② 공기에 공급된 전체 에너지와 추력 발생에 사용된 에너지의 비

$$\eta_p = \frac{2V_a}{V_j + V_a}$$

나) 열효율(Thermal Efficiency)
공급된 열에너지와 그 중 기계적 에너지로 바꿔진 양의 비

$$\eta_{th} = \frac{W_a(V_j^2 - V_a^2)}{2g\,W_f JH}$$

J : 열의 일당량, H : 연료의 저발열량

다) 전 효율(Overall Efficiency)
① 공급된 열량(연료 에너지)에 의한 동력과 추력 동력으로 변한 양의 비
② 열 효율과 추진 효율의 곱

$$\eta_o = \eta_p \times \eta_{th}$$

6 출제 예상 문제

01 제트 엔진의 추력을 나타내는 이론과 관계있는 것은?
① 파스칼의 원리
② 뉴톤의 제1법칙
③ 베르누이의 원리
④ 뉴톤의 제2법칙

[해설]
$F = ma$

02 가스 터빈 기관의 저속 비행 시 추진 효율이 좋은 순서대로 나열된 것은?
① 터보팬 > 터보 프롭 > 터보 제트
② 터보 프롭 > 터보 제트 > 토보팬
③ 터보 프롭 > 터보팬 > 터보 제트
④ 터보 제트 > 터보팬 > 터보 프롭

[해설]
추진 효율 $\eta_p = \dfrac{2V_a}{V_j + V_a}$ 이므로 배기가스 속도가 느릴수록 추진 효율 증가

03 제트 엔진의 추진 효율에 대한 설명 중 가장 올바른 것은?
① 추진 효율은 배기구 속도가 클수록 커진다.
② 추진 효율은 기관의 내부를 통과한 1차 공기에 의하여 발생되는 추력과 2차 공기에 의하여 발생되는 추력의 합이다.
③ 추진 효율은 기관에 공급된 열에너지와 기계적 에너지로 바꿔진 양의 비이다.
④ 추진 효율은 공기가 기관을 통과하면 얻는 운동 에너지에 의한 동력과 추진 동력의 비이다.

04 진추력 2,000kg, 비행 속도 200m/s, 배기가스 속도 300m/s인 터보 제트 기관에서 저위 발열량이 4,600kcal/kg인 연료를 1초 동안에 1.3kg씩 소모한다고 할 때 추진 효율을 구하면 약 얼마인가?
① 0.8
② 0.9
③ 1.0
④ 1.5

정답 01. ④ 02. ③ 03. ④ 04. ①

제2부 항공 기관

해설
$$\eta_p = \frac{2V_a}{V_j+V_a} = \frac{2\times 200}{200+300} = 0.8$$

05 제트 기관 항공기가 300m/s의 속도로 비행할 때 배기가스 속도가 900m/s라면 이 기관의 추진 효율은 몇 %인가?
① 30   ② 50
③ 60   ④ 70

해설
$$\eta_p = \frac{2V_a}{V_j+V_a} = \frac{2\times 300}{900+300} = 0.5$$

06 가스 터빈 기관 추력에 영향을 미치는 요소가 아닌 것은?
① 엔진 rpm   ② 비행 속도
③ 비행 고도   ④ 비행 반경

해설
추력에 영향을 끼치는 요소
밀도, 속도, 고도, rpm, 압력

07 다음 중 터보 제트 기관의 회전수가 일정할 때 밀도만 고려 시 추력이 가장 큰 경우는?
① 고도 10,000ft에서 비행할 때
② 고도 20,000ft에서 비행할 때
③ 대기 온도 15℃인 해면에서 작동할 때
④ 대기 온도 25℃인 지상에서 작동할 때

해설
해면에서의 공기 밀도가 가장 높으므로 추력도 최대

08 가스 터빈 기관을 통해 지나는 공기 흐름량이 322lb/s이고, 흡입구 속도가 600ft/s, 출구 속도가 800ft/s이면 발생하는 추력은 약 몇 lbs인가?

① 2,000   ② 4,000
③ 8,000   ④ 12,000

해설
터보 제트 기관의 진추력
$$F_n = \frac{W_a}{g}(V_j - V_a)$$
$$= \frac{322}{32.2}(800-600) = 2,000 \, lbs$$

09 속도 720km/h로 비행하는 항공기에 장착된 터보 제트 기관이 300kgf/sec로 공기를 흡입하여 400m/sec로 배기시킨다. 이 때 진추력을 구하면? (단, 중력 가속도 g = 10m/sec²)
① 3,000kg   ② 6,000kg
③ 9,000kg   ④ 12,000kg

해설
터보 제트 기관의 진추력
$$F_n = \frac{W_a}{g}(V_j - V_a)$$
$$= \frac{300}{10}\left(400 - \frac{720}{3.6}\right) = 6,000 \, kg$$

10 제트 기관의 항공기가 정지 상태에서 단위 면적(m²) 당 40kg/s 질량을 속도 500m/s로 방출할 때 팽창 압력은 대기압이며 노즐 단면적은 0.2m²라면 추력은 몇 KN인가?
① 4   ② 8
③ 10   ④ 20

해설
$$F_g = \dot{m}_a V_j = 40\times 0.2\times 500 = 4,000 N = 4kN$$

11 속도 1,080km/h로 비행하는 항공기에 장착된 터보 제트 기관이 294kg/s로 공기를 흡입하여 400m/s로 배기시킬 때 비추력은 약 얼마인가?
① 8.2   ② 10.2
③ 12.2   ④ 14.2

정답 05. ② 06. ④ 07. ③ 08. ① 09. ② 10. ① 11. ②

해설

$$F_s = \frac{F_n}{W_a} = \frac{V_j - V_a}{g} = \frac{400 - \frac{1,080}{3.6}}{9.8} = 10.20$$

12 터보 제트 기관에서 비행 속도 $V_a(ft/s)$, 진추력 $F_n(lbs)$을 이용하여 추력 마력 [hp]을 옳게 나타낸 것은?

① $\dfrac{F_n \times V_a}{75}$ ② $\dfrac{F_n \times V_a}{550}$

③ $\dfrac{F_n}{75 \times V_a}$ ④ $\dfrac{F_n}{550 \times V_a}$

해설

추력 마력(Thrust Horse Power)
진추력(Fn)을 발생하는 기관이 속도(Va)로 비행할 때 기관의 동력을 마력으로 환산한 것

$$THP = \frac{F_n(kgf) \times V_a(m/S)}{75}(HP)$$

$$= \frac{F_n(lbs) \times V_a(ft/S)}{550}$$

13 다음 중 가스 터빈 기관의 성능을 판정하기 위하여 공기 유량(Wa)을 결정하는 보정식(Correction)으로 옳은 것은? (단, $\delta : \dfrac{P}{P_0}$, $\theta : \dfrac{T}{T_0}$, P : 입구 압력, T : 입구 온도, P₀와 T₀는 각각 표준 대기의 압력과 온도)

① $\dfrac{W_a \delta}{\sqrt{\theta}}$ ② $\dfrac{W_a}{\delta \sqrt{\theta}}$

③ $\dfrac{W_a \sqrt{\theta}}{\delta}$ ④ $\dfrac{W_a}{\sqrt{\theta}}$

14 터보 제트 기관에서 추력 비연료 소비율을 나타내는 식으로 가장 적합한 것은? (단, W_f : 연료의 중량 유량, F_n : 기관의 진추력이며, 단위 환산에 필요한 상수는 생략)

① $TSFC = \dfrac{W_f}{F_n}$ ② $TSFC = \dfrac{W_f^2}{F_n}$

③ $TSFC = \dfrac{F_n}{W_f}$ ④ $TSFC = \dfrac{F_n^2}{W_f}$

15 가스 터빈 엔진의 추력 비연료 소비율(Thrust Specific Fuel Consumption)이란?

① 1시간 동안 소비하는 연료의 중량
② 단위 추력의 추력을 발생하는 데 소비되는 연료의 중량
③ 단위 추력의 추력을 발생하기 위하여 1시간 동안 소비하는 연료의 중량
④ 1,000km를 순항 비행할 때 시간당 소비하는 연료의 중량

16 터보 제트 기관의 추력 비 연료 소비율(TSFC)에 대한 설명으로 틀린 것은?

① 추력 비연료 소비율이 작을수록 경제성이 좋다.
② 추력 비연료 소비율이 작을수록 기관의 효율이 높다.
③ 추력 비연료 소비율이 작을수록 기관의 성능이 우수하다.
④ 1kgf의 추력을 발생하기 위하여 1초 동안 기관이 소비하는 연료의 체적을 말한다.

해설

추력 비연료 소비율
1시간당 1마력을 발생시키는 데 소비된 연료의 질량

17 가스 터빈 기관의 열효율을 향상시키는 방법으로 가장 거리가 먼 것은?

① 터빈 냉각 방법을 개선한다.
② 배기가스 온도를 증가시킨다.
③ 기관의 내부 손실을 방지한다.
④ 고온에서 견디는 터빈 재질을 사용한다.

정답 12. ② 13. ③ 14. ① 15. ③ 16. ④ 17. ②

7 가스 터빈 기관의 작동

가 비정상 시동

1) 과열 시동(Hot Start)
① 시동 시 EGT가 규정치 이상 올라가는 현상
② 원인 : FCU의 고장, 결빙, 압축기 입구에서의 공기 흐름 제한

2) 결핍 시동(Hung Start)
① 시동 시 동력 레버를 idle까지 전진시켰으나 RPM이 올라가지 못하는 현상
② 원인 : 시동기에 공급되는 동력의 불충분

3) 시동 불능(No Start)
① 규정된 시간 내에 시동이 완료되지 않는 상태이며 RPM이나 EGT 계기가 상승하지 않음.
② 원인 : 시동기나 점화 장치의 불충분한 전력, 연료 흐름의 막힘, 점화 계통 및 FCU의 고장

나 기관의 정격

① 정격 출력
이륙, 상승, 순항 등 기관의 사용 목적에 적합한 조건에서 기관이 정상적으로 작동하도록 제작 회사에서 정한 기관 출력의 기준

② 물분사 이륙 추력(Wet Take-off Thrust)
이륙할 때 물분사 장치를 사용하여 낼 수 있는 기관의 최대 추력(1 ~ 5분간)

③ 이륙 추력(Dry Take-off Thrust)
이륙할 때 물분사 없이 낼 수 있는 기관의 최대 추력(1 ~ 5분간)

④ 최대 연속 추력
시간 제한 없이 연속적으로 사용할 수 있는 최대 추력으로 이륙 추력의 90%정도이며 수명과 안전을 위해 필요한 경우에만 사용

⑤ 최대 상승 추력
항공기를 상승시킬 때 사용하는 최대 추력으로 최대 연속 추력과 같은 경우도 있음

⑥ 순항 추력
순항 시 사용하도록 정한 추력이며 TSFC가 가장 적은 추력으로 이륙 추력의 70 ~ 80% 정도

⑦ 완속 추력
지상이나 비행 중 기관이 자립 회전할 수 있는 가장 느린 속도의 추력

다 기관의 조절(Trimming)

① 정격 추력을 위한 기관의 특정 상태
CIT(Compressor Inlet Temperature) & CIP(Pressure), RPM, EPR(Engine Pressure Ratio), TDP(Turbine Discharge Pressure), A8(Exhaust Nozzle Area)

② 추력 측정 방법
EPR 또는 RPM

※ $EPR = \dfrac{TDP}{CIP} = \dfrac{P_{t7}}{P_{t2}}$

③ 정격 추력은 제작회사에서 이륙, 상승, 순항, 완속 등에 필요한 압력비를 미리 정해 둔 것이며 동력 레버를 임의의 압력비에 맞추면 해당 추력이 발생해야 하는데 대기의 압력이나 온도, 기관의 상태에 따라 변함

④ 조절(Trimming)
제작회사에서 정한 정격에 맞도록 엔진을 조절하는 행위를 말하며 제작회사의 지시에 따라 수행하여야 하며 비행기는 정풍이 되도록 하거나 무풍에서 실행(시기 : 주기 검사, 엔진 교환, FCU 교환, 배기 노즐 교환)

⑤ 리깅(Rigging)
조종석에 있는 레버의 위치와 엔진에 있는 control의 위치가 일치할 수 있도록, 즉 lever를 조작한 만큼 엔진이 작동할 수 있도록 케이블이나 작동 arm을 조절하는 것

7 출제 예상 문제

01 가스 터빈 엔진 작동 시 다음 엔진 변수 중 어느 것이 가장 중요한 변수인가?
① 압축기 rpm
② 터빈 입구 온도
③ 연소실 압력
④ 압축기 입구 공기 온도

02 항공기에 장착되어 있는 터보 제트 기관을 시동하기 전에 점검해야 할 사항이 아닌 것은?
① 추력 측정
② 엔진의 흡입구
③ 엔진의 배기구
④ 연결 부분의 결합 상태

정답 01. ② 02. ①

03 터빈 엔진의 배기가스 특징으로 가장 올바른 것은?

① 아이들 시 일산화탄소가 작다.
② 가속 시 일산화탄소가 많다.
③ 가속 시 질소산화물이 많다.
④ 아이들 시 질소화합물이 많다.

04 일반적인 가스 터빈 기관의 시동 시 시간에 따른 기관 회전수 및 배기가스 온도를 나타낸 그래프에서 시동기가 꺼진 곳은?

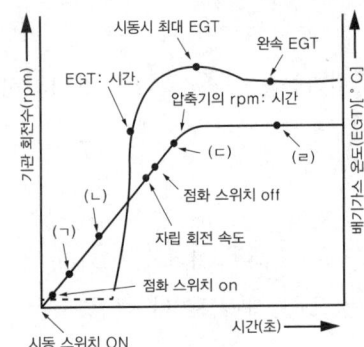

① (ㄱ)   ② (ㄴ)
③ (ㄷ)   ④ (ㄹ)

【해설】
(ㄱ) 연료 공급, (ㄴ) 불꽃 발생, (ㄹ) 완속 회전수

05 터빈 엔진 시동 시 과열 시동(Hot Start)은 엔진의 어떤 현상을 말하는가?

① 시동 중 EGT가 최대 한계를 넘은 현상이다.
② 시동 중 RPM이 최대 한계를 넘은 현상이다.
③ 엔진을 비행 중 시동하는 비상 조치 중의 하나이다.
④ 엔진이 냉각되지 않은 채로 시동을 거는 현상을 말한다.

【해설】
과열 시동(Hot Start)
• 시동 시 EGT가 규정치 이상 올라가는 현상
• 원인 : FCU의 고장, 결빙, 압축기 입구에서의 공기 흐름 제한

06 제트 기관 시동시 EGT가 규정 한계치 이상으로 증가하는 과열 시동의 원인이 아닌 것은?

① 연료의 과다 공급
② 연료 조정 장치의 고장
③ 시동기 공급 동력의 불충분
④ 압축기 입구부에서 공기 흐름의 제한

07 터빈 기관에서 과열 시동(Hot Start)을 방지하기 위하여 확인하여야 하는 계기는?

① 토크 미터   ② EGT 지시계
③ 출력 지시계   ④ RPM 지시계

08 가스 터빈 기관의 시동 계통에서 자립 회전 속도(Self-Accelerating Speed)의 의미로 옳은 것은?

① 시동기를 켤 때의 가스 터빈 회전 속도
② 기관에 점화가 일어나서 배기가스 온도가 증가되기 시작하는 상태에서의 가스 터빈 회전 속도
③ 기관이 아이들(Idle) 상태에 진입하기 시작했을 때의 가스 터빈 회전 속도
④ 터빈에서 발생되는 동력이 압축기를 스스로 회전시킬 수 있는 상태에서의 가스 터빈 회전 속도

【해설】
완속 추력
지상이나 비행 중 기관이 자립 회전할 수 있는 가장 느린 속도의 추력

제3장 가스 터빈 기관

09 가스 터빈 기관 시동 시 우선적으로 관찰하여야 하는 계기가 아닌 것은?
① 배기가스 온도(EGT)
② 연료 유량
③ 엔진 RPM(N1 and N2)
④ 엔진오일 압력

해설
가스 터빈 기관 시동 시 관찰하는 계기
• 배기가스 온도   • 엔진 회전수
• 오일 압력   • 오일 온도

10 가스 터빈 엔진의 블리드 밸브는 언제 완전히 열리는가?
① 완속 출력   ② 이륙 출력
③ 최대 출력   ④ 최대 순항 출력

11 가스 터빈 기관을 시동하여 공회전(Idle)에 도달했을 때, 기관의 정상 여부를 판단하는 중요한 변수와 가장 관계가 먼 것은?
① 진동   ② 오일 압력
③ 추력   ④ 배기가스 온도

12 가스 터빈 기관의 고온부 구성품에 수리해야 할 부분을 표시할 때 사용하지 않아야 하는 것은?
① Chalk
② Layout Dye
③ Felt-up Applicator
④ Lead Pencil

13 가스 터빈 엔진의 작동 점검 시 드라이 모터링 점검(Dry Motoring Check)은 어느 때 수행하는가?
① 연료 계통의 부품 교환 후
② 윤활 계통의 부품 교환 후
③ 배기 계통의 부품 교환 후
④ 점화 계통의 부품 교환 후

14 기관 정격(Engine Rating)은 정해진 조건하에서 기관을 운전할 경우 보증되고 있는 기관의 성능 값을 말하는데, 다음 중 이에 속하지 않는 것은?
① 이륙 출력
② 최대 연속 출력
③ 최대 하강 출력
④ 사용 가능 연료 및 오일의 등급

해설
정격 출력
이륙, 상승, 순항 등 기관의 사용 목적에 적합한 조건에서 기관이 정상적으로 작동하도록 제작회사에서 정한 기관 출력의 기준
• 물분사 이륙 추력(Wet Take-off Thrust) : 이륙할 때 물분사 장치를 사용하여 낼 수 있는 기관의 최대 추력(1~5분간)
• 이륙 추력(Dry Take-off Thrust) : 이륙할 때 물분사 없이 낼 수 있는 기관의 최대 추력(1~5분간)
• 최대 연속 추력 : 시간제한 없이 연속적으로 사용할 수 있는 최대 추력으로 이륙 추력의 90% 정도이며 수명과 안전을 위해 필요한 경우에만 사용
• 최대 상승 추력 : 항공기를 상승시킬 때 사용하는 최대 추력으로 최대 연속 추력과 같은 경우도 있음
• 순항 추력 : 순항 시 사용하도록 정한 추력이며 TSFC가 가장 적은 추력으로 이륙 추력의 70~80% 정도
• 완속 추력 : 지상이나 비행 중 기관이 자립 회전할 수 있는 가장 느린 속도의 추력

15 가스 터빈 기관이 정해진 회전수에서 정격 출력을 낼 수 있도록 연료 조절 장치와 각종 기구를 조정하는 작업을 무엇이라 하는가?
① 고장 탐구   ② 크래킹
③ 트리밍   ④ 모터링

정답 09. ② 10. ① 11. ③ 12. ④ 13. ② 14. ③ 15. ③

16 터보팬 기관의 추력에 비례하며 트리밍(Triming) 작업의 기준이 되는 것은?

① 연료 유량
② 기관 압력비(EPR)
③ 대기 온도
④ 터빈 입구 온도(TIT)

해설
기관의 조절(Trimming)
- 정격 추력을 위한 기관의 특정 상태 : CIT(Compressor Inlet Temperature) & CIP(Pressure), RPM, EPR(Engine Pressure Ratio), TDP(Turbine Discharge Pressure), A8(Exhaust Nozzle Area)
- 추력 측정 방법 : EPR 또는 RPM

17 다음 중 가스 터빈 엔진의 있어 트림(Trim)의 가장 큰 목적은?

① 압축비를 높이는 것
② 배기 압력을 조절하는 것
③ 스로틀 레버를 서로 일치시키는 것
④ 엔진의 정해진 RPM에서 정격 추력을 확립하는 것

18 기관 조절(Engine Trimming)을 하는 가장 큰 이유는?

① 정비를 편리하도록
② 비행의 안정성을 위해
③ 기관 정격 추력을 유지하기 위해
④ 이륙 추력을 크게 하기 위해

19 다음 중 가스 터빈 기관의 트림(Trim) 작업 시 조절하는 것이 아닌 것은?

① 연료 제어 장치
② 가변 정익 베인
③ 터빈 블레이드 각도
④ 사용 연료의 비중

20 터보팬 엔진의 팬 트림 밸런스에 관하여 가장 올바른 것은?

① 엔진의 출력 조정이다.
② 정기적으로 행하는 팬의 균형 시험이다.
③ 팬 블레이드를 교환하여 한다.
④ 밸런스 웨이트로 수정한다.

21 다음 중 일반적으로 라인 정비(Line Maintenance)에서 할 수 없는 작업은?

① 배기 노즐 장탈
② 기관 압축기 분해
③ 보기 장치의 교환
④ 연료 제어 장치의 교환

해설
라인 정비 : 구성품의 점검, 교환 서비스 등
공장 정비 : 분해, 점검, 수리

22 가스 터빈 기관에서 RPM의 변화가 심할 때 그 원인이 아닌 것은?

① 주연료 장치 고장
② 연료 라인의 결빙
③ 가변 정기 베인 리깅 불량
④ 연료 부스터 압력의 불안정

해설
연료 라인의 결빙은 출력의 저하나 기관 정지를 발생

정답 16. ② 17. ④ 18. ③ 19. ③ 20. ④ 21. ② 22. ②

23 가스 터빈 기관의 정상 시동 시에 일반적인 시동 절차로 옳은 것은?

① Starter "ON" - Ignition "ON" - fuel "ON" - Ignition "OFF" - Starter "Cut-OFF"
② Starter "ON" - fuel "ON" - Ignition "ON" - Ignition "OFF" - Starter "Cut-OFF"
③ Starter "ON" - Ignition "ON" - fuel "ON" - Starter "Cut-OFF" - Ignition "OFF"
④ Starter "ON" - fuel "ON" - Ignition "ON" - Starter "Cut-OFF" - Ignition "OFF"

해설

터보팬 기관의 시동 순서
- 동력 레버 'IDLE' 위치
- 연료 차단 레버 'CLOSE' 위치
- 주 스위치 'ON'
- 연료 계통 차단 스위치 'OPEN'
- 연료 부스터 펌프 스위치 'ON'
- 시동 스위치 'ON'
- 점화 스위치 'ON'
- 연료 차단 레버 'OPEN'
  - 배기가스의 온도 증가로 시동 여부를 알 수 있다.
  - 연료 계통 작동 후 약 20초 이내에 시동이 완료되어야 한다.
  - 기관이 완속 회전수에 도달하는 데 2분 이상 걸려서는 안 된다.
- 기관의 계기를 관찰하여 정상 작동인지 확인
- 기관 시동 스위치 'OFF'
- 점화 스위치 'OFF'

24 터빈기관을 사용하는 도중 배기가스 온도(EGT)가 높게 나타났다면 다음 중 주된 원인은?

① 연료 필터 막힘
② 과도한 연료 흐름
③ 오일 압력의 상승
④ 과도한 바이패스 비

25 가스 터빈 기관 연료 계통의 고장 탐구에 관한 설명으로 틀린 것은?

① 시동 시 연료 흐름량이 낮을 때 부스터 펌프의 결함을 예상할 수 있다.
② 시동 시 연료가 흐르지 않을 때 연료 조정 장치의 차단 밸브 결함을 예상할 수 있다.
③ 시동 시 결핍 시동(Hung Start)이 발생하였다면 연료 조정 장치의 결함을 예상할 수 있다.
④ 시동 시 배기가스 온도가 높을 때 연료 조정 장치의 고장으로 부족한 연료 흐름이 원인임을 예상할 수 있다.

정답 23. ① 24. ② 25. ④

04 프로펠러

1 개요

1) 용어

① 스테이션(Station)
  ㉠ 허브 중심에서 깃 끝까지를 6″ 간격으로 표시하는 가상적인 선
  ㉡ 손상 부분의 표시나 깃 각을 측정하기 위해 정한 위치

② 깃 각(Blade Angle)
  비행기 날개의 붙임각과 같은 것으로 프로펠러 회전 면과 시위 선이 이루는 각

③ 유입각(피치각)
  비행 속도와 깃의 회전 선속도를 합하여 하나의 합성 속도를 만든 다음 이것과 회전 면이 이루는 각

④ 받음각
  깃 각에서 유입각을 뺀 각

⑤ 피치(Pitch)
  프로펠러 1회전에 얻을 수 있는 전진 거리
  ㉠ 기하학적 피치(GP : Geometric Pitch)
    공기를 강체로 가정하고 이론적으로 얻을 수 있는 피치

$$GP = 2\pi r \tan\beta \qquad \beta : 깃\ 각$$

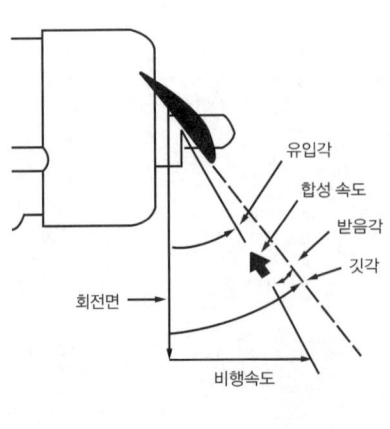

| 깃 각 |

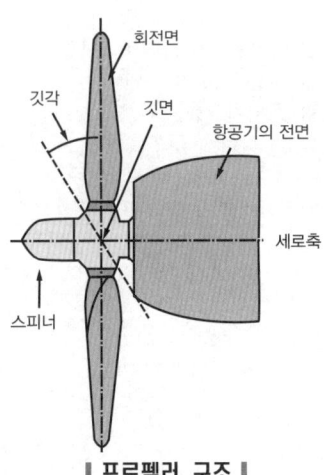

| 프로펠러 구조 |

ⓒ 유효 피치(EP : Effective Pitch)
프로펠러 1회전에 실제로 얻은 전진 거리

$$EP = V \times \frac{60}{n}$$ V : 항공기 속도, n : 회전수(rpm)

⑥ 프로펠러 슬립 $= \frac{GP - EP}{GP} \times 100(\%)$

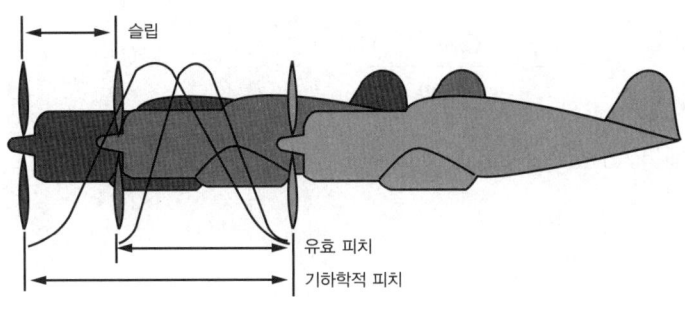

▎프로펠러 슬립▎

⑦ 스피너(Spinner)
프로펠러 깃의 뿌리와 허브를 덮는 유선형의 커버

2) 장착 방법

플랜지형(Flange Type), 스플라인형(Spline Type), 테이퍼형(Taper Type)

3) 비행 중 프로펠러에 작용하는 힘과 응력

① 추력과 굽힘 응력
② 원심력과 인장 응력
③ 비틀림력과 비틀림 응력

2 프로펠러의 성능

가 날개골 이론

① 추력

$$T = C_t \rho n^2 D^4$$ C_t : 추력 계수, n : 회전수(rps)

② 토크

$$Q = C_q \rho n^2 D^5 \qquad C_q : 토크\ 계수$$

③ 동력

$$P = C_p \rho n^3 D^5 \qquad C_p : 동력\ 계수$$

④ 프로펠러의 효율

$$\eta_p = \frac{TV}{P} = \frac{C_t \rho n^2 D^4 V}{C_p \rho n^3 D^5} = \frac{C_t}{C_p} \cdot \frac{V}{nD}$$

⑤ 진행률(Advance Ratio)

$$J = \frac{V}{nD}$$

나 운동량 이론

① 추력

$$T = 2\rho A(V_a + w)w = \frac{1}{2}\rho A(V_e^2 - V_a^2)$$

V_a : 항공기 속도 w : 프로펠러의 유도 속도
V_e : 프로펠러에 의하여 가속된 최종 공기 속도
$\Rightarrow V_p = V_a + w,\ V_e = V_a + 2w$

② 효율

$$\eta = \frac{P_{output}}{P_{input}} = \frac{V_a}{V_a + w}$$

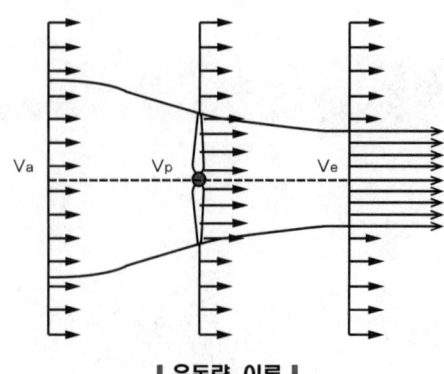

| 운동량 이론 |

3 프로펠러의 분류

1) 고정 피치(Fixed Pitch)

2) 조정 피치(Ground Adjustable Pitch)

3) 가변 피치(Variable Pitch)
   ① 2단 가변 피치
   ② 정속(Constant Speed)

4 프로펠러의 작동

1) 2단 가변 피치 프로펠러
저피치 → 저속(이·착륙 시), 고 피치 → 고속(순항 시)
① 저 피치가 되게 하는 힘 : 엔진 오일 압력
② 고 피치가 되게 하는 힘 : 카운터 웨이트의 원심력

2) 정속 프로펠러(Constant Speed Propeller)
① 2단 가변 피치에서의 세 방향 선택 밸브(3 Way Valve) 대신에 조속기(Governor)를 사용
② 정해진 출력에서 조종사가 Propeller Lever로 정한 회전 속도(ON SPEED)를 스스로 깃 각을 변경시켜 유지
③ 저 피치가 되게 하는 힘 : 조속기 오일 압력
④ 고 피치가 되게 하는 힘 : 카운터 웨이트의 원심력

3) 출력 변경 방법
① 엔진의 출력 감소
   먼저 Throttle로 MAP를 줄인 후 Propeller Lever로 회전수 감소
② 엔진의 출력 증가
   먼저 Propeller Lever로 회전수를 증가시킨 후 Throttle로 출력 증가

4) 페더링(Feathering)
비행 중에 엔진이 고장 나면 엔진이 정지하더라도 비행 속도에 의해 프로펠러가 풍차 회전하여 엔진을 구동하므로 고장이 확대되고 프로펠러는 전면 저항을 많이 받아 항공기

에 큰 항력을 주는데, 이를 방지하도록 엔진 고장 시에는 프로펠러의 깃 각을 최대각 (90° 가까이)으로 만들어 엔진 정지와 저항 감소 효과를 줌

5) 역 피치(Reverse Pitch)

착륙 활주 거리를 단축시키기 위해 깃 각을 저각으로 계속 줄이면 부(−)의 각이 되어 추력의 방향이 반대로 되어 역추력이 발생, 역추력은 반드시 바퀴가 접지된 후에 사용

제4장 출제 예상 문제

01 프로펠러 깃 각(Blade Angle)은 에어포일 시위 선(Chord Line)과 무엇과의 사이각으로 정의되는가?

① 회전 면
② 프로펠러 추력 라인
③ 상대풍
④ 피치 변화 시 깃 회전 축

해설
깃 각 : 프로펠러 회전 면과 시위 선이 이루는 각

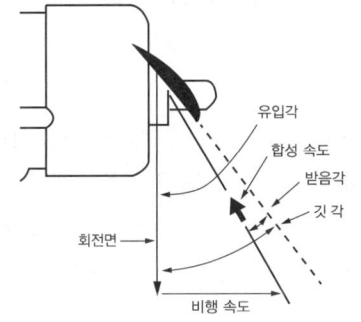

02 일반적인 프로펠러의 깃 각(Blade Angel)에 대한 설명으로 옳은 것은?

① 깃의 전 길이에 걸쳐 일정하다.
② 일반적으로 프로펠러 중심에서 50% 되는 위치의 각도를 말한다.
③ 깃 뿌리(Blade Root)에서 깃 끝(Blade Tip)으로 갈수록 커진다.
④ 깃 뿌리(Blade Root)에서 깃 끝(Blade Tip)으로 갈수록 작아진다.

해설
프로펠러의 기하학적 피치를 같게 하기 위하여 깃 끝으로 갈수록 각각이 작아지게 비틀림을 주었다.

03 고정 피치(Fixed-Pitch) 프로펠러의 깃 각(Blade Angle)을 가장 올바르게 나타낸 것은?

① 선단(Tip)에서 가장 크다.
② 허브(Hub)에서 선단까지 일정하다.
③ 선단(Tip)에서 가장 작다.
④ 허브로부터 거리에 따라 비례해서 증가한다.

해설
프로펠러의 기하학적 피치를 같게 하기 위하여 깃 끝으로 갈수록 깃 각이 작아지게 비틀림을 주었다.

04 프로펠러 깃의 스테이션 넘버(Station Number)에 대한 설명으로 옳은 것은?

① 프로펠러 전연에서 후연으로 갈수록 감소한다.
② 프로펠러 허브에서 팁(Tip)으로 갈수록 감소한다.
③ 프로펠러 전연(Leading Edge)에서 후연(Trailing Edge)으로 갈수록 증가한다.
④ 프로펠러 허브(Hub)의 중앙은 스테이션 넘버 "0"이다.

05 프로펠러 깃 스테이션(Station)의 용도로 가장 올바른 것은?

① 깃 각(Blade Angle) 측정
② 프로펠러 장착과 장탈
③ 깃 인덱싱(Indexing)
④ 프로펠러 성형

정답 01. ① 02. ④ 03. ③ 04. ④ 05. ①

06 프로펠러가 항공기에 장착되어 있을 때 블레이드 각을 측정할 수 있는 측정 기구는?
① 다이얼 게이지
② 버어니어 캘리퍼스
③ 유니버설 프로펠러 프로트랙터
④ 블레이드 앵글 섹터

07 프로펠러의 특정 부분을 나타내는 명칭이 아닌 것은?
① 허브(Hub)   ② 네크(Neck)
③ 블레이드(Blade) ④ 로터(Rotor)

08 프로펠러 날개의 루트 및 허브를 덮는 유선형의 커버로 공기 흐름을 매끄럽게 하여 기관 효율 및 냉각 효과를 돕는 것은?
① 램(Ram)
② 커프스(Cuffs)
③ 가버너(Governor)
④ 스피너(Spinner)

해설

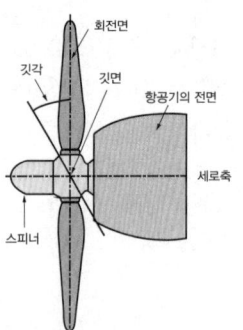

09 프로펠러를 설계할 때 프로펠러 효율을 높이기 위한 방법으로 가장 옳은 것은?
① 재질이 강한 강 합금으로 제작한다.
② 프로펠러의 전연(Leading Edge)은 두껍게 한다.
③ 프로펠러 팁(Tip) 근처는 얇은 에어포일 단면을 사용한다.
④ 프로펠러의 팁(Tip)과 전연(Leading Edge)의 모양을 같게 한다.

10 고출력용에 사용되는 중공(Hollow) 프로펠러의 재질은 무엇으로 만들어지는가?
① 알루미늄 합금(25ST, 75ST)
② 크롬-니켈-몰리브덴 강(Cr-Ni-Mo강)
③ 스텐인리스 강(Stainless Steel)
④ 탄소 강(Carbon Steel)

11 다음 중 프로펠러 블레이드(Propeller Blade)에 작용하는 응력이 아닌 것은?
① 인장 응력   ② 구심 응력
③ 굽힘 응력   ④ 비틀림 응력

해설
비행 중 프로펠러에 작용하는 힘과 응력
• 추력과 굽힘 응력
• 원심력과 인장 응력
• 비틀림력과 비틀림 응력

12 다음 중 프로펠러 날개가 회전 시 받는 힘이 아닌 것은?
① 원심력   ② 탄성력
③ 비틀림력   ④ 굽힘력

13 프로펠러 깃 선단(Tip)이 회전 방향의 반대 방향으로 처지게(Lag)하는 힘으로 가장 올바른 것은?
① 추력 - 굽힘력 ② 공력 - 비틀림력
③ 원심 - 비틀림력 ④ 토크 - 굽힘력

정답 06. ③ 07. ④ 08. ④ 09. ③ 10. ② 11. ② 12. ② 13. ④

14 프로펠러 깃(Blade)의 선단(Tip)이 앞으로 휘게(Bend) 하는 가장 큰 힘은?
① 토크 - 굽힘(Torque-Bending)력
② 공력 - 비틀림(Aerodynamic-Twisting)력
③ 원심 - 비틀림(Centrifugal-Twisting)력
④ 추력 - 굽힘(Thrust-Bending)력

15 프로펠러 작동 시 원심(Centrifugal) 비틀림 모멘트는 어떤 작용을 하는가?
① 피치각을 감소시킨다.
② 피치각을 증가시킨다.
③ 회전 방향으로 깃(Blade)을 굽히게(Bend) 한다.
④ 비행 진행 방향의 뒤쪽으로 깃(Blade)을 굽히게 한다.

16 프로펠러 깃 각(Blade Angle)을 증가시키는 데 가장 기여하는 힘은 무엇인가?
① 원심(Centrifugal) 비틀림 힘
② 공력(Aerodynamic) 비틀림 힘
③ 추력(Thrust) 굽힘 힘
④ 토크(Torque) 굽힘 힘

17 프로펠러가 고속으로 회전할 때 발생하는 응력(Stress) 중 추력(Thrust)에 의해서 발생되는 것은?
① 인장 응력   ② 전단 응력
③ 비틀림 응력   ④ 굽힘 응력

18 프로펠러의 슬립(Slip)에 대한 설명으로 옳은 것은?
① 기하학적 피치와 유효 피치의 차이
② 블레이드의 정면과 회전면 사이의 각도
③ 프로펠러가 1회전하는 동안 이동한 거리
④ 허브 중심으로부터 블레이드를 따라 인치로 측정되는 거리

해설
프로펠러 슬립 $= \dfrac{GP-EP}{GP} \times 100(\%)$

19 기하학적 피치(Geometrical Pitch)란?
① 프로펠러를 1바퀴 회전시켜 실제로 전진한 거리
② 프로펠러를 2바퀴 회전시켜 전진할 수 있는 이론적인 거리
③ 프로펠러를 2바퀴 회전시켜 실제로 전진한 거리
④ 프로펠러를 1바퀴 회전시켜 프로펠러가 앞으로 전진할 수 있는 이론적인 거리

20 프로펠러의 깃의 허브 중심으로부터 깃 끝까지의 길이가 R, 깃 각이 β일 때 이 프로펠러의 기하학적 피치는?
① $2\pi R\tan\beta$ ② $2\pi R\sin\beta$
③ $2\pi R\cos\beta$ ④ $2\pi R\sin\beta$

해설
$GP = 2\pi r \tan\beta = \pi D \tan\beta$

21 비행 속도가 V, 회전 속도가 n(rpm)인 프로펠러의 1회전 소요 시간이 초일 때 유효 피치를 나타내는 식은?
① $\dfrac{60V}{n}$ ② $\dfrac{60n}{V}$
③ $\dfrac{nV}{60}$ ④ $\dfrac{V}{60}$

해설
기하학적 피치 : $GP = 2\pi r \tan\beta$
유효 피치 : $EP = V \times \dfrac{60}{n}$

22 다음 중 프로펠러를 항공기에 장착하는 위치에 따라 형식을 분류한 것은?
① 단열식, 복렬식
② 거버너식, 베타식
③ 트랙터식, 추진식
④ 피스톤식, 터빈식

23 1개 이상의 비행 속도에서 최대의 효율을 가지게 하기 위하여 지상에서 깃 각을 조정할 수 있는 프로펠러는?
① 고정 피치 프로펠러
② 조정(Adjustable) 피치 프로펠러
③ 가변(Controllable) 피치 프로펠러
④ 정속 피치 프로펠러

24 2단 가변 피치 프로펠러 항공기의 프로펠러 효율을 좋게 유지하기 위한 운항 상태에 따른 각각의 사용 피치로 옳은 것은?
① 강하 시에는 저 피치(Low Pitch)를 사용한다.
② 순항 시에는 고 피치(High Pitch)를 사용한다.
③ 이륙 시에는 고 피치(High Pitch)를 사용한다.
④ 착륙 시에는 고 피치(High Pitch)를 사용한다.

해설
프로펠러의 피치는 속도와 비례하여 작동
이착륙과 같은 저속에서는 저 피치, 순항이나 강하같은 고속에서는 고 피치

25 비행 중이나 지상에서 기관이 작동하는 동안 조종사가 유압 또는 전기적으로 피치를 변경시킬 수 있는 프로펠러 형식은?
① 정속 프로펠러(Contant-Speed Propeller)
② 고정 피치 프로펠러(Fixed Pitch Propeller)
③ 조정 피치 프로펠러(Adjustable Pitch Propeller)
④ 가변 피치 프로펠러(Controllabel Pitch Propeller)

26 고정 피치 프로펠러를 장착한 항공기의 프로펠러 회전 속도를 증가시키면 블레이드는 어떻게 되는가?
① 블레이드 각(Blade Angle)이 증가한다.
② 블레이드 각(Blade Angle)이 감소한다.
③ 블레이드 영각(Angle of Attack)이 증가한다.
④ 블레이드 영각(Angle of Attack)이 감소한다.

해설
프로펠러의 회전 속도를 증가시키면 피치각이 작아져서 받음각은 커진다.
깃 각 = 피치각 + 받음각

27 정속 프로펠러의 최대 효율은 무엇에 의해 일어나는가?
① 항공기 속도가 감소함에 따라 깃(Blade) 피치를 증가시킴으로써
② 비행 중 직면하는 대부분 조건들에 대해 깃 각(Blade Angle)을 조절함으로써
③ 깃(Blade) 선단(Tip) 근방의 난류를 줄여 줌으로써
④ 깃(Blade)의 양력 계수를 증가시킴으로써

정답 22. ③ 23. ② 24. ② 25. ④ 26. ③ 27. ②

28 기관 출력이 증가하였을 때 정속 프로펠러는 어떤 기능을 하는가?

① RPM 그대로 유지하기 위해 깃 각을 감소시키고, 받음각을 작게 한다.
② RPM을 증가시키기 위해 깃 각을 감소시키고, 받음각을 작게 한다.
③ RPM을 그대로 유지하기 위해 깃 각을 증가시키고, 받음각을 작게 한다.
④ RPM을 증가시키기 위해 깃 각을 증가시키고, 받음각을 크게 한다.

29 정속 프로펠러를 사용하는 왕복 기관에서 순항시 스로틀 레버만을 움직여 스로틀을 증가시킬 때 나타나는 현상이 아닌 것은?

① 기관의 출력(HP)은 변하지 않는다.
② 기관의 흡기 압력(MAP)이 증가한다.
③ 프로펠러 블레이드 각도가 증가한다.
④ 기관의 회전수(RPM)은 변하지 않는다.

해설 정속 프로펠러는 기관의 출력에 상관없이 회전수를 일정하게 조절, 속도가 증가하므로 피치각 증가

30 정속 프로펠러를 장착한 항공기가 순항시 프로펠러 회전수를 2,300RPM에 맞추고 출력을 1.2배 높이면 회전계가 지시하는 값은?

① 1,800rpm ② 2,300rpm
③ 2,700rpm ④ 4,600rpm

해설 정속 프로펠러는 기관의 출력에 상관없이 회전수를 일정하게 조절

31 정속 프로펠러를 장착한 왕복 기관을 시동할 때, 프로펠러 제어 레버(Propeller Control Lever)를 어디에 위치시켜야 하는가?

① LOW RPM
② HIGH RPM
③ HIGH PITCH
④ VARIABLE

해설 이착륙과 같은 저속에서는 저 피치 고 rpm

32 이륙 시 정속 프로펠러에서 rpm과 피치각은 어떤 상태가 되어야 가장 효율적인가?

① 높은 rpm과 큰 피치각
② 낮은 rpm과 큰 피치각
③ 높은 rpm과 작은 피치각
④ 낮은 rpm과 작은 피치각

33 정속 프로펠러(Constant Speed Propeller)에 대하여 가장 올바르게 설명한 것은?

① 저 피치(Low Pitch)와 고 피치(High Pitch)인 2개의 위치만을 선택할 수 있다.
② 3방향 선택 밸브(3Way Valve)에 의해 피치가 변경된다.
③ 자유롭게 피치를 조정 할 수 있다.
④ 깃 각(Blade Angle)이 하나로 고정되어 피치 변경이 불가능하다.

34 정속 프로펠러에서 프로펠러가 과속 상태(Over Speed)가 되면 플라이 웨이트(Fly Weight)는 어떤 상태인가?

① 밖으로 벌어진다.
② 무게가 감소한다.
③ 안으로 오므라진다.
④ 무게가 증가된다.

정답 28. ③ 29. ① 30. ② 31. ② 32. ③ 33. ③ 34. ①

제2부 항공 기관

35 다음 중 비행 상태에 따라 프로펠러 회전 속도를 일정하게 유지하기 위하여 프로펠러 블레이드 루트각을 자동적으로 조절하는 정속 조절 장치는?

① 커프스(Cuffs)
② 스피너(Spinner)
③ 가버너(Governor)
④ 동조 장치(Synchro System)

해설
조속기(Governor)
정해진 출력에서 조종사가 Propeller Lever로 정한 회전 속도(ON SPEED)를 스스로 조속기가 깃 각을 변경시켜 유지

36 정속 프로펠러(Constant-Speed Propeller)는 기관 속도를 정속(On-Speed)으로 유지하기 위해 프로펠러 피치를 자동으로 조정해 주도록 되어 있는데 이러한 기능은 어떤 장치에 의해 조정되는가?

① 3-Way 밸브
② 조속기(Governer)
③ 프로펠러 실린더((Propeller Cylinder)
④ 프로펠러의 허브 어셈블리(Propeller Hub Assembly)

37 프로펠러 거버너(Governor)의 부품이 아닌 것은?

① 파일롯 밸브   ② 플라이웨이트
③ 아네로이드   ④ 카운터 밸런스

38 정속 프로펠러(Constant Speed Propeller)가 장착되어 있는 경우 부가적으로 요구되는 계기는?

① 엑스허스트 어날라이저 (Exhaust Analyzer)
② 프로펠러 피치 게이지 (Propeller Pitch Gage)
③ 매니폴드 프레셔 게이지 (Manifold Pressure Gage)
④ 실린더 베이스 템퍼러처 게이지 (Cylinder Base Temperature Gage)

39 정속 프로펠러에서 프로펠러 피치 레버(Propeller Pitch Lever)를 조작했는데 프로펠러가 피치 변경이 되지 않는 결함이 발생했다면 가장 큰 원인은 무엇이라 추정하는가?

① 조속기(Governor)의 릴리이프 밸브가 고착되었다.
② 파일럿 밸브(Pilot Valve)의 틈새가 과도하게 크다.
③ 조속기(Governor) 스피더 스프링(Speeder Spring)이 파손되었다.
④ 페더링 스프링(Feathering Spring)이 마모되었다.

40 정속 평형추(Counter Weight) 프로펠러의 깃을 고 피치로 이동시켜 주는 힘은 어느 것인가?

① 프로펠러 피스톤-실린더에 작용하는 기관 오일 압력
② 프로펠러 피스톤-실린더에 작용하는 기관 오일 압력과 평형추에 작용하는 원심력
③ 평형추에 작용하는 원심력
④ 프로펠러 피스톤-실린더에 작용하는 프로펠러 조속기 오일 압력

정답 35. ③ 36. ② 37. ③ 38. ③ 39. ③ 40. ③

41 프로펠러를 장비한 경항공기에서 감속기어(Reduction Gear)를 사용하는 주된 이유는?

① 깃 길이를 짧게 하기 위하여
② 깃끝 부분에서의 실속 방지를 위하여
③ 프로펠러 회전 속도를 증가시키기 위하여
④ 깃의 진동을 방지하고 구조를 간단히 하기 위하여

해설
감속 기어
크랭크축의 회전 속도를 크게 하여 출력을 증가시키되 프로펠러의 Tip Speed를 음속 이하로 감소시키기 위해 사용

42 정속 프로펠러에서 파일롯 밸브(Pilot Valve)를 작동시키는 힘을 발생시키는 것은?

① 프로펠러 감속 기어
② 조속 펌프 유압
③ 엔진 오일 압력
④ 플라이 웨이트

해설
파일롯 밸브는 플라이 웨이트에 연결되어 오일의 출입을 제어

43 프로펠러 조속기 내의 스피더 스프링의 압축력을 증가하였다면 프로펠러 깃 각과 엔진 RPM에는 어떤 변화가 있는가?

① 깃 각은 증가하고, RPM은 감소한다.
② 깃 각은 감소하고, RPM도 감소한다.
③ 깃 각은 증가하고, RPM도 증가한다.
④ 깃 각은 감소하고, RPM은 증가한다.

44 프로펠러 비행기가 비행 중 기관이 고장 나서 정지시킬 필요가 있을 때, 프로펠러의 깃 각을 바꾸어 프로펠러의 회전을 멈추게 하는 조작을 무엇이라 하는가?

① 슬립(Slip)
② 비틀림(Twisting)
③ 피칭(Pitching)
④ 페더링(Featehring)

해설
페더링
기관이 고장났을 경우 프로펠러에 의한 회전에 의해 고장이 확대되는 것을 방지하기 위해 깃 각을 90도 정도로 유지하는 것

45 비행 중 기관 고장 시 프로펠러를 페더링(Feathering)시켜야 하는 이유로 옳은 것은?

① 기관의 진동을 유발해 화재를 방지하기 위해
② 풍차(Windmill)효과로 인해 추력을 얻기 위해
③ 프로펠러 회전을 멈춰 추가적인 손상을 방지하기 위해
④ 전면과 후면의 차압으로 프로펠러를 회전시키기 위해

46 프로펠러의 역추력(Reverse Thrust)은 어떻게 발생하는가?

① 프로펠러를 시계방향을 회전시킨다.
② 프로펠러를 반시계 방향으로 회전시킨다.
③ 부(Negative)의 블레이드 각으로 회전시킨다.
④ 정(Positive)의 블레이드 각으로 회전시킨다.

정답 41. ② 42. ④ 43. ④ 44. ④ 45. ③ 46. ③

47 프로펠러(Propeller)의 깃 트랙(Blade Track)에 대한 설명으로 옳은 것은?

① 프로펠러의 피치(Pitch)각이다.
② 프로펠러가 1회전하여 전진한 거리이다.
③ 프로펠러가 1회전하여 생기는 와류(Vortex)이다.
④ 프로펠러 블레이드(Propeller Blade) 선단의 회전 궤적이다.

48 프로펠러 깃(Blade) 트랙킹(Tracking)은 무엇을 결정하는 절차인가?

① 항공기 세로축(Longitudinal Axis)에 대해서 프로펠러의 회전면을 결정하는 절차
② 진동을 방지하기 위하여 각 깃 받음각을 동일하게 결정하는 절차
③ 각 깃 각(Blade Angle)을 특정한 범위 내에 들어오게 하는 절차
④ 각 프로펠러 깃의 회전 선단(Tip) 위치가 일치한지 여부를 결정하는 절차

49 프로펠러에 빙결형성이 항공기의 비행 성능에 미치는 영향으로 옳은 것은?

① 추력이 감소하고, 과도한 진동을 초래한다.
② 추력은 증가하지만, 과도한 진동이 발생한다.
③ 항공기 실속 속도가 감소하고, 소음이 증가한다.
④ 항공기 실속 속도가 증가하고, 소음이 감소한다.

해설
프로펠러 빙결이 미치는 영향
- 추력 감소
- 항력 증가
- 진동 및 소음 발생

과거에는 깃 앞전에 알콜 분사법으로 방빙을 했으나 근래에는 전기식을 이용

50 다음 중 일반적으로 프로펠러 방빙 계통에서 사용되는 것은?

① 에틸알콜
② 변성(Denatured) 알콜
③ 이소프로필(Isoproplyl)알콜
④ 에틸렌글리콜(Ethylene Glycol)

해설
프로펠러의 방빙에 주로 이소프로필알콜을 사용하나 점차 전기식으로 교체

정답 47. ④ 48. ④ 49. ① 50. ③

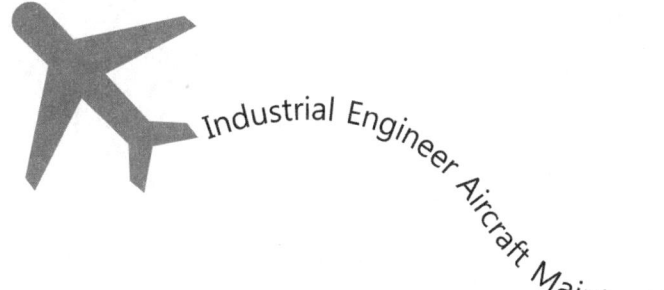

제3부

항공 기체

- 제1장 항공기 기체 구조 및 기체 계통
- 제2장 항공기 재료 및 요소
- 제3장 기체 구조의 수리 및 역학

01 항공기 기체 구조 및 기체 계통

1 기체 구조

가 기체 구조의 개요

1) 기체 구조의 구성

가) 기체의 구성

① 주요 5부분
- ㉠ 동체(Fuselage)
- ㉡ 날개(Wing)
- ㉢ 꼬리 날개(Tail, Empennage)
- ㉣ 착륙 장치(Landing Gear)
- ㉤ 엔진 마운트 및 나셀(Engine Mount, Nacelle)

② 주요 3부분
- ㉠ 동체(Fuselage)
- ㉡ 주 날개(Main Wing)
- ㉢ 꼬리 날개(Tail Wing)

나) 기체에 작용하는 힘

① 비행 중 항공기에 작용하는 힘
양력, 항력, 추력, 중력, 관성력

② 비행 중 기체 구조에 작용하는 하중
- ㉠ 인장 하중(Tension Load) : 물체의 축 방향으로 잡아당기는 하중
- ㉡ 압축 하중(Compressive Load) : 물체의 축 방향으로 압축하여 줄어들게 하는 하중
- ㉢ 전단 하중(Shearing Load) : 리벳으로 연결된 두 판에 인장력이 작용할 때 리벳에 작용하는 하중
- ㉣ 비틀림 하중(Torsional Load) : 물체를 비틀어 꺾으려고 하는 하중
- ㉤ 휨(굽힘) 하중(Bending Load) : 물체를 구부려 꺾으려는 하중, 인장력과 압축력으로 구성

나 동체(Fuselage)

1) 동체의 역할
① 비행 중 항공기에 작용하는 하중을 담당
② 날개, 꼬리 날개, 착륙 장치 등을 장착하는 항공기의 몸체로서 승무원과 승객 및 화물을 수용
③ 착륙 장치를 접어 넣을 수 있는 공간

2) 동체 구조의 형식

가) 트러스 구조(Truss Structure)
목재 또는 강철로 트러스(Truss)를 이루고 그 위에 천 또는 얇은 금속판으로 외피를 씌운 구조로 경비행기 및 날개의 구조에 사용

① 구성
  ㉠ 외피(Skin)
    • 공기 역학적 외형을 유지
    • 공기력을 트러스에 전단하는 역할
  ㉡ 트러스(Truss, 골격, 뼈대)
    기체에 작용하는 대부분의 하중을 담당
② 장점
  ㉠ 제작 용이
  ㉡ 제작 비용 저렴
  ㉢ 구조 간단
③ 단점
  ㉠ 내부 공간 마련 곤란
  ㉡ 외형이 각진 부분이 많아 유연하지 못함

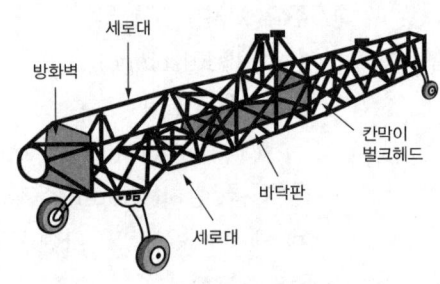

┃ 트러스형 구조 ┃

나) 모노 코크 구조(Monocoque Structure)
기체에 작용하는 하중을 외피가 담당하는 구조
① 구성 : 외피, 벌크헤드, 정형재
② 장점
  ㉠ 공간 마련 용이
  ㉡ 유선형으로 제작 가능
③ 단점
  ㉠ 중량이 무거움
  ㉡ 작은 손상에도 전체 구조에 영향을 끼침
④ Buckling(좌굴) : 구조 구성재 전체의 불안전 상태
⑤ Wrinkling(주름, 구김) : 국부적 불안전 형태

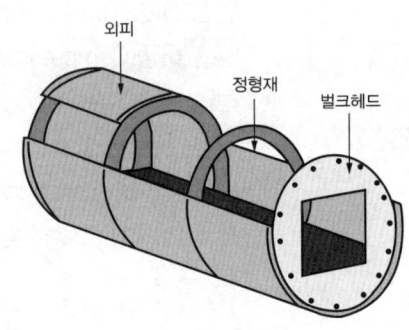

┃ 모노 코크 구조 ┃

다) 세미 모노 코크 구조(Semi Monocoque Structure)
외피가 하중의 일부를 담당하여 외피와 뼈대가 같이 하중을 담당하는 구조로 현대 항공기의 동체 구조로서 가장 많이 사용, 정역학적으로 부정적 구조물

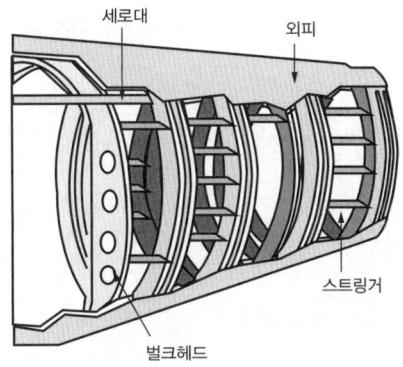

| 세미 모노 코크 구조 |

① 구성
  ㉠ 수직 방향 부재 : 벌크헤드(Bulkhead), 정형재(Former) 링(Ring), 프레임(Frame)
  ㉡ 세로 방향 부재 : 세로대(Longeron), 세로지(Stringer)
  ㉢ 외피
② 각 부재의 역할
  ㉠ 세로지(Stringer) : 세로대보다 단면적이 적어 무게가 가볍고 훨씬 많은 수를 배치하며 주로 외피의 형태에 맞추어 외피를 부착하기 위해서 사용되며 외피의 좌굴(Buckling) 방지
  ㉡ 세로대(Longeron) : 세로 방향의 주부재로 굽힘 하중을 담당
  ㉢ 링(Ring) : 수직 방향의 보강재로서 세로지와 합쳐 외피 보호
  ㉣ 벌크헤드(Bulkhead) : 동체의 앞, 뒤에 하나씩 있으며 집중 하중을 외피(Skin)에 골고루 분산하고 동체가 비틀림에 의해 변형되는 것을 방지
  ㉤ 외피(Skin) : 동체에 작용하는 전단 응력을 담당하고 때로는 스트링거와 함께 압축 및 인장 응력을 담당
③ 모노 코크 구조와 세미 모노 코크 구조를 응력 외피 구조(Stressed-Skin Structure)라고도 함

라) 샌드위치 구조
2장의 외판 사이에 무게가 가벼운 심(Shim)재를 넣어 접착제로 접착시킨 구조
① 심재의 종류
  벌집형(Honey Comb), 거품형(Foam), 파형(Wave)

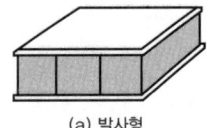 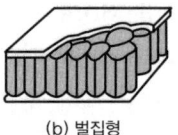 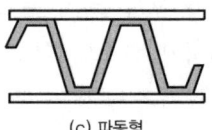

(a) 발사형 　　　(b) 벌집형 　　　(c) 파동형

┃ 샌드위치 구조 ┃

② **사용 장소**
    날개, 꼬리 날개 또는 조종면 등의 끝 부분이나 도어, 마루 바닥
③ **판재의 재질**
    알루미늄 합금, FRP
④ **Core**
    Balsa, 발포재, Honey Comb
⑤ **장점**
    ㉠ 무게에 비행 강도가 큼
    ㉡ 음 진동에 잘 견딤
    ㉢ 피로와 굽힘 하중에 강함
    ㉣ 보온 방습성이 우수
    ㉤ 진동에 대한 감쇄성이 큼
    ㉥ 항공기의 무게 감소
⑥ **단점**
    ㉠ 손상 상태 파악 곤란
    ㉡ 집중 하중 및 고온에 약함
⑦ **벌집형 구조의 검사**
    ㉠ 시각 검사 : 광선을 이용하여 층의 분리(Delamination) 검사
    ㉡ 촉각 검사 : 손으로 눌러 층의 분리(Delamination) 검사
    ㉢ 습기 검사 : 검사 장비 이용(전류를 통과하여 수분에 의한 미터의 흔들림 검사)
    ㉣ Coin 검사 : 판을 두드려 소리의 차이에 의해 들 뜬 부분 검사
    ㉤ X선 검사 : 수분 침투 여부 검사

마) **페일 세이프 구조**

한 구조물이 여러 개의 구조 요소로 결합되어 있어 어느 부분이 피로 파괴가 일어나거나 그 일부분이 파괴되어도 나머지 구조가 작용하는 하중을 지지할 수 있어 치명적인 파괴 또는 과도한 변형을 가져오지 않게 함으로써 항공기 구조상 위험이나 파손을 보완할 수 있는 구조

① **다경로 하중 구조(Redundant Structure)**
    일부 부재가 파괴될 경우 그 부재가 담당하던 하중을 분담할 수 있는 다른 부재가 있어 구조 전체로서는 치명적인 결과를 가져오지 않는 구조 형식

② 이중 구조(Double Structure)
  큰 부재 대신 2개의 작은 부재를 결합시켜 하나의 부재와 같은 강도를 가지게 함으로써 치명적인 파괴로부터 안전을 유지할 수 있는 구조 형식
③ 대치 구조(Back Up Structure)
  하나의 부재가 전체의 하중을 지탱하고 있을 경우 이 부재가 파손될 것을 대비하여 준비된 예비적인 대치 부재를 가지고 있는 구조 형식
④ 하중 경감 구조(Load Dropping Structure)
  부재가 파손되기 시작하면 변형이 크게 일어나므로 주변의 다른 부재에 하중을 전달시켜 원래 부재의 추가적인 파괴를 막는 구조 형식

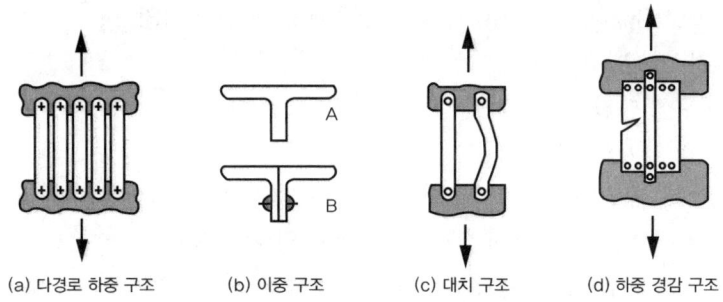

┃ 페일 세이프 구조 ┃

3) 여압실의 구조와 기밀

가) 여압실의 구조

① **여압을 하는 이유** : 고공 비행 시 고공의 압력은 지상보다 낮기 때문에 생명체가 안전하게 비행할 수 있도록 압력과 온도를 유지해 생명체가 안전하게 비행할 수 있어야 하기 때문
② **여압을 해야 하는 공간** : 조종실, 객실, 화물실
③ **여압을 제한 요소** : 기체 구조 강도 고려

나) 여압실의 기밀

여압실의 실내 압력을 유지하기 위한 밀폐
① 조종실 창문
  ㉠ 윈드 실드 패널(Windshield Panel)
    조종실 앞 창문으로 내·외측은 유리, 중간층은 비닐층이고 외측판과 비닐 사이에 금속 산화 피막을 붙여서 전기를 통해 이때 발생하는 열로 방빙과 서리 제거
  ㉡ 윈드 실드 강도 기준
    • 외측판 : 최대 여압실 압력의 7~10배
    • 내측판 : 최대 여압실 압력의 3~4배

- 충격 강도 : 무게 1.8 kg의 새가 설계 순항 속도로 비행하고 있는 비행기의 윈드 실드에 충돌해도 파괴되지 않아야 함

다 날개(WING)

공기 역학적으로 항공기를 뜨게 하는 양력을 발생하며 플랩(Flap), 스피드 브레이크(Speed Brake), 스포일러(Spoiler)에 의하여 동체에 비행 모멘트 작용

1) 날개 구조의 형식

가) 날개를 구성하는 주요 구성 부재

날개보(Spar), 리브(Rib), 세로지(Stringer), 외피(Skin)

① 트러스형 날개
  ㉠ 구성 : 날개보, 리브, 강선, 외피
  ㉡ 각 부재의 역할
    - 날개보(Spar) : 날개에 작용하는 양력에 의한 굽힘 하중을 담당
    - 리브(Rib) : 날개의 공기 역학적 외형만 유지
    - 강선(Wire) : 날개의 항력과 앞 방향 하중 담당

② 응력 외피형 날개
  ㉠ 구성 : 날개보, 리브, 스트링거, 정형재, 외피
  ㉡ 각 부재의 역할
    - 날개보(Spar) : 전단력과 휨 모멘트를 담당
    - 외피(Skin) : 비틀림 모멘트를 담당
    - 스트링거(Stringer) : 압축 응력에 의한 좌굴(Buckling)을 방지
    - 리브(Rib) : 날개의 형태를 유지

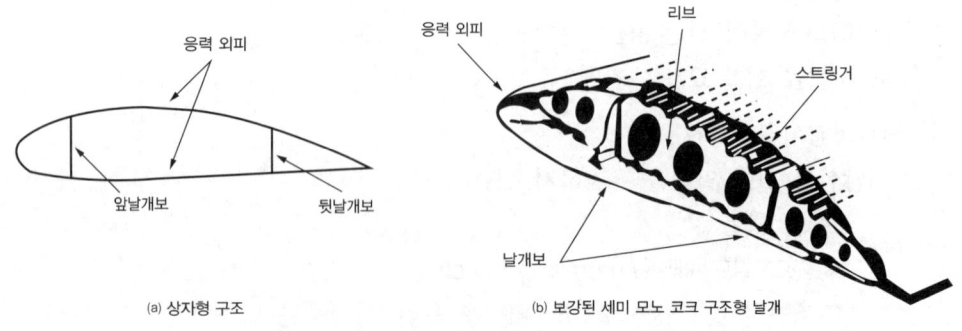

▮ 상자형 구조와 보강된 세미 모노 코크 구조형 날개 ▮

나) 날개의 주요 구조 부재

① 날개보(Spar)
   ㉠ 날개에 작용하는 대부분의 하중을 담당하며 굽힘 하중과 비틀림 하중을 주로 담당하는 날개의 주 구조 부재
   ㉡ 비행 중 날개보에는 윗면 플랜지(Upper Flange)에는 압축 응력이, 밑면 플랜지(Lower Flange)에는 인장 응력이 작용하고 웨브(Web)에는 전단 응력이 작용

② 리브(Rib)
   ㉠ 공기 역학적인 날개골을 유지하도록 날개의 모양을 만들어 주며 날개 외피에 작용하는 하중을 날개보에 전달
   ㉡ 중량 경감 구멍 : 리브의 강도에는 영향을 미치지 않고 중량을 감소시키기 위한 구멍

③ 스트링거(Stringer)
   날개의 굽힘 강도를 크게 하기 위하여 날개의 길이 방향으로 리브 주위에 배치하며 좌굴을 방지하며 외피를 금속으로 부착하기 좋게 하여 강도 증가

④ 외피(Skin)
   ㉠ 전방 날개보 후방 날개보 사이의 외피는 날개 구조상 큰 응력을 받기 때문에 응력 외피라 하며 높은 강도 요구
   ㉡ 날개 앞전과 뒷전 부분의 외피는 응력을 별로 받지 않으며 공기 역학적인 형태 유지

다) 날개 장착 방식

① 지주식 날개(Braced Type Wing)
   ㉠ 날개 장착 부 지주(Strut)의 양끝점이 서로 3점을 이루는 트러스 구조로 장착하기 간단하고 무게도 줄일 수 있으나 공기 저항이 커서 경항공기에 사용
   ㉡ 날개와 동체를 연결하는 지주(Strut)에는 비행 중 인장력 작용

② 캔티레버식 날개(Cantilever Type Wing)
   ㉠ 항력이 적어 고속기에 적합
   ㉡ 다소 무게가 무거움

라) 그 밖의 장치

① 날개의 방빙 및 제빙 장치
   ㉠ 방빙 장치 : 전열식, 가열 공기식
      * 가열 공기식 : 압축기 뒷단의 블리드 공기(Bleed Air) 사용
   ㉡ 제빙 장치 : 알콜 분출식, 제빙 부츠식
      * 공기 오일 분리기 : 제빙 부츠에 설치되어 있는 것으로 공기 속의 오일이 고무의 부츠를 퇴화시키는 것을 방지하기 위해 설치

② 연료 탱크(Fuel Tank)
　㉠ 인티그럴 연료 탱크(Integral Fuel Tank)
　　• 전방 후방 날개보 사이의 공간을 사용하고 보통 여러 개로 나누어져 있음
　　• 오늘날 대형 항공기에 많이 사용
　　• 장점 : 경량
　㉡ 셀 탱크(Cell Tank) : 합성 고무제품의 연료 탱크로 군용기에 많이 사용
　㉢ 금속제 탱크 : 금속으로 연료 탱크를 따로 만들어 장착하여 사용

라 꼬리 날개(Tail Wing, Empennage)

1) 역할
동체의 꼬리 부분에 부착되어 비행기의 안정성과 조종성 담당

2) 구성
수평 안정판, 수직 안정판, 방향타, 승강타

가) 수평 꼬리 날개
① 구성 : 수평 안정판, 승강키
　㉠ 수평 안정판 : 비행 중 비행기의 세로 안정성을 담당
　㉡ 승강키(Elevator) : 조종간과 연결되어 비행기를 상승, 하강시키는 키놀이(Pitching) 모멘트 발생

나) 수직 꼬리 날개
① 구성 : 수직 안정판, 방향키
　㉠ 수직 안정판 : 비행 중 비행기에 방향 안정성 담당
　㉡ 방향키(Rudder) : 비행기의 비행 방향을 바꿀 때 사용되며 비행기의 빗놀이(Yawing) 운동을 조종, 페달에 연결

제1장 항공기 기체 구조 및 기체 계통

1 출제 예상 문제

01 다음 중 고정익 항공기의 일반적인 기체 구조 구성 요소로만 나열된 것은?
① 동체, 날개, 나셀, 기관 마운트, 조종 장치, 착륙 장치
② 기체, 주 날개, 꼬리 날개, 기관, 착륙 장치
③ 동체, 날개, 기관, 동력 연결 장치, 전자 장비
④ 동체, 날개, 기관, 조향 장치, 강착 장치

해설
기체의 주요 5부분
- 동체(Fuselage)
- 날개(Wing)
- 꼬리 날개(Tail, Empennage)
- 착륙 장치(Landing Gear)
- 엔진 마운트 및 나셀(Engine Mount, Nacelle)

02 [보기]와 같은 구조물을 포함하고 있는 항공기 부위는?

[보기]
수평수직 안정판, 방향키, 승강키

① 착륙 장치   ② 나셀
③ 꼬리 날개   ④ 주 날개

03 수직 안정판, 수평 안정판, 승강키, 방향키, 등으로 구성된 항공기의 후방 동체 부분을 무엇이라 하는가?
① After End Assembly
② Empennage
③ Fuselage
④ Bulkhead

04 항공기에 사용되는 구조의 종류가 아닌 것은?

① 트러스 구조
② 응력 스킨 구조
③ 더블 버팀 구조
④ 페일 세이프 구조

05 항공기 기체 구조 중 트러스 형식에 대한 설명으로 옳은 것은?
① 항공기의 전체적인 구조 형식은 아니며 날개 또는 꼬리 날개와 같은 구조 부분에만 사용하는 구조 형식이다.
② 금속판 외피에 굽힘을 받게 하여 굽힘 전단 응력에 대한 강도를 갖도록 하는 구조 방식으로 무게에 비해 강도가 큰 장점이 있어 현재 금속 항공기에 많이 사용하고 있다.
③ 주 구조가 피로로 인하여 파괴되거나 혹은 그 일부분이 파괴되더라도 나머지 구조가 하중을 지지할 수 있게 하여 파괴 또는 과도한 구조 변형을 방지하는 구조이다.
④ 강관 등으로 트러스를 구성하고 여기에 천외피 또는 얇은 금속판의 외피를 씌운 형식으로 소형 및 경비행기에 많이 사용된다.

06 제작 비용이 적게 들기 때문에 소형기에서 주로 사용되며 외피는 공기력의 전달만을 하도록 되어 있는 항공기 구조 형식은?
① 응력 외피 구조
② 트러스 구조
③ 샌드위치 구조
④ 페일 세이프 구조

정답 01. ① 02. ③ 03. ② 04. ③ 05. ④ 06. ②

해설

트러스 구조의 구성
- 외피(Skin) : 공기 역학적 외형을 유지, 공기력을 트러스에 전단하는 역할
- 트러스(Truss, 골격, 뼈대) : 기체에 작용하는 대부분의 하중을 담당

07 이상적인 트러스 구조의 부재는 어느 하중을 받는가?
① 인장 또는 압축 ② 굽힘
③ 전단   ④ 인장 또는 굽힘

08 경비행기의 날개를 떠받고 있는 지주는 비행 중에 어떤 하중을 가장 많이 받는가?
① 비틀림 모멘트 ② 굽힘 모멘트
③ 인장력   ④ 압축력

09 강철형 튜브 구조재(構造材)가 나옴에 따라 개발된 형식으로 이러한 구조는 내부에 보강용 웨브(Web)나 버팀줄(Bracing Wire)을 할 필요가 없으므로 조종실이나 여객실에 보다 많은 공간을 줄 수가 있다. 또 충분한 강도도 가질 수 있으며, 보다 유선형인 형태로의 동체성형(胴體成形)이 용이하다. 이 구조 형식은?
① Pratt Truss
② Warren Truss
③ Monocoque
④ Semi-Monocoque

10 모노 코크 구조의 항공기에서 동체에 가해지는 대부분의 하중을 담당하는 부재는?
① 론저론(Longeron)
② 외피(Skin)
③ 스트링거(Stringer)
④ 벌크헤드(Bulkhead)

해설

모노 코크 구조(Monocoque Structure)
하중 대부분 외피(Skin)가 담당하는 구조 즉, 외판만으로 구성된 구조

11 모노 코크(Monocoque) 구조를 가장 올바르게 설명한 것은?
① 강관의 골격에 알루미늄 외피를 씌운 구조
② 강관의 골격에 Fabric을 씌운 구조
③ 금속 외피, Frame, Stringer 등의 강도 부재를 접합하여 만든 구조
④ 외피로만 되어 있어 구조의 하중을 외피가 담당하도록 한 구조

12 다음 중 모노 코크형 동체의 구조 부재에 해당하지 않는 것은?
① 벌크헤드   ② 정형재
③ 외피   ④ 세로대

13 동체 구조 형식에서 세미 모노 코크 구조에 대한 설명으로 옳은 것은?
① 가장 넓은 동체 내부 공간을 확보할 수 있으며 세로대 및 세로지, 대각선 부재를 이용한 구조이다.
② 하중의 대부분을 표피가 담당하며, 내부에 보강재가 없이 금속의 껍질로 구성된 구조이다.
③ 골격과 외피가 하중을 담당하는 구조로서 외피는 주로 전단 응력을 담당하고 골격은 인장, 압축, 굽힘 등 모든 하중을 담당하는 구조이다.
④ 구조 부재로 삼각형을 이루는 기체의 뼈대가 하중을 담당하고 표피는 항공역학적인 요구를 만족하는 기하학적 형태만을 유지하는 구조이다.

정답 07. ① 08. ③ 09. ② 10. ② 11. ④ 12. ④ 13. ③

14 Semi-Monocoque 구조에 대한 설명 중 가장 거리가 먼 것은?

① 금속제 항공기 구조의 대부분이 이 구조에 속한다.
② 구조가 단순하다.
③ 유효 공간이 크다.
④ 무게에 비하여 강도가 크다.

15 Semi-Monocoque 구조에 대한 설명 내용으로 가장 관계가 먼 것은?

① 금속제 항공기에 많이 사용된다.
② 동체의 길이 방향으로 세로대와 스트링거가 보강되어 있어 압축 하중에 대한 좌굴의 문제점이 없다.
③ 공간 마련이 용이하다.
④ 정역학적으로 정정인 구조물이다.

16 모노 코크 구조와 비교하여 세미 모노 코크 구조의 차이점에 대한 설명으로 옳은 것은?

① 리브를 추가하였다.
② 벌크헤드를 제거하였다.
③ 외피를 금속으로 보강하였다.
④ 프레임과 세로대, 스트링거를 보강하였다.

17 세미 모노 코크 구조(Semi-Monocoque Construction)에 대한 설명 중 가장 관계가 먼 것은?

① 금속튜브 형태로 미사일 몸체에 주로 사용된다.
② 벌크헤드, 스트링거와 세로대 등으로 구성된다.
③ 횡 방향과 길이 방향 부재의 부품으로 구성되어 있다.
④ 응력의 대부분을 담당하는 구조 스킨(Structural Skin)으로 덮여져 있다.

18 항공기 기체의 세미 모노 코크 구조 형식에서 동체의 종방향 구조 부재로만 짝지은 것은?

① 스파(Spar), 리브(Rib)
② 리브(Rib), 프레임(Frame)
③ 스파(Spar), 스트링거(Stringer)
④ 론저론(Rongeron), 스트링거(Stringer)

해설

세미 모노 코크 구조 부재의 역할
- 스트링거(Stringer, 세로지) : 외피의 좌굴(Buckling) 방지
- 세로대(Longeron) : 세로 방향의 주부재로 굽힘 하중을 담당
- 링(Ring) : 수직 방향의 보강재로서 세로지와 합쳐 외피 보호
- 벌크헤드(Bulkhead) : 집중 하중을 외피(Skin)에 골고루 분산하고 동체가 비틀림에 의해 변형되는 것 방지
- 외피(Skin) : 동체에 작용하는 전단 응력을 담당하고 때로는 스트링거와 함께 압축 및 인장 응력을 담당

19 세미 모노 코크 동체의 강도에 미치는 부재와 가장 관계가 먼 것은?

① 스트링거(Stringer)
② 다이아고날 웨브(Diagonal Web)
③ 론저론(Longeron)과 프레임(Frame)
④ 벌크헤드(Bulkhead)와 론저론(Longeron)

20 세미 모노 코크(Semi-Monocoque) 구조 형식의 항공기에서 동체가 비틀림 하중에 의해 변형되는 것을 방지하는 역할을 하며 프레임과 유사한 모양의 부재는?

① 표피(Skin)
② 스트링거(Stringer)
③ 스파(Spar)
④ 벌크헤드(Bulkhead)

정답 14. ② 15. ④ 16. ④ 17. ① 18. ④ 19. ② 20. ④

21 항공기 구조에서 벌크헤드(Bulkhead)에 대한 설명으로 옳은 것은?

① 기관이나 연소실을 객실로부터 분리시키기 위한 수직 부재이다.
② 동체나 나셀에서 앞·뒤 방향으로 배치되며 다양한 단면 모양의 부재이다.
③ 날개에서 날개보를 결합하기 위한 세로 방향의 부재이다.
④ 방화벽, 압력 유지, 날개 및 착륙 장치 부착, 동체의 비틀림 방지, 동체의 형상 유지 등의 역할을 한다.

22 항공기 구조에서 론저론(Longeron)에 대한 설명으로 옳은 것은?

① 날개에서 날개보를 결합하기 위한 세로 방향 부재
② 가벼운 판금에 강성을 주기 위하여 플랜지에 부착되는 부재
③ 기관이나 연소실을 객실로부터 분리시키기 위한 수직 부재
④ 동체나 나셀에서 앞, 뒤 방향으로 배치되며 다양한 단면의 모양의 부재

23 세미 모노 코크 구조 형식의 비행기에서 표피는 주로 어느 하중을 담당하는가?

① 굽힘, 인장 및 압축
② 굽힘과 비틀림
③ 인장력과 압축력
④ 비틀림과 전단력

24 그림과 같은 항공기 동체 구조에 대한 설명으로 틀린 것은?

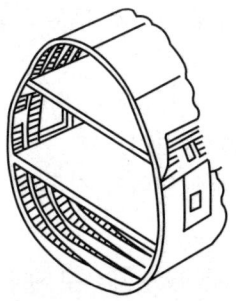

① 외피가 두꺼워져 미사일의 구조에 적합하다.
② 응력 스킨 구조의 대표적인 형식 중 하나이다.
③ 외피는 하중의 일부만 담당하고 나머지 하중은 골조 구조가 담당한다.
④ 벌크헤드, 프레임, 세로대, 스트링거, 외피 등의 부재로 이루어진다.

25 항공기의 외피 응력 구조에 대한 설명으로 틀린 것은?

① 모노 코크형과 세미 모노 코크형이 있다.
② 응력 외피 구조는 트러스 구조의 한 종류이다.
③ 내부에 골격이 없으므로 내부 공간을 크게 할 수 있고 외형을 유선형으로 할 수 있다.
④ 외피가 비행기에 작용하는 하중의 일부를 담당하는 구조이다.

해설
모노 코크 구조와 세미 모노 코크 구조를 응력 외피 구조(Stressed-Skin Structure)라고도 함.

제1장 항공기 기체 구조 및 기체 계통

26 기체 구조의 형식에서 응력 외피 구조(Stress Skin Structure)를 가장 올바르게 설명한 것은?

① 목재 또는 강판으로 트러스(삼각형구조)를 구성하고 그 위에 천 또는 얇은 금속판의 외피를 씌운 구조 형이다.
② 외피가 항공기의 형태를 이루면서 항공기에 작용하는 하중의 일부를 외피가 담당하는 구조이다.
③ 두개의 외판 사이에 벌집형, 거품형, 파(Wave)형 등의 심을 넣고 고착시켜 샌드위치 모양으로 만든 구조이다.
④ 하나의 구조 요소가 파괴되더라도 나머지 구조가 그 기능을 담당해 주는 구조이다.

27 샌드위치(Sandwich) 구조에 대한 설명으로 옳은 것은?

① 트러스 구조의 대표적인 형식이다.
② 강도와 강성에 비해 다른 구조보다 두꺼워 항공기의 중량이 증가하는 편이다.
③ 동체의 외피 및 주요 구조 부분에 사용되는 경우가 많다.
④ 구조 골격의 설치가 곤란한 곳에 상하 외피 사이에 벌집 구조를 접착재로 고정하여 면적당 무게가 적고 강도가 큰 구조이다.

> **해설**
> 샌드위치 구조
> 2장의 외판 사이에 무게가 가벼운 심(Shim)재를 넣어 접착제로 접착시킨 구조

28 허니컴 구조(Honeycomb Structure)에서 층분리(Delamination)를 체크(Check)하는 가장 간단한 방법은?

① Dye Penetrant
② Metallic Ring Test
③ X-Ray
④ Ultrasonic

> **해설**
> 벌집형 구조의 검사
> • 시각 검사 : 광선을 이용하여 층의 분리(Delamination) 검사
> • 촉각 검사 : 손으로 눌러 층의 분리(Delamination) 검사
> • 습기 검사 : 검사 장비를 이용(전류를 통과하여 수분에 의한 미터의 흔들림 검사)
> • Coin 검사 : 판을 두드려 소리의 차이에 의해 들 뜬 부분 검사
> • X선 검사 : 수분 침투 여부 검사

29 샌드위치 구조의 특징에 대한 설명으로 틀린 것은?

① 습기와 열에 강하다.
② 기존의 보강재보다 중량당 강도가 크다.
③ 같은 강성을 갖는 다른 구조보다 무게가 적다.
④ Control Surface나 Trailing Edge 등에 사용된다.

30 샌드위치 구조에 대한 설명 중 가장 관계가 먼 내용은?

① 날개나 꼬리 날개와 같은 일부 구조 요소의 스킨에 사용된다.
② 2장의 판 상태의 스킨 사이에 코어를 끼어서 제작된 구조이다.
③ 샌드위치 구조는 부재를 결합하여 1개의 부재와 같거나 또는 그 이상의 강도를 갖게 하는 구조이다.
④ 부분적인 벅클링이나 부분적인 피로 강도에 강하다.

정답 26. ② 27. ④ 28. ② 29. ① 30. ③

31 굽힘 모멘트를 받는 샌드위치 구조물의 무게를 최소로 하려면 외피와 코어(Core)의 무게 비로 가장 적합한 것은?

① 1 : 1
② 1 : 2
③ 2 : 1
④ 2 : 3

32 항공기 구조 설계의 변화를 시대적인 흐름 순서대로 옳게 나열한 것은?

① 페일 세이프 설계(Fail Safe Design) - 안전 수명 설계(Safe Life Design) - 손상 허용 설계(Damage Tolerance Design)
② 손상 허용 설계(Damage Tolerance Design) - 안전 수명 설계(Safe Life Design) - 페일 세이프 설계(Fail Safe Design)
③ 페일 세이프 설계(Fail Safe Design) - 손상 허용 설계(Damage Tolerance Design) - 안전 수명 설계(Safe Life Design)
④ 안전 수명 설계(Safe Life Design) - 페일 세이프 설계(Fail Safe Design) - 손상 허용 설계(Damage Tolerance Design)

33 반복 하중을 받는 항공기의 주 구조부가 파괴되더라도 남은 구조에 의해 치명적 파괴 또는 구조 변형을 방지하도록 설계된 구조는?

① 응력 외피 구조
② 트러스(Truss) 구조
③ 페일 세이프(Fail Safe) 구조
④ 1차 구조(Primary Structure)

해설

페일 세이프 구조
한 구조물이 여러 개의 구조 요소로 결합되어 있어 어느 부분이 피로 파괴가 일어나거나 그 일부분이 파괴되어도 나머지 구조가 작용하는 하중을 지지할 수 있어 치명적인 파괴 또는 과도한 변형을 가져오지 않게 함으로써 항공기 구조상 위험이나 파손을 보완할 수 있는 구조

34 항공기에 사용되는 페일 세이프 구조의 방식만으로 나열된 것은?

① 모노 코크 구조, 이중 구조, 다경로 하중 구조, 하중 경감 구조
② 다경로 하중 구조, 이중 구조, 대치 구조, 하중 경감 구조
③ 트러스 구조, 이중 구조, 하중 경감 구조, 모노 코크 구조
④ 다경로 하중 구조, 트러스 구조, 하중 경감 구조, 모노 코크 구조

해설

- 다경로 하중 구조(Redundant Structure) : 일부 부재가 파괴될 경우 그 부재가 담당하던 하중을 분담할 수 있는 다른 부재가 있어 구조 전체로서는 치명적인 결과를 가져오지 않는 구조 형식
- 이중 구조(Double Structure) : 큰 부재 대신 2개의 작은 부재를 결합시켜 하나의 부재와 같은 강도를 가지게 함으로써 치명적인 파괴로부터 안전을 유지할 수 있는 구조 형식
- 대치 구조(Back Up Structure) : 하나의 부재가 전체의 하중을 지탱하고 있을 경우 이 부재가 파손될 것을 대비하여 준비된 예비적인 대치 부재를 가지고 있는 구조 형식
- 하중 경감 구조(Load Dropping Structure) : 부재가 파손되기 시작하면 변형이 크게 일어나므로 주변의 다른 부재에 하중을 전달시켜 원래 부재의 추가적인 파괴를 막는 구조 형식

정답 31. ① 32. ④ 33. ③ 34. ②

35 페일 세이프(Fail-safe) 구조 중 큰 부재 대신에 같은 모양의 작은 부재 2개 이상을 결합시켜 하나의 부재와 같은 강도를 가지게 함으로써 치명적인 파괴로부터 안전을 유지할 수 있는 구조 형식은?
① 이중 구조(Double Structure)
② 대치 구조(Back-Up Structure)
③ 예비 구조(Redundant Structure)
④ 하중 경감 구조(Load Dropping Structure)

36 페일 세이프 구조의 백업 구조(Back-Up Structure)를 가장 올바르게 설명한 것은?
① 많은 부재로 되어 있고 각각의 부재는 하중을 고르게 분산시키는 구조
② 하나의 큰 부재를 사용하는 대신 2개 이상의 작은 부재를 결합하여 1개의 부재와 같은 또는 그 이상의 강도를 지닌 구조
③ 규정된 하중은 모두 좌측 부재에서 담당하고 우측 부재는 예비 부재로 좌측 부재가 파괴된 후 그 부재를 대신하여 전체 하중을 담당하는 구조
④ 단단한 보강재를 대어 해당량 이상의 하중을 이 보강재가 분담하는 구조

37 페일 세이프 구조 중 많은 수의 부재로 하중을 분담하도록 하여 이 중 하나의 부재가 파괴되어도 구조 전체에 치명적인 부담이 되지 않도록 한 그림과 같은 구조는?

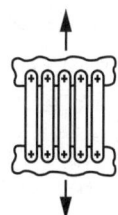

① 2중 구조(Double Structure)
② 대치 구조(Back Up Structure)
③ 다경로 하중 구조(Redundant Structure)
④ 하중 경감 구조(Load Dropping Structure)

38 항공기용 윈드실드 판넬(Windshield Panel)의 여압 압력에 의한 파괴 강도는 내측판 만으로 최대 여압실 압력의 최소 몇 배 이상의 강도를 가져야 하는가?
① 1~2배   ② 3~4배
③ 5~6배   ④ 7~10배

39 세미 모노 코크(Semimonocoque) 구조 형식의 날개 구조를 이루는 부재로만 나열된 것은?
① 스파(Spar), 리브(Rib), 스트링거(Stringer), 외피(Skin)
② 스트링거(Stringer), 벌크헤드(Bulkhead), 외피(Skin)
③ 스트링거(Stringer), 론저론(Longeron), 외피(Skin)
④ 플랩(Flap), 론저론(longeron), 스포일러(Spoiler)

해설
날개를 구성하는 주요 구성 부재
날개보(Spar), 리브(Rib), 세로지(Stringer), 외피(Skin)

40 응력 외피형 날개의 주요 구조 부재가 아닌 것은?
① 스파(Spar)   ② 리브(Rib)
③ 스킨(Skin)   ④ 프레임(Frame)

정답 35. ① 36. ③ 37. ③ 38. ② 39. ① 40. ④

41 날개의 주요 하중을 담당하는 부재는?
① 리브(Rib)
② 날개보(Spar)
③ 스트링거(Stringer)
④ 압축 스트링거(Compression Stringer)

42 응력 외피형 구조의 날개 스파가 주로 담당하는 하중은?
① 날개의 압축   ② 날개의 진동
③ 날개의 비틀림 ④ 날개의 굽힘

해설
전단력과 굽힘 모멘트를 담당

43 다음 중 날개의 주 구조인 스파의 형태가 아닌 것은?
① 단스파   ② 정형재
③ 박스빔   ④ 다중 스파

44 항공기 날개 구조에서 리브(Rib)의 기능을 가장 올바르게 설명한 것은?
① 날개의 곡면 상태를 만들어 주며, 날개의 표면에 걸리는 하중을 스파에 전달시킨다.
② 날개에 걸리는 하중을 스킨에 분산시킨다.
③ 날개의 스팬(Span)을 늘리기 위하여 사용되는 연장 부분이다.
④ 날개 내부 구조의 집중 응력을 담당하는 골격이다.

45 다음 중 리브(Rib)가 사용되는 부분이 아닌 것은?
① 나셀   ② 안정판
③ 플랩   ④ 보조 날개

46 날개의 리브(Rib)에 중량 경감 구멍을 뚫는 주된 목적은?
① 크랙(Crack)의 확산을 방지하기 위해서
② 피로 한도 및 내마모성을 향상시키기 위해서
③ 부재의 강성을 유지하면서 무게를 줄이기 위해서
④ 응력 집중을 피하고, 하중 전달을 직선이 되도록 하기 위해서

해설
중량 경감 구멍
리브의 강도에는 영향을 미치지 않고 중량을 감소시키기 위한 구멍

47 항공기의 날개에서 취부각(Angle of Lncidence)을 옳게 설명한 것은?
① 날개의 횡평면과 비행기의 가로축 사이의 각
② 날개의 시위선과 비행기의 세로축 사이의 각
③ 후퇴익의 기준선과 주어진 가상 기준선 사이의 각
④ 날개의 평균 캠버와 항공기 진행 방향이 이루는 각

48 항공기 연료 탱크(Fuel Tank)에서 인터그랄 탱크(Integral Tank)란?
① 날개보 사이의 공간에 합성고무 제품의 탱크를 내장한 것이다.
② 날개보 및 외피에 의해 만들어진 공간을 그대로 탱크로 사용하는 것이다.
③ 날개보 사이의 공간에 알루미늄 제품의 탱크를 내장한 것이다.
④ 동체 하단에 공간을 만들어 놓은 것이다.

정답 41. ② 42. ④ 43. ② 44. ① 45. ① 46. ③ 47. ② 48. ②

> **해설**
> 인티그럴 연료 탱크(Integral Fuel Tank)
> - 전방 후방 날개보 사이의 공간을 사용하고 보통 여러 개로 나누어져 있음
> - 오늘날 대형 항공기에 많이 사용
> - 장점 : 경량

49 민간 항공기에서 주로 사용하는 Integral Fuel Tank의 가장 큰 장점은?

① 연료의 누설이 없다
② 화재의 위험이 없다.
③ 연료의 공급이 쉽다.
④ 무게를 감소시킬 수 있다.

50 연료 탱크(Fuel Tank)는 벤트계통(Vent System)이 있다. 그 목적으로 가장 올바른 것은?

① 연료 탱크(Fuel Tank) 내의 증기를 배출하여 발화를 방지한다.
② 연료 탱크(Fuel tank) 내의 압력을 감소시켜 연료의 증발을 방지한다.
③ 연료 탱크(Fuel Tank)를 가압하여 송유를 돕는다.
④ 탱크 내, 외의 압력차를 적게 하여 압력 보호와 연료 공급을 돕는다.

2 기체 계통

가 조종 계통

1) 비행기의 기준 축

모든 기체 축의 양 (+)의 모멘트는 오른손 법칙을 따라서 다음과 같은 방향이 +가 됨.
① 옆놀이 모멘트는 오른 날개를 아래로 내리는 방향
② 키놀이 모멘트는 기수를 올리는 방향
③ 빗놀이 모멘트는 오른 날개가 뒤로 가는 방향

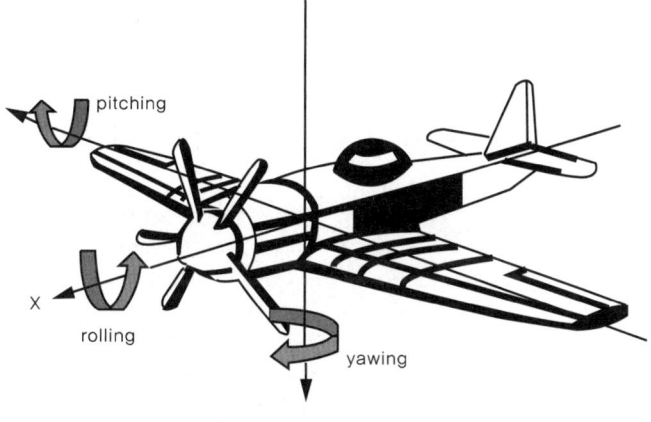

축	운동	조종면
X	세로축	옆놀이 (Rolling)	도움 날개 (Aileron)
Y	가로축	키놀이 (Pitching)	승강키 (Elevator)
Z	수직축 상하축	빗놀이 (Yawing)	방향키

‖ 비행기의 기준 축 ‖

정답 49. ④ 50. ④

2) 조종 계통

가) 주 조종 계통

① 도움 날개(Aileron)
   ㉠ 가로 조종 즉 옆놀이에 주로 사용
   ㉡ 올림과 내림의 범위가 서로 다른 차동 날개를 사용
   ㉢ 차동 도움 날개(Aileron Differential)
      도움 날개의 공기 저항이 올릴 때보다 내릴 때가 더 크기 때문에 공력 커플링 발생

② 승강키(Elevator)
   세로 조종 즉 키놀이에 주로 사용

③ 방향키(Rudder)
   ㉠ 방향 조종 즉 빗놀이에 주로 사용
   ㉡ 옆바람이나 도움 날개의 조종에 따른 빗놀이 모멘트 상쇄

나) 부 조종 계통
고양력 장치, 스포일러(Spoiler)

3) 날개의 가동 장치

가) 슬랫(Slat)

① 장착 위치 : 날개의 앞부분에 부착
② 역할 : 높은 압력의 공기를 날개 윗면으로 유도함으로써 날개 윗면을 따라 흐르는 기류의 떨어짐을 막고 실속 받음각을 증가시키는 동시에 최대 양력 증가
③ 종류 : 고정식, 가동식 슬랫
④ 슬롯(Slot) : 슬랫이 날개 앞전 부분의 일부를 밀어내었을 때 슬랫과 날개 앞면 사이의 공간

나) 플랩(Flap)

① 장착 위치 : 날개의 안쪽 뒷전에 부착
② 역할 : 날개의 뒷전을 가변식으로 하여 아래로 내림으로써 양력을 증가시켜 이·착륙 시 비행 속도를 줄이기 위한 장치
③ 종류
   ㉠ 단순 플랩(Plain Flap)
   ㉡ 분할 플랩(Split Flap)
   ㉢ 파울러 플랩(Fowler Flap)
      • 날개 캠버를 증가시키는 동시에 면적도 증가시키며 날개 뒷전 근처에 간격(Slot)을 형성시켜 양력 증가
      • 가장 성능이 우수한 고양력 장치

ⓔ 간격 플랩(Slot Flap)
　슬랫과 같이 날개 뒷전 근처에 간격을 형성시켜 캠버를 증가시킴으로서 양력 증가
④ 플랩의 작동 : 기계식, 전기 동력식, 유압식(대형기에 사용)

다) 도움 날개(보조익, 보조 날개, Aileron)
① 장착 위치 : 항공기 날개의 양끝 부분에 장착
② 역할 : 비행기의 옆놀이(Rolling) 모멘트를 발생
③ 차동 조종 장치(Differential Control System) : 왼쪽 도움 날개와 오른쪽 도움 날개는 작동 시 서로 반대 방향으로 작동되는데 위로 올라가는 범위와 아래로 내려가는 범위가 다른 구조
④ 대형기 및 고속기의 도움 날개 : 도움 날개가 좌우에 각각 2개씩 있는 것도 있는데 저속에서는 모두 작동하고 고속에서는 안쪽 도움 날개만 작동

라) 스포일러(Spoiler)
① 공중 스포일러(Flight Spoiler) : 비행 중 날개 바깥쪽의 공중 스포일러의 일부를 좌우 따로 움직여서 항공기 자세를 조종하거나 같이 움직여 비행 속도 감소
② 지상 스포일러(Ground Spoiler) : 착륙 활주 중 지상 스포일러를 수직에 가깝게 세워서 항력을 증가시킴으로써 활주 거리를 짧게 하는 브레이크 작용

마) 탭(Tab)
① 트림 탭 : 조종면의 힌지 모멘트를 감소시켜 조종사의 조종력을 0으로 해주는 역할
② 서보 탭 : 탭만 움직여 조종면 작동
③ 밸런스 탭(평형탭) : 조종면이 움직이는 것에 비례해서 작동
④ 스프링 탭

나 조종면의 운동 전달 방식

1) 푸시 풀 로드 조종 계통
① 직선 방향으로 힘을 전달하며, 양 끝단은 길이를 조절할 수 있도록 나사산으로 제작
② 체크 너트를 사용하여 진동에 의한 풀림 방지
③ 푸시 풀 로드로 연결된 항공기는 조종면의 떨림이 그대로 조종사에게 전달되어 피로를 누적시키며, 공간 활용이 어려움

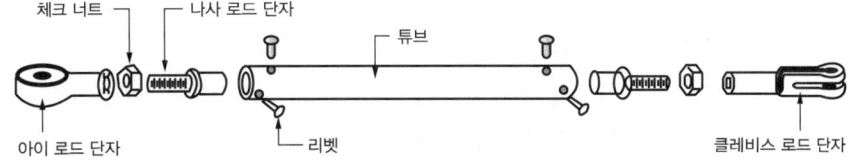

| 푸시 풀 로드의 구조 |

2) 케이블 조종 계통
① 설치 공간과 힘의 전달 방향을 유연하게 선택
② 무게 경량, 구조 간단
③ 동체의 압축, 팽창력과 온도 변화에 따르는 장력의 변화 고려

3) 플라이 바이 와이어 조종 장치
감지 컴퓨터가 조종사의 조종력, 중력 가속도, 기체의 자세를 고려하여 조종면 작동

다 조종면의 평형(Balancing)

1) 평형의 원리
① 왼쪽 모멘트 = 오른쪽 모멘트
② 왼쪽의 무게 × 거리 = 오른쪽의 무게 × 거리
③ 힌지 중심선 전방에 평형 무게(Balance Weight)를 가하여 조절

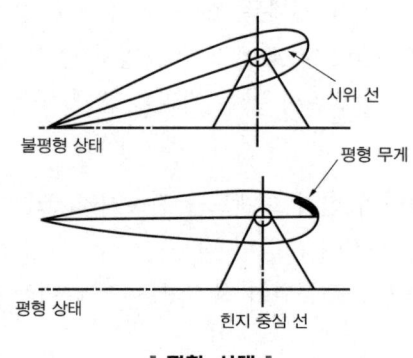

| 평형 상태 |

2) 정적 평형
① 어떤 물체가 자체의 무게 중심으로 지지되고 있는 경우 정지된 상태를 그대로 유지하려는 경향
② 과대 평형(Over Balance) : 전방이 내려가 있는 경우(-로 표시)
③ 과소 평형(Under Balance) : 후방이 내려가 있는 경우(+로 표시)
④ 효율적인 비행을 하려면 과대 평형 유지

3) 동적 평형(Dynamic Balance)
① 조종면을 어느 위치에 돌려놓거나 회전 모멘트가 0으로 되는 상태
② 일반적으로 정적 평형이면 동적 평형도 됨
③ 동적 평형을 유지하기 위해 중심선의 앞부분에 무게를 부착

라 조립(Assembly)과 리깅(Rigging)

1) 기체 구조

  가) 기체 구조의 리깅
  날개, 동체, 착륙 장치, 꼬리 날개 등의 구조 부품을 매뉴얼 또는 규격에 따라 일치(Alignment)시키는 것

  나) 얼라인먼트 점검 사항
  ① 주 날개의 상반각, 붙임각(취부각)
  ② 엔진 얼라인먼트
  ③ 착륙 장치의 얼라인먼트
  ④ 수평 안정판의 붙임각, 상반각
  ⑤ 수직 안정판의 수직도
  ⑥ 대칭도

2) 조종면의 얼라인먼트
  ① 조종실의 조종 장치, 벨 크랭크 및 조종면을 중립 위치에 고정
  ② 방향타, 승강타, 도움 날개를 중립 위치에 놓고 조종 케이블의 장력 조절
  ③ 작동 범위 내로 조종면을 제한하기 위해 조종 장치의 스토퍼 조종

마 착륙 장치(Landing Gear)

항공기가 이륙, 착륙, 지상 활주 및 지상에서 정지해 있을 때 항공기의 무게를 감당하고 진동을 흡수하며 착륙 시 항공기의 수직 속도 성분에 해당하는 운동에너지 흡수

1) 착륙 장치의 배열
  ① 트라이사이클 기어(Tricycle Gear)
  노스 기어와 메인 기어로 구성
  ② 트라이사이클 기어의 장점
  ㉠ 빠른 착륙 속도에서 강한 브레이크 사용 가능
  ㉡ 이착륙 시 조종사에게 양호한 시야 제공
  ㉢ 항공기의 무게 중심이 메인 휠의 전방으로 이동하여 그라운드 루핑(Ground Looping)을 방지

2) 착륙 장치의 종류

  가) 사용 목적에 따른 분류
  바퀴형(육상용), 스키형(눈), 플로트(Float)형(수상용)

나) 장착 방법에 따른 분류
고정형, 접개들이형

다) 착륙 장치 장착 위치에 따른 분류
① 앞 바퀴형(Nose Gear Type)
  ㉠ 주 바퀴 앞에 앞바퀴 위치
  ㉡ 거의 대부분의 항공기에 사용
  ㉢ 무게 중심(C.G)은 주 바퀴 앞에 위치
② 뒷 바퀴형(Tail Gear Type)
  ㉠ 동체 꼬리 부분에 뒷바퀴 위치
  ㉡ 일부 소형기에 사용
  ㉢ 무게 중심은 주 바퀴 뒤에 위치
③ 타이어 수에 따른 분류
  ㉠ 단일식 : 타이어가 한 개인 방식으로 소형기에 사용
  ㉡ 이중식 : 타이어 2개가 1조가 된 형식으로 앞바퀴에 적용
  ㉢ 보기식 : 타이어 4개가 1조가 된 형식을 주 바퀴에 적용

3) 완충 장치
착륙 시 항공기의 수직 속도 성분에 의한 운동에너지를 흡수함으로써 충격을 완화시켜 주기 위한 장치

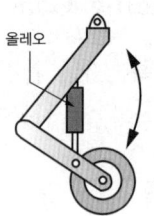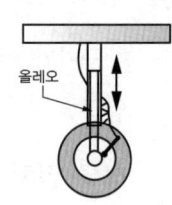

| 완충 장치 |

가) 고무식 완충 장치
① 고무의 탄성을 이용하여 충격 흡수
② 완충 효율 50% 정도

나) 평판 스프링식 완충 장치
① 강철재의 판을 다리에 사용하여 그 평판의 탄성을 이용하여 충격 흡수
② 완충 효율 50% 정도

다) 공기 압축식 완충 장치
① 공기의 압축성을 이용한 장치
② 완충 효율 47% 정도

라) 올레오 완충 장치(공유압식)
① 현대 항공기에 가장 많이 사용
② 항공기가 착륙할 때 받는 충격을 유체의 운동에너지와 공기의 압축성을 이용하여 충격을 흡수하는 장치
③ 완충 효율 70~80% 정도

4) 착륙 장치 계통

가) 착륙 장치 구조
① 트러니언(Trunnion)
  ㉠ 항공기 동체 구조물에 착륙 장치를 장착하는 부위
  ㉡ 양끝이 베어링으로 되어 있기 때문에 착륙 장치가 접혀지거나 펼쳐질 때 피벗 역할
② 토션 링크(Torsion Link, Scissor Link)
  ㉠ 윗부분은 완충 스트럿의 외부 실린더와 체결

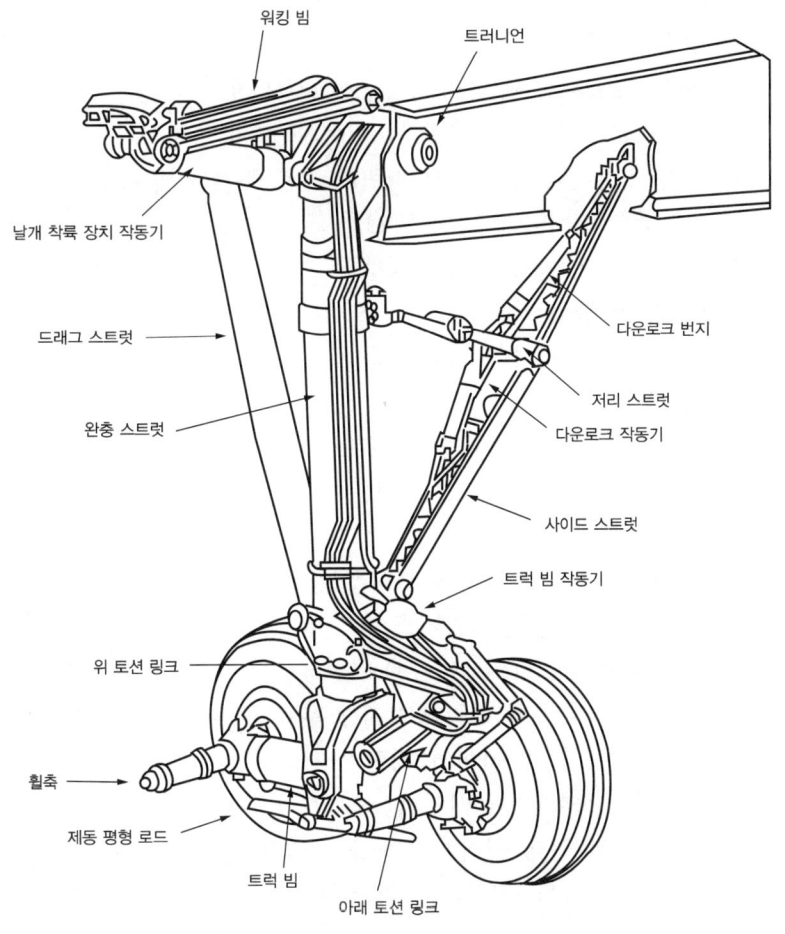

‖ 착륙 장치 구조 ‖

ⓒ 아랫부분은 완충 스트럿의 내부 실린더와 체결
ⓒ 토션 링크의 힌지 구조는 완충 스트럿의 내부 실린더가 위아래로 움직일 수 있도록 하고, 내부 실린더의 좌우 회전을 방지하여 바퀴의 직진성을 유지

③ 트럭(Truck)
㉠ 완충 스트럿의 내부 실린더 하부에 연결되는 'H'빔(beam)형 구조물
㉡ 다수의 휠과 브레이크를 앞뒤로 장착할 수 있도록 구성
㉢ 대형 항공기는 4개 이상의 바퀴를 장착하여 항공기의 무게를 분산할 뿐만 아니라 한 개의 타이어가 손상되더라도 지상 이동에 문제가 발생하지 않도록 제작
㉣ 4개 이상의 바퀴가 장착된 트럭에는 각 바퀴별로 균등한 제동력을 유지하기 위하여 제동 평형 로드가 장착

④ 센터링 실린더(Centering Cylinder)
완충 스트럿이 항상 트럭에 대하여 수직이 되도록 하는 장치

⑤ 스너버(Snubber)
센터링 실린더가 급격하게 작동되는 것을 방지하고 지상 활주 시 진동을 감쇄시키기 위한 장치

⑥ 이퀄라이저 로드(제동 평형 로드, Equalizer Rod)
2개 또는 4개로 구성되며 바퀴가 전진함에 따라 항공기의 무게가 앞바퀴에 많이 걸리는 것을 뒷바퀴로 옮겨 앞뒤 바퀴가 같은 무게를 받도록 함

⑦ 항력 스트럿(항력 버팀대, Drag Strut)
착륙 장치의 앞뒤 방향의 힘을 지탱

⑧ 옆 버팀대(Side Strut)
착륙 장치의 측면 방향의 힘을 지탱

⑨ 로크 기구
다운 로크(Down Lock)와 업 로크(Up Lock) 기구는 착륙 장치를 내렸거나 올렸을 때 그 상태를 유지하도록 고정시키는 기구

⑩ 바퀴
휠(Wheel)과 타이어로 구성되며 휠은 바퀴 축에 장착되는 부분이고 타이어는 튜브리스 타이어가 많이 사용

⑪ 시미 댐퍼(Shimmy Damper)
앞 착륙 장치 및 뒤 착륙 장치에서 지상 활주 중 지면과 타이어의 마찰에 의해 타이어 밑면의 가로축 방향의 변형과 바퀴의 선회 축 둘레의 진동과의 합성된 진동이 좌우로 발생하는데 이러한 진동을 시미라 하는데, 이 시미 현상을 감쇄, 방지하기 위한 장치

| 시미 댐퍼 |

⑫ 스티어 댐퍼(Steer Damper)
유압으로 작동되며 스티어링 기능과 시밍을 제거하는 기능을 수행

나) 착륙 장치의 경고 회로
① 바퀴가 완전히 내려가면 다운 로크 스위치가 녹색 경고등 회로를 형성시켜 녹색의 불이 점등
② 바퀴가 올라가지도 내려가지도 않은 상태에서는 업 로크 스위치(Up Lock Switch)와 다운 로크 스위치(Down Lock Switch)에 의해 붉은 색등이 점등
③ 바퀴가 완전히 올라가서 업 로크 스위치가 작동하면 붉은색 경고등이 차단되어 아무 불도 켜지지 않음

5) 브레이크 장치
착륙 장치의 바퀴의 회전을 제동하는 것으로 항공기를 천천히 이동시키고 활주로에서 방향을 잡아 주며 착륙 후에는 항공기의 활주 거리를 단축시켜 항공기를 정지 또는 계류시키는 데 사용

가) 기능에 따른 분류
① 정상 브레이크 : 평상시에 사용
② 파킹 브레이크 : 공항 등에서 장시간 비행기를 계류시킬 때 사용
③ 비상 및 보조 브레이크 : 정상 브레이크가 고장 났을 때 사용하며 정상 브레이크와 별도로 장착

나) 작동과 구조 형식에 따른 분류
① 팽창 튜브식 브레이크 : 소형 항공기에 사용
② 싱글 디스크식(단원판 식) 브레이크 : 소형 항공기에 사용
③ 멀티 디스크식(다원판 식) 브레이크 : 대형 항공기에 사용
④ 세그먼트 로터식 브레이크 : 대용량인 대형 항공기에 사용

다) 브레이크의 점검
① 공기 빼기(Brake Bleeding)
브레이크 계통 내 공기가 들어 있을 경우 페달을 밟더라도 제동이 제대로 되지 않는 현상(스펀지 현상)이 발생하는데 이런 경우 계통 내의 공기 빼기 작업을 해주어야 함
공기 빼기를 할 때 작동유와 공기가 함께 섞여 나오며 공기가 모두 빠지면 페달을 밟았을 때 약간 뻣뻣함을 감지
② 작동유가 샐 때는 새는 부분의 개스킷과 실(Seal) 교환
③ 브레이크 드럼에 1인치 이상 균열이 발생할 때는 드럼 교환

라) 안티 스키드 장치(Anti Skid System)
브레이크 작동 시 각 바퀴 마다 지상과의 마찰력이 다를 때 한쪽 바퀴의 지나친 마모를 방지하기 위하여 각 바퀴의 마찰력을 균등히 조절하는 장치

6) 바퀴 및 타이어

가) 바퀴(Wheel)
항공기를 지지하는 가장 아래 부분의 장치로 타이어를 부착할 수 있는 마운트, 제동 장치, 조향 장치 등이 포함됨

나) 바퀴의 종류
① 스플릿형(Split Type, 분할형) 바퀴 : 대형기에 사용
② 플랜지형(Flange Removal Type) 바퀴
③ 드롭 센터 고정 플랜지형(Drop Center Fixed Flange Type) 바퀴 : 소형기에 사용
  ※ 퓨즈 플러그(Fuse Plug) : 브레이크의 과열 등으로 타이어 안의 공기 압력 및 온도가 과도하게 높아졌을 때 퓨즈 플러그가 녹아 공기의 압력이 빠져 나감으로써 타이어가 터지는 것을 방지
  ※ 타이어가 과팽창을 하면 휠 플랜지 부분에 심한 손상
④ 타이어(Tire) : 고무와 철사 및 인견포를 적층하여 제작하며 일반적으로 튜브리스(Tubeless) 타이어 사용

다) 구조
① 트레드(Tread)
  ㉠ 직접 노면과 접하는 부분으로 미끄럼 방지
  ㉡ 여러 모양의 무늬 홈은 주행 중 열을 발산 및 절손의 확대 방지
  ㉢ 내구성과 강인성을 갖도록 합성 고무 성분으로 제작
② 코어 보디(Core Body)
  ㉠ 타이어의 골격 부분
  ㉡ 고압 공기에 견디고 하중이나 충격에 따라 변형되어야 하므로 강력한 인견이나 나일론 코드를 겹쳐서 강하게 만든 다음 그 위에 내열성의 우수한 양질의 고무를 입힘

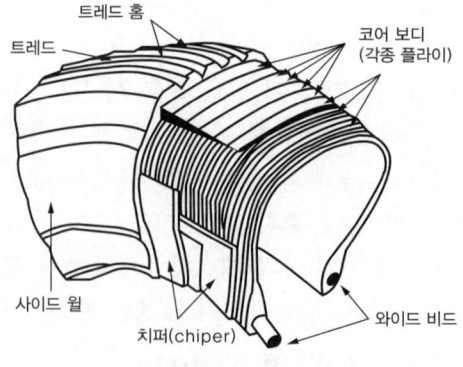

┃ 타이어의 구조 ┃

③ 브레이커(Breaker)

코어 보디와 트레드 사이에 있으며 외부 충격을 완화시키고 와이어 비드와 연결된 부분에 치퍼를 부착하여 제동 장치로부터 오는 열을 차단

④ 와이어 비드(Wire Bead)

비드 와이어라 하며 양질의 강선이 와이어 비드부의 늘어남을 방지하고 바퀴 플랜지에서 빠지지 않도록 하는 역할

라) 규격

① 저압 타이어 : 타이어 나비(inch)×타이어 안지름(inch) - 코어 보디의 층수
② 고압 타이어 : 타이어 바깥 지름(inch)×타이어의 나비(inch) - 림의 직경(inch)

바 엔진 마운트 및 낫셀(Engine Mount And Nacelle)

가) 엔진 마운트(Engine Mount)

엔진의 무게를 지지하고 엔진의 추력을 기체에 전달하는 구조로서 항공기 구조물 중 하중을 가장 많이 받는 곳 중의 하나

① 방화벽 : 엔진의 열이나 화염이 기체로 전달되는 것을 차단하는 장치
  ㉠ 재질 : 스테인리스강, 티탄 합금
  ㉡ 위치 : 엔진 마운트 뒤

② 나셀(Nacelle)
  ㉠ 기체에 장착된 엔진을 둘러싼 부분
  ㉡ 엔진 및 엔진에 부수되는 각종 장치를 장착하기 위한 공간을 마련
  ㉢ 나셀의 바깥 면은 공기 역학적 저항을 작게 하기 위한 유선형으로 제작

③ 카울링(Cowling)

엔진이나 엔진에 부수되는 보기 및 엔진 마운트나 방화벽 주위에 접근할 수 있도록 장·탈착할 수 있는 덮개

④ 카울 플랩(Cowl Flap)

나셀 안으로 통과하여 나가는 공기의 양을 조절하여 기관의 냉각을 조절

⑤ 공기 스쿠프(Air Scoop)

기화기에 흡입되는 공기 통로의 입구

나) QEC(Quick Engine Change) 엔진

엔진을 떼어 낼 때 부수되는 계통 즉 연료 계통, 유압선, 전기 계통, 조절 링키지 및 엔진 마운트 등도 함께 쉽게 장·탈착 가능한 엔진

사 연료 계통

가) 연료의 일반적 특성
① 발열량이 높아야 함
② 기화성이 좋아야 함
③ 증기 폐쇄(Vapor Lock)를 일으키지 않아야 함
④ 앤티 노크성(Anti Knock Value)이 높아야 함
⑤ 내부식성이 좋아야 함
⑥ 내한성이 커야 함

나) 연료의 종류 및 저장 장치
① 가스 터빈 연료
  ㉠ Jet A : Kerosene Type, 결빙점은 -40[℃]
  ㉡ Jet A-1 : Kerosene Type, 결빙점은 -47[℃]
  ㉢ Jet B : Kerosene과 Gasoline이 혼합되어 있고, JP-4와 비슷하며, 군용기에 많이 쓰이며 결빙점은 -50[℃]
② 왕복 기관 연료
  ㉠ 옥탄가의 등급에 따라 80, 100LL, 100로 분류
  ㉡ 식별을 위한 착색(Color Code)을 하여 색깔로 구별
  ㉢ 옥탄가 등급 100 이상 연료는 Performance Number로 등급을 표시
  ㉣ 왕복 기관에서 사용하는 연료를 Avgas라 부르기도 함
③ 인테그럴 연료 탱크(Integral Fuel Tank)
  ㉠ 날개의 전방 스파(Front Spar)와 후방 스파(Rear Spar) 및 양쪽 리브(Rib) 사이의 공간을 연료 탱크로 사용
  ㉡ 연료 누설 방지를 위해 특수 밀폐제(Sealant)로 밀폐
  ㉢ 대부분의 항공기는 연료 적재 공간 최대 활용하여 중량 감소
④ Bladder Type 또는 Cell Type 연료 탱크는 금속, 나일론 천이나 고무주머니 형태로 떼어 낼 수 있도록 제작된 Type으로 민간 항공기 Center Wing Tank에 사용

다) 연료의 분배 및 급유 배유, 방출
① 중력식은 연료 탱크와 엔진과의 압력차를 이용하여 탱크에서 엔진으로 공급
② 가압식은 연료 펌프에 의해 연료를 엔진으로 공급, 탱크 벤트 계통(Tank Vent System)은 탱크 내·외부의 압력차를 방지
③ 소형 항공기의 급유는 날개 위에서 연료를 보급
④ 중형 항공기는 가압식으로 연료를 보급
  • 정전기 방지를 위해 연료 보급 차량, 항공기, 지상에 접지시킴(3점 접지)
⑤ 덤프 시스템(Dump System)은 비행 중, 항공기의 일부 연료를 대기에 방출하여 항공기 중량을 최대 중량 이내로 감소시킴

㉠ 제티슨 펌프(Jettison Pump)
㉡ 제티슨 매니폴드, 밸브, 노즐(Jettison Nozzle)
㉢ 제티슨 조절 패널(Jettison Control Pump)

라) 연료 지시 계통
① 용적용 연료 흐름 지시계는 연료의 흐름량과 미터링 베인과 케이스 간격 및 스프링의 항력으로 밸런스 유지
② 중량형 연료 유량계는 엔진마다 적산하여 소비 연료 흐름 지시

마) 연료의 작동 점검
① 탱크 내 오염 점검(Contamination Check)으로 탱크 내 물을 제거(Sump Drain)
② 연료 스트레이너(Fuel Strainer)와 필터에 침전된 이물질을 배출
③ 연료량 확인(FQI: Fuel Quantity Indicating system)으로 항공기의 연료량을 측정
④ 연료 용량(Capacitance)을 측정하여 연료를 지속적으로 측정하고 Monitoring함

2 출제 예상 문제

01 비행기의 기체 축과 운동 및 조종면이 옳게 연결된 것은?
① 가로축 - 빗놀이 운동(Yawing) - 승강키(Elevator)
② 수직축 - 선회 운동(Spinning) - 스포일러(Spoiler)
③ 대칭축 - 키놀이 운동(Pitching) - 방향키(Rudder)
④ 세로축 - 옆놀이 운동(Rolling) - 도움날개(Aileron)

02 조종간의 작동에 대한 설명으로 옳은 것은?
① 조종간을 뒤로 당기면 승강타가 내려간다.
② 조종간을 앞으로 밀면 양쪽의 보조 날개가 내려간다.
③ 조종간을 왼쪽으로 움직이면 왼쪽의 보조 날개가 내려간다.
④ 조종간을 오른쪽으로 움직이면 왼쪽의 보조 날개가 내려간다.

03 키놀이 조종 계통에서 승강키에 대한 설명으로 옳은 것은?
① 일반적으로 승강키의 조종은 페달에 의존한다.
② 세로축을 중심으로 하는 항공기 운동에 사용한다
③ 일반적으로 수평 안정판의 뒷전에 장착되어 있다.
④ 수직축을 중심으로 좌·우로 회전하는 운동에 사용한다.

정답 01. ④ 02. ④ 03. ③

제3부 항공 기체

04 비행기의 조종간을 앞쪽으로 밀고 오른쪽으로 움직였다면 조종면의 움직임은?
① 승강키는 내려가고, 왼쪽 도움 날개는 올라간다.
② 승강키는 올라가고, 왼쪽 도움 날개는 내려간다.
③ 승강키는 내려가고, 오른쪽 도움 날개는 올라간다.
④ 승강키는 올라가고, 오른쪽 도움 날개는 올라간다.

05 하이드로릭 모터(Hydraulic Motor)로 스크루 잭(Screw Jack)을 회전시켜 작동되는 조종면은?
① 도움 날개(Aileron)
② 수평 안정판(Horizontal Stabilizer)
③ 탭(Tab)
④ 스피드 브레이크(Speed Brake)

06 항공기의 주 조종면이 아닌 것은?
① 방향키(Rudder)
② 플랩(Flap)
③ 승강키(Elevator)
④ 도움 날개(Aileron)

07 다음 중 승강타에 대한 설명으로 틀린 것은?
① 수평 안정판의 후방에 설치되어 있다.
② 승강타는 토크 튜브를 사용하지 않는다.
③ 기체에 기수 상향 또는 기수 하향 모멘트를 발생시킨다.
④ 유압식 동력 장치를 사용한 비행기를 제외한 조종면은 매스 밸런스가 필요하다.

08 트레일링 에이지 플랩(Trailing Edge Flap)의 설명 중 가장 관계가 먼 내용은?
① 비행기의 양력을 일시적으로 증가시킨다.
② 착륙 거리를 감소시킨다.
③ 이륙 거리를 짧게 한다.
④ 보조 날개 바깥쪽에 설치되어 있고 힌지로 지탱된다.

09 다음 중 뒷전 플랩의 종류가 아닌 것은?
① 슬롯 플랩
② 스플릿 플랩
③ 크루거 플랩
④ 파울러 플랩

10 항공기 날개에 장착되는 장치의 위치가 다르게 짝지어진 것은?
① 크루거 플랩(Kruger Flap), 슬랫(Slat)
② 크루거 플랩(Kruger Flap), 스플릿 플랩(Split Flap)
③ 슬롯 플랩(Slotted Flap), 스플릿 플랩(Split Flap)
④ 슬롯 플랩(Slotted Flap), 플레인 플랩(Plain Flap)

해설
앞전 플랩과 뒷전 플랩

11 날개의 가동 장치에서 날개 앞전 부분의 일부를 앞으로 밀어내어 날개 본체와 간격을 만들어 높은 압력의 공기를 날개의 윗면으로 유도하여 날개의 윗면을 따라 흐르는 기류의 떨어짐을 막고 실속 받음각을 증가시키는 동시에 최대 양력을 증대시키는 장치는?
① 플랩
② 스포일러
③ 슬랫
④ 이중 간격 플랩

정답 04. ③ 05. ② 06. ② 07. ② 08. ④ 09. ③ 10. ② 11. ③

해설

공기 흐름 / 슬랫 / 슬롯

12 가스트 로크(Gust Lock) 장치에 대한 설명으로 옳은 것은?
① 비행 중인 항공기의 조종면을 돌풍으로부터 파손되지 않게 고정시키는 장치이다.
② 내부 고정 장치, 조종면 스누버, 외부 조종면 고정 장치가 있다.
③ 동력 조종 장치 항공기는 유압 실린더의 댐퍼 작용으로 가스트 로크 장치가 반드시 필요하다.
④ 가스트 로크 장치는 지상에서 오작 하지 않도록 해야 한다.

해설

가스트 로크(Gust Lock)
• 지상 계류 중인 항공기가 돌풍에 의해 조종면이 작동하여 파손되는 것을 방지하는 기구
• 중대형 항공기는 조종면을 직접 또는 가까운 곳에 기구로 고정
• 동력 조종 항공기에서는 유압 실린더가 댐퍼 역할을 하므로 필요 없음.
• 내부 고정 장치, 조종면 스누버, 외부 조종면 고정 장치

13 착륙 활주 중 항력을 크게 하고 양력을 작게 하여 브레이크의 효율을 높이는 장치는?
① 서보 탭   ② 드래그 슈트
③ 스포일러   ④ 이중 간격 플랩

14 스포일러에 대한 설명으로 틀린 것은?
① 일반적으로 스포일러 판넬은 알루미늄 합금 스킨에 접착된 허니컴 구조로 되어 있다.
② 보조 날개와 함께 작동시켜 조종에 이용되기도 한다.
③ 동체에 부착된 스피드 브레이크를 지칭하는 것이다.
④ 스위치 또는 핸들로 조종하고 유압에 의해 작동한다.

15 대형 항공기의 날개에 부착되는 2차 조종면으로서 비행 중에 옆놀이 보조 장치로도 사용되는 것은?
① 도움 날개   ② 뒷전 플랩
③ 스포일러   ④ 앞전 플랩

16 스포일러에 대한 설명 중 가장 거리가 먼 내용은?
① 대형 항공기에서는 날개 안쪽과 바깥쪽에 스포일러가 설치되어 있다.
② 비행 중 양쪽 날개의 공중 스포일러를 움직여서 비행 속도를 감소시킨다.
③ 착륙 활주 중에는 사용해서는 안 된다.
④ 비행 스포일러 혹은 지상 스포일러로 구분할 수 있다.

17 다음 중 착륙 거리를 단축시키는 데 사용하는 보조 조종면은?
① 스태빌레이터(Stabilator)
② 브레이크 블리딩(Brake Bleeding)
③ 그라운드 스포일러(Ground Spoiler)
④ 플라이트 스포일러(Flight Spoiler)

정답 12. ② 13. ③ 14. ③ 15. ③ 16. ③ 17. ③

18 2차 조종면(Secondary Control Surface)의 목적과 거리가 먼 것은?
① 비행 중 항공기 속도를 줄인다.
② 1차 조종면에 미치는 힘을 덜어 준다.
③ 항공기 착륙 속도 및 착륙 거리를 단축시킨다.
④ 항공기의 3축 운동을 시키는 주 모멘트를 발생시킨다.

19 항공기의 탭에 대한 설명으로 틀린 것은?
① 조종면의 균형을 향상시킨다.
② 일반적으로 뒷전에 설치되어 있다.
③ 조종면을 대신하기 위한 장치이다.
④ 조종면의 동작을 위한 조종력을 경감시킨다.

20 다음 중 조종 계통이 탭(Tab)에 연결되어 탭을 작동시킴으로써 풍압에 의해 주 조종면(Primary Control Surface)을 작동시키는 탭은?
① 트림 탭(Trim Tab)
② 스프링 탭(Spring Tab)
③ 조종 탭(Control Tab)
④ 밸런스 탭(Balance Tab)

21 조종 계통이 일차 조종면에 연결되어 있고, 일차 조종면과 이차 조종면은 서로 반대 방향으로 작동하며 일차 조종면과 이차 조종면에 작용하는 풍압이 평형되는 위치에서 일차 조종면의 위치가 정해지는 탭은?
① 트림 탭   ② 컨트롤 탭
③ 밸런스 탭   ④ 스프링 탭

22 1차 조종면과 2차 조종면이 직접 연결되어 있고, 1차 조종면과 2차 조종면이 서로 반대로 작동하며 1차 조종면에 의하여 비행기의 조종을 수행하는 경우 조종 특성의 수정을 위한 탭은?
① 평형 탭(Balance Tab)
② 스프링 탭(Spring Tab)
③ 조종 탭(Control Tab)
④ 트림 탭(Trim Tab)

23 푸시 풀 로드 조종 계통과 비교하여 케이블 조종 계통의 장점이 아닌 것은?
① 방향 전환이 자유롭다.
② 다른 조종 장치에 비해 무게가 가볍다.
③ 구조가 간단하여 가공 및 정비가 쉽다.
④ 케이블의 접촉이 적어 마찰이 적고 마모가 없다.

> **해설**
> 케이블 조종 계통
> • 설치 공간과 힘의 전달 방향을 유연하게 선택
> • 무게 경량, 구조 간단
> • 동체의 압축, 팽창력과 온도 변화에 따르는 장력의 변화 고려

24 조종간이나 방향키 페달의 움직임을 전기적인 신호로 변환하고 컴퓨터에 입력 후 전기, 유압식 작동기를 통해 조종 계통을 작동하는 조종 방식은?
① Power Control System
② Automatic Pilot System
③ Fly-By-Wire Control System
④ Push Pull Rod Control System

정답 18. ④ 19. ③ 20. ③ 21. ③ 22. ④ 23. ④ 24. ③

25 항공기가 효율적인 비행을 하기 위해서는 조종면의 앞전이 무거운 상태를 유지해야 하는데, 이것을 무엇이라 하는가?

① 평형 상태(On Balance)
② 과대 평형(Over Balance)
③ 과소 평형(Under Balance)
④ 정적 평형(Static Balance)

26 조종면의 평형(Balancing)에서 동적 평형(Dynamic Balance)이란?

① 물체가 자체의 무게 중심으로 지지되고 있는 상태
② 조종면을 어느 위치에 돌려놓거나 회전 모멘트가 영(Zero)으로 평형되는 상태
③ 조종면을 평형대 위에 장착하였을 때 수평 위치에서 조종면의 뒷전이 밑으로 내려가는 상태
④ 조종면을 평형대 위에 장착하였을 때 수평 위치에서 조종면의 뒷전이 위로 올라가는 상태

해설
- 정적 평형 : 어떤 물체가 자체의 무게 중심으로 지지되고 있는 경우 정지된 상태를 그대로 유지하려는 경향
- 동적 평형(Dynamic Balance) : 조종면을 어느 위치에 돌려놓거나 회전 모멘트가 0으로 되는 상태

27 주로 날개, 동체, 착륙 장치, 꼬리 날개 등의 구조 부품을 매뉴얼 또는 규격에 따라 일치시키는 작업은?

① 세깅(Sagging)
② 호깅(Hogging)
③ 리깅(Rigging)
④ 잭킹(Jacking)

해설
기체 구조의 리깅
날개, 동체, 착륙 장치. 꼬리 날개 등의 구조 부품을 매뉴얼 또는 규격에 따라 일치(Alignment)시키는 것

28 항공기 기체 구조의 리깅(Rigging) 작업 시 구조의 얼라인먼트(Allignment) 점검 사항이 아닌 것은?

① 날개 상반 각
② 날개 취부각
③ 수평 안정판 장착각
④ 항공기 파일론 장착 면적

해설
기체 구조의 얼라인먼트 점검 사항
- 주 날개의 상반각, 붙임각(취부각)
- 엔진 얼라인먼트
- 착륙 장치의 얼라인먼트
- 수평 안정판의 붙임각, 상반각
- 수직 안정판의 수직도
- 대칭도

29 항공기 리깅(Rigging) 시 조종면이나 날개를 조절 또는 검사하기 전에 반드시 해주어야 하는 작업은?

① 세척 작업
② 평형 작업
③ 기관 장탈 작업
④ 조종면 유압 제거 작업

30 다음 중 조종 계통의 리깅(Rigging) 시 필요한 도구가 아닌 것은?

① 프로트랙터(Protractor)
② 텐션 미터(Tension Meter)
③ 텐션 레귤레이터(Tension Regulator)
④ 케이블 리깅 텐션 차트(Cable Rigging Tension Chart)

정답 25. ② 26. ② 27. ③ 28. ④ 29. ② 30. ③

31 트라이사이클 기어(Tricycle Gear)에 대한 설명으로 틀린 것은?

① 이·착륙 중에 조종사에게 좋은 시야를 제공한다.
② 기어의 배열은 노스 기어와 메인 기어로 되어 있다.
③ 빠른 착륙 속도에서 강한 브레이크를 사용할 수 있다.
④ 항공기 중력 중심이 메인 기어 후방으로 움직여 그라운드 루핑을 방지한다.

해설
트라이사이클 기어의 장점
- 빠른 착륙 속도에서 강한 브레이크 사용 가능
- 이착륙 시 조종사에게 양호한 시야 제공
- 항공기의 무게 중심이 메인 휠의 전방으로 이동하여 그라운드 루핑(Ground Looping)을 방지

32 다음 중 앞 바퀴형 착륙 장치의 장점으로 틀린 것은?

① 조종사의 시야가 좋다.
② 이착륙 저항이 작고 착륙 성능이 양호하다.
③ 가스 터빈 기관에서 배기가스 분출이 용이하다.
④ 중심이 주 바퀴 뒤쪽에 있어 지상 전복 위험이 적다.

해설
앞 바퀴형(Nose Gear Type)
- 주 바퀴 앞에 앞 바퀴 위치
- 거의 대부분의 항공기에 사용
- 무게 중심(C.G)은 주 바퀴 앞에 위치

33 그림과 같은 그래프를 갖는 완충 장치의 효율은 약 몇 %인가?

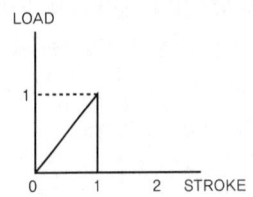

① 30   ② 40
③ 50   ④ 60

34 경항공기에 사용되는 일반적인 고무 완충식 착륙 장치(Landing Gear)의 완충 효율은 약 몇 %인가?

① 30   ② 50
③ 75   ④ 100

해설
고무식, 스프링식 : 50%
올레오식 : 70~80%

35 강착 장치(Landing Gear)에서 올레오 완충 장치(Oleo Shock Strut)의 충격 흡수 원리로 옳은 것은?

① 스트럿(Strut Cylinder)에 공급되는 공기의 마찰에너지를 이용하여 충격을 흡수한다.
② 공기의 압축성 효과에 의한 탄성에너지와 작동유 흐름의 제한에 의한 에너지 손실에 의해 충격이 흡수된다.
③ 헬리컬 스프링(Helical Spring)이 탄성체의 탄성 변형 에너지 형식으로 충격을 흡수한다.
④ 리프 스프링(Leaf Spring) 자체가 랜딩 스트럿(Landing Strut) 역할을 하여 충격을 굽힘 에너지로 흡수한다.

36 압축된 공기가 유압유와 결합되어 충격 하중을 분산시키는 작용을 하며 대형 항공기에 사용되는 완충 장치의 형식은?

① 올레오식
② 고무 완충식
③ 오일 스프링식
④ 공기 압력식

정답 31. ④   32. ④   33. ③   34. ②   35. ②   36. ①

37 항공기 착륙 장치의 완충 스트럿(Shock Strut)을 날개 구조재에 장착할 수 있도록 지지하며, 완충 스트럿의 힌지 축 역할을 담당하는 것은?

① 트러니언(Trunnion)
② 저리 스트럿(Jury Strut)
③ 토션 링크(Torsion Link)
④ 드래그 스트럿(Drag Strut)

해설
트러니언(Trunnion)
- 항공기 동체 구조물에 착륙 장치를 장착하는 부위
- 양끝이 베어링으로 되어 있기 때문에 착륙 장치가 접혀지거나 펼쳐질 때 피벗 역할

38 올레오 쇼크 스트럿(Oleo Shock Strut)에 있는 메터링 핀(Metering Pin)의 주된 역할은?

① 스트럿 내부의 공기량을 조정한다.
② 업(Up) 위치에서 스트럿을 제동한다.
③ 다운(Down) 위치에서 스트럿을 제동한다.
④ 스트럿이 압착될 때 오일의 흐름을 제한하여 충격을 흡수한다.

해설

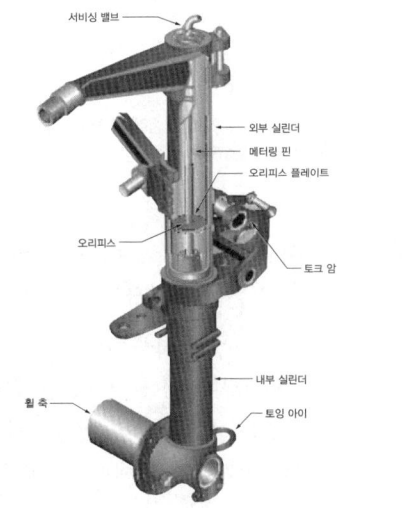

39 지상 활주 중 지면과 타이어 사이의 마찰에 의한 타이어 밑면의 가로축 방향의 변형과 바퀴의 선회 축 둘레의 진동과의 합성 진동에 의하여 발생하는 착륙 장치의 불안정한 공진 현상을 감쇠시키는 것은?

① 올레오(Oleo) 완충 장치
② 시미 댐퍼(Shimmy Damper)
③ 번지 스프링(Bungee Spring)
④ 작동 실린더(Actuator Cylinder)

해설
시미 댐퍼(Shimmy Damper)
앞 착륙 장치 및 뒤 착륙 장치에서 지상 활주 중 지면과 타이어의 마찰에 의해 타이어 밑면의 가로축 방향의 변형과 바퀴의 선회 축 둘레의 진동과의 합성된 진동이 좌우로 발생하는데 이러한 진동을 시미라 하며 시미 현상을 감쇄, 방지하기 위한 장치임.

40 항공기의 이착륙 중이나 택시 중 랜딩 기어 노스 휠의 이상 진동을 막는 시미 댐퍼의 형태가 아닌 것은?

① 베인 타입
② 피스톤 타입
③ 스프링 타입
④ 스티어 댐퍼 타입

41 일반적인 스티어 댐퍼(Steer Damper)에 대한 설명으로 틀린 것은?

① 노스 휠의 스티어링을 한다.
② 시밍 현상을 제거하는 기능을 한다.
③ 유압으로 작동되며 두 가지의 분리된 기능을 한다.
④ 타이어의 충격을 흡수하며 브레이크 기능을 겸하고 있다.

해설
스티어 댐퍼(Steer Damper)
유압으로 작동되며 스티어링 기능과 시밍을 제거하는 기능을 수행

정답 37. ① 38. ④ 39. ② 40. ③ 41. ④

42 접개식 강착 장치(Retractable Landing Gear)에서 부주의로 인해 착륙 장치가 접히는 것을 방지하기 위한 안전 장치로 나열한 것은?

① DOWN LOCK, SAFETY PIN, UP LOCK
② DOWN LOCK, UP LOCK, GROUND LOCK
③ UP LOCK, SAFETY PIN, GROUND LOCK
④ DOWN LOCK, SAFETY PIN, GROUND LOCK

43 접개들이 착륙 장치를 비상으로 내리는(Down) 3가지 방법이 아닌 것은?

① 핸드펌프로 유압을 만들어 내린다.
② 축압기에 저장된 공기압을 이용하여 내린다.
③ 핸들을 이용하여 기어의 업(Up) 로크를 풀었을 때 자중에 의하여 내린다.
④ 기어 핸들 밑에 있는 비상 스위치를 눌러서 기어를 내린다.

44 랜딩 기어의 조종 핸들이 업(Up)으로 올라가기 위한 일반적인 3가지 조건이 아닌 것은?

① 노스 기어가 중립 위치(중앙 위치)에 있어야 한다.
② 메인 기어가 완전히 뻗친 상태에서 수직을 유지해야 한다.
③ 메인 기어에 있는 안전 스위치가 공중(Air) 상태로 되어 있어야 한다.
④ 항공기가 이륙하면, 조건 없이 핸들이 업(Up)으로 올라간다.

45 접개들이식 착륙 장치에 대한 설명으로 틀린 것은?

① 착륙 장치를 업 또는 다운시키는 비상 장치를 갖추고 있다.
② 착륙 장치의 다운 로크는 다운 로크 번지에 의해 이루어진다.
③ 착륙 장치의 부주의한 접힘은 기계적인 다운 로크, 안전 스위치, 그라운드 로크와 같은 안전 장치에 의해 예방된다.
④ 착륙 장치의 상태를 나타내는 경고 장치가 있고, 혼 또는 음성 경고 장치와 적색 경고등으로 구성된다.

[해설] 착륙 장치를 업시키는 비상 장치는 없음

46 대형 항공기에 주로 사용하는 브레이크 장치는?

① 슈(Shoe)식 브레이크
② 싱글 디스크(Single Disk)식 브레이크
③ 멀티 디스크(Multi Disk)식 브레이크
④ 팽창 튜브(Expander Tube)식 브레이크

[해설]
- 팽창 튜브식 브레이크 : 소형 항공기에 사용
- 싱글 디스크식(단원판 식) 브레이크 : 소형 항공기에 사용
- 멀티 디스크식(다원판 식) 브레이크 : 대형 항공기에 사용
- 세그먼트 로터식 브레이크 : 대용량인 대형 항공기에 사용

47 브레이크 페달(Brake Pedal)에 스펀지(Sponge) 현상이 나타났을 때 조치 방법은?

① 공기(Air)를 보충한다.
② 계통을 블리딩(Bleeding) 한다.
③ 페달(Pedal)을 반복해서 밟는다.
④ 작동유(MIL-H-5606)를 보충한다.

정답 42. ④ 43. ④ 44. ④ 45. ① 46. ③ 47. ②

> **해설**
>
> 공기 빼기(Brake Bleeding)
> 브레이크 계통 내 공기가 들어 있을 경우 페달을 밟더라도 제동이 제대로 되지 않는 현상(스펀지 현상)이 발생하는데 이런 경우 계통 내의 공기 빼기 작업을 해주어야 한다.

48 항공기 파워 브레이크 시스템 셔틀 밸브(Shuttle Valve)의 기능은?

① 착륙할 때 앞 바퀴가 바르게 유지하도록 한다.
② 브레이크 유압 계통에서 발생하는 공기 기포를 배출시킨다.
③ 착륙할 때 노스 기어 타이어를 정면으로 향하게 한다.
④ 브레이크 계통의 고장 발생 시 비상 브레이크 계통으로 바꾸어 준다.

49 착륙 장치 계통에 대한 설명으로 틀린 것은?

① 시미 댐퍼는 앞 착륙 장치의 진동을 감쇠시키는 장치이다.
② 안티-스키드 시스템은 저속에서 작동하며 브레이크 효율을 감소시킨다.
③ 브레이크 시스템은 지상 활주 시 방향을 바꿀 때도 사용할 수 있다.
④ 트럭 형식의 착륙 장치는 바퀴수가 4개 이상인 경우로서 이를 '보기 형식'이라고도 한다.

> **해설**
>
> 안티 스키드 장치(Anti Skid System)
> 브레이크 작동 시 각 바퀴마다 지상과의 마찰력이 다를 때 한쪽 바퀴의 지나친 마모를 방지하기 위하여 각 바퀴의 마찰력을 균등히 조절하는 장치

50 항공기 타이어 트레드(Tire Tread)에 대한 설명으로 옳은 것은?

① 여러 층의 나일론 실로 강화되어 있다.
② 강 와이어로부터 패브릭으로 둘러싸여 있다.
③ 내구성과 강인성을 갖기 위해 합성고무 성분으로 만들어졌다.
④ 패브릭과 고무 층은 비드 와이어로부터 카커스를 둘러싸고 있다.

> **해설**
>
> 트레드(Tread)
> • 직접 노면과 접하는 부분으로 미끄럼 방지
> • 여러 모양의 무늬 홈은 주행 중 열을 발산시키고, 절손의 확대 방지
> • 내구성과 강인성을 갖도록 합성 고무 성분으로 제작

51 항공기 타이어를 밸런싱(Balancing)하는 주된 목적은?

① 진동과 과도한 마모를 줄이기 위해
② 브레이크의 효율을 향상시키기 위해
③ 비행 중 타이어의 회전을 막기 위해
④ 1차 조종면의 움직임을 확인하기 위해

> **해설**
>
> 휠이 착륙 위치에 있을 때 휠 어셈블리의 무거운 부분이 아래로 향하게 되어 활주로에 먼저 닿아 심하게 마모가 되면 심한 진동의 원인이 된다.

52 기관 마운트에 대한 설명으로 옳은 것은?

① 기관을 둘러싸고 있는 부분이다.
② 기관과 기체를 차단하는 벽의 구조물이다.
③ 기관의 추력을 기체에 전달하는 구조물이다.
④ 기관이나 기관에 부수되는 보기 주위를 쉽게 접근할 수 있도록 장·탈착하는 덮개이다.

> **해설**
>
> 엔진 마운트(Engine Mount)
> 엔진의 무게를 지지하고 엔진의 추력을 기체에 전달하는 구조로서 항공기 구조물 중 하중을 가장 많이 받는 곳 중의 하나

정답 48. ④ 49. ② 50. ③ 51. ① 52. ③

53 항공기 기관을 날개에 장착하기 위한 구조물로만 나열한 것은?

① 마운트, 나셀, 파일론
② 블래더, 나셀, 파일론
③ 인터그널, 블래더, 파일론
④ 캔틸레버, 인테그랄 나셀

54 다음 중 항공기 기관을 장착하거나 보호하기 위한 구조물이 아닌 것은?

① 나셀　　　② 포드
③ 카울링　　④ 킬빔(Keel)

55 프로펠러 항공기처럼 토크(Torque)가 크지 않은 제트 기관 항공기에서, 2개 또는 3개의 콘 볼트(Cone Bolt)나 트러니언 마운트(Trunnion Mount)에 의해 기관을 고정하는 장착 방법은?

① 링 마운트 형식(Ring Mount Method)
② 포드 마운트 방법(Pod Mount Method)
③ 베드 마운트 방법(Bed Mount Method)
④ 피팅 마운트 방법(Fitting Mount Method)

56 제트 기관을 장착하는 엔진 마운트는 어떤 형을 주로 사용하는가?

① 포드 마운트　　② 링 마운트
③ 베드 마운트　　④ 트러니언 마운트

57 항공기의 주 날개 양쪽에 기관을 장착한 형식에 대한 설명으로 옳은 것은?

① 동체에 흐르는 난기류의 영향이 크다.
② 1개 기관이 고장 날 경우 추력 비대칭이 적다.
③ 치명적 고장 또는 비상 착륙 등으로 과도한 충격 발생 시 항공기에서 이탈된다.
④ 정비 접근성은 안 좋으나 비행 중 날개에 대한 굽힘 하중이 적다.

58 나셀(Naclle)에 대한 설명으로 옳은 것은?

① 기체의 인장 하중(Tension)을 담당한다.
② 기체에 장착된 기관을 둘러싼 부분을 말한다.
③ 일반적으로 기체의 중심에 위치하여 날개 구조를 보완한다.
④ 기관을 장착하여 하중을 담당하기 위한 구조물이다.

> 해설
>
> 나셀(Nacelle)
> - 기체에 장착된 엔진을 둘러싼 부분
> - 엔진 및 엔진에 부수되는 각종 장치를 장착하기 위한 공간을 마련
> - 나셀의 바깥 면은 공기 역학적 저항을 작게 하기 위한 유선형으로 제작

59 엔진 나셀(Engine Nacelle)의 기본 구성이 아닌 것은?

① 카울링(Cowling)
② 방화벽(Fire Wall)
③ 구조 부재(Structure)
④ 콘(Cone)

60 엔진 마운트와 나셀에 대한 설명으로 틀린 것은?

① 나셀은 외피, 카울링, 구조 부재, 방화벽, 엔진 마운트로 구성된다.
② 착륙 거리를 단축하기 위하여 나셀에 장착된 역추진 장치를 사용한다.
③ 엔진 마운트를 동체에 장착하면 공기 역학적 성능이 양호하나 착륙 장치를 짧게 할 수 없다.
④ 엔진 마운트는 엔진을 기체에 장착하는 지지부로 엔진의 추력을 기체에 전달하는 역할을 한다.

정답　53. ①　54. ④　55. ②　56. ①　57. ③　58. ②　59. ④　60. ③

02 항공기 재료 및 요소

① 항공기 재료

가 금속의 일반적 특징

① 상온에서 고체이며, 결정체이다.
② 전기 및 열전도율이 좋다.
③ 전성 및 연성이 좋다.
④ 금속 특유의 광택을 가진다.

나 금속의 성질

① 비중 : 물체와 동일한 부피의 물의 무게와 비교한 값
② 전성 : 얇은 판으로 가공(판금 공작)
③ 연성 : 가는 관이나 선으로 늘릴 수 있는 성질
④ 탄성 : 외력으로 변형된 후, 변형력이 없어지면 원래 상태로 되돌아가는 성질
⑤ 취성 : 부서지는 금속의 성질, 구조용 재료로 부적합, 주철
⑥ 인성 : 재료의 질긴 성질, 찢어지거나 파괴되지 않는 성질
⑦ 전도성 : 열이나 전기를 전도시킬 수 있는 성질
⑧ 강도 : 인장, 압축, 휨 등의 하중에 견딜 수 있는 정도
⑨ 경도 : 재료의 단단한 정도

다 금속의 가공

① 단조 : 가열하여 해머 등으로 단련 및 성형하는 것
② 압연 : 회전하는 롤러 사이에 재료를 넣고 가공
③ 프레스 : 금속 판재를 프레스 형틀 사이에서 성형
④ 압축 : 실린더 모양의 용기에 넣고 압력을 주어 봉재, 판재 등의 제품으로 가공
⑤ 인발 : 원뿔형의 구멍이 있는 공구에서 봉재와 선재를 길게 뽑아내어 가공

라 철강 재료

1) 탄소강

가) 탄소강의 성질에 영향을 주는 원소
① C : 인장 강도, 경도 증가. 연성은 줄고, 충격에 대해 약함. 용접성은 떨어짐
② Si : 저합금강의 크리프 강도나 탄성 한계 증가. 내산화성, 내식성 증가
③ Mn : 신장, 내충격성, 내마모성이 증가. 담금질 경화 심도가 깊어짐
④ P : 함유량 0.05% 이하가 보통. 경화 균열의 주원인. 용접성 떨어짐
⑤ S : 황화철을 만들고 고온 가공 시 균열을 일으키고, 충격 저항을 감소시킴

나) 탄소강의 분류
탄소 함유량에 따라 저·중·고탄소강

다) 재료 규격
① AA(The Aluminum Association) 규격
  미국 알루미늄 협회의 규격으로 알루미늄 합금용 규격
② ALCOA(Aluminum Company of America) 규격
  미국의 ALCOA사의 규격, 알루미늄 합금 규격
③ AISI 규격(American Iron and Steel Institute)
  미국 철강 협회의 규격, 철강 재료의 규격
④ AMS(Aerospace Material Specification) 규격
  SAE의 항공부가 민간 항공기 재료에 대해 정한 규격. 티타늄 합금, 내열 합금에 많이 쓰임
⑤ ASTM(American Society of Testing Materials) 규격
  미국 재료 시험 협회의 규격, 마그네슘 합금에 많이 쓰임
⑥ MIL SPEC(Military Specification)
  미군 양식
⑦ SAE(Society of Automotive Engineers) 규격
  미국 자동차 기술 협회의 규격으로 철강에 많이 쓰임(최근에는 SAE 대신에 AISI 규격이 많이 사용)

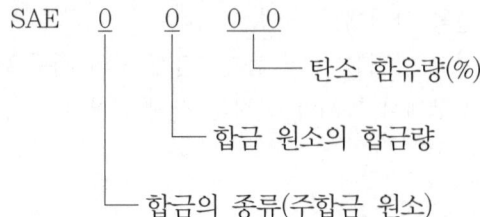

2) 특수강

가) 특수강
① 합금강이라고도 하며 탄소강을 기본으로 하여 1개 이상의 특수 원소 첨가
② 탄소강에 탄소, 규소, 망간, 인, 황의 원소만 함유할 때는 합금강이 아님
③ 특수 원소 : 니켈, 크롬, 텅스텐, 몰리브덴, 바나듐, 코발트, 규소, 망간, 붕소, 티탄

나) 종류
① 니켈강(SAE 2330) : 고온에서 기계적 성질이 좋고 강도가 큼, 내마멸성, 내식성이 우수하여 볼트, 너트에 사용
② 크롬강 : 내부식성을 가지고 있음(내식강)
③ 니켈-크롬강(SAE 3140) : 담금질 특성이 좋아 크랭크축, 와셔 등에 사용
④ 니켈-크롬-몰리브덴강(SAE 4340) : 착륙 장치, 강력 볼트에 사용
⑤ 크롬-몰리브덴강(SAE 4130) : 트러스용 재료
⑥ 크롬-니켈강
　㉠ 페라이트형 : 단조, 압연이 용이한 스테인리스강
　㉡ 마텐자이트형 : 열처리에 의해 쉽게 강화, 기계적 성질, 내식성 양호하고, 제트 기관의 흡입관, 압축기 베인, 터빈, 배기구에 사용
　㉢ 오스테나이트형 : 비자성체이며 내식성, 충격 저항, 기계 가공성이 양호, 터빈 부품 재료, 방화벽에 사용

다) 식별(S.A.E에 의한 식별)
• 표시 방법

강의 종류	재료 번호	강의 종류	재료 번호
탄소강	1×××	크롬강	5×××
망간강	13××	크롬 바나듐 강	6×××
니켈강	2×××	텅스텐 크롬강	72××
니켈 크롬강	3×××	니켈 크롬 몰리브덴 강	81××
몰리브덴 강	40××		86×× ~ 88××
	44××		
크롬 몰리브덴 강	41××	실리콘 망간	92××
니켈 크롬 몰리브덴 강	43××	니켈 크롬 몰리브덴 강	93×× ~98××
	47××		

마 비철 금속 재료

1) 구리 합금

가) 구리의 특성
① 붉은색의 비자성체, 전연성, 내식성이 우수하고 열 및 전기 전도율 양호
② 비중이 크기 때문에 전기 계통에만 사용

나) 구리의 합금
① 베릴륨-구리
   열처리에 의해 강도가 3배 이상 증가하고 피로에도 강하므로 다이어프램, 베어링, 부싱, 와셔 등에 사용
② 황동
   구리 + 아연, 귀금속 광택이 나므로 객실 용품에 사용
③ 청동
   구리 + 주석

2) 알루미늄과 그 합금

가) 특성
비중 2.7 용융점 660℃의 흰색 광택을 내는 비자성체로 내식성, 가공성, 전도성이 우수하며 1911년 두랄루민이 실용화되면서 항공기에 사용

나) 합금의 성질
① 가공성이 좋다.
② 내식성이 좋다.
③ 강도, 강성이 크다.
④ 상온에서 기계적 성질이 좋다.
⑤ 시효 경화성 : 열처리 후 시간이 지남에 따라 재료의 강도와 경도가 증가

다) 알루미늄 합금의 식별 기호
① ALCOA 규격 식별 기호
   알코아 회사에서 제조한 알루미늄 합금의 규격 표시
② AA규격 표시 방법

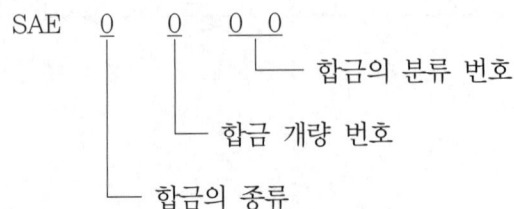

▌AA규격 합금의 종류 ▌

합금 번호	종류	합금 번호	종류
1 XXX	순도 99% 이상 A	6 XXX	마그네슘 + 규소
2 XXX	구리	7 XXX	아연
3 XXX	망간	8 XXX	그 밖의 원소
4 XXX	규소	9 XXX	예비 번호
5 XXX	마그네슘		

③ AA규격 식별 기호

제조 과정에 있어서의 가공, 열처리 조건의 차이에 의해 얻어진 기계적 성질의 구분

▌AA규격 열처리 식별 기호 ▌

기호		의미
F		주조한 그대로의 상태
O		풀림 처리한 것
H		가공 경화한 것
	H1	가공 경화 상태
	H2	가공 경화 후 적당한 풀림한 것
	H3	가공 경화 후 적당한 불림한 것
W		담금질 후 시효 경화가 진행 중인 것
T		F, O, H 이외의 열처리를 받은 재질
	T2	풀림을 한 것
	T3	담금질을 한 후 냉간 가공한 것
	T4	담금질을 한 후 상온 시효가 완료된 것
	T5	제조 후 바로 인공 시효 처리한 것
	T6	담금질을 한 후 인공 시효 경화한 것
	T7	담금질을 한 후 불림 처리한 것
	T8	담금질을 한 후 냉간 가공하여 인공 시효 처리한 것
	T9	담금질을 한 후 인공 시효 처리한 다음 냉간 가공한 것
	T10	고온 성형 공정에서 냉각 후 인공 처리하여 냉간 가공한 것

라) 알루미늄 합금의 종류

① 1100

㉠ 99%의 순수 알루미늄으로 내식성 양호

㉡ 열처리 불가능

㉢ 구조용으로 사용 불가

② 2014
  ㉠ 알루미늄-구리의 합금
  ㉡ 인공 시효에 의해 내력 증가
③ 2017(Duralumin)
  ㉠ 알루미늄-구리 합금으로 대표적인 가공용 알루미늄 합금
  ㉡ 0.2% 탄소강과 기계적 성질이 유사하며 비중은 1/2 정도
④ 2024(Super Duralumin)
  ㉠ 알루미늄-구리 합금으로 전단 응력 및 내식성이 양호
  ㉡ 주구조부의 골격, 외피(Skin), 리벳(Rivet)에 사용
⑤ 2117
  ㉠ 상온 시효한 상태로 사용가능
  ㉡ 대부분의 구조 부품의 리벳으로 사용
⑥ 5052
  알루미늄-마그네슘 합금으로 샌드위치(Honey Comb Sandwich) 재료
⑦ 7075(ESD : Extra Super Duralumin)
  ㉠ 알루미늄-아연의 합금
  ㉡ 강도가 높고, 내식성이 우수하여 큰 강도가 요구되는 구조 부분에 사용

바 마그네슘과 그 합금

① 비중이 1.7~2.0으로 알루미늄의 2/3 정도로서 실용 금속 중 가장 경량
② 염분 부식이 심하고, 순수 마그네슘은 공기 중에서 발화
③ 열간 가공(300℃)
④ 강도가 두랄루민의 1/3 정도
⑤ 용도 : 전방 기어(Nose Gear), 도어(Door), 조종면, 외피, 오일 탱크(Oil Tank)

사 티탄과 그 합금

① 비중 4.5로 내식성, 내열성(용융점 : 1,730℃)이 좋고 비강도가 큼
② 용도 : 방화벽, 외피, 압축기 디스크, 깃(Blade)

아 저용융점 합금

용융점이 주석의 녹는점 231.9℃보다 더 낮은 합금으로 퓨즈, 안전 장치, 부품 납땜용에 사용

자 금속의 열처리

1) 철강 재료의 열처리

금속의 가열이나 냉각 속도를 변화시키면 조직의 변화로 인하여 기계적 성질이 변하는데, 필요한 성질을 얻기 위하여 인위적으로 온도를 조작하는 행위

가) 일반 열처리

① 담금질(Quenching)

강의 A_1 변태점(723℃)보다 20~30℃ 높게 가열 후 급냉시켜 경도가 가장 높은 마텐자이트(Martensite) 조직을 얻어 내는 것

② 뜨임(Tempering)

내부 응력을 제거하기 위하여 A_1 변태점 이하의 적당한 온도에서 가열하는 조직

③ 풀림(Annealing)

금속의 기계적 성질을 개선하기 위하여 일정 온도에서 일정 시간 가열 후 천천히 냉각시키는 조직 완전 풀림, 연화 풀림, 구상화 풀림, 항온 풀림, 응력 제거 풀림

④ 불림(Normalizing)

내부 응력을 제거하고 강의 표준 조직인 오스테나이트를 얻기 위한 조작

나) 항온 열처리

균열 방지와 변형 감소를 위한 열처리로 널리 이용

다) 금속의 표면 경화법

강의 표면층만을 경화시켜 내부의 인성을 그대로 유지, 내마모성, 내피로성 등을 향상

① 고주파 담금질법

② 화염 담금질법

③ 침탄법

고체, 액체, 가스 침탄법(Gear, Spline의 면, 축의 Journal Section 등)

④ 질화법

암모니아(NH_3) 가스를 520~550℃로 50~100시간 가열하여 질화물 형성[왕복 엔진의 실린더 배럴(Cylinder Barrel)]

⑤ 시안화법(침탄 질화법)

침탄과 질화가 동시에 이루어지는 작업

⑥ 금속 침투법

강재를 가열하여 합금 피복층 형성(제트 엔진의 터빈 베인이나, 터빈 블레이드에 고온 산화 방지 목적으로 코팅됨)

2) 비철 금속 재료의 열처리

가) 알루미늄 합금의 열처리
① 고용체화 처리
② 인공 시효 처리, 풀림 처리

나) 마그네슘 합금의 열처리
① 고용체화 처리
② 인공 시효 처리

3) 금속의 부식 처리

가) 부식의 종류
① 표면 부식(Surface Corrosion)
  금속 표면이 공기 중의 산소와 직접 반응을 일으켜 발생
② 이질 금속간 부식(Galvanic Corrosion)
  ㉠ 두 종류의 이질 금속이 접촉하여 전해질로 연결되어 한쪽의 금속에 전기·화학적인 부식 발생
  ㉡ 동전기 부식이라고도 함
③ 점 부식(Pitting Corrosion)
  ㉠ 주로 알루미늄 합금, 마그네슘 합금, 스테인리스 강의 표면에 발생
  ㉡ 금속의 표면이 국부적으로 깊게 침식되어 콩알 만한 작은 점을 만드는 부식 형태
  ㉢ 잘못된 열처리나 기계 작업에서 생기는 합금 표면의 균일성 결여 때문에 발생
④ 입자간 부식(Intergranular Corrosion)
  ㉠ 금속 합금의 입자 경계면을 따라 발생하는 선택적인 부식
  ㉡ 부적절한 열처리로 인한 합금 조직의 균일성 결여 때문에 발생
  ㉢ 알루미늄 합금과 스테인리스강에서 자주 나타나는 현상
⑤ 응력 부식(Stress Corrosion)
  금속에 일정한 응력이 걸린 상태에서 부식되기 쉬운 환경에 노출되면 그들의 합성 효과에 의해 발생
⑥ 미생물 부식(Microbial Corrosion)
  케로신을 연료로 하는 항공기의 연료 탱크에 발생
⑦ 찰과 부식(Fretting Corrosion)
  밀착된 2개의 금속판의 진동 등에 의해 서로 맞부딪혀 생김
⑧ 필리폼 부식(Filiform Corrosion)
  페인트 도장을 한 알루미늄 합금 표면에 세균 형태로 발생하는 부식

⑨ 입계 부식

스테인리스강이 500~900℃ 정도의 온도로 가열되면 크롬탄화물($Cr_{23}C_6$)이 형성하여 발생하는 부식

나) 부식 처리

① 알로다인 처리(Alodine)

알루미늄을 크롬산 용액으로 처리

② 양극 처리(Anodizing)

알루미늄 합금, 마그네슘 합금을 양극으로 하여 황산, 크롬산 등의 전해액에 담금 양극에 발생하는 산소에 의해 산화 피막을 형성

③ 다우 처리(Dow Treatment)

마그네슘을 크롬산 용액으로 처리하는 방법

④ 알칼리 착색법

철금속에 산화물의 피막 형성

⑤ 파커라이징(Parkerizing)

철금속에 인산염 피막 형성

⑥ 밴더라이징(Banderizing)

철강 재료 표면에 구리 석출

⑦ 메탈라이징(Metalizing)

알루미늄이나 아연 같은 금속을 특수 분무기에 넣어서 방식처리 해야 할 부품에 용해 분착시키는 방법

⑧ 알클래드(Alclad)

㉠ 내식성이 나쁜 초강 알루미늄 합금에 내식성이 좋은 순수 알루미늄을 실제 두께의 5~10%로 압연하여 접착한 것

㉡ 부식과 표면 긁힘 방지

⑨ 금속, 알루미늄 내부 방식 처리

뜨거운 아마인유로 세척

차 비금속 재료

1) 합성수지

가) 합성수지

플라스틱이라 하며 인공 합성된 고분자 물질을 주원료로 하여 성형한 재료

① 열경화성 수지

㉠ 한번 가열하여 성형하면 다시 가열해도 연해지거나 용융되지 않는 수지

㉡ 페놀 수지, 에폭시 수지, 불포화 에스테르, 폴리우레탄 등

② 열가소성 수지
  ㉠ 가열하여 성형한 후 다시 가열하면 연해지고 냉각하면 굳어지는 수지
  ㉡ 폴리염화 비닐(PVC), 폴리에틸렌, 나일론, 폴리메틸메타크릴레이크(PMMA) 등

나) 종류
① 폴리염화 비닐
유기 용제에 녹기 쉽고 열에 약하며 비중이 큼, 전기 및 열에 대한 부도체이므로 전선 피복, 절연 재료, 객실 내장재로 사용
② 에폭시 수지
대표적 열경화성 재료, 성형 후 수축률이 적으며 우수한 기계적 강도를 가지며, 구조물용 접착제, 도료의 재료, 레이돔이나 동체, 날개 구조재용 복합 재료의 모재 수지로 사용

2) 고무
액체, 가스의 손실 방지 및 진동, 잡음의 감소
① 천연 고무
유연성 양호, 시간이 지남에 따라 탄력성 감소
② 합성 고무
부틸(타이어용 튜브), 부나(타이어 재료), 네오프렌(기화기, 다이어프램), 실리콘 고무(출입문, 창틀의 충진재, 밀폐제)

3) 접착제
① 합성 고무계
니트릴 고무, 클로로프렌 고무
② 합성수지계
에폭시 수지, 시아노 아크릴 수지

4) 항공용 도로
합성수지 도료(알키드 수지계 도료), 폴리우레탄 사용

카 복합 재료(Composite Material)

- 연료비 절감, 비행 성능 향상 및 구조물을 경량화하기 위해 금속 재료보다 가볍고 강도가 높은 복합 재료 사용
- 기체 구조물에 걸리는 하중과 응력을 담당하는 고체 상태의 강화재(Reinforcement)와 이들을 결합시키는 액체나 분말 형태의 모재(Matrix)로 구성

가) 강화재
   하중을 주로 담당하는 것으로 섬유 형태를 주로 사용
   ① 유리 섬유
      기계적 강도 떨어짐(레이돔, 객실 내부 구조 등 2차 구조에 사용)
   ② 탄소 섬유
      유기 섬유를 탄화시켜 제조하며, 열처리를 더하여 흑연화시킨 것, 강도, 강성이 뛰어나 1차 구조물 재료로 사용, 우주 정비에 적합
   ③ 아라미드 섬유
      일명 케블라, 황색으로 전기 부도체이며 전파 투과 가능
   ④ 보론 섬유
      첨단 복합 재료로서 가장 오래전부터 실용화를 시도한 섬유로 가격이 비싸고 취급이 어려움
   ⑤ 알루미나 섬유
      내열성과 취성이 뛰어나며 부도체
   ⑥ 세라믹
      ㉠ 1,200℃의 고온에서도 거의 원래의 강도와 유연성을 유지
      ㉡ 방화벽, 우주선 등 고열을 받는 곳에 사용
나) 모재
   강화재의 결합 및 전단, 압축 하중을 담당, 습기나 화학 물질로부터 강화재 보호

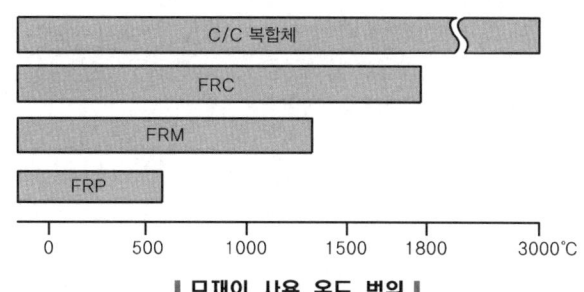

┃ 모재의 사용 온도 범위 ┃

   ① 섬유 강화 플라스틱(FRP : Fiber Grass Reinforced Plastic)
      뛰어난 접착력과 강도, 습기 및 화학적 저항성이 높은 에폭시 수지계(Epoxy Resin System)를 주로 많이 사용
   ② 섬유 강화 금속 모재(FRM : Fiber Reinforced Metallics)
      강화 섬유를 접착시키는 데 사용하는 금속을 모재로 하는 것으로 가볍고, 인장 강도가 큰 것이 요구될 때에는 알루미늄, 티타늄, 마그네슘 등을 사용하고 내열성을 고려할 때에는 철이나 구리계의 금속을 사용

③ 섬유 강화 세라믹 모재(FRC : Fiber Reinforced Ceramic)
1,000℃ 이상의 높은 온도에 대한 내열성을 가지고 있는 모재로 알루미나(Al_2O_3), 지르코니아(ZrO_3), 탄화규소(SiC), 질화규소(Si_3N_4) 등을 사용

1 출제 예상 문제

01 다음 중 인성(Toughness)에 대한 설명으로 옳은 것은?
① 재료에 온도를 서서히 증가하였을 때 조직 구조가 변형되는 현상이다.
② 재료의 시험편을 서서히 잡아 당겨서 파괴되었을 때 파단면의 조직이 변화된 현상이다.
③ 취성(Brittleness)의 반대되는 성질로서 충격에 잘 견디는 성질을 말한다.
④ 재료를 일정한 온도와 하중을 가한 상태에서 시간에 따라 변형률이 변화되는 현상이다.

해설
- 연성 : 가는 관이나 선으로 늘릴 수 있는 성질
- 탄성 : 외력으로 변형된 후, 변형력이 없어지면 원래 상태로 되돌아가는 성질
- 취성 : 부서지는 금속의 성질, 구조용 재료로 부적합, 주철
- 인성 : 재료의 질긴 성질, 찢어지거나 파괴되지 않는 성질

02 재료에 가해지는 힘이 제거되면 원래의 상태로 돌아가려는 성질은?
① 탄성   ② 전단
③ 항복   ④ 소성

03 다음의 금속 성질 중 어느 것이 좋아야 판재의 부품 성형이 가장 용이한가?

① 경도   ② 전성
③ 연성   ④ 취성

04 다음 중 탄소강을 이루는 5대 원소에 속하지 않는 것은?
① Si   ② Mn
③ Ni   ④ S

해설
5대 원소
탄소(C), 규소(Si), 망간(Mn), 인(P), 황(S)

05 합금강 SAE 6150의 1의 숫자는 무엇을 표시하는가?
① 1%의 크롬 함유량
② 0.1%의 Carbon 함유량
③ 1%의 니켈 함유량
④ 0.1%의 Mangans 함유량

06 다음의 SAE 식별 방법 중 가장 올바른 내용은?

SAE 1025

① 0 : 합금 원소가 없다.
② 1 : 망간강이다.
③ 5 : 탄소의 함유량이 5%이다.
④ 2 : 니켈강이다.

정답 01. ③ 02. ① 03. ② 04. ③ 05. ① 06. ①

제2장 항공기 재료 및 요소

07 [보기]와 같은 특징을 갖는 강은?

[보기]
- 크롬 몰리브덴강
- 1%의 몰리브덴과 0.30%의 탄소를 함유함
- 용접성을 향상시킨 강

① AA 1100 ② SAE 4130
③ AA 7150 ④ SAE 4340

해설
크롬-몰리브덴강(SAE 4130) : 트러스용 재료

08 경비행기의 뼈대 재료로서 잘 쓰이는 SAE 4130이란 재료는 몇 %의 탄소를 함유하는가?

① 0.03% ② 0.3%
③ 3% ④ 30%

09 다음 중 탄소의 함량이 가장 큰 SAE 규격에 따른 강은?

① 4050 ② 4140
③ 4330 ④ 4815

10 SAE 규격으로 표시한 합금강의 종류가 옳게 짝지어진 것은?

① 13×× : 망간강
② 23×× : 망간-크롬강
③ 51×× : 니켈-크롬-몰리브덴강
④ 61×× : 니켈-몰리브덴강

11 SAE 규격으로 표시한 합금강의 종류가 올바르게 짝지어진 것은?

① 13XX : 니켈- 몰리브덴강
② 23XX : 망간-크롬강
③ 51XX : 니켈-크롬-몰리브덴강
④ 61XX : 크롬-바나듐강

12 항공기 재료에 사용되는 다음 금속 중 비중이 제일 큰 것은?

① 티타늄 ② 크롬
③ 알루미늄 ④ 니켈

13 고장력강으로 니켈강에 크롬이 0.8~1.5% 함유된 것으로 강도를 요하는 봉재나 판재, 그리고 기계 동력을 달하는 축, 기어, 캠, 피스톤 등에 널리 사용되는 것은?

① 니켈강
② 니켈-크롬강
③ 크롬강
④ 니켈-크롬-몰리브덴강

14 다음 중 황동의 주합금 원소는 구리와 무엇인가?

① 아연 ② 주석
③ 알루미늄 ④ 바나듐

해설
황동
구리 + 아연 → 귀금속 광택이 나므로 객실 용품에 사용

15 항공기 재료인 알루미늄 합금은 어디에 해당되는가?

① 철금속 ② 비철 금속
③ 비금속 ④ 복합 재료

16 알루미늄 합금을 구조용 강철과 비교하여 설명한 것으로 틀린 것은?

① 비강도가 높다.
② 단위 체적당 무게가 거의 같다.
③ 알루미늄 합금의 변형이 더 크다.
④ 알루미늄 합금의 제1변태점이 낮다.

정답 07. ② 08. ② 09. ① 10. ① 11. ④ 12. ④ 13. ② 14. ① 15. ② 16. ②

제3부 항공 기체

17 알루미늄 합금과 구조용 강철과의 기계적 성질에 대한 설명으로 옳은 것은?

① 동일한 하중에 대한 변형량이 알루미늄 합금이 구조용 강철에 비해 약 3배 정도이다.
② 알루미늄 합금은 구조용 강철에 비해 제1변태점이 약 300℃ 정도가 높다.
③ 구조용 강철의 탄성 계수는 알루미늄 합금의 탄성 계수의 약 2배 정도이다.
④ 제1변태점만을 고려했을 때 알루미늄 합금은 구조용 강철보다 초음속 여객기의 표피에 적합하다.

18 알루미늄 합금이 초고속기 재료로서 적당하지 않은 이유는?

① 무겁기 때문
② 부식성이 심하기 때문
③ 열에 약하기 때문
④ 전기 저항이 크기 때문

19 AA 알루미늄 규격에서 합금 번호와 주 합금 원소가 옳게 짝지어진 것은?

① 3XXX - 망간
② 5XXX - 규소
③ 6XXX - 구리
④ 7XXX - 구리

20 두랄루민으로 개발된 최초 합금으로 Cu 4%, Mg 0.5%를 함유하며 현재는 주로 리벳으로 사용되는 것은?

① AA2014   ② AA2017
③ AA2024   ④ AA2224

21 두랄루민을 시작으로 개량되기 시작한 고강도 알루미늄 합금으로 내식성보다도 강도를 중시하여 만들어진 것은?

① 1100   ② 2014
③ 3003   ④ 5056

해설

2014
알루미늄-구리의 합금
인공 시효에 의해 내력 증가

22 다음 중 알루미늄 합금 2017 의 Mg 양을 1.5%로 증가시키고 시효 경화의 효과를 높인 합금으로 초두랄루민(Super Duralumin)이라 불리는 것은?

① 2024   ② 3003
③ 6061   ④ 7075

해설

2024(Super Duralumin)
• 알루미늄-구리 합금으로 전단 응력 및 내식성이 양호
• 주 구조부의 골격, 외피(Skin), 리벳(Rivet)에 사용

23 상온에서 자연 시효 경화가 가장 빠른 알루미늄 합금은?

① AA2024   ② AA6061
③ AA7075   ④ AA7178

해설

2024 T(DD) 24 ST ICE BOX RIVET
2017 T 보다 강한 강도가 요구되는 곳에 사용하며 열처리 후 냉장 보관하고 상온 노출 후 10~20분 이내에 작업

24 항공기 기체 구조 중 알루미늄 합금 2024가 주로 사용되는 곳은?

① 동체 스킨   ② 동체 프레임
③ 랜딩 기어   ④ 날개 윗면판

정답 17. ① 18. ③ 19. ① 20. ② 21. ② 22. ① 23. ① 24. ①

25 알루미늄 합금 중 개략적으로 구리 2.5%, 망간 0.2%, 마그네슘 0.5%, 규소 0.8%의 성분으로 되어 있으며, 완전히 시효 경화된 상태로 사용 가능하여 주요 강도 부재 이외의 대부분 구조 부품의 리벳으로 사용되는 것은?

① 2014　② 2017
③ 2117　④ 7075

해설
2117
상온 시효한 상태로 사용 가능
대부분의 구조 부품의 리벳으로 사용

26 다음의 알루미늄 합금 중 알루미늄-아연 5.6%의 합금으로 ESD라고 부르는 것은?

① 7075　② 3003
③ 2014　④ 1100

해설
7075(ESD : Extra Super Duralumin)
알루미늄-아연의 합금
강도가 높고, 내식성이 우수하여 큰 강도가 요구되는 구조 부분에 사용

27 항공기에 사용되는 금속 재료를 열처리하는 목적으로 틀린 것은?

① 절삭성을 좋게 하기 위하여
② 내식성을 갖게 하기 위하여
③ 마모성을 갖게 하기 위하여
④ 기계적 강도를 개량하기 위해서

28 알루미늄 합금에서 용체화 처리 후 냉간 가공하고 인공 시효 처리한 식별 기호는?

① T6　② T7
③ T8　④ T9

해설
• T6 담금질을 한 후 인공 시효 경화한 것
• T7 담금질을 한 후 불림 처리한 것
• T8 담금질을 한 후 냉간 가공하여 인공 시효 처리한 것
• T9 담금질을 한 후 인공 시효 처리한 다음 냉간 가공한 것

29 AA 규격에서 규정하는 알루미늄의 특성 기호 중 "T3"가 의미하는 것은?

① 풀림 처리한 것
② 용체화 처리 후 냉간 가공한 것
③ 제조 상태 그대로인 것
④ 저온 성형 공정에서 열간 가공 후 인공 시효한 것

해설
• T2 풀림을 한 것
• T3 담금질을 한 후 냉간 가공한 것
• T4 담금질을 한 후 상온 시효가 완료된 것
• T5 제조 후 바로 인공 시효 처리한 것
• T6 담금질을 한 후 인공 시효 경화한 것

30 알루미늄 합금(Aluminum Alloy) 2024-T4에서 T4가 의미하는 것은?

① 풀림(Annealing)
② 용액 열처리 후 냉간 가공품
③ 용액 열처리 후 인공 시효한 것
④ 용액 열처리 후 자연 시효한 것

31 마그네슘 합금의 규격은 일반적으로 다음과 같은 ASTM의 기호를 사용하고 있다. 설명 내용이 틀린 것은?

AZ	92	A	–	T6
㉠	㉡	㉢		㉣

① ㉠은 함유 원소
② ㉡은 합금 원소의 중량 %
③ ㉢은 용도
④ ㉣은 열처리 기호

해설
A : 순도가 높은 것

제3부 항공 기체

32 ASTM의 기호 표시로 마그네슘 합금 AZ31A를 설명한 내용 중 가장 올바른 것은?
① 첫째자리 A는 주 합금 원소인 알루미늄을 말한다.
② Z는 이차 합금 원소인 지르코늄을 말한다.
③ 3은 지르코늄의 함량이 3%이다.
④ 1은 단단한 정도를 표시한다.

33 다음 중 해수에 대해 내식성이 가장 강한 것은?
① 티타늄   ② 알루미늄
③ 마그네슘   ④ 스테인리스강

34 항공기의 고속화에 따라 기체 재료가 알루미늄 합금에서 티타늄 합금으로 대체되고 있는데 티타늄 합금과 비교한 알루미늄 합금의 어떠한 단점 때문인가?
① 너무 무겁다.
② 전기 저항이 너무 크다.
③ 열에 강하지 못하다.
④ 공기와의 마찰로 마모가 심하다.

해설
티타늄
- 비중 4.5로 내식성, 내열성(용융점 : 1,730℃)이 좋고 비강도가 큼
- 용도 : 방화벽, 외피, 압축기 디스크, 깃(Blade)

35 일반적인 항공기 구조에서 알루미늄 합금이나 복합 소재를 사용하지 않는 곳은?
① 랜딩 기어   ② 프레임
③ 스트링거   ④ 동체 스킨

36 철강 재료의 표면만을 경화시키는 방법으로 부적절한 것은?
① 질화   ② 침탄
③ 숏피닝   ④ 아노다이징

해설
금속의 표면 경화법
강의 표면층만을 경화시켜 내부의 인성을 그대로 유지, 내마모성, 내피로성 등을 향상
- 고주파 담금질법
- 화염 담금질법
- 침탄법
- 질화법
- 시안화법(침탄 질화법)
- 금속 침투법

※ 숏피닝(Shot Peening)
경화된 작은 쇠구슬을 피가공물에 고압으로 분사시켜 표면의 강도를 증가시킴으로써 기계적 성능을 향상시키는 방법

37 강(Steel)의 표면만을 경화시키고 내부는 경화 전의 상태를 유지시켜 내마모성을 향상시키는 방법이 아닌 것은?
① 뜨임(Tempering)
② 침탄(Carburizing)
③ 질화(Nitriding)
④ 청화(Cyaniding)

38 열처리 강화형 알루미늄 합금을 500℃ 전후의 온도로 가열한 후 물에 담금질을 하면 합금 성분이 기본적으로 녹아 들어가 유연한 상태가 얻어지는데, 이런 열처리를 무엇이라 하는가?
① 풀림(Annealing)
② 뜨임(Tempering)
③ 알로다이징(Alodizing)
④ 용체화처리(Solution Heat Treatment)

39 금속 표면에 접하는 물, 산, 알칼리 등의 매개체에 의해 금속이 화학적으로 침해되는 현상을 무엇이라 하는가?
① 침식   ② 찰식
③ 부식   ④ 마모

정답 32. ① 33. ① 34. ③ 35. ① 36. ④ 37. ① 38. ④ 39. ③

40 다음 중 항공기의 부식을 발생시키는 요소로 볼 수 없는 것은?
① 탱크 내의 유기물
② 해면상의 대기 염분
③ 암회색의 인산철 피막
④ 활주로 동결 방지제의 염산

41 다음 중 부식의 종류에 해당되지 않는 것은?
① 자장 부식 ② 표면 부식
③ 입자 간 부식 ④ 응력 부식

42 두 종류의 이질 금속이 접촉하여 전해질로 연결되면 한 쪽의 금속에 부식이 촉진되는 것은?
① 피로 부식 ② 점 부식
③ 찰과 부식 ④ 동전기 부식

해설
이질 금속 간 부식(Galvanic Corrosion)
• 두 종류의 이질 금속이 접촉하여 전해질로 연결되어 한쪽의 금속에 전기·화학적인 부식 발생
• 동전기 부식이라고도 함

43 다음 중 이질 금속 간 부식이 가장 잘 일어날 수 있는 조합은?
① 납-철
② 구리-알루미늄
③ 구리-니켈
④ 크롬-스테인리스강

해설
알루미늄이 스테인리스강, 티타늄, 크롬, 니켈, 구리 등과 만나면 부식 발생

44 이질 금속 간의 접촉 부식에서 알루미늄 합금의 경우 A군과 B군으로 구분하였을 때 A군에 속하는 것은?
① 1100 ② 2014
③ 2017 ④ 7075

해설
A군 : 1100, 3003, 5052, 6061
B군 : 2014, 2017, 2024, 7075

45 알루미늄 합금 중 이질 금속 간의 부식을 방지하기 위하여 나머지 셋과 접촉시키지 않아야 되는 것은?
① 1100 ② 2014
③ 3033 ④ 5052

46 밀착된 구성품 사이에 작은 진폭의 상대 운동이 일어날 때 발생하는 형태의 부식은?
① 점(Pitting) 부식
② 피로(Fatigue) 부식
③ 찰과(Fretting) 부식
④ 이질 금속 간(Galvanic) 부식

47 주로 18-8 스테인리스강에서 발생하며 부적절한 열처리로 결정립계가 큰 반응성을 갖게 되어 입계에 선택적으로 발생하는 국부적 부식을 무엇이라 하는가?
① 입계 부식
② 응력 부식
③ 찰과 부식
④ 이질 금속 간의 부식

해설
입계 부식
스테인리스강이 500~900℃ 정도의 온도로 가열되면 크롬탄화물($Cr_{23}C_6$)이 형성하여 발생하는 부식

제3부 항공 기체

48 항공기 동체 구조 점검 중에 알루미늄 합금의 구조물이 층층이 떨어지는 것을 발견하였다. 일반적으로 이와 같은 부식을 무엇이라 부르는가?
① 이질 금속 간의 부식
② 응력 부식
③ 마찰 부식
④ 엑스폴리에이션

해설
엑스폴리에이션(Exfoliation)
표면 가까이에 층 모양으로 부식하여 박리를 일으키는 것

49 다음 중 알루미늄 합금의 부식 방지법이 아닌 것은?
① 크래딩(Cladding)
② 양극 처리(Anodizing)
③ 알로다이징(Alodizing)
④ 용체화처리(Solutioning)

해설
- 알로다인 처리(Alodine) : 알루미늄을 크롬산 용액으로 처리
- 양극 처리(Anodizing) : 알루미늄 합금, 마그네슘 합금을 양극으로 하여 황산, 크롬산 등의 전해액에 담금. 양극에 발생하는 산소에 의해 산화 피막 형성
- 알클래드(Alclad) : 알루미늄 합금 표면에 순수 알루미늄 피막을 실제 두께의 5~10% 압연

50 항공기 부식을 예방하기 위한 표면 처리 방법이 아닌 것은?
① 마스킹 처리(Masking)
② 알로다인 처리(Alodining)
③ 양극 산화 처리(Anodizing)
④ 화학적 피막 처리(Chemical Conversion Coating)

51 화학적 피막 처리 방법의 하나로 알루미늄 합금의 표면에 0.00001~0.00005 in의 크로메이트 처리(Cromate Treatment)를 하여 내식성과 도장 작업의 접착 효과를 증진시키는 부식 방지 처리 방법은?
① 알로다인 처리
② 알크레이드 처리
③ 양극 산화 처리
④ 인산염 피막 처리

52 알루미늄의 표면에 인공적으로 얇은 산화 피막을 형성하는 방법은?
① 파커라이징   ② 주석 도금 처리
③ 아노다이징   ④ 카드뮴 도금 처리

53 양극 처리(Anodizing) 설명으로 관계없는 것은?
① 강철에 처리하기 용이하다.
② 산화 알루미늄 도금이다.
③ 부식을 방지하기 위한 도금이다.
④ 전기 · 화학적 도금이다.

54 진주색을 띄고 있는 알루미늄 합금 리벳은 어떤 방식 처리를 한 것인가?
① 양극 처리를 한 것이다.
② 금속 도료로 도장한 것이다.
③ 크롬산, 아연으로 도금한 것이다.
④ 니켈, 마그네슘으로 도금한 것이다.

55 리벳 보호 피막 처리에서 황색으로 된 것은?
① 양극 처리한 것이다.
② 크롬화 아연을 처리한 것이다.
③ 금속 분무한 것이다.
④ 보호 피막 처리를 하지 않은 것이다.

정답 48. ④ 49. ④ 50. ① 51. ① 52. ③ 53. ① 54. ① 55. ②

56 알루미늄 합금 주물로 된 비행기 부품이 공기 중에서 부식하는 것을 방지하기 위하여 어떤 처리를 하는가?

① 카드뮴 도금　② 침탄
③ 양극 산화 처리　④ 인산염 피막

57 Al 표면을 양극 산화 처리하여, 표면에 방식성이 우수하고 치밀한 산화 피막이 만들어지도록 처리하는 방법이 아닌 것은?

① 수산법　② 크롬산법
③ 황산법　④ 석출경화법

해설
양극 산화법의 종류
황산법, 수산법, 크롬산법, 붕산법 등

58 알루미늄이나 아연 같은 금속을 특수 분무기에 넣어 방식 처리해야 할 부품에 용착·분해시키는 방법을 무엇이라 하는가?

① 양극 처리(Anodizing)
② 메탈라이징(Metallizing)
③ 도금(Plating)
④ 본데라이징(Bonderizing)

59 알크래드(Alclade)에 대한 설명으로 옳은 것은?

① 알루미늄 판의 표면을 풀림 처리한 것이다.
② 알루미늄 판의 표면을 변형 경화 처리한 것이다.
③ 알루미늄 판의 양면에 순수 알루미늄을 입힌 것이다.
④ 알루미늄 판의 양면에 아연 크로메이트 처리한 것이다.

해설
알클래드(Alclad)
• 내식성이 나쁜 초강 알루미늄 합금에 내식성이 좋은 순수 알루미늄을 실제 두께의 5~10%로 압연하여 접착한 것
• 부식과 표면 긁힘 방지

60 비행기의 표피 재료인 알크래드판은 알루미늄 합금판 위에 순 알루미늄을 피복한 것이다. 순 알루미늄을 피복한 주 목적은?

① 단선 배선에 있어 회로 저항을 줄이기 위해
② 공기 중 부식을 방지하기 위해
③ 표면을 매끈하게 하여 공기 저항을 줄이기 위해
④ 판의 두께를 증가하여 더 큰 하중에 견디도록 하기 위해

61 다음 중 열가소성 수지는?

① 폴리에틸렌 수지
② 페놀 수지
③ 에폭시 수지
④ 폴리우레탄 수지

62 성형 후 수축률이 적으며 우수한 기계적 강도와 접착 강도를 가져 항공기 구조물용 접착제나 도료의 재료로 사용되는 열경화성 수지는?

① 폴리에틸렌 수지　② 페놀 수지
③ 에폭시 수지　④ 폴리우레탄 수지

해설
에폭시 수지
대표적 열경화성 재료, 성형 후 수축률이 적으며 우수한 기계적 강도를 가지며, 구조물용 접착제, 도료의 재료, 레이돔이나 동체, 날개 구조재용 복합 재료의 모재 수지로 사용

정답　56. ③　57. ④　58. ②　59. ③　60. ②　61. ①　62. ③

63 비금속 재료인 플라스틱 가운데 투명도가 가장 높아서 항공기용 창문 유리, 객실 내부의 전등 덮개 등에 사용되며, 일명 플랙시 글라스라고도 하는 것은?

① 네오프렌
② 폴리메틸메타크릴레이트
③ 폴리염화 비닐
④ 에폭시 수지

64 항공기에 사용되는 비금속 재료인 플라스틱 중 열을 가하여 성형한 후 다시 열을 가하면 연해지는 특성의 재료는?

① 페놀 수지   ② 폴리에스테르 수지
③ 에폭시 수지   ④ 폴리염화 비닐 수지

해설
폴리염화 비닐
유기 용제에 녹기 쉽고 열에 약하며 비중이 큼, 전기 및 열에 대한 부도체이므로 전선 피복, 절연 재료, 객실 내장재로 사용

65 항공기 복합 소재의 부품 수리 시 수지(Matrix)가 잘 혼합되어 제 성능을 발휘하는지 가장 쉽게 확인하는 방법으로 옳은 것은?

① 화학 성분 분석을 실시한다.
② 수지를 섞은 직후 점도시험을 실시한다.
③ 수지가 굳은 후 경도시험을 실시한다.
④ 수지를 섞을 때 별도로 시험편을 만들어 확인한다.

66 다음과 같은 특성을 가진 항공기에 사용되는 합성 고무는?

- 내열성과 내한성이 우수하여 사용 온도 범위가 넓다.
- 기후에 대한 저항성과 전기 절연 특성이 우수하다.
- 강도가 낮고 가격이 비싸다.

① 부틸 고무   ② 실리콘 고무
③ 플루오르 고무   ④ 니트릴 고무

67 복합 재료(Composite Material)를 설명한 것으로 옳은 것은?

① 금속과 비금속을 배합한 합성 재료
② 샌드위치 구조로 만들어진 합성 재료
③ 2가지 이상의 재료를 화학 반응을 일으켜 만든 합금 재료
④ 2가지 이상의 재료를 일체화하여 우수한 성질을 갖도록 한 합성 재료

해설
복합 재료(Composite Material)
- 연료비 절감, 비행 성능 향상 및 구조물을 경량화하기 위해 금속 재료보다 가볍고 강도가 높은 복합 재료 사용
- 기체 구조물에 걸리는 하중과 응력을 담당하는 고체 상태의 강화재(Reinforcement)와 이들을 결합시키는 액체나 분말 형태의 모재(Matrix)로 구성

68 [보기]와 같은 특성을 갖춘 재료는?

[보기]
- 무게당 강도 비율이 높다.
- 공기 역학적 형상 제작이 용이하다.
- 부식에 강하고 피로 응력이 좋다.

① 티타늄 합금   ② 탄소강
③ 마그네슘 합금   ④ 복합 소재

69 첨단 복합 재료로서 가장 오래전부터 실용화를 시도한 섬유이며 가격이 비교적 비싸고 화학 반응성이 커서 취급에 어려운 강화 섬유는?

① 알루미나 섬유   ② 탄소 섬유
③ 아라미드 섬유   ④ 보론 섬유

정답 63. ② 64. ④ 65. ④ 66. ② 67. ④ 68. ④ 69. ④

제2장 항공기 재료 및 요소

> **해설**
> 복합 재료의 강화재
> - 유리 섬유 : 기계적 강도 떨어짐(레이돔, 객실 내부 구조 등 2차 구조에 사용)
> - 탄소 섬유 : 유기 섬유를 탄화시켜 제조하며, 열처리를 더하여 흑연화시킨 것, 강도, 강성이 뛰어나 1차 구조물 재료로 사용, 우주 정비에 적합
> - 아라미드 섬유 : 일명 케블러, 황색으로 전기 부도체이며 전파 투과 가능
> - 보론 섬유 : 첨단 복합 재료로서 가장 오래전부터 실용화를 시도한 섬유로 가격이 비싸고 취급이 어려움
> - 알루미나 섬유 : 내열성과 취성이 뛰어난 부도체
> - 세라믹 : 1,200℃의 고온에서도 거의 원래의 강도와 유연성을 유지, 방화벽, 우주선 등 고열을 받는 곳에 사용

70 복합 재료의 강화재 중 무색 투명하며 전기 부도체인 섬유로서 우수한 내열성 때문에 고온 부위의 재료로 상용되는 것은?

① 유리 섬유　　② 아라미드 섬유
③ 보론 섬유　　④ 알루미나 섬유

71 상품명이 케블러(Kevlar)라고 하며 황색이고 전기 부도체이며 전파도 투과시키는 강화 섬유는?

① 보론 섬유　　② 알루미나 섬유
③ 아라미드 섬유　　④ 유리 섬유

72 항공기에 사용되는 복합 재료의 하나인 탄소 섬유에 관한 것이다. 가장 올바른 것은?

① 밀도는 보론이나 유리 섬유보다 크다.
② 열팽창률이 매우 작아서 치수 안정성이 필요한 우주 정비에 적합하다.
③ 고온(500℃ 이상)에서 사용 시 탄화규소와 반응하여 산화 부식의 원인이 된다.
④ 열팽창률이 매우 크다.

73 용해된 이산화규소의 가는 가닥으로 만들어진 섬유로서 전기 절연성이 뛰어나고 내수성, 내산성 등 화학적 내구성이 좋으며, 가격도 저렴하지만 다른 강화 섬유에 비해 기계적 성질이 낮아 2차 구조물에 사용되는 섬유는?

① 카본 섬유　　② 유리 섬유
③ 아라미드 섬유　　④ 보론 섬유

74 알루미나(Alumina) 섬유의 특징으로 틀린 것은?

① 내열성이 뛰어나 공기 중에서 1300℃로 가열해도 취성을 갖지 않는다.
② 표면 처리를 하지 않아도 FRP나 FRM으로 할 수 있다.
③ 전기·광학적 특징은 은백색으로 전기의 도체이다.
④ 금속과 수지와의 친화력이 좋다.

75 고온으로부터 우주 왕복선의 기체 표면을 보호하기 위하여 사용하는 것은?

① 두랄루민　　② 강철
③ 고탄소주철재　　④ 규소질 타일

76 세라믹 코팅(Ceramic Coating)의 가장 큰 목적은?

① 내식성
② 접합 특성 강화
③ 내열성과 내마모성
④ 내열성과 내식성

> **해설**
> 세라믹
> - 1,200℃의 고온에서도 거의 원래의 강도와 유연성을 유지
> - 방화벽, 우주선 등 고열을 받는 곳에 사용

정답　70. ④　71. ③　72. ②　73. ②　74. ③　75. ④　76. ③

77 복합 재료에서 모재(Matrix)와 결합되는 강화재(Reinforcing Material)로 사용되지 않는 것은?

① 유리 ② 탄소
③ 에폭시 ④ 보론

[해설]
복합 재료 강화재
- 유리 섬유
- 탄소 섬유
- 아라미드 섬유
- 보론 섬유
- 알루미나 섬유
- 세라믹

78 항공기에 사용되는 복합 재료인 FRP와 FRM의 특성을 비교한 것 중 틀린 것은?

① 피로 강도가 모두 뛰어나다.
② 비강도와 비강성이 모두 높다.
③ 내열 강도는 FRP가 높고, FRM은 낮다.
④ 층간의 선단 강도는 FRP가 낮고, FRM은 높다.

79 FRCM의 모재(Matrix) 중 사용 온도 범위가 가장 큰 것은?

① FRC ② BMI
③ FRM ④ FRP

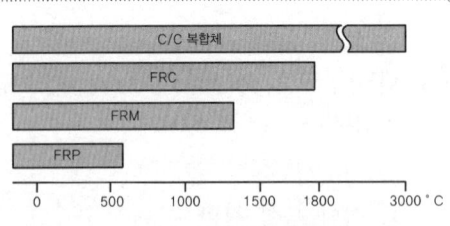

모재의 사용 온도 범위

80 진공 백을 이용한 항공기의 복합 재료 수리 시 사용되는 것이 아닌 것은?

① 요크 ② 브리더
③ 필 플라이 ④ 브레더

[해설]

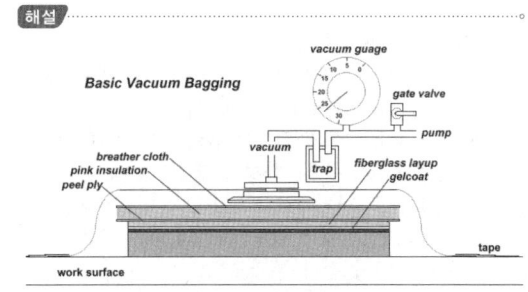

81 복잡한 윤곽을 가진 복합 소재 부품에 균일한 압력을 가할 수 있으며, 비교적 대형 부품을 제작하는 데 적용하는 복합 재료의 적층 방식은?

① 진공백 방식
② 필라멘트 권선 방식
③ 압축 주형 방식
④ 유리 섬유 적층 방식

82 복합 소재의 부품을 경화시킬 때 표면에 압력을 가하기 위해 사용하는 것으로 클램프로 고정할 수 없는 대형 윤곽의 표면에 사용하는 것은?

① 직포 ② 숏백
③ 램프 ④ 스프링 클램프

83 다음 중 항공기 세척 시 사용하는 알칼리 세제는?

① 톨루엔 ② 케로신
③ 아세톤 ④ 계면활성제

84 부식 현상 방지를 위한 세척 작업 시 사용하는 세제로 페인트칠을 하기 직전에 표면을 세척하는 데 사용되는 것은?

① 케로신 ② 메틸에틸케톤
③ 메틸클로로포름 ④ 지방족 나프타

2 항공기용 기계 요소

가 규격과 나사

1) 규격

항공기용 부품에 사용되는 기준 규격

① AN : AIRFORCE - NAVY AERONAUTICAL STANDARD
  미국 공군과 해군에 의해 정해진 항공기의 표준 규격 기호
② NAS : NATIONAL AIRCRAFT STANDARD
  미국 국립 항공 엔진에 의해 정해진 항공기의 표준 부품 기호
③ MS : MILITARY STANDARD
  위 모든 엔진과 다른 엔진들을 통합하여 하나의 통일된 기준을 미국 군용 항공 엔진에 의해 주어진 표준 부품 기호
④ MIL : MILITARY SPECIFICATION
  미국 육군 표준 규격 기호
⑤ AA : ALUMINIUM ASSOCIATION OF AMERICA
  미국 알루미늄 협회에 의해 정해진 표준 규격 기호
⑥ SAE : SOCIETY OF AUTOMOTIVE ENGINEER
  미국 자동차 협회에 의해 정해진 표준 규격 기호

2) 나사의 계열

① NF(American National Fine) 나사 계열
  항공기에 사용하는 대부분의 볼트로 1inch당 나사산의 수가 14개인 나사
② UNF(American Standard Unified Fine) 나사 계열
  1inch당 나사산의 수가 12개
③ NC(American National Coarse) 나사 계열
  그다지 강도가 필요로 하지 않는 거친 나사 계열 부분에 사용
④ UNC(American Standard Unified Coarse) 나사 계열
  거친 나사 계열

3) 나사의 등급

① 1등급(CLASS 1)
  LOOSE FIT로 강도를 필요로 하지 않는 곳에 사용
② 2등급(CLASS 2)
  FREE FIT로 강도를 필요로 하지 않는 곳에 사용

③ 3등급(CLASS 3)

MEDIUM FIT로 강도를 필요로 하는 곳에 사용하며 항공기용 볼트는 거의 3등급으로 제작

④ 4등급(CLASS 4)

CLOSE FIT로 너트를 볼트를 끼우기 위해서는 렌치(Wrench)를 사용해야 함.

4) 나사의 표시법

1/4 - 28 - UNF - 3 A
- 지름(1/4인치)
- 나사산 수(1인치당 28)
- 나사 계열
- 나사의 등급 클래스 3
- 수나사 B : 암나사

나 항공기 요소

1) 볼트(BOLTS)

가) 재질

Ni강, 내식강, AL합금강, Cd강, 특수강

나) 그립(GRIP)

볼트의 길이 중에서 나사가 나 있지 않은 부분의 길이로, 체결하여야 할 부재의 두께와 일치

다) 볼트 길이(Shank)

① 일반적인 볼트

그립(Grip) + 나사부(볼트 머리 부분은 제외)

② 접시머리 볼트(Counter Sunk Bolt)

그립(Grip) + 나사부 즉 볼트 전체 길이(머리 부분 포함)

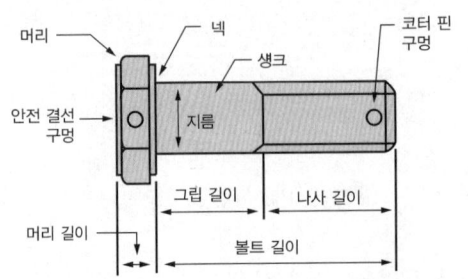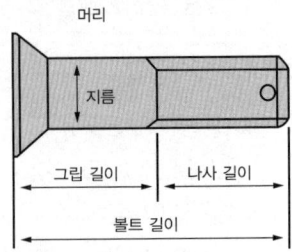

‖ 볼트의 길이 ‖

라) 볼트의 머리 모양에 의한 식별

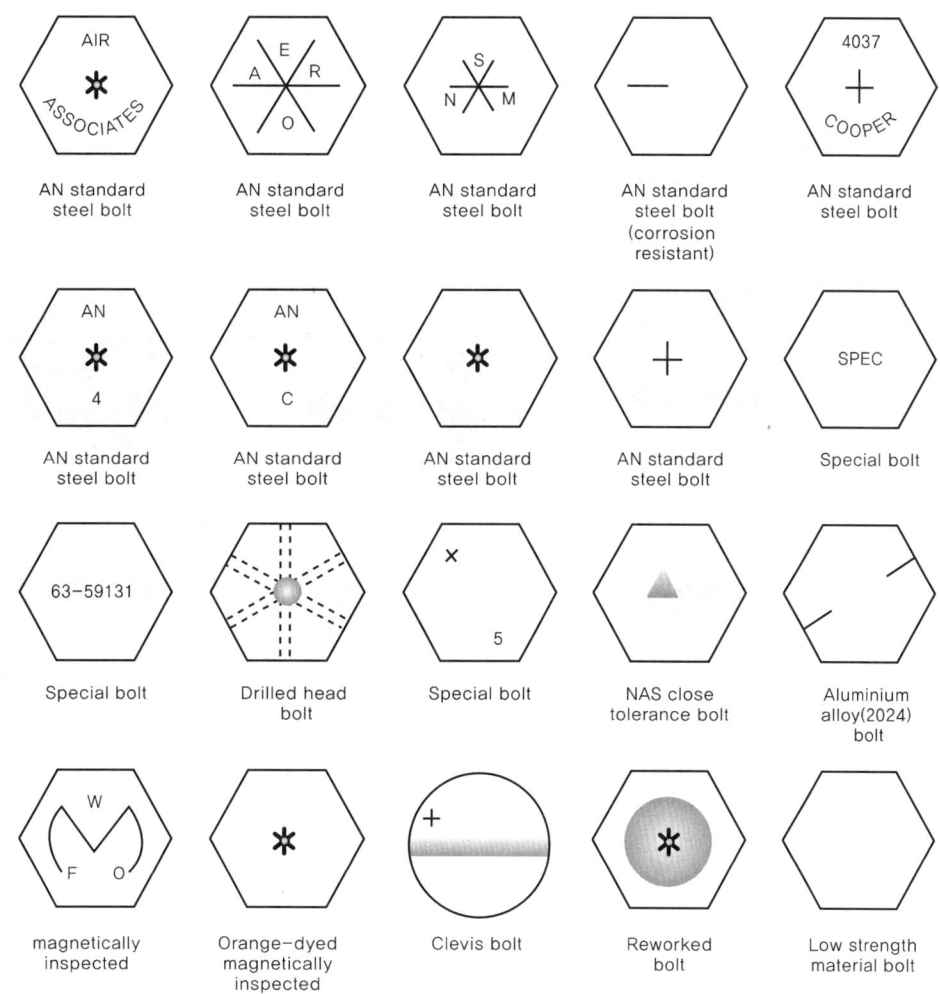

∥ 볼트의 머리모양에 의한 식별 ∥

① 드릴 헤드 볼트
② 표준 육각 머리 볼트(표준 머리 볼트)
③ 클레비스 볼트
④ 내부 렌칭 볼트
⑤ 접시머리 볼트(납작 머리 볼트)
⑥ 아이 볼트

마) 볼트의 머리 기호에 의한 식별

볼트머리에 기호를 표시하여 볼트의 특성이나 재질을 나타냄
① AL 합금 볼트 : 쌍대시(- -)
② 내식강 : 대시(-)

③ 특수 볼트 : SPEC 또는 S
④ 정밀 공차 볼트 : △
⑤ 정밀 공차 볼트 : △ O 고강도 볼트로 허용 강도가 160,000~180,000psi
⑥ 정밀 공차 볼트 : △ X 합금강 볼트로 허용 강도가 125,000~145,000psi
⑦ 합금강 볼트 : +, *
⑧ 열처리 볼트 : R
⑨ 황동 볼트 : =

바) 볼트의 종류

(a) 육각 머리 볼트 　 (b) 드릴 머리 볼트 　 (c) 내부 렌치 볼트
(d) 외부 렌치 볼트 　 (e) 클레비스 볼트 　 (f) 아이 볼트

┃ 볼트의 종류 ┃

① 육각 머리 볼트(육각 볼트 AN 3~AN 20)
　 재질은 니켈강이며 인장과 전단 하중 담당하는 구조 부분에 사용
　 [알루미늄 볼트]
　　• 직경이 1/4인치 이하는 1차 구조부, 정비나 검사의 목적으로 자주 장탈하는 곳에 사용 금지
　　• 카드뮴 볼트에 알루미늄 너트를 사용하면 이질 금속간 부식을 일으켜 함께 사용 금지
② 드릴 헤드 볼트(AN 73~AN 81)
　 안전 결선을 하도록 볼트 머리에 구멍이 있음
③ 정밀 공차 볼트(육각 머리 AN 173~AN 186 , NAS 673~NAS 678)
　 일반 볼트보다 정밀하게 가공된 볼트로서 심한 반복 운동과 진동 받는 부분에 사용
④ 내부 렌칭 볼트(MS 20004~200024) 또는 인터널 렌칭 볼트
　 ㉠ 고강도 강으로 만들며 큰 인장력과 전단력이 작용하는 부분에 사용
　 ㉡ 볼트 머리에 홈이 파여져 있으므로 L wench(Allen Wrench)로 사용하여 장·탈착
⑤ 특수 볼트
　 ㉠ 클레비스 볼트(AN 21~AN 36)
　　• 머리가 둥글고 스크루 드라이버를 사용하도록 머리에 홈이 파여 있음
　　• 전단 하중이 걸리고 인장 하중이 작용하지 않는 조종 계통 부분에 사용

ⓒ 아이 볼트(EYE BOLT AN 42~AN 49)
- 인장 하중이 작용하는 부분에 사용
- 고리(EYE)는 턴버클(Turnbuckle)이나, 케이블(Cable) 걸이에 걸리도록 제작

ⓒ 로크 볼트(고정 볼트, Lock Bolt)
고강도 볼트와 리벳으로 구성되며 날개의 연결부, 착륙 장치의 연결부와 같은 구조 부분에 사용
재래식 볼트보다 신속하고 간편하게 장착할 수 있고 와셔나 코터 핀 등을 사용하지 않아도 됨
- 풀(Pull)형 고정 볼트 : 특수 공기총을 사용하여 혼자서 작업이 가능
- 스텀프(Stump)형 고정 볼트 : 공간이 매우 좁은 경우에 사용
- 블라인드(Blind)형 고정 볼트 : 한쪽 면에서만 작업이 가능한 부분에 사용

사) 볼트의 식별

① AN 3 DD H 5 A
- AN : 규격(AN 표준 기호)
- 3 : 볼트 지름이 3/16인치
- DD : 볼트 재질로 2024 알루미늄 합금을 나타냄(C : 내식강)
- H : 머리에 구멍 유무(H : 구멍유, 무표시 : 구멍무)
- 5 : 볼트 길이가 5/8인치
- A : 나사 끝에 구멍 유무(A : 구멍무, 무표시 : 구멍유)

② AN 12 - 17
- 12 : 볼트 직경(12/16인치)
- 17 : 볼트 길이(1, 7/8인치)

③ AN 3 DD - 6
- AN 3 : 표준 육각 머리 볼트
- 3 : 볼트 지름(3/16인치)
- DD : 재질(2024 T)
- 6 : 볼트 길이(6/8인치)

2) 너트(Nut)

볼트 짝이 되는 암나사로 탄소강, 알루미늄 합금, 카드뮴 도금강, 스테인리스 강으로 제작

가) 너트의 종류

① 자동 고정 너트(SELF-LOCKING NUT)
안전을 위한 보조 방법이 필요 없고 구조 전체적인 고정 역할을 함
과도한 진동에서 쉽게 풀리지 않는 강도를 요하는 연결부에 사용
회전하는 부분에는 사용을 금함

ⓐ 전 금속형 자동 고정 너트
- 금속의 탄성을 이용한 것으로 너트 윗부분에 홈을 파서 구멍의 지름을 적게 한 것
- 심한 진동에도 풀리지 않음

ⓒ 화이버 자동 고정 너트(Fiber Self Locking Nut)
- 너트 윗부분이 파이버(Fiber)로 된 칼라(Collar)를 가지고 있어 볼트가 이 칼라에 올라오면 아래로 밀어 고정
- 화이버의 경우 15회, 나일론의 경우 200회 이상 사용을 금지
- 사용 온도 한계가 121℃(250°F) 이하에서 제한된 횟수만큼 사용하지만 649℃(1200°F)까지 사용

(A) 전 금속형 너트

(B) 비금속 파이버형 너트

| 자동 고정 너트 |

② 비자동 고정 너트

코터 핀(Cotter Pin), 안전 결선, 고정 너트 등으로 체결

㉠ 캐슬 너트(성 너트, AN 310, CASTLE NUT)

볼트 생크(Shank)에 안전핀 구멍이 있는 볼트에 사용하며 코터 핀으로 고정

ⓒ 캐슬 전단 너트(AN 320, CASTELLATED SHEAR NUT)

성 너트 보다 얇고 약하며, 주로 전단 응력만 작용하는 곳에 사용

ⓒ 평 너트(AN 315, AN 335, PLAIN NUT)

큰 인장 하중을 받는 곳에 사용

㉣ 평 체크 너트(AN 316,340,345, PLAIN CHECK NUT)

평 너트와 세트 스크루 끝 부분의 나사가 난 로드에 장착하는 너트

㉤ 나비 너트(AN 350, WING NUT)

맨 손으로 죌 수 있는 정도의 죔이 요구되는 부분에 사용

(a) 캐슬 너트

(b) 캐슬 전단 너트

(c) 평 너트

(d) 체크 너트

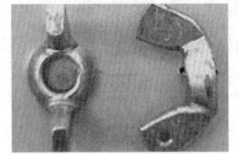
(e) 나비 너트

| 비자동 고정 너트 |

나) 너트의 식별
① AN 310 D - 5R
- AN : AN 표준 기호
- 310 : 너트 종류(캐슬 너트)
- D : 재질(2017 T) (F : 강, B : 황동, D : 2017 T (알루미늄), DD : 2024 T, C : 스테인리스강)
- 5 : 지름(5/16인치)
- R : 오른 나사

② AN 350 B - 1032
- AN : AN 표준 기호
- 350 : 너트 종류(나비너트)
- B : 너트 재질(황동)
- 10 : 너트 지름(10/16인치)
- 32 : 1인치 당 나사산의 수 32개

3) 스크루(나사못, SCREW)
볼트에 비해 저 강도의 재질이고 스크루 드라이버를 사용할 수 있음

가) 특징
① 볼트보다 낮은 강도의 재질로 만듦
② 머리에 드라이버를 사용하도록 홈이 파여 있으며 나사가 비교적 헐거움(2등급 사용)
③ 명확한 그립(Grip)이 없음

나) 종류
① 구조용 스크루(AN 509, AN 525, NAS 204 ~ NAS 235)
   ㉠ 합금강으로 만들어지며 적당한 열처리가 되어 볼트와 같은 강도가 요구되는 구조부에 사용
   ㉡ 명확한 그립(Grip) 가지며 머리모양은 둥근 머리, 와셔머리, 접시머리(Counter-sunk) 등으로 되어 있음
② 기계용 스크루
   저탄소강, 황동, 내식강, AL합금 등으로 만들고 가장 다양하게 사용
③ 자동 탭핑 스크루(AN 504, AN 506, AN 540, AN 531)
   자신이 나사 구멍을 만들 수 있는 약한 재질의 부품이나 주물에 표찰을 고정시킬 때 사용

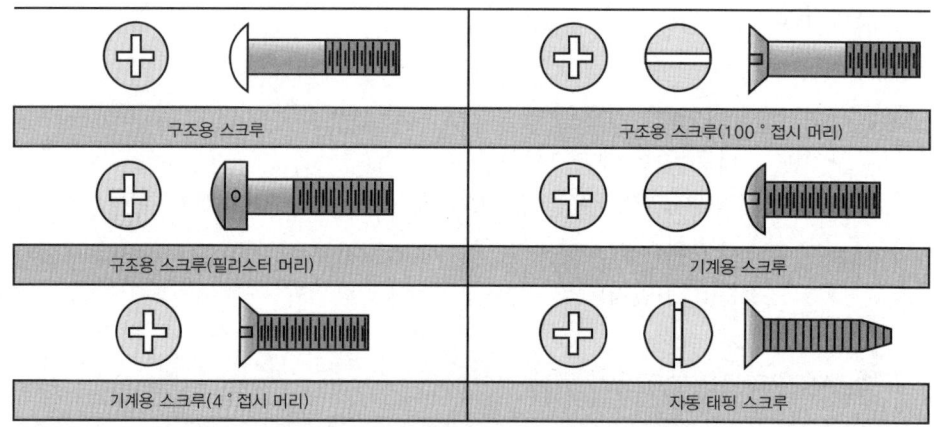

| 스크루의 종류 |

다) 나사못의 식별 방법

① AN 501 A B P 416 8
- AN : AN 표준 기호
- 501 : 둥근 납작 머리 스크루(필리스터 머리 기계 나사)
- A : 나사에 구멍 유무(A : 있다, 무표시 : 없다)
- B : 나사못의 재질
  B : 황동, C : 내식강, DD : AL합금(2024T), D : AL합금 (2017T)
- P : 머리의 홈(필립스)
- 416 : 나사못의 축의 지름(4/16인치)
- 8 : 나사못의 길이(8/16인치)

② AN 507 C 428 R 8
- AN : AN 표준 기호
- 507 : 100° 납작 머리
- C : 내식강
- 428 : 축의 지름의 4/16, 1inch당 나사산의 수가 28개
- R : + 홈이 머리에 있음
- 8 : 길이가 8/16인치

4) 와셔(WASHER)

볼트나 너트에 의한 작용력이 고르게 분산되도록 하며 볼트 그립 길이를 맞추기 위해 사용되는 부품

| 와셔의 종류 |

가) 평 와셔(AN 960, AN 970)

① AN 960

일반적인 목적으로, 성 너트를 사용할 때 코터 핀이 일치하지 않을 때 위치 조절하는 데도 사용

② AN 970

AN 960 와셔보다 더 큰 면압을 주며 목재 표면을 상하지 않게 볼트나 너트의 머리 밑에 사용

나) 고정 와셔(AN 935,936)

① 자동 고정 너트나 캐슬 너트가 적합하지 않은 곳에 기계용 스크루나 볼트와 함께 사용
② 고정 와셔는 강의 재질로 약간 비틀려 제작
③ 와셔의 스프링력은 너트와 볼트의 나사산 사이에서 강한 마찰력을 발생시킴
④ 고정 와셔의 종류
  ㉠ SPILT 고정 와셔(AN 935)
  ㉡ 진동 방지 고정 와셔(AN 936)
⑤ 고정 와셔를 사용해서는 안 되는 부분
  ㉠ 주 및 부 구조물이 고정 장치로 사용될 때
  ㉡ 파손 시 항공기나 인명에 피해나 위험을 줄 수 있는 부분에 고정 장치로 사용될 때
  ㉢ 파손 시 공기 흐름에 노출되는 곳
  ㉣ 스크루를 자주 장착, 탈착하는 부분
  ㉤ 와셔가 공기 흐름에 노출되는 곳
  ㉥ 와셔가 부식 될 수 있는 조건에 있는 곳
  ㉦ 연한 목재에 바로 와셔를 낄 필요가 있는 부분

다) 특수 와셔(AN 950,AN 955)

볼 소켓 와셔와 볼 시트 와셔는 표면에 어떤 각을 이루고 있는 볼트를 체결하는 데 사용

5) 턴 로크 파스너(Turn Lock Fastener)

정비와 검사를 목적으로 점검 창을 신속하고 용이하게 장탈하거나 장착할 수 있도록 만들어진 부품

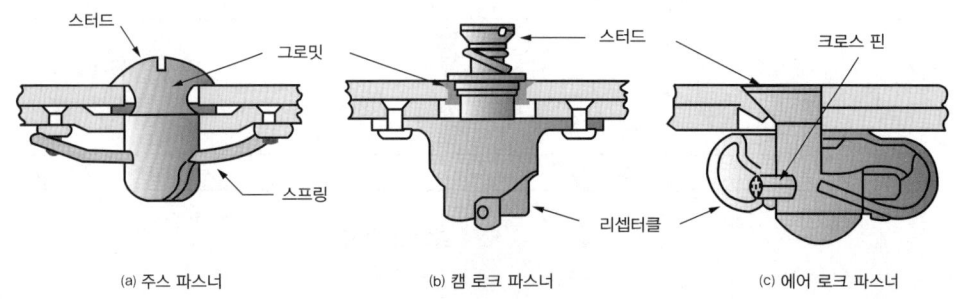

(a) 주스 파스너　　　(b) 캠 로크 파스너　　　(c) 에어 로크 파스너

| 턴 로크 파스너 |

가) 주스 파스너(Dzus Fastener)

스터드(Stud), 그로밋(Grommet), 리셉터클(Receptacle)로 구성되며 반시계 방향으로 1/4회전 시키면 풀어지고 시계 방향으로 회전시키면 고정

① 주스 파스너의 머리에는 직경, 길이, 머리모양이 표시
② 직경은 x/16인치로 표시
③ 길이는 x/100인치로 표시
④ 주스 파스너의 머리 모양 : 윙(Wing), 플러시(Flush), 오발(Oval)
⑤ 주스 파스너의 식별
- F : 플러시 머리(Flush Head)
- 6½ : 몸체 직경이 6.5/16인치
- 50 : 몸체 길이가 50/100인치

나) 캠 로크 파스너(Cam Lock Fastener)

스터드(Stud), 그로밋(Grommet), 리셉터클(Receptacle)로 구성되며 항공기 카울링(Cowling) 페어링(Fairing)을 장착하는 데 사용

다) 에어 로크 파스너(Air Lock Fastener)

스터드, 크로스 핀(Cross Pin), 리셉터클로 구성

6) 특수 고정 부품

가) 고전단 응력 리벳(High Shear Rivet, Pin Rivet)

① 금속재의 칼라(Collar)를 홈 속에 끼워 넣음으로써 강하게 밀착
② 전단 응력만 작용하는 착륙 기어의 접합부와 같이 고전단 강도를 요하는 곳에 사용
③ 일반 리벳보다 강도 3배

④ 그립 길이가 섕크 직경보다 작은 곳은 사용 금지

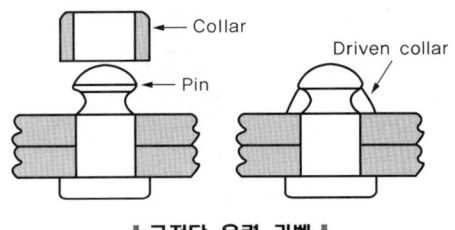

∥ 고전단 응력 리벳 ∥

나) 고정 볼트(Lock Bolt)

고 전단 리벳처럼 높은 전단 응력을 필요로 하는 곳에 사용되지만 고전단 리벳보다 진동에 강함.

다) 고강도 고정 볼트(Hi-Lock Bolt)

높은 전단 응력을 받는 구조 부분의 영구 결합용 부품으로 사용

라) 조 볼트(Jaw Bolt)

고강도 구조용 조임 장치로 고강도가 요하는 곳의 정밀 공차 구멍에 사용

7) 핀(Pin)

전단력이 작용하는 곳과 안전결선을 해야 할 곳에 사용

① 테이퍼 핀(Taper Pin)
② 클레비스 핀(Clevis Pin)
③ 코터 핀(Cotter Pin)
④ 롤 핀(Roll Pin)

8) 케이블과 턴버클(Cable And Turn Buckle)

가) 케이블 기구

① 케이블 가이드

케이블 가이드(Cable Guide)는 조종 케이블이 기체의 구조물을 관통하는 곳이나 케이블 방향을 바꾸기 위하여 장착

㉠ 페어리드(Fairlead) : 케이블이 관통하는 기체 구조의 격벽 등에 장착하여 구조물과 케이블의 마찰을 방지하는 역할을 하며, 3° 이내의 직선 구간에 사용

㉡ 에어 실(Air Seal) : 기체 구조의 여압 부위를 관통하는 격벽에 장착하여 압력이 빠져 나가는 것을 방지

㉢ 풀리(Pulley) : 버스 드럼(Bus Drum)이라고도 불리며, 조종 케이블의 처짐을 방지하거나 방향을 바꾸는 역할

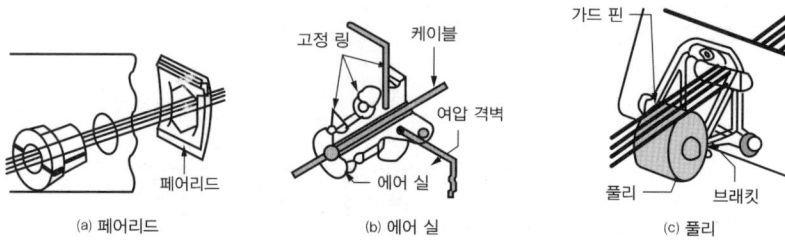

| 케이블 가이드 |

② 힘 전달 장치
  ㉠ 쿼드란트와 토크 튜브 : 쿼드란트(Quadrant)는 조종 케이블의 직선 운동을 토크 튜브(Torque Tube)의 회전 운동으로 변환
  ㉡ 벨 크랭크 : 벨 크랭크(Bell Crank)는 일반적으로 'L'자 형태이며, 힘의 전달 방향 전환

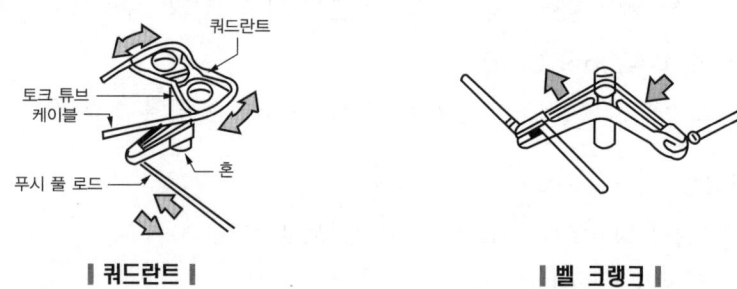

| 쿼드란트 | **| 벨 크랭크 |**

  ㉢ 케이블 드럼(Cable Drum) : 주로 탭 조종 계통에 많이 사용
  ㉣ 토크 튜브(Torque Tube) : 조종측과 조종면 사이에서 직선, 회전 운동을 전환
③ 장력 조절기(Tension Regulator)
   케이블의 장력을 일정하게 유지

나) 케이블(Cable)

① 케이블의 재질
   탄소강, 스테인리스강
② 조종 케이블의 종류
  ㉠ 7×19 케이블
    • 19개의 와이어로 1개의 다발(가닥)을 만들고 이 다발(가닥) 7개로 1개의 케이블로 제작
    • 초 가요성 케이블
    • 강도가 높고 유연성이 매우 좋아 주 조종 계통에 사용
  ㉡ 7×7 케이블
    • 7개의 와이어로 1다발(가닥)을 만들고 이 다발(가닥) 7개로 1개의 케이블로 제작

- 가요성 케이블
- 초가요성보다 유연성은 없지만 내마멸성이 우수
ⓒ 1×19 케이블
- 19개의 와이어를 꼬아서 1개의 케이블로 제작
- 유연성이 없어 구조 보강용 케이블로 사용
ⓔ 1×7 케이블
- 7개의 와이어를 꼬아서 1개의 케이블로 제작
③ 규격
㉠ 다발의 꼭대기 꼭지 간의 직경으로 정해짐.
㉡ 1/32인치에서 3/8인치까지 1/32인치 간격
㉢ 1/8인치 이하인 케이블은 1차 조종 계통에 사용 금지
④ 케이블 연결 방법
㉠ 스웨이징 방법(Swaging Method)
- 스웨이징 케이블 단자에 케이블을 끼우고 스웨이징 공구나 장비로 압착하여 접착하는 방법
- 연결 부분 케이블 강도는 케이블 강도의 100%를 유지
- 가장 일반적으로 많이 사용
- 터미널 부분이 적절하게 스웨이징 되었는지 확인하는 방법 : Go No Go Gage
㉡ 5단 엮기 케이블 이음 방법(5 Tuck Woven Cable Splice Method)
- 부싱(Bushing)이나 딤블(Thimble)을 사용하여 케이블 가닥을 풀어서 엮은 다음 그 위에 와이어로 감아 씌우는 방법
- 7×7, 7×19 케이블로서 직경이 3/32인치 이상 케이블에 사용
- 연결 부분의 강도는 케이블 강도의 75%
㉢ 랩 솔더 케이블 이음 방법(Wrap Solder Cable Splice)
- 케이블 부싱이나 심블 위로 구부려 돌린 다음 와이어를 감아 스테아르산의 땜납 용액에 담아 땜납 용액이 케이블 사이에 스며들게 하는 방법
- 케이블 지름이 3/32인치 이하의 가요성 케이블이거나 1×19 케이블에 적용
- 접합 부분의 강도는 케이블 강도의 90%
- 고온 부분에 사용 금지
⑤ 케이블의 세척 방법
㉠ 쉽게 닦아 낼 수 있는 녹이나 먼지는 마른 헝겊으로 닦음
㉡ 케이블 표면에 칠해져 있는 오래 된 방부제나 오일로 인한 오물 등은 깨끗한 헝겊에 솔벤트나 케로신을 묻혀 닦음
㉢ 세척한 케이블은 깨끗한 마른 헝겊으로 닦아 낸 후 부식 방지 처리함

⑥ 케이블 검사 방법
　㉠ 케이블의 와이어에 잘림, 마멸, 부식 등이 없는지 검사
　㉡ 와이어의 잘린 선을 검사할 때는 헝겊으로 케이블을 감싸서 다치지 않도록 검사
　㉢ 풀리나 페어리드에 닿는 부분을 세밀히 검사
　㉣ 7×7 케이블은 25.4mm당(1inch당) 3가닥, 7×19 케이블은 25.4mm당(1inch당) 6가닥이 잘려 있으면 교환

다) 턴버클(Turnbuckle)

조종 케이블의 장력을 조절하는 부품으로 턴버클 배럴과 턴버클 단자(Terminal End)로 구성

① 턴버클 배럴(MS 21251)
턴버클 배럴에는 한쪽은 오른나사 다른 한쪽은 왼나사로 구성

② 턴버클 앤드(턴버클 단자)의 종류
　㉠ 아이 단자(Cable Eye end AN 170, MS 21254, MS 21255)
　　조종 케이블의 케이블 딤블(THIMBLE)과 연결
　㉡ 포크 단자(FORK END AN 161, MS 21252, MS 21253)
　　플랫 피팅(FLAT FITTING)에 턴버클 부착할 때 이용
　㉢ 핀 아이 단자(PIN EYE END AN 165)
　　포크 형이나 양면을 가진 피팅에 사용
　㉣ 스웨이징 피팅(AN145, AN146, AN147)
　　조종 케이블을 직접 슬리브에 넣어 스웨이징 작업으로 연결한 후 턴버클에 조립

9) 튜브(Tube)

가) 튜브의 호칭 치수
바깥지름(분수)×두께(소수)로 표시

나) 항공기 유관의 식별
항공기의 유관을 수리하거나 교환기 전에 유관의 재질을 식별하는 것이 중요

① 자기 시험과 질산 실험에 의한 식별

재질	자기 시험	질산 시험
탄소강	강한 자성	갈색(느린 반응)
18-8강	자성 없음	반응이 없음
순수 니켈	강한 자성	회색(느린 반응)
모넬	자성이 조금 있음	푸른색(급한 반응)
니켈강	자성이 없음	푸른색(느린 반응)

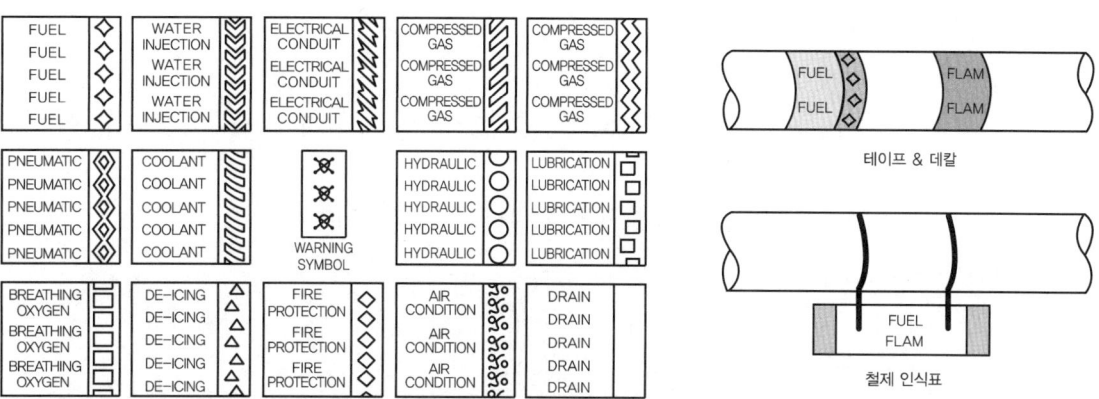

유체 배관 색코드와 사용 예

② 색 띠에 의한 알루미늄 관의 식별
  ㉠ 알루미늄 관을 식별하기 위한 색 띠는 관의 양 끝이나 중간에 부착
  ㉡ 보통 10cm의 너비
  ㉢ 두 가지 색깔로 표시되는 경우는 각각 절반의 너비를 차지

알루미늄 합금 번호	색 띠
1100	흰색
2003	녹색
2014	회색
2024	빨간색
5052	자주색
6053	검은색
6061	파란색과 노란색
7075	갈색과 노란색

다) 튜브 플레어링(Tube Flaring)
① 싱글 플레어(Single Flare)
② 더블 플레어(Double Flare)
  ㉠ 외경이 1/8~3/8 인치의 알루미늄 합금 튜브에 적용
  ㉡ 강튜브에는 필요 없음
  ㉢ 밀폐 특성이 좋고 전단 작용에 대한 저항이 강함

라) 금속관의 검사 및 수리
① 알루미늄 합금 관의 긁힘이나 찍힘이 관 두께의 10%가 넘을 때에는 관을 교환
② 플레어 된 부분에 금이 가거나 결함이 있는 경우에는 수리
③ 관의 찌그러진 부분이 지름의 20% 이하일 때 수리 가능

10) 호스(Hose)

가) 호스의 치수 표시
가요성 호스의 크기를 표시하는 방법은 호스의 안지름(내경)으로 표시하며 1인치의 16분비(x/16인치)로 표시
예 No.7인 호스는 안지름이 7/16 인치인 호스를 의미

나) 호스의 재질
① 부나 N
  ㉠ 석유류에 잘 견디는 성질
  ㉡ SKYDROL용에 사용 금지
  ※ SKYDROL : 화재 방지 항공 작동유
② 네오프렌
  ㉠ 아세틸렌기를 가진 합성 고무로 석유류에 잘 견디는 성질은 부나 N보다는 못하지만 내마멸성은 오히려 강함
  ㉡ SKYDROL에 사용 금지
③ 부틸
  천연 석유제품으로 만들어지며 SKYDROL용에 사용할 수 있으나 석유류와 같이 사용 금지
④ 고무호스
  안쪽에 이음이 없는 합성 고무층이 있고 그 위에 무명과 철선의 망으로 덮여 있으며 맨 마지막 층에는 고무에 무명이 섞인 재질로 덮여 있음, 연료 계통, 오일 냉각 및 유압 계통에 사용
⑤ 테플론 호스
  항공기 유압 계통에서 높은 작동 온도와 압력에 견딜 수 있도록 만들어진 가요성 호스
  ㉠ 사용 가능 온도 : 54~232℃
  ㉡ 호스의 구성 : 튜브 위에 테플론 수지로 덮여 있고 그 위에 한 겹 또는 두 겹의 스테인리스강 철사로 보호

다) 유관의 식별
테이프와 데칼에 의한 표지

라) 호스를 장착할 때의 유의 사항
① 호스가 꼬이지 않도록 주의
② 5~8%의 여유를 두어 압력이 가해질 때 호스의 수축 방지
③ 호스의 진동을 막기 위해 60cm마다 클램프(Clamp)로 고정

2 출제 예상 문제

01 항공기 볼트의 나사산(Thread)은 일반적으로 Class 3 NF(American National Fine Pitch)가 사용된다. NF는 길이 1인치당 몇 개의 나사산(Thread)을 가지고 있는가?
① 10개　② 12개
③ 14개　④ 16개

해설
3등급(Class 3)
Medium Fit로 강도를 필요로 하는 곳에 사용하며 항공기용 볼트는 거의 3등급으로 제작

※ NF(American National Fine) 나사 계열 항공기에 사용하는 대부분의 볼트로 1inch당 나사산의 수가 14개인 나사

02 "1/4-28-UNF-3A" 나사(Thread)에 대한 설명으로 옳은 것은?
① 직경은 1/4 인치이고 암나사이다.
② 직경은 1/4 인치이고 거친 나사이다.
③ 나사산 수가 인치당 7개이고 거친 나사이다.
④ 나사산 수가 인치당 28개이고 가는 나사이다.

03 육각 볼트에 대한 설명이 가장 올바른 것은?
① 볼트는 머리(Head)와 그립(Grip)로 구성되어 있다.
② 볼트의 길이는 그립(Grip)의 길이를 말한다.
③ 일반적으로 볼트의 식별을 위해 머리에 식별 기호가 있다.
④ 볼트의 길이는 1/16inch 단위로 표시한다.

04 볼트의 식별에서 두부(頭部)에 삼각형 부호가 있는 것은 무슨 뜻이며, 어떤 곳에 사용되는가?
① 일반 공차 볼트로서 Engine Mount 볼트로만 사용된다.
② 정밀 공차 볼트로서 기체의 1차 구조물에서만 사용된다.
③ 정밀 공차 볼트로서 반복 운동과 진동을 하는 정밀한 곳에 사용된다.
④ 육각 볼트로서 어떤 곳에나 다 같이 사용된다.

05 그림과 같은 표시는 어떤 볼트를 나타내는 것인가?

① 내식성 볼트
② 스탠다드 스틸 볼트
③ 정밀 공차 볼트
④ 알루미늄 합금 볼트

06 다음 중 볼트의 용도 및 식별에 대한 설명으로 가장 거리가 먼 내용은?
① 볼트머리의 X 표시는 합금강을 표시한 것이다.
② 볼트머리의 △ 표시는 내식강을 표시한 것이다.
③ 텐션 볼트(Tension Bolt)는 인장 하중이 걸리는 곳에 사용된다.
④ 시어 볼트(Shear Bolt)는 전단 하중이 많이 걸리는 곳에 사용된다.

정답　01. ③　02. ④　03. ③　04. ③　05. ③　06. ②

해설

볼트머리의 △ 표시는 정밀 공차 볼트

07 인터널 렌칭 볼트가 주로 사용되는 곳은?
① 정밀 공차 볼트와 같이 사용된다.
② 표준 육각 볼트와 같이 아무 곳에나 사용된다.
③ 크레비스 볼트와 같이 사용된다.
④ 비교적 큰 인장과 전단이 작용하는 부분에 사용된다.

해설

내부 렌칭 볼트 또는 인터널 렌칭 볼트
고강도 강으로 만들며 큰 인장력과 전단력이 작용하는 부분에 사용
볼트 머리에 홈이 파여져 있으므로 L wench (Allen Wrench)로 사용하여 장착, 탈착

08 인터널 렌칭 볼트(Internal Wrenching Bolt)의 사용 시 주의 사항으로 옳은 것은?
① 볼트를 풀고 죌 때는 L렌치를 사용한다.
② 카운터싱크 와셔를 사용할 때는 와셔의 방향은 무시해도 좋다.
③ MS와 NAS의 인터널 렌칭 볼트의 호환은 MS를 NAS로 교환이 가능하다.
④ 너트의 아래는 충격에 강한 연질의 와셔를 사용한다.

09 티타늄 합금 볼트를 사용하는 데 있어서 주의해야 할 사항으로 가장 올바른 것은?
① 200°F를 넘는 곳에 장착할 때는 카드뮴 도금 너트를 사용하지 않는다.
② 200°F를 넘는 곳에 장착 시에는 은도금된 셀프 로킹 너트를 사용하여서는 안 된다.
③ 100°F를 넘는 곳에 장착할 때는 카드뮴 도금된 너트를 사용하여서는 안 된다.
④ 100°F를 넘는 곳에 장착 시에는 은 도금된 셀프 로킹 너트를 사용하여서는 안 된다.

10 클레비스 볼트(Clevis Bolt)에 대한 설명으로 틀린 것은?
① 인장 하중이 걸리는 곳에 사용한다.
② 전단 하중이 걸리는 곳에 사용한다.
③ 조종 계통에 기계적인 핀의 역할로 끼워진다.
④ 보통 스크루 드라이버나 십자드라이버를 사용한다.

해설

클레비스 볼트(AN 21 -AN 36)
- 머리가 둥글고 스크루 드라이버 사용하도록 머리에 홈이 파여 있음
- 전단 하중이 걸리고 인장 하중이 작용하지 않는 조종 계통 부분에 사용

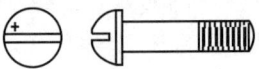

11 로크 볼트(Lock Bolt)에 대한 설명으로 틀린 것은?
① 장착하는 데 판의 표면을 풀림 처리한 것이다.
② 고강도 볼트와 리벳의 특징을 결합한 것이다.
③ 로크 와셔, 코터 핀으로 안전 장치를 해야 한다.
④ 일반 볼트나 리벳보다 쉽고 신속하게 장착할 수 있다.

해설

로크 볼트(고정 볼트, Lock Bolt)
- 고강도 볼트와 리벳으로 구성되며 날개의 연결부, 착륙 장치의 연결부와 같은 구조 부분에 사용
- 재래식 볼트보다 신속하고 간편하게 장착할 수 있고 와셔나 코터 핀 등을 사용하지 않아도 됨

정답 07. ④ 08. ① 09. ① 10. ① 11. ③

12 항공기용 볼트의 부품 번호가 AN3H-5A인 경우 이 볼트의 재질은?

① 알루미늄 합금　② 내식강
③ 마그네슘 합금　④ 합금강

해설
AN 3 DD H 5 A
- AN : 규격(AN 표준 기호)
- 3 : 볼트 지름이 3/16인치
- DD : 볼트 재질로 2024 알루미늄 합금을 나타냄(C : 내식강)
- H : 머리에 구멍 유무(H : 구멍유, 무표시 : 구멍무)
- 5 : 볼트 길이가 5/8인치
- A : 나사 끝에 구멍 유무(A : 구멍무, 무표시 : 구멍유)

13 AN 3 DD 5 A의 "DD"를 가장 올바르게 설명한 것은?

① DD는 싱크에 드릴 작업이 되지 않은 상태를 나타낸다.
② DD는 재질을 표시하는 것으로 2024 알루미늄 합금을 나타낸다.
③ DD는 부식 저항용 강을 나타낸다.
④ DD는 카드뮴 도금한 강을 나타낸다.

14 AN 3 DD - 6 볼트의 규격 중 3은 무엇을 나타내는가?

① 재질(2024T)　② 지름(3/16in)
③ 그립의 길이　④ 볼트의 길이

15 볼트의 부품 번호가 AN 3 DD 5 A인 경우 A에 대한 설명으로 옳은 것은?

① 볼트의 재질을 의미한다.
② 나사 끝에 구멍이 있음을 의미한다.
③ 볼트 머리에 두 개의 구멍이 있음을 의미한다.
④ 미해군과 공군에 의한 규격으로 승인된 부품이다.

16 볼트의 부품 번호가 AN 12-170이라면 이 볼트의 직경은 몇 인치인가?

① 1/16　② 3/8
③ 3/4　④ 17/32

해설
AN 12 - 17
- 12 : 볼트 직경(12/16인치)
- 17 : 볼트 길이(1과 7/8인치)

17 부품 번호가 "NAS 654 V 10 D"인 볼트에 너트를 고정시키는 데 필요한 것은?

① 코터 핀　② 스크루
③ 로크 와셔　④ 특수 와셔

해설
NAS 654 : 볼트 계열
- V : 재질
- 10 : 그립의 길이(10/16 in)
- D : 나사 끝에 구멍 있음

18 볼트 그립 길이와 볼트가 장착되는 재료의 두께에 관한 설명으로 옳은 것은?

① 볼트 그립 길이는 가장 얇은 판의 두께의 3배가 되어야 한다.
② 볼트 그립 길이는 볼트가 장착되는 재료의 두께와 같거나 약간 길어야 한다.
③ 볼트가 장착될 재료의 두께는 볼트 그립 길이의 2배가 되어야 한다.
④ 볼트가 장착될 재료의 두께는 볼트 그립 길이에 볼트 직경의 길이를 합한 것과 같아야 한다.

정답 12. ④　13. ②　14. ②　15. ②　16. ③　17. ①　18. ②

19 너트(NUT)의 일반적인 식별 방법이 아닌 것은?

① 머리 모양에 식별 기호나 문자가 있다.
② 금속 특유의 광택으로 식별할 수 있다.
③ 내부에 삽입된 화이버(Fiber) 또는 나이론의 색으로 식별한다.
④ 구조 및 나사 등으로 식별한다.

20 항공기용 Nut의 취급 방법에 대한 설명 중 가장 거리가 먼 내용은?

① Nut는 사용되는 장소에 따라 강도, 내식, 내열에 적합한 부품 번호의 Nut를 사용하여야 한다.
② 셀프 로킹(Locking) Nut를 Bolt에 장착하였을 때는 Bolt 나사 끝 부분이 2나사 이상 나와 있어야 한다.
③ 셀프 로킹(Locking) Nut의 느슨함으로 인한 Bolt의 결손이 비행의 안전성에 영향을 주는 장소에는 사용하여서는 안 된다.
④ 셀프 로킹(Locking) Nut를 이용하여 토크를 걸 때에는 Nut의 규정 토크값만을 정확히 적용한다.

21 셀프 로킹 너트(Self Locking Nut)의 사용법에 대한 설명으로 가장 올바른 것은?

① 폴리, 벨 크랭크, 레버, 링케이지 등에 사용할 수 있다.
② 너트가 느슨하여 볼트가 손실될 경우 비행 안전성에 영향을 주는 장소에는 사용할 수 없다.
③ 일반적으로 움직임이 없는 곳에는 사용할 수 없다.
④ 화이버나, 나일론 재질의 셀프 로킹 너트는 고온부에 사용할 수 있다.

22 구조용 캐슬 너트(Plain Castellated Air Frame Nut)에 대한 설명 내용으로 가장 거리가 먼 것은?

① 나사에 구멍이 있는 스터드와 함께 사용한다.
② 인장용의 홈이 있는 너트다.
③ 세트 스크루 끝부분의 나사가 있는 로드에 장착되어 고정하는 역할을 한다.
④ 장착 부품과 상대 운동을 하는 볼트에 사용한다.

23 넌 셀프 로킹 너트(Non Self Locking Nut)에 해당되지 않는 것은?

① 평 너트
② 잼 너트
③ 인서트 비금속 너트
④ 나비 너트

24 너트(Nut)의 일반적인 특징에 대한 설명 중 가장 올바른 것은?

① 평 너트(Plain Hexagon Airframe Nut)는 인장 하중을 받는 곳에 사용한다.
② 잼 너트(Hexagon Jam Nut)는 맨손으로 조일 수 있는 곳에서 조립부를 빈번하게 장탈 혹은 장착하는 네 적합하게 만들어져 있다.
③ 나비 너트(Plain Wing Nut)는 평 너트, 세트 스크루 끝 부분의 나사가 있는 로드에 장착되어 고정하는 역할을 한다.
④ 구조용 캐슬 너트(Plain Castellated Airframe Nut)는 홈이 없이 사용된다.

정답 19. ① 20. ④ 21. ② 22. ③ 23. ③ 24. ①

25 너트(Nut)에 대한 표시 기호가 다음과 같을 때 옳게 설명한 것은?

> AN 310   D 5 R

① "AN310"은 화이버 로킹 너트(Fiber Locking Nut)를 나타낸다.
② "D"는 마그네슘 합금을 나타낸다.
③ "5"는 직경으로 5/16인치를 나타낸다.
④ "R"은 왼 나사로 나사산이 인치당 32개 있다.

해설

AN 310 D - 5R
- AN : AN 표준 기호
- 310 : 너트 종류(캐슬 너트)
- D : 재질(2017 T) (F : 강, B : 황동, D : 2017 T(알루미늄), DD : 2024 T, C :스테인리스 강)
- 5 : 지름(5/16인치)
- R : 오른 나사

26 그림과 같이 연장 공구(Extension)를 이용하여 토크 렌치(Toque Wrench)를 사용하였을 때 필요한 토크값은?

- T : 필요한 토크값
- E : 연장 공구의 길이
- L : 토크 렌치의 길이
- R : 필요한 게이지 읽음값

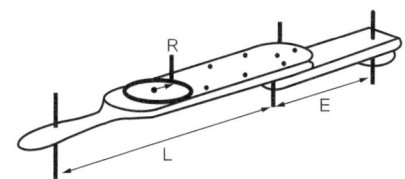

① R = TE/L   ② R = LT/(L + E)
③ R = T   ④ R = (TE/L) + E

27 유효 길이 20in의 토크 렌치에 10in인 연장 공구를 사용하여 1000in-lbs의 토크로 볼트를 조이려고 한다면 토크 렌치의 지시값은 약 몇 in-lbs인가?

① 100   ② 333
③ 666   ④ 2000

해설

$R = \dfrac{L}{L+E}T = \dfrac{20}{20+10}1000 = 666.7 \text{in-lbs}$

28 안전 결선 작업을 신속하고, 일관성 있게 하거나 와이어(Wire)를 절단하는 데에도 사용할 수 있는 공구는?

① Diagonal Cutter
② Wire Twister
③ Interlocking Plier
④ Cannon Plier

29 약 1500°F까지 온도가 올라갈 수 있는 기관 부위에 사용할 수 있는 안전 결선 재료는?

① Cu 합금
② 5056 Al 합금
③ Ni-Cu 합금(모넬)
④ Ni-Cr-Fe 합금(인코넬)

30 스크루(Screw)를 용도에 따라 분류할 때 이에 해당하지 않는 것은?

① 머신 스크루(Machine Screw)
② 구조용 스크루(Structural Screw)
③ 트라이 윙 스크루(Tri Wing Screw)
④ 셀프 탭핑 스크루(Self Tapping Screw)

31 항공기의 여러 곳에 가장 많이 사용되며 그립이 없고 보통 납작머리, 둥근머리, 와셔머리 등으로 되어 있는 스크루는?

① 구조용 스크루
② 테이퍼핀 스크루
③ 기계용 스크루
④ 셀프테핑 스크루

정답 25. ③ 26. ② 27. ③ 28. ② 29. ④ 30. ③ 31. ③

제3부 항공 기체

해설
기계용 스크루
저탄소강, 황동, 내식강, AL합금 등으로 만들고 가장 다양하게 사용

32 기계 스크루(Machine Screw)의 설명으로 틀린 것은?

① 일반 목적용으로 사용되는 스크루이다.
② 평면머리와 둥근머리 와셔 헤드 형태가 있다.
③ 저 탄소, 황동, 내식강, 알루미늄 합금 등으로 만들어진다.
④ 명확한 그립이 있고 같은 크기의 볼트처럼 같은 전단 강도를 갖고 있다.

해설
스크루의 특징
- 볼트보다 낮은 강도의 재질로 만든다.
- 머리에 드라이버를 사용하도록 홈이 파여 있으며 나사가 비교적 헐겁다(2등급 사용).
- 명확한 그립(Grip)이 없다.

33 스크루(Screw)의 식별 부호 NAS 144 DH-22에서 DH는 무엇을 가리키는가?

① 재질   ② 머리모양
③ 드릴 헤드   ④ 길이

34 NAS 514 P428-8의 스크루에서 틀린 내용은?

① NAS : 규격명
② P : 머리의 홈
③ 428 : 지름, 나사산 수
④ 8 : 계열

해설
AN 501 A B P 416 8
- AN : AN 표준 기호
- 501 : 둥근 납작 머리 스크루(필리스터 머리 기계 나사)
- A : 나사에 구멍 유무(A : 있다, 무표시 : 없다)
- B : 나사못의 재질
- B : 황동, C : 내식강, DD : AL 합금(2024T), D : AL 합금(2017T)
- P : 머리의 홈(필립스)
- 416 : 나사못의 축의 지름(4/16인치)
- 8 : 나사못의 길이(8/16인치)

35 AN 514 P 428-8 스크루에서 P가 뜻하는 것은?

① 계열   ② 머리의 홈
③ 지름   ④ 재질

36 스크루의 부품 번호가 AN 501 C-416-7이라면 재질은?

① 탄소강   ② 황동
③ 내식강   ④ 특수 와셔

해설
- AN : AN 표준 기호
- 507 : 100° 납작 머리
- C : 내식강
- 416 : 축의 지름의 4/16, 1inch당 나사산의 수가 16개
- 7 : 길이가 7/16인치

37 평 와셔에 대한 설명으로 틀린 것은?

① 구조물, 장착 부품의 조임면의 부식을 방지한다.
② 볼트, 너트를 조일 때에 구조물, 장착 부품을 보호한다.
③ 구조물이나 장착 부품의 조이는 힘을 한곳에 집중시킨다.
④ 볼트, 너트의 코터 핀 구멍 위치 등의 조정용 스페이서(Spacer)로 사용한다.

정답 32. ④ 33. ③ 34. ④ 35. ② 36. ③ 37. ③

38 일반적인 항공기에 사용되는 평 와셔(plain Washer)에 대한 설명으로 틀린 것은?

① 볼트, 너트를 조일 때 로크 역할을 한다.
② 볼트, 너트를 조일 때 구조물 장착 부품을 보호한다.
③ 구조물, 장착 부품의 조임면의 부식을 방지한다.
④ 구조물이나 장착 부품의 힘을 분산시킨다.

39 그림과 같은 와셔의 명칭은?

① 평 와셔(Plate Washer)
② 스프링 와셔(Spring Washer)
③ 테이퍼 핀 와셔(Taper Washer)
④ 이붙이 와셔(Toothed Lock Washer)

40 고정 와셔(Lock Washer)가 사용되는 곳으로 가장 적당한 것은?

① 주(主) 및 부 구조물 고정 장치로 사용될 때
② 파손 시 공기 흐름에 노출되는 곳
③ 자동 고정 너트(Self Locking Nut)나 Castellated-nut가 적합하지 않은 곳
④ Screw를 자주 장착, 탈착하는 부분

41 항공기용 와셔 취급 시 일반적으로 고려해야 할 사항으로 가장 올바른 것은?

① 와셔는 필요 강도가 충분하면 볼트와 같은 재질이 아니어도 상관없다.
② 크램프 장착 시에는 평 와셔를 붙여 사용할 필요가 없다.
③ 기밀을 요하는 장소 및 공기의 흐름에 노출되는 표면에는 로크 와셔를 필히 사용해야 한다.
④ 탭 와셔는 재사용할 수 있다.

42 셰이크 프루프 고정 와셔가 주로 사용되는 곳은?

① 주 구조물에 고정 장치로 사용
② 높은 온도에 잘 견디고 심한 진동 부분에 사용
③ 스크루를 자주 장탈하는 부분에 사용
④ 와셔가 공기 흐름에 노출되는 곳에 사용

43 와셔의 부품 번호가 다음과 같이 표기되어 있을 때 L이 뜻하는 내용은?

> AN 960 J D 716 L

① 재질　　② 두께
③ 표면 처리　④ 형식

해설
AN 960 J D 716 L
- AN 960 : 계열
- J : 표면 처리
- D : 재질
- 716 : 적용 볼트의 지름
- L : 두께

44 코터 핀의 장착 및 떼어 낼 때의 주의 사항으로 틀린 것은?

① 한번 사용한 것은 재사용하지 않는다.
② 핀 끝을 구부릴 때는 꼬거나 가로 방향으로 구부린다.
③ 부근의 구조를 손상시키지 않도록 플라스틱 해머를 사용한다.
④ 핀 끝을 절단할 때는 안전사고를 방지하기 위해 핀축에 직각으로 절단해야 한다.

정답　38. ①　39. ④　40. ③　41. ②　42. ②　43. ②　44. ②

45 항공기 카울링에 사용되는 주스 파스너(Duzs Fastener)의 머리에 있는 표식으로 알 수 있는 것은?

① 제조 일자와 제조 국가
② 재료 재질과 제조 업체
③ 몸체 길이, 몸체 굵기, 재질
④ 몸체 직경, 머리 종류, 파스너의 길이

해설
주스 파스너
- 머리에는 직경, 길이, 머리 모양이 표시
- 직경은 x/16인치로 표시
- 길이는 x/100인치로 표시
- 주스 파스너의 머리 모양 : 윙(Wing), 플러시(Flush), 오발(Oval)

46 다음 중 주스 파스너(Dzus Fastener)의 구성품이 아닌 것은?

① 스터드(Stud)
② 그로밋(Grommet)
③ 리셉터클(Receptacle)
④ 어크로스 슬리브(Across Sleeve)

해설
주스 파스너(Dzus Fastener)
스터드(Stud), 그로밋(Grommet), 리셉터클(Receptacle)로 구성되며 반시계 방향으로 1/4회전시키면 풀어지고 시계 방향으로 회전시키면 고정

47 항공기의 카울링과 페어링(Faring)을 장착하는 데 사용되는 캠 로크 파스너(Cam Lock Fastener)의 구성으로 옳은 것은?

① Grommet, Cross Pin
② Stud Assembly, Grommet, Cross Pin
③ Stud Assembly, Grommet, receptacle
④ Stud Assembly, Receptacle, Cross Pin

해설
캠 로크 파스너(Cam Lock Fastener)
스터드(Stud), 그로밋(Grommet), 리셉터클(Receptacle)로 구성되며 항공기 카울링(Cowling) 페어링(Fairing)을 장착하는 데 사용

48 턴 로크 중에서 에어 로크 파스너의 구성 요소가 아닌 것은?

① 스터드
② 스터드 리셉터클
③ 크로스핀
④ 그로밋

49 파스너 장착 부위에 프리로드(Preload)를 주며, 피로 하중에 대한 특성이 가장 좋은 하드웨어는?

① 테이퍼 로크 볼트
② 블라인드 파스너
③ 척볼트 파스너
④ 로크볼트 파스너

50 조종 케이블이 작동 중에 최소의 마찰력으로 케이블과 접촉하여 직선 운동을 하게하며, 케이블의 3도 이내의 범위에서 방향을 유도하는 것은?

① 토크 튜브   ② 벨 크랭크
③ 폴리   ④ 페어리드

해설
페어리드(Fairlead)
케이블이 관통하는 기체 구조의 격벽 등에 장착하여 구조물과 케이블의 마찰을 방지하는 역할을 하며, 3° 이내의 직선 구간에 사용

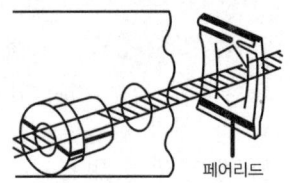
페어리드

정답 45. ④ 46. ④ 47. ③ 48. ④ 49. ① 50. ④

51 케이블 조종 계통에 사용되는 페어리드의 역할이 아닌 것은?

① 작은 각도의 범위에서 방향을 유도한다.
② 작동 중 마찰에 의한 구조물의 손상을 방지한다.
③ 케이블의 엉킴이나 다른 구조물과의 접촉을 방지한다.
④ 케이블의 직선 운동을 토크 튜브의 회전 운동으로 바꿔 준다.

52 로드나 케이블에서의 운동 방향을 바꾸어 주기 위하여 사용되는 것으로, 회전축에 관한 2개의 암을 가지고 있어 회전 운동을 직선 운동의 방향을 바꿔 주는 것은?

① 토크 튜브 ② 벨 크랭크
③ 풀리   ④ 스웨이징

해설
벨 크랭크(Bell Crank)는 일반적으로 'L'자 형태이며, 힘의 전달 방향 전환

53 케이블 조종 계통(Cable Control System)에서 케이블 안내 기구로 사용되는 것은?

① 풀리(Pulley)
② 벨 크랭크(Bell Crank)
③ 토크 튜브(Torque Tube)
④ 푸시-풀 로드(Push-pull Rod)

54 항공기 조종 장치의 구성품에 대한 설명으로 틀린 것은?

① 풀리는 케이블의 방향을 바꿀 때 사용되며, 풀리의 베어링은 원활한 회전을 위해 주기적으로 윤활해 주어야 한다.
② 압력 실은 케이블이 압력 벌크헤드를 통과 하는 곳에 사용되며, 케이블의 움직임을 방해하지 않을 정도의 기밀이 요구된다.
③ 페어리드는 케이블이 벌크헤드의 구멍이나 다른 금속이 지나는 곳에 사용되며, 페놀 수지 또는 부드러운 금속 재료를 사용한다.
④ 턴버클은 케이블의 장력 조절에 사용되며, 턴버클 배럴은 케이블의 꼬임을 방지하기 위해 한쪽에는 왼나사, 다른 쪽에는 오른나사로 되어 있다.

해설
풀리의 베어링은 밀봉되어서 윤활이 필요 없음

55 조종 컬럼이나 조종간에서 힘을 케이블 장치에 전달하는 데 사용되는 조종 계통의 장치는?

① 풀리   ② 페어리드
③ 벨 크랭크   ④ 쿼드런트

해설
쿼드란트와 토크 튜브
쿼드란트(Quadrant)는 조종 케이블의 직선 운동을 토크 튜브(Torque Tube)의 회전 운동으로 변환

56 항공기 조종 계통에 대한 설명으로 옳은 것은?

① 케이블을 왕복으로 설치하는 것은 피해야 한다.
② 케이블 장력이 커지면 풀리에 큰 반력이 생기고 마찰력이 커져 조종성이 떨어진다.
③ 케이블 풀리 간격이 조작하는 거리보다 짧아지는 것이 조종성 안정에 좋다.
④ 케이블은 로드(Rod)보다 작은 공간을 필요로 하므로 현대 항공기에서 많이 사용된다.

정답 51. ④ 52. ② 53. ① 54. ① 55. ④ 56. ②

57 조종 케이블 계통(Control Cable System)에서 온도 변화에 관계없이 자동적으로 항상 일정한 케이블 장력(Cable Tension)을 유지하기 위한 장치는?

① 케이블 드럼(Cable Drum)
② 케이블 쿼드런트(Cable Quadrant)
③ 케이블 장력계(Cable Tension Meter)
④ 케이블 장력 조절 장치(Cable Tension Regulator)

58 7×7 케이블에 대한 설명으로 옳은 것은?

① 7개의 와이어를 모두 모아서 한번에 1개의 가닥으로 만든 케이블
② 49개의 와이어를 모두 모아서 한번에 1개의 가닥으로 만든 케이블
③ 7개의 와이어를 모두 모아서 7번 꼬아 1개의 가닥으로 만든 케이블
④ 7개의 와이어로 만든 가닥 1개를 7개 모아 다시 1개의 가닥으로 만든 케이블

59 케이블 조종 계통(Cable Control System)에서 7×19의 Cable을 가장 올바르게 설명한 것은?

① 7개의 Wire로서 1개 다발을 만들고 이 다발 19개로서 1개의 Cable을 만든 것이다.
② 19개의 Wire로서 1개 다발을 만들고 이 다발 7개로서 1개의 Cable을 만든 것이다.
③ 7개의 다발로서 19개로 만든 것이다.
④ 19개의 다발로서 7개로 만든 것이다.

60 조종 케이블(Control Cable)에 대한 설명 중 가장 거리가 먼 내용은?

① 케이블의 기본 구성품은 와이어이다.
② 케이블의 규격은 지름으로 정한다.
③ 주 조종 계통에는 지름이 1/8 인치 이하의 케이블을 사용한다.
④ 일반적으로 케이블의 재료는 탄소강과 내식강이다.

해설
1/8인치 이하인 케이블은 1차 조종 계통에 사용 금지

61 케이블 터미널 핏팅(Fitting) 연결 방법에서 원래 부품과 거의 같은 강도를 보장할 수 있는 방법은?

① 5-tuck Woven Splice 방법
② 스웨이징(Swaging) 방법
③ Wrap-solder Cable Splice 방법
④ 5-tuck Woven Splice 방법과 Wrap-Solder Cable Splice 방법

해설
스웨이징 방법(Swaging Method)
- 스웨이징 케이블 단자에 케이블을 끼우고 스웨이징 공구나 장비로 압착하여 접착하는 방법
- 연결 부분 케이블 강도는 케이블 강도의 100%를 유지
- 가장 일반적으로 많이 사용

62 직경 3/32" 이하의 가요성 케이블(Flexible Cable)에 사용되고, 고열 부분에서는 사용이 제한되는 케이블 작업은?

① Swaging
② Nicopress
③ Five-Tuck Woven Splice
④ Wrap-Solder Cable Splice

해설
랩 솔더 케이블 이음 방법(Wrap Solder Cable Splice)
- 케이블 부싱이나 심블 위로 구부려 돌린 다음 와이어를 감아 스테아르산의 땜납 용액에 담아 땜납 용액이 케이블 사이에 스며들게 하는 방법
- 케이블 지름이 3/32인치 이하의 가요성 케이블이거나 1×19 케이블에 적용

- 접합 부분의 강도는 케이블 강도의 90%
- 고온 부분에 사용 금지

63 다음 중 조종 케이블의 장력을 측정하는 기구는?
① 턴버클(Turnbuckle)
② 프로트랙터(Protractor)
③ 케이블 리깅(Cable Rigging)
④ 케이블 텐션미터(Cable Tension Meter)

64 항공기 조종 계통의 케이블의 장력은 신축과 온도 변화에 따른 주기적 점검 조절을 해야 한다. 무엇으로 조절하는가?
① 케이블 장력 조절기(Cable Tension Regulator)
② 턴버클(Turnbuckle)
③ 케이블 드럼(Cable Drum)
④ 케이블 장력계(Cable Tension Meter)

65 조종 케이블의 점검에 대한 설명 중 가장 거리가 먼 내용은?
① 케이블의 손상 점검은 헝겊을 이용한다.
② 케이블의 내부에 부식이 있으면 케이블을 교환한다.
③ 케이블의 외부 부식은 솔벤트에 담궈 녹여서 제거한다.
④ 케이블을 역방향으로 비틀어서 내부 부식을 점검한다.

> [해설]
> 케이블의 세척 방법
> - 쉽게 닦아 낼 수 있는 녹이나 먼지는 마른 헝겊으로 닦음
> - 케이블 표면에 칠해져 있는 오래 된 방부제나 오일로 인한 오물 등은 깨끗한 헝겊에 솔벤트나 케로신을 묻혀 닦음
> - 세척한 케이블은 깨끗한 마른 헝겊으로 닦아 낸 다음 부식 방지

66 케이블 조종 계통의 턴버클 배럴(Barrel) 양쪽 끝에 구멍의 용도로 옳은 것은?
① 코터핀 작업을 위하여
② 안전 결선(Safety Wire)을 하기 위하여
③ 양쪽 케이블 피팅에 윤활유를 보급하기 위하여
④ 양쪽 케이블 피팅의 나사가 충분히 물려있는 지 확인하기 위하여

67 턴버클(Turnbuckle)의 안전한 장착 방법이 아닌 것은?
① 턴버클 배럴의 검사용 구멍에 핀이 들어가지 않아야 한다.
② 턴버클 엔드피팅의 나사산이 배럴의 밖으로 일정 수 이상 나오지 않아야 한다.
③ 턴버클이 잘 풀리지 않도록 안전 결선으로 묶어져 있어야 한다.
④ 턴버클 엔드피팅은 코터 핀을 이용하여 단단히 장착한다.

68 턴버클(Turnbuckle)의 검사 방법에 대한 설명으로 틀린 것은?
① 이중 결선법인 경우 배럴의 검사 구멍에 핀이 들어가면 장착이 잘 되었다고 할 수 있다.
② 이중 결선법인 경우에 케이블의 지름이 1/8in 이상인지를 확인한다.
③ 단선 결선법에서 턴버클 섕크 주위로 와이어가 4회 이상 감겼는지 확인한다.
④ 단선 결선법인 경우 턴버클의 죔이 적당한지는 나사산이 3개 이상 밖에 나와 있는지를 확인한다.

정답 63. ④ 64. ② 65. ③ 66. ② 67. ④ 68. ①

69 케이블 턴버클 안전 결선 방법에 대한 설명으로 옳은 것은?

① 배럴의 검사 구멍에 핀을 꽂아 핀이 들어가지 않으면 양호한 것이다.
② 단선식 결선법은 턴버클 엔드에 최소 6회 감아 마무리한다.
③ 복선식 결선법은 케이블 직경이 1/8 in 이상인 경우에 주로 사용한다.
④ 턴버클 엔드의 나사산이 배럴 밖으로 5개 이상 나오지 않도록 한다.

70 알루미늄 합금 튜브(6061 T)의 이중 플레어 방식으로 플레어 작업을 할 수 있는 튜브 지름의 치수 범위로 가장 올바른 것은?

① $\frac{1}{8} \sim \frac{3}{8}$ inch ② $\frac{3}{8} \sim \frac{5}{8}$ inch
③ $\frac{5}{8} \sim \frac{3}{4}$ inch ④ $\frac{1}{4} \sim \frac{3}{4}$ inch

해설
더블 플레어(Double Flare)
- 외경이 1/8~3/8인치의 알루미늄 합금 튜브에 적용
- 강튜브에는 필요 없음
- 밀폐 특성이 좋고 전단 작용에 대한 저항이 강함

71 다음 중 항공기에 장착된 유관을 구분하는 방법으로 사용되지 않는 것은?
① 색깔 ② 문자
③ 그림 ④ 재질

72 항공기 호스(Hose)를 장착할 때 주의 사항으로 틀린 것은?
① 호스가 꼬이지 않도록 한다.
② 내부 유체를 식별할 수 있도록 식별표를 부착한다.
③ 호스의 진동을 방지하기 위하여 클램프(Clamp)로 고정한다.
④ 호스에 압력이 가해질 때 늘어나지 않도록 정확한 길이로 설치한다.

해설
호스 장착 시 유의 사항
- 호스가 꼬이지 않도록 주의
- 압력이 가해지면 호스가 수축되므로 5~8% 여유를 둠
- 호스의 진동을 막기 위해 60cm마다 클램프(Clamp)로 고정
- 테이프와 데칼로 표시

정답 69. ③ 70. ① 71. ④ 72. ④

03. 기체 구조의 수리 및 역학

1 기체 구조의 수리

가 판금 작업

1) 구조 수리의 기본 원칙

① 본래의 강도 유지
② 본래의 윤곽 유지
③ 중량의 최소 유지
④ 부식에 대한 보호

2) 성형법(Molding Method)

가) 판금 설계

① 최소 굽힘 반지름(최소 굴곡 반경)
  ㉠ 판재를 최소 예각으로 굽힐 때 내접원의 반지름
  ㉡ 풀림 처리한 판재는 그 두께와 같은 정도의 굽힘 반지름
  ㉢ 보통 최소 굽힘 반지름 : 두께의 3배 정도(R = 3T)

② 굽힘 여유, 굴곡 허용량(BA, Bend Allowance)
  평판을 구부려서 부품을 만들 때에 완전히 직각으로 구부릴 수 없으므로 굽히는 데 소요되는 여유 길이

$$BA = \frac{\theta}{360} 2\pi \left(R + \frac{1}{2}T \right)$$

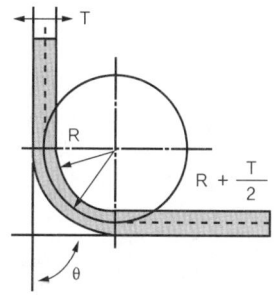

▎굽힘 여유▎

③ 세트백(Set Back)

굴곡된 판 바깥면의 연장선의 교차점과 굽힘 접선과의 거리

$$SB = k(R+T) = \tan\frac{\theta}{2}(R+T) \quad \text{※ } 90°\text{일 때 } k=1$$

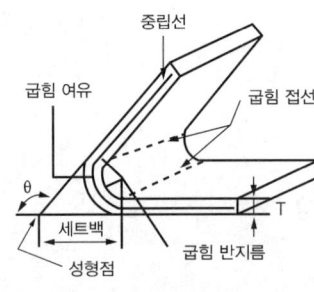

| 세트백 |

나) 판재의 절단 및 굽힘 가공

① 블랭킹(Blanking)
    펀치와 다이를 프레스에 설치하여 판금 재료로부터 소정의 모양을 떠내는 것
② 펀칭(Punching)
    필요한 구멍을 뚫는 것
③ 트리밍(Trimming)
    가공된 제품의 불필요한 부분을 떼어 내는 것
④ 세이빙(Shaving)
    끝 다듬질하는 것
⑤ 굽힘 가공(접기 가공, Folding)
    얇은 판을 굽히는 작업
⑥ 수축 가공(Shrinking)
    한쪽 길이를 압축시켜 짧게 함으로서 재료를 굽힘
⑦ 신장 가공(Stretching)
    재료의 한쪽을 늘려서 길게 함으로서 재료를 굽힘
⑧ 크림핑 가공(Crimping)
    길이를 짧게 하기 위해 판재를 주름잡는 가공
⑨ 범핑 가공(Bumping)
    가운데가 움푹 들어간 구형면을 가공하는 작업
⑩ 플랜징(Flanging)
    원통의 가장자리를 늘려서 단을 짓는 가공

⑪ 심 작업(Seaming)

판재를 서로 구부려 끼운 후 압착시켜 결합시키는 작업

※ 스프링 백(Spring Back) : 재료가 변형 후 탄성에 의해 본래의 형태로 되돌아가려는 성질

※ 릴리프 홀(Relief Hole) : 2개 이상의 굴곡이 교차하는 장소는 안쪽 접선의 교점에 응력이 집중하여 교점에 균열이 일어나는 것을 방지. 응력 제거 구멍. 1/8인치 이상

다) 손상 부분의 처리 방법

① 크리닝 아웃(Cleaning Out)

Trimming, Cutting, Filing 등 손상 부분을 완전히 제거(원형, 라운딩 사각형)

② 크린 업(Clean Up)

모서리의 찌꺼기, 날카로운 면 등이 판의 가장자리에 없도록 하는 것

③ 스톱 홀(Stop Hole)

균열(Crack) 등이 일어난 경우, 균열의 끝부분에 뚫는 구멍(직경 1/8In Or 3/32In)

④ Smooth Out

Scratch, Nick 등 Sheet에 있는 작은 흠 제거

나 리벳 작업

1) 리벳(Rivet)

금속 판재를 영구 결합하는 데 사용하는 부품으로 결합 작업이 용이하고 강도를 크게 유지할 수 있어 가장 널리 사용

재질 기호	합금	유니버설 머리		접시 머리(100°)		비고
		형상	기호	형상	기호	
A	1100		◯		◯	No mark
		MS 20470 A		MS 20470 A		
AD	2117		⊙		⊙	Dimple
		MS 20470 AD		MS 20470 AD		
D	2017		⊙		⊙	Raised Dot
		MS 20470 D		MS 20470 D		
DD	2024		(- -)		(- -)	Raised Double Dash
		MS 20470 DD		MS 20470 DD		
B	5056		⊕		⊕	Raised Cross
		MS 20470 B		MS 20470 B		

∥ 리벳 재질 및 머리 모양 ∥

가) 일반 리벳

① 머리 모양에 따른 종류

㉠ 둥근 머리 리벳(Round Head Rivet, AN 430, AN 435, MS 20435)
두꺼운 판재나 강도를 필요로 하는 내부 구조물을 연결하는 데 사용

㉡ 납작 머리 리벳(Flat Head Rivet, AN 441, AN 442)
내부 구조 결합에 사용

㉢ 접시 머리 리벳(Counter Sunk Head Rivet, AN 420, AN 425, MS 20426)
- 고속기 외피에 사용
- AN 420 : 90°, AN 425 : 78°, AN 426 : 100°

㉣ 브래지어 머리(납작 둥근 머리) 리벳(Brazier Head Rivet, AN 455, AN 456)
흐름에 노출되는 얇은 판재를 연결하는 데 널리 사용

㉤ 유니버설 리벳(Universal Rivet, AN 470, MS 20470)
기체의 내, 외부의 구조에 사용

② 재질에 따른 종류

㉠ 1100(2 S) A : 순수 알루미늄 리벳으로 비구조용 사용

㉡ 2117 T(AD) A 17 ST : 항공기에 가장 많이 사용되며 열처리를 하지 않고 상온에서 작업 가능

㉢ 2017 T(D) 17 ST ICE BOX RIVET
- 2117 T 리벳 보다 강도가 요구되는 곳에 사용되며 상온에서 너무 강해 풀림 처리 후 사용
- 상온 노출 후 1시간 후에 50% 정도 경화되며 4일쯤 지나면 100% 경화
- 냉장고에서 보관하고 냉장고에서 꺼낸 후 1시간 이내 사용

㉣ 2024 T(DD) 24 ST ICE BOX RIVET : 2017 T 보다 강한 강도가 요구되는 곳에 사용하며 열처리 후 냉장 보관하고 상온 노출 후 10~20분 이내에 작업

㉤ 5056(B) : 마그네슘(Mg)과 접촉할 때 내식성이 있는 리벳이며 마그네슘 합금 접합용으로 사용되며 머리에 + 표로 표시

㉥ 모넬 리벳(M) : 니켈 합금강이나 니켈강 구조에 사용되며 내식강 리벳과 호환으로 사용할 수 있는 리벳

㉦ 구리(C) : 동합금, 가죽 및 비금속 재료에 사용

㉧ 스테인리스강(F, CR STEEL) : 내식강 리벳으로 방화벽, 배엔진, 브래킷 등에 사용

나) 특수 리벳

속이 비어 있고 강도 약하며 비구조용으로 사용

① 체리 리벳(Cherry Rivet)
버킹바(Bucking Bar)를 댈 수 없는 곳에 쓰이며 돌출 부위를 가지고 있는 스템(Stem)과 속이 비어 있는 리벳 생크, 머리로 구성

② 리브 너트(Rivnut)
  ㉠ 생크 안쪽에 구멍이 뚫려 나사가 나있는 곳에 리브 너트를 끼워 시계 방향으로 돌리면 생크가 압축을 받아 오그라들면서 돌출 부위 생성
  ㉡ 항공기의 날개나 테일 표면에 고무 제빙 부츠를 장착하는 데 사용
③ 폭발 리벳(Explosive Rivet)
  ㉠ 생크 끝 속에 화약을 넣어 리벳 머리에 가열된 인두로 폭발시켜 리벳 작업
  ㉡ 연료 탱크나 화재 위험 있는 곳 사용 금지

다) 리벳의 식별
① MS 20470 D 6 - 16
  - MS 20470 : 리벳의 종류 (유니버설 리벳)
  - D : 재질(2017 T)
  - 6 : 리벳 지름(6/32인치)
  - 16 : 리벳 길이(16/16인치)
② AN 470 AD - 3 - 5
  - AN 470 : 리벳의 종류(유니버설 리벳)
  - AD : 재질(알루미늄 합금 2117 T)
  - 3 : 리벳 직경(3/32인치)
  - 5 : 리벳 길이(5/16인치)

2) 리벳의 선택
가) 리벳의 직경
① 두꺼운 판재의 3배 : D=3T
② 3/32in 이하의 리벳은 구조 부재에 사용 불가능

나) 리벳의 길이
① 전체 길이=G+1.5D
② 돌출 길이=1.5D
③ 벅테일 높이=0.5D
④ 벅테일 지름=1.5D

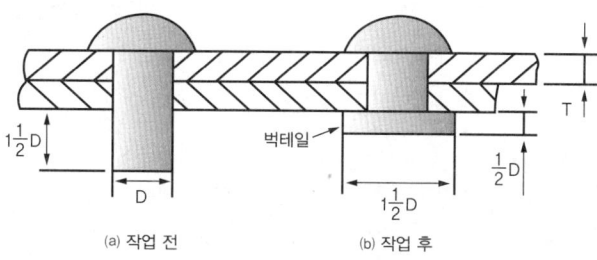

∥ 리벳 길이 ∥

3) 리벳의 배열

① 리벳 피치

같은 열에 이웃하는 리벳 중심 간의 거리(6~8D, 최소 3D)

② 열간 간격(횡단 피치)

열과 열 사이의 거리(4.5~6D, 최소 2.5D)

③ 연 거리(끝 거리)

판재의 모서리와 최소 외곽열의 중심까지의 거리(2~4D), (접시머리 리벳 최소 연 거리 : 2.5D)

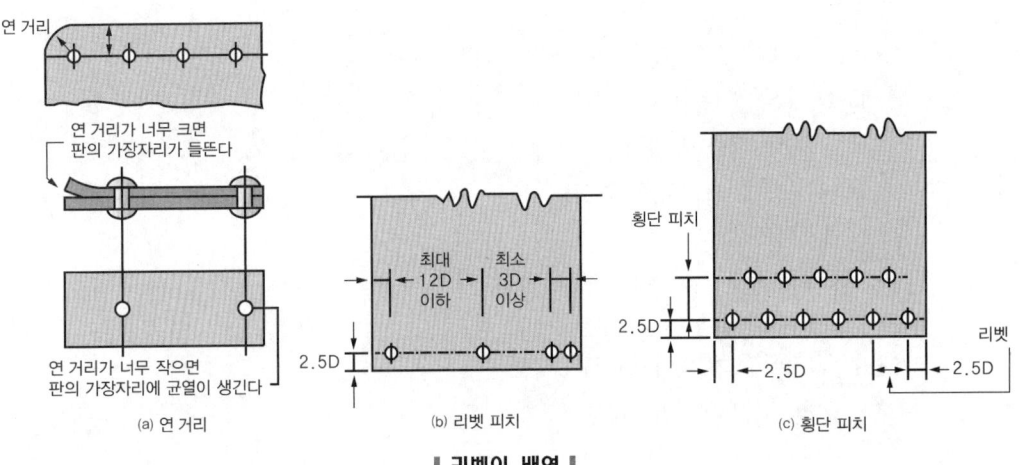

┃ 리벳의 배열 ┃

4) 리벳 작업

① 리벳과 리벳 구멍의 간격

0.002~0.004in

② 리벳 수

$$N = 1.15 \times \frac{tL\sigma_{max}}{\left(\dfrac{\pi D^2}{4}\right)\tau_{max}}$$

여기서, D : 리벳 지름, L : 판의 폭, T : 판의 두께

τ_{max} : 판재의 최대 전단 응력, σ_{max} : 판재의 최대 인장 응력

N : 리벳 수, 1.15 : 안전 계수

③ 드릴 작업

㉠ 경질 재료 : 얇은 판의 드릴 각도(118° 저속 고압)

㉡ 연질 재료 : 두꺼운 판의 드릴 각도(90° 고속 저압)

④ 클레코(Cleco)
   판을 겹쳐 놓고 구멍을 뚫는 경우 판이 어긋나지 않도록 클레코를 사용하여 고정
⑤ 딤플링(Dimpling)
   얇은 판 때문에 카운터 싱킹 한계(0.04in 이하)를 넘을 때 적용(Countersink)

다 용접(WELDING) 작업

재료의 접합하려는 부분을 녹이거나 녹은 상태에서 서로 융합시킴으로서 금속을 접합시키는 것

1) 용접의 장단점

가) 용접의 장점
① 자재의 절약
② 작업 공정수의 감소
③ 제품의 성능과 수명의 향상

나) 용접의 단점
① 재질의 변화, 잔류 응력, 잔류 변형 등에 의한 균열 및 기공(氣孔) 등이 발생
② 용접부의 급격한 금속적 변화로 취성 생성

2) 용접의 종류

가) 융접(FUSION WELDING)
모재의 접합부를 국부적으로 가열 용융시켜 이것에 제3의 금속 즉 용가제(용접봉)를 첨가하여 접합시키는 방법
① 가스 용접
   산소 아세틸렌 용접, 산소 수소 용접
② 아크 용접(전기 아크 용접)
   금속 아크 용접, 탄소 아크 용접, 아크 토치 용접, 원자 수소 용접
③ 테르밋 용접

나) 압접(PRESSURE WELDING)
접합부를 적당한 온도로 가열 혹은 냉간 상태로 하여 이것에 기계적 압력을 가하여 접합시키는 방법
① 단접
② 전기 저항 용접
   점용접, 심 용접, 버트 용접, 프레시 용접, 쇼트 용접

③ 납땜

모재의 접합부는 용융시키지 않고 모재보다 용융 온도가 낮은 용가재(납)를 녹여 접합부에 넣어 접합시키는 방법

3) 가스 용접(Gas Welding)

아세틸렌과 수소 등의 가연성 가스와 산소 또는 공기를 혼합시킨 혼합 가스에 의한 연소열을 이용하여 금속을 용융시켜 접합하는 용접

가) 가스 용접의 장점
① 유해 광선 발생이 적음
② 가열할 때 열량 조절이 비교적 자유로움
③ 넓은 응용 범위
④ 운반 편리
⑤ 저렴한 시설 비용

나) 가스 용접의 단점
① 낮은 열효율
② 열의 집중성이 나쁨
③ 폭발 위험성과 소모 비율이 높음

4) 산소-아세틸렌 가스 용접

다른 가스 용접에 비행 고온을 얻을 수 있고 열을 집중시켜 불꽃 조절 용이

가) 구성
① 호스(Hose)
  ㉠ 산소 호스 : 검은색 또는 초록색, 호스 연결부는 바른 나사
  ㉡ 아세틸렌 호스 : 빨간색, 호스 연결부는 왼 나사
② 아세틸렌 용기
  ㉠ 규조토, 목탄, 석면 등과 같은 다공질의 물질을 넣고 아세톤을 흡수시켜 아세틸렌 가스를 충전하여 사용(황색)
  ㉡ 보통 15℃에서 15기압 정도로 가압하여 용해한 아세틸렌 사용
③ 산소 용기
  공기 중의 산소를 분리하거나 물의 전기 분해로 제조하며 35℃에서 약 150기압의 고압 용기에 담아서 사용(녹색)
④ 압력 조절기(압력 조정기)
  고압의 가스를 감압하는 장치로 용접작업 시 산소 압력은 $5kg/cm^2$ 이하로 하고 아세틸렌 가스 압력은 $0.1{\sim}0.3kg/cm^2$으로 조절하여 사용

⑤ 용접 토치

산소 아세틸렌을 혼합하고 토치 팁에서 점화시켜 불꽃 만들어 용접할 모재의 접합시키는 데 사용

⑥ 토치 팁(Torch Tip)

구리나 구리 합금으로 만들며 그 크기는 숫자로 표시

⑦ 가스 용접봉

㉠ 용접할 모재의 보충 재료로 사용되는 관계로 일반적으로 모재보다 좋은 재질이거나 모재와 동일한 것을 사용

㉡ 용접봉의 굵기는 모재의 두께에 따라 선택

나) 용접 불꽃(산소 아세틸렌 불꽃)

산소와 아세틸렌을 1:1의 비율로 혼합시켜 연소시키면 다음과 같은 세 부분의 불꽃이 형성

① 백심 : 흰색 불꽃 부분으로 1,500℃

② 용접 불꽃(속 불꽃) : 3,200~3,500℃로 무색에 가깝고 백색 불꽃을 둘러쌈

③ 겉 불꽃 : 2,000℃

다) 산소, 아세틸렌의 비율에 따른 불꽃 상태

① 중성 불꽃(표준 불꽃, 중성염)

㉠ 토치에서 산소와 아세틸렌의 혼합비가 1:1일 때의 불꽃

㉡ 연강, 주철, 니크롬강, 구리, 아연도금 철판, 아연, 주강 및 고탄소강의 일반 용접에 사용

② 산화 불꽃(산소 과잉 불꽃)

㉠ 중성 불꽃에서 산소의 양이 많을 때 생기는 불꽃

㉡ 산화성이 강하여 황동, 청동 용접에 사용

③ 탄화 불꽃(아세틸렌 과잉 불꽃)

㉠ 산소가 적고 아세틸렌이 많을 때의 불꽃

㉡ 불완전 연소로 인하여 온도가 낮음

㉢ 스테인리스강, 스텔라이트, 알루미늄, 모넬메틸 등에 사용

라) 역류, 인화, 역화

① 역류(Contra Flow)

㉠ 산소가 아세틸렌 호스 쪽으로 흘러 들어가는 것

㉡ 원인 : 팁 끝이 막혔거나 안전기 고장

② 인화(Flash Back)

㉠ 팁 끝이 순간적으로 막혔을 때 가스의 분출이 나빠 불꽃이 혼합선까지 들어가는 것

㉡ 팁의 분출 소음이 약하게 되고 혼합실 부분이 뜨거워져 때로는 그을음 분출

ⓒ 불꽃이 보이지 않고 내부까지 진행되면 폭발 사고의 원인
ⓔ 처치법 : 즉시 아세틸렌 밸브를 잠가서 혼합선의 불을 끄고 이어서 산소 밸브도 잠근다.

③ 역화(Back Fire)
ⓐ 불꽃이 팁 안쪽으로 들어가서 순간적으로 폭발음("빵", "빵")을 내면서 다시 나오거나 꺼져 버리는 현상
ⓑ 가스 유출 속도보다 연소가 빠를 때 발생
ⓒ 원인
- 팁이 물체에 부딪혀 순간적으로 가스 흐름이 멈출 때
- 팁의 구멍은 큰 반면에 가스를 조금씩 내보내어 노즐부의 속도가 늦을 때
- 팁이 과열되었을 때
- 가스 압력이 아주 낮을 때
- 팁의 연결이 불충분할 때

5) 아크 용접(Arc Welding)

교류나 직류를 이용하여 모재와 용접봉 사이에 아크를 발생시켜 3,500 ~ 6,000℃ 정도에 이르는 고온을 이용하여 금속을 용해시켜 접합하는 용접

가) 직류 전원 아크 용접

아크 발생이 안정하고 일정

① 정극성(+)
ⓐ 모재에 +, 용접봉에 - 연결
ⓑ 양극에서 많은 열이 발생하여 용입 융액 많은 곳에 사용

② 역극성(-)
ⓐ 모재에 -, 용접봉에 + 연결
ⓑ 용융액 적음
ⓒ 박판, 주철, 고탄소강, 합금강 및 비철 금속 용접에 사용

나) 교류 전원 아크 용접

① 아크 전원이 일정치 않고 불안정
② 피복 용접봉을 사용하기 전에는 실효성 없었음
③ 주파수 증가에 따른 미세하고 균일한 아크가 발생

다) 용접 속도와 용접 상태와의 관계

① 언더 컷(Under Cut)
ⓐ 용접 속도가 빠르고 너무 높은 용접 전류에서는 용접 경계 부분에 아크로 긁힌 것과 같이 움푹 패인 모양

제3장 기체 구조의 수리 및 역학

        ⓒ 원인 : 용접 전류가 너무 크기 때문에 모재 쪽이 많이 녹아 용접봉의 용융된 용적이 그 부분을 채워 주지 못하기 때문
    ② 오버랩(Overlap)
        ㉠ 용융된 금속이 모재와 잘 융합되지 않고 표면에 덮여 있는 상태
        ⓒ 원인 : 용접 전류가 낮을 때에는 모재를 용융시키는 열이 부족하기 때문에 용입이 나빠져서 용착 금속이 흘러서 생기는 현상
    ③ 스패터(Spatter)
        ㉠ 용접 중에 용융금속 내에서 녹은 금속 입자가 슬래그로 흘러나온 것
        ⓒ 용융 금속 내에서 기포가 방출되거나 용접봉 끝의 용적이 폭발되거나 아크의 힘으로 용적이 흩어질 때 발생

라) 플라스마 용접
텅스텐봉에서 아크를 발생시켜, 수냉 노즐의 구멍을 통해서 아크를 세밀하게 만들어 플라스마 제트를 접점부에 대어 열로 재료를 녹임

6) 불활성 가스 아크 용접

가) 텅스텐 불활성 가스 아크 용접(TIG 용접)
① 용접에 필요한 열에너지를 비소모성의 텅스텐 전극과 모재 사이에서 발생하는 아크 열에 의해 공급되며 이때 비피복용 가재는 이 열에너지에 의하여 용해되어 용접되는 방법
② 용접 작업 도중 불활성 가스(아르곤, 헬륨)가 용접 부위의 공기를 제거하여 산화 방지
③ 불활성 가스
    ㉠ 아르곤 불활성 가스 : 값싸고 헬륨보다 널리 사용되고 헬륨보다 더 무거워 더 좋은 보호 덮개 역할을 하며 알루미늄이나 마그네슘 용접에 사용
    ⓒ 헬륨 불활성 가스 : 높은 열전도율을 가진 무거운 재료를 용접할 때 주로 사용

나) 금속 불활성 가스 아크 용접 (MIG 용접)
① TIG 용접의 텅스텐 대신에 피복을 입히지 않은 가느다란 금속 와이어인 용가전극(용접 와이어)을 일정한 속도로 토치에 자동 공급하여 모재와 와이어 사이에서 아크를 발생시키고 그 주위에 아르곤, 헬륨 또는 그것들의 혼합 가스 등을 공급시켜 아크와 용융지를 보호하면서 행하는 용접법
② 주로 알루미늄을 비롯하여 비철 재료, 고탄소강 등의 용접에 사용
③ 보호 가스에는 불활성 가스인 아르곤 가스가 주로 사용
④ MIG 용접의 특성
    ㉠ 모든 금속의 용접이 대체로 가능
    ⓒ 용제를 사용하지 않기 때문에 슬래그 없음
    ⓒ 스패터 및 합금 성분의 손실이 적음

ⓔ 용착 금속의 품질이 좋음
ⓜ 고능률
ⓗ 용접 가능한 판 두께의 범위가 넓음
ⓢ 모든 자세의 용접 가능

라 비파괴 검사(Non-Destructive Inspection)

1) 육안 검사
눈으로 직접 혹은 확대경을 이용하고 경우에 따라 강한 빛을 사용하여 결함을 검사. 보통 균열, 부식, 긁힘, 찍힘, 마모, 붕괴 등

2) 특수 기계를 이용한 검사
자기 검사, 형광 침투 검사, 착색 침투 검사, 초음파 검사 등

3) 치수 측정 검사
마이크로미터, 게이지 등의 측정 공구로 행하는 검사

4) 검사의 특징

가) 자기 검사(Magna-Flux Inspection)
자화가 되는 재료를 대상

나) 형광 침투 검사(Fluorescent Penetrant Inspection)
알루미늄 합금, 마그네슘 합금, 구리 등 비자성체 부품 가능

다) 착색 침투 검사(Dye Penetrant)
금속 비금속 사용 가능

라) X-ray Inspection
① 일반적인 결함 발견에 많이 사용
② 전문성 필요
③ 사소한 결함까지 발견 가능
④ 판독 시 많은 시간이 필요
⑤ 특정 부분 검사

마) 와전류 검사(Eddy-Current Inspection)
① 금속의 내면 검사에 효과적
② 고주파 전자기파를 금속부에 쬐여 금속 내부에 발생하는 와전류를 보고 판독
③ 재료가 불균일할 경우 계기가 규정치 이상을 지시

바) 초음파 검사(Ultrasonic Inspection)

오실로스코프(Oscilloscope)를 통해 아주 작은 결함까지 발견 가능하며 초음파를 물체 표면에 보내 주면 결함부에서 반사하는 반향파를 측정하여 결함의 깊이, 위치, 크기를 판독

사) 각 부분의 검사 방법

① 날개 장착 표피 : 와전류 검사
② 날개의 스파 : 시각 검사 및 와전류 검사
③ 날개의 장착 볼트 : 자기 검사
④ 수평 안정판 : 방사선 검사
⑤ 도살 핀, 세로대 : 초음파 검사
⑥ 벌크헤드 : 시각 및 보어스코프
⑦ 엔진 마운트 : 자기 검사
⑧ 강착 장치 스트럿 : 방사선 검사
⑨ L/G 사이드 브레이스 장착 볼트 : 착색 침투

1 출제 예상 문제

01 평행선을 이용한 전개도법은 어떠한 물체에 적용되는가?

① 원뿔, 각뿔
② 원기둥, 각기둥
③ 깔때기, 원기둥
④ 육각뿔, 사각뿔

해설

전개도법의 종류
- 평행선법 : 각기둥이나 원기둥을 전개할 때 사용
- 방사선법 : 각뿔이나 원뿔의 전개에 사용
- 삼각형법 : 방사선법을 적용하기 어려운 원뿔이나 편심원뿔 등에 사용

02 판금 작업 시 일반적으로 사용하는 전개도 작성 방법은?

① 평행선법, 삼각형법, 방사선법
② 평행선법, 삼각형법, 투상도법
③ 삼각형법, 투상도법, 방사선법
④ 평행선법, 투상도법, 사각형법

03 판금 가윗날의 여유각에 대하여 가장 올바르게 설명한 것은?

① 아랫날과 윗날이 이루는 각을 말한다.
② 날면의 경사를 말한다.
③ 수직 절단면과 윗날 및 아랫날이 만드는 각을 말한다.
④ 동력 전단기에서의 여유각은 3~6°이고, 판금 가위는 7~9°이다.

정답 01. ② 02. ① 03. ③

04 그림과 같은 판재 가공을 위한 레이아웃에서 성형점(Mold Point)을 나타낸 것은?

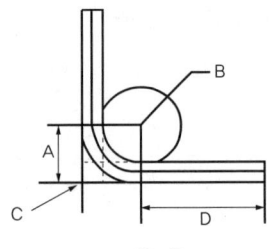

① A ② B
③ C ④ D

05 항공기 판재의 직선 굽힘 가공 시 고려해야 할 요소가 아닌 것은?

① 세트 백
② 굽힘 여유
③ 최소 굽힘 반지름
④ 진폭 여유

06 다음 중 굽힘 여유를 구하는 식으로 옳은 것은? (단, R : 굽힘 반지름, T : 금속의 두께, θ : 굽힘 각도)

① $\dfrac{2\pi(R+\dfrac{T}{2})\theta}{360}$
② $\dfrac{2\pi(T+\dfrac{R}{2})\theta}{360}$
③ $\dfrac{2\pi(T+\dfrac{\theta}{2})R}{360}$
④ $\dfrac{2\pi(\theta+\dfrac{R}{2})T}{360}$

07 다음 중 같은 재질을 가진 금속 판재의 굽힘 허용값을 결정하는 요소가 아닌 것은?

① 재질의 두께
② 굽힘 각도
③ 굽힘기의 용량
④ 곡률 반지름

해설
$$BA = \dfrac{\theta}{360}2\pi(R+\dfrac{1}{2}T)$$

08 항공기의 외피 수리에서 다음의 [조건]에 의하면 알루미늄 판재의 굽힘 허용값은 약 몇 inch인가?

[조건]
• 곡률 반지름(R) : 0.125inch
• 굽힘 각도(°) : 90°
• 두께(T) : 0.040inch

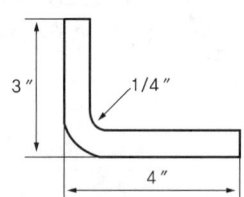

① 0.206 ② 0.228
③ 0.342 ④ 0.456

해설
$$BA = \dfrac{\theta}{360}2\pi(R+\dfrac{1}{2}T)$$
$$= \dfrac{90}{360}\times 2\pi \times (0.125+\dfrac{1}{2}\times 0.04) = 0.2278\,\text{in}$$

09 2024T 알루미늄 판을 45°로 굽힐 때 굽힘 허용값은? (단, 재료의 두께 T=0.8 mm, 곡률 반지름 R=2.4mm)

① 2.054 ② 2.100
③ 2.198 ④ 2.532

해설
$$BA = \dfrac{\theta}{360}2\pi(R+\dfrac{1}{2}T)$$
$$= \dfrac{45}{360}\times 2\pi \times (2.4+\dfrac{1}{2}\times 0.8) = 2.199\,\text{mm}$$

정답 04. ③ 05. ④ 06. ① 07. ③ 08. ② 09. ③

10 판금 작업 시 구부리는 판재에서 바깥면의 굽힘 연장선의 교차점과 굽힘 접선과의 거리를 무엇이라 하는가?

① 세트백(Set Back)
② 굽힘 각도(Degree of Bend)
③ 굽힘 여유(Bend Allowance)
④ 최소 반지름(Minimum Radius)

11 그림과 같은 판재 가공을 위한 레이아웃에서 세트백을 나타낸 것은?

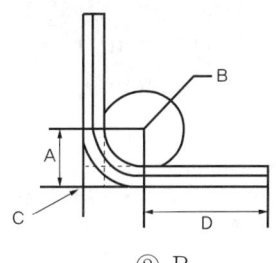

① A
② B
③ C
④ D

12 굴곡 각도가 90°일 때 세트백(Set Back)을 계산 하는 식으로 옳은 것은? (단, T : 두께, R : 굴곡 반경, D : 지름)

① $R+T$
② $\dfrac{D+T}{2}$
③ $R+\dfrac{T}{2}$
④ $\dfrac{R}{2}+T$

해설
$SB = k(R+T) = \tan\dfrac{\theta}{2}(R+T)$
90°일 때 $k=1$

13 두께가 0.051in인 재료를 90° 굴곡에 굴곡반경 0.125in가 되도록 굴곡할 때 생기는 세트백(Set Back)은 몇 in인가?

① 2.450
② 0.276
③ 0.176
④ 0.088

해설
$SB = k(R+T) = \tan\dfrac{\theta}{2}(R+T)$
$= \tan 45(0.125+0.051) = 0.176$

14 그림과 같이 판재를 굽히기 위해서는 Flat A의 길이는 약 몇 Inch가 되어야 하는가?

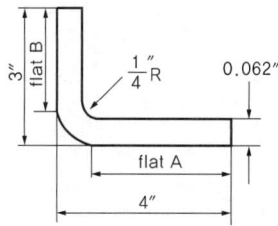

① 2.8
② 3.7
③ 3.8
④ 4.0

해설
$flat\,A = 4 - S.B = 4 - (R+T)$
$= 4 - (\dfrac{1}{4} + 0.062) = 3.688\,\text{in}$

15 두께가 0.062″인 판재를 그림과 같이 직각으로 굽힌다면 이 판재의 전체 길이는 약 몇 인치인가?

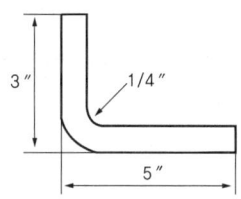

① 7.8
② 6.8
③ 4.1
④ 3.1

해설
$L = 3 - S.B + 5 - S.B + B.A$
$SB = k(R+T) = 1(\dfrac{1}{4}+0.062) = 0.312$
$BA = \dfrac{\theta}{360}2\pi(R+\dfrac{1}{2}T)$
$= \dfrac{90}{360}2\pi(\dfrac{1}{4}+\dfrac{1}{2}0.062) = 0.44$
$L = 3 - 0.312 + 5 - 0.312 + 0.44 = 7.8\,\text{in}$

16 두께가 0.062"인 판재를 그림과 같이 직각으로 굽힌다면 이 판재의 전체 길이는 약 몇 인치인가?

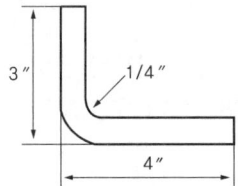

① 7.4   ② 6.8
③ 4.1   ④ 3.1

해설

$L = 3 - S.B + 4 - S.B + B.A$

$SB = k(R+T) = 1(\frac{1}{4} + 0.062) = 0.312$

$BA = \frac{\theta}{360} 2\pi (R + \frac{1}{2} T)$
$= \frac{90}{360} 2\pi (\frac{1}{4} + \frac{1}{2} 0.062) = 0.44$

$L = 3 - 0.312 + 4 - 0.312 + 0.44 = 6.8 \text{in}$

17 판금 성형법의 접기 가공(Folding)에 대한 설명으로 틀린 것은?

① 굴곡 반경이란 가공된 재료의 곡선상의 내측 반경을 말한다.
② 두께가 얇고 연한 재료는 예각으로 굴곡할 수 없다.
③ 얇은 판이나 플레이트 등을 굴곡하는 것을 접기 가공이라 한다.
④ 세트백은 굽힘 접선에서 성형점까지의 길이를 나타낸 것이다.

18 판금 성형법의 접기 가공(Folding)에 대한 설명으로 틀린 것은?

① 굴곡 반경이란 가공된 재료의 곡선상의 내측 반경을 말한다.
② 얇은 판이나 플레이트 등을 굴곡하는 것을 접기 가공이라 한다.
③ 세트백은 굽힘 접선에서 성형점까지의 길이를 나타낸 것이다.
④ 스프링백의 양은 굴곡 반경, 굽힘각과는 관계없고 재질의 단단한 정도에 따라 달라진다.

해설

스프링백의 양은 굴곡 반경, 굽힘각과 관계있다.

19 판재를 절단하는 가공 작업이 아닌 것은?

① 펀칭(Punching)
② 블랭킹(Blanking)
③ 트리밍(Trimming)
④ 크림핑(Crimping)

해설

- 블랭킹(Blanking) : 펀치와 다이를 프레스에 설치하여 판금 재료로부터 소정의 모양을 떠내는 것
- 펀칭(Punching) : 필요한 구멍을 뚫는 것
- 트리밍(Trimming) : 가공된 제품의 불필요한 부분을 떼어 내는 것
- 크림핑 가공(Crimping) : 길이를 짧게 하기 위해 판재를 주름잡는 가공

20 한쪽의 길이를 짧게 하기 위해 주름지게 하는 판금 가공 방법은?

① 수축 가공   ② 신장 가공
③ 범핑   ④ 크림핑

21 금속의 늘어나는 성질을 이용하여 곡면 용기를 만드는 작업으로 성형 블록이나 모래주머니를 사용하는 가공 방법은?

① 굽힘 가공   ② 절단 가공
③ 플랜지 가공 ④ 범핑 가공

해설

범핑 가공(Bumping)
가운데가 움푹 들어간 구형면을 가공하는 작업

22 플랜지(Flange) 가공 작업에서 플랜지의 곡선을 외부로 볼록하게 가공하는 작업을 무엇이라고 하는가?
  ① 압축 플랜지   ② 인장 플랜지
  ③ 복합 플랜지   ④ 볼록 플랜지

23 판재를 굴곡 작업하기 위한 그림과 같은 도면에서 굴곡 접선의 교차 부분에 균열을 방지하기 위한 구멍의 명칭은?

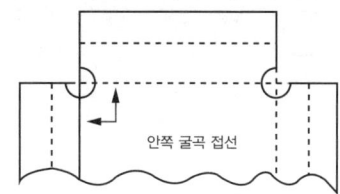

  ① Pilot Hole   ② Lighting Hole
  ③ Relief Hole ④ Countsunk Hole

24 항공기 기체 판재에 적용한 Relief Hole의 주된 목적은?
  ① 무게 감소   ② 강도 증가
  ③ 응력 집중 방지 ④ 좌굴 방지

해설
릴리프 홀(Relief Hole)
2개 이상의 굴곡이 교차하는 장소는 안쪽 접선의 교점에 응력이 집중하여 교점에 균열이 일어나는 것을 방지. 응력 제거 구멍. 1/8인치 이상

25 판금 성형 작업 시 릴리프 홀(Relief Hole)의 지름 치수는 몇 인치 이상의 범위에서 굽힘 반지름의 치수로 하는가?
  ① 1/32   ② 1/16
  ③ 1/8   ④ 1/4

26 기체 수리 방법 중 크리닝 아웃(Cleaning Out)이 아닌 것은?
  ① 커팅(Cutting)
  ② 트리밍(Trimming)
  ③ 파일링(Filling)
  ④ 크린 업(Clean Up)

해설
손상 부분의 처리 방법
- 크리닝 아웃(Cleaning Out) : Trimming, Cutting, Filing 등 손상 부분을 완전히 제거(원형, 라운딩 사각형)
- 크린 업(Clean Up) : 모서리의 찌꺼기, 날카로운 면 등이 판의 가장자리에 없도록 하는 것
- 스톱 홀(Stop Hole) : 균열(Crack) 등이 일어난 경우, 균열의 끝부분에 뚫는 구멍(직경 1/8in or 3/32in)
- Smooth Out : Scratch, Nick 등 Sheet에 있는 작은 홈 제거

27 기체 수리 방법 중 크리닝 아웃에 대한 설명으로 옳은 것은?
  ① 트리밍, 커팅, 파일링 작업을 말한다.
  ② 균열의 끝부분에 뚫는 구멍을 말한다.
  ③ 닉크(Nick) 등 판의 작은 홀을 제거하는 작업이다.
  ④ 날카로운 면 등이 판의 가장자리에 없도록 하는 작업이다.

28 항공기 기체가 기내 압력이 높아진다면 기체를 연결한 리벳(Rivet)이 받는 주된 힘은?
  ① 인장력   ② 전단력
  ③ 압축력   ④ 비틀림

29 리벳 머리에 표시를 보고 무엇을 알 수 있는가?
  ① 리벳 머리의 모양
  ② 리벳의 지름
  ③ 재료의 종류
  ④ 재료의 강도

정답 22. ① 23. ③ 24. ③ 25. ③ 26. ④ 27. ① 28. ② 29. ③

30 항공기 외피용으로 적합하며, 플러시 헤드 리벳(Flush Head Rivet)라 부르는 것은?

① 납작머리 리벳(Flat Rivet)
② 유니버설 리벳(Universal Rivet)
③ 접시머리 리벳(Counter Sunk Rivet)
④ 둥근머리 리벳(Round Head Rivet)

31 리벳 머리 모양에 따른 분류 기호 중 둥근머리 리벳은?

① AN 426 　② AN 455
③ AN 430 　④ AN 470

해설
- 둥근머리 리벳(AN 430, AN 435, MS 20435)
- 납작머리 리벳(AN 441, AN 442)
- 접시머리 리벳(AN 420, AN 425, MS 20426)
- 브래지어 머리 리벳(AN 455, AN 456)
- 유니버설 리벳(AN 470, MS 20470)

32 항공기에 일반적으로 많이 사용하는 리벳 중 순수 알루미늄(99.45%)으로 구성된 리벳은?

① 1100 　② 2017-T
③ 5056 　④ 2117-T

33 리벳 머리 부분에 볼록하게 튀어나온 띠(Dash)가 두 개 나란히 표시되어 있다면 이 리벳의 재질의 기호는?

① AD 　② DD
③ D 　④ A

해설

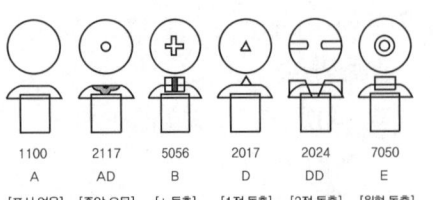

34 부품 번호가 AN 470 AD 3-5인 리벳에서 AD는 무엇을 나타내는가?

① 리벳의 직경이 3/16″이다.
② 리벳의 길이는 머리를 제외한 길이이다.
③ 리벳의 머리 모양이 유니버설 머리이다.
④ 리벳의 재질이 알루미늄 합금인 2117이다.

해설

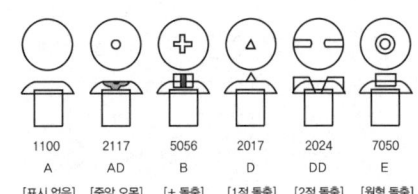

35 2017 알루미늄 리벳의 다른 재질 표시 방법은?

① DD 　② AD
③ A 　④ D

36 리벳의 재질에 따른 기호와 리벳 머리의 표시를 짝지은 것으로 틀린 것은?

① A(1100) - 표시가 없다.
② D(2017) - 머리에 오목한 점이 있다.
③ B(5056) - 머리에 + 표로 표시되어 있다.
④ DD(2024) - 머리에 두 개의 튀어나온 점이 있다.

37 아이스박스 리벳인 2024(DD)를 아이스박스에 저온 보관하는 이유는?

① 리벳을 냉각시켜 경도를 높이기 위해
② 시효 경화를 지연시켜 연한 상태를 연장시키기 위해
③ 리벳의 열 변화를 방지하여 길이의 오차를 줄이기 위해
④ 리벳을 냉각시켜 리베팅할 때 판재를 함께 냉각시키기 위해

정답　30. ③　31. ③　32. ①　33. ②　34. ④　35. ④　36. ②　37. ②

해설

2024 T(DD) 24 ST ICE BOX RIVET
2017 T보다 강한 강도가 요구되는 곳에 사용하며 열처리 후 냉장 보관하고 상온 노출 후 10~20분 이내에 작업

38 2017 T보다 강한 강도를 요구하는 항공기 주요 구조용으로 사용되고 열처리 후 냉장고에 보관하여 사용하며 상온에 노출 후 10분에서 20분 이내에 사용하여야 하는 리벳은?

① A17ST(2117)-AD
② 17ST(2017)-D
③ 24ST(2024)-DD
④ 2S(1100)-A

39 리벳을 열처리하여 연화시킨 다음 저온 상태의 아이스박스에 보관하면 리벳의 시효 경화를 지연시켜 연화 상태가 유지되는 리벳은?

① 1100   ② 2024
③ 2117   ④ 5056

40 AA 알루미늄 규격 2024로 만들어진 리벳이 사용하기 전 열처리되어야 하는 가장 큰 이유는 무엇인가?

① 경화시켜 강도를 증가하기 위해
② 경화 속도를 빨리하기 위해
③ 내부 응력을 제거하기 위해
④ 리베팅이 쉽도록 연화시키기 위해

41 기계적 확장 리벳(Mechanically Expand Rivet) 중에서 진동으로 리벳이 헐거워서 이탈되는 것을 방지하기 위하여 기계적 고정 칼라(Collar)를 갖고 있는 리벳은?

① 기계 고정식 블라인드 리벳
② 마찰 고정식 블라인드 리벳
③ 리브 넛트
④ 폭발 리벳

42 리브 너트(Rivnut)사용에 대한 설명으로 옳은 것은?

① 금속면에 우포를 씌울 때 사용한다.
② 두꺼운 날개 표피에 리브를 붙일 때 사용한다.
③ 기관 마운트와 같은 중량물을 구보조물에 부착할 때 사용한다.
④ 한쪽 면에서만 작업이 가능한 제빙 장치 등을 설치할 때 사용한다.

해설

리브 너트(Rivnut)
- 섕크 안쪽에 구멍이 뚫려 나사가 나 있는 곳에 리브 너트를 끼워 시계 방향으로 돌리면 섕크가 압축을 받아 오그라들면서 돌출 부위 생성
- 항공기의 날개나 테일 표면에 고무 제빙 부츠를 장착하는 데 사용

43 블라인드 리벳(Blind Rivet)의 종류가 아닌 것은?

① Hi-Shear Rivet
② Rivnut
③ Explosive Rivet
④ Cherry Rivet

44 전단 응력만 작용하는 곳에 사용되고 그립 길이가 섕크의 직경보다 적은 곳에 사용해서는 안 되는 리벳은?

① 폭발 리벳(Explosive Rivet)
② 블라인드 리벳(Blind Rivet)
③ 하이시어 리벳(Hi-Shear Rivet)
④ 기계적 확장 리벳(Mechanically Expand Rivet)

정답 38. ③ 39. ② 40. ④ 41. ① 42. ④ 43. ① 44. ③

해설
고전단 응력 리벳(High Shear Rivet, Pin Rivet)
- 금속재의 칼라(Collar)를 홈 속에 끼워 넣음으로서 강하게 밀착
- 전단 응력만 작용하는 착륙 기어의 접합부와 같이 고전단 강도를 요하는 곳에 사용
- 일반 리벳보다 강도 3배
- 그립 길이가 섕크 직경보다 작은 곳은 사용 금지

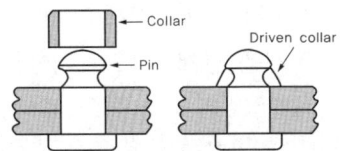

45 다음과 같은 항공기용 리벳의 표시 중 5가 의미하는 것은? (MS 20470 A 5 - 6 A)
① 재질 ② 머리 형상
③ 리벳 길이 ④ 리벳 지름

해설
MS 20470 D 6 - 16
- MS 20470 : 리벳의 종류(유니버설 리벳)
- A : 재질(1100)
- 5 : 리벳 지름(5/32인치)
- 16 : 리벳 길이(6/16인치=3/8인치)
- A : 양극 처리

46 알루미늄 합금으로 만들어진 2117T 리벳의 직경이 1/8in이며, 리벳의 길이는 1/4ch인 Universal Head Rivet의 Code를 MS로 가장 올바르게 표시한 것은?
① MS 20470 AD - 4 - 4
② MS 20470 DD - 4 - 4
③ MS 20436 AD - 3 - 2
④ MS 20426 DD - 3 - 2

47 MS20470 D 5-2 리벳에 대한 설명 중 가장 올바른 것은?
① 유니버설 머리 리벳으로 2017알루미늄 재질이며, 지름 5/32″, 길이 2/16″이다.
② 둥근머리 리벳으로 재질은 2024이며, 지름 5/16″, 길이는 2/16″이다.
③ 납작머리 리벳으로 재질은 2017이며, 지름은 5/32″, 길이는 2/16″이다.
④ 브레이저 머리 리벳으로 재질은 2024이며, 지름 5/16″, 길이 2/16″이다.

48 0.040인치 두께의 판을 서로 접합하고자 할 때 다음 중 가장 적절한 리벳의 직경은?
① 6/32인치 ② 5/32인치
③ 4/32인치 ④ 3/32인치

해설
리벳의 직경은 두꺼운 판재의 3배
$D = 3T = 3 \times 0.04 = 0.12 ≒ \frac{4}{32}$ in

49 두께가 3mm인 알루미늄 판과 두께가 2mm인 50 알루미늄 판을 리벳으로 접합하고자 할 때 리벳의 직경은 얼마로 하면 되는가?
① 15mm ② 9mm
③ 5mm ④ 3mm

해설
리벳의 직경은 두꺼운 판재의 3배
$D = 3T = 3 \times 3 = 9mm$

50 둥근머리(Round Head) 리벳의 길이에 관한 설명 중 옳은 것은?
① 리벳의 길이는 결합판재 중 두꺼운 판재의 두께와 리벳 지름의 3배를 합한 길이를 선택한다.
② 리벳의 길이는 머리 아랫면부터 섕크 끝까지의 길이를 말한다.
③ 성형머리(Shop Head)의 폭은 리벳 길이의 0.2배가 가장 적당하다.
④ 모든 리벳은 같은 길이로 제조되며 원하는 길이로 잘라 사용한다.

정답 45. ④ 46. ① 47. ① 48. ③ 49. ② 50. ②

제3장 기체 구조의 수리 및 역학

51 0.040인치 두께인 2개의 판을 접합하고자 한다. 이때 리벳의 길이는 얼마인 것이 가장 적절한가?

① 0.080인치
② 0.120인치
③ 0.160인치
④ 0.260인치

해설
$D = 3T = 3 \times 0.04 = 0.12$
$G = 2T = 2 \times 0.04 = 0.08$
리벳의 길이 $= G + 1.5D$
$= 0.08 + 1.5 \times 0.12 = 0.26 \text{ in}$

52 0.0625in 두께의 알루미늄 판 2개를 겹치기 이음을 하기 위해 1/8in 직경의 유니버설 리벳을 사용한다면 최소한 리벳의 길이는 몇 인치이어야 하는가?

① 1/8
② 3/16
③ 5/16
④ 3/8

해설
리벳의 길이 $= G + 1.5D = 2T + 1.5D$
$= 2 \times 0.0625 + 1.5 \times \dfrac{1}{8}$
$= 0.3125 = \dfrac{5}{16} \text{ in}$

53 리벳 작업 시 리벳 성형머리(Bucktail)의 높이를 리벳지름(D)으로 옳게 나타낸 것은?

① 0.5D
② 1D
③ 1.5D
④ 2D

해설
리벳의 길이
전체 길이 = G+1.5D
돌출 길이 = 1.5D
벅테일 높이 = 0.5D
벅테일 지름 = 1.5D

54 리벳 작업 시 리벳 성형머리 폭을 리벳 지름(D)으로 옳게 나타낸 것은?

① 1D
② 1.5D
③ 3D
④ 5D

55 리벳의 배치와 관련된 용어 설명으로 틀린 것은?

① 횡단 피치는 리벳 열과 열 사이의 거리이다.
② 리벳 피치는 최소 간격은 리벳 지름의 3배이다.
③ 리벳 끝을 기준으로 열과 열 사이를 피치라 한다.
④ 끝 거리는 판재의 가장 자리에서 첫 번째 리벳 구멍 중심까지의 거리이다.

56 플러시 머리(Flush Head) 리벳 작업을 할 때 끝거리 및 리벳 간격의 최소 기준으로 옳은 것은?

① 끝 거리는 리벳 직경의 2.5배 이상, 간격은 3배 이상
② 끝 거리는 리벳 직경의 3배 이상, 간격은 2배 이상
③ 끝 거리는 리벳 직경의 2배 이상, 간격은 3배 이상
④ 끝 거리는 리벳 직경의 3배 이상, 간격은 3배 이상

해설
- 리벳의 피치 : 같은 열에 이웃하는 리벳 중심 간의 거리(6~8D, 최소 3D)
- 열간 간격(횡단 피치) : 열과 열 사이의 거리 (4.5~6D, 최소2.5D)
- 연 거리(끝 거리) : 판재의 모서리와 최소 외곽열의 중심까지의 거리(2~4D), (접시머리 리벳 최소 연 거리 : 2.5D)

정답 51. ④ 52. ③ 53. ① 54. ② 55. ③ 56. ①

57 리벳 작업 시 리벳의 끝 거리(Edge Distance)와 피치(Pitch)에 대한 설명으로 옳은 것은?

① 피치는 리벳 열(Column)간의 거리를 말한다.
② 피치는 일반적으로 리벳 지름의 10배에서 20배가 적당하다.
③ 끝 거리는 판재의 가장자리에서 첫째 번과 둘째 번 리벳 구멍의 중심거리를 말한다.
④ 끝 거리는 일반적으로 리벳 지름의 2~4배가 적당하다.

58 리벳 작업과 관련된 치수 결정으로 틀린 것은?

① 리벳 간격은 최고 3D 이상이며 보통 6~8D이다.
② 리벳 지름(D)은 일반적으로 두꺼운 판재 두께(T)의 3배이다.
③ 리벳 길이는 판의 전체 두께와 리벳 지름(D)의 1.5배 길이를 합한 것이다.
④ 벅테일(Buck Tail)의 높이는 1.5D이고 최소 지름은 3D이다.

해설
리벳의 길이
- 전체 길이 = G + 1.5D
- 돌출 길이 = 1.5D
- 벅테일 높이 = 0.5D
- 벅테일 지름 = 1.5D

59 리벳 구멍 뚫기 작업 시 리벳과 구멍의 간격에 대한 설명으로 옳은 것은?

① 클리어런스(Clearance)라 하며 일반적으로 0.02~0.04in가 가장 적합하다.
② 클리어런스(Clearance)라 하며 일반적으로 0.002~0.004in가 가장 적합하다.
③ 디스턴스(Distance)라 하며 일반적으로 0.02~0.04in가 가장 적합하다.
④ 디스턴스(Distance)라 하며 일반적으로 0.002~0.004in가 가장 적합하다.

60 손상된 판재의 리벳에 의한 수리 작업 시 리벳 수를 결정하는 식으로 옳은 것은? (단, N : 리벳 수, L : 판재의 손상된 길이, D : 리벳 지름, 1.15 : 특별 계수, t : 손상된 판의 두께, σ_{max} : 판재의 최대 인장 응력 τ_{max} : 판재의 최대 전단 응력)

① $N = 1.15 \times \dfrac{2tL\sigma_{max}}{\left(\dfrac{\pi D^2}{4}\right)\tau_{max}}$

② $N = 1.15 \times \dfrac{tL\sigma_{max}}{\left(\dfrac{\pi D^2}{4}\right)\tau_{max}}$

③ $N = 1.15 \times \dfrac{\left(\dfrac{\pi D^2}{4}\right)\tau_{max}}{tL\sigma_{max}}$

④ $N = 1.15 \times \dfrac{\left(\dfrac{\pi D^2}{4}\right)\tau_{max}}{2tL\sigma_{max}}$

61 항공기 기체 수리 작업 시 리베팅하기 전 임시 고정하는 데 사용하는 공구는?

① 캠 로크 파스너 ② 딤플링
③ 스퀴즈   ④ 시트 파스너

62 2개의 알루미늄 판재를 리베팅하기 위해 구멍을 뚫으려 할 때 판재가 움직이려 한다면 사용해야 하는 것은?

① 클래코   ② 리머
③ 버킹바 ④ 뉴메틱 해머

정답 57. ④ 58. ④ 59. ② 60. ② 61. ④ 62. ①

63 재질의 두께와 구멍(Hole) 치수가 같을 때 일감의 재질에 따른 드릴의 회전 속도가 빠른 순서대로 나열된 것은?

① 구리 - 알루미늄 - 공구강 - 스테인리스강
② 알루미늄 - 구리 - 공구강 - 스테인리스강
③ 구리 - 알루미늄 - 스테인리스강 - 공구강
④ 알루미늄 - 공구강 - 구리 - 스테인리스강

해설
- 경질 재료 : 얇은 판의 드릴 각도(118° 저속 고압)
- 연질 재료 : 두꺼운 판의 드릴 각도(90° 고속 저압)

64 리벳 작업을 위한 구멍 뚫기 작업 시 주의하여야 할 사항이 아닌 것은?

① 드릴 작업 후 리밍 작업을 한다.
② 구멍은 리벳 직경보다 약간 크게 한다.
③ 리밍 작업 시 리머를 뺄 때 회전 방향을 반대로 한다.
④ 드릴 작업 후 구멍의 버(Burr)는 되도록 보존하도록 한다.

65 리벳 작업 시 구멍 뚫기 작업의 순서가 옳은 것은?

① 드릴링(Drilling) - 버링(Burring) - 리밍(Reaming)
② 드릴링(Drilling) - 리밍(Reaming) - 버링(Burring)
③ 리밍(Reaming) - 드릴링(Drilling) - 버링(Burring)
④ 리밍(Reaming) - 버링(Burring) - 드릴링(Drilling)

66 드릴 작업 후 드릴 구멍 가장자리에 남은 칩을 효과적으로 제거하기 위한 방법을 가장 올바르게 설명한 것은?

① 리벳 작업 시 자동적으로 제거되므로 제거할 필요가 없다.
② 줄을 사용하여 갈아서 제거한다.
③ 드릴 구멍 크기의 한 배 또는 두 배 크기의 드릴을 사용하여 손으로 돌려 제거한다.
④ 같은 크기의 드릴을 사용하여 반대 방향에서 뚫어 제거한다.

67 리벳 작업을 위한 구멍뚫기 작업 시 설명으로 옳은 것은?

① 드릴 작업 전 리밍 작업을 한다.
② 구멍은 리벳 직경보다 약간 작게 한다.
③ 리밍 작업 시 효율을 높이기 위해 회전 방향을 바꿔 가면서 가공한다.
④ 드릴 작업 후 구멍의 버(Burr)는 되도록 보존한다.

68 버킹바(Bucking Bar)의 용도로 옳은 것은?

① 드릴을 고정하기 위해 사용한다.
② 리벳을 리벳 건에 끼우기 위해 사용한다.
③ 리벳의 머리를 절단하기 위해 사용한다.
④ 리벳 체결 시 반대편에서 벅테일을 성형하기 위해 사용한다.

69 5/32인치 직경의 리벳을 장착할 때 적합한 버킹바의 무게로 가장 옳은 것은?

① 1~2 LBS   ② 2~3 LBS
③ 3~4 LBS   ④ 5~6 LBS

70 다음 중 리베팅 작업 과정에서 순서가 가장 늦은 것은?

① 드릴링   ② 리밍
③ 디버링   ④ 카운터 싱킹

정답 63. ② 64. ④ 65. ② 66. ③ 67. ③ 68. ④ 69. ③ 70. ③

71 다음은 딤플링(Dimpling) 작업 시의 주의 사항이다. 틀린 것은?
① 판을 2개 이상 겹쳐서 동시에 딤플링하는 방법은 되도록이면 삼간다.
② 티타늄 합금은 홀딤플링을 적용하지 않으면 균열을 일으킨다.
③ 마무리 작업 시에는 반대 방향으로 다시 딤플링한다.
④ 얇은 판 때문에 카운터 싱킹 한계(0.040 in 이하)를 넘을 때는 딤플링으로 한다.

72 판재에 드릴 작업을 하고 난 후 리이머 작업을 하는 주된 목적은?
① 구멍을 약간 키우기 위해서이다.
② 드릴로 뚫은 구멍의 안쪽의 부식을 제거하는 작업이다.
③ 드릴로 뚫은 구멍의 안쪽을 매끈하게 가공하는 작업이다.
④ 장착할 리벳의 크기와 드릴 구멍과 차이가 날 때 하는 작업이다.

73 딤플링(Dimpling) 작업 시 주의 사항이 아닌 것은?
① 반대 방향으로 다시 딤플링을 하지 않는다.
② 7000시리즈의 알루미늄 합금은 딤플링을 적용하지 않으면 균열을 일으킨다.
③ 판을 2개 이상 겹쳐서 딤플링하는 방법은 가능한 하지 않는다.
④ 스커드 판 위에서 미끄러지지 않게 스커드를 확실히 잡고 수평으로 유지한다.

74 항공기의 기체 구조 수리에 대한 내용으로 가장 올바른 것은?
① 같은 두께의 재료로서 17ST의 판재나 리벳을 A17ST로 대체하여 사용할 수 있다.
② 수리 부분의 원래 재료와의 접촉면에는 재료의 성분에 관계없이 부식 방지를 위하여 기름으로 표면 처리한다.
③ 사용 리벳 수는 같은 재질로 기체의 강도를 고려하여 최소한의 수를 사용한다.
④ 수리를 위하여 대치할 재료의 두께는 원래 두께와 같거나 작아야 한다.

75 항공 기관 점검 시 작동 시간과 비행 사이클의 수에 따라 결정되는 검사는?
① 일제 검사   ② 주기 검사
③ 순간 검사   ④ 부정기 검사

76 다음 중 항공기의 기체에 사용된 복합재 부분을 수리하는 방법이 아닌 것은?
① 용접에 의한 수리
② 볼트에 의한 패치수리
③ 접착에 의한 패치수리
④ 손상 부위를 제거한 뒤의 수리

77 가스 중에 아크를 발생시키면 가스는 이온화되어 원자 상태가 되고, 이 때 다량의 열이 발생하는데 이 아크와 가스의 혼합물을 용접의 열원으로 이용하는 용접은?
① 플라스마 용접
② 금속 불활성 가스 용접
③ 산소-아세틸렌 용접
④ 텅스텐 불활성 가스 용접

해설
플라스마 용접
텅스텐 봉에서 아크를 발생시켜, 수냉 노즐의 구멍을 통해서 아크를 세밀하게 만들어, 플라스마 제트를 접점부에 대어 열로 재료를 녹인다.

정답 71. ③ 72. ③ 73. ④ 74. ③ 75. ② 76. ① 77. ①

제3장 기체 구조의 수리 및 역학

78 다음 중 아크 용접에 속하는 것은?
① 단접법 ② 테르밋 용접
③ 업셋 용접 ④ 원자수소 용접

79 구리 도선을 통해서 저전압의 고전류를 용접할 금속에 흘려보냄으로써 금속을 용해시켜 접합하는 것으로 버트, 스폿, 심 방법 등이 있는 용접법은?
① 가스 용접 ② 전기 아크 용접
③ 전기 저항 용접 ④ 피복 아크 용접

80 용접 작업에 사용되는 산소-아세틸렌 토치 팁(Tip)의 재질로 가장 적당한 것은?
① 납 및 납 합금
② 구리 및 구리 합금
③ 마그네슘 및 마그네슘 합금
④ 알루미늄 및 알루미늄 합금

[해설]
토치 팁(Torch Tip)
구리나 구리 합금으로 만들며 그 크기는 숫자로 표시

81 가스 용접에 사용하는 용접 토치에 대한 설명으로 틀린 것은?
① 분사식 토치는 산소 압력에 비하여 매우 낮은 아세틸렌 압력으로 사용하도록 설계되어 있다.
② 토치에 사용하는 팁은 특수 내열 합금으로 만들어져 있으며 그 크기는 문자로 표시한다.
③ 밸런스형 압력식 토치는 산소와 아세틸렌이 똑같은 압력으로 토치에 공급된다.
④ 토치에 사용하는 팁은 항상 팁 세제로 깨끗하게 청소해야 한다.

82 산소-아세틸렌 용접 시, 불꽃의 용도에 대한 설명 중 가장 거리가 먼 내용은?
① 탄화 불꽃 : 스테인리스강, 알루미늄
② 산성 불꽃 : 아연 도금, 티타늄
③ 중성 불꽃 : 연강, 니크롬강
④ 산화 불꽃 : 황동, 청동

[해설]
산소, 아세틸렌의 비율에 따른 불꽃 상태
- 중성 불꽃(표준 불꽃, 중성염) : 토치에서 산소와 아세틸렌의 혼합비가 1 : 1일 때의 불꽃으로 연강, 주철, 니크롬강, 구리, 아연 도금 철판, 아연, 주강 및 고탄소강의 일반 용접에 사용
- 산화 불꽃(산소 과잉 불꽃) : 중성 불꽃에서 산소의 양을 많이 할 때 생기는 불꽃으로 산화성이 강하여 황동, 청동 용접에 사용
- 탄화 불꽃(아세틸렌 과잉 불꽃) : 산소가 적고 아세틸렌이 많을 때의 불꽃으로 불완전 연소로 인하여 온도가 낮아 스테인리스강, 스텔라이트, 알루미늄, 모넬메탈 등에 사용

83 알루미늄 합금을 용접할 때 가장 적합한 불꽃은?
① 탄화 불꽃 ② 중성 불꽃
③ 산화 불꽃 ④ 활성 불꽃

84 가스 용접을 할 때 사용하는 산소와 아세틸렌가스 용기의 색을 옳게 나타낸 것은?
① 산소 용기 : 청색, 아세틸렌 용기 : 회색
② 산소 용기 : 녹색, 아세틸렌 용기 : 황색
③ 산소 용기 : 청색, 아세틸렌 용기 : 황색
④ 산소 용기 : 녹색, 아세틸렌 용기 : 회색

정답 78. ④ 79. ③ 80. ② 81. ② 82. ② 83. ① 84. ②

85 가스 용접기에서 가스 용기와 토치를 연결하는 호스의 구분에 대한 설명으로 옳은 것은?

① 산소 호스는 노란색, 아세틸렌가스 호스는 검정색으로 표시한다.
② 산소 호스는 빨강색, 아세틸렌가스 호스는 하얀색으로 표시한다.
③ 산소 호스는 녹색(또는 초록색), 아세틸렌 호스는 빨간색으로 표시한다.
④ 산소 호스와 아세틸렌가스 호스는 호스에 기호를 표시하여 구별한다.

86 산소-아세틸렌 용접 작업을 할 때에 지켜야 할 안전 수칙으로 틀린 것은?

① 산소 용기의 주변 온도는 항상 규정된 온도 이하로 유지해야 한다.
② 토치는 사용 전에 이상이 있는지를 확인하고, 예열 불꽃은 너무 강하게 하지 않도록 해야 한다.
③ 압력 조정기의 각 부분은 오일과 그리스를 사용하여 녹이 슬지 않도록 한다.
④ 산소 용기에 충격을 주거나 직사광선에 노출시켜서는 안 된다.

[해설]
산소와 그리스 또는 오일이 접촉되어 점화하면 폭발의 위험이 있다.

87 가스 용접 시 역화의 원인으로 가장 거리가 먼 것은?

① 팁이 물체에 부딪혀 순간적으로 가스의 흐름이 멈출 때
② 팁이 과열되었을 때
③ 가스의 압력이 높을 때
④ 팁의 연결이 불충분할 때

[해설]
역화의 원인
• 팁이 물체에 부딪혀 순간적으로 가스 흐름이 멈출 때
• 팁의 구멍은 큰 반면에 가스를 조금씩 내보내어 노즐부의 속도가 늦을 때
• 팁이 과열되었을 때
• 가스 압력이 아주 낮을 때
• 팁의 연결이 불충분할 때

88 항공기에서 사용되는 특수 용접에 속하지 않는 것은?

① 플라스마 용접
② 금속 불활성 가스 용접
③ 산소, 아세틸렌가스 용접
④ 텅스텐 불활성 가스 용접

89 전기 용접에서 비드의 결함 상태에 속하지 않는 것은?

① 오버랩(Over Lap)
② 스패터(Spatter)
③ 언더컷(Undercut)
④ 크레이터(Craterr)

[해설]
비드 결함 모양은 오버랩, 스패터, 언더컷 및 용입 불량 등이 있다.

90 비소모성 텅스텐 전극과 모재 사이에서 발생하는 아크열을 이용하여 비 피복 용접봉을 용해시켜 용접하며 용접 부위를 보호하기 위해 불활성 가스를 사용하는 용접 방법은?

① TIG 용접
② 가스 용접
③ MIG 용접
④ 플라스마 용접

정답 85. ③ 86. ③ 87. ③ 88. ③ 89. ④ 90. ①

해설
텅스텐 불활성 가스 아크 용접(TIG 용접)
- 용접에 필요한 열에너지를 비소모성의 텅스텐 전극과 모재 사이에서 발생하는 아크열에 의해 공급되며 이때 비피복용가재는 이 열에너지에 의하여 용해되어 용접되는 방법
- 용접 작업 도중 불활성 가스(아르곤, 헬륨)가 용접 부위의 공기를 제거하여 산화 방지

91 TIG 또는 MIG 아크 용접 시 사용되는 가스가 아닌 것은?

① 헬륨
② 아르곤
③ 아세틸렌
④ 아르곤과 이산화탄소 혼합 가스

92 TIG 또는 MIG 아크 용접 시 사용되는 가스끼리 짝지어진 것은?

① 아르곤, 헬륨
② 헬륨, 아세틸렌
③ 아르곤, 아세틸렌
④ 질소, 이산화탄소 혼합 가스

93 다음은 용접 방법 중 좌진법과 우진법에 대하여 설명하였다. 이중 틀린 것은?

① 열이용률은 좌진법이 좋다.
② 용접 변형은 우진법이 작다.
③ 산화의 정도는 좌진법이 심하다.
④ 용접이 가능한 판 두께는 좌진법이 얇다.

94 강관의 용접 작업 시 조인트 부위를 보강하는 방법이 아닌 것은?

① 평 가세트(Flat Gassets)
② 삽입 가세트(Insert Gassets)
③ 스카프 패치(Scarf Patch)
④ 손가락 판(Finger Strapes)

95 다음 중 용접 조인트 형식에 속하지 않는 것은?

① Lap Joint
② Tee Joint
③ Butt Joint
④ Double Joint

해설
용접 조인트의 종류
- Butt Joint
- Tee Joint
- Edge Joint
- Corner Joint
- Lap Joint

96 다음 중 비파괴 검사법이 아닌 것은?

① 방사선 투과 검사
② 충격인성 검사
③ 초음파 탐상 검사
④ 음향 방출 시험 검사

97 다음 중 항공기 비파괴 검사에 해당하지 않는 것은?

① 육안 검사
② 수중 침전 검사
③ 보어스코프 검사
④ 형광 침투 탐상 검사

98 다음 중 항공 기체에 도장 된 얇은 금속 재료를 비파괴 검사하려면, 어느 방법이 가장 적당한가?

① 방사선 투과 검사
② 초음파 탐상 검사
③ 자기 탐상 검사
④ 와전류 탐상 검사

정답 91. ③　92. ①　93. ①　94. ③　95. ④　96. ②　97. ②　98. ④

99 복합 재료로 제작된 항공기 부품의 결함(층분리 또는 내부 손상)을 발견하기 위해 사용되는 검사 방법이 아닌 것은?
① 육안 검사
② 와전류 탐상 검사
③ 초음파 검사
④ 동전 두드리기 검사

100 기관 부품에 대한 비파괴 검사 중 강자성체 금속으로만 제작된 부품의 표면 결함을 검사할 수 있는 방법은?
① 형광 침투 검사 ② 방사선 시험
③ 자분 탐상 검사 ④ 와전류 탐상 검사

101 다음 비파괴 검사법 중에서 큰 하중을 받는 알루미늄 합금 구조물의 내부 검사에 이용할 수 있는 검사법은?
① 다이체크 검사(Dye Penetrant Inspection)
② 자이글로 검사(Zyglo Inspection)
③ 자기 탐상 검사(Magnetic Particle Inspection)
④ 방사선 투과 검사(Radiograph Inspection)

102 비파괴 시험 중 자분이 필요한 시험 방법은?
① 자기 탐상법   ② 초음파 탐상법
③ 침투 탐상법   ④ 방사선 탐상법

103 다음 중 마그나플럭스(Magna Flux) 검사가 가능한 재질은?
① 철과 같은 자성체
② 모든 항공기 부속품
③ 나무나 플라스틱 제품
④ 스테인리스강 및 크롬-니켈

2 구조 역학의 기초

가 비행 상태와 하중

1) 비행 중 항공기 기체

① 비행 중 항공기에 작용하는 힘
  양력, 항력, 추력, 중력, 관성력
② 비행 중 기체에 전달되는 하중
  인장력, 압축력, 전단력, 비틀림력, 굽힘력
③ 응력의 종류
  인장 응력, 압축 응력, 전단 응력
④ 비행 중 기체 부재에 작용하는 하중
  ㉠ 날개(윗면 - 압축력, 아랫면 - 인장력)
  ㉡ 동체(윗면 - 인장력, 아랫면 - 압축력)

정답 99. ② 100. ③ 101. ④ 102. ① 103. ①

2) 구조 하중과 부재

① 부재(구조 부재)
  구조물의 단위 요소 : 봉재(Bar), 판재(Plate), 셸(Shell), 보(Beam), 기둥(Column)
② 강도(Strength)
  부재의 재료가 하중에 대하여 견딜 수 있는 저항력
③ 강성(Stiffness)
  부재의 외형이 하중에 대하여 변형되지 않는 정도
④ 항공기의 하중
  공기력에 의한 하중(양력, 항력), 추진 기관에 의한 하중(엔진 위치에 따라), 관성력에 의한 하중(가속, 감속 시), 돌풍에 의한 하중, 여압에 의한 하중(여압 하중), 이·착륙에 의한 하중

3) 하중 배수와 속도 - 하중 배수(V-n) 선도

① 하중 배수(Load Factor) (n)
  항공기에 작용하는 공기력의 합력에서 기체 축에 수직한 성분 L을 항공기의 무게(W)로 나눈 값
  ㉠ 등속 수평 비행 시 $n = \dfrac{L}{W} = 1$
  ㉡ 실속 속도 V_s일 때 $n = \dfrac{V^2}{V_s^2}$
  ㉢ 정상 선회 비행 시 $n = \dfrac{1}{\cos\theta}$

② 제한 하중 배수(Limit Load Factor)
  ㉠ 제한 하중을 구조물의 정상 운용 상태의 하중으로 나눈 값
  ㉡ 반복 하중 발생 시 영구 변형이 일어나지 않는 설계상 하중을 제한 하중이라 함

③ 안전 계수
  ㉠ 하중에 대한 안전성을 갖도록 함
  ㉡ 기체 구조 설계에서 안전 계수는 1.5

④ 극한 하중(설계 하중, 종극 하중) = 한계 하중×안전 계수
  구조상의 최대 하중으로 기체의 영구 변형이 일어나더라도 파괴되지 않는 하중

4) V-n 선도

① 항공기의 속도에 대한 한계 하중 배수를 나타내어 항공기의 안전한 비행 범위를 정해 주는 도표
② 정부 기관에서 항공기의 유형에 따라 규정(제작자에 내하여 구소상 안전하게 설계 및 제작 지시, 항공기 사용자에게 안전 운항 범위 지시)

③ V_D(설계 급강하 속도)

구조상의 안전성과 조종면의 안전을 보장하는 설계상의 최대 허용 속도

④ V_C(설계 순항 속도)

가장 효율적인 속도

⑤ V_B(설계 돌풍 운용 속도)

기상 조건이 나빠 돌풍이 예상될 때 항공기는 V_B 이하로 비행

⑥ V_A(설계 운용 속도)

플랩이 업 된 상태에서 설계 무게에 대한 실속 속도

⑦ V_S(실속 속도)

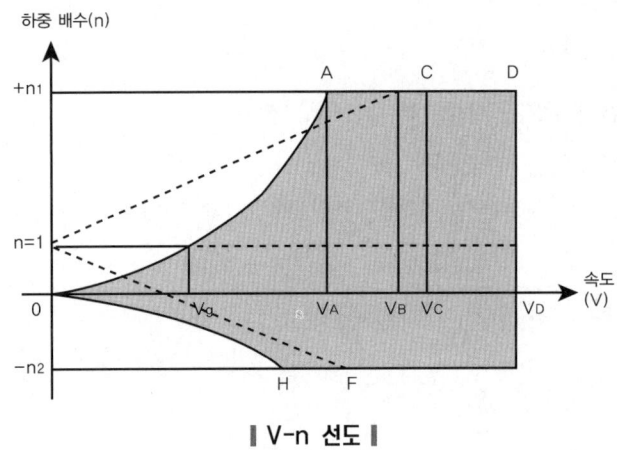

┃V-n 선도┃

5) 항공기의 무게와 평형(Weight and Balance)

가) 용어와 정의

① 무게 중심

설계 시 정해지며 항공기의 비행 성능 및 안정성, 조종성을 위하여 정해진 중심 위치 및 이동 가능한 범위 내에서 비행하여야 함

② 평형

항공기 내부의 오물 축적, 연료 소모, 승객, 승무원, 탑재물의 위치에 따라 변하는 중심을 무게를 조절하여 평형을 이룸

③ 평균 공력시위(MAC)

항공기의 무게 중심(cg)을 표시하는 기본 단위

④ 기준선(Reference Datum)

㉠ 항공기의 세로축(기축)에 대하여 설정

㉡ 부품의 위치나 중심의 위치를 표현

⑤ 동체 스테이션(Fuselage Station)
  기준이 되는 제로점, 또는 기준선에서 거리로 나타냄
⑥ 버톡라인(Buttock Line)
  수직인 중심선의 오른쪽 또는 왼쪽에 평행한 폭을 나타냄
⑦ 워터라인(Water Line)
  동체의 낮은 부분에서 어떤 정해진 거리만큼 떨어진 수평면의 수직선을 측정한 높이
⑧ % Mac
  날개 시위상의 임의점의 위치를 백분율로 나타냄

$$\%MAC = \frac{H-X}{C} \times 100$$

⑨ 중심 한계
  항공기의 무게가 연료, 승객, 탑재물 등에 의하여 변하므로 안전한 비행을 위한 중심 이동이 가능한 범위를 정함(전방 한계, 후방 한계, 기수 처짐, 꼬리 처짐)

나) 무게 측정을 위한 준비 작업
① 자세를 수평으로 하고 가능한 한 연료 및 윤활유 배출
② 스포일러, 슬랫, 로터는 정확한 위치(제작사 지침)에 놓음
③ 비행하는 데 불규칙적으로 사용하는 품목 제거
④ 각종 점검창, 출입문, 비상구, 캐노피는 정상 비행 상태
⑤ 제작사의 지침에 따라 알맞은 저울 선택
⑥ 옆 하중이 발생하지 않도록 브레이크는 풀어놓음

다) 무게의 구분
① 총무게(Gross Weight)
  특정 항공기에 인가된 최대 하중
② 자기 무게(Empty Weight)
  ㉠ 항공기에 장착되어 동작되는 모든 장비 중량을 포함한 항공기 자체의 중량
  ㉡ 승무원, 승객 등의 유용 하중, 사용 가능한 연료, 배출 가능한 윤활유의 무게를 포함하지 않은 상태에서의 무게
  ㉢ 고정 밸러스트, 사용 불가능한 연료, 배출 불가능한 윤활유, 엔진 안의 냉각액 전부, 유압 계통의 무게는 포함
③ 유효 하중(Useful Load)
  총 무게 - 자기 무게
④ 영 연료 하중(Zero Fuel Weight)
  총 무게 - 연료

⑤ 측정 장비 무게(Tare Weight)

잭(Jack), 촉(Chock), 블록(Block), 지지대(Stand) 등의 무게

⑥ 기체 구조의 무게 : 날개, 꼬리 날개, 착륙 장치, 조종면, 나셀 등의 무게
⑦ 동력 장치 무게 : 기관, 프로펠러, 연료, 유압 계통
⑧ 고정 장치 무게 : 전기, 전자, 공유압, 조종, 공기, 방빙, 계기
⑨ 추가 장비 무게 : 식량, 음료수, 서비스 용품, 비상 장비
⑩ 탑재 하중 : 유상 하중(Play Load) 승객, 화물, 무장 계통
⑪ 운항 자기 무게 : 기본 자기 무게 + 운항에 필요한 승무원, 장비품, 식료품
⑫ 설계 단위 무게 : 남자 승객 - 75kg(165lb), 여자 승객 - 65kg(143lb)

라) 무게 중심 계산

① 항공기의 중심 위치는 승무원, 승객, 화물 등의 탑재물에 따라 달라지며, 항공기가 비행하는 동안에 사용하는 연료량에 따라서도 달라짐

㉠ 항공기가 안전한 비행을 하기 위해서는 비행 상태에 따라 허용된 중심 위치에 중심이 있도록 해야 함

㉡ 항공기의 무게와 평형은 주로 세로축, 즉 기축에 대한 것임

② 평형의 원리는 항공기의 무게 중심을 계산하고 평형 작업을 하는 데 기초가 되는데, 이 지렛대의 받침점으로부터 서로 반대 방향으로 같은 거리에 같은 무게가 놓여 있을 때 지렛대는 평형 상태

㉠ 평형을 이루기 위해서는 지렛대의 받침점을 기준으로 하여 양쪽의 물체에 의한 모멘트가 같아야만 함

㉡ 지렛대가 평형이 될 때 지렛대에 작용하는 무게 또는 전체 하중은 받침점에 집중

㉢ 항공기의 동체를 지렛대의 보로 생각하여 무게 중심(C.G)을 지지점이라고 하면, 항공기의 연료, 화물, 승객 등의 모든 하중이 무게 중심에 집중되어 평형을 이루게 됨

③ 무게 중심 계산의 기본적인 식은 모든 무게가 기준선에서부터 한쪽 방향에 위치할 때 중심의 위치는 기본식으로 계산

- 무게 중심 위치 C.G, 무게는 W, 기준선에서의 거리는 l로 했을 때 l은 기준선에서 무게까지의 팔 길이
- 모멘트의 계산은 항공기의 하중에 의한 모멘트로 무게와 기준선에서부터 무게까지의 팔 길이를 곱하여 나타냄(모멘트의 단위는 N·m나 ft·lb 등)

  ※ 항공기의 무게 중심 위치는 무게 중심을 계산하는 기본 식에서 항공기의 기준선에 대한 총 모멘트를 총 무게로 나눈 값으로 얻어진다.

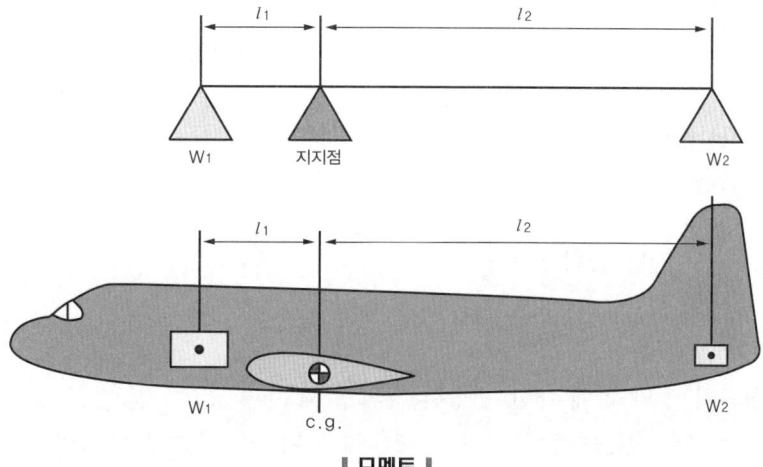

| 모멘트 |

㉠ 무게를 증감한 경우

$$\text{새로운 무게 중심} = \frac{\text{총 모멘트} \pm \text{변화된 모멘트}}{\text{총 무게} \pm \text{변화된 무게}}$$

㉡ 무게를 기준선 앞 뒤로 이동한 경우

$$\text{새로운 무게 중심} = \frac{\text{원래 모멘트} \pm \text{변화된 모멘트}}{\text{원래의 무게}}$$

㉢ 무게의 위치를 변경시킨 경우

$$\text{무게 중심의 이동} = \frac{\text{모멘트의 변화}}{\text{총 무게}}$$

새로운 무게 중심 = 무게 중심 + 무게 중심의 이동

나 부재의 강도

1) 응력(Stress)

어떤 물체 하중이 작용할 때 내부에 발생하는 저항력

① 응력(Stress) : 단위 면적당 작용하는 힘

$$\text{응력} = \frac{\text{힘}}{\text{면적}} = \frac{F}{A} (\text{kg}/\text{cm}^2, \text{kg}/\text{m}^2)$$

② 인장 응력

인장 하중에 의한 응력(압축 응력 : 압축 하중에 의한 응력)

수직 응력 $\sigma = \dfrac{P}{A}$ (P : 하중, A : 단면적)

③ **전단 응력**
전단력에 의해 단면에 평행하게 작용하는 응력

전단 응력 $\tau = \dfrac{V}{A}$

2) 변형률
변형되기 전의 양에 대한 변형된 후의 양의 비율

① **세로 변형률(종변형률)** : 수직 하중에 의해 수직 방향으로 변형된 비율

종변형률 $\varepsilon = \dfrac{\delta}{l}$

② **가로 변형률(횡변형률)** : 하중이 작용하는 방향에 수직한 방향으로 변형된 양의 비율

횡변형률 $\varepsilon' = \dfrac{d'-d}{d} = \dfrac{\lambda}{d}$

③ **전단 변형률** : 재료의 길이 방향으로 일정 거리 떨어진 두 단면에 서로 반대 방향의 전단 응력이 작용하여 변형된 양의 비율

전단 변형률 $\gamma = \dfrac{\delta}{l}$

④ **푸아송비** : 재료의 탄성한계 내에서의 종변형률과 횡변형률의 비

푸아송비 $\nu = \dfrac{\varepsilon'}{\varepsilon}$ 푸아송수 $= \dfrac{1}{\nu} = \dfrac{\varepsilon}{\varepsilon'}$

※ 탄성 계수 사이의 관계
- 종탄성 계수 E와 전단 탄성 계수 G 사이의 관계 $G = \dfrac{E}{2(1+\nu)}$
- 종탄성 계수 E와 체적 탄성 계수 K 사이의 관계 $K = \dfrac{E}{3(1-2\nu)}$
- 종탄성 계수 E, 전단 탄성 계수 G, 체적 탄성 계수 K 사이의 관계 $K = \dfrac{GE}{9G-3E}$

⑤ **열응력** : 온도 변화로 인하여 발생하는 응력

$\delta = l\alpha \Delta T$ (α : 열팽창 계수, 선팽창 계수) $\varepsilon = \dfrac{\delta}{l} = \dfrac{l\alpha \Delta T}{l} = \alpha \Delta T$

⑥ 후크의 법칙

$$\sigma = E\varepsilon$$

$$\frac{P}{A} = E\frac{\delta}{l}$$

$$E = \frac{Pl}{A\delta}, \quad \delta = \frac{Pl}{EA}$$

3) 탄성 변형 에너지

가) 수직 응력에 의한 탄성 변형 에너지

① 탄성 변형 에너지 : $U = W = \frac{1}{2}P\delta = \frac{1}{2}P\frac{Pl}{AE} = \frac{P^2 l}{2AE}$

② 단위 체적당 탄성 변형 에너지 : $u = \frac{U}{V} = \frac{\frac{P^2 l}{2AE}}{Al} = \frac{\sigma^2}{2E}$

③ 전 체적에 대한 탄성 변형 에너지 : $U = uV = \frac{\sigma^2}{2E}Al$

나) 전단 응력에 의한 탄성 변형 에너지

① 단위 체적당의 탄성 변형 에너지 : $u_s = \frac{U_s}{V} = \frac{\frac{P^2 l}{2AG}}{Al} = \frac{\tau^2}{2G}$

② 전 체적에 대한 탄성 변형 에너지 : $U_s = u_s V = \frac{\tau^2}{2E}Al$

4) 내압 용기에 작용하는 응력

① 축응력 : $\sigma_x = \frac{pR}{2t}$

② 원주 응력(후프 응력) : $\sigma_y = \frac{pR}{t}$

5) 단면의 성질

가) 단면 1차 모멘트

① 도형의 면적과 그 도형으로부터 어떤 축까지의 수직거리를 곱한 것(면적 모멘트)

② $Q_x = A\overline{y}, \quad Q_y = A\overline{x}$

나) 단면 2차 모멘트

① 도형의 면적과 그 도형으로부터 어떤 축까지의 수직거리의 제곱을 곱한 것(관성 모멘트)

② $I_x = \int y^2 dA$, $I_y = \int x^2 dA$

다) 극관성 모멘트

① $I_p = I_x + I_y$

② 직교축이 대칭일 경우 $I_x = I_y$이므로 $I_p = 2I_x = 2I_y$

구분		사각형	삼각형	원
도형				
도심축 (I_X)	I_X	$\dfrac{bh^3}{12}$	$\dfrac{bh^3}{36}$	$\dfrac{\pi d^4}{64}$
	I_Y	$\dfrac{hb^3}{12}$	$\dfrac{hb^3}{36}$	
임의축 (I_x)	상단	$\dfrac{bh^3}{3}$	$\dfrac{bh^3}{4}$	$\dfrac{5\pi d^4}{64}$
	하단		$\dfrac{bh^3}{12}$	

‖ 기본 도형의 2차 모멘트 ‖

라) 단면의 회전 반경과 단면 계수

① $k = \sqrt{\dfrac{I}{A}}$ $Z_1 = \dfrac{I_x}{e_1}$ $Z_2 = \dfrac{I_x}{e_2}$

6) 원형축의 비틀림

① 비틀림 모멘트(= 우력) : $T = Fd$

② 비틀림 각 : $\theta = \dfrac{TL}{GJ}$

③ 전단 응력의 최대치 : $\tau_{\max} = \dfrac{TR}{J}$

다 보의 종류

1) 정정보

① 단순보

② 외팔보

③ 돌출보

2) 부정정보

① 양단 지지보
② 연속보
③ 일단 지지 타단 고정보

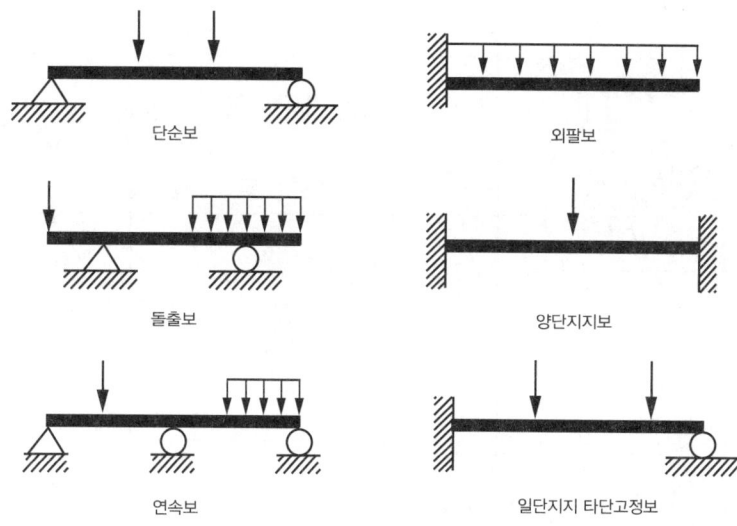

| 보의 종류 |

라 지지점 종류

① 롤러 지지점 : 수직 반력
② 힌지 지지점 : 수평, 수직 반력
③ 고정 지지점 : 수평, 수직, 모멘트 반력

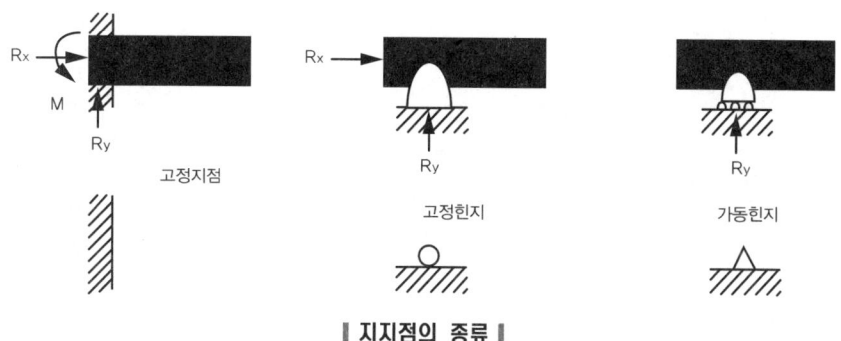

| 지지점의 종류 |

전단력 및 휨 모멘트 공식

보의 종류	반력	최대 굽힘 모멘트 $M_{\max}$
(캔틸레버 M_0)	—	M_o
(캔틸레버 집중하중 P)	$R_b = P$	$P\ell$
(캔틸레버 등분포하중 w)	$R_b = w\ell$	$\dfrac{w\ell^2}{2}$
(단순보 모멘트 M_0)	$R_a = R_b = \dfrac{M_0}{\ell}$	M_o
(단순보 중앙 집중 P)	$R_a = R_b = \dfrac{P}{2}$	$\dfrac{P\ell}{4}$
(단순보 임의점 P, a, b)	$R_a = \dfrac{Pb}{\ell}$ $R_b = \dfrac{Pa}{\ell}$	$\dfrac{Pab}{\ell}$
(단순보 등분포 w)	$R_a = R_b = \dfrac{w\ell}{2}$	$\dfrac{w\ell^2}{8}$
(단순보 삼각분포 w)	$R_a = \dfrac{w\ell^2}{6}$ $R_b = \dfrac{w\ell^2}{3}$	$\dfrac{w\ell^2}{9\sqrt{3}}$
(일단고정 타단지지 집중 P)	$R_a = \dfrac{5P}{16}$ $R_b = \dfrac{11P}{16}$	$M_A = M_{\max} = \dfrac{3}{16}p\ell$
(일단고정 타단지지 등분포 w)	$R_a = \dfrac{3w\ell}{8}$ $R_b = \dfrac{5w\ell}{8}$	$\dfrac{9w\ell^2}{128}$ $x = \dfrac{5\ell}{8}$ 일때
(양단고정 집중 P, a, b)	$R_a = \dfrac{Pb^2}{\ell^3}(3a+b)$	$M_A = \dfrac{Pb^2 a}{\ell^2}$, $M_B = \dfrac{Pa^2 b}{\ell^2}$
(양단고정 등분포 w)	$R_a = R_b = \dfrac{w\ell}{2}$	$M_A = M_B = \dfrac{w\ell^2}{12}$ (중간단의 모멘트) $\dfrac{w\ell^2}{24}$
(연속보 A, C, B 등분포)	$R_a = R_b = \dfrac{3w\ell}{16}$ $R_c = \dfrac{5w\ell}{8}$	$M_c = \dfrac{w\ell^2}{32}$

마 강도와 안정성

1) 크리프(Creep)
일정한 응력을 받는 재료가 일정한 온도에서 시간이 경과함에 따라 하중이 일정하더라도 변형률이 변화하는 현상

가) 크리프 파단곡선
일정한 온도 일정한 인장 응력을 받는 시험편의 변형률을 시간의 경과에 따라 나타낸 것

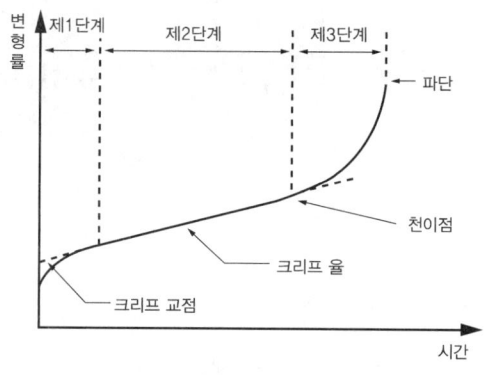

┃ 크리프 파단곡선 ┃

① 제1단계(또는 초기 단계)
    탄성 범위 내의 변형으로 하중을 제거하면 원래의 상태로 회복
② 제2단계
    ㉠ 변형률이 직선으로 증가
    ㉡ 제2단계에서 직선의 기울기를 크리프율(Creep Rate)라 하는데, 크리프율을 알면 인장력을 작용하게 하여 그 구조가 무한 시간까지 안전할 수 있도록 설계 가능
③ 제3단계
    ㉠ 변형률이 급격하게 증가하여 결국 파단 발생
    ㉡ 천이점 : 제2단계와 제3단계의 경계점

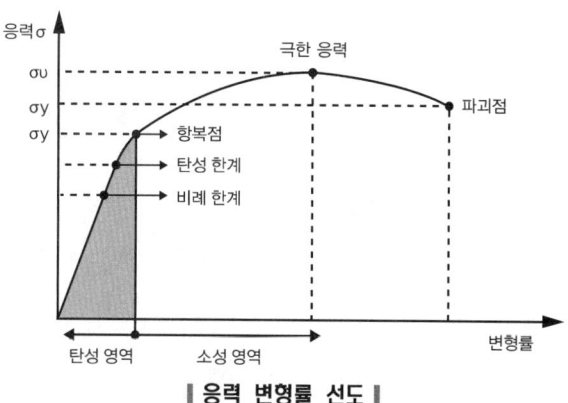

┃ 응력 변형률 선도 ┃

나) 응력 집중

노치(Notch), 작은 구멍, 키, 홈, 필릿 등과 같은 단면적의 급격한 변화가 있는 부분에 대단히 큰 응력이 발생하는 것

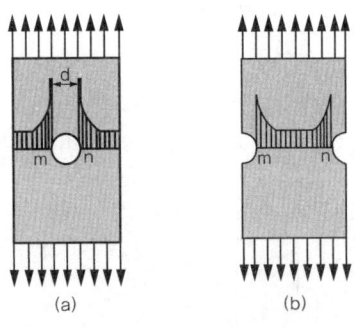

| 응력 집중 |

2) 피로

여압된 항공기 동체와 같이 반복 하중에 의하여 재료의 저항력이 감소하는 현상

가) 피로 응력
반복 하중을 받는 부재가 재료의 극한 강도보다 훨씬 낮은 응력 상태에서 파단되는 것

나) 원인
주로 재료 내부 결함(Crack)이 있을 때 그 주위에서 응력 집중이 발생하여, 점차적으로 응력이 확산되어 파괴가 발생

다) 피로강도
피로에 의하여 파괴될 때 강도

라) 응력-회전수(S-N)곡선
① 피로 시험의 결과로 나타난 곡선
② 회전수가 증가하면 곡선은 아래로 감소하다가 일정한 값이 되면 수평을 유지
③ 수평을 유지하는 값을 피로 한도라고 함

마) 피로 한도
① 재료 응력이 피로한도 이하일 때에는 이론적으로 아무리 반복 하중을 작용시켜도 파괴되지 않음
② 철 계통의 재료는 피로 한도가 분명히 나타남
③ 알루미늄 계통의 재료는 피로 한도가 뚜렷하게 나타나지 않음

3) 좌굴(Buckling)

압축력에 의하여 굽힘이 되어 파괴되는 현상

가) 좌굴 응력(Buckling Stress) 또는 임계 응력(Critical Stress)

좌굴을 일으키는 최대의 응력, 즉 좌굴 하중을 기둥 단면적으로 나눈 값

나) 오일러 공식

$$P_{cr} = \frac{n\pi^2 EI}{L_2}$$

여기서, P_{cr} : 좌굴로 인한 파괴가 일어나기 전까지 기둥이 지지할 수 있는 최대 축방향 압축력
E : 탄성 계수
I : 기둥의 최소 단면 2차 모멘트
L : 기둥의 길이
n : 유효길이 계수(단말 계수)

다) 유효 길이 계수

① 양단 핀지지 $n = 1$
② 양단 고정 $n = 0.5$
③ 하단 고정, 상단 핀지지 $n = 0.7$
④ 하단 고정, 상단 자유 $n = 2$

라) 좌굴 원인

① 재질의 불균형
② 기둥의 중심선과 하중 방향이 일치하지 않을 때
③ 기중의 중심선이 곧은 직선이 아닐 때

마) 세장비(Slenderness Ratio)

$$\lambda(\text{세장비}) = \frac{L}{k}, \quad \text{원기둥 } k = \sqrt{\frac{d^2}{16}}, \quad \text{정방형 기둥 } k = \sqrt{\frac{h^2}{12}}$$

여기서, L : 기둥의 길이, k : 2차 반경

바) 세장비가 크면 좌굴이 잘 일어나는데, 즉 세장비가 크면 좌굴 하중이 감소

① 단주(Short Column) : 세장비가 30 이하
② 중주(Medium Column) : 세장비 30~150
③ 장주(Long Column) : 세장비 160 이상

4) 안전 여유

가) 하중 및 강도에 대한 요구 조건은 ICAO에서 규정하며 여러 나라에서도 이 규정에 준하는 민항기의 운용에 대한 강도 규정 제정

나) 제한 하중을 받을 때 안전 문제가 될 수 있는 잔류 변형의 존재를 허용치 않음
다) 극한 하중(= 종극 하중)이 작용하는 경우 민간기에 있어서는 적어도 3초 동안 파괴되지 않고 견딜 수 있어야 함
라) 설계 하중
① 항공기는 한계 하중보다 큰 하중에서 견딜 수 있도록 설계하는데 이 하중을 설계 하중이라 함. 이때 하중 배수를 설계 하중 배수라고 함
② 설계 하중 = 한계 하중 × 안전 계수
③ 안전 계수는 설계 목적에 따라 1.2 ~ 1.5 정도가 사용되며 항공기에서는 주로 1.5를 선택
④ 설계 하중을 고려하는 이유
　㉠ 항공 역학 및 구조 역학 등의 이론적 계산에 많은 가정이 있음
　㉡ 재료의 기계적 성질 등이 실제값과 차이가 있음
　㉢ 세작 가공 및 검사 방법 등에 따라 측정 치수에 오차가 발생
　㉣ 비상시 또는 돌풍 시 예상한 값보다 더 큰 하중이 발생할 가능성
⑤ 안전 여유(Margin of Safety ; MS)

$$\text{안전 여유} = \frac{\text{허용 하중(허용 응력)}}{\text{실제 하중(실제 응력)}}$$

$$MS = \frac{\sigma_{allow}}{\sigma}$$

여기서, 허용 하중 : 부재가 받을 수 있는 최대 하중
　　　실제 하중 : 부재에 발생하는 최대 하중

바 구조 시험

기체 구조 설계상의 요구 조건들을 확인하기 위한 시험

1) 구조 시험이 필요한 이유
① 설계 계산 과정에서 사용한 공식과 가정의 불일치
② 설계 기준으로 선택한 재료의 기계적 성질이 실제와 차이(항복 강도, 극한 강도)
③ 설계 시 모든 조건을 고려할 수 없음(이론보다 시험을 통해 확인)
④ 새로운 재료의 출현(기존 방법으로 해결할 수 없는 문제)

2) 정하중 시험
① 한계 하중, 극한 하중의 조건에서 기체의 구조가 충분한 강도와 강성을 가지고 있는지에 대한 시험

② 강성 시험
한계 하중보다 낮은 하중으로 기체 각 부분의 강성 측정
③ 한계 하중 시험
안전의 위험을 초래하는 잔류 변형 확인
④ 극한 하중 시험
파괴 여부 확인
⑤ 파괴 시험
충분한 시험 자료를 얻은 뒤, 예측할 수 없는 많은 자료를 얻을 수 있음

3) 낙하 시험
① 실제의 착륙 상태 또는 그 이상의 조건에서 착륙 장치의 완충 능력 및 하중 전달 구조물의 강도를 확인하기 위하여 실시
② 시험
고정익 비행기의 경우 규정에 명시된 제한 하강률로 낙하 시 착륙 장치 완충 능력 시험
③ 여유 에너지 흡수 낙하 시험
제한 하강율 × 1.2 하강률로 낙하 시 착륙 장치의 에너지 흡수 능력 시험
④ 작동 시험
착륙 장치 UP, DOWN 작동 여부 확인

4) 피로 시험
① 부분 구조 피로 시험
구조 부재 모양, 결합 방식, 체결 요소의 선정 및 복잡한 구조 부재의 설계를 위해 피로 강도를 결정
② 전체 구조 피로 시험
기체 구조 안전 수명 결정

5) 지상 진동 시험
① 동하중에 의한 공진 현상에 대해 중점적 관찰
② 공진
외부 하중의 진동수와 재료의 고유 진동수가 같을 때 상당히 큰 변위가 발생

제3부 항공 기체

2 출제 예상 문제

01 V-n 선도에서의 n(Load Factor)을 옳게 표현한 것은? (단, L : 양력, D : 항력, T : 추력, W : 무게)

① $n = \dfrac{L}{W}$ ② $n = \dfrac{W}{L}$

③ $n = \dfrac{T}{D}$ ④ $n = \dfrac{D}{T}$

02 실속 속도가 90mph인 항공기를 120mph 로 비행 중에 조종간을 급히 당겼을 때 항공기에 걸리는 하중 배수는 약 얼마인가?

① 1.5 ② 1.78
③ 2.3 ④ 2.57

해설
$n = \dfrac{V_{ts}^2}{V_s^2} = \dfrac{120^2}{90^2} = 1.78$

03 실속 속도가 150km/h인 비행기를 300 km/h의 속도로 수평 비행을 하다가 조종간을 당겨 최대 받음각의 자세를 취하여 C_{Lmax}인 상태로 하였을 때, 하중계수는?

① 1 ② 2
③ 4 ④ 8

해설
$n = \dfrac{V^2}{V_s^2} = \dfrac{300^2}{150^2} = 4$

04 설계 제한 하중 배수가 2.5인 비행기의 실속 속도는 120km/h일 때 이 비행기의 설계 운용 속도는 약 몇 km/h인가?

① 150 ② 240
③ 190 ④ 300

해설
$V = V_s \sqrt{n} = 120\sqrt{2.5} = 189.74 \text{km/h}$

05 감항류별 T류에 속하는 항공기의 실속 속도가 80mph라고 하면, 이 항공기에 적용할 수 있는 최소 설계 운용 속도는 몇 mph인가?

① 126.5 ② 140.5
③ 160.5 ④ 182.5

해설
감항류별 T류의 제한 하중 배수는 2.5
$V_A = \sqrt{n}\, V_s = \sqrt{2.5} \times 80 = 126.49 \text{mph}$

06 항공기 설계 하중과 관련된 안전 여유의 식으로 옳은 것은?

① M.S. = 1 + 실제 하중 / 허용 하중
② M.S. = 1 + 허용 하중 / 실제 하중
③ M.S. = 허용 하중 / 실제 하중 − 1
④ M.S. = 실제 하중 / 허용 하중 − 1

07 다음 중 설계 하중을 옳게 나타낸 것은?

① 종극 하중 × 종극 하중 계수
② 한계 하중 × 안전 계수
③ 극한 하중 × 설계 하중 계수
④ 극한 하중 × 종극 하중 계수

08 그림과 같이 경사각 $\theta = 60°$로서 정상 선회의 비행을 하는 비행기의 날개에 걸리는 하중 배수 n은 얼마인가?

정답 01. ① 02. ② 03. ③ 04. ③ 05. ① 06. ③ 07. ② 08. ③

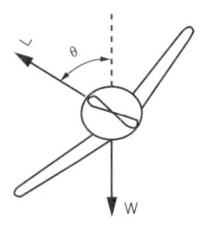

① 0.5 ② 1
③ 2   ④ 4

해설

$n = \dfrac{1}{\cos\theta} = \dfrac{1}{\cos 60} = 2$

09 하중 배수 선도에 대한 설명으로 옳은 것은?

① 수평 비행을 할 때 하중 배수는 0이다.
② 하중 배수 선도에서 속도는 진 대기 속도를 말한다.
③ 구조 역학적으로 안전한 조작 범위를 제시한 것이다.
④ 하중 배수는 정하중을 현재 작용하는 하중으로 나눈 값이다.

해설

- V_D(설계 급강하 속도) : 구조상의 안전성과 조종면의 안전을 보장하는 설계상의 최대 허용 속도
- V_C(설계 순항 속도) : 가장 효율적인 속도
- V_B(설계 돌풍 운용 속도) : 기상 조건이 나빠 돌풍이 예상될 때 항공기는 V_B 이하로 비행
- V_A(설계 운용 속도) : 플랩이 업 된 상태에서 설계 무게에 대한 실속 속도

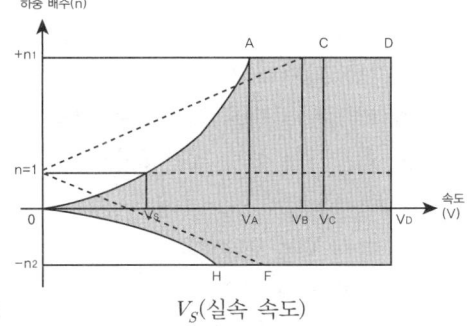

V_S(실속 속도)

10 V-n 선도에 대한 설명으로 잘못된 것은?

① 정부 기관에서 항공기의 유형에 따라 정한다.
② 제작 회사에서 항공기 설계 시 정한다.
③ 제작자에게 구조상 안전하게 설계, 제작을 지시한다.
④ 사용자에게 구조상 안전 운항 범위를 제시한다.

11 그림과 같은 V-n 선도에서 GH 선은 무엇을 나타내는 것인가?

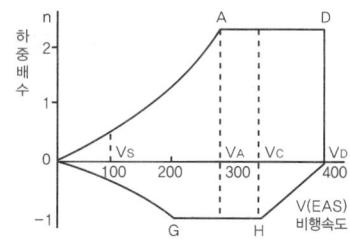

① 돌풍 하중 배수
② 최소 제한 하중 배수
③ 최대 제한 하중 배수
④ "+" 방향에서 얻어지는 하중 배수

12 그림과 같은 수송기의 V-n 선도에서 A와 D의 연결선은 무엇을 나타내는가?

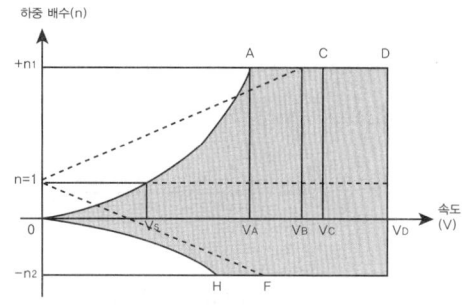

① 돌풍 하중 배수
② 양력 계수
③ 설계 순항 속도
④ 설계 제한 하중 배수

정답 09. ③ 10. ② 11. ② 12. ④

13 다음과 같은 속도 하중 배수(V-n) 선도에서 실속 속도의 표시가 맞게 된 것은? (단, V_S : 실속 속도, n_1 : 제한 하중 배수)

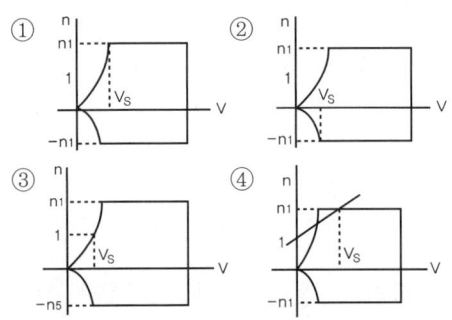

14 그림과 같은 V-n 선도에서 실속 속도(V_S) 상태로 수평 비행하고 있는 항공기의 하중 배수(n_S)는 얼마인가?

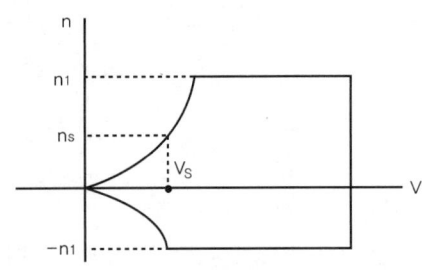

① 1　　　② 2
③ 3　　　④ 4

15 그림과 같은 V-n 선도에서 n_1은 설계 제한 하중 배수, 점선 1B는 돌풍 하중 배수 선도라면 옳게 짝지은 것은?

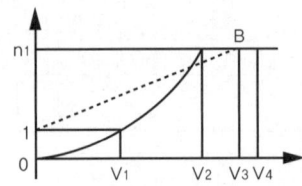

① V_1 – 설계 순항 속도
② V_2 – 설계 운용 속도
③ V_3 – 설계 급강하 속도
④ V_4 – 실속 속도

16 그림의 V-n 선도에서 순항 성능이 가장 효율적으로 얻어지도록 정한 설계 속도는?

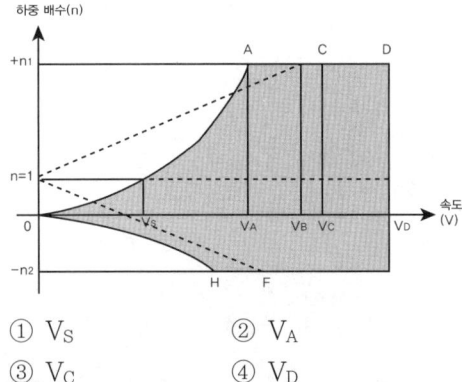

① V_S　　　② V_A
③ V_C　　　④ V_D

17 그림과 같은 V-n 선도에서 아무리 급격한 조작을 하여도 구조상 안전한 속도를 나타내는 지점은?

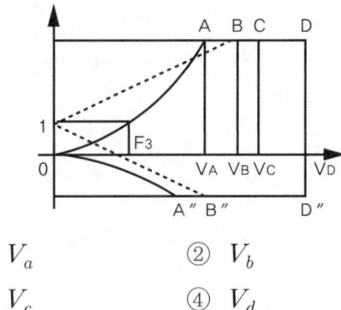

① V_a　　　② V_b
③ V_c　　　④ V_d

18 항공기가 수평 비행을 하다가 갑자기 조종간을 당겨서 최대 양력 계수의 상태로 될 때 큰 날개에 작용하는 하중 배수가 그 항공기의 설계 제한 하중과 같게 되는 수평 속도는?

① 설계 급강하 속도
② 설계 운용 속도
③ 설계 돌풍 운용 속도
④ 설계 순항 속도

정답　13. ③　14. ①　15. ②　16. ③　17. ①　18. ②

제3장 기체 구조의 수리 및 역학

해설
- V_D(설계 급강하 속도) : 구조상의 안전성과 조종면의 안전을 보장하는 설계상의 최대 허용 속도
- V_C(설계 순항 속도) : 가장 효율적인 속도
- V_B(설계 돌풍 운용 속도) : 기상 조건이 나빠 돌풍이 예상될 때 항공기는 V_B 이하로 비행
- V_A(설계 운용 속도) : 플랩이 업된 상태에서 설계 무게에 대한 실속 속도

19 항공기의 안전 운항을 담당하는 기관에서 항공기를 사용 목적이나 소요 비행 상태의 정도에 따라 분류하여 정하는 하중 배수와 같은 값이 될 때의 속도는?

① 설계 운용 속도
② 설계 급강하 속도
③ 설계 순항 속도
④ 설계 돌풍 운용 속도

20 하중 배수 선도(V-n)에서 구조 역학적인 의미를 갖지 않는 속도는?

① 설계 순항 속도
② 설계 운용 속도
③ 설계 돌풍 속도
④ 설계 급강하 속도

21 항공기 V-n(비행 속도-하중 배수) 선도에서 플랩 등과 같은 공탄성에 의한 비행기의 위험을 피하기 위해서 제한하는 속도를 무엇이라 하는가?

① 실속 속도
② 설계 운영 속도
③ 설계 순항 속도
④ 설계 급강하 속도

22 항공기의 위치 표시 방식 중에서 기준으로 정한 특정 수평면으로부터의 위치를 측정한 수직거리는?

① FS(Fuselage Station)
② WS(Wing Station)
③ BWL(Body Water Line)
④ BBL(Body Buttock Line)

해설
- 동체 스테이션(Fuselage Station) : 기준이 되는 제로점, 또는 기준선에서 기리로 나타냄
- 버톡 라인(Buttock Line) : 수직인 중심선의 오른쪽 또는 왼쪽에 평행한 폭을 나타냄
- 워터 라인(Water Line) : 동체의 낮은 부분에서 어떤 정해진 거리만큼 떨어진 수평면의 수직선을 측정한 높이

23 항공기의 위치표시 방법 중에서 수직인 중심선의 왼쪽 또는 오른쪽에 평행한 폭을 나타내는 것은?

① 휴즈레지 스테이션
② 버톡 라인
③ 워터 라인
④ 레퍼런스 라인

24 그림에서 평균 공기학적 시위(Mean Aerodynamic Chord)의 백분율로 C.G(Center of Gravity) 위치를 계산하면?

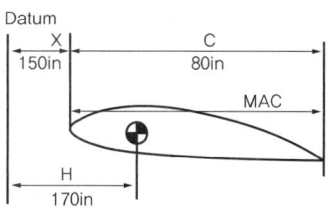

① 15%   ② 20%
③ 25%   ④ 30%

해설

$$\%MAC = \frac{H-X}{C} \times 100$$
$$= \frac{170-150}{80} \times 100 = 25\%$$

정답 19. ① 20. ① 21. ④ 22. ③ 23. ② 24. ③

25 항공기의 무게 중심이 기준선에서 90in에 있고, MAC의 앞전이 기준선에서 82in인 곳에 위치한다면 MAC가 32in인 경우 중심은 몇 % MAC인가?

① 15 ② 20
③ 25 ④ 35

해설

$$\%MAC = \frac{H-X}{C} \times 100$$
$$= \frac{90-82}{32} \times 100 = 25\%$$

26 항공기의 무게 측정을 하는 일반적인 방법으로 틀린 것은?

① 밀폐된 건물 안에서 무게를 측정한다.
② 자기 무게에 포함된 모든 장비품을 항공기에서 장탈하여 놓는다.
③ 저울을 교정하고 0점 조정을 한다.
④ 무게 측정에는 제동 장치를 걸지 않도록 한다.

27 다음 중 항공기의 총 무게(Gross Weight)에 대한 설명으로 옳은 것은?

① 항공기의 무게 중심을 말한다.
② 기체 무게에서 자기 무게를 뺀 무게이다.
③ 항공기 내의 고정 위치에 실제로 장착되어 있는 하중이다.
④ 특정 항공기에 인가된 최대 하중으로서 형식 증명서(Type Certificate)에 기재되어 있다.

28 다음 중 항공기의 유용 하중(Useful Load)에 해당하는 것은?

① 고정 장치 무게 ② 연료 무게
③ 동력 장치 무게 ④ 기체 구조 무게

해설

유효 하중(Useful Load)
총 무게 – 자기 무게
승무원, 승객, 사용가능한 연료, 배출 가능한 윤활유의 무게

29 항공기의 무게와 평형에서 유효 하중을 가장 올바르게 설명한 것은?

① 항공기에 인가된 최대 무게이다.
② 항공기 내의 고정 위치에 실제로 장착되어 있는 하중이다.
③ 총 무게에서 자기 무게를 뺀 무게이다.
④ 항공기의 무게 중심이다.

30 요구되는 중심의 평형을 얻기 위하여 항공기에 설치하는 모래주머니, 납봉, 납판 등을 무엇이라 하는가?

① 유상 하중(Pay Lord)
② 테어 무게(Tare Weight)
③ 평형 무게(Balance Weight)
④ 밸러스트(Ballast)

31 항공기 무게를 계산하는 데 기초가 되는 자기 무게(Empty Weight)에 포함되는 무게는?

① 고정 밸러스트
② 승객과 화물
③ 사용가능 연료
④ 배출 가능 윤활유

해설

자기 무게
- 승무원, 승객 등의 유용 하중, 사용 가능한 연료, 배출 가능한 윤활유의 무게를 포함하지 않은 상태에서의 무게
- 사용 불가능한 연료, 배출 불가능한 윤활유, 엔진 안의 냉각액 전부, 유압 계통의 무게는 포함됨

정답 25. ③ 26. ② 27. ④ 28. ② 29. ③ 30. ④ 31. ①

32 테어 무게(Tare Weight)에 대한 설명으로 옳은 것은?
① 항공기에 인가된 최대 중량을 의미한다.
② 항공기에 장착된 모든 운용 장비품을 포함한 무게를 의미한다.
③ 중량 측정 시 사용하는 보조 장치 초크(Choke), 블록(Block), 지지대(Stand) 등의 무게를 의미한다.
④ 항공기에 사용되는 작동유, 기관 냉각액 등의 총 무게를 의미한다.

해설
측정 장비 무게(Tare Weight)
잭(Jack), 초크(Chock), 블록(Block), 지지대(Stand) 등의 무게

33 다음 중 항공기의 자기 무게(Empty Weight)에 포함되지 않는 것은?
① 기체 구조 무게 ② 동력 장치 무게
③ 고정 장치 무게 ④ 최대 이륙 무게

34 연료를 제외한 적재된 항공기의 최대 무게를 나타내는 것은?
① 최대 무게(Maximum Weight)
② 영 연료 무게(Zero Fuel Weight)
③ 기본 자기 무게(Basic Empty Weight)
④ 운항 빈 무게(Operating Empty Weight)

35 항공기 중심을 계산하기 위한 기준선을 결정하는 방법으로 가장 옳은 것은?
① 기수에 위치하도록 정한다.
② 날개 시위선의 1/4지점으로 정한다.
③ 날개의 앞전에 위치하도록 정한다.
④ 계산 편의에 따라 기준으로 하는 것의 위치에 따라 다르게 결정한다.

36 항공기의 무게 중심(C.G)에 대한 설명으로 가장 옳은 것은?
① 항공기 무게 중심은 항상 기준에 있다.
② 항공기가 이륙하면 무게 중심은 전방으로 이동한다.
③ 제작회사에서 항공기를 설계할 때 결정되며 변하지 않는다.
④ 무게 중심은 연료나 승객, 화물 등을 탑재하면 이동되며, 비행 중 연료 소모량에 따라서도 이동된다.

37 그림과 같이 보에 집중 하중이 가해질 때 하중 중심의 위치는?

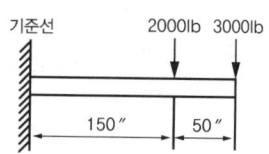

① 기준선에서부터 100″
② 기준선에서부터 150″
③ 보의 우측 끝에서부터 20″
④ 보의 우측 끝에서부터 180″

해설
$$c.g = \frac{\text{모멘트의 합}}{\text{하중의 합}} = \frac{2000 \times 150 + 3000 \times 200}{2000 + 3000} = 180\,in$$

38 무게가 1,220 lb이고, 모멘트가 30,500 in-lb인 항공기에 무게가 80 lb이고, 900 in-lb의 모멘트를 갖는 장치를 장착하였다면 이 항공기의 무게 중심 위치는 약 몇 in인가?
① 20 ② 24
③ 28 ④ 32

해설
$$c.g = \frac{\text{모멘트}}{\text{무게}} = \frac{30,500 + 900}{1,220 + 80} = 24.15\,in$$

정답 32. ③ 33. ④ 34. ② 35. ④ 36. ④ 37. ③ 38. ②

39 그림과 같은 항공기에서 앞바퀴에 170kg, 뒷바퀴 전체에 총 540kg이 작용하고 있다면 중심 위치는 기준선으로부터 약 몇 m 떨어진 지점인가?

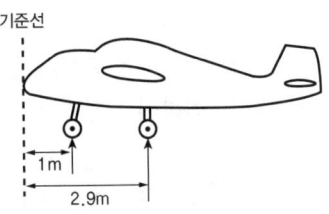

① 2.91
② 2.45
③ 1.31
④ 1

해설

$$c.g = \frac{\text{모멘트의 합}}{\text{하중의 합}}$$
$$= \frac{170 \times 1 + 540 \times 2.9}{170 + 540} = 2.45\text{in}$$

40 그림과 같이 기준선으로부터 2.5m 떨어진 앞바퀴에 5,000kg의 반력이 작용하고, 앞바퀴에서 10m 떨어진 양쪽 뒷바퀴 각각에 10,000kg의 반력이 작용할 때, 이 항공기의 무게 중심은 기준선으로부터 몇 m 떨어진 곳에 위치하겠는가?

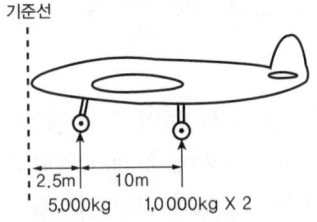

① 10.0
② 10.5
③ 11.0
④ 11.5

해설

$$c.g = \frac{\text{모멘트의 합}}{\text{하중의 합}}$$
$$= \frac{5,000 \times 2.5 + 10,000 \times 2 \times 12.5}{5,000 + 10,000 \times 2} = 10.5\text{in}$$

41 항공기의 무게를 측정한 결과 그림과 같다면 이 때 중심 위치는 MAC의 몇 %에 있는가? (단, 단위는 cm이다)

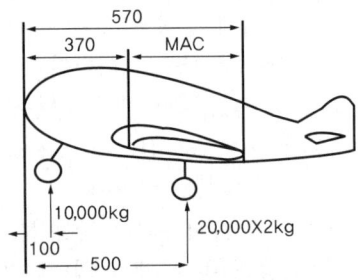

① 20
② 25
③ 30
④ 35

해설

$$c.g = \frac{\text{모멘트의 합}}{\text{하중의 합}}$$
$$= \frac{10,000 \times 100 + 20,000 \times 2 \times 500}{10,000 + 20,000 \times 2} = 420$$

c.g의 위치는 MAC의 50이므로

$$\frac{50}{200} \times 100 = 25\%$$

42 표와 같은 항공기 무게 중심(Center of Gravity)위치는 약 몇 in인가? (단, 거리는 항공기의 가장 앞부분을 기준선으로 한다)

무게 측정점	순무게(lb)	거리(inch)
왼쪽 바퀴	350	35
오른쪽 바퀴	360	35
앞 바퀴	75	5

① 28
② 30
③ 32
④ 40

해설

$$c.g = \frac{\text{모멘트의 합}}{\text{하중의 합}}$$
$$= \frac{350 \times 35 + 360 \times 35 + 75 \times 5}{350 + 360 + 75} = 32.13\text{in}$$

정답 39. ② 40. ② 41. ② 42. ③

43 항공기 무게 측정 결과가 다음과 같다면 자기 무게의 무게 중심의 위치는? (단, 8G/ L(G/L 당 7.5lbs)의 오일이 −30in의 거리에 보급되어 있다)

무게 측정점	순무게(lb)	거리(inch)
좌측 주 바퀴	617	68
우측 주 바퀴	614	68
앞 바퀴	152	26

① 61.64   ② 51.64
③ 57.67   ④ 66.14

해설

$$c.g = \frac{617 \times 68 + 614 \times 68 + 152 \times (-26) - 8 \times 7.5 \times (-30)}{617 + 614 + 152 - 8 \times 7.5}$$
$$= 61.645 \text{in}$$

44 무게가 2,500kg이고, 중심 위치가 기준선 후방 300cm인 항공기에서 기준선 후방 100cm에 위치한 50kg의 전자 장비를 장탈하고, 기준선 후방 500cm에 위치한 화물실에 100kg의 비상 물품을 실었다. 이때 중심 위치는 기준선 후방 몇 cm에 위치하는가?

① 250   ② 310
③ 350   ④ 410

해설

새로운 무게 중심

$$= \frac{\text{총 모멘트} \pm \text{변화된 모멘트}}{\text{총 무게} \pm \text{변화된 무게}}$$
$$= \frac{2,500 \times 300 - 50 \times 100 + 100 \times 500}{2,500 - 50 + 100}$$
$$= 311.76 \text{cm}$$

45 비행기의 무게가 2,500kg 이고 중심 위치는 기준선 후방 0.5m에 있다. 기준선 후방 4m에 위치한 10kg짜리 좌석 2개를 떼어 내고 기준선 후방 4.5m에 17kg짜리 항법 장치를 장착하였으며, 이에 따른 구조 변경으로 기준선 후방 3m에 12.5kg의 무게 증가 요인이 추가 발생하였다면 이 비행기의 새로운 무게 중심 위치는?

① 기준선 전방 약 0.21m
② 기준선 전방 약 0.51m
③ 기준선 후방 약 0.21m
④ 기준선 후방 약 0.51m

해설

새로운 무게 중심

$$= \frac{\text{총 모멘트} \pm \text{변화된 모멘트}}{\text{총 무게} \pm \text{변화된 무게}}$$
$$= \frac{2,950 \times 0.5 + 12.5 \times 3}{2,500 + 12.5}$$
$$= 0.51 \text{m}$$

46 무게가 2,950kg이고 중심 위치가 기준선 후방 300cm인 항공기에서 기준선 후방 200cm에 위치한 50kg의 전자 장비를 장탈하고, 기준선 후방 250cm에 위치한 화물실에 100kg의 비상 물품을 실었다면 이때 중심 위치는 기준선 후방 약 몇 cm에 위치하는가?

① 300   ② 310
③ 313   ④ 410

해설

새로운 무게 중심

$$= \frac{\text{총 모멘트} \pm \text{변화된 모멘트}}{\text{총 무게} \pm \text{변화된 무게}}$$
$$= \frac{2,950 \times 300 - 50 \times 200 + 100 \times 250}{2,950 - 50 + 100} = 300 \text{cm}$$

47 무게 1,500kg인 항공기의 중심 위치가 기준선 후방 50cm에 위치하고 있으며, 기준선 전방 100cm에 위치한 화물 75kg을 기준선 후방 100cm 위치로 이동시켰을 때 새로운 중심 위치는?

① 기준선 후방 40cm
② 기준선 후방 50cm
③ 기준선 후방 60cm
④ 기준선 후방 70cm

해설

원래 무게 중심 50cm에서 화물을 제거했을 때의 무게의 위치는

$$c.g = \frac{\text{총 모멘트}}{\text{총 무게}}$$

$$c.g = \frac{1,425 \times x - 75 \times 100}{1,425 + 75}$$ 에서

$x = 57.8$

새로운 무게 중심 $= \frac{\text{총 모멘트} \pm \text{변화된 모멘트}}{\text{총 무게} \pm \text{변화된 무게}}$

$$= \frac{1,425 \times 57.8 + 75 \times 100}{1,425 + 75}$$

$$= 59.91 \, cm$$

48 다음 중 응력을 설명한 것으로 옳은 것은?
① 단위 체적당 무게이다.
② 단위 체적당 질량이다.
③ 단위 길이당 늘어난 길이이다.
④ 단위 면적당 힘 또는 힘의 세기이다.

49 다음 중 응력(Stress)의 단위가 아닌 것은?
① kgf/cm^2
② N/m^2
③ lb/in^2
④ kJ/m^2

50 항공기와 관련하여 하중과 응력에 대한 설명으로 틀린 것은?
① 구조물에 가해지는 힘을 하중이라 한다.
② 면적당 작용하는 내력의 크기를 응력이라 한다.
③ 하중에는 탑재물의 중량, 공기력, 관성력, 지면 반력, 충격력 등이 있다.
④ 구조물인 항공기는 하중을 지지하기 위한 외력으로 응력을 가진다.

51 항상 압축 응력과 인장 응력이 동시에 발생하는 경우는?
① 순수 전단(Pure Shear)
② 순수 휨(Pure Bending)
③ 순수 비틀림(Pure Torsion)
④ 평면 응력(Plane Stress)

52 동체의 전단 응력에 대한 설명이 잘못된 것은?
① 동체의 전단 응력은 항공기 무게에 의해 발생된다.
② 동체의 전단 응력은 항공기, 공기력에 의해 발생된다.
③ 동체의 전단 응력은 항공기 지면 반력에 의해 발생된다.
④ 동체의 좌우측 중앙에서 동체의 전단 응력이 최소이다.

53 다음 중 크기와 방향이 변화하는 인장력과 압축력이 상호 연속적으로 반복되는 하중은?
① 정하중
② 충격 하중
③ 반복 하중
④ 교번 하중

54 지상 진동 시험에서 외부 하중의 진동수와 고유 진동수가 같아질 때에는 상당히 큰 변위가 발생하는데, 이것을 무엇이라 하는가?
① 동적 응력
② 정적 응력
③ 공진
④ 진폭

정답 48. ④ 49. ④ 50. ④ 51. ② 52. ④ 53. ④ 54. ③

55 다음과 같은 구조물에서 A-B 구간의 내력은 몇 N인가?

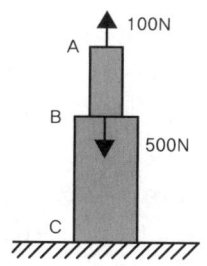

① -400 N ② 400 N
③ -100 N ④ 100 N

56 그림과 같이 반대 방향으로 하중이 작용하는 구조물에서 B-C 구간의 내력은 몇 N인가?

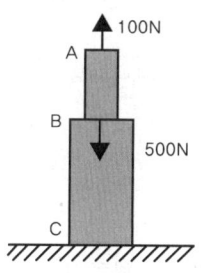

① 100 ② -100
③ 400 ④ -400

57 그림과 같이 지름 10cm의 원형 강봉에 40kN의 인장 하중이 작용하는 경우, 축의 수직인 면에 발생하는 수직 응력은 약 몇 kPa인가?

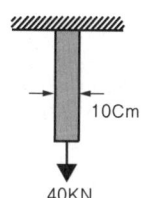

① 4,505 ② 5,093
③ 6,025 ④ 7,235

해설

$\sigma = \dfrac{P}{A} = \dfrac{40 \times 10^3}{\dfrac{\pi}{4} \times 0.1^2}$

$= 5,092.958 \times 10^3 N = 5,093 KN$

58 그림과 같이 단면적 20cm², 10cm²로 이루어진 구조물의 a-b구간에 작용하는 응력은 몇 kN/cm²인가?

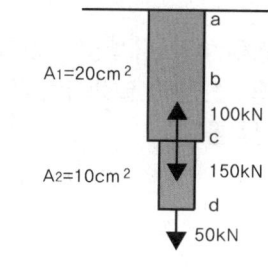

① 5 ② 10
③ 15 ④ 20

해설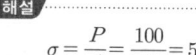

$\sigma = \dfrac{P}{A} = \dfrac{100}{20} = 5 kN/cm^2$

59 다음 중 변형률에 대한 설명으로 틀린 것은?
① 변형률은 길이와 길이의 비이므로 차원은 없다.
② 변형률은 변화량과 본래의 치수와의 비를 말한다.
③ 변형률은 비례한계 내에서 응력과 정비례 관계에 있다.
④ 일반적으로 인장봉에서 가로 변형률은 신장율을 축변형률은 폭의 증가를 나타낸다.

60 지름이 10cm인 원형단면과 1m 길이를 갖는 알루미늄 합금 재질의 봉이 10N의 축하중을 받아 전체 길이가 50μm 늘어났다면 이때 인장 변형률을 나타내기 위한 단위는?
① N/m² ② N/m³
③ μm/m ④ MPa

61 지름이 10cm인 원형 단면과 1m 길이를 갖는 알루미늄 합금 재질의 봉이 10N의 축하중을 받아 전체 길이가 0.025mm 늘어났다면 이때 인장 변형률을 나타내기 위한 단위는?

① N/m^2　　② N/m^3
③ mm/m　　④ MPa

62 길이 200cm의 강철봉이 인장력을 받아 0.4cm의 신장이 발생하였다면 이 봉의 인장 변형률은?

① 15×10^{-4}　　② 20×10^{-4}
③ 25×10^{-4}　　④ 30×10^{-4}

[해설]

$$\epsilon = \frac{\delta}{L} = \frac{0.4}{200} = 20 \times 10^{-4}$$

63 금속 판재를 굽힘 가공을 할 때 응력에 의해 영향을 받지 않는 부위를 무엇이라 하는가?

① 굽힘선(Bend Line)
② 몰드선(Mold Line)
③ 중립선(Neutral Line)
④ 세트백 선(Setback Line)

64 단면이 균일한 봉이 인장 하중을 받았을 때 축방향 변형률에 대한 가로방향 변형률의 비를 나타내는 것은?

① 후크비　　② 전단비
③ 탄성비　　④ 푸아송의 비

[해설]

푸아송비
재료의 탄성 한계 내에서의 종변형률과 횡변형률의 비

푸아송비 $\nu = \frac{\epsilon'}{\epsilon}$　　푸아송수 $= \frac{1}{\nu} = \frac{\epsilon}{\epsilon'}$

65 비행기의 표피 판에 두께 4mm, 전단 흐름 3,000kgf/cm일 때 전단 응력은 약 몇 kgf/mm인가?

① 7.5　　② 75
③ 750　　④ 7500

[해설]

전단 흐름 $q = \tau t$ 이므로

$$\tau = \frac{q}{t} = \frac{300}{4} = 75 \, kgf/cm^2$$
$$3,000 \, kgf/cm = 300 \, kgf/mm$$

66 두께가 0.01in인 판의 전단 흐름이 30lb/in일 때 전단 응력은 몇 ib/in^2인가?

① 3,000　　② 300
③ 30　　④ 0.3

[해설]

전단 흐름 $q = \tau t$ 이므로

$$\tau = \frac{q}{t} = \frac{30}{0.01} = 3,000 \, lb/in^2$$

67 두께 1mm인 알루미늄 합금판을 [그림]과 같이 전단 가공할 때 필요한 최소한의 힘은 얼마인가? (단, 이판의 최대 전단 강도는 3,600kgf/cm²이다)

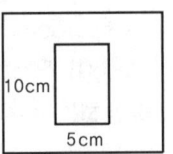

① 10,800kgf　　② 36,000kgf
③ 108,000kgf　　④ 360,000kgf

[해설]

$P = \tau A = 3,600 \times 30 \times 0.1 = 10,800 \, kgf$

정답　61. ③　62. ②　63. ③　64. ④　65. ②　66. ①　67. ①

68 탄성 계수 E, 포아송의 비 V, 전단 탄성 계수 G 사이의 관계식으로 가장 올바른 것은?

① $G = \dfrac{E}{2(1-V)}$
② $E = \dfrac{G}{2(1+V)}$
③ $G = \dfrac{E}{2(1+V)}$
④ $E = \dfrac{E}{2(1-V)}$

69 재료의 변형은 하중에 의하여 어느 작은 범위에서는 응력과 변형률의 비례 관계가 σ = Eε로 성립된다. 이것을 무엇이라 하는가?

① 탄성 계수　② 후크의 법칙
③ 영률　　　④ 응력-변형률

70 단면적이 A, 길이가 l인 Beam에 축방향으로 힘 P가 작용할 때 변위 δ는?

① $\delta = \dfrac{P^2 l}{2EA}$ ② $\delta = \dfrac{Pl}{2EA}$
③ $\delta = \dfrac{Pl}{2A}$ ④ $\delta = \dfrac{Pl}{EA}$

71 굽힘 강도가 EI이고 길이가 L인 일정한 단면의 봉이 순수 굽힘 모멘트 M을 받을 때 변형 에너지 식으로 옳은 것은?

① $\dfrac{M^2 L}{EI}$ ② $\dfrac{M^2 L}{2EI}$
③ $\dfrac{M^2 L}{3EI}$ ④ $\dfrac{2M^2 L}{3EI}$

72 탄성에너지에 대한 설명으로 가장 올바른 것은?

① 응력에 비례하고, 탄성 계수의 제곱에 반비례한다.
② 응력의 제곱에 비례하고, 탄성 계수에 반비례한다.
③ 응력의 제곱에 비례하고, 탄성 계수에 비례한다.
④ 응력에 반비례하고, 탄성 계수에 비례한다.

73 재료가 탄성 한도에서 단위 체적에 저축되는 변형에너지를 최대 탄성에너지라고 부르는데, 다음에서 옳은 표시는? (단, σ : 응력, E : 탄성 계수)

① $u = \dfrac{\sigma^2}{2E}$ ② $u = \dfrac{E}{2\sigma^2}$
③ $u = \dfrac{\sigma}{2E^2}$ ④ $u = \dfrac{E}{2\sigma^3}$

74 그림과 같이 인장력 P를 받는 봉에 축적되는 탄성에너지에 대하여 잘못 설명한 것은?

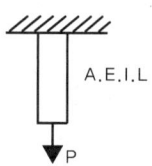

① 봉의 길이 L에 비례한다.
② 봉의 단면적 A에 비례한다.
③ 가한 하중 P의 제곱에 비례한다.
④ 재료의 탄성 계수의 E에 반비례한다.

정답 68. ③　69. ②　70. ④　71. ②　72. ②　73. ①　74. ②

75 그림과 같이 봉의 길이가 같고, 단면적이 다른 두 개의 동일 재료로 단면이 일정한 봉으로 이루어진 구조물에 하중 P_A, P_B가 작용하고 있다면 이 구조물의 총 변형 에너지는? (단, L은 봉의 길이, E는 봉의 탄성 계수, A_A, A_B는 각 봉의 단면적이다)

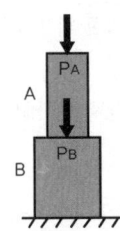

① $\dfrac{P_A^2 L}{2EA_A} + \dfrac{P_B^2 L}{2EA_B}$

② $\dfrac{P_A^2 L}{2EA_A} - \dfrac{P_B^2 L}{2EA_B}$

③ $\dfrac{P_A L^2}{EA_A} + \dfrac{P_B L^2}{EA_B}$

④ $\dfrac{P_A L^2}{EA_A} - \dfrac{P_B L^2}{EA_B}$

해설

탄성 변형 에너지 : $U = \dfrac{P^2 l}{2AE}$

76 둥근막대의 단위 체적 당 비틀림 변형에너지를 나타낸 것으로 옳은 것은? (단, τ : 전단 응력, G : 가로 탄성 계수)

① $\dfrac{\tau}{2G}$ ② $\dfrac{\tau^2}{2G}$

③ $\dfrac{\tau^3}{4G}$ ④ $\dfrac{\tau^4}{2G}$

77 그림과 같은 단면에서 y축에 관한 단면의 1차 모멘트는 몇 cm³인가? (단, 점선은 단면의 중심선을 나타낸 것이다)

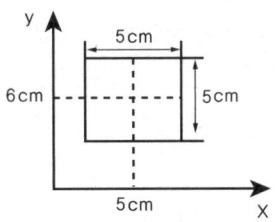

① 150   ② 180
③ 200   ④ 220

해설

$Q_y = A\bar{x} = 5 \times 6 \times 5 = 150 \, \text{cm}^3$

78 다음과 같은 단면에서 x축에 관한 단면의 2차 모멘트($I_{xx} = \int_A y^2 dA$)는 몇 cm⁴인가?

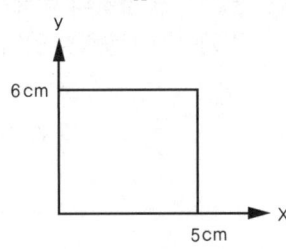

① 240   ② 300
③ 360   ④ 420

해설

$I_{x'} = I_x + Ad_1^2 = \dfrac{bh^3}{12} + bh \times (\dfrac{h}{2})^2$

$= \dfrac{bh^3}{3} = \dfrac{5 \times 6^3}{3} = 360 \, \text{cm}^3$

79 그림과 같은 단면에서 y축에 관한 단면의 2차 모멘트(관성 모멘트)는 몇 cm⁴인가?

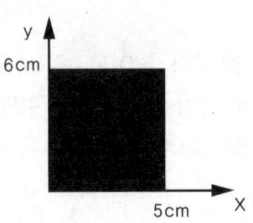

① 175   ② 200
③ 225   ④ 250

정답 75. ① 76. ② 77. ① 78. ③ 79. ④

해설

$$I_{y'} = I_y + Ad_2^2 = \frac{hb^3}{12} + bh \times (\frac{b}{2})^2$$
$$= \frac{hb^3}{3} = \frac{6 \times 5^3}{3} = 250 \, cm^4$$

80 다음과 같은 도면의 단면 2차 모멘트의 식으로 옳은 것은?

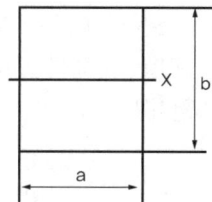

① $ba^3/12$ ② $ab^3/12$
③ $ab^2/6$ ④ $ba^2/6$

81 외경이 8cm, 내경이 6cm인 중공 원형 단면의 극관성 모멘트는 약 몇 cm^4인가?

① 29 ② 127
③ 275 ④ 402

해설

직교축이 대칭일 경우 $I_x = I_y$이므로
$$I_p = 2I_x = 2I_y$$
$$I_p = 2I_x = 2I_y = 2(\frac{\pi}{64}(d_2^2 - d_1^2))$$

두 번째 줄은 d^4 이어야 함:
$$= 2(\frac{\pi}{64}(8^2 - 6^2)) = 274.75 \, cm^4$$

82 그림과 같은 T자형 구조재에서 도심(G)을 지나는 X-X'축에 대한 단면 2차 모멘트의 값은 약 cm^4인가?

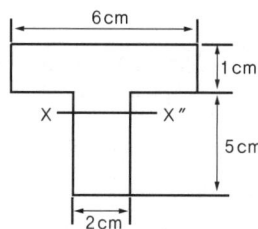

① 27.5 ② 55.1
③ 220.4 ④ 110.2

해설

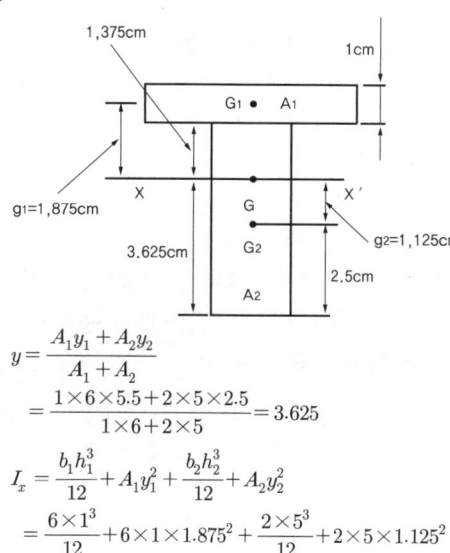

$$y = \frac{A_1 y_1 + A_2 y_2}{A_1 + A_2}$$
$$= \frac{1 \times 6 \times 5.5 + 2 \times 5 \times 2.5}{1 \times 6 + 2 \times 5} = 3.625$$

$$I_x = \frac{b_1 h_1^3}{12} + A_1 y_1^2 + \frac{b_2 h_2^3}{12} + A_2 y_2^2$$
$$= \frac{6 \times 1^3}{12} + 6 \times 1 \times 1.875^2 + \frac{2 \times 5^3}{12} + 2 \times 5 \times 1.125^2$$
$$= 55.1 \, cm^4$$

83 원형 단면인 봉의 경우 비틀림에 의하여 단면에서 발생하는 비틀림각 θ를 올바르게 나타낸 식은? (단, L : 봉의 길이, G : 전단 탄성 계수, R : 반지름, J : 극관성 모멘트, T : 비틀림 모멘트)

① $\dfrac{G \cdot J}{T \cdot L}$ ② $\dfrac{T \cdot R}{J}$

③ $\dfrac{T \cdot L}{G \cdot J}$ ④ $\dfrac{G \cdot R}{T \cdot J}$

84 원형 단면의 봉이 비틀림 하중을 받을 때 비틀림 모멘트에 대한 식으로 옳은 것은?

① 굽힘 응력 × 단면 계수 ÷ 단면의 반지름
② 전단 응력 × 횡탄성 계수 ÷ 단면의 반지름
③ 전단 변형도 × 단면 오차 모멘트 ÷ 단면의 반지름
④ 최대 전단 응력 × 극관성 모멘트 ÷ 단면의 반지름

정답 80. ② 81. ③ 82. ② 83. ③ 84. ④

해설

$\tau_{max} = \dfrac{TR}{J}$ 이므로 $T = \dfrac{\tau_{max} J}{R}$

T : 비틀림 모멘트
τ_{max} : 최대 전단 응력
J : 극관성 모멘트
R : 반지름

85 비행기의 원형 부재에 발생하는 전비틀림 각과 이에 미치는 요소와의 관계를 잘못 설명한 것은?

① 비틀림력이 크면 비틀림각이 작아진다.
② 부재의 길이가 길수록 비틀림각도 커진다.
③ 부재의 전단 계수가 크면 비틀림각이 작아진다.
④ 부재의 극단면 2차 모멘트가 작아지면 비틀림각이 커진다.

해설

$\theta = \dfrac{TL}{GJ}$, 부재의 길이가 길면 비틀림각은 커진다.

86 항공기 기체의 비틀림 강도를 높이기 위한 방법으로 틀린 것은?

① 기체의 길이를 증가시킨다.
② 기체 표피의 두께를 증가시킨다.
③ 표피 소재의 전단 계수를 증가시킨다.
④ 기체의 극다면 2차 모멘트를 증가시킨다.

87 중심축을 중심으로 대칭인 일정한 직사각형 단면으로 이루어진 보에 하중이 작용하고 있다. 이때 보의 수직 응력 중 최대 인장 및 압축 응력을 나타낸 것으로 옳은 것은? (단, M : 굽힘 모멘트 I : 단면의 관성모멘트, c : 중립축으로부터 양과 음의 방향으로 맨 끝 요소까지의 거리)

① $\dfrac{c}{MI}$ ② $\dfrac{I}{Mc}$
③ $\dfrac{Mc}{I}$ ④ $\dfrac{Ic}{M}$

해설

$\sigma = \dfrac{Mc}{I} = \dfrac{M}{Z}$, Z : 단면 계수

88 2차원의 구조물에 미치는 힘을 해석할 때 정역학의 평형 방정식($\Sigma F=0$, $\Sigma M=0$)은 총 몇 개인가?

① 1   ② 2
③ 3   ④ 6

해설

2차원 구조의 평형 방정식
$\sum F_x = 0, \sum F_y = 0, \sum M = 0$

89 평형 방정식에 관계되는 지지점과 반력에 대한 설명으로 옳은 것은?

① 롤러 지지점은 수평 분력만 발생한다.
② 힌지 지지점은 1개의 반력이 발생한다.
③ 고정 지지점은 수직 및 수평 반력과 회전 모멘트 등 3개의 반력이 발생한다.
④ 롤러 지지점은 수직 및 수평 방향으로 구속되어 2개의 반력이 발생한다.

해설

지지점 종류
- 롤러 지지점 : 수직 반력
- 힌지 지지점 : 수평, 수직 반력
- 고정 지지점 : 수평, 수직, 모멘트 반력

90 고정 지지점(Fixed Support)에 대한 내용으로 가장 올바른 것은?

① 수직 반력만 생긴다.
② 저항 회전 모멘트 반력만 생긴다.
③ 수직 및 수평 반력이 생긴다.
④ 수직 및 수평 반력과 동시에 저항 회전 모멘트 등 3개의 반력이 생긴다.

정답 85. ① 86. ④ 87. ③ 88. ③ 89. ③ 90. ④

91 다음 보 중에서 부정정보는?
① 연속보   ② 단순 지지보
③ 내다지보 ④ 외팔보

해설
$F_{AB}\sin 45 = 200$
$F_{AB} = \dfrac{200}{\sin 45} = 282.84\,\text{N}$

92 다음 보(Beam)중에서 정역학적으로 정정(靜定)구조인 것은?

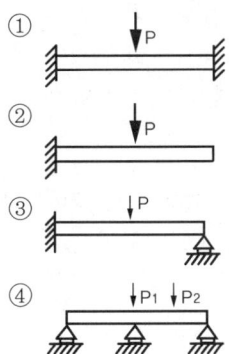

95 다음과 같은 항공기 트러스 구조에서 부재 BD의 내력은 몇 kN인가?

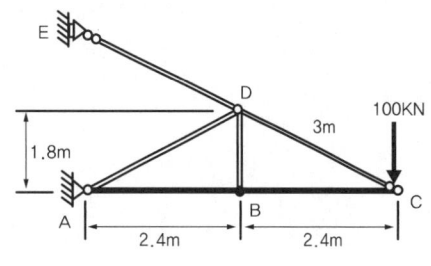

① 0   ② 100
③ 150   ④ 200

해설
B점에서 라미의 정리를 적용하면
$\dfrac{F_{BD}}{\sin 180} = \dfrac{F_{AB}}{\sin 90}$
$F_{BD} = \dfrac{\sin 180}{\sin 90} F_{AB} = 0\,\text{kN}$

93 그림과 같은 보를 무엇이라 하는가?

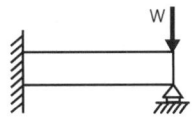

① 단순보   ② 고정 지지보
③ 고정보   ④ 돌출보

96 그림과 같은 구조물에서 지점 A의 반력 R_1은 얼마인가? (단, 구조물 ABC는 4분원이다)

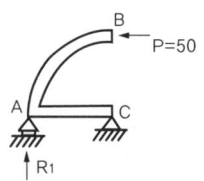

① 0   ② 25
③ 50   ④ 100

해설
C를 중심으로 한 모멘트
$R_1 \times r = P \times r,\; R_1 = P = 50$

94 다음과 같은 구조물에서 케이블 AB에 발생하는 장력은 약 몇 N인가?

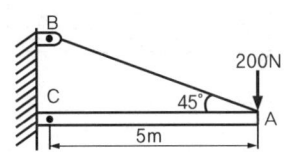

① 282.24   ② 265.84
③ 242.84   ④ 212.84

97 길이 5m인 받침보에 있어서 A단에서 2m인 곳에 800kg의 집중 하중이 작용할 때 A단에서의 반력은 얼마인가?

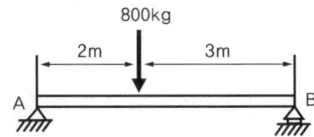

① 480kg ② 400kg
③ 320kg ④ 300kg

해설
$R_a = \dfrac{Pb}{\ell} = \dfrac{800 \times 3}{5} = 480 \text{kg}$

98 그림과 같이 길이가 l인 캔틸레버보의 자유단에 집중력 P가 작용하고 있다면 보의 최대 굽힘 모멘트는? (단, A : 보의 단면적, E : 탄성 계수)

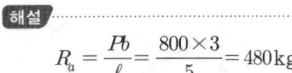

① $\dfrac{Pl^2}{2AE}$ ② $\dfrac{Pl}{AE}$
③ $\dfrac{P^2 l}{2AE}$ ④ Pl

해설
모멘트 = 힘 × 거리이므로 $M = Pl$

99 그림과 같은 외팔보에 집중 하중(P_1, P_2)이 작용할 때 P_2 작용 지점에서의 굽힘 모멘트를 옳게 나타낸 것은?

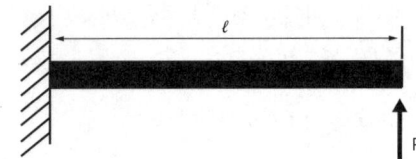

① $-P_1$ ② $-P_1 a$
③ $-P_1 b$ ④ $-P_1 L - P_2 b$

100 그림과 같은 외팔보에 집중 하중(P_1, P_2)이 작용할 때 벽지점에서의 굽힘 모멘트를 옳게 나타낸 것은?

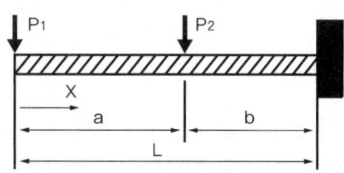

① 0 ② $-P_1 a$
③ $-P_1 b + P_2 b$ ④ $-P_1 L - P_2 b$

101 그림과 같이 길이 2m인 외팔보에 2개의 집중 하중 300kg, 100kg이 작용할 때 고정단에 생기는 최대 굽힘 모멘트의 크기는 약 몇 kg-m인가?

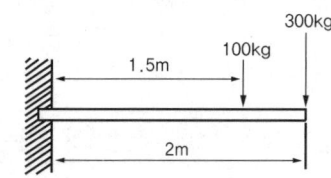

① 400 ② 650
③ 750 ④ 800

해설
$M = Pl = 100 \times 1.5 + 300 \times 2 = 750 \text{kg-m}$

102 그림과 같이 길이 L전체에 등분포 하중 q를 받고 있는 단순보의 최대 전단력은?

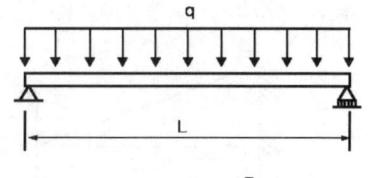

① $\dfrac{q}{L}$ ② $\dfrac{qL}{4}$
③ $\dfrac{qL}{2}$ ④ $\dfrac{qL^2}{8}$

> **해설**
> $V_x = R_A - qx = \dfrac{qL}{2} - qx$
> 최대전단력은 $x=0$일 때 $\dfrac{qL}{2}$

103 그림과 같은 외팔보의 자유단에 300kg, 중앙점에 400kg의 하중이 작용할 때 고정단 A점의 굽힘 모멘트는 얼마인가?

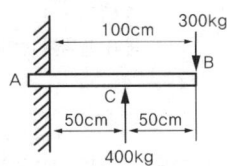

① 5,000kg-cm   ② 7,000kg-cm
③ 10,000kg-cm   ④ 20,000kg-cm

> **해설**
> $M = 300 \times 100 - 400 \times 50 = 10,000 \text{kg-cm}$

104 그림은 캔틸레버(Cantilever)식 날개이다. B점에 있어서 굽힘 모멘트는 몇 in-lb인가?

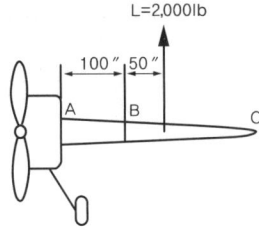

① 2,000   ② 10,000
③ 100,000   ④ 200,000

105 그림과 같이 벽으로부터 0.4m 지점에 500N의 집중 하중이 작용하는 0.5m 길이의 보에 대한 굽힘 모멘트 선도는?

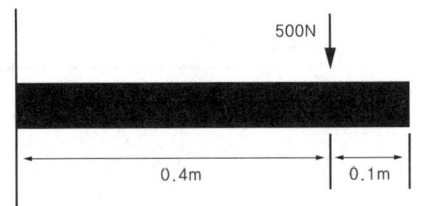

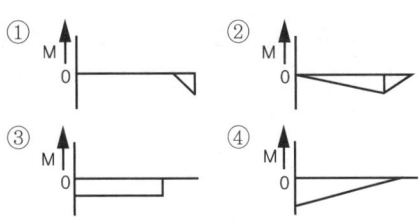

106 다음과 같이 길이 L 전체에 등분포 하중 q를 받고 있는 단순보의 최대 굽힘 모멘트는?

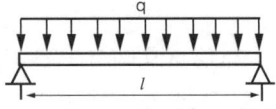

① $\dfrac{q}{L}$ ② $\dfrac{qL}{2}$

③ $\dfrac{qL}{4}$ ④ $\dfrac{qL^2}{8}$

107 일정한 응력(힘)을 받는 재료가 일정한 온도에서 시간이 경과함에 따라 변형률이 증가되는 현상을 무엇이라고 하는가?

① 크리프(Creep)
② 파괴(Fracture)
③ 항복(Yielding)
④ 피로굽힘(Fatigue)

108 크리프(Creep) 현상에 대한 설명으로 가장 옳은 것은?

① 재료가 반복되는 응력을 받았을 때 파괴되는 현상이다.
② 재료에 온도를 서서히 증가하였을 때 조직 구조가 변형되는 현상이다.
③ 재료에 시험편을 서서히 잡아당겨서 파괴되었을 때 파단면의 조직이 변화된 현상이다.
④ 재료를 일정한 온도와 하중을 가한 상태에서 시간에 따라 변형률이 변화하는 현상이다.

정답 103. ③   104. ③   105. ④   106. ④   107. ①   108. ④

109 어떤 온도에서 일정한 응력이 가해질 때 시간에 따라 계속적으로 변형률이 증가하게 되는데 이와 같이 시간에 따라 변형량을 측정하는 시험을 무엇이라 하는가?

① 피로(Fatigue) 시험
② 크리프(Creep) 시험
③ 탄성(Elasticity) 시험
④ 천이점(Transition Point) 시험

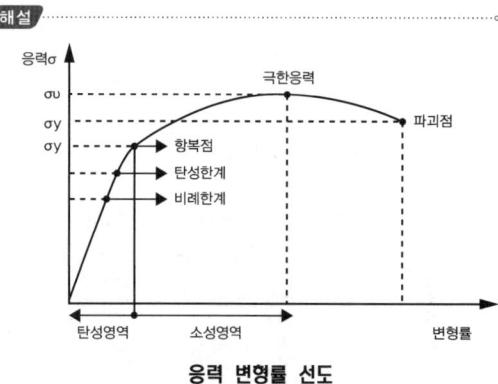

응력 변형률 선도

110 금속 재료 시험에서 인장시험에 대한 설명으로 가장 옳은 것은?

① 시험기를 써서 시험편을 서서히 잡아당겨 항복점, 인장 강도, 연신율 등을 측정하는 시험이다.
② 시험기를 써서 시험편을 서서히 인장시켜 브리넬 인장, 로크웰 경도 등을 측정하는 시험이다.
③ 시험기를 써서 시험편을 서서히 인장시켰을 때 탄성에 의한 비커스 경도, 쇼어 경도 등을 측정하는 시험이다.
④ 시험기를 써서 시험편을 서서히 잡아당겨 충격에 의한 충격 강도, 취성 강도를 측정하는 것이다.

112 그림과 같은 응력-변형률 곡선(Stress-strain)에서 항복점(Yield Point)은 어느 것인가? (단, σ는 응력, ε은 변형률을 나타낸다)

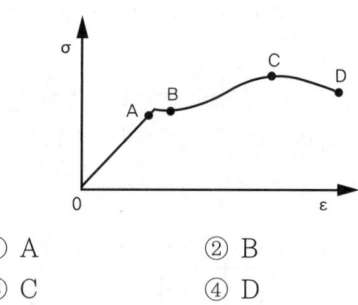

① A ② B
③ C ④ D

111 그림은 응력-변형률 곡선을 나타낸 것이다. 기호별 내용의 표시가 틀린 것은?

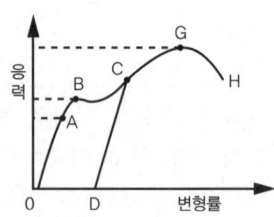

① CD : 비례 탄성 범위
② OA : 후크의 법칙 성립
③ B : 항복점
④ G : 인장 강도

113 그림과 같은 응력-변형률 곡선(Stress-Strain)에서 파단점(Fracture Point)은? (단, σ는 응력, ε은 변형률을 나타낸다)

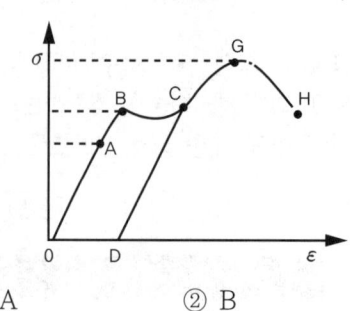

① A ② B
③ C ④ H

114 그림과 같은 응력변형률 선도에서 접선계수는? (단, S_1T는 점 S_1에서의 접선이다)

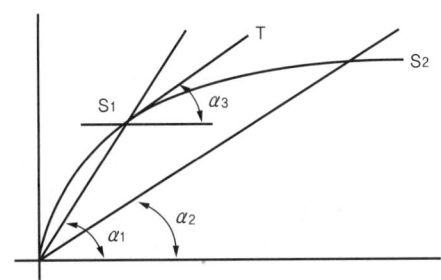

① $\tan_1$
② $\tan(\alpha_1-\alpha_2)$
③ $\tan\alpha_3$
④ $\tan\alpha_2$

115 그림은 구멍이 뚫린 평판이 인장 하중을 받을 때 생기는 응력 분포 곡선이다. 가장 올바른 것은?

①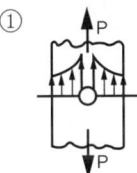
②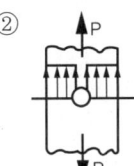
③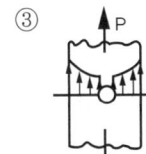
④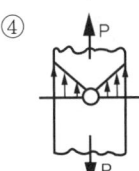

116 한쪽 끝은 고정되어 있고 다른 한쪽 끝은 자유단으로 되어있는 지름이 4cm, 길이가 200cm인 원기둥의 세장비는 약 얼마인가?
① 100
② 200
③ 300
④ 400

【해설】
원기둥 $k=\sqrt{\dfrac{d^2}{16}}=\sqrt{\dfrac{4^2}{16}}=1$

$\lambda(\text{세장비})=\dfrac{L}{k}=\dfrac{200}{1}=200$

L : 기둥의 길이
k : 2차 반경

117 한쪽 끝은 고정되어 있고, 다른 한쪽 끝은 자유단으로 되어 있는, 지름이 3cm, 길이가 150cm인 원기둥의 세장비는 얼마인가?
① 21.5
② 63.7
③ 112
④ 200

【해설】
원기둥 $k=\sqrt{\dfrac{d^2}{16}}=\sqrt{\dfrac{3^2}{16}}=0.75$

$\lambda(\text{세장비})=\dfrac{L}{k}=\dfrac{150}{0.75}=200$

L : 기둥의 길이
k : 2차 반경

118 연강의 최대 응력이 $2.4\times10^6 kg/cm^2$이고 사용 응력이 $1.2\times10^6 kg/cm^2$일 때 안전여유는 얼마인가?
① 0.5
② 1
③ 2
④ 4

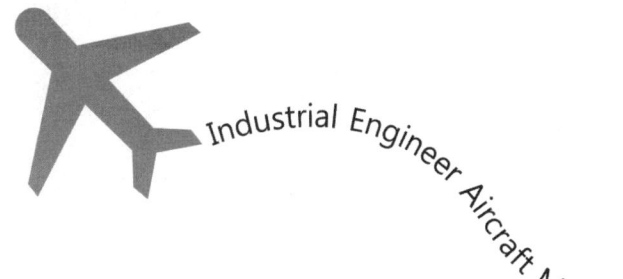

제4부 항공 장비

- 제1장 항공기 전기 계통
- 제2장 항공기 계기 계통
- 제3장 항공기 통신 및 항법 계통
- 제4장 항공기 공유압 및 환경 조절 계통

항공기 전기 계통

1 전기 기초 이론

가 전기의 성질

1) 전하와 전기량
  ① 전하
      어떤 물체가 대전되었을 때 이 물체가 가지고 있는 전기
  ② 전기량
      ㉠ 전하가 가지고 있는 전기의 양
      ㉡ 기호는 Q로 나타내며 단위로는 쿨롱을 쓰고 기호로는 C로 표시

2) 전기의 3요소
  ① 전류
      ㉠ 어떤 단면을 $t[sec]$ 동안에 $Q[C]$의 전하가 이동할 때 통과하는 전하의 양
      ㉡ 기호는 I, 단위는 암페어[A]

    $$I = \frac{Q}{T}[A]$$

  ② 전압
      ㉠ 전기적인 압력의 차이
      ㉡ 기호는 E로 나타내며 전압의 단위는 볼트로 쓰고 기호는 V

    $$V = \frac{W}{Q}[V] \quad W: 일[J]$$

  ③ 저항
      ㉠ 전류의 흐름을 방해하는 성질을 가지는 회로 소자
      ㉡ 저항을 결정하는 요소
        • 고유 저항
        • 길이
        • 면적
        • 온도

ⓒ 저항의 기호는 R, 단위는 옴[Ω]

$$R = \rho \frac{\ell}{A}$$

* 고유 저항 $\rho = R \frac{A}{\ell}$

ⓔ 전기 저항은 도체의 길이에 비례하고 단면적에 반비례

3) 옴의 법칙

전기 회로 내에 흐르는 전류는 전압에 정비례하고 저항에 반비례

$$E = IR$$

4) 부하

① 전원은 전력을 공급하는 것이고 부하는 전력을 소비하는 것
② 전열기, 전동, 전동기 등

5) 정전기 방전 장치(Static Discharger)

① 끝이 핀 형태 전극으로 코로나 방전
② 코로나 방전은 매우 짧은 간격의 펄스 형태로 방전하므로 항공기의 계기 오차 발생 및 무선 통신 기기에 잡음 발생
③ 유해한 잡음을 없애기 위해 날개 끝(Wing Tip)에 핀(Pin) 형태의 정전기 방전 장치(Static Discharger Wick)를 장착

6) 전력

$$P = EI = I^2 R = \frac{E^2}{R} \, [W]$$

7) 전력량

$$W = P \cdot t = EI \cdot t \, [VA \cdot \sec][W \cdot h][J]$$

8) 줄열

$$H = I^2 R \cdot t \, [J] \, (1[J] = 0.24 [cal], 1[cal] = 4.2[J])$$

나 자기의 성질

1) 앙페르의 오른나사 법칙
① 도체에 전류가 흐르면 도체 주변에 맴돌이 자장 형성
② 전류의 방향을 나사의 진행 방향과 일치시키면 자기력선의 방향은 오른나사가 돌아가는 방향으로 형성

2) 렌츠의 법칙
코일이 감긴 원형 철심에 자석을 가까이 하거나 멀리하면, 자속의 변화를 방해하는 방향으로 코일에 유도 기전력(감응 기전력) 발생

3) 플레밍의 왼손 법칙(전동기)
자기장 내에 있는 도체에 전류가 흐르면 힘(전자력)이 작용하여 도체가 움직임

4) 플레밍의 오른손 법칙(발전기)
① 자기장 내에 있는 도체를 자속과 직각인 방향으로 움직여 회전시키면서 자속을 끊으면 전자 유도 현상에 의하여 유도 기전력이 발생하여 도체에 전류 생성
② 자속 밀도 B[T]인 자계와 직각으로 놓인 길이 ℓ[m]의 도선이 V[m/sec]의 속도로 자속을 자를 때, 유도 기전력 $E = B\ell V \sin\theta$

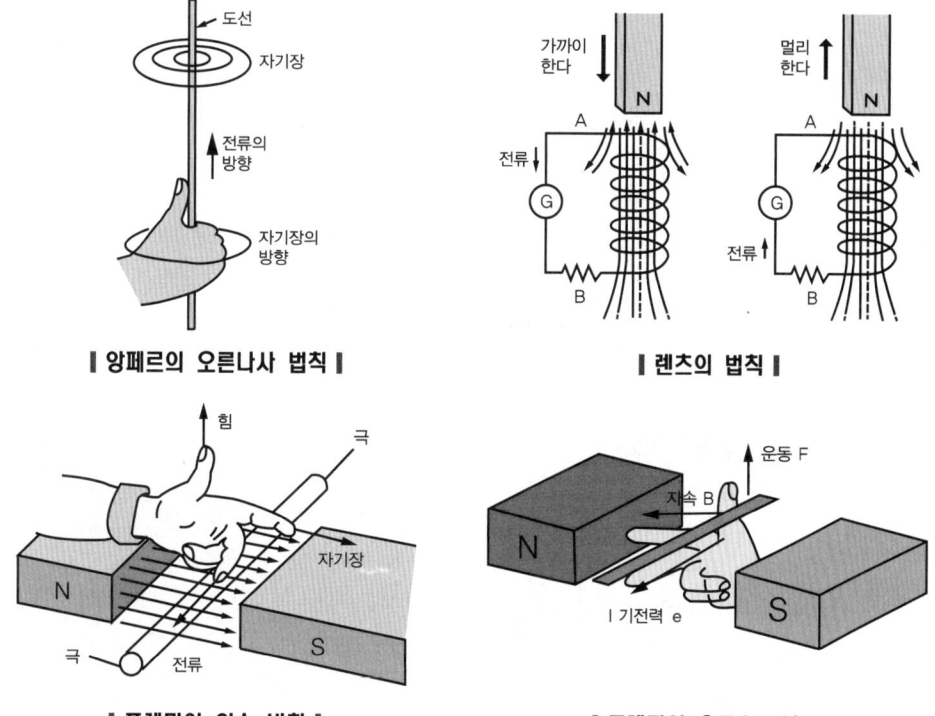

| 앙페르의 오른나사 법칙 | | 렌츠의 법칙 |
| 플레밍의 왼손 법칙 | | 플레밍의 오른손 법칙 |

다 직류 회로

1) 키르히호프의 법칙

① 제1법칙 : 전류의 법칙(직렬)

유입 전류의 총합 = 유출 전류의 총합

"회로 내의 임의의 접속점에서 들어가는 전류와 나오는 전류의 대수합은 0"

② 제2법칙 : 전압의 법칙(병렬)

기전력(전원 전압)의 합 = 각 저항에서의 전압 강하의 합

"회로 내의 임의의 폐회로에서 한 쪽 방향으로 일주하면서 취할 때 공급된 기전력의 대수합은 각 지로에서 발생한 전압 강하의 대수합과 같다."

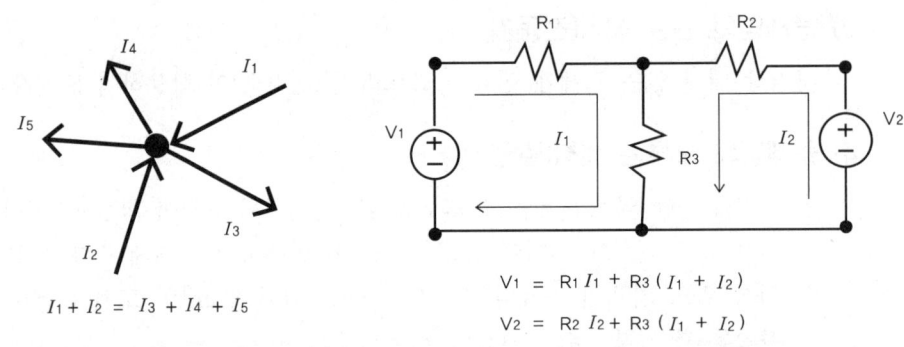

| 키르히호프의 전류 법칙 | | 키르히호프의 전압 법칙 |

2) 저항의 연결

가) 직렬연결

$$E = E_1 + E_2$$
$$IR = IR_1 + IR_2$$

전류는 일정하므로 합성 저항 $R = R_1 + R_2$

나) 병렬연결

$$I = I_1 + I_2$$
$$\frac{E}{R} = \frac{E}{R_1} + \frac{E}{R_2}$$

전압이 일정하므로 $\frac{1}{R} = \frac{1}{R_1} + \frac{1}{R_2}$

3) 콘덴서의 연결

① 직렬연결 : $\dfrac{1}{C} = \dfrac{1}{C_1} + \dfrac{1}{C_2}$

② 병렬연결 : $C = C_1 + C_2$

4) 전류와 전압 및 저항의 측정

가) 분류기(Shunt)

① 전류계의 측정 범위를 넓히기 위해 전류계와 병렬로 접속하는 저항기
② 전류계 외측에 대부분의 전류를 By-Pass시키는 금속 저항체

배율 $n = \dfrac{I_0}{I_A}$

분류기의 저항 $R_s = \dfrac{I_A R_A}{I_s} = \dfrac{R_A}{n-1}$

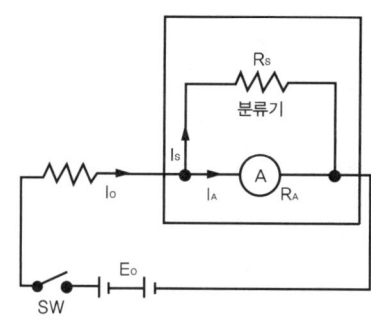

｜분류기 저항｜

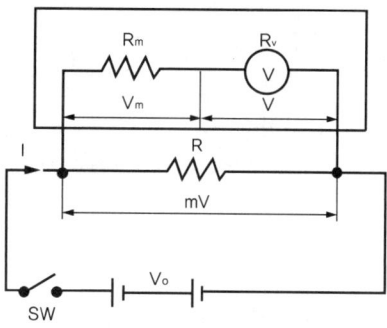

｜배율기 저항｜

나) 배율기

전압계의 측정 범위를 넓히기 위해 전압계에 직렬로 연결하는 저항기

배율 $m = \dfrac{V_0}{V}$

배율기의 저항 $R_m = (m-1)R_V$

다) 휘트스톤 브리지

① 저항을 측정하기 위해 4개의 저항과 검류계 G를 브리지로 접속한 회로
② $0.3 \sim 10^5 \Omega$ 정도의 중저항 측정에 사용

$I_1 P = I_2 Q,\ \ I_1 X = I_2 R$

$PR = QX$

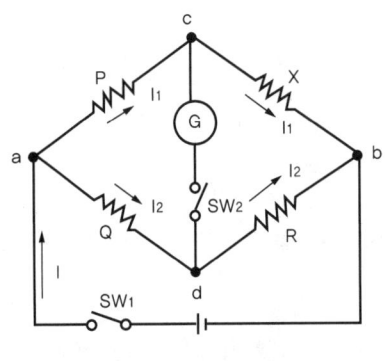

| 휘트스톤 브리지 |

라 교류 회로

1) 정현파(사인파) 교류의 발생

① 각속도 ω
 도체가 1초 동안 회전한 각도
② 주기 T
 도체가 한 번 회전하는 데 걸리는 시간
③ 주파수 f
 1초 동안에 반복되는 사이클 수
$$f = \frac{1}{T}$$

2) 교류 값의 표시 방법

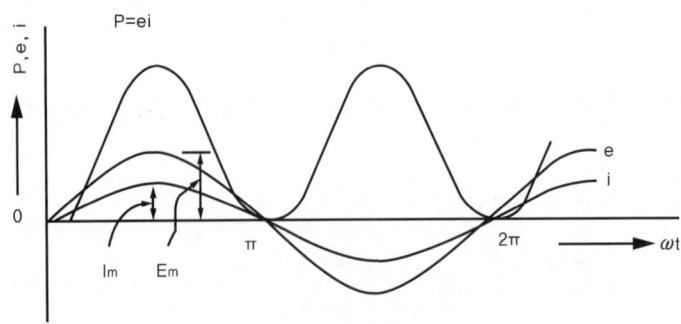

| 교류 회로의 파형 |

① 순시값

시간의 변화에 따라 순간순간 변화하는 교류의 값 $e = E_m \sin\theta = E_m \sin\omega t$

② 최댓값

순시값 중에서 가장 큰 값, 즉 진폭 $e = E_m \sin\theta$ 에서 E_m

③ 실효값

교류 값을 직류 값으로 나타낸 값 $I = \dfrac{I_m}{\sqrt{2}} ≒ 0.707 I_m$

④ 평균값 ≒ $0.637 I_m$

3) L회로(인덕턴스 회로)

유도 리액턴스 $X_L = \omega L = 2\pi f L$

4) C회로(커패시턴스 회로)

용량 리액턴스 $X_C = \dfrac{1}{\omega C} = \dfrac{1}{2\pi f C}$

5) RLC 직렬 회로

① 복소 임피던스 : $\dot{Z} = R + j\omega L - j\dfrac{1}{\omega C} = R + j(\omega L - \dfrac{1}{\omega C}) = R + jX$

② 임피던스(크기) : $Z = \sqrt{R^2 + (\omega L - \dfrac{1}{\omega C})^2} = \sqrt{R^2 + (X_L - X_C)^2}$

③ 직렬 공진 주파수 : $\omega L = \dfrac{1}{\omega C}$, $\omega^2 = \dfrac{1}{LC}$, $\therefore f = \dfrac{1}{2\pi\sqrt{LC}}$

6) 교류 값의 표시 방법

① 삼각 함수 표시법 : $e = E_m \sin(\omega t + \theta)$

② 극좌표 표시법 : $e = E_m \angle \theta$

③ 복소수 표시법 : $e = E_m (\cos\theta + j\sin\theta)$

④ 지수 함수 표시법 : $e = E_m e^{j\theta}$

7) 3상 교류 결선 방법

가) Y결선(= 스타 결선 = 성형 결선)

① 선전류와 상전류는 동일 $I_p = I_\ell$
② 선간 전압은 상전압의 $\sqrt{3}$ 배이고 위상이 30° 앞섬
③ 대형 항공기에서 사용

제4부 항공 장비

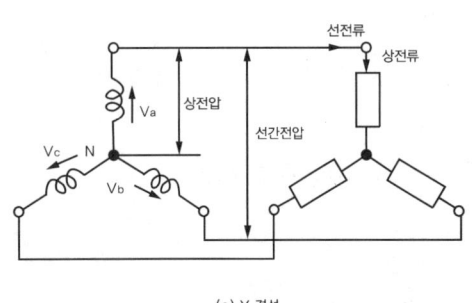

(a) Y 결선   (b) △ 결선

| Y결선과 △결선 |

나) △결선(= 삼각 결선 = 환상 결선)
① 선간 전압과 상전압은 동일 $V_p = V_\ell$
② 선전류는 상전류의 $\sqrt{3}$ 배이고 위상이 30° 뒤짐

8) 단상 교류 전력
① 피상 전력 $P_a = VI\,[VA]$
② 유효 전력 $P = VI\cos\theta\,[W]$
③ 무료 전력 $P_r = VI\sin\theta\,[VAR]$

1 출제 예상 문제

01 전하의 이동을 말하며 1초 동안 1쿨롱의 전기량이 통하는 단위는?
① Ampere   ② Watt
③ Volt   ④ Ohm

해설
전류
- 어떤 단면을 t[sec] 동안에 Q[C]의 전하가 이동할 때 통과하는 전하의 양
- 기호는 I, 단위는 암페어[A]

02 어느 도체의 단면에 1시간 동안 10,800C의 전하가 흘렀다면 전류는 몇 A인가?
① 3   ② 18
③ 30   ④ 180

해설
$I = \dfrac{Q}{T} = \dfrac{10,800}{3,600} = 3A$

03 길이가 L인 도선에 1V의 전압을 가했더니 1A의 전류가 흐르고 있었다. 이때 도선의 단면적을 1/2로 줄이고 대신 길이를 2배로 늘리면 도선의 저항은 원래보다 몇 배가 되는가? (단, 도선 고유의 저항 및 전압은 변함이 없다고 본다)

① $\frac{1}{4}$ ② $\frac{1}{2}$
③ 2배   ④ 4배

해설
$R = \rho \frac{\ell}{A}$ 이므로 $R = \rho \frac{2\ell}{\frac{1}{2}A} = 4\rho \frac{l}{A}$

04 도체의 고유 저항 또는 비저항을 나타내는 단위는?

① ohm-mil/in²
② ohm-cir mil/in²
③ ohm-mil/ft
④ ohm-cir mil/ft

해설
$\rho = R \frac{A}{\ell}$

05 단면적이 1.0cm², 길이 25cm인 어떤 도선의 전기 저항이 15Ω이었다면 도선 재료의 고유 저항은 몇 Ωcm인가?

① 0.4   ② 0.5
③ 0.6   ④ 0.8

해설
$\rho = R \frac{A}{\ell} = 15 \times \frac{1}{25} = 0.6\,\Omega \cdot cm$

06 8kΩ의 저항에 50mA의 전류를 흘리는 데 필요한 전압은 몇 V인가?

① 360   ② 380
③ 400   ④ 420

해설
$E = IR = 8000 \times 50 \times 10^{-3} = 400\,V$

07 9A의 전류가 흐르고 있는 4Ω 저항의 양 끝 사이의 전압은 얼마인가?

① 24V   ② 28V
③ 32V   ④ 36V

해설
$E = IR = 9 \times 4 = 36\,V$

08 $R_1 = 10\Omega$, $R_2 = 5\Omega$의 저항이 연결된 직렬 회로에서 R_2의 양단전압 V_2가 10V를 지시하고 있을 때 전체 전압은 몇 V인가?

① 10   ② 20
③ 30   ④ 40

해설
$I = \frac{E}{R} = \frac{10}{5} = 2A$
$E = IR_1 + IR_2 = 2 \times 10 + 2 \times 5 = 30\,V$

09 정전기 방전 장치(Static Discharger)에 대한 설명으로 틀린 것은?

① 무선 수신기의 간섭 현상을 줄여 주기 위해 동체 끝에 장착한다.
② 비닐이 씌워진 방전 장치는 비닐 커버에서 1inch 나와 있어야 한다.
③ Null-Field 방전 장치의 저항은 0.1Ω을 초과해서는 안 된다.
④ 항공기에 충전된 정전기가 코로나 방전을 일으킴으로써 무선 통신기에 잡음 방해를 발생시킨다.

해설
정전기 방전 장치(Static Discharger)
• 끝이 핀 형태 전극으로 코로나 방전
• 코로나 방전은 매우 짧은 간격의 펄스 형태로 방전하므로 항공기의 계기 오차 발생 및 무선 통신 기기에 잡음 방해

정답 03. ④ 04. ④ 05. ③ 06. ③ 07. ④ 08. ③ 09. ①

- 유해한 잡음을 없애기 위해 날개 끝(Wing Tip)에 핀(Pin) 형태의 정전기 방전 장치(Static Discharger Wick)를 장착

10 항공기에서 정전기(Static Electricity)를 없애는 이유는?
① 탑승객들이 정전기를 느끼지 않도록
② 항공기 동력 계통 내의 파동을 일으키지 않기 위해
③ 무선 기기의 잡음 방해를 줄이려고
④ 비행기 계기에 방해가 안 되도록

11 항공기 가스 터빈 기관의 온도를 측정하기 위해 1개의 저항 값이 0.79Ω인 열전쌍이 병렬로 6개가 연결되어 있다. 기관의 온도가 500℃일 때 1개의 열전쌍에서 출력되는 기전력이 20.64mV라면 이 회로에 흐르는 전체 전류는 약 몇 mA인가? (단, 전선의 저항 24.87Ω, 계기 내부 저항 23Ω이다)
① 0.163　② 0.392
③ 0.430　④ 0.526

해설
$R_{열전쌍} = \dfrac{0.79}{6} = 0.132\,\Omega$
$R = R_{전선} + R_{내부} + R_{열전쌍}$
$\quad = 24.87 + 23 + 0.132 = 48\,\Omega$
$I = \dfrac{E}{R} = \dfrac{20.64}{48} = 0.43\,mA$

12 100V, 1000W의 전열기에서 80V를 가했을 때의 전력은 몇 W인가?
① 1000　② 640
③ 400　④ 320

해설
$P = \dfrac{E^2}{R}\,[W]$ 에서
$R = \dfrac{E^2}{P} = \dfrac{100^2}{1000} = 10$

$P = \dfrac{E^2}{R} = \dfrac{80^2}{10} = 640\,W$

13 전류의 방향에 의해 자력선의 방향을 결정하는 법칙은?
① 전하량 보존의 법칙
② 앙페르의 오른나사 법칙
③ 플레밍의 왼손 법칙
④ 플레밍의 오른손 법칙

14 도체를 자기장이 있는 공간에 놓고 전류를 흘리면 도체에 힘이 작용하는 것과 같은 전동기 원리에서 작용하는 힘의 방향을 알 수 있는 법칙은?
① 렌츠의 법칙
② 플레밍의 왼손 법칙
③ 페러데이 법칙
④ 플레밍의 오른손 법칙

해설
플레밍의 왼손 법칙(전동기)
자기장 내에 있는 도체에 전류가 흐르면 힘(전자력)이 작용하여 도체가 움직인다.

플레밍의 오른손 법칙(발전기)
자기장 내에 있는 도체를 자속과 직각인 방향으로 움직여 회전시키면서 자속을 끊으면 전자 유도 현상에 의하여 유도 기전력이 발생하여 도체에 전류가 생성된다.

15 전동기에서 자장의 방향과 전류의 방향을 알고 있을 때 도체의 운동(힘) 방향을 알 수 있는 법칙은?
① 렌츠의 법칙
② 페러데이 법칙
③ 플레밍의 왼손 법칙
④ 플레밍의 오른손 법칙

정답　10. ③　11. ③　12. ②　13. ②　14. ②　15. ③

16 다음 회로에서 스위치(SW)를 닫을 경우에 설명이 틀린 것은? (단. E : 일정)

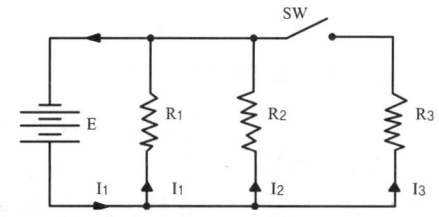

① I_2는 변화 없다.
② I_t가 증가한다.
③ I_1은 변화 없다.
④ I_t가 감소한다.

해설
병렬연결인 경우 $I=I_1+I_2$이므로 스위치를 닫으면 I_t가 증가한다.

17 그림과 같은 회로에서 20Ω에 흐르는 전류 I_1은 몇 A인가?

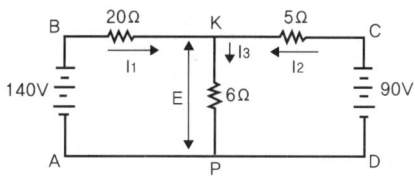

① 4   ② 6
③ 8   ④ 10

해설
$I_1+I_2=I_3$
$20I_1+6I_3=140$
$5I_2+6I_3=90$
$I_1=4A, I_2=6A, I_3=10A$

18 그림과 같은 회로에서 5Ω에 흐르는 전류 I_2를 구하면?

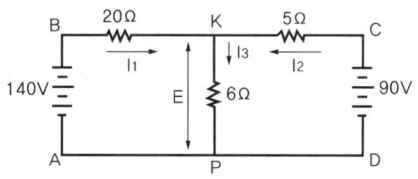

① 4A   ② 6A   ③ 8A   ④ 10A

19 그림과 같은 회로에서 저항 6Ω의 양단전압 E는 몇 V인가?

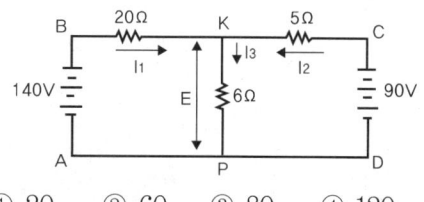

① 20   ② 60   ③ 80   ④ 120

해설
접합점 K에서 키르히호프 1법칙
$I_1+I_2=I_3$

KPAB 회로에서 키르히호프 2법칙
$20I_1+6I_3=140$
KPDC 회로에서
$5I_2+6I_3=90$
위의 세 식을 연립하여 풀면
$I_1=4A, \ I_2=6A, \ I_3=10A$
$E=I_3R=10\times6=60V$

20 그림과 같은 회로에서 B와 C단자 사이가 단선되었다면 저항계(Ohm-meter)에 측정된 저항 값은 몇 Ω인가?

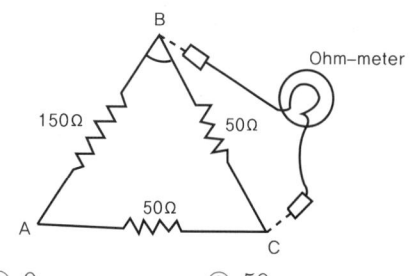

① 0   ② 50
③ 150   ④ 200

해설
BC가 단선되었다면 직렬연결이므로
$150+150=200\Omega$

21 다음 중 3Ω의 저항 3개로 서로 직렬 또는 병렬 연결하여 얻을 수 있는 가장 적은 저항값은 몇 Ω인가?

① $\dfrac{1}{3}$ ② $\dfrac{2}{3}$
③ 1 ④ 3

해설
병렬일 경우
$\dfrac{1}{R} = \dfrac{1}{3} + \dfrac{1}{3} + \dfrac{1}{3}$, $R = 1\,\Omega$

22 다음 전기 회로에서 총저항과 축전지가 부담하는 전류는 각각 얼마인가?

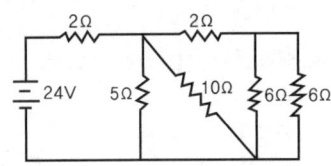

① 2Ω, 12A ② 4Ω, 8A
③ 4Ω, 6A ④ 6Ω, 4A

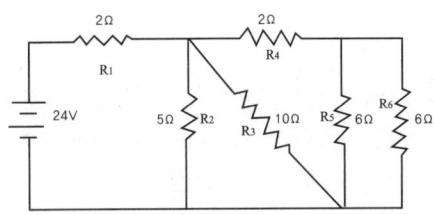

R_5와 R_6은 병렬연결이므로
$\dfrac{1}{R_{56}} = \dfrac{1}{R_5} + \dfrac{1}{R_6}$
$R_{56} = \dfrac{R_5 \times R_6}{R_5 + R_6} = \dfrac{6 \times 6}{6+6} = 3\,\Omega$

R_4와 R_{56}은 직렬연결이므로
$R_{456} = R_4 + R_{56} = 2 + 3 = 5\,\Omega$

R_2와 R_3, R_{456}은 병렬연결이므로
$\dfrac{1}{R_{23456}} = \dfrac{1}{R_2} + \dfrac{1}{R_3} + \dfrac{1}{R_{456}}$
$= \dfrac{1}{5} + \dfrac{1}{10} + \dfrac{1}{5} = \dfrac{5}{10}$
$R_{23456} = 2\,\Omega$

R_1과 R_{23456}은 직렬연결이므로

$R_{123456} = R_1 + R_{23456} = 2 + 2 = 4\,\Omega$
$I = \dfrac{E}{R} = \dfrac{24}{4} = 6A$

23 병렬회로에 대한 설명으로 틀린 것은?

① 전체 저항은 가장 작은 1개의 저항 값보다 작다.
② 전체 전류는 각 회로로 흐르는 전류의 합과 같다.
③ 1개의 저항을 제거하면 전체 저항의 값은 증가한다.
④ 병렬로 접속되어 있는 저항 중에서 1개의 저항을 제거하면 남아 있는 저항에 전압 강하는 증가한다.

해설
병렬연결
$I = I_1 + I_2$
$\dfrac{E}{R} = \dfrac{E}{R_1} + \dfrac{E}{R_2}$
전압이 일정하므로 $\dfrac{1}{R} = \dfrac{1}{R_1} + \dfrac{1}{R_2}$

24 분류기(Shunt)에 대한 설명 내용으로 가장 올바른 것은?

① 저항, 전압 등의 전류를 측정할 수 있는 meter
② 축전지가 충전되는가를 알기 위한 Ammeter
③ 계기 보호용으로 삽입된 회로상의 퓨즈
④ 전류계 외측에 대부분의 전류를 By-Pass시키는 금속 저항체

해설
분류기(Shunt)
• 전류계의 측정 범위를 넓히기 위해 전류계와 병렬로 접속하는 저항기
• 전류계 외측에 대부분의 전류를 By-Pass시키는 금속 저항체

25 Ammeter에 사용되는 Shunt 저항은 D'arsonval 가동부에 어떻게 연결하는가?

① 직렬
② 병렬
③ 직·병렬
④ Shunt는 전혀 필요치 않다.

26 션트 저항의 계산식 중 맞는 것은?

① 션트 저항
$= \dfrac{\text{계기의 감도(암페어)} \times \text{션트 전류}}{\text{션트 전류}}$

② 션트 저항
$= \dfrac{\text{계기의 감도(암페어)} \times \text{계기의 외부 저항}}{\text{션트 전류}}$

③ 션트 저항
$= \dfrac{\text{계기의 감도(암페어)} \times \text{계기의 내부 저항}}{\text{션트 전류}}$

④ 션트 저항
$= \dfrac{\text{션트 전류} \times \text{계기의 외부 저항}}{\text{계기의 감도(암페어)}}$

해설
분류기의 저항 $R_s = \dfrac{I_A R_A}{I_s} = \dfrac{R_A}{n-1}$

27 감도가 20mA인 계기로 200A를 측정할 수 있는 내부 저항이 10Ω인 전류계를 만들 때 분류기(Shunt)는 약 몇 Ω으로 해야 하는가?

① 1   ② 0.1
③ 0.01 ④ 0.001

해설
배율 $n = \dfrac{I_0}{I_A} = \dfrac{200A}{20mA} = 10,000$

분류기의 저항 $R_s = \dfrac{R_A}{n-1} = \dfrac{10}{10,000-1} = 0.001\,\Omega$

28 내부 저항이 5Ω인 배율기를 이용한 전압계에서 50V의 전압을 5V로 지시하려면 배율기 저항은 몇 Ω이어야 하는가?

① 10 ② 25 ③ 45 ④ 50

해설
배율기
전압계의 측정 범위를 확대하기 위해 전압계에 직렬로 접속하여 사용하는 저항기

배율 $m = \dfrac{V_0}{V} = \dfrac{50}{5} = 10$

배율기의 저항 $R_m = (m-1)R_V = (10-1)5 = 45\,\Omega$

29 감도가 10mA이고 내부 저항이 2Ω인 계기로 50V까지 측정할 수 있는 전압계를 만들기 위해서 배율기는 몇 Ω으로 해야 하는가?

① 4.998 ② 49.98
③ 499.8 ④ 4998

해설
$E = IR = 10mA \times 2\Omega = 20mV$

배율 $m = \dfrac{V_0}{V} = \dfrac{50V}{20mV} = 2,500$

배율기의 저항 $R_m = (m-1)R_V$
$= (2,500-1)2 = 4,998\,\Omega$

30 다음의 브리지 회로가 평형되는 조건은 어느 것인가?

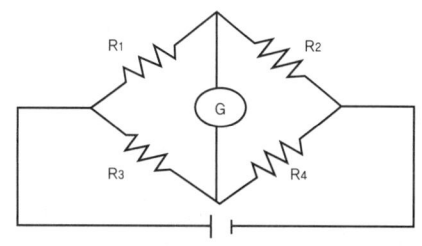

① $R_1 \times R_2 = R_3 \times R_4$
② $R_1 \times R_3 = R_2 \times R_4$
③ $R_1 \times R_4 = R_2 \times R_3$
④ $R_1 \times R_2 \times R_3 = R_4$

31 그림과 같은 Wheatstone Bridge가 평형이 되려면 X의 저항은 몇 Ω이 되어야 하는가?

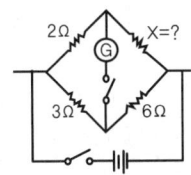

① 3　② 4　③ 5　④ 6

해설
$R_1 \cdot R_4 = R_2 \cdot R_3$ 이므로
$2 \cdot 6 = X \times 3$
$X = 4\Omega$

32 그림과 같은 회로도에서 a, b 간에 전류가 흐르지 않도록 하기 위해서는 저항 R은 몇 Ω으로 해야 하는가?

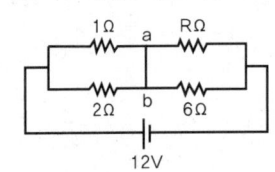

① 1　② 2　③ 3　④ 4

해설
$2 \times R = 1 \times 6$
$R = 3\Omega$

33 다음 중 전원 주파수를 측정하는 데 사용되는 브리지(Bridge) 회로는?

① 윈 브리지(Wien Bridge)
② 맥스웰 브리지(Maxwell Bridge)
③ 싱크로 브리지(Synchro Bridge)
④ 휘트스톤 브리지(Wheatstone Bridge)

해설
- 윈 브리지(Wien Bridge) : 가청 주파수의 측정에 사용하는 교류 브리지의 일종
- 맥스웰 브리지(Maxwell Bridge) : 브리지에 인덕턴스를 포함한 것으로, 교류를 가하여 미지의 인덕턴스를 측정하는 브리지
- 휘트스톤 브리지(Wheatstone Bridge) : 알려지지 않은 저항값을 측정하기 위해서

34 다음 중 교류의 실효값을 정확하게 나타낸 것은? (E : 전압의 실효값, E_m : 전압의 최댓값, I : 전류의 실효값, I_m : 전류의 최댓값)

① $E = 0.707E_m$, $I = 0.637I_m$
② $E = 0.637E_m$, $I = 0.707I_m$
③ $E = 0.707E_m$, $I = 0.707I_m$
④ $E = 0.637E_m$, $I = 0.637I_m$

35 최댓값이 141.4V인 정현파 교류의 실효값은 약 몇 V인가?

① 90　② 100
③ 200　④ 300

해설
$I = \dfrac{I_m}{\sqrt{2}} ≒ 0.707 I_m = 0.707 \times 141.4 = 100V$

36 주파수가 100Hz이고 4A의 전류가 흐르는 교류 회로에서 인덕턴스 0.01H인 코일의 리액턴스는 몇 Ω인가?

① 1π　② 2π
③ 3π　④ 4π

해설
$X_L = \omega L = 2\pi f L = 2\pi \times 100 \times 0.01 = 2\pi \Omega$

37 다음 교류 회로에서 임피던스를 구한 값은?

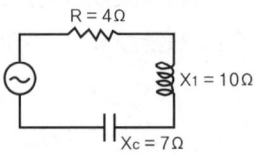

① 5Ω　② 7Ω
③ 10Ω　④ 17Ω

해설
$Z = \sqrt{R^2 + (\omega L - \dfrac{1}{\omega C})^2} = \sqrt{R^2 + (X_L - X_C)^2}$
$= \sqrt{4^2 + (10-7)^2} = 5\Omega$

정답　31. ②　32. ③　33. ①　34. ③　35. ②　36. ②　37. ①

38 그림과 같은 교류 회로에서 임피던스는 몇 Ω인가?

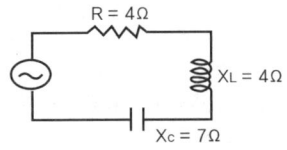

① 5 ② 7
③ 10 ④ 17

> 해설
> $Z = \sqrt{R^2 + (\omega L - \frac{1}{\omega C})^2} = \sqrt{R^2 + (X_L - X_C)^2}$
> $= \sqrt{4^2 + (4-7)^2} = 5\,\Omega$

39 전원 전압 115 / 200V에 10μF의 콘덴서 250mH의 코일이 직렬로 접속되어 있을 때 이 회로의 공진 주파수는 약 몇 Hz인가?

① 0.04 ② 25.8
③ 100.7 ④ 711.5

> 해설
> $f = \frac{1}{2\pi\sqrt{LC}} = \frac{1}{2\pi\sqrt{10 \times 10^{-6} \times 250 \times 10^{-3}}}$
> $= 100.658\,Hz$

40 그림과 같은 병렬 공진 회로의 공진 주파수는 약 몇 kHz인가?

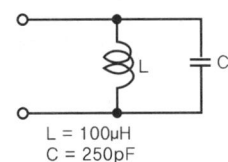

L = 100μH
C = 250pF

① 15.9
② 31.8
③ 318
④ 1006.6

> 해설
> $f = \frac{1}{2\pi\sqrt{LC}} = \frac{1}{2\pi\sqrt{100 \times 10^{-6} \times 250 \times 10^{-12}}}$
> $= 1,006.584\,Hz = 1006.6\,kHz$

41 Y결선 3상 교류 발전기의 출력 중 임의의 두 개 상전압을 합하면 결과 전압은?

① 상전압의 $\sqrt{2}$ 배
② 상전압의 $\sqrt{3}$ 배
③ 상전압의 2배
④ 영(零)의 전압

42 3상 교류 발전기에서 발전된 전압을 정의 방향으로 순차적으로 모두 합하면 1개의 상전압과 비교할 때 몇 배가 되는가?

① 0배 ② 1배
③ $\sqrt{2}$ 배 ④ $\sqrt{3}$ 배

43 대형 항공기에서 사용하는 교류 전력 방식으로 옳은 것은?

① 3상 Δ결선 방식이다.
② 3상 Y결선 방식이다.
③ 3상 Y-Δ결선 방식이다.
④ 3상 2선식 Y결선 방식이다.

> 해설
> 전압을 높이기 쉬운 3상 Y결선을 사용

44 그림과 같은 델타(Δ) 결선에서 $R_{ab} = 5\,\Omega$, $R_{bc} = 4\,\Omega$, $R_{ca} = 3\,\Omega$일 때 등가인 Y결선 각변의 저항은 약 몇 Ω인가?

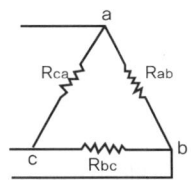 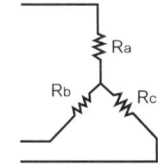

① $R_a = 0.75$, $R_b = 1.25$, $R_c = 1.00$
② $R_a = 1.00$, $R_b = 1.67$, $R_c = 1.25$
③ $R_a = 1.25$, $R_b = 1.67$, $R_c = 0.75$
④ $R_a = 1.25$, $R_b = 1.67$, $R_c = 1.00$

정답 38. ① 39. ③ 40. ④ 41. ① 42. ① 43. ② 44. ④

> **해설**
>
> $R_a = \dfrac{R_{ab} \times R_{ea}}{R_{ab}+R_{bc}+R_{ca}} = \dfrac{5 \times 3}{5+4+3} = 1.25\Omega$
>
> $R_b = \dfrac{R_{ab} \times R_{bc}}{R_{ab}+R_{bc}+R_{ca}} = \dfrac{5 \times 4}{5+4+3} = 1.67\Omega$
>
> $R_c = \dfrac{R_{ca} \times R_{bc}}{R_{ab}+R_{bc}+R_{ca}} = \dfrac{3 \times 4}{5+4+3} = 1\Omega$

45 교류 회로에서 전압계는 100V, 전류계는 10A, 전력계는 800W를 지시하고 있다면 이 회로에 대한 설명으로 틀린 것은?

① 유효 전력은 800W이다.
② 피상 전력은 1KVA이다.
③ 무효 전력은 200Var이다.
④ 부하는 800W를 소비하고 있다.

> **해설**
>
> 피상 전력 $P_a = VI[VA]$
> $\quad = 100 \times 10 = 1000 VA = 1kVA$
>
> 유효 전력 $P = VIcos\theta[W]$
> $\theta = cos^{-1}\dfrac{P}{VI} = cos^{-1}\dfrac{800}{1000} = 36.87$
>
> 무효 전력 $P_r = VIsin\theta[VAR]$
> $\quad = 100 \times 10 sin36.87° = 600 VAR$

46 교류 회로에서 피상 전력이 1000VA이고 유효 전력이 600W, 무효 전력은 800VAR일 때 역률은 얼마인가?

① 0.4　　② 0.5
③ 0.6　　④ 0.7

> **해설**
>
> 역률 = $\dfrac{\text{유효 전력}}{\text{피상 전력}} = \dfrac{600}{1000} = 0.6$

47 다음 중에서 교류를 더하거나 빼는 데 편리한 교류의 표시 방법으로 옳은 것은?

① 삼각 함수 표시법
② 극좌표 표시법
③ 지수 함수 표시법
④ 복소수 표시법

48 항공기 전기·전자 장비품을 전기적으로 본딩(Bonging)하는 이유로 옳은 것은?

① 이·착륙 시 진동을 흡수하게 하기 위해서
② 정전하(Static Charge)의 축적을 허용하기 위하여
③ 항공기 장비품의 구조를 보완하고 진동을 줄이기 위해
④ 전기, 전자 장비품에 대전되어 있는 정전기를 방전하기 위하여

> **해설**
>
> 본딩 와이어(점퍼)[Bonding Wire(Jumper)]
> • 조종면 등의 가동 부분과 기체를 접속하는 접지선으로, 접촉 저항은 0.003Ω 이하로 가동 부분의 움직임을 방해하지 않도록 장착
> • 정전기에 의한 무선 잡음 방지 및 스파크에 의한 화재 방지 역할

49 온도 보상용으로 쓰일 수 있는 소자로 가장 적합한 것은?

① 바리스터(Varistor)
② 서미스터(Thermistor)
③ 제너다이오드(Zener Diode)
④ 바렉터다이오드(Varactor Diode)

50 다이오드(Diode)와 같은 작용을 하는 것은?

① Rectifier
② C.S.D
③ Transformer
④ Transmitter

정답 45. ③　46. ③　47. ④　48. ④　49. ②　50. ①

2 축전지

가 축전지를 사용하는 이유

① 기동 전동기의 구동, 즉 시동시 전원으로 사용
② 엔진 정지 시 전지 장치 전원으로 사용
③ 발전기 고장 시 잠시 동안의 비행 확보를 위한 전원으로 사용
④ 발전기의 출력과 부하와의 불균형 조정

나 납산 축전지(연(鉛)축전지 = Lead Acid Battery)

묽은 황산 용액에 납판과 이산화 납판을 넣으면 약 2V의 전압 발생

1) 화학 반응식

$$\underset{\text{양극}}{PbO_2} + \underset{\text{전해액}}{2H_2SO_4} + \underset{\text{음극}}{Pb} \underset{\text{충전}}{\overset{\text{방전}}{\rightleftarrows}} \underset{\text{양극}}{PbSO_4} + \underset{\text{전해액}}{2H_2O} + \underset{\text{음극}}{PbSO_4}$$

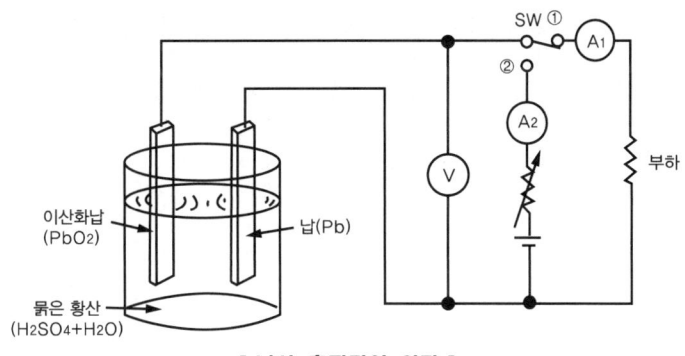

▮ 납산 축전지의 원리 ▮

2) 전해액

① 묽은 황산 = 순수 황산 + 순수한 물(증류수)
② 비중 : 1.2 ~ 1.3

3) 셀(Cell = 단전지)

① 한 셀당 2V의 전압 생성
② 충전 완료 전압 : 2.4V
③ 방전 종지 전압 : 1.8V

④ 12V 축전지는 6개의 셀로 구성, 24V 축전지는 12개의 셀로 구성
⑤ 양극판의 작용물질이 더 활발하게 반응하므로 음극판의 용량을 증가시키기 위해서 각 셀마다 음극판이 양극판보다 1개 더 많음.

4) 캡의 역할
① 전해액 보충
② 비중 측정
③ 충전 시 산소 및 수소 가스 방출

5) 전해액 비중(1.26~1.28)
① 방전 시 : 황산 소비, 물 생성 ⇒ 비중 감소(충전 상태 미흡)
② 충전 시 : 물 소비, 황산 생성 ⇒ 비중 증가(충전 상태 양호)
③ 비중계로 축전지의 충·방전 상태 점검 가능

6) 전해액의 온도와 비중의 관계
① 전해액 온도가 높아지면 황산이온의 팽창으로 비중 값이 감소
② 전해액 온도가 낮아지면 황산이온의 수축으로 비중 값이 증가
③ 온도에 따라 변화된 비중 값을 표준 온도(20℃)의 비중 값으로 수정

$$S_{20} = S_t + 0.0007 \times (t - 20)$$

④ 온도 21~32℃(70~90°F)에서의 전해액 비중 변화는 작아 비중 수정이 필요 없음.

7) 전해액 누설 시
황산이 산성이므로 알칼리성인 암모니아수, 중탄산소다(베이킹소다, 중조) 등을 뿌려 중화

8) 전해액 만들기
① 증류수(65%)에 황산(35%)을 조금씩 부어 혼합(황산에 증류수를 부으면 심한 열이 발생하여 위험)
② 용기는 산화되지 않는 질그릇, 유리그릇, 목제용기 등을 사용(철제 용기는 사용 불가)

다 니켈-카드뮴 축전지(Ni-Cd Battery)

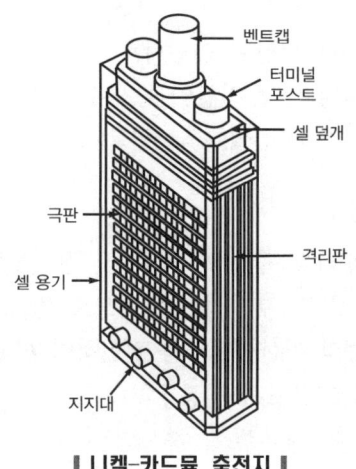

┃ 니켈-카드뮴 축전지 ┃

1) **화학 반응식**

$$\overset{\text{양극}}{Ni(OH)_3} + \overset{\text{음극}}{Cd} \underset{\text{(충전)}}{\overset{\text{(방전)}}{\rightleftarrows}} \overset{\text{양극}}{Ni(OH)_2} + \overset{\text{음극}}{Cd(OH)}$$

2) **전해액 : KOH(수산화칼륨)**
   ① 화학 반응에 참여하지 않고 통전 역할만 하여 충·방전 시에도 비중 변화 없음.
   ② 완충된 상태의 1셀당 기전력은 무부하에서 1.3 ~ 1.4V
   ③ 부하가 가해지면 1.2V
   ④ 충전하면 전해액면이 올라가고 방전하면 내려감.
   ⑤ 전해액 비중 : 1.280 ~ 1.300

3) **전해액 만드는 방법**

   납산 축전지와 마찬가지로 증류수(70%)에 수산화칼륨(30%)을 조금씩 부어 혼합

4) **장점**

   전해액이 화학 반응에 참여하지 않으므로
   ① 수명이 길다(납산 축전지의 2 ~ 3배).
   ② 유지 보수비가 적게 든다.
   ③ 고율 방전 시 성능이 우수하다.
   ④ 충·방전 시 전압의 변화가 적다.
   ⑤ 재충전 소요 시간이 짧다.
   ⑥ 고 부하에서도 내구성이 좋다.

5) 단점
① 가격이 비싸다.
② 자원 부족으로 대량 생산이 어렵다.
③ 에너지 밀도가 낮다(셀당 전압이 1.2~1.25V).
　※ 12V 축전지 : 10개의 셀을 직렬연결, 24V 축전지 : 19개의 셀을 직렬연결

6) 취급 시 주의 사항
① 납산 축전지와 분리 보관하고, 공구 및 장치들도 구별해서 사용
② 수산화칼륨이 독성 및 부식성이 강하므로 반드시 보호 장구를 착용
③ 전해액이 공기 중의 이산화탄소와 결합하여 흰색의 탄산칼륨을 만들 수 있으므로 축전지 세척 시 캡을 반드시 밀봉
④ 중화제 : 아세트산, 레몬주스, 붕산염 용액

라 축전지 용량 : [AH] = 방전 전류[A] × 방전 시간[H]

1) 축전지 방전 시간율
항공기 축전지는 5시간 방전율을 적용

2) 축전지 용량 결정의 3요소
① 셀당 극판수
② 전해액량
③ 극판의 넓이(크기)
　∴ 축전지를 병렬연결하면 용량 증가

마 축전지 충전 방법

1) 정전류 충전법
충전기를 사용하여 일정한 전류로 충전하는 방법
① 충전 완료 시간을 예측할 수 있어 과 충전의 위험 방지 가능
② 충전 소요 시간이 긺.
③ 충전 전류는 축전지 용량의 10% 정도
④ 여러 개의 축전지를 동시에 충전하려면 전압에 관계없이 용량이 작은 것부터 직렬로 연결하여 충전

2) 정전압 충전법
발전기나 충전기 등을 사용하여 일정한 전압으로 충전하는 방법
① 충전 초기에 전류 값이 큼(열로 인한 극판 손상).

② 충전이 진행됨에 따라 차츰 전류가 감소하여, 충전 상태에 도달하면 거의 전류가 흐르지 않아 가스 발생이 거의 없고 충전 능률도 우수
③ 충전 완료 시간을 예측할 수 없기 때문에 중간에 충전 상태를 확인하여 과 충전 방지
④ 항공기 내에서 발전기에 의한 충전은 정전압 충전법

2 출제 예상 문제

01 납산 축전지(Lead Acid Battery)에서 사용되는 전해액은?
① 수산화칼륨 용액
② 불산 용액
③ 수산화나트륨 용액
④ 묽은 황산 용액

해설
묽은 황산(=희유산) = 순수 황산 + 순수한 물(증류수)

02 항공기에 많이 사용되는 납축전지의 전압과 셀의 수를 옳게 짝지은 것은?
① 12V - 2개, 24V - 4개
② 12V - 4개, 24V - 8개
③ 12V - 6개, 24V - 12개
④ 12V - 12개, 24V - 24개

해설
- 한 셀당 2V의 전압 생성
- 셀당 방전 중지 전압 : 1.75V
- 12V 축전지는 6개의 셀로 구성, 24V 축전지는 12개의 셀로 구성
- 양극판의 작용물질이 더 활발하게 반응하므로 음극판의 용량을 증가시키기 위해서 각 셀마다 음극판이 양극판보다 1개 더 많음.

03 납산 축전지(Lead Acid Battery)의 양극판과 음극판의 수에 대한 설명이 옳은 것은?
① 같다.
② 양극판이 한 개 더 많다.
③ 양극판이 두 개 더 많다.
④ 음극판이 한 개 더 많다.

04 납산 축전지에 사용되는 전해액의 비중은 온도에 따라 변화하여 비중계를 사용 시 온도를 고려해야 하지만 일정한 온도 범위에서는 비중의 변화가 적기 때문에 고려하지 않아도 되는데, 이러한 온도의 범위는?
① 0 ~ 30°F   ② 30 ~ 60°F
③ 70 ~ 90°F ④ 100 ~ 130°F

해설
전해액의 온도와 비중
- 전해액 온도가 높아지면 황산이온의 팽창으로 비중 값이 감소
- 전해액 온도가 낮아지면 황산이온의 수축으로 비중 값이 증가
- 온도에 따라 변화된 비중 값을 표준 온도(20℃)의 비중 값으로 수정
- $S_{20} = S_t + 0.0007 \times (t-20)$
- 온도 21 ~ 32℃(70 ~ 90°F)에서의 전해액의 비중 변화는 작기 때문에 비중 수정이 필요 없음.

정답 01. ④ 02. ③ 03. ④ 04. ③

05 다음 중 납산 축전지 캡(Cap)의 용도가 아닌 것은?
① 외부와 내부의 전선 연결
② 전해액의 보충, 비중 측정
③ 충전 시 발생되는 가스 배출
④ 배면 비행 시 전해액의 누설 방지

06 황산납 축전지(Lead Acid Battery)의 과충전 상태를 의심할 수 있는 증상이 아닌 것은?
① 전해액이 축전지 밖으로 흘러나오는 경우
② 축전지에 흰색 침전물이 너무 많이 묻어있는 경우
③ 축전지 셀의 케이스가 구부러졌거나 찌그러진 경우
④ 축전지 윗면 캡 주위의 약간의 탄산칼륨이 있는 경우

07 항공기의 니켈-카드뮴(Nickel-Cadmium) 축전지가 완전히 충전된 상태에서 1셀(Cell)의 기전력은 무부하에서 몇 V인가?
① 1.0 ~ 1.1V ② 1.1 ~ 1.2V
③ 1.2 ~ 1.3V ④ 1.3 ~ 1.4V

[해설]
- 수산화 칼륨은 화학 반응에 참여하지 않고 통전역할만 하므로 충·방전 시에도 비중의 변화가 없음
- 완충된 상태의 1셀당 기전력은 무부하에서 1.3 ~1.4V
- 부하가 가해지면 1.2V

08 일반적으로 니켈-카드뮴 축전지의 1셀당 기전력은 약 몇 V인가?
① 0.2 ② 1.0
③ 1.2 ④ 2.4

[해설]
- 12V 축전지 : 10개의 셀을 직렬연결
- 24V 축전지 : 19개의 셀을 직렬연결

09 니켈-카드뮴 축전지에서 24V 축전지는 몇개의 셀을 직렬로 연결하였는가?
① 12개 ② 15개
③ 17개 ④ 19개

[해설]
- 12V 축전지 : 10개의 셀을 직렬연결
- 24V 축전지 : 19개의 셀을 직렬연결

10 다음 중 니켈-카드뮴 축전지에 대한 설명으로 틀린 것은?
① 전해액은 질산계의 산성액이다.
② 고부하 특성이 좋고 큰 전류 방전 시에는 안정된 전압을 유지한다.
③ 진동이 심한 장소에 사용 가능하고, 부식성 가스를 거의 방출하지 않는다.
④ 한 개의 셀(Cell)의 기전력은 무부하 상태에서 1.2 ~ 1.25V 정도이다.

11 Ni-Cd 축전지의 취급 방법과 가장 관계가 먼 것은?
① 전해액인 수산화 칼륨은 부식성이 매우 크므로 취급 시 보안경, 고무장갑, 고무 앞치마 등을 착용한다.
② 수산화 칼륨의 중화제로는 아세트산, 레몬주스가 있다.
③ 전해액을 만들 때는 수산화 칼륨에 물을 조금씩 떨어뜨려 섞어야 한다.
④ 완전히 충전된 후 3 ~ 4시간이 지나기 전에 물을 첨가해서는 안 된다.

정답 05. ① 06. ④ 07. ④ 08. ③ 09. ④ 10. ① 11. ③

12 Ni-Cd 축전지에 대한 설명 중 가장 올바른 것은?

① 전해액의 부식성이 적어 안전하다.
② 단위 Cell당 전압은 연 축전지보다 높다.
③ 방전할 때는 음극판이 3수산화니켈이 된다.
④ 연 축전지에 비해 수명이 길다.

13 항공기에 사용되는 니켈-카드뮴 축전지의 방전 상태를 측정하는 장비로 가장 적합한 것은?

① 저항계(Ohmmeter)
② 전압계(Voltmeter)
③ 와트미터(Wattmeter)
④ 전류계(Ammeter)

14 소형 항공기의 직류 전원 계통에서 메인 버스(Main Bus)와 축전지 버스 사이에 접속되어 있는 전류계의 지침이 "+"를 지시하고 있는 의미는?

① 축전지가 과 충전 상태
② 축전지가 부하에 전류 공급
③ 발전기가 부하에 전류 공급
④ 발전기의 출력 전압에 의해서 축전지가 충전

15 전압이 12V, 용량이 35AH인 Battery 2개를 직렬로 연결했을 때 전압과 용량은?

① 24V, 35AH
② 12V, 70AH
③ 24V, 70AH
④ 13V, 35AH

16 장시간 사용하지 않고 저장되었던 니켈-카드뮴 축전지의 전해액 높이에 대한 설명으로 옳은 것은?

① 정상보다 낮게 나타낸다.
② 정상보다 높게 나타낸다.
③ 정상 상태의 높이를 나타낸다.
④ 온도에 따라서 높게 또는 낮게 나타낸다.

17 납산 축전지에서 용량의 표시 기호는?

① Ah
② Bh
③ Vh
④ Fh

18 항공기에 사용하는 축전지에는 몇 시간 방전율을 적용하는가?

① 3시간
② 4시간
③ 5시간
④ 6시간

19 축전지의 충전 방법과 [보기]의 설명이 옳게 짝지어진 것은?

[보기]
A. 충전 완료 시간을 미리 예측할 수 있다.
B. 충전 시간이 길고 폭발의 위험성이 있다.
C. 일정 시간 간격으로 충전 상태를 확인한다.
D. 초기 과도한 전류로 극판 손상의 위험이 있다.

① 정전류 측정 : A, B
  정전압 측정 : C, D
② 정전류 측정 : A, C
  정전압 측정 : B, D
③ 정전류 측정 : B, C
  정전압 측정 : A, D
④ 정전류 측정 : C, D
  정전압 측정 : A, B

정답 12. ④ 13. ② 14. ④ 15. ① 16. ① 17. ① 18. ③ 19. ①

해설

정전류 충전법
- 충전 완료 시간을 예측할 수 있어 과충전의 위험 방지 가능
- 충전 소요 시간이 긺.
- 충전 전류는 축전지 용량의 10%
- 여러 개의 축전지를 동시에 충전하려면 전압에 관계없이 용량이 작은 것부터 직렬로 연결하여 충전

정전압 충전법
- 발전기나 충전기 등을 사용하여 일정한 전압으로 충전하는 방법
- 충전 초기에 전류값이 큼(열로 인한 극판 손상).
- 충전이 진행됨에 따라 차츰 전류가 감소하여, 충전 상태에 도달하면 거의 전류가 흐르지 않아 가스 발생이 거의 없고 충전 능률도 우수
- 충전 완료 시간을 예측할 수 없기 때문에 중간중간 충전 상태를 확인하여 과충전 방지

20 배터리 터미널(Terminal)에 부식을 방지하기 위한 방법으로 가장 옳은 것은?
① 증류수로 씻어 낸다.
② 터미널에 납땜을 한다.
③ 터미널에 페인트로 엷은 막을 만들어 준다.
④ 터미널에 그리스(Grease)로 엷은 막을 만들어 준다.

21 항공기에서 사용되는 축전지의 전압은?
① 발전기 출력 전압보다 높아야 한다.
② 발전기 출력 전압보다 낮아야 한다.
③ 발전기 출력 전압과 같아야 한다.
④ 발전기 출력 전압보다 낮거나, 높아도 된다.

3 발전기

가 전원

- 주전원, 외부 전원, 보조 동력 장치 전원 및 비상 전원으로 구분
- 교류 : 115/200V, 400Hz
- 직류 : 28V

1) 주전원
① 기관으로 구동되는 발전기의 출력
② 기관마다 1개의 발전기가 있으며 기관이 2개 이상인 경우 병렬연결
③ 모든 계통은 메인 버스(main bus)로부터 전력 공급
④ 소형 항공기는 직류 전원을 중대형 항공기는 교류 전원을 사용

2) 보조 전원
① 주전원이나 외부 전원을 사용할 수 없는 경우에 사용
② 보조 동력 장치의 발전기로부터 공급

나 직류 발전기(DC Generator = Dynamo)

계자를 하우징에 고정시키고 전기자를 회전시켜 전기 생산

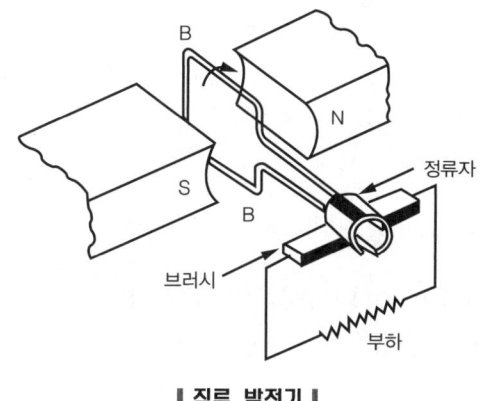

∥ 직류 발전기 ∥

1) 직류 발전기의 구성 요소(직류 전동기와 동일)

가) 전기자(Armature, 회전 부분)
계자에서 만든 자속을 끊어서 기전력을 유도하는 부분

나) 계자(Exciting Magnetic Field)
전기를 통과하여 자속을 만드는 부분

다) 정류자(Commutator)
전기자 권선에서 유도된 교류를 직류로 바꾸어 주는 부분

라) 브러시(Brush)
① ⅓ ~ ½ 이상 마모되면 교환
② 브러시 스프링의 장력 : 6psi(≒0.42kg/cm^2) cf. 1kg/cm^2 = 14.2psi
③ 브러시와 정류자편 접촉 시 브러시 두께 쪽은 100%, 너비 쪽은 70% 이상 접촉

2) 직류 발전기의 종류 - 계자 코일의 접속 방법

① 직권 발전기
  전기자 코일과 계자 코일을 직렬로 연결
② 분권 발전기
  전기자 코일과 계자 코일을 병렬로 연결
③ 복권 발전기
  전기자 코일에 2개의 계자 코일을 직렬(직권계자) 및 병렬(분권계자)로 연결

3) 보극

① 전기자(電氣子) 반작용을 없애기 위해 주된 자기극인 N극과 S극의 사이에 설치한 소자극
② 소자극(보극)의 권선은 전기자 권선과 직렬로 연결
③ 보극을 설치하여 부하 시에 보극 바로 밑에 있는 전기자 권선이 만드는 자속을 상쇄할 수 있고, 스파크가 생기지 않는 정류를 할 수 있음.
④ 대부분의 직류기에는 보극

4) 직류 발전기 3 Unit 조절기

가) 카본 파일식(Carbon Pile) 전압 조정기

① 카본 파일이 계자 코일과 직렬로 연결
② 카본 파일
  ㉠ 카본 판(Sheets)을 여러 장 겹친 것
  ㉡ 접촉 압력을 가하면 시트 간의 간격이 좁아져 접촉 저항이 감소
  ㉢ 압력이 감소하면 접촉 저항은 증가, 즉 가변 저항의 역할
③ 역전류 차단기(Cutout Relay)
  발전기가 고장 나거나 성능 저하 시 출력 전압이 낮아질 때, 축전지에서 발전기로 역전류가 흐르는 것을 차단하는 장치
④ 전류 제한기(Current Limiter)
  부하 공급 전류를 일정하게 조절

5) 직류 발전기의 병렬 운전

① 직류 발전기의 병렬 운전 필요 충분 조건은 발전기의 출력 전압을 같도록 하는 것
② 이퀄라이저(Equalizer) 회로 : 출력 전압이 같도록 조정하는 회로

6) 계자 플래싱(Field Flashing)

계자에 잔류 자기가 전혀 남아 있지 않아 발전을 시작하지 못할 때 외부 전원을 통하여 잠시 동안 계자 코일에 전류를 공급하는 것

다 교류 발전기(AC Generator = Alternator)

내부의 로터(회전자)를 회전시켜 스테이터(고정자)에서 전기 생산

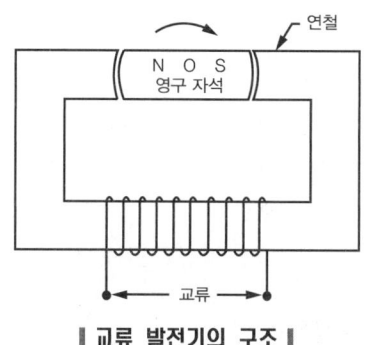

∥ 교류 발전기의 구조 ∥

1) 교류 발전기의 구성 요소

가) 고정자(Stator)

교류 전기가 발생되는 부분

① 스테이터 철심 : 얇은 규소 강판을 성층시킴.

② 스테이터 코일 : 3라인의 코일이 120°위상차로 Y결선 되어 있음(3상 Y결선).

나) 회전자(Rotor)

로터 내부의 철심에 코일이 감겨 있고 슬립링을 통해 전류가 들어오면 전자석이 형성되어 이때 로터가 회전하면서 자속을 끊어 스테이터 코일에 전기 발생

다) 정류기

① 전류의 흐름 방향을 한쪽으로만 흐르게 하여 교류를 직류로 바꾸는 장치

② 실리콘 다이오드 6개를 사용

라) 슬립링과 브러시

슬립링과 브러시가 접촉하여 전기를 공급

2) 교류 발전기의 출력 주파수

$$f = \frac{P}{2} \cdot \frac{N}{60} = \frac{PN}{120} \ [\text{Hz 또는 cps}]$$

여기서, P : 계자의 극수, N : 분당 회전수[rpm]

3) 정속 구동 장치(CSD : Constant Speed Drive)

① 항공기에서의 출력 주파수를 400Hz로 일정하게 유지하기 위하여 엔진의 구동축과 발전기축 사이에 정속 구동 장치를 설치하여 엔진의 회전수에 관계없이 항상 일정한 회전수를 발전기축에 전달

② 주파수 조절 범위 : 400 ± 1Hz로서 2Hz 미만

4) 교류 전압 조정기

① 출력 조정 전압 : 28V
② 컷인 전압(= 충전 시작 전압) : 26.6 ~ 27V
③ 출력 전압 조정 방법 : 로터(계자)에 흐르는 전류 제어
④ 정류 및 역류 방지 : 다이오드
   cf. 직류 발전기 역류 방지 : 역전류 차단기

5) 교류 발전기의 병렬 운전 조건

① 기전력(전압)의 크기가 같을 것
② 위상이 같을 것
③ 주파수가 같을 것

6) 교류 발전기의 장점

① 구조 간단
② 출력 효율 우수
③ 정비 및 유지 보수 용이

라 브러시리스(Brushless) 교류 발전기

정류자, 브러시, 슬립링이 없이 회전 계자를 여자시켜 고정 스테이터에서 전기 생산

① 정류자와 브러시의 마모가 없어 불꽃 발생이 없음.
② 저렴한 유지 · 보수비
③ 정류자와 브러시, 슬립링과 브러시 사이의 전기 저항 및 전도율의 변화가 없어 출력 파형 안정
④ 고공 비행 시 성능 우수
⑤ 단점 : 구조가 복잡, 비싼 가격

마 인버터(Inverter)

① 직류(D.C)를 교류(A.C)로 변환시키는 장치
② 종류 : 회전식 인버터, 고정식 인버터

3 출제 예상 문제

01 115V, 3상, 400Hz는 무엇인가?
① 초당 사이클   ② 분당 사이클
③ 시간당 사이클 ④ 회전수당 사이클

02 직류 발전기에서 정류 작용을 하는 것은?
① 계자 권선   ② 전기자 권선
③ 계자 철심   ④ 브러시와 정류자

03 다음 중 직류 발전기의 종류가 아닌 것은?
① 복권형   ② 유도형
③ 직권형   ④ 분권형

04 발전기에서 외부에 부하를 연결하면 전기자 코일에 전류가 흐르고, 이에 의해 자장이 기울어지는 편류가 발생한다. 이 편류를 교정하기 위해 설치하는 것은?
① 정속구동장치   ② 정류자
③ C.P.U.   ④ 보극

05 직류 발전기의 보상 권선(Compensating Winding)과 그 역할이 같은 것은?
① 보극(Interpole)
② 직렬 권선(Series-winding)
③ 병렬 권선(Shunt-winding)
④ 회전자 권선(Armature Coil)

06 3상 교류 발전기의 보조 기기에 대한 설명으로 틀린 것은?
① 교류 발전기에서 역전류 차단기를 통해 전류가 역류하는 것을 방지한다.
② 기관의 회전수에 관계없이 일정한 출력 주파수를 얻기 위해 정속 구동 장치가 이용된다.
③ 교류 발전기에서 별도의 직류 발전기를 설치하지 않고 변압기 정류기 장치(TR Unit)에 의해 직류를 공급한다.
④ 3상 교류 발전기는 자계 권선에 공급되는 직류 전류를 조절함으로써 전압 조절이 이루어진다.

해설
역전류 차단기(Cutout Relay)
직류 발전기가 고장 나거나 성능 저하 시 출력 전압이 낮아질 때, 축전지에서 발전기로 역전류가 흐르는 것을 차단하는 장치

07 발전기의 출력 쪽과 버스 사이에 장착하여 발전기의 출력 전압이 낮을 때에 축전지로부터 발전기로 전류가 역류하는 것을 방지하는 장치는?
① 전압 조절기
② 역전류 차단기
③ 과전압 방지 장치
④ 정속 구동 장치

08 직류 발전기의 병렬 운전에서 필요 조건은 어느 것인가?
① 주파수가 같아야 한다.
② 전압이 같아야 한다.
③ 회전이 같아야 한다.
④ 부하가 같아야 한다.

정답 01. ① 02. ④ 03. ② 04. ④ 05. ① 06. ① 07. ② 08. ②

09 직류 발전기의 전압 조절기는 발전기의 무엇을 조절하는가?
① 회로가 과부하가 되었을 때 발전기의 회전을 내린다.
② 전기자 전류를 일정하게 되도록 한다.
③ Equalizer Coil의 전류를 조절한다.
④ Field Current를 조절한다.

10 다음 중 직류 발전기의 보조 기기가 아닌 것은?
① 셀 컨테이너
② 전압 조절기
③ 역 전류 차단기
④ 과전압 방치 장치

11 직류 발전기의 계자(界磁) 플래싱(Field Flashing)이란?
① 계자 코일에 배터리로부터 역전류를 가하는 행위
② 계자 코일에 발전기로부터 역전류를 가하는 행위
③ 계자 코일에 배터리로부터 정방향의 전류를 가하는 행위
④ 계자 코일에 발전기로부터 정방향의 전류를 가하는 행위

> **해설**
> 계자 플래싱(Field Flashing)
> 계자에 잔류 자기가 전혀 남아 있지 않아 발전을 시작하지 못할 때 외부전원을 통하여 잠시 동안 계자 코일에 전류를 공급하는 것

12 자여자 직류 발전기의 계자 권선에 잔류 자기를 회생시키는 방법은?
① 브러시(Brush)를 재설치한다.
② 전기자를 계속하여 회전시킨다.
③ 정류자(Commutator) 편에 만들어진 자기를 제거한다.
④ 축전지를 사용하여 계자 권선을 섬광(Flashing)시킨다.

13 직류 발전기에서 잔류 자기를 잃어 발전기 출력이 나오지 않을 경우 잔류 자기를 회복할 수 있는 방법으로 가장 올바른 것은?
① 잔류 자기가 회복될 때까지 반대 방향으로 회전시킨다.
② 계자 권선에 직류 전원을 공급한다.
③ Field Coil을 교환한다.
④ 잔류 자기가 회복될 때까지 고속 회전시킨다.

14 현대의 대형 항공기에서 직류 System을 사용하지 않고 교류 System을 채택한 이유는 무엇인가?
① 같은 용량의 직류 기기보다 무게가 가볍다.
② 전압의 승압, 감압이 편리하다.
③ 높은 고도에서 Brush를 사용하는 직류 발전기에서 일어날 수 있는 Brush Arcing 현상이 없다.
④ 이상 다 맞다.

15 대형 항공기에서 직류보다 교류를 많이 사용하는 이유가 아닌 것은?
① 전압의 변화를 쉽게 할 수 있다.
② 브러시 없는 전동기를 사용할 수 있다.
③ 같은 용량에서 볼 때 전선의 무게를 줄일 수 있다.
④ 유도 작용으로 무선 통신 설비에 잡음 등의 장애를 줄여 준다.

정답 09. ④ 10. ① 11. ③ 12. ④ 13. ② 14. ④ 15. ④

16 다음 중 직류의 전압을 높이거나 낮출 때 사용하는 장치는?
  ① 정류기(Rectifier)
  ② 다이나모터(Dynamotor)
  ③ 인버터(Inverter)
  ④ 변압기(Transfomer)

17 병렬 운전을 하는 직류 발전기에서 1대의 직류 발전기가 역극성 발전을 할 경우 발전을 멈추기 위해 작동되는 것은?
  ① 밸런스 릴레이
  ② 출력 릴레이
  ③ 이퀄라이징 릴레이
  ④ 필드 릴레이

해설
필드 릴레이
엔진 정지 시 배터리에서 계자로 전기가 흐르는 것을 방지

18 교류 발전기에서 주파수(f) 계산 방식은? (단, f : 주파수[Hz], [cps], P : 계자의 극수, N : 분당 회전수[rpm], V : 전압)
  ① $\dfrac{N \cdot P \cdot V}{60}$
  ② $\dfrac{N \cdot P}{V}$
  ③ $\dfrac{P \times 60}{N}$
  ④ $\dfrac{P \cdot N}{2 \times 60}$

19 다음 중 400Hz의 교류를 사용하는 항공기에서 8000rpm으로 구동되는 교류 발전기는 몇 극이어야 하는가?
  ① 2극   ② 4극
  ③ 6극   ④ 8극

해설
$f = \dfrac{P}{2} \cdot \dfrac{N}{60} = \dfrac{PN}{120}$ 에서
$P = \dfrac{120f}{N} = \dfrac{120 \times 400}{8000} = 6$

20 4극짜리 발전기가 1800rpm으로 회전할 때 주파수는 몇 Hz인가?
  ① 60   ② 120
  ③ 180   ④ 360

해설
$f = \dfrac{P}{2} \cdot \dfrac{N}{60} = \dfrac{PN}{120} = \dfrac{4 \times 1800}{120} = 60\,\text{Hz}$

21 극수가 4인 교류 발전기로 400Hz의 주파수를 얻으려면 발전기의 계자 회전 속도는 분당 얼마가 되어야 하는가?
  ① 6000rpm   ② 8000rpm
  ③ 10000rpm   ④ 12000rpm

해설
$N = \dfrac{120f}{P} = \dfrac{120 \times 400}{4} = 12000\,\text{rpm}$

22 16극을 가진 교류 발전기에서 400Hz를 얻기 위해서는 회전자계의 분당 회전수는 얼마인가?
  ① 50   ② 500
  ③ 3000 ④ 6000

해설
$N = \dfrac{120f}{P} = \dfrac{120 \times 400}{16} = 3000\,\text{rpm}$

23 교류 발전기 주파수는 무엇으로 변화시키는가?
  ① 전압   ② 회전수
  ③ 전류   ④ 전력

24 발전기의 병렬 운전 조건으로 가장 올바른 것은?
  ① 전압, 주파수, 상이 같아야 한다.
  ② 전압, 주파수, 출력이 같아야 한다.
  ③ 전압, 주파수, 전류가 같아야 한다.
  ④ 전압, 전류, 상이 같아야 한다.

정답 16. ② 17. ④ 18. ④ 19. ③ 20. ① 21. ④ 22. ③ 23. ② 24. ①

25 교류 발전기를 병렬 운전에 들어가기 전에 반드시 일치시켜야 할 확인 사항에 들지 않는 것은?

① 전압(Voltage)
② 주파수(Frequency)
③ 토크(Torque)
④ 위상(Phase)

26 24V 납산 축전지(Lead Acid Battery)를 장착한 항공기가 비행 중 모선(Main Bus)에 걸리는 전압은 몇 V인가?

① 24   ② 26
③ 28   ④ 30

[해설] 교류 발전기의 출력 전압은 28V

27 다음 중 정류기에 대한 설명으로 틀린 것은?

① 실리콘 다이오드가 사용된다.
② 한 방향으로만 전류를 통과시키는 기능을 한다.
③ 교류의 큰 전류에서 그것에 비례하는 작은 전류를 얻는 기능을 한다.
④ 교류 전력에서 직류 전력을 얻기 위해 정류 작용에 중점을 두고 만들어진 전기적인 회로 소자이다.

[해설] 정류기
- 전류의 흐름 방향을 한쪽으로만 흐르게 하여 교류를 직류로 바꾸는 장치
- 실리콘 다이오드 6개를 사용

28 정류기(Rectifier)의 기능은 무엇인가?

① 직류를 교류로 변환
② 계기 작동에 이용
③ 교류를 직류로 변환
④ 배터리 충전에 사용

[해설]
- 인버터 : 직류를 교류로 변환시키는 장치
- 정류기 : 교류를 직류로 변환시키는 장치

29 항공기의 직류 전원을 공급(Source)하는 것은?

① TRU   ② IDG
③ APU   ④ Static Inverter

[해설] TRU 변압기 정류기 장치(Transformer Rectifier Unit)

30 항공기 기관의 구동축과 발전기축 사이에 장착하여 주파수를 일정하게 만들어 주는 장치는?

① 출력 구동 장치   ② 변속 구동 장치
③ 정속 구동 장치   ④ 주파수 구동 장치

[해설] 정속 구동 장치(CSD : Constant Speed Drive)
- 항공기에서의 출력 주파수가 400Hz로 일정하게 유지하기 위하여 엔진의 구동축과 발전기축 사이에 정속 구동 장치를 설치하여 엔진의 회전수에 관계없이 항상 일정한 회전수를 발전기축에 전달
- 주파수 조절 범위 : 400±1Hz로서 2Hz 미만

31 교류 발전기의 출력 주파수를 일정으로 유지시키는 데 사용되는 것은?

① Magamp   ② Brushless
③ Carbon pile ④ C.S.D

32 병렬 운전하는 교류 발전기의 유효 출력은 무엇에 의해서 제어되는가?

① 발전기의 여자 전류
② 발전기의 출력 전압
③ 발전기의 출력 전류
④ 정속 구동 장치(CSD)의 회전수

정답 25. ③ 26. ③ 27. ③ 28. ③ 29. ① 30. ③ 31. ④ 32. ④

제1장 항공기 전기 계통

> **해설**
> 교류 발전기는 기관에 의해 구동되므로 기관의 회전수가 변하면 주파수도 변한다.

33 비상시 사용되는 배터리의 DC 전원을 AC 전원으로 전환시켜 주는 장치는?
① GPU(Ground Power Unit)
② APU(Auxiliary Power Unit)
③ 스태틱 인버터(Static Inverter)
④ TRU(Transformer Rectifier Unit)

> **해설**
> • 인버터 : 직류를 교류로 변환시키는 장치
> • 정류기 : 교류를 직류로 변환시키는 장치

34 항공기용 회전식 인버터의 속도 제어 방법은?
① 직류 전원의 전압을 변화하여
② 교류 발전기의 전압을 변화하여
② 교류 발전기의 출력 전류를 변화하여
④ 직류 전동기의 분권 계자 전류를 제어하여

35 항공기 주 전원 장치에서 주파수를 400Hz로 사용하는 주된 이유는?
① 감압이 용이하기 때문에
② 승압이 용이하기 때문에
③ 전선의 무게를 줄이기 위해
④ 전압의 효율을 높이기 위해

36 대형 항공기에서 비상 전원으로 사용하는 발전기로 유압 펌프를 구동시켜 모든 발전기가 정지된 경우라도 유압을 사용할 수 있도록 하며 프로펠러의 피치를 거버너로 조절해서 정 주파수의 발전을 하는 발전기는?
① 3상 교류 발전기
② 공기 구동 교류 발전기
③ 단상 교류 발전기
④ 브러시리스 교류 발전기

---

4 변압기

가 변압기의 원리

상호 유도 작용을 이용한 것으로 교류 전압과 전류의 크기를 변성하는 것

※ 상호 유도 작용 : 철심에 두 개의 코일을 감은 경우, 1차 코일에 흐르는 전류를 변화시키면 자속도 변화하기 때문에 코일에 자속 변화를 방해하는 방향으로 2차 코일에 기전력 발생

나 변압기의 구조

① 규소 강판을 성층하여 만든 철심에 2개의 권선을 감아 놓은 것
② 1차 권선 N_1 : 전원에 접속되어 있는 권선
③ 2차 권선 N_2 : 부하에 접속되어 있는 권선

정답 33. ③ 34. ④ 35. ③ 36. ②

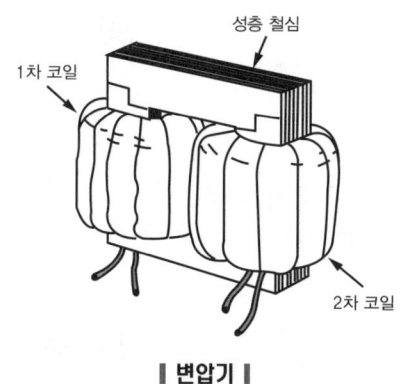

┃ 변압기 ┃

다 변압비(= 권수비)

① 에너지 보존 법칙에 의해 1차 권선과 2차 권선의 전기에너지, 즉 전력은 같음.

$$P_1 = P_2, \ E_1 I_1 = E_2 I_2 \ \therefore \ \frac{E_1}{E_2} = \frac{I_2}{I_1}$$

② 변압비 $= \dfrac{E_1}{E_2}$

※ 1차 권선과 2차 권선에 유도되는 기전력은 각 권선의 감은 횟수에 비례

③ 권수비 a는 변압비와 동일 $\therefore \ a = \dfrac{N_1}{N_2} = \dfrac{E_1}{E_2} = \dfrac{I_2}{I_1}$

④ 변류비 $= \dfrac{I_1}{I_2}$

※ 즉 변류비는 변압비(권수비)의 역수

4 출제 예상 문제

01 교류 전압을 승압, 감압하는 장치는 무엇인가?
① Inverter ② Transformer
③ Rectifier ④ Dynamotor

02 변압기(Transformer)는 어떠한 전기적 에너지를 변환시키는 장치인가?
① 전류 ② 전압
③ 전력 ④ 위상

정답 01. ② 02. ②

03 다음 변압기의 권선비와 유도 기전력과의 관계식으로 옳은 것은?

① $\dfrac{E_1}{E_2} = \dfrac{N_1}{N_2}$ ② $\dfrac{E_1^2}{E_2^2} = \dfrac{N_2}{N_1}$

③ $\dfrac{E_2}{E_1} = \dfrac{N_1}{N_2}$ ④ $\dfrac{E_1}{E_2} = \dfrac{N_2^2}{N_1^2}$

04 1차 코일 감은 수가 500회, 2차 코일 감은 수가 300회인 변압기의 1차 코일에 200V 전압을 가하면 2차 코일에 유기되는 전압은 얼마인가?

① 120V   ② 220V
③ 180V   ④ 320V

[해설]

$a = \dfrac{N_1}{N_2} = \dfrac{E_1}{E_2} = \dfrac{I_2}{I_1}$ 이므로

$E_2 = \dfrac{N_2}{N_1} E_1 = \dfrac{300}{500} \times 200 = 120\,\mathrm{V}$

05 변압기에 성층 철심을 사용하는 이유는?
① 동손을 감소시킨다.
② 유전체 손실을 적게 한다.
③ 와전류 손실을 감소시킨다.
④ 히스테리스 손실을 감소시킨다.

[해설]

철심 중의 와전류를 피하기 위해 규소 강판의 성층 철심을 사용한다.

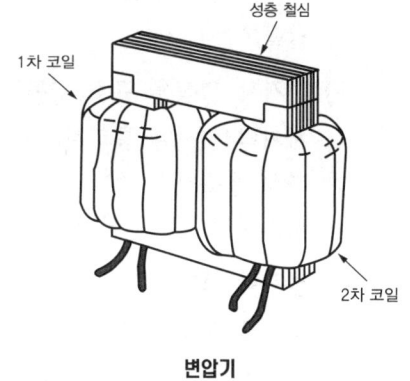

변압기

5 전동기

전기로 기계를 움직이게 하는 장치, 즉 전기적 에너지를 기계적 에너지로 변환시키는 장치

가 전동기의 종류

1) 직류 전동기

직권 전동기(series motor), 분권 전동기(shunt motor), 복권 전동기(compound motor)

2) 교류 전동기

만능 전동기, 유도 전동기, 동기 전동기

정답 03. ① 04. ① 05. ③

나 직류 전동기

1) 직류 전동기(직류 발전기)의 3대 구성 요소
전기자, 계자, 정류자

2) 전기자 철심

가) 밀폐형 슬롯
여기에 전기자 코일을 감으며 밀폐형이어서 전기자 회전 시 원심력에 의한 코일의 이탈을 방지

나) 전기자 철심은 규소 강판(규소+순철)을 얇게 성층
① 자기력선을 잘 통과시켜 와전류 손실을 감소시킴(성층 이유).
② 자성 우수(철)
③ 히스테리시스 손실 적음(규소).

다) 전기자 코일
① 코일을 운모로 감싸서 절연시킴.
② 평각동선 사용 : 원형코일보다 전류가 많이 흐름.
③ 결선 방법 : 파권(직렬권) cf. 중권(병렬권)

라) 전기자 반작용(Reaction)
① 전기자에 전류가 흐르면 전기자에서 자기력이 발생하여 계자 전류에 의한 자속의 분포와 크기가 변화, 즉 전기자가 기울어지는데 이때 브러시에 아크가 발생하여 마멸되며 출력 저하
② 대책
　㉠ 전기자가 기울어진 만큼 브러시 이동
　㉡ 보극 설치
　㉢ 보상 권선 설치

마) 직류 전동기의 종류
① 직권 전동기
계자 코일과 전기자 코일이 직렬로 권선
부하가 증가하면 속도가 감소하는 가변 속도 전동기
토크가 크면 회전수가 적고 토크가 작으면 회전수가 커지므로 정출력 전동기
　㉠ 장점 : 큰 시동 회전력
　㉡ 단점 : 큰 회전 속도의 변화
　㉢ 시동기(Startor), 랜딩 기어, 플랩 장치 등에 사용
　　※ 가역 전동기 : 직권 전동기의 계자나 전기자 코일의 전류 방향 중 하나만 바꾸면 전기자의 회전 방향 반대로 작용

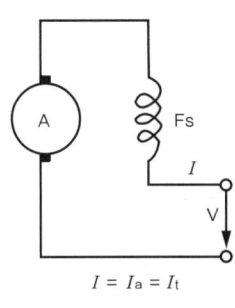 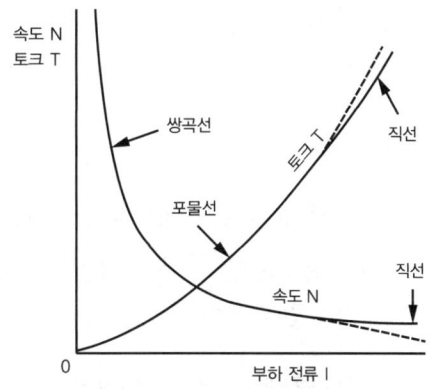

∥ 직권 전동기 ∥

② 분권 전동기

계자 코일과 전기자 코일을 병렬로 권선

일정 속도가 필요한 경우는 3상 유도 전동기를 많이 사용

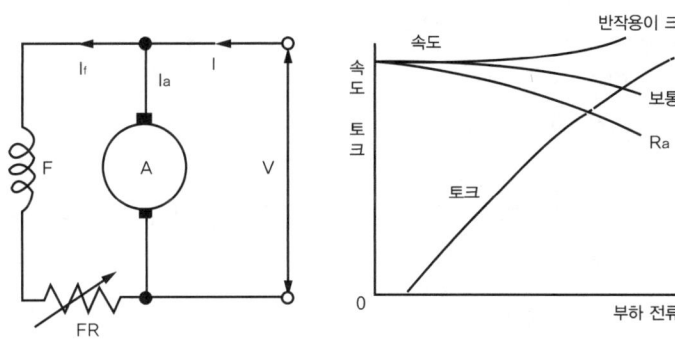

∥ 분권 전동기 ∥

  ㉠ 장점 : 회전 속도 일정
  ㉡ 단점 : 낮은 회전력
③ 복권 전동기

전기자 코일과 계자 코일을 직렬 및 병렬로 권선

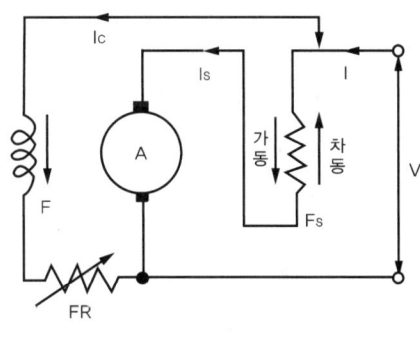

∥ 복권 전동기 ∥

㉠ 장점 : 회전력이 크고 회전 속도 일정
㉡ 단점 : 구조 복잡

다 교류 전동기

1) 만능 전동기(Universal Motor = 교류 정류자 전동기)
① 직류 및 교류를 모두 사용할 수 있는 전동기
② 일정한 방향으로 구동

2) 유도 전동기(Induction Motor)

가) 회전 원리
① 전기자(회전자) 코일과 계자(고정자) 코일이 서로 연결되어 있지 않음.
② 계자의 자기장에 의해 전기자 코일에 기전력이 유도되어 전류 발생
③ 계자의 자기장과 전기자 코일에 유도된 전류에 의해 전기자 철심은 회전력 생성

나) 특징
① 교류에 대한 작동 특성 양호
② 넓은 부하에 대한 감당 범위
③ 브러시와 정류자가 없음.
㉠ 브러시와 정류자의 마모가 없어 스파크 발생이 없으며 적은 유지·보수비
㉡ 브러시와 정류자 사이의 저항 및 전도율의 변화가 없어 출력 안정

다) 유도 전동기의 종류
① 단상 유도 전동기
작은 부하에 사용(Intercooler Shutter, Oil shut off valve)
② 3상 유도 전동기
정확한 회전수가 요구되지 않는 큰 부하에 사용 - Hydraulic Pump

3) 동기 전동기(Synchronous Motor)
교류 발전기의 전원 주파수와 극수로 결정되는 동기 속도로 회전하는 전동기
① 단상 동기 전동기
회전 계자가 영구 자석인 소형 전동기에 사용(시계 등 정밀 장치에 사용)
② 3상 동기 전동기
회전 계자가 전자석(직류 전원 공급)인 대형 전동기에 사용(프로펠러, 마그네틱 나침반 등에 사용)

※ 베어링의 역할(모든 베어링 공통)
• 원활한 회전 : 베어링의 윤활 상태가 불량하면 축의 원활한 회전이 되지 않아 전동기 속도가 느려지면서 과열

• 축의 지지 : 베어링이 마멸되거나 파손되면 축의 지지가 되지 않아 회전 시 평형을 잃고 진동과 소음 발생

라 전기자 회로 시험

1) 테스터기

① 그로울러(Growler) : 단락, 단선, 접지 모두 시험 가능
② 멀티테스터, 메가 테스터 : 단선 및 접지만 시험 가능
∴ 그로울러만으로 시험할 수 있는 것은 단락 시험

2) 시험 종류

① 단락 시험
그로울러 위에 전기자를 올려놓고 돌리면서 실톱 등을 대보면 단락 부분에서 진동 발생
② 단선 시험
두 개의 테스터 리드봉 중 하나는 정류자편에 고정시키고 다른 하나를 돌아가면서 나머지 정류자편을 찍어 볼 때 전류가 흐르면 정상, 안 흐르면 단선
③ 접지 시험
두 개의 테스터 리드봉 중 하나는 하우징에 고정시키고 다른 하나를 돌아가면서 정류자편을 찍어 볼 때 전류가 흐르면 접지, 안 흐르면 정상

5 출제 예상 문제

01 다음 중 직류 전동기가 아닌 것은?

① 유도 전동기
② 분권 전동기
③ 복권 전동기
④ 유니버설 전동기

해설
- 직류 전동기 : 직권 전동기, 분권 전동기, 복권 전동기
- 교류 전동기 : 만능 전동기, 유도 전동기, 동기 전동기

02 교류와 직류의 겸용이 가능하며, 인가되는 전류의 형식에 구애됨이 없이 항상 일정한 방향으로 구동될 수 있는 전동기(Motor)는?

① Universal Motor
② Induction Motor
③ Synchronous Motor
④ Reversible Motor

제4부 항공 장비

03 다음 중 직류와 교류를 겸용할 수 있는 motor는?

① 교류 정류자 전동기(Universal Motor)
② 유도 전동기(Induction Motor)
③ 동기 전동기(Synchronous Motor)
④ 직권식 전동기(Series Motor)

04 항공기의 시동용 전동기에 가장 적합한 전동기의 형식은?

① 분권식   ② 직권식
③ 복권식   ④ 스플릿(Split)식

[해설]
직권 전동기
- 계자 코일과 전기자 코일이 직렬로 권선
- 장점 : 큰 시동 회전력
- 단점 : 큰 회전 속도의 변화
- 시동기(Startor), 랜딩 기어, 플랩 장치 등에 사용

05 시동 토크가 크고 압력이 과대하게 되지 않으므로 시동 운전 시 가장 좋은 전동기는?

① 분권 전동기   ② 직권 전동기
③ 복권 전동기   ④ 화동 복권 전동기

06 직류 전동기 중 변동률이 가장 심한 것은?

① 분권형   ② 직권형
③ 가동복권형   ④ 차동복권형

07 다음 중 교류 전동기가 아닌 것은?

① 직권 전동기   ② 동기 전동기
③ 유도전동기   ④ 유니버설 전동기

[해설]
- 직류 전동기 : 직권 전동기, 분권 전동기, 복권 전동기
- 교류 전동기 : 만능 전동기, 유도 전동기, 동기 전동기

08 교류 전동기 중에서 유도 전동기에 대한 설명으로 틀린 것은?

① 부하 감당 범위가 넓다.
② 교류에 대한 작동 특성이 좋다.
③ 브러시와 정류자편이 필요 없다.
④ 직류 전원만을 사용할 수 있다.

[해설]
교류 전동기의 특징
- 교류에 대한 작동 특성 양호
- 넓은 부하에 대한 감당 범위
- 브러시와 정류자가 없음.

09 다음 중 교류 유도 전동기의 가장 큰 장점은?

① 직류 전원도 사용할 수 있다.
② 다른 전동기보다 아주 작고 가볍다.
③ 높은 시동 토크(Torque)를 갖고 있다.
④ 브러시(Brush)나 정류자편이 필요 없다.

10 교류 전동기에 대한 설명 중 가장 관계가 먼 것은?

① 자장 발생, 전기자 유도에 의한 회전력의 발생은 직류 전동기와 다르다.
② 교류 전동기는 자장의 방향과 크기가 시간에 따라 변한다.
③ 교류 전동기는 직류 전동기보다 효율이 크다.
④ 무게에 비해 많은 동력을 얻을 수 있다.

11 20HP의 펌프를 쓰자면 몇 kW의 전동기가 필요한가? (단, 펌프의 효율은 80%이다)

① 12kW   ② 19kW
③ 10kW   ④ 8kW

[해설]
펌프의 효율이 80%이므로 전동에 필요한 동력
$= \dfrac{20}{0.8} = 25\,HP = 25 \times 0.746 = 18.65\,\text{kW}$

정답 03. ①   04. ②   05. ②   06. ②   07. ①   08. ④   09. ④   10. ①   11. ②

12 그로울러 시험기(Growler Tester)는 무엇을 시험하는 데 사용하는가?
① 전기자(Armature)
② 브러시(Brush)
③ 정류자(Commutator)
④ 계자 코일(Field Coil)

해설
그로울러
전기자의 단락, 단선, 접지 시험 모두 가능

6 전기 계측 및 배선

가 항공기용 전선

1) 전선의 종류

　가) 일반 전선
　　① 과거 : 폴리염화 비닐과 나일론으로 절연한 주석이나 은을 입힌 구리선
　　② 현대 : 테플론으로 절연한 구리선 또는 알루미늄선
　　　알루미늄선은 구리선의 60% 중량

　나) 특수 전선
　　① 고온용 전선
　　　㉠ 기관과 같이 주변 온도가 높은 장소에 사용
　　　㉡ 니켈을 입힌 구리선을 테플론(광물질 혼합)으로 절연한 전선으로 약 260℃까지 사용
　　② 차폐선
　　　통신 계통에서 미약한 신호를 전송하는 전선은 외부로부터 간섭파가 들어가지 않도록 2개 또는 3개의 전선 주위를 구리 망사선으로 덮은 차폐선 사용
　　③ 동축 케이블
　　　영상 신호 또는 무선 신호를 전송하는 데 사용

　다) 전선 선택 시 고려 사항
　　① 전선의 길이
　　② 전선의 전류량
　　③ 전압

정답　12. ①

2) 도선의 규격 및 단위

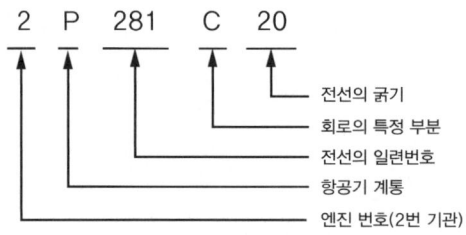

| 항공기 전선의 식별 부호 |

가) 도선의 규격

① BS 도선 규격에는 4/0번(0000번)부터 49번까지의 자연수를 사용하며 도선 번호가 작을수록 굵은 굵기
② 항공기 배선에 사용되는 도선 규격은 2/0번(00번)부터 20번까지의 짝수만을 사용

전선 규격	최대 전류(A)		단면적(cmil)	최대 저항 (Ω/1,000′)	지름(mm)
	단선	전선 다발			
20	11	7.5	1,119	10.25	0.800
18	16	10	1,779	6.44	1.016
16	22	13	2,409	4.76	1.300
14	32	17	3,830	2.99	1.630
12	41	23	6,088	1.88	2.060
10	55	33	10,864	1.10	2.590
8	73	46	16,864	0.70	3.250
6	101	90	26,813	0.436	4.120
4	135	80	42,613	0.274	5.180
2	181	100	66,832	0.179	6.550
0	245	150	104,118	0.114	8.260
00	283	175	133,665	0.090	9.270

| 구리 전선의 규격 |

나) 단위

① 도선의 지름(두께) D[mil] : 1mil = 1/1000inch = 0.0254mm
② 도선의 단면적 A[cmil] : cmil = mil의 제곱. circular mil

3) 도선 연결 장치

① 터미널
한 쪽만 전선과 접속, 전선과 터미널의 재질이 동일할 것(다르면 부식 발생)

제1장 항공기 전기 계통

② 스플라이스(splice)
여러 전선을 스플라이스 결합 시 스태거(stagger) 접속 방법 채택
③ 커넥터
플러그의 핀을 리셉터클의 소켓에 연결하는 것
④ Junction Box

나 회로 제어 장치

1) 스위치

가) 토글 스위치 = 스너프 스위치(Snuffer switch)
① 항공기 조종실의 각종 조작 스위치로 사용
② 내부의 스프링에 의해 접점이 이동하여 개폐되므로 소형이지만 전류의 차단 능력이 높음.
③ 토글 스위치는 접속 방법에 따라 SPST, SPDT, DPST, DPDT 등으로 구분
④ S는 single, P는 pole, D는 double, T는 throw를 의미

나) 회전 선택 스위치(Rotary switch)
① 수동으로 회전시켜 회로를 선택하는 스위치
② 피토 튜브의 제빙 히터 선택 스위치(deicing heat selector switch), 전압계 선택 스위치 등에 사용

다) 마이크로 스위치(Micro switch)
① 소형의 스위치로 아주 작은 힘에도 민감하게 작동
② 착륙 장치(landing gear)의 개폐 확인, 문(door)의 개폐 확인, 플랩(flap)의 동작 확인 등 많은 부분에 이용

라) 근접 스위치(Proximity switch)
① 물체를 감지하고 검출하여 그 정보를 제어계로 전달하는 감지기(sensor)로 사용
② 항공기의 승객 출입문이나 화물칸 문이 완전히 닫히지 않았을 때 경고용 회로에 사용

2) 계전기
① 조종석에 설치되어 있는 스위치를 사용하여 많은 양의 전류가 흐르는 회로를 작동하는 일종의 전자기 스위치
② 큰 전류가 조종석에 흐르지 않으므로 다른 전자장치에 대한 전자 유도 장해 감소
③ 조종석 스위치를 적은 전류로 제어하므로 스파크에 의한 스위치 손상 방지

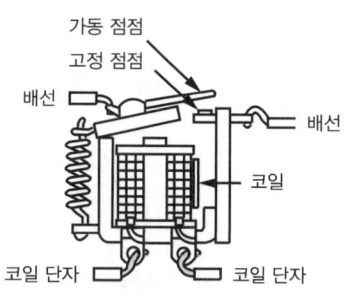

∥ 계전기 구조 ∥

3) 퓨즈(Fuse)
① 주석과 비스무트의 합금, 납과 주석의 합금
② 규정 용량 이상의 전류가 흐르면 녹아서 회로 차단
③ 예비품은 사용수의 0.5%

4) 전류 제한기(Current limiter)
① 30A 이상의 높은 전류를 짧은 시간에 흐를 수 있도록 만든 퓨즈
② 회로와 버스를 차단하기 위해 사용
③ 재질은 녹는점이 일반 퓨즈의 재질보다 높은 구리 사용

5) 회로 차단기(Circuit breaker)
① 규정 용량 이상의 과전류가 흐르면 접점이 열려 전류를 차단시키는 장치
② 리셋 동작을 하여 재사용 가능
③ 전원부 인근에 설치

6) 열보호 장치(Thermal Protectors)
과부하가 걸려 전동기가 과열되면 자동으로 바이메탈이 휘어져 전류를 차단하는 스위치로 열이 식으면 다시 본래 위치로 돌아와 회로를 연결

  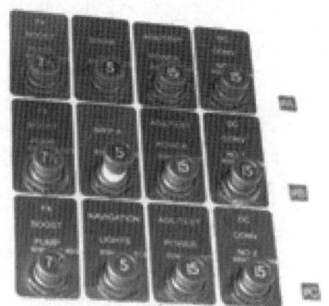

(a) 각종 퓨즈 (b) 회로 차단기 (c) 회로 차단기 사용 예

| 회로 보호 장치 |

다 다르송발 계측기 작동 장치(D'Arsonval Meter Movement)

계측기 3대 구성 요소 : 전류계, 전압계, 저항계

1) 전류계
① 전류계는 부하에 직렬로 연결하여 전류 측정

② 전류계의 감도보다 큰 전류를 측정하려면 션트 저항(분류기)을 전류계에 병렬로 연결하여 대부분의 전류를 션트 저항으로 흐르게 하고, 전류계에는 감도보다 적은 전류가 생성됨

2) 전압계
① 전압계는 부하에 병렬로 연결하여 전압 측정
② 전압계의 감도보다 큰 전압을 측정하려면 직렬 저항(배율기)을 전압계에 직렬로 연결하여 대부분의 전압이 직렬 저항에서 강하되고, 전압계에는 감도보다 작은 전압이 작용

3) 저항계
회로 단선이나 저항 값을 측정
※ 메가(= 메가 옴미터) : 절연 저항

4) 멀티미터 사용 시 주의 사항
① 측정하고자 하는 전류 및 전압의 값을 모를 때는 큰 측정 범위부터 낮추면서 측정
② 저항이 큰 부하의 전압을 측정할 때는 저항이 큰 전압계 사용
③ 전류계와 전압계는 전원이 공급된 상태에서 사용하지만 저항계는 전원이 차단된 상태에서 사용

6 출제 예상 문제

01 항공기 부품의 이용 목적과 이에 적합한 전선이나 케이블의 종류를 옳게 연결한 것은?

[이용 목적]
ㄱ. 화재 경보 장치의 센서 등 온도가 높은 곳
ㄴ. 배기 온도 측정을 위한 크로멜 알루멜 서모커플
ㄷ. 음성 신호나 미약한 신호 전송
ㄹ. 기내 영상 신호나 무선 신호 전송

[전선 또는 케이블의 종류]
A. 니켈 도금 동선에 유리와 테플론으로 절연한 전선
B. 크로멜 알루멜을 도체로 한 전선
C. 전선 주위를 구리망으로 덮은 실드 케이블
D. 고주파 전송용 동축 케이블

① ㄱ - B
② ㄴ - C
③ ㄷ - A
④ ㄹ - D

해설
고온용 전선
기관과 같이 주변 온도가 높은 장소에 사용, 니켈을 입힌 구리선을 테플론(광물질 혼합)으로 절연한 전선으로 약 260℃까지 사용

정답 01. ④

제4부 항공 장비

차폐선
통신 계통에서 미약한 신호를 전송하는 전선은 외부로부터 간섭파가 들어가지 않도록 2개 또는 3개의 전선 주위를 구리 망사선으로 덮은 차폐선 사용

동축 케이블
영상 신호 또는 무선 신호를 전송하는 데 사용

02 전기 도선의 크기를 선택할 때 고려해야 할 사항은 무엇인가?

① 전압 강하와 전류 용량
② 길이와 전압 강하
③ 길이와 전류 용량
④ 양단에 가해질 전압의 크기

[해설]
전선 선택 시 고려 사항
- 전선의 길이
- 전선의 전류량
- 전압

03 미국의 도선 규격은?

① AM 도선 규격
② AS 도선 규격
③ BS 도선 규격
④ DIN 도선 규격

[해설]
도선의 규격
- BS 도선 규격에는 4/0번(0000번)부터 49번까지의 자연수를 사용하며 도선 번호가 작을수록 굵은 굵기
- 항공기 배선에 사용되는 도선 규격은 2/0번(00번)부터 20번까지의 짝수만을 사용

04 항공기에 사용하는 도선의 지름에 대한 가장 편리한 단위는?

① 센티미터(cm)
② 미터(m)
③ 센티 밀(cmil)
④ 밀(mil)

[해설]
도선의 지름(두께) D[mil] : 1mil = 1/1000inch = 0.0254mm

05 일반적으로 항공기에서 사용하는 AWG 도선 규격에서 cmil의 의미로 옳은 것은?

① 도선의 지름을 1/1000 인치 단위로 환산한 분자의 수치
② 도선의 단면적을 1/1000 인치 단위로 환산한 분자의 수치
③ 도선의 지름을 1/1000 인치 단위로 환산하여 분자의 수치를 제곱한 것
④ 도선의 단면적을 1/1000 인치 단위로 환산하여 분자의 수치를 제곱한 것

[해설]
도선의 단면적 A[cmil] : cmil = mil의 제곱. circular mil이라고 부름.

06 도선의 접속 방법 중 어떤 방법이 장착, 장탈이 쉬운가?

① 납땜
② 스플라이스
③ 케이블 터미널
④ 커넥터

07 전선을 접속하는 데는 스플라이스(Splice)가 있는데, 사용법의 설명으로 맞는 것은?

① 서모커플의 보상 도선의 결합에 사용해도 무방하다.
② 진동이 있는 부분에 사용해도 좋다.
③ 납땜을 한 스플라이스(Splice)를 사용해도 좋다.
④ 많은 전선을 결합할 경우는 스태거 접속으로 한다.

제1장 항공기 전기 계통

08 항공기의 전기 회로에 사용되는 스위치의 설명 중 틀린 것은?
① 푸시 버튼 스위치(Push Button Switch)는 접속 방식에 따라 SPUT, SPWT, DPUT, DPWT가 있다.
② 토글 스위치(Toggle Switch)는 항공기에 가장 많이 사용되는 스위치로서, 운동 부분이 공기 중에 노출되지 않도록 케이스로 보호되어 있다.
③ 회선 선택 스위치(Rotary Selector Switch)는 한 회로만 개방하고 다른 회로는 동시에 닫히게 하는 역할을 한다.
④ 마이크로 스위치(Micro Switch)는 짧은 움직임으로 회로를 개폐시키는 것으로, 착륙 장치와 플랩 등을 작동시키는 전동기의 작동을 제한하는 스위치로 사용된다.

09 다음 항공기용 스위치 중 스프링을 이용한 스위치의 결함을 방지하기 위하여 스위치와 피검출물과 기계적 접촉을 없앤 구조의 스위치는?
① 토글 스위치(Toggle Switch)
② 마이크로 스위치(Micro Switch)
③ 플럭시미티 스위치(Proximity Switch)
④ 회전 선택 스위치(Rotary Selector Switch)

10 코일로부터의 유도에 의한 와전류를 이용한 스위치는?
① 토글 스위치(Toggle Switch)
② 릴레이 스위치(Relay Switch)
③ 마이크로 스위치(Micro Switch)
④ 근접 스위치(Proximity Switch)

11 다음 중 계전기(Relay)의 역할은?
① 전기 회로의 전압을 다양하게 사용하기 위함이다.
② 작은 양의 전류로 큰 전류를 제어하는 원격 스위치이다.
③ 전기적 에너지를 기계적 에너지로 전환시켜 주는 장치이다.
④ 전류 방향을 전환시켜 주는 장치이다.

해설
계전기
조종석에 설치되어 있는 스위치를 사용하여 많은 양의 전류가 흐르는 회로를 작동하는 일종의 전자기 스위치

12 릴레이(Relay)로 연결된 Line을 바꾸어 장착하였다면 가장 옳다고 생각되는 것은 다음 중 어느 것인가?
① 릴레이는 작동하지 않는다.
② 릴레이는 작동한다.
③ ON/OFF 상태가 바뀐다.
④ 릴레이가 고착된다.

13 다음 중 회로 보호 장치가 아닌 것은?
① 회로 차단기
② Junction Box
③ 전류 제한기
④ Fuse

14 잠깐 동안 과부하 전류를 허용하는 것은?
① 퓨즈(Fuse)
② 전류 제한기(Current Limiter)
③ 회로 차단기(Circuit Breaker)
④ 역전류 차단기(Reverse Current Cut Out Relay)

정답 08. ① 09. ③ 10. ④ 11. ② 12. ③ 13. ② 14. ①

제4부 항공 장비

[해설]
퓨즈(Fuse)
- 주석과 비스무트의 합금, 납과 주석의 합금
- 규정 용량 이상의 전류가 흐르면 녹아서 회로 차단
- 예비품은 사용수의 0.5%

15 전기 퓨즈의 결정 요소는 무엇인가?
① 전압 ② 흐르는 전류
③ 전력 ④ 온도

16 퓨즈는 규정된 수를 예비품으로 보관하여야 하는 데 일반적으로 총 사용수의 몇 %를 보관하는가?
① 0.4 ② 0.5
③ 0.6 ④ 0.7

17 회로 보호 장치(Circuit Protection Device) 중 비교적 높은 전류를 짧은 시간 동안 허용할 수 있게 하는 장치는?
① 리밋 스위치(Limit Switch)
② 전류 제한기(Current Limiter)
③ 회로 차단기(Circuit Breaker)
④ 열 보호장치(Thermal Protector)

18 미리 설정된 정격값 이상의 전류가 흐르면 회로를 차단하는 것으로 재사용이 가능한 회로 보호 장치는?
① 퓨즈(Fuse)
② 릴레이(Relay)
③ 서킷 브레이커(Circuit Braker)
④ 서큘러 커넥터(Circular Connector)

[해설]
회로 차단기(Circuit Breaker)
규정 용량 이상의 과전류가 흐르면 접점이 열려 전류를 차단시키는 장치

19 퓨즈(Fuse)와 비교해 볼 때 회로 차단기(Circuit Breaker)의 이점은 무엇인가?
① 교체할 필요가 없다.
② 과부하(Over Load)에서 더 빠르게 반응한다.
③ 스위치가 필요 없다.
④ 다시 작동시킬 수 있고 재사용할 수 있다.

20 어떤 계기의 소비 전력이 200Watt라고 할 때 100Volt 전원에 연결하면 몇 Ampere 회로 차단기를 장착하는가?
① 1.5A ② 2.0A
③ 2.5A ④ 3.0A

[해설]
회로 차단기의 용량은 정격 전류의 1.25배

21 회로 차단기의 장착 위치는?
① 전원부에서 먼 곳에 설치하는 것이 좋다.
② 전원부에서 가까운 곳에 설치하는 것이 좋다.
③ 전원부와 부하의 중간에 설치하는 것이 좋다.
④ 회로의 종류에 따라 적당한 곳에 설치하는 것이 좋다.

22 다르송발의 지시 계기 중 틀린 것은?
① 전압계 ② 저항계
③ 전류계 ④ 주파수계

23 전류를 측정하는 데 사용되고, 다용도로 측정하는 계기로서 필요 구성품의 전압, 저항 및 전류를 측정하는 데 이용되는 것은?
① 전류계 ② 전압계
③ 멀티미터 ④ 저항계

정답 15. ② 16. ② 17. ② 18. ③ 19. ④ 20. ③ 21. ② 22. ④ 23. ③

24 전기 회로의 전압과 전류를 측정하기 위해서는 전압계와 외부 Shunt형 전류계가 있다. 이 연결은 회로에 대하여 어떻게 하여야 하는가?

① 전압계는 병렬로, 전류계는 직렬로, Shunt는 병렬로 연결
② 전압계는 병렬로, 전류계는 직렬로, Shunt는 직렬로 연결
③ 전압계, 전류계와 Shunt는 병렬로 연결하고 회로와는 직렬로 연결
④ 전압계, 전류계, Shunt 모두 직렬로 연결

25 부하와 연결이 틀린 것은 어느 것인가?

① 전압계는 병렬
② 전류계는 직렬
③ 주파수는 직렬
④ Circuit Breaker는 직렬

26 회로 내에서 도선의 단선은 무엇으로 측정하는가?

① Voltmeter   ② Ammeter
③ Ohmmeter   ④ Milli Ammeter

27 다용도 측정기기 멀티미터(Multimeter)를 이용하여 전압, 전류 및 저항 측정 시 주의 사항이 아닌 것은?

① 전류계는 측정하고자 하는 회로에 직렬, 전압계는 병렬로 연결한다.
② 저항계는 전원이 연결되어 있는 회로에 절대로 사용하여서는 아니 된다.
③ 저항이 큰 회로에 전압계를 사용할 때는 저항이 작은 전압계를 사용하여 계기의 션트 작용을 방지해야 한다.
④ 전류계와 전압계를 사용할 때는 측정 범위를 예상해야 하지만, 그렇지 못할 때는 큰 측정 범위부터 시작하여 적합한 눈금에서 읽게 될 때까지 측정 범위를 낮추어 간다.

해설
멀티미터 사용 시 주의 사항
- 전류계는 직렬연결, 전압계는 병렬연결
- 측정하고자 하는 전류 및 전압의 값을 모를 때는 큰 측정 범위부터 낮추면서 측정
- 저항이 큰 부하의 전압을 측정할 때는 저항이 큰 전압계 사용
- 전류계와 전압계는 전원이 공급된 상태에서 사용하지만 저항계는 전원이 차단된 상태에서 사용

7 항공기 조명 장치

가 내부 조명 장치

① 조종실이나 객실의 실내를 조명하는 등
② 계기등, 조종실 조명등, 객실 조명등, 화물실 조명등
③ 비상 조명 계통(emergency lighting system)
   비상사태 시에 항공기의 승객을 돕기 위해 항공기의 바닥에 설치

정답 24. ① 25. ③ 26. ③ 27. ③

나. 외부등(Exterior Lights)

착륙, 지상 활주 및 비행 중에 시계를 밝히거나 항공기의 위치를 알리고, 충돌 방지나 동체, 날개 따위를 조명하는 등

① 항법등(위치등, Position Light)
왼쪽 날개 끝에 적색등(110°), 오른쪽 날개 끝에 녹색등(110°), 꼬리 끝에 백색등(140°)을 설치

② 날개 검사등(Wing Inspection Lights)
날개 앞전의 결빙과 일반 상황의 관찰

③ 충돌 방지등(Anti-Collision Lights)
야간이나 구름 속을 비행할 때 충돌을 방지하기 위한 등으로 동체의 가장 위쪽이나 수직안정판 꼭대기에 적색등을 설치

④ 착륙등(Landing Lights)
야간 착륙 시 사용하는 등으로 날개 아랫면이나 앞쪽 착륙 장치에 설치

⑤ 유도등(Landing and Taxi Lights)
유도등은 활주로, 유도로(taxi strip)로부터, 또는 격납고 구역(hangar area)으로 항공기를 유도 또는 견인하는 동안 지상에 조명을 제공

7 출제 예상 문제

01 다음 중 항공기의 내부 조명등에 해당하지 않는 것은?
① 계기등
② 객실 조명등
③ 항법등
④ 화물실 조명등

해설
내부 조명 장치
- 조종실이나 객실의 실내를 조명하는 등
- 계기등, 조종실 조명등, 객실 조명등, 화물실 조명등

02 비상 조명 계통(Emergency Light System)에 대한 설명으로 옳은 것은?
① 비상 조명 계통은 비행 시에만 작동된다.
② 비행 시 비상 조명 스위치는 On 위치이다.
③ 비상 조명 스위치는 Off, Test, Arm, On의 4 Position Toggle System이다.
④ 항공기의 전기 공급을 차단할 때에는 비상 조명 스위치를 Off에 선택해야 배터리의 방전을 방지할 수 있다.

정답 01. ③ 02. ④

03 비상 조명 계통(Emergency Light System)에 대한 설명으로 옳은 것은?

① 비상 조명 계통은 비행 시에만 작동된다.
② 항공기에 전기 공급을 차단할 때는 비상조명 스위치를 ARM에 선택해야 배터리의 방전을 방지할 수 있다.
③ On Position에서는 전원 상실에 관계없이 자체 배터리에서 전기가 공급되어 작동된다.
④ 비상 조명등은 항공기 주배터리가 방전되었을 때 켜진다.

04 항공기 비행 진행 방향을 알려주기 위해서 키는 등은 무엇인가?

① 로고등(Logo Light)
② 선회등(Turnoff Light)
③ 항법등(Navigation Light)
④ 충돌 방지등(Anti-collision Light)

해설
항법등(위치등, Position Light)
왼쪽 날개 끝에 적색등(110°), 오른쪽 날개 끝에 녹색등(110°), 꼬리 끝에 백색등(140°)을 설치

05 항공기 Position 그리고 Attitude를 Visual Indication 해주는 Light는?

① Anticollision Light
② Navigation Light
③ Landing Light
④ Emergency Light

06 항법등에서 꼬리 끝에 있는 등은 어떤 색깔인가?

① 적색등   ② 녹색등
③ 흰색등   ④ 황색등

07 항공기의 항행 라이트(Navigation Light)에 대한 설명 중 옳은 것은?

① 좌측 날개 끝 라이트(Left Wing Tip Light) - 녹색
② 우측 날개 끝 라이트(Right Wing Tip Light) - 적색
③ 꼬리 날개 라이트(Tail Light) - 백색
④ 충돌 방지 라이트(Anti-collision Light) - 청색

08 다음의 항공기 외부등 중 충돌 방지등은 어느 것인가?

① 동체 아랫면 : 점멸 백색등
② 왼쪽 날개 끝 : 백색등
③ 꼬리 끝 : 붉은색등
④ 동체상부 또는 수직안정판 꼭대기 : 붉은색등

09 항공기 동체 상하면에 장착되어 있는 충돌 방지등(Anti-Collision Light)의 색깔은?

① 녹색   ② 청색
③ 흰색   ④ 적색

해설
충돌 방지등
야간이나 구름 속을 비행할 때 충돌을 방지하기 위한 등으로 동체의 가장 위쪽이나 수직안정판 꼭대기에 적색등을 설치

10 날개 및 날개 루트(Wing Root) 부분 또는 랜딩 기어에 장착되며 항공기축 방향을 조명하는 데 사용하는 등은?

① 착빙 감시등   ② 선회등
③ 항공등   ④ 착륙등

해설
착륙등(Landing Lights)
야간 착륙 시 사용하는 등으로 날개 아랫면이나 앞쪽 착륙 장치에 설치

정답 03. ③ 04. ③ 05. ② 06. ③ 07. ③ 08. ④ 09. ④ 10. ④

02 항공기 계기 계통

1 항공 계기 일반

가 계기의 특성

① 무게와 크기를 작게 하고 높은 내구성
② 정확성을 확보, 외부 조건의 영향 최소화
③ 누설에 의한 오차를 없애고 접촉 부분의 마찰력을 감소
④ 온도 변화에 따른 오차를 작게하고 진동에 대한 보호

나 계기의 재질

① Al 합금 - 전기적인 차단 효과 → 비 자성 금속 재료로 많이 사용
② 플라스틱 - 유해한 빛의 반사 방지

다 계기의 용도에 따른 분류

1) 비행 계기(flight instrument)

비행하는 항공기의 비행 자세, 속도, 고도 등을 지시하고 항공기를 조종하는 데 사용되는 계기

| 계기의 T형 배치 |

① 고도계(altimeter) - 비행 고도 지시, 피트(feet) 단위
② 대기 속도계(airspeed indicator) - 대기 속도 지시, 노트(knot) 단위 사용
③ 승강계(vertical speed indicator) - 상승, 하강 속도를 분당 feet 단위로 지시(FPM)
④ 경사 선회계(turn and bank indicator) - 비행 선회율 및 경사각 지시
⑤ 인공수평의(자이로 수평의)(gyro horizon indictor) - 비행 자세 지시(피치 및 롤)
⑥ 마하계(Mach meter) - 비행 속도를 음속으로 환산 지시

2) 엔진 계기(engine instrument)

엔진 작동 상태를 나타내는 계기

① 엔진 회전계(Tachometer) - RPM, % RPM 단위로 지시
② 엔진 배기가스 온도계(EGT indicator) - ℃ 단위로 지시
③ 터빈 입구 온도, 터빈 가스 온도계(Turbine inlet, gas temperature)
④ 연료 흐름양 계기(Fuel flow indictor) - GPH, PPH 단위로 지시
⑤ 엔진 압력비 계기(EPR indicator) - 제트 엔진, unit 단위로 지시
⑥ 연료 압력, 온도계(Fuel pressure, temperature indicator)
⑦ 윤활유 압력, 온도, 양 계기(Oil pressure, temperature, quantity indicator)
⑧ 실린더 헤드 온도계(Cylinder head temperature CHT) - 왕복 엔진
⑨ 압축기 입구 온도계(Compressor inlet temperature indicator, CIT)

3) 항법 계기(navigation instrument)

현재의 항공기 위치, 방향 및 필요한 정보를 계속적으로 제공하는 계기

① 자기 나침반(Magnetic Compass) - 자북을 중심으로 현재 기수 방향 지시(예비용)
② 자세 지시계(HSI, Horizontal situation indicator) - 기수·비행 방향 등 지시
③ 절대 고도계(RA, Radio Altimeter) - 착륙 시 항공기에서 육지까지 절대 높이 지시
④ 자동 무선 방향 탐지기(ADF, Automatic Directional Finder) - NDB 전파 도래 방향 지시
⑤ 초단파 전방향 무선표시기(VOR, VHF Omnidirectional Radio Range) - 방위 지시
⑥ 계기 착륙 장치(ILS, Instrument landing System) - 착륙 정보 지시
⑦ 거리 측정 장비(DME, Distance Measuring Equipment) - 거리 정보 지시
⑧ 전술 항법 장치(TACAN, Tactical Air Navigation) - 방위 및 거리 정보(군용)
⑨ 관성 항법 장치(INS/IRS, Inertial Navigation System, Reference System) - 독립적인 항법 자료 제공
⑩ 위성 항법 장치(GPS, Global Positioning System) - 기후 지형 관계없이 위성을 이용한 신뢰성 있는 항법 자료 제공

⑪ 도플러 레이더 항법 장치(Doppler Radar) - 항법 자료 제공
⑫ 기상 레이더(Weather Radar) - 항로상 기상 상태 정보 제공

4) 기타 계기(miscellaneous instrument)

비행 계기, 항법 계기 및 엔진 계기로 분류되지 않는 다른 계기
객실 냉난방 온도 계기 및 객실 압력 고도계

① 전기 계통 계기류 - 전압, 전류, 과부하 및 발전기 상태 계기
② 비행 조종면 위치계(Flight control surface position indicators)
③ 연료량, 연료압, 연료 온도 등 계기(Fuel quantity, pressure, temperature indicators)
④ 작동유 유량, 압력 및 온도계(Hydraulic quantity, pressure, temperature indicators)
⑤ 산소 압력계(Oxygen pressure indicator)
⑥ 공압 압력 및 온도계(Pneumatic pressure and temperature indicator)
⑦ 물 수량 및 압력계(Water quantity and pressure indicator)
⑧ 보조 동력 장치(APU) 계기류 - 엔진 및 도어 관련 계기류

라 계기(Color Marking)

| 속도계 마킹 |

① 붉은색 : 최대 및 최소 운용 한계 범위 밖에서는 절대로 운용을 금지
② 녹색 : 안전 운용 범위
③ 노란색 : 경계 또는 경고 범위
④ 흰색 호선 : 대기 속도계에서 플랩 조작에 따른 항공기의 속도 범위
⑤ 푸른색 : 기화기를 장비한 왕복 기관 연료와 공기 혼합비가 오토린(autolean)일 때의 안전 운용 범위
⑥ 흰색 방사선 : 유리가 미끄러졌는지 확인

마 계기 장·탈착 순서

① 동력원을 차단
② 날짜 및 수리자명 기록
③ 꼬리표 부착
④ 구멍을 캡이나 플러그로 밀봉
⑤ 나사를 풀고 계기 장·탈착

1 출제 예상 문제

01 항공기의 자세가 3축 방향에서 결정되는 것과 같이 제동 계통도 3축 방향이 있다. 다음 중 3축이 아닌 것은?
① 옆놀이 축
② 중심 축
③ 키놀이 축
④ 빗놀이 축

02 항공 계기의 구비 조건이 아닌 것은?
① 정확성
② 대형화
③ 내구성
④ 경량화

03 항공 계기의 특징과 조건을 설명한 내용 중 가장 거리가 먼 것은?
① 무게 : 적절한 중량이 있어야 한다.
② 습도 : 방습 처리를 한다.
③ 마찰 : 베어링에는 보석을 사용한다.
④ 진동 : 방진 장치를 설치한다.

[해설]
계기의 특성
- 무게와 크기를 작게 하고 높은 내구성
- 정확성을 확보, 외부 조건의 영향 최소화
- 누설에 의한 오차를 없애고 접촉 부분의 마찰력을 감소
- 온도 변화에 따른 오차를 작게 하고 진동에 대한 보호

※ 고급 나침반은 보석 베어링으로 고정

04 항공 계기에 대한 설명으로 틀린 것은?
① 내구성이 높아야 한다.
② 접촉 부분의 마찰력을 줄인다.
③ 온도의 변화에 따른 오차가 적어야 한다.
④ 고주파수, 작은 진폭의 충격을 흡수하기 위하여 충격 마운트를 장착한다.

05 항공 계기에 요구되는 조건에 대한 설명으로 옳은 것은?
① 기체의 유효 탑재량을 크게 하기 위해 경량이어야 한다.
② 계기의 소형화를 위하여 화면은 작게 하고 본체는 장착이 쉽도록 크게 해야 한다.
③ 주위의 기압과 연동이 되도록 승강계, 고도계, 속도계의 수감부와 케이스는 노출이 되도록 해야 한다.
④ 항공기에서 발생하는 진동을 알 수 있도록 계기판에는 방진 장치를 설치해서는 안 된다.

정답 01. ② 02. ② 03. ① 04. ④ 05. ①

06 항공기 계기판의 설명으로 가장 관계가 먼 것은?

① 계기판은 비자성 재료인 알루미늄 합금으로 되어 있다.
② 기체 및 기관의 진동으로부터 보호하기 위해 완충 마운트를 설치한다.
③ 계기판은 지시를 쉽게 읽을 수 있도록 무광택의 검은색을 칠한다.
④ 야간비행 시 조종석은 밝게 하여 계기의 눈금과 바늘이 잘 보이도록 한다.

해설

계기판의 구비 조건
- 자기 컴퍼스에 의한 자력적인 영향을 받지 않도록 비자성 금속을 사용해야 한다(보통 알루미늄 합금을 사용).
- 완충 마운트를 사용하여 진동으로부터 계기를 보호할 수 있어야 한다.
- 유해한 반사광선으로 인하여 내용이 잘못 파악되지 않도록 해야 한다(일반적으로 무광택 검은색 도장을 함).

07 최신 전자 계기들은 철재 케이스나 강재 케이스에 대부분 부착되어 있다. 그 이유는?

① 정비 도중의 계기 손상을 방지하기 위해서
② 장탈 및 장착을 용이하게 하기 위해서
③ 외부 자장의 간섭을 막기 위해서
④ 계기 내부에 열이 축적되는 것을 막기 위해서

08 항공기 비행 상태를 알기 위한 목적으로 고도, 속도, 자세, 등을 지시하는 항공계기는?

① 비행 계기   ② 기관 계기
③ 항법 계기   ④ 통신 계기

해설

계기의 용도에 따른 분류
- 비행 계기(Flight Instrument) : 비행하는 항공기의 비행 자세, 속도, 고도 등을 지시하고 항공기를 조종하는 데 사용되는 계기
- 엔진 계기(Engine Instrument) : 엔진 작동 상태를 나타내는 계기
- 항법 계기(Navigation Instrument) : 현재의 항공기 위치, 방향 및 필요한 정보를 계속적으로 제공하는 계기
- 기타 계기(Miscellaneous Instrument) : 비행 계기, 항법 계기 및 엔진 계기로 분류되지 않는 다른 계기

09 비행 계기에 속하지 않는 계기는?

① 고도계   ② 속도계
③ 선회 경사계   ④ 회전계

해설

비행 계기(Flight Instrument)
- 고도계(Altimeter) – 비행 고도 지시, 피트(Feet) 단위
- 대기 속도계(Airspeed Indicator) – 대기 속도 지시, 노트(Knot) 단위 사용
- 승강계(Vertical Speed Indicator) – 상승, 하강 속도를 분당 feet 단위로 지시(FPM)
- 경사 선회계(Turn and Bank Indicator) – 비행 선회율 및 경사각 지시
- 인공수평의(자이로 수평의)(Gyro Horizon Indictor) – 비행 자세 지시(피치 및 롤)
- 마하계(Mach Meter) – 비행 속도를 음속으로 환산 지시

10 다음 중 비행 계기만을 포함하고 있는 것은?

① 고도계, 속도계, 나침반, TACAN
② 고도계, 속도계, 승강계, 연료 압력계
③ 고도계, 속도계, 자세지시계, Machmeter
④ 고도계, 속도계, 회전계, 흡입 공기 온도계

11 다음 중 항공기의 기관 계기만으로 짝지어진 것은?

① 회전 속도계, 연료 유량계, 마하계
② 회전 속도계, 연료 압력계, 승강계
③ 대기 속도계, 승강계, 대기 온도계
④ 연료 유량계, 연료 압력계, 회전 속도

해설

엔진 계기(Engine Instrument)
- 엔진 회전계(Tachometer) - RPM, % RPM 단위로 지시
- 엔진 배기가스 온도계(EGT Indicator) - ℃ 단위로 지시
- 터빈 입구 온도, 터빈 가스 온도계(Turbine Inlet, Gas Temperature)
- 연료 흐름양 계기(Fuel Flow Indictor) - GPH, PPH 단위로 지시
- 엔진 압력비 계기(EPR Indicator) - 제트 엔진, Unit 단위로 지시
- 연료 압력, 온도계(Fuel Pressure, Temperature Indicator)
- 윤활유 압력, 온도, 양 계기(Oil Pressure, Temperature, Quantity Indicator)
- 실린더 헤드 온도계(Cylinder Head Temperature CHT) - 왕복 엔진
- 압축기 입구 온도계(Compressor Inlet Temperature Indicator, CIT)

12 엔진 계기에 해당하지 않는 것은?

① 오일 압력계(Oil Pressure Gage)
② 연료 압력계(Fuel Pressure Gage)
③ 오일 온도계(Oil Temperature Gage)
④ 선회 경사계(Turn&Bank Indicator)

13 계기의 T형 배치에서 중심이 되는 것은?

① 자세 지시계 ② 속도계
③ 고도계   ④ 방위 지시계

해설

계기의 T형 배치

14 항공 계기의 색표지에 대한 설명 중 틀린 것은?

① 녹색 호선은 안전운용범위를 나타낸다.
② 붉은색 방사선은 최대 및 최소 운용 한계를 나타낸다.
③ 흰색 호선은 기화기를 장착한 항공기에만 사용된다.
④ 노란색 호선은 안전운용범위에서 초과 금지까지의 경계 및 경고 범위를 나타낸다.

해설

계기의 색표지
- 붉은색 : 최대 및 최소 운용 한계 범위 밖에서는 절대로 운용을 금지
- 녹색 : 안전 운용 범위
- 노란색 : 경계 또는 경고 범위
- 흰색 호선 : 대기 속도계에서 플랩 조작에 따른 항공기의 속도 범위
- 푸른색 : 기화기를 장비한 왕복 기관 연료와 공기 혼합비가 오토린(Autolean)일 때의 안전 운용범위
- 흰색 방사선 : 유리가 미끄러졌는지 확인

15 항공 계기의 색표지(Color Marking)에서 붉은색 방사선이 의미하는 것은?

① 플랩의 조작 속도 범위
② 안전 운용 범위를 표시
③ 일반 사용 범위에서의 경고 범위
④ 최대 및 최소 운용 한계를 표시

16 계기의 색표지 중 흰색 방사선의 의미는?

① 안전 운용 범위
② 최대 및 최소 운용 한계
③ 플랩 조작에 따른 항공기의 속도 범위
④ 유리판과 계기 케이스의 미끄럼 방지 표시

정답 12. ④ 13. ① 14. ③ 15. ④ 16. ④

17 대기 속도계의 색표시에서 플랩을 조작하는 것과 가장 관계가 깊은 색은?
① 녹색　　② 황색
③ 백색　　④ 적색

18 항공 계기에서 일반적인 사용 범위부터 초과 금지 사이의 경계 범위를 의미하는 것은?
① 적색 방사선　　② 황색 호선
③ 녹색 호선　　④ 백색 호선

19 항공기 계기에 대한 설명으로 틀린 것은?
① 선회계는 섭동성만을 이용한 계기이다.
② 방향지시계는 강직성을 이용한 계기이다.
③ 수평지시계 기수 방향에 대한 수직인 자이로 축을 갖고 있다.
④ 회전체의 회전수를 지시하는 계기는 강직성과 섭동성을 모두 이용한 계기이다.

해설
- 회전 계기 : 기관의 회전수를 지시하는 계기
- 왕복 기관 : 크랭크축의 회전수를 분당 회전수(RPM)으로 지시
- 가스 터빈 기관 : 압축기의 회전수를 최대 출력 회전수의 백분율로 지시
- 섭동성 사용 계기 : 선회 경사계, 자이로 수평 지시계
- 강직성 사용 계기 : 방향 자이로 지시계, 자이로 수평 지시계

② 피토 정압 계기

- 피토 정압 계기 - 고도계, 승강계, 속도계
- 피토 정압관 - 항공기 기체의 축과 평행으로 장착

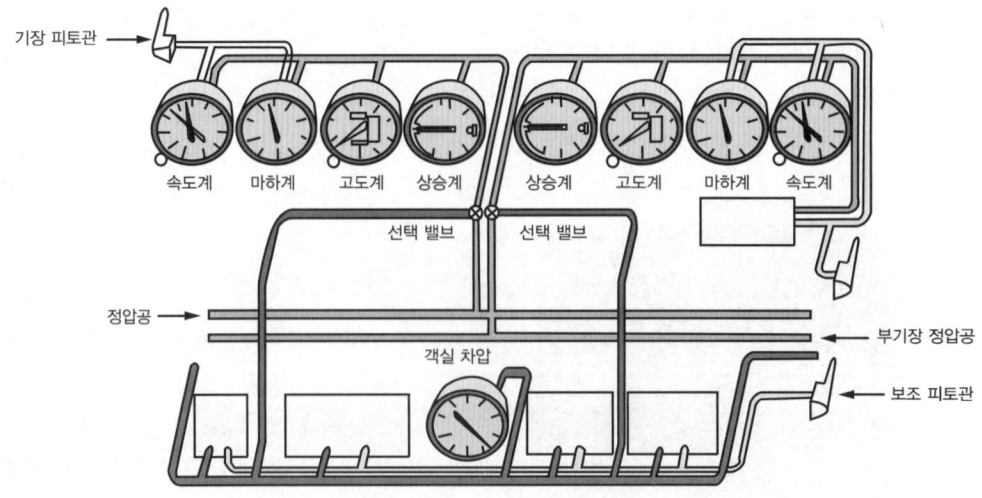

| 대형 항공기의 피토 정압 계통 |

정답　17. ③　18. ②　19. ④

가 피토 정압 계통

가) Pitot Static = 피토공, 정압공

나) 피토관
① 전압만을 수감하는 피토공
② 기체축과 평행하게 설치하는 것이 중요
③ 기수의 아랫부분과 앞부분
④ 날개의 앞전
⑤ 수직 안정판의 앞전에 설치

다) 정압공
① 동체 좌우에 대칭으로 설치 → 선회 비행, Yawing 운동 시 생기는 오차 감소
② 베르누이의 정리를 적용
③ 정압 = 피토관의 정압공에서 측정
　　 표준 대기 고도, 승강률
④ 전압 = 피토압
⑤ 배플판(baffle plate) : 먼지 등이 관내 흡입 방지
⑥ 속도계 - 피토공, 정압공에 연결
⑦ 고도계, 승강계 - 정압공에만 연결
⑧ 피토 정압관
　㉠ 전압이나 정압을 필요로 하는 계기나 장치에 연결
　㉡ 여압 계통, 자동 조정 계통, 에어 데이터 컴퓨터, 비행 기록계
　㉢ 피토 정압 계통의 오차를 방지하기 위해서 항공기 동체 옆면에서 얻는 방식

나 고도계

1) 고도의 종류
① 진 고도(true altitude) : 해면상에서부터의 고도
② 절대 고도(absolute altitude) : 지형까지의 고도
③ 기압 고도(pressure altitude) : 표준 대기압 해면에서의 고도
　※ 표준 대기압 = 29.92inhg = 14.7psi

2) 고도계 : 일종의 아네로이드 기압계
① 아네로이드 : 진공 공함, 절대 압력 측정
② 공함 : 압력을 기계적 변위로 바꾸는 장치
③ 공함에 사용되는 재료 : 베릴륨-구리 합금

| 고도계 |

3) 고도계의 보정 방법

① QNH 보정
  ㉠ 진 고도를 지시하는 보정
  ㉡ 4200M(14000ft) 미만의 고도에서 사용
② QNE 보정
  ㉠ 기압 고도를 지시하는 보정
  ㉡ 해상 비행이거나 높은 고도에서 사용
③ QFE 보정
  ㉠ 절대 고도를 지시하는 보정
  ㉡ 이착륙 훈련 등에 사용

4) 고도계의 오차

① 눈금 오차
  ㉠ 일정한 온도에서 진동을 가하여 기계적 오차를 뺀 계기 특유의 오차
  ㉡ 일반적으로 고도계의 오차는 눈금 오차를 말하며, 수정 가능
② 온도 오차
  ㉠ 온도의 변화에 의하여 고도계의 각 부분이 팽창, 수축하여 생기는 오차
  ㉡ 온도 변화에 의하여 공함, 그 밖에 탄성체의 탄성률의 변화에 따른 오차
  ㉢ 대기의 온도 분포가 표준 대기와 다르기 때문에 생기는 오차
③ 탄성 오차
  ㉠ 히스테리시스(Hysteresis), 편위(Drift), 잔류 효과(After Effect)와 같이 일정한 온도에서의 탄성체 고유의 오차로서 재료의 특성 때문에 발생
  ㉡ Hysteresis : 고도를 증감시켜 되돌아왔을 때 생기는 오차
  ㉢ 편위(Drift) : 장시간 한 고도를 유지하면 생기는 오차
  ㉣ 잔류 효과(aftereffect) : 사용 이전의 원래의 고도로 되돌아왔을 때 생기는 오차
④ 기계 오차
  ㉠ 계기 각 부분의 마찰, 기구의 불평형, 가속도와 진동 등에 의하여 바늘이 일정하게 지시하지 못함으로써 생기는 오차
  ㉡ 압력의 변화와 관계가 없으며 수정 가능

다 속도계

① IAS(지시 대기 속도) – 대기 속도계가 지시하는 속도
② CAS(수정 대기 속도) – 계기 자체의 오차를 수정한 속도
③ EAS(등가 대기 속도) – 공기의 압축성 효과를 고려한 속도
④ TAS(진 대기 속도) – 밀도를 보정한 속도

⑤ 마하계 : 속도계에 고도 수정 아네로이드를 삽입시킨 것
⑥ 바이메탈(Bimetal)로 조종실의 온도 변화에 따른 속도계 지시 보상

라 승강계

① 단위 : ft/min
② 구멍이 작으면 감도는 높으나 지시 지연 시간이 길어지고 구멍이 크면 감도는 작으나 지시 지연 시간이 짧아짐.
③ 피토 정압 시험기(MB-1 taster) - 공기압 누설 점검
④ 누설 검사 연결 방법
  ㉠ 정압관에 MB-1 taster의 suction line을 연결
  ㉡ 피토 튜브에 MB-1 taster의 pressure line을 연결

| 속도계 |

| 승강계 |

마 동정압 계통 정비 및 시험

1) 수분 제거
  ① 계통 제일 낮은 곳에 배수관(drain) 설치
  ② 배수관이 없는 항공기는 주기적으로 압축 공기나 질소로 불어 냄.

2) 누설 점검
  ① 압축 공기나 질소로 불어 낸 후 누설 점검 수행
  ② 정압공에는 고도계가 1000ft 정도 지시하도록 부압
  ③ 동압공에는 정압

2 출제 예상 문제

01 Pitot-Static 계통과 관계없는 계기는?
① 속도계(Airspeed Meter)
② 승강계(Rate-of-climb Indicator)
③ 고도계(Altimeter)
④ 가속도계(Accelerometer)

[해설]
피토 정압 계기
- 속도계 : 다이어프램(Diaphragm)
- 승강계 : 아네로이드(Aneroid) 이용
- 고도계 : 아네로이드(Aneroid) 이용

02 피토-정압 계통에서 피토 튜브에 걸리는 공기압은?
① 정압　② 동압
③ 대기압　④ 전압

03 항공기의 비행 중 피토 튜브(Pitot Tube)로부터 얻는 정보에 의해 작동 되지 않는 계기는?
① 대기 속도계(Air Speed Indicator)
② 승강계(Vertical Speed Indicator)
③ 기압 고도계(Baro Altitube Indicator)
④ 지상 속도계(Ground Speed Indicator)

04 다음 계기 중 피토관의 동압관과 연결된 계기는?
① 고도계　② 선회계
③ 자이로 계기　④ 속도계

05 다음 속도계에 대한 설명 중 옳게 설명을 한 것은?
① 고도에 따르는 기압차를 이용한 것이다.
② 전압과 정압의 차를 이용한 것이다.
③ 동압과 정압의 차를 이용한 것이다.
④ 전압만을 이용한 것이다.

[해설]
속도계(Air Speed Indicator)
전압과 정압의 차(동압)를 이용하여 속도로 환산하여 속도를 지시하는 계기

06 고도계에서 진 고도를 알고 싶을 때 어떤 조작을 하는가?
① 기압 보정 눈금을 그때 고도의 기압에 맞춘다.
② 기압 보정 눈금을 그때 해면상의 기압에 맞춘다.
③ 기압 보정 눈금을 그때 해면상 1010ft 기압에 맞춘다.
④ 기압 보정 눈금을 표준 대기상의 해면상 기압에 맞춘다.

[해설]
고도계의 보정 방법
- QNH보정 : 진 고도를 지시하는 보정, 4200M (14000ft) 미만의 고도에서 사용
- QNE보정 : 기압 고도를 지시하는 보정, 해상 비행이거나 높은 고도에서 사용
- QFE보정 : 절대 고도를 지시하는 보정, 이착륙 훈련 등에 사용

07 절대 고도란 고도계의 어떤 세팅 방법인가?
① QNH Setting
② QNE Setting
③ QNT Setting
④ QFE Setting

정답　01. ④　02. ④　03. ④　04. ④　05. ②　06. ②　07. ④

08 고도계의 보정 방법 중 활주로에서 고도계가 활주로 표고를 가리키도록 하는 보정 방법은 무엇인가?
① QNE 보정 ② QNH 보정
③ QFE 보정 ④ QFH 보정

09 기압 세트를 29.92inHg로 하고 14,000ft 이상의 고고도 비행을 할 때의 고도 Setting 방법은?
① QNH Setting ② QNE Setting
③ QFE Setting ④ QFF Setting

10 고도계의 Setting 방법 중에서 진 고도를 나타나게 하는 방식은
① QNE ② QNH
③ QFE ④ 29.92에 Set

11 고도계의 보정(Setting) 방법이 아닌 것은?
① QNH 보정 ② QNG 보정
③ QNE 보정 ④ QFE 보정

12 14,000ft 미만에서 비행할 경우 사용하고, 비행 도중 관제탑 등에서 보내 준 기압 정보에 따라서 기압 세트를 수정하면서 고도 Setting을 하는 방법은?
① QNH ② QNE
③ QFE ④ QFG

13 고도계에서 발생되는 오차가 아닌 것은?
① 북선 오차 ② 기계 오차
③ 온도 오차 ④ 탄성 오차

해설
고도계의 오차
- 눈금 오차
- 온도 오차
- 탄성 오차
- 기계 오차

14 정압공에 결빙이 생기면 정상적인 작동을 하지 않은 계기는 어느 것인가?
① 고도계
② 속도계
③ 승강계
④ 모두 작동하지 못한다.

해설
고도계, 승강계, 속도계는 모두 정압을 이용하는 계기이므로 정압공에 결빙이 생기면 정상 작동하지 않는다.

15 Pitot-static & Temperature Probe Anti-icing System에 결빙이 생기지 않도록 이용되는 것은?
① Patch Heater
② Electric Heater
③ Gasket Heater
④ Hot Pneumatic Air

해설
극한 상태인 고공에서 비행하는 동안 동·정압관이 결빙하게 되면 비행 계기에 오차를 유발하게 되므로 비행 중 결빙 방지를 위해 방빙 계통(Anti-icing System)이 설계되어 있다. 방법은 내부에 전열기를 내장하여 비행 내내 전기를 공급하여 방빙한다.

16 다음 중 피토압에 영향을 받지 않는 계기는?
① 속도계 ② 고도계
③ 승강계 ④ 선회 경사계

17 동압(Dynamic Pressure)에 의해서 작동되는 계기가 아닌 것은?
① 대기 속도계 ② 진대기 속도계
③ 수직 속도계 ④ 마하계

정답 08. ② 09. ② 10. ② 11. ② 12. ① 13. ① 14. ④ 15. ② 16. ④ 17. ③

18 지시 대기 속도에 피토-정압관 장착 위치 및 계기 자체의 오차를 수정한 속도는?

① EAS　　② CAS
③ TAS　　④ IAS

해설

대기 속도
- IAS(지시 대기 속도) - 대기 속도계가 지시하는 속도
- CAS(수정 대기 속도) - 계기 자체의 오차를 수정한 속도
- EAS(등가 대기 속도) - 공기의 압축성 효과를 고려한 속도
- TAS(진 대기 속도) - 밀도를 보정한 속도

19 수정 대기 속도란 무엇인가?

① 대기압, 온도, 고도를 수정한 고도
② 대기 온도와 압축성을 수정한 속도
③ 계기 및 피토관의 위치 오차를 수정한 속도
④ 대기 온도와의 공기 밀도를 수정한 속도

20 등가 대기 속도에 고도 변화에 따른 공기 밀도를 수정한 속도는?

① CAS　　② EAS
③ IAS　　④ TAS

21 계기의 지시 속도가 일정할 때, 기압이 낮아지면 진 대기 속도의 변화는?

① 감소한다.
② 변화가 없다.
③ 증가한다.
④ 변화는 일정하지 않다.

22 Pitot 정압 계통에 대한 설명으로 가장 올바른 것은?

① Pitot Line의 누설 시험은 부압을 이용한다.
② 승강계는 Pitot압을 사용한다.
③ 대기 속도계는 Pitot압과 정압을 사용한다.
④ 정압 라인의 누설 시험은 압력을 가한다.

23 조종사가 고도계의 보정(Setting)을 QNE 방식으로 보정하기 위하여 고도계의 기압 눈금판을 관제탑에서 불러주는 해면 기압으로 맞춰 놓았을 경우 그 고도계가 나타내는 고도는?

① 압력 고도　　② 진 고도
③ 절대 고도　　④ 밀도 고도

해설

- 진 고도(True Altitude) : 해면상에서 부터의 고도
- 절대 고도(Absolute Altitude) : 지형까지의 고도
- 기압 고도(Pressure Altitude) : 표준 대기압 해면에서의 고도

24 해면상에서부터 항공기까지의 고도로 가장 올바른 것은?

① 절대 고도　　② 진 고도
③ 밀도 고도　　④ 기압 고도

25 해발 500m인 지형 위를 비행하고 있는 항공기의 절대 고도가 1500m라면 이 항공기의 진 고도는 몇 m인가?

① 1000　　② 1500
③ 2000　　④ 2500

26 고도계의 오차와 가장 관계가 먼 것은?

① 북선 오차　　② 기계 오차
③ 온도 오차　　④ 탄성 오차

해설

고도계의 오차
- 눈금 오차 : 일정한 온도에서 진동을 가하여 기계적 오차를 뺀 계기 특유의 오차

- 온도 오차 : 온도의 변화에 의하여 고도계의 각 부분이 팽창, 수축하여 생기는 오차
- 탄성 오차 : 히스테리시스(Hysteresis), 편위(Drift), 잔류 효과(After Effect)와 같이 일정한 온도에서의 탄성체 고유의 오차로서 재료의 특성 때문에 발생
- 기계 오차 : 계기 각 부분의 마찰, 기구의 불평형, 가속도와 진동 등에 의하여 바늘이 일정하게 지시하지 못함으로써 생기는 오차

27 고도계의 오차 중 탄성 오차에 대한 설명으로 틀린 것은?

① 재료의 피로 현상에 의한 오차이다.
② 백래시(Backlash)에 의한 오차이다.
③ 크리프(Creep)에 의한 오차이다.
④ 온도 변화에 의해서 탄성 계수가 바뀔 때의 오차이다.

해설

탄성 오차
- 히스테리시스(Hysteresis), 편위(Drift), 잔류 효과(After Effect)와 같이 일정한 온도에서의 탄성체 고유의 오차로서 재료의 특성 때문에 발생
- Hysteresis : 고도를 증감시켜 되돌아왔을 때 생기는 오차
- 편위(Drift) : 장시간 한 고도를 유지하면 생기는 오차
- 잔류 효과(Aftereffect) : 사용 이전의 원래의 고도로 되돌아왔을 때 생기는 오차

28 다음 고도계의 오차 중 히스테리시스(Hysteresis)로 인한 오차는 어느 것인가?

① 눈금 오차   ② 온도 오차
③ 탄성 오차   ④ 기계적 오차

29 고도계에서 압력을 증가시켰다. 다시 감소하면 출발점을 전후한 위치에서 오차가 발생하는 데 이를 무엇이라 하는가?

① 잔류 효과   ② Drift
③ 온도 오차   ④ 밀도 오차

30 고도계의 탄성 오차가 아닌 것은?

① 와동 오차   ② 편위
③ 히스테리시스   ④ 잔류 효과

31 항공기의 수직 방향 속도를 분당 feet로 지시하는 계기는?

① VSI   ② LRRA
③ DME   ④ HSI

32 승강계의 모세관 저항이 커짐에 따라 계기의 감도와 지시 지연은 어떻게 변화하는가?

① 감도는 증가하고 계기의 지시 지연도 커진다.
② 감도는 증가하고 계기의 지시 지연은 작아진다.
③ 감도는 감소하고 계기의 지시 지연은 커진다.
④ 감도는 감소하고 계기의 지시 지연도 작아진다.

33 대기 속도계의 배관 누설 시험 방법으로 가장 옳은 것은?

① 정압공에 부압, 피토관에 정압을 준다.
② 정압공에 정압, 피토관에 부압을 준다.
③ 정압공 및 피토관 모두에 부압을 준다.
④ 정압공 및 피토관 모두에 정압을 준다.

해설

누설 점검
- 압축 공기나 질소로 불어 낸 후 누설 점검 수행
- 정압공에는 고도계가 1000ft 정도 지시하도록 부압
- 동압공에는 정압

정답 27. ② 28. ③ 29. ① 30. ① 31. ① 32. ① 33. ①

3 압력 계기

가 압력의 종류

① 절대 압력(absolute pressure) : 진공을 기준으로 측정한 압력
② 게이지 압력(gauge pressure) : 대기압을 기준으로 측정한 압력
③ 정압(positive pressure) : 대기압보다 높은 압력
④ 부압(negative pressure, suction gauge) : 대기압보다 낮은 압력
　　절대 압력 = 대기압 + 게이지 압력

나 압력 수감부 종류

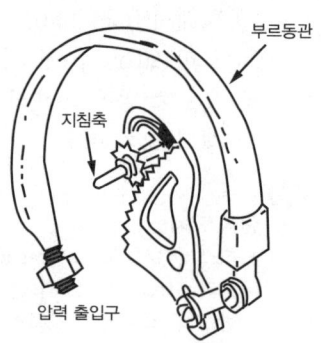

① 아네로이드(aneroid)
　　정압 측정 - 고도계의 주요 수감부
② 다이아프램(diaphragm)
　　동압 측정 - 속도계의 주요 수감부
③ 벨로즈(bellows)
　　중압 측정 - 오일 압력, 연료 압력 등 수감부
④ 버든 튜브(burdon tube) - 일명 부르동관
　　고압 측정 - 작동유 계통에 사용되는 고압의 수감부
　　㉠ 엔진 윤활유 압력 계기, 작동유 압력 계기, 산소 탱크 압력 계기, 제빙 부츠 압력 계기 등에 사용
　　㉡ 가열된 액체에서 만들어진 증기 압력이나 가스의 압력은 온도 상승에 따라 증가하기에 버든 튜브는 온도를 측정하기 위해 사용

다 압력계의 종류

① 연료 압력계
　　㉠ 2개의 벨로스로 구성(연료의 압력, 공기압이 각각 작용)
　　㉡ 케이스 : 객실 압력이 작용
② 흡입 압력계
　　㉠ 왕복 기관에서 흡입 공기의 압력을 측정하는 계기
　　㉡ 절대 압력으로 지시, 단위 inhg
　　㉢ 1개의 아네로이드와 1개의 다이어프램을 사용
③ EPR 계기
　　㉠ 가스 터빈 기관의 흡입 공기 압력과 배기가스 압력의 비를 지시

ⓒ 기관 압력비가 추력을 가장 크게 좌우
④ 작동유 압력계
작동유의 압력을 지시하는 계기, 부르동관
⑤ 제빙 압력계
부르동관

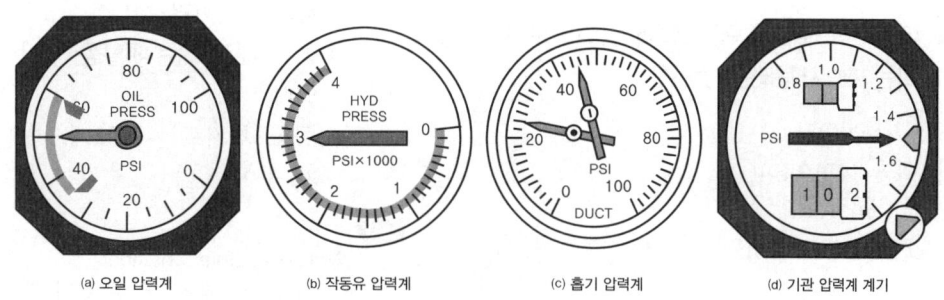

| 각종 압력 계기 |

라 압력 계기의 작동 시험

① 데드 웨이트 시험기(지시 오차도 시험)
② 지시 오차
③ 범위 오차 – 초기 값이나 최종 값을 정확히 지시하지 못할 때
④ 곡선 오차 – 중간 값에서 제대로 나타내지 못할 때

3 출제 예상 문제

01 탄성 압력계의 수감부 형태에 해당되지 않는 것은?

① 흡입형 압력계
② 부르동형 압력계
③ 다이아프램형 압력계
④ 벨로우형 압력계

해설
압력 계기의 압력 측정부
• 버든 튜브형 압력 계기
• 벨로스형 압력 계기
• 아네로이드 압력 계기
• 다이어프램 압력 계기

02 다음 중 압력 측정에 사용하지 않는 것은?

① 벨로즈(Bellows)
② 바이메탈(Bimetal)
③ 아네로이드(Aneroid)
④ 버든 튜브(Burden Tube)

03 압력을 기계적 변위로 변환하는 것이 아닌 것은?
① 벨로우 ② 다이아프램
③ 부르동관 ④ 차동 싱크로

04 다음 중 외부 압력을 절대 압력으로 측정하는 데 사용되는 것은?
① Bellow
② Diaphragm
③ Aneroid
④ Burdon Tube

05 고도계(Altimeter)의 밀폐식 공함은 어느 것 인가?
① Diaphragm
② Aneroid
③ Bellow
④ Bourdon Tube

해설
아네로이드(Aneroid)
정압 측정 – 고도계의 주요 수감부

06 항공 계기와 그 계기가 사용되는 공함이 옳게 짝지어진 것은?
① 고도계–진공 공함, 속도계–차압 공함
② 고도계–진공 공함, 속도계–진공 공함
③ 고도계–차압 공함, 속도계–진공 공함
④ 고도계–차압 공함, 속도계–차압 공함

07 다음 중 공함을 이용한 계기가 아닌 것은?
① 고도계 ② 속도계
③ 동조계 ④ 승강계

해설
피토 정압 계기의 종류
고도계, 속도계, 마하계, 승강계

08 공함(Collapsible Chamber) 계기에 대한 설명으로 가장 거리가 먼 내용은?
① 공함은 압력을 기계적 변위로 바꾸어 주는 장치이다.
② 속이 진공인 공함을 다이어프램(Diaphragm)이라 한다.
③ 공함 재료로는 베릴륨–구리 합금이 쓰인다.
④ 공함 계기로는 고도계, 승강계, 속도계 등이 있다.

해설
공함(Collapsible Chamber)
• 공함에 사용되는 재료는 탄성 한계 내에서 외력과 변위가 직선적으로 비례하며, 비례 상수도 커야 한다.
• 제작의 어려움 때문에 인청동을 사용하였으나, 현재에는 베릴륨–구리 합금이 쓰이고 있다.

09 공함에 대한 설명으로 틀린 것은?
① 승강계, 속도계에도 이용이 된다.
② 밀폐식 공함을 아네로이드라고 한다.
③ 공함은 기계적 변위를 압력으로 바꾸어 주는 장치이다.
④ 공함 재료는 탄성한계 내에서 외력과 변위가 직선적으로 비례한다.

10 항공기에서 사용되는 압력계에 대한 설명 중 가장 관계가 먼 것은?
① 오일 압력계는 버든 튜브식 압력계로 게이지 압력을 지시
② 흡기 압력계는 다이아프램형 압력계로 절대 압력을 지시
③ 흡인 압력계는 공함식 압력계로 2곳의 압력의 차를 지시
④ EPR계는 벨로스식 압력계로 2개의 압력의 비를 지시

정답 03. ④ 04. ③ 05. ② 06. ① 07. ③ 08. ② 09. ③ 10. ②

해설

흡입 압력계
- 왕복 기관에서 흡입 공기의 압력을 측정하는 계기
- 절대 압력으로 지시, 단위 inhg
- 1개의 아네로이드와 1개의 다이어프램을 사용

11 항공기가 지상에서 작동 시 흡기 압력계(Manifold Pressure Gage)에서 지시하는 것은?

① 0(Zero)
② 29.92inHg
③ 그 당시 지형의 기압
④ 30.00inHg

4 온도 계기

가 종류

1) **증기압식 온도계(Vapor Pressure type)**

   온도 변화에 따른 압력을 부르동관을 이용하여 측정

2) **바이메탈식 온도계(Bi-Metal Type)**

   온도 변화에 따른 금속의 팽창의 차이를 이용

3) **전기 저항식 온도계**

   ① 온도 변화에 따른 전기 저항 변화를 이용
   ② 외부 대기 온도, 기화기의 공기 온도, 윤활유 온도, 실린더 헤드 온도 측정에 사용
   ③ 서미스터
      ㉠ 온도가 상승하면 오히려 저항 값이 떨어지는 재료
      ㉡ 대체적으로 화재 탐지 회로 등에 많이 사용

4) **열전쌍식 온도계(Thermocouple Temperature Indicators)**

   온도차에 따른 전류 변화를 측정

   ① 왕복 기관 : 실린더 헤드 온도를 측정하는 데 사용
   ② 제트 기관 : 배기가스 온도 측정
   ③ 재료 : 크로멜-알루멜, 철-콘스탄탄, 구리-콘스탄탄

정답 11. ③

④ 열전쌍 측정 범위

재질	크로멜-알루멜	철-콘스탄탄	구리-콘스탄탄
사용 범위	상용 70~1000도 최고 1400도	상용 200~250도 최고 800도	상용 200~250도 최고 300도

나 윤활유 온도계

전기 저항식 온도계

다 실린더 헤드 온도계

① 열전쌍식 온도계
② 냉점에 바이메탈 스프링의 보정 장치가 설치

라 배기가스 온도계

열전쌍식 온도계

4 출제 예상 문제

01 다음 중 부르동관(Burden Tube)을 사용하는 계기는?

① 증기압식 온도계
② 바이메탈식 온도계
③ 열전쌍식 온도계
④ 전기 저항식 온도계

해설
온도 계기의 종류
- 증기압식 온도 계기 : 온도 변화에 따른 압력을 부르동관을 이용하여 측정
- 바이메탈식 온도계 : 온도 변화에 따른 금속의 팽창의 차이를 이용
- 전기 저항식 온도계 : 온도 변화에 따른 전기 저항 변화를 이용
- 열전쌍식 온도계 : 온도차에 따른 전류 변화를 측정

02 전기 저항식 온도계의 온도 수감부(Temperature Bulb)가 단선되었을 때 지시값의 변화로 옳은 것은?

① 단선 직전의 값을 지시한다.
② 지시계의 지침은 '0'값을 지시한다.
③ 지시계의 지침은 저온측의 최솟값을 지시한다.
④ 지시계의 지침은 고온측의 최댓값을 지시한다.

정답 01. ① 02. ④

> **해설**
> 일반적으로 금속의 저항은 온도와 비례한다. 전기 저항식 온도계는 저항선으로 거의 순 니켈 선을 이용하는 데 단선되게 되면 저항값이 무한대가 되므로 지침의 고온의 최댓값을 지시하며 흔들리게 된다.

03 전기 저항식 온도계에서 규정보다 높은 저항의 수감부를 사용했다면 그 지시값은?

① 규정보다 높아진다.
② 규정보다 낮아진다.
③ 변함이 없다.
④ 0을 가리킨다.

04 적절한 기관 추력 세팅을 위한 온도에 대한 정보를 조종사에게 제공하는 계기는?

① TAT   ② VSI
③ LRRA   ④ DME

05 주로 폴리머나 세라믹 소재로 제작되며 미소한 온도 변화에 의해서 전기 저항의 변화에 크게 일어나도록 제작된 화재 경고장치의 방식은?

① 실버윈(Silver Win)식
② 서미스터(Thermistor)식
③ 서모커플(Thermocouple)식
④ 서멀 스위치(Thermal Switch)식

> **해설**
> 서미스터
> • 온도가 상승하면 오히려 저항값이 떨어지는 재료
> • 대체적으로 화재탐지회로 등에 많이 사용

06 온도 보상용으로 쓰일 수 있는 소자로 가장 적합한 것은?

① 바리스터(Varister)
② 서미스터(Thermistor)
③ 제너다이오드(Zener Diode)
④ 바렉터다이오드(Varactor Diode)

07 온도의 증가에 따라 저항이 감소하는 성질을 갖고 있는 온도계의 재료는?

① 망간
② 크로멜-알루멜
③ 서미스터(Thermistor)
④ 서모커플(Thermocouple)

08 항공기 화재감지 장치에 사용되는 특성은?

① Rectifier   ② CSD
③ Thermocouple ④ Thermistor

09 열전대(Thermocouple)는 서로 다른 종류의 금속을 접합하여 온도 계기로 쓰이는데, 이것의 사용을 가장 올바르게 기술한 것은?

① 사용하는 금속은 동과 철이다.
② 브리지 회로를 만들어 전압을 공급한다.
③ 출력에 나타나는 전압은 온도에 반비례 한다.
④ 지시계의 접합부의 온도를 바이메탈로 냉점 보정한다.

> **해설**
> 열전쌍식 온도계
> • 온도차에 따른 전류 변화를 측정
> • 왕복 기관 : 실린더 헤드 온도를 측정하는 데 사용
> • 제트 기관 : 배기가스 온도 측정
> • 재료 : 크로멜-알루멜, 철-콘스탄탄, 구리-콘스탄탄

10 열전쌍식 온도계에 사용되는 재료가 아닌 것은?

① 철-콘스탄탄   ② 구리-콘스탄탄
③ 크로멜-알루멜   ④ 카본-바이메탈

11 다음의 열기전력을 이용할 수 있는 금속의 구성 중 가장 높은 고온을 측정할 수 있는 것은?

① 크로멜-철
② 철-동
③ 크로멜-알루멜
④ 알루멜-콘스탄탄

해설

열전쌍 측정 범위

재질	크로멜-알루멜	철-콘스탄탄	구라-콘스탄탄
사용 범위	상용 70~1000도 최고 1400도	상용 200~250도 최고 800도	상용 200~250도 최고 300도

12 배기가스 온도계에 대한 설명으로 틀린 것은?

① 알루멜-크로멜 열전쌍을 사용한다.
② 제트 기관의 배기가스 온도를 측정, 지시하는 계기이다.
③ 열전쌍의 열기전력은 두 접합점 사이의 온도차에 비례한다.
④ 열전쌍은 서로 직렬로 연결되어 배기가스의 평균 온도를 얻는다.

13 대형 항공기에서 주로 엔진 출구의 온도를 측정하는 데 가장 적합한 과열 탐지기는?

① 열스위치식 탐지기
② 서머커플형 탐지기
③ 튜브형 탐지기
④ 가변 저항식 탐지기

해설

배기가스 온도계
열전쌍식 온도계

5 자이로 계기

항공기의 기수 방위, 항공기의 분당 선회량, 항공기의 자세 표시

가 자이로의 특성

1) 강직성(rigidity)

① 우주의 한 방향을 가리키려는 성질
② 질량이 클수록, 회전이 빠를수록 강함.
③ 베어링 마찰에 의해 편향력 발생

2) 섭동성 또는 세차운동(precession)

① 힘을 가한 점으로부터 회전방향으로 90° 진행된 점에서 힘 발생
② 섭동성 = $\dfrac{외력}{관성력 \times 회전\ 각속도}$ = M/L

정답 11. ③ 12. ④ 13. ②

3) 회전 동력원
   ① 진공 계통 : 벤투리관이나 진공 펌프에 의해서 진공압을 얻음.
   ② 벤투리관 : 소형기에 사용
   ③ 진공 펌프 : 중형기에 사용

나 정침의, 수평의

1) 방향 자이로 지시계(정침의)(Directional Gyro Indicator : D.G)
   ① 강직성을 이용하여 기수 방위와 선회각을 지시하는 계기
   ② 회전축은 수평
   ③ 3축, 15분마다 지시값을 수정
   ④ 기준선은 항공기 기수 방향과 일치
   ⑤ 자립 장치 : 자이로 회전자의 회전축이 항상 수평을 유지
      ㉠ 공기 구동식 자립 장치 - 정상 작동 범위는 피치와 경사가 모두 55°
      ㉡ 전기 구동식 자립 장치 - 정상 작동 범위는 피치와 경사가 모두 85도

2) 자이로 수평 지시계(수평의, 인공 수평의, 자세 지시계)
   (Vertical Gyro Indicator : V.G, Gyro Horizon Indicator : G.H)
   ① 기수 방향에 대하여 수직인 자이로축
   ② 강직성과 섭동성을 이용
   ③ 자이로 회전축이 언제나 지구 중심을 향하게 함.
   ④ 항공기의 자세를 알 수 있게 하는 계기
   ⑤ 레이저 자이로 : 장거리 항법 장치(IRS)

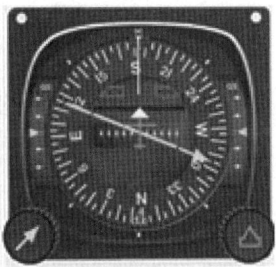

| 방향 자이로 지시계 |

| 자이로 수평지시계 |

다 선회 경사계(Turn & Bank Indicator)

① 선회계와 경사계가 함께 들어 있는 계기

② 분당 선회율을 나타내는 계기
　㉠ 정상 비행 - 경사도를 나타냄.
　㉡ 선회 비행 - 선회의 정상 여부를 나타내는 계기
③ 선회계는 섭동성만을 이용

(a) 슬립 선회

(b) 정상 선회

(c) 스키드 선회

∥ 선회경사계 ∥

5 출제 예상 문제

01 다음 중 자이로(Gyro)의 강직성 또는 보전성에 대하여 옳게 설명한 것은?
① 외력을 가하지 않는 한 일정한 자세를 유지하려는 성질
② 외력을 가하면 그 힘의 방향으로 자세가 변하려는 성질
③ 외력을 가하면 그 힘과 직각 방향으로 자세가 변하려는 성질
④ 외력을 가하면 그 힘과 반대 방향으로 자세가 변하려는 성질

02 자이로의 강직성에 대한 설명으로 가장 올바른 것은?
① ROTOR의 회전 속도가 큰 만큼 강하다.
② ROTOR의 회전 속도가 큰 만큼 약하다.
③ ROTOR의 질량이 회전축에서 멀리 분포하고 있는 만큼 약하다.
④ ROTOR의 질량이 회전축에서 가까이 분포하고 있는 만큼 강하다.

해설

강직성(Rigidity)
- 우주의 한 방향을 가리키려는 성질
- 질량이 클수록, 회전이 빠를수록 강함.
- 베어링 마찰에 의해 편향력 발생

03 자이로(Gyro)에 관한 설명으로 틀린 것은?
① 강직성은 자이로 로터의 질량이 커질수록 강하다.
② 강직성은 자이로 로터의 회전이 빠를수록 강하다.
③ 섭동성은 가해진 힘의 크기에 반비례하고 로터의 회전 속도에 비례한다.
④ 자이로를 이용한 계기로는 선회 경사계, 방향 자이로 지시계, 자이로 수평 지시계가 있다.

04 자이로의 섭동 각속도를 옳게 나타낸 것은? (단, M : 외부력에 의한 모멘트, L : 자이로 로터의 관성 모멘트이다)

① $\dfrac{M}{L}$ ② $\dfrac{L}{M}$
③ L − M   ④ M × L

[해설]
섭동성 = $\dfrac{외력}{관성력 \times 회전\ 각속도}$ = M/L

05 자이로스코프의 섭동성에 대한 설명으로 옳은 것은?

① 극 지역에서 자이로가 극 방향으로 기우는 현상
② 외력이 가해지지 않는 한 일정 방향을 유지하려는 경향
③ 피치 축에서 자세 변화가 롤(Roll) 및 요(Yaw)축을 변화시키는 현상
④ 외력이 가해질 때 가해진 힘 방향에서 로터 회전 방향으로 90도 회전한 점에 힘이 작용하여 로터가 기울어지는 현상

[해설]
섭동성 또는 세차 운동(Precession)
힘을 가한 점으로부터 회전 방향으로 90° 진행된 점에서 힘 발생

06 다음 중 자이로(Gyro)를 이용하는 계기는?

① 데이신
② 선회 경사계
③ 마그네신 컴퍼스
④ 자기 컴퍼스

07 정침의(DG)의 자이로 축에 대한 설명으로 옳은 것은?

① 지구의 중력 방향을 향하도록 되어 있다.
② 지표에 대하여 수평이 되도록 되어 있다.
③ 기축에 평행 또는 수평이 되도록 되어 있다.
④ 기축에 직각 또는 수직이 되도록 되어 있다.

08 수평의는 자이로의 어떤 특성을 이용한 것인가?

① 강직성과 관성
② 섭동성과 직립성
③ 강직성과 직립성
④ 강직성과 섭동성

[해설]
자이로 계기
• 선회계(Turn Indicator) : 섭동성
• 방향 자이로 지시계(Directional Gyro Indicator, 정침의) : 강직성
• 자이로 수평 지시계(Gyro Horizon Indicator, 인공 수평의) : 강직성과 섭동성을 모두 이용
• 경사계(Bank Indicator) : 섭동성

09 자이로를 이용하는 계기 중 자이로의 각속도 성분만을 검출, 측정하여 사용하는 계기는?

① 수평의   ② 선회계
③ 정침의   ④ 자이로 컴퍼스

10 자이로스코프의 섭동성만을 이용한 계기는 어느 것인가?

① 경사계   ② 인공 수평의
③ 선회계   ④ 정침의

11 그림은 선회 및 경사계를 나타내고 있다. 좌선회 외활 비행을 나타내고 있는 것은?

①   ②
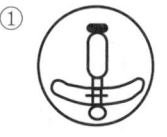 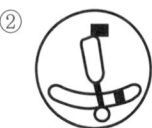

③   ④

정답 04. ① 05. ④ 06. ② 07. ② 08. ④ 09. ② 10. ③ 11. ②

12 각속도 자이로가 사용되는 것은?
① 정침의
② 인공수평의
③ 선회계
④ 경사계

13 수평의는 항공기에서 어떤 축의 자세를 감지하는가?
① 기수 방위
② 롤 및 피치
③ 롤 및 기수 방위
④ 피치, 롤 및 기수 방위

14 자세계(Attitude Director Indicator : ADI)가 지시하는 4가지 요소는?
① 하강(Flight Down) 자세, 피치(Pitch) 자세, 요(Yaw) 변화율, 미끄러짐(Slip)
② 롤(Roll) 자세, 선회(Left & Right Turn) 자세, 요 변화율, 미끄러짐
③ 롤 자세, 피치 자세, 기수 방위(Heading) 자세, 미끄러짐
④ 롤 자세, 피치 자세, 요 변화율, 미끄러짐

15 선회계의 지시 방법에서 1바늘 폭이 90°/min의 선회 각속도를 뜻하고, 2바늘 폭이 180°/min의 선회 각속도를 뜻하는 지시 방법은?
① 1분계
② 2분계
③ 3분계
④ 4분계

해설
선회계의 지시 방법
- 2분계(2min Turn) : 바늘이 1바늘 폭만큼 움직였을 때 180°/min의 선회 각속도를 의미하고, 2바늘 폭일 때에는 360°/min의 선회 각속도를 의미한다. 180°/min을 표준율 선회라 한다.
- 4분계(4min Turn) : 가스 터빈 항공기에 사용되는 것으로, 1바늘 폭의 단위가 90°/min이고, 2바늘 폭이 180°/min 선회를 의미한다.

16 항공기의 선회율을 지시하는 자이로 계기는?
① 레이트(Rate)
② 인터그럴(Integral)
③ 버티컬(Vertical)
④ 디렉셔널(Directional)

17 수평의(VG)의 자이로 축에 발생하는 오차에 대한 설명으로 가장 옳은 것은?
① 항공기가 가속, 감속하면 오차가 생기지만 선회에 의해서는 오차가 생기지 않는다.
② 항공기가 가속, 감속 그리고 선회 시 모두 오차를 일으킨다.
③ 항공기가 가속, 감속, 선회 시에는 오차가 생기지 않는다.
④ 항공기가 가속, 감속에서는 오차가 생기지 않지만 선회 시에는 오차가 생긴다.

18 자이로 로터축(Rotor Shaft)의 편위(Drift) 원인으로 틀린 것은?
① 각도 정보를 감지하기 위한 싱크로에 의한 전자적 결합
② 균형 잡힌 짐벌의 중량
③ 균형 잡힌 짐벌의 베어링
④ 지구의 이동과 공전

19 자이로를 이용하고 있는 계기가 아닌 것은?
① 자이로 수평 지시계
② 자기 컴퍼스
③ 방향 자이로 지시계
④ 선회 경사계

정답 12. ③ 13. ② 14. ④ 15. ④ 16. ① 17. ② 18. ① 19. ②

6 자기 계기

항공기의 기수 방위를 나타내는 것

가 지자기의 3요소

1) 편각(편차)(Variation)
   ① 지축과 지자기축이 이루는 각
   ② 지구 자오선과 자기자오선이 이루는 각
   ③ 등편각선 : 같은 편차 값을 가진 점들을 연결한 선

2) 복각(Dip)
   ① 지구 수평면과 자기 자석이 이루는 각
   ② 지구 수평면과 영구 자석이 이루는 각
   ③ 극지방 : 수직
   ④ 적도 : 수평

3) 수평 분력(Horizontal component)
   ① 지자기의 지구 수평면 방향의 힘
   ② 나침반이 탐지할 수 있는 힘
   ③ 적도 : 최대
   ④ 극지방 : 최소

나 방위

① 나방위 : 나침반상의 북쪽
② 자방위 : 자북을 기준
③ 진방위 : 진북을 기준
   진방위 = 나방위 + 자차 + 편차
④ 자차 : 자기 보상 장치로 수정

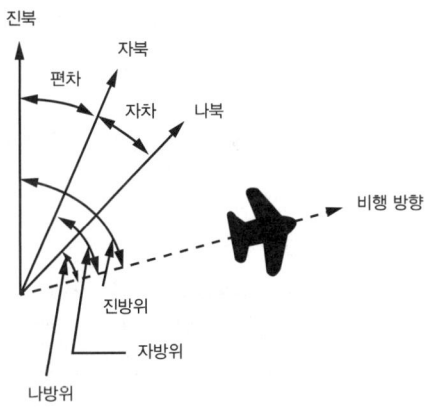

| 방위 |

다 오차

1) **정적 오차(자차)**

   가) 종류
   ① 반원차
      ㉠ 자차에서 가장 큰 오차
      ㉡ 수직 철재 및 전류에 의해 생기는 오차
   ② 사분원차 : 수평 철재에 의해 생기는 오차
   ③ 불이차 : 컴퍼스 자체의 제작상 오차, 장착 잘못에 의한 오차

   나) 자차 수정
   ① 자차 수정 시기
      ㉠ 100시간 주기 검사 때
      ㉡ 엔진 교환 작업 후
      ㉢ 전기 기기, 통신 장치 교환 작업 후
      ㉣ 동체나 날개의 구조 부분을 대수리 작업 후
      ㉤ 3개월마다
      ㉥ 그 외에 지시에 이상이 있다고 의심이 갈 때
      ㉦ 자차의 허용 범위는 ±10° 이내
   ② 수정 전 준비 사항
      ㉠ 컴퍼스로즈(Compass Rose)를 건물에서 50m, 타 항공기에서 10m 떨어진 곳에 설치
      ㉡ 항공기의 자세는 수평, 조종 계통 중립, 모든 기내의 장비는 비행 상태
      ㉢ 엔진은 가능한 한 작동시킴
      ㉣ 자차의 수정은 컴퍼스로즈(Compass Rose)의 중심에 항공기를 위치시키고, 항공기를 회전시키면서 컴퍼스로즈와 자기 컴퍼스 오차를 측정하여 비자성 드라이버로 돌려 수정 – 컴퍼스 스윙(compass swing)

2) **동적 오차**

   복각의 영향을 받음, 비행이 안정되면 사라짐.
   ① 북선 오차
      ㉠ 북진하다가 동서로 선회할 때 생기는 오차
      ㉡ 선회할 때 나타난다고 하여 선회 오차라고도 함.
   ② 가속도 오차 = 동서 오차
      동서로 향할 때 가장 크게 나타남.

③ 와동 오차

진동, 충격 등에 의한 불규칙한 운동에 의한 오차

라 자기 컴퍼스

① 자기 컴퍼스는 케이스, 자기 보상장치, 컴퍼스 카드 및 확장실로 구성
② 케이스 안에는 케로신 등의 액체로 채워짐.
　㉠ 항공기의 움직임으로 인한 컴퍼스 카드의 움직임을 제동
　㉡ 부력에 의해 카드의 무게를 경감함으로써 피벗(pivot)부의 마찰 감소
　㉢ 외부 진동을 완화
　㉣ 부력을 주기 위해
　㉤ 컴퍼스 카드의 흔들림 방지
③ 확장실 내부에 다이어프램 설치
다이어프램의 작은 구멍은 조종실로 통하게 되어 있으며, 이것은 고도와 온도차에 의한 컴퍼스 액의 수축, 팽창에 따른 압력 증감 방지
④ 컴퍼스 케이스의 앞면 윗부분에는 2개의 조정나사가 있는데 이것은 자기 보상 장치를 조정하여 자차 수정
⑤ 외부의 진동 및 충격으로부터 컴퍼스를 보호하기 위하여 케이스와 베어링 사이에 방진용 스프링 장착
⑥ 컴퍼스 카드는 ±18°까지 경사가 지더라도 자유로이 움직일 수 있으나 일반적으로 65° 이상의 고위도에서는 이 한계가 초과되어 사용하지 못함.

마 원격 지시 컴퍼스

자기의 영향이 작은 날개 끝, 꼬리 부분에 장착

1) 마그네신 컴퍼스

① 자차 해결
② 수감부 : 날개 끝, 꼬리 부분에 설치

2) 자이로신 컴퍼스

① 자차와 동적 오차가 없음.
② 플럭스 밸브(flux vale)
지자기의 수평 성분을 검출하여 그 방향을 전기 신호로 바꾸어 원격 전달하는 장치
③ 120도 간격으로 배치된 3개의 교류 전자석 형태
④ 26V, 115V, 400Hz의 교류 전원이 필요
⑤ Gyro축이 항상 자북을 향하게 함.
⑥ 날개 끝, 꼬리 부분에 설치

3) 자이로 플럭스 게이트 컴퍼스
① 거의 단점이 없음.
② 수정 : 공중 수정 – 비행 중에 수정
③ 지상 수정
  ㉠ 컴퍼스 로즈 수정
  ㉡ 영향을 줄만한 부품을 교환했을 때 수정
  ㉢ 새로운 컴퍼스를 장착하거나 오차가 발생했을 때 수정
  ㉣ 10도 이상의 자차가 발생하면 수정
  ㉤ 수정 후 3° 이하

6 출제 예상 문제

01 다음 중 지자기의 3요소가 아닌 것은?
① 복각(Dip)
② 편차(Variation)
③ 수직 분력(Vertical Component)
④ 수평 분력(Horizontal Component)

해설
지자기의 3요소
- 편각(편차)(Variation) : 지축과 지자기축이 이루는 각
- 복각(Dip) : 지구 수평면과 자기자석이 이루는 각
- 수평분력(Horizontal Component) : 지자기의 지구 수평면 방향의 힘

02 지자기 3요소 중 복각에 대한 설명으로 옳은 것은?
① 지자력의 지구 수평에 대한 분력을 의미한다.
② 지자기 자력선의 방향과 수평선 간의 각을 말하며 양극으로 갈수록 90°에 가까워진다.
③ 지축과 지자기 축이 서로 일치하지 않음으로써 발생되는 진방위와 자방위의 차이를 말한다.
④ 지자력의 지구 수평면에 대한 분력을 말하며 적도 부근에서 최대이고 양극에서는 0°에 가깝다.

03 자기 컴퍼스가 위도에 따라 기울어지는 현상은 무엇 때문인가?
① 지자기의 복각
② 지자기의 편각
③ 지자기의 수평 분력
④ 컴퍼스 자체의 북선 오차

04 지자기의 3요소 중 편각에 대한 설명으로 옳은 것은?

① Flux Valve가 편각을 감지한다.
② 지자력의 지구 수평에 대한 분력을 의미한다.
③ 지자기 자력선의 방향과 수평선 간의 각을 말하며, 양극으로 갈수록 90°에 가까워진다.
④ 지축과 지자기축이 서로 일치하지 않음으로서 발생되는 진방위와 자방위의 차이를 말한다.

05 편차(Variation)에 대한 설명으로 틀린 것은?

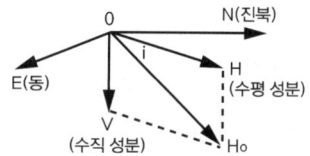

① 그림에서 편차는 NOH_0이다.
② 편차의 값은 지표면상의 각 지점마다 다르다.
③ 편차는 자기 자오선과 지구 자오선 사이의 오차각이다.
④ 편차가 생기는 원인은 지구의 자북과 지리상의 북극이 일치하지 않기 때문이다.

06 자기 계기에서 불이차의 발생 원인으로 가장 올바른 것은?

① Compass의 중심선과 기축선이 서로 평행일 때
② Magnetic Bar의 축선과 Compass Card의 남북선이 서로 일치할 때
③ Pivot와 Lubber's Line을 연결한 선과 기축선이 서로 평행일 때
④ Compass의 중심선과 기축선이 서로 평행하지 않을 때

해설

불이차
컴퍼스 자체의 제작상 오차, 장착 잘못에 의한 오차

07 항공기를 구성하는 연철과 같은 철재에서 지자기가 감응되어 일시적으로 자기를 띠었다 잃었다 하는 현상에 의해 생기는 오차를 무엇이라고 하는가?

① 반원차   ② 사분원차
③ 불이차   ④ 와동오차

해설

자기 계기의 정적 오차(자차)
• 반원차 : 자차에서 가장 큰 오차, 수직 철재 및 전류에 의해 생기는 오차
• 사분원차 : 수평 철재에 의해 생기는 오차
• 불이차 : 컴퍼스 자체의 제작상 오차, 장착 잘못에 의한 오차

08 자차 수정 시 자차의 허용 범위는?

① ±10°   ② ±12°
③ ±14°   ④ ±16°

해설

자차 수정 시기
• 100시간 주기 검사 때
• 엔진 교환 작업 후
• 전기 기기, 통신 장치 교환 작업 후
• 동체나 날개의 구조 부분을 대수리 작업 후
• 3개월마다
• 그 외에 지시에 이상이 있다고 의심이 갈 때
• 자차의 허용 범위는 ±10° 이내

09 항공기를 지상에서 자차 수정할 때의 주의 사항으로 틀린 것은?

① 조종 계통을 중립 위치로 할 것
② 항공기를 수평 상태로 유지할 것
③ 기관 계통은 작동 상태로 놓을 것
④ 전기 계통은 OFF 위치에 놓을 것

정답 04. ④ 05. ① 06. ④ 07. ② 08. ① 09. ④

제4부 항공 장비

해설
수정 전 준비 사항
- 컴퍼스 로즈(Compass Rose)를 건물에서 50m, 타 항공기에서 10m 떨어진 곳에 설치한다.
- 항공기의 자세는 수평, 조종 계통 중립, 모든 기내의 장비는 비행 상태로 한다.
- 엔진은 가능한 한 작동시킨다.
- 자차의 수정은 컴퍼스 로즈(Compass Rose)의 중심에 항공기를 위치시키고, 항공기를 회전시키면서 컴퍼스 로즈와 자기 컴퍼스 오차를 측정하여 비자성 드라이버로 돌려 수정을 한다.
－컴퍼스 스윙(Compass Swing)

10 비행장에 설치된 컴퍼스 로즈(Compass Rose)의 주 용도는?
① 활주로의 방향을 표시하는 방위도
② 그 지역의 편각을 알려주기 위한 기준 방향
③ 그 지역의 지자기의 세기를 알려줌.
④ 기내에 설치된 자기 컴퍼스의 자차수정

11 다음 중 자기 컴퍼스의 컴퍼스 스윙으로 수정할 수 있는 것은?
① 북선 오차   ② 장착 오차
③ 가속도 오차   ④ 편차

12 자기 컴퍼스의 오차에서 동적 오차에 해당하는 것은?
① 와동오차   ② 불이차
③ 사분원오차   ④ 반원오차

해설
동적 오차
- 북선 오차 : 북진하다가 동서로 선회할 때 생기는 오차
- 가속도 오차 = 동서 오차(동서로 향할 때 가장 크게 나타남)
- 와동 오차 : 진동, 충격 등에 의한 불규칙한 운동에 의한 오차

13 다음 설명 중 자기 컴퍼스(Magnetic Compass)의 북선 오차와 가장 관계가 먼 것은?
① 컴퍼스 회전부의 중심과 피벗이 일치하지 않기 때문에 생긴다.
② 항공기가 북진하다 선회할 때 실제 선회각 보다 작은 각이 지시된다.
③ 항공기가 가속 선회할 때 나타나는 오차도 이와 같은 원리이다.
④ 항공기가 북극 지방을 비행할 때 컴퍼스 회전부가 기울어지기 때문이다.

해설
북선 오차
북진하다가 동서로 선회할 때 생기는 오차(선회할 때 나타난다고 하여 선회 오차라고도 한다)

14 자기 컴퍼스의 구조에 대한 설명으로 틀린 것은?
① 컴퍼스액은 케로신을 사용한다.
② 컴퍼스 카드에는 플로트가 설치되어 있다.
③ 외부의 진동 및 충격을 줄이기 위해 케이스와 베어링 사이에 피벗이 들어 있다.
④ 케이스, 자기 보상 장치, 컴퍼스 카드 및 확장실 등으로 구성되어 있다.

해설
자기 컴퍼스
- 케이스, 자기 보상 장치, 컴퍼스 카드 및 확장실로 구성
- 케이스 안에는 케로신 등의 액체로 채워짐.
- 확장실 내부에 다이어프램 설치
- 컴퍼스 케이스의 앞면 윗부분에는 2개의 조정 나사가 있는데 이것은 자기 보상 장치를 조정하여 자차 수정

정답 10. ④ 11. ② 12. ① 13. ④ 14. ③

15 다음 계기 중 지자기를 수감하여 지구의 자기 자오선의 방향을 탐지한 다음 이것을 기준으로 항공기의 기수 방위와 목적지의 방위를 나타내는 계기는?

① 자이로 수평 지시계(Gyro Horizon Indicator)
② 방향 자이로 지시계(Directional Gyro Indicator)
③ 선회 경사계(Turn and Bank Indicator)
④ 자기 컴퍼스(Magnetic Compass)

해설
자기 컴퍼스(Magnetic Compass)
지구의 자기 자오선의 방향을 탐지한 다음 이것을 기준으로 항공기의 기수 방위 및 목적지의 방위를 나타낸다.

16 플럭스 밸브의 장·탈착에 대하여 가장 올바르게 설명한 것은?

① 장착용 나사는 비자성체인 것을 사용해야 하며 사용 공구는 보통의 것이 좋다.
② 장착용 나사, 사용 공구에 대한 특별한 사용 제한이 없으므로 일반 공구를 사용해도 된다.
③ 장착용 나사, 사용 공구 모두 비자성체인 것을 사용해야 한다.
④ 장착용 나사 중 어떤 것은 자기를 띤 것을 이용하는 데, 이때는 그 위치를 조정하여 자차를 보정한다.

해설
플럭스 밸브(Flux Valve)
- 지자기의 수평 성분을 검출하여 그 방향을 전기 신호로 바꾸어 원격 전달하는 장치
- 자성체의 영향을 받게 되면 자기의 방향에 영향을 주게 되므로 오차의 원인이 되고, 검출기의 철심도 자기 전도율이 좋은 자성 합금을 사용하고 있기 때문에 자기를 띤 물질이 접근하면 오차 원인이 됨.

17 다음 중 자장을 감지하여 그 방향으로 향하는 전기 신호로 변환하는 장치는?

① 플럭스(Flux) 밸브
② 수평의
③ 컴퍼스 카드
④ 루버 라인(Lubber's Line)

18 다음 중 원격 지시 컴퍼스(Compass)의 종류가 아닌 것은?

① 자이로신 컴퍼스(Gyrosyn Compass)
② 마그네신 컴퍼스(Magnesyn Compass)
③ 스탠드-바이 컴퍼스(Stand-by Compass)
④ 자이로 플럭스 게이트 컴퍼스(Gyro Flux Gate Compass)

19 자기 컴퍼스의 조명을 위한 배선 시 지시 오차를 줄여 주기 위한 효율적인 배선 방법으로 옳은 것은?

① −선을 가능한 자기 컴퍼스 가까이에 접지시킨다.
② +선과 −선은 가능한 충분한 간격을 두고 −선에는 실드선을 사용한다.
③ 모든 전선은 실드선을 사용하여 오차의 원인을 제거한다.
④ +선과 −선을 꼬아서 합치고 접지점을 자기 컴퍼스에서 충분히 멀리 뗀다.

정답 15. ④ 16. ③ 17. ① 18. ③ 19. ④

7 원격 지시 계기, 동기 계기(Synchro)

항공기의 대형화에 따라 지시부와 수감부 간의 거리가 멀어져 원격 지시 계기의 일종으로 발전하게 된 것으로 기계적인 직선 또는 각 변위를 수감하여 전기적인 양으로 변환한 다음 조종석에서 기계적인 변위로 재현시키는 계기

가 직류 셀신(DC Selsyn)

① 착륙 장치, 플랩 등의 위치 지시계
② 연료의 용량을 측정하는 액량 지시계로 사용

나 오토신(Autosyn)

① 26V 400Hz의 교류 전원을 사용
② 고정자는 3상
③ 회전자 - 전자석

다 마그네신(Magnesyn)

① 방향 계기 계통에 사용
② 회전자 - 영구 자석
③ 교류 전원 사용
④ 오토신보다 작고 가볍지만, 토크가 약하고 정밀도가 낮음.

7 출제 예상 문제

01 항공기의 대형화에 따라 지시부와 수감부 간의 거리가 멀어져 원격 지시 계기의 일종으로 발전하게 된 것으로 기계적인 직선 또는 각 변위를 수감하여 전기적인 양으로 변환한 다음 조종석에서 기계적인 변위로 재현시키는 계기는?

① 지시 계기
② 싱크로 계기
③ 회전 계기
④ 자이로 계기

02 싱크로 계기에 속하지 않는 것은?

① 직류 셀신(D.C Selsyn)
② 오토신(Autosyn)
③ 동기계(Synchroscope)
④ 마그네신(Magnesyn)

정답 / 01. ② 02. ③

해설
원격 지시 계기, 동기 계기(Synchro)
- 직류 셀신(DC Selsyn)
- 오토신(Autosyn)
- 마그네신(Magnesyn)

03 Transmitter와 Indicator 양쪽 모두 Δ, Y 결선의 Stator와 교류 전자석의 Rotor 사이에서 발생되는 전류와 자장 발생에 의해 동조되는 방식의 계기는?

① 데신(Desyn)
② 마그네신(Magnesyn)
③ 오토신(Autosyn)
④ 일렉트로신(Electrosyn)

해설
오토신(Autosyn)
- 26V 400Hz의 교류 전원을 사용
- 고정자는 3상
- 회전자 – 전자석

04 싱크로 계기의 종류 중 Magnesyn에 대한 설명 내용으로 가장 관계가 먼 것은?

① Autosyn의 회전자를 영구 자석으로 바꾼 것을 Magnesyn이라 한다.
② 교류 전압이 회전자에 가해진다.
③ Autosyn보다 작고 가볍다.
④ Autosyn보다 Torque가 약하고 정밀도가 떨어진다.

해설
마그네신(Magnesyn)
- 방향 계기 계통에 사용
- 회전자 – 영구 자석
- 교류 전원 사용
- 오토신보다 작고 가볍지만, 토크가 약하고 정밀도가 떨어짐.

05 다음은 원격 지시 계기에 대한 설명이다. 틀린 것은?

① 직류 셀신(DC Selsyn), 오토신(Autosyn), 마그네신(Magnesyn) 등이 있다.
② 직류 셀신은 착륙 장치나 플랩 등의 위치 지시계나 연료의 용량을 측정하는 액량계로 주로 쓰인다.
③ 마그네신은 오토신보다 크고 무겁기는 하나 토크가 크고 정밀도가 높다.
④ 마그네신은 교류 26V, 400사이클을 전원으로 한다.

06 싱크로 전기 기기에 대한 설명으로 틀린 것은?

① 회전축의 위치를 측정 또는 제어하기 위해 사용되는 특수한 회전기이다.
② 각도 검출 및 지시용으로는 2개의 싱크로 전기 기기를 1조로 사용한다.
③ 구조는 고정자 측에 1차 권선, 회전자 측에 2차 권선을 갖는 회전 변압기이고, 2차측에는 정현파 교류가 발생하도록 되어 있다.
④ 항공기에서는 컴퍼스 계기상에 VOR국이나 ADF국방위를 지시하는 지시 계기로서 사용되고 있다.

정답 03. ③ 04. ② 05. ③ 06. ③

제4부 항공 장비

8 액량 계기 및 유량 계기

부피로 나타낼 때는 갤런, 무게로 나타낼 때는 파운드

가 액량계

항공기에서 사용하는 연료, 윤활유, 작동유 등의 양을 부피나 중량으로 측정하는 것

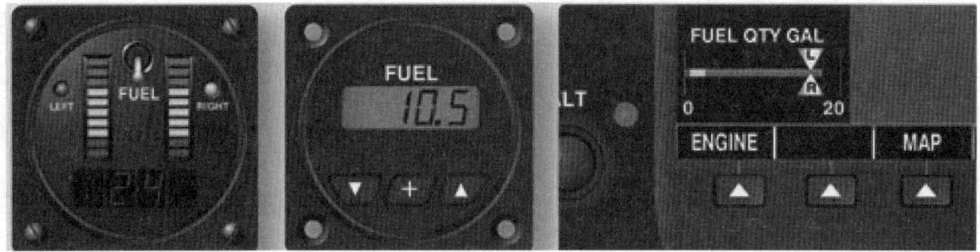

| 액량 계기 |

① 직독식 액량계(sight glass gauge) - reservoir의 유면 표시
② 부자(float)식 액량계 - 왕복 기관에서 가장 많이 쓰임, 부피로 나타냄.
③ 전기 용량식 액량계 - 축전지의 원리 이용
  ㉠ 액체의 유전율과 공기의 유전율이 서로 다른 것을 이용
  ㉡ 연료의 양을 무게로 표시
  ㉢ 고공 비행하는 제트 항공기에 사용

나 유량계

기관이 1시간 동안 소모하는 연료의 양

① **차압식 유량계** : 압력차
② 베인식 유량계
③ 동기 전동기식 유량계 : 질량 유량계

| 유량계 |

8 출제 예상 문제

01 액량 계기와 유량 계기에 관한 설명으로 옳은 것은?
① 액량 계기는 연료 탱크에서 기관으로 흐르는 연료의 유량을 지시한다.
② 액량 계기는 대형기와 소형기에 차이 없이 대부분 동압식 계기이다.
③ 유량 계기는 연료 탱크에서 기관으로 흐르는 연료의 유량을 시간당 부피 또는 무게 단위로 나타낸다.
④ 유량 계기는 연료 탱크 내에 있는 연료량을 연료의 무게나 부피로 나타낸다.

[해설]
- 액량계 : 항공기에서 사용하는 연료, 윤활유, 작동유 등의 양을 부피나 중량으로 측정하는 것
- 유량계 : 기관의 시간당 연료 소모량을 표시

02 항공기에 사용되는 액량 계기의 형식에 대한 설명 내용 중 틀린 것은?
① 직독식 액량계는 사이트 글라스(Sight Glass)에 의해 액량을 읽는다.
② 플로트식 액량계에서는 플로트의 운동을 셀신 또는 전위차계 등을 이용하여 원격 지시하게 하는 것이 대부분이다.
③ 액압식 액량계는 오토신의 원리를 이용한 것이다.
④ 제트기에서는 전기용량식 액량계가 사용된다.

[해설]
액량계
- 직독식 액량계(Sight Glass Gauge) - Reservoir의 유면 표시
- 부자(Float)식 액량계 - 왕복 기관에서 가장 많이 쓰임, 부피로 나타냄.
- 전기 용량식 액량계 - 축전지의 원리 이용

- 액체의 유전율과 공기의 유전율이 서로 다른 것을 이용
- 연료의 양을 무게로 표시
- 고공 비행하는 제트 항공기에 사용

03 연료량을 중량으로 지시하는 방식은 무엇인가?
① 전기 용량식   ② 전기 저항식
③ 기계적인 방식   ④ 부자식

04 연료 유량계의 종류가 아닌 것은?
① 차압식 유량계
② 베인식 유량계
③ 부자식 유량계
④ 동기 전동기식 유량계

[해설]
유량계
- 차압식 유량계 : 압력차
- 베인식 유량계
- 동기 전동기식 유량계 : 질량 유량계

05 정전 용량식 액량계에서 사용되는 콘덴서의 용량과 가장 관계가 먼 것은?
① 극판의 넓이
② 극판 간의 거리
③ 중간 매개체의 유전율
④ 중간 매개체의 절연율

06 항공기의 연료 탱크에 150lb의 연료가 있고 유량계기의 지시가 75PPH로 일정하다면 연료가 모두 소비되는 시간은?
① 30분   ② 1시간 30분
③ 2시간   ④ 2시간 30분

정답 01. ③ 02. ③ 03. ① 04. ③ 05. ④ 06. ③

9 회전 계기(Tachometer)

① 회전체의 회전수를 지시하는 계기
② 왕복 기관 : 회전수를 rpm으로 지시
③ 전기식 회전계 : 동기 전동기식 회전계, 3상 교류 회전계
   2개 이상의 엔진 회전수를 비교하는 계기

┃ 회전계 ┃

9 출제 예상 문제

01 그림과 같은 회로의 회전계는?

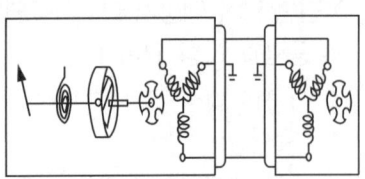

① 기계식 회전계
② 전기식 회전계
③ 전자식 회전계
④ 맴돌이 전류식 회전계

10 통합 표시 장치(IDU : Integrated Display Unit)

가 장점

① 필요한 정보를 조종사가 필요할 때 지시
② 하나의 화면으로 여러 가지 정보를 바꾸어 지시
③ 중요 정보는 색의 변화 소멸 또는 우선순위를 정해 지시
④ 지도와 비행 경로, 시스템 등 다양한 정보를 도면을 이용하여 쉽게 표시

나 주 비행 표시 장치(PFD : Primary Flight Display)

기계 장치 ADI에 속도계, 기압 고도계, 전파 고도계, 승강계, 기수방위 지시계, 자동 조종 작동 모드 표시 등을 한곳에 집약하여 지시하는 계기

다 항법 표시 장치(ND : Navigation Display)

① 항공기의 현재 위치, 기수 방위, 비행 방향, 비행 예정 코스, 비행 도중 통과 지점까지의 거리, 방위, 소요 시간의 계산과 지시 등에 대한 정보, 풍향, 풍속, 대지 속도, 구름 등에 대한 정보 표시
② 지도 모드(map mode), 비행 계획 모드(plane mode), VOR 모드, 접근 모드(approach mode)

라 HUD(Head Up Display)

고 휘도 음극선관과 컴바이너(Combiner)라고 부르는 특수한 거울을 사용하여 1차적인 비행 정보를 조종사의 시선 방향에서 바로 볼 수 있도록 만든 장치

10 출제 예상 문제

01 집합(집적) 계기의 장점이 아닌 것은?
① 필요한 정보를 필요할 때 지시하게 할 수 있다.
② 한 개의 정보를 여러 개의 화면에 나타낼 수 있다.
③ 다양한 정보를 도면을 이용하여 표시할 수 있다.
④ 항공기 상태를 그림, 숫자로 표시할 수 있다.

해설
통합 표시 장치(IDU : Integrated Display Unit)의 장점
- 필요한 정보를 조종사가 필요할 때 지시
- 하나의 화면으로 여러 가지 정보를 바꾸어 지시
- 중요 정보는 색의 변화 소멸 또는 우선순위를 정해 지시
- 지도와 비행 경로, 시스템 등 다양한 정보를 도면을 이용하여 쉽게 표시

02 종합 계기 PFD에 Display되지 않은 계기는?
① Marker Beacon(M/B)
② Very High Frequency(VHF)
③ Instrument Landing System(ILS)
④ Altimeter

해설
주 비행 표시 장치(PFD)
기계 장치 ADI에 속도계, 기압 고도계, 전파 고도계, 승강계, 기수 방위 지시계, 자동 조종 작동 모드 표시 등을 한 곳에 집약하여 지시하는 계기

03 수동 비행 시 조종사가 조종간을 움직이기 위하여 참고해야 할 기본 정보는?
① 항공기의 자세 ② 항공기의 위치
③ 항공기의 속도 ④ 항공기의 고도

04 다음 항법 자료 중 ND에 나타나는 기능인 것은?
① 항공기 위치의 확인
② 침로의 결정
③ 도착 예정 시간의 산출
④ 비행 항로의 기상

해설
항법 표시 장치(ND)
항공기의 현재 위치, 기수 방위, 비행 방향, 비행 예정 코스, 비행 도중 통과 지점까지의 거리, 방위, 소요 시간의 계산과 지시 등에 대한 정보, 풍향, 풍속, 대지 속도, 구름 등에 대한 정보 표시

05 비행 중인 항공기의 각종 자료를 수집 기록하여 이것을 기상 및 지상에서 처리 분석하여 항공기의 효율적인 운용을 하는 장치는?
① 비행 기록 집적 장치(AIDS)
② 비행 자료 기록 장치(FDR)
③ 조종실 음성 기록 장치(CVR)
④ 관성 항법 장치(INS)

06 각종 대기 상태 자료를 얻기 위하여 ADC(Air Data - Computer)로 들어가는 기본 입력 신호는?
① 동압과 정압(Static and Pitot Pressure)
② 대기의 온도 및 밀도(Air Temperature and Density)
③ 대기 속도 및 정압(Air Speed and Static Pressure)
④ 동압 및 온도(Out Side Temperature)

정답 01. ② 02. ② 03. ① 04. ④ 05. ① 06. ①

07 고 휘도 음극선관과 컴바이너(Combiner)라고 부르는 특수한 거울을 사용하여 1차적인 비행 정보를 조종사의 시선 방향에서 바로 볼 수 있도록 만든 장치는?
① PED ② ND
③ MFD ④ HUD

08 항공기 HUD(Head Up Display) 장치가 의미 하는 것은?
① 조종실 조종 안내 장치
② 조종실 자동 착륙 장치
③ 조종실 기상 재현 장치
④ 조종실 음성 기록 장치

항공기 통신 및 항법 계통

1 통신 장치

가 전파

1) 주파수와 파장

① 주파수 : 1초 동안 반복되는 사이클의 수

$$f = \frac{P \cdot N}{120} \text{ (여기서, } P : \text{자극수, } N : \text{rpm)}$$

② 파장 : 파장(파의 길이)은 빛의 속도를 주파수로 나눈 값

$$\lambda = \frac{C}{f} \ [C : \text{전파의 속도=빛의 속도}(3 \times 10^8 \text{m/s})]$$

2) 전파의 종류

전파의 종류	주파수 범위	파장 범위	용도
초장파(VLF) (Very Low Frequency)	3~30kHz	10000~100000m	오메가 항법
장파(LF) (Low Frequency)	30~300kHz	1000~10000m	로란, ADF
중파(MF) (Medium Frequency)	300~3000kHz	100~1000m	ADF
단파(HF) (High Frequency)	3~30MHz	10~100m	HF 통신
초단파(VHF) (Very High Frequency)	30~300MHz	1~10m	VHF 통신, VOR, ILS
극초단파(UHF) (Ultra High Frequency)	300~3000MHz	0.1~1m	ATC, DME, TACAN
센티미터파(SHF) (Super High Frequency)	3~30GHz	1~10cm	위성 통신, 전파 고도계
밀리미터파(EHF) (Extremely High Frequency)	30~300GHz	1~10mm	레이더

| 전파의 종류 |

항공 전자 장치		사용 주파수
통신 장치	극초단파(UHF) 통신 장치	225 ~ 400MHz
	초단파(VHF) 통신 장치	118 ~ 136MHz
	단파(HF) 통신 장치	2 ~ 25MHz
항법 장치	전방향 무선 표시(VOR)	108 ~ 118MHz
	거리 측정 장치(DME)	960 ~ 1,215MHz
	전술 항공 항법 장치(TACAN)	962 ~ 1,213MHz
	자동 방위 측정기(ADF)	190 ~ 1,750MHz
	K대역 도플러 레이더	13.3GHz
	X대역 기상 레이더	9.4GHz
	C대역 기상 레이더	5.5GHz
	전파 고도계	4.2 ~ 4.4GHz
관제 장치	2차 감시 레이더(SSR)	1,030MHz와 1,090MHz
	계기 착륙 장치(ILS)	320 ~ 340MHz(글라이드 슬로프) 108 ~ 112MHz(로컬라이저)

| 항공용 주파수 대역 |

3) 전파의 경로

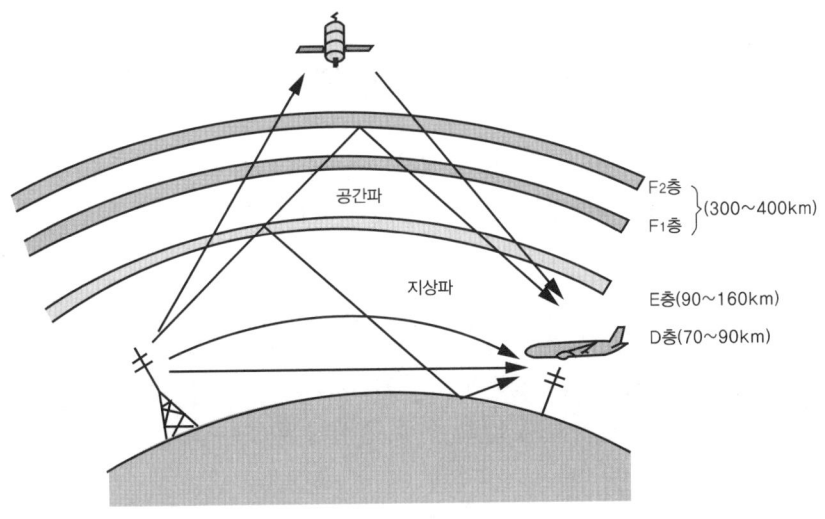

| 전파의 경로 |

가) 지상파(Ground wave)

① 직접파(Direct wave)

㉠ 대지에 접촉되지 않고 송신 안테나에서 수신 안테나까지 직접 전파

ⓒ 도달거리는 가시거리 이내(장애물 제한)
ⓒ 송수신 안테나가 길수록 전파거리 증가
② 대지 반사파(Reflected wave)
㉠ 대지에서 반사되어 도달되는 전파
㉡ 대지에서 반사될 때 수직편파는 위상 불변
㉢ 수평편파 위상이 180도 변화
③ 지표파(Surface wave)
지표면을 따라 전파되는 전파
④ 회절파(Diffracted wave)
㉠ 산 또는 큰 건물 위에 회절하여 도달하는 전파
㉡ 회절은 주파수가 낮을수록 즉 파장이 길수록 심하게 발생
㉢ 초단파나 극초단파에서 잘 일어남.

나) 공간파(Sky wave)

① 대류권 산란파(Tropospheric scattered wave)
대류권 내에서 불규칙한 기류에 의해 산란되어 전파되는 전파
② 전리층 파
전리층에서 반사되거나 산란되어 전파되는 전파
㉠ D층
- 가장 고도가 낮고 전자 밀도가 낮은 전리층으로 주간에만 존재하다가 야간에는 존재하지 않음.
- 장파대의 전파는 반사되고, 중파대의 전파는 대부분 흡수
㉡ E층
- D층 윗부분에 존재하며, 전자 밀도도 D층 다음으로 높음.
- 야간에는 장파대와 중파대의 전파가 E층에서 반사되지만 단파 이상의 전파는 E층을 투과
㉢ F층
F층은 전자 밀도가 가장 높으며, 단파대의 전파를 반사
㉣ 초단파 이상의 높은 주파수의 전파는 일반적으로 전리층을 투과하므로 전리층 반사파로는 이용되지 않고 우주 통신에 이용

4) 변조

가) AM(Amplitude Modulation)
신호의 크기에 따라 반송파의 진폭을 변화시키는 진폭 변조

나) FM(Frequency Modulation)
신호의 크기에 따라 반송파의 주파수를 변화시키는 주파수 변조

나 전파에 관한 여러 가지 현상

① 페이딩(Fading)
   ㉠ 수신되는 전파가 지나온 매질의 변화에 따라 그 수신 전파의 강도가 급격하게 변동되는 현상
   ㉡ 주로 단파에서 발생

② 델린저(Dellinger)
   지구의 중간권에 존재하는 전리층의 D층이 태양 표면의 폭발로 인하여 발생한 강한 전자기파들로 인해 두꺼워져 초단파를 흡수하여 국제 통신이 두절되는 현상

③ 에코 현상(Echo)
   송신 안테나에서 나온 전파가 둘 이상 또는 그 이상의 다른 통로를 지나 수신 안테나에 도달하면 각 통로의 차에 따른 시간 간격을 두고 같은 파가 도달하여 메아리처럼 들리는 현상

④ 태양 흑점의 영향
   태양 흑점이 증가되면 자외선이 많이 증가하고 전리층 내의 전자 밀도가 갑자기 증가하여 F층의 임계 주파수가 높아짐에 따라 높은 주파수의 전파가 잘 반사

⑤ 자기 폭풍(Magnetic storm)
   태양에서 복사되는 미립자가 대기의 상층에 충돌하여 전리층을 일으켜 그 때문에 이상 전류가 흘러 이것에 의해서 생기는 아상자계가 지구자계를 교란하여 원거리의 단파 통신이 몇 시간에서 며칠간 수신 강도가 저하되거나 수신 불능이 되는 현상

다 송수신 장치와 안테나

1) 송수신 장치

① 송신기 : Tx(Transmitter)
   ㉠ 신호를 증폭
   ㉡ 교류 반송파 주파수 발생
   ㉢ 입력 정보 신호를 반송파에 적재

② 수신기
   Rx(Receiver), 컨트롤러, 안테나(Ant)

2) 항공기 안테나(antenna)

가) 안테나 특성
① 주파수가 낮을수록 큰 안테나
② 안테나 장착 방법 변화

나) 안테나의 분류
① 사용 주파수에 따른 분류
　㉠ 장파, 중파용
　㉡ 단파용
　㉢ 초단파용
　㉣ 극초단파용
② 대역폭에 따른 분류
　㉠ 광대역 안테나
　㉡ 협대역 안테나
③ 기하학적 모양에 따른 분류
　㉠ 선 안테나(Wire Antenna)
　　• 직선형 : 다이폴 안테나
　　　가장 기본적인 안테나로 수평 길이가 파장의 1/2이고 그 중심에서 고주파 전력을 공급
　　• 루프형 : 루프 안테나
　　　다이폴 안테나의 끝을 서로 둥글게 연결하여 송신 안테나의 방향을 찾는 데 사용하는 지향성 안테나
　　• 접지 안테나
　　　안테나를 수직으로 세우고 파장 길이의 1/4에 해당되는 안테나의 반쪽을 지면이나 접지된 다른 도체로 대체한 안테나
　　• 나선형 : 헬리컬 안테나(Helical Antenna)
　　• 야기 안테나
　㉡ 평면형 안테나
　㉢ 반사판 안테나(Reflector Antenna)
　㉣ 배열 안테나

다) 항공용 안테나의 종류

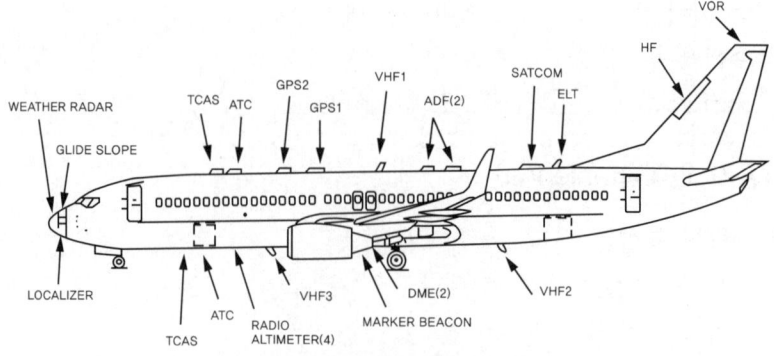

∥ B-737의 안테나 ∥

① 안테나 종류
　㉠ 무지향성 안테나 : 모든 방향을 균일하게 전파를 송수신-통신용 수직 안테나
　㉡ 지향성 안테나 : 특정 방향으로만 송수신하는 안테나-ADF의 루프 안테나
　㉢ 스캐닝 안테나(Scanning antenna) : 예민한 지향성을 가진 안테나를 회전이나 왕복 운동으로 넓은 범위 탐지
　㉣ 플러시형(Flush type) 안테나 : 기체 내부에 안테나 내장
　㉤ 와이어 안테나(Wire antenna) : 저속기에서 장파 중파 단파용으로 기체 외부에 장착
　㉥ 로드 안테나(Rod antenna)
　　• 경비행기에서 좋은 성능 발휘
　　• 기계적 압력으로 고속기 부적당
　　• 송수신 시 전방향 서비스를 위해 수직 형태 설계
　㉦ 수평비 안테나
　　• 토끼 귀모양으로 된 TV 안테나와 유사
　　• 완전하게 단일 방향으로 만들 수 없는 결점
　　• 저속 항공기 적합
　㉧ 블레이드 안테나(Blade antenna)
　　• 수직축은 통신 목적을 위한 수직 안테나
　　• 항법 안테나는 꼭대기의 뒤로 벌어진 수평 구조가 포함됨.
　　• 공기 저항 최소로 설계
　　• 유리 섬유 구조의 밀폐된 매질
　　• ATC 트랜스폰더, DME, VHF 안테나
　㉨ 접시형 안테나(Parabolic antenna)
　　• 지향성이 높은 예리한 전자파 빔 생산 레이더
　　• 기상 레이더 사용
　㉩ 슬롯 안테나
　　• 접시형 안테나의 여진용, 항공기용 레이더 복사기로 사용
　　• Glide Slope 수신용 안테나, 길이 $\lambda/2$
　㉪ 나팔형 안테나 : 전파 고도계 사용
　㉫ 원통형 안테나 : 마커비컨
　㉬ 탐침형(Probe) : HF 통신
　㉭ 다이폴 안테나 : VOR, LOC

② 안테나 길이
　㉠ HF 안테나 길이 $= \dfrac{\lambda}{4}$
　㉡ VHF 안테나 길이 $= \dfrac{\lambda}{2}$

라 단파 및 초단파 통신

1) 선택 호출 장치(SELCAL : Selective Calling system)
① 모든 항공기에 고유한 등록 부호를 주어 지상에서 호출할 때 통신에 앞서 호출 부호를 먼저 송신하면 램프와 차임을 동시에 울리게 하여 조종사에게 지상국에서 호출함을 알림.
② 다른 4개의 저주파의 혼합 코드가 지정되어 HF, VHF 통신 장치를 이용, 송신하면 수신한 항공기 중 지정 코드와 일치하는 항공기에 호출을 알림.

2) 비상 위치 추적 장치(ELT : Emergency Locator Transmitter)
① 항공기에 큰 충격이 왔을 때 항공기의 위치를 알려주는 장치
② 배터리 전원 사용
③ 24시간 동안 5W의 출력으로 매 50초 간격으로 406.025MHz의 디지털 신호를 송신
④ 121.5MHz로 신호를 전송하기도 함.
⑤ 가끔 243.0MHz의 주파수로 비상 신호를 전송

3) 단파(HF : High Frequency) 통신
① 항공기와 지상, 항공기와 타 항공기 상호 간의 HF 전파를 이용하여 장거리 통화에 이용
② 신호가 포함된 양측파대 통신 방식(DSB : Double Side Band) 중 한쪽만을 이용하는 방식인 주파수 간격 3kHz의 단측파대 통신 방식(SSB : Single Side Band)을 사용
③ SSB(single side band) 방식
　㉠ 한쪽 측파대만 사용
　㉡ 복조 시 헤테로다인 검파를 하여 변조 신호 분리
　㉢ 장점
　　• 점유 주파수 대역폭이 1/2로 감소
　　• 송신 전력이 DSB방식보다 적고, 페이딩의 영향이 적음.
　　• 수신기 출력에서 신호대 잡음비(S/N) 개선
　　• 비트(Beat)의 방해가 없음(비트 : 순간적으로 튀어나오는 펄스).
　　• DSB 방식보다 소형 제작
　㉣ 단점
　　회로 구성이 DSB보다 복잡하여 고가
④ 단파 통신 안테나 커플러
　안테나의 임피던스와 선택한 주파수에서 송·수신기의 출력 임피던스를 자동적으로 정합(matching)

4) 초단파(VHF : Very High Frequency) 통신
① 항공기와 항공기, 또는 항공기와 지상국이 서로 교신하는 데 사용
② 118.000 ~ 136.975MHz의 초단파 항공 주파수 범위에서 작동
③ 25kHz 간격으로 760개 채널
④ 무선 튜닝 패널, 음성 관리 장치, SELCAL 해독 장치에 연결
⑤ AM(amplitude modulation) 변조 방식 사용
  ㉠ 소비 전력 극소화
  ㉡ 효율 증가
⑥ DSB(Double side band) 방식
  ㉠ 스퀠치 회로(SQL : Squelch) : 신호 입력이 없을 때에는 자동적으로 저주파 증폭기를 다 죄어서 잡음을 없애도록 만든 회로
  ㉡ 싱글 슈퍼헤테로다인 수신 방식
  ㉢ PTT(Push-to-talk) 방식

5) 극초단파(UHF : Ultra High Frequency) 통신
① 225 ~ 400MHz 범위에서 SSB 방식으로 통신
② UHF는 가시거리 내로 한정되어 근거리용으로 사용
③ 군용 항공기와 지상국 또는 군용 항공기 상호간에 사용
④ 민간용 주파수의 방해가 없어 양호한 통신 가능
⑤ 가드 수신기 내장 : 항상 243MHz 수신
⑥ 수정 제어 더블 슈퍼헤테로다인 방식 수신기(Double superheterodyne)

마 위성 통신(SATCOM : Satellite Communication) 시스템
① 위성을 이용하여 지상의 지구국과 지구국, 또는 이동국 사이의 정보를 중계하는 무선 통신 방식
② 장거리 광역 통신에 적합
③ 지형, 거리에 관계없이 전송 품질 우수
④ 대용량 통신 가능하고 신뢰성 우수
⑤ 지구국에서 송신된 상향 링크 신호를 수신하여 저잡음 증폭기로 증폭한 다음 하향 링크 주파수로 변환하여 고주파 증폭기로 증폭하고 이를 안테나를 통하여 지구로 송신
⑥ 지구국은 안테나, 송수신 계통, 변조와 복조 계통, 감시제어 계통 및 전원계로 구성

바 기내 인터폰 및 방송 장치

1) 운항 승무원 상호 간 통화 장치(Flight Interphone system)
① 비행 중에는 조종실 내의 운항 승무원 상호 간에 통화를 하며, 지상에서는 항공기가 Taxing하는 동안에 지상 조업 요원과 조종실 내의 운항 승무원간에 통화
② 서로 간섭받지 않고 각각 승무원석에서 자유롭게 선택하여 송신, 청취

2) 승무원 상호 통화 장치(Service interphone system)
① 비행 중 조종실과 객실 승무원석 및 조리실(Galley) 간 통화 연락을 하는 장치
② 지상 정비 시 조종실과 정비사 간의 점검상 필요한 기체 외부와의 통화 연락을 하기 위한 장치

3) 객실 인터폰 장치(Cabin interphone system)
① 승무원 서로 간에, 또는 조종사와 통화를 위한 장치
② 조종사 긴급 호출
  ㉠ 승무원은 비상시 조종사에게 알리기 위해 조종사 긴급 호출을 사용
  ㉡ 조종사 긴급 호출은 조종실에서 다른 모든 호출보다 우선

4) 기내 방송 장치(Passenger address system)
① 조종실 및 객실 승무원석에서 승객에게 필요한 방송을 위한 기내 장치
② 우선순위에 의한 방송
  ㉠ 1순위 : 조종실 방송
  ㉡ 2순위 : 객실 승무원 방송
  ㉢ 3순위 : 음악 방송

5) 오락프로그램 제공 장치(Passenger entertainment system)
① 승객에게 영화, 오락프로그램 제공이나 비행기 위치 등을 표시
② 좌석에 채널 선택기로 선택한 프로그램을 이어폰으로 청취

제3장 항공기 통신 및 항법 계통

1 출제 예상 문제

01 전자기파 60MHz 파장은 몇 m인가?
① 5 ② 10 ③ 15 ④ 20

해설
$$\lambda = \frac{C}{f} = \frac{3 \times 10^8}{60 \times 10^6} = 5\text{m}$$

02 지상파의 종류가 아닌 것은?
① E층 반사파 ② 직접파
③ 대지 반사파 ④ 지표파

해설
지상파의 종류
- 직접파(Direct Wave)
- 대지 반사파(Reflected Wave)
- 지표파(Surface Wave)
- 회절파(Diffracted Wave)

03 전파의 전달 방법 중 직접파에 대한 설명으로 틀린 것은?
① 직접파의 도달거리는 가시거리 이내이다.
② 송수신 안테나를 높이면 도달거리가 길어진다.
③ 송신 안테나로부터 직접 수신 안테나에 도달되는 전파이다.
④ 송신 출력을 2배 높이면 도달거리는 가시거리보다 2배 길어진다.

해설
직접파(Direct Wave)
- 대지 면에 접촉되지 않고 송신 안테나에서 수신 안테나까지 직접 전파
- 도달거리는 가시거리 이내(장애물 제한)
- 송수신 안테나가 길수록 전파거리 증가

04 다음 중에서 지표파가 가장 잘 전파되는 전파는?
① LF ② UHF ③ HF ④ VHF

05 전파(Radio Wave)가 공중으로 발사되어 전리층에 의해서 반사되는데 이 전리층을 설명한 내용으로 틀린 것은?
① 태양에서 발사된 복사선 및 복사 미립자에 의해 대기가 전리된 영역이다.
② 주간에만 나타나 단파대에 영향이 나타나며 D층에서는 전파가 흡수된다.
③ 전리층이 전파에 미치는 영향은 그 안의 전자 밀도와는 관계가 없다.
④ 전리층의 높이나 전리의 정도는 시각, 계절에 따라 변한다.

06 다음 중 HF 주파수대를 반사시키는 전리층은?
① D층 ② E층 ③ F층 ④ G층

해설
전리층파
- D층 : 장파대의 전파는 반사
- E층 : 장파대와 중파대의 전파 반사
- F층 : 단파대의 전파를 반사

07 신호에 따라 반송파의 진폭을 변화시키는 변조 방식은?
① PCM 방식 ② FM 방식
③ AM 방식 ④ PM 방식

해설
- AM(Amplitude Modulation) : 신호의 크기에 따라 반송파의 진폭 변조
- FM(Frequency Modulation) : 신호의 크기에 따라 반송파의 주파수 변조

정답 01. ① 02. ① 03. ④ 04. ① 05. ③ 06. ③ 07. ③

제4부 항공 장비

08 전파의 이상 현상과 가장 거리가 먼 것은?
① Fading(페이딩)
② Magnetic Storm(자기 폭풍)
③ Dellinger(델린저)
④ White Noise(백색 잡음)

09 대류권파의 페이딩(Fading) 현상이 가장 심한 주파수는?
① LF   ② IF
③ VHF ④ MF

[해설]
페이딩(Fading)
- 수신되는 전파가 지나온 매질의 변화에 따라 그 수신 전파의 강도가 급격하게 변동되는 현상
- 주로 단파에서 발생

10 태양의 표면에서 폭발이 일어날 때 방출되는 강한 전자기파들이 D층을 두껍게 하여 국제 통신의 파동이 약해져 통신이 두절되는 전파상의 이상 현상은?
① 페이딩 현상   ② 공전 현상
③ 델린저 현상   ④ 자기 폭풍 현상

[해설]
델린저(Dellinger)
- 태양면의 폭발에 의해 방출된 다량의 자외선이 D층 또는 E층의 전자 밀도를 증가시킴으로써 발생
- 주간에 저위도 지방에서 발생
- 10분 또는 수 십분 지속
- 1.5 ~ 20MHz 정도의 단파 통신에 영향을 줌.
- D층과 E층의 전자 밀도는 증가되나 F층의 전자 밀도는 변화 없음.

11 델린저 현상의 원인은 어느 것인가?
① 흑점의 증가
② 자기람
③ 태풍
④ 태양 표면의 폭발

12 무선 통신 장치에서 송신기(Transmitter)의 기능에 대한 설명으로 틀린 것은?
① 신호 증폭을 한다.
② 교류 반송파 주파수를 발생시킨다.
③ 입력 정보 신호를 반송파에 적재한다.
④ 가청 신호를 음성 신호로 변환시킨다.

13 항공기 안테나에 대한 설명으로 옳은 것은?
① 첨단 항공기는 안테나가 필요 없다.
② 일반적으로 주파수가 높을수록 작아진다.
③ VHF 통신용으로는 주로 루프 안테나가 사용된다.
④ HF 통신용은 전리층 반사파를 이용하기 때문에 안테나가 필요 없다.

14 안테나의 종류와 특성 중 주파수 특성에 의해서 분류한 안테나는?
① 렌즈 안테나
② 광대역 안테나
③ 유전체용 안테나
④ 곡면 반사형 안테나

[해설]
대역폭에 따른 분류
- 광대역 안테나
- 협대역 안테나

15 [보기]와 같은 특징을 갖는 안테나는?

> [보기]
> - 가장 기본적이며, 반파장 안테나
> - 수평 길이가 파장의 약 반 정도
> - 중심에 고주파 전력을 공급

① 다이폴 안테나
② 루프 안테나
③ 마르코니 안테나
④ 야기 안테나

정답 08. ④ 09. ③ 10. ③ 11. ④ 12. ④ 13. ② 14. ② 15. ①

해설

다이폴 안테나
가장 기본적인 안테나로 수평 길이가 파장의 1/2이고 그 중심에서 고주파 전력을 공급

16 다음 중 지향성 전파를 수신할 수 있는 안테나는?

① Loop   ② Sense
③ Dipole   ④ Probe

해설

루프 안테나
다이폴 안테나의 끝을 서로 둥글게 연결하여 송신 안테나의 방향을 찾는 데 사용하는 지향성 안테나

17 안테나 종류에서 구조에 의한 분류 중 판상 안테나에 해당하는 것은?

① 반사형   ② 집중정수형
③ 분포정수형   ④ 복합 개구면형

해설

기하학적 모양에 따른 분류
- 선 안테나(Wire Antenna)
- 개구면 안테나
- 평면형 안테나
- 반사판 안테나(Reflector Antenna)
- 배열 안테나

18 항공기 안테나(Antenna)의 방빙 시스템에 대한 설명으로 옳은 것은?

① 모든 무선 안테나는 기능 유지를 위한 방빙 시스템을 갖추어야 한다.
② 안테나의 방빙 시스템은 얼음 박리에 의한 기관이나 기체의 손상을 방지하기 위하여 필요하다.
③ 레이돔(Radom)은 레일 및 안테나가 장착된 곳으로 방빙 시스템이 반드시 설치된다.
④ 안테나의 방빙 시스템은 구조상 기능 유지를 위해 Fin Type의 안테나에만 요구되어진다.

19 SELCAL System에 대한 설명 중 가장 관계가 먼 내용은?

① HF, VHF System으로 송·수신된다.
② 지상에서 항공기를 호출하기 위한 장치이다.
③ 항공기 위험 사항을 알리기 위한 비상 호출 장치이다.
④ 일반적으로 Selcal Code는 4개의 Code로 만들어져 있다.

해설

선택 호출 장치(SELCAL : Selective Calling System)
- 모든 항공기에 고유한 등록 부호를 주어 지상에서 호출할 때 통신에 앞서 호출 부호를 먼저 송신하면 램프와 차임을 동시에 울리게 하여 조종사에게 지상국에서 호출함을 알림.
- 다른 4개의 저주파의 혼합 코드가 지정되어 HF, VHF 통신 장치를 이용 송신하면 수신한 항공기 중 지정 코드와 일치하는 항공기에 호출을 알림.

20 지상에 설치된 송신소나 트랜스폰더를 필요로 하는 항법 장치는?

① 거리 측정 장치(DME)
② 자동 방향 탐지기(ADF)
③ 2차 감시 레이더(SSR)
④ Selcal(Selective Calling System)

21 항공기에 장착된 고정용 ELT(Emergency Locator Transmitter)가 송신 조건이 되었을 때 송신되는 주파수가 아닌 것은?

① 121.5MHz   ② 203.0MHz
③ 243.0MHz   ④ 406.0MHz

정답 16. ① 17. ① 18. ② 19. ③ 20. ④ 21. ②

해설

비상 위치 추적 장치(ELT : Emergency Locator Transmitter)
- 항공기에 큰 충격이 왔을 때 항공기의 위치를 알려주는 장치
- 배터리 전원 사용
- 24시간 동안 5Watts의 출력으로 매 50초 간격으로 406.025MHz의 디지털 신호를 송신
- 121.5MHz로 신호를 전송하기도 함.
- 가끔 243.0MHz의 주파수로 비상 신호를 전송

22 장거리 통신에 가장 적합한 장치는?
① HF 통신 장치
② VHF 통신 장치
③ UHF 통신 장치
④ SHF 통신 장치

해설

HF(단파) 통신
항공기와 지상, 항공기와 타 항공기 상호 간의 HF 전파를 이용하여 장거리 통화에 이용

23 HF 통신(Communication)의 용도로 가장 올바른 것은?
① 항공기 상호간 단거리 통신
② 항공기와 지상간의 단거리 통신
③ 항공기 상호간 및 항공기와 지상간의 단거리 통신
④ 항공기 상호간 및 항공기와 지상간의 장거리 통신

24 다음 중 인천공항에서 출발한 항공기가 태평양을 지나면서 통신할 때 사용하는 적합한 장치는?
① MF 통신 장치
② LF 통신 장치
③ VHF 통신 장치
④ HF 통신 장치

25 HF 통신 방식용 DSB 방식과 비교하여 주로 SSB 방식을 쓰는 이유가 아닌 것은?
① 신호대 잡음비가 DSB 방식보다 개선된다.
② 송신기의 소비 전력이 DSB 방식보다 적게 든다.
③ 회로 구성이 DSB 방식보다 간단하며 제작 가격이 저렴하다.
④ DSB 방식보다 점유 주파수 대역폭이 1/2로 줄어든다.

해설

DSB 방식의 장점
- 점유 주파수 대역폭이 1/2로 감소
- 송신 전력이 DSB 방식보다 적음, 페이딩의 영향이 적음.
- 수신기 출력에서 신호대 잡음비(S/N) 개선
- 비트(Beat)의 방해가 없음, 비트란 순간적으로 튀어나오는 펄스
- DSB 방식보다 소형 제작

26 SSB 통신 방식의 장점이 아닌 것은?
① 소비 전력이 적다.
② 주파수 이용 효율이 높다.
③ 변조 전력이 적기 때문에 변조기가 소형이다.
④ 송신 장치와 수신 장치가 간단하고 가격이 저렴하다.

27 단파(High Frequency) 통신에는 안테나 커플러(Antenna Coupler)가 장착되어 있는데 이것의 주 목적은?
① 송·수신 장치의 방빙 효과를 높이기 위하여
② 송·수신 장치와 안테나를 직접 연결시키기 위하여
③ 송·수신 장치에서 주파수의 범위를 넓히기 위하여
④ 송·수신 장치와 안테나의 전기적인 매칭(Matching)을 위하여

정답 22. ① 23. ④ 24. ④ 25. ③ 26. ④ 27. ④

제3장 항공기 통신 및 항법 계통

해설
단파 통신 안테나 커플러
안테나의 임피던스와 선택한 주파수에서 송·수신기의 출력 임피던스를 자동적으로 정합(Matching)

28 항공기가 운항하기 위해 필요한 음성 통신을 주로 어떤 장치를 이용하는가?
① GPS 통신 장치 ② ADF 수신기
③ VHF 통신 장치 ④ VOR 통신 장치

해설
초단파(VHF : Very High Frequency) 통신
- 항공기와 항공기 또는 항공기와 지상국이 서로 교신하는 데 사용
- 118.000~136.975MHz의 초단파 항공 주파수 범위에서 작동
- 25kHz 간격으로 760개 채널
- 무선 튜닝 패널, 음성 관리 장치, Selcal 해독 장치에 연결

29 항공기 VHF 통신 장치에 관한 설명 중 틀린 것은?
① 근거리 통신에 이용된다.
② VHF 통신 채널 간격은 30kHz이다.
③ 수신기에는 잡음을 없애는 스퀠치 회로를 사용하기도 한다.
④ 국제적으로 규정된 항공 초단파 통신 주파수 대역은 108 ~ 136MHz이다.

30 다음 중 가시거리에 사용되는 전파는?
① VHF   ② VLF
③ HF   ④ MF

31 스퀠치(Squelch) 회로에 대한 설명으로 가장 옳은 것은?
① AM 송신기에서 고역을 강조하는 회로
② FM 송신기에서 주파수 체배를 위한 회로
③ AM 수신기에서 반송파를 제거시키는 회로
④ FM 수신기 신호가 없을 때 잡음을 지울 수 있는 회로

해설
스퀠치 회로(SQL : Squelch)
신호 입력이 없을 때에는 자동적으로 저주파 증폭기를 다 죄어서 잡음을 없애도록 만든 회로

32 인공위성을 이용하여 통신, 항법, 감시 및 항공관제를 통합 관리하는 항공 운항 지원 시스템의 명칭은?
① 위성 항법 시스템
② 항공 운항 시스템
③ 위성 통합 시스템
④ 항공 관리 시스템

33 통신 위성 시스템에서 지구국의 일반적인 구성이 아닌 것은?
① 송·수신계   ② 감쇠계
③ 변·복조계   ④ 안테나계

해설
지구국은 안테나, 송수신 계통, 변조와 복조 계통, 감시 제어 계통 및 전원계로 구성

34 위성 통신에 관한 설명으로 틀린 것은?
① 지상에 위성 지구국과 우주에 위성이 필요하다.
② 통신의 정확성을 높이기 위하여 전파의 상향과 하향 링크 주파수는 같다.
③ 장거리 광역 통신에 적합하고 통신거리 및 지형에 관계없이 전송 품질이 우수하다.
④ 위성 통신은 지상의 지구국과 지구국 또는 이동국 사이의 정보를 중계하는 무선 통신 방식이다.

정답 28. ③ 29. ② 30. ① 31. ④ 32. ① 33. ② 34. ②

35 위성 통신 장치의 위상 위성 방식으로 가장 올바른 것은?

① 지구 상공 수백 ~ 수천 km의 궤도상을 수 시간의 주기로 선회하는 위성을 이용하는 방식
② 지구 상공에 위성을 배치하고 지구국은 안테나를 사용하여 차례로 위성을 추적하여 상시 통신하는 방식
③ 각종 관측 위상에서만 사용
④ 안테나를 설치하여 위성을 추적

36 위성 통신 장치에서 지상국 시스템의 송신계에 가장 적합한 증폭기는?

① 저잡음 증폭기
② 저출력 증폭기
③ 고출력 증폭기
④ 전자 냉각 증폭기

해설
위성 통신 장치
지구국에서 송신된 상향 링크 신호를 수신하여 저잡음 증폭기로 증폭한 다음 하향 링크 주파수로 변환하여 고주파 증폭기로 증폭하고 이를 안테나를 통하여 지구로 송신

37 다음 중 유선 통신 방식이 아닌 것은?

① Call System
② Flight Interphone System
③ Service Interphone System
④ Automatic Direction Finder

해설
자동 방향 탐지기(ADF : Automatic Direction Finder)
190 ~ 1750kHz의 전파를 사용하여 지상 무선국으로부터의 전파가 전송되는 방향을 알아 지상 무선국의 방위를 시각 장치나 음향 장치를 통해 알아내는 장치

38 비행 중에는 조종실 내의 운항 승무원 상호간에 통화를 하며, 지상에서는 항공기가 Taxing하는 동안에 지상 조업 요원과 조종실 내의 운항 승무원 간에 통화하는 인터폰은?

① Passenger 인터폰
② Cabin 인터폰
③ Service 인터폰
④ Flight 인터폰

해설
운항 승무원 상호 간 통화 장치(Flight Interphone system)
비행 중에는 조종실 내의 운항 승무원 상호 간에 통화를 하며, 지상에서는 항공기가 Taxing하는 동안에 지상 조업 요원과 조종실 내의 운항 승무원간에 통화

39 조종실에서 산소 마스크를 착용하고 통신을 할 때 다음 중 어느 계통이 작동해야 하는가?

① Public Address
② Flight Interphone
③ Tape Reproducer
④ Service Interphone

40 비행 중에는 사용하지 않고 정비를 위한 통화 목적으로 사용하는 Interphone System은?

① Flight Interphone
② Cabin Interphone
③ Service Interphone
④ Galley와 Galley 상호간 통화

정답 35. ② 36. ③ 37. ④ 38. ④ 39. ② 40. ③

41 Cabin Interphone System의 목적과 가장 거리가 먼 것은?

① 조종실과 객실 승무원과의 연락
② 객실 승무원 상호 연락
③ 운항 승무원 상호 연락
④ Cargo 항공기 화물 적재 시 통화

42 서비스 통화 계통에 대한 설명으로 가장 올바른 것은?

① 비행 중에는 조종실과 객실 승무원 및 주방 간 통화
② Flight를 위하여 조종사와 지상 조업 요원 간 직접 통화
③ 정비사 상호 간 통화
④ 조종사 상호 간의 통화

[해설]
승무원 상호 간 통화 장치(Service Interphone System)
- 비행 중 조종실과 객실 승무원석 및 조리실(Galley) 간 통화 연락을 하는 장치
- 지상 정비 시 조종실과 정비사 간의 점검상 필요한 기체 외부와의 통화 연락을 하기 위한 장치

43 항공기의 기내 방송(Passenger Address) 중 제1순위에 해당되는 것은?

① 기내 음악 방송
② 조종실에서의 방송
③ 개별 좌석 방송
④ 객실 승무원의 방송

[해설]
기내 방송 장치(Passenger Address System)
- 조종실 및 객실 승무원석에서 승객에게 필요한 방송을 위한 기내 장치
- 우선순위에 의한 방송
  - 1순위 : 조종실 방송
  - 2순위 : 객실 승무원 방송
  - 3순위 : 음악 방송

44 승객이 이용하는 비디오 정보 시스템인 에어쇼에 제공되는 입력 정보가 아닌 것은?

① ADS(Air Data System)
② ATC(Air Traffic Control)
③ FMS(Flight Management System)
④ INS(Inertial Navigation System)

② 항법 장치

가 항법(Navigation)

항공기가 어느 한 지점으로부터 지정된 다른 지점으로 정해진 시간에 도달할 수 있게 유도하는 과정

1) 항법의 요소

① 위치 표시
② 방위 표시
③ 시간 표시
④ 속도와 거리 표시

정답 41. ③ 42. ③ 43. ② 44. ②

2) 항법의 종류

① 지문 항법(Pilotage navigation)
　조종사가 해안선이나 고속도로, 철도 노선을 보며 비행하는 항법
② 추측 항법(Dead reckoning navigation)
　항공기의 속도와 방향을 측정하여 현재의 위치를 알아내는 방법
③ 천문 항법(Celestial navigation)
　별자리를 보고 목적지를 찾아가는 방법
④ 무선 항법(Radio navigation)
　전파의 직진성 및 전파의 전파 속도가 일정한 것을 이용한 항법 장치
⑤ 인공위성 항법(GPS navigation)

나 무선 원조 항법 장치

1) 자동 방향 탐지기(ADF : automatic direction finder)

190~1750kHz의 전파를 사용하여 지상 무선국으로부터의 전파가 전송되는 방향을 알아 지상 무선국의 방위를 시각 장치나 음향 장치를 통해 알아내는 장치

| ADF 지시계 |

가) 무지향성 표지(NDB : Non Directional Beacon)
① 무지향성 표지는 무지향성의 전파를 360° 전방위 공간에 송신하고, 항공기가 이 전파를 수신하여 지상에 있는 무선국의 방위를 알 수 있는 시설
② 지상 무선국은 비행장 부근이나 항공로 상에 설치

나) 항공기의 수신 장치

다) 안테나

라) 전파 나침반 또는 무선 나침 지시계(RMI : Radio Magnetic Indicator)

마) 전원 장치

2) 초단파 전방향 무선 표지(VOR : VHF Omni-Directional Ranging)

VOR 지상 무선국별로 고유의 주파수를 360도 전방향으로 전파를 송신하여 항행하는 항공기에 방위 정보를 알려 주는 장치

① 방위 지시기(RMI : radio magnetic indicator)와 수평 위치 지시기(HSI : horizontal situation indicator)에 표지국의 방위와 가까워지는지, 멀어지는지, 코스 이탈인지 등을 총괄적으로 표시

제3장 항공기 통신 및 항법 계통

┃ 방위 지시기(RMI : radio magnetic indicator) ┃

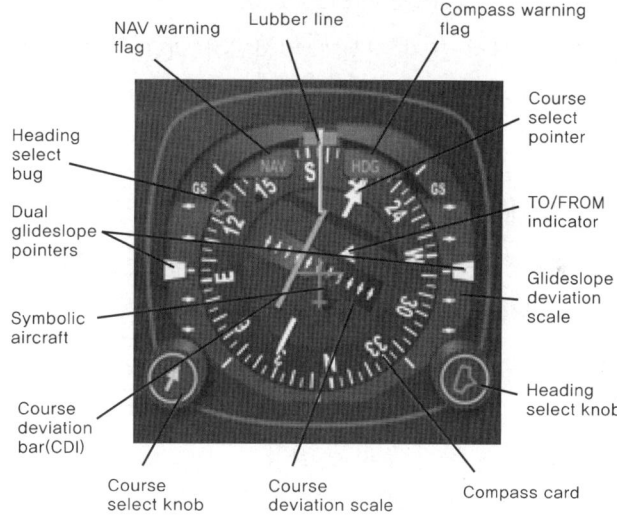

┃ 수평 위치 지시계 ┃

② VOR : 항공로 주요 지점에 VOR 지상국을 설치 정확한 항로를 표시
③ TVOR(terminal VOR) : 공항 전방향 표지 시설 공항이나 공항 부근에 설치하여 항공기의 진입 및 강하 유도에 사용
④ 유효 거리 : 160~320km 범위
⑤ 주파수 범위 : 108.00~117.95MHz(각 채널 간격 0.1MHz, 총채널 100개)

가) VOR 수신기
① 수신기는 VOR/LOC가 같은 주파수이므로 안테나를 사용하여 겸용 수신기 사용
② 더블 슈퍼헤테로다인방식

나) 코스 지시기
① VOR/LOC 및 Glide slope의 편위 바늘에 항법 정보를 가하여 조종사에게 지시

② TO-FROM 표지
- TO : 항공기 쪽에서 VOR국의 방위
- FROM : VOR국으로부터의 방위

3) 전술 항행 장치(TACAN : tactical air navigation system)

아주 좁은 주파수 범위의 레이더 주파수를 사용하여 저출력으로 원거리(200nm)까지 지상 무선국의 정보를 제공

4) 거리 측정 시설(DME : Distance Measuring Equipment)

항공기에서 선정한 지상 무선국까지의 거리 정보를 조종사에게 알리는 장치

① 960~1215MHz의 주파수 대역을 사용
② 초단파 전방향 무선 표지 시설과 병설되어 VOR/DME라고도 함.
③ 질문 펄스에서 응답 펄스에 대한 펄스 간에 지체 시간을 구하여 거리를 측정
④ DME 지시기에 표시되는 거리는 항공기에서 DME국까지의 경사 거리

5) 쌍곡선 항법 장치(Hyperbolic navigation)

미리 위치를 알고 있는 두 송신국으로부터 전파를 수신하고, 그 도달 시간차 또는 위상차를 측정하여 위치를 결정하는 방식

가) 로란(LORAN : Long Range Navigation)
① 서로 떨어진 두 개의 송신소로부터 동기 신호를 수신하여 두 송신소에서 오는 신호의 시간차를 측정하여 자기 위치를 결정
② 현재는 사용하지 않고 오메가 항법으로 전환

나) 오메가 항법(Omega Navigation)
① 10kHz~14KHz 대의 초장파 VLF를 사용한 쌍곡선 항법
② 2개의 송신국으로부터 발사되는 전파의 위상차를 측정하여 위치 결정
③ 10,000km에 1국씩 설치하면 지구상에 8개의 송신국만 설치할 수 있음.
④ 초장파는 해면 밑 15m까지 전파하여 잠수함에서 위치 측정에도 사용

다 항법 보조 장치

1) 기상 레이더(Weather radar)

항공기 비행 전방의 기상 상태를 지시기에 알려 주는 장치

① 민간 항공기는 의무적으로 기상 레이더(weather radar)를 장착
② 안테나의 전파 빔 패턴(beam pattern)
  ㉠ 펜슬 빔(pencil beam) : 구름이나 비의 상태를 지시하기 위하여 사용
  ㉡ 팬 빔(fan beam) : 현재 비행하고 있는 부근의 지형을 알 수 있음.

2) 전파 고도계(Low Range Radio altimeter)

항공기에서 지표로 향해 전파를 발사하여 그 반사파가 돌아올 때까지의 시간을 측정하여 절대 고도(Absolute altitude)를 측정

① 저고도에서 측정하기 때문에 측정 범위는 2500ft 이하
② 공항에 착륙하기 위하여 활주로로 진입하면서 고도 정보를 얻는 데 사용
③ 고도를 지시하는 것 외에 자동 비행 조종 장치(AFCS), 지상 근접 경고 장치(GPWS), 공중 충돌 회피 경보 장치(TCAS), 기상 레이더(WXR) 등에 항공기의 고도와 강하율을 알려주는 중요한 장비

3) 항공 교통 관제(ATC : Air Traffic Control)

항공기 상호 간의 충돌 방지와 항공 교통의 질서를 유지하여 항공기가 안전하고 질서 정연하게 운항할 수 있도록 지원하는 시스템

① 항공로 관제 업무, 진입 관제 업무, 비행장 관제 업무, 터미널 관제 업무, 착륙 유도 관제 업무로 구분
② 1차 감시 레이더(PSR : Primary Surveillance Radar)
   목표물의 방위(Bearing)로 위치 확인과 동시에 거리 탐지
③ 2차 감시 레이더(SSR : Secondary Surveillance Radar)
   지상 설비인 질문기(Interrogator)로부터 질문 신호를 발사하면 항공기의 트랜스폰더가 질문 신호에 대응하는 응답 신호를 지상 설비로 반송하는 시스템
④ 지상 관제사는 항공기의 방위, 거리, 식별 코드 및 고도를 알 수 있게 되어 항공기를 쉽게 구별
⑤ 모드 A의 질문에 대해서는 해당 항공기의 식별 부호를, 모드 C의 질문에 대해서는 해당 항공기의 기압 고도 정보를 각각 부호화하여 응답

4) 공중충돌회피경보장치(TCAS : Traffic alert and Collision Avoidance System)

항공기와 항공기 간의 공중 충돌 가능성을 사전에 감지하여 조종사에게 시각 또는 청각으로 경보를 제공하여 공중 충돌 방지

5) 고도 경고 장치(Altitude alert system)

조종사가 선택한 고도와 항공기의 고도를 항상 비교하여 접근 도달 및 이탈 등의 상태를 나타내는 장치

6) 지상 접근 경고 장치(GPWS : Ground Proximity Warning System)

항공기가 산악 또는 지표면에 과도하게 접근하면 미리 조종사에게 알려 주어 지상과의 충돌을 피할 수 있도록 하는 장치

라 관성 항법 장치(INS : Inertial Navigation System)

가속도계로 항공기의 운동 가속도를 검출하여 이것을 적분하여 속도를 구하고, 다시 속도를 적분하여 거리를 구하는 항법 장치로 자립 항법 장치의 일종

① 관성 센서라 불리는 자이로스코프와 가속도계에 의해 운반체의 회전 각속도와 선형 가속도를 측정하고 이들 출력을 이용하여 외부의 도움 없이 기준 항법 좌표계에 대한 운반체의 현재 위치, 속도 및 자세 정보를 제공
② 외부로부터 신호 교란이나 신호 감지를 피할 수 있고 날씨와 시간제한 등에 전혀 구애를 받지 않음.
③ 자이로(gyro)를 사용한 수평 플랫폼을 설정하여 고감도 가속계 설치

마 위성항법 장치(GPS : Global Positioning System)

인공위성에서 지구로부터의 전파를 수신하여 다시 전파를 발사하는 송수신기를 장착하여 거리 및 거리 변화율의 측정과 함께 위치 결정

① 인공위성을 이용한 3차원의 위치 및 항법에 필요한 위치 및 속도와 시간을 제공
② 사용법이 간단하고 NDB, VOR보다 정확한 위치 및 시간 제공
③ 항공기의 경우 자동차와 달리 3차원의 위치 정보가 필요하므로 4개 이상의 GPS 위성을 이용하여 자신의 위치 및 고도를 인식

바 지시 계기

1) **자세 지시계(ADI : Attitude Director Indicator)**
   ① 조종사 앞면 계기판 중앙에 장착하여 항공기의 자세를 알려주는 장치
   ② 항공기의 피치와 경사각(bank)을 지시

| 자세 지시계 |

2) 수평 위치 지시계(HSI : Horizontal Situation Indicator)

① 조종사에게 항공기와 INS, VOR, ADF 방위각의 관계, 자기 방향, 원하는 항로와 헤딩 활공 경사각, 코스 이탈 정보, 목표 지점으로부터의 거리 등을 표시
② HSI의 발달 : HSI → EHSI(Electronic HSI) → ND(Navigation Display)

3) 무선 지시계(RMI : Radio Magnetic indicator)

자북국 방향에서 VOR, ADF 신호 방향과의 각도 및 항공기 방위각을 나타내는 계기

4) 일차 비행 표시 장치(PFD : Primary Flight Display)

① ADI의 기능 향상
② 속도계, 기압 고도계, 전파 고도계, 승강계, 기수 방위 지시계, 자동 조종 작동 모드 등을 한 곳으로 집약하여 표시

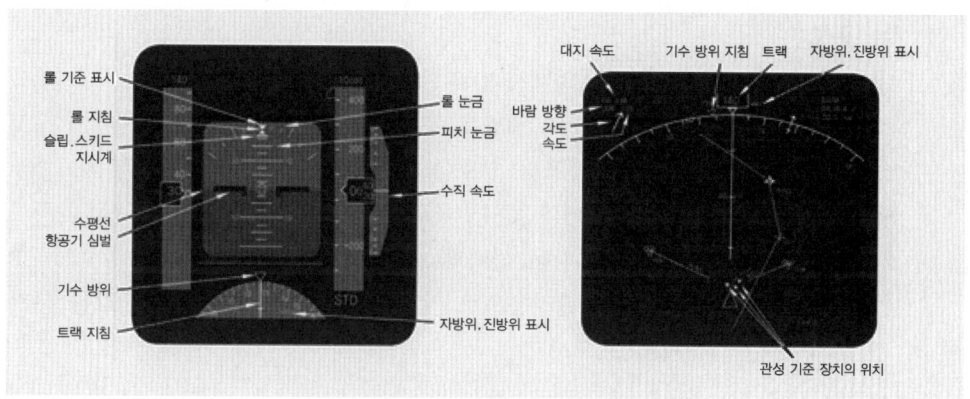

∥ 일차 비행 표시 장치와 항법 표시 장치 ∥

5) 항법 표시 장치(ND : Navigation Display)

① 항법에 필요한 여러 가지를 나타내는 CRT
② 현재 위치, 기수 방위, 비행 방향, 설정 코스 이탈 여부, 비행 예정 코스, 도중 통과 지점까지의 거리 및 방위, 소요 시간 지시, 풍향, 풍속, 대지 속도, 구름 등이 표시

6) 전자 비행 계기 장치(EFIS : Electronic Flight Instrument System)

PFD와 ND를 합친 계기

7) 기관 지시 및 승무원 경고 장치(EICAS : Engine Indication and Crew Alerting System)

종래의 엔진 계기 대신에 엔진 운전 상태를 표시함과 동시에 엔진 계통을 포함한 항공기의 각 계통에 발생하는 이상 상태 등을 표시

① 주 EICAS 화면 : 엔진의 주요 파라미터인 EPR(엔진 압력비), 저압 로터 회전수, 배기가스 온도계(EGT)
② 보조 EICAS 화면 : 고압 로터 회전수, 연료 유량(FF : Fuel Flow) 등 그 밖의 파라미터가 표시

사 자동 비행 제어 장치

조종사가 최적의 비행을 수행할 수 있게 하고, 조종사의 업무 부담 경감과 운항 효율을 향상시키기 위한 자동 비행 장치

1) 자동 조종 장치(Auto-pilot)

조종사의 장시간 비행에 따른 수동 조작의 업무를 경감시키기 위해 항공기 3축(세로축, 가로축, 수직축)을 자동으로 조정

가) 구성

① 센서부 : 기체의 동요를 억제하기 위한 제동 신호 검출
② 컴퓨터부 : 각 센서로부터의 신호를 모아 조타 신호 산출
③ 서보부 : 컴퓨터로부터의 조타 신호를 기계 출력으로 변환하는 부분
④ 제어부 : 비행 조종 컴퓨터(FCC)와 추력 관리 컴퓨터(TMC)로 구성. 가동 조종 장치의 연결, 분리, 제어 및 기능 선택과 소요 자료 설정
⑤ 표시부 : 조종사의 비행 관리용으로 기억해야 할 정보, 계산한 정보를 문자 및 숫자 표시 또는 그래픽으로 표시

나) 기능

① 안정화 기능
  ㉠ 마하 트림 보정 : 턱언더를 자동으로 수정
  ㉡ 요 댐퍼 : 더치롤 방지
② 조종 기능
  ㉠ 경사각 제어
  ㉡ 상승률 하강율 제어
  ㉢ 기수 방위 제어
③ 유도 기능
  ㉠ VOR에 의한 유도
  ㉡ ILS에 의한 유도
  ㉢ IRS(INS)에 의한 유도

2) 계기 착륙 장치(ILS : Instrument Landing System)

활주로에서 지향성 전파를 발사시켜 착륙을 위해 접근 중인 항공기에 정확한 활주로 진입 정보 제공

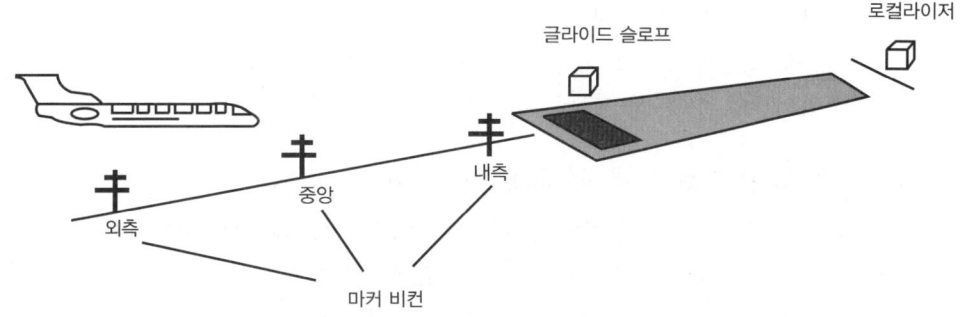

| Instrument Landing System 구성도 |

① 방위각 시설(Localizer)
   활주로에 접근하는 비행기에 활주로 중심선을 제공해 주는 지상 시설
② 활공각 시설(Glide slope)
   활주로에 착륙하기 위하여 접근 중인 항공기에 안전한 착륙 각도인 약 3°의 활공각 정보를 제공
③ Marker beacon
   진입로상의 일정한 통과 지점에 대한 위치 정보를 제공하는 시설
   ㉠ Outer Marker : 400Hz로 변조되는 전파를 발사, Blue(파란색)등 점멸
   ㉡ Middle Marker : 1300Hz로 변조되는 전파를 발사, Orange(오렌지색)등 점멸
   ㉢ Inner Marker : 3,000Hz로 변조되는 전파를 발사, White(흰색)등 점멸

| Maker Beacon 계기판 표시등 |

아 기록 장치

1) 비행 기록 장치(FDR : Flight Data Recorder)
① 초기에 사용
② 항공기의 각종 비행 자료를 기록하여 사고 시 사고 해독용으로 이용
③ 아날로그 방식으로 스테인리스 테이프에 구멍을 내어 기록(테이프는 1회용)
④ 파라미터의 수와 정밀도와 오차 한계

2) 디지털 비행 자료 기록 장치(DFDR : Digital FDR)
① 비교적 안전한 항공기 기체 뒷부분에 CVR과 함께 장착되어 비행 자료를 디지털로 기록
② 눈에 잘 보이는 오렌지색이나 밝은 황색으로 도장
③ 파라미터의 수를 샘플링하여 디지털화하여 기록
④ 주기장을 떠나 다음 주기장에 도착할 때까지 동작
⑤ 비행 기록 장치(DFDR : Digital Flight Data Recorder) 또는 조종실 음성 기록 장치(CVR : Cockpit Voice Recorder)에 장착된 수중 위치 표시기(ULD : Under Water Locating Device)
  ㉠ 수분 감지기에 의해 작동
  ㉡ 물 속에서 30일간 37.5 kHz의 초음파 펄스를 송신

3) 비행 자료 직접 기록 장치(AIDS : Air Integrated Data System)
항공기가 비행 중 얻는 자료를 항상 해독하여 항공기의 운항 상태를 수시로 개선하기 위한 종합 시스템

4) 조종실 음성 기록 장치(CVR : Cockpit Voice Recorder)
① 사고 시 원인을 규명하기 위하여 조종실 승무원의 통신 내용 및 대화 내용, 그리고 조종실 내 제반 경고음 등을 녹음하는 장비
② 테이프 타입은 30분 또는 120분 엔드리스(endless) 타입으로 4 채널로 구성
③ 채널1에는 선임 옵서버(First Observer), 채널2에는 부조종사(First Officer), 채널3에는 조종사(Captain), 채널4에는 주변 음성(Environment Audio)이 조종실에 장착되어 있는 마이크에 의해 CVR에 저장

2 출제 예상 문제

01 항법의 중요한 3가지 요소와 가장 거리가 먼 것은?
① 항공기 위치의 확인
② 침로의 결정
③ 도착 예정 시간의 산출
④ 비행 항로의 기상

해설
항법의 요소
- 위치 표시
- 방위 표시
- 시간 표시
- 속도와 거리 표시

02 다음 중 항법의 4가지 요소는 무엇인가?
① 속도, 자세, 고도, 유도
② 방향, 위치, 도착 예정 시간, 거리
③ 속도, 유도, 거리, 방향
④ 자세, 거리, 속도, 위치

03 다음은 항공기가 비행하는 데 필요한 항법 장치이다. 무선 원조 항법과 가장 관계가 먼 것은?
① 자동 방향 탐지기(ADF)
② 초단파 전방향 표시기(VOR)
③ 거리 측정 장치(DME)
④ 도플러(Doppler) 레이더

04 다음 중 무선 항법 장치가 아닌 것은?
① Inertial Navigation System
② Automatic Direction Finder
③ Air Traffic Control System
④ Distance Measuring Equipment System

05 지상에 설치한 무지향성 무선 표시국으로부터 송신되는 전파의 도래 방향을 계기 상에 지시하는 것은?
① 거리 측정 장치(DME)
② 자동 방향 탐지기(ADF)
③ 항공 교통 관제 장치(ATC)
④ 전파 고도계(Radio Altimeter)

해설
자동 방향 탐지기(ADF : Automatic Direction Finder)
190~1750kHz의 전파를 사용하여 지상 무선국으로부터의 전파가 전송되는 방향을 알아 지상 무선국의 방위를 시각 장치나 음향 장치를 통해 알아내는 장치

06 자동 방향 탐지기(ADF) 계통과 가장 관계가 먼 것은?
① 루프(Loop), 감도(Sense) 안테나
② 무선 방위 지시계(RMI)
③ 무지향성 표시 시설(NDB)
④ 자이로 컴퍼스(Gyro Compass)

해설
자동 방향 탐지기(ADF : Automatic Direction Finder) 구성품
- 무지향성 표지(NDB : Non Directional Beacon)
- 항공기의 수신 장치
- 안테나
- 전파 나침반 또는 무선 나침 지시계(RMI : Radio Magnetic Indicator)
- 전원 장치

정답 01. ④ 02. ② 03. ④ 04. ① 05. ② 06. ④

07 초단파 전방향 무선 표지 시설(VOR)이란?
① 지상 무선국에 해당되는 주파수를 선택하면 항공기가 지상 무선국으로부터 어느 방향에 있는지 알 수 있다.
② 지상 무선국에 해당되는 주파수를 선택하면 지상 무선국의 방향을 지시한다.
③ 지상 무선국에 해당되는 주파수를 선택하면 지상 무선국에서 북서쪽 방향을 항공기에 지시한다.
④ 지상 무선국에 해당되는 주파수를 선택하면 지상 무선국에서 남서쪽 방향을 항공기에 지시한다.

08 전방향 표지 시설(VOR) 주파수의 범위로 가장 적절한 것은?
① 1.8 ~ 108MHz
② 18 ~ 106MHz
③ 108 ~ 118MHz
④ 130 ~ 165MHz

09 전파 자방위 지시계(RMI)의 기능을 가장 올바르게 설명한 것은?
① 항공기의 자세를 표시하는 계기
② 자북극 방향에 대해 전방향 표시(VOR) 신호 방향과 각도 및 항공기의 방위 지시
③ 조종사에게 진로를 지시하는 계기
④ 기수 방위를 나타내는 컴퍼스 카드와 코스를 지시

10 무선 자기 지시계(RMI)의 기능은 무엇인가?
① 자북 방향에 대해 VOR 신호 방향과의 각도 및 항공기의 방위각 지시
② 기수 방위를 나타내는 컴퍼스 카드와 코스를 지시
③ 항공기의 자세를 표시하는 계기
④ 조종사에게 진로를 지시하는 계기

11 RMI(Radio Magnetic Indicator)가 지시하는 것은?
① 비행 고도
② VOR 거리
③ 비행 코스의 편위
④ VOR 방위

12 전 방향 표지 시설(VOR)국에서 항공기를 볼 때의 방위를 무엇이라 하는가?
① 자방위   ② 상대 방위
③ 절대 방위   ④ 진방위

13 거리 측정 장치(DME)에 대한 설명으로 가장 관계가 먼 것은?
① DME는 초단파 전방향 무선 표지 시설과 병설되어 VOR로도 불리며, 국제 표준으로 규정되어 있다.
② DME 시스템의 사용 주파수 대역은 500 ~ 1215KHz로 넓은 범위의 주파수 대역을 사용한다.
③ DME 지시기에 표시되는 거리는 항공기에서 DME국까지의 경사거리이다.
④ DME의 거리 측정은 항공기로부터 질문 펄스가 발사되어 지상국의 응답 펄스를 수신할 때까지의 지연 시간을 측정하여 거리로 환산하는 방법이다.

해설
거리 측정 시설(DME : Distance Measuring Equipment)
- 항공기에서 선정한 지상 무선국까지의 거리 정보를 조종사에게 알리는 장치
- 960~1215MHz의 주파수 대역을 사용
- 초단파 전방향 무선 표지 시설과 병설되어 VOR/DME라고도 함.
- 질문 펄스에서 응답 펄스에 대한 펄스 간에 지체시간을 구하여 거리를 측정
- DME 지시기에 표시되는 거리는 항공기에서 DME국까지의 경사거리

정답 07. ① 08. ③ 09. ② 10. ① 11. ④ 12. ③ 13. ②

14 항공기에서 거리 측정 장치(DME)의 기능을 가장 올바르게 설명한 내용은?

① 질문 펄스에서 응답 펄스에 대한 펄스 간에 지체 시간을 구하여 방위를 측정할 수 있다.
② 질문 펄스에서 응답 펄스에 대한 펄스 간에 지체 시간을 구하여 거리를 측정할 수 있다.
③ 응답 펄스에서 질문 펄스에 대한 시간 차를 구하여 방위를 측정할 수 있다.
④ 응답 펄스에서 선택된 주파수만을 계산하여 거리를 측정할 수 있다.

15 DME의 주파수 할당에 대한 설명 중 틀린 것은?

① 채널 간격은 10MHz이다.
② UHF파 126채널로 되어 있다.
③ 저채널에서는 상공에서 지상은 지상에서 상공보다 높다.
④ 상공에서 지상, 지상에서 상공의 주파수 차이는 63MHz이다.

16 서로 떨어진 두 개의 송신소로부터 동기 신호를 수신하여 두 송신소에서 오는 신호의 시간차를 측정하여 자기 위치를 결정하여 항행하는 장거리 쌍곡선 무선 항법은?

① VOR(VHF Omni Range)
② TACAN(Tactical Air Navigation)
③ LORAN(Long Range Navigation)
④ ADF(Automatic Direction Finder)

17 다음 중 지상 원조 시설이 필요한 항법 장치는?

① 오메가 항법
② 도플러 레이더
③ 관성 항법 장치
④ 펄스식 전파 고도계

해설
오메가 항법은 쌍곡선 항법 장치의 일종

18 다음 중 구름이나 비에 대해 반사되기 쉬운 주파수를 이용하여 영상을 만들어 안전 비행을 위하여 기상 상태를 알려주는 항법 시스템은?

① Localizer
② Weather Radar
③ Glide Slop
④ Marker Beacon

19 기상 레이더(Weather Radar)의 본래 목적인 구름이나 비의 상태를 보기 위한 안테나 패턴(Antenna Pattern)은?

① Pencil Beam
② Tilt Angle Beam
③ Control Beam
④ Coaecent Square Beam

해설
기상 레이더 안테나의 전파 빔 패턴(Beam Pattern)
• 펜슬 빔(Pencil Beam) : 구름이나 비의 상태를 지시하기 위하여 사용
• 팬 빔(Fan Beam) : 현재 비행하고 있는 부근의 지형을 알 수 있음

20 전파 고도계(LRRA)는 보통 항공기에서 저고도용 FM 방식이 이용되고 있다. 거리 측정 범위는 얼마인가?

① 0 ~ 2500feet
② 0 ~ 5000feet
③ 0 ~ 30000feet
④ 0 ~ 50000feet

해설

전파 고도계(Low Range Radio Altimeter)
- 항공기에서 지표로 향해 전파를 발사하여 그 반사파가 돌아올 때까지의 시간을 측정하여 절대 고도(Absolute Altitude)를 측정
- 저고도에서 측정하기 때문에 측정 범위는 2500ft 이하
- 공항에 착륙하기 위하여 활주로로 진입하면서 고도 정보를 얻는 데 사용
- 고도를 지시하는 것 외에 자동 비행 조종 장치(AFCS), 지상 근접 경고 장치(GPWS), 공중 충돌 회피 경보 장치(TCAS), 기상 레이더(WXR) 등에 항공기의 고도와 강하율을 알려 주는 중요한 장비

21 전파 고도계를 가장 올바르게 설명한 것은?

① 항공기에서 지표를 향하여 전파를 발사하여 그 반사파가 되돌아올 때까지의 전압을 측정
② 항공기에서 지상까지의 기압 고도를 측정
③ 항공기에서 지표를 향하여 전파를 발사하여 그 반사파가 되돌아올 때까지의 시간을 측정
④ 항공기에서 지상까지의 밀도 고도를 측정

22 단거리 전파 고도계(LRRA)에 대한 설명으로 옳은 것은?

① 기압 고도계이다.
② 고고도 측정에 사용된다.
③ 평균 해수면 고도를 지시한다.
④ 전파 고도계로 항공기가 착륙할 때 사용된다.

23 전파 고도계에 대한 설명으로 틀린 것은?

① 송수신기, 안테나, 고도 지시계로 구성된다.
② 지면에 대한 항공기의 절대 고도를 나타낸다.
③ 항공기에서 지표를 향해 전파를 발사하여 이 전파가 되돌아오는 시간차를 측정한다.
④ 대부분 고고도용이며, 측정 범위는 2500ft 이상이다.

24 전파 고도계(Ratio Altimeter)에 대한 설명으로 틀린 것은?

① 전파 고도계는 지형과 항공기의 수직 거리를 나타낸다.
② 항공기 착륙에 이용하는 전파 고도계의 측정범위는 0~2500ft 정도이다.
③ 절대 고도계라고도 하며, 높은 고도용의 FM형과 낮은 고도용의 펄스형이 있다.
④ 항공기에서 지표를 향해 전파를 발사하여, 그 반사파가 되돌아올 때까지의 시간을 측정하여 고도를 표시한다.

25 지상 관제사가 공중 감시 장치(ATC) 계통을 통해서 얻는 정보가 아닌 것은?

① 위치 및 방향
② 편명 및 진행 방향
③ 고도 및 속도
④ 상승률과 하강률

해설
지상 관제사는 항공기의 방위, 거리, 식별 코드 및 고도를 알 수 있게 되어 항공기를 쉽게 구별

26 지상 관제사가 항공 교통 관제(ATC, Air Traffic Control)를 통해 얻는 정보로 옳은 것은?

① 편명 및 하강률
② 고도 및 거리
③ 위치 및 하강률
④ 상승률 또는 하강률

해설
지상 관제사는 항공기의 방위, 거리, 식별 코드 및 고도를 알 수 있게 되어 항공기를 쉽게 구별

정답 21. ③　22. ④　23. ④　24. ③　25. ④　26. ②

제3장 항공기 통신 및 항법 계통

27 항공 교통 관제(ATC) 중 계기 방식에 의해 비행하는 항공기 및 특별 관제 공역을 비행하는 항공기에 대한 관제는?

① 항로 관제(Air Route Traffic Control)
② 진입 관제(Approach Control)
③ 착륙 유도 관제(Final Approach Control)
④ 비행장 관제(Aerodrome Control)

해설
항공 교통 관제(ATC : Air Traffic Control)
- 항공기 상호 간의 충돌 방지와 항공 교통의 질서를 유지하여 항공기가 안전하고 질서 정연하게 운항할 수 있도록 지원하는 시스템
- 항공로 관제 업무, 진입 관제 업무, 비행장 관제 업무, 터미널 관제 업무, 착륙 유도 관제 업무로 구분
- 1차 감시 레이더(PSR : Primary Surveillance Radar)와 2차 감시 레이더(SSR : Secondary Surveillance Radar)로 구성

28 1차 감시 레이더에 대한 설명으로 옳은 것은?

① 전파를 수신만하는 레이더이다.
② 전파를 송신만하는 레이더이다.
③ 송신한 전파가 물체(항공기)에 반사되어 되돌아오는 전파를 스크린에 표시하는 방식이다.
④ 송신한 전파가 물체(항공기)에 닿으면 항공기는 이 전파를 수신하여 필요한 정보를 추가한 후 다시 송신하여 표시하는 방식이다.

해설
1차 감시 레이더(PSR : Primary Surveillance Radar)
목표물의 방위(Bearing)로 위치 확인과 동시에 거리 탐지

29 항공 교통 관제(ATC) 트랜스폰더(Transponder)에 대한 설명으로 옳은 것은?

① 지상 무선 시설의 질문에 응답하기 위한 장치이며, 교통량이 많은 공역을 비행할 때에는 트랜스폰더의 탑재를 의무화한다.
② 인공위성에서 발사한 전파를 수신하여 관측점까지 소요 시간을 측정함으로써 항공기의 위치를 구하는 장치이다.
③ 전파가 물체에 부딪쳐서 반사되는 성질을 이용하여 지상과 항공기 사이의 수직거리를 측정하는 장치이다.
④ 항공기가 지상으로 과도하게 접근 시 조종사에게 시각 및 청각 경고를 제공하는 장치이다.

30 항공 교통 관제(ATC) 트랜스폰더에서 Mode C의 질문에 대해 항공기가 응답하는 비행 고도는?

① 진 고도   ② 절대 고도
③ 기압 고도   ④ 객실 고도

해설
모드 A의 질문에 대해서는 해당 항공기의 식별 부호를, 모드 C의 질문에 대해서는 해당 항공기의 기압 고도 정보를 각각 부호화하여 응답

31 다음 중 공중충돌 경보장치는 무엇인가?

① ATC   ② TCAS
③ ADC   ④ 기상 레이더

해설
공중 충돌 회피 경보 장치(TCAS : Traffic Alert and Collision Avoidance System)
항공기와 항공기 간의 공중 충돌 가능성을 사전에 감지하여 조종사에게 시각 또는 청각으로 경보를 제공하여 공중 충돌 방지 장치

32 TCAS와 ACAS의 공통점으로 옳은 것은?

① 항공 관제 시스템이다.
② 항공기 호출 시스템이다.
③ 항공기 충돌 방지 시스템이다.
④ 기상 상태를 알려주는 시스템이다.

정답 27. ① 28. ③ 29. ① 30. ③ 31. ② 32. ③

해설
TCAS = ACAS(Airborne Collision Avoidance System)

33 항공기 충돌 회피 장치(TCAS)에서 침입하는 항공기의 고도를 알려주는 것은?
① Selcal
② 레이더
③ VOR/DME
④ ATC Transponder

34 운항 중 목표 고도로 설정한 고도에 진입하거나 벗어 났을 때 경보를 냄으로써 조종사의 실수를 방지하기 위한 장치는?
① Selcal
② Radio Altimeter
③ Altitude Alert System
④ Air Traffic Control

해설
고도 경고 장치(Altitude Alert System)
조종사가 선택한 고도와 항공기의 고도를 항상 비교하여 접근 도달 및 이탈 등의 상태를 나타내는 장치

35 항공기가 하강하다가 위험한 상태에 도달하였을 때 작동되는 장비는?
① INS
② Weather Radar
③ GPWS
④ Radio Altimeter

해설
지상 접근 경고 장치(GPWS : Ground Proximity Warning System)
항공기가 산악 또는 지표면에 과도하게 접근하면 미리 조종사에게 알려 주어 지상과의 충돌을 피할 수 있도록 하는 장치

36 항공기가 산악 또는 지면과의 충돌 사고를 방지하는 데 사용되는 장비는?
① Air Traffic Control
② Inertial Navigation System
③ Distance Measuring Equipment
④ Ground Proximity Warning System

37 지상의 항행 원조 시설 없이 항공기의 대지속도, 편류각 및 비행거리를 직접적이고 연속적으로 구하여 장거리를 항행할 수 있게 하는 자립 항법 장치는?
① 오메가 항법
② 도플러 레이더
③ 전파 고도계
④ 관성 항법 장치

해설
도플러 레이더(Doppler Radar)
도플러 레이더를 탑재하여 대지와의 상대 속도 및 기수 방위와 진행 방향의 차이를 측정하고, 시간을 적분하여 구한 이동 거리로 자신의 위치를 추정하는 장치
현재는 관성 항법 장치 INS(Inertial Navigation System)로 대체

38 다음 중 관성 항법 장치를 뜻하는 용어는?
① INS
② GPS
③ FMS
④ DME

해설
관성 항법 장치(INS : Inertial Navigation System)

39 항법 시스템을 자립, 무선, 위성 항법 시스템으로 분류했을 때 자립 항법 시스템(Self Contained System)에 해당되는 것은?
① LORAN(Long Range Navigation)
② VOR(VHF Omnidirectional Range)
③ GPS(Global Positioning System)
④ INS(Inertial Navigation System)

정답 33. ④ 34. ③ 35. ③ 36. ④ 37. ② 38. ① 39. ④

[해설]
관성 항법 장치(INS : Inertial Navigation System) 가속도계로 항공기의 운동 가속도를 검출하여 이것을 적분하여 속도를 구하고, 다시 속도를 적분하여 거리를 구하는 항법 장치로 자립 항법 장치의 일종

40 관성 항법 장치(INS)의 특징에 대한 설명으로 틀린 것은?

① GPS보다 정밀도가 우수하다.
② 전 세계 어디에서도 사용 가능하다.
③ 시간의 경과에 따라 오차도 커진다.
④ 지상의 항법 원조 시설의 도움 없이 독립적으로 작동한다.

[해설]
관성 항법 장치(INS : Inertial Navigation System)
- 가속도계로 항공기의 운동 가속도를 검출하여 이것을 적분하여 속도를 구하고, 다시 속도를 적분하여 거리를 구하는 항법 장치로 자립 항법 장치의 일종
- 관성 센서라 불리는 자이로스코프와 가속도계에 의해 운반체의 회전 각속도와 선형 가속도를 측정하고 이들 출력을 이용하여 외부의 도움 없이 기준 항법 좌표계에 대한 운반체의 현재 위치, 속도 및 자세 정보를 제공
- 외부로부터 신호 교란이나 신호 감지를 피할 수 있고 날씨와 시간 제한 등에 전혀 구애를 받지 않음.

41 다른 항법 장치와 비교한 관성 항법 장치의 특징이 아닌 것은?

① 지상 보조 시설이 필요하다.
② 전문 항법사가 필요하지 않다.
③ 항법 데이터를 지속적으로 얻는다.
④ 위치, 방위, 자세 등의 정보를 얻는다.

42 관성 항법 장치(INS)에서 안정대(Stable Platform) 위에 가속도계를 설치하는 주된 이유는?

① 지구 자전을 보정하기 위하여
② 각가속도도 함께 측정하기 위하여
③ 항공기에서 전해지는 진동을 차단하기 위하여
④ 가속도를 적분하기 위한 기준 좌표계 이용하기 위하여

43 관성 항법 장치에서 항공기의 방향, 진행 속도 및 위치를 계산하는 것은?

① 가속계와 로란
② 가속도계와 도플러
③ 자이로와 도플러
④ 자이로와 가속도계

[해설]
관성 항법 장치(INS : Inertial Navigation System) 관성 센서라 불리는 자이로스코프와 가속도계에 의해 운반체의 회전 각속도와 선형 가속도를 측정하고 이들 출력을 이용하여 외부의 도움 없이 기준 항법 좌표계에 대한 운반체의 현재 위치, 속도 및 자세 정보를 제공

44 항공기가 비행을 하면서 관성 항법 장치에서 얻을 수 있는 정보와 가장 관계가 먼 것은?

① 위치   ② 자세
③ 자방위   ④ 속도

45 다음 구성품 중 관성 항법 장치와 가장 관계가 가장 먼 것은?

① 속도계
② 가속도계
③ 자이로를 이용한 안정판
④ 컴퓨터

정답 40. ① 41. ① 42. ④ 43. ④ 44. ③ 45. ①

46 다음 중 Ground Speed를 만들어 내는 시스템은?

① Air Data System
② Yaw Damper System
③ Global Positioning System
④ Inertial Navigation System

47 위성으로부터 전파를 수신하여 자신의 위치를 알아내는 계통으로서 처음에는 군사 목적으로 이용하였으나 민간 여객기, 자동차용으로도 실용화된 것은?

① 로란(Loran)
② 오메가(Omega)
③ 관성항법(Irs)
④ 위성항법(Gps)

[해설]
위성 항법 장치(GPS : Global Positioning System)
인공위성에서 지구로부터의 전파를 수신하여 다시 전파를 발사하는 송수신기를 장착하여 거리 및 거리 변화율의 측정과 함께 위치 결정

48 위성 항법 장치를 이용하여 항공기의 위치와 고도를 알기 위해서 최소 몇 개의 위성이 필요한가?

① 2개   ② 3개
③ 4개   ④ 5개

[해설]
항공기의 경우 자동차와 달리 3차원의 위치 정보가 필요하므로 4개 이상의 GPS 위성을 이용하여 자신의 위치 및 고도를 인식

49 비행 자세 지시계(ADI)에 대한 설명으로 틀린 것은?

① 현재의 항공기 비행 자세를 지시해 준다.
② 미리 설정된 모드로 비행하기 위한 명령 장치(FD)의 일부이다.
③ 희망하는 코스로 조작하여 항공기의 위치를 수정한다.
④ INS에서 받은 자방위 및 VOR/ILS 수신 장치에서 받은 비행 코스와의 관계를 그림으로 표시한다.

[해설]
자세 지시계(ADI : Attitude Director Indicator)
• 조종사 앞면 계기판 중앙에 장착하여 항공기의 자세를 알려주는 장치
• 항공기의 피치와 경사각(Bank)을 지시

50 비행 자세 지시기(ADI)에 대한 설명이 옳은 것은?

① 기수 방위와 설정 기수 방위를 나타낸다.
② 기수 방위각, 기수 오차각을 자동 조종한다.
③ 기체의 상승 또는 하강한 높이 정보를 자동 조종한다.
④ 피치 자세를 받아 기체의 자세를 알기 쉽게 나타내며, 비행 지시 장치에 조타 명령을 지시한다.

51 EICAS의 설명에 관하여 바른 것은 어느 것인가?

① 엔진 계기와 승무원 경보 시스템의 브라운관 표시 장치
② 지형 지물에 따라서 비행기가 접근할 때의 정보 장치
③ 기체의 자세 정보의 영상 표시 장치
④ 엔진 출력의 자동 제어 시스템 장치

[해설]
기관 지시 및 승무원 경고 장치(EICAS : Engine Indication and Crew Alerting System)
종래의 엔진 계기 대신에 엔진 운전 상태를 표시함과 동시에 엔진 계통을 포함한 항공기의 각 계통에 발생하는 이상 상태 등을 표시

정답 46. ④ 47. ④ 48. ③ 49. ④ 50. ④ 51. ①

제3장 항공기 통신 및 항법 계통

52 EICAS(Engine Indication and Crew Alerting System)의 기능이 아닌 것은?

① Engine Parameter를 지시한다.
② 항공기의 각 System을 감시한다.
③ Engine 출력을 설정할 수 있다.
④ System의 이상 상태 발생을 지시한다.

53 자동 조종 항법 장치에서 위치 정보를 받아 자동적으로 항공기를 조종하여 목적지까지 비행시키는 기능은?

① 유도 기능   ② 조종 기능
③ 안정화 기능 ④ 방향 탐지 기능

해설
자동 조종 항법 장치의 기능
● 안정화 기능
 - 마하 트림 보정 : 턱언더를 자동으로 수정
 - 요 댐퍼 : 더치롤 방지
● 조종 기능
 - 경사각 제어
 - 상승률 하강율 제어
 - 기수 방위 제어
● 유도 기능
 - VOR에 의한 유도
 - ILS에 의한 유도
 - IRS(INS)에 의한 유도

54 Auto Flight Control System의 유도 기능에 속하지 않는 것은?

① DME에 의한 유도
② VOR에 의한 유도
③ ILS에 의한 유도
④ INS에 의한 유도

해설
자동 조종 장치의 유도 기능
● VOR에 의한 유도
● ILS에 의한 유도
● IRS(INS)에 의한 유도

55 다음 중 Autoland System 의 종류가 아닌 것은?

① Dual System
② Triplex System
③ Dual-dual System
④ Single-pole System

56 자동 조종 장치 중 기체의 동요를 억제하기 위하여 제동 신호를 검출하는 레이트가 있는 것은?

① 센서부   ② 서보부
③ 제어부   ④ 컴퓨터부

해설
자동 조종 장치의 구성
● 센서부 : 기체의 동요를 억제하기 위한 제동 신호 검출
● 컴퓨터부 : 각 센서로부터의 신호를 모아 조타 신호 산출
● 서보부 : 컴퓨터로부터의 조타 신호를 기계 출력으로 변환하는 부분
● 제어부 : 비행 조종 컴퓨터(FCC)와 추력 관리 컴퓨터(TMC)로 구성, 가동 조종 장치의 연결, 분리, 제어 및 기능 선택과 소요 자료 설정
● 표시부 : 조종사의 비행 관리용으로 기억해야 할 정보, 계산한 정보를 문자 및 숫자 표시 또는 그래픽으로 표시

57 자동 조종 장치를 구성하는 장치 중 현재의 자세와 변화율을 측정하는 센서의 역할을 하는 것이 아닌 것은?

① 서보 장치   ② 수직 자이로
③ 고도 센서   ④ VOR/ILS 신호

58 자동 조종 계통의 어떤 유닛(Unit)이 조종면에 토크(Torque)를 가하는가?

① 트랜스미터(Transmitter)
② 컨트롤러(Controller)
③ 디스크리미네이터(Discriminator)
④ 서보 유닛(Servo Unit)

정답 52. ③ 53. ① 54. ① 55. ④ 56. ① 57. ① 58. ④

59 자동 비행 장치(Automatic Flight Control System)에 해당되지 않는 것은?

① 자동 조종 장치(Automatic Pilot Sys)
② 자동 추력 제어 장치(Auto throttle Sys)
③ 자동 방향 탐지기(Automatic Direction Finder)
④ 자동 착륙 장치(Automatic Landing Sys)

60 착륙 및 유도 보조 장치와 가장 거리가 먼 것은?

① 마커 비컨   ② 관성 항법 장치
③ 로컬라이저   ④ 글라이드 슬로프

[해설]
ILS의 주요 시설
- 방위각 시설(Localizer) : 활주로에 접근하는 비행기에 활주로 중심선을 제공해 주는 지상 시설
- 활공각 시설(Glide Slope) : 활주로에 착륙하기 위하여 접근 중인 항공기에 안전한 착륙 각도인 약 3°의 활공각 정보를 제공
- Marker Beacon : 진입로상의 일정한 통과 지점에 대한 위치 정보를 제공하는 시설

61 다음 중 계기 착륙 장치(ILS)와 관계가 없는 것은?

① 전 방향 표시 장치(VOR)
② 로컬라이저(Localizer)
③ 글라이드 슬로프(Glide Slope)
④ 마커 비컨(Maker Beacon)

62 ILS(Instrument Landing System)을 구성하는 장치로만 나열되는 것은?

① ADF, M/B
② LRRA, M/B
③ VOR, Localizer
④ Localizer, Glide Slope

63 활주로에 접근하는 비행기에 활주로 중심선을 제공해 주는 지상 시설은?

① Localizer
② Glide Slop
③ Maker Beacon
④ VOR

64 그림과 같이 활주로에 비행기가 착륙하고 있다면 지상 로컬라이저(Localizer) 안테나의 일반적인 위치로 가장 적당한 곳은?

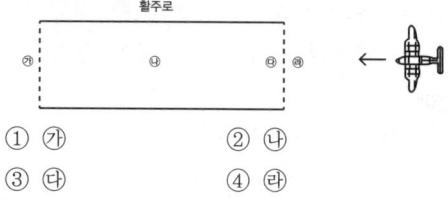

① ㉮   ② ㉯
③ ㉰   ④ ㉱

[해설]

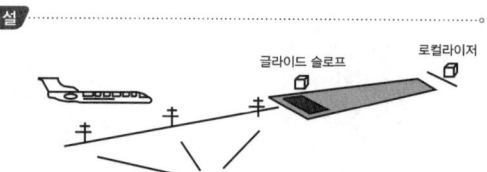

Instrument Landing System 구성도

65 활주로 진입로 상공을 통과하고 있다는 것을 조종사에게 알리기 위한 지시장치는?

① 대지 접근 경보 장치(GPWS)
② 로컬라이저(Localizer)
③ 마커 비컨(Marker Beacon)
④ 글라이드 슬로프(Glide Slope)

66 마커 비컨(Marker Beacon)에서 Inner Marker에서 주파수와 등(Light)은?

① 1300Hz, White
② 3000Hz, White
③ 1300Hz, Amber
④ 3000Hz, Amber

정답 59. ③ 60. ② 61. ① 62. ④ 63. ① 64. ① 65. ③ 66. ②

해설

Marker Beacon
- Outer Marker : 400Hz로 변조되는 전파를 발사, Blue(파란색)등 점멸
- Middle Marker : 1300Hz로 변조되는 전파를 발사, Orange(오렌지색)등 점멸
- Inner Marker : 3,000Hz로 변조되는 전파를 발사, White(흰색)등 점멸

67 계기 착륙 장치(Instrument Landing System)에 대한 설명으로 틀린 것은?

① 계기 착륙 장치의 지상 설비는 로컬라이저, 글라이드 슬로프, 마커 비컨으로 구성된다.
② 항공기가 글라이드 슬로프 윗쪽에 위치하고 있을 때는 지시기의 지침은 아래로 흔들린다.
③ 항공기가 로컬라이저 코스의 좌측에 위치하고 있을 때는 지시기의 지침은 좌로 움직인다.
④ 로컬라이저 코스와 글라이드 슬로프는 90Hz와 150Hz로 변조한 전파로 만들어지고 항공기 수신기로 양쪽의 변조도를 비교하여 코스 중심을 구한다.

68 글라이드 슬로프(Glide Slope)의 주파수는 어떻게 선택하는가?

① VOR 주파수 선택 시 자동 선택
② DME 주파수 선택 시 자동 선택
③ VHF 주파수 선택 시 자동 선택
④ LOC 주파수 선택 시 자동 선택

69 계기 착륙 장치(ILS) 계통에서 로컬라이저(Localizer) 수신 장치의 기능을 가장 올바르게 표현한 것은?

① 활주로 수평, 진입 평면에 대해 항공기 진입각 표시
② 활주로 상·하 연장 평면에 대해 항공기 진입각 표시
③ 활주로 수직, 수평 연장선에 대해 진입 중인 항공기의 위치 표시
④ 활주로 중심, 수직인 평면에 대해 진입 중인 항공기의 위치 표시

70 항공 전자 장치 중 항공기 안전 운항과 직접 관계가 없는 것은?

① VHF 무선 통신 장치
② 자동 방향 탐지기(ADF)
③ 항공 교통 관제(ATC)
④ 비행 Data 기록 장치(FDR)

71 항공기 사고 원인 규명 또는 사고 대비를 위한 장치가 아닌 것은?

① CVR   ② GPS
③ ELT   ④ DFDR

해설

기록 장치
- 비행 기록 장치(FDR : Flight Data Recorder)
- 디지털 비행 자료 기록 장치(DFDR : Digital FDR)
- 비행 자료 직접 기록 장치(AIDS : Air Integrated Data System)
- 조종실 음성 기록 장치(CVR : Cockpit Voice Recorder)

72 Cockpit Voice Recorder 설명으로 가장 올바른 것은?

① 지상에서 항공기를 호출하기 위한 장치이다.
② 항공기 사고 원인 규명을 위해 사용되는 녹음 장치이다.
③ HF 또는 VHF를 이용하여 통화를 한다.
④ 지상에 있는 정비사에게 Alerting하기 위한 장비이다.

정답 67. ③ 68. ④ 69. ① 70. ④ 71. ② 72. ②

73 조종실에서 교신하는 통신 및 대화 내용, 엔진 등 백 그라운드 노이즈(Back Ground Noise)가 기록되는 장치는?

① 비행 기록 장치(FDR)
② 음성 기록 장치(CVR)
③ 음성 관리 장치(OMU)
④ 플라이트 인터폰

74 CVR과 FDR은 동체 후미에 장착하는데 그 이유가 무엇인가?

① 항공기 설계상 어쩔 수 없어서이다.
② 승무원이 조작하기 용이하기 때문이다.
③ 추락 시 눈에 잘 띄기 때문이다.
④ 사고 발견 시 파손이 적기 때문이다.

75 비행 기록 장치(DFDR : Digital Flight Data Recorder) 또는 조종실 음성 기록 장치(CVR : Cockpit Voice Recorder)에 장착된 수중 위치 표시(ULD : Under Water Locating Device) 성능에 대한 설명으로 틀린 것은?

① 비행에 필수적인 변화가 기록된다.
② 물속에 있을 때만 작동이 가능하다.
③ 매초마다 37.5kHz로 Pulse Tone신호를 송신하다.
④ 최소 3개월 이상 작동되도록 설계가 되어 있다.

해설

수중 위치 표시기(ULD : Under Water Locating Device)
• 수분 감지기에 의해 작동
• 물속에서 30일간 37.5kHz의 초음파 펄스를 송신

정답 73. ② 74. ④ 75. ④

 항공기 공유압 및 환경 조절 계통

① 유압 계통 일반

가 일반

1) **항공기의 동력 전달 방법**

   ① 유압식 : 신뢰성, 경제성, 안전성, 확실성, 간결성 등으로 가장 많이 사용
   ② 전기 및 공기압 : 유압 계통의 고장에 대비하여 보조로 쓰임.

2) **작동유의 성질과 전달**

   ① 비압축성 유체
   ② 파스칼의 원리 : 밀폐 용기에 채워진 유체에 가해진 압력은 유체의 모든 방향과 용기의 벽에 동일하게 전달

3) **기계적 이득**

   ① 작은 힘으로 큰 힘을 얻기 위한 장치 : 지렛대, 잭, 도르래, 유압 등
   ② 작은 힘으로 많은 행정 거리를 움직이게 하여, 결과적으로 짧은 행정 거리를 움직이는 큰 힘이 발생

4) **운동 중의 작동유**

   ① 마찰 손실 : 유체가 관의 안쪽 표면과 마찰을 일으켜 압력 손실이 생김.
   ② 오리피스(Orifice) : 관 안에 오리피스를 설치함으로써 오리피스의 전 후에 압력차 발생

5) **공기압**

   ① 장점 : 가볍고, 화재의 위험이 없으며, 저장이 불필요
   ② 단점 : 압축성이므로 흐름량의 조절이 없고, 신뢰성이 떨어짐.
   ③ 유압 계통과 복합적으로 되어 있고, 셔틀 밸브(Shuttle Valve)에 의해 유압 고장 시 비상 압력으로 사용
   ④ 플랩, 착륙 장치 및 브레이크 계통에 사용

나 작동유

1) 작동유의 종류

가) 식물성유
① 아주까리(피마자)기름과 알코올의 혼합물로 파란색
② 부식성과 산화성이 큼.
③ 천연고무 실 사용

나) 광물성유
① 원유로부터 추출, 붉은색
② MIL-H-5056
③ -54℃ ~ 71℃의 사용 온도 범위
④ 인화점이 낮아 화재의 위험
⑤ 네오프렌 실 사용

다) 합성유
① 인산염과 에스테르의 혼합물, 자주색
② MIL-H-8446
③ -54℃ ~ 115℃의 사용 온도 범위, 내화성
④ 독성이 있어 눈에 들어가면 실명의 위험
⑤ 화학적인 안정성
⑥ 현대 항공기의 유압 계통 사용
⑦ 부틸 고무나 에틸렌-프로필렌 실을 사용

다 항공기용 배관 계통

1) 튜브(Tube)

가) 종류
① Al 합금 튜브 : 140kg/cm^2(2,000psi) 이하 사용
② 강철(Steel) 튜브 : 140kg/cm^2(2,000psi) 이상 사용

나) 작업 요령
튜브의 굽힘 작업 시 작동유의 팽창이나 진동에 대비해 구부러진 곳이 적어도 한 곳 이상 있어야 함.

다) 튜브의 검사와 수리
알루미늄 합금 튜브에서 긁힘이 튜브 두께의 10% 이내이면 사포 등으로 문질러 사용하고, 튜브 교환 시는 원래의 것과 동일한 것을 사용

라) 튜브의 크기

외경(분수)×두께(소수)

2) 호스(Hose)

가) 용도

계통 압력이 $210kg/cm^2$(3,000psi)까지 사용 가능

나) 압력에 따른 종류

① 중압용 호스($125kg/cm^2$까지 사용)
② 고압용 호스($125\sim210kg/cm^2$까지 사용)

다) 재질에 따른 종류

고무호스, 테플론 호스

라) 작업 방법

① 호스 부착 시 뒤틀리지 않도록 흰색선이 난 부분이 일직선이 되도록 하며, 5~8%가량 느슨하게 하여 요동이나 진동에 의한 파손 방지
② 호스 고정 시 60cm마다 크램프로 고정
③ 호스 보관 시는 어둡고, 서늘하며, 건조한 곳에 보관하고 4년 이상 보관된 호스는 그 사용 기한이 남았더라도 사용 금지
④ 호스의 크기 : 외경에 관계없이 내경만으로 표시

라 배관의 식별

계통	색깔	계통	색깔
연료 계통	붉은색	산소 계통	초록색
윤활 계통	노란색	공기 조화 계통	갈색-회색
유압 계통	푸른색-노란색	화재 방지 계통	붉은 갈색
계기 공기, 진공 계통	오렌지색	전선 도관	갈색-오렌지색
제빙 계통	회색	압축 공기 계통	오렌지색-푸른색
냉각 계통	푸른색		

제4부 항공 장비

1 출제 예상 문제

01 항공기 유압 계통에 사용되는 유체의 힘 전달 방식에 대한 원리는?
① 뉴턴의 원리
② 파스칼의 원리
③ 작용 및 반작용의 원리
④ 베르누이의 정리

해설
파스칼의 원리
밀폐된 용기 안에 가득 채운 유체에 가한 압력은 유체의 모든 부분과 용기의 벽에 대하여 소멸하지 않고 모든 방향에 대하여 동일하게 전달

02 유압 계통의 유압에 대하여 파스칼의 원리가 적용된다면 다음 중 옳은 것은?
① 실린더가 클수록 유압이 더 크다.
② 실린더가 작을수록 유압이 더 크다.
③ 실린더의 크기에 관계없이 같은 유압을 갖는다.
④ 실린더의 거리에 반비례한다.

03 그림에서 압력계에 나타나는 압력은 몇 kgf/cm²인가? (단, A측의 단면적은 2cm², B측은 10cm²이며, A측에 작용하는 힘은 50kgf, B측은 250kgf이다)

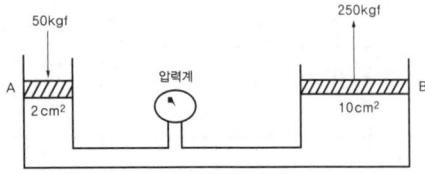

① 25
② 50
③ 100
④ 250

해설
$P = \dfrac{F}{A} = \dfrac{50}{2} = 25 \, kgf/cm^2$

04 면적이 2in²인 A 피스톤과 10in²인 B 피스톤을 가진 실린더가 유체 역학적으로 서로 연결되어 있을 경우 A 피스톤에 20lbs의 힘이 가해질 때 B 피스톤에 발생되는 힘은 몇 lbs인가?
① 100
② 20
③ 10
④ 5

해설
계통 압력 $= \dfrac{F}{A} = \dfrac{20}{2} = 10 \, lb/in^2$
피스톤 B에 작용하는 힘
$= 10 \times 10 = 100 \, lbs$

05 다음 중 유압 작동 피스톤의 작동 속도를 증가시키는 것은?
① 공급 유량 감소
② 펌프 회전수 증가
③ 작동 실린더의 직경 증가
④ 작동 실린더의 스트로크(Stroke) 감소

06 작동 유압(Hydraulic) 계통에서 압력 단위를 나타내는 것은?
① G.P.M
② R.P.M
③ P.S.I
④ P.P.M

07 다음 중 유압 계통의 장점이 아닌 것은?
① 원격 조정이 용이하다.
② 과부하에 대해서도 안전성이 높다.
③ 장치상 구조는 복잡하나 신뢰성이 크다.
④ 운동 속도의 조절 범위가 크고 무단 변속을 할 수 있다.

정답 01. ② 02. ③ 03. ① 04. ① 05. ② 06. ③ 07. ③

제4장 항공기 공유압 및 환경 조절 계통

08 작동유(Hydraulic Fluid) 구비 조건으로 가장 관계가 먼 것은?

① 점도가 높을 것
② 열전도율이 좋을 것
③ 화학적 안정성이 좋을 것
④ 부식성이 적을 것

해설
작동유의 구비 조건
- 적은 마찰 손실
- 낮은 점성
- 작은 온도 변화에 따른 성질 변화
- 높은 화학적 안정성
- 높은 인화점
- 높은 비등점
- 낮은 부식성

09 좋은 작동유의 바람직한 성질은?

① 고점도, 저인화점, 화학적 안정성, 고발화점
② 고인화점, 저점도, 화학적 안정성, 저발화점
③ 저인화점, 저발화점, 고점도, 화학적 안정성
④ 저점도, 화학적 안정성, 고인화점, 고발화점

10 유압 계통에 사용되는 작동유의 기능이 아닌 것은?

① 열을 흡수한다.
② 필요한 요소 사이를 밀봉한다.
③ 움직이는 기계 요소를 윤활시킨다.
④ 부품의 제빙 또는 방빙 역할을 한다.

11 흐름을 억제하려는 내부 저항을 무엇이라 하는가?

① 휘발성   ② 인화점
③ 점도   ④ 산도

12 작동유의 점도란?

① 온도 변화에 따른 유제의 양의 증가
② 유체가 기화되어 불충분한 양으로 잠시 점화되었을 때의 온도
③ 유체가 장시간 동안 산화와 변질에 저항하는 유체의 능력
④ 유체의 흐름을 억제하려는 경향이 있는 유체의 내부 저항

13 작동유의 점성이 클수록 흐름과 압력 손실은 각각 어떠한가?

① 흐름은 느리고 압력 손실은 크다.
② 흐름은 느리고 압력 손실은 작다.
③ 흐름은 빠르고 압력 손실은 크다.
④ 흐름은 빠르고 압력 손실은 작다.

해설
점성이 높을수록 압력 손실이 커지며 점성이란 유체 내부의 이웃하는 유체의 층 사이에 흐름을 방해하려는 저항이기 때문에 흐름은 느려진다.

14 고점성 오일의 사용은 무엇을 초래하는가?

① 소기 펌프의 고장
② 압력 펌프의 고장
③ 낮은 오일 압력
④ 높은 오일 압력

15 유압 계통의 작동유는 열팽창이 적은 것을 요구한다. 그 이유로 가장 올바른 것은?

① 고고도에서 증발 감소를 위해서다.
② 고온일 때 과대 압력을 방지한다.
③ 화재를 최소한 방지한다.
④ 작동유의 순환 불능을 해소한다.

해설
작동유의 열팽창이 크다면 고온에서 부피가 쉽게 팽창하여 관내 압력을 높이고 균열을 일으킬 수 있기 때문에 열팽창이 작아야 한다.

정답 08. ① 09. ④ 10. ④ 11. ③ 12. ④ 13. ① 14. ④ 15. ②

16 광물성 작동유(MIL-H-5606)를 사용하는 유압 계통에 장착할 수 있는 O-링의 재질로 가장 적당한 것은?

① 부틸
② 천연고무
③ 테플론
④ 네오프렌고무

해설
- 식물성유 : 천연고무 실 사용
- 광물성유 : 네오프렌 실 사용
- 합성유 : 부틸 고무나 에틸렌-프로필렌 실을 사용

17 MIL-O-5606 작동유의 특성은?

① 엷은 자색, Phosphate Ester Base, 내화성, 부틸 고무 실 사용
② 청색, Phosphate Ester Base, 내화성, 부틸 고무 실 사용
③ 청색, 식물성, 연소성, 천연 고무 실 사용
④ 적색, 석유 성분, 연소성, 합성 고무 실 사용

해설
광물성유
- 원유로부터 추출, 붉은색
- MIL-H-5056
- -54℃ ~ 71℃의 사용 온도 범위
- 인화점이 낮아 화재의 위험
- 네오프렌 실 사용

18 유압 작동유 중 인화점이 낮아 항공기 유압 계통에는 사용되지 않고 착륙 장치의 완충기에 사용되는 작동유는?

① 식물성유
② 합성유
③ 광물성유
④ 동물성유

19 석유 성분이 포함된 작동유의 특징은?

① 온도 안정성이 아주 낮다.
② 정상 온도에서 연소하기 쉽다.
③ 천연 고무 실, 패킹과 같이 특성이 우수하다.
④ 모든 조건에서도 비연소성이다.

20 석유 성분이 포함된 작동유의 색깔은?

① 자색
② 청색
③ 녹색
④ 적색

21 MIL-H-8446(Skydrol 500A & B) 작동유의 특성은?

① 청색, 식물성, 불 연소성, 천연 고무 실 사용
② 청색, Phosphate Ester Base, 방화성, 부틸 고무 실 사용
③ 엷은 자색, Phosphate Ester Base, 내화성, 부틸 고무 실 사용
④ 엷은 녹색, Phosphate Ester Base, 내화성, 부틸 고무 실 사용

해설
합성유
- 인산염과 에스테르의 혼합물, 자주색
- MIL-H-8446
- -54℃ ~ 115℃의 사용 온도 범위, 내화성
- 독성이 있어 눈에 들어가면 실명의 위험
- 화학적인 안정성
- 현대 항공기의 유압 계통 사용
- 부틸 고무나 에틸렌-프로필렌 실을 사용

22 합성 작동유는?

① 저습기 유지
② 고점도
③ 높은 인화점
④ 낮은 인화점

23 유압 및 공압 부품을 일정 기간 이상 저장하면 안 되는 가장 큰 이유는?

① 부품의 구성품이 부식되기 때문
② 부품의 구성품이 노쇠되기 때문
③ 부품 내의 Seal이 그 기간 이상 지나면 노화되기 때문
④ 법에 정하여 놓았기 때문

정답 16. ④ 17. ④ 18. ③ 19. ② 20. ④ 21. ③ 22. ③ 23. ③

> **해설**
> 실(Seal)의 저장 기한은 5년

24 고정된 부분에서 유체의 유출 방지 및 공기나 먼지의 유입을 방지하는 시일은?

① 와셔 ② 와이퍼
③ 패킹 ④ 개스킷

> **해설**
> • 개스킷 : 고정된 부분에서의 유체 기밀 유지
> • 패킹 : 움직이는 부분에서의 유체 기밀 유지

25 항공기 유압 계통에 사용되는 파이프의 크기 표시로 가장 올바른 것은?

① 외경은 인치의 소수, 두께는 인치의 분수로 표시한다.
② 외경은 인치의 분수, 두께는 인치의 소수로 표시한다.
③ 외경, 두께 모두를 인치의 소수로 표시한다.
④ 외경, 두께 모두를 인치의 분수로 표시한다.

> **해설**
> • 튜브의 치수 표기법 : 외경(분수)×두께(소수)
> • 호스의 치수 표기법 : 내경으로 표시

26 호스 장착 시 주의 사항으로 틀린 것은?

① 호스가 꼬이지 않도록 한다.
② 호스의 파손을 막기 위해 필요한 곳에 테이프를 감아 준다.
③ 호스 길이에 여유를 두지 않고 간단하게 장착한다.
④ 호스의 진동을 방지하기 위해 클램프로 고정을 한다.

> **해설**
> 호스 작업 방법
> • 호스 부착 시 뒤틀리지 않도록 흰색선이 난 부분이 일직선이 되도록 하며, 5~8%가량 느슨하게 하여 요동이나 진동에 의한 파손 방지
> • 호스 고정 시 60cm마다 클램프로 고정
> • 호스 보관 시는 어둡고, 서늘하며, 건조한 곳에 보관하고 4년 이상 보관된 호스는 그 사용 기한이 남았어도 사용 금지

27 다음 중 보조 동력 장치(APU)가 오일 계통의 잘못으로 Fault Light가 점등되는 경우가 아닌 것은?

① 오일량 부족
② 오일 온도 초과
③ 오일 압력 저하
④ 오일 밀도 상승

28 항공기 유압 회로와 가장 관계가 먼 것은?

① 공급 라인(Line)
② 압력 라인
③ 작업 및 귀환 라인
④ 점검 라인

29 유압 회로의 열화 작용은?

① 회로 내에 공기의 혼입으로 기름의 온도가 상승하는 것
② 회로 내에 기름을 장시간 사용함으로써 온도가 상승하는 것
③ 회로 내에 기름이 부족하여 온도가 상승하는 것
④ 회로 내에 기름이 과대하여 온도가 상승하는 것

30 유압 계통에서 블리드(Bleed)를 하는 주 목적은 무엇인가?

① 계통에서 공기를 제어하기 위해
② 계통의 누출을 방지하기 위해
③ 계통의 압력 손실을 방지하기 위해
④ 실의 손상을 방지하기 위해

정답 24. ④ 25. ② 26. ③ 27. ④ 28. ④ 29. ① 30. ①

2 유압 동력 계통 및 장치

가 저장 탱크(Reservoirs)

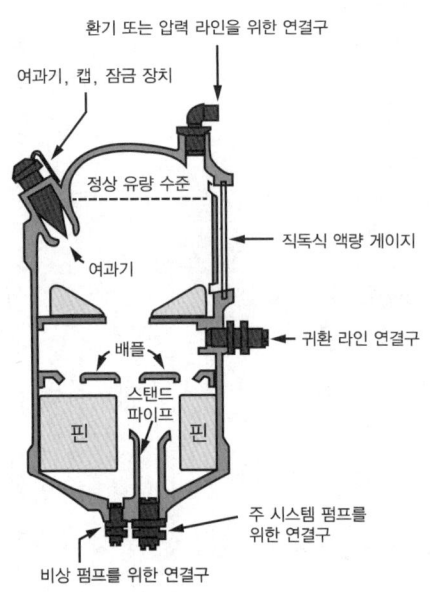

┃ 저장 탱크의 구조 ┃

① 재질
   알루미늄 합금 또는 마그네슘 합금
② 역할
   저장소 및 공기, 각종 불순물 제거
③ 탱크 용량
   38℃(100℉)에서 축압기를 제외한 전 유압 계통에 필요로 하는 용량의 150% 이상 또는 축압기를 포함한 모든 계통이 필요로 하는 용량의 120% 이상
④ 여압구
   고공에서 작동유에 생기는 거품 방지 및 저장 탱크를 여압시키는 압축 공기 연결구
⑤ 사이트 게이지
   저장 탱크 안의 작동유의 양을 확인할 수 있는 장치
⑥ 귀환관
   저장 탱크의 전상 유면 아래에 위치하며 귀환 작동유는 원주의 접선 방향으로 들어와 거품을 방지

제4장 항공기 공유압 및 환경 조절 계통

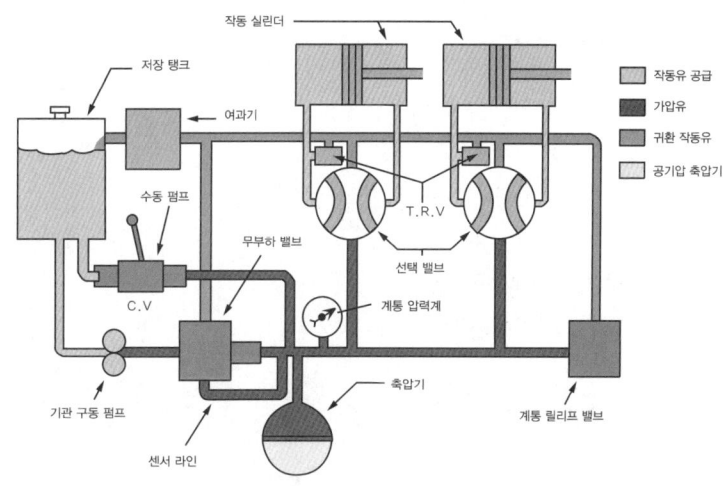

| 작동유 공급 계통의 기본 구성 |

⑦ 배플(Baffle)과 핀(Pin)
   탱크 안의 거품 및 기포를 제거하여 펌프로 유입되는 것을 방지
⑧ 바이패스 밸브(By-Pass valve)
   필터가 막혔을 때 작동유가 정상 공급되게 해주는 장치
⑨ 스탠드 파이프(Stand Pipe)
   비상 시 사용할 작동유의 저장 및 탱크로부터의 이물질 혼입 방지

| 유압 펌프의 종류 |

나 동력 펌프

① 구동 방식에 의한 분류 : 기관, 공기 터빈, 전동기, 유압 모터
② 형식에 의한 분류 : 기어형 펌프, 제로터형 펌프, 베인형 펌프, 피스톤 펌프
③ 방출량에 의한 분류 : 일정 용량 펌프, 가변 용량 펌프
④ 현대의 여객기에는 가변 용량의 piston Type의 유압 펌프를 주로 사용

다 수동 펌프

① 용도 : 비상용, 유압 계통 지상 점검 시 사용
② 종류 : 싱글 액팅식 수동 펌프, 더블 액팅식 수동 펌프

라 축압기(Accumulator)

① 기능
  ㉠ 동력 펌프 고장 시 유압 공급
  ㉡ 가압된 압력을 저장
  ㉢ 계통 압력의 서지(Surge) 방지
  ㉣ 계통의 충격적인 압력 흡수
  ㉤ 압력 조절기의 개폐 빈도 감소

② 종류
  ㉠ 다이어프램형 축압기
  ㉡ 블래더형 축압기
  ㉢ 피스톤형 축압기

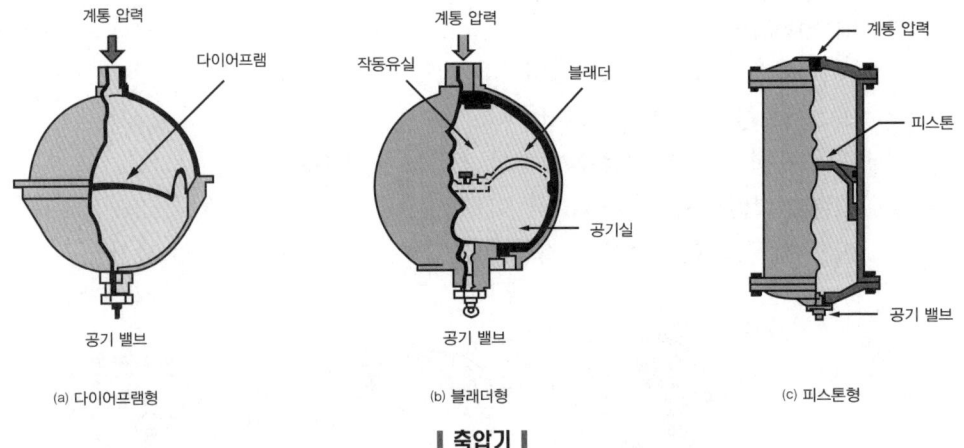

┃ 축압기 ┃

2 출제 예상 문제

01 유압 계통에서 리저버(Reservoir) 내의 배플(Baffle)과 핀(Pin)의 가장 중요한 역할은?

① 작동유의 열을 식힌다.
② 펌프 안의 공기가 유입되는 것을 방지한다.
③ 리저버 안의 공기가 잘 가압되도록 한다.
④ 작동유의 온도 상승에 따른 가압 공기의 온도를 낮춘다.

해설
배플(Baffle)과 핀(Pin)
탱크 안의 거품 및 기포를 제거하여 펌프로 유입되는 것을 방지

정답 01. ②

02 유압 계통에 있는 필터에서 필터 내에 바이패스 릴리프 밸브의 주 목적은?

① 필터 엘리먼트 내에 유압유 압력이 높아지면 귀환 라인으로 유압유를 보내기 위하여
② 필터 엘리먼트가 막힐 경우 유압유를 계통에 공급하기 위하여
③ 유압유 공급 라인에 압력이 과도하여지는 것으로부터 계통을 보호하기 위하여
④ 회로 압력을 설정 값 이하로 제한하여 계통을 보호하기 위하여

03 다음 중 유압 계통에서 리저버(Reservoir) 내의 Stand Pipe의 가장 중요한 역할은 무엇인가?

① 계통 내의 압력 유동을 감소시킨다.
② Vent 역할을 한다.
③ 비상시 작동유의 예비 공급을 한다.
④ 탱크 내의 거품이 생기는 것을 방지한다.

[해설]
스탠드 파이프(Stand Pipe)
비상시 사용할 작동유의 저장 및 탱크로부터의 이물질 혼입 방지

04 유압 계통의 저장소(Reservoir)에 작동유를 보급할 때 이물질을 걸러 내는 장치는?

① 스탠드 파이프(Stand Pipe)
② 화학 건조기(Chemical Drier)
③ 손가락 거르개(Finger Strainer)
④ 수분 제거기(Moisture Separator)

05 항공기 유압 회로에서 필터(Filter)에 부착되어 있는 차압 지시계(Differential Pressure Indicator)의 주된 목적은?

① 필터 엘리먼트(Element)가 오염되어 있는 상태를 알기 위한 지시계이다.
② 필터 입력 회로에 유압의 압력차를 지시하기 위한 지시계이다.
③ 필터 출력 회로에서 귀환되어 유압의 압력차를 지시하기 위한 지시계이다.
④ 필터 출력 회로에 압력이 높아질 경우 압력차를 알기 위한 지시계이다.

[해설]
필터 모듈에는 필터에 이물질이 있거나 교체가 필요할 때를 알려 주는 튀어 나오는(Pop out) 차압 지시기(Differential Pressure Indicator)를 갖고 있다.

06 유압 계통의 대표적인 3가지 형태의 펌프(Pump)는?

① 기어, 제로터, 베인
② 기어, 피스톤, 제로터
③ 피스톤, 베인, 제로터
④ 제로터, 피스톤, 진공 펌프

[해설]
유압 펌프의 종류
- 구동 방식에 의한 분류 : 기관, 공기 터빈, 전동기, 유압 모터
- 형식에 의한 분류 : 기어형 펌프, 제로터형 펌프, 베인형 펌프, 피스톤 펌프
- 방출량에 의한 분류 : 일정 용량 펌프, 가변 용량 펌프
- 현대의 여객기에는 가변 용량의 Piston Type의 유압 펌프를 주로 사용
- 위 펌프 중 기어, 제로터, 피스톤 펌프가 많이 사용된다.

07 고압력을 요구하는 계통에 사용되는 펌프의 구조로 가장 올바른 것은?

① Gear식   ② Vane식
③ Piston식 ④ 유압식

[해설]
- 피스톤형 펌프 : 3000psi 이상의 고압을 사용
- 대형 항공기 대부분 피스톤형을 사용

정답 02. ② 03. ③ 04. ③ 05. ① 06. ② 07. ③

08 다음 중 가변 용량 펌프에 해당되는 것은?
① 제로터형 펌프 ② 기어형 펌프
③ 피스톤형 펌프 ④ 베인형 펌프

09 유압 펌프에서 정용량형 펌프란?
① 회전에 대한 이론 토출량이 일정
② 펌프의 회전수와 관계없이 일정량의 유압유 토출
③ 부하 압력 변동에 관계없이 일정 용량의 유압유 토출
④ 유압 실린더의 용량에 따라 일정량의 유압유 토출

10 가변 용량(Variable Displacement) 유압 펌프의 설명 중 옳은 것은?
① 정속으로 구동된다.
② 펌프의 용량은 PPH로 나타낸다.
③ 펌프 출구의 압력이 요크(Yoke)의 경사각을 결정하여 피스톤(Piston)의 행정거리를 변하게 한다.
④ 펌프의 신뢰성 부족으로 다 엔진(Multi-engine) 항공기를 제외하고는 사용할 수 없다.

11 현재 사용 중인 여객기에는 어떤 형의 유압 펌프가 많이 사용되는가?
① 고정 용량의 Gear Type의 유압 펌프
② 가변 용량의 Vane Type의 유압 펌프
③ 가변 용량의 piston Type의 유압 펌프
④ 가변 용량의 Gear Type의 유압 펌프

12 유압 계통에 사용되는 축압기(Accumulator)의 기능 설명으로 틀린 것은?
① 가압된 작동유를 저장한다.
② 유압 계통의 충격 압력을 흡수한다.
③ 유압 계통의 압력의 크기를 조절한다.
④ 유압 계통의 서징(Surging) 현상을 완화시킨다.

> **해설**
> 축압기의 기능
> • 동력 펌프 고장 시 유압 공급
> • 가압된 압력을 저장
> • 계통 압력의 서지(Surge) 방지
> • 계통의 충격적인 압력 흡수
> • 압력 조절기의 개폐 빈도 감소

13 압력 조절기가 너무 빈번하게 작동하는 것을 방지하며, 갑작스럽게 계통 압력이 상승할 때 압력을 흡수하는 구성품은?
① 리저버   ② 체크 밸브
③ 축압기   ④ 릴리프 밸브

14 유압 계통의 Pressure Surge를 완화하는 역할을 하는 장치는?
① Relief valve   ② Pump
③ Accumulator   ④ Reservoir

15 항공기 유압 계통에서 축압기(Accumulator)의 사용 목적으로 틀린 것은?
① 비상용 압력으로 사용하기 위하여
② 계통 작동 시 충격 완화를 위하여
③ 펌프의 출력, 유압유의 역동 방지를 위하여
④ 유압유 내에 있는 공기를 저장하기 위하여

16 유압 축압기(Accumulator)에 1000psi의 질소로 충전되어 있다. 계통의 압력이 3000psi로 올라가면 축압기(Accumulator)의 압력은 얼마가 되겠는가?
① 3000psi   ② 4000psi
③ 1000psi   ④ 2000psi

정답 08. ③ 09. ① 10. ③ 11. ③ 12. ③ 13. ③ 14. ③ 15. ④ 16. ①

③ 압력 조절, 제한 및 제어 장치

유압 계통의 압력이 한계치를 유지하도록 하며, 승압, 강압 및 기포 제거

1) 압력 조절기(Pressure regulators)

가) 기능

작동유의 압력을 규정 범위로 조절 및 계통에 압력이 요구되지 않을 때 펌프에 부하가 걸리지 않게 함.

나) Kick-in

계통 압력이 낮을 때 : 바이패스 밸브가 닫히고 체크 밸브 열림.

다) Kick-out

계통 압력이 높을 때 : 바이패스 밸브는 열리고 체크 밸브는 닫혀서 높은 압력의 유압은 저장 탱크로 귀환시킴.

2) 릴리프 밸브(Relief Valve)

압력 조절기와 비슷한 역할을 하지만 압력 조절기 보다 약간 높게 조절되어 있어, 그 이상의 압력을 빼주기 위한 장치

① 시스템 릴리프 밸브 : 압력 조절기 및 계통 고장 등으로 계통 내의 압력이 규정 값 이상이 되는 것을 방지

② 서멀 릴리프 밸브 : 온도 증가에 따른 유압 계통의 압력 팽창을 막아 주는 역할

3) 프라이어리티 밸브(Priority valve)

계통의 압력이 정상보다 낮아졌거나 펌프의 고장일 때 축압기의 압력을 사용하여 가장 필요한 계통에만 우선 공급해야 하는 경우에 사용

4) 퍼지 밸브(Purge Valve)

공기가 섞여 거품이 생긴 작동유를 저장 탱크로 귀환시켜 거품 제거

5) 감압 밸브(Pressure Reducing Valve)

계통의 압력보다 낮은 압력이 필요할 때 사용하며, 일부 계통의 압력을 요구하는 수준까지 낮춤.

6) 디 부스터 밸브(De-booster Valve)

피스톤형 밸브로서 브레이크의 작동을 신속하게 하기 위한 것으로 브레이크를 작동할 때 일시적으로 작동유의 공급량을 증가시켜 신속한 제동

3 출제 예상 문제

01 연속 이송형 펌프(Constant Delivery Pump)를 장착한 유압 계통에서 계통 내의 유압이 사용되지 않고 있다면 어떤 구성품에 의해 작동유가 순환되는가?
① 압력 릴리프 밸브
② 셔틀 밸브
③ 압력 조절기
④ 디부스터 밸브

해설
압력 조절기의 기능 : 작동유의 압력을 규정 범위로 조절 및 계통에 압력이 요구되지 않을 때 펌프에 부하가 걸리지 않게 함.

02 유압 계통에서 사용되는 압력 조절기에 대한 설명으로 가장 거리가 먼 것은?
① 압력 조절기에서는 평형식(Balanced Type)과 선택식(Selective Type)이 있다.
② Kick-in 압력과 Kick-out 압력의 차를 작동 범위라 한다.
③ Kick-out 상태는 계통의 압력이 규정값보다 낮을 때의 상태이다.
④ Kick-in 상태에서는 귀환관에 연결된 바이패스 밸브가 닫히고 체크 밸브가 열리는 과정이다.

해설
Kick-in
• 계통 압력이 낮을 때 : 바이패스 밸브가 닫히고 체크 밸브 열림.

Kick-out
• 계통 압력이 높을 때 : 바이패스 밸브는 열리고 체크 밸브는 닫혀서 높은 압력의 유압은 저장 탱크로 귀환시킴.

03 다음 중 압력 조절기에서 킥인(Kick-in)과 킥아웃(Kick-out) 상태는 어떤 밸브의 상호 작용으로 하는가?
① 체크 밸브와 릴리프 밸브
② 체크 밸브와 바이패스 밸브
③ 흐름 조절기와 릴리프 밸브
④ 흐름 평형기와 바이패스 밸브

04 압력 조절기와 비슷한 역할을 하지만 압력조절기보다 약간 높게 조절되어 있어, 그 이상의 압력을 빼주기 위한 장치는?
① Check Valve
② Reservoir
③ Accumulator
④ Relief Valve

해설
릴리프 밸브(Relief Valve)
• 압력 조절기와 비슷한 역할을 하지만 압력 조절기보다 약간 높게 조절되어 있어, 그 이상의 압력을 제거하는 장치
• 시스템 릴리프 밸브 : 압력 조절기 및 계통 고장 등으로 계통 내의 압력이 규정 값 이상이 되는 것을 방지
• 서멀 릴리프 밸브 : 온도 증가에 따른 유압계통의 압력 팽창을 막아 주는 역할

05 유압 계통에 과도한 압력이 걸리는 원인으로 옳은 것은?
① 여압 계통이 오작동을 하기 때문
② 압력 릴리프 밸브 조절이 잘못됐기 때문
③ 리저버(Reservoir) 내에 작동유가 너무 많기 때문
④ 사용하고 있는 작동유의 등급이 적당치 못하기 때문

정답   01. ③   02. ③   03. ②   04. ④   05. ②

06 공압 계통에서 릴리프 밸브(Relief Valve)의 압력 조정은 일반적으로 무엇으로 하는가?

① 심(Shim)
② 스크루(Screw)
③ 중력(Gravity)
④ 드라이브 핀(Drive Pin)

해설
릴리프 밸브(Relief Valve)

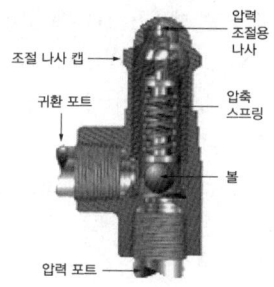

압력 조절기 및 계통 고장 등으로 계통 내의 압력이 규정값 이상이 되는 것을 방지하며 압력의 조절은 스크루를 이용

07 항공기 유압 회로에서 가장 높은 압력으로 Setting된 밸브는?

① 퍼지 밸브(Purge Valve)
② 시퀀스 밸브(Sequence Valve)
③ 체크 밸브(Check Valve)
④ 릴리프 밸브(Relief Valve)

08 유압 계통에 사용되는 릴리프 밸브의 특성 중 압력 오버 라이드(Over Ride)란 무엇인가?

① 릴리프 밸브가 열려 있을 때 정격 유량의 압력 변화
② 릴리프 밸브가 닫혀서 정격 유량을 유지할 때까지의 압력 변화
③ 크래킹 압력에서부터 정격 유량이 흐를 때까지의 압력 변화
④ 크래킹 압력(Cracking Pressure)에서부터 릴리프 밸브가 닫힐 때까지의 압력 변화

해설
Over Ride = Cracking Pressure − Full flow Pressure
Cracking Pressure : 릴리프 밸브가 열리기 시작할 때의 압력
Full flow Pressure : 허용 최대 유량이 흐를 때의 압력

09 유압 계통에 쓰이는 체크 밸브(Check Valve)는 대개 어떤 용도로 쓰이는가?

① 리저버(Reservoir)의 양면의 높이를 일정하게 유지하기 위해서
② 역류를 방지하고 작동유를 원하는 부분에만 흐르도록 하기 위해서
③ 브레이크 계통에 가압된 압력이 새는 것을 방지하려고
④ 계통 내의 동일한 압력이 걸리게 하기 위해서

10 항공기 유압 회로의 퍼지 밸브(Purge Valve)의 기능은?

① 회로 내에 오염된 기름을 제거한다.
② 회로 내에 부족한 압력을 보상시킨다.
③ 회로 내에 유입된 공기를 배출시킨다.
④ 회로 내에 과대한 압력을 귀환 회로로 보낸다.

해설
퍼지 밸브(Purge Valve)
공기가 섞여 거품이 생긴 작동유를 저장 탱크로 귀환시켜 거품 제거

정답 06. ② 07. ④ 08. ③ 09. ② 10. ③

11 작동유 압력이 일정 압력 이하로 떨어지면 유로를 차단하는 기능을 갖는 것은?

① System Accumulator
② System Relief Valve
③ System Return Filter Moduule
④ Priority Valve

해설
프라이어리티 밸브(Priority Valve)
계통의 압력이 정상보다 낮아졌거나 펌프의 고장일 때 축압기의 압력을 사용하여 가장 필요한 계통에만 우선 공급해야 하는 경우에 사용

12 브레이크를 작동할 때 일시적으로 작동유의 공급량을 증가시켜 신속하게 제동되도록 하는 장치는?

① 퍼지 밸브(Purge Valve)
② 디부스터 밸브(Debooster Valve)
③ 프라이어리티 밸브(Priority Valve)
④ 감압 밸브(Proximity Valve)

해설
디 부스터 밸브(De-booster Valve)
피스톤형 밸브로서 브레이크의 작동을 신속하게 하기 위한 것으로 브레이크를 작동할 때 일시적으로 작동유의 공급량을 증가시켜 신속한 제동

13 항공기 브레이크(Brake) 계통에서 브레이크로 가는 압력을 감소시키고 유압유의 흐르는 양을 증가시키는 역할과 관계되는 것은?

① 셔틀 밸브(Shuttle Valve)
② 디부스터 실린더(Debooster Cylinder)
③ 브레이크 제어 밸브(Brake Control Valve)
④ 브레이크 조절 밸브(Brake Regulation Valve)

4 흐름 방향 및 유량 제어 장치

1) 방향 제어 장치

선택 밸브, 체크 밸브, 시퀀스 밸브, 바이패스 밸브, 셔틀 밸브

가) 선택 밸브(Selector Valve)

① 유로를 선정해 주는 밸브
② 회전형, 포핏형, 스풀형, 피스톤형 및 플런저형 등

제4장 항공기 공유압 및 환경 조절 계통

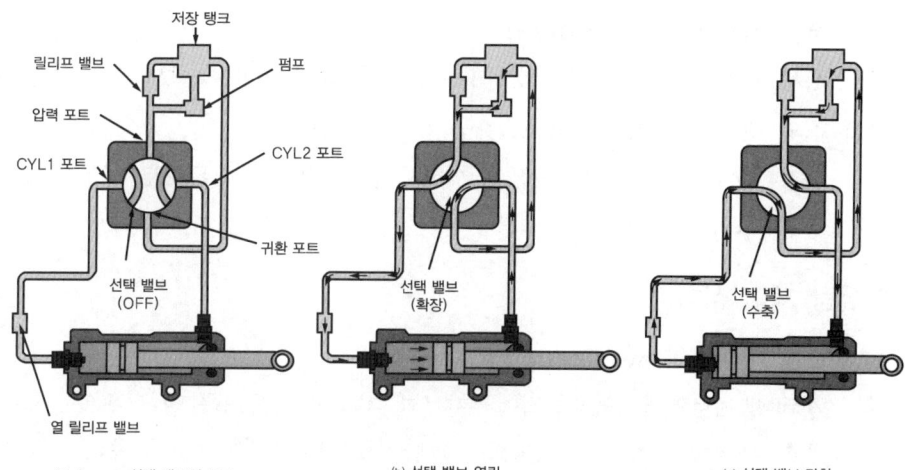

┃ 4-way 선택 밸브 ┃

나) 체크 밸브(Check Valve)
작동유의 흐름 방향을 한쪽 방향으로만 흐르고 반대 방향은 흐르지 못하게 하는 밸브

┃ 체크 밸브 ┃

다) 시퀀스 밸브(Sequence Valve)
한 물체의 작동에 의해 유로를 형성시켜 줌으로써 다른 물체가 순차적으로 동작하게 해주는 밸브로 타이밍 밸브라고도 함.
① 착륙 장치의 접개들이 계통에 사용

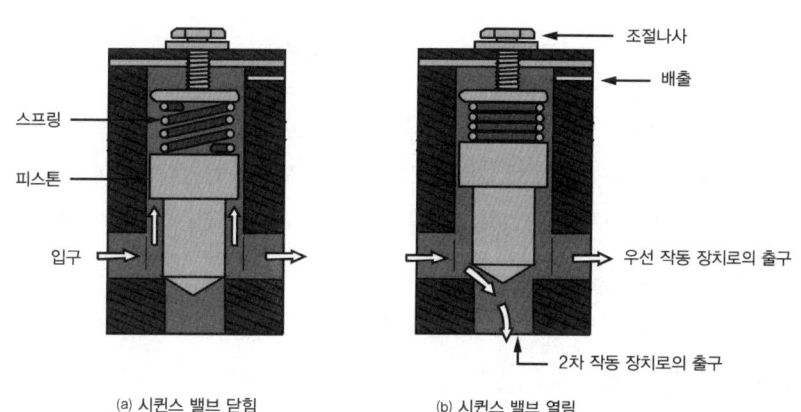

┃ 시퀀스 밸브의 작동 원리 ┃

라) 셔틀 밸브(Shuttle Valve)
정상 유압 동력 계통의 고장 시 비상 계통을 사용할 수 있도록 해주는 밸브

마) 수동 체크 밸브(Metering Check Valve)
정상 시에는 체크 밸브 역할을 수행하지만 필요 시 수동으로 핸들을 조작하여 양쪽 방향으로 흐르도록 하는 밸브

2) 유량 제어 장치

가) 흐름 평형기(Flow Equalizer)
선택 밸브로부터 공급된 작동유가 2개 이상의 작동기를 같은 속도로 움직이게 하기 위해 각 작동기에 공급되는 또는 작동기로부터 귀환되는 작동유의 유량을 같게 해주는 장치

나) 흐름 조절기(Flow Regulator)
흐름 제어 밸브라고도 함. 계통 압력의 변화에 관계없이 작동유의 흐름을 일정하게 해주는 장치

다) 유압 퓨즈(Hydraulic Fuse)
유압 계통의 파이프나 호스가 파손되거나 기기의 시일에 손상이 생겼을 때 작동유의 누설을 방지

라) 오리피스(Orifice)
흐름율을 제한하며 흐름 제한기(Flow Restrictor)라 함.

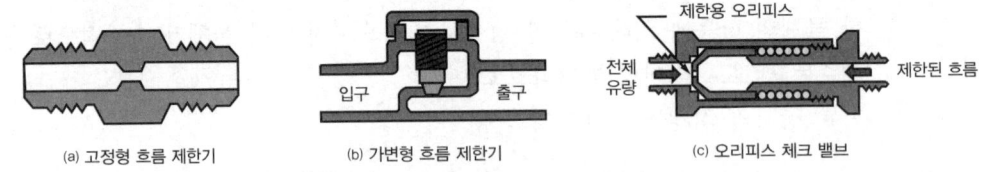

| 오리피스 |

마) 오리피스 체크 밸브(Orifice Check Valve)
오리피스와 체크 밸브의 기능을 합한 것. 작동유가 오른쪽에서 왼쪽으로 흐를 때 정상 공급, 반대로 흐를 때는 흐름 제한

바) 미터링 체크 밸브
오리피스 체크 밸브와 같으나 흐름 조절 가능

사) 유압관 분리 밸브
유압 펌프나 브레이크와 같은 유압 기기를 장탈할 때 작동유가 외부로 유출되는 것을 방지

3) 유압 작동기 및 작동 계통

가) 유압 작동기(Actuating Cylinder)
동력 계통에서 발생한 작동유의 압력을 받아 기계적 운동으로 바꿔 주는 장치

① 직선 운동 작동기
   싱글 액팅 작동기, 더블 액팅 작동기, 평형 작동기
② 회전 운동 작동기
   작동유의 압력에 의해 회전(유압 모터)

나) 작동 계통
① 수동식
② 동력식

4 출제 예상 문제

01 유압 계통에서 유압 작동 실린더의 움직임의 방향을 제어하는 밸브는?

① 체크 밸브
② 릴리프 밸브
③ 선택 밸브
④ 프라이어리티 밸브

해설
선택 밸브(Selector Valve)
- 유로를 선정해 주는 밸브
- 회전형, 포핏형, 스풀형, 피스톤형 및 플런저형 등

02 유압 계통에서 시퀀스 밸브(Sequence Valve)란?

① 동작 물체의 동작에 따른 작동유의 요구량 변화에도 흐름을 일정하게 해주는 밸브
② 작동유의 속도를 일정하게 해주는 밸브
③ 작동유의 온도를 적당히 조절해 주는 밸브
④ 한 물체의 작동에 의해 유로를 형성시켜 줌으로써 다른 물체가 순차적으로 동작하게 해주는 밸브

해설
시퀀스 밸브(Sequence Valve)
한 물체의 작동에 의해 유로를 형성시켜 줌으로써 다른 물체가 순차적으로 동작케 해주는 밸브로 타이밍 밸브라고도 함.

03 정상 유압 동력 계통에 고장이 생겼을 때 비상 계통을 사용할 수 있도록 해주는 밸브는?

① 선택 밸브
② 체크 밸브
③ 시퀀스 밸브
④ 셔틀 밸브

정답 01. ③ 02. ④ 03. ④

해설
셔틀 밸브(Shuttle Valve)
정상 유압 동력 계통에 고장이 발생했을 때 비상 계통을 사용할 수 있도록 해주는 밸브

04 공·유압 계통에서 공압과 유압을 필요에 따라 선택할 때에 사용되는 밸브는?
① 감압 밸브   ② 셔틀 밸브
③ 유압관 분리 밸브 ④ 선택 밸브

05 다음 중 작동유가 과도하게 흐르는 것을 방지하기 위한 장치는?
① Filter
② Priority Valve
③ By-pass Valve
④ Hydraulic Fuse

해설
유압 퓨즈(Hydraulic Fuse)
유압 계통의 파이프나 호스가 파손되거나 기기의 시일에 손상이 생겼을 때 작동유의 누설을 방지

06 유량 제어 장치 중 유압관 파손 시 작동유가 누설되는 것을 방지하기 위한 장치는?
① 유압 퓨즈(Fuse)
② 흐름 조절기(Flow Regulator)
③ 흐름 제한기(Flow Restrictor)
④ 유압관 분리 밸브(Disconnect Valve)

07 액추에이팅 실린더에 대한 설명으로 가장 올바른 것은?
① 작동 유압을 기계적 운동으로 변화시키는 장치
② 작동유의 흐름을 제어하는 장치
③ 운동에너지와 안정된 정역학적 부하를 흡수하는 장치
④ 왕복 운동을 회전 운동으로 변화시키는 장치

해설
유압 작동기(Actuating Cylinder)
동력 계통에서 발생한 작동유의 압력을 받아 기계적 운동으로 바꿔 주는 장치

08 작동유의 압력에너지를 기계적인 힘으로 변환시켜 직선 운동을 시키는 것은?
① 작동 실린더(Actuating Cylinder)
② 마스터 실린더(Master Cylinder)
③ 유압 펌프(Hydraulic Pump)
④ 축압기(Accumulator)

5 공기압 계통

1) 용도
① 소형 항공기
  브레이크 장치, 플랩 작동 장치 등의 작동에 사용
② 대형 항공기
  ㉠ 유압 계통 고장 시의 비상 및 보조적 기능

정답 04. ② 05. ④ 06. ① 07. ① 08. ①

ⓒ 착륙 장치의 비상 작동장치와 비상 브레이크 장치
ⓒ 화물실 도어의 작동 장치

2) 공기압 계통의 장점
① 어느 정도의 누설을 허용하더라도 압력 전달에 큰 영향이 없음.
② 경량
③ 공기의 귀환관이 필요 없어 구조 간단

3) 압축 공기 공급원
① 엔진 압축기 블리드 공기(Bleed Air)
② 보조 동력 장치(APU) 블리드 공기(Bleed Air)
③ 지상 공기 압축기(Ground pneumatic cart)에서 공급되는 공기

4) 압축 공기의 매니폴드
① 압축 공기는 공급원으로부터 매니폴드(manifold)로 모아지고, 모아진 압축 공기는 각 계통으로 공급
② 매니폴드에 의한 집중 공급 방식은 어느 부분의 공급원이 작동되지 않아도 다른 공급원이 작동한다면 각 계통은 계속해서 압축 공기를 사용할 수 있음.
③ 매니폴드가 파손되면 모든 계통이 작동될 수 없기 때문에 격리 밸브를 이용하여 매니폴드를 복수로 분할하고, 분할된 매니폴드는 완전하게 독립되어 있어야 함.

5) 구성
① 압축기 : 기관 구동식 압축기로 고압의 공기를 공급
② 그라운드 차징 밸브 : 지상에서 항공기가 작동하지 않을 때 계통에 공기 공급
③ 공기 실린더 : 공기를 저장하는 실린더로 스텍 파이프를 설치하여 수분이나 윤활유의 계통 유입 방지
④ 열 교환기(Heat exchangers) : 차가운 연료를 이용하여 유압유의 열을 냉각
⑤ 압력 게이지 : 공기 실린더 내의 공기압을 지시
⑥ 필터 : 저장되는 공기의 불순물 및 오일의 유입 방지
⑦ 수분 제거기 : 공기에 포함된 수분이나 오일 제거
⑧ 화학 건조기 : 수분 제거기에서 제거되지 않은 수분의 제거
⑨ 압력 조정 밸브 : 공기 실린더의 압력을 규정 범위로 조절
⑩ 감압 밸브 : 고압의 공기를 압력을 낮추어 저압 계통으로 공급
⑪ 셔틀 밸브 : 유압 계통이 작동되지 않을 때 공기압을 공급

5 출제 예상 문제

01 항공용으로 사용되는 공기압 계통에 대한 설명으로 가장 관계가 먼 것은?
① 대형 항공기에는 주로 유압 계통에 대한 보조 수단으로 사용된다.
② 소형 항공기에는 브레이크 장치, 플랩 작동 장치에 사용된다.
③ 공기압 누설 시 압력 전달에 큰 영향을 주기 때문에 누설 허용은 안 된다.
④ 공기압 사용 시 귀환관이 필요 없어 계통이 단순하다.

해설
공기압 계통의 장점
- 어느 정도의 누설을 허용하더라도 압력 전달에 큰 영향이 없음.
- 경량
- 공기의 귀환관이 필요 없어 구조 간단

공기압 계통의 용도
- 소형 항공기 : 브레이크 장치, 플랩 작동 장치 등의 작동에 사용
- 대형 항공기
  - 유압 계통 고장 시의 비상 및 보조적 기능
  - 착륙 장치의 비상 작동 장치와 비상 브레이크 장치
  - 화물실 도어의 작동 장치

02 항공기에서 사용되는 공기압 계통에 대한 설명 중 가장 관계가 먼 내용은?
① 공기압의 재활용으로 귀환관이 필요하니 유압 계통보다는 단순하다.
② 소형 항공기에서는 브레이크 장치, 플랩 작동 장치 등을 작동시키는 데 사용한다.
③ 적은 양으로 큰 힘을 얻을 수 있고 깨끗하며 불연성(Non-inflammable)이다.
④ 대형 항공기에는 주로 유압 계통에 대한 보조 수단으로 사용한다.

03 유압 장치와 공압 장치를 비교할 때 공압 장치에서 필요 없는 부품은?
① Check Valve
② Relief Valve
③ Reducing Valve
④ Accumulator

해설
축압기(Accumulator)
유압 계통에 필요한 장치로 비상시 최소한의 작동 실린더를 제한 횟수만큼 작동시킬 수 있는 작동유를 저장

04 공유압 계통도에서 다운 스트림을 가장 올바르게 설명한 것은?
① 어떤 밸브를 기준으로 배출 방향쪽
② 어떤 밸브를 기준으로 유입구쪽
③ 밸브의 내부 흐름
④ 어떤 밸브를 기준으로 하부 흐름

05 공압 계통에서 공기 저장통 안에 설치되어 수분이나 윤활유가 계통으로 섞여 나가지 않도록 하는 것은?
① 핀   ② 스택 파이프
③ 배플   ④ 스탠드 파이프

해설
공기 저장통 안에는 스택 파이프(Stack Pipe)가 설치되어 있어 제거되지 않은 수분이나 윤활유가 섞여 나가지 않도록 함.

정답 01. ③ 02. ① 03. ④ 04. ① 05. ②

06 대형 항공기 공압 계통에서 공통 매니폴드에 공급되는 공기 공급원의 종류가 아닌 것은?
① 터빈 기관의 압축기(Compressor)
② 전기 모터로 구동되는 압축기(Electric Motor Compressor)
③ 기관으로 구동되는 압축기(Super Charger)
④ 그라운드 뉴매틱 카드(Ground Pneumatic Cart)

해설
압축 공기의 공급원
- 엔진 압축기 블리드 공기(Bleed Air)
- 보조 동력 장치(APU) 블리드 공기(Bleed Air)
- 지상 공기 압축기(Ground Pneumatic Cart)에서 공급되는 공기

07 대형 항공기 공압 계통에서 공통 매니폴드(Manifold)에 공급되는 공기의 온도 조절은 어느 것에 의해 이루어지는가?
① 팬 에어(Fan Air)
② 열 교환기(Heat Exchanger)
③ 램 에어(Ram Air)
④ 브리딩 에어(Bleeding Air)

해설
RAI Door를 통해 들어온 Ram Air와 Flow Control&Shut Off Valve를 통해 유입된 고온, 고압의 공기가 만나 열교환이 이루어지는 장치

08 대형 항공기의 공기 조화 계통에서 가열 계통에는 연소 가열기를 장치하여 사용한다. 온도가 규정값 이상에 도달하게 되면 연소 가열에 공급되는 연료를 자동 차단시킬 수 있는 밸브 장치는?
① 솔레노이드 밸브
② 조정 유닛 밸브
③ 스필 밸브
④ 버터플라이식 밸브

6 객실 여압 계통

가 비행 생리 현상(Physiology of Flight)

1) 저산소증(Hypoxia)
불충분한 산소의 공급으로 인해 발생하는 신체와 정신의 이완된 상태
① 해수면에서 7,000ft 이하 : 대기 중의 산소량과 산소 압력으로 산소의 혈액 포화도를 충분히 유지
② 1만 ft 이상 : 장시간 체류 시 저산소증의 증상인, 두통과 피로를 경험
③ 1만 5,000ft : 졸음, 두통, 입술과 손톱이 파랗게 질리게 되고, 그리고 맥박과 호흡이 가파르게 증가
④ 2만 5,000ft 고도 : 5분 이상 체류 시 의식 불명의 원인

정답 06. ② 07. ② 08. ①

2) 과호흡증(Hyperventilation)

3) 일산화탄소 중독(Carbon Monoxide Poisoning)

나 여압 계통

1) 역할
대기의 조건이 지상과 다른 고공에서 비행하는 항공기의 탑승자에게 안락한 조건과 신체에 알맞은 상태를 유지시켜 주기 위한 장치

2) 비행 고도와 객실 고도

가) 비행 고도(Flight Altitude)
① 항공기가 실제로 비행하는 고도
② 항공기는 연료의 절감과 난기류를 피하기 위해 약 9,000m 고도 비행

나) 객실 고도(Cabin Altitude)
① 객실 내의 기압에 해당되는 고도
② 무산소증의 유발 방지를 위해 객실 내를 3,000m 이내의 기압 고도로 유지
③ 미국연방항공국(FAA)의 규정에 명시된 고고도 비행 항공기의 객실 고도는 8,000ft

다) 차압(Differential Pressure)
① 비행기의 구조 설계상 기체가 받을 수 있는 압력
② **차압 범위** : 차압을 유지하기 위하여 객실 고도를 높여야 하는 범위

3) 객실 여압과 기체 구조

가) 기밀
차압을 견디기 위하여 각종 이음새 부분이나 표피의 연결 부분 등을 충분히 밀폐

나) 여압을 제한하는 요소
항공기 기체의 구조 강도

4) 객실 여압 장치의 작동
객실 압력은 아웃 플로우 밸브(Out Flow Valve)에 의해서 기체 밖으로 배출시킬 공기 양을 조절함으로써 압력 조절

가) 여압 공기의 공급
① 기관 블리드식 공기 공급
압축기의 지정된 단에 공기 블리드 관을 설치하여 고압 공기를 블리드 밸브 작동으로 객실에 공급

② 공기 구동 압축기식 공기 공급
　 압축기의 고압 공기로 원심력식 터빈을 구동, 신선한 공기를 가압하여 객실에 공급
③ 기계적 구동 압축기식 공기 공급
　 왕복 기관을 가진 항공기에 사용되며 임펠러나 루츠 블로어에 의하여 압축된 공기 공급

나) 공기 유량 조절 장치
① 공기압식 유량 조절 장치
　 대기로 배출해야 할 공기량을 조절
② 자동 유량 조절 장치
　 제트 기관의 압축기로부터 객실로 흐르는 공기의 흐름을 자동 조절

다) 객실 압력 조절 장치
① 아웃 플로우 밸브(Out Flow Valve)
　 객실 내의 공기를 일정 기압이 되도록 동체의 옆이나 끝부분, 또는 날개의 필릿을 통하여 공기를 외부로 배출시키는 밸브
② 객실 압력 조절기
　 규정된 객실 고도의 기압이 되도록 아웃 플로어 밸브의 위치 지정
③ 객실 압력 안전밸브
　 ㉠ 압력 릴리프 밸브(cabin pressure relief valve) : 여압된 항공기에서 아웃 플로 밸브에 고장이 생겼거나 다른 원인에 의하여 항공기 외부와 객실 내부의 차압이 규정값보다 클 때 기체의 팽창에 의한 파손을 방지하기 위하여 작동되어 객실 안의 공기를 외부로 배출시킴으로써 규정된 차압을 초과하지 못하도록 하는 장치
　 ㉡ 부압 릴리프 밸브(negative pressure relief valve) : 항공기가 객실고도보다 더 낮은 고도로 하강할 때나 지상에서 객실 압력과 대기압을 일치시켜 줄 필요가 있을 때 열려서 대기의 공기가 객실 안으로 자유롭게 들어오도록 되어 있는 밸브
　 ㉢ 덤프 밸브(dump valve) : 보통 비정상 상태 또는 정비 요구 시, 또는 비상 사태에서 객실로부터 공기압을 신속하게 제거하기 위해 사용

다 공기 조화 계통 및 장치

1) 기능
　냉각 장치와 가열 장치를 이용하여 압축 공기의 온도를 인체에 가장 알맞은 상태로 조절하는 장치

2) 환기 공기
　항공기의 윗면이나 아랫면의 램 공기를 이용

3) 가열 계통
① 소형 항공기 : 히터 머프 내를 통과시켜 주위를 지나가는 램 공기가 가열되게 함.
② 대형 항공기 : 연소 가열기를 이용하여 램 공기를 가열

4) 냉각 계통
가) 공기 순환 냉각방식(ACM : Air Cycle Machine)
① 공기 흐름 순서
압축기 블리드 에어 → 차단 밸브 → 1차 열 교환기 → 냉각 장치의 압축기 → 2차 열 교환기 → 냉각 장치의 터빈 → 수분 분리기
② 장점
㉠ 냉각 능력 우수
㉡ 중량이나 용적 경감
㉢ 안전성이 높고, 구조 간단, 고장이 적고 경제적
③ 냉각 터빈 장치(Refrigeration Turbine Unit)
㉠ 압축기 : 온도와 압력 증가
㉡ 터빈 : 압력과 온도 감소
④ 열 교환기(heat exchanger)
램 공기가 뜨거운 압축공기가 지나가는 난방기를 거치면서 열 교환
⑤ 터빈 바이패스 밸브
공기 순환 장치의 출구가 막혀 어는 것을 방지
⑥ 차단 밸브
공기압 다기관으로부터 공기 조화 계통 내부로 추출 공기를 조절하는 밸브이며, 팩 밸브(pack valve)라고도 함.
⑦ 수분 분리기(Water Separator)
공기를 항공기 객실로 보내기 전에 공기로부터 수분을 제거하기 위해 사용

나) 증기 순환 냉각 방식(Vapour cycle cooling system)
① 프레온 가스를 냉매로 하는 냉동기로 구성
② 리시버 건조기
③ 응축 장치(condenser)
④ 냉각제 : 주로 프레온 가스 사용
⑤ 팽창 밸브 : 냉각제의 압력을 낮추어 냉각제의 온도를 더욱 낮게 해주는 역할
⑥ 증발기(evaporator) : 공기를 냉각시키는 장치
⑦ 압축기

라 산소 계통

1) 산소의 필요성
① 항공기가 3300m(10,000ft) 이상의 고도를 비행하는 경우 산소 계통을 갖춰야 하며, 여압 장치가 있을지라도 산소가 부족하면 무산소증(Anoxia)을 일으키므로 고공을 비행하는 항공기는 안전상 산소 공급 장치가 필요

② 산소 계통의 구성
산소통, 산소 공급관, 산소 조절기, 산소 마스크, 압력 게이지 비상용 산소 Unit, 각종 밸브 등

2) 저압 산소 계통
① 재질
스테인리스강 또는 열처리된 저탄소강

② 색상
연한 노란색(표면에 "NON SHATTERABLE"이라고 명시)

③ 산소통의 충전 압력
최대 압력 2327cmHg(450psi), 정상 압력 2068~2197cmHg(400~425psi)

④ 산소 공급관
튜브, 피팅, 밸브 등으로 구성, 알루미늄 합금에 표준 알루미늄 피팅 사용

⑤ 산소 밸브
필러 밸브, 체크 밸브

3) 고압 산소 계통
① 고압 산소통
저탄소강으로 연한 초록색(표면에 "AVIATOR'S BREATHING OXYGEN"이라고 명시)

② 산소통의 충전 압력
㉠ 최대 압력 : 10,340cmHg(2,000psi)
㉡ 정상 압력 : 9565cmHg(1,850psi)

③ 최소 5년에 한번 안전 검사 실시

④ 산소 공급관
저압 계통과 구성은 같으나 필러 밸브로부터 감압기에 이르는 도관은 고압에 견딜 수 있어야 하므로 구리 합금 사용

⑤ 산소 밸브
필러 밸브는 연결부에 나사가 있는 피팅을 사용하며, 수동으로 흐름량 조절 가능, 1850psi를 400psi로 감압시켜서 사용

4) 액체 산소 계통

① 농축된 액체 상태이므로 탱크의 용량을 작게 할 수 있어 군용기에 사용하고 있으며, 액체 상태에서 기체로 변환하기 위한 산소 변환기(LOX Converter) 필요

② 산소 변환기
   진공 저장 용기, 빌드 업 코일, 압력 폐쇄 밸브, 고압 및 저압 릴리프 밸브로 구성

5) 산소 흡입 장치

① 희석 흡입 산소 장치
   흡입 시 산소 조절기에 의해 감압되고, 외기 공기와 혼합된 60%의 산소를 조절 공급하며, 비상시는 100% 산소 또는 강제 공급되는 비상 산소의 공급

② 압력 흡입 산소 장치
   사용자 주위의 압력보다 조금 높은 압력의 산소를 공급하는 장치로 정상 시는 희석 흡입 산소 조절기와 같지만 압력 조정 노브를 시계 방향으로 돌리면 공급 산소의 압력이 높아짐.

6 출제 예상 문제

01 Anoxia란 무엇인가?

① 고도 2,135m에서 인간이 정상적으로 활동할 수 있는 현상을 말한다.
② 고도 4,575m 이상에서 산소 부족으로 나타나는 현상을 말한다.
③ 고도 16,165m에서 압력이 해면 기압보다 1/10로 줄어드는 것을 말한다.
④ 고도 8,000m에서 여압이 필요해지는 것을 말한다.

해설
산소 결핍증(Anoxia) 증상
졸음이 오고 머리가 아프고 입술과 손톱이 파랗게 되고 시력과 판단력이 흐려지며 맥박 증가와 호흡 곤란이 일어나는 현상

02 객실 고도를 옳게 설명한 것은?

① 항공기 내부의 압력을 표준 대기 상태의 압력에 해당되는 고도로 표현한다.
② 항공기 내부의 압력을 현 비행 상태의 압력에 해당되는 고도로 표현한다.
③ 항공기 외부의 압력을 표준 대기 상태의 압력에 해당되는 고도로 표현한다.
④ 항공기 외부의 압력을 현 비행 상태의 압력에 해당되는 고도로 표현한다.

해설
객실 고도(Cabin Altitude)
- 객실 내의 기압에 해당되는 고도
- 무산소증의 유발 방지를 위해 객실 내를 3000m 이내의 기압 고도로 유지
- 미국연방항공국(FAA)의 규정에 명시된 고고도 비행 항공기의 객실 고도는 8000ft

정답 01. ② 02. ①

제4장 항공기 공유압 및 환경 조절 계통

03 비행 상태에 따른 객실 고도에 대한 설명으로 틀린 것은?
① 착륙 시 지상 고도와 일치시킨다.
② 순항 시 객실 고도는 8500ft를 유지한다.
③ 하강 시 객실 고도는 일정 비율로 감소시킨다.
④ 상승 시 객실 고도는 일정 비율로 증가시킨다.

04 비행 상태에 따른 객실 고도에 대한 설명으로 틀린 것은?
① 착륙 시 지상 고도와 일치시킨다.
② 상승 시 객실 고도는 일정 비율로 증가시킨다.
③ 하강 시 객실 고도는 일정 비율로 감소시킨다.
④ 순항 시 객실 고도는 항공기 고도와 일치시킨다.

05 미국연방항공청(FAA)에서 정한 압축 공기의 공급 기준으로 객실 내의 기압은 고도 몇 ft에 상당하는 기압 이하로 내려가지 않도록 규정하고 있는가?
① 8000 ② 10000
③ 15000 ④ 35000

06 항공기 객실 여압(Cabin Pressurization)과 직접 관계되지 않은 것은?
① 항공기 기체 구조 강도
② 항공기 운용 고도
③ 항공기 객실 여압 고도
④ 항공기 착륙 안전 고도

07 여압 장치의 차압은 다음 어느 것에 의해 제한을 받는가?

① 인체의 내성
② 가압 장치의 용량
③ 객실 내의 산소 함유량
④ 기체 구조의 강도

해설
비행 고도와 객실 고도와의 차이로 인하여 기체 외부와 내부에는 다른 압력이 작용하는데 이 압력차를 차압(Differential Pressure)이라 하며 차압은 항공기 기체의 구조 강도에 따라 제한을 받는다.

08 대형 항공기에서 객실 여압(Pressurization) 장치를 설비하는 데 고려되어야 할 내용과 가장 거리가 먼 것은?
① 항공기 내부와 외부의 압력차
② 항공기 최대 운용 속도
③ 항공기의 기체 구조 자재의 선택과 제작
④ 최대 운용 고도에서 일정한 객실 고도를 유지

09 여압 계통기에 대한 설명으로 틀린 것은?
① 여압의 비율과 객실 고도는 조종실에서 설정이 가능하며 최대 차압의 설정은 조절기로 행해진다.
② 자동 조절에서 기체가 지상에 있으면 여압제어 밸브는 열려 있다.
③ 최대 차압이 큰 기체일수록 객실 고도는 높아진다.
④ 객실 여압 중 급격한 강하를 하면 외기압보다 객실 압력이 낮아진다.

10 여압 장치가 되어 있는 항공기에서의 객실 압력 조절은 어떤 방식으로 하는가?
① 객실에 몰아넣는 압력을 조절하여서
② 객실 공기의 배출량을 조절하여서
③ 객실 공기의 온도를 조절하여서
④ 객실 공기의 밀도를 조절하여서

정답 03. ② 04. ④ 05. ① 06. ④ 07. ④ 08. ② 09. ③ 10. ②

> **해설**
> 객실 압력은 아웃 플로우 밸브(Out Flow Valve)에 의해서 기체 밖으로 배출시킬 공기 양을 조절함으로서 압력 조절

11 객실 여압 계통의 아웃 플로우 밸브(Outflow Valve)의 가장 기본적인 기능은?

① 객실의 온도 조절
② 객실의 균형 조절
③ 객실의 습도 조절
④ 객실의 압력 조절

> **해설**
> 아웃 플로우 밸브
> 객실 내의 공기를 일정 기압이 되도록 동체의 옆이나 끝부분, 또는 날개의 필릿을 통하여 공기를 외부로 배출시키는 밸브

12 객실의 고도 상승률이 클 때 조절 방법으로 옳은 것은?

① 아웃 플로우 밸브를 빨리 닫는다.
② 아웃 플로우 밸브를 천천히 닫는다.
③ 객실 압축기 속도를 감소시킨다.
④ 객실 압축기 속도를 증가시킨다.

13 객실 압력 조절에 직접적으로 영향을 주는 것은?

① 공압 계통의 압력
② 슈퍼차저의 압축비
③ 터보 컴프레서의 속도
④ 아웃 플로우 밸브의 개폐 속도

14 객실 여압 계통에서 대기압이 객실 안의 기압보다 높은 경우에 사용하는 장치로 가장 올바른 것은?

① 객실 하강율 조정기
② 부압 릴리프 밸브
③ 슈퍼차저 오버스피트 밸브
④ 압축비 한계 스위치

> **해설**
> 부압 릴리프 밸브(Negative Pressure Relief Valve)
> 항공기가 객실 고도보다 더 낮은 고도로 하강할 때나 지상에서 객실 압력과 대기압을 일치시켜 줄 필요가 있을 때 열려서 대기의 공기가 객실 안으로 자유롭게 들어오도록 되어 있는 밸브

15 항공기에서 객실 공기 압력 진공 릴리프 밸브를 사용하는 때는?

① 객실 압력이 외부 압력보다 높을 때
② 객실 압력이 진공 상태가 되었을 때
③ 객실 압력을 진공 상태로 유기할 때
④ 외부 압력이 객실 압력보다 높을 때

16 항공기 객실 여압(Cabin Pressurization) 계통에서 압력 릴리프 밸브(Pressure Relief Valve)는 언제 열리게 되는가?

① 객실 압력이 외부 압력보다 일정한 차압을 초과할 경우
② 객실 압력이 외부 압력보다 일정한 차압을 초과하지 못할 경우
③ 객실 압력을 외부로부터 흡인할 경우
④ 객실 압력을 외부 공기로 여압할 경우

17 객실 여압 장치를 통하여 최대 운용 고도를 유지하고 있는 항공기에서 환기 장치를 작동하여 객실 내에 있는 공기를 급격히 배출하였을 때 일어나는 현상으로 옳은 것은?

① 객실 고도가 올라간다.
② 객실 압력이 증가한다.
③ 객실 고도가 내려간다.
④ 객실 공기 밀도가 증가한다.

정답 11. ④ 12. ① 13. ④ 14. ② 15. ④ 16. ① 17. ①

18 기본적인 에어 사이클 냉각 계통의 구성으로 가장 옳은 것은?

① 압축기, 열 교환기, 터빈, 수분 분리기
② 히터, 냉각기, 압축기, 수분 분리기
③ 바깥 공기, 압축기, 엔진 블리드 공기
④ 열 교환기, 이베포레이터, 수분 분리기

해설
공기 흐름 순서
압축기 블리드 에어 → 차단 밸브 → 1차 열 교환기 → 냉각 장치의 압축기 → 2차 열 교환기 → 냉각 장치의 터빈 → 수분 분리기

19 Air-cycle Conditioning System에서 팽창 터빈(Expansion Turbine)에 대한 설명으로 옳은 것은?

① 찬 공기와 뜨거운 공기가 섞이도록 한다.
② 1차 열 교환기를 거친 공기를 냉각시킨다.
③ 공기 공급 라인이 파열되면 계통의 압력 손실을 막는다.
④ 공기 조화 계통에서 가장 마지막으로 냉각이 일어난다.

20 공기 냉각 장치에서 공기의 냉각을 가장 올바르게 설명한 것은?

① 프리쿨러에 의하여 냉각된다.
② 엔진 압축기에서의 블리드 에어는 1, 2차 열 교환기와 쿨링 터빈을 지나면서 냉각된다.
③ 1, 2차 열 교환기에 의하여 냉각된다.
④ 프레온의 응축에 의하여 냉각된다.

21 대형 항공기 공기 조화 계통에서 기관으로부터 블리드(Bleed)된 뜨거운 공기를 냉각시키기 위하여 통과시키는 곳은?

① 연료 탱크   ② 물탱크
③ 기관 오일 탱크 ④ 열 교환기

22 다음 중 ACM(Air Cycle Machine) 내에서 압력과 온도를 낮추는 역할을 하는 곳은?

① 팽창 터빈   ② 압축기
③ 열 교환기   ④ 팽창 밸브

23 A.C.M에서 수분 분리기의 주된 역할은?

① 공기와 수분을 분리한다.
② 공기의 습도를 조절한다.
③ 수분을 객실 내에 공급한다.
④ 기체 내부의 결로 현상을 방지한다.

해설
수분 분리기(Water Separator)
공기를 항공기 객실로 보내기 전에 공기로부터 수분을 제거하기 위해 사용

24 Vapour Cycle Cooling System(Freon)에서 Air의 냉각은?

① 고온 고압의 Freon Gas가 Cooling Air에 의해 열을 빼앗겨 냉각된다.
② 액체 Freon을 팽창시켜서 온도를 낮춘다.
③ Freon의 응축에 의하여 냉각된다.
④ 액체 Freon이 Cabin Air의 열을 흡수하여 기화함으로써 냉각된다.

해설
증기 순환 냉각 방식
프레온 가스를 냉매로 하는 냉동기로 구성

25 에어콘 계통에서 콘덴서의 냉각 공기는 어디로부터 공급되는가?

① 엔진 압축기
② 바깥 공기
③ 배기가스
④ 객실 공기

정답 18. ① 19. ④ 20. ② 21. ④ 22. ① 23. ① 24. ④ 25. ②

26 전자식 객실 온도 조절기에서 혼합 밸브의 목적은?

① 차가운 공기 흐름의 방향 변화를 위해
② 공기를 가스에서 액체로 변화시키기 위해
③ 장치 내의 프레온과 오일을 혼합하기 위해
④ 더운 공기와 찬 공기를 혼합하여 분배하기 위해

27 배기가스를 히터로 사용하는 계통에서 부품의 결함을 검사하는 방법으로 가장 효율적인 것은?

① 자기 탐상 검사의 정기 실시
② 주기적인 일산화탄소 감지 시험
③ 기관 오버홀 시 히터를 새것으로 교환
④ 매 100시간마다 배기 계통의 부품을 교환

7 제빙, 방빙 계통

1) 비행 중 결빙이 생길 수 있는 부분

① 주날개의 앞전
② 조종면의 앞쪽 부분
③ 윈드실드 및 기관의 공기 흡입구
④ 피토관 및 프로펠러 깃의 앞전
⑤ 아웃 플로우 밸브 및 네거티브 밸브
⑥ 그 외 각종 공기 흡입구 및 배출구 등

2) 제빙 계통

가) 제빙 부츠

결빙이 쉬운 날개나 안정판(stabilizer)에 강화 합성고무 부츠(boots)를 설치하고 고압의 공기로 주기적으로 수축, 팽창시켜 얼음을 제거하는 방법으로서 보통 프로펠러 항공기에 많이 사용

① 날개 앞전에 위치
② 큰 공기방과 작은 공기 방으로 구성
③ 기관 배출 압력을 받아 압력 조절기와 공기-물 분리기 및 안전밸브를 통해 분배 밸브로 공급되어 부츠가 팽창되며, 진공압 릴리프 밸브를 거쳐 분배 밸브로 공급되는 진공압에 의해 부츠 수축
④ 분배 밸브로 팽창 순서 조절

⑤ 주요 구성 부품
  ㉠ 공기 펌프 : 날개와 꼬리 날개의 제빙 부츠를 팽창시키기 위한 공기를 공급하는 부품
  ㉡ 안전밸브 : 공기 펌프의 높은 회전에 따른 과도한 공기를 배출시키는 부품
  ㉢ 오일 분리기 : 공기 펌프 내부의 오일과 공기를 분리
  ㉣ 콤비네이션 유닛 : 압력 매니폴드로 들어가기 전에 오일 분리기로 제거할 수 없는 여분의 오일을 제거하고 계통 내의 공기 압력 조절 및 방향 조정을 하며 제빙 장치를 사용하지 않을 때에는 대기로 공기를 방출
  ㉤ 흡입 압력 조절 밸브 : 제빙장치의 흡입을 유지시키기 위한 밸브
  ㉥ 전자 타이머 : 제빙 장치를 작동시키는 순서와 시간 간격을 조절하며 분배 밸브의 작동 순서를 결정
  ㉦ 솔레노이드 분배 밸브 : 비행 중에 제빙 부츠를 날개의 앞전에 밀착시키도록 압력을 항상 가압하고 있는 밸브

⑥ 제빙 부츠의 수명 연장 조건
  ㉠ 제빙 부츠 위에서 연료 호스를 끌지 않는다.
  ㉡ 가솔린, 오일, 그리스, 오염, 그 밖에 부츠의 고무를 열화시킬 수 있는 물이나 액체를 접촉시키지 않는다.
  ㉢ 부츠 위에 공구를 놓지 않는다.
  ㉣ 부츠에 흠집이나 열화가 확인된 경우 가능한 한 빨리 수리하거나 표면을 다시 코팅한다.
  ㉤ 부츠를 저장하는 경우 천이나 종이로 덮어 둔다.

나) 알콜 분출식
−40℃까지 결빙되지 않는 이소프로필알코올을 공기 흡입구나 기화기에 분사함으로써 제빙

3) 방빙 계통

가) 전기식 방빙
날개 앞전 내부에 스팬 방향으로 전열선을 설치하여 전기를 통함으로서 전기 저항에 의한 열로 어는 것을 방지

① 피토관, 외기 온도 감지기, 받음각 감지기, 기관 압력 감지기, 기관 온도 감지기, 얼음 감지기, 조종실 윈도우, 물 공급 라인과 오물 배출구 등의 지역에 적용

나) 공기식 방빙
제트 기관 또는 연소 가열기나 열교환기로부터 뜨거운 공기를 날개 앞전 내부에 덕트를 설치하여 분사함으로써 결빙 방지

① 압축기 블리드 에어 이용

② 날개, 앞전 슬랫, 수직 및 수평 안정판, 엔진 흡입구 등에 적용

다) 화학적 방빙

이소프로필알코올이나 에틸렌글리콜과 알코올을 섞은 용액을 분사하여 물의 어는점을 낮게 함으로써 결빙을 방지

① 프로펠러 깃, 윈드실드, 기화기의 방빙 등에 사용

7 출제 예상 문제

01 램 효과(Ram Effect)에 의해 방빙이나 제빙이 필요하지 않은 부분은?

① Windshield
② Nose Radome
③ Drain Mast
④ Engine Inlet

[해설]
비행 중 결빙이 생길 수 있는 부분 : 주날개의 앞전, 조종면의 앞쪽 부분, 윈드실드 및 기관의 공기 흡입구, 피토관 및 프로펠러 깃의 앞전, 아웃 플로우 밸브 및 네거티브 밸브, 그 외 각종 공기 흡입구 및 배출구 등

02 다음 중 항공기 결빙을 막거나 조절하는 데 사용되는 방법이 아닌 것은?

① 아세톤 분사
② 고온 공기 이용
③ 전기적 열에 의한 가열
④ 공기가 주입되는 부츠(Boots)의 이용

[해설]
방빙과 제빙 계통
- 전기식 방빙
- 공기식 방빙
- 화학적 방빙
- 제빙 부츠

03 항공기 나셀의 방빙에 사용되는 방법이 아닌 것은?

① 제빙 부츠 방식
② 열 방빙 방식
③ 전기적 방빙 방식
④ 고온 공기를 이용한 방식

04 다음 중 공기식 제빙 장치가 사용되는 곳이 아닌 곳은?

① 조종 날개
② 수직 안정판 앞전
③ 날개 앞전
④ 프로펠러 깃의 앞전

[해설]
제빙 부츠
결빙이 쉬운 날개나 안정판(Stabilizer)에 강화 합성고무 부츠(Boots)를 설치하고 고압의 공기로 주기적으로 수축, 팽창시켜 얼음을 제거하는 방법으로서 보통 프로펠러 항공기에 많이 사용

05 다음 중 화학적 방빙(Anti-Icing) 방법을 주로 사용하는 곳은?

① 프로펠러
② 화장실
③ 피토 튜브
④ 실속 경고 탐지기

정답 01. ② 02. ① 03. ① 04. ④ 05. ①

06 공기압식 제빙 계통에서 부츠의 팽창 순서를 조절하는 것은?
① 분배 밸브   ② 부츠 구조
③ 진공 펌프   ④ 흡입 밸브

해설
분배 밸브는 제빙 계통의 부츠의 팽창 순서를 조절하는 부품이며, 기관 배출 압력을 받아 압력 조절기와 공기-물 분리기 및 안전밸브를 통해 분배 밸브로 공급되어 부츠가 팽창되며, 진공압 릴리프 밸브를 거쳐 분배 밸브로 공급되는 진공압에 의해 부츠 수축

07 제빙 장치에서 압력 매니폴드에 들어가기 전에 오일 분리기로 제거할 수 없는 여분의 오일을 제거하는 장치는?
① 안전밸브(Safety Valve)
② 콤비네이션 유닛(Combination Unit)
③ 흡입 압력 조절 밸브(Suction Regulation Valve)
④ 솔레노이드 분배 밸브(Solenoid Distributor Valve)

해설
콤비네이션 유닛
압력 매니폴드로 들어가기 전에 오일 분리기로 제거할 수 없는 여분의 오일을 제거하고 계통 내의 공기 압력 조절 및 방향 조정을 하며 제빙 장치를 사용하지 않을 때에는 대기로 공기를 방출

08 제빙 부츠를 취급할 때에 주의해야 할 사항으로 틀린 것은?
① 부츠 위에서 연료 호스(Hose)를 끌지 않는다.
② 부츠 위에 공구나 정비에 필요한 공구를 놓지 않는다.
③ 부츠를 저장하는 경우 그리스나 오일로 깨끗하게 닦은 다음 기름 종이로 덮어 둔다.
④ 부츠에 흠집이나 열화가 확인되면 가능한 한 빨리 수리하거나 표면을 다시 코팅한다.

해설
제빙 부츠의 수명을 연장시키려면
• 제빙 부츠 위에서 연료 호스를 끌지 않는다.
• 가솔린, 오일, 그리스, 오염, 그 밖에 부츠의 고무를 열화시킬 수 있는 물이나 액체를 접촉시키지 않는다.
• 부츠 위에 공구를 놓지 않는다.
• 부츠에 흠집이나 열화가 확인된 경우 가능한 한 빨리 수리하거나 표면을 다시 코팅한다.
• 부츠를 저장하는 경우 천이나 종이로 덮어 둔다.

09 제빙 부츠 취급 시 주의해야 할 내용으로 틀린 사항은?
① 가솔린, 오일, 그리스, 오염 그밖에 부츠의 고무를 열화시킬 수 있는 물이나 액체는 접촉시키지 않는다.
② 부츠 위에 공구나 정비에 필요한 공구를 놓지 않는다.
③ 부츠를 저장하는 경우 천이나 종이로 덮어 둔다.
④ 부츠에 흠집이나 열화가 확인되면 표면을 절대로 코팅해서는 안 된다.

10 항공기의 제빙 장치에 사용되는 화학물질은?
① 가성소다   ② 알코올
③ 솔벤트   ④ 벤젠

해설
알콜 분출식 제빙 장치
−40℃까지 결빙되지 않는 이소프로필알코올을 공기 흡입구나 기화기에 분사함으로서 제빙

11 다음 중 전기적인 방빙을 사용하는 부분이 아닌 것은?
① 정압공   ② 피토 튜브
③ 코어 카울링 ④ 프로펠러

정답 06. ① 07. ② 08. ③ 09. ④ 10. ② 11. ③

12 방빙(Anti-Icing) 장치가 되어 있지 않은 것은?

① 기관의 앞 카울링
② 동체 리딩 에지
③ 꼬리 날개 리딩 에지
④ 주 날개 리딩 에지

13 드레인 포트의 방빙에 대한 설명으로 틀린 것은?

① 드레인 포트의 방빙은 전기적인 방법을 사용한다.
② 드레인 포트로 방빙하는 목적은 외부 온도 저하로 포트의 막힘을 방지하기 위해서이다.
③ 드레인 포트를 방빙하는 목적은 이물질의 낌 현상을 결빙 방법으로 제거하기 위해서이다.
④ 드레인 포트는 항공기 외부에 수분이 접촉되지 않도록 마스트형의 방출구로 되어 있다.

해설
드레인 포트(Drain Port)
객실에서 사용한 물이나, 손 씻은 물은 Drain Port를 통해 밖으로 배출하여 하늘로 증발시키는 데 드레인 포트를 전기적으로 가열하는 것은 외부 온도 저하로 포트의 막힘을 방지하기 위해서이다.

14 항공기에서 사용된 물을 방출하는 드레인 마스트(Drain Mast)의 방빙 방법은?

① 마스트 주변에 알코올을 분사하여 방빙한다.
② 마스트 주변에 배기가스를 공급하여 방빙한다.
③ 마스트 주변의 파이프에 제빙 부츠를 장착하여 이용한다.
④ 항공기가 지상에 있을 때는 저전압, 비행 중에는 고전압을 공급하는 전기 히터를 이용한다.

15 방빙 계통에 대한 다음 설명 중 옳은 것은?

① 프로펠러의 방빙, 제빙에는 스링거 링(Slinger Ring)을 이용해 날개 끝 부분에 뜨거운 공기를 공급한다.
② 기화기(Carburetor)는 Water Separator를 사용하여 흡입 공기의 수분을 제거함으로써 방빙을 한다.
③ Drain Master의 예열은 지상 계류 시에는 저전압으로 예열된다.
④ 연료에 수분이 포함되면 필터 부분에 결빙이 발생되므로 이를 방지하기 위해 필터 앞에 전기 히터를 설치한다.

16 결빙 감지기의 종류가 아닌 것은?

① 가변 저항 이용
② 압력 차이 이용
③ 기계적 항력 이용
④ 고유 진동 이용

17 대형 제트 항공기에서 결빙을 억제하기 위한 방법 중 틀린 것은?

① 전열선을 사용한다.
② 뜨거운 공기를 사용한다.
③ 부츠의 팽창과 수축을 사용한다.
④ 습기를 제거하기 위하여 진공 장치를 사용한다.

18 지상에 있는 항공기의 기체 표면이 이미 결빙해 있을 때 분사해 주는 제빙액으로 적합한 것은?

① 질소
② MIL-H-5026
③ 4염화탄소
④ 에틸렌글리콜

해설
항공기의 서리는 제빙액으로 제거하는 데 흔히 제빙액은 에틸렌글리콜과 이소프로필알코올 성분을 포함하고 있다.

정답 12. ② 13. ③ 14. ④ 15. ③ 16. ① 17. ④ 18. ④

8 제우 계통(Rain Protection System)

1) 윈드 실드 와이퍼
① 와이퍼 블레이드를 적당한 힘으로 누르면서 왕복 작동시켜 빗방울 제거
② 전기식, 유압식

2) 에어 커튼(Air Curtain)
윈드 실드의 앞쪽에 공기 분사구를 설치하여 기관 블리드 에어를 이용하여 표면에 공기 막을 형성함으로써 빗방울을 날려 보내거나 건조 또는 부착을 방지

3) 레인 리펠런트(Rain Repellent)
표면 장력이 작은 화학 액체(Freon)를 윈드 실드에 분사하여 빗방울이 구형 형상인 채로 대기 중으로 떨어져 나가도록 한 장치로, 1회 분사에 의해 일정량이 분사되며 와이퍼와 함께 사용하면 효과가 좋음.

8 출제 예상 문제

01 Rain Protection System 설명 중 틀린 것은?
① 전면의 시야를 비나 눈으로부터 흐려짐을 방지한다.
② 윈드 실드 와이퍼(Wind Shield Wiper)가 장착되어 있다.
③ Rain Repellent System이 장착되어 있다.
④ 윈드 실드(Wind Shield) 내부의 김 서림을 방지한다.

해설
제우 계통의 종류
• 윈드 실드 와이퍼
• 에어 커튼(Air Curtain)
• 레인 리펠런트(Rain Repellent)

02 Windshield의 제우 장치로서 가장 거리가 먼 방법은?
① 화학물질을 분사하는 방법
② Window Wiper를 사용하는 방법
③ 공기로 불어내는 방법
④ 전열기를 사용하는 방법

03 빗방울을 제거하는 목적으로 사용되는 계통이 아닌 것은?
① 윈드실드 와이퍼
② 에어 커텐
③ 방빙 부츠
④ 레인 리펠런트

정답 01. ④ 02. ④ 03. ③

04 비행 중에 비로부터 시계를 확보하기 위한 제우 장치(Rain Protection) 시스템과 거리가 먼 것은?
① Windshield Wiper System
② Air Curtain System
③ Rain Repellent System
④ Windshield Washer System

05 건조한 윈드실드(Windshield)에 레인 리펠런트(Rain Repellent)를 사용할 수 없는 이유는?
① 유리를 분리시킨다.
② 유리를 애칭시킨다.
③ 유리가 뿌옇게 되어 시계가 제한된다.
④ 열이 축적되어 유리에 균열을 만든다.

9 화재 탐지 및 소화 계통

가 화재의 종류

① A급 화재(일반 화재) : 종이, 나무, 의류
② B급 화재(기름 화재) : 연료, 윤활유, Grease
③ C급 화재(전기 화재) : 전기가 원인으로 발생
④ D급 화재(금속 화재) : 마그네슘, 분말 금속 등 금속 물질에 의한 화재

나 화재 탐지 계통

1) 화재 경고 장치
   ① 적색 경고 표시등
   ② 음향 경고

2) 화재 탐지기

   가) 열 스위치식(Thermal switch type) 탐지기

   낮은 열팽창률의 니켈-철 합금인 금속 스트럿이 서로 휘어져 있어 평상시에는 접촉점이 떨어져 있으나, 열을 받게 되면 열팽창률이 높은 스테인리스강으로 된 케이스가 늘어나게 되므로 금속 스트럿이 퍼지면서 접촉점이 연결되어 경고 장치 회로가 작동

   나) 열전쌍(Thermocouple) 탐지기

   특정 온도 이상의 조건에서 감지하는 열 스위치 장치와는 달리 온도의 상승률을 기준으로 화재 감지

다) 연속 저항 루프 화재 탐지기(Resistance loop type detector)
   스테인리스강이나 인코넬 튜브로 만들어져 있으며, 인코넬 튜브 안은 절연체 세라믹으로 채워져 있고, 전기적 신호를 전송하기 위하여 2개의 니켈 전선이 들어 있음.

라) 압력식 탐지기
   화재나 과열이 발생하면 가스의 압력 상승으로 감지하는 방식

마) 연기 탐지기
   ① 광전기 연기 탐지기
      광전기 셀(Photoelectric cell), 비컨등(Beacon lamp) 및 시험 등으로 구성
   ② 이온식 탐지기
   ③ 시각 연기 탐지기
   ④ 일산화탄소 탐지기

다 소화 계통

1) 휴대용 소화기
   ① 물 소화기   ② 이산화탄소 소화기
   ③ 분말 소화기   ④ 프레온 소화기

2) 고정식 소화기
   ① 기관 화재 소화 계통   ② 보조 동력 장치 소화 계통
   ③ 화물실 소화 계통

9 출제 예상 문제

01 다음 중 D급 화재에 대한 설명은?
① 기름에서 일어나는 화재
② 금속 물질에서 일어나는 화재
③ 나무 및 종이에서 일어나는 화재
④ 전기가 원인이 되어 전기 계통에 일어나는 화재

해설
• A급 화재(일반 화재) : 종이, 나무, 의류

• B급 화재(기름 화재) : 연료, 윤활유, Grease
• C급 화재(전기 화재) : 전기가 원인으로 발생
• D급 화재(금속 화재) : 마그네슘, 분말 금속 등 금속 물질에 의한 화재

02 가솔린 또는 유류 화재의 분류는?
① A급 화재   ② B급 화재
③ C급 화재   ④ D급 화재

정답 01. ② 02. ②

제4부 항공 장비

03 항공기에서 화재 탐지를 위한 장치가 설치되어 있지 않은 곳은?
① 조종실 내　② 화장실
③ 동력 장치　④ 화물실

04 다음 중 화재 탐지기로 사용하는 것이 아닌 것은?
① 온도 상승률 탐지기
② 스모그 탐지기
③ 이산화탄소 탐지기
④ 과열 탐지기

해설
화재 탐지기
- 열 스위치식(Thermal Switch Type) 탐지기
- 열전쌍(Thermocouple) 탐지기
- 연속 저항 루프 화재 탐지기(Resistance Loop Type Detector)
- 압력식 탐지기
- 연기 탐지기

05 화재 탐지 장치에 대한 설명이 틀린 것은?
① 광전기셀(Photo-electric Cell)은 공기 중의 연기가 빛을 굴절시켜 광전기셀에서 전류를 발생한다.
② 열전쌍(Thermocouple)은 주변의 온도가 서서히 상승함에 따라 전압을 발생한다.
③ 서미스터(Thermistor)는 저온에서는 저항이 높아지고 온도가 상승하면 저항이 낮아져 도체로서 회로를 구성한다.
④ 열스위치(Thermal Switch)식에 사용되는 Ni-Fe의 합금 철편은 열팽창률이 낮다.

해설
화재 탐지기
- 열 스위치식(Thermal Switch Type) 탐지기 : 낮은 열팽창률의 니켈-철 합금인 금속 스트럿이 서로 휘어져 있어 평상시에는 접촉점이 떨어져 있으나, 열을 받게 되면 열팽창률이 높은 스테인리스강으로 된 케이스가 늘어나게 되므로 금속 스트럿이 퍼지면서 접촉점이 연결되어 경고 장치 회로가 작동
- 열전쌍(Thermocouple) 탐지기 : 특정 온도 이상의 조건에서 감지하는 열 스위치 장치와는 달리 온도의 상승률을 기준으로 화재 감지
- 연속 저항 루프 화재 탐지기(Resistance Loop Type Detector : 스테인리스강이나 인코넬 튜브로 만들어져 있으며, 인코넬 튜브 안은 절연체 세라믹으로 채워져 있고, 전기적 신호를 전송하기 위하여 2개의 니켈 전선이 들어 있음.
- 압력식 탐지기 : 화재나 과열이 발생하면 가스의 압력 상승으로 감지하는 방식
- 연기 탐지기

06 화재 탐지 장치 중 온도 상승을 바이메탈(Bimetal)로 탐지하는 것은?
① 용량형(Capacitance Type)
② 서머 커플형(Thermo Couple Type)
③ 서멀 스위치형(Thermal Switch Type)
④ 저항 루프형(Resistance Loop Type)

해설
열 스위치식(Thermal Switch Type) 탐지기
낮은 열팽창률의 니켈-철 합금인 금속 스트럿이 서로 휘어져 있어 평상시에는 접촉점이 떨어져 있으나, 열을 받게 되면 열팽창률이 높은 스테인리스강으로 된 케이스가 늘어나게 되므로 금속 스트럿이 퍼지면서 접촉점이 연결되어 경고 장치 회로가 작동

07 열팽창률이 높은 스테인리스 케이스 안에 열팽창률이 낮은 니켈-철의 합금편 2대를 마주보게 휘어 장착한 것으로서 열에 의해 케이스가 합금편보다 많이 팽창하여 두 합금편이 접촉되면서 화재를 알려주는 방법의 화재 탐지 장치는?
① 용량형　② 서모 커플형
③ 저항 루프형　④ 서멀 스위치형

정답　03. ①　04. ③　05. ②　06. ③　07. ④

08 다음의 화재 탐지 장치 중 온도 상승을 바이메탈로 탐지하며, 일명 스폿형(Spot Type)이라고 부르는 것은?
① 서멀 스위치형 화재 탐지기
② 서머 커플형 화재 탐지기
③ 저항 루프형 화재 탐지기
④ 광전자형 화재 탐지기

09 바이메탈 스위치형 화재 탐지 계통의 열 스위치는 일정한 온도에서 회로가 작동되는 열감지 유닛을 갖고 있다. 이 회로의 연결 방식으로 가장 적당한 것은?
① 스위치끼리는 직렬로, 스위치와 경고 장치는 직렬로 연결한다.
② 스위치끼리는 병렬로, 스위치와 경고 장치는 병렬로 연결한다.
③ 스위치끼리는 직렬로, 스위치와 경고 장치는 병렬로 연결한다.
④ 스위치끼리는 병렬로, 스위치와 경고 장치는 직렬로 연결한다.

10 스테인리스강이나 인코넬 튜브로 만들어져 있으며, 인코넬 튜브 안은 절연체 세라믹으로 채워져 있고, 전기적 신호를 전송하기 위하여 2개의 니켈 전선이 들어 있는 항공기 화재 탐지기는?
① 열전쌍식
② 광전지식
③ 열 스위치식
④ 저항 루프식

> **해설**
> 연속 저항 루프 화재 탐지기(Resistance Loop Type Detector) : 스테인리스강이나 인코넬 튜브로 만들어져 있으며, 인코넬 튜브 안은 절연체 세라믹으로 채워져 있고, 전기적 신호를 전송하기 위하여 2개의 니켈 전선이 들어 있음.

11 Loop식 화재 탐지 장치의 Thermistor 재료에 대한 설명으로 가장 올바른 것은?
① 온도가 올라가면 저항이 커져서 회로가 형성되도록 한다.
② 온도가 내려가면 저항이 커져서 회로가 형성되도록 한다.
③ 온도가 올라가면 저항이 작아져서 회로가 형성되도록 한다.
④ 온도가 내려가면 저항이 작아져서 회로가 형성되도록 한다.

12 저항 루프형 화재 탐지 계통을 이루는 장치가 아닌 것은?
① 타임 스위치   ② 서미스터
③ 경고 계전기   ④ 화재 경고등

13 연기 감지기(Smoke Detector)에서 공기 내의 빛의 투과량을 측정하는 데 사용되는 것은?
① 일렉트로 메커니컬 장치
② 포토-셀
③ 젖빛 유리
④ 전자적인 측정 장비

> **해설**
> 연기 탐지기
> • 광전기 연기 탐지기 : 광전기 셀(Photoelectric Cell), 비컨등(Beacon Lamp) 및 시험 등으로 구성
> • 이온식 탐지기
> • 시각 연기 탐지기
> • 일산화탄소 탐지기

14 다음 중 발연 경보(Smoke Warning) 장치에서 감지 센서로 사용되는 것은?
① 바이메탈(Bimetal)
② 열전대(Thermocouple)
③ 광전 튜브(Photo Tube)
④ 공융염(Eutectic Salt)

정답 08. ① 09. ④ 10. ④ 11. ③ 12. ① 13. ② 14. ③

15 스모크 감지기(Smoke Detector)에 대한 설명 내용으로 가장 올바른 것은?

① 스모크 감지기(Smoke Detector)에 의해 연기가 감지되면 자동으로 소화 장치가 작동되어 화재를 진압한다.
② 현대 항공기에는 연기 입자에 의한 빛의 굴절을 이용한 Photo Electric 방식의 감지기가 주로 사용된다.
③ 스모크 감지기(Smoke Detector)는 주로 Engine, APU(Auxiliary Power Unit) 등에 화재 감지를 위해 장착된다.
④ 스모크 감지기(Smoke Detector)는 공기를 감지기 내로 끌어들이기 위한 별도의 장치가 필요치 않다.

해설
연기 탐지기
- 광전기 연기 탐지기 : 광전기 셀(Photoelectric Cell), 비컨등(Beacon Lamp) 및 시험등으로 구성
- 이온식 탐지기
- 시각 연기 탐지기
- 일산화탄소 탐지기

16 화재 감지 계통(Fire Detector System)에 대한 설명으로 옳은 것은?

① 감지기의 꼬임, 눌림 등은 허용 범위 이내이더라도 수정하는 것이 바람직하다.
② 감지기의 접속부를 분리했을 때에는 반드시 Cooper Crush Gasket을 교환해야 한다.
③ 감지기의 절연 저항 점검은 테스터기(Multi-meter)로 충분하다.
④ Ionization Smoke Detector는 수리를 위해서 기내에서 분해할 수 있다.

해설
수감부 접합의 일부 형식은 구리 분쇄 개스킷의 사용을 필요로 한다. 이런 개스킷은 언제나 연결이 분리되었을 때 교체되어야 한다.

17 화재 방지 계통(Fire Protection System)에서 소화제 방출 스위치가 작동하기 위한 조건으로 옳은 것은?

① 화재 벨이 울린 후 작동된다.
② 언제라도 누르면 즉시 작동한다.
③ Fire Shutoff Switch를 당긴 후 작동한다.
④ 기체 외벽의 적색 디스크가 떨어져 나간 후 작동한다.

18 항공기의 화재 탐지 장치가 갖추어야 할 사항으로 틀린 것은?

① 과도한 진동과 온도 변화에 견디어야 한다.
② 화재가 계속되는 동안에 계속 지시해야 한다.
③ 조종석에서 화재 탐지 장치의 기능 시험을 할 수 있어야 한다.
④ 항상 화재 탐지 장치 자체의 전원으로 작동하여야 한다.

19 화재 탐지기에 요구되는 기능과 성능에 대한 설명으로 가장 관계가 먼 것은?

① 화재가 발생되지 않는 경우에는 작동이나 경고를 발하지 않을 것
② 화재가 계속 진행하고 있을 때는 연속적으로 작동할 것
③ 정비나 취급이 복잡하더라도 중량이 가볍고 장착이 용이할 것
④ 화재가 꺼진 후에는 정확하게 지시가 제거될 것

정답 15. ② 16. ② 17. ③ 18. ④ 19. ③

20 항공기에서 화재 경고에 대한 설명으로 틀린 것은?

① 탐지 장치는 온도, 복사열, 연기, 일산화탄소 등을 이용한다.
② 화재 탐지기로부터의 신호는 음향 경고, 적색등을 이용하여 표시한다.
③ 화재 탐지기의 고장을 예방하기 위해서는 조종실에서 기능 시험을 할 수 있도록 한다.
④ 동력 장치에는 화재 발생 시 동력 장치와 기체와의 공급 관계를 차단하는 연소 가열기를 설치한다.

21 항공기의 소화기의 소화제로 사용되는 질소에 대한 설명으로 틀린 것은?

① 중량이 비교적 무겁다.
② 불활성 가스로 독성이 낮다.
③ 밀폐된 장소에 사용하면 위험성이 있다.
④ 질소를 액화하여 저장하는 데 -30℃만 유지하면 되기 때문에 모든 항공기에서 사용한다.

22 다음 중 화재 시 사용되는 소화제로 적당하지 않은 것은?

① 이산화탄소   ② 물
③ 암모니아가스 ④ 할론 1211

해설

소화제 종류
- 물 : A급 화재만 사용하고, B, C급 화재에는 사용이 금지된다.
- 프레온 가스 : 소화 능력이 뛰어나 B, C급 화재에 사용된다.
- 분말 소화제 : B, C, D급 화재에 사용된다.
- 사염화탄소 : 소화능력은 좋지만 독성이 있어 사용을 금지한다.
- 질소 : 소화능력이 뛰어나며, 독성이 작다. 일부 군용기에 사용한다.

23 화재 진압 장치는 소화 용기의 상태를 계기에 지시하도록 되어 있다. 황색 디스크가 깨져 있다면 어떤 상태인가?

① 소화 용기 내의 압력이 부족하다.
② 화재 진압을 위해 분사되었다.
③ 소화용기 내의 압력이 너무 높다.
④ 소화기의 교체 시기가 지났다.

24 엔진 화재에 대한 설명으로 틀린 것은?

① 화재 탐지 회로는 이중 구조이다.
② 엔진의 화재는 연료나 오일 등에 의해서도 발생한다.
③ 엔진의 화재는 주로 압축기 내에서 발생한다.
④ T류 항공기의 경우 화재의 탐지 및 소화기의 구비가 의무화되어 있다.

10 비상 계통

돌발적인 사고에 따른 비상 사태에 대비하기 위한 장비

1) 안전벨트

자리에 앉은 사람을 안전하게 고정시켜 주는 장치

정답 20. ④ 21. ④ 22. ③ 23. ② 24. ③

2) 구명보트
해상에 비상 착수하였거나 비상 탈출한 경우에 인명을 구조할 수 있는 장비(1인용 구명보트, 멀티 플레이스 구명보트, 해상 구조용 구명보트)

3) 구명조끼
2개의 커다란 고무로 되어 있는 공기 주머니 속에 이산화탄소가 채워져 수면에서 가라앉지 않도록 보호해 주는 장치

4) 비상 송신기
지정된 주파수로 구조 신호를 보낼 수 있도록 되어 있는 장치

5) 긴급 탈출 장치
비상시 90초 이내에 탈출할 수 있도록 비상 탈출 슬라이드와 로프로 구성

6) 그 밖의 비상 장비
손도끼, 손전등, 구급약품, 노출 방지용 슈트 등

10 출제 예상 문제

01 다음 중 항공기에 갖추어야 할 비상 장비가 아닌 것은?
① 손도끼
② 휴대용 버너
③ 메가폰
④ 구급용 의료용품

02 일반적으로 항공기 내에 비치되는 비상 장비가 아닌 것은?
① 구명조끼
② GTC
③ 구명보트
④ 탈출용 미끄럼대

정답 01. ② 02. ②

제5부

기출문제

- 2014년 기출문제
- 2015년 기출문제
- 2016년 기출문제
- 2017년 기출문제
- 2018년 기출문제

2014년 제1회 기출문제

자격 종목 및 등급(선택 분야)	종목 코드	시험 시간	형별	수험 번호	성명
항공산업기사	2230	2시간	A		

01 전진하는 회전 날개 깃에 작용하는 양력을 헬리콥터 전진 속도(V)와 주 회전 날개의 회전 속도(v)로 옳게 설명한 것은?

① $(v+V)^2$에 비례한다.
② $(v-V)^2$에 비례한다.
③ $\left(\dfrac{v+V}{v-V}\right)^2$에 비례한다.
④ $\left(\dfrac{v-V}{v+V}\right)^2$에 비례한다.

전진 깃(90도) : 회전 속도 + 전진 속도
후퇴 깃(270도) : 회전 속도 – 전진 속도

02 물체 표면을 따라 흐르는 유체의 천이(Transition) 현상을 옳게 설명한 것은?

① 충격 실속이 일어나는 현상이다.
② 층류에 박리가 일어나는 현상이다.
③ 층류에서 난류로 바뀌는 현상이다.
④ 흐름이 표면에서 떨어져 나가는 현상이다.

03 무게가 100kg인 조종사가 2000m의 상공을 일정 속도로 낙하산으로 강하하고 있을 때 낙하산 지름이 7m, 항력 계수가 1.3이라면 낙하 속도는 약 몇 m/s인가? (단, 공기 밀도는 0.1kg · s²/m⁴이며, 낙하산의 무게는 무시한다)

① 6.3   ② 4.4
③ 2.2   ④ 1.6

$$V_T = \sqrt{\dfrac{2W}{\rho C_D S}} = \sqrt{\dfrac{2\times 100}{0.1\times 1.3\times \dfrac{\pi}{4}7^2}} = 6.3\,\text{m/s}$$

04 무게가 500kgf인 비행기가 30도의 경사로 정상 선회를 하고 있다면 이때 비행기의 원심력은 약 몇 kgf인가?

① 250   ② 289
③ 353   ④ 433

$\tan\phi = \dfrac{CF}{W}$ 이므로
$CF = W\tan\phi = 500\tan30° = 289\,\text{kgf}$

05 다음과 같은 조건에서 헬리콥터의 원판하중은 약 몇 kg/m²인가?

[조건]
· 헬리콥터의 총 중량 : 800kgf
· 기관 출력 : 160HP
· 회전 날개의 반경 : 2.8m
· 회전 날개 깃의 수 : 2개

① 28.5kg/m²   ② 30.5kg/m²
③ 32.5kg/m²   ④ 35.5kg/m²

$$D.L = \dfrac{T}{A} = \dfrac{W}{\pi R^2} = \dfrac{800}{\pi\times 2.8^2} = 32.48\,\text{kg/m}^2$$

06 그림과 같은 프로펠러 항공기 이륙 경로에서 이륙 거리는?

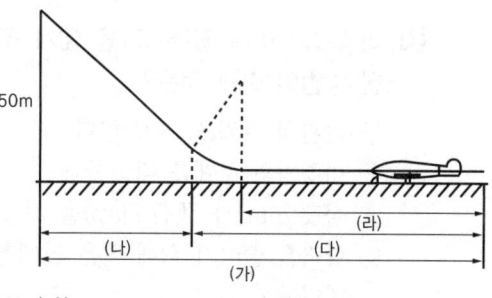

① (가)   ② (나)
③ (다)   ④ (라)

이륙 거리 = 지상 활주 거리 + 이륙 상승 거리

07 항공기의 필요 동력과 속도와의 관계로 옳은 것은?

① 속도에 반비례한다.
② 속도의 제곱에 비례한다.
③ 속도의 세제곱에 비례한다.
④ 속도의 제곱에 반비례한다.

$P_r = \dfrac{DV}{75} = \dfrac{1}{150}\rho V^3 C_D S$

08 프로펠러가 회전하면서 작용하는 원심력에 의해 발생하는 것으로 짝지어진 것은?

① 훰응력, 굽힘 모멘트
② 인장 응력, 비틀림 모멘트
③ 압축 응력, 굽힘 모멘트
④ 압축 응력, 비틀림 모멘트

09 다음 [보기]에서 설명하는 대기의 층은?

[보기]
• 고도에 따라 기온이 감소한다.
• 대기의 순환이 일어난다.
• 기상 현상이 일어난다.

① 대류권   ② 성층권
③ 중간권   ④ 열권

10 비행기의 이륙 활주거리를 짧게 하기 위한 방법이 아닌 것은?

① 기관의 추력을 크게 한다.
② 비행기의 무게를 감소한다.
③ 슬랫(Slat)과 플랩(Flap)을 사용한다.
④ 항력을 줄이기 위해 작은 날개를 사용한다.

이륙 거리를 짧게 하기 위한 방법
• 무게가 가벼워야 한다.
• 기관의 추력이 커야 한다.
• 항력이 작은 비행 자세로 비행하여야 한다.
• 맞바람을 받으면서 이륙한다.
• 고양력 장치를 사용한다.
• 마찰력이 작아야 한다.

11 100m/s로 비행하는 프로펠러 항공기에서 프로펠러를 통과하는 순간의 공기 속도가 120 m/s가 되었다면, 이 항공기의 프로펠러 효율은 약 얼마인가?

① 76%   ② 83.3%
③ 91%   ④ 97.4%

12 비행기가 음속에 가까운 속도로 비행 시 속도를 증가시킬수록 기수가 내려가는 현상은?

① 피치 업(Pitch up)
② 턱 언더(Tuck Under)
③ 디프 실속(Deep Stall)
④ 역 빗놀이(Adverse Yaw)

13 고정익 항공기의 도살 핀(Dorsal Fin)과 벤트럴 핀(Ventral Fin)의 기능에 대한 설명으로 틀린 것은?

① 더치롤 특성을 저해시킬 수 있다.
② 큰 받음각에서 요댐핑(Yaw Damping)을 증가시키는 데 효과적이다.
③ 나선 발산(Spiral Divergence) 시의 비행 특성에 영향을 준다.
④ 프로펠러에서 발생하는 나선 후류의 영향을 줄이는 역할을 한다.

도살 핀과 벤트럴 핀은 방향 안정에 영향을 주는 요소

14 비행기가 고속으로 비행할 때 날개 위에서 충격 실속이 발생하는 시기는?

① 아음속에서 생긴다.
② 극초음속에서 생긴다.
③ 임계 마하수에 도달한 후에 생긴다.
④ 임계 마하수에 도달하기 전에 생긴다.

15 비행기의 세로 안정을 좋게 하기 위한 방법이 아닌 것은?

① 수직 꼬리 날개의 면적을 증가시킨다.
② 수평 꼬리 날개 부피 계수를 증가시킨다.
③ 무게 중심이 날개의 공기 역학적 중심 앞에 위치하도록 한다.
④ 무게 중심에 관한 피칭 모멘트 계수가 받음각이 증가함에 따라 음(−)의 값을 갖도록 한다.

비행기의 세로 안정성 향상법
- 무게 중심이 공기 역학적 중심보다 앞에 위치
- 무게 중심이 공기 역학적 중심보다 아래에 위치
- 꼬리 날개 부피(Tail Volume) 즉, $St \cdot \ell$이 클수록 안정
- 꼬리 날개 효율 $(\frac{q_t}{q})$이 클수록 안정

16 활공기에서 활공 거리를 증가시키기 위한 방법으로 옳은 것은?

① 압력 항력을 크게 한다.
② 형상 항력을 최대로 한다.
③ 날개의 가로세로비를 크게 한다.
④ 표면 박리 현상 방지를 위하여 표면을 적절히 거칠게 한다.

활공 거리를 증가시키려면
- 마찰 항력을 작게 → 표면을 매끈하게
- 압력 항력을 작게 → 모양을 유선형으로
- 유도 항력을 작게 → 가로세로비를 크게

17 날개(Wing)의 공기력 중심에 대한 설명으로 옳은 것은?

① 받음각이 클수록 앞쪽으로 이동한다.
② 캠버가 클수록 같은 양력 변화에 따라 이동량이 크다.
③ 압력 중심과 공기력 중심은 일치하는 것이 일반적이다.
④ 키놀이 모멘트의 크기가 받음각에 대하여 변화되지 않는다.

구분	항속 거리		항속 시간	
	프로펠러기	제트기	프로펠러기	제트기
양항비	$(\frac{C_L}{C_D})_{max}$	$(\frac{C_L^{\frac{1}{2}}}{C_D})_{max}$	$(\frac{C_L^{\frac{3}{2}}}{C_D})_{max}$	$(\frac{C_L}{C_D})_{max}$
고도		고고도		저고도

18 레이놀즈수(Reynolds Number)에 대한 설명으로 틀린 것은?

① 무차원수이다.
② 유체의 관성력과 점성력의 비이다.
③ 레이놀즈수가 클수록 유체의 점성이 크다.
④ 유체의 속도가 빠를수록 레이놀즈수는 크다.

$$Re = \frac{관성력}{점성력} = \frac{\rho VL}{\mu} = \frac{VL}{\nu}$$

19 일반적인 형태의 비행기는 3축에 대한 회전 운동을 각각 담당하는 3종류의 주조종면을 가진다. 하지만 수평 꼬리 날개가 없는 전익기나 델타익기의 경우 2축에 대한 회전 운동을 1종류의 조종면이 복합적으로 담당하는데, 이때의 조종면의 명칭은?

① 카나드(Canard)
② 엘레본(Elevon)
③ 플래퍼론(Flaperon)
④ 테일러론(Taileron)

엘레본은 엘리베이터와 에일러론을 결합시킨 장치로 양 날개의 엘레본을 같은 방향으로 움직이면 엘리베이터의 역할을 하고 서로 다른 방향으로 움직이면 에일러론의 역할을 한다.

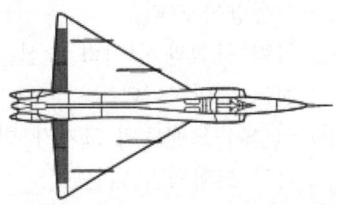

20 프로펠러 항공기가 최대 항속 시간으로 비행하기 위한 조건으로 옳은 것은?

① $(\frac{C_D^{\frac{3}{2}}}{C_L})$최소
② $(\frac{C_L^{\frac{1}{2}}}{C_D})$최소
③ $(\frac{C_D^{\frac{1}{2}}}{C_L})$최대
④ $(\frac{C_L^{\frac{3}{2}}}{C_D})$최대

21 표준 상태에서의 이상 기체 20ℓ를 5기압으로 압축하였을 때 부피는 몇 ℓ가 되겠는가?

① 0.25   ② 2.5
③ 4   ④ 10

등온 과정에서 Pv=일정이므로
$P_1v_1 = P_2v_2$, $1\times20 = 5\times v_2$
$v_2 = 4\ell$

22 항공기 왕복 기관의 부자식 기화기에서 가속 펌프를 사용하는 주된 목적은?
① 이륙 시 기관 구동 펌프를 가속시키기 위해서

② 고출력 고정 시 부가적인 연료를 공급하기 위해서
③ 높은 온도에서 혼합 가스를 농후하게 하기 위해서
④ 스로틀(Throttle)이 갑자기 열릴 때 부가적인 연료를 공급시키기 위해서

23 지시 마력이 나타내는 식에서 N이 의미하는 것은? (단, P_{mi} : 지시 평균 유효 압력, L : 행정 길이, A : 피스톤 넓이, K : 실린더 수이다)
① 기계 효율
② 축마력
③ 기관의 회전수
④ 제동 평균 유효 압력

지시 마력 $iHP = \frac{P_{mi}LANK}{75\times2\times60} = \frac{P_{mi}LANK}{2\times4500}$

24 보정 캠(Compensated Cam)을 가진 마그네토를 장착한 9기통 성형기관의 회전 속도가 100rpm일 때 [보기]의 각 요소가 옳게 나열된 것은?

[보기]
㉠ 보정캠의 회전수(rpm)
㉡ 보정캠의 로브 수
㉢ 분당 브레이커 포인트 열림 및 닫힘 횟수

① ㉠ 50 ㉡ 9 ㉢ 900
② ㉠ 50 ㉡ 9 ㉢ 450
③ ㉠ 100 ㉡ 9 ㉢ 450
④ ㉠ 100 ㉡ 18 ㉢ 900

• 보정캠의 회전 속도 : 크랭크축 회전 속도의 1/2
• 보정캠의 로브 수 : 실린더 수
• 분당 브레이커 포인트 열림 및 닫힘 횟수 : 보정캠의 회전 속도×실린더 수

25 그림과 같은 브레이튼 사이클 선도의 각 단계와 가스 터빈 기관의 작동 부위를 옳게 짝지은 것은?

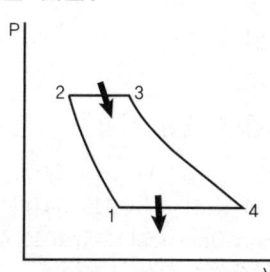

① 1→2 : 디퓨저
② 2→3 : 연소기
③ 3→4 : 배기구
④ 4→1 : 압축기

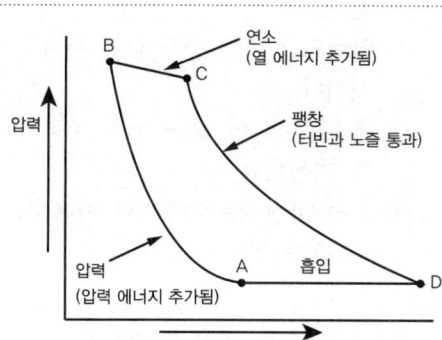

26 다음 중 프로펠러 조속기의 파일롯(Pilot) 밸브의 위치를 결정하는 데 직접적인 영향을 주는 것은?

① 엔진 오일 압력
② 조종사의 위치
③ 펌프 오일 압력
④ 플라이 웨이트

파일롯 밸브는 플라이 웨이트에 연결되어 오일의 출입을 제어

27 원심형 압축기의 단점으로 옳은 것은?

① 단당 압력비가 작다.
② 무게가 무겁고 시동 출력이 낮다.
③ 동일 추력에 대하여 전면 면적이 크다.
④ 축류형 압축기와 비교해 제작이 어렵고 가격이 비싸다.

원심식 압축기의 단점
• 입출구의 압력비가 낮음.
• 대량공기의 처리가 불가능하여 대형으론 불가
• 효율이 낮고 전면 저항이 큼.

28 디토네이션(Detonation)을 발생시키는 과도한 온도와 압력의 원인이 아닌 것은?

① 늦은 점화 시기
② 높은 흡입 공기 온도
③ 연료의 낮은 옥탄값
④ 희박한 연료-공기 혼합비

노킹의 발생 원인
• 혼합기의 과도한 온도와 압력
• 느린 혼합기의 화염 전파 속도
• 부적당한 연료 사용
• 희박 혼합비

29 왕복 기관을 시동할 때 기화기 공기 히터(Carburetor Air Heater)의 조작 장치 상태는?

① Hot 위치
② Neutral 위치
③ Cracked 위치
④ Cold(Normal) 위치

왕복 기관 시동 순서
• 주 스위치 ON
• 연료 부스터 펌프 ON
• 기관이 차가우면 프라이머를 3~5번 작동
• 연료 공급 밸브를 확실하게 열고 연료 이송 밸브를 OFF

- 혼합비 조절 레버를 FULL RICH 위치에 놓고 기화기 히터를 OFF로 한 후 스로틀 레버를 1/10 정도 열어 놓음.
- 점화 스위치 ON

30 프로펠러 작동 시 원심(Centrifugal) 비틀림 모멘트는 어떤 작용을 하는가?

① 피치각을 감소시킨다.
② 피치각을 증가시킨다.
③ 회전 방향으로 깃(Blade)을 굽히게(Bend) 한다.
④ 비행 진행 방향의 뒤쪽으로 깃(Blade)을 굽히게 한다.

31 다음 중 터보 제트 기관의 회전수가 일정할 때 밀도만 고려 시 추력이 가장 큰 경우는?

① 고도 10000ft에서 비행할 때
② 고도 20000ft에서 비행할 때
③ 대기온도 15℃인 해면에서 작동할 때
④ 대기온도 25℃인 지상에서 작동할 때

해면에서의 공기 밀도가 가장 높으므로 추력도 최대

32 항공기용 가스 터빈 기관 연료 계통에서 연료매니폴드로 가는 1차 연료와 2차 연료를 분배하는 역할을 하는 부품은?

① P&D 밸브
② 체크 밸브
③ 스로틀 밸브
④ 파워 밸브

여압 및 드레인 밸브의 목적
- 연료의 흐름을 1, 2차로 분리
- 일정한 압력이 될 때까지 연료 차단
- 엔진 정지 시 매니폴드나 연료 노즐에 남아 있는 연료를 배출

33 오일의 점성은 다음 중 무엇을 측정하는 것인가?

① 밀도
② 발화점
③ 비중
④ 흐름에 대한 저항

윤활유의 점도는 세이볼트 유니버설 점도계(SUS : Saybolt Universal Second)로 흐름에 대한 저항을 시간으로 측정

34 항공 기관의 후기 연소기에 대한 설명으로 틀린 것은?

① 전면 면적의 증가 없이 추력을 증가시킨다.
② 연료의 소비량 증가 없이 추력을 증가시킨다.
③ 총 추력의 약 50% 까지 추력의 증가가 가능하다.
④ 고속 비행하는 전투기에 사용 시 추력이 증가된다.

후기 연소기(AB : After Burner)
- 주연소실에서 2차 공기의 양이 75%되므로 배기 덕트에서 재연소
- 기관의 전면 면적이나 중량 증가 없이 추력 증가
- 총 추력의 50%까지 추력증가가 가능하나 연료는 3배 정도 소모되므로 군용에만 사용

35 왕복 성형 기관의 크랭크축에서 정적 평형은 어느 것에 의해 이루어지는가?

① Dynamic Damper
② Counter Weight
③ Dynamic Suspension
④ Split Master Rod

- 평형추(Counter Weight) : 크랭크축의 정적 평형 담당
- 다이나믹 댐퍼(Dynamic Damper) : 크랭크축의 변형과 비틀림 진동 방지

36 밸브 가이드(Valve Guide)의 마모로 발생할 수 있는 문제점은?
① 높은 오일 소모량
② 낮은 오일 압력
③ 낮은 실린더 압력
④ 높은 오일 압력

37 [보기]에 나열된 왕복 기관의 종류는 어떤 특성으로 분류한 것인가?

[보기]
V형, X형, 대향형, 성형

① 기관의 크기
② 실린더의 회전 형태
③ 기관의 장착 위치
④ 실린더의 배열 형태

38 판재로 제작된 기관 부품에 발생하는 결함으로서 움푹 눌린 자국을 무엇이라고 하는가?
① Nick   ② Dent
③ Tear   ④ Wear

- 찍힘(Nick) : 서로 부딪혀서 생긴 작고 날카로운 V자 형태의 자국
- 움푹 패임(Dent) : 충격이나 압력으로 표면이 U자 형태로 함몰된 것
- 찢겨짐(Tear) : 충격이나 응력에 의해서 찢어진 것
- 닳음(Wear) : 표면이 갈리거나 낡아져서 길이, 두께, 크기가 줄어든 것

39 제트 기관 시동 시 EGT가 규정 한계치 이상으로 증가하는 과열 시동의 원인이 아닌 것은?
① 연료의 과다 공급
② 연료 조정 장치의 고장
③ 시동기 공급 동력의 불충분

④ 압축기 입구부에서 공기 흐름의 제한

과열 시동(Hot Start)
- 시동 시 EGT가 규정치 이상 올라가는 현상
- 원인 : FCU의 고장, 결빙, 압축기 입구에서의 공기 흐름 제한

40 일반적인 아음속기의 공기 흡입구 형상으로 옳은 것은?
① 확산(Divergent)형 덕트
② 수축(Convergent)형 덕트
③ 수축(Convergent-Divergent) - 확산형 덕트
④ 확산(Divergent-Convergent) - 수축형 덕트

- 아음속기 : 수축형
- 초음속기 : 수축확산형, 가변면적 배기 노즐

41 다음 중 항공기의 총 무게(Gross Weight)에 대한 설명으로 옳은 것은?
① 항공기의 무게 중심을 말한다.
② 기체 무게에서 자기 무게를 뺀 무게이다.
③ 항공기 내의 고정 위치에 실제로 장착되어 있는 하중이다.
④ 특정 항공기에 인가된 최대 하중으로서 형식 증명서(Type Certificate)에 기재되어 있다.

42 유효 길이 20in의 토크 렌치에 10in인 연장 공구를 사용하여 1000in-lbs의 토크로 볼트를 조이려고 한다면 토크 렌치의 지시값은 약 몇 in-lbs인가?
① 100   ② 333
③ 666   ④ 2000

$$R = \frac{L}{L+E} T = \frac{20}{20+10} 1000 = 666.7 \text{in} - \text{lbs}$$

43 금속 재료의 인장 시험에 대한 설명으로 옳은 것은?
① 재료 시험편을 서서히 인장시켜 항복점, 인장 강도, 연신율 등을 측정하는 시험이다.
② 재료 시험편을 서서히 인장시켜 브리넬 인장, 로크 웰 경도 등을 측정하는 시험이다.
③ 재료 시험편을 서서히 인장시켰을 때 탄성에 의한 비커스 경도, 쇼어 경도 등을 측정하는 시험이다.
④ 재료 시험편을 서서히 인장시켜 충격에 의한 충격 강도, 취성 강도를 측정하는 것이다.

44 항공기 재료인 알루미늄 합금은 어디에 해당되는가?
① 철금속   ② 비철 금속
③ 비금속   ④ 복합 재료

45 세미 모노 코크(Semi-monocoque) 구조 형식의 항공기에서 동체가 비틀림 하중에 의해 변형되는 것을 방지하는 역할을 하며 프레임과 유사한 모양의 부재는?
① 표피(Skin)
② 스트링거(Stringer)
③ 스파(Spar)
④ 벌크헤드(Bulkhead)

46 세미 모노 코크(Semi-monocoque) 구조 형식 날개의 구성 부재가 아닌 것은?
① 표피(Skin)
② 링(Ring)
③ 스파(Spar)
④ 리브(Rib)

47 가스 용접기에서 가스 용기와 토치를 연결하는 호스의 구분에 대한 설명으로 옳은 것은?
① 산소 호스는 노란색, 아세틸렌가스 호스는 검정색으로 표시한다.
② 산소 호스는 빨강색, 아세틸렌가스 호스는 하얀색으로 표시한다.
③ 산소 호스는 녹색(또는 초록색), 아세틸렌 호스는 빨간색으로 표시한다.
④ 산소 호스와 아세틸렌가스 호스는 호스에 기호를 표시하여 구별한다.

48 그림과 같은 단면에서 y축에 관한 단면의 1차 모멘트는 몇 cm³인가? (단, 점선은 단면의 중심선을 나타낸 것이다)

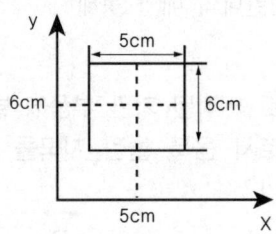

① 150   ② 180
③ 200   ④ 220

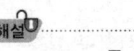
$Q_y = A\bar{x} = 5 \times 6 \times 5 = 150\,cm^3$

49 판금성형 작업 시 릴리프 홀(Relief Hole)의 지름 치수는 몇 인치 이상의 범위에서 굽힘 반지름의 치수로 하는가?
① 1/32   ② 1/16
③ 1/8   ④ 1/4

릴리프 홀(Relief Hole)
2개 이상의 굴곡이 교차하는 장소는 안쪽 접선의 교점에 응력이 집중하여 교점에 균열이 일어나는 것을 방지. 응력제거 구멍. 1/8인치 이상

50 SAE 6150 합금강에서 숫자 "6"이 의미하는 것은?

① 크롬-바나듐
② 4%의 탄소강
③ 크롬-몰리브덴
④ 0.04%의 탄소강

강의 종류	재료 번호
탄소강	1×××
망간강	1 3××
니켈강	2×××
니켈 크롬강	3×××
몰리브덴 강	4 0××
	4 4××
크롬 몰리브덴 강	4 1××
니켈 크롬 몰리브덴 강	4 3××
	4 7××
크롬강	5×××
크롬 바나듐 강	6×××

51 판금 작업 시 구부리는 판재에서 바깥면의 굽힘 연장선의 교차점과 굽힘 접선과의 거리를 무엇이라 하는가?

① 세트백(Set Back)
② 굽힘 각도(Degree of Bend)
③ 굽힘 여유(Bend Allowance)
④ 최소 반지름(Minimum Radius)

52 접개식 강착 장치(Retractable landing Gear)에서 부주의로 인해 착륙 장치가 접히는 것을 방지하기 위한 안전 장치로 나열한 것은?

① Down Lock, Safety PIN, Up Lock
② Down Lock, Up Lock, Ground Lock
③ Up Lock, Safety PIN, Ground Lock
④ Down Lock, Safety PIN, Ground Lock

53 항공기용 볼트의 부품 번호가 AN3H-5A인 경우 이 볼트의 재질은?

① 알루미늄 합금
② 내식강
③ 마그네슘 합금
④ 합금강

AN 3 DD H 5 A
• AN : 규격(AN 표준 기호)
• 3 : 볼트 지름이 3/16인치
• H : 머리에 구멍 유무(H : 구멍유, 무표시 : 구멍무)
• 5 : 볼트 길이가 5/8인치
• A : 나사 끝에 구멍 유무(A : 구멍무, 무표시 : 구멍유)

54 그림과 같은 항공기에서 앞바퀴에 170kg, 뒷바퀴 전체에 총 540kg이 작용하고 있다면 중심 위치는 기준선으로부터 약 몇 m 떨어진 지점인가?

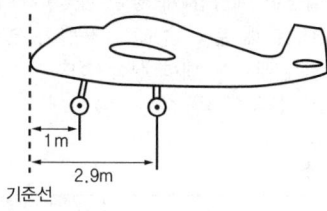

① 2.91
② 2.45
③ 1.31
④ 1

$$c.g = \frac{\text{모멘트의 합}}{\text{하중의 합}}$$
$$= \frac{170 \times 1 + 540 \times 2.9}{170 + 540} = 2.45 \text{in}$$

55 그림과 같은 V-n 선도에서 조종사가 아무리 급격한 조작을 하여도 구조상 안전하여 기체가 파괴에 이르지 않는 비행 상황에 해당되는 것은?

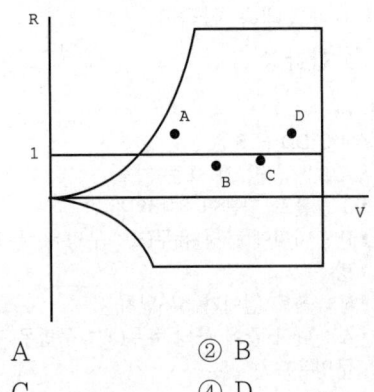

① A
② B
③ C
④ D

해설
- V_D(설계 급강하 속도) : 구조상의 안전성과 조종면의 안전을 보장하는 설계상의 최대 허용 속도
- V_C(설계 순항 속도) : 가장 효율적인 속도
- V_B(설계 돌풍 운용 속도) : 기상 조건이 나빠 돌풍이 예상될 때 항공기는 V_B 이하로 비행
- V_A(설계 운용 속도) : 플랩이 업된 상태에서 설계 무게에 대한 실속 속도
- V_S(실속 속도)

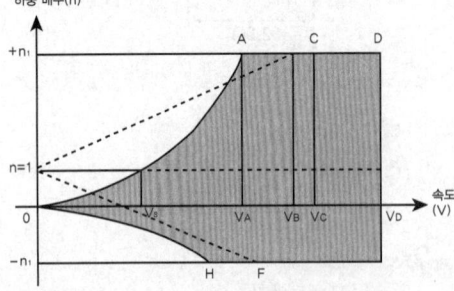

56 두 판을 연결하기 위하여 외줄(Single Row) 둥근 머리 리벳(Round Head Rivet) 작업을 할 때 리벳 최소 연 거리 및 리벳 간격으로 옳은 것은? (단, D는 리벳의 직경이다)

① 연 거리 : $\frac{1}{2}$D, 리벳 간격 : 2D
② 연 거리 : 2D, 리벳 간격 : 3D
③ 연 거리 : $2\frac{1}{2}$D, 리벳 간격 : 2D
④ 연 거리 : 5D, 리벳 간격 : 3D

해설
- 리벳의 피치 : 같은 열에 이웃하는 리벳 중심 간의 거리(6 ~ 8D, 최소 3D)
- 열간 간격(횡단 피치) : 열과 열 사이의 거리 (4.5 ~ 6D, 최소 2.5D)
- 연 거리(끝 거리) : 판재의 모서리와 최 외곽열의 중심까지의 거리(2 ~ 4D), (접시머리 리벳 최소 연 거리 : 2.5D)

57 페일 세이프(Failsafe) 구조 개념을 옳게 설명한 것은?

① 절대 파괴가 안 되는 완벽한 구조이다.
② 이상적인 목표이나 실제로는 불가능한 구조이다.
③ 일부 구조물이 파괴되더라도 전체 구조물의 안전을 보장하는 구조이다.
④ 파손이 일어나면 안전이 보장될 수 없다는 구조이다.

58 조종간이나 방향키 페달의 움직임을 전기적인 신호로 변환하고 컴퓨터에 입력 후 전기, 유압식 작동기를 통해 조종 계통을 작동하는 조종 방식은?

① Power Control System
② Automatic Pilot System
③ Fly-By-Wire Control System
④ Push Pull Rod Control System

59 두 종류의 금속이 접촉한 곳에 습기가 침투하여 전해질이 형성될 때 전지 현상에 의하여 양극이 되는 부분에 발생하는 부식은?

① 표면 부식
② 점부식
③ 입자간 부식
④ 이질 금속간 부식

이질 금속간 부식(Galvanic Corrosion)
• 두 종류의 이질 금속이 접촉하여 전해질로 연결되어 한쪽의 금속에 전기·화학적인 부식 발생
• 동전기 부식이라고도 함.

60 항공기 기체 구조의 리깅(Rigging)작업 시 구조의 얼라인먼트(Alignment) 점검 사항이 아닌 것은?

① 날개 상반각
② 수직 안정판 상반각
③ 수평 안정판 장착각
④ 착륙 장치의 얼라인먼트

기체 구조의 얼라인먼트 점검 사항
• 주 날개의 상반각, 붙임각(취부각)
• 엔진 얼라인먼트
• 착륙 장치의 얼라인먼트
• 수평 안정판의 붙임각, 상반각
• 수직 안정판의 수직도
• 대칭도

61 최댓값이 141.4V인 정현파 교류의 실효값은 약 몇 V인가?

① 90   ② 100
③ 200   ④ 300

$I = \dfrac{I_m}{\sqrt{2}} ≒ 0.707\,I_m = 0.707 \times 141.4 = 100\,V$

62 정류기(Rectifier)의 기능은 무엇인가?

① 직류를 교류로 변환
② 계기 작동에 이용
③ 교류를 직류로 변환
④ 배터리 충전에 사용

• 인버터 : 직류를 교류로 변환시키는 장치
• 정류기 : 교류를 직류로 변환시키는 장치

63 다용도 측정기기 멀티미터(Multimeter)를 이용하여 전압, 전류 및 저항 측정 시 주의 사항이 아닌 것은?

① 전류계는 측정하고자 하는 회로에 직렬, 전압계는 병렬로 연결한다.
② 저항계는 전원이 연결되어 있는 회로에 절대로 사용하여서는 아니 된다.
③ 저항이 큰 회로에 전압계를 사용할 때는 저항이 작은 전압계를 사용하여 계기의 션트 작용을 방지해야 한다.
④ 전류계와 전압계를 사용할 때는 측정 범위를 예상해야 하지만, 그렇지 못할 때는 큰 측정 범위부터 시작하여 적합한 눈금에서 읽게 될 때까지 측정 범위를 낮추어 간다.

멀티미터 사용 시 주의 사항
• 전류계는 직렬연결, 전압계는 병렬연결
• 측정하고자 하는 전류 및 전압의 값을 모를 때는 큰 측정 범위부터 낮추면서 측정
• 저항이 큰 부하의 전압을 측정할 때는 저항이 큰 전압계 사용
• 전류계와 전압계는 전원이 공급된 상태에서 사용하지만 저항계는 전원이 차단된 상태에서 사용

64 항공기에서 주 교류 전원이 없을 때 배터리 전원으로 교류 전원을 발생시키는 것은?

① 컨버터   ② DC 발전기
③ 인버터   ④ 바이브레이터

65 교류 발전기의 출력 주파수를 일정하게 유지시키는 데 사용되는 것은?

① Magn-amp
② Brushless
③ Carbon Pile
④ Constant Speed Drive

정속 구동 장치(CSD : Constant Speed Drive)
- 항공기에서의 출력 주파수가 400Hz로 일정하게 유지하기 위하여 엔진의 구동축과 발전기축 사이에 정속 구동 장치를 설치하여 엔진의 회전수에 관계없이 항상 일정한 회전수를 발전기축에 전달
- 주파수 조절 범위 : 400±1[Hz]로서 2[Hz] 미만

66 서로 다른 종류의 금속을 접합하여 온도 계기로 사용되는 열전대(Thermocouple)에 대한 설명으로 옳은 것은?

① 사용되는 금속은 동과 철이다.
② 브리지 회로를 만들어 전압을 공급한다.
③ 출력에 나타나는 전압은 온도에 반비례한다.
④ 지시계 접합부의 온도를 바이메탈로 냉점 보정한다.

열전쌍식 온도계
- 온도차에 따른 전류 변화를 측정
- 왕복 기관 : 실린더 헤드 온도를 측정하는 데 사용
- 제트 기관 : 배기가스 온도 측정
- 재료 : 크로멜-알루멜, 철-콘스탄탄, 구리-콘스탄탄

67 속도를 지시하는 방법으로 전압(Total Pressure)과 정압(Static Pressure)차를 감지하여 해면 고도에서의 밀도를 도입하여 계기에 지시하는 속도는?

① 등가 대기 속도(EAS)
② 진대기 속도(TAS)
③ 지시 대기 속도(IAS)
④ 수정 대기 속도(CAS)

대기속도
- IAS(지시 대기 속도) - 대기 속도계가 지시하는 속도
- CAS(수정 대기 속도) - 계기 자체의 오차를 수정한 속도
- EAS(등가 대기 속도) - 공기의 압축성 효과를 고려한 속도
- TAS(진대기 속도) - 밀도를 보정한 속도

68 자이로신 컴퍼스의 자방위판(컴퍼스 카드)은 어떤 신호에 의해 구동되는가?

① 플럭스 밸브에서 전기신호
② 방향 자이로 지시계(정침의)의 신호
③ 자이로 수평 지시계(수평의)의 신호
④ 초단파 전방위 무선 표시 장치(VOR)의 신호

플럭스 밸브(Flux Valve)
- 지자기의 수평 성분을 검출하여 그 방향을 전기 신호로 바꾸어 원격 전달하는 장치
- 자성체의 영향을 받게 되면 자기의 방향에 영향을 주게 되므로 오차의 원인이 되고, 검출기의 철심도 자기 전도율이 좋은 자성 합금을 사용하고 있기 때문에 자기를 띤 물질이 접근하면 오차 원인이 됨.

69 자기 컴퍼스의 조명을 위한 배선 시 지시오차를 줄여 주기 위한 효율적인 배선 방법으로 옳은 것은?

① -선을 가능한 자기 컴퍼스 가까이에 접지시킨다.
② +선과 -선은 가능한 충분한 간격을 두고 -선에는 실드선을 사용한다.
③ 모든 전선은 실드선을 사용하여 오차의 원인을 제거한다.
④ +선과 -선을 꼬아서 합치고 접지점을 자기 컴퍼스에서 충분히 멀리 뗀다.

70 단파(HF)통신에서 안테나 커플러(Antenna Coupler)의 주된 목적은?

① 송수신 장치와 안테나를 접속시키기 위하여
② 송수신 장치와 안테나의 전기적인 매칭(Matching)을 위하여
③ 송수신 장치에서 주파수 선택을 용이하게 하기 위하여
④ 송수신 장치의 안테나를 항공기 기체에 장착하기 위하여

단파 통신 안테나 커플러
안테나의 임피던스와 선택한 주파수에서 송·수신기의 출력 임피던스를 자동적으로 정합(Matching)

71 전자기파 60MHz 주파수에 파장은 몇 m 인가?

① 5   ② 10
③ 15   ④ 20

$$\lambda = \frac{C}{f} = \frac{3 \times 10^8}{60 \times 10^6} = 5\,\text{m}$$

72 다음 중 자장 항법 장치(Independent Position Determining)가 아닌 장비는?

① VOR
② Weather radar
③ GPWS
④ Radio altimeter

73 통신 위성 시스템에서 지구국의 일반적인 구성이 아닌 것은?

① 송, 수신계   ② 감쇠계
③ 변, 복조계   ④ 안테나계

지구국은 안테나, 송수신 계통, 변조와 복조 계통, 감시제어 계통 및 전원계로 구성

74 위성 통신에 관한 설명으로 틀린 것은?

① 지상에 위성 지구국과 우주에 위성이 필요하다.
② 통신의 정확성을 높이기 위하여 전파의 상향과 하향 링크 주파수는 같다.
③ 장거리 광역 통신에 적합하고 통신 거리 및 지형에 관계 없이 전송 품질이 우수하다.
④ 위성 통신은 지상의 지구국과 지구국 또는 이동 국사이의 정보를 중계하는 무선 통신 방식이다.

75 항공기 유압 회로에서 필터(Filter)에 부착되어 있는 차압 지시계(Differential Pressure Indicator)의 주된 목적은?

① 필터 엘리먼트(Element)가 오염되어 있는 상태를 알기 위한 지시계이다.
② 필터 입력 회로에 유압의 압력차를 지시하기 위한 지시계이다.
③ 필터 출력 회로에서 귀환되어 유압의 압력차를 지시하기 위한 지시계이다.
④ 필터 출력 회로에 압력이 높아질 경우 압력차를 알기 위한 지시계이다.

필터 모듈에는 필터에 이물질이 있거나 교체가 필요할 때를 알려주는 튀어 나오는(Pop out) 차압 지시기(Differential Pressure Indicator)를 갖고 있다.

76 다음 중 항공기 결빙을 막거나 조절하는 데 사용되는 방법이 아닌 것은?

① 아세톤 분사
② 고온 공기 이용
③ 전기적 열에 의한 가열
④ 공기가 주입되는 부츠(Boots)의 이용

방빙과 제빙 계통
- 전기식 방빙
- 공기식 방빙
- 화학적 방빙
- 제빙 부츠

77 객실 압력 경고 혼(Horn)이 울리는 고도와 승객 산소 공급 계통의 산소마스크가 자동으로 나타나게 되는 고도는 각각 몇 ft인가?

① 8000ft, 14000ft
② 8000ft, 10000ft
③ 10000ft, 15000ft
④ 10000ft, 14000ft

78 다음 중 가변 용량 펌프에 해당되는 것은?

① 제로터형 펌프
② 기어형 펌프
③ 피스톤형 펌프
④ 베인형 펌프

현대의 여객기에는 가변 용량의 Piston Type의 유압 펌프를 주로 사용

79 배기가스를 히터로 사용하는 계통에서 부품의 결함을 검사하는 방법으로 가장 효율적인 것은?

① 자기 탐상 검사를 주기적으로 실시한다.
② 주기적으로 일산화탄소 감지 시험을 한다.
③ 기관 오버 홀 시 히터를 새것으로 교환한다.
④ 매 100시간마다 배기 계통의 부품을 교환한다.

80 전자식 객실 온도 조절기에서 혼합 밸브의 목적은?

① 차가운 공기 흐름의 방향 변화를 위해
② 공기를 가스에서 액체로 변화시키기 위해
③ 장치 내의 프레온과 오일을 혼합하기 위해
④ 더운 공기와 찬 공기를 혼합하여 분배하기 위해

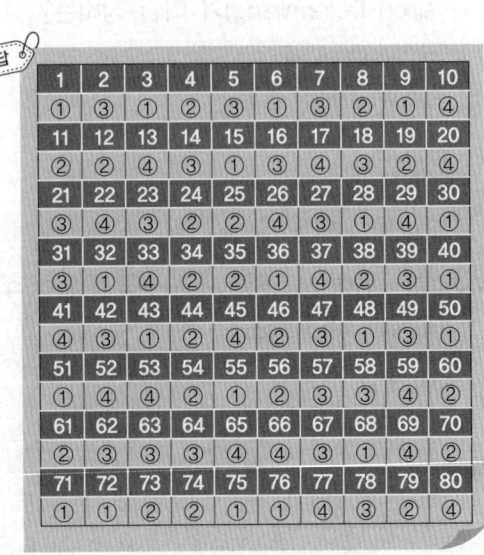

2014년 제2회 기출문제

자격 종목 및 등급(선택 분야)	종목 코드	시험 시간	형별
항공산업기사	2230	2시간	A

---

01 다음 중 마하 트리머(Mach Trimmer)로 수정할 수 있는 주된 현상은?

① 더치롤(Dutch Roll)
② 턱 언더(Tuck Under)
③ 나선 불안정(Spiral Divergence)
④ 방향 불안정(Directional Divergence)

02 양항비가 10인 항공기가 고도 2000m에서 활공 시 도달하는 활공 거리는 몇 m인가?

① 10000 ② 15000
③ 20000 ④ 40000

$\tan\theta = \dfrac{1}{\text{양항비}} = \dfrac{\text{고도}}{\text{활공 거리}}$ 이므로

활공 거리 = 양항비 × 거리 = 10 × 2000 = 20000m

03 층류와 난류에 대한 설명으로 틀린 것은?

① 난류는 층류에 비해 마찰력이 크다.
② 난류는 층류보다 박리가 쉽게 일어난다.
③ 층류에서 난류로 변하는 현상을 천이라고 한다.
④ 층류에서는 인접하는 유체층 사이에 유체 입자의 혼합이 없고 난류에서는 혼합이 있다.

04 다음 중 고정 날개 항공기의 자전 운동(Auto Rotation)이 발생할 수 있는 조건은?

① 낮은 받음각 상태
② 실속 받음각 이전 상태
③ 최대 받음각 상태
④ 실속 받음각 이후 상태

자전 현상
받음각이 실속각보다 큰 경우 작은 옆놀이 운동이 계속 발산하는 현상

05 다음 중 항공기의 가로 안정성을 높이는 데 일반적으로 가장 기여도가 높은 것은?

① 수직 꼬리 날개
② 주 날개의 상반각
③ 수평 꼬리 날개
④ 주 날개의 후퇴각

가로 안정에 영향을 미치는 요소
• 쳐든각 – 가장 큰 영향
• 뒤젖힘각
• 동체
• 수직 꼬리 날개

06 다음 중 테이퍼형 날개(Taper Wing)의 실속특성으로 옳은 것은?

① 날개 끝에서부터 실속이 일어난다.
② 날개 뿌리에서부터 실속이 일어난다.
③ 초음속에서 와류의 형태로 실속이 감소한다.
④ 스팬(Span) 방향으로 균일하게 실속이 발생한다.

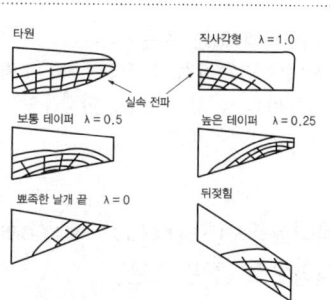

날개 모양과 실속 특성

07 무게가 1500kg인 비행기가 30° 경사각, 100km/h의 속도로 정상 선회를 하고 있을 때 선회 반경은 약 몇 m인가?
① 13.6 ② 136.4
③ 1364 ④ 1500

$$R = \frac{V^2}{g \tan\phi} = \frac{(\frac{100}{3.6})^2}{9.8 \times \tan 30°} = 136.37 m$$

08 비행기가 수평 비행 시 최소 속도를 나타낸 식으로 옳은 것은? (단, W : 비행기 무게, ρ : 밀도, S : 기준 면적, C_{Lmax} : 최대 양력 계수이다)

① $\sqrt{\frac{2W\rho}{SC_{Lmax}}}$ ② $\sqrt{\frac{SW}{\rho C_{Lmax}}}$

③ $\sqrt{\frac{2W}{\rho SC_{Lmax}}}$ ④ $\sqrt{\frac{2S\rho}{WC_{Lmax}}}$

수평 비행 시 최소 속도 = 실속 속도

09 헬리콥터를 전진 비행 또는 원하는 방향으로의 비행을 위해 회전면을 기울여 주는 조종 장치는?
① 페달
② 콜렉티브 조종 레버
③ 피치 암
④ 사이클릭 조종 레버

헬리콥터의 조종 계통
• 사이클릭(주기적) : 전진, 후진, 횡진
• 콜렉티브(동시) : 상승, 하강
• 페달 : 방향 조종

10 레이놀즈수(Reynolds Number)에 대한 설명으로 틀린 것은?
① 단위는 cm^2/s이다.
② 동점성 계수에 반비례한다.
③ 관성력과 점성력의 비를 표시한다.
④ 임계 레이놀즈수에서 천이 현상이 일어난다.

레이놀즈수는 단위가 없는 무차원 수

11 헬리콥터가 자전 강하(Auto-rotation)를 하는 경우로 가장 적합한 것은?
① 무동력 상승 비행
② 동력 상승 비행
③ 무동력 하강 비행
④ 동력 하강 비행

자동 회전(Auto-rotation)
헬리콥터 기관의 동력전달 상태가 불능 시 회전 날개의 축에 토크가 작용하지 않는 상태에서 일정한 회전수를 유지

12 밀도가 0.1kg·s²/m⁴인 대기를 120m/s의 속도로 비행할 때 동압은 약 몇 kg/m²인가?
① 520 ② 720
③ 1020 ④ 1220

$$q = \frac{1}{2}\rho V^2 = \frac{1}{2} \times 0.1 \times 120^2 = 720 kgf/m^2$$

13 이륙 중량이 1500kg, 기관 출력이 250HP인 비행기가 해면 고도를 80%의 출력으로 180km/h로 순항 비행할 때 양항비는?
① 5.0 ② 5.25
③ 6.0 ④ 6.25

$$P_r = \frac{TV}{75} = \frac{WV}{75} \cdot \frac{C_D}{C_L} = \frac{WV}{75 \, 양항비}$$ 이므로

$$양항비 = \frac{WV}{75 P_r} = \frac{1500 \times \frac{180}{3.6}}{75 \times 250 \times 0.8} = 5$$

14 비행기의 방향 조종에서 방향키 부유각(Float Angle)에 대한 설명으로 옳은 것은?

① 방향키를 밀었을 때 공기력에 의해 방향키가 변위되는 각
② 방향키를 당겼을 때 공기력에 의해 방향키가 변위되는 각
③ 방향키를 고정했을 때 공기력에 의해 방향키가 변위되는 각
④ 방향키를 자유로 했을 때 공기력에 의해 방향키가 변위되는 각

15 프로펠러의 회전수가 3000rpm, 지름이 6ft, 제동 마력이 400HP일 때 해발 고도에서의 동력 계수는 약 얼마인가? (단, 해발 고도에서 공기 밀도는 0.002378slug/ft³이다)

① 0.015
② 0.035
③ 0.065
④ 0.095

 해설

$$C_p = \frac{P}{\rho n^3 D^5}$$
$$= \frac{400 \times 550}{0.002378 \times (\frac{2800}{60})^3 \times 6^5} = 0.095$$

16 프로펠러 항공기의 항속 거리를 최대로 하기 위한 조건으로 옳은 것은? (단, C_{DP}는 유해 항력 계수, C_{DI}는 유도 항력 계수이다)

① $C_{DP} = C_{DI}$
② $C_{DP} = 2C_{DI}$
③ $C_{DP} = 3C_{DI}$
④ $3C_{DP} = C_{DI}$

 해설

구분	항속 거리		항속 시간	
	프로펠러기	제트기	프로펠러기	제트기
양항비	$(\frac{C_L}{C_D})_{max}$	$(\frac{C_L^{\frac{1}{2}}}{C_D})_{max}$	$(\frac{C_L^{\frac{3}{2}}}{C_D})_{max}$	$(\frac{C_L}{C_D})_{max}$
항력 계수	$C_{DP} = C_{DI}$	$C_{DP} = 3C_{DI}$	$C_{DP} = \frac{1}{3}C_{DI}$	$C_{DP} = C_{DI}$

17 다음 중 프로펠러 효율에 대한 설명으로 옳은 것은?

① 축동력에 비례한다.
② 회전력 계수에 비례한다.
③ 진행률에 비례한다.
④ 추력 계수에 비례한다.

 해설

$$\eta_p = \frac{T \cdot V}{P} = \frac{C_t \rho n^2 D^4 \cdot V}{C_p \rho n^3 D^5} = \frac{C_t}{C_p} \cdot \frac{V}{nD}$$

18 항공기에 장착된 도살핀(Dorsal Fin)이 손상되었을 때 발생되는 현상은?

① 방향 안정성 증가
② 동적 세로 안정 감소
③ 방향 안정성 감소
④ 정적 세로 안정 증가

19 다음 중 뒤젖힘 날개의 가장 큰 장점은?

① 임계 마하수를 증가시킨다.
② 익단 실속을 막을 수 있다.
③ 유도 항력을 무시할 수 있다.
④ 구조적 안전으로 초음속기에 적합하다.

20 유도 항력 계수에 대한 설명으로 옳은 것은?

① 유도 항력 계수와 유도 항력은 반비례한다.
② 유도 항력 계수는 비행기 무게에 반비례한다.
③ 유도 항력 계수는 양력의 제곱에 반비례한다.
④ 날개의 가로세로비가 크면 유도 항력 계수는 작다.

 해설

$$D_i = \frac{1}{2}\rho V^2 C_{Di} S = \frac{1}{2}\rho V^2 \frac{C_L^2}{\pi e AR} S$$

21
속도 1080km/h로 비행하는 항공기에 장착된 터보 제트 기관이 294kg/s로 공기를 흡입하여 400m/s로 배기시킬 때 비추력은 약 얼마인가?

① 8.2
② 10.2
③ 12.2
④ 14.2

$$F_s = \frac{F_n}{W_a} = \frac{V_j - V_a}{g} = \frac{400 - \frac{1080}{3.6}}{9.8} = 10.20$$

22
그림과 같은 브레이튼(Brayton) 사이클의 P-V선도에 대한 설명으로 옳은 것은?

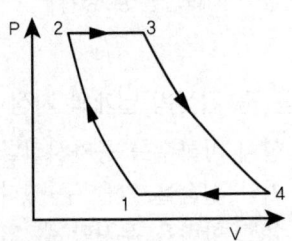

① 1-2 과정 중 온도는 일정하다.
② 2-3 과정 중 온도는 일정하다.
③ 3-4 과정 중 엔트로피는 일정하다.
④ 4-1 과정 중 엔트로피는 일정하다.

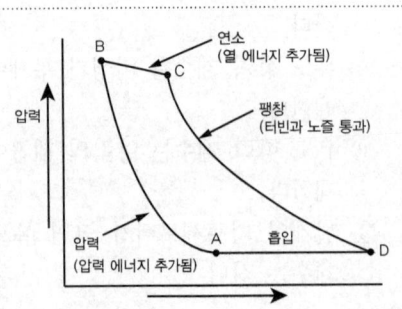

23
가스 터빈 기관의 연료 계통에서 연료 필터(또는 연료 여과기)는 일반적으로 어느 곳에 위치하는가?

① 항공기 연료 탱크 위에 위치한다.
② 기관 연료 펌프의 앞뒤에 위치한다.
③ 기관 연료 계통의 가장 낮은 곳에 위치한다.
④ 항공기 연료 계통에서 화염원과 먼 곳에 위치한다.

24
다음 중 비가역 과정에서의 엔트로피 증가 및 에너지 전달의 방향성에 대한 이론을 확립한 법칙은?

① 열역학 제0법칙
② 열역학 제1법칙
③ 열역학 제2법칙
④ 열역학 제3법칙

열역학 제2법칙의 서술
- Clausius의 정의(열의 이동 방향) : 열은 저온부로부터 고온부로 자연적으로는 전달되지 않는다. 즉, 일을 소비하지 않고 열을 저온부에서 고온부로 이동시키는 것은 불가능하다.
- Kelvin-Plank의 정의(열의 변환 방향) : 단지 하나만의 열원과 열교환함으로써 사이클에 의해 열을 일로 변화시킬 수 있는 열기관을 제작할 수 없다.

25
대형 터보팬 기관에서 역추력 장치를 작동시키는 방법은?

① 플랩 작동 시 함께 작동한다.
② 항공기의 자중에 따라 고정된다.
③ 제동 장치가 작동될 때 함께 작동한다.
④ 스로틀 또는 파워 레버에 의해서 작동한다.

역추력 장치
역추력 장치는 스로틀 레버에 의해 작동되며 저속 위치, 지상에 있을 때가 아니면 작동하지 않음.

26 왕복 기관의 고압 마그네토(Magneto)에 대한 설명으로 틀린 것은?

① 전기 누설 가능성이 많은 고공용 항공기에 적합하다.
② 콘덴서는 브레이커 포인트와 병렬로 연결되어 있다.
③ 마그네토의 자기 회로는 회전 영구 자석, 폴 슈(Pole Shoe) 및 철심으로 구성되어 있다.
④ 1차 회로는 브레이커 포인트가 붙어 있을 때에만 폐회로를 형성한다.

- 고압 점화 계통 : 1차 코일에서 저압이 발생하면 2차 코일에서 20,000~25,000V의 높은 전압이 유도되어 점화 플러그에 고압의 전기를 공급
- 저압 점화 계통 : 마그네토에서는 저전압을 발생시켜 전선을 통해 실린더로 공급되고 스파크 플러그 바로 전에서 변압 코일로 고압으로 승압시켜 점화 플러그에 고전압을 공급, 전기 누설 없어 고공을 비행하는 항공기에 적합

27 항공용 왕복 기관의 압축비를 옳게 나타낸 것은? (단, V_d는 행정 체적, V_c는 연소실 체적이다)

① $\dfrac{V_c - V_d}{V_c}$ ② $\dfrac{V_c + V_d}{V_d}$

③ $\dfrac{V_c + V_d}{V_c}$ ④ $\dfrac{V_c - V_d}{V_d}$

$\epsilon = \dfrac{V_c + V_d}{V_c} = 1 + \dfrac{V_d}{V_c}$

28 초음속 항공기의 기관에 사용하는 배기 노즐로 초음속 제트를 효율적으로 얻기 위한 노즐은?

① 수축 노즐 ② 확산 노즐
③ 수축 확산 노즐 ④ 동축 노즐

- 아음속기 : 수축형
- 초음속기 : 수축 확산형, 가변 면적 배기 노즐

29 터빈 깃의 냉각 방법 중 깃 내부를 중공으로 하여 차가운 공기가 터빈 깃을 통하여 스며 나오게 함으로써 터빈 깃을 냉각시키는 것은?

① 대류 냉각
② 충돌 냉각
③ 공기막 냉각
④ 증발 냉각

터빈 깃의 냉각 방법
- 대류 냉각(Convection Cooling) : 내부에 통로를 만들어 찬 공기를 흐르게 함으로써 깃을 냉각시키는 방법
- 충돌 냉각(Impingement Cooling) : 터빈 깃 앞전 부분의 냉각에 사용하는 방식으로 냉각 공기를 앞전에 충돌시켜 냉각
- 공기막 냉각(Air Film Cooling) : 터빈 깃의 표면에 작은 구멍을 뚫어 이 구멍을 통하여 냉각 공기를 분출시켜 공기막을 형성함으로써 연소 가스가 터빈 깃에 직접 닿지 못하게 함.
- 침출 냉각(Transpiration Cooling) : 터빈 깃을 다공성 재질로 만들고 깃의 내부를 비게 하여 찬 공기가 터빈 깃을 통하여 스며 나오게 하여 깃을 냉각시키는 방식

30 항공기 왕복 기관 연료의 안티 노크(Anti-knock)제로 가장 많이 사용되는 것은?

① 벤젠 ② 에틸납
③ 톨루엔 ④ 메틸 알코올

안티 노크제
- 4에틸납이 사용되고 2브롬화 에칠 및 염료를 함께 사용
- 4에틸납은 연소할 때 산화납이 형성되어 실린더 내에 부착되므로 TCP(인산트리크레실)를 첨가하여 배기가스와 함께 밖으로 배출

31 다음 중 왕복 기관에서 순환하는 오일에 열을 가하는 요인 중 가장 작은 영향을 주는 것은?

① 커넥팅로드 베어링
② 연료 펌프
③ 피스톤과 실린더 벽
④ 로커암 베어링

32 왕복 기관의 작동 여부에 따른 흡입 매니폴드(Intake Manifold)의 압력계가 나타내는 압력을 옳게 설명한 것은?

① 기관 정지 시 대기압과 같은 값, 작동하면 대기압보다 높은 값을 나타낸다.
② 기관 정지 시 대기압보다 낮은 값, 작동하면 대기압보다 높은 값을 나타낸다.
③ 기관 정지 시나 작동 시 대기압보다 항상 낮은 값을 나타낸다.
④ 기관 정지 시나 작동 시 대기압보다 항상 높은 값을 나타낸다.

과급기가 없는 기관의 매니폴드 압력은 대기압보다 낮으며 항공기 정지 시 매니폴드 압력은 대기압과 같다.

33 가스 터빈 기관의 정상 시동 시에 일반적인 시동 절차로 옳은 것은?

① Starter "ON" - Ignition "ON" - fuel "ON" - Ignition "OFF" - Starter "Cut-OFF"
② Starter "ON" - fuel "ON" - Ignition "ON" - Ignition "OFF" - Starter "Cut-OFF"
③ Starter "ON" - Ignition "ON" - fuel "ON" - Starter "Cut-OFF" - Ignition "OFF"
④ Starter "ON" - fuel "ON" - Ignition "ON" - Starter "Cut-OFF" - Ignition "OFF"

터보팬 기관의 시동 순서
• 동력 레버 'IDLE' 위치
• 연료 차단 레버 'CLOSE' 위치
• 주 스위치 'ON'
• 연료 계통 차단 스위치 'OPEN'
• 연료 부스터 펌프 스위치 'ON'
• 시동 스위치 'ON'
• 점화 스위치 'ON'
• 연료 차단 레버 'OPEN'
• 배기가스의 온도 증가로 시동 여부를 알 수 있다.
• 연료 계통 작동 후 약 20초 이내에 시동이 완료되어야 한다.
• 기관이 완속 회전수에 도달하는 데 2분 이상 걸려서는 안 된다.
• 기관의 계기를 관찰하여 정상 작동인지 확인
• 기관 시동 스위치 'OFF'
• 점화 스위치 'OFF'

34 가스 터빈 기관에서 연료, 오일 냉각기의 목적에 대한 설명으로 옳은 것은?

① 연료와 오일을 함께 냉각한다.
② 연료는 가열하고 오일은 냉각한다.
③ 연료는 냉각하고 오일 속의 이물질을 가려낸다.
④ 연료 속의 이물질을 가려내고 오일은 냉각한다.

35 다음 중 프로펠러를 회전시켜 추진력을 얻는 가스 터빈 기관은?

① 램 제트 기관 ② 펄스 제트 기관
③ 터보 제트 기관 ④ 터보 프롭 기관

터보 프롭 기관은 대부분의 추력을 프로펠러에서 얻는다.

36 다음 중 항공기 왕복 기관에서 일반적으로 가장 큰 값을 갖는 것은?

① 마찰 마력 ② 제동 마력
③ 지시 마력 ④ 모두 같다.

지시 마력 = 제동 마력 + 마찰 마력

37 정속 프로펠러에서 파일롯 밸브(Pilot Valve)를 작동시키는 힘을 발생시키는 것은?

① 프로펠러 감속기어
② 조속 펌프 유압
③ 엔진 오일 압력
④ 플라이 웨이트

파일롯 밸브는 플라이 웨이트에 연결되어 오일의 출입을 제어

38 왕복 기관의 지시 마력을 구하는 방법은?

① 동력계로 측정한다.
② 마찰 마력으로 구한다.
③ 지시 선도(Indicator Diagram)를 이용한다.
④ 프로니 브레이크(Prony Brake)를 이용한다.

39 항공기 왕복 기관을 작동 후 검사하여 보니 오일 소모량이 많고 점화 플러그가 더러워졌다면 그 원인이 아닌 것은?

① 점화 플러그 장착 불량
② 실린더 벽의 마모 증가
③ 피스톤링의 마모 증가
④ 밸브 가이드의 마모 증가

40 프로펠러 깃의 스테이션 넘버(Station Number)에 대한 설명으로 옳은 것은?

① 프로펠러 전연에서 후연으로 갈수록 감소한다.
② 프로펠러 허브에서 팁(Tip)으로 갈수록 감소한다.
③ 프로펠러 전연(Leading Edge)에서 후연(Trailing Edge)으로 갈수록 증가한다.
④ 프로펠러 허브(Hub)의 중앙은 스테이션 넘버 "0"이다.

41 복합 재료(Composite Material)를 설명한 것으로 옳은 것은?

① 금속과 비금속을 배합한 합성 재료
② 샌드위치 구조로 만들어진 합성 재료
③ 2가지 이상의 재료를 화학 반응을 일으켜 만든 합금 재료
④ 2가지 이상의 재료를 일체화하여 우수한 성질을 갖도록 한 합성 재료

42 응력 외피형 날개의 주요 구조 부재가 아닌 것은?

① 스파(Spar)
② 리브(Rib)
③ 스킨(Skin)
④ 프레임(Frame)

날개를 구성하는 주요 구성 부재
날개보(Spar), 리브(Rib), 세로지(Stringer), 외피(Skin)

43 리벳 머리 모양에 따른 분류 기호 중 둥근머리 리벳은?

① AN 426
② AN 455
③ AN 430
④ AN 470

• 둥근머리 리벳(AN 430, AN 435, MS 20435)
• 납작머리 리벳(AN 441, AN 442)
• 접시머리 리벳(AN 420, AN 425, MS 20426)
• 브래지어 머리 리벳(AN 455, AN 456)
• 유니버설 리벳(AN 470, MS 20470)

44 그림과 같은 판재 가공을 위한 레이아웃에서 성형점(Mold Point)을 나타낸 것은?

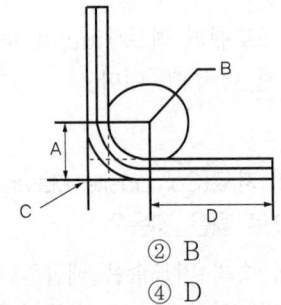

① A ② B
③ C ④ D

45 가스트 로크(Gust Lock) 장치에 대한 설명으로 옳은 것은?

① 비행 중인 항공기의 조종면을 돌풍으로부터 파손되지 않게 고정시키는 장치이다.
② 내부 고정 장치, 조종면 스누버, 외부 조종면 고정 장치가 있다.
③ 동력 조종 장치 항공기는 유압 실린더의 댐퍼 작용으로 가스트 로크 장치가 반드시 필요하다.
④ 가스트 로크 장치는 지상에서 오작 하지 않도록 해야 한다.

가스트 로크(Gust Lock)
• 지상 계류 중인 항공기가 돌풍에 의해 조종면이 작동하여 파손되는 것을 방지하는 기구
• 중대형 항공기는 조종면을 직접 또는 가까운 곳에 기구로 고정
• 동력 조종 항공기에서는 유압 실린더가 댐퍼 역할을 하므로 필요 없음.
• 내부 고정 장치, 조종면 스누버, 외부 조종면 고정 장치

46 그림과 같이 길이가 l인 캔틸레버보의 자유단에 집중력 P가 작용하고 있다면 보의 최대 굽힘 모멘트는? (단, A는 보의 단면적, E는 탄성 계수이다)

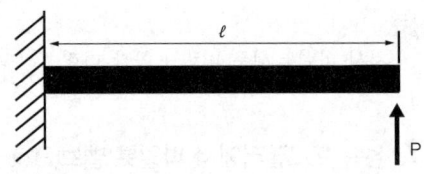

① $\dfrac{Pl^2}{2AE}$ ② $\dfrac{Pl}{AE}$
③ $\dfrac{P^2l}{2AE}$ ④ Pl

모멘트 = 힘 × 거리이므로
$M = Pl$

47 다음 중 완충 효율이 우수하여 대형기의 착륙 장치에 많이 사용되는 완충 장치 (Shock Absorber) 형식은?

① 오레오(Oleo)식
② 공기 압력(Air Pressure)식
③ 평판 스프링(Plate Spring)식
④ 고무 완충(Rubber Absorber)식

• 고무식, 스프링식 : 50%
• 오레오식 : 70~80%

48 가스 중에 아크를 발생시키면 가스는 이온화되어 원자 상태가 되고, 이때 다량의 열이 발생하는데 이 아크와 가스의 혼합물을 용접의 열원으로 이용하는 용접은?

① 플라스마 용접
② 금속 불활성 가스 용접
③ 산소아세틸렌 용접
④ 텅스텐 불활성 가스 용접

플라스마 용접
텅스텐 봉에서 아크를 발생시켜, 수냉 노즐의 구멍을 통해서 아크를 세밀하게 만들어, 플라스마 제트를 접점부에 대어 열로 재료를 녹인다.

49 다음 중 인성(Toughness)에 대한 설명으로 옳은 것은?

① 재료에 온도를 서서히 증가하였을 때 조직 구조가 변형되는 현상이다.
② 재료의 시험편을 서서히 잡아 당겨서 파괴되었을 때 파단면의 조직이 변화된 현상이다.
③ 취성(Brittleness)의 반대되는 성질로서 충격에 잘 견디는 성질을 말한다.
④ 재료를 일정한 온도와 하중을 가한 상태에서 시간에 따라 변형률이 변화되는 현상이다.

- 연성 : 가는 관이나 선으로 늘릴 수 있는 성질
- 탄성 : 외력으로 변형된 후, 변형력이 없어지면 원래 상태로 되돌아가는 성질
- 취성 : 부서지는 금속의 성질, 구조용 재료로 부적합, 주철
- 인성 : 재료의 질긴 성질, 찢어지거나 파괴되지 않는 성질

50 머리에 스크루 드라이버를 사용하도록 홈이 파여 있고 전단 하중만 걸리는 부분에 사용되며 조종 계통의 장착용 핀 등으로 자주 사용되는 볼트는?

① 내부렌치 볼트 ② 아이 볼트
③ 육각머리 볼트 ④ 클레비스 볼트

클레비스 볼트(AN 21~AN 36)
- 머리가 둥글고 스크루 드라이버 사용하도록 머리에 홈이 파여 있음.
- 전단 하중이 걸리고 인장 하중이 작용하지 않는 조종 계통 부분에 사용

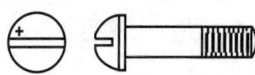

51 항공기의 고속화에 따라 기체 재료가 알루미늄 합금에서 티타늄 합금으로 대체되고 있는데 티타늄 합금과 비교한 알루미늄 합금의 어떠한 단점 때문인가?

① 너무 무겁다.
② 전기 저항이 너무 크다.
③ 열에 강하지 못하다.
④ 공기와의 마찰로 마모가 심하다.

티타늄
- 비중 4.5로 내식성, 내열성(용융점 : 1,730℃)이 좋고 비강도가 큼
- 용도 : 방화벽, 외피, 압축기 디스크, 깃(Blade)

52 리벳 작업 시 리벳 성형머리(Bucktail)의 높이를 리벳지름(D)으로 옳게 나타낸 것은?

① 0.5D   ② 1D
③ 1.5D   ④ 2D

리벳의 길이
- 전체 길이 = G+1.5D
- 돌출 길이 = 1.5D
- 벅테일 높이 = 0.5D
- 벅테일 지름 = 1.5D

53 페일 세이프(Fail-safe) 구조 중 큰 부재 대신에 같은 모양의 작은 부재 2개 이상을 결합시켜 하나의 부재와 같은 강도를 가지게 함으로써 치명적인 파괴로부터 안전을 유지할 수 있는 구조 형식은?

① 이중 구조(Double Structure)
② 대치 구조(Back-up Structure)
③ 예비 구조(Redundant Structure)
④ 하중 경감 구조(Load Dropping Structure)

- 다경로 하중 구조(Redundant Structure) : 일부 부재가 파괴될 경우 그 부재가 담당하던 하중을 분담할 수 있는 다른 부재가 있어 구조 전체로서는 치명적인 결과를 가져오지 않는 구조 형식

- 이중 구조(Double Structure) : 큰 부재 대신 2개의 작은 부재를 결합시켜 하나의 부재와 같은 강도를 가지게 함으로써 치명적인 파괴로부터 안전을 유지할 수 있는 구조 형식
- 대치 구조(Back Up structure) : 하나의 부재가 전체의 하중을 지탱하고 있을 경우 이 부재가 파손될 것을 대비하여 준비된 예비적인 대치 부재를 가지고 있는 구조 형식
- 하중 경감 구조(Load Dropping Structure) : 부재가 파손되기 시작하면 변형이 크게 일어나므로 주변의 다른 부재에 하중을 전달시켜 원래 부재의 추가적인 파괴를 막는 구조 형식

54 세미 모노 코크(Semi-monocoque) 형식의 동체 구조에 대한 설명으로 옳은 것은?

① 구조재가 3각형을 이루는 기체의 뼈대가 하중을 담당하고 표피가 우포로 되어 있는 형식이다.
② 하중의 대부분을 표피가 담당하며, 금속이 각 껍질(Shell)로 되어 있는 형식이다.
③ 스트링거(Stringer), 벌크헤드(Bulkhead), 프레임(Frame) 및 외피(Skin)로 구성되어 골격과 외피가 하중을 담당하는 형식이다.
④ 트러스 재를 활용하여 강도를 보충하고 외피를 씌워 항력을 감소시킨 현대 항공기의 대표적인 형식이다.

55 길이 200cm의 강철봉이 인장력을 받아 0.4cm의 신장이 발생하였다면 이 봉의 인장 변형률은?

① 15×10^{-4} ② 20×10^{-4}
③ 25×10^{-4} ④ 30×10^{-4}

$\epsilon = \dfrac{\delta}{L} = \dfrac{0.4}{200} = 20 \times 10^{-4}$

56 항공기 조종 계통에 대한 설명으로 옳은 것은?

① 케이블을 왕복으로 설치하는 것은 피해야 한다.
② 케이블 장력이 커지면 풀리에 큰 반력이 생기고 마찰력이 커져 조종성이 떨어진다.
③ 케이블 풀리 간격이 조작하는 거리보다 짧아지는 것이 조종성 안정에 좋다.
④ 케이블은 로드(Rod)보다 작은 공간을 필요로 하므로 현대 항공기에서 많이 사용된다.

57 SAE규격으로 표시한 합금강의 종류가 옳게 짝지어진 것은?

① $13 \times \times$: 망간강
② $23 \times \times$: 망간-크롬강
③ $51 \times \times$: 니켈-크롬-몰리브덴강
④ $61 \times \times$: 니켈-몰리브덴강

강의 종류	재료 번호
탄소강	$1 \times \times \times$
망간강	$13 \times \times$
니켈강	$2 \times \times \times$
니켈 크롬강	$3 \times \times \times$
몰리브덴 강	$40 \times \times$
	$44 \times \times$
크롬 몰리브덴 강	$41 \times \times$
니켈 크롬 몰리브덴 강	$43 \times \times$
	$47 \times \times$
크롬강	$5 \times \times \times$
크롬 바나듐 강	$6 \times \times \times$

58 다음 중 이질 금속 간 부식이 가장 잘 일어날 수 있는 조합은?

① 납 - 철
② 구리 - 알루미늄
③ 구리 - 니켈
④ 크롬 - 스테인리스강

알루미늄이 스테인리스강, 티타늄, 크롬, 니켈, 구리 등과 만나면 부식 발생

59 항공기의 무게를 측정한 결과 그림과 같다면 이때 중심 위치는 MAC의 몇 %에 있는가? (단, 단위는 cm이다)

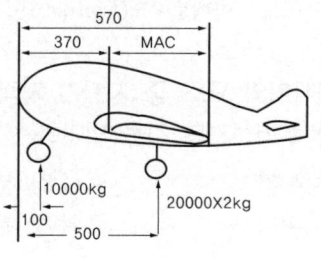

① 20　　　　② 25
③ 30　　　　④ 35

$$c.g = \frac{\text{모멘트의 합}}{\text{무게의 합}}$$
$$= \frac{10000 \times 100 + 20000 \times 2 \times 500}{10000 + 20000 \times 2} = 420\,cm$$
$c.g$의 위치는 MAC의 50이므로
$$\frac{50}{200} \times 100 = 25\%$$

60 그림과 같이 반대 방향으로 하중이 작용하는 구조물에서 B-C 구간의 내력은 몇 N인가?

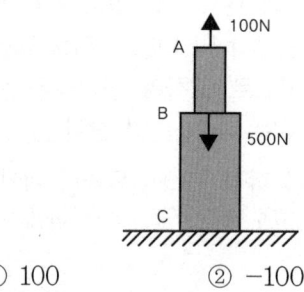

① 100　　　　② -100
③ 400　　　　④ -400

61 그림과 같은 회로에서 B와 C단자 사이가 단선되었다면 저항계(Ohm-meter)에 측정된 저항값은 몇 Ω인가?

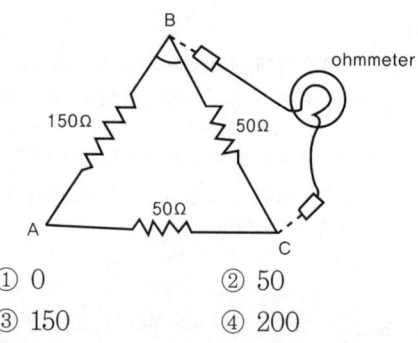

① 0　　　　② 50
③ 150　　　④ 200

 BC가 단선되었다면 직렬연결이므로
$150 + 50 = 200\,\Omega$

62 직류 발전기에서 정류 작용을 하는 요소는?
① 계자 권선
② 전기자 권선
③ 계자 철심
④ 브러시와 정류자

63 납산 축전지(Lead Acid Battery)에서 사용되는 전해액은?
① 수산화칼륨 용액
② 불산 용액
③ 수산화나트륨 용액
④ 묽은 황산 용액

 묽은 황산(=희유산) = 순수 황산 + 순수한 물(증류수)

64 모든 부품을 항공기 구조에 전기적으로 연결하는 방법으로 고전압 정전기의 방전을 도와 스파크 현상을 방지시키는 역할을 하는 것은?
① 접지(Earth)
② 본딩(Bonding)
③ 공전(Static)
④ 절제(Temperature)

본딩 와이어(점퍼)(Bonding Wire/Jumper)
- 조종면 등의 가동 부분과 기체를 접속하는 접지선으로, 접촉 저항은 0.003(Ω) 이하로 가동 부분의 움직임을 방해하지 않도록 장착
- 정전기에 의한 무선잡음 방지 및 스파크에 의한 화재 방지 역할

65 정전기 방전 장치(Static Discharger)에 대한 설명으로 틀린 것은?
① 무선 수신기의 간섭 현상을 줄여주기 위해 동체 끝에 장착한다.
② 비닐이 씌워진 방전 장치는 비닐 커버에서 1inch 나와 있어야 한다.
③ Null-field 방전 장치의 저항은 0.1Ω을 초과해서는 안 된다.
④ 항공기에 충전된 정전기가 코로나 방전을 일으킴으로써 무선 통신기에 잡음 방해를 발생시킨다.

정전기 방전 장치(Static Discharger)
- 끝이 핀 형태 전극으로 코로나 방전
- 코로나 방전은 매우 짧은 간격의 펄스 형태로 방전하므로 항공기의 계기 오차 발생 및 무선 통신 기기에 잡음 방해
- 유해한 잡음을 없애기 위해 날개 끝(Wing Tip)에 핀(Pin) 형태의 정전기 방전 장치(Static Discharger Wick)를 장착

66 항공기의 기압식 고도계를 QNE방식에 맞춘다면 어떤 고도를 지시하는가?
① 기압 고도   ② 진 고도
③ 절대 고도   ④ 밀도 고도

고도계의 보정 방법
- QNH 보정 : 진 고도를 지시하는 보정, 4200M(14000ft) 미만의 고도에서 사용
- QNE 보정 : 기압 고도를 지시하는 보정, 해상 비행이거나 높은 고도에서 사용
- QFE 보정 : 절대 고도를 지시하는 보정, 이착륙 훈련 등에 사용

67 다음 중 피토압에 영향을 받지 않는 계기는?
① 속도계   ② 고도계
③ 승강계   ④ 선회 경사계

피토 정압 계기
- 속도계 : 다이어프램(Diaphragm)
- 승강계 : 아네로이드(Aneroid) 이용
- 고도계 : 아네로이드(Aneroid) 이용

68 지자기의 요소 중 지자기 자력선의 방향과 수평선간의 각을 의미하는 요소는?
① 복각   ② 수직 분력
③ 편각   ④ 수평 분력

- 편각(편차)(Variation) : 지축과 지자기축이 이루는 각
- 복각(Dip) : 지구 수평면과 자기자석이 이루는 각
- 수평 분력(Horizontal Component) : 지자기의 지구 수평면 방향의 힘

69 항공기의 연료 탱크에 150lb의 연료가 있고 유량계기의 지시가 75PPH로 일정하다면 연료가 모두 소비되는 시간은?
① 30분   ② 1시간 30분
③ 2시간   ④ 2시간 30분

70 지상의 항행 원조 시설 없이 항공기의 대지속도, 편류각 및 비행 거리를 직접적이고 연속적으로 구하여 장거리를 항행할 수 있게 하는 자립 항법 장치는?
① 오메가 항법   ② 도플러 레이더
③ 전파 고도계   ④ 관성 항법 장치

도플러 레이더(Doppler Radar)
도플러 레이더를 탑재하여 대지와의 상대 속도 및 기수 방위와 진행 방향의 차이를 측정하고 시간을 적분하여 구한 이동거리로 자신의 위치를 측정하는 장치
현재는 관성 항법 장치 INS(Inertial Navigation System)로 대체

71 다음 중 계기 착륙 장치(ILS)와 관계가 없는 것은?

① 로컬라이저(Localizer)
② 전 방향 표시 장치(VOR)
③ 마커 비컨(Maker Beacon)
④ 글라이드 슬로프(Glide Slope)

ILS의 주요 시설
• 방위각 시설(Localizer) : 활주로에 접근하는 비행기에 활주로 중심선을 제공하는 지상 시설
• 활공각 시설(Glide Slope) : 활주로에 착륙하기 위하여 접근 중인 항공기에 안전한 착륙 각도인 약 3°의 활공각 정보를 제공
• Marker Beacon : 진입로 상의 일정 통과 지점에 대한 위치 정보를 제공하는 시설

72 자동 방향 탐지기(ADF)의 구성 요소가 아닌 것은?

① 전파 자방위 지시계(RMI)
② 무지향성 표시 시설(NDB)
③ 자이로 컴퍼스(Gyro Compass)
④ 루프(Loop), 감도(Sense) 안테나

자동 방향 탐지기(ADF : Automatic Direction Finder) 구성품
• 무지향성 표지(NDB : Non Directional Beacon)
• 항공기의 수신 장치
• 안테나
• 전파 나침반 또는 무선 나침 지시계(RMI : Radio Magnetic Indicator)
• 전원 장치

73 압력 센서의 전압값을 기준 전압 5V의 10bit 분해능의 A/D 컨버터로 변환하려 한다면 센서의 출력 전압이 2.5V일 때 출력되는 이상적인 디지털 값은?

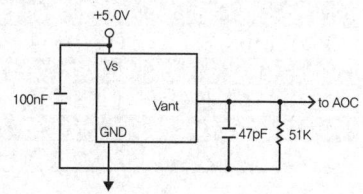

① 128
② 256
③ 512
④ 1024

74 단거리 전파 고도계(LRRA)에 대한 설명으로 옳은 것은?

① 기압 고도계이다.
② 고고도 측정에 사용된다.
③ 평균 해수면 고도를 지시한다.
④ 전파 고도계로 항공기가 착륙할 때 사용된다.

전파 고도계(Low Range Radio Altimeter)
• 항공기에서 지표로 향해 전파를 발사하여 그 반사파가 돌아올 때까지의 시간을 측정하여 절대 고도(Absolute Altitude)를 측정
• 저고도에서 측정하므로 측정 범위는 2500ft 이하
• 공항에 착륙하기 위하여 활주로로 진입하면서 고도 정보를 얻는 데 사용
• 고도를 지시하는 것 외에 자동 비행 조종 장치(AFCS), 지상 근접 경고 장치(GPWS), 공중 충돌 회피 경보 장치(TCAS), 기상 레이더(WXR) 등에 항공기의 고도와 강하율을 알려주는 중요한 장비

75 광전 연기 탐지기(Photo Electric Smoke Detector)에 대한 설명으로 틀린 것은?

① 연기 탐지기 내부는 빛의 반사가 없도록 무광 흑색 페인트로 칠해져 있다.
② 연기 탐지기 내의 광전기 셀에서 연기를 감지하여 경고 장치를 작동시킨다.
③ 연기 탐지기 내부로 들어오는 연기는 항공기 내외의 기압차에 의한다.
④ 광전기 셀은 정해진 온도에서 작동될 수 있도록 가스로 채워져 있다.

76 항공기 비상사태 시 승객을 보호하고 탈출 및 구출을 돕기 위한 비상 장비가 아닌 것은?
① 소화기　② 휴대용 버너
③ 구명보트　④ 비상 신호용 장비

77 다음 중 유압 계통의 장점이 아닌 것은?
① 원격 조정이 용이하다.
② 과부하에 대해서도 안전성이 높다.
③ 장치상 구조는 복잡하나 신뢰성이 크다.
④ 운동 속도의 조절 범위가 크고 무단 변속을 할 수 있다.

78 제빙 부츠를 취급할 때에 주의해야 할 사항으로 틀린 것은?
① 부츠 위에서 연료 호스(Hose)를 끌지 않는다.
② 부츠 위에 공구나 정비에 필요한 공구를 놓지 않는다.
③ 부츠를 저장하는 경우 그리스나 오일로 깨끗하게 닦은 다음 기름종이로 덮어 둔다.
④ 부츠에 흠집이나 열화가 확인되면 가능한 빨리 수리하거나 표면을 다시 코팅한다.

제빙 부츠의 수명을 연장시키려면
• 제빙 부츠 위에서 연료 호스를 끌지 않는다.
• 가솔린, 오일, 그리스, 오염, 그밖에 부츠의 고무를 열화시킬 수 있는 물이나 액체를 접촉시키지 않는다.
• 부츠 위에 공구를 놓지 않는다.
• 부츠에 흠집이나 열화가 확인된 경우 가능한 빨리 수리하거나 표면을 다시 코팅한다.
• 부츠를 저장할 때는 천, 종이로 덮어 둔다.

79 객실 여압 계통에서 대기압이 객실 안의 기압보다 높은 경우 객실로 자유롭게 들어오도록 사용하는 장치로 진공 밸브라고도 하는 것은?
① 부압 릴리프 밸브
② 객실 하강률 조절기
③ 압축비 한계 스위치
④ 슈퍼 차져 오버스피드 밸브

부압 릴리프 밸브(Negative Pressure Relief Valve)
항공기가 객실 고도보다 더 낮은 고도로 하강할 때나 지상에서 객실 압력과 대기압을 일치시켜 줄 필요가 있을 때 열려서 대기의 공기가 객실 안으로 자유롭게 들어오도록 되어 있는 밸브

80 유압 계통에서 장치의 작용과 펌프의 가압에서 발생하는 압력 서지(Surge)를 완화시키는 것은?
① 축압기(Accumulator)
② 체크 밸브(Check Valve)
③ 압력 조절기(Pressure Regulator)
④ 압력 릴리프 밸브(Pressure Relief Valve)

축압기(Accumulator)의 기능
• 동력 펌프 고장 시 유압 공급
• 계통 압력의 서지(Surge) 방지
• 계통의 충격적인 압력 흡수
• 압력 조절기의 개폐 빈도 감소

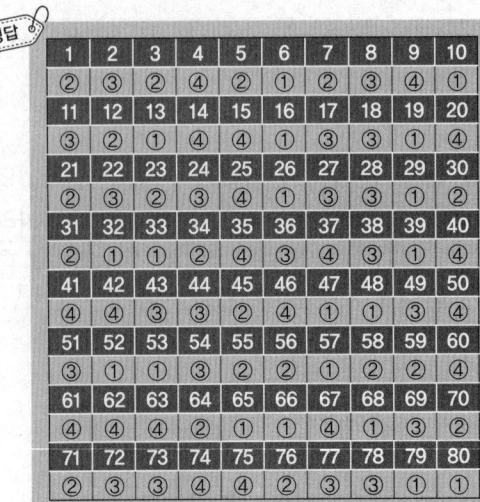

1	2	3	4	5	6	7	8	9	10
②	③	②	④	②	①	②	③	④	①
11	12	13	14	15	16	17	18	19	20
③	②	④	④	②	④	②	③	①	④
21	22	23	24	25	26	27	28	29	30
②	②	④	②	④	③	③	①	①	②
31	32	33	34	35	36	37	38	39	40
②	①	①	②	④	②	④	③	①	④
41	42	43	44	45	46	47	48	49	50
④	②	③	④	②	④	①	②	③	④
51	52	53	54	55	56	57	58	59	60
③	①	①	③	①	②	①	②	②	④
61	62	63	64	65	66	67	68	69	70
④	②	④	②	①	④	④	③	②	②
71	72	73	74	75	76	77	78	79	80
②	③	③	④	③	②	③	③	①	①

2014년 제4회 기출문제

자격 종목 및 등급(선택 분야)	종목 코드	시험 시간	형별	수험 번호	성명
항공산업기사	2230	2시간	A		

01 선회 비행 성능에 대한 설명으로 틀린 것은?
① 정상 선회를 하려면 원심력과 양력의 수평성분이 같아야 한다.
② 원심력이 양력의 수평 성분의 구심력보다 크면 스키드(Skid)가 나타난다.
③ 선회 반경을 최소로 하기 위해서는 비행 속도를 최소로 하고, 경사각 또한 최소로 하는 것이 좋다.
④ 슬립(Slip)은 경사각이 너무 크거나 방향타의 조작량이 부족할 경우 일어나기 쉽다.

$R = \dfrac{V^2}{g \tan\phi}$ 이므로 선회 반경을 작게 하려면 선회 속도를 작게, 경사각을 크게

02 날개에서 발생하는 와류(Vortex)에 대한 설명으로 틀린 것은?
① 높은 받음각에서는 점성 효과에 의한 유동 박리(Flow Separation)로 발생하며 추가적인 양력 감소의 주요 요인이다.
② 와류면(Vortex Surface)을 걸쳐 압력 차이를 유지할 수 있는 날개 표면 와류(Bound Vortex)는 양력 발생과 직접적인 관련이 있다.
③ 날개의 양력 분포에 따라 발생하여 공기 흐름 방향(Down-stream)으로 이동하며 유도 항력 발생의 주요 요인이다.
④ 윙렛(Wing Let)은 날개 끝에서 발생하는 와류(Wing Tip Vortex)에 의한 유도 항력을 감소시키기 위한 효과적인 장치이다.

박리의 주된 원인은 역압력 구배

03 날개 면적이 100m²이고 평균 공력 시위가 5m일 때 가로세로비는 얼마인가?
① 1   ② 2
③ 3   ④ 4

$AR = \dfrac{b}{C_m} = \dfrac{b^2}{S} = \dfrac{S}{c^2} = \dfrac{100}{5^2} = 4$

04 프로펠러의 역 피치(reversing)를 사용하는 주된 목적은?
① 후진 비행을 위해서
② 추력의 증가를 위해서
③ 착륙 후의 제동을 위해서
④ 추력을 감소시키기 위해서

05 비행 속도가 100m/s이고 프로펠러를 지나는 공기의 속도는 비행 속도와 유도 속도의 합으로 120m/s가 된다면 공기의 밀도가 0.125kgf·s²/m⁴이고, 프로펠러 디스크의 면적이 2m²일 때 발생하는 추력은 몇 kgf인가?
① 300
② 600
③ 1200
④ 3000

$T = 2\rho A(V+w)w$
$\quad = 2 \times 0.125 \times 2 \times 120 \times 20$
$\quad = 1200\,\text{kgf}$

06 항공기 이륙 거리를 줄이기 위한 방법이 아닌 것은?

① 항공기의 무게를 가볍게 한다.
② 플랩과 같은 고양력 장치를 사용한다.
③ 기관의 추력을 작게 하여 이륙 활주 중 가속도를 증가시킨다.
④ 맞바람을 받으면서 이륙하여 바람의 속도만큼 항공기의 속도를 증가시킨다.

이륙 거리를 짧게 하기 위한 방법
- 무게가 가벼워야 한다.
- 기관의 추력이 커야 한다.
- 항력이 작은 비행 자세로 비행하여야 한다.
- 맞바람을 받으면서 이륙한다.
- 고양력 장치를 사용한다.
- 마찰력이 작아야 한다.

07 중량이 2500kgf, 날개 면적이 10m², 최대 양력 계수가 1.6인 항공기의 실속 속도는 몇 m/s인가? (단, 공기의 밀도는 0.125 kgf·s²/m⁴로 가정한다)

① 40 ② 50
③ 60 ④ 100

$$V_s = \sqrt{\frac{2W}{\rho C_{Lmax} S}} = \sqrt{\frac{2 \times 2500}{0.125 \times 1.6 \times 10}} = 50 m/s$$

08 날개의 뒤젖힘각 효과(Sweep Back)에 대한 설명으로 옳은 것은?

① 방향 안정과 가로 안정 모두에 영향이 있다.
② 방향 안정과 가로 안정 모두에 영향이 없다.
③ 가로 안정에는 영향이 있고 방향 안정에는 영향이 없다.
④ 방향 안정에는 영향이 있고 가로 안정에는 영향이 없다.

09 키돌이(Loop)비행 시 상단점에서의 하중 배수를 0이라고 하면 이론적으로 하단점에서의 하중 배수는 얼마인가?

① 0 ② 1
③ 3 ④ 6

키돌이 비행 시 상단점의 하중 배수는 0이고 하단점의 하중 배수는 6

10 다음 중 날개의 캠버와 면적을 동시에 증가시켜 양력을 증가시키는 플랩은?

① 평 플랩(Plain Flap)
② 스프릿 플랩(Split Flap)
③ 파울러 플랩(Flower Flap)
④ 슬롯티드 평 플랩(Sloted Plain Flap)

파울러 플랩은 보다 높은 양력을 얻기 위한 방법
- 날개를 꺾어서 항공기 날개골(Airfoil)의 캠버를 변화시키는 것
- 일부 고양력 장치에 한해서 날개 면적을 증가시키는 것

11 ICAO에서 설정한 해면 고도 표준 대기에 대한 값이 틀린 것은?

① 압력은 29.92inHg이다.
② 온도는 섭씨 0℃이다.
③ 밀도는 1.255kg/m³이다.
④ 음속은 340.29m/s이다.

평균 해발 고도의 기압, 밀도, 중력 가속도 및 온도는 다음과 같이 정한다.
$P_o = 1atm = 760mmHg = 29.92inHg$
$\quad = 10332.3kg/m^2 = 14.7psi = 101,325Pa$
$\rho_0 = 1.225kg/m^3 = 0.12492kg \cdot s^2/m^4$
$\quad = 0.002378slug/ft^3$
$T_0 = 15℃ = 288.16K = 59°F = 518.688R$
$g_0 = 9.8m/s^2 = 32.2ft/s^2$
$V_{a0} = 1116ft/s = 340m/s = 1224km/h$

12 항공기의 양항비가 8인 상태로 고도 600m에서 활공을 한다면 수평 활공 거리는 몇 m인가?

① 2500   ② 3200
③ 4200   ④ 4800

$\tan\theta = \dfrac{1}{\text{양항비}} = \dfrac{\text{고도}}{\text{활공 거리}}$ 이므로

활공 거리 = 양항비 × 거리 = 8 × 600 = 4800m

13 다음 중 동점성 계수의 단위는?

① m^2/s
② $kg \cdot s/m^2$
③ $kg/m \cdot s$
④ $kg \cdot m/s^2$

$Re = \dfrac{VL}{\nu}$

레이놀즈수는 무차원수이므로 분모와 분자의 단위가 같아야 한다.
속도의 단위는 m/s, 길이의 단위는 m이므로 동점성 계수의 단위는 m^2/s

14 헬리콥터 날개의 지면 효과를 가장 옳게 설명한 것은?

① 헬리콥터 날개의 기류가 지면의 영향을 받아 회전면 아래의 항력이 증가되어 헬리콥터의 무게가 증가되는 현상
② 헬리콥터 날개의 기류가 지면의 영향을 받아 회전면 아래의 양력이 증가되어 헬리콥터의 무게가 증가되는 현상
③ 헬리콥터 날개의 후류가 지면에 영향을 주어 회전면 아래의 항력이 증가되고 양력이 감소되는 현상
④ 헬리콥터 날개의 후류가 지면에 영향을 주어 회전면 아래의 압력이 증가되어 양력의 증가를 일으키는 현상

지면 효과
- 정지 비행 때의 후류가 지면에 영향을 줌으로써 회전 날개 회전면 아래의 공기 압력이 대기압보다 증가하게 되어 양력의 증가를 가져오는 것
- 회전 날개 반지름 정도의 고도에 있을 때 5~10%의 추력 증가
- 회전 고도가 회전 날개 지름보다 크면 지면 효과 소멸
- 지면 가까이에서 후류가 소용돌이를 발생시켜 진동 발생

15 동체에 붙는 날개의 위치에 따라 쳐든각 효과의 크기가 달라지는데 그 효과가 큰 것에서 작은 순서로 나열된 것은?

① 높은 날개 - 중간 날개 - 낮은 날개
② 낮은 날개 - 중간 날개 - 높은 날개
③ 중간 날개 - 낮은 날개 - 높은 날개
④ 높은 날개 - 낮은 날개 - 중간 날개

날개가 동체 위에 위치할수록 가로 안정성 증가

16 제트항공기 최대 항속 거리를 비행하기 위한 조건은?

① $\left(\dfrac{C_L}{C_D}\right)_{MAX}$ ② $\left(\dfrac{C_L^{\frac{1}{2}}}{C_D}\right)_{MAX}$

③ $\left(\dfrac{C_L^{\frac{3}{2}}}{C_D}\right)_{MAX}$ ④ $\left(\dfrac{C_L}{C_D^{\frac{1}{2}}}\right)_{MAX}$

구분	항속 거리		항속 시간	
	프로펠러기	제트기	프로펠러기	제트기
양항비	$(\dfrac{C_L}{C_D})_{max}$	$(\dfrac{C_L^{\frac{1}{2}}}{C_D})_{max}$	$(\dfrac{C_L^{\frac{3}{2}}}{C_D})_{max}$	$(\dfrac{C_L}{C_D})_{max}$
고도		고고도		저고도

17 헬리콥터는 제자리 비행 시 균형을 맞추기 위해서 주 회전 날개 회전면이 회전 방향에 따라 동체의 좌측이나 우측으로 기울게 되는데 이는 어떤 성분의 역학적 평형을 맞추서인가? (단, X, Y, Z는 기체축(동체축) 정의를 따른다)

① X축 모멘트의 평형
② X축 힘의 평형
③ Y축 모멘트의 평형
④ Y축 힘의 평형

18 조종면에서 앞전 밸런스(Leading Edge Balance)를 설치하는 주된 목적은?

① 양력 증가 ② 조종력 감소
③ 항력 감소 ④ 항공기 속도 증가

조종력 경감 장치

공력 평형 장치	탭
앞전 밸런스	트림탭
혼 밸런스	평형탭
내부 밸런스	서보탭
프리즈 밸런스	스프링탭

19 경계층에 대한 설명으로 옳은 것은?

① 난류에서만 존재한다.
② 유체의 점성이 작용하는 영역이다.
③ 임계 레이놀즈수 이상에서 생긴다.
④ 흐름의 속도에 영향을 받지 않는다.

경계층의 정의
• 공기의 점성에 의하여 원래의 속도에 99%가 되는 점을 연결한 가상적인 선
• 점성의 영향이 뚜렷한 벽 가까운 구역의 가상적인 층

20 양의 세로 안정성을 가지는 일반형 비행기의 순항 중 트림 조건으로 알맞은 것은? (단, 화살표는 힘의 방향, ◐는 무게 중심을 나타낸다)

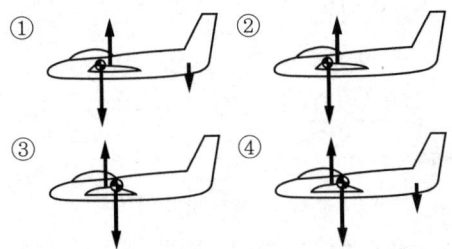

21 다음 중 가스 터빈 기관에서 사용되는 시동기의 종류가 아닌 것은?

① 전기식 시동기(Electric Starter)
② 마그네토 시동기(Magneto Starter)
③ 시동 발전기(Starter Generator)
④ 공기식 시동기(Pneumatic Starter)

가스 터빈 기관의 공기식 시동계통(Pneumatic Starting System)
• 공기 터빈식 시동기(Air Turbine Type) : 별도의 보조 가스 터빈 기관에 의해 공기 공급, 대형기에 많이 사용
• 가스 터빈 시동기(Gas Turbine Type) : 외부 동력 없이 자체 시동이 가능한 시동기로 자체가 완전한 소형 가스 터빈 기관
• 공기 충돌식 시동기(Air Impingement Type) : 공기 유입 덕트만 가지고 있기 때문에 시동기 중 가장 간단한 형태이고 작동 중인 엔진이나 지상 동력 장치로부터 공급된 공기를 첵 밸브를 통하여 터빈 블레이드나 원심력식 압축기에 공급하여 기관을 회전

22 가스 터빈 기관의 공기 흡입 덕트(Duct)에서 발생하는 램 회복점을 옳게 설명한 것은?

① 램 압력 상승이 최대가 되는 항공기의 속도
② 마찰 압력 손실이 최소가 되는 항공기의 속도
③ 마찰 압력 손실이 최대가 되는 항공기의 속도
④ 흡입구 내부의 압력이 대기 압력으로 돌아오는 점

해설

램압력 회복점(Ram Recovery Point)
- Ram 압력 상승이 마찰손실과 같아지는 항공기의 속도
- 압축기 입구 압력(CIP)이 대기압과 같아지는 항공기 속도

23 그림과 같은 형식의 가스 터빈 기관을 무엇이라 하는가?

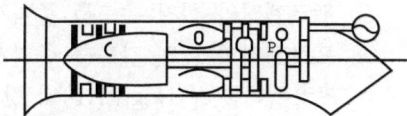

① 터보팬 기관
② 터보 제트 기관
③ 터보 축 기관
④ 터보 프롭 기관

24 열기관에서 열효율을 나타낸 식으로 옳은 것은?

① $\dfrac{일}{공급 열량}$ ② $\dfrac{공급 열량}{방출 열량}$

③ $\dfrac{방출 열량}{일}$ ④ $\dfrac{방출 열량}{공급 열량}$

25 터빈 기관을 사용하는 도중 배기가스 온도(EGT)가 높게 나타났다면 다음 중 주된 원인은?

① 연료 필터 막힘
② 과도한 연료 흐름
③ 오일 압력의 상승
④ 과도한 바이패스 비

26 열역학 제2법칙에 대한 설명이 아닌 것은?

① 에너지 전환에 대한 조건을 주는 법칙이다.
② 열과 일 사이의 에너지 전환과 보존을 말한다.
③ 열은 그 자체만으로는 저온 물체로부터 고온 물체로 이동할 수 없다.
④ 자연계에 아무 변화를 남기지 않고 어느 열원의 열을 계속하여 일로 바꿀 수는 없다.

해설

열역학 제2법칙의 서술
- Clausius의 정의(열의 이동 방향) : 열은 저온부로부터 고온부로 자연적으로는 전달되지 않는다. 즉, 일을 소비하지 않고 열을 저온부에서 고온부로 이동시키는 것은 불가능하다.
- Kelvin-Plank의 정의(열의 변환 방향) : 단지 하나만의 열원과 열교환함으로서 사이클에 의해 열을 일로 변화시킬 수 있는 열기관을 제작할 수 없다.

27 연료 계통에 사용되는 릴리프 밸브(Relief Valve)에 대한 설명으로 옳은 것은?

① 연료 펌프의 출구 압력이 규정치 이상으로 높아지면 펌프 입구로 되돌려 보낸다.
② 연료 여과기(Fuel Filter)가 막히면 계통 내에 여과기를 통과하지 않고 연료를 공급한다.
③ 연료 압력 지시부(Fuel Pressure Transmitter)의 파손을 방지하기 위하여 소량의 연료만 통과시킨다.
④ 연료 조정 장치(Fuel Control Unit)의 윤활을 위하여 공급되는 연료 압력을 조절한다.

28 왕복 기관에서 저압 점화 계통을 사용할 때 주된 단점과 관계되는 것은?

① 플래시 오버
② 캐패시턴스
③ 무게의 증대
④ 고전압 코로나

29 왕복 기관 오일 계통에 사용되는 슬러지 챔버(Sludge Chamber)의 위치는?
① 소기 펌프(Scavenge Pump)의 주위에
② 크랭크축의 크랭크 핀(Crank Pin)에
③ 오일 저장 탱크(Oil Storage Tank)내에
④ 크랭크축 끝의 트랜스퍼 링(Transfer Ring)에

크랭크 핀(Crank Pin/Crank Throw)
• 커넥팅 로드의 대단부가 연결되는 부분
• 무게 경감과 오일 통로 및 Sludge Chamber의 역할을 위해 중공으로 제작

30 가스 터빈 기관의 오일 필터를 손상시키는 힘이 아닌 것은?
① 고주파수로 인한 피로 힘
② 흐름 체적으로 인한 압력 힘
③ 오일이 뜨거운 상태에서 발생하는 압력 힘
④ 열 순환(Thermal Cycling)으로 인한 피로 힘

31 다음 중 왕복 기관의 출력에 가장 큰 영향을 미치는 압력은?
① 섬프 압력
② 오일 압력
③ 연료 압력
④ 다기관 압력(MAP)

32 항공기 왕복 기관의 연료 계통에서 저속과 순항 운전 시 닫히지만 고속 운전 시에 열려서 연소 온도를 낮추고 디토네이션을 방지시킬 목적으로 농후 혼합비가 되도록 도와주는 밸브의 명칭은?

① 저속 장치
② 혼합기 조절 장치
③ 가속 장치
④ 이코노마이저 장치

33 프로펠러의 역추력(Reverse Thrust)은 어떻게 발생하는가?
① 프로펠러의 회전 속도를 증가시킨다.
② 프로펠러의 회전 강도를 증가시킨다.
③ 프로펠러를 부(Negative)의 깃 각으로 회전시킨다.
④ 프로펠러를 정(Positive)의 깃 각으로 회전시킨다.

34 왕복 기관의 진동을 감소시키기 위한 방법으로 틀린 것은?
① 압축비를 높인다.
② 실린더 수를 증가시킨다.
③ 피스톤의 무게를 적게 한다.
④ 평형추(Counter Weight)를 단다.

35 정속 프로펠러를 사용하는 왕복 기관에서 순항 시 스로틀 레버만을 움직여 스로틀을 증가시킬 때 나타나는 현상이 아닌 것은?
① 기관의 출력(HP)은 변하지 않는다.
② 기관의 흡기 압력(MAP)이 증가한다.
③ 프로펠러 블레이드 각도가 증가한다.
④ 기관의 회전수(RPM)는 변하지 않는다.

정속 프로펠러는 기관의 출력에 상관없이 회전수를 일정하게 조절, 속도가 증가하므로 피치각 증가

36 그림과 같은 오토(OTTO)사이클의 P-V 선도에서 압축비를 나타낸 식은?

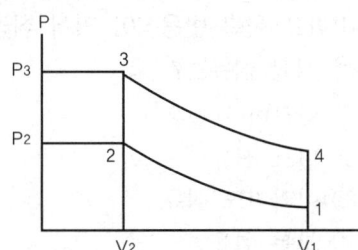

① $\dfrac{V_1}{V_2}$ ② $\dfrac{V_2}{V_1}$

③ $\dfrac{V_2}{V_1+V_2}$ ④ $\dfrac{V_1}{V_1+V_2}$

37 가스 터빈 기관에서 가변정익(Variable Stator Vane)의 목적을 설명한 것으로 옳은 것은?

① 로터의 회전 속도를 일정하게 한다.
② 유입 공기의 절대 속도를 일정하게 한다.
③ 로터에 대한 유입 공기의 받음각을 일정하게 한다.
④ 로터에 대한 유입 공기의 상대 속도를 일정하게 한다.

기관 시동 시와 저속일 경우 공기 흡입 속도가 느려서 압축기 실속이 발생하므로 실속을 방지하기 위해 가변 정익 사용

38 왕복 기관의 피스톤 지름이 16cm인 피스톤에 65kgf/cm²의 가스 압력이 작용하면 피스톤에 미치는 힘은 약 몇 ton인가?

① 10 ② 11
③ 12 ④ 13

$P = \dfrac{F}{A}$ 이므로

$F = PA = 65 \times \dfrac{\pi}{4} \times 16^2 = 13069 \, kgf = 13 \, ton$

39 가스 터빈 기관에서 축류 압축기의 1단당 압력비가 1.8일 때 압축기가 3단이라면 압력비는 약 얼마인가?

① 5.4 ② 5.8
③ 6.5 ④ 7.8

$\gamma = (r_s)^n = 1.8^3 = 5.832$

40 흡입 밸브와 배기 밸브의 팁 간극이 모두 너무 클 경우 발생하는 현상은?

① 점화 시기가 느려진다.
② 오일 소모량이 감소한다.
③ 실린더의 온도가 낮아진다.
④ 실린더의 체적 효율이 감소한다.

팁 간극이 너무 크면 흡입 밸브는 늦게 열리고 배기 밸브는 일찍 닫혀서 체적 효율 감소

41 중심축을 중심으로 대칭인 일정한 직사각형 단면으로 이루어진 보에 하중이 작용하고 있다. 이때 보의 수직응력 중 최대인 장 및 압축 응력을 나타낸 것으로 옳은 것은? (단, M : 굽힘 모멘트 : 단면의 관성모멘트, c : 중립축으로부터 양과 음의 방향으로 맨 끝 요소까지의 거리이다)

① $\dfrac{c}{MI}$ ② $\dfrac{I}{Mc}$

③ $\dfrac{Mc}{I}$ ④ $\dfrac{Ic}{M}$

$\sigma = \dfrac{Mc}{I} = \dfrac{M}{Z}$, Z : 단면 계수

42 다음 중 용접 조인트 형식에 속하지 않는 것은?

① lap joint ② tee joint
③ butt joint ④ double joint

용접 조인트의 종류
- Butt joint
- Tee joint
- Edge joint
- Corner joint
- Lap joint

43 클레비스 볼트(Clevis Bolt)에 대한 설명으로 틀린 것은?

① 인장 하중이 걸리는 곳에 사용한다.
② 전단 하중이 걸리는 곳에 사용한다.
③ 조종 계통에 기계적인 핀의 역할로 끼워진다.
④ 보통 스크루 드라이버나 십자드라이버를 사용한다.

클레비스 볼트(AN 21 - AN 36)
- 머리가 둥글고 스크루 드라이버 사용하도록 머리에 홈이 파여 있음
- 전단 하중이 걸리고 인장 하중이 작용하지 않는 조종 계통 부분에 사용

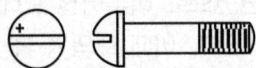

44 날개의 가동 장치에서 날개 앞전부분의 일부를 앞으로 밀어내어 날개 본체와 간격을 만들어 높은 압력의 공기를 날개의 윗면으로 유도하여 날개의 윗면을 따라 흐르는 기류의 떨어짐을 막고 실속 받음각을 증가시키는 동시에 최대 양력을 증대시키는 장치는?

① 플랩   ② 스포일러
③ 슬랫   ④ 이중 간격 플랩

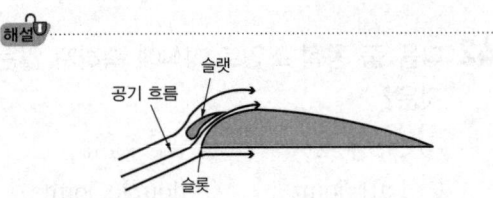

45 첨단 복합 재료로서 가장 오래전부터 실용화를 시도한 섬유이며 가격이 비교적 비싸고 화학 반응성이 커서 취급에 어려운 강화 섬유는?

① 알루미나 섬유
② 탄소 섬유
③ 아라미드 섬유
④ 보론 섬유

복합 재료의 강화재
- 유리 섬유 : 기계적 강도 떨어짐(레이돔, 객실 내부 구조 등 2차 구조에 사용).
- 탄소 섬유 : 유기 섬유를 탄화시켜 제조하며, 열처리를 더하여 흑연화시킨 것, 강도, 강성이 뛰어나 1차 구조물 재료로 사용, 우주 정비에 적합
- 아라미드 섬유 : 일명 케블라, 황색으로 전기 부도체이며 전파 투과 가능
- 보론 섬유 : 첨단 복합 재료로서 가장 오래전부터 실용화를 시도한 섬유로 가격이 비싸고 취급이 어려움.
- 알루미나 섬유 : 내열성과 취성이 뛰어나며 부도체
- 세라믹 : 1,200℃의 고온에서도 거의 원래의 강도와 유연성을 유지, 방화벽, 우주선 등 고열을 받는 곳에 사용

46 대형 항공기의 날개에 부착되는 2차 조종면으로서 비행 중에 옆놀이 보조 장치로도 사용되는 것은?

① 도움 날개   ② 뒷전 플랩
③ 스포일러   ④ 앞전 플랩

47 다음 중 일반적인 항공기의 V-n 선도에서 최대 속도는?

① 설계 급강하 속도
② 실속 속도
③ 설계 돌풍 운용 속도
④ 설계 운용 속도

해설

- V_D(설계 급강하 속도) : 구조상의 안전성과 조종면의 안전을 보장하는 설계상의 최대 허용 속도
- V_C(설계 순항 속도) : 가장 효율적인 속도
- V_B(설계 돌풍 운용 속도) : 기상 조건이 나빠 돌풍이 예상될 때 항공기는 V_B 이하로 비행
- V_A(설계 운용 속도) : 플랩이 업 된 상태에서 설계 무게에 대한 실속 속도
- V_S(실속 속도)

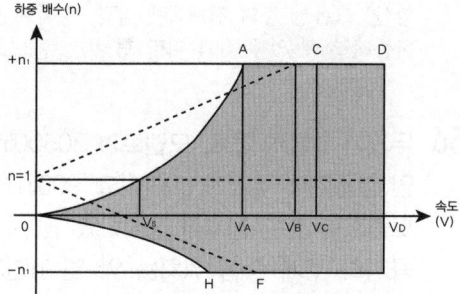

48 조종석에서 케이블 또는 케이블로부터 조종면으로 힘을 전달하는 장치가 아닌 것은?

① 페어리드(Fair Lead)
② 쿼드런트(Quadrant)
③ 토크 튜브(Torque Tube)
④ 케이블 드럼(Cable Drum)

페어리드(Fairlead)

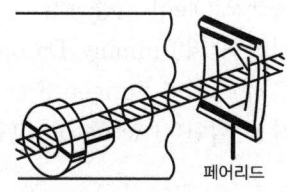

케이블이 관통하는 기체 구조의 격벽 등에 장착하여 구조물과 케이블의 마찰을 방지하는 역할을 하며, 3° 이내의 직선 구간에 사용

49 다음 중 장착 전에 열처리가 요구되는 리벳은?

① DD : 2024
② A : 1100
③ KE : 7050
④ M : MONEL

50 높이가 H이고 폭이 B인 그림과 같은 직사각형의 무게 중심을 원점으로 하는 X축에 대한 관성 모멘트는?

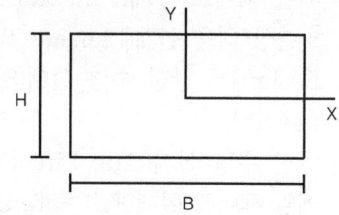

① $\dfrac{BH^3}{36}$ ② $\dfrac{BH^3}{24}$

③ $\dfrac{BH^3}{3}$ ④ $\dfrac{BH^3}{4}$

51 응력 외피형 구조의 날개 스파가 주로 담당하는 하중은?

① 날개의 압축
② 날개의 진동
③ 날개의 비틀림
④ 날개의 굽힘

전단력과 굽힘 모멘트를 담당

52 다음 중 해수에 대해 내식성이 가장 강한 것은?

① 티타늄
② 알루미늄
③ 마그네슘
④ 스테인리스강

53 항공기 구조 설계의 변화를 시대적인 흐름 순서대로 옳게 나열한 것은?

① 페일 세이프 설계(Fail Safe Design) - 안전 수명 설계(Safe Life Design) - 손상 허용 설계(Damage Tolerance Design)
② 손상 허용 설계(Damage Tolerance Design) - 안전 수명 설계(Safe Life Design) - 페일 세이프 설계(Fail Safe Design)
③ 페일 세이프 설계(Fail Safe Design) - 손상 허용 설계(Damage Tolerance Design) - 안전 수명 설계(Safe Life Design)
④ 안전 수명 설계(Safe Life Design) - 페일 세이프 설계(Fail Safe Design) - 손상 허용 설계(Damage Tolerance Design)

54 다음 중 볼트의 용도 및 식별에 대한 설명으로 가장 거리가 먼 내용은?

① 볼트 머리의 X 표시는 합금강을 표시한 것이다.
② 볼트 머리의 표시는 내식강을 표시한 것이다.
③ 텐션 볼트(Tension Bolt)는 인장 하중이 걸리는 곳에 사용된다.
④ 시어 볼트(Shear Bolt)는 전단 하중이 많이 걸리는 곳에 사용된다.

해설

볼트 머리의 표시는 정밀 공차 볼트

55 양극 처리(Anodizing)에 대한 설명으로 옳은 것은?

① 양극 피막은 전기에 대해 불량 도체이다.
② 금속 표면에 산화 피막을 형성시키는 것이다.
③ 순수한 알루미늄을 황산에 담궈 얇게 코팅하는 것이다.
④ 부식에 대한 저항은 약해지지만 페인트 필하기 좋은 표면이 형성된다.

해설

양극 처리(Anodizing)
알루미늄 합금, 마그네슘 합금을 양극으로 하여 황산, 크롬산 등의 전해액에 담금. 양극에 발생하는 산소에 의해 산화 피막 형성

56 무게가 1220lb이고, 모멘트가 30500in-lb인 항공기에 무게가 80lb이고, 900in-lb의 모멘트를 갖는 장치를 장착하였다면 이 항공기의 무게 중심 위치는 약 몇 in인가?

① 20   ② 24
③ 28   ④ 32

해설

$$c.g = \frac{모멘트}{무게} = \frac{30500 + 900}{1220 + 80} = 24.15 \, in$$

57 지상 활주 중 지면과 타이어 사이의 마찰에 의한 타이어 밑면의 가로축 방향의 변형과 바퀴의 선회 축 둘레의 진동과의 합성 진동에 의하여 발생하는 착륙 장치의 불안정한 공진 현상을 감쇠시키는 것은?

① 올레오(Oleo) 완충장치
② 시미 댐퍼(Shimmy Damper)
③ 번지 스프링(Bungee Spring)
④ 작동 실린더(Actuator Cylinder)

해설

시미 댐퍼(Shimmy Damper)
앞 착륙 장치 및 뒤 착륙 장치에서 지상 활주 중 지면과 타이어의 마찰에 의해 타이어 밑면의 가로축 방향의 변형과 바퀴의 선회 축 둘레의 진동과의 합성된 진동이 좌우로 발생하는 데 이러한 진동을 시미라 하며 시미 현상을 감쇄, 방지하기 위한 장치

58 0.040인치 두께의 판을 서로 접합하고자 할 때 다음 중 가장 적절한 리벳의 직경은?

① 6/32 인치 ② 5/32 인치
③ 4/32 인치 ④ 3/32 인치

리벳의 직경은 두꺼운 판재의 3배
$D = 3T = 3 \times 0.04 = 0.12 ≒ \frac{4}{32}$ in

59 버킹바(Bucking Bar)의 용도로 옳은 것은?

① 드릴을 고정하기 위해 사용한다.
② 리벳을 리벳 건에 끼우기 위해 사용한다.
③ 리벳의 머리를 절단하기 위해 사용한다.
④ 리벳 체결 시 반대편에서 벅 테일을 성형하기 위해 사용한다.

60 실속 속도가 90mph인 항공기를 120mph로 비행 중에 조종간을 급히 당겼을 때 항공기에 걸리는 하중 배수는 약 얼마인가?

① 1.5 ② 1.78
③ 2.3 ④ 2.57

$n = \dfrac{V_{ts}^2}{V_s^2} = \dfrac{120^2}{90^2} = 1.78$

61 시동 토크가 크고 압력이 과대하게 되지 않으므로 시동 운전 시 가장 좋은 전동기는?

① 분권 전동기
② 직권 전동기
③ 복권 전동기
④ 화동 복권 전동기

직권 전동기
• 계자 코일과 전기자 코일이 직렬로 권선
• 장점 : 큰 시동 회전력
• 단점 : 회전 속도의 변화가 큼.
• 시동기(Startor), 랜딩 기어, 플랩 장치 등에 사용

62 변압기에 성층 철심을 사용하는 이유는?

① 동손을 감소시킨다.
② 유전체 손실을 적게 한다.
③ 와전류 손실을 감소시킨다.
④ 히스테리스 손실을 감소시킨다.

철심 중의 와전류를 피하기 위해 규소 강판의 성층 철심을 사용한다.

63 대형 항공기에서 비상 전원으로 사용하는 발전기로 유압 펌프를 구동시켜 모든 발전기가 정지된 경우라도 유압을 사용할 수 있도록 하며 프로펠러의 피치를 거버너로 조절해서 정주파수의 발전을 하는 발전기는?

① 3상 교류 발전기
② 공기 구동 교류 발전기
③ 단상 교류 발전기
④ 브러시리스 교류 발전기

64 저항 30Ω과 리액턴스 40Ω을 병렬로 접속하고 양단에 120V 교류 전압을 가했을 때 전 전류는 몇 A인가?

① 5 ② 6
③ 7 ④ 8

$I = \sqrt{I_1^2 + I_2^2} = \sqrt{(\dfrac{E}{R_1})^2 + (\dfrac{E}{R_2})^2}$
$= \sqrt{(\dfrac{120}{30})^2 + (\dfrac{120}{40})^2} = 5\,A$

65 다음 중 연료 유량계의 종류가 아닌 것은?

① 차압식 유량계
② 부자식 유량계
③ 베인식 유량계
④ 동기 전동기식 유량계

유량계
- 차압식 유량계 : 압력차
- 베인식 유량계
- 동기 전동기식 유량계 : 질량 유량계

66 자기 컴퍼스의 정적 오차에 속하지 않는 것은?
① 자차
② 불 이차
③ 북선 오차
④ 반 원차

자기 계기의 정적 오차(자차)
- 반원차 : 자차에서 가장 큰 오차, 수직 철재 및 전류에 의해 생기는 오차
- 사분원차 : 수평 철재에 의해 생기는 오차
- 불이차 : 컴퍼스 자체의 제작상 오차, 장착 잘 못에 의한 오차

67 공함(Pressure Capsule)을 응용한 계기가 아닌 것은?
① 선회계
② 고도계
③ 속도계
④ 승강계

68 자이로(Gyro)에 관한 설명으로 틀린 것은?
① 강직성은 자이로 로터의 질량이 커질수록 강하다.
② 강직성은 자이로 로터의 회전이 빠를수록 강하다.
③ 섭동성은 가해진 힘의 크기에 반비례하고 로터의 회전 속도에 비례한다.
④ 자이로를 이용한 계기로는 선회 경사계, 방향 자이로 지시계, 자이로 수평 지시계가 있다.

강직성(Rigidity)
- 우주의 한 방향을 가리키려는 성질
- 질량이 클수록, 회전이 빠를수록 강함.
- 베어링 마찰에 의해 편향력 발생

69 항공기에 장착된 고정용 ELT(Emergency Locator Transmitter)가 송신 조건이 되었다면, 송신되는 주파수가 아닌 것은?
① 121.5 MHZ
② 203.0 MHZ
③ 243.0 MHZ
④ 406.0 MHZ

비상 위치 추적 장치(ELT : Emergency Locator Transmitter)
- 항공기에 큰 충격이 왔을 때 항공기의 위치를 알려주는 장치
- 배터리 전원 사용
- 24시간 동안 5watts의 출력으로 매 50초 간격으로 406.025MHz의 디지털 신호를 송신
- 121.5MHz로 신호를 전송하기도 함.
- 가끔 243.0MHz의 주파수로 비상 신호를 전송

70 지상에 설치된 송신소나 트랜스폰더를 필요로 하는 항법 장치는?
① 거리 측정 장치(DME)
② 자동 방향 탐지기(ADF)
③ 2차 감시 레이더(SSR)
④ SELCAL(Selective Calling System)

선택 호출 장치(SELCAL : Selective Calling System)
- 모든 항공기에 고유한 등록 부호를 주어 지상에서 호출할 때 통신에 앞서 호출 부호를 먼저 송신하면 램프와 차임을 동시에 울리게 하여 조종사에게 지상국에서 호출함을 알림.
- 다른 4개의 저주파의 혼합 코드가 지정되어 HF, VHF통신장치를 이용 송신하면 수신한 항공기 중 지정코드와 일치하는 항공기에 호출을 알림.

71 다음 중 인천공항에서 출발한 항공기가 태평양을 지나면서 통신할 때 사용하는 적합한 장치는?
① MF 통신 장치
② LF 통신 장치
③ VHF 통신 장치
④ HF 통신 장치

단파(HF : High Frequency) 통신
항공기와 지상, 항공기와 타 항공기 상호 간의 HF 전파를 이용하여 장거리 통화에 이용

72 자동 조종 항법 장치에서 위치 정보를 받아 자동적으로 항공기를 조종하여 목적지까지 비행시키는 기능은?
① 유도 기능 ② 조종 기능
③ 안정화 기능 ④ 방향 탐지 기능

자동 조종 항법 장치의 기능
• 안정화 기능
  - 마하 트림 보정 : 턱언더를 자동으로 수정
  - 요 댐퍼 : 터치롤 방지
• 조종 기능
  - 경사각 제어
  - 상승률 하강률 제어
  - 기수 방위 제어
• 유도 기능
  - VOR에 의한 유도
  - ILS에 의한 유도
  - IRS(INS)에 의한 유도

73 주파수 체배 증폭 회로로 C급이 많이 사용되는 이유는?
① 찌그러짐이 적다.
② 능률이 적다.
③ 자려발진을 방지한다.
④ 고조파분이 많다.

74 마커 비컨(Marker Beacon)의 이너 마커(Inner Marker)의 주파수와 등(Light)색은?
① 400HZ, 황색 ② 3000HZ, 황색
③ 400HZ, 백색 ④ 3000HZ, 백색

Marker Beacon
• Outer Marker : 400Hz로 변조되는 전파를 발사, Blue(파란색)등 점멸
• Middle Marker : 1300Hz로 변조되는 전파를 발사, Orange(오렌지색)등 점멸
• Inner Marker : 3,000Hz로 변조되는 전파를 발사, White(흰색)등 점멸

75 Proximity Switch에 대한 설명으로 옳은 것은?
① Switch와 피검출물과의 기계적 접촉을 없앤 구조의 Switch이다.
② Micro Switch 라고 불리며, 주로 착륙 장치 및 플랩 등의 작동 전동기 제어에 사용된다.
③ Switch의 손잡이를 돌려 여러 개의 Switch를 하나로 담당한다.
④ 조작 레버가 동작 상태를 표시하는 것을 이용하여 조종실의 각종 조작 Switch로 사용된다.

76 다음 중 전기적인 방빙을 사용하는 부분이 아닌 것은?
① 정압 공 ② 피토 튜브
③ 코어 카울링 ④ 프로펠러

77 객실 여압 조종 계통에서 등압 미터링 밸브가 열림 위치에 있을 때는?
① 객실 압력이 감소할 때
② 객실 고도가 감소할 때
③ 객실 압력이 증가할 때
④ 배출 밸브가 닫힐 때

78 유압 계통에서 유압 작동 실린더의 움직임의 방향을 제어하는 밸브는?
① 체크 밸브
② 릴리프 밸브
③ 선택 밸브
④ 프라이오러티 밸브

선택 밸브(Selector Valve)
- 유로를 선정해주는 밸브
- 회전형, 포핏형, 스풀형, 피스톤형 및 플런저형 등

79 대형 항공기 공기 조화 계통에서 기관으로부터 블리드(Bleed)된 뜨거운 공기를 냉각시키기 위하여 통과시키는 곳은?
① 연료 탱크   ② 물탱크
③ 기관 오일 탱크   ④ 열교환기

80 화재 감지 계통(Fire Detector System)에 대한 설명으로 옳은 것은?
① 감지기의 꼬임, 눌림 등은 허용 범위 이내이더라도 수정하는 것이 바람직하다.
② 감지기의 접속부를 분리했을 때에는 반드시 Cooper Crush Gasket을 교환해야 한다.
③ 감지기의 절연저항 점검은 테스터기(Multi-meter)로 충분하다.
④ Ionization Smoke Detector는 수리를 위해서 기내에서 분해할 수 있다.

수감부 접합의 일부 형식은 구리 분쇄 개스킷의 사용을 필요로 한다. 이런 개스킷은 언제나 연결이 분리되었을 때 교체되어야 한다.

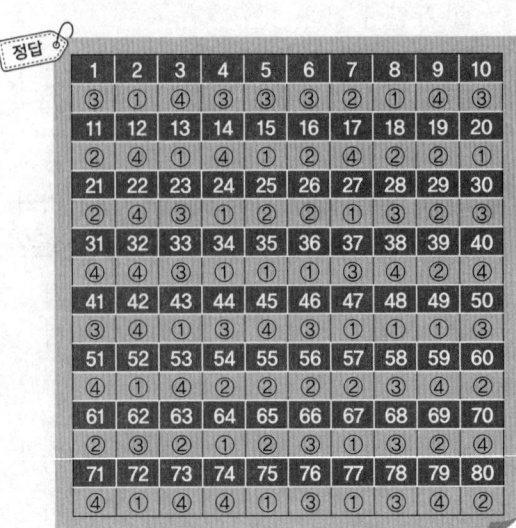

1	2	3	4	5	6	7	8	9	10
③	①	④	③	③	③	②	①	④	③
11	12	13	14	15	16	17	18	19	20
②	④	①	④	①	②	④	②	②	①
21	22	23	24	25	26	27	28	29	30
②	④	③	①	②	②	①	③	②	③
31	32	33	34	35	36	37	38	39	40
④	④	③	①	①	①	③	④	③	④
41	42	43	44	45	46	47	48	49	50
③	④	①	③	④	③	①	①	①	③
51	52	53	54	55	56	57	58	59	60
④	①	④	②	②	②	①	③	④	②
61	62	63	64	65	66	67	68	69	70
②	③	②	①	③	②	①	③	②	④
71	72	73	74	75	76	77	78	79	80
④	①	④	④	①	③	①	③	④	②

2015년 제1회 기출문제

자격 종목 및 등급(선택 분야)	종목 코드	시험 시간	형별	수험 번호	성명
항공산업기사	2230	2시간	A		

01 항공기가 세로 안정하다는 것은 어떤 것에 대해서 안정하다는 의미인가?

① 롤링(Rolling)
② 피칭(Pitching)
③ 요잉(Yawing)과 피칭(Pitching)
④ 롤링(Rolling)과 피칭(Pitching)

- 세로 안정 : Pitching
- 가로 안정 : Rolling
- 방향 안정 : Yawing

02 비행기의 무게가 2500kg, 큰 날개의 면적이 30m²이며, 해발 고도에서의 실속 속도가 100km/h인 비행기의 최대 양력 계수는 약 얼마인가? (단, 공기의 밀도는 0.125kg·s²/m⁴이다)

① 1.5   ② 1.7
③ 3.0   ④ 3.4

$$C_{Lmax} = \frac{2W}{\rho V^2 S} = \frac{2 \times 2500}{0.125 \times (\frac{100}{3.6})^2 \times 30} = 1.728$$

03 항공기 날개에서의 실속 현상이란 무엇을 의미하는가?

① 날개 상면의 흐름이 층류로 바뀌는 현상이다.
② 날개 상면의 항력이 갑자기 0이 되는 현상이다.
③ 날개 상면의 흐름 속도가 급격히 증가하는 현상이다.
④ 날개 상면의 흐름이 날개 상면의 앞전 근처로부터 박리되는 현상이다.

04 날개의 시위 길이가 6m, 공기의 흐름 속도가 360km/h, 공기의 동점성 계수가 0.3 cm²/sec일 때 레이놀즈수는 약 얼마인가?

① 1×10^7 ② 2×10^7
③ 1×10^8 ④ 2×10^8

$$Re = \frac{VL}{\nu} = \frac{\frac{360}{3.6} \times 6}{0.3 \times 10^{-4}} = 2 \times 10^7$$

05 헬리콥터의 자동 회전(Auto rotation) 비행에 대한 설명이 아닌 것은?

① 호버링의 일종으로 양력과 무게의 균형을 유지한다.
② 기관이 고장 났을 경우 로터 블레이드의 독립적인 자유 회전에 의한 강하 비행을 말한다.
③ 위치에너지를 운동에너지로 바꾸면서 무동력으로 하강하는 것이다.
④ 공기 흐름은 상향 공기 흐름을 일으켜 착륙에 필요한 양력을 발생시킨다.

자동 회전(Auto-rotation)
헬리콥터 기관의 동력 전달 상태가 불능 시 회전 날개의 축에 토크가 작용하지 않는 상태에서 일정한 회전수를 유지

06 프로펠러 깃의 미소길이에 발생하는 미소양력이 dL, 항력이 dD이고, 이때의 유효 유입각(Effective Advance Angle)이 α라면 이 미소 길이에서 발생하는 미소 추력은?

① dLcosα − dDsinα
② dLsinα − dDcosα
③ dLcosα + dDsinα
④ dLsinα + dDcosα

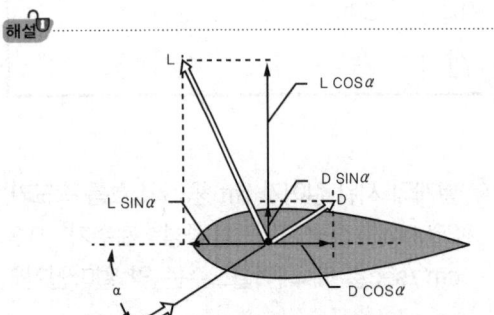

07 표준 대기의 기온, 압력, 밀도, 음속을 옳게 나열한 것은?

① 15℃, 750mmhg, 1.5kg/m³, 330m/s
② 15℃, 760mmhg, 1.2kg/m³, 340m/s
③ 18℃, 750mmhg, 1.5kg/m³, 340m/s
④ 158℃, 756mmhg, 1.2kg/m³, 330m/s

평균 해발 고도의 기압, 밀도, 중력 가속도 및 온도는 다음과 같이 정한다.
$P_o = 1\text{atm} = 760\text{mmHg} = 29.92\text{inHg}$
$\quad = 10332.3\text{kg/m}^2 = 14.7\text{psi} = 101,325\text{Pa}$
$\rho_0 = 1.225\text{kg/m}^3 = 0.12492\text{kg}\cdot\text{s}^2/\text{m}^4$
$\quad = 0.002378\text{slug/ft}^3$
$T_0 = 15℃ = 288.16\text{K} = 59°\text{F} = 518.688\text{R}$
$g_0 = 9.8\text{m/s}^2 = 32.2\text{ft/s}^2$
$V_{a0} = 1116\text{ft/s} = 340\text{m/s} = 1224\text{km/h}$

08 무게가 500lbs인 비행기의 마력 곡선이 그림과 같다면 수평 정상 비행할 때 최대 상승률은 몇 ft/min인가? (단, HP_{req}는 필요 마력, HP_{av}는 이용 마력, 비행 경로선과 추력선 사이 각, 비행 경로 각은 작다)

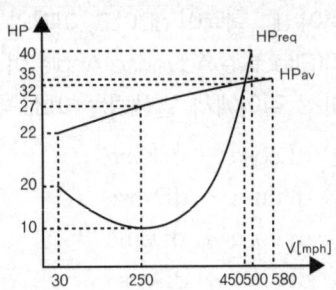

① 1122   ② 1555
③ 2360   ④ 2500

$R.C. = \dfrac{550(P_a - P_r)}{W}$
$\quad = \dfrac{550(27-10)}{500} = 18.7\,ft/s = 1122\,ft/\min$

09 항공기의 동적 안정성이 양(+)인 상태에서의 설명으로 옳은 것은?

① 운동의 주기가 시간에 따라 일정하다.
② 운동의 주기가 시간에 따라 점차 감소한다.
③ 운동의 진폭이 시간에 따라 점차 감소한다.
④ 운동의 고유 진동수가 시간에 따라 점차 감소한다.

10 비행기의 방향 안정에 일차적으로 영향을 주는 것은?

① 수평 꼬리 날개   ② 플랩
③ 수직 꼬리 날개   ④ 날개의 쳐든각

11 항공기 주위를 흐르는 공기의 레이놀즈수와 마하수에 대한 설명으로 틀린 것은?

① 마하수는 공기의 온도가 상승하면 커진다.
② 레이놀즈수는 공기의 속도가 증가하면 커진다.
③ 마하수는 공기 중의 음속을 기준으로 나타낸다.
④ 레이놀즈수는 공기 흐름의 점성을 기준으로 한다.

$C = \sqrt{\gamma RT},\ M_a = \dfrac{V}{C}$
온도가 증가하면 음속도 증가하고 마하수는 감소

12 유체 흐름을 이상 유체(Ideal Fluid)로 설정하기 위한 조건으로 옳은 것은?
① 압력 변화가 없다.
② 온도 변화가 없다.
③ 흐름 속도가 일정하다.
④ 점성의 영향을 무시한다.

13 프로펠러에 흡수되는 동력과 프로펠러의 회전수(n), 프로펠러의 지름(D)에 대한 관계로 옳은 것은?
① n의 제곱에 비례하고 D의 제곱에 비례한다.
② n의 제곱에 비례하고 D의 3제곱에 비례한다.
③ n의 3제곱에 비례하고 D의 4제곱에 비례한다.
④ n의 3제곱에 비례하고 D의 5제곱에 비례한다.

$P = C_P \rho n^3 D^5$, $T = C_t \rho n^2 D^4$

14 비행기의 조종력을 결정하는 요소가 아닌 것은?
① 조종면의 크기
② 비행기의 속도
③ 비행기의 추진 효율
④ 조종면의 힌지 모멘트 계수

$F_e = K \cdot H_e$, $H = C_h \frac{1}{2} \rho V^2 bc^2 = C_h qbc^2$
조종력은 힌지 모멘트, 밀도, 조종면의 크기에 비례하고 속도의 제곱에 비례

15 정상 선회에 대한 설명으로 옳은 것은?
① 경사각이 크면 선회 반경은 커진다.
② 선회 반경은 속도가 클수록 작아진다.
③ 경사각이 클수록 하중 배수는 커진다.
④ 선회 시 실속 속도는 수평 비행 실속 속도보다 작다.

$n = \frac{L}{W} = \frac{1}{\cos\phi}$ 이므로 경사각이 클수록 하중 배수도 증가

16 헬리콥터 회전 날개의 추력을 계산하는 데 사용되는 이론은?
① 기관의 연료 소비율에 따른 연소 이론
② 로터 블레이드의 코닝각의 속도 변화 이론
③ 로터 블레이드의 회전 관성을 이용한 관성 이론
④ 회전면 앞에서의 공기 유동량과 회전면 뒤에서의 공기 유동량의 차이를 운동량에 적용한 이론

운동량 이론
회전 날개에 의해서 만들어지는 회전면에서의 운동량 차이를 이용하여 추력을 구하는 방법

17 비행기가 착륙할 때 활주로 15m 높이에서 실속 속도보다 더 빠른 속도로 활주로에 진입하며 강하하는 이유는?
① 비행기의 착륙 거리를 줄이기 위해서
② 지면 효과에 의한 급격한 항력 증가를 줄이기 위해서
③ 항공기 소음을 속도 증가를 통해 감소시키기 위해서
④ 지면 부근의 돌풍에 의한 비행기의 자세 교란을 방지하기 위해서

18 프로펠러 항공기가 최대 항속 거리로 비행할 수 있는 조건으로 옳은 것은? (단, CD는 항력 계수, CL은 양력 계수이다)

① $\left(\dfrac{C_D}{C_L}\right)_{최대}$ ② $\left(\dfrac{C_L^{\frac{1}{2}}}{C_D}\right)_{최대}$

③ $\left(\dfrac{C_L}{C_D}\right)_{최대}$ ④ $\left(\dfrac{C_D^{\frac{1}{2}}}{C_L}\right)_{최대}$

구분	항속 거리		항속 시간	
	프로펠러기	제트기	프로펠러기	제트기
양항비	$(\dfrac{C_L}{C_D})_{max}$	$(\dfrac{C_L^{\frac{1}{2}}}{C_D})_{max}$	$(\dfrac{C_L^{\frac{3}{2}}}{C_D})_{max}$	$(\dfrac{C_L}{C_D})_{max}$

19 날개 뿌리 시위 길이가 60cm이고 날개 끝 시위 길이가 40cm인 사다리꼴 날개의 한 쪽 날개 길이가 150cm일 때 평균 시위 길이는 몇 cm인가?

① 40 ② 50
③ 60 ④ 75

$S = \dfrac{(C_r + C_t) \times b}{2} = \dfrac{(60+40) \times 300}{2} = 15000$

$c = \dfrac{S}{b} = \dfrac{15000}{300} = 50\,cm$

20 그림과 같은 항공기의 운동은 어떤 운동의 결합으로 볼 수 있는가?

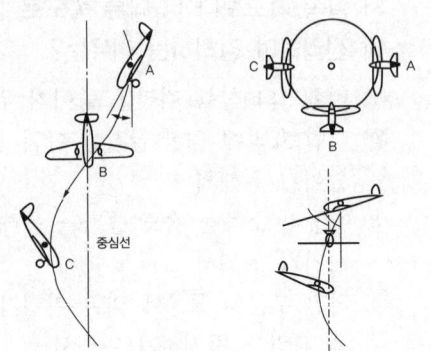

① 자전 운동(Autorotation) + 수직 강하
② 자전 운동(Autorotation) + 수평 선회
③ 균형 선회(Turn Coordination) + 빗놀이
④ 균형 선회(Turn Coordination) + 수직 강하

스핀비행 = 자전운동(Autorotation) + 수직강하

21 체적 10cm³ 속의 완전 기체가 압력 760 mmHg 상태에서 체적이 20cm³로 단열 팽창하면 압력은 몇 mmHg로 변하는가? (단, 비열비는 1.40이다)

① 217 ② 288
③ 302 ④ 364

단열 과정
$\dfrac{P_2}{P_1} = (\dfrac{v_1}{v_2})^k$ 이므로

$P_2 = P_1(\dfrac{v_1}{v_2})^k = 760(\dfrac{10}{20})^{1.4} = 287.99\,mmHg$

22 왕복 기관의 마그네토가 점화에 유효한 고전압을 발생할 수 있는 최소 회전 속도를 무엇이라고 하는가?

① E-갭 스피드(E-gap Speed)
② 아이들 회전수(Idle Speed)
③ 2차 회전수(Secondary Speed)
④ 커밍-인 스피드(Coming-in Speed)

유효 회전 속도(Coming-in Speed)
• 회전 영구자석이 회전하여 전기를 발생시킬 수 있는 가장 느린 속도
• 보통 100 ~ 200rpm
• 시동 시는 시동기 회전 속도가 느려 이 속도에 도달되기 어려우므로 시동 보조 장치가 필요

23 항공기용 왕복 기관의 밸브 개폐 시기가 다음과 같다면 밸브 오버랩(Valve Over Lap)은 몇 도(°)인가?

| I.O : 30° BTC | E.O : 60° BBC |
| I.C : 60° ABC | E.C : 15° ATC |

① 15   ② 45
③ 60   ④ 75

밸브 오버랩(Valve Overlap)
• 배기 행정 말기에서 흡입 행정 초기까지 두 밸브가 동시에 열려 있는 상태
• I.O + E.C = 30 + 15 = 45

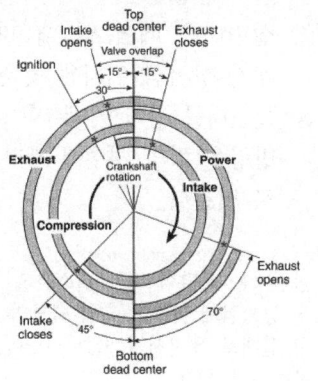

24 가스 터빈 기관의 효율이 높을수록 얻을 수 있는 장점이 아닌 것은?
① 연료 소비율이 작아진다.
② 활공 거리를 길게 할 수 있다.
③ 같은 적재 연료에서 항속 거리를 길게 할 수 있다.
④ 필요한 적재 연료의 감소 분만큼 유상 하중을 증가시킬 수 있다.

활공 비행 중에는 기관의 추력이 0인 상태이므로 기관의 효율과 무관

25 팬 블레이드의 미드 스팬 슈라우드(Mid Span Shroud)에 대한 설명으로 틀린 것은?

① 유입되는 공기의 흐름을 원활하게 하여 공기 역학적인 항력을 감소시킨다.
② 팬 블레이드 중간에 원형링을 형성하게 설치되어 있다.
③ 상호 마찰로 인한 마모현상을 줄이기 위해 주기적으로 코팅을 한다.
④ 공기 흐름에 의한 블레이드의 굽힘 현상을 방지하는 기능을 한다.

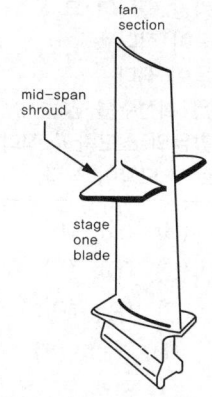

미드-스팬 슈라우드(Mid-span Shroud)
공기 흐름에 의한 굽힘력에 견딜 수 있도록 하고 블레이드와 블레이드가 서로 지지하는 것을 도와준다. 그러나 슈라우드는 공기 흐름을 방해할 뿐만 아니라 항력을 증가시켜 팬 효율을 감소시킨다.

26 항공기 기관용 윤활유의 점도 지수(Viscosity Index)가 높다는 것은 무엇을 의미하는가?
① 온도 변화에 따른 윤활유의 점도 변화가 작다.
② 온도 변화에 따른 윤활유의 점도 변화가 크다.
③ 압력 변화에 따른 윤활유의 점도 변화가 작다.
④ 압력 변화에 따른 윤활유의 점도 변화가 작다.

점도 지수
온도 변화에 의한 오일의 점도 변화를 나타낸 수로 점도 지수가 높다는 것은 온도 변화에 따른 윤활유의 점도 변화가 작은 것을 의미

27 [보기]에서 왕복 기관과 비교했을 때 가스 터빈 기관의 장점만을 나열한 것은?

```
                    [보기]
(A) 중량당 출력이 크다.
(B) 진동이 작다.
(C) 소음이 작다.
(D) 높은 회전수를 얻을 수 있다.
(E) 윤활유의 소모량이 적다.
(F) 연료 소모량이 적다.
```

① (A), (B), (D), (E)
② (A), (C), (D), (F)
③ (B), (C), (E), (F)
④ ((A), (D), (E), (F)

28 경항공기에서 프로펠러 감속 기어(Reduction Gear)를 사용하는 주된 이유는?

① 구조를 간단히 하기 위하여
② 깃의 숫자를 많게 하기 위하여
③ 깃 끝 속도를 제한하기 위하여
④ 프로펠러 회전 속도를 증가시키기 위하여

감속 기어
크랭크축의 회전 속도를 크게 하여 출력을 증가시키되 프로펠러의 Tip Speed를 음속 이하로 감소시키기 위해 사용

29 정속 프로펠러에서 프로펠러가 과속 상태(Over Speed)가 되면 플라이 웨이트(Fly Weight)는 어떤 상태인가?

① 밖으로 벌어진다.
② 무게가 감소한다.
③ 안으로 오므라진다.
④ 무게가 증가된다.

과속(Over Speed) 상태
플라이 웨이트 벌어짐 → 파일러트 밸브가 위로 올라감 → 작동 실린더에서 오일이 배출 → 카운터 웨이트가 벌어짐 → 블레이드 각 증가

30 왕복 기관의 실린더를 분해 및 조립할 때 주의 사항으로 틀린 것은?

① 실린더를 장착할 때 12시 방향의 너트를 먼저 조인 후 다른 너트를 조인다.
② 실린더를 떼어 내기 전에 외부에 부착된 부품들을 먼저 떼어 낸다.
③ 실린더를 떼어 낼 때 피스톤 행정을 배기 상사점 위치에 맞춘다.
④ 실린더를 장착할 때 피스톤 링의 터진 방향을 링의 개수에 따라 균등한 각도로 맞춘다.

실린더를 장탈할 때는 피스톤의 위치를 압축 행정 상사점에 맞추어 흡입 밸브와 배기 밸브가 닫힌 상태로 유지시켜 밸브 기구에 힘이 작용하지 못하도록 한다.

31 가스 터빈 기관에서 압축기 실속(Compressor Stall)의 원인이 아닌 것은?

① 압축기의 손상
② 터빈의 변형 또는 손상
③ 설계 rpm 이하에서의 기관 작동
④ 기관 시동용 블리드 공기의 낮은 압력

압축기 실속 원인
• 압축기 출구 압력(CDP : Compressor Discharge Pressure)이 너무 클 때
• 압축기 입구 온도(CIT : Compressor Inlet Temperature)가 너무 높을 때
• Choke 현상 발생 시
• 압축기 입구 속도가 느릴 때

32 왕복 기관 동력을 발생시키는 행정은?
① 흡입 행정 ② 압축 행정
③ 팽창 행정 ④ 배기 행정

33 가스 터빈 기관의 시동 계통에서 자립 회전 속도(Self-accelerating Speed)의 의미로 옳은 것은?
① 시동기를 켤 때의 회전 속도
② 점화가 일어나서 배기가스 온도가 증가되기 시작하는 상태에서의 회전 속도
③ 아이들(Idle) 상태에 진입하기 시작했을 때의 회전 속도
④ 시동기의 도움 없이 스스로 회전하기 시작하는 상태에서의 회전 속도

> **해설**
> 완속 추력
> 지상이나 비행 중 기관이 자립 회전할 수 있는 가장 느린 속도의 추력

34 윤활유 여과기에 대한 설명으로 옳은 것은?
① 카트리지 형은 세척하여 재사용이 가능하다.
② 여과 능력은 여과기를 통과할 수 있는 입자의 크기인 미크론(Micron)으로 나타낸다.
③ 바이패스 밸브는 기관 정지 시 윤활유의 역류를 방지하는 역할을 한다.
④ 바이패스 밸브는 필터 출구압력이 입구압력보다 높을 때 열린다.

35 엔진 오일 탱크 내 호퍼(Hopper)의 주목적은?
① 오일을 냉각시켜 준다.
② 오일 압력을 상승시켜 준다.
③ 오일 내의 연료를 제거시켜 준다.
④ 시동 시 오일의 온도 상승을 돕는다.

> **해설**
> 호퍼 탱크(Hopper Tank)
> 오일 탱크 내에 위치하며 시동 시 오일 온도를 상승시켜 난기 운전 시간 단축, 배면 비행 시 오일 공급, 거품 방지

36 단열 변화에 대한 설명으로 옳은 것은?
① 팽창 일을 할 때는 온도가 올라가고 압축 일을 할 때는 온도가 내려간다.
② 팽창 일을 할 때는 온도가 내려가고 압축 일을 할 때는 온도가 올라간다.
③ 팽창 일을 할 때와 압축 일을 할 때에 온도가 모두 올라간다.
④ 팽창 일을 할 때와 압축 일을 할 때에 온도가 모두 내려간다.

37 부자식 기화기에서 기관이 저속 상태일 때 연료를 분사하는 장치는?
① Venturi
② Main Discharge Nozzle
③ Main Orifice
④ Idle Discharge Nozzle

38 가스 터빈 기관의 연소실에 부착된 부품이 아닌 것은?
① 연료 노즐   ② 선회 깃
③ 가변 정익 ④ 점화 플러그

39 항공기 왕복 기관의 제동 마력과 단위 시간 당 기관이 소비한 연료 에너지와의 비는 무엇인가?
① 제동 열효율
② 기계 열효율
③ 연료 소비율
④ 일의 열당량

제동 열효율(Brake Thermal Efficiency)
제동 마력과 단위 시간당 기관이 소비한 연료에너지(저발열량)와의 비

$$\eta_m = \frac{제동\ 마력}{시간당\ 연료\ 소비량} = \frac{75 \times bHP}{J \times F_b \times H_L}$$

J : 열의 일당량(427kg·m/kcal)
F_b : 연료 소비율(kg/s)
H_L : 저발열량(kcal/kg)

40 다음 중 민간 항공기용 가스 터빈 기관에 사용되는 연료는?

① Jet A-1 ② Jet B-5
③ JP-4   ④ JP-8

가스 터빈 연료의 종류
• 민간용 : 제트A-1, 제트A, 제트B
• 군용 : JP-3, JP-4, JP-5, JP-6

41 복합 재료에서 모재(Matrix)와 결합되는 강화재(Reinforcing Material)로 사용되지 않는 것은?

① 유리   ② 탄소
③ 에폭시 ④ 보론

복합 재료 강화재
• 유리 섬유
• 탄소 섬유
• 아라미드 섬유
• 보론 섬유
• 알루미나 섬유
• 세라믹

42 접개들이 착륙 장치를 비상으로 내리는(Down) 3가지 방법이 아닌 것은?

① 핸드 펌프로 유압을 만들어 내린다.
② 축압기에 저장된 공기압을 이용하여 내린다.
③ 핸들을 이용하여 기어의 업(Up) 로크를 풀었을 때 자중에 의하여 내린다.
④ 기어 핸들 밑에 있는 비상 스위치를 눌러서 기어를 내린다.

43 조종간의 작동에 대한 설명으로 옳은 것은?

① 조종간을 뒤로 당기면 승강타가 내려간다.
② 조종간을 앞으로 밀면 양쪽의 보조 날개가 내려간다.
③ 조종간을 왼쪽으로 움직이면 왼쪽의 보조 날개가 내려간다.
④ 조종간을 오른쪽으로 움직이면 왼쪽의 보조 날개가 내려간다.

44 판재를 절단하는 가공 작업이 아닌 것은?

① 펀칭(Punching)
② 블랭킹(Blanking)
③ 트리밍(Trimming)
④ 크림핑(Crimping)

• 블랭킹(Blanking) : 펀치와 다이를 프레스에 설치하여 판금 재료로부터 소정의 모양을 떠내는 것
• 펀칭(Punching) : 필요한 구멍을 뚫는 것
• 트리밍(Trimming) : 가공된 제품의 불필요한 부분을 떼어 내는 것
• 크림핑 가공(Crimping) : 길이를 짧게 하기 위해 판재를 주름잡는 가공

45 진주색을 띄고 있는 알루미늄 합금 리벳은 어떤 방식 처리를 한 것인가?

① 양극 처리를 한 것이다.
② 금속 도료로 도장한 것이다.
③ 크롬산, 아연으로 도금한 것이다.
④ 니켈, 마그네슘으로 도금한 것이다.

양극 처리(Anodizing)
알루미늄 합금, 마그네슘 합금을 양극으로 하여 황산, 크롬산 등의 전해액에 담금. 양극에 발생하는 산소에 의해 산화 피막 형성

46 용접 작업에 사용되는 산소·아세틸렌 토치 팁(Tip)의 재질로 가장 적당한 것은?

① 납 및 납 합금
② 구리 및 구리합금
③ 마그네슘 및 마그네슘 합금
④ 알루미늄 및 알루미늄 합금

토치 팁(Torch Tip)
구리나 구리 합금으로 만들며 그 크기는 숫자로 표시

47 한쪽 끝은 고정되어 있고 다른 한쪽 끝은 자유단으로 되어 있는 지름이 4cm, 길이가 200cm인 원기둥의 세장비는 약 얼마인가?

① 100   ② 200
③ 300   ④ 400

원기둥 $k = \sqrt{\dfrac{d^2}{16}} = \sqrt{\dfrac{4^2}{16}} = 1$

λ세장비 $= \dfrac{L}{k} = \dfrac{200}{1} = 200$

L : 기둥의 길이
k : 2차 반경

48 연료를 제외한 적재된 항공기의 최대 무게를 나타내는 것은?

① 최대 무게(Maximum Weight)
② 영 연료 무게(Zero Fuel Weight)
③ 기본 자기 무게(Basic Empty Weight)
④ 운항 빈 무게(Operating Empty Weight)

49 샌드위치(Sandwich) 구조에 대한 설명으로 옳은 것은?

① 트러스 구조의 대표적인 형식이다.
② 강도와 강성에 비해 다른 구조보다 두꺼워 항공기의 중량이 증가하는 편이다.
③ 동체의 외피 및 주요 구조 부분에 사용되는 경우가 많다.
④ 구조 골격의 설치가 곤란한 곳에 상하 외피 사이에 벌집 구조를 접착재로 고정하여 면적당 무게가 적고 강도가 큰 구조이다.

샌드위치 구조
2장의 외판 사이에 무게가 가벼운 심(Shim)재를 넣어 접착제로 접착시킨 구조

50 항공기의 안전 운항을 담당하는 기관에서 항공기를 사용 목적이나 소요 비행 상태의 정도에 따라 분류하여 정하는 하중 배수와 같은 값이 될 때의 속도는?

① 설계 운용 속도
② 설계 급강하 속도
③ 설계 순항 속도
④ 설계 돌풍 운용 속도

51 플러시 머리(Flush Head) 리벳 작업을 할 때 끝 거리 및 리벳 간격의 최소 기준으로 옳은 것은?

① 끝 거리는 리벳 직경의 2.5배 이상, 간격은 3배 이상
② 끝 거리는 리벳 직경의 3배 이상, 간격은 2배 이상
③ 끝 거리는 리벳 직경의 2배 이상, 간격은 3배 이상
④ 끝 거리는 리벳 직경의 3배 이상, 간격은 3배 이상

- 리벳의 피치 : 같은 열에 이웃하는 리벳 중심 간의 거리(6~8D, 최소 3D).
- 열간 간격(횡단 피치) : 열과 열 사이의 거리 (4.5 ~6D, 최소 2.5D).
- 연 거리(끝 거리) : 판재의 모서리와 최소 외곽 열의 중심까지의 거리(2~4D), (접시머리 리벳 최소 연 거리 : 2.5D)

52 다음 중 항공기의 부식을 발생시키는 요소로 볼 수 없는 것은?

① 탱크 내의 유기물
② 해면상의 대기 염분
③ 암회색의 인산철 피막
④ 활주로 동결 방지제의 염산

53 항공기의 무게 중심이 기준선에서 90in에 있고, MAC의 앞전이 기준선에서 82in인 곳에 위치한다면 MAC가 32in인 경우 중심은 몇 % MAC인가?

① 15 ② 20
③ 25 ④ 35

$$\%MAC = \frac{H-X}{C} \times 100 = \frac{90-82}{32} \times 100 = 25$$

54 그림과 같은 항공기 동체 구조에 대한 설명으로 틀린 것은?

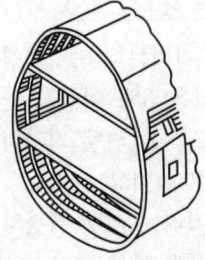

① 외피가 두꺼워져 미사일의 구조에 적합하다.
② 응력 스킨 구조의 대표적인 형식 중 하나이다.
③ 외피는 하중의 일부만 담당하고 나머지 하중은 골조 구조가 담당한다.
④ 벌크헤드, 프레임, 세로대, 스트링거, 외피 등의 부재로 이루어진다.

55 진공 백을 이용한 항공기의 복합 재료 수리 시 사용되는 것이 아닌 것은?

① 요크   ② 브리더
③ 필 플라이 ④ 브레더

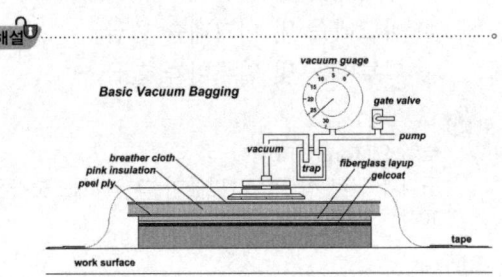

56 고속 항공기 기체의 재료로서 알루미늄 합금이 적합하지 않을 경우 티타늄 합금으로 대체한다면 알루미늄 합금의 어떠한 이유 때문인가?

① 마찰 저항이 너무 크다.
② 온도에 대한 제1변태점이 비교적 낮다.
③ 충격에너지를 효과적으로 흡수하지 못한다.
④ 비중이 높아 항공기 기체의 중량이 너무 크다.

57 케이블 조종 계통에 사용되는 페어리드의 역할이 아닌 것은?

① 작은 각도의 범위에서 방향을 유도한다.
② 작동 중 마찰에 의한 구조물의 손상을 방지한다.
③ 케이블의 엉킴이나 다른 구조물과의 접촉을 방지한다.
④ 케이블의 직선 운동을 토크 튜브의 회전 운동으로 바꿔 준다.

해설

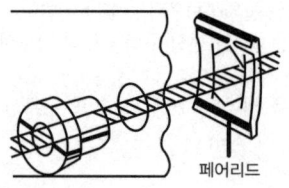

페어리드(Fairlead)
케이블이 관통하는 기체 구조의 격벽 등에 장착하여 구조물과 케이블의 마찰을 방지하는 역할을 하며, 3° 이내의 직선 구간에 사용

58 그림과 같이 길이 L 전체에 등분포 하중 q를 받고 있는 단순보의 최대 전단력은?

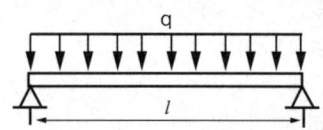

① $\dfrac{q}{L}$ ② $\dfrac{qL}{4}$

③ $\dfrac{qL}{2}$ ④ $\dfrac{qL^2}{8}$

$V_x = R_A - qx = \dfrac{qL}{2} - qx$

최대 전단력은 $x = 0$일 때 $\dfrac{qL}{2}$

59 리벳을 열처리하여 연화시킨 다음 저온 상태의 아이스박스에 보관하면 리벳의 시효 경화를 지연시켜 연화 상태가 유지되는 리벳은?

① 1100 ② 2024
③ 2117 ④ 5056

2024 T(DD) 24 ST ICE BOX RIVET
2017 T보다 강한 강도가 요구되는 곳에 사용하며 열처리 후 냉장 보관하고 상온 노출 후 10~20분 이내에 작업

60 [보기]와 같은 구조물을 포함하고 있는 항공기 부위는?

[보기]
수평 · 수직 안정판, 방향키, 승강키

① 착륙 장치   ② 나셀
③ 꼬리 날개   ④ 주 날개

61 황산납 축전지(Lead Acid Battery)의 과충전 상태를 의심할 수 있는 증상이 아닌 것은?

① 전해액이 축전지 밖으로 흘러나오는 경우
② 축전지에 흰색 침전물이 너무 많이 묻어있는 경우
③ 축전지 셀의 케이스가 구부러졌거나 찌그러진 경우
④ 축전지 윗면 캡 주위의 약간의 탄산칼륨이 있는 경우

62 그림과 같은 회로도에서 a, b 간에 전류가 흐르지 않도록 하기 위해서는 저항 R은 몇 Ω으로 해야 하는가?

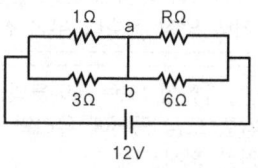

① 1 ② 2
③ 3 ④ 4

$R_1 \cdot R_X = R_2 \cdot R_3$ 이므로
$3 \times R = 1 \times 6$
$R = 2\,\Omega$

63 소형 항공기의 12V 직류 전원 계통에 대한 설명으로 틀린 것은?

① 직류 발전기는 전원 전압을 14V로 유지한다.
② 배터리와 직류 발전기는 접지 귀환 방식으로 연결된다.
③ 메인 버스와 배터리 버스에 연결된 전류계는 배터리 충전 시 (−)를 지시한다.
④ 배터리는 엔진 시동기(Starter)의 전원으로 사용된다.

64 변압기(Transformer)는 어떠한 전기적 에너지를 변환시키는 장치인가?

① 전류   ② 전압
③ 전력   ④ 위상

65 항공기 부품의 이용 목적과 이에 적합한 전선이나 케이블의 종류를 옳게 연결한 것은?

[이용 목적]
ㄱ. 화재 경보 장치의 센서 등 온도가 높은 곳
ㄴ. 배기 온도 측정을 위한 크로멜 알루멜 서모커플
ㄷ. 음성이나 미약한 신호 전송
ㄹ. 기내 영상 신호나 무선 신호 전송

[전선 또는 케이블의 종류]
A. 니켈 도금 동선에 유리와 테플론으로 절연한 전선
B. 크로멜 알루멜을 도체로 한 전선
C. 전선 주위를 구리망으로 덮은 실드 케이블
D. 고주파 전송용 동축 케이블

① ㄱ - B   ② ㄴ - C
③ ㄷ - A   ④ ㄹ - D

• 고온용 전선 : 기관과 같이 주변 온도가 높은 장소에 사용, 니켈을 입힌 구리선을 테플론 (광물질 혼합)으로 절연한 전선으로 약 260℃까지 사용

• 차폐선 : 통신 계통에서 미약한 신호를 전송하는 전선은 외부로부터 간섭파가 들어가지 않도록 2개 또는 3개의 전선 주위를 구리 망사선으로 덮은 차폐선 사용
• 동축 케이블 : 영상 신호 또는 무선 신호를 전송하는 데 사용

66 고도계에서 발생되는 오차가 아닌 것은?

① 북선 오차   ② 기계 오차
③ 온도 오차   ④ 탄성 오차

고도계의 오차
• 눈금 오차
• 온도 오차
• 탄성 오차
• 기계 오차

67 항공기 계기의 분류에서 비행계기에 속하지 않는 것은?

① 고도계   ② 회전계
③ 선회 경사계   ④ 속도계

비행 계기(Flight Instrument)
• 고도계(Altimeter) - 비행 고도 지시. 피트(Feet) 단위
• 대기 속도계(Airspeed Indicator) - 대기 속도 지시, 노트(Knot) 단위사용
• 승강계(Vertical Speed Indicator) - 상승, 하강 속도를 분당 Feet 단위로 지시(FPM)
• 경사 선회계(Turn and Bank Indicator) - 비행 선회율 및 경사각 지시
• 인공수평의(자이로 수평의)(Gyro Horizon Indictor) - 비행 자세 지시(피치 및 롤)
• 마하계(Mach Meter) - 비행 속도를 음속으로 환산 지시

68 항공 계기의 구비 조건이 아닌 것은?

① 정확성   ② 대형화
③ 내구성   ④ 경량화

69 외력을 가하지 않는 한 자이로가 우주공간에 대하여 그 자세를 계속적으로 유지하려는 성질은?
① 방향성　② 강직성
③ 지시성　④ 섭동성

70 정비를 위한 목적으로 지상 근무자와 조종실 사이의 통화를 위한 장치는?
① Cabin Interphone System
② Flight Interphone System
③ Passenger Address System
④ Service Interphone System

승무원 상호간 통화 장치(Service Interphone System)
• 비행 중 조종실과 객실 승무원석 및 조리실(Galley)간 통화 연락을 하는 장치
• 지상 정비 시 조종실과 정비사 간의 점검상 필요한 기체 외부와의 통화 연락을 하기 위한 장치

71 운항 중 목표 고도로 설정한 고도에 진입하거나 벗어났을 때 경보를 냄으로써 조종사의 실수를 방지하기 위한 장치는?
① SELCAL
② Radio Altimeter
③ Altitude Alert System
④ Air Traffic Control

고도 경고 장치(Altitude Alert System)
조종사가 선택한 고도와 항공기의 고도를 항상 비교하여 접근 도달 및 이탈 등의 상태를 나타내는 장치

72 지상파(Ground Wave)가 가장 잘 전파되는 것은?
① LF　② UHF
③ HF　④ VHF

73 항법 시스템을 자립, 무선, 위성 항법 시스템으로 분류했을 때 자립 항법 시스템(Self Contained System)에 해당되는 장치는?
① LORAN(Long Range Navigation)
② VOR(VHF Omnidirectional Range)
③ GPS(Global Positioning System)
④ INS(Inertial Navigation System)

관성 항법 장치(INS : Inertial Navigation System)
가속도계로 항공기의 운동 가속도를 검출하여 이것을 적분하여 속도를 구하고, 다시 속도를 적분하여 거리를 구하는 항법 장치로 자립 항법 장치의 일종

74 계기 착륙 장치(Instrument landing System)에서 활주로 중심을 알려 주는 장치는?
① 로컬라이저(Localizer)
② 마커 비컨(Marker Beacon)
③ 글라이드 슬로프(Glide Slope)
④ 거리 측정 장치(Distance Measuring Equipment)

ILS의 주요 시설
• 방위각 시설(Localizer) : 활주로에 접근하는 비행기에 활주로 중심선을 제공하는 지상 시설
• 활공각 시설(Glide Slope) : 활주로에 착륙하기 위하여 접근 중인 항공기에 안전한 착륙 각도인 약 3°의 활공각 정보를 제공
• Marker Beacon : 진입로상의 일정한 통과 지점에 대한 위치 정보를 제공하는 시설

75 항공기 조리실이나 화장실에서 사용한 물은 배출구를 통해 밖으로 빠져나가는 데 이때 결빙 방지를 위해 사용되는 전원에 대한 설명으로 옳은 것은?

① 지상에서는 저전압, 공중에서는 고전압 전원이 항상 공급된다.
② 공중에서는 저전압, 지상에서는 고전압 전원이 항상 공급된다.
③ 공중에서만 전원이 공급되며 이때 전원은 고전압이다.
④ 지상에서만 전원이 공급되며 이때 전원은 저전압이다.

76 유압 계통에서 압력 조절기와 비슷한 역할을 하지만 압력 조절기보다 약간 높게 조절되어 있어 그 이상의 압력이 되면 작동되는 장치는?

① 체크 밸브
② 리저버
③ 릴리프 밸브
④ 축압기

릴리프 밸브(Relief Valve)
- 압력 조절기와 비슷한 역할을 하지만 압력 조절기보다 약간 높게 조절되어 있어, 그 이상의 압력을 빼주기 위한 장치
- 시스템 릴리프 밸브 : 압력 조절기 및 계통 고장 등으로 계통 내의 압력이 규정 값 이상이 되는 것을 방지
- 서멀 릴리프 밸브 : 온도 증가에 따른 유압 계통의 압력 팽창을 막아주는 역할

77 화재 탐지기로 사용하는 장치가 아닌 것은?

① 유닛식 탐지기
② 연기 탐지기
③ 이산화탄소 탐지기
④ 열전쌍 탐지기

화재 탐지기
- 열 스위치식(Thermal Switch Type) 탐지기
- 열전쌍(Thermocouple) 탐지기
- 연속 저항 루프 화재 탐지기(Resistance Loop Type Detector
- 압력식 탐지기
- 연기 탐지기

78 면적이 $2in^2$인 A 피스톤과 $10in^2$인 B피스톤을 가진 실린더가 유체 역학적으로 서로 연결되어 있을 경우 A피스톤에 20lbs의 힘이 가해질 때 B피스톤에 발생되는 힘은 몇 lbs인가?

① 100 ② 20
③ 10   ④ 5

계통 압력 = $\dfrac{F}{A} = \dfrac{20}{2} = 10 lb/in^2$

피스톤 B에 작용하는 힘 $= PA$
$= 10 \times 10 = 100 lbs$

79 화재 탐지기에 요구되는 기능과 성능에 대한 설명으로 틀린 것은?

① 화재의 지속 기간 동안 연속적인 지시를 할 것
② 화재가 지시하지 않을 때 최소 전류 요구이어야 할 것
③ 화재가 진화되었다는 것에 대해 정확한 지시를 할 것
④ 정비 작업 또는 정비 취급이 복잡하더라도 중량이 가볍고 용이할 것

80 미국 연방 항공국(FAA)의 규정에 명시된 항공기의 최대 객실 고도는 약 몇 ft인가?

① 6000　② 7000
③ 8000　④ 9000

객실 고도(Cabin Altitude)
- 객실 내의 기압에 해당되는 고도
- 무산소증의 유발 방지를 위해 객실 내를 3,000m 이내의 기압 고도로 유지
- 미국 연방 항공국(FAA)의 규정에 명시된 고고도 비행 항공기의 객실 고도는 8,000ft

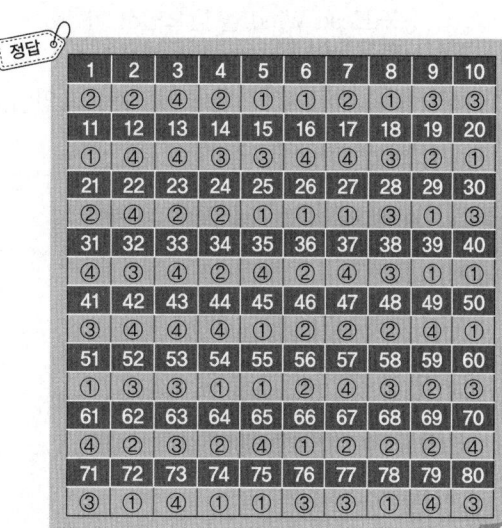

2015년 제2회 기출문제

자격 종목 및 등급(선택 분야)	종목 코드	시험 시간	형별	수험 번호	성명
항공산업기사	2230	2시간	A		

01 비행기가 1000km/h의 속도로 10000m 상공을 비행하고 있을 때 마하수는 약 얼마인가? (단, 10000m 상공에서의 음속은 300m/s이다)
① 0.50 ② 0.93
③ 1.20 ④ 3.33

$$M = \frac{V}{C} = \frac{\frac{1000}{3.6}}{300} = 0.9259$$

02 이용 동력(P_A), 잉여 동력(P_E), 필요 동력(P_R)의 관계를 옳게 나타낸 것은?
① $P_A + P_E = P_R$ ② $P_R \times P_A = P_E$
③ $P_E + P_R = P_A$ ④ $P_A \times P_E = P_R$

$P_E = P_A - P_R$ 이므로 $P_A = P_E + P_R$

03 항공기 이륙 거리를 짧게 하기 위한 방법으로 옳은 것은?
① 정풍(Head Wind)을 받으면서 이륙한다.
② 항공기 무게를 증가시켜 양력을 높인다.
③ 이륙 시 플랩이 항력 증가의 요인이 되므로 플랩을 사용하지 않는다.
④ 기관의 가속력을 가능한 최소가 되도록 한다.

이륙 거리를 짧게 하기 위한 방법
• 무게가 가벼워야 한다.
• 기관의 추력이 커야 한다.
• 항력이 작은 비행 자세로 비행하여야 한다.
• 맞바람을 받으면서 이륙한다.
• 고양력 장치를 사용한다.
• 마찰력이 작아야 한다.

04 헬리콥터가 전진 비행 시 나타나는 효과가 아닌 것은?
① 회전 날개 회전면의 앞부분과 뒷부분의 양항비가 달라진다.
② 회전면 앞부분의 양력이 뒷부분보다 크게 된다.
③ 왼쪽 방향으로 옆놀이 힘(Roll Force)이 발생한다.
④ 기관의 가속력을 가능한 최소가 되도록 한다.

05 비행기가 2500m 상공에서 양항비 8인 상태로 활공한다면 최대 수평 활공 거리는 몇 m인가?
① 1500 ② 2000
③ 15000 ④ 20000

$$\tan\theta = \frac{1}{양항비} = \frac{고도}{활공 거리}$$
활공 거리 = 양항비 × 고도 = 8 × 2500 = 20000m

06 비행기의 정적 세로 안정성을 나타낸 그림과 같은 그래프에서 가장 안전한 비행기는? (단, 비행기의 기수를 내리는 방향의 모멘트를 음(-)으로 하며, C_M은 피칭 모멘트 계수, α는 받음각이다)

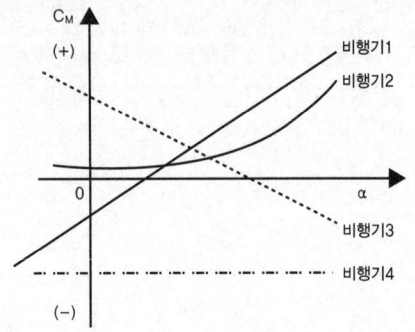

① 비행기 1   ② 비행기 2
③ 비행기 3   ④ 비행기 4

키놀이 모멘트와 받음각과의 그래프에서 기울기가 음(−)일수록 정적 세로 안정성 증가

07 대기권을 낮은 층에서부터 높은 층의 순서로 나열한 것은?
① 대류권 - 극외권 - 성층권 - 열권 - 중간권
② 대류권 - 성층권 - 중간권 - 열권 - 극외권
③ 대류권 - 열권 - 중간권 - 극외권 - 성층권
④ 대류권 - 성층권 - 중간권 - 극외권 - 열권

08 프로펠러의 효율이 80%인 항공기가 기관의 최대 출력이 800ps인 경우 이 비행기가 수평 최대 속도에서 낼 수 있는 최대 이용 마력은 몇 ps인가?
① 640   ② 760
③ 800   ④ 880

$P_a = \eta \times BHP = 0.8 \times 800 = 640\,ps$

09 다음 중 속도가 360km/h, 동점성 계수가 0.15cm²/s인 풍동 시험부에 시위(Chord)가 1m인 평판을 넣고 실험할 때 이 평판의 앞전(Leading Edge)으로부터 0.3m 떨어진 곳의 레이놀즈수는 얼마인가? (단, 레이놀즈수의 기준 속도는 시험부 속도이고, 기준 길이는 앞전으로부터 거리이다)
① 1×10^5 ② 1×10^6
③ 2×10^5 ④ 2×10^6

$Re = \dfrac{VL}{\nu} = \dfrac{\dfrac{360}{3.6} \times 0.3}{0.15 \times 10^{-4}} = 2 \times 10^6$

10 다음 중 프로펠러의 직경이 2m, 회전 속도 1800rpm, 비행 속도 360km/h일 때 진행률(Advance Ratio)은 약 얼마인가?
① 1.67   ② 2.57
③ 3.17   ④ 3.67

$J = \dfrac{V}{nD} = \dfrac{\dfrac{360}{3.6}}{\dfrac{1800}{60} \times 2} = 1.67$

11 키돌이(Loop)비행 시 발생되는 비행이 아닌 것은?
① 수직 상승   ② 배면 비행
③ 수직 강하   ④ 선회 비행

12 항공기가 수평 비행이나 급강하로 속도를 증가할 때 천음속 영역에 도달하게 되면 한쪽 날개가 실속을 일으켜서 양력을 상실하여 급격한 옆놀이를 일으키는 현상을 무엇이라 하는가?
① 디프 실속(Deep Stall)
② 턱 언더(Tuck Under)
③ 날개 드롭(Wing Drop)
④ 옆놀이 커플링(Rolling Coupling)

13 항공기의 방향 안정성이 주된 목적인 것은?
① 수평 안정판
② 주익의 상반각
③ 수직 안정판
④ 주익의 붙임각

14 날개골의 모양에 따른 특성 중 캠버에 대한 설명으로 틀린 것은?

① 받음각이 0도 일 때도 캠버가 있는 날개골은 양력을 발생한다.
② 캠버가 크면 양력은 증가하나 항력은 비례적으로 감소한다.
③ 두께나 앞전 반지름이 같아도 캠버가 다르면 받음각에 대한 양력과 항력의 차이가 생긴다.
④ 저속 비행기는 캠버가 큰 날개골을 이용하고, 고속 비행기는 캠버가 작은 날개골을 사용한다.

양력 계수와 항력 계수에 영향을 주는 요소
받음각, 캠버, 두께, 앞전 반지름, 가로세로비

15 받음각이 0도일 경우 양력이 발생하지 않는 것은?

① NACA 2412   ② NACA 4415
③ NACA 2415   ④ NACA 0018

16 [보기]와 같은 현상의 원인이 아닌 것은?

[보기]
비행기가 하강 비행을 하는 동안 조종간을 당겨 기수를 올리려 할 때, 받음각과 각속도가 특정 값을 넘게 되면 예상한 정도 이상으로 기수가 올라가고, 이를 회복할 수 없는 현상

① 쳐든각 효과의 감소
② 뒤젖힘 날개의 비틀림
③ 뒤젖힘 날개의 날개 끝 실속
④ 날개의 풍압 중심이 앞으로 이동

피치업의 원인
• 뒤젖힘 날개의 날개 끝 실속
• 뒤젖힘 날개의 비틀림
• 날개의 풍압 중심이 앞으로 이동
• 승강키의 효율 감소

17 항공기의 중립점(NP)에 대한 정의로 옳은 것은?

① 항공기에서 무게가 가장 무거운 점
② 항공기 세로 길이 방향에서 가운데 점
③ 받음각에 따른 피칭 모멘트가 0인 점
④ 받음각에 따른 피칭 모멘트가 일정한 점

18 정상 수평 선회하는 항공기에 작용하는 원심력과 구심력에 대한 설명으로 옳은 것은?

① 원심력은 추력의 수평 성분이며 구심력과 방향이 반대이다.
② 원심력은 중력의 수직 성분이며 구심력과 방향이 반대이다.
③ 구심력은 중력의 수평 성분이며 원심력과 방향이 같다.
④ 구심력은 양력의 수평 성분이며 원심력과 방향이 반대이다.

19 그림과 같은 전진 속도 없이 자동 회전(Auto Rotation) 비행하는 헬리콥터의 회전 날개에서 회전력을 증가시키는 힘을 발생하는 영역은?

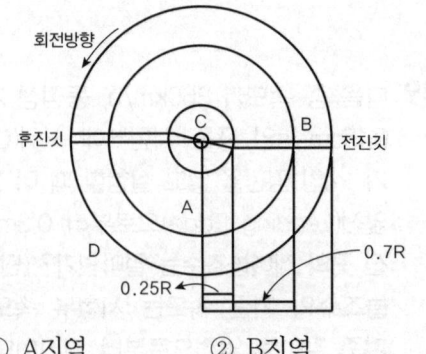

① A지역   ② B지역
③ C지역   ④ D지역

A : 자동 회전 영역
B : 프로펠러 영역
C : 실속 영역

20 날개 뒤쪽 공기의 하향 흐름에 의해 양력이 뒤로 기울어져 그 힘의 수평 성분에 해당하는 항력은?
① 조파 항력   ② 유도 항력
③ 마찰 항력   ④ 형상 항력

21 항공기용 가스 터빈 기관 오일 계통에 사용되는 기어 펌프의 작동에 대한 설명으로 옳은 것은?
① 아이들 기어(Idle Gear)는 동력을 전달받아 회전하고 구동 기어(Drive Gear)는 아이들 기어에 맞물려 자연스럽게 회전한다.
② 구동 기어(Drive Gear)는 동력을 전달받아 회전하고 아이들 기어(Idle Gear)는 구동 기어에 맞물려 자연스럽게 회전한다.
③ 구동 기어(Drive Gear)와 아이들 기어(Idle Gear) 모두 오일 압력에 의해 자연적으로 회전한다.
④ 구동 기어(Drive Gear)와 아이들 기어(Idle Gear) 모두 동력을 전달받아 회전한다.

22 공기를 외부의 열로부터 차단하고 열의 출입을 수반하지 않은 상태에서 팽창시키면 온도는 어떻게 되는가?
① 감소한다.
② 상승한다.
③ 일정하다.
④ 감소하다가 증가한다.

23 가스 터빈 기관의 흡입구에 형성된 얼음이 압축기 실속을 일으키는 이유는?
① 공기 압력을 증가시키기 때문에
② 공기 속도를 증가시키기 때문에
③ 공기 전압력을 일정하게 하기 때문에
④ 공기 통로의 면적을 작게 만들기 때문에

24 기관의 손상을 방지하기 위해 왕복 기관 시동 후 바로 작동 상태를 점검하기 위하여 확인해야 하는 계기는?
① 흡입 압력 계기   ② 연료 압력 계기
③ 오일 압력 계기   ④ 기관 회전수 계기

25 왕복 기관 항공기가 고고도에서 비행 시 조종사가 연료, 공기 혼합비를 조정하는 주된 이유는?
① 베이퍼 로크 방지를 위해
② 결빙을 방지하기 위해
③ 혼합비 과농후를 방지하기 위해
④ 혼합비 과희박을 방지하기 위해

해설
혼합비 조정 장치(Mixture Control System)
• 기능 : 고고도에서 과농후 방지, 순항 시 희박 혼합비로 연료절감
• 종류 : Back Suction Type, Needle Valve Type, Air Port Type

26 그림과 같은 오토 사이클 p-v선도에서 $V_1 = 8m^3/kg$, $V_2 = 2m^3/kg$인 경우 압축비는 얼마인가?

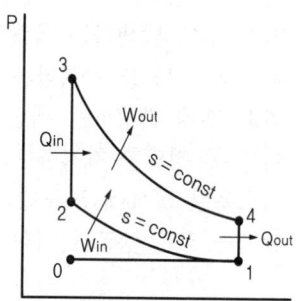

① 2 : 1   ② 4 : 1
③ 6 : 1   ④ 8 : 1

$$\epsilon = \frac{V_1}{V_2} = \frac{8}{2} = 4$$

27 프로펠러 거버너(Governor)의 부품이 아닌 것은?

① 파일롯 밸브
② 플라이 웨이트
③ 아네로이드
④ 카운터 밸런스

28 가스 터빈 기관에서 길이가 짧으며 구조가 간단하고 연소 효율이 좋은 연소실은?

① 캔형   ② 터뷸러형
③ 애뉼러형   ④ 실린더형

애뉼러형 연소실의 장점
- 연소실 구조가 간단하다.
- 캔형에 비해 길이가 짧다.
- 연소가 안정하여 연소 정지 현상이 없다.
- 출구 온도 분포가 균일하다.
- 연소 효율이 좋다.

29 옥탄가 90이라는 항공기 연료를 옳게 설명한 것은?

① 노말헵탄 10%를 세탄 90%의 혼합물과 같은 정도를 나타내는 가솔린
② 연소 후에 발생하는 옥탄가스의 비율이 90% 정도를 차지하는 가솔린
③ 연소 후에 발생하는 세탄가스의 비율이 10% 정도를 차지하는 가솔린
④ 이소옥탄 90%에 노말헵탄 10%의 혼합물과 같은 정도를 나타내는 가솔린

옥탄가(Octan Number : O.N)
- 안티노크성의 정도를 수치로 나타낸 것
- 이소옥탄과 노말헵탄으로 만든 표준 연료 중 이소옥탄의 함유된 %(체적 비율)

30 왕복 기관의 오일 탱크에 대한 설명으로 옳은 것은?

① 일반적으로 오일 탱크는 오일 펌프 입구보다 약간 높게 설치한다.
② 물이나 불순물을 제거하기 위해 탱크 밑바닥에는 딥스틱이 있다.
③ 윤활유의 열팽창에 대비해서 드레인 플러그가 있다.
④ 오일 탱크의 재질은 일반적으로 강도가 높은 철판으로 제작된다.

오일의 공급을 원활하게 하기 위해 오일 탱크는 오일 펌프보다 높은 곳에 설치

31 크랭크축의 회전 속도가 2400rpm인 14기통 2열 성형기관에서 3-로브 캠판의 회전 속도는 몇 rpm인가?

① 200   ② 400
③ 600   ④ 800

크랭크축에 대한 캠판의 속도 = $\frac{1}{\text{로브수} \times 2}$

= $\frac{1}{2 \times 3} = \frac{1}{6}$ 이므로

캠판의 회전 속도 = $\frac{2400}{6} = 400\,rpm$

32 가스 터빈 기관의 교류 고전압 축전기 방전 점화 계통에서 고전압 펄스를 형성하는 곳은?

① 접점(Breaker)
② 정류기(Rectifier)
③ 멀티로브 캠(Multilobe Cam)
④ 트리거 변압기(Trigger Transformer)

트리거 변압기(Trigger Transformer)
고전압 펄스가 요구되는 곳에 사용되며 최대에너지의 집중을 가능하게 한다.

33 왕복 기관을 실린더 배열에 따라 분류할 때 대향형 기관을 나타내는 것은?

①    ②
③    ④

34 프로펠러 깃 선단(Tip)이 회전방향의 반대 방향으로 처지게(Lag)하는 힘은?
① 토크에 의한 굽힘
② 하중에 의한 굽힘
③ 공력에 의한 비틀림
④ 원심력에 의한 비틀림

35 항공기 왕복 기관 점화 장치에서 콘덴서(Condenser)의 기능은?
① 2차 코일을 위하여 안전 간격을 준다.
② 1차 코일과 2차 코일에 흐르는 전류를 조절한다.
③ 1차 코일에 잔류되어 있는 전류를 신속히 흡수 제거시킨다.
④ 포인트가 열릴 때 자력선의 흐름을 차단한다.

콘덴서(Condenser)
• 브레이커 포인트와 1차 회로에 병렬로 연결되어 브레이커 포인트에 생기는 과도한 아크를 방지
• 철심의 잔류 자기를 빨리 소멸시키는 역할

36 추진 시 공기를 흡입하지 않고 기관 자체 내의 고체 또는 액체의 산화제와 연료를 사용하는 기관은?
① 로켓   ② 펄스 제트
③ 램 제트   ④ 터보 프롭

로켓은 별도의 공기흡입기관 없이 기관 내부의 산화제를 이용하는 기관

37 터보팬 기관의 추력에 비례하며 트리밍(Trimming) 작업의 기준이 되는 것은?
① 연료 유량
② 기관 압력비(EPR)
③ 대기 온도
④ 터빈 입구 온도(TIT)

기관의 조절(Trimming)
• 정격 추력을 위한 기관의 특정 상태 : CIT(Compressor Inlet Temperature) & CIP (Pressure), RPM, EPR(Engine Pressure Ratio), TDP(Turbine Discharge Pressure), A8(Exhaust Nozzle Area)
• 추력 측정 방법 : EPR 또는 RPM

38 가스 터빈 기관의 연료 가열기(Fuel Heater)에 대한 설명으로 틀린 것은?
① 연료의 결빙을 방지한다.
② 오일의 온도를 상승시킨다.
③ 압축기 블리드 공기를 사용한다.
④ 연료의 온도를 빙점(Freezing Point) 이상으로 유지한다.

연료에 포함된 수분의 결빙에 의해 연료의 흐름이 막히는 것을 방지하기 위해 연료가열기를 사용

39 가스 터빈 기관의 연소실 효율이란?
① 공급 에너지와 기관의 추력비이다.
② 연소실 입구와 출구 사이의 온도비이다.
③ 연소실 입구와 출구 사이의 전압력비이다.
④ 공기의 엔탈피 증가와 공급 열량과의 비이다.

연소 효율

공급된 열량과 공기의 실제 증가된 에너지의 비

연소 효율$(\eta b) = \dfrac{\text{입구와 출구의 총 에너지 차이}}{\text{공급된 열량} \times \text{연료 저발열량}}$

연소 효율은 압력 및 온도가 낮을수록, 공기의 속도가 클수록 낮아진다. 즉, 고도가 높아질수록 연소 효율이 낮아지며 보통 연소 효율은 95% 이상이어야 한다.

40 왕복 기관 연료 계통에 사용되는 이코노마이저 밸브가 닫힌 위치로 고착되었을 때 발생하는 현상에 대한 설명으로 옳은 것은?

① 순항 속도 이하에서 노킹이 발생하게 된다.
② 순항 속도 이하에서 조기 점화가 발생하게 된다.
③ 순항 속도 이상에서 지연 점화가 발생하게 된다.
④ 순항 속도 이상에서 디토네이션이 발생하게 된다.

이코노마이저 장치(Economizing System)
기관의 출력이 순항 출력 이상의 높은 출력일 때 연료를 더 공급하여 농후 혼합비를 만들어 주는 장치로, 연료의 기화열에 의하여 연소실 온도를 낮추어 디토네이션 방지

41 다른 재질의 금속이 접촉하면 접촉 전기와 수분에 의해 국부 전류 흐름이 발생하여 부식을 초래하게 되는 현상을 무엇이라 하는가?

① Galvanic Corrosion
② Bonding
③ Anti-Corrosion
④ Age Hardening

이질 금속간 부식(Galvanic Corrosion)
• 두 종류의 이질 금속이 접촉하여 전해질로 연결되어 한쪽의 금속에 전기·화학적인 부식 발생
• 동전기 부식이라고도 함.

42 무게가 2950kg이고 중심 위치가 기준선 후방 300cm인 항공기에서 기준선 후방 200cm에 위치한 50kg의 전자 장비를 장탈하고, 기준선 후방 250cm에 위치한 화물실에 100kg의 비상 물품을 실었다면 이때 중심 위치는 기준선 후방 약 몇 cm에 위치하는가?

① 300   ② 310
③ 313   ④ 410

새로운 무게 중심
$= \dfrac{\text{총 모멘트} \pm \text{변화된 모멘트}}{\text{총 무게} \pm \text{변화된 무게}}$
$= \dfrac{2950 \times 300 - 50 \times 200 + 100 \times 250}{2950 - 50 + 100}$
$= 300 \text{cm}$

43 다음 중 알루미늄 합금의 부식 방지법이 아닌 것은?

① 크래딩(Cladding)
② 양극 처리(Anodizing)
③ 알로다이징(Alodizing)
④ 용체화처리(Solutioning)

• 알로다인 처리(Alodine) : 알루미늄을 크롬산 용액으로 처리
• 양극 처리(Anodizing) : 알루미늄 합금, 마그네슘 합금을 양극으로 하여 황산, 크롬산 등의 전해액에 담금. 양극에 발생하는 산소에 의해 산화 피막 형성
• 알클래드(Alclad) : 알루미늄 합금 표면에 순수 알루미늄 피막을 실제 두께의 5~10% 압연

44 올레오 쇼크 스트럿(Oleo Shock Strut)에 있는 메터링 핀(Metering Pin)의 주된 역할은?

① 스트럿 내부의 공기량을 조정한다.
② 업(Up) 위치에서 스트럿을 제동한다.
③ 다운(Down) 위치에서 스트럿을 제동한다.
④ 스트럿이 압착될 때 오일의 흐름을 제한하여 충격을 흡수한다.

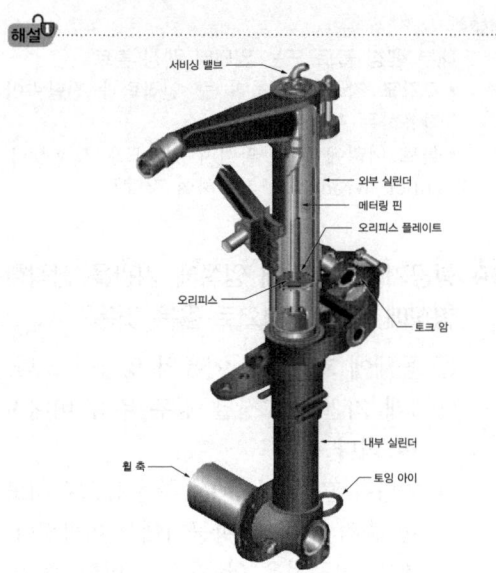

45 다음 중 탄소강을 이루는 5대 원소에 속하지 않는 것은?

① Si   ② Mn
③ Ni   ④ S

해설
5대 원소
탄소(C), 규소(Si), 망간(Mn), 인(P), 황(S)

46 항공기가 수평 비행을 하다가 갑자기 조종간을 당겨서 최대 양력 계수의 상태로 될 때 큰 날개에 작용하는 하중 배수가 그 항공기의 설계 제한 하중과 같게 되는 수평 속도는?

① 설계 급강하 속도
② 설계 운용 속도
③ 설계 돌풍 운용 속도
④ 설계 순항 속도

- V_D(설계 급강하 속도) : 구조상의 안전성과 조종면의 안전을 보장하는 설계상의 최대 허용 속도
- V_C(설계 순항 속도) : 가장 효율적인 속도
- V_B(설계 돌풍 운용 속도) : 기상 조건이 나빠 돌풍이 예상될 때 항공기는 V_B 이하로 비행
- V_A(설계 운용 속도) : 플랩이 업 된 상태에서 설계 무게에 대한 실속 속도

47 "1/4-28-UNF-3A" 나사(Thread)에 대한 설명으로 옳은 것은?

① 직경은 1/4 인치이고 암나사이다.
② 직경은 1/4 인치이고 거친 나사이다.
③ 나사산 수가 인치당 7개이고 거친 나사이다.
④ 나사산 수가 인치당 28개이고 가는 나사이다.

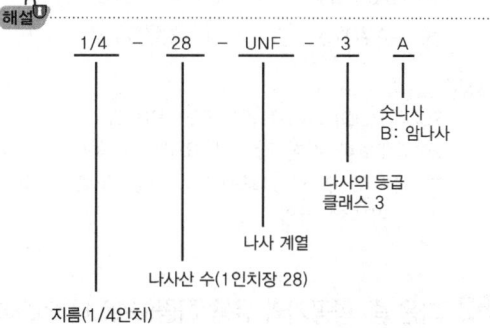

48 가스 용접을 할 때 사용하는 산소와 아세틸렌 가스 용기의 색을 옳게 나타낸 것은?

① 산소 용기: 청색, 아세틸렌 용기: 회색
② 산소 용기: 녹색, 아세틸렌 용기: 황색
③ 산소 용기: 청색, 아세틸렌 용기: 황색
④ 산소 용기: 녹색, 아세틸렌 용기: 회색

49 모노 코크 구조의 항공기에서 동체에 가해지는 대부분의 하중을 담당하는 부재는?

① 론저론(Longeron)
② 외피(Skin)
③ 스트링거(Stringer)
④ 벌크헤드(Bulkhead)

모노 코크 구조(Monocoque Structure)
하중 대부분 외피(Skin)가 담당하는 구조 즉, 외판만으로 구성된 구조

50 1차 조종면(Primary Control Surface)의 목적이 아닌 것은?

① 방향을 조종한다.
② 가로 운동을 조종한다.
③ 상승과 하강을 조종한다.
④ 이착륙 거리를 단축시킨다.

51 상온에서 자연 시효 경화가 가장 빠른 알루미늄 합금은?

① AA2024   ② AA6061
③ AA7075   ④ AA7178

2024 T(DD) 24 ST ICE BOX RIVET
2017 T보다 강한 강도가 요구되는 곳에 사용하며 열처리 후 냉장 보관하고 상온 노출 후 10~20분 이내에 작업

52 다음 중 항공기의 유용 하중(Useful Load)에 해당하는 것은?

① 고정 장치 무게   ② 연료 무게
③ 동력 장치 무게   ④ 기체 구조 무게

유효 하중(Useful Load)
총 무게 - 자기 무게
승무원, 승객, 사용가능한 연료 무게, 배출 가능한 윤활유 무게

53 인터널 렌칭 볼트(Internal Wrenching Bolt)의 사용 시 주의 사항으로 옳은 것은?

① 볼트를 풀고 죌 때는 L렌치를 사용한다.
② 카운터싱크 와셔를 사용할 때는 와셔의 방향은 무시해도 좋다.
③ MS와 NAS의 인터널 렌칭 볼트의 호환은 MS를 NAS로 교환이 가능하다.
④ 너트의 아래는 충격에 강한 연질의 와셔를 사용한다.

내부 렌칭 볼트 또는 인터널 렌칭 볼트
• 고강도 강으로 만들며 큰 인장력과 전단력이 작용하는 부분에 사용
• 볼트 머리에 홈이 파여져 있으므로 L wench (Allen Wrench)로 사용하여 장탈착

54 항공기의 주 날개 양쪽에 기관을 장착한 형식에 대한 설명으로 옳은 것은?

① 동체에 흐르는 난기류의 영향이 크다.
② 1개 기관이 고장날 경우 추력 비대칭이 적다.
③ 치명적 고장 또는 비상 착륙 등으로 과도한 충격 발생 시 항공기에서 이탈된다.
④ 정비 접근성은 안 좋으나 비행 중 날개에 대한 굽힘 하중이 적다.

55 푸시 풀 로드 조종 계통과 비교하여 케이블 조종 계통의 장점이 아닌 것은?

① 방향 전환이 자유롭다.
② 다른 조종 장치에 비해 무게가 가볍다.
③ 구조가 간단하여 가공 및 정비가 쉽다.
④ 케이블의 접촉이 적어 마찰이 적고 마모가 없다.

케이블 조종 계통
• 설치 공간과 힘의 전달 방향을 유연하게 선택
• 무게 경량, 구조 간단
• 동체의 압축, 팽창력과 온도 변화에 따르는 장력의 변화 고려

56 반복 하중을 받는 항공기의 주 구조부가 파괴되더라도 남은 구조에 의해 치명적 파괴 또는 구조 변형을 방지하도록 설계된 구조는?

① 응력 외피 구조
② 트러스(Truss) 구조
③ 페일 세이프(Fail Safe) 구조
④ 1차 구조(Primary Structure)

페일 세이프 구조
한 구조물이 여러 개의 구조 요소로 결합되어 있어 어느 부분이 피로 파괴가 일어나거나 그 일부분이 파괴되어도 나머지 구조가 작용하는 하중을 지지할 수 있어 치명적인 파괴 또는 과도한 변형을 가져오지 않게 함으로써 항공기 구조상 위험이나 파손을 보완할 수 있는 구조

57 두께가 0.051in인 재료를 90° 굴곡에 굴곡 반경 0.125in가 되도록 굴곡할 때 생기는 세트백(Set Back)은 몇 in인가?

① 2.450   ② 0.276
③ 0.176   ④ 0.088

$SB = k(R+T) = \tan\dfrac{\theta}{2}(R+T)$
$= \tan 45(0.125 + 0.051) = 0.176\,\text{in}$

58 턴버클(Turnbuckle)의 검사 방법에 대한 설명으로 틀린 것은?

① 이중 결선법인 경우 배럴의 검사 구멍에 핀이 들어가면 장착이 잘 되었다고 할 수 있다.
② 이중 결선법인 경우에 케이블의 지름이 1/8in 이상인지를 확인한다.
③ 단선 결선법에서 턴버클 섕크 주위로 와이어가 4회 이상 감겼는지 확인한다.
④ 단선 결선법인 경우 턴버클의 죔이 적당한지는 나사산이 3개 이상 밖에 나와 있는지를 확인한다.

59 그림과 같이 보에 집중 하중이 가해질 때 하중 중심의 위치는?

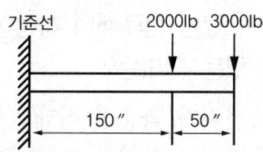

① 기준선에서부터 100″
② 기준선에서부터 150″
③ 보의 우측 끝에서부터 20″
④ 보의 우측 끝에서부터 180″

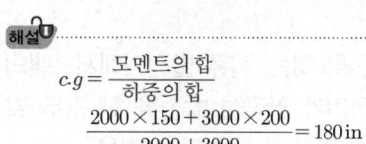

$c.g = \dfrac{\text{모멘트의 합}}{\text{하중의 합}}$
$\dfrac{2000 \times 150 + 3000 \times 200}{2000 + 3000} = 180\,\text{in}$

60 지름이 10cm인 원형단면과 1m 길이를 갖는 알루미늄 합금 재질의 봉이 10N의 축하중을 받아 전체 길이가 50μm 늘어났다면 이때 인장 변형률을 나타내기 위한 단위는?

① N/m^2 ② N/m^3
③ $\mu m/m$ ④ MPa

61 항공기의 니켈-카드뮴(Nickel-Cadmium) 축전지가 완전 상태일 때 1셀(Cell)의 기전력은 무부하에서 몇 V인가?

① 1.0 ~ 1.1 V
② 1.1 ~ 1.2 V
③ 1.2 ~ 1.3 V
④ 1.3 ~ 1.4 V

• 수산화칼륨은 화학반응에 참여하지 않고 통전 역할만 하므로 충 방전 시에도 비중의 변화가 없음.
• 완충된 상태의 1셀당 기전력은 무부하에서 1.3~1.4V
• 부하가 가해지면 1.2V

62 소형 항공기의 직류 전원 계통에서 메인 버스(Main Bus)와 축전지 버스 사이에 접속되어 있는 전류계의 지침이 "+"를 지시하고 있는 의미는?

① 축전지가 과충전 상태
② 축전지가 부하에 전류 공급
③ 발전기가 부하에 전류 공급
④ 발전기의 출력 전압에 의해서 축전지가 충전

63 병렬 운전을 하는 직류 발전기에서 1대의 직류 발전기가 역극성 발전을 할 경우 발전을 멈추기 위해 작동되는 것은?

① 밸런스 릴레이
② 출력 릴레이
③ 이퀄라이징 릴레이
④ 필드 릴레이

필드 릴레이
엔진 정지 시 배터리에서 계자로 전기가 흐르는 것을 방지

64 항공기 가스 터빈 기관의 온도를 측정하기 위해 1개의 저항 값이 0.79Ω인 열전쌍이 병렬로 6개가 연결되어 있다. 기관의 온도가 500℃일 때 1개의 열전쌍에서 출력되는 기전력이 20.64mV이라면 이 회로에 흐르는 전체 전류는 약 몇 mA인가? (단, 전선의 저항 24.87Ω, 계기 내부 저항 23Ω이다)

① 0.163
② 0.392
③ 0.430
④ 0.526

$R_{열전쌍} = \dfrac{0.79}{6} = 0.132 \, \Omega$
$R = R_{전선} + R_{내부} + R_{열전쌍}$
$\quad = 24.87 + 23 + 0.132 = 48 \, \Omega$
$I = \dfrac{E}{R} = \dfrac{20.64}{48} = 0.43 \, mA$

65 항공기 동체 상하면에 장착되어 있는 충돌 방지등(Anti-collision Light)의 색깔은?

① 녹색　　② 청색
③ 흰색　　④ 적색

충돌 방지등
야간이나 구름 속을 비행할 때 충돌을 방지하기 위한 등으로 동체의 가장 위쪽이나 수직 안정판 꼭대기에 적색등을 설치

66 항공기 주 전원 장치에서 주파수를 400Hz로 사용하는 주된 이유는?

① 감압이 용이하기 때문에
② 승압이 용이하기 때문에
③ 전선의 무게를 줄이기 위해
④ 전압의 효율을 높이기 위해

67 자이로신 컴퍼스의 플럭스 밸브를 장·탈착 시 설명으로 옳은 것은?

① 장착용 나사와 사용공구 모두 자성체인 것을 사용해야 한다.
② 장착용 나사와 사용공구 모두 비자성체인 것을 사용해야 한다.
③ 장착용 나사는 비자성체인 것을 사용해야 하며, 사용 공구는 보통의 것이 좋다.
④ 장착용 나사와 사용 공구에 대한 특별한 사용 제한이 없으므로 일반 공구를 사용해도 된다.

플럭스 밸브(Flux Valve)
• 지자기의 수평 성분을 검출하여 그 방향을 전기 신호로 바꾸어 원격 전달하는 장치
• 자성체의 영향을 받게 되면 자기의 방향에 영향을 주게 되므로 오차의 원인이 되고, 검출기의 철심도 자기 전도율이 좋은 자성 합금을 사용하고 있기 때문에 자기를 띤 물질이 접근하면 오차 원인이 됨

68 해발 500m인 지형 위를 비행하고 있는 항공기의 절대 고도가 1000m라면 이 항공기의 진 고도는 몇 m인가?

① 500   ② 1000
③ 1500 ④ 2000

- 진 고도(True Altitude) : 해면상에서부터의 고도
- 절대 고도(Absolute Altitude) : 지형까지의 고도
- 기압 고도(Pressure Altitude) : 표준 대기압 해면에서의 고도

69 동압(Dynamic Pressure)에 의해서 작동되는 계기가 아닌 것은?

① 고도계   ② 대기 속도계
③ 마하계   ④ 진대기 속도계

70 항공기의 수직 방향 속도를 분당 피트(Feet)로 지시하는 계기는?

① VSI   ② LRRA
③ DME ④ HSI

71 신호파에 따라 반송파의 주파수를 변화시키는 변조 방식은?

① AM   ② FM
③ PM   ④ PCM

- AM(Amplitude Modulation) : 신호의 크기에 따른 반송파의 진폭 변조
- FM(Frequency Modulation) : 신호의 크기에 따른 반송파의 주파수 변조

72 지상에 설치한 무지향성 무선 표시국으로부터 송신되는 전파의 도래 방향을 계기 상에 지시하는 것은?

① 거리 측정 장치(DME)
② 자동 방향 탐지기(ADF)
③ 항공 교통 관제 장치(ATC)
④ 전파 고도계(Radio Altimeter)

자동 방향 탐지기(ADF : Automatic Direction Finder) 190~1750[kHz]의 전파를 사용하여 지상 무선국으로부터의 전파가 전송되는 방향을 알아 지상 무선국의 방위를 시각 장치나 음향 장치를 통해 알아내는 장치

73 종합 전자 계기에서 항공기의 착륙 결심 고도가 표시되는 곳은?

① Navigation Display
② Control Display Unit
③ Primary Flight Display
④ Flight Control Computer

74 다음 중 가시거리에 사용되는 전파는?

① VHF   ② VLF
③ HF   ④ MF

75 비행장에 설치된 컴퍼스 로즈(Compass Rose)의 주 용도는?

① 지역의 지자기의 세기 표시
② 활주로의 방향을 표시하는 방위도 지시
③ 기내에 설치된 자기 컴퍼스의 자차수정
④ 지역의 편각을 알려주기 위한 기준방향 표시

자차 수정은 나침반 로즈(Compass Rose)에서 항공기를 컴퍼스 스윙(Compass Swing)하여 오차가 나면 나침반에 있는 보정 나사를 통해 보정

76 객실 압력 조절에 직접적으로 영향을 주는 것은?

① 공압 계통의 압력
② 슈퍼차저의 압축비
③ 터보 컴프레서의 속도
④ 아웃 플로 밸브의 개폐 속도

아웃 플로우 밸브
객실 내의 공기를 일정 기압이 되도록 동체의 옆이나 끝부분, 또는 날개의 필릿을 통하여 공기를 외부로 배출시키는 밸브

77 유압 계통에서 사용되는 체크 밸브의 역할은?

① 역류 방지   ② 기포 방지
③ 압력 조절   ④ 유압 차단

78 다른 종류와 비교해서 구조가 간단하여 항공기에 많이 사용되는 축압기(Accumulator)는?

① 스풀(Spool)형
② 포핏(Poppet)형
③ 피스톤(Piston)형
④ 솔레노이드(Solenoid)형

피스톤형 펌프
3000psi 이상의 고압을 사용
대형 항공기 대부분 이 형식 사용

79 화재 탐지 장치에 대한 설명이 틀린 것은?

① 광전기셀(Photo-electric Cell)은 공기 중의 연기가 빛을 굴절시켜 광전기셀에서 전류를 발생한다.
② 열전쌍(Thermocouple)은 주변의 온도가 서서히 상승함에 따라 전압을 발생한다.
③ 서미스터(Thermistor)는 저온에서는 저항이 높아지고 온도가 상승하면 저항이 낮아져 도체로서 회로를 구성한다.
④ 열스위치(Thermal Switch)식에 사용되는 Ni-Fe의 합금 철편은 열팽창률이 낮다.

화재 탐지기
- 열 스위치식(Thermal Switch Type) 탐지기 : 낮은 열팽창률의 니켈-철 합금인 금속 스트릿이 서로 휘어져 있어 평상시에는 접촉점이 떨어져 있으나, 열을 받게 되면 열팽창률이 높은 스테인리스강으로 된 케이스가 늘어나게 되므로 금속 스트릿이 펴지면서 접촉점이 연결되어 경고 장치 회로가 작동
- 열전쌍(Thermocouple) 탐지기 : 특정 온도 이상의 조건에서 감지하는 열 스위치 장치와는 달리 온도의 상승률을 기준으로 화재 감지
- 연속 저항 루프 화재 탐지기(Resistance Loop Type Detector) : 스테인리스강이나 인코넬 튜브로 만들어져 있으며, 인코넬 튜브 안은 절연체 세라믹으로 채워져 있고, 전기적 신호를 전송하기 위하여 2개의 니켈 전선이 들어 있음.
- 압력식 탐지기 : 화재나 과열이 발생하면 가스의 압력 상승으로 감지하는 방식

80 램 효과(Ram Effect)에 의해 방빙이나 제빙이 필요하지 않는 부분은?

① Windshield   ② Nose Radome
③ Drain Mast   ④ Engine Inlet

비행 중 결빙이 생길 수 있는 부분 : 주날개의 앞전, 조종면의 앞쪽 부분, 윈드실드 및 기관의 공기 흡입구, 피토관 및 프로펠러 깃의 앞전, 아웃 플로우 밸브 및 네거티브 밸브, 그 외 각종 공기 흡입구 및 배출구 등

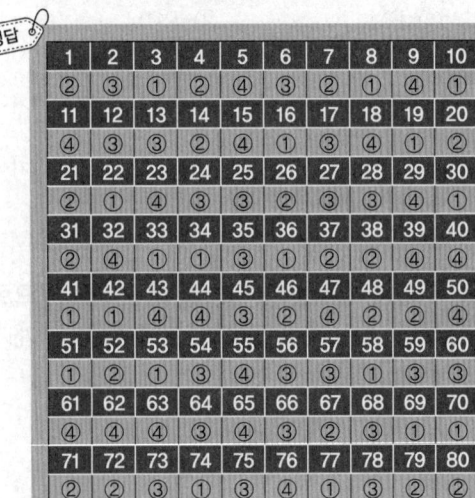

2015년 제4회 기출문제

자격 종목 및 등급(선택 분야)	종목 코드	시험 시간	형별
항공산업기사	2230	2시간	A

01 그림은 주 로터(Main Rotor)와 테일 로터(Tail Rotor)를 갖는 헬리콥터에서 발생하는 요구 마력을 발생 원인별로 속도에 따른 변화를 나타낸 것으로 이에 대한 설명으로 옳은 것은?

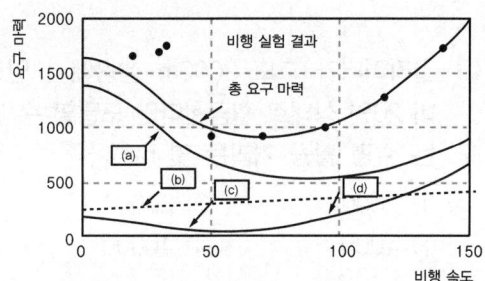

① (a)는 테일 로터의 요구마력이다.
② (b)는 주 로터 블레이드의 항력에 의한 형상 마력이다.
③ (c)는 동체의 항력에 의한 유해 마력이다.
④ (d)는 주 로터 유도 속도에 의한 유도 마력이다.

(a) 주 로터의 유도 마력
(b) 주 로터의 항력에 의한 형상 마력
(c) 테일 로터의 형상 마력
(d) 동체의 저항에 의한 유해 마력

02 방향 안정성에 관한 설명으로 틀린 것은?

① 도살 핀(Dorsal Pin)을 붙이면 큰 옆 미끄럼각에서 방향 안정성이 좋아진다.
② 수직 꼬리 날개의 위치를 비행기의 무게 중심으로부터 멀리 할수록 방향 안정성이 증가한다.
③ 가로 및 방향 진동이 결합된 옆놀이 및 빗놀이의 주기 진동을 더치롤(Dutch Roll)이라 한다.
④ 단면이 유선형인 동체는 일반적으로 무게 중심이 동체의 1/4지점의 후방에 위치하면 방향 안정성이 좋다.

03 제트 비행기가 240m/s의 속도로 비행할 때 마하수는 얼마인가? (단, 기온 : 20℃, 기체 상수 : 287m²/s²K, 비열비 : 1.40이다)

① 0.699
② 0.785
③ 0.894
④ 0.926

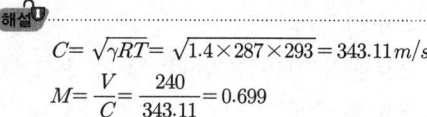

$C = \sqrt{\gamma RT} = \sqrt{1.4 \times 287 \times 293} = 343.11 \, m/s$

$M = \dfrac{V}{C} = \dfrac{240}{343.11} = 0.699$

04 오존층이 존재하는 대기의 층은?

① 대류권
② 열권
③ 성층권
④ 중간권

05 중량 3200kgf인 비행기가 경사각 15°로 정상 선회를 하고 있을 때 이 비행기의 원심력은 약 몇 kgf인가?

① 857
② 1600
③ 1847
④ 3091

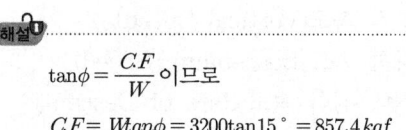

$\tan\phi = \dfrac{C.F}{W}$ 이므로

$C.F = W\tan\phi = 3200\tan15° = 857.4 \, kgf$

06 헬리콥터를 전진, 후진, 옆으로 비행을 시키기 위하여 회전면을 경사시키는 데 사용되는 조종 장치는?

① 동시 피치 조종 장치
② 추력 조절 장치
③ 주기 피치 조종 장치
④ 방향 조종 페달

헬리콥터의 조종 계통
- 사이클릭(주기적) : 전진, 후진, 횡진
- 콜렉티브(동시) : 상승, 하강
- 페달 : 방향 조종

07 프로펠러 깃을 통과하는 순수한 유도 속도를 옳게 표현한 것은?

① 프로펠러 깃을 통과하는 공기 속도 + 비행 속도
② 프로펠러 깃을 통과하는 공기 속도 − 비행 속도
③ 프로펠러 깃을 통과하는 공기 속도 × 비행 속도
④ 비행 속도 ÷ 프로펠러 깃을 통과하는 공기 속도

08 비행기 날개에 작용하는 양력을 증가시키기 위한 방법이 아닌 것은?

① 양력 계수를 최대로 한다.
② 날개의 면적을 최소로 한다.
③ 항공기의 속도를 증가시킨다.
④ 주변 유체의 밀도를 증가시킨다.

09 비행기가 수직 강하 시 도달할 수 있는 최대의 속도를 무엇이라 하는가?

① 수직 속도(Vertical Speed)
② 강하 속도(Descending Speed)
③ 최대 침하 속도(Rate of Descent)
④ 종극 속도(Terminal Velocity)

10 비행기 날개의 가로세로비가 커졌을 때 옳은 설명은?

① 양력이 감소한다.
② 유도 항력이 증가한다.
③ 유도 항력이 감소한다.
④ 스팬 효율과 양력이 증가한다.

$$D_i = \frac{1}{2}\rho V^2 C_{Di} S = \frac{1}{2}\rho V^2 \frac{C_L^2}{\pi e AR} S$$

11 글라이더가 고도 2000m 상공에서 양항비 20인 상태로 활공한다면 도달할 수 있는 수평 활공 거리는 몇 m인가?

① 2000
② 20000
③ 4000
④ 40000

$\tan\theta = \dfrac{1}{양항비} = \dfrac{고도}{활공 거리}$ 이므로
활공 거리 = 양항비 × 거리
= 20 × 2000 = 40000m

12 받음각(Angle of Attack)에 대한 설명으로 옳은 것은?

① 후퇴각과 취부각의 차
② 동체 중심선과 시위선이 이루는 각
③ 날개 중심선과 시위선이 이루는 각
④ 항공기 진행 방향과 시위선이 이루는 각

13 360km/h의 속도로 표준 해면 고도 위를 비행하고 있는 항공기의 날개 상의 한 점에서 압력이 100kPa일 때 이 점에서의 유속은 약 몇 m/s인가? (단, 표준 해면 고도에서 공기의 밀도는 1.23kg/m³이며, 압력은 1.01×10^5N/m²)

① 105.82
② 107.82
③ 109.82
④ 111.82

해설

$$P_1 + \frac{1}{2}\rho V_1^2 = P_2 + \frac{1}{2}\rho V_2^2$$

$$101000 + \frac{1}{2} \times 1.23 \times (\frac{360}{3.6})^2$$

$$= 100000 + \frac{1}{2} \times 1.23 \times V_2^2$$

$$V_2 = 107.82 \, \text{m/s}$$

14 제트 항공기가 최대 항속 거리로 비행하기 위한 조건은? (단, C_L 양력 계수, C_D 항력 계수이며, 연료 소비율은 일정하다)

① $\left(\dfrac{C_L^{\frac{1}{2}}}{C_D}\right)$ 최대 및 고고도

② $\left(\dfrac{C_L^{\frac{1}{2}}}{C_D}\right)$ 최대 및 저고도

③ $\left(\dfrac{C_L}{C_D}\right)$ 최대 및 고고도

④ $\left(\dfrac{C_L}{C_D}\right)$ 최대 및 저고도

해설

구분	항속 거리		항속 시간	
	프로펠러기	제트기	프로펠러기	제트기
양항비	$(\dfrac{C_L}{C_D})_{\max}$	$(\dfrac{C_L^{\frac{1}{2}}}{C_D})_{\max}$	$(\dfrac{C_L^{\frac{3}{2}}}{C_D})_{\max}$	$(\dfrac{C_L}{C_D})_{\max}$
고도		고고도		저고도

15 꼬리 날개가 주날개의 뒤에 위치하는 일반적인 항공기에서 수평 꼬리 날개의 체적 계수(Tail Volume Coefficient)에 대한 설명으로 틀린 것은?

① 주날개의 면적에 반비례한다.
② 주날개의 시위 길이에 반비례한다.
③ 수평 꼬리 날개의 면적에 비례한다.
④ 수평 꼬리 날개의 시위 길이에 비례한다.

해설

꼬리 날개의 체적 계수
$= \dfrac{\text{꼬리 날개의 면적} \times \text{무게 중심까지의 거리}}{\text{주날개의 면적} \times \text{평균 공력 시위}}$

16 비행기의 옆놀이(Rolling)안정에 가장 큰 영향을 주는 것은?

① 수평 안정판
② 주날개의 받음각
③ 수직 꼬리 날개
④ 주날개의 후퇴각

해설

가로 안정에 영향을 미치는 요소
• 쳐든각 - 가장 큰 영향
• 뒤젖힘각
• 동체
• 수직 꼬리 날개

17 헬리콥터에서 회전 날개의 깃(Blade)은 회전하면 회전면을 밑면으로 하는 원추의 모양을 만들게 되는데 이때 회전면과 원추 모서리가 이루는 각은?

① 피치각(Pitch Angle)
② 코닝각(Coning Angle)
③ 받음각(Angle of Attack)
④ 플래핑각(Flapping Angle)

18 이륙과 착륙에 대한 비행 성능의 설명으로 옳은 것은?

① 착륙 활주 시에 항력은 아주 작으므로 보통 이를 무시한다.
② 이륙할 때 장애물 고도란 위험한 상태의 고도를 말한다.
③ 착륙 거리란 지상 활주거리에 착륙 진입거리를 더한 것이다.
④ 이륙할 때 항력은 속도의 제곱에 반비례하므로 속도를 증가시키면 항력은 감소하게 되어 이륙한다.

19 수평 등속도 비행을 하던 비행기의 속도를 증가시켰을 때 그 상태에서 수평 비행을 하기 위해서는 받음각은 어떻게 하여야 하는가?

① 감소시킨다.
② 증가시킨다.
③ 변화시키지 않는다.
④ 감소하다 증가시킨다.

속도 증가 → 양력 증가 → 상승 비행

20 비행기가 하강 비행을 하는 동안 조종간을 당겨 기수를 올리려 할 때, 받음각과 각속도가 특정 값을 넘게 되면 예상한 정도 이상으로 기수가 올라가게 되는 현상은?

① 피치 업(Pitch Up)
② 스핀(Spin)
③ 버페팅(Buffeting)
④ 디프 실속(Deep Stall)

21 항공기용 가스 터빈 기관에서 터빈 깃 끝단의 슈라우드(Shrouded) 구조의 특징이 아닌 것은?

① 깃을 가볍게 만들 수 있다.
② 터빈 깃의 진동 억제 특성이 우수하다.
③ 깃 팁(Tip)에서 가스 누설 손실이 적다.
④ 깃 팁(Tip)에서 공기 역학적 성능이 우수하다.

슈라우드
블레이드 팁에서의 가스 손실을 줄이고 공기의 흐름을 유지하며 진동 방지

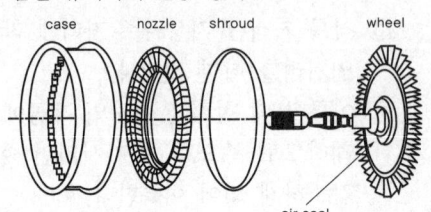

22 아음속 항공기의 수축형 배기 노즐의 역할로 옳은 것은?

① 속도를 감소시키고 압력을 증가시킨다.
② 속도를 감소시키고 압력을 감소시킨다.
③ 속도를 증가시키고 압력을 증가시킨다.
④ 속도를 증가시키고 압력을 감소시킨다.

23 가스 터빈 기관 내의 가스의 특성 변화에 대한 설명으로 옳은 것은?

① 항공기 속도가 느릴 때 공기는 대기압보다 낮은 압력으로 압축기 입구로 들어간다.
② 연소실의 온도보다 이를 통과한 터빈의 가스 온도가 더 높다.
③ 항공기 속도가 증가하면 압축기 입구의 압력은 대기압보다 작아진다.
④ 터빈 노즐의 수축 통로에서 압력이 감소되면서 배기가스의 속도가 급격히 감속된다.

24 정상 작동 중인 왕복 기관에서 점화가 일어나는 시점은?

① 상사점 전
② 상사점
③ 하사점 전
④ 하사점

25 마그네토(Magneto)의 배전기 블록(Distributor Block)에 전기 누전 점검 시 사용하는 기기는?

① Voltmeter
② Feeler Gage
③ Harness Tester
④ High Tension Am meter

26 다음 중 왕복 기관의 열효율이 25%, 정미 마력이 50ps일 때, 총 발열량은 약 몇 kcal/h인가? (단, 1ps는 75kgf · m/s, 1kcal는 427kgf · m이다)

① 8.75
② 35
③ 31500
④ 126000

정미 마력 = 제동 마력
발열량 $= 50 \times 75 \times \dfrac{3600}{427} = 31615.9$ cal

27 다음 중 기관에서 축방향과 동시에 반경방향의 하중을 지지할 수 있는 추력 베어링 형식은?

① 평면 베어링
② 볼 베어링
③ 직선 베어링
④ 저널 베어링

- 평형 베어링 : 저출력 기관의 커넥팅로드, 크랭크축, 캠 축 등에 사용
- 볼 베어링 : 대형 성형 기관과 가스 터빈 기관의 추력 베어링으로 사용

28 다음 중 프로펠러를 항공기에 장착하는 위치에 따라 형식을 분류한 것은?

① 단열식, 복렬식
② 거버너식, 베타식
③ 트랙터식, 추진식
④ 피스톤식, 터빈식

29 배기 밸브 제작 시 축에 중공(Hollow)을 만들고 금속 나트륨을 삽입하는 것은 어떤 효과를 위해서인가?

① 밸브 서징을 방지한다.
② 밸브에 신축성을 부여하여 충격을 흡수한다.
③ 밸브 헤드의 열을 신속히 밸브 축에 전달한다.
④ 농후한 연료에 분사되어 농도를 낮춰 준다.

배기 밸브 스템 속에 Sodium(금속 나트륨 : 약 200°F에서 녹아 냉각 작용 촉진)을 넣어 냉각

30 항공기용 왕복 기관 윤활 계통에서 소기 펌프(Scavenge Pump)의 역할로 옳은 것은?

① 프로펠러 거버너로 윤활유를 보낸다.
② 크랭크축의 중공 부분으로 윤활유를 보내 준다.
③ 오일 탱크로부터 윤활유를 각각의 윤활 부위로 보낸다.
④ 윤활 부위를 빠져나온 윤활유를 다시 오일 탱크로 보내 준다.

31 프로펠러 비행기가 비행중 기관이 고장나서 정지시킬 필요가 있을 때, 프로펠러의 깃 각을 바꾸어 프로펠러의 회전을 멈추게 하는 조작을 무엇이라 하는가?

① 슬립(Slip)
② 비틀림(Twisting)
③ 피칭(Pitching)
④ 페더링(Featehring)

페더링
기관이 고장났을 경우 프로펠러에 의한 회전에 의해 고장이 확대되는 것을 방지하기 위해 깃 각을 90도 정도로 유지하는 것

32 왕복 기관에서 혼합비가 희박하고 흡입 밸브(Intake Valve)가 너무 빨리 열리면 어떤 현상이 나타나는가?

① 노킹(Knocking)
② 역화(Back Fire)
③ 후화(After Fire)
④ 디토네이션(Detonation)

- 과농후 : 후화
- 과희박 : 역화

33 가스 터빈 기관에 사용되고 있는 윤활 계통의 구성품이 아닌 것은?
① 압력 펌프   ② 조속기
③ 소기 펌프   ④ 여과기

34 가스 터빈의 점화 계통에 사용되는 부품이 아닌 것은?
① 익사이터(Exciter)
② 마그네토(Magneto)
③ 리드라인(Lead Line)
④ 점화 플러그(Igniter Plug)

35 가스 터빈 기관 연료 계통의 고장 탐구에 관한 설명으로 틀린 것은?
① 시동 시 연료 흐름량이 낮을 때 부스터 펌프의 결함을 예상할 수 있다.
② 시동 시 연료가 흐르지 않을 때 연료 조정 장치의 차단 밸브 결함을 예상할 수 있다.
③ 시동 시 결핍 시동(Hung Start)이 발생하였다면 연료 조정 장치의 결함을 예상할 수 있다.
④ 시동 시 배기가스 온도가 높을 때 연료 조정 장치의 고장으로 부족한 연료 흐름이 원인임을 예상할 수 있다.

36 장탈과 장착이 가장 편리한 가스 터빈 기관 연소실 형식은?
① 가변정익형
② 캔형
③ 캔-애눌러형
④ 애눌러형

37 엔탈피(Enthalpy)의 차원과 같은 것은?
① 에너지   ② 동력
③ 운동량   ④ 엔트로피

해설
엔탈피
물질이 지니고 있는 단위 중량당 열함량을 의미하는 것으로 물체가 갖는 열에너지와 운동에너지의 합으로 나타낸다.

38 [보기]와 같은 특성을 가진 기관의 명칭은?

[보기]
- 비행 속도가 빠를수록 추진 효율이 좋다.
- 초음속 비행이 가능하다.
- 배기 소음이 심하다.

① 터보 프롭 기관
② 터보팬 기관
③ 터보 제트 기관
④ 터보축 기관

39 왕복 기관의 연료 계통에서 이코노마이저(Economizer) 장치에 대한 설명으로 옳은 것은?
① 연료 절감 장치로 최소 혼합비를 유지한다.
② 연료 절감 장치로 순항 속도 및 고속에서 닫혀 희박 혼합비가 된다.
③ 출력 증강 장치로 순항 속도에서 닫혀 희박 혼합비가 되고 고속에서 열려 농후 혼합비가 되도록 한다.
④ 출력 증강 장치로 순항 속도에서 열려 농후 혼합비가 되고 고속에서 닫혀 희박 혼합비가 되도록 한다.

이코노마이저 장치(Economizing System)
기관의 출력이 순항 출력 이상의 높은 출력일 때 연료를 더 공급하여 농후 혼합비를 만들어 주는 장치로, 연료의 기화열에 의하여 연소실 온도를 낮추어 디토네이션 방지

40 압력 7atm, 온도 300℃인 0.7m³의 이상 기체가 압력 5atm, 체적 0.56m³의 상태로 변화했다면 온도는 약 몇 ℃가 되는가?

① 54　　② 87
③ 115　　④ 187

$\dfrac{P_1 v_1}{T_1} = \dfrac{P_2 v_2}{T_2}$ 이므로

$\dfrac{P_1 v_1}{T_1} = \dfrac{P_2 v_2}{T_2}$

$T_2 = T_1 \dfrac{P_2 v_2}{P_1 v_1} = 573 \times \dfrac{5 \times 0.56}{7 \times 0.7} = 327.4\,K = 54\,℃$

41 항공기 기관을 날개에 장착하기 위한 구조물로만 나열한 것은?

① 마운트, 나셀, 파일론
② 블래더, 나셀, 파일론
③ 인터그널, 블래더, 파일론
④ 캔틸레버, 인테그랄 나셀

42 항공기 구조에서 벌크헤드(Bulkhead)에 대한 설명으로 옳은 것은?

① 기관이나 연소실을 객실로부터 분리시키기 위한 수직 부재이다.
② 동체나 나셀에서 앞·뒤 방향으로 배치되며 다양한 단면 모양의 부재이다.
③ 날개에서 날개보를 결합하기 위한 세로 방향의 부재이다.
④ 방화벽, 압력유지, 날개 및 착륙 장치 부착, 동체의 비틀림 방지, 동체의 형상유지 등의 역할을 한다.

43 알루미늄 합금 주물로 된 비행기 부품이 공기 중에서 부식하는 것을 방지하기 위하여 어떤 처리를 하는가?

① 카드뮴 도금
② 침탄
③ 양극 산화 처리
④ 인산염 피막

양극 처리(Anodizing)
알루미늄 합금, 마그네슘 합금을 양극으로 하여 황산, 크롬산 등의 전해액에 담금. 양극에 발생하는 산소에 의해 산화 피막 형성

44 2개의 알루미늄 판재를 리베팅하기 위해 구멍을 뚫으려 할 때 판재가 움직이려 한다면 사용해야 하는 것은?

① 클래코　　② 리머
③ 버킹바　　④ 뉴메틱 해머

45 다음 중 리베팅 작업 과정에서 순서가 가장 늦은 것은?

① 드릴링
② 리밍
③ 디버링
④ 카운터싱킹

46 그림과 같은 V-n선도에서 GH선은 무엇을 나타내는 것인가?

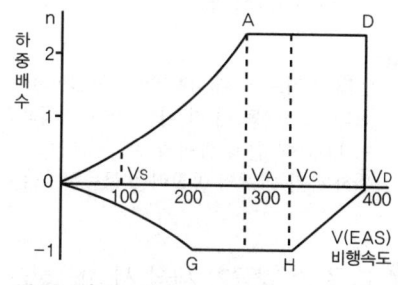

① 돌풍 하중 배수
② 최소 제한 하중 배수
③ 최대 제한 하중 배수
④ "+"방향에서 얻어지는 하중 배수

47 두께 1mm인 알루미늄 합금판을 그림과 같이 전단 가공할 때 필요한 최소한의 힘은 몇 kg_f인가? (단, 이판의 최대 전단 강도는 $3600kg_f/cm^2$이다)

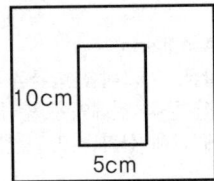

① 10800　② 36000
③ 108000　④ 180000

$\tau = \dfrac{F}{A}$ 이므로

$F = \tau A = 3600 \times (10+5) \times 0.1 = 10800 kg_f$

48 착륙장치 계통에 대한 설명으로 틀린 것은?
① 시미 댐퍼는 앞 착륙 장치의 진동을 감쇠시키는 장치이다.
② 안티-스키드 시스템은 저속에서 작동하며 브레이크 효율을 감소시킨다.
③ 브레이크 시스템은 지상 활주 시 방향을 바꿀 때도 사용할 수 있다.
④ 트럭 형식의 착륙 장치는 바퀴 수가 4개 이상인 경우로서 이를 '보기형식'이라고도 한다.

안티 스키드 장치(Anti Skid System)
브레이크 작동 시 각 바퀴 마다 지상과의 마찰력이 다를 때 한쪽 바퀴의 지나친 마모를 방지하기 위하여 각 바퀴의 마찰력을 균등히 조절하는 장치

49 다음 중 항공기 세척 시 사용하는 알카리 세제는?
① 톨루엔　② 케로신
③ 아세톤　④ 계면활성제

50 경항공기에 사용되는 일반적인 고무 완충식 착륙 장치(Landing Gear)의 완충 효율은 약 몇 %인가?
① 30　② 50
③ 75　④ 100

• 고무식, 스프링식 : 50%
• 오레오식 : 70~80%

51 세미 모노 코크 구조의 항공기 동체에서 주 구조물이 아닌 것은?
① 프레임(Frame)
② 외피(Skin)
③ 스트링거(Stringer)
④ 스파(Spar)

52 항공기 무게를 계산하는 데 기초가 되는 자기 무게(Empty Weight)에 포함되는 무게는?
① 고정 밸러스트
② 승객과 화물
③ 사용가능 연료
④ 배출 가능 윤활유

자기무게
• 승무원, 승객 등의 유용 하중, 사용 가능한 연료, 배출 가능한 윤활유의 무게를 포함하지 않은 상태에서의 무게
• 사용 불가능한 연료, 배출 불가능한 윤활유, 엔진 안의 냉각액 전부, 유압 계통의 무게는 포함

53 알루미늄 합금(Aluminum Alloy) 2024-T4에서 T4가 의미하는 것은?
① 풀림(Annealing)
② 용액 열처리 후 냉간 가공품
③ 용액 열처리 후 인공시효한 것
④ 용액 열처리 후 자연시효한 것

- T2 풀림을 한 것
- T3 담금질을 한 후 냉간 가공한 것
- T4 담금질을 한 후 상온 시효가 완료된 것
- T5 제조 후 바로 인공 시효 처리한 것
- T6 담금질을 한 후 인공 시효 경화한 것

54 굴곡 각도가 90°일 때 세트백(Set Back)을 계산하는 식으로 옳은 것은? (단, T 두께, R 굴곡 반경, D 지름이다)

① $R+T$ ② $\dfrac{D+T}{2}$

③ $R+\dfrac{T}{2}$ ④ $\dfrac{R}{2}+T$

$SB = k(R+T) = \tan\dfrac{\theta}{2}(R+T)$

90°일 때 $k=1$

55 그림과 같은 외팔보에 집중 하중(P_1, P_2)이 작용할 때 벽지점에서의 굽힘 모멘트를 옳게 나타낸 것은?

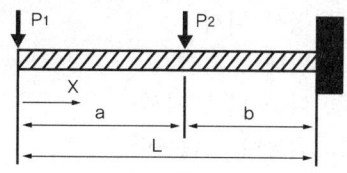

① 0 ② $-P_1 a$
③ $-P_1 b + P_2 b$ ④ $-P_1 L - P_2 b$

56 [보기]와 같은 특징을 갖는 강은?

[보기]
- 크롬 몰리브덴강
- 1%의 몰리브덴과 0.30%의 탄소를 함유함
- 용접성을 향상시킨 강

① AA 1100   ② SAE 4130
③ AA 7150   ④ SAE 4340

```
SAE  0   0  0 0
              └─ 탄소 함유량(1/100%)
           └─── 합금 원소의 합금량
      └──────── 합금의 종류(주합금 원소)
```

57 스크루(Screw)를 용도에 따라 분류할 때 이에 해당하지 않는 것은?

① 머신 스크루(Machine Screw)
② 구조용 스크루(Structural Screw)
③ 트라이 윙 스크루(Tri Wing Screw)
④ 셀프 탭핑 스크루(Self Tapping Screw)

58 케이블 조종 계통의 턴버클 배럴(Barrel) 양쪽 끝에 구멍의 용도로 옳은 것은?

① 코터 핀 작업을 위하여
② 안전 결선(Safety Wire)을 하기 위하여
③ 양쪽 케이블 피팅에 윤활유를 보급하기 위하여
④ 양쪽 케이블 피팅의 나사가 충분히 물려있는지 확인하기 위하여

59 키놀이 조종 계통에서 승강키에 대한 설명으로 옳은 것은?

① 일반적으로 승강키의 조종은 페달에 의존한다.
② 세로축을 중심으로 하는 항공기 운동에 사용한다.
③ 일반적으로 수평 안정판의 뒷전에 장착되어 있다.
④ 수직축을 중심으로 좌·우로 회전하는 운동에 사용한다.

60 설계 제한 하중 배수가 2.5인 비행기의 실속 속도는 120km/h일 때 이 비행기의 설계 운용 속도는 약 몇 km/h인가?

① 150 ② 240
③ 190 ④ 300

$V = V_s \sqrt{n} = 120\sqrt{2.5} = 189.74 \text{km/h}$

61 그림과 같은 회로에서 20Ω에 흐르는 전류 I_1은 몇 A인가?

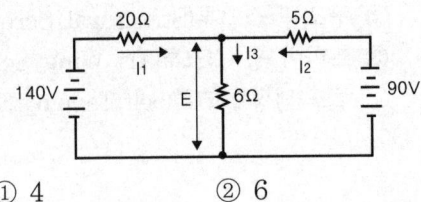

① 4 ② 6
③ 8 ④ 10

$I_1 + I_2 = I_3$
$20I_1 + 6I_3 = 140$
$5I_2 + 6I_3 = 90$
$I_1 = 4A, I_2 = 6A, I_3 = 10A$

62 다음 중 시동특성이 가장 좋은 직류 전동기는?

① 션트 전동기
② 직권 전동기
③ 직·병렬 전동기
④ 분권 전동기

직권 전동기
• 계자 코일과 전기자 코일이 직렬로 권선
• 장점 : 큰 시동 회전력
• 단점 : 회전 속도의 변화가 큼.
• 시동기, 랜딩 기어, 플랩 장치 등에 사용

63 24V 납산 축전지(Lead Acid Battery)를 장착한 항공기가 비행 중 모선(Main Bus)에 걸리는 전압은 몇 V인가?

① 24 ② 26
③ 28 ④ 30

교류 발전기의 출력 전압은 28V

64 내부 저항이 5Ω인 배율기를 이용한 전압계에서 50V의 전압을 5V로 지시하려면 배율기 저항은 몇 Ω이어야 하는가?

① 10 ② 25
③ 45 ④ 50

배율기
전압계의 측정 범위를 확대하기 위해 전압계에 직렬로 접속하여 사용하는 저항기
배율 $m = \dfrac{V_0}{V} = \dfrac{50}{5} = 10$
배율기의 저항 $R_m = (m-1)R_V = (10-1)5 = 45\,\Omega$

65 회전계 발전기(Tacho-Generator)에서 3개의 선중 2개선이 바꾸어 연결되면 지시는 어떻게 되겠는가?

① 정상 지시
② 반대로 지시
③ 다소 낮게 지시
④ 작동하지 않는다.

66 항공기의 비행 중 피토 튜브(Pitot Tube)로부터 얻는 정보에 의해 작동 되지 않는 계기는?

① 대기 속도계(Air Speed Indicator)
② 승강계(Vertical Speed Indicator)
③ 기압 고도계(Baro Altitube Indicator)
④ 지상 속도계(Ground Speed Indicator)

피토 정압 계기
• 속도계 : 다이어프램(Diaphragm)
• 승강계 : 아네로이드(Aneroid) 이용
• 고도계 : 아네로이드(Aneroid) 이용

67 QNH 방식으로 보정한 고도계에서 비행 중 지침이 나타내는 고도는?

① 압력 고도 ② 진 고도
③ 절대 고도 ④ 밀도 고도

고도계의 보정 방법
- QNH 보정 : 진 고도를 지시하는 보정, 4200M (14000ft) 미만의 고도에서 사용
- QNE 보정 : 기압 고도를 지시하는 보정, 해상 비행이거나 높은 고도에서 사용
- QFE 보정 : 절대 고도를 지시하는 보정, 이착륙 훈련 등에 사용

68 다음 중 항공기에서 이론상 가장 먼저 측정하게 되는 것은?

① CAS ② IAS
③ EAS ④ TAS

대기 속도
- IAS(지시 대기 속도) - 대기 속도계가 지시하는 속도
- CAS(수정 대기 속도) - 계기 자체의 오차를 수정한 속도
- EAS(등가 대기 속도) - 공기의 압축성 효과를 고려한 속도
- TAS(진대기 속도) - 밀도를 보정한 속도

69 자이로의 강직성에 대한 설명으로 옳은 것은?

① 회전자의 질량이 클수록 약하다.
② 회전자의 회전 속도가 클수록 강하다.
③ 회전자의 질량 관성 모멘트가 클수록 약하다.
④ 회전자의 질량이 회전축에 가까이 분포 할수록 강하다.

강직성(Rigidity)
- 우주의 한 방향을 가리키려는 성질
- 질량이 클수록, 회전이 빠를수록 강함
- 베어링 마찰에 의해 편향력 발생

70 고휘도 음극선관과 컴바이너(Combiner)라고 부르는 특수한 거울을 사용하여 1차적인 비행 정보를 조종사의 시선 방향에서 바로 볼 수 있도록 만든 장치는?

① PED
② ND
③ MFD
④ HUD

71 다른 항법 장치와 비교한 관성 항법 장치의 특징이 아닌 것은?

① 지상 보조 시설이 필요하다.
② 전문 항법사가 필요하지 않다.
③ 항법 데이터를 지속적으로 얻는다.
④ 위치, 방위, 자세 등의 정보를 얻는다.

관성 항법 장치(INS : Inertial Navigation System)
- 가속도계로 항공기의 운동 가속도를 검출하여 이것을 적분하여 속도를 구하고, 다시 속도를 적분하여 거리를 구하는 항법 장치로 자립 항법 장치의 일종
- 관성 센서라 불리는 자이로스코프와 가속도계에 의해 운반체의 회전 각속도와 선형 가속도를 측정하고 이들 출력을 이용하여 외부의 도움 없이 기준 항법 좌표계에 대한 운반체의 현재 위치, 속도 및 자세 정보를 제공
- 외부로부터 신호 교란, 신호 감지를 피할 수 있고 날씨와 시간 제한 등에 전혀 구애를 받지 않음

72 무선 통신 장치에서 송신기(Transmitter)의 기능에 대한 설명으로 틀린 것은?

① 신호 증폭을 한다.
② 교류 반송파 주파수를 발생시킨다.
③ 입력 정보 신호를 반송파에 적재한다.
④ 가청 신호를 음성 신호로 변환시킨다.

73 [보기]와 같은 특징을 갖는 안테나는?

[보기]
- 가장 기본적이며, 반파장 안테나
- 수평 길이가 파장의 약 반정도
- 중심에 고주파 전력을 공급

① 다이폴 안테나
② 루프 안테나
③ 마르코니 안테나
④ 야기 안테나

다이폴 안테나
가장 기본적인 안테나로 수평길이가 파장의 1/2 이고 그 중심에서 고주파 전력을 공급

74 자동 조종 장치를 구성하는 장치 중 현재의 자세와 변화율을 측정하는 센서의 역할을 하는 것이 아닌 것은?

① 서보 장치
② 수직 자이로
③ 고도 센서
④ VOR/ILS 신호

75 일상적인 공기식 제빙(De-icing) 계통에서 솔레노이드 밸브의 역할은?

① 부츠(Boots)로 물이 공급되도록 한다.
② 장착 위치에 부츠(Boots)를 고정시킨다.
③ 부츠(Boots) 내의 수분이 배출되도록 한다.
④ 타이머에 따라 분배 밸브(Distributor Valve)를 작동시킨다.

76 대형 항공기에서 객실 여압(Pressurization) 장치를 설비하는 데 직접적으로 고려하여야 할 점이 아닌 것은?

① 항공기 최대 운용 속도
② 항공기 내부와 외부의 압력차
③ 항공기의 기체 구조 자재의 선택과 제작
④ 최대 운용 고도에서 일정한 객실 고도의 유지

77 유압 계통에서 열팽창이 적은 작동유를 필요로 하는 1차적인 이유는?

① 고고도에서 증발 감소를 위해서
② 화재를 최소한 방지하기 위해서
③ 고온일 때 과대 압력을 방지를 위해서
④ 작동유의 순환 불능을 해소하기 위해서

작동유의 열팽창이 크다면 고온에서 부피가 쉽게 팽창하여 관내 압력을 높이고 균열을 일으킬 수 있기 때문에 열팽창이 작아야 한다.

78 화재 탐지 장치 중 온도 상승을 바이메탈(Bimetal)로 탐지하는 것은?

① 용량형(Capacitance Type)
② 서머커플형(Thermo Couple Type)
③ 저항루프형(Resistance Type)
④ 서멀스위치형(Thermal Switch Type)

열 스위치식(Thermal Switch Type) 탐지기
낮은 열팽창률의 니켈-철 합금인 금속 스트럿이 서로 휘어져 있어 평상시에는 접촉점이 떨어져 있으나, 열을 받게 되면 열팽창률이 높은 스테인리스강으로 된 케이스가 늘어나게 되므로 금속 스트럿이 펴지면서 접촉점이 연결되어 경고 장치 회로가 작동

79 유압 계통에서 저장소(Reservoir)에 작동유를 보급할 때 이물질을 걸러내는 장치는?

① 스탠드 파이프(Stand Pipe)
② 화학 건조기(Chemical Drier)
③ 손가락 거르개(Finger Strainer)
④ 수분 제거기(Moisture Separator)

80 엔진 화재에 대한 설명으로 틀린 것은?

① 화재 탐지 회로는 이중으로 된 구조이다.
② 엔진의 화재는 연료나 오일 등에 의해서도 발생한다.
③ 엔진의 화재는 주로 압축기 내에서 발생한다.
④ T류 항공기의 경우 화재의 탐지 및 소화기의 구비가 의무화되어 있다.

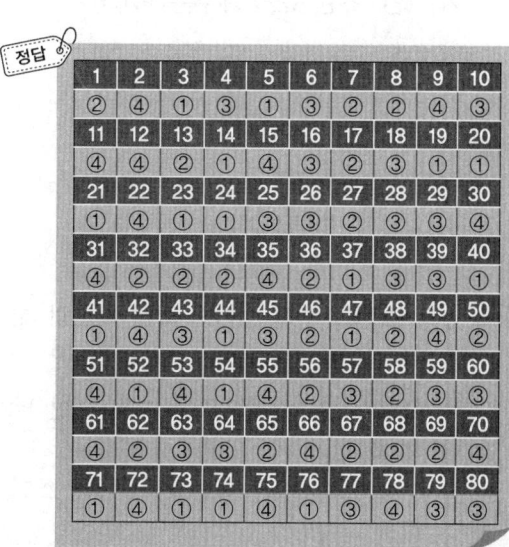

2016년 제1회 기출문제

자격 종목 및 등급(선택 분야)	종목 코드	시험 시간	형별	수험 번호	성명
항공산업기사	2230	2시간	A		

01 항공기가 선회 속도 20m/s, 선회각 45° 상태에서 선회 비행을 하는 경우 선회 반경은 약 몇 m인가?

① 20.4　　② 40.8
③ 57.7　　④ 80.5

$$R = \frac{V^2}{g \tan\phi} = \frac{20^2}{9.8 \times \tan 45°} = 40.85\,\text{m}$$

02 정상 흐름의 베르누이 방정식에 대한 설명으로 옳은 것은?

① 동압은 속도에 반비례한다.
② 정압과 동압의 합은 일정하지 않다.
③ 유체의 속도가 커지면 정압은 감소한다.
④ 정압은 유체가 갖는 속도로 인해 속도의 방향으로 나타나는 압력이다.

03 스팬(Span)의 길이가 39ft, 시위(chord)의 길이가 6ft인 직사각형 날개에서 양력 계수가 0.8일 때 유도 받음각은 약 몇 도인가? (단, 스팬 효율 계수는 1이다)

① 1.5　　② 2.2
③ 3.0　　④ 3.9

$$\alpha_i = \frac{C_L}{\pi e AR} = \frac{0.8}{\pi \times 1 \times \frac{39}{6}} = 0.0392\,\text{rad} = 2.24°$$

04 수평 스핀과 수직 스핀의 낙하 속도와 회전 각속도 크기를 옳게 나타낸 것은?

① 수평 스핀 낙하 속도 〉 수직 스핀 낙하 속도,
　수평 스핀 회전 각속도 〉 수직 스핀 회전 각속도
② 수평 스핀 낙하 속도 〈 수직 스핀 낙하 속도,
　수평 스핀 회전 각속도 〈 수직 스핀 회전 각속도
③ 수평 스핀 낙하 속도 〉 수직 스핀 낙하 속도,
　수평 스핀 회전 각속도 〈 수직 스핀 회전 각속도
④ 수평 스핀 낙하 속도 〈 수직 스핀 낙하 속도,
　수평 스핀 회전 각속도 〉 수직 스핀 회전 각속도

05 날개 면적이 100m²인 비행기가 400km/h의 속도로 수평 비행 하는 경우에 이 항공기의 중량은 얼마정도 되는가? (단, 이때 양력 계수는 0.6이며, 공기 밀도는 0.125kg·s²/m⁴이다)

① 46300kg　　② 60000kg
③ 15600kg　　④ 23300kg

$$L = W = \frac{1}{2}\rho V^2 C_L S$$
$$= \frac{1}{2} \times 0.125 \times \left(\frac{400}{3.6}\right)^2 \times 0.6 \times 100 = 46300\,\text{kgf}$$

06 형상 항력을 구성하는 항력으로만 나타낸 것은?

① 유도 항력 + 조파 항력
② 간섭 항력 + 조파 항력
③ 압력 항력 + 표면 마찰 항력
④ 표면 마찰 항력 + 유도 항력

07 항공기의 성능 등을 평가하기 위하여 표준 대기를 국제적으로 통일하는 데 국제 표준 대기를 정한 기관은?
① UN　　② FAA
③ ICAO　　④ ISO

08 프로펠러 비행기의 항속 거리를 증가시키기 위한 방법이 아닌 것은?
① 연료 소비율을 적게 한다.
② 프로펠러 효율을 크게 한다.
③ 날개의 가로세로비를 작게 한다.
④ 양항비가 최대인 받음각으로 비행한다.

$R = \dfrac{540\eta}{c} \cdot \dfrac{C_L}{C_D} \cdot \dfrac{W_1 - W_2}{W_1 + W_2}(km)$

프로펠러 비행기의 항속 거리를 크게 하려면
- 프로펠러 효율을 크게
- 연료 소비율을 작게
- 양항비가 최대인 받음각으로 비행 → 가로세로비를 크게
- 연료를 많이 탑재

09 등속 상승 비행에 대한 상승률을 나타내는 식이 아닌 것은?

V : 비행 속도, γ : 상승각, W : 항공기 무게, T_A : 이용 추력, T_R : 필요 추력

① $V\sin\gamma$
② $\dfrac{(T_A - T_R)V}{W}$
③ $\dfrac{잉여동력}{W}$
④ $\dfrac{T_A - T_R}{W}$

$R.C = V\sin\gamma = \dfrac{75(P_a - P_r)}{W} = \dfrac{TV - DV}{W}$

10 라이트형제는 인류 최초로 유인 동력 비행을 성공하던 날 최고기록으로 59초 동안 이륙 지점에서 260m 지점까지 비행하였다. 당시 측정된 43km/h의 정풍을 고려한다면 대기 속도는 약 몇 km/h인가?
① 27　　② 40
③ 60　　④ 80

비행기의 속도 = $\dfrac{거리}{시간} = \dfrac{260}{59}$
　　　　= 4.4m/s = 15.8km/h
바람의 속도 = 43km/h
대기 속도 = 43 + 15.8 = 58.8km/h

11 비행기가 장주기 운동을 할 때 변화가 거의 없는 요소는?
① 받음각　　② 비행 속도
③ 키놀이 자세　　④ 비행 고도

장주기 운동은 키놀이 자세, 비행 속도, 비행 고도에는 상당한 변화가 있지만 받음각은 거의 일정

12 에어포일(Airfoil) "NACA 23012"에서 첫 번째 자리 숫자 "2"가 의미하는 것은?
① 최대 캠버의 크기가 시위(Chord)의 2%이다.
② 최대 캠버의 크기가 시위(Chord)의 20%이다.
③ 최대 캠버의 위치가 시위(Chord)의 15%이다.
④ 최대 캠버의 위치가 시위(Chord)의 20%이다.

NACA 23012
최대 캠버의 크기가 2%이고, 최대 캠버의 위치는 15%이며 캠버의 뒤쪽 반이 직선이며, 최대 두께는 시위의 12%

13 프로펠러의 이상적인 효율을 비행 속도(V)와 프로펠러를 통과할 때의 기체 유동 속도(V_1) 및 순수 유도 속도(w)로 옳게 표현한 것은? (단, $V_1 = V+w$이다)

① $\dfrac{V_1}{V_1+w}$ ② $\dfrac{V}{V+w}$

③ $\dfrac{2V}{V_1+w}$ ④ $\dfrac{2V_1}{V+w}$

프로펠러 효율
$\eta = \dfrac{출력}{입력} = \dfrac{V}{V+w}$

14 헬리콥터가 전진 비행을 할 때 주 회전 날개의 전진 깃과 후진 깃에서 발생하는 양력 차이를 보정해 주는 장치는?

① 플래핑 힌지(Flapping Hinge)
② 리드-래그 힌지(Lead-lag Hinge)
③ 동시 피치 제어간(Collective Pitch Control Lever)
④ 사이클릭 피치 조종간(Cyclic Pitch Control Lever)

15 평형 상태를 벗어난 비행기가 이동된 위치에서 새로운 평형 상태가 되는 경우를 무엇이라고 하는가?

① 동적 안정(Dynamic Stability)
② 정적 안정(Positive Static Stability)
③ 정적 중립(Neutral Static Stability)
④ 정적 불안정(Negative Static Stability)

16 헬리콥터 속도가 초과 금지 속도에 이르면 후진 블레이드 실속 징후가 발생되는데 그 징후가 아닌 것은?

① 높은 중량 증가
② 기수 상향 방향
③ 비정상적인 진동
④ 후진 블레이드 방향으로 헬리콥터 경사

회전익 항공기의 최대 속도는 대략 300km/h 정도이며 그 이유는 다음과 같다.
• 후퇴하는 깃의 날개 끝 실속
• 후퇴하는 깃 뿌리의 역풍 범위
• 전진하는 깃 끝의 마하수 영향

17 프로펠러의 회전에 의해 깃이 허브 중심에서 밖으로 빠져 나가려는 힘은?

① 추력   ② 원심력
③ 비틀림 응력 ④ 구심력

18 비행기의 가로축(Lateral Axis)을 중심으로 한 피치 운동(Pitching)을 조종하는 데 주로 사용되는 조종면은?

① 플랩(flap)
② 방향키(rudder)
③ 도움 날개(aileron)
④ 승강키(elevator)

19 고도 10km 상공에서의 대기 온도는 몇 ℃인가?

① -35 ② -40
③ -45 ④ -50

$T℃ = 15℃ - 6.5h = 15 - 6.5 \times 10 = -50℃$

20 더치롤(Dutch Roll)에 대한 설명으로 옳은 것은?

① 가로 진동과 방향 진동이 결합된 것이다.
② 조종성을 개선하므로 매우 바람직한 현상이다.
③ 대개 정적으로는 안정하지만 동적으로는 불안정하다.
④ 나선 불안정(Spiral Divergence) 상태를 말한다.

가로 방향 불안정 = 더치 롤(Dutch Roll)
- 가로 진동과 방향 진동이 결합된 것
- 빗놀이와 옆놀이의 결합 운동
- 정적 방향 안정보다 쳐든각 효과가 클 때 발생

21 외부 과급기(External Supercharger)를 장착한 왕복 엔진의 흡기 계통에서 압력이 가장 낮은 곳은?
① 흡입 다기관 ② 기화기 입구
③ 스로틀 밸브 앞 ④ 과급기 입구

22 시운전 중인 가스 터빈 엔진에서 축류형 압축기의 RPM이 일정하게 유지된다면 가변 스테이터 깃(Vane)의 받음각은 무엇에 의해 변하는가?
① 압력비의 감소
② 압력비의 증가
③ 압축기 직경의 변화
④ 공기 흐름 속도의 변화

23 왕복 엔진의 마그네토에서 접점(Breaker Point) 간격이 커지면 점화시기와 강도는?
① 점화가 늦게 되고 강도가 약해진다.
② 점화가 늦게 되고 강도가 높아진다.
③ 점화가 일찍 발생하고 강도가 약해진다.
④ 점화가 일찍 발생하고 강도가 높아진다.

24 왕복 엔진에 사용되는 고휘발성 연료가 너무 쉽게 증발하여 연료 배관 내에서 기포 형성으로 초래될 수 있는 것은?
① 베이퍼 로크(Vapor Lock)
② 임팩트 아이스(Impact Ice)
③ 하이드로릭 로크(Hydraulic Lock)
④ 이베포레이션 아이스(Evaporation Ice)

증기 폐색(증기 폐쇄 : Vapor Lock)
기화성이 너무 높은 연료가 관속을 흐를 때 열을 받으면 기포가 생기고 기포가 많아지면 연료의 흐름을 차단하는 현상

25 가스 터빈 엔진의 복식(Duplex) 연료 노즐에 대한 설명으로 틀린 것은?
① 1차 연료는 아이들 회전 속도 이상이 되면 더이상 분사되지 않는다.
② 2차 연료는 고속 회전 작동 시 비교적 좁은 각도로 멀리 분사된다.
③ 연료 노즐에 압축 공기를 공급하여 연료가 더욱 미세하게 분사되는 것을 도와준다.
④ 1차 연료는 시동할 때 이그나이터에 가깝게 넓은 각도로 연료를 분무하여 점화를 쉽게 한다.

1차 연료
- 점화가 쉽게 이루어지도록 이그나이터에 가깝게 분사
- 아이들 회전 속도 이상에서 계속 분사

2차 연료
- 고속 회전 작동 시 비교적 좁은 각도로 멀리 분사
- 연소실 벽에 연료가 닿지 않도록 분사

26 압축비가 동일할 때 사이클의 이론 열효율이 가장 높은 것부터 낮은 것 순서로 나열한 것은?
① 정적 - 정압 - 합성
② 정적 - 합성 - 정압
③ 합성 - 정적 - 정압
④ 정압 - 합성 - 정적

압축비가 같을 경우 오토-사바테-디젤 순이며 최고 압력이 일정한 경우는 반대가 된다.

27 플로트식 기화기에서 이코너마이저 장치의 역할로 옳은 것은?

① 연료가 부족할 때 신호를 발생한다.
② 스로틀 밸브가 완전히 열렸을 때 연료를 감소시킨다.
③ 순항 출력 이상의 높은 출력일 때 농후한 혼합비를 만든다.
④ 고도에 의한 밀도의 변화에 대하여 혼합비를 적절히 유지한다.

이코노마이저 장치(Economizing System)
기관의 출력이 순항 출력 이상의 높은 출력일 때 연료를 더 공급하여 농후 혼합비를 만들어 주는 장치로, 연료의 기화열에 의하여 연소실 온도를 낮추어 디토네이션 방지

28 가스 터빈 기관에 사용되는 오일의 구비 조건이 아닌 것은?

① 유동점이 낮을 것
② 인화점이 높을 것
③ 화학 안정성이 좋을 것
④ 공기와 오일의 혼합성이 좋을 것

가스 터빈 기관 윤활유의 구비 조건
• 점성과 유동점이 낮을 것(-56~250℃까지)
• 점도 지수가 높을 것
• 공기와 윤활유의 분리성이 좋을 것
• 인화점, 산화 안정성, 열적 안정성이 높고 기화성이 낮을 것

29 어떤 기관의 피스톤 지름이 16cm, 행정 길이가 0.16m 실린더 수가 6, 제동 평균 유효 압력이 8kg/m², 회전수가 2400rpm일 때의 제동 마력(ps)은 얼마인가?

① 411.6   ② 511.6
③ 611.6   ④ 711.6

$$bHP = \frac{PLANK}{75 \times 2 \times 60}$$
$$= \frac{8 \times 0.16 \times \frac{\pi}{4}16^2 \times 2400 \times 6}{75 \times 2 \times 60} = 411.77 \text{ ps}$$

30 다음 중 프로펠러 날개가 회전 시 받는 힘이 아닌 것은?

① 원심력   ② 탄성력
③ 비틀림력   ④ 굽힘력

비행 중 프로펠러에 작용하는 힘과 응력
• 추력과 굽힘 응력
• 원심력과 인장 응력
• 비틀림력과 비틀림 응력

31 터보팬 엔진에 대한 설명으로 틀린 것은?

① 터보 제트와 터보 프롭의 혼합적인 성능을 갖는다.
② 단거리 이착륙 성능은 터보 프롭과 유사하다.
③ 확산형 배기 노즐을 통해 빠른 속도로 공기를 가속시킨다.
④ 터빈에 의해 구동되는 여러 개의 깃을 갖는 일종의 프로펠러 기관이다.

32 항공기용 엔진 중 터빈식 회전 엔진이 아닌 것은?

① 램 제트 엔진   ② 터보 프롭 엔진
③ 가스 터빈 엔진 ④ 터보 제트 엔진

33 왕복 엔진에 사용되는 기어(Gear)식 오일 펌프의 옆 간격(Side Clearance)이 크면 나타나는 현상은?

① 엔진 추력이 증가한다.
② 오일 압력이 낮아진다.
③ 오일의 과잉 공급이 발생한다.
④ 오일 펌프에 심한 진동이 발생한다.

기어식 펌프의 옆 간격이란 기어 이빨의 끝부분과 케이스 사이의 간격을 말하므로 이 간격이 크면 오일 압력 감소

34 그림과 같은 이론 공기 사이클을 갖는 엔진은? (단, Q는 열의 출입, W는 일의 출입을 표시한다)

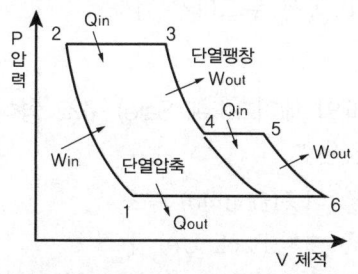

① 2단압축 브레이튼 사이클
② 과급기를 장착한 디젤 사이클
③ 과급기를 장착한 오토 사이클
④ 후기 연소기를 장착한 가스 터빈 사이클

35 가스 터빈 엔진의 추력비연료 소비율(Thrust Specific Fuel Consumption)이란?
① 1시간 동안 소비하는 연료의 중량
② 단위 추력의 추력을 발생하는 데 소비되는 연료의 중량
③ 단위 추력의 추력을 발생하기 위하여 1시간 동안 소비하는 연료의 중량
④ 1000km를 순항비행 할 때 시간당 소비하는 연료의 중량

36 흡입 덕트의 결빙 방지를 위해 공급하는 방빙원(anti icing source)은?
① 압축기의 블리드 공기
② 연소실의 뜨거운 공기
③ 연료 펌프의 연료이용
④ 오일 탱크의 오일이용

37 다음 중 아음속 항공기의 흡입구에 관한 설명으로 옳은 것은?
① 수축형 도관의 형태이다.
② 수축-확산형 도관의 형태이다.
③ 흡입 공기 속도를 낮추고 압력을 높여 준다.
④ 음속으로 인한 충격파가 일어나지 않도록 속도를 감속시켜 준다.

38 제트 엔진의 추력을 나타내는 이론과 관계있는 것은?
① 파스칼의 원리
② 뉴톤의 제1법칙
③ 베르누이의 원리
④ 뉴톤의 제2법칙

$F = ma$

39 프로펠러의 회전면과 시위선이 이루는 각을 무엇이라 하는가?
① 붙임각   ② 깃 각
③ 회전각   ④ 깃 뿌리각

깃 각
프로펠러 회전면과 시위선이 이루는 각

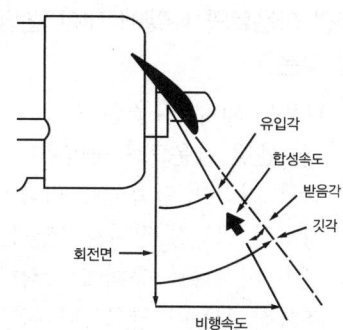

40 총 배기량이 1500cc인 왕복 엔진의 압축비가 8.5라면 총 연소실 체적은 약 몇 cc인가?
① 150   ② 200
③ 250   ④ 300

$$\epsilon = \frac{Vc + Vs}{Vc} = 1 + \frac{V_s}{V_c} \text{이므로}$$

$$V_c = \frac{V_s}{\epsilon - 1} = \frac{1500}{8.5 - 1} = 200\,\text{cc}$$

41 항공기의 주 조종면이 아닌 것은?

① 방향키(Rudder)
② 플랩(Flap)
③ 승강키(Elevator)
④ 도움 날개(Aileron)

42 일정한 응력(힘)을 받는 재료가 일정한 온도에서 시간이 경과함에 따라 변형률이 증가되는 현상을 무엇이라고 하는가?

① 크리프(Creep)
② 파괴(Fracture)
③ 항복(Yielding)
④ 피로굽힘(Fatigue)

43 엔진 마운트와 나셀에 대한 설명으로 틀린 것은?

① 나셀은 외피, 카울링, 구조 부재, 방화벽, 엔진 마운트로 구성된다.
② 착륙 거리를 단축하기 위하여 나셀에 장착된 역추진 장치를 사용한다.
③ 엔진 마운트를 동체에 장착하면 공기 역학적 성능이 양호하나 착륙 장치를 짧게 할 수 없다.
④ 엔진 마운트는 엔진을 기체에 장착하는 지지부로 엔진의 추력을 기체에 전달하는 역할을 한다.

44 복합 재료로 제작된 항공기 부품의 결함(층분리 또는 내부 손상)을 발견하기 위해 사용되는 검사 방법이 아닌 것은?

① 육안 검사
② 와전류 탐상 검사
③ 초음파 검사
④ 동전 두드리기 검사

45 페일 세이프(Fail Safe) 구조 형식이 아닌 것은?

① 이중(Double) 구조
② 대치(Back-Up) 구조
③ 샌드위치(Sandwich) 구조
④ 다경로 하중(Redundant Load) 구조

페일 세이프 구조

• 다경로 하중 구조(Redundant Structure) : 일부 부재가 파괴 될 경우 그 부재가 담당하던 하중을 분담할 수 있는 다른 부재가 있어 구조 전체로서는 치명적인 결과를 가져오지 않는 구조 형식
• 이중 구조(Double Structure) : 큰 부재 대신 2개의 작은 부재를 결합시켜 하나의 부재와 같은 강도를 가지게 함으로써 치명적인 파괴로부터 안전을 유지할 수 있는 구조 형식
• 대치 구조(Back Up Structure) : 하나의 부재가 전체의 하중을 지탱하고 있을 경우 이 부재가 파손될 것을 대비하여 준비된 예비적인 대치 부재를 가지고 있는 구조 형식
• 하중 경감 구조(Load Dropping Structure) : 부재가 파손되기 시작하면 변형이 크게 일어나므로 주변의 다른 부재에 하중을 전달시켜 원래 부재의 추가적인 파괴를 막는 구조 형식

46 TIG 또는 MIG 아크 용접 시 사용되는 가스끼리 짝지어진 것은?

① 아르곤가스, 헬륨가스
② 헬륨가스, 아세틸렌가스
③ 아르곤가스, 아세틸렌가스
④ 질소가스, 이산화탄소 혼합가스

텅스텐 불활성 가스 아크 용접(TIG 용접)
• 용접에 필요한 열에너지를 비소모성의 텅스텐 전극과 모재 사이에서 발생하는 아크 열에 의

해 공급되며 이때 비피복용가재는 이 열에너지에 의하여 용해되어 용접되는 방법
• 용접 작업 도중 불활성 가스(아르곤, 헬륨)가 용접 부위의 공기를 제거하여 산화 방지

47 항공기 타이어 트레드(Tire Tread)에 대한 설명으로 옳은 것은?

① 여러 층의 나일론 실로 강화되어 있다.
② 강 와이어로부터 패브릭으로 둘러싸여 있다.
③ 내구성과 강인성을 갖기 위해 합성고무 성분으로 만들어 졌다.
④ 패브릭과 고무 층은 비드 와이어로부터 카커스를 둘러싸고 있다.

트레드(Tread)
• 직접 노면과 접하는 부분으로 미끄럼 방지
• 여러 모양의 무늬 홈은 주행 중 열을 발산 및 절손의 확대 방지
• 내구성과 강인성을 갖도록 합성 고무 성분으로 제작

48 항공기의 무게 중심(C.G)에 대한 설명으로 가장 옳은 것은?

① 항공기 무게 중심은 항상 기준에 있다.
② 항공기가 이륙하면 무게 중심은 전방으로 이동한다.
③ 제작회사에서 항공기를 설계할 때 결정되며 변하지 않는다.
④ 무게 중심은 연료나 승객, 화물 등을 탑재하면 이동되며, 비행 중 연료 소모량에 따라서도 이동된다.

49 코터 핀의 장착 및 제거할 때의 주의 사항으로 옳은 것은?

① 한번 사용한 것은 재사용하지 않는다.
② 장착 주변의 구조를 강화시키기 위해 주철 해머를 사용한다.

③ 핀 끝을 접어 구부릴 때는 꼬거나 가로방향으로 구부린다.
④ 핀 끝을 절단할 때는 최대한 가늘고 뾰족하게 절단하여 다른 곳과의 연결을 유연하게 한다.

50 다음과 같은 트러스(Truss) 구조에 있어, 부재 DE의 내력은 약 몇 kN인가?

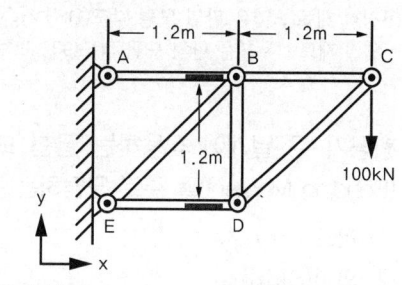

① 141.4
② 100
③ -141.4
④ -100

라미의 정리를 적용하면

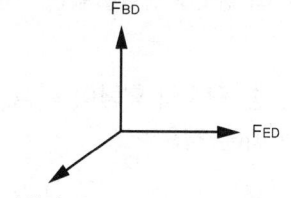

O점에서
$$\frac{141.4}{\sin 90} = \frac{F_{BD}}{\sin 135} = \frac{F_{ED}}{\sin 135}$$
$$F_{BD} = F_{ED} = 141.4 \times \frac{\sin 135}{\sin 90}$$
$$= 99.98$$

C점에서
$$\frac{100}{\sin 135} = \frac{F_{BC}}{\sin 135} = \frac{F_{DC}}{\sin 90}$$
$$F_{BC} = 100$$
$$F_{DC} = 100 \frac{\sin 90}{\sin 135} = 141.4 \text{kN}$$

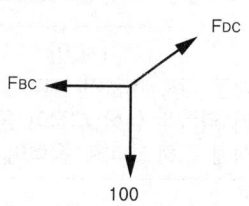

51 재질의 두께와 구멍(Hole) 치수가 같을 때 일감의 재질에 따른 드릴의 회전 속도가 빠른 순서대로 나열된 것은?

① 구리 - 알루미늄 - 공구강 - 스테인리스강
② 알루미늄 - 구리 - 공구강 - 스테인리스강
③ 구리 - 알루미늄 - 스테인리스강 - 공구강
④ 알루미늄 - 공구강 - 구리 - 스테인리스강

- 경질 재료 : 얇은 판의 드릴 각도(118° 저속 고압)
- 연질 재료 : 두꺼운 판의 드릴 각도(90° 고속 저압)

52 항공기 주 날개에 작용하는 굽힘 모멘트(Bending Moment)를 주로 담당하는 것은?

① 리브(Rib)
② 외피(Skin)
③ 날개보(Spar)
④ 날개보 플랜지(Spar Flange)

전단력과 굽힘 모멘트를 담당

53 다음 중 탄소의 함량이 가장 큰 SAE 규격에 따른 강은?

① 4050   ② 4140
③ 4330   ④ 4815

SAE 0 0 0 0
              └─ 탄소 함유량(1/100%)
          └─ 합금 원소의 합금량
       └─ 합금의 종류(주합금 원소)

54 [보기]와 같은 특성을 갖춘 재료는?

[보기]
- 무게당 강도 비율이 높다.
- 공기 역학적 형상 제작이 용이하다.
- 부식에 강하고 피로 응력이 좋다.

① 티타늄 합금
② 탄소강
③ 마그네슘 합금
④ 복합 소재

55 0.0625in 두께의 알루미늄판 2개를 겹치기 이음을 하기 위해 1/8in 직경의 유니버설 리벳을 사용한다면 최소한 리벳의 길이는 몇 in이어야 하는가?

① 1/8   ② 3/16
③ 5/16   ④ 3/8

리벳의 길이 $= G + 1.5D = 2T + 1.5D$
$= 2 \times 0.0625 + 1.5 \times \dfrac{1}{8}$
$= 0.3125 = \dfrac{5}{16}$ in

56 항공기에 사용되는 평 와셔(Plain Washer)에 대한 설명으로 틀린 것은?

① 볼트, 너트를 조일 때 로크 역할을 한다.
② 볼트, 너트를 조일 때 구조물 장착 부품을 보호한다.
③ 구조물, 장착 부품의 조임면의 부식을 방지한다.
④ 구조물이나 장착 부품의 힘을 분산시킨다.

57 두 종류의 이질 금속이 접촉하여 전해질로 연결되면 한쪽의 금속에 부식이 촉진되는 것은?

① 피로 부식   ② 점 부식
③ 찰과 부식   ④ 동전기 부식

이질 금속간 부식(Galvanic Corrosion)
- 두 종류의 이질 금속이 접촉하여 전해질로 연결되어 한쪽의 금속에 전기·화학적인 부식 발생
- 동전기 부식이라고도 함.

58 비행기의 조종간을 앞쪽으로 밀고 오른쪽으로 움직였다면 조종면의 움직임은?

① 승강키는 내려가고, 왼쪽 도움 날개는 올라간다.
② 승강키는 올라가고, 왼쪽 도움 날개는 내려간다.
③ 승강키는 내려가고, 오른쪽 도움 날개는 올라간다.
④ 승강키는 올라가고, 오른쪽 도움 날개는 올라간다.

59 하중 배수 선도에 대한 설명으로 옳은 것은?

① 수평 비행을 할 때 하중 배수는 0이다.
② 하중 배수 선도에서 속도는 진대기 속도를 말한다.
③ 구조 역학적으로 안전한 조작 범위를 제시한 것이다.
④ 하중 배수는 정하중을 현재 작용하는 하중으로 나눈 값이다.

하중 배수 선도(V-n 선도)
비행기 속도와 하중 배수의 관계를 나타내는 그래프로 항공기 운동에 제한을 주어 구조 역학적으로 안전한 조작 범위를 제시한 선도

60 그림과 같은 단면에서 y축에 관한 단면의 2차 모멘트(관성 모멘트)는 몇 cm⁴인가?

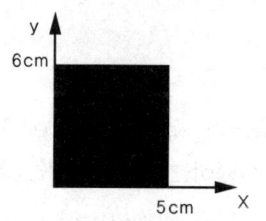

① 175   ② 200
③ 225   ④ 250

$$I_{y'} = I_y + Ad_2^2 = \frac{hb^3}{12} + bh \times (\frac{b}{2})^2$$
$$= \frac{hb^3}{3} = \frac{6 \times 5^3}{3} = 250 \, cm^4$$

61 비행 기록 장치(DFDR : Digital Flight Data Recorder) 또는 조종실 음성 기록 장치(CVR : Cockpit Voice Recorder)에 장착된 수중 위치 표시(ULD : Under Water Locating Device) 성능에 대한 설명으로 틀린 것은?

① 비행에 필수적인 변화가 기록된다.
② 물속에 있을 때만 작동이 가능하다.
③ 매초마다 37.5KHZ로 PULSE TONE 신호를 송신한다.
④ 최소 3개월 이상 작동 되도록 설계가 되어 있다.

수중 위치 표시기(ULD : Under Water Locating Device)
• 수분 감지기에 의해 작동(최대 20000ft)
• 물 속에서 30일간 37.5kHz의 초음파 펄스를 송신
• 최소 1개월 이상 작동

62 작동유에 의한 계통 내의 압력을 규정된 값 이하로 제한하는 것은?

① 레귤레이터   ② 릴리프 밸브
③ 선택 밸브   ④ 감압 밸브

63 Service Interphone System에 관한 설명으로 옳은 것은?

① 정비용으로 사용된다.
② 운항 승무원 상호간 통신 장치이다.
③ 객실 승무원 상호간 통화 장치이다.
④ 고장 수리를 위해 서비스센터에 맡겨둔 인터폰이다.

승무원 상호간 통화 장치(Service Interphone System)
- 비행 중 조종실과 객실 승무원석 및 조리실(Galley)간 통화 연락을 하는 장치
- 지상 정비 시 조종실과 정비사 간의 점검상 필요한 기체 외부와의 연락을 위한 장치

64 대형 항공기 공압 계통에서 공통 매니폴드에 공급되는 공기 공급원의 종류가 아닌 것은?

① 터빈 기관의 압축기(Compressor)
② 기관으로 구동되는 압축기(Super Charger)
③ 전기모터로 구동되는 압축기(Electric Motor Compressor)
④ 그라운드 뉴메틱 카트(Ground Pneumatic Cart)

압축공기의 공급원
- 엔진 압축기 블리드 공기(Bleed Air)
- 보조 동력 장치(APU) 블리드 공기(Bleed Air)
- 지상 공기 압축기(Ground Pneumatic Cart)에서 공급되는 공기

65 엔진 계기에 해당하지 않는 것은?

① 오일 압력계(Oil Pressure Gage)
② 연료 압력계(Fuel Pressure Gage)
③ 오일 온도계(Oil Temperature Gage)
④ 선회 경사계(Turn&Bank Indicator)

엔진 계기(Engine Instrument)
- 엔진 회전계(Tachometer) - RPM / % RPM 단위로 지시
- 엔진 배기가스 온도계(EGT Indicator) - ℃ 단위로 지시
- 터빈 입구 온도, 터빈 가스 온도계(Turbine Inlet, Gas Temperature)
- 연료 흐름양 계기(Fuel Flow Indictor) - GPH or PPH 단위로 지시
- 엔진 압력비 계기(EPR Indicator) - 제트 엔진 - Unit 단위로 지시
- 연료 압력, 온도계(Fuel Pressure, Temperature Indicator)
- 윤활유 압력, 온도, 양 계기(Oil Pressure, Temperature, Quantity Indicator)
- 실린더헤드 온도계(Cylinder Head Temperature CHT) - 왕복 엔진
- 압축기 입구 온도계(Compressor Inlet Temperature Indicator, CIT)

66 $R_1=10\Omega$, $R_2=5\Omega$의 저항이 연결된 직렬 회로에서 R_2의 양단 전압 V_2가 10V를 지시하고 있을 때 전체 전압은?

① 10 ② 20
③ 30 ④ 40

$$I=\frac{E}{R}=\frac{10}{5}=2A$$
$$E=IR_1+IR_2=2\times10+2\times5=30V$$

67 Air-Cycle Conditioning System에서 팽창 터빈(Expansion Turbine)에 대한 설명으로 옳은 것은?

① 찬 공기와 뜨거운 공기가 섞이도록 한다.
② 1차 열교환기를 거친 공기를 냉각시킨다.
③ 공기공급 라인이 파열되면 계통의 압력 손실을 막는다.
④ 공기 조화 계통에서 가장 마지막으로 냉각이 일어난다.

68 그로울러 시험기(Growler Tester)는 무엇을 시험하는 데 사용하는가?

① 전기자(Armature)
② 브러시(Brush)
③ 정류자(Commutator)
④ 계자 코일(Field Coil)

그로울러
전기자의 단락, 단선, 접지 시험 모두 가능

69 항공기에서 사용되는 축전지의 전압은?
① 발전기 출력 전압보다 높아야 한다.
② 발전기 출력 전압보다 낮아야 한다.
③ 발전기 출력 전압과 같아야 한다.
④ 발전기 출력 전압보다 낮거나, 높아도 된다.

70 공기압식 제빙 계통에서 부츠의 팽창 순서를 조절하는 것은?
① 분배 밸브
② 부츠 구조
③ 진공 펌프
④ 흡입 밸브

분배 밸브는 제빙 계통의 부츠의 팽창 순서를 조절하는 부품이며, 기관 배출 압력을 받아 압력 조절기와 공기-물 분리기 및 안전 밸브를 통해 분배 밸브로 공급되어 부츠가 팽창되며, 진공압 릴리프 밸브를 거쳐 분배 밸브로 공급되는 진공압에 의해 부츠 수축

71 항공 계기에 대한 설명으로 틀린 것은?
① 내구성이 높아야 한다.
② 접촉 부분의 마찰력을 줄인다.
③ 온도의 변화에 따른 오차가 적어야 한다.
④ 고주파수, 작은 진폭의 충격을 흡수하기 위하여 충격 마운트를 장착한다.

계기의 특성
• 무게와 크기를 작게 하고 높은 내구성
• 정확성을 확보, 외부 조건의 영향 최소화
• 누설에 의한 오차를 없애고 접촉 부분의 마찰력을 감소
• 온도 변화에 따른 오차를 작게 하고 진동에 대한 보호

72 건조한 윈드 실드(Windshield)에 레인 리펠런트(Rain Repellent)를 사용할 수 없는 이유는?
① 유리를 분리시킨다.
② 유리를 애칭시킨다.
③ 유리가 뿌옇게 되어 시계가 제한된다.
④ 열이 축적되어 유리에 균열을 만든다.

73 길이가 L인 도선에 1V의 전압을 걸었더니 1A의 전류가 흐르고 있었다. 이때 도선의 단면적으로 1/2로 줄이고, 길이를 2배로 늘리면 도선의 저항 변화는? (단, 도선 고유의 저항 및 전압은 변함이 없다)
① 1/4 감소 ② 1/2 감소
③ 2배 증가 ④ 4배 증가

$R = \rho \dfrac{\ell}{A}$ 이므로 $R = \rho \dfrac{2\ell}{\frac{1}{2}A} = 4\rho \dfrac{l}{A}$

74 항공 계기와 그 계기에 사용되는 공함이 옳게 짝지어진 것은?
① 고도계 - 차압 공함, 속도계 - 진공 공함
② 고도계 - 진공 공함, 속도계 - 진공 공함
③ 속도계 - 차압 공함, 승강계 - 진공 공함
④ 속도계 - 차압 공함, 승강계 - 차압 공함

75 항공기의 직류 전원을 공급(Source)하는 것은?
① TRU
② IDG
③ APU
④ Static Inverter

TRU
변압기 정류기 장치(Transformer Rectifier Unit)

76 압력 측정에 사용하지 않는 것은?
① 벨로즈(Bellows)
② 바이메탈(Bimetal)
③ 아네로이드(Aneroid)
④ 버든 튜브(Burden Tube)

압력 계기의 압력 측정부
• 버든 튜브형 압력 계기
• 벨로스형 압력 계기
• 아네로이드 압력 계기
• 다이어프램 압력 계기

77 전파(Radio Wave)가 공중으로 발사되어 전리층에 의해서 반사되는데 이 전리층을 설명한 내용으로 틀린 것은?
① 전리층이 전파에 미치는 영향은 그 안의 전자 밀도와는 관계가 없다.
② 전리층의 높이나 전리의 정도는 시각, 계절에 따라 변한다.
③ 태양에서 발사된 복사선 및 복사 미립자에 의해 대기가 전리된 영역이다.
④ 주간에만 나타나 단파대에 영향이 나타나며 D층에서는 전파가 흡수된다.

78 화재 방지 계통(Fire Protection System)에서 소화제 방출 스위치가 작동하기 위한 조건으로 옳은 것은?
① 화재 벨이 울린 후 작동된다.
② 언제라도 누르면 즉시 작동한다.
③ Fire Shutoff Switch를 당긴 후 작동한다.
④ 기체 외벽의 적색 디스크가 떨어져 나간 후 작동한다.

79 착륙 및 유도 보조 장치와 가장 거리가 먼 것은?
① 마커 비컨
② 관성합법 장치
③ 로컬라이저
④ 글라이드 슬로프

ILS의 주요 시설
• 방위각 시설(Localizer) : 활주로에 접근하는 비행기에 활주로 중심선을 제공하는 지상 시설
• 활공각 시설(Glide Slope) : 활주로에 착륙하기 위하여 접근 중인 항공기에 안전한 착륙 각도인 약 3°의 활공각 정보를 제공
• Marker Beacon : 진입로상의 일정한 통과 지점에 대한 위치 정보를 제공하는 시설

80 지상 관제사가 항공 교통 관제(ATC, Air Traffic Control)를 통해서 얻는 정보로 옳은 것은?
① 편명 및 하강률
② 고도 및 거리
③ 위치 및 하강률
④ 상승률 또는 하강률

지상 관제사는 항공기의 방위, 거리, 식별 코드 및 고도를 알 수 있게 되어 항공기를 쉽게 구별

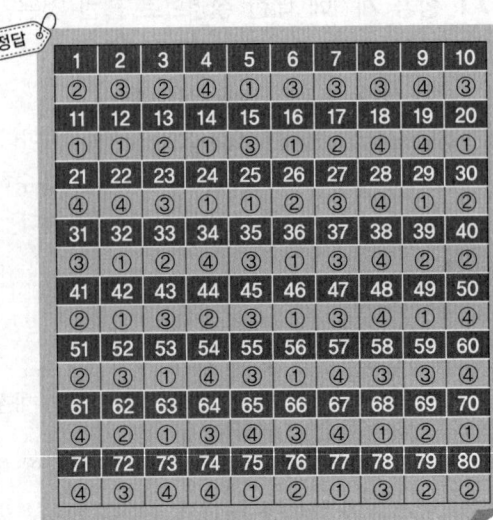

2016년 제2회 기출문제

자격 종목 및 등급(선택 분야)	종목 코드	시험 시간	형별
항공산업기사	2230	2시간	A

수험 번호	성명

01 반 토크 로터(anti torque rotor)가 필요한 헬리콥터는?
① 동축로터 헬리콥터(coaxial HC)
② 직렬로터 헬리콥터(tandem HC)
③ 단일로터 헬리콥터(single rotor HC)
④ 병렬로터 헬리콥터(side-by-side rotor HC)

02 프로펠러나 터보 제트 기관을 장착한 항공기가 비행할 수 있는 대기권 영역으로 옳은 것은?
① 열권과 중간권
② 대류권과 중간권
③ 대류권과 하부 성층권
④ 중간권과 하부 성층권

여객기는 순항 고도인 대류 권계면 즉, 36,000ft 정도이며 그 외 특수한 목적으로 비행하는 항공기는 약 45,000ft까지 비행하므로 대류권에서부터 하부 성층권까지에 해당된다.

03 프로펠러의 회전 깃단 마하수(rotational tip Mach number)를 옳게 나타낸 식은?
(단, n : 프로펠러 회전수(rpm), D : 프로펠러 지름, a : 음속이다)
① $\dfrac{\pi n}{60 \times a}$
② $\dfrac{\pi n}{30 \times a}$
③ $\dfrac{\pi n D}{30 \times a}$
④ $\dfrac{\pi n D}{60 \times a}$

깃 끝의 회전 속도는 πDn이며, 회전수가 분당 회전수이므로 초속으로 변경하기 위해 60으로 나누어야 한다. 마하수는 물체의 속도를 음속으로 나눈 값이므로 $\dfrac{\pi Dn}{60 \times 음속}$

04 레이놀즈수(Reynolds number)에 대한 설명으로 틀린 것은?
① 무차원수이다.
② 유체의 관성력과 점성력 간의 비이다.
③ 레이놀즈수가 낮을수록 유체의 점성이 높다.
④ 유체의 속도가 빠를수록 레이놀즈수는 낮다.

$Re = \dfrac{관성력}{점성력} = \dfrac{\rho VL}{\mu} = \dfrac{VL}{\nu}$

05 이륙 거리에 포함되지 않는 거리는?
① 상승 거리(climb distance)
② 전이 거리(transition distance)
③ 자유 활주 거리(free roll distance)
④ 지상 활주 거리(ground run distance)

이륙 거리 = 지상 활주 거리 + 상승 거리 = 전이 거리

06 비행기의 키돌이(loop) 비행 시 비행기에 작용하는 하중 배수의 범위로 옳은 것은?
① -6 ~ 0   ② -6 ~ 6
③ -3 ~ 3   ④ 0 ~ 6

키돌이 비행 시 상단점의 하중 배수는 0이고, 하단점의 하중 배수는 6

07 그림과 같은 비행 특성을 갖는 비행기의 안정 특성은?

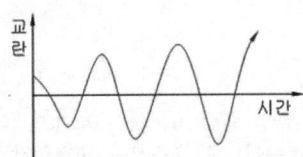

① 정적 안정, 동적 안정
② 정적 안정, 동적 불안정
③ 정적 불안정, 동적 안정
④ 정적 불안정, 동적 불안정

08 양력 계수가 0.25인 날개 면적 20m²의 항공기가 720km/h의 속도로 비행할 때 발생하는 양력은 몇 N인가? (단, 공기의 밀도는 1.23kg/m³이다)

① 6150   ② 10000
③ 123000 ④ 246000

$$L = \frac{1}{2}\rho V^2 C_L S$$
$$= \frac{1}{2} \times 1.23 \times \left(\frac{720}{3.6}\right)^2 \times 0.25 \times 20 = 123000\,\text{N}$$

09 직사각형 날개의 가로세로비를 나타내는 것으로 틀린 것은? (단, c : 날개의 코드, b : 날개의 스팬, S : 날개 면적)

① $\dfrac{b}{c}$ ② $\dfrac{b^2}{S}$
③ $\dfrac{S}{c^2}$ ④ $\dfrac{S^2}{bc}$

10 두께가 시위의 12%이고 상하가 대칭인 날개의 단면은?

① NACA 2412
② NACA 0012
③ NACA 1218
④ NACA 23018

11 고도 5000m에서 150m/s로 비행하는 날개 면적이 100m²인 항공기의 항력 계수가 0.02일 때 필요 마력은 몇 ps인가? (단, 공기의 밀도는 0.070kg·s²/m⁴이다)

① 1890   ② 2500
③ 3150   ④ 3250

$$P_r = \frac{DV}{75} = C_D \frac{1}{2}\rho V^2 S \times \frac{V}{75}$$
$$= \frac{1}{150} C_D \rho V^3 S$$
$$= \frac{1}{150} \times 0.02 \times 0.07 \times (150)^3 \times 100$$
$$= 3{,}150\,\text{ps}$$

12 해면에서의 온도가 20℃일 때 고도 5km의 온도는 약 몇 ℃인가?

① −12.5   ② −15.5
③ −19.0   ④ −23.5

$T℃ = 15 - 6.5h = 15 - 6.5 \times 20 = -12.5℃$

13 활공기가 1km 상공을 속도 100km/h로 비행하다가 활공각 45°로 활공할 때 침하 속도는 약 몇 km/h인가?

① 50   ② 70.7
③ 100   ④ 141.4

침하 속도와 상승률을 수하는 공식은 같다.
침하 속도 $= V\sin\theta = 100\sin45 = 70.71\,\text{km/h}$

14 프로펠러의 후류(slip stream) 중에 프로펠러로부터 멀리 떨어진 후방 압력이 자유흐름(free stream)의 압력과 동일해질 때의 프로펠러 유도 속도(induced velocity) V_2와 프로펠러를 통과할 때의 유도 속도 V_1의 관계는?

① $V_2 = 0.5V_1$ ② $V_2 = V_1$
③ $V_2 = 1.5V_1$ ④ $V_2 = 2V_1$

프로펠러의 회전면을 통과해서 증가한 속도는 회전면에서의 유도 속도의 2배가 된다.

15 프로펠러 항공기의 경우 항속 거리를 최대로 하기 위한 조건으로 옳은 것은?

① 양항비가 최소인 상태로 비행한다.
② 양항비가 최대인 상태로 비행한다.
③ $\dfrac{C_L}{\sqrt{C_D}}$ 가 최대인 상태로 비행한다.
④ $\dfrac{\sqrt{C_L}}{C_D}$ 가 최대인 상태로 비행한다.

구분	항속 거리		항속 시간	
	프로펠러기	제트기	프로펠러기	제트기
양항비	$(\dfrac{C_L}{C_D})_{max}$	$(\dfrac{C_L^{\frac{1}{2}}}{C_D})_{max}$	$(\dfrac{C_L^{\frac{3}{2}}}{C_D})_{max}$	$(\dfrac{C_L}{C_D})_{max}$
고도		고고도		저고도

16 일반적인 비행기의 안정성에 관한 설명으로 틀린 것은?

① 고속형 날개인 뒤젖힘 날개(sweep back wing)는 직사각형 날개보다 방향 안정성이 적다.
② 중립점(neutral point)에 대한 비행기 무게 중심의 위치 관계는 비행기의 안정성에 큰 영향을 미친다.
③ 단일 기관을 비행기의 기수에 장착한 프로펠러 비행기의 경우 방향 안정성이 프로펠러에 영향을 받는다.
④ 주날개의 쳐든각(dihedral angle)이 있는 비행기는 쳐든각이 없는 비행기에 비하여 가로 안정성이 더 크다.

뒤젖힘 날개는 방향 안정성과 가로 안정성 모두를 증대시킨다.

17 운항 중인 항공기에서 조종면의 조종효과를 발생시키기 위해서 주로 변화시키는 것은?

① 날개골의 캠버   ② 날개골의 면적
③ 날개골의 두께   ④ 날개골의 길이

조종면을 변위시키면 캠버와 받음각의 변화로 공기력을 발생시킨다.

18 피치업(pitch up) 현상의 원인이 아닌 것은?

① 받음각의 감소
② 뒤젖힘 날개의 비틀림
③ 뒤젖힘 날개의 날개 끝 실속
④ 날개의 풍압 중심이 앞으로 이동

피치업의 원인
1. 뒤젖힘 날개 날개 끝 실속
2. 뒤젖힘 날개의 비틀림
3. 날개의 풍압 중심이 앞으로 이동
4. 승강키의 효율 감소

19 비행기의 선회 반지름을 줄이기 위한 방법으로 옳은 것은?

① 선회각을 크게 한다.
② 선회 속도를 크게 한다.
③ 날개 면적을 작게 한다.
④ 중력 가속도를 작게 한다.

선회 반경을 줄이기 위해 선회 경사각은 크게 하고, 속도는 작게 한다.
선회 반경$(R) = \dfrac{V^2}{g\tan\theta}$

20 헬리콥터의 공중 정지 비행 시 기수 방향을 바꾸기 위한 방법은?

① 주 회전 날개의 코닝각을 변화시킨다.
② 주 회전 날개의 회전수를 변화시킨다.
③ 주 회전 날개의 피치각을 변화시킨다.
④ 꼬리 회전 날개의 피치각을 조종한다.

공중 정지 비행(Hovering) 상태에서 방향을 바꾸려면 페달을 조작하여 테일 로터의 피치 변화를 주면 된다.

21 왕복 엔진에서 기화기 빙결(carburetor icing)이 일어나면 발생하는 현상은?

① 오일 압력이 상승한다.
② 흡입 압력이 감소한다.
③ 흡입 밀도가 증가한다.
④ 엔진 회전수가 증가한다.

기화기 빙결이 발생되면 공기 흡입구가 막히므로 흡입 압력이 감소한다.

22 가스 터빈 엔진 중 저속 비행 시 추진 효율이 낮은 것에서 높은 순으로 나열된 것은?

① 터보 제트 - 터보팬 - 터보 프롭
② 터보 프롭 - 터보 제트 - 터보팬
③ 터보 프롭 - 터보팬 - 터보 제트
④ 터보팬 - 터보 프롭 - 터보 제트

추진 효율은 바이패스 비율과 비례한다.

23 가스 터빈 엔진용 연료의 첨가제가 아닌 것은?

① 청정제
② 빙결 방지제
③ 미생물 살균제
④ 정전기 방지제

제트 연료의 첨가제
1. 산화 방지제(Anti-oxidant) : 연료가 변질하여 검(용해, 불용해 산화물)을 생성, 산화를 방지
2. 금속 불활성제(Metal Deactivator) : 부유 금속(특히 동 및 동화합물)을 불활성화
3. 부식 방지제(Corrosion Inhibitor) : 녹이나 부식 발생을 방지
4. 빙결 방지제(Anti-icing Additive) : 수분 중에 녹아 빙결 온도를 낮추고 저온에서의 연료 동결을 방지
5. 정전기 방지제(Anti-static Additive, Electrical Conductivity Additive) : 계통 내를 고속으로 통과 시 정전기 발생함으로 축전을 방지
6. 미생물 살균제(Microbicide) : 박테리아가 증식하지 못하도록 살균

24 아음속 고정익 비행기에 사용되는 공기 흡입 덕트(inlet duct)의 형태로 옳은 것은?

① 벨마우스 덕트
② 수축형 덕트
③ 수축 확산형 덕트
④ 확산형 덕트

Divergent duct
아음속기에서 사용하는 고정면적 흡입 덕트로써 압축기 입구의 공기 속도를 비행 속도에 관계없이 항상 압축 가능한 최고 속도 이하인 M=0.5정도로 유지하도록 덕트의 안쪽을 넓게 하여 확산

25 내연 기관이 아닌 것은?

① 가스 터빈 엔진 ② 디젤 엔진
③ 증기 터빈 엔진 ④ 가솔린 엔진

외연 기관은 증기 기관, 증기 터빈 기관처럼 연소하는 장소와 일하는 장소가 따로 되어 있는 기관이며 내연 기관은 같은 공간에서 연소되어 일하는 기관으로 왕복 기관, 회전 기관, 가스 터빈 기관이 해당된다.

26 가스 터빈 엔진의 윤활장치에 대한 설명으로 틀린 것은?

① 재사용하는 순환을 반복한다.
② 윤활유의 누설 방지 장치가 없다.
③ 고압의 윤활유를 베어링에 분무한다.
④ 연료 또는 공기로 윤활유를 냉각한다.

대부분의 베어링 하우징에서는 오일이 누설되지 않도록 실(seal)을 내장하고 있으며 그 종류에는 표면 접촉 실인 carbon seal과 air-oil seal인 labyrinth seal)이 있다.

27 성형 엔진에 사용되며 축 끝의 나사부에 리테이닝 너트가 장착되고 리테이닝 링으로 허브를 크랭크축에 고정하는 프로펠러 장착 방식은?

① 플랜지식
② 스플라인식
③ 테이퍼식
④ 압축 밸브식

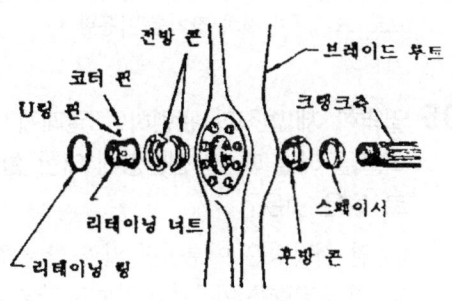

Spline Type

28 고열의 엔진 배기구 부분에 표시(marking)를 할 때 납(lead)이나 탄소(carbon) 성분이 있는 필기구를 사용하면 안 되는 가장 큰 이유는?

① 고열에 의해 열응력이 집중되어 균열을 발생시킨다.
② 배기부분의 재질과 화학 반응을 일으켜 재질을 부식시킬 수 있다.
③ 납이나 탄소 성분이 있는 필기구는 한 번 쓰면 지워지지 않는다.
④ 배기 부분의 용접부에 사용하면 화학 반응을 일으켜 접합 성능이 떨어진다.

배기 계통에 정비를 수행할 때에는 아연도금이 되어 있거나 아연판으로 만든 공구를 사용해서는 절대로 안 된다. 배기계통 부품에는 흑연 연필로 표시해서도 안 된다. 납(Lead), 아연(Zinc), 또는 아연도금에 접촉이 되면, 가열될 때 배기 계통의 금속으로 흡수되어 분자 구조에 변화를 주게 된다. 이러한 변화는 접촉된 부분의 금속을 약화시켜 균열이 생기게 하거나 궁극적으로는 결함을 발생케 하는 원인이 된다.

29 항공기 왕복 엔진 연료의 옥탄가에 대한 설명으로 틀린 것은?

① 연료의 안티노크성을 나타낸다.
② 연료의 이소옥탄이 차지하는 체적 비율을 말한다.
③ 옥탄가가 낮을수록 엔진의 효율이 좋아진다.
④ 옥탄가가 높을수록 엔진의 압축비를 더 높게 할 수 있다.

옥탄가란 안티노크제인 이소옥탄과 노크제인 노말헵탄으로 만든 표준 연료 중 이소옥탄의 함유된 %를 말하므로 값이 클수록 노크를 방지하면서 압축비를 높일 수 있다.

30 볼(ball)이나 롤러 베어링(roller bearing)이 사용되지 않는 곳은?

① 가스 터빈 엔진의 축 베어링
② 성형 엔진의 커넥트 로드(connect rod)
③ 성형 엔진의 크랭크축 베어링(crank shaft bearing)
④ 발전기의 아마추어 베어링(amateur bearing)

왕복 기관의 커넥팅 로드에는 플레인 베어링이 사용된다.

31 그림과 같은 브레이튼 사이클(Brayton cycle)에서 2-3 과정에 해당하는 것은?

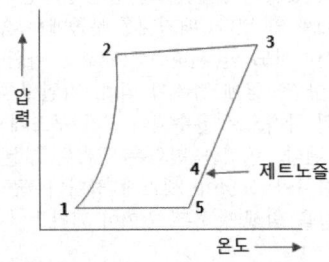

① 압축 과정
② 팽창 과정
③ 방출 과정
④ 연소 과정

- 1→2 : 온도와 압력이 상승하므로 단열 압축
- 2→3 : 압력 일정 온도 상승이므로 정압 수열 (연소)
- 3→5 : 온도 및 압력 하강하므로 단열 팽창
- 5→1 : 압력 일정 온도 하강이므로 정압 방열 (배기)

32 항공기 왕복 엔진 작동 중 주의 깊게 관찰하며 점검해야 할 변수가 아닌 것은?

① N1 및 N2 rpm
② 흡기 매니폴드 압력
③ 엔진 오일 압력
④ 실린더 헤드 온도

N1 및 N2 rpm은 가스 터빈 엔진의 회전 계기에서 저압 압축기의 회전수와 고압 압축기의 회전수를 나타냄.

33 축류식 압축기의 1단당 압력비가 1.6이고, 회전자 깃에 의한 압력 상승비가 1.3일 때 압축기의 반동도는?

① 0.2
② 0.3
③ 0.5
④ 0.6

반동도 = $\dfrac{\text{로터에 의한 압력상승}}{\text{단의 압력상승}} \times 100$
= $\dfrac{0.3}{0.6} \times 100 = 50\%$

34 가스 터빈 엔진의 점화 장치를 왕복 엔진과 비교하여 고전압, 고에너지 점화 장치로 사용하는 주된 이유는?

① 열손실이 크기 때문에
② 사용 연료의 기화성이 낮아서
③ 왕복 엔진에 비하여 부피가 크므로
④ 점화기 특성 규격에 맞추어야 하므로

가스 터빈용 연료는 기화성이 낮고 혼합비가 희박하며 공기 속도가 빨라서 점화가 매우 어려우므로 고에너지 점화 장치를 사용한다.

35 열역학 제1법칙과 관련하여 밀폐계가 사이클을 이룰 때 열 전달량에 대한 설명으로 옳은 것은?

① 열 전달량은 이루어진 일과 항상 같다.
② 열 전달량은 이루어진 일보다 항상 작다.
③ 열 전달량은 이루어진 일과 반비례 관계를 가진다.
④ 열 전달량은 이루어진 일과 정비례 관계를 가진다.

열역학 제1법칙과 관련하여 밀폐계가 사이클을 이룰 때 열전달량은 이루어진 일과 정비례 관계를 가진다(에너지 보존의 법칙).

36 왕복 엔진에서 마그네토의 작동을 정지시키는 방법은?

① 축전지에 연결시킨다.
② 점화 스위치를 ON 위치에 둔다.
③ 점화 스위치를 OFF 위치에 둔다.
④ 점화 스위치를 BOTH 위치에 둔다.

37 항공기가 400mph의 속도로 비행하는 동안 가스 터빈 엔진이 2340lbf의 진추력을 낼 때, 발생되는 추력 마력은 약 몇 hp인가?

① 1702　② 1896
③ 2356　④ 2496

추력 마력(Thrust Horse Power)
진추력(F_n)을 발생하는 기관이 속도(V_a)로 비행할 때 기관의 동력을 마력으로 환산한 것

$400\,mph = 400 \times \dfrac{5280\,ft}{3600\,s} = 586.7\,ft/s$

$THP = \dfrac{F_n(kgf) \times V_a(m/s)}{75}(PS)$
　　$= \dfrac{F_n(lbs) \times V_a(ft/s)}{550}(HP)$
　　$= \dfrac{2340 \times 586.7}{550} = 2496.14\,HP$

38 다발 항공기에서 각 프로펠러의 회전 속도를 자동적으로 조절하고 모든 프로펠러를 같은 회전 속도로 유지하기 위한 장치를 무엇이라고 하는가?

① 동조기
② 슬립 링
③ 조속기
④ 피치 변경 모터

쌍발 이상의 항공기에서 엔진의 rpm을 일치시키기 위해 사용하는 장치를 propeller synchronizer system이라한다.

39 항공기 왕복 엔진은 동일한 조건에서 어느 계절에 가장 큰 출력을 발생시키는가?

① 봄
② 여름
③ 겨울
④ 계절에 관계없다.

출력은 공기 밀도에 비례하므로 온도에는 반비례한다.

40 가스 터빈 엔진이 정해진 회전수에서 정격 출력을 낼 수 있도록 연료 조절 장치와 각종 기구를 조정하는 작업을 무엇이라 하는가?

① 리깅(rigging)
② 모터링(motoring)
③ 크랭킹(cranking)
④ 트리밍(trimming)

가스 터빈 엔진이 제작회사에서 정한 정격에 맞도록 엔진을 조절하는 것을 트리밍이라 한다.

41 대형 항공기에서 리브(rib)가 사용되는 부분이 아닌 것은?

① 플랩　② 엔진 마운트
③ 에일러론　④ 엘리베이터

항공기의 조종면인 Aileron, Rudder, Elevator, Flap은 Airfoil의 형태를 갖추기 위해 Rib가 사용됨

42 그림과 같은 그래프를 갖는 완충 장치의 효율은 약 몇 %인가?

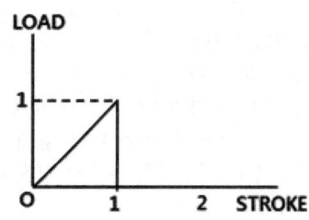

① 30　② 40
③ 50　④ 60

43 항공기 기체 내부와 외부 구조부에 모두 사용할 수 있는 리벳은?

① 납작머리 리벳(flat head rivet)
② 둥근머리 리벳(round head rivet)
③ 접시머리 리벳(countersink head rivet)
④ 유니버설머리 리벳(universal head rivet)

- 납작머리, 둥근머리 : 내부 구조부에 사용
- 접시머리, 브레이저 머리 : 외피에 사용
- 유니버설 머리 : 내부 구조 및 외피에 사용

44 손가락 힘으로 조일 수 있는 곳으로 조립과 분해가 빈번한 곳에 사용하는 너트는?

① 윙 너트 ② 체크 너트
③ 플레인 너트 ④ 캐슬 너트

체크 너트나 평 너트, 평 체크너트, 캐슬너트, 캐슬레이티드 시어 너트, 윙 너트 등은 일반 너트로 외부 고정 부품(Safety Wire, Cotter Pin, Double Nut등)이 필요하며, 공구 없이 손으로 쉽게 조이고 풀 수 있는 너트는 윙 너트이다.

45 항공기 구조에서 하중을 담당하는 부재가 파괴 되었을 때 그 하중을 예비 부재가 전체 하중을 담당하도록 설계된 방식의 페일 세이프(fail safe) 구조는?

① 다중 경로 구조 ② 이중 구조
③ 하중 경감 구조 ④ 대치 구조

페일 세이프 구조
- 다경로 하중 구조(Redundant structure)
  일부 부재가 파괴 될 경우 그 부재가 담당하던 하중을 분담할 수 있는 다른 부재가 있어 구조 전체로서는 치명적인 결과를 가져오지 않는 구조 형식
- 이중 구조(Double structure)
  큰 부재 대신 2개의 작은 부재를 결합시켜 하나의 부재와 같은 강도를 가지게 함으로써 치명적인 파괴로부터 안전을 유지할 수 있는 구조 형식
- 대치 구조(Back up structure)
  하나의 부재가 전체의 하중을 지탱하고 있을 경우 이 부재가 파손될 것을 대비하여 준비된 예비적인 대치 부재를 가지고 있는 구조 형식
- 하중 경감 구조(Load dropping structure)
  부재가 파손되기 시작하면 변형이 크게 일어나므로 주변의 다른 부재에 하중을 전달시켜 원래 부재의 추가적인 파괴를 막는 구조 형식

46 항공기 실속 속도 80mph, 설계 제한 하중 배수 4인 비행기가 급격한 조작을 할 경우에도 구조 역학적으로 안전한 속도 한계는 약 몇 mph인가?

① 140 ② 160
③ 200 ④ 320

속도 변화에 따른 하중 배수$(n) = \sqrt{n_{Lim}} \times V_s$
$= \sqrt{4} \times 80$
$= 160\,mph$

47 그림과 같이 단면적 20cm², 10cm²로 이루어진 구조물의 a~b구간에 작용하는 응력은 몇 kN/cm²인가?

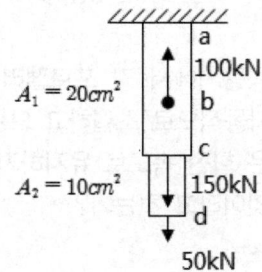

① 5 ② 10
③ 15 ④ 20

$\sigma = \dfrac{P}{A} = \dfrac{100}{20} = 5\,kN/cm^2$

48 알루미나 섬유에 대한 설명으로 옳은 것은?

① 기계적 특성이 뛰어나므로 주로 전투기 동체나 날개 부품 제작에 사용된다.
② 알루미나 섬유를 일명 "케블러"라고 한다.
③ 무색 투명하며 약 1300℃로 가열하여도 물성이 유지되는 우수한 내열성을 가지고 있다.
④ 기계적 성질이 떨어져 주로 객실 내부 구조물 등 2차 구조물에 사용된다.

알루미나 섬유
카본 섬유보다 밀도는 높으나 내열성이 뛰어나 공기 중에서 1,300℃로 가열해도 취성을 갖지 않으며, 전기, 광학적 특성은 글래스 섬유와 같이 무색 투명하고 부도체이다.

49 항공기 판재 굽힘 작업 시 최소 굽힘 반지름을 정하는 주된 목적은?

① 굽힘 작업 시 낭비되는 재료를 최소화하기 위해
② 판재의 굽힘 작업으로 발생되는 내부 체적을 최대로 하기 위해
③ 굽힘 반지름이 너무 작아 응력 변형이 생겨 판재가 약화되는 현상을 막기 위해
④ 굽힘 작업 시 발생하는 열을 최소화하기 위해

굽힘 반지름이 너무 작아지면 응력 집중으로 균열이나 재료의 피로 현상이 발생됨.

50 대형 항공기 조종면을 수리하여 힌지 라인 후방의 무게가 증가되었다면 어떠한 문제가 발생하는가?

① 기수가 상승한다.
② 기수가 하강한다.
③ 플러터(flutter) 발생 원인이 된다.
④ 속도가 증가하고 진동이 감소한다.

진동 없이 안정적인 조종면의 작동을 위해서는 과대 평형(over balance)상태이어야 하며, 과소 평형(Under balance) 이 되면 플러터의 주원인이 된다.

51 알루미늄 합금과 구조용 강과의 기계적 성질에 대한 설명으로 옳은 것은?

① 동일한 하중에 대한 알루미늄 합금의 변형량은 구조용 강철에 비해 약 3배 많다.
② 알루미늄 합금은 구조용 강철에 비해 제 1변태점이 약 300℃ 정도가 높다.
③ 구조용 강철의 탄성 계수는 알루미늄 합금의 탄성 계수의 약 2배 정도이다.
④ 제 1변태점 이상에서 알루미늄 합금은 구조용 강철보다 기계적 성질이 좋다.

52 일반적인 금속의 응력-변형률 곡선에서 위치별 내용이 옳게 짝지어진 것은?

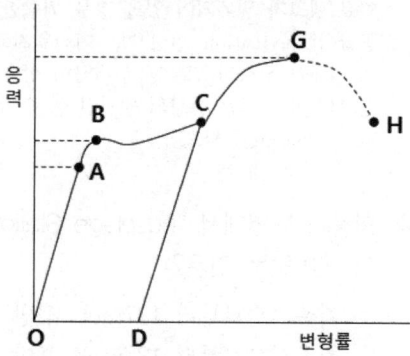

① G : 항복점
② OA : 인장 강도
③ B : 비례 탄성 범위
④ OD : 영구 변형률

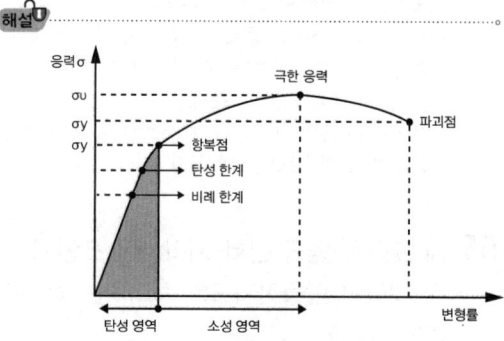
응력 변형률 선도

53 연료 탱크에 있는 벤트 계통(vent system)의 역할로 옳은 것은?

① 연료 탱크 내의 증기를 배출하여 발화를 방지한다.
② 비행 자세의 변화에 따른 연료 탱크 내의 연료 유동을 방지한다.
③ 연료 탱크 내·외의 차압에 의한 탱크 구조를 보호한다.
④ 연료 탱크의 최하부에 위치하여 수분이나 잔류 연료를 제거한다.

연료 탱크가 밀폐되어 있을 경우 원활한 연료의 공급이 Cavitation 현상으로 어려워지고, 연료의 기화가스 충만으로 탱크 내압이 상승할 경우 탱크의 변형 또는 손상의 원인이 될 수 있으므로 Vent system이 필요함.

54 항공기 도면에서 "Fuselage Station 137"이 의미하는 것은?

① 기준선으로부터 137inch 전방
② 기준선으로부터 137inch 후방
③ 버턱라인(BL)으로부터 137inch 좌측
④ 버턱라인(BL)으로부터 137inch 우측

- Fuselage Station : 동체의 기축 방향의 기준선으로부터 뒤쪽으로 137inch의 위치를 의미함.
- Buttock Line : 동체 중심을 수직으로 나눠 좌, 우에 대한 위치를 표시함. 치수 뒤에 L, R을 기입하여, 좌, 우 표시
- Water Line : 지표면을 기준으로 동체 수평면까지의 수직 거리로 위치 표시

55 Al 표면을 양극 산화 처리하여 표면에 산화 피막이 만들어지도록 처리하는 방법이 아닌 것은?

① 수산법   ② 크롬산법
③ 황산법   ④ 석출경화법

양극 산화법의 종류
황산법, 수산법, 크롬산법, 붕산법 등

56 다음 중 드릴(drill)로 구멍을 뚫을 때 가장 빠른 드릴 회전을 해야 하는 재료는?

① 주철   ② 알루미늄
③ 티타늄   ④ 스테인리스강

재질	날 끝각	회전 속도	작업 압력
프라스틱	78°	고속	저압
알루미늄	90°	고속	저압
강	118°	저속	고압
스테인리스	140°	저속	고압

57 하중 배수(load factor)에 대한 설명으로 틀린 것은?

① 등속 수평 비행 시 하중 배수는 1이다.
② 하중 배수는 비행 속도의 제곱에 비례한다.
③ 선회 비행 시 경사각이 클수록 하중 배수는 작아진다.
④ 하중 배수는 기체에 작용하는 하중을 무게로 나눈 값이다.

선회 시 하중 배수$(n) = \dfrac{1}{\cos\theta}$

선회 시 하중 배수는 경사각이 클수록 커진다.

58 항공기의 기체 구조 수리에 대한 내용으로 가장 올바른 것은?

① 수리를 위하여 대치할 재료의 두께는 원래 두께와 같거나 작아야 한다.
② 사용 리벳 수는 같은 재질로 기체의 강도를 고려하여 최소한의 수를 사용한다.
③ 같은 두께의 재료로써 17ST의 판재나 리벳을 A17ST로 대체하여 사용할 수 있다.
④ 수리 부분의 원래 재료와의 접촉면에는 재료의 성분에 관계 없이 부식 방지를 위하여 기름으로 표면 처리한다.

수리의 4원칙
① 본래의 강도 유지
② 본래의 윤곽 유지
③ 최소 무게 유지
④ 부식에 대한 보호
※ 17ST는 2117T이고, A17ST는 2017T이므로 대체 사용이 불가

59 항공기의 구조 부재 용접 작업 시 최우선으로 고려해야 할 사항은?

① 작업 부위의 청결
② 용접 방향
③ 용접 슬러지 제거
④ 재질 변화

용접 수리 시 용접 열에 의한 열 변형이나 변색 등은 재료의 손상이나 산화를 촉진

60 항공기의 최대 총 무게에서 자기 무게를 뺀 무게는?

① 유상 하중(useful load)
② 테어 무게(tare weight)
③ 최대 허용 무게(max allowable weight)
④ 운항 자기 무게(operating empty weight)

61 직류 직권 전동기의 속도를 제어하기 위한 가변 저항기(rheostat)의 장착법은?

① 전동기와 병렬로 장착
② 전동기와 직렬로 장착
③ 전원과 직, 병렬로 장착
④ 전원 스위치와 병렬로 장착

직권형 전동기
계자와 전기자가 직렬로 연결되고, 시동 시 계자에 전류가 많이 흘러 시동 토크가 크다. 부하가 크고 시동 토크가 크게 필요한 기관의 시동용 전동기, 착륙 장치, 플랩 등을 움직이는 전동기로 사용

62 싱크로 계기의 종류 중 마그네신(magnesyn)에 대한 설명으로 틀린 것은?

① 교류 전압이 회전자에 가해진다.
② 오토신(autosyn)보다 작고 가볍다.
③ 오토신(autosyn)의 회전자를 영구자석으로 바꾼 것이다.
④ 오토신(autosyn)보다 토크가 약하고 정밀도가 떨어진다.

마그네신(Magnesyn)
• 방향 계기 계통에 사용
• 회전자 – 영구자석
• 교류 전원 사용
• 오토신보다 작고 가볍지만, 토크가 약하고 정밀도가 떨어진다.

63 고도계에서 발생되는 오차와 발생 요인 중 틀리게 짝지어진 것은?

① 탄성 오차 : 케이스의 누출
② 온도 오차 : 온도 변화에 의한 팽창과 수축
③ 눈금 오차 : 섹터 기어와 피니언 기어의 불균일
④ 기계적 오차 : 확대 장치의 가동 부분, 연결, 백래시, 마찰

고도계의 오차
• 탄성 오차 : 히스테리시스(hysteresis), 편위(drift), 잔류 효과(after effect)와 같이 일정한 온도에서의 탄성체 고유의 오차로서 재료의 특성 때문에 생긴다.
• 온도 오차
  ① 온도의 변화에 의하여 고도계의 각 부분이 팽창, 수축하여 생기는 오차
  ② 온도 변화에 의하여 공함, 그밖에 탄성체의 탄성률의 변화에 따른 오차
  ③ 대기의 온도 분포가 표준 대기와 다르기 때문에 생기는 오차
• 눈금 오차 : 일정한 온도에서 진동을 가하여 기계적 오차를 뺀 계기의 특유의 오차이다. 일반적으로 고도계의 오차는 눈금 오차를 말하며, 수정이 가능하다.

• 기계적 오차 : 계기 각 부분의 마찰, 기구의 불평형, 가속도와 진동 등에 의하여 바늘이 일정하게 지시하지 못함으로써 생기는 오차이다. 이들은 압력의 변화와 관계가 없으며 수정이 가능하다.

64 항공기의 축압기(accumulator)에 대한 설명으로 틀린 것은?

① 압력 조절기가 너무 빈번하게 작동되는 것을 방지한다.
② 갑작스럽게 계통 압력이 상승할 때 이 압력을 흡수한다.
③ 작동유 압력 계통의 호스가 파손되거나 손상되어 작동유가 누설되는 것을 방지한다.
④ 비상시 최소한의 작동 실린더를 제한된 횟수만큼 작동시킬 수 있는 작동유를 저장한다.

축압기의 기능
• 동력 펌프 고장 시 유압 공급
• 가압된 압력을 저장
• 계통 압력의 서지(Surge) 방지
• 계통의 충격적인 압력 흡수
• 압력 조절기의 개폐 빈도 감소

65 수평 상태 지시계(HSI)가 지시하지 않는 것은?

① 비행 고도
② DME 거리
③ 기수 방위 지시
④ 비행 코스와의 관계 지시

66 항공기에서 화재 탐지를 위한 장치가 설치되어 있지 않는 곳은?

① 조종실 내   ② 화장실
③ 동력 장치   ④ 화물실

67 10mH의 인덕턴스에 60Hz, 100V의 전압을 가하면 약 몇 암페어(A)의 전류가 흐르는가?

① 15.35   ② 20.42
③ 25.78   ④ 26.54

$X_L = 2fL = 2 \times 3.14 \times 60 \times 0.01 = 3.77 \text{ohm}$
$V = IR$, $I = V/R = 100/3.77 = 26.5A$

68 Transmitter와 Indicator 양쪽 모두 △ 또는 Y결선의 스테이터(stator)와 교류 전자석의 로터(rotor) 사이에 발생되는 전류와 자장 발생에 의해 동조되는 방식의 계기는?

① 데신(desyn)
② 오토신(autosyn)
③ 마그네신(magnesyn)
④ 일렉트로신(electrosyn)

오토신(Autosyn)
- 26V 400Hz의 교류 전원을 사용
- 고정자는 3상
- 회전자 - 전자석

69 항공 계기의 색표지(color marking)와 그 의미를 옳게 짝지은 것은?

① 푸른색 호선(blue arc) : 최대 및 최소 운용 한계
② 노란색 호선(yellow radiation) : 순항 운용 범위
③ 붉은색 방사선(red radiation) : 경계 및 경고 범위
④ 흰색 호선(white arc) : 플랩을 조작할 수 있는 속도 범위 표시

계기의 색표지
- 붉은색 : 최대 및 최소 운용 한계 범위 밖에서는 절대로 운용을 금지
- 녹색 : 안전 운용 범위
- 노란색 : 경계 또는 경고 범위
- 흰색 호선 : 대기 속도계에서 플랩 조작에 따른 항공기의 속도 범위

70 객실의 개별 승객에게 영화, 음악 등 오락 프로그램을 제공하는 장치는?

① Cabin interphone system
② Passenger address system
③ Service interphone system
④ Passenger entertainment system

71 항공기 내 승객 안내 시스템(passenger address system)에서 방송의 제 1 순위부터 순서대로 옳게 나열한 것은?

① Cabin 방송, Cockpit 방송, Music 방송
② Cabin 방송, Music 방송, Cockpit 방송
③ Cockpit 방송, Cabin 방송, Music 방송
④ Cockpit 방송, Music 방송, Cabin 방송

기내 방송 장치(Passenger address system)
- 조종실 및 객실 승무원석에서 승객에게 필요한 방송을 위한 기내 장치
- 우선순위에 의한 방송
  1순위 : 조종실 방송
  2순위 : 객실 승무원 방송
  3순위 : 음악 방송

72 자동 비행 조종 장치에서 오토 파일럿(auto pilot)을 연동(engage)하기 전에 필요한 조건이 아닌 것은?

① 이륙 후 연동한다.
② 충분한 조정(trim)을 취한 뒤 연동한다.
③ 항공기의 기수가 진북(true north)을 향한 후에 연동한다.
④ 항공기 자세(roll, pitch)가 있는 한계 내에서 연동한다.

73 직류 전원을 교류 전원으로 바꾸는 것은?

① Static Inverter
② Load Controller
③ Battery Charger
④ TRU(Transformer Rectifier Unit)

74 Full deflection current 10mA, 내부 저항이 4Ω인 검류계로 28V의 전압 측정용 전압계를 만들려면 약 몇 Ω짜리의 직렬 저항을 이용해야 하는가?

① 2000　　② 2500
③ 2800　　④ 3000

$E = IR = 10\,\text{mA} \times 4\,\Omega = 40\,\text{mV}$

배율 $m = \dfrac{V_0}{V} = \dfrac{28\,V}{40\,mV} = 700$

배율기의 저항 $R_m = (m-1)R_V$
$= (700-1)4 = 2796\,\Omega$

75 기본적인 에어 사이클 냉각 계통의 구성으로 옳은 것은?

① 히터, 냉각기, 압축기
② 압축기, 열교환기, 터빈
③ 열교환기, 증발기, 히터
④ 바깥공기, 압축기, 엔진 블리드 공기

공기 흐름 순서
압축기 블리드 에어→차단 밸브→1차 열교환기→냉각 장치의 압축기→2차 열교환기→냉각장치의 터빈→수분 분리기

76 유압 계통에서 압력이 낮게 작동되면 중요한 기기에만 작동 유압을 공급하는 밸브는?

① 선택 밸브(selector valve)
② 릴리프 밸브(relief valve)
③ 유압 퓨즈(hydraulic valve)
④ 우선순위 밸브(priority valve)

프라이오리티 밸브(Priority valve)
계통의 압력이 정상보다 낮아졌거나 펌프의 고장일 때 축압기의 압력을 사용하여 가장 필요한 계통에만 우선 공급해야 하는 경우에 사용

77 비행 중에 비로부터 시계를 확보하기 위한 제우(rain protection) 시스템이 아닌 것은?

① Air Curtain System
② Rain Repellent System
③ Windshield Wiper System
④ Windshield Washer System

제우 계통의 종류
• 윈드 실드 와이퍼
• 에어 커튼(Air Curtain)
• 레인 리펠런트(Rain Repellent)

78 광전 연기 탐지기에 대한 설명으로 옳은 것은?

① 연기의 양을 측정한다.
② 연기의 반사광을 감지한다.
③ 주변 연기의 온도를 측정한다.
④ 연기 내 오염물의 정도를 탐지한다.

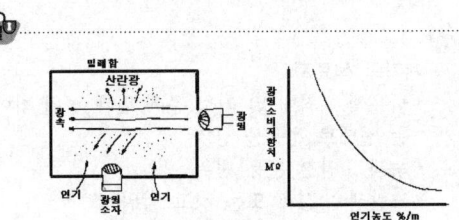
광전신 연기감지기의 구조 및 특성

79 직류 발전기에서 잔류 자기를 잃어 발전기 출력이 나오지 않을 경우 잔류 자기를 회복하는 방법으로 가장 적절한 것은?

① 계자 코일을 교환한다.
② 계자 권선에 직류 전원을 공급한다.
③ 잔류 자기가 회복될 때까지 반대 방향으로 회전시킨다.
④ 잔류 자기가 회복될 때까지 고속 회전시킨다.

잔류자기 회복=계자 플래싱(Feild Flashing)
계자에 잔류자기가 전혀 남아 있지 않아 발전을 시작하지 못할 때 외부 전원을 통하여 잠시 동안 계자 코일에 전류를 공급하는 것

80 HF 통신의 용도로 가장 옳은 것은?

① 항공기 상호 간 단거리 통신
② 항공기와 지상 간의 단거리 통신
③ 항공기 상호 간 및 항공기와 지상 간의 장거리 통신
④ 항공기 상호 간 및 항공기와 지상 간의 단거리 통신

HF(단파) 통신
항공기와 지상, 항공기와 타 항공기 상호 간의 HF 전파를 이용하여 장거리 통화에 이용

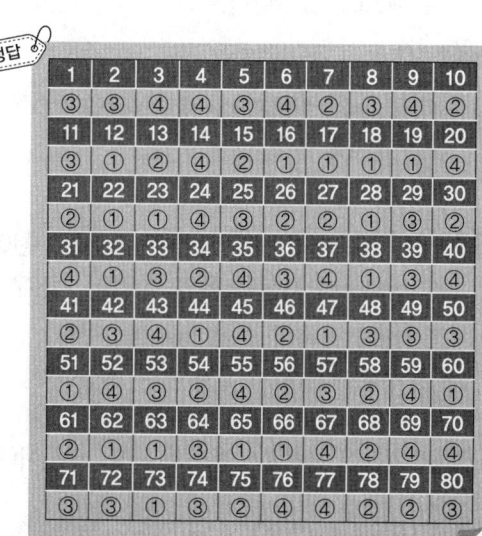

2016년 제4회 기출문제

자격종목 및 등급(선택분야): 항공산업기사
시험시간: 2시간
문제지형별: A

---

01 다음 중 항력 발산 마하수가 높은 날개를 설계할 때 옳은 것은?

① 쳐든각을 크게 한다.
② 날개에 뒤젖힘각을 준다.
③ 두꺼운 날개를 사용한다.
④ 가로세로비가 큰 날개를 사용한다.

항력 발산 마하수를 높게 하려면
① 얇은 날개를 사용하여 표면에서의 속도 증가를 줄임
② 날개에 뒤젖힘각을 줌
③ 가로세로비가 작은 날개를 사용
④ 경계층을 제어
⑤ 이상의 조건을 잘 조합해서 설계해야 함

02 날개의 면적을 유지하면서 가로세로비만 2배로 증가시켰을 때 이 비행기의 유도항력계수는 어떻게 되는가?

① 2배 증가한다.
② 1/2로 감소한다.
③ 1/4로 감소한다.
④ 1/16로 증가한다.

$C_{Di} = \dfrac{C_L^2}{\pi e AR}$ 이므로 유도 항력 계수와 가로세로비는 반비례

03 물체 표면을 따라 흐르는 유체의 천이(Transition) 현상을 옳게 설명한 것은?

① 충격 실속이 일어나는 현상이다.
② 층류에 박리가 일어나는 현상이다.
③ 층류에서 난류로 바뀌는 현상이다.
④ 흐름이 표면에서 떨어져나가는 현상이다.

04 온도가 0℃, 고도 약 2,300m에서 비행기가 825m/s로 비행할 때의 마하수는 약 얼마인가? (단, 0℃ 공기 중 음속은 331.2m/s이다)

① 2.0
② 2.5
③ 3.0
④ 3.5

$M_a = \dfrac{V}{C} = \dfrac{825}{331.2} = 2.49$

05 에어포일 코드 'NACA 0009'를 통해 알 수 있는 것은?

① 대칭 단면의 날개이다.
② 초음속 날개 단면이다.
③ 다이아몬드형 날개 단면이다.
④ 단면에 캠버가 있는 날개이다.

4자 계열 날개골에서 앞숫자가 '00'이면 대칭형 날개골

06 다음 중 이륙 활주 거리를 줄일 수 있는 조건으로 옳은 것은?

① 추력을 최대로 한다.
② 고항력 장치를 사용한다.
③ 비행기의 하중을 크게 한다.
④ 항력이 큰 활주 자세로 이륙한다.

이륙 거리를 짧게 하기 위한 방법
• 무게가 가벼워야 한다.
• 기관의 추력이 커야한다.
• 항력이 작은 비행 자세로 비행하여야 한다.
• 맞바람을 받으면서 이륙한다.
• 고양력 장치를 사용한다.
• 마찰력이 작아야 한다.

07 다음 중 ( ) 안에 알맞은 내용은?

"비행기에서 무게 중심이 날개의 공기 역학적 중심보다 앞쪽에 위치할수록 세로 안정은 (㉠)하고, 조종성은 (㉡)한다."

① ㉠ 감소 ㉡ 증가
② ㉠ 감소 ㉡ 감소
③ ㉠ 증가 ㉡ 증가
④ ㉠ 증가 ㉡ 감소

조종성과 안정성은 반대로 작용

비행기의 세로 안정 향상법
• 무게 중심이 공기 역학적 중심보다 앞에 위치
• 무게 중심이 공기 역학적 중심보다 아래에 위치
• 꼬리 날개 부피(Tail Volume) 즉, $St \cdot \ell$이 클수록 안정
• 꼬리 날개 효율 ($\frac{q_t}{q}$)이 클수록 안정

08 날개 드롭(Wing Drop)에 대한 설명으로 틀린 것은?

① 옆놀이와 관련된 현상이다.
② 한쪽 날개가 충격 실속을 일으켜서 갑자기 양력을 상실하며 발생하는 현상이다.
③ 아음속에서 충격파가 과도할 경우 날개가 동체에서 떨어져 나가는 현상을 말한다.
④ 두꺼운 날개를 사용한 비행기가 천음속으로 비행 시 발생한다.

09 500rpm으로 회전하고 있는 프로펠러의 각속도는 약 몇 rad/sec 인가?

① 32   ② 52
③ 65   ④ 104

• 프로펠러 1회전 회전 각도 : 2π rad
• 프로펠러 N회전 회전 각도 : 2π N rad
• 프로펠러 N회전 회전 각속도 : 2π N/60 rad/s

$$\frac{2\pi N}{60} = \frac{2\pi \times 500}{60} = 52.36$$

10 항공기 형상이 비행 안정성에 미치는 영향을 옳게 설명한 것은?

① 후퇴각(Sweep Back)을 갖는 주 날개에서 측풍이 날개 익형에서 상대적인 공기 속도를 변화시켜 항력 차이에 의한 복원 모멘트로 횡안정성이 개선된다.
② 고익(High Wing) 항공기에서는 횡안정성을 저해하는 방향으로 동체 주위의 유동이 날개의 받음각을 변화시킨다.
③ 일정한 면적의 꼬리 날개는 장착 위치가 무게 중심에 가까울수록 수직 및 수평 안정판이 비행 안정성에 기여하는 영향이 크다.
④ 상반각을 갖는 주 날개에서는 측풍이 좌측 및 우측 날개에서 받음각 차이로 양력의 차이를 발생시켜 횡안정성이 개선된다.

가로 안정성에 가장 영향을 많이 미치는 요소 : 상반각

11 다음 중 실속 받음각 영역이 다른 것은?

① 스핀   ② 방향 발산
③ 더치 롤 ④ 나선 발산

동적 방향 불안정

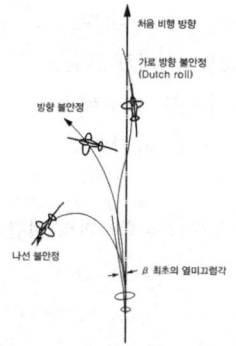

12 항공기 중량이 900kgf, 날개면적이 10m² 인 제트 항공기가 수평 등속도로 비행할 때 추력은 몇 kgf 인가? (단, 양항비는 3 이다)

① 300
② 250
③ 200
④ 150

해설

$T = \dfrac{W}{양항비} = \dfrac{900}{3} = 300$

13 조종면 효율변수(Flap Or Control Effectiveness Parameter)를 설명한 것으로 옳은 것은?

① 양력 계수와 항력 계수의 비를 말한다.
② 플랩의 변위에 따른 양력 계수의 변화량을 나타내는 값이다.
③ 날개 면적을 날개 면적과 플랩 면적을 합한 값으로 나눈 값이다.
④ 플랩 면적을 날개 면적과 플랩 면적을 합한 값으로 나눈 값이다.

해설

조종면의 효율 변수
• 플랩의 변위에 따른 날개골 전체의 양력
• 계수를 변화시키는 능력

14 프로펠러가 항공기에 가해준 소요 동력을 구하는 식은?

① 추력 / 비행속도
② 추력 × 비행속도²
③ 비행속도 / 추력
④ 추력 × 비행속도

해설

동력=일/시간=힘×거리/시간=힘×속도

15 일반적인 헬리콥터 비행 중 주 회전날개에 의한 필요 마력의 요인으로 보기 어려운 것은?

① 유도속도에 의한 유도 항력
② 공기의 점성에 의한 마찰력
③ 공기의 박리에 의한 압력 항력
④ 경사 충격파 발생에 따른 조파 항력

해설

조파항력(Wave Drag)은 초음속 흐름에서 충격파에 의해서 발생하는 항력이다. 헬리콥터는 초음속비행이 불가능하므로 조파항력은 발생할 수 없다.

16 무게 20,000kgf, 날개 면적 80m²인 비행기가 양력 계수 0.45 및 경사각 30° 상태로 정상 선회(균형 선회) 비행을 하는 경우 선회 반경은 약 몇 m인가? (단, 공기 밀도는 1.22 kg/m³이다)

① 1,820
② 2,000
③ 2,800
④ 3,000

해설

$V_t = \dfrac{V}{\sqrt{\cos\theta}} = \sqrt{\dfrac{2W}{\rho C_L S \cos\theta}}$

$= \sqrt{\dfrac{2 \times 20000}{\dfrac{1.22}{9.8} \times 0.45 \times 80 \times \cos 30}} = 101.52$

$R = \dfrac{V^2}{g \tan\theta} = \dfrac{106.47^2}{9.8 \times \tan 30} = 1821.5$

17 상승 가속도 비행을 하고 있는 항공기에 작용하는 힘의 크기를 옳게 비교한 것은?

① 양력 > 중력, 추력 < 항력
② 양력 < 중력, 추력 > 항력
③ 양력 > 중력, 추력 > 항력
④ 양력 < 중력, 추력 < 항력

18 대기를 구성하는 공기에 대한 설명으로 틀린 것은?

① 공기의 점성 계수는 물보다 작다.
② 공기는 압축성 유체로 볼 수 있다.
③ 공기의 온도는 고도가 높아짐에 따라서 항상 감소한다.
④ 동일한 압력 조건에서 공기의 온도 변화와 밀도 변화는 반비례 관계에 있다.

공기의 온도는 고도 1000m마다 6.5℃씩 감소하여 일정 높이에서부터 고도에 관계없이 −56.5℃로 일정하다.

19 비행기가 등속도 수평 비행을 하고 있다면 이 비행기에 작용하는 하중 배수는?

① 0   ② 0.5
③ 1   ④ 1.8

20 헬리콥터 구동 계통에서 자유회전장치(Free Wheeling Unit)의 주된 목적은?

① 주 회전 날개 제동 장치를 풀어서 작동을 가능하게 한다.
② 시동 중에 주 회전 날개 깃의 굽힘 응력을 제거한다.
③ 착륙을 위해서 기관의 과회전을 허용한다.
④ 기관이 정지되거나 제한된 주 회전 날개의 회전수 보다 느릴 때 주 회전 날개와 기관을 분리한다.

21 가스 터빈 엔진의 연료 조정 장치(FCU) 기능이 아닌 것은?

① 파워 레버의 위치에 따른 연료량을 적절히 조절한다.
② 연료흐름에 따른 연료 필터의 계속 사용여부를 조정한다.
③ 압축기 출구 압력 변화에 따라 연료량을 적절히 조절한다.
④ 압축기 입구 압력 변화에 따라 연료량을 적절히 조절한다.

연료 조절 장치의 수감 요소
• RPM(Revolution Per Minute)
• CDP(Compressor Discharge Pressure)
• CIT(Compressor Inlet Temperature) 또는 CIP(Compressor Inlet Pressure)
• PLA(Power Lever Angle)

22 가스 터빈 엔진에서 방빙 장치가 필요 없는 곳은?

① 터빈 노즐
② 압축기 전방
③ 흡입 덕트 입구
④ 압축기의 입구 안내 깃

터빈 노즐은 연소실로부터 뜨거운 공기를 공급받으므로 방빙 장치 불필요

23 프로펠러 깃(Propeller Blade)에 작용하는 응력이 아닌 것은?

① 인장 응력
② 굽힘 응력
③ 비틀림 응력
④ 구심 응력

프로펠러 깃에 작용하는 힘과 응력
• 추력과 굽힘 응력
• 원심력과 인장 응력
• 비틀림력과 비틀림 응력

24 정속 프로펠러(Constant-speed Propeller)는 엔진 속도를 정속으로 유지하기 위해 프로펠러 피치를 자동으로 조정해 주도록 되어 있는데 이러한 기능은 어떤 장치에 의해 조정되는가?

① 3-way 밸브
② 조속기(Governor)
③ 프로펠러 실린더(Propeller Cylinder)
④ 프로펠러 허브 어셈블리(Propeller Hub assembly)

25 왕복 엔진을 장착한 비행기가 이륙한 후에도 최대 정격 이륙 출력으로 계속 비행하는 경우에 대한 설명으로 옳은 것은?

① 엔진이 과열되어 비행이 곤란해진다.
② 공기 흡입구가 결빙되어 출력이 저하된다.
③ 엔진의 최대 출력을 증가시키기 위한 방법으로 자주 이용한다.
④ 연료 소모가 많지만 1시간 이내에서 비행할 수 있다.

왕복 기관의 이륙 출력은 과열의 위험이 있어 5분으로 작동 제한

26 왕복엔진의 마그네토 브레이커 포인트(Breaker Point)가 과도하게 소실되었다면 브레이커 포인트와 어떤 것을 교환해 주어야 하는가?

① 1차 코일 ② 2차 코일
③ 회전자석 ④ 콘덴서

27 흡입 공기를 사용하지 않는 제트 엔진은?

① 로켓 ② 램 제트
③ 펄스 제트 ④ 터보 팬

로켓 엔진은 연료와 더불어 산화제를 함께 가지고 있어, 이것을 연소시킬 때 발생하는 고온·고압의 연료 가스를 분출시켜 나오는 추진력으로 비행할 수 있는 엔진으로 산소를 따로 흡입할 필요가 없어서 산소가 없는 우주 공간에서도 운행할 수 있다.

28 왕복엔진의 피스톤 오일 링(Oil Ring)이 장착되는 그루브(Groove)에 위치한 구멍의 주요 기능은?

① 피스톤 무게를 경감해 준다.
② 윤활유의 양을 조절해 준다.
③ 피스톤 벽에 냉각 공기를 보내준다.
④ 피스톤 내부 점검을 하기 위한 통로이다.

왕복 엔진의 피스톤 오일링에 장착되는 그루브에 위치한 구멍의 주요 기능은 윤활유의 양을 조절해 주는 것이다.

29 열역학에서 주어진 시간에 계(System)의 이전 상태와 관계없이 일정한 값을 갖는 계의 거시적인 특성을 나타내는 것을 무엇이라 하는가?

① 상태(State)
② 과정(Process)
③ 상태량(Property)
④ 검사 체적(Control Volume)

상태량(Property)은 열역학에서 주어진 시간에 계(System)의 이전 상태와 상관없이 일정한 값을 나타낸다.

30 피스톤 핀과 크랭크 축을 연결하는 막대이며, 피스톤의 왕복 운동을 크랭크 축으로 전달하는 일을 하는 엔진의 부품은?

① 실린더 배럴
② 피스톤 링
③ 커넥팅 로드
④ 플라이 휠

31 왕복 엔진에서 물분사 장치에 대한 설명으로 틀린 것은?

① 물을 분사시키면 엔진이 더 큰 추력을 낼 수 있게 하는 안티노크 기능을 가진다.
② 물과 소량의 알코올을 혼합시키는 이유는 배기가스의 압력을 증가시키기 위한 것이다.
③ 물분사는 짧은 활주로에서 이륙할 때와 착륙을 시도한 후 복행할 필요가 있을 때 사용한다.
④ 물분사가 없는 드라이(Dry)엔진은 작동허용 범위를 넘었을 때 디토네이션으로 출력에 제한이 있다.

물과 알코올을 혼합시키는 이유는 물이 어는 것을 막기 위해서이다.

32 민간용 가스 터빈 엔진의 공압 시동기에 대한 설명으로 틀린 것은?

① 시동 완료 후 발전기로써 작동한다.
② APU, GTC에서의 고압 공기를 사용한다.
③ 약 20% 전후 엔진rpm 속도에서 분리된다.
④ 엔진에 사용되는 같은 종류의 오일로 윤활된다.

공압 시동기는 가스 터빈 엔진에서 APU, GTC에서의 고압 공기를 사용하고 약 20% 전후 엔진 rpm 속도에서 분리되며 엔진에 사용되는 같은 종류의 오일로 윤활

33 가스 터빈 엔진의 추력 감소 요인이 아닌 것은?

① 대기 밀도 증가
② 연료 조절 장치 불량
③ 터빈 블레이드 파손
④ 이물질에 의한 압축기 로터 블레이드 오염

가스 터빈 엔진의 추력 감소 요인
• 연료 조절 장치 불량
• 터빈 블레이드 파손
• 이물질에 의한 압축기 로터 블레이드 오염

34 가스터빈엔진의 엔진 압력비(EPR, Engine Pressure Ratio)를 나타낸 식으로 옳은 것은?

① 터빈 출구 압력 / 압축기 입구 압력
② 압축기 입구 압력 / 터빈 출구 압력
③ 압축기 입구 압력 / 압축기 출구 압력
④ 압축기 출구 압력 / 압축기 입구 압력

35 9개의 실린더로 이루어진 왕복 엔진에서 실린더 직경 5 in, 행정길이 6 in일 경우 총배기량은 약 몇 in^3 인가?

① 118
② 508
③ 1,060
④ 4,240

배기량 $= ALN = \dfrac{\pi}{4} \times 5^2 \times 6 \times 9 = 1060$

36 왕복엔진의 마그네토 캠축과 엔진 크랭크축의 회전 속도비를 옳게 나타낸 식은? (단, 캠의 로브수와 극수는 같고, n : 마그네토 극수, N : 실린더 수이다.)

① $\dfrac{N+1}{n}$ ② $\dfrac{n}{N+1}$
③ $\dfrac{N}{2n}$ ④ $\dfrac{N}{n}$

$\dfrac{\text{마그네토 회전속도}}{\text{크랭크축 회전속도}} = \dfrac{\text{실린더수}}{2 \times \text{극수}}$

37 그림과 같은 브레이턴 사이클(Brayton Cycle)의 P-V 선도에 대한 설명으로 틀린 것은?

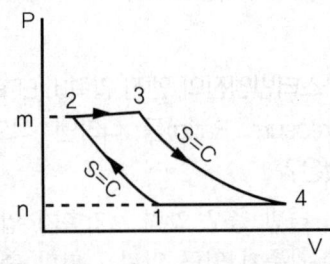

① 넓이 1-2-m-n-1은 압축일이다.
② 1개씩의 정압 과정과 단열 과정이 있다.
③ 넓이 1-2-3-4-1은 사이클의 참일이다.
④ 넓이 3-4-n-m-3은 터빈의 팽창일이다.

38 민간 항공기용 연료로서 ASTM에서 규정된 성질을 갖고 있는 가스 터빈 기관용 연료는?

① JP-2 ② JP-3
③ JP-8 ④ Jet-A

가스 터빈 연료의 종류
• 민간용 : 제트A-1, 제트A, 제트B
• 군용 : JP-3, JP-4, JP-5, JP-6

39 항공기 가스 터빈 엔진의 성능 평가에 사용되는 추력이 아닌 것은?

① 진추력 ② 총추력
③ 비추력 ④ 열추력

40 마하 0.85로 순항하는 비행기의 가스 터빈엔진 흡입구에서 유속이 감속되는 원리에 대한 설명으로 옳은 것은?

① 압축기에 의하여 감속된다.
② 유동 일에 대하여 감속한다.
③ 단면적 확산으로 감속한다.
④ 충격파를 발생시켜 감속한다.

음속 이하의 속도에서는 단면적을 확산시켜 감속

41 항공기 기체 제작과 정비에 사용되는 특수용접에 속하지 않는 것은?

① 전기 아크 용접
② 플라스마 용접
③ 금속 불활성 가스 용접
④ 텅스텐 불활성 가스 용접

대부분 알루미늄 합금으로 이루어진 기체에는 일반 용접인 전기 아크 용접이나 가스 용접보다는 플라스마 용접과 금속 불활성 가스 용접(MIG 용접), 텅스텐 불활성 가스 용접(TIG 용접)과 같은 특수 용접을 사용

42 양극처리(Anodizing)에 대한 설명으로 옳은 것은?

① 알루미늄 합금에 은 도금을 하는 것이다.
② 강철에 순수한 탄소 피막을 입히는 것이다.
③ 크롬산이나 황산으로 알루미늄 합금의 표면에 산화 피막을 만드는 것이다.
④ 알루미늄 합금의 표면에 순수한 알루미늄피막을 입히는 것이다.

양극 처리(Anodizing)
알루미늄 합금, 마그네슘 합금을 양극으로 하여 황산, 크롬산 등의 전해액에 담금. 양극에 발생하는 산소에 의해 산화 피막 형성

43 앞바퀴형 착륙 장치의 장점으로 틀린 것은?
① 조종사의 시야가 좋다.
② 이착륙 저항이 적고 착륙성능이 양호하다.
③ 가스 터빈 엔진에서 배기가스 분출이 용이하다.
④ 고속에서 주 착륙 장치의 제동력을 강하게 작동하면 전복의 위험이 크다.

앞 바퀴형(Nose Gear Type)
• 주 바퀴 앞에 앞바퀴 위치
• 거의 대부분의 항공기에 사용
• 무게 중심(C.G)은 주 바퀴 앞에 위치

44 페일 세이프 구조 중 다경로 구조(Redundant Structure)에 대한 설명으로 옳은 것은?
① 단단한 보강재를 대어 해당량 이상의 하중을 이 보강재가 분담하는 구조이다.
② 여러 개의 부재로 되어 있고 각각의 부재는 하중을 고르게 분담하도록 되어 있는 구조이다.
③ 하나의 큰 부재를 사용하는 대신 2개 이상의 작은 부재를 결합하여 1개의 부재와 같은 또는 그 이상 의 강도를 지닌 구조이다.

④ 규정된 하중은 모두 좌측 부재에서 담당하고 우측 부재는 예비 부재로 좌측 부재가 파괴된 후 그 부재를 대신하여 전체하중을 담당한다.

페일 세이프 구조
• 다경로 하중 구조(Redundant Structure)
일부 부재가 파괴 될 경우 그 부재가 담당하던 하중을 분담할 수 있는 다른 부재가 있어 구조 전체로서는 치명적인 결과를 가져오지 않는 구조 형식
• 이중 구조(Double Structure)
큰 부재 대신 2개의 작은 부재를 결합시켜 하나의 부재와 같은 강도를 가지게 함으로써 치명적인 파괴로 부터 안전을 유지할 수 있는 구조 형식
• 대치 구조(Back Up Structure)
하나의 부재가 전체의 하중을 지탱하고 있을 경우 이 부재가 파손될 것을 대비하여 준비된 예비적인 대치 부재를 가지고 있는 구조형식
• 하중 경감 구조(Load Dropping Structure)
부재가 파손되기 시작하면 변형이 크게 일어나므로 주변의 다른 부재에 하중을 전달 시켜 원래 부재의 추가적인 파괴를 막는 구조 형식

45 아이스박스 리벳인 2024(DD)를 아이스박스에 저온 보관하는 이유는?
① 리벳을 냉각시켜 경도를 높이기 위해
② 리벳의 열 변화를 방지하여 길이의 오차를 줄이기 위해
③ 시효 경화를 지연시켜 연한 상태를 연장시키기 위 해
④ 리벳을 냉각시켜 리벳팅 시 판재를 함께 냉각시키기 위해

2024 T(DD) 24 ST ICE BOX RIVET
2017 T보다 강한 강도가 요구되는 곳에 사용하며 열 처리 후 냉장 보관하고 상온 노출 후 10~20분 이내에 작업

46 그림과 같이 벽으로부터 0.8m 지점에 250N의 집중 하중이 작용하는 1.0m 길이의 보에 대한 굽힘 모멘트 선도는?

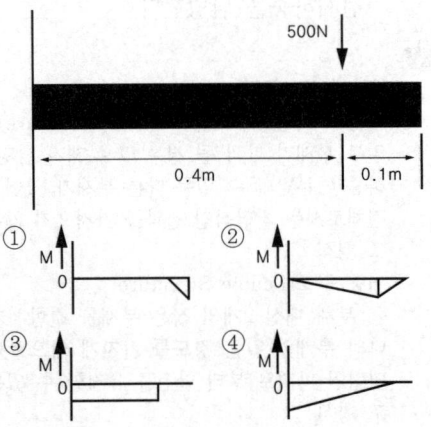

47 외피(Skin)에 주 하중이 걸리지 않는 구조 형식은?

① 모노 코크 구조
② 트러스 구조
③ 세미 모노 코크 구조
④ 샌드위치 구조

48 섬유 강화플라스틱(FRP)에 대한 설명으로 틀린 것은?

① 내식성, 진동에 대한 감쇠성이 크다.
② 항공기의 조종면에는 FRP 허니컴 구조가 사용된다.
③ 경도, 강성이 낮은데 비하여 강도비가 크다.
④ 인장 강도, 내열성이 높으므로 엔진 마운트로 사용된다.

해설
섬유 강화 플라스틱(FRP)는 항공기의 1차 구조재에 필요한 충분한 강도를 가지지 못하고, 취성이 강해 유리 섬유와 함께 2차 구조재에 사용되었다. 그러므로 인장 강도, 내열성이 높아 엔진 마운트로 사용되었다는 답안은 틀린 답안이다.

49 최근 대형 항공기의 동체 구조에 대한 설명으로 틀린 것은?

① 날개, 꼬리 날개 및 착륙 장치의 장착점이 존재한다.
② 응력 분산이 용이한 세미 모노 코크 구조가 사용된다.
③ 동체의 주요 구조 부재는 정형재와 벌크헤드 및 외피로 구성된다.
④ 동체는 화물, 조종실, 장비품, 승객 등을 위한 공간으로 활용된다.

해설
동체는 1차 구조 즉 기체의 중요한 하중을 담당한다. 이 동체의 중요 부분은 벌크헤드 세로대, 프레임, 스트링거이다. 그러므로 동체의 주요 구조부재는 정형재와 벌크헤드 및 외피로 구성된다, 라는 답안은 틀렸다.

50 항공기의 케이블 조종계통과 비교하여 푸시풀로드 조종계통의 장점으로 옳은 것은?

① 마찰이 작다.
② 유격이 없다.
③ 관성력이 작다.
④ 계통의 무게가 가볍다.

해설
푸시풀 로드 조종 계통 장점
마찰이 작고 늘어나지 않으며 온도 변화에 대한 팽창도 거의 없다.

푸시풀 로드 조종 계통 단점
무게가 무겁고 관성력이 크며, 느슨함이 있을 수 있고 값이 비싸다.

51 그림과 같은 볼트의 명칭은?

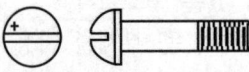

① 아이볼트
② 육각머리볼트
③ 클레비스볼트
④ 드릴머리볼트

52 인장하중(P)을 받는 평판에 구멍이 있다면 구멍 주위에 생기는 응력분포를 옳게 나타낸 것은?

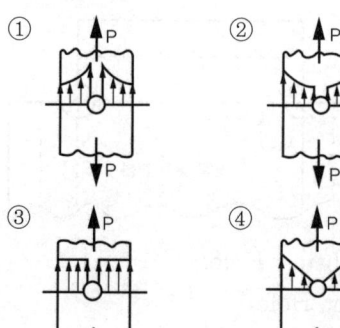

53 기계 재료가 일정 온도에서 일정한 응력이 가해질 때 시간이 경과함에 따라 계속적으로 변형률이 증가하게 되는데 이와 같이 시간 경과에 따라 변하는 변형률을 나타내는 그래프는?

① 피로(Fatigue) 곡선
② 크리프(Creep) 곡선
③ 탄성(Elasticity) 곡선
④ 천이(Transition) 곡선

크리프(Creep)는 외력이 일정하게 유지되어 있을 때, 시간이 흐름에 따라 재료의 변형이 증대하는 현상을 말한다. 그러므로 일정한 응력이 가해질 때 시간이 경과함에 따라 변형률을 나타내는 그래프는 크리프(Creep) 곡선

54 그림과 같은 V-n 선도에서 실속 속도(V_S) 상태로 수평 비행하고 있는 항공기의 하중배수(n_S)는?

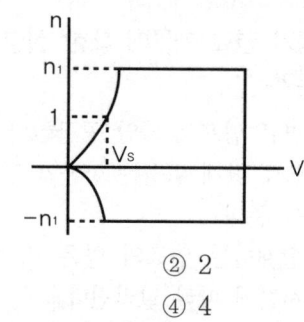

① 1   ② 2
③ 3   ④ 4

55 판재 홀 가공 절차 중 리머 작업에 대한 설명으로 옳은 것은?

① 강을 리밍할 때 절삭유를 사용하지 않는다.
② 드릴로 뚫은 작은 구멍의 안쪽을 매끈하게 가공한다.
③ 홀 가공 시 드릴 작업보다 빠른 회전 속도로 작업 한다.
④ 드릴로 뚫은 구멍의 안쪽의 부식을 제거한다.

리머 작업
드릴로 뚫은 작은 구멍의 안쪽을 매끈하게 만들어 주는 작업으로 불필요한 마찰 저항을 없애기 위함이다.

56 두께가 40/1000 in, 길이가 2.75 in인 2024 T3 알루미늄 판재를 AD리벳으로 결합하려면 몇 개의 리벳이 필요한가? (단, 2024 T3 판재의 극한 인장 응력은 60000psi, AD리벳 1개당 전단 강도는 388 lb, 안전계수는 1.15이다)

① 15   ② 18
③ 20   ④ 39

리벳수
$= \dfrac{길이 \times 두께 \times 75000}{전단강도}$
$= \dfrac{2.75 \times 0.04 \times 75000}{388} = 21.3$

57 항공기 연료 계통에 대한 설명으로 틀린 것은?
① 연료 펌프로 가압 공급한다.
② 연료 탑재 위치는 항공기 평형에 영향을 준다.
③ 탑재하는 연료의 양은 비행 거리 및 시간에 따라 달라진다.
④ 연료 탱크 내부에 수분 증발 장치가 마련되어 있다.

58 알루미늄 합금판에 순수 알루미늄의 압연 코팅(Coating)을 하는 알클래드(Alcad)의 목적은?
① 공기 저항 감소
② 표면 부식 방지
③ 인장 강도의 증대
④ 기체 전기 저항 감소

알클래드(Alclad)
• 내식성이 나쁜 초강 알루미늄 합금에 내식성이 좋은 순수 알루미늄을 실제 두께의 5~10%로 압연하여 접착한 것
• 부식과 표면 긁힘 방지

59 재료가 탄성 한도에서 단위 체적에 축적되는 변형 에너지를 나타내는 식은? (단, σ : 응력, E : 탄성 계수)
① $\dfrac{\sigma}{2}$
② $\dfrac{E}{2\sigma^2}$
③ $\dfrac{\sigma}{2E^2}$
④ $\dfrac{E}{2\sigma^3}$

60 판재를 굴곡 작업하기 위한 그림과 같은 도면에서 굴곡 접선의 교차부분에 균열을 방지하기 위한 구멍의 명칭은?

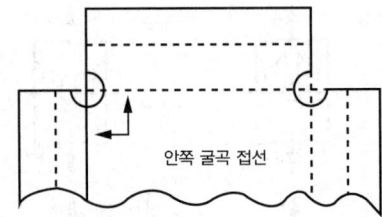
안쪽 굴곡 접선

① Lighting Hole
② Pilot Hole
③ Countsunk Hole
④ Relief Hole

Countsunk Hole
판재를 굴곡 작업하기 위한 그림과 같은 도면에서 굴곡 접선의 교차 부분에 균열을 방지하기 위한 구멍의 명칭

Pilot Hole
이음부에 있는 볼트 구멍

Relief Hole
2개 이상의 굴곡이 교차하는 장소는 안쪽 접선의 교점에 응력이 집중하여 교점에 균열이 일어나는 것을 방지, 응력 제거 구멍, 1/8인치 이상

61 다음 중 지향성 전파를 수신할 수 있는 안테나는?
① Loop
② Sense
③ Dipole
④ Probe

루프 안테나
다이폴 안테나의 끝을 서로 둥글게 연결하여 송신 안테나의 방향을 찾는데 사용하는 지향성 안테나

62 그림에서 편차(Variation)를 옳게 나타낸 것은?

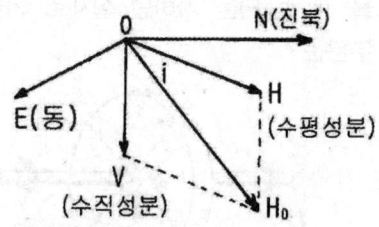

① N-O-H
② N-O-HO
③ N-O-V
④ E-O-V

63 다음 중 화학적 방빙(Anti-icing)방법을 주로 사용 하는 곳은?
① 프로펠러
② 화장실
③ 피토 튜브
④ 실속 경고 탐지기

64 레인 리펠런트(Rain Repellent)에 대한 설명으로 틀린 것은?
① 물방울이 퍼지는 것을 방지한다.
② 우천 시 항공기 이·착륙에 와이퍼(Wiper)와 같이 사용한다.
③ 표면 장력 변화를 위하여 특수 용액을 사용한다.
④ 강우량이 적을 때 사용하면 매우 효과적이다.

해설
레인 리펠런트는 물방울이 퍼지는 것을 방지하는 것이다 즉 강우량이 적을 때가 아닌 많을 때 사용하는 것이 옳으므로 4번 답안은 오답이다.

65 SELCAL(Selective Calling)은 무엇을 호출하기 위한 장치인가?
① 항공기
② 정비 타워
③ 항공 회사
④ 관제 기관

해설
선택호출장치(SELCAL : Selective Calling System)
• 모든 항공기에 고유한 등록 부호를 주어지상에서 호출 할 때 통신에 앞서 호출 부호를 먼저 송신하면 램프와 차임을 동시에 울리게 하여 조종사에게 지상국에서 호출함을 알림
• 다른 4개의 저주파의 혼합 코드가 지정되어 HF, VHF 통신 장치를 이용 송신하면 수신한 항공기중 지정 코드와 일치하는 항공기에 호출을 알림

66 유압 계통에서 유압관 파손 시 작동유의 과도한 누설을 방지하는 장치는?
① 유압 퓨즈
② 흐름 평형기
③ 흐름 조절기
④ 압력 조절기

해설
• 유압 퓨즈 : 유압관 파손 시 작동유의 과도한 누설을 방지하는 장치
• 흐름 평형기 : 작동기에 공급되고, 작동기로부터 귀환되는 작동유의 양을 동일하게 제어
• 흐름 조절기 : 계통의 압력 변화에 관계없이 작동유의 흐름을 일정하게 유지시키는 장치
• 압력 조절기 : 계통 압력을 규정 범위 이내로 조절함으로써 펌프에 부하가 가해지는 것을 방지

67 20hp의 펌프를 작동시키기 위해 몇 kW의 전동기가 필요한가? (단, 펌프의 효율은 80%이다)
① 8
② 10
③ 12
④ 19

해설
펌프의 효율이 80%이므로 전동에 필요한 동력
$= \dfrac{20}{0.8} = 25\,HP = 25 \times 0.746 = 18.65\,kW$

68 발전기와 함께 장착되는 역전류 차단 장치(Reverse Current Cut-out Relay)의 설치목적은?

① 발전기 전압의 파동을 방지한다.
② 발전기 전기자의 회전수를 조절한다.
③ 발전기 출력전류의 전압을 조절한다.
④ 축전지로부터 발전기로 전류가 흐르는 것을 방지한다.

역전류 차단기(Cutout Relay)
직류 발전기가 고장나거나 성능저하시 출력전압이 낮아질 때, 축전지에서 발전기로 역전류가 흐르는 것을 차단하는 장치

69 다음 중 화재 진압 시 사용되는 소화제가 아닌 것은?

① 이산화탄소
② 물
③ 암모니아가스
④ 하론1211

• 물은 A급 화재에 사용
• 이산화탄소는 B급 화재에 사용
• 하론소화기는 E급 화재에 사용

70 다음 중 합성 작동유 계통에 사용되는 씰(Seal)은?

① 천연 고무
② 일반 고무
③ 부틸 합성 고무
④ 네오프렌 합성 고무

부틸 합성 고무는 가스 침투 방지와 기후에 대한 저항성이 매우 우수하고 내열 노화성, 내오존성이 좋기 때문에 합성 작동유 계통에 사용

71 자이로의 섭동성을 나타낸 그림에서 자이로가 굵은 화살표 방향으로 회전하고 있을 때, 힘(F)을 가하면 실제로 힘을 받는 부분은?

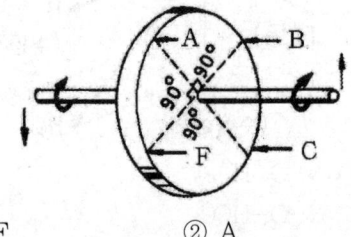

① F ② A
③ B ④ C

72 정전 용량 20, 인덕턴스 0.01H, 저항 10Ω이 직렬로 연결된 교류 회로가 공진이 일어났을 때 전압이 30V라면 전류는 몇 A인가?

① 2 ② 3
③ 4 ④ 5

73 객실 고도를 옳게 설명한 것은?

① 운항 중인 항공기 객실의 실제 고도를 해발 고도로 표현한 것
② 항공기 외부의 압력을 표준 대기 상태의 압력에 해당되는 고도로 표현한 것
③ 항공기 내부의 압력을 표준 대기 상태의 압력에 해당되는 고도로 표현한 것
④ 항공기 내부의 기온을 현재 비행 상태의 외기 온도에 해당되는 고도로 표현한 것

객실 고도(Cabin Altitude)
• 객실 내의 기압에 해당되는 고도
• 무산소증의 유발 방지를 위해 객실 내를 3,000m 이내의 기압 고도로 유지
• 미국 연방 항공국(FAA)의 규정에 명시된 고고도 비행 항공기의 객실 고도는 8,000ft

74 액량 계기와 유량 계기에 관한 설명으로 옳은 것은?

① 액량 계기는 대형기와 소형기가 차이 없이 대부분 동압식 계기이다.
② 액량 계기는 연료 탱크에서 기관으로 흐르는 연료의 유량을 지시한다.
③ 유량 계기는 연료 탱크에서 기관으로 흐르는 연료의 유량을 시간당 부피 또는 무게단위로 나타낸다.
④ 유량계기는 직독식, 플로우트식, 액압식 등이 있다.

액량계
항공기에서 사용하는 연료, 윤활유, 작동유 등의 양을 부피나 중량으로 측정하는 것

유량계
기관의 시간당 연료 소모량을 표시

75 유압 계통의 압력 서지(Pressure Surge)를 완화하는 역할을 하는 장치는?

① 펌프(Pump)
② 리저버(Reservoir)
③ 릴리프밸브(Relief Valve)
④ 어큐뮬레이터(Accumulator)

압력서지(Pressure Surge) 즉 어떤 특정 구역에서 단기간 동안 갑작스러운 압력이 증가되는 것이고 이것을 완화시켜주는 장치는 어큐뮬레이터(Accumulator)

76 활주로 진입로 상공을 통과하고 있다는 것을 조종사에게 알리기 위한 지상장치는?

① 로컬라이저(Localizer)
② 마커비컨(Marker Beacon)
③ 대지 접근 경보 장치(GPWS)
④ 글라이드 슬로프(Glide Slope)

ILS의 주요 시설
• 방위각 시설(Localizer)
• 활주로에 접근하는 비행기에 활주로 중심선을 제공해주는 지상 시설
• 활공각 시설(Glide Slope)
• 활주로에 착륙하기 위하여 접근 중인 항공기에 안전한 착륙 각도인 약 3°의 활공각 정보를 제공
• Marker Beacon
• 진입로상의 일정한 통과 지점에 대한 위치 정보를 제공하는 시설

77 발전기의 무부하(No-load) 상태에서 전압을 결정하는 3가지 주요한 요소가 아닌 것은?

① 자장의 세기
② 회전자의 회전 방향
③ 자장을 끊는 회전자의 수
④ 회전자가 자장을 끊는 속도

발전기의 무부하(No-lead)상태에서 전압을 결정하는 주요 3요소
• 자장의 세기
• 자장을 끊는 회전자의 수
• 회전자가 자장을 끊는 속도

78 속도계에만 표시되는 것으로 최대 착륙하중시의 실속속도에서 플랩(Flap)을 내릴 수 있는 속도까지의 범위를 나타내는 색 표식의 색깔은?

① 녹색　　　　② 황색
③ 청색　　　　④ 백색

계기의 색표지
• 붉은색 : 최대 및 최소 운용 한계 범위 밖에서는 절대로 운용을 금지
• 녹색 : 안전 운용 범위
• 노란색 : 경계 또는 경고 범위
• 흰색 호선 : 대기 속도계에서 플랩 조작에 따른 항공기의 속도 범위

- 푸른색 : 기화기를 장비한 왕복기관 연료와 공기 혼합비가 오토린(Autolean)일 때의 안전 운용 범위
- 흰색 방사선 : 유리가 미끄러졌는지 확인

79 다음 중 니켈-카드뮴 축전지에 대한 설명으로 틀린 것은?

① 전해액은 질산계의 산성액이다.
② 진동이 심한 장소에 사용 가능하고, 부식성 가스를 거의 방출하지 않는다.
③ 고부하 특성이 좋고 큰 전류 방전 시 안정된 전압을 유지한다.
④ 한 개의 셀(Cell)의 기전력은 무부하 상태에서 1.2~1.25V 정도이다.

니켈 카드뮴 축전지의 전해액은 20~25% 수산화칼륨 수용액에 소량의 수산화리튬을 첨가한 것을 많이 사용

80 전방향 표지 시설(VOR) 주파수의 범위로 가장 적절한 것은?

① 1.8 ~ 108 kHz
② 18 ~ 118 kHz
③ 108 ~ 118 MHz
④ 130 ~ 165 MHz

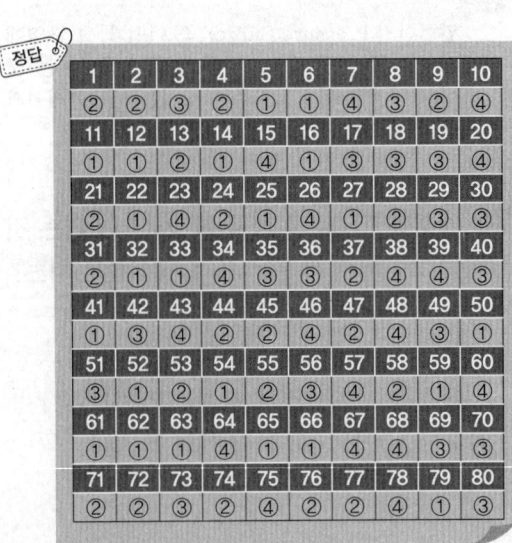

2017년 제1회 기출문제

자격종목 및 등급(선택분야)	종목코드	시험시간	문제지형별	수검번호	성명
항공산업기사		2시간	A		

01 비행기의 최대 양력 계수가 커질수록 이와 관련된 비행 성능의 변화에 대한 설명으로 옳은 것은?

① 상승 속도가 크고 착륙 속도도 커진다.
② 상승 속도는 작고 착륙 속도는 커진다.
③ 선회 반경이 크고 착륙 속도는 작아진다.
④ 실속 속도가 작아지고 착륙 속도도 작아진다.

[해설]

착륙속도 $= 1.3 V_s = \sqrt{\dfrac{2W}{\rho C_{Lmax} S}}$ 이므로

C_{Lmax} 이 증가하면 실속소도와 착륙속도는 감소

02 프로펠러 항공기의 항속 거리를 최대로 하기 위한 조건으로 옳은 것은? (단, CD_p = 유해 항력 계수, CD_i는 유도 항력 계수이다)

① $CD_p = CD_i$ ② $CD_p = 2CD_i$
③ $CD_p = 3CD_i$ ④ $3CD_p = CD_i$

[해설]

구분	항속 거리		항속 시간	
	프로펠러기	제트기	프로펠러기	제트기
양항비	$(\dfrac{C_L}{C_D})_{max}$	$(\dfrac{C_L^{\frac{1}{2}}}{C_D})_{max}$	$(\dfrac{C_L^{\frac{3}{2}}}{C_D})_{max}$	$(\dfrac{C_L}{C_D})_{max}$
항력 계수	$C_{D_p} = C_{D_i}$	$C_{D_p} = 3C_{D_i}$	$C_{D_p} = \dfrac{1}{3}C_{D_i}$	$C_{D_p} = C_{D_i}$

03 무게 2,000kgf의 비행기가 5km 상공에서 급강하할 때 종극 속도는 약 몇 m/s인가? (단, 항력 계수 0.03, 날개 하중 300kgf/m², 공기의 밀도 0.075kgf·s²/m⁴이다)

① 350   ② 516.4
③ 620   ④ 771.5

[해설]

종극속도 $V_T = \sqrt{\dfrac{2W}{\rho C_D S}}$

$= \sqrt{\dfrac{2}{0.075 \times 0.03} \times 300} = 516.4$

04 전진 비행 중인 헬리콥터의 진행 방향 변경은 어떻게 이루어지는가?

① 꼬리 회전 날개를 경사시킨다.
② 꼬리 회전 날개의 회전수를 변경시킨다.
③ 주 회전 날개깃의 피치각을 변경시킨다.
④ 주 회전 날개 회전면을 원하는 방향으로 경사시킨다.

05 다음 중 항공기의 양력(Lift)에 영향을 가장 적게 미치는 요소는?

① 양력 계수
② 공기 밀도
③ 항공기 속도
④ 공기 점성

[해설]

양력 $L = \dfrac{1}{2}\rho V^2 C_L S$

- ρ: 공기밀도
- V: 속도,
- C_L: 양력계수
- S: 날개 면적

06 날개의 양력 분포가 타원 모양이고 양력 계수가 1.2, 가로세로비가 6일 때 유도 항력 계수는 약 얼마인가?

① 0.012   ② 0.076
③ 1.012   ④ 1.076

[해설]

$C_{Di} = \dfrac{C_L^2}{\pi e AR} = \dfrac{1.2^2}{\pi \times 1 \times 6} = 0.076$

07 수직충격파 전·후의 유통 특성으로 틀린 것은?

① 충격파를 통과하는 흐름은 등엔트로피 흐름이다.
② 수직 충격파 뒤의 속도는 항상 아음속이다.
③ 충격파를 통과하게 되면 급격한 압력 상승이 일어난다.
④ 충격파는 실제적으로 압력의 불연속면이라 볼 수 있다.

08 항공기의 착륙 거리를 줄이기 위한 방법이 아닌 것은?

① 추력을 크게 한다.
② 익면 하중을 작게 한다.
③ 역추력 장치를 사용한다.
④ 지면 마찰 계수를 크게 한다.

09 해면상 표준 대기에서 정압(Static Pressure)의 값으로 틀린 것은?

① $0kg/m^2$
② $2116.2lb/ft^2$
③ $29.92in \cdot Hg$
④ $1013.25 mbar$

[해설] 평균 해발고도의 기압, 밀도, 중력 가속도 및 온도는 다음과 같이 정한다.
$P_o = 1atm = 760mmHg = 29.92\,\text{in}\,Hg$
$\quad = 10332.3kg/m^2 = 14.7\text{psi} = 101,325Pa$
$\rho_0 = 1.225kg/m^3 = 0.12492kg\,s^2/m^4$
$\quad = 0.002378slug/ft^3$
$T_0 = 15℃ = 288.16K = 59°F = 518.688R$
$g_0 = 9.8m/s^2 = 32.2ft/s^2$
$V_{a0} = 1116ft/s = 340m/s = 1224km/h$

10 비행기의 세로 안정을 좋게 하기 위한 방법이 아닌 것은?

① 수직 꼬리 날개의 면적을 증가시킨다.
② 수평 꼬리 날개 부피 계수를 증가시킨다.
③ 무게 중심이 날개의 공기 역학적 중심 앞에 위치하도록 한다.
④ 무게 중심에 관한 피칭 모멘트 계수가 받음각이 증가함에 따라 음(−)의 값을 갖도록 한다.

[해설] 비행기의 세로안정성 향상법
• 무게중심이 공기역학적 중심보다 앞에 위치
• 무게중심이 공기역학적 중심보다 아래에 위치
• 꼬리날개부피(tail volume) 즉, $S_t \cdot \ell$ 이 클수록 안정
• 꼬리날개효율 ($\frac{q_t}{q}$)이 클수록 안정

11 직사각형 날개의 가로세로비를 나타낸 식으로 틀린 것은? (단, b : 날개의 길이, c : 날개의 시위, s : 날개의 면적)

① $\dfrac{b}{c}$
② $\dfrac{b^2}{s}$
③ $\dfrac{s}{c^2}$
④ $\dfrac{c^2}{s}$

[해설] $AR = \dfrac{b}{c_m} = \dfrac{b^2}{S} = \dfrac{S}{c_m^2}$

12 무게 4,000kgf인 항공기가 선회 경사각 60°로 경사 선회하며 하중 계수 1.5가 작용한다면 이 항공기의 양력은 몇 kgf인가?

① 2,000
② 4,000
③ 6,000
④ 8,000

[해설] $n = \dfrac{L}{W}$ 이므로 $L = nW = 1.5 \times 4000 = 6000$

13 항공기의 조종성과 안정성과 안정성에 대한 설명으로 옳은 것은?

① 전투기는 안정성이 커야 한다.
② 안정성이 커지면 조종성이 나빠진다.
③ 조종성이란 평형 상태로 되돌아오는 정도를 의미한다.
④ 여객기의 경우 비행 성능을 좋게 하기 위해 조종성에 중점을 두어 설계해야 한다.

해설
안정성과 조종성은 상반되는 성질

14 조종면에 발생되는 힌지 모멘트가 증가되는 경우로 옳은 것은?

① 조종면의 폭을 키운다.
② 비행기의 속도를 줄인다.
③ 항공기 주 날개의 무게를 늘린다.
④ 조종면의 평균 시위를 최대한 작게 한다.

해설
$H = C_h \frac{1}{2} \rho V^2 bc^2 = C_h qbc^2$
힌지모멘트는 밀도, 조종면의 크기에 비례하고 속도의 제곱에 비례

15 비행기의 수직 꼬리 날개 앞 동체에 붙어 있는 도살핀(Dosal Fin)의 가장 중요한 역할은?

① 구조 강도를 좋게 한다.
② 가로 안정성을 좋게 한다.
③ 방향 안정성을 좋게 한다.
④ 세로 안정성을 좋게 한다.

해설
도살핀(dosal fin)
수직꼬리날개와 더불어 큰 미끄럼각에도 방향안정성을 유지하기 위한 가장 효과적인 장치

16 100m/s로 비행하는 프로펠러 항공기에서 프로펠러를 통과하는 순간의 공기 속도가 120m/s가 되었다면 이 항공기의 프로펠러 효율은 약 얼마인가?

① 0.76
② 0.83
③ 0.91
④ 0.97

해설
$\eta = \frac{출력}{입력} = \frac{V}{V+v_2} = \frac{100}{100+20} = 0.83$

17 항공기 사고의 원인이 되기도 하는 스핀(Spin)이 일어날 수 있는 조건으로 가장 옳은 것은?

① 기관이 멈추었을 때
② 받음각이 실속각보다 클 때
③ 한쪽 날개 플랩이 작동하지 않을 때
④ 항공기 착륙 장치가 작동하지 않을 때

해설
• 프로펠러의 깃 각을 증가시키는 힘- 공력 비틀림 모멘트
• 프로펠러의 깃 각을 감소시키는 힘- 원심력 비틀림 모멘트

18 프로펠러의 깃각을 감소시키려는 경향을 갖는 요소로 옳은 것은?

① 추력에 의한 굽힘 모멘트
② 회전력에 의한 굽힘 모멘트
③ 원심력에 의한 비틀림 모멘트
④ 공기력에 의한 비틀림 모멘트

19 특정한 헬리콥터에서 회전 날개(Rotor Blades)에 비틀림각을 주는 주된 이유는?

① 회전 날개의 무게를 경감하기 위하여
② 회전 날개의 회전 속도를 증가시키기 위하여
③ 전진 비행에서 발생하는 진동을 줄이기 위하여
④ 정지 비행 시 균일한 유도 속도의 분포를 얻기 위하여

20 전리층이 존재하기 때문에 전파를 흡수, 반사하는 작용을 하여 통신에 영향을 주는 대기층은?

① 대류권　　　② 열권
③ 중간권　　　④ 성층권

21 왕복 엔진을 장착하는 동안 마그네토 점화 스위치를 off 위치에 두는 이유는?

① 점화 스위치가 잘못 놓일 수 있는 가능성 때문에
② 엔진 장착 도중 프로펠러를 돌리면 엔진이 시동될 가능성이 있기 때문에
③ 엔진 시동 시 역화(Back Fire)를 방지하기 위하여
④ 엔진을 마운트(Mount)에 완전히 장착시킨 후 마그네토 접지선을 점검하지 않기 위하여

22 가스 터빈 엔진의 터빈에서 공기 압력과 속도의 변화에 대한 설명으로 옳은 것은?

① 압력과 속도 모두 감소한다.
② 압력과 속도 모두 증가한다.
③ 압력은 증가하고 속도는 감소한다.
④ 압력은 감소하고 속도는 증가한다.

해설
터빈
압력에너지를 속도에너지로 바꾸어 추력 증가

23 왕복 엔진에 장착된 피스톤 링(Piston Ring)의 역할이 아닌 것은?

① 피스톤의 진동에 의한 경화 현상 방지 기능
② 윤활유가 연소실로 유입되는 것을 방지하는 기능
③ 연소실 내의 압력을 유지하기 위한 밀폐 기능
④ 피스톤으로부터 실린더 벽으로 열을 전도하는 기능

해설
윤활유의 작용
• 윤활작용 : 오일 막 형성, 마찰감소
• 냉각작용 : 고열부분에서 열을 흡수하여 부품 냉각
• 기밀작용 : 가스누설 방지
• 청결작용: 계통 내를 순환하면서 금속분이나 불순물 제거
• 방청작용 : 산소 및 습기 차단
• 완충작용

24 비행 중 엔진 고장 시 프로펠러를 페더링(Feathering) 시켜야 하는 이유로 옳은 것은?

① 엔진의 진동을 유발해 화재를 방지하기 위하여
② 풍차(Windmill) 효과로 인해 추력을 얻기 위하여
③ 프로펠러 회전을 멈춰 추가적인 손상을 방지하기 위하여
④ 전면과 후면의 차압으로 프로펠러를 회전시키기 위하여

해설
페더링
기관이 고장났을 경우 프로펠러에 의한 회전에 의해 고장이 확대되는 것을 방지하기 위해 깃 각을 90도 정도로 유지하는 것

25 초기 압력과 체적이 각각 $1,000N/cm^2$, $1,000/cm^3$인 이상 기체가 등온 상태로 팽창하여 체적이 $2,000/cm^3$이 되었다면, 이 때 기체의 엔탈피 변화는 몇 J인가?

① 0　　　　　② 5
③ 10　　　　④ 20

해설
이상기체의 등온과정은 엔탈피의 변화가 없음

26 회전 동력을 이용하여 프로펠러를 움직여 추진력을 얻는 엔진으로만 짝지어진 것은?

① 터보 프롭 – 터보팬
② 터보 샤프트 – 터보팬
③ 터보 샤프트 – 터보 제트
④ 터보 프롭 – 터보 샤프트

27 비가역 과정에서의 엔트로피 증가 및 에너지 전달의 방향성에 대한 이론을 확립한 법칙은?

① 열역학 제0법칙
② 열역학 제1법칙
③ 열역학 제2법칙
④ 열역학 제3법칙

해설
- 열역학 제 0법칙: 계의 물체 A와 C가 열적 평형상태에 있고 B와 C가 열적 평형상태에 있으면, A와 B도 열평형상태에 있다는 법칙
- 열역학 제 1법칙: 에너지 보존 법칙
- 열역학 제 2법칙: 비가역 과정에서의 엔트로피 증가 및 에너지 전달 방향성에 대한 법칙
- 열역학 제 3법칙: 절대온도 0도에서의 엔트로피 값에 관한 법칙

28 터보 엔진(Turbine Engine)의 윤활유(Lubrication Oil)의 구비 조건이 아닌 것은?

① 인화점이 낮을 것
② 점도 지수가 클 것
③ 부식성이 없을 것
④ 산화 안정성이 높을 것

해설
터빈엔진 윤활유 구비조건
- 점성과 유동점이 낮을 것(-56~250℃ 까지)
- 점도 지수가 높을 것
- 공기와 윤활유의 분리성이 좋을 것
- 인화점, 산화 안정성, 열적 안정성이 높고 기화성이 낮을 것

29 엔진의 오일 탱크가 별도로 장착되어 있지 않고 스플래쉬(Splasg) 방식에 의해 윤활되는 오일 계통을 무엇이라 하는가?

① Hot Tank System
② Wet Sump System
③ Cold Tank System
④ Dry Sump system

해설
엔진의 오일탱크가 별도로 장착되어 있지 않고 스플래쉬 방식에 의해 윤활되는 오일계통은 WET SUMP SYSTEM

30 다음 중 초음속 전투기 엔진에 사용되는 수축-확산형 가변 배기 노즐(VEN)의 출구 면적이 가장 큰 작동 상태는?

① 전투 추력(Military Thrust)
② 순항 추력(Cruising Thrust)
③ 중간 추력(Intermediate Thrust)
④ 후기 연소 추력(Afterburning Thrust)

해설
전투기 터빈엔진의 추력이 가장 클 때는 후기연소기가 작동할 때이다.

31 [보기]에 나열된 왕복 엔진의 종류는 어떤 특성으로 분류된 것인가?

[보기]
V형, X형, 대향형, 성형

① 엔진의 크기
② 엔진의 장착 위치
③ 실린더의 회전 형태
④ 실린더의 배열 형태

32 왕복 엔진 기화기의 혼합기 조절 장치(Mixture Control System)에 대한 설명으로 틀린 것은?

① 고도에 따라 변하는 압력을 감지하여 점화 시기를 조절한다.
② 고고도에서 혼합기가 너무 농후해지는 것을 방지한다.
③ 고고도에서 기압, 밀도, 온도가 감소하는 것을 보상하기 위해 사용된다.
④ 실린더가 과열되지 않는 출력 범위 내에서 희박한 혼합기를 사용하게 함으로써 연료를 절약한다.

해설
기화기의 혼합기 조절장치
- 고고도에서 혼합기가 너무 농후해지는 것을 방지
- 고고도에서 기압, 밀도, 온도가 감소하는 것을 보상하기 위해 사용
- 실린더가 과열되지 않는 출력 범위 내에서 희박한 혼합기를 사용하게 함으로써 연료를 절약

33 2차 공기유량이 16,500lb/s이고 1차 공기유량이 3,000lb/s인 터보팬엔진에서 바이패스비는?

① 6.3 : 1   ② 5.5 : 1
③ 4.3 : 1   ④ 3.7 : 1

해설
바이패스비 = $\dfrac{2차 공기량}{1차 공기량} = \dfrac{16500}{13000} = 5.5$

34 비행 중 프로펠러에 작용하는 힘의 종류가 아닌 것은?

① 원심력   ② 추력
③ 구심력   ④ 비틀림 힘

해설
비행 중 프로펠러에 작용하는 힘과 응력
- 추력과 굽힘 응력
- 원심력과 인장 응력
- 비틀림력과 비틀림 응력

35 왕복 엔진 배기 밸브(Exhaust Valve)의 냉각을 위해 밸브 속에 넣는 물질은?

① 스텔라이트   ② 취화물
③ 금속 나트륨   ④ 아닐린

해설
배기 밸브 스템 속에 sodium(금속나트륨 : 약 200°F에서 녹아 냉각 작용 촉진)을 넣어 냉각

36 압축비가 8인 오토 사이클의 열효율은 약 얼마인가? (단, 공기 비열비는 1.5이다)

① 0.52   ② 0.56
③ 0.58   ④ 0.64

해설
$\eta_{th} = 1 - \dfrac{1}{\epsilon^{k-1}} = 1 - \dfrac{1}{8^{1.5-1}} = 0.64$

37 왕복 엔진에서 저압 점화 계통을 사용할 때 단점은?

① 캐패시턴스   ② 무게의 증대
③ 플래시 오버   ④ 고전압 코로나

해설
- 저전압 점화계통 단점 : 무게의 증대
- 고전압 점화계통 단점 : 플래시오버, 커패시턴스, 습기, 고전압 코로나

38 가스 터빈 엔진에서 가스 발생기(Gas Generator)를 나열한 것은?

① Compressure, Combustion Chamber, Turbine
② Compressure, Combustion Chamber, Diffuser
③ Inlet duct, Combustion Chamber, Diffuser
④ Compressure, Combustion Chamber, Exhaust

39 가스 터빈 엔진에서 연료 계통의 여압 및 드레인 밸브(P&D Valve)의 기능이 아닌 것은?

① 일정 압력까지 연료 흐름을 차단한다.
② 1차 연료와 2차 연료 흐름으로 분리한다.
③ 연료 압력이 규정치 이상 넘지 않도록 조절한다.
④ 엔진 정지 시 노즐에 남은 연료를 외부로 방출한다.

해설
여압 및 드레인 밸브의 목적
- 연료의 흐름을 1, 2차로 분리
- 일정한 압력이 될 때까지 연료 차단
- 엔진 정지 시 매니폴드나 연료노즐에 남아있는 연료를 배출

40 가스 터빈 엔진의 시동 시 정상 작동 여부를 판단하는데 중요한 계기는?

① 오일 압력 계기, 연소실 압력 계기
② 오일 압력 계기, 배기가스 온도 계기
③ 오일 압력 계기, 압축기 입구 공기 온도 계기
④ 오일 압력 계기, 압축기 입구 공기 압력 계기

41 항공기에서 복합 재료를 사용하는 주된 이유는?

① 무게당 강도가 높다.
② 재료를 구하기가 쉽다.
③ 재질 표면에 착색이 쉽다.
④ 재료의 가공 및 취급이 쉽다.

42 밀착된 구성품 사이에 작은 진폭의 상대운동이 일어날 때 발생하는 제한된 형태의 부식은?

① 점(Pitting) 부식
② 피로(Fatigue) 부식
③ 찰과(Fretting) 부식
④ 이질 금속간의(Galvanic) 부식

해설
- 점(pitting)부식: 금속에 국부적으로 작은 부분에 집중하여 부식이 일어나서 금속 내부로 깊이 뚫고 들어가는 형태의 부식
- 피로(fatigue)부식: 부식에 의한 침식과 주기적 응력, 즉 빠르게 반복되는 인장 및 압축응력과의 상호작용에 의해 발생
- 찰과(fretting)부식: 밀착된 구성품 사이에 작은 진폭의 상대운동이 일어날 때 발생하는 제한된 형태의 부식
- 이질 금속간(galvanic)의 부식: 서로 다른 금속이 접촉하여 한쪽 금속의 산화를 촉진시킴으로써 일어나는 부식

43 NAS 514 P 428-8 스크류에서 P가 의미하는 것은?

① 재질
② 나사 계열
③ 길이
④ 머리의 홈

해설
NAS: 규격명
514: 나사계열(카운터 성크)
P: 머리의 홈(필립스)
428-8: 지름(4/16), 나사산 수(28), 길이(8/16)

44 탄성을 가진 고분자 물질인 합성 고무가 아닌 것은?

① 부틸　　　　② 부나
③ 에폭시　　　④ 실리콘

해설
에폭시: 내후성, 내부식성이 강한 플라스틱

45 단면적이 A이고, 길이가 L이며 탄성 계수가 E인 부재에 인장 하중 P가 작용하였을 때, 이 부재에 저장되는 탄성 에너지로 옳은 것은?

① $\dfrac{PL^2}{2AE}$ ② $\dfrac{PL^2}{3AE}$

③ $\dfrac{P^2L}{2AE}$ ④ $\dfrac{P^2L}{3AE}$

해설
$U = W = \dfrac{1}{2}P\delta = \dfrac{1}{2}P\dfrac{Pl}{AE} = \dfrac{P^2l}{2AE}$

46 구조 재료에 발생하는 현상에 대한 설명으로 틀린 것은?
① 반복 하중에 의하여 재료의 저항력이 증가하는 현상을 피로라 한다.
② 일정한 응력을 받는 재료가 일정한 온도에서 시간이 경과함에 따라 하중이 일정하더라도 변형률이 변하는 현상을 크리프라 한다.
③ 노치, 작은 구멍, 키, 홈 등과 같이 단면적의 급격한 변화가 있는 부분에 대단히 큰 응력이 발생하는 현상을 응력 집중이라 한다.
④ 축 방향의 압축력을 받는 부재 중 기둥이 압축 하중에 의해 파괴되지 않고 휘어지면서 파단되어 더 이상 하중에 견디지 못하게 되는 현상을 좌굴이라 한다.

해설
피로 : 반복하여 작용하는 하중에 의해 구조물 또는 재료에 균열 발생하는 현상

47 트러스(Truss) 구조 형식의 항공기에 없는 부재는?
① 리브(Rib)
② 장선(Brace wire)
③ 스파(Spar)
④ 스트링거(Stringer)

해설
트러스 주요 구성 부재
• 날개보(spar)
• 리브(rib)
• 강선(brace wire)
• 외피(skin)

48 조종간의 조종력을 케이블이나 푸시풀-로드를 대신하여 전기, 전자적으로 변환된 신호 상태로 조종면의 유압 작동기를 움직이도록 전당하는 장치는?
① 트림 시스템(Trim System)
② 인공 감지 장치(Artifical Feel System)
③ 플라이 바이 와이어 장치(Fly By Wire System)
④ 부스터 조종 장치(Booster Control System)

49 그림과 같이 단면의 면적이 10cm²의 원형 강봉에 40kN의 인장 하중이 작용하는 경우, 축의 수직인 면에 발생하는 수직 응력은 약 몇 Mpa인가?

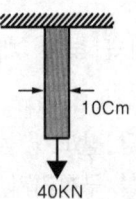

① 40   ② 50
③ 60   ④ 70

해설
$\sigma = \dfrac{P}{A} = \dfrac{40 \times 10^3}{10 \times 0.01^2}$
$= 40 \times 10^6 N = 40\,MN$

50 셀프락킹 너트(Self Locking Nut) 사용에 대한 설명으로 틀린 것은?

① 규정 토크 값에 락킹 토크 값을 더한 값을 적용한다.
② 볼트에 장착했을 때 너트면보다 2산 이상의 나사산이 나와 있어야 한다.
③ 볼트 지름이 1/4 인치 이하이며 코터핀 구멍이 있는 볼트에는 사용할 수 없다.
④ 회전 부분의 너트가 연결부를 이루는 곳에 주로 사용된다.

[해설]
- 규정 토트값에 락킹 토크 값을 더한 값을 적용
- 볼트에 장착했을 때 너트면 보다 나사산이 2개 이상 나와야 함
- 볼트 지름이 1/4 인치 이하이며 코터핀 구멍이 있는 볼트에는 사용 금지
- 회전하는 부분에 사용 금지

51 폭이 20cm, 두께가 2mm인 알루미늄 판을 그림과 같이 직각으로 굽혀야 할 때 필요한 알루미늄 판의 세트 백(Set Back)은 몇 mm인가?

① 8
② 10
③ 12
④ 14

[해설]
$$SB = k(R+T) = \tan\frac{\theta}{2}(R+T)$$
$$= \tan 45(8+2) = 10$$

52 2차원의 구조물에 미치는 힘을 해석할 때 정역학의 평형 방정식은 총 몇 개가 되는가?

① 1
② 2
③ 3
④ 6

[해설]
2차원 구조물은 X축과 Y축, 모멘트 축의 평형 방정식 3개 적용

53 기체 구조의 고유 진동수와 일치하는 진동수를 가지는 외부 하중이 부가되면 하중의 크기가 아주 크지 않더라도 파괴가 일어날 수 있는 현상을 무엇이라 하는가?

① 피로
② 공진
③ 크리프
④ 항복

[해설]
공진
외부 하중의 진동수와 재료의 고유 진동수가 같을 때 상당히 큰 변위가 발생

54 안티 스키드(Anti-Skid) 기능 중 착륙 시 바퀴가 지면에 닿기 전에 조종사가 브레이크를 밟더라도 제동력이 발생하지 않도록 하여 착륙 장치에 무리한 힘이 가해지지 않도록 하는 기능은?

① 페일 세이프 보호(Fail Safe Protection)
② 터치 다운 보호(Touch Down protection)
③ 정상 스키드 컨트롤(Normal Skid control)
④ 락크된 휠 스키드 컨트롤(Locked Wheel Skid Control)

[해설]
안티 스키드 기능
- Normal skid control: 항공기가 터치다운 후 바퀴가 미끄러지지 않도록 하기 위해 빠른 속도로 브레이크를 걸었다 풀었다를 반복해주는 기능
- Locked wheel skid control: 브레이크가 잡혔을 때 트럭에 장착되어있는 여러 개의 휠 중 어느 하나의 휠이 나머지 휠들과 회전하는 속도가 차이가 있을 경우 Lock을 풀어주는 기능
- Touchdown protection: 항공기가 착륙을 위해 활주로에 접근 중 일 때 조종사가 브레이크를 밟더라도 브레이크가 잡히지 않도록 해주는 기능
- Fail safe protection: 안티스키드 계통이 고장났을 경우 자동으로 안티스키드 계통을 "완전수동" 모드로 전환시켜주고 경고등을 켜지게 하는 기능

55 항공기의 자세 조종에 사용되는 1차 조종면으로 나열된 것은?

① 승강타, 방향타, 플랩
② 도움 날개, 승강타, 방향타
③ 도움 날개, 스포일러, 플랩
④ 도움 날개, 방향타, 스포일러

56 세미 모노 코크 구조에서 동체가 비틀림에 의해 변형되는 것을 방지해 주며 날개, 착륙장치 등의 장착 부위로 사용되기도 하는 부재는?

① 프레임(Frame)
② 세로대(Longeron)
③ 스트링거(Stringer)
④ 벌크 헤드(Bulkhead)

[해설]

세미모노코크 구조물의 역할
- 세로지(Stringer) : 세로대보다 단면적이 적어 무게가 가볍고 훨씬 많은 수를 배치하며 주로 외피의 형태에 맞추어 외피를 부착하기 위해서 사용되며 외피의 좌굴(buckling) 방지
- 세로대(Longeron) : 세로 방향의 주부재로 굽힘 하중을 담당
- 링(Ring) : 수직 방향의 보강재로서 세로지와 합쳐 외피 보호
- 벌크헤드(Bulkhead) : 동체의 앞, 뒤에 하나씩 있으며 집중 하중을 외피(skin)에 골고루 분산하고 동체가 비틀림에 의해 변형되는 것 방지
- 외피(Skin) : 동체에 작용하는 전단응력을 담당하고 때로는 스트링거와 함께 압축 및 인장 응력을 담당

57 올레오 스트러트(Oled Strut) 착륙 장치의 구성품 중 토크 링크(Torque Link)에 대한 설명으로 틀린 것은?

① 휠 얼라이먼트를 바르게 한다.
② 피스톤의 과도한 신장을 제한한다.
③ 피스톤과 실린더의 회전을 방지한다.
④ 올레오 스트러트의 전·후 행정을 제한한다.

[해설]

토크링크=토션 링크
2개의 A자 모양으로 윗 부분은 완충 버팀대에, 아래 부분은 오레오 피스톤과 축으로 연결되어, 피스톤이 과도하게 빠지지 못하게 하고, 스트러트의 축을 중심으로 안쪽 실린더가 회전하지 못하게 한다. 휠 얼라이먼트를 바르게 한다.

58 리벳 작업에 대한 설명으로 옳은 것은?

① 리벳의 최소 연거리는 리벳 지름의 2배 정도이다.
② 리벳의 피치는 열과 열 사이의 거리이다.
③ 리벳의 지름은 접합할 판재 중 제일 두꺼운 판재 두께의 2배 정도가 적당하다.
④ 리벳의 열은 판재의 인장력을 받는 방향으로 배열된 리벳의 집합이다.

[해설]

- 리벳 직경 : 접합하고자 하는 판 중 두꺼운 판의 두께의 3배
- 리벳 길이 : 그립 + 돌출길이(리벳 직경의 1.5배)
- 벽테일 : 높이(직경의 0.5배), 폭(직경의 1.5배)
- 리벳 간격 : 리벳 직경의 6~8배(6~8D), 최소 3D
- 열간 간격 : 리벳 간격의 75%, 4.5~6D, 최소 2.5D
- 연거리 : 리벳 직경의 2~4배(2~4D)

59 AN 표준 규격 재료 기호 2024(DD) 리벳을 상온에 노출되고 10분 이내에 리벳팅을 해야 하는 이유는?

① 시효 경화가 되기 때문에
② 부식이 시작되기 때문에
③ 시효 경화가 멈추기 때문에
④ 열팽창으로 지름이 커지기 때문에

[해설]

2024 T(DD) 24 ST ICE BOX RIVET
2017 T 보다 강한 강도가 요구되는 곳에 사용하며 열처리 후 냉장 보관하고 상온 노출 후 10~20 분 이내에 작업

60 경비행기의 방화벽(Fire Wall) 재료로 사용되는 18-8 스테인리스 강(Stainless Steel)에 대한 설명으로 옳은 것은?

① Cr-Mo 강으로서 열에 강하다.
② 18% Cr과 8% Ni를 갖는 내식강이다.
③ 1.8%의 탄소와 8%의 Cr을 갖는 특수 강이다.
④ 1.8%의 Cr과 0.8%의 Ni를 갖는 내식 강이다.

해설
크롬-니켈 스테인리스강에 니켈을 첨가한 강으로, 보통 크롬이 18%, 니켈이 8%인 18-8 스테인리스강이 많이 사용된다.

61 산소 계통에서 산소가 흐르는 방식의 종류가 아닌 것은?

① 희석 유량형   ② 압력형
③ 연속 유량형   ④ 요구 유량형

해설
산소 공급량에 따라 해면상의 산소분압을 제공하는 연속유량형과 5000ft 고도의 산소분압을 제공하는 요구희석형과 압력형으로 산소 공급 장치를 구분

62 니켈-카드뮴 축전지의 특성에 대한 설명으로 옳은 것은?

① 양극은 카드뮴이고 음극은 수산화니켈이다.
② 방전 시 수분이 증발되므로 물을 보충해야 한다.
③ 충전 시 음극에서 산소가 발생되고, 양극에서 수소가 발생된다.
④ 전해액은 KOH이며 셀당 전압은 약 1.2~1.25V 정도이다.

해설
- 양극은 니켈의 산화수산화물, 음극은 금속카드뮴
- 전해액 : KOH(수산화칼륨)
- 화학반응에 참여하지 않고 통전역할만 하므로 충 방전 시에도 비중의 변화가 없음
- 완충된 상태의 1셀당 기전력은 무부하에서 1.3~1.4 V
- 부하가 가해지면 1.2 V
- 충전하면 전해액면이 올라가고 방전하면 내려간다.
- 전해액 비중 : 1.280 ~1.300

63 항공기에 사용되는 유압 계통의 특징이 아닌 것은?

① 리저버와 리턴라 인이 필요 없다.
② 단위 중량에 비해 큰 힘을 얻는다.
③ 과부하에 대해서도 안전성이 높다.
④ 운동 속도의 조절 범위가 크고 무단 변속을 할 수 있다.

해설
유압계통의 특징
- 중량에 비해서 큰 힘과 동력이 얻어지고 조절하기 쉽다.
- 작동시에 운동방향의 조절이 용이하고 반응 속도가 빠르다.
- 운동속도의 조절 범위가 크고 무단변속을 할 수 있다.
- 원격 조정이 용이하다.
- 과부하에 대해서도 안전성이 높다.
- 회로 구성이 간단하다.

64 다용도 측정 기기 멀티미터(Multimeter)를 이용하여 전압, 전류 및 저항 측정 시 주의사항으로 틀린 것은?

① 전류계는 측정하고자 하는 회로에 직렬로, 전압계는 병렬로 연결한다.
② 저항계는 전원이 연결되어 있는 회로에 사용해서는 절대 안 된다.
③ 저항이 큰 회로에 전압계를 사용할 때는 저항이 작은 전압계를 사용하여 계기의 션트 작용을 방지해야 한다.
④ 전류계와 전압계를 사용할 때는 측정 범위를 예상해야 하지만 그렇지 못할 때는 큰 측정 범위부터 시작하여 적합한 눈금에서 읽게 될 때 까지 측정 범위를 낮추어 간다.

해설

멀티미터 사용 시 주의사항
- 전류계는 직렬연결, 전압계는 병렬연결
- 측정하고자 하는 전류 및 전압의 값을 모를 때는 큰 측정범위부터 낮추면서 측정
- 저항이 큰 부하의 전압을 측정할 때는 저항이 큰 전압계 사용
- 전류계와 전압계는 전원이 공급된 상태에서 사용하지만 저항계는 전원이 차단된 상태에서 사용

65 항공기에서 결심 고도에 대한 설명으로 옳은 것은?

① 항공기 이륙 시 조종사가 이륙 여부를 결정하는 고도
② 항공기 착륙 시 조종사가 착륙 여부를 결정하는 고도
③ 항공기가 비행 중 긴급한 사항이 발생하여 착륙 여부를 결정하는 고도
④ 항공기의 착륙 장치를 "Down" 할 것인가를 결정하는 고도

해설

결심 고도
활주로 접근 중 육안으로 주변 참조물을 식별하지 못하는 경우에 실패 접근을 시작하여야 하는 고도를 말한다. 즉, 특정 고도에 다다랐을때 활주로 또는 주변 시각참조물이 안보인다면 재접근을 위한 복행을 시작해야 한다.

66 자이로를 이용한 계기가 아닌 것은?

① 수평 지시계
② 방향 지시계
③ 선회 경사계
④ 제빙 압력계

해설

자이로계기
- 선회계(turn indicator) : 섭동성
- 방향 자이로 지시계(directional gyro indicator, 정침의) : 강직성
- 자이로 수평 지시계(gyro horizon indicator, 인공 수평의) : 강직성과 섭동성을 모두 이용
- 경사계(bank indicator) : 섭동성

67 고도계에서 압력에 따른 탄성체의 휘어짐양이 압력 증가 때와 압력 감소 때가 일치하지 않는 현상의 오차는?

① 눈금 오차
② 온도 오차
③ 히스테리 오차
④ 밀도 오차

해설

고도계의 오차
* 탄성오차 : 히스테리시스(histerisis), 편위(drift), 잔류 효과(after effect)와 같이 일정한 온도에서의 탄성체 고유의 오차로서 재료의 특성 때문에 생긴다.
* 온도 오차
  - 온도의 변화에 의하여 고도계의 각 부분이 팽창, 수축하여 생기는 오차
  - 온도 변화에 의하여 공함, 그밖에 탄성체의 탄성률의 변화에 따른 오차
  - 대기의 온도 분포가 표준 대기와 다르기 때문에 생기는 오차
* 눈금 오차 : 일정한 온도에서 진동을 가하여 기계적 오차를 뺀 계기의 특유의 오차이다. 일반적으로 고도계의 오차는 눈금 오차를 말하며, 수정이 가능하다.
* 기계적 오차 : 계기 각 부분의 마찰, 기구의 불평형, 가속도와 진동 등에 의하여 바늘이 일정하게 지시하지 못함으로써 생기는 오차이다. 이들은 압력의 변화와 관계가 없으며 수정이 가능하다.

68 유압 작동 피스톤의 작동 속도를 증가시키는 것으로 옳은 것은?

① 공급 유량 감소
② 펌프 회전수 증가
③ 작동 실린더의 직경 증가
④ 작동 실린더의 스트로크(Stroke) 감소

69 객실 여압 계통에서 주된 목적이 과도한 객실 압력을 제거하기 위한 안전 장치가 아닌 것은?

① 압력 릴리프 밸브
② 덤프 밸브
③ 부압 릴리프 밸브
④ 아웃 플로 밸브

해설

객실 압력 안전밸브
- 압력 릴리프 밸브(cabin pressure relief valve) : 여압된 항공기에서 아웃 플로 밸브에 고장이 생겼거나 다른 원인에 의하여 항공기 외부와 객실 내부의 차압이 규정값보다 클 때 기체의 팽창에 의한 파손을 방지하기 위하여 작동되어 객실 안의 공기를 외부로 배출시킴으로써 규정된 차압을 초과하지 못하도록 하는 장치
- 부압 릴리프 밸브(negative pressure relief valve) : 항공기가 객실고도보다 더 낮은 고도로 하강할 때나 지상에서 객실 압력과 대기압을 일치시켜 줄 필요가 있을 때 열려서 대기의 공기가 객실 안으로 자유롭게 들어오도록 되어 있는 밸브
- 덤프 밸브(dump valve) : 보통 비정상 상태 또는 정비 요구 시, 또는 비상사태에서 객실로부터 공기압을 신속하게 제거하기 위해 사용

70 활주로에 접근하는 비행기에 활주로 중심선을 제공해주는 지상 시설은?

① VOR ② Glide Slop
③ Localizer ④ Marker Beacon

해설

계기 착륙 장치
- 방위각 시설(Localizer) : 활주로에 접근하는 비행기에 활주로 중심선을 제공해주는 지상시설
- 활공각 시설(Glide slope) : 활주로에 착륙하기 위하여 접근 중인 항공기에 안전한 착륙 각도인 약 3°의 활공각 정보를 제공
- Marker beacon : 진입로상의 일정한 통과점에 대한 위치정보를 제공하는 시설

71 계자가 8극인 단상교류 발전기가 115V, 400Hz 주파수를 만들기 위한 회전수는 몇 rpm인가?

① 4,000 ② 6,000
③ 8,000 ④ 10,000

해설

$f = \dfrac{P}{2} \cdot \dfrac{N}{60} = \dfrac{PN}{120}$ 이므로

$N = \dfrac{120f}{P} = \dfrac{120 \times 400}{8} = 6000$

72 군용 항공기에서 지상국과 항공기까지의 거리와 방위를 제공하는 항법 장치는?

① DME ② TCAS
③ VOR ④ TACAN

해설

- DME : 항행 중인 항공기에 UHF대의 전파를 이용해서 설치점에서의 거리정보를 연속적으로 보내는 장치
- TCAS : 항공기의 공중충돌을 방지하기 위하여 지상 항공 관제 시스템과는 독립적으로 항공기의 주위를 트랜스폰더를 통해 감시하여 알려주는 충돌 방지 시스템
- VOR : 비행하는 항공기에게 VHF대역에서 방위각 정보를 제공하는 지상시설로 초단파 전방향 무선표지(VHF Omni(directional) Range)의 약자

73 그림과 같은 회로에서 저항 6Ω의 양단전압 E는 몇 V인가?

① 20 ② 60
③ 80 ④ 120

해설

접합점 P에서 키르히호프 1법칙
$I_1 + I_2 = I_3$
KPAB회로에서 키르히호프 2법칙
$20I_1 + 6I_3 = 140$
KPDC회로에서
$5I_2 + 6I_3 = 90$
위의 세 식을 연립하여 풀면
$I_1 = 4A, I_2 = 5A, I_3 = 10A$
$E = I_3 R = 10 \times 6 = 60 V$

74 자기 컴파스의 자침이 수평면과 이루는 각을 무엇이라고 하는가?

① 지자기의 복각 ② 지자기의 수평각
③ 지자기의 편각 ④ 지자기의 수직각

해설

복각(Dip)
- 지구 수평면과 자기자석이 이루는 각
- 지구 수평면과 영구자석이 이루는 각

- 극지방 : 수직
- 적도 : 수평

75 신호의 크기에 따라 반송파의 주파수를 변화시키는 변조 방식은?

① FM ② AM
③ PM ④ PCM

해설
- AM(Amplitude Modulation) : 신호의 크기에 따른 반송파의 진폭 변조
- FM(Frequency Modulation) : 신호의 크기에 따른 반송파의 주파수 변조

76 조종실의 온도 변화에 따른 속도계 지시 보상 방법으로 옳은 것은?

① 진대기 속도를 이용한다.
② 등가 대기 속도를 이용한다.
③ 장착된 바이메탈(Bimetal)을 이용한다.
④ 서멀 스위치에 의해서 전기적으로 실시된다.

77 엔진에 화재가 발생되어 화재 차단 스위치(Fire Shutoff Swich)를 작동시켰을 때 작동하는 소화 준비 과정으로 틀린 것은?

① 발전기의 발전을 정지한다.
② 작동유의 공급 밸브를 닫는다.
③ 엔진의 연료 흐름을 차단한다.
④ 화재 탐지 계통의 활동을 멈춘다.

78 자장 내 단일 코일로 회전하는 발전기에서 중립면을 통과하는 코일에 전압이 유도되지 않는 이유로 옳은 것은?

① 자력선이 존재하지 않기 때문
② 자력선이 차단되지 않기 때문
③ 자력선의 밀도가 너무 높기 때문
④ 자력선이 잘못된 방향으로 차단되기 때문

79 자이로스코프(Gyroscope)의 섭동성에 대한 설명으로 옳은 것은?

① 피치 축에서의 자세 변화가 롤(Roll) 및 요(Yaw) 축을 변화시키는 현상
② 극 지역에서 자이로가 극 방향으로 기우는 현상
③ 외부에서 가해진 힘의 방향과 자이로 축의 방향에 직각인 방향으로 회전하려는 현상
④ 외력이 가해지지 않는 한 일정 방향을 유지하려는 현상

해설
섭동성 또는 세차운동(precession)
힘을 가한 점으로 부터 회전방향으로 90° 진행된 점에서 힘 발생

80 제빙 부츠의 이물질을 제거할 때 우선 사용하는 세척제는?

① 비눗물 ② 부동액
③ 테레빈 ④ 중성 솔벤트

해설
제빙부츠의 이물질을 제거할 때에는 우선 비눗물로 세척해야한다.

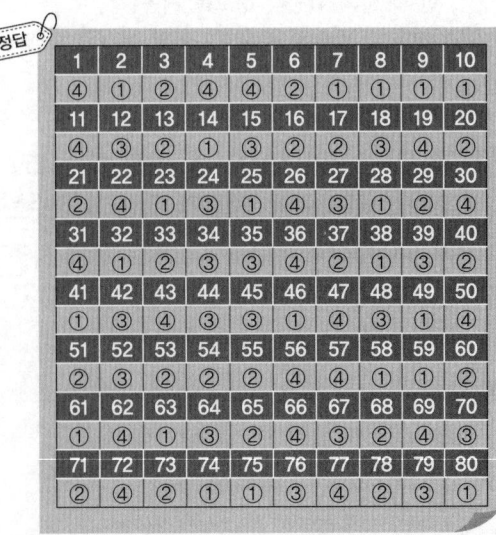

2017년 제2회 기출문제

자격종목 및 등급(선택분야)	종목코드	시험시간	문제지형별	수검번호	성명
항공산업기사		2시간	A		

01 헬리콥터의 동시 피치 제어간(Collective Pitch Control Lever)을 올리면 나타나는 현상에 대한 설명으로 옳은 것은?

① 피치가 커져 전진 비행을 가능하게 한다.
② 피치가 커져 수직으로 상승할 수 있다.
③ 피치가 작아져 후진 비행을 빠르게 한다.
④ 피치가 작아져 수직으로 상승할 수 있다.

02 V 속도로 비행하는 프로펠러 항공기의 프로펠러 유도속도가 $v = -\dfrac{V}{2} + \sqrt{(\dfrac{V}{2})^2 + \dfrac{T}{2A\rho}}$ 라면 이 항공기가 정지하였을 때의 유도속도는? (단, T : 발생추력, A : 프로펠러 회전면적, ρ : 공기 밀도이다)

① $v = (\dfrac{T}{2A\rho})^{\frac{1}{2}}$
② $v = ((\dfrac{V}{2})^2 + \dfrac{T}{2A\rho})^{\frac{1}{2}}$
③ $v = \dfrac{T}{2A\rho}$
④ $v = -\dfrac{V}{2} + (\dfrac{T}{2A\rho})^{\frac{1}{2}}$

[해설]
유도속도 : 프로펠러 회전면에서의 속도
$V_1 = \sqrt{\dfrac{T}{2\rho A}}$

03 그림과 같은 비행기의 운동에 대한 설명이 아닌 것은?

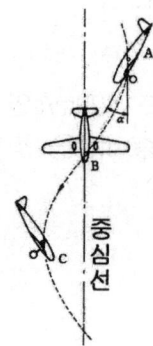

① 수평스핀보다 낙하속도가 크다.
② 옆미끄럼이 생긴다고 할 수 있다.
③ 자동회전과 수직강하가 조합된 비행이다.
④ 비행 중 가장 큰 하중배수는 상단점이다.

[해설]
수직 스핀 = 정상스핀
• 받음각 20°~ 40°
• 낙하속도는 40~80 m/s
• 회복 가능한 특수 비행법
• B점에서의 비행기의 세로축과 진행방향은 불일치 즉, 스핀 중에 옆미끄럼(side slip)을 수반

04 조종면의 앞전을 길게 하는 앞전 밸런스(Leading Edge Balance)의 주된 이용 목적은?

① 양력 증가
② 조종력 경감
③ 항력 감소
④ 항공기 속도 증가

[해설]
공력 평형 장치
• 앞전 밸런스 : 조종면의 힌지 중심에서 앞쪽을 길게하여 힌지 모멘트를 감소하게 하여 조종력을 경감시킴

- 혼 밸런스 : 밸런스 역할을 하는 조종면을 플랩의 아래 윗면의 압력차에 의해서 앞전 밸런스와 같은 역할
- 내부 밸런스 : 플랩의 앞전이 밀폐되어 있어 플랩의 아래 윗면의 압력차에 의해서 앞전 밸런스와 같은 역할
- 프리즈 밸런스 : 연동되는 도움날개에서 발생하는 힌지모멘트가 서로 상쇄하도록 하여 조종력을 경감

05 비행 속도 300m/s인 항공기가 상승각 10°로 상승 비행을 할 때 상승률은 약 몇 m/s인가?

① 52　　② 150
③ 152　　④ 295

 해설
$R.C. = V\sin\theta = 300\sin 30 = 52.1$

06 피토 정압관(Pitot Static Tube)으로 측정하는 것은?

① 비행 속도　　② 외기 온도
③ 하중 계수　　④ 선회 반경

해설
피토 정압관으로 유체의 압력을 측정하여 속도, 고도, 상승률을 표시

07 지구 북반구에서 서에서 동으로 37m/s 정도의 속도로 부는 제트 기류가 발생하는 대기층은?

① 열권 계면
② 성층권 계면
③ 중간권 계면
④ 대류권 계면

해설
제트기류
- 고도 약 10km 지역에서 부는 고속의 공기 흐름
- 풍속은 평균 100~200km/h 정도, 최대 500km/h
- 편서풍

08 날개의 폭(Span)이 20m, 평균 기하학적 시위의 길이가 2m인 타원 날개에서 양력계수가 0.7일 때 유도 항력 계수는 약 얼마인가?

① 0.008　　② 0.016
③ 1.56　　④ 16

해설
$$C_{Di} = \frac{C_L^2}{\pi e AR} = \frac{0.7^2}{\pi \times 1 \times \frac{20}{2}} = 0.0156$$

09 정상 선회하는 항공기의 선회각이 60° 일 때 하중 배수는?

① 0.5　　② 2.0
③ 2.5　　④ 3.0

해설
정상선회 시 하중배수
$$n = \frac{1}{\cos\theta} = \frac{1}{\cos 60} = 2$$

10 뒤젖힘각(Sweep Back Angle)에 대한 설명으로 옳은 것은?

① 날개가 수평을 기준으로 위로 올라간 각
② 기체의 세로축과 날개의 시위선이 이루는 각
③ 날개 끝의 붙임각을 날개 뿌리의 붙임각보다 크거나 작게 한 각
④ 25% C(코드 길이) 되는 점들을 날개 뿌리에서 날개 끝까지 연결한 직선과 기체의 가로축이 이루는 각

11 수직 꼬리 날개가 실속하는 큰 옆미끄럼 각에서도 방향 안정을 유지하기 위한 목적의 장치는?

① 윙렛(Winglet)
② 도살 핀(Dorsal Fin)
③ 드루프 플랩(Droop Flap)
④ 쥬리 스트러트(Jury Strut)

12 양항비가 10인 항공기가 고도 2,000m에서 활공 시 도달하는 활공 거리는 몇 m인가?

① 10,000 ② 15,000
③ 20,000 ④ 40,000

해설
$\tan\theta = \dfrac{1}{\text{양항비}} = \dfrac{\text{고도}}{\text{활공거리}}$ 이므로
활공거리 = 양항비 × 거리 = $10 \times 2000 = 20000$

13 150lb$_f$의 항력을 받으며 200mph로 비행하는 비행기가 같은 자세로 400mph로 비행 시 작용하는 항력은 약 몇 lbf인가?

① 300 ② 400
③ 600 ④ 800

해설
항력은 속도의 제곱에 비례하므로
$100 : 200^2 = D : 400^2$
$D = \dfrac{400^2}{200^2} \times 100 = 400$

14 프로펠러의 진행률(Advance Ratio)을 옳게 설명한 것?

① 추력과 토크의 비이다.
② 프로펠러 기하 피치와 프로펠러 지름의 비이다.
③ 프로펠러 유효 피치와 프로펠러 지름의 비이다.
④ 프로펠러 기하피치와 유효피치의 비이다.

해설
진행율(advance ratio)
깃의 회전 속도에 대한 비행 속도와의 관계
$J = \dfrac{V}{nD} = \dfrac{\text{유효피치}}{\text{지름}}$

15 동체에 붙는 날개의 위치에 따라 쳐든각 효과의 크기가 달라지는데 그 효과가 큰 것에서 작은 순서로 나열된 것은?

① 높은 날개 – 중간 날개 – 낮은 날개
② 낮은 날개 – 중간 날개 – 높은 날개
③ 중간 날개 – 낮은 날개 – 높은 날개
④ 높은 날개 – 낮은 날개 – 중간 날개

해설
쳐든각 효과는 쳐든각이 높을수록 커지기 때문에 높은날개→중간날개→낮은날개 순서이다.

16 원심력에 의해 양력이 회전 날개에 수직으로 작용한 결과로서 헬리콥터 회전 날개 깃 끝 경로면(Tip Path Plane)과 회전 날개 깃이 이루는 각을 의미하는 용어는?

① 경로각 ② 깃각
③ 회전각 ④ 코닝각

해설
C_M과 C_L의 곡선에서 음의 기울기로 나타남

17 다음 중 세로 정안정성이 안정인 조건은? (단, 비행기가 Nose Down 시 음의 피칭 모멘트가 발생되며, Cm은 피칭 모멘트 계수, α는 받음각이다)

① $\dfrac{dC_m}{d\alpha} = 0$

② $\dfrac{dC_m}{d\alpha} \neq 0$

③ $\dfrac{dC_m}{d\alpha} > 0$

④ $\dfrac{dC_m}{d\alpha} < 0$

해설
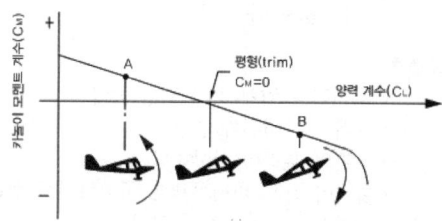

18 다음 중 층류 날개골에 해당하는 계열은?

① 4자 계열 날개골
② 5자 계열 날개골
③ 6자 계열 날개골
④ 8자 계열 날개골

해설
층류날개골(Laminar flow airfoil)
• 6자계열
• 천음속 항공기 : B747, A-300, MD-11
• 속도를 증가시키면서 항력을 감소시키는 날개로 가능한 한 층류 경계층을 유지하여 항력 감소
• 층류경계층은 난류경계층 보다 마찰항력 감소
• 최대두께의 위치를 뒤에 놓고 앞전 반지름을 다소 작게 하여 최저 부압점을 뒤로 후퇴시켜 천이를 지연
• 충격파 발생을 지연
• 항력억제의 방법으로 뒤젖힘각을 둠

19 항공기 속도와 음속의 비를 나타낸 무차원 수는?

① 마하수   ② 웨버수
③ 하중배수   ④ 레이놀즈수

20 항공기 이륙 거리를 줄이기 위한 방법이 아닌 것은?

① 항공기의 무게를 가볍게 한다.
② 플랩과 같은 고양력 장치를 사용한다.
③ 엔진의 추력을 증가하여 이륙 활주 중 가속도를 증가시킨다.
④ 바람을 등지고 이륙하여 바람의 저항을 줄인다.

해설
이륙거리를 짧게 하기 위한 방법
• 무게가 가벼워야 한다.
• 기관의 추력이 커야한다.
• 항력이 작은 비행자세로 비행하여야 한다.
• 맞바람을 받으면서 이륙한다.
• 고양력장치를 사용한다.
• 마찰력이 작아야 한다.

21 가스 터빈 엔진의 윤활 계통에서 고온 탱크 계통(Hot Tank Type)에 대한 설명으로 옳은 것은?

① 윤활유는 노즐을 거치고 냉각기를 거쳐 탱크로 이동한다.
② 탱크의 윤활유는 연료 가열기에 의하여 가열된다.
③ 윤활유는 배유 펌프에서 탱크로 곧바로 이동한다.
④ 냉각기가 배유 펌프와 탱크사이에 위치하여 냉각된 윤활유가 탱크로 유입된다.

해설
hot tank type
공기와 오일을 쉽게 분리하기 위해 섬프에서 냉각기를 거치지 않고 바로 탱크로 귀환

22 왕복 엔진과 비교하여 가스 터빈 엔진의 특징으로 틀린 것은?

① 단위 추력당 중량비가 낮다.
② 대부분의 구성품이 회전 운동으로 이루어져 진동이 많다.
③ 고도에 따라 출력을 유지하기 위한 과급기가 불필요하다.
④ 주요 구성품의 상호 마찰 부분이 없어서 윤활유 소비량이 적다.

해설
장점
• 연소가 연속적이므로 중량당 출력이 큼
• 왕복운동 부분이 없어 진동이 적고 고회전 가능
• 추운 기후에서도 시동이 쉽고 윤활유 소모 적음
• 비교적 저급연료 사용
• 비행속도가 클수록 효율이 높고 초음속비행 가능

단점
• 연료소모량이 많음
• 소음

23 수동식 혼합 제어 장치(Mixture Control)를 사용하는 왕복 엔진을 장착한 비행기가 순항중일 때 일반적으로 혼합 제어 장치의 조작 위치는?

① RICH ② MIDDLE
③ LEAN ④ FULL RICH

해설
혼합비 조정장치(mixture control system)
- 기능 : 고고도에서 과농후 방지, 순항 시 희박 혼합비로 연료절감
- 종류 : back suction type, needle valve type, air port type

24 성형 왕복엔진에서 마그네토(Magneto)를 액세서리 부(Accessory Section)에 부착하지 않고 엔진 전방 부분에 부착하는 주된 이유는?

① 무게 중심의 이동이 쉽다.
② 공기에 의한 냉각 효과를 높일 수 있다.
③ 엔진 회전력을 이용할 수 있기 때문이다.
④ 공기저항을 줄여 엔진 회전의 효율을 높일 수 있다.

25 항공기 왕복 엔진의 마찰 마력을 옳게 표현한 것은?

① 제동 마력과 정격 마력의 차
② 지시 마력과 정격 마력의 차
③ 지시 마력과 제동 마력의 차
④ 엔진의 용적 효율과 제동 마력의 차

26 항공기 기관용 윤활유의 점도 지수(Viscosity Index)가 높다는 것은 무엇을 의미하는가?

① 온도 변화에 따른 윤활유의 점도 변화가 작다.
② 온도 변화에 따른 윤활유의 점도 변화가 크다.
③ 압력 변화에 따른 윤활유의 점도 변화가 작다.
④ 압력 변화에 따른 윤활유의 점도 변화가 크다.

해설
윤활유의 점도지수
온도변화에 따른 윤활유의 점도 변화율로 지수가 높을수록 점도 변화가 작음을 나타냄

27 내연 기관의 이론 공기 사이클을 해석하는데 가정한 내용으로 틀린 것은?

① 가열은 외부로부터 피스톤과 실린더를 가열하는 것으로 한다.
② 작동 사이클은 공기 표준 사이클에 대하여 계산한다.
③ 비열은 온도에 따라 변화하지 않는 것으로 한다.
④ 열해리는 일어나지 않는 것으로 하고 열손실은 없다고 가정한다.

28 항공기 왕복 엔진에서 2중 마그네토 점화 계통을 사용하는 이유가 아닌 것은?

① 출력의 증가
② 점화 안전성
③ 불꽃의 지연
④ 디토네이션의 방지

29 가스 터빈 엔진의 윤활 계통에 대한 설명으로 옳은 것은?

① 윤활유 양은 비중을 이용하여 측정한다.
② 배유 윤활유에 함유된 공기를 분리시키는 것은 드웰챔버(Dwell Chamber)이다.
③ 냉각기의 바이패스 밸브는 입구의 압력이 낮아지면 배유 펌프 입구로 보낸다.
④ 윤활유 펌프는 베인(Vane)식이 주로 쓰인다.

해설

드웰 챔버
오일과 공기가 섞인 혼합기가 드웰 챔버로 들어가면 배유 펌프가 압력을 가하여 오일을 위로 밀어올린다.

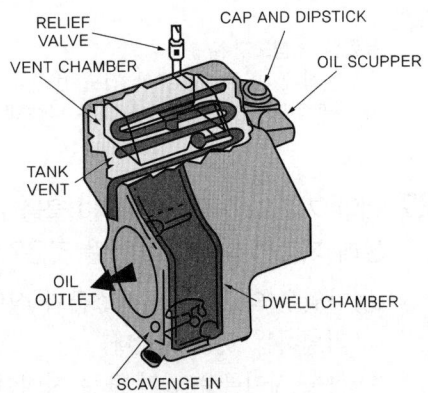

30 항공기 왕복 엔진의 기본 성능 요소에 관한 설명으로 옳은 것은?
① 고도가 증가하면 제동 마력이 증가한다.
② 엔진의 배기량을 증가시키기 위해서는 압축비를 줄인다.
③ 회전수가 증가하면 제동 마력이 감소 후 증가한다.
④ 총 배기량은 엔진이 2회전하는 동안 전체 실린더가 배출한 배기가스 양이다.

31 왕복 엔진을 낮은 기온에서 시동하기 위해 오일희석(Oil Dilution) 장치에서 사용하는 것은?
① Alcohol   ② Propane
③ Gasoline ④ Kerosene

해설

오일 희석(oil dilution)
왕복 엔진을 추운 날씨에 작동시킬 때 시동을 쉽게 하기 위하여 엔진을 정지시키기 직전에 오일에 연료를 섞어 오일의 점성을 낮추는 방법

32 가스 터빈 엔진에서 사용하는 주 연료 펌프의 형식으로 옳은 것은?
① 기어 펌프(Gear Pump)
② 베인 펌프(Vane Pump)
③ 루트 펌프(Roots Pump)
④ 지로터 펌프(Gerotor Pump)

해설

원심형, 기어형, 피스톤형

33 원심형 압축기에서 속도 에너지가 압력 에너지로 바뀌는 곳은?
① 임펠러(Impeller)
② 디퓨져(Diffuser)
③ 매니폴드(Manifold)
④ 배기노즐(Exhaust Nozzle)

해설

원심력식 압축기의 주요 구성
• 임펠러 : 공기의 속도를 가속
• 디퓨져 : 속도에너지를 압력에너지로 전환
• 매니폴드 : 공기의 방향 전환

34 가스 터빈 엔진에서 펌프 출구 압력이 규정 값 이상으로 높아지면 작동하는 밸브는?
① 릴리프 밸브
② 체크 밸브
③ 바이패스 밸브
④ 드레인 밸브

35 속도 540km/h로 비행하는 항공기에 장착된 터보 제트 엔진이 196kg/s인 중량 유량의 공기를 흡입하여 250m/s의 속도로 배기시킨다면 총 추력은 몇 kg인가?
① 4,000   ② 5,000
③ 6,000   ④ 7,000

해설

$$F_g = \frac{W_a}{g}V_j = \frac{196}{9.8} \times 250 = 5000$$

36 비행 속도가 V(ft/s), 회전 속도가 N(rpm)인 프로펠러의 유효 피치(Effective Pitch)를 옳게 표현한 것은?

① $V \times \dfrac{N}{60}$ ② $V + \dfrac{60}{N}$

③ $V + \dfrac{N}{60}$ ④ $V \times \dfrac{60}{N}$

해설
기하학적 피치 : $GP = 2\pi r \tan\beta$
유효피치 : $EP = V \times \dfrac{60}{n}$

37 가스 터빈 엔진에서 RPM의 변화가 심할 때 원인이 아닌 것은?

① 배기가스의 온도가 낮을 때
② 주 연료 장치가 고장일 때
③ 연료 부스터 펌프 압력이 불안정할 때
④ 가변 스테이터 베인 리깅이 불량일 때

38 프로펠러 슬립(Slip)에 대한 설명으로 옳은 것은?

① 프로펠러가 1분 회전 시 실제 전진 거리
② 허브 중심으로부터 끝부분까지의 길이를 인치로 나타낸 거리
③ 블레이드 시위 앞전 25%를 연결한 선의 길이와 시위 길이를 나눈 값
④ 기하학적 피치와 유효 피치의 차이를 기하학적 피치로 나눈 % 값

해설
프로펠러 슬립 $= \dfrac{GP - EP}{GP} \times 100(\%)$

39 오일(Oil)의 구비 조건으로 틀린 것은?

① 저인화점 일 것
② 열전도율이 좋을 것
③ 화학적 안정성이 좋을 것
④ 양호한 유성(Oilness)을 가질 것

해설
오일의 구비 조건
• 유성이 좋을 것
• 점도가 적당할 것
• 점도지수가 높을 것
• 유동점이 낮을 것
• 산화, 탄화, 부식성이 적을 것

40 이상기체에 대한 설명으로 틀린 것은?

① 엔탈피는 온도만의 함수이다.
② 내부 에너지는 온도만의 함수이다.
③ 상태 방정식에서 압력은 체적과 반비례 관계이다.
④ 비열비(Specific Heat Ratio)값은 항상 1이다.

해설
• 정적비열 : 체적이 일정한 상태에서 물질을 1℃ 높이는데 필요한 열량
• 정압비열 : 압력이 일정한 상태에서 물질을 1℃ 높이는데 필요한 열량
• 비열비 $= \dfrac{정압비열}{정적비열}$
정압비열이 정적비열보다 크므로 비열비는 항상 1보다 크다.

41 다음 중 와셔의 사용 방법에 대한 설명으로 옳은 것은?

① 볼트와 같은 재질을 사용하지 않는 것이 좋다.
② 기밀을 요구하는 부분에는 반드시 락크 와셔를 사용한다.
③ 와셔의 사용 개수는 락크 와셔 및 특수 와셔를 포함하여 최대 3개까지 허용한다.
④ 락크 와셔는 1차 구조부, 부식되기 쉬운 곳에는 사용하지 않는다.

해설
고정 와셔를 사용해서는 안 되는 부분
• 주 및 부구조물이 고정 장치로 사용될 때
• 파손 시 항공기나 인명에 피해나 위험을 줄 수 있는 부분에 고정 장치로 사용될 때

- 파손 시 공기 흐름에 노출되는 곳
- 스크루를 자주 장탈 하는 부분
- 와셔가 공기흐름에 노출되는 곳
- 와셔가 부식 될 수 있는 조건에 있는 곳
- 연한 목재에 바로 와셔를 낄 필요가 있는 부분

42 다음 중 아크 용접에 속하는 것은?

① 단접법
② 테르밋 용접
③ 업셋 용접
④ 원자수소 용접

해설

용업의 종류
- 가스 용접 : 산소 아세틸렌 용접, 산소 수소용접
- 아크 용접(전기 아크 용접) : 금속 아크 용접, 탄소 아크 용접, 아크 토치 용접, 원자 수소 용접
- 테르밋 용접

43 항공기엔진 장착 방식에 대한 설명으로 옳은 것은?

① 가스 터빈 엔진은 구조적인 이유로 동체 내부에 장착이 불가능하다.
② 동체에 엔진을 장착하려면 파일론을 설치하여야 한다.
③ 날개에 엔진을 장착하면 날개의 공기 역학적 성능을 저하시킨다.
④ 왕복 엔진 장착 부분에 설치된 나셀의 카울링은 진동 감소와 화재 시 탈출구로 사용된다.

44 항공기 소재로 사용되고 있는 알루미늄 합금의 특성으로 틀린 것은?

① 비강도가 우수하다.
② 시효 경화성이 있다.
③ 상온에서 기계적 성질이 우수하다.
④ 순수 알루미늄인 상태에서 큰 강도를 가진다.

해설

알루미늄 합금의 성질
- 가공성이 좋다.
- 내식성이 좋다.
- 강도, 강성이 크다.
- 상온에서 기계적 성질이 좋다.
- 시효 경화성이 있다.

45 외경이 8cm, 내경이 7cm인 중공 원형 단면의 극관성 모멘트는 약 몇 cm⁴인가

① 166 ② 252
③ 275 ④ 402

해설

직교축이 대칭일 경우
$I_x = I_y$ 이므로 $I_p = 2I_x = 2I_y$
$I_p = 2I_x = 2I_y = 2(\frac{\pi}{64}(d_2^2 - d_1^2))$
$= 2(\frac{\pi}{64}(8^2 - 6^2)) = 274.75$

46 항공기 동체의 축 방향으로 작용하는 인장력 및 압축력과 동체의 각 단면의 굽힘 모멘트를 담당하도록 되어 있는 항공기 구조재는?

① 링(Ring)
② 스트링어(Stringer)
③ 외피(Skin)
④ 벌크헤드(Bulkhead)

47 항공기 조종 계통에서 운동의 방향을 바꿔주는 것이 아닌 것은?

① 풀리(Pulley)
② 스토퍼(Stopper)
③ 벨 크랭크(Bell Crank)
④ 토크 튜브(Torque Tube)

해설

- 풀리(pulley) : 버스 드럼(bus drum)이라고도 불리며, 조종 케이블의 처짐을 방지하거나 방향을 바꾸는 역할

- 벨 크랭크 : 일반적으로 'L'자 형태이며, 힘의 전달 방향 전환
- 토크 튜브(torque tube) : 조종측과 조종면 사이에서 직선운동과 회전운동을 전환

48 이질 금속간의 접촉 부식에서 알루미늄 합금의 경우 A군과 B군으로 구분하였을 때 군이 다른 것은?

① 2014　　② 2017
③ 2024　　④ 3003

해설
- A군 : 1100, 3003, 5052, 6061
- B군 : 2014, 2017, 2024, 7075

49 실속 속도 100mph인 비행기의 설계 제한 하중 배수가 4일 때, 이 비행기의 설계 운용 속도는 몇 mph인가?

① 100　　② 150
③ 200　　④ 400

해설
$V = V_s \sqrt{n} = 100\sqrt{4} = 200$

50 항공기의 외피 수리에서 다음의 [조건]에 의하면 알루미늄 판재의 굽힘 허용값은 약 몇 in인가?

[조건]
- 곡률 반지름(R) : 0.125inch
- 굽힘 각도(°) : 90°
- 두께(T) : 0.050inch

① 0.216
② 0.226
③ 0.236
④ 0.246

해설
$BA = \dfrac{\theta}{360} 2\pi (R + \dfrac{1}{2}T)$
$= \dfrac{90}{360} \times 2\pi \times (0.125 + \dfrac{1}{2} \times 0.05) = 0.2356$

51 0.040in 두께의 알루미늄 판 2장을 체결하기 위해 재질이 2117인 유니버설 헤드 리벳을 사용 한다면 리벳의 규격으로 적당한 것은?

① MS 20426D4-6
② MS 20426AD4-4
③ MS 20470D4-6
④ MS 20470AD4-4

해설
MS 20470 AD 4 - 4
MS 20470 : 리벳의 종류 (유니버설 리벳)
AD : 재 질(2117)
4 : 리벳 지름(4/32인치)
4 : 리벳 길이(4/16인치)

리벳의 지름=3T=3×0.04=0.12≒1/8
리벳의 길이=G+1.5D
　　　　　=0.04×2+1.5×0.12=0.26≒1/4

52 다음 중 주 조종면이 아닌 것은?

① 러더(Rudder)
② 에일러론(Aileron)
③ 스포일러(Spoiler)
④ 엘리베이터(Elevator)

53 무게 2,000kg인 항공기의 중심 위치가 기준선 후방 50cm에 위치하고 있으며, 기준선 전방 80cm에 위치한 화물 70kg을 기준선 후방 80cm로 이동시켰을 때 새로운 중심 위치는?

① 기준선 후방 55.6cm
② 기준선 후방 60.6cm
③ 기준선 후방 65.6cm
④ 기준선 후방 70.6cm

해설
새로운무게중심 = $\dfrac{총모멘트 \pm 변화된 모멘트}{총무게 \pm 변화된 무게}$
$= \dfrac{2000 \times 50 + 70 \times 80 + 70 \times 80}{2000}$
$= 55.6$

54 항공기 날개의 스팬 방향의 주요 구조 부재로서 날개에 가해지는 공기력에 의한 굽힘 모멘트를 주로 담당하는 부재는?
① 리브(Rib)
② 스파(Spar)
③ 스킨(Skin)
④ 스트링어(Stringer)

55 그림과 같은 트러스(Truss) 구조에 하중 P가 작용할 때, 내력이 작용하지 않는 부재는? (단, 각 단위 부재의 길이는 1m이다)

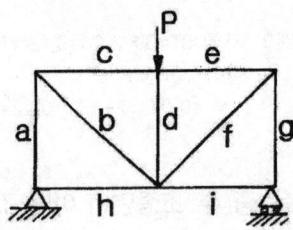

① 부재 a, h
② 부재 h, i
③ 부재 a, g
④ 부재 b, f

56 특별한 지시가 없을 때 비상용 장치에 사용하는 CY(구리-카드뮴 도금) 안전 결선의 지름은?
① 0.020in
② 0.025in
③ 0.030in
④ 0.032in

57 온도가 약 700°F까지 올라가는 부위에 사용할 수 있는 안전 결선 재료는?
① Cu 합금
② Ni-Cu 합금(모넬)
③ 5056 AL 합금
④ 탄소강(아연도금)

58 단단한 방부 페인트를 유연하게 하기 위해 솔벤트 유화 세척제와 혼합하여 일반 세척용으로 사용하며, 다른 보호제와 함께 바르거나 씻는 작업이 뒤따라야 하는 세척제는?
① 케로신
② 메틸에틸케톤
③ 메틸클로로포름
④ 지방족 나프타

해설

솔벤트 세척제(Solvent Cleaner) 종류
• 드라이 클리닝 솔벤트 : 케로신보다 좋지만 최종 페인트 피막과 간섭을 일으켜 증발한 부분에 가벼운 흔적을 남긴다. 항공기의 세척에 사용되는 가장 일반적인 솔벤트 세척제이다.
• 앨리패틱과 아로메틱 나프타 : 페인트칠하기 바로 직전에 표면을 세척하는 데 사용하고 아크릴과 고무 제품을 세척하는 데에도 사용한다.
• 안전 솔벤트 : 일반 세척과 그리스 세척제로 사용하는데 장기간 사용하면 피부염을 유발한다.
• 메틸에틸케톤 : 금속 표면에 대한 솔벤트 세척제로 작은 면적의 페인트를 벗기는 약품으로 사용한다.
• 케로신(등유) : 단단한 방부 페인트를 유연하게 하기 위하여 에멀션 세척제와 혼합하여 사용한다.

59 그림과 같은 응력-변형률 선도에서 극한 응력의 위치는? (단, σ는 응력, ε은 변형률을 나타낸다)

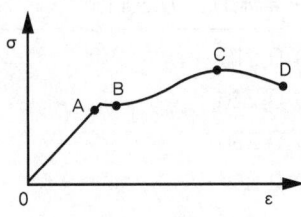

① A
② B
③ C
④ D

해설

응력 변형율 선도

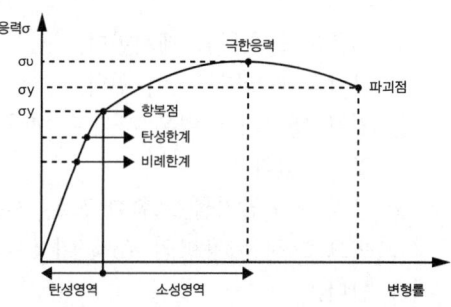

60 항공기의 날개 착륙 장치의 트럭 형식에서 트럭 위치 작동기(Truck Position Actuator)에 대한 설명으로 틀린 것은?

① 착륙 장치를 접어들이거나 펼칠 때 사용되는 유압 작동기이다.
② 착륙 장치가 접혀 들어갈 때 공간을 줄이기 위해서도 사용된다.
③ 항공기가 지상에서 수평으로 활주할 때에는 완충 스트럿과 트럭빔이 수직이 되도록 댐퍼(Damper)의 역할도 한다.
④ 바퀴가 지면으로부터 떨어지는 순간에 완충 스트럿과 트럭빔을 특정한 각도로 유지시켜주는 유압 작동기이다.

61 1차 감시 레이더에 대한 설명으로 옳은 것은?

① 전파를 수신만 하는 레이더이다.
② 전파를 송신만 하는 레이더이다.
③ 송신한 전파가 물체(항공기)에 반사되어 되돌아오는 전파를 감지하는 방식이다.
④ 송신한 전파가 물체(항공기)에 닿으면 항공기는 이 전파를 수신하여 필요한 정보를 추가한 후 다시 송신하는 방식이다.

해설

1차 감시 레이더(PSR: Primary Surveillance Radar)
목표물의 방위(Bearing)로 위치확인과 동시에 거리 탐지

62 FAA에서 정한 여압 장치를 갖춘 항공기의 제작 순항 고도에서의 객실 고도는 몇 ft인가?

① 0 ② 3,000
③ 8,000 ④ 20,000

63 항공기 버스(Bus)에 대한 설명으로 틀린 것은?

① 로드 버스(Load Bus)는 전기 부하에 직접 전력을 공급한다.
② 대기 버스(Standby Bus)는 비상 전원을 확보하기 위한 것이다.
③ 필수 버스(Essential Bus)는 항공기 항법등, 점검등을 작동시키기 위한 전력을 공급한다.
④ 동기 버스(Synchronizing Bus)는 엔진에 의해 구동되는 발전기를 병렬 운전하기 위한 것이다.

64 항공기에 사용되는 수평 철재 구조재에 의해 지자기의 자장이 흩어져 생기는 오차는?

① 반원차 ② 와동 오차
③ 불이차 ④ 사분원차

해설

자기계기의 정적 오차(자차)
• 반원차 : 자차에서 가장 큰 오차, 수직 철재 및 전류에 의해 생기는 오차
• 사분원차 : 수평 철재에 의해 생기는 오차
• 불이차 : 컴퍼스 자체의 제작상 오차, 장착 잘못에 의한 오차

65 계기의 색표지 중 흰색 방사선이 의미하는 것은?

① 안전 운용 범위
② 최대 및 최소 운용 한계
③ 플랩 조작에 따른 항공기의 속도 범위
④ 유리판과 계기케이스의 미끄럼 방지 표시

해설
계기의 색표지
- 붉은색 : 최대 및 최소 운용 한계 범위 밖에서는 절대로 운용을 금지
- 녹색 : 안전 운용 범위
- 노란색 : 경계 또는 경고 범위
- 흰색 호선 : 대기 속도계에서 플랩 조작에 따른 항공기의 속도 범위
- 푸른색 : 기화기를 장비한 왕복기관 연료와 공기 혼합비가 오토린(autolean)일 때의 안전운용범위
- 흰색 방사선 : 유리가 미끄러졌는지 확인

66 선회경사계가 그림과 같이 나타났다면 현재 항공기의 비행 상태는?

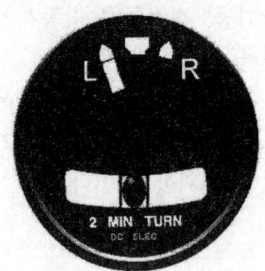

① 좌선회 균형　② 좌선회 내활
③ 좌선회 외활　④ 우선회 외활

67 다음 중 종합 계기 PFD에서 지시되지 않는 것은?

① 승강 속도　② 날씨 정보
③ 비행 자세　④ 기압 고도

해설
주 비행 표시 장치(PFD)
기계장치 ADI에 속도계, 기압고도계, 전파고도계, 승강계, 기수방위 지시계, 자동 조종 작동모드 표시 등을 한곳에 집약하여 지시하는 계기

68 작동유 저장 탱크에 관한 설명으로 옳은 것은?

① 배플은 불순물을 제거한다.
② 가압식과 비가압식이 있다.
③ 저장 탱크의 압력은 사이트 게이지로 알 수 있다.
④ 용량은 축압기를 포함한 모든 계통이 필요로 하는 용량의 75% 이상이어야 한다.

69 계기 착륙 장치(Instrument Landing System)의 구성 장치가 아닌 것은?

① 로컬라이저(localizer)
② 마커 비컨(Marker Beacon)
③ 기상 레이다(Weather Radar)
④ 글라이드슬로프(Glide Slope)

해설
계기착륙장치의 종류
- 방위각 시설(Localizer)
- 활공각 시설(Glide slope)
- 마커 비컨(Marker Beacons)

70 그림과 같은 회로에서 합성 저항은 몇 인가?

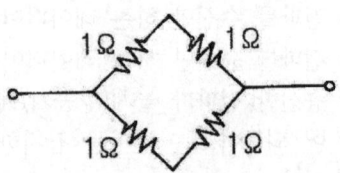

① 1　② 2
③ 3　④ 4

해설
2개의 1Ω 직렬 연결을 병렬로 연결
$$\frac{1}{R} = \frac{1}{R_1} + \frac{1}{R_2} = \frac{1}{1+1} + \frac{1}{1+1} = 1$$
$R = 1$

71 온도 변화에 의한 전기 저항의 변화를 측정하는 화재 경보 장치 형식은?

① 바이메탈(Bi-metal)식
② 서미스터(Thermistor)식
③ 서모커플(Themocouple)식
④ 서멀 스위치(Thermal Switch)식

해설
서미스터
- 온도가 상승하면 오히려 저항값이 떨어지는 재료
- 대체적으로 화재탐지회로 등에 많이 사용

72 교류 발전기의 출력 주파수를 일정하게 유지하는데 사용되는 것은?

① Brushless
② Magn-amp
③ Carbon Pile
④ Constant Speed Drive

해설
정속구동장치(CSD : Constant Speed Drive)
- 항공기에서의 출력주파수가 400Hz로 일정하게 유지하기 위하여 엔진의 구동축과 발전기축 사이에 정속구동장치를 설치하여 엔진의 회전수에 관계없이 항상 일정한 회전수를 발전기축에 전달
- 주파수 조절 범위 : 400±1[Hz]로서 2[Hz] 미만

73 도선 도표(導線圖表, Wire Chart)상에서 도선의 굵기를 정할 때 고려할 사항이 아닌 것은?

① 전류   ② 주파수
③ 전선의 길이   ④ 정착 위치의 온도

74 다음 중 작동유가 과도하게 흐르는 것을 방지하기 위한 장치는?

① 필터(Filter)
② 우선밸브(Priority Valve)
③ 유압퓨즈(Hydraulic Fuse)
④ 바이패스밸브(By-pass Valve)

해설
유압 퓨즈(Hydraulic Fuse)
유압 계통의 파이프나 호스가 파손되거나 기기의 시일에 손상이 생겼을 때 작동유의 누설을 방지

75 압력 센서의 전압값을 기준 전압 5V의 10bit 분해능의 A/D 컨버터로 변환하려 한다면, 센서의 출력 전압이 2.5V일 때 출력되는 이상적인 디지털 값은?

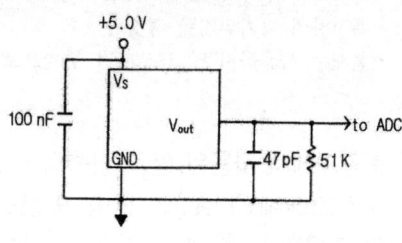

① 128   ② 256
③ 512   ④ 1,024

76 저항 루프형 화재탐지계통의 구성품이 아닌 것은?

① 타임 스위치
② 경고벨
③ 테스트 스위치
④ 경고등

해설
저항 루프형 화재탐지계통의 구성품
- 경고벨
- 경고등
- 테스트 스위치

77 주파수 300 MHz의 파장은 몇 m인가?

① 1   ② 10
③ 100   ④ 1000

해설
$$\lambda = \frac{C}{f} = \frac{3 \times 10^8}{300 \times 10^6} = 1$$

78 서로 떨어진 2개의 송신소로부터 동기 신호를 수신하고 신호의 시간차를 측정하여 자기 위치를 결정하는 장거리 쌍곡선 무선 항법은?

① VOR   ② ADF
③ TACAN   ④ LORAN C

해설
로란(LORAN : long range navigation)
- 서로 떨어진 두 개의 송신소로부터 동기신호를 수신하여 두 송신소에서 오는 신호의 시간차를 측정하여 자기위치를 결정
- 현재는 사용하지 않고 오메가 항법으로 전환

79 항공기에서 사용된 물을 방출하는 드레인 마스트(Drain Mast)의 방빙 방법으로 옳은 것은?

① 마스트 주변에 알코올을 분사하여 방빙한다.
② 마스트 주변에 배기가스를 공급하여 방빙한다.
③ 마스트 주변의 파이프에 제빙 부츠를 장착하여 방빙한다.
④ 항공기가 지상에 있을 때는 저전압, 비행 중에는 고전압을 공급하는 전기 히터를 이용한다.

해설
드레인 마스트의 방빙 방법은 전기 히터를 이용하여 열을 가해 드레인 마스트를 얼지 않게 하는 방법

80 다음 중 자이로스코프의 섭동성을 이용한 계기는?

① 경사계   ② 선회계
③ 정침의   ④ 인공 수평의

해설
자이로계기
- 선회계(turn indicator) : 섭동성
- 방향 자이로 지시계(directional gyro indicator, 정침의) : 강직성
- 자이로 수평 지시계(gyro horizon indicator, 인공 수평의) : 강직성과 섭동성을 모두 이용
- 경사계(bank indicator) : 섭동성

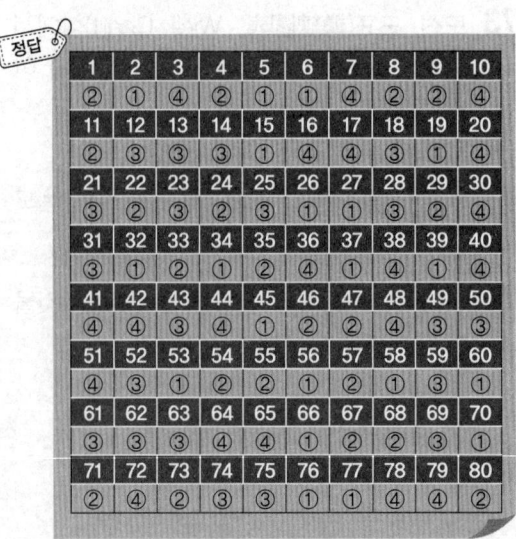

2017년 제4회 기출문제

자격종목 및 등급(선택분야)	종목코드	시험시간	문제지형별
항공산업기사		2시간	A

01 다음 중 방향 안정성이 양(+)인 경우는? (단, β : 옆 비끄럼 각, C_n : 요잉 모멘트 계수이다)

① $\dfrac{dC_n}{d\beta}=0$ ② $\dfrac{dC_n}{d\beta}\neq 0$

③ $\dfrac{dC_n}{d\beta}>0$ ④ $\dfrac{dC_n}{d\beta}<0$

해설

정적 방향 안정

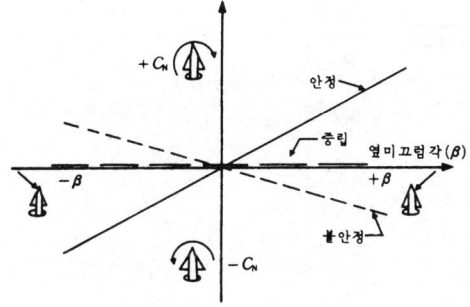

옆미끄럼각에 대한 키놀이 모멘트 계수는 기울기가 양일 때 안정

02 일반적으로 고정 피치 프로펠러의 깃 각은 어떤 속도에서 효율이 가장 좋도록 설정하는가?

① 이륙   ② 착륙
③ 순항   ④ 상승

해설

가장 사용 시간이 많은 것은 순항이므로 순항에서 가장 효율이 좋도록 설계

03 항공기 날개에 관한 설명으로 옳은 것은?

① 날개에서 발생하는 양력은 유도 항력을 유발한다.
② 날개의 뒤처짐 각은 임계 마하수를 낮춘다.
③ 날개의 가로세로비는 날개폭을 넓이로 나눈 값이다.
④ 양력과 항력은 날개 면적의 제곱에 비례한다.

해설

유도항력은 날개에서 양력을 유발하는 항력으로 유해항력에서 제외

04 등가 대기 속도(V_e)와 진대기 속도(V)에 대한 설명으로 옳은 것은? (단, 밀도비 $\sigma=\dfrac{\rho}{\rho_0}$, P_t : 전압, P_s : 정압, ρ_0 : 해면 고도 밀도, ρ : 현재 고도 밀도)

① 등가 대기 속도와 진대기 속도의 관계는 $V_e=\sqrt{\dfrac{V}{\sigma}}$ 이다.
② 등가 대기 속도는 고도에 따른 밀도 변화를 고려한 속도이다.
③ 표준 대기의 대류권에서 고도가 증가할수록 진대기 속도가 등가 대기 속도보다 느리다.
④ 베르누이의 정리를 이용하여 등가 대기 속도를 나타내면 $V_e=\sqrt{\dfrac{(P_t-P_s)}{\rho_0}}$ 이다.

해설

대기속도
- IAS(지시대기속도) – 대기속도계가 지시하는 속도
- CAS(수정대기속도) – 계기 자체의 오차를 수정한 속도
- EAS(등가대기속도) – 공기의 압축성 효과를 고려한 속도
- TAS(진대기 속도) – 밀도를 보정한 속도

05 조종면의 폭이 2배가 되면 조종력은 어떻게 되어야 하는가?

① 1/2배   ② 변함 없음
③ 2배   ④ 4배

해설

$F_e = K \cdot H_e$, $H = C_h \dfrac{1}{2}\rho V^2 bc^2 = C_h qbc^2$

조종면이 폭이 2배가 되면 조종력도 2배

06 비행기가 날개를 내리거나 올려 비행기의 전후 축(세로축 : Longitudinal Axis)을 중심으로 움직이는 것과 관련된 모멘트는?

① 옆놀이 모멘트(Rolling Moment)
② 빗놀이 모멘트(Yawing Moment)
③ 키놀이 모멘트(Pitching Moment)
④ 방향 모멘트(Directional Moment)

07 항공기가 등속 수평 비행을 하기 위한 조건으로 옳은 것은? (단, L은 양력, D는 항력, T는 추력, W는 항공기 무게이다)

① L = W, T > D
② L = W, T = D
③ T = W, L > D
④ T = W, L = D

08 비행기 무게가 1,000kgf이고 경사각은 30°, 속도는 100km/h로 정상 선회를 하고 있을 때, 양력은 약 몇 kgf인가?

① 500   ② 866
③ 1155   ④ 2000

해설

$L\cos\phi = W$ 이므로

$L = \dfrac{W}{\cos\phi} = \dfrac{1000}{\cos 30} = 1154.7$

09 다음 중 압력 계수(Cp)의 정의로 틀린 것은? (단, P_∞ : 자유 흐름의 정압, p : 임의점의 정압, V : 임의점의 속도, V_∞ : 자유 흐름의 속도, ρ : 밀도, q_∞ : 자유흐름의 동압이다)

① $C_p = \dfrac{p - p_\infty}{q_\infty}$

② $C_p = 2V^2 - p_\infty \rho V_\infty$

③ $C_p = \dfrac{p - p_\infty}{\dfrac{1}{2}\rho V_\infty^2}$

④ $C_p = 1 - (\dfrac{V}{V_\infty})^2$

해설

$C_p = \dfrac{P - P_0}{\dfrac{1}{2}\rho V_0^2} = 1 - (\dfrac{V}{V_0})^2$

10 고정익 항공기 추진에 사용되는 프로펠러에 대한 설명으로 옳은 것은?

① 일반적으로 지상 활주 시와 같이 전진비가 낮은 경우에 프로펠러 효율은 최대가 된다.
② 전진비의 증가에 따라 피치각을 증가시켜야 한다.
③ 로터 면에 대한 비틀림각을 블레이드 팁(Tip)방향으로 증가하도록 분포시킨다.
④ 프로펠러 직경이 큰 경우에는 회전수 변화로 추력을 증감시키는 방법이 일반적으로 사용된다.

해설

프로펠러는 고속에서는 고피치, 저속에서는 저피치를 사용

11 꼬리 회전 날개(Tail Rotor)가 필요한 헬리콥터는?

① 단일 회전 날개 헬리콥터
② 직렬식 회전 날개 헬리콥터
③ 병렬식 회전 날개 헬리콥터
④ 동축 역회전식 회전 날개 헬리콥터

해설
직렬식, 병렬식, 동축 역회전식은 2개의 프로펠러가 서로 역방향으로 회전하므로 꼬리회전 날개 필요 없음

12 착륙 접지 시 역추력을 발생시키는 비행기에 작용하는 순 감속력에 대한 식은?
(단, 추력 : T, 항력 : D, 무게 : W, 양력 : L, 활주로 마찰 계수 : μ)

① $T-D+\mu(W-L)$
② $T+D+\mu(W+L)$
③ $T-D+\mu(W+L)$
④ $T+D+\mu(W-L)$

해설
착륙할 때는 추력은 역추력으로 작용하고 항력과 마찰력 모두 같은 방향으로 작용

13 레이놀즈수(Reynolds Number)에 대한 설명으로 틀린 것은?

① 단위는 cm^2/s이다.
② 동점성 계수에 반비례한다.
③ 관성력과 점성력의 비를 나타낸다.
④ 임계 레이놀즈수에서 천이 현상이 일어난다.

해설
레이놀즈수는 무차원 수

14 날개골(Airfoil)의 정의로 옳은 것은?

① 날개의 단면
② 날개가 굽은 정도
③ 최대 두께를 연결한 선
④ 앞전과 뒷전을 연결한 선

15 700ps짜리 2개의 엔진을 장착한 항공기가 대기 속도 50m/s로 상승 비행을 하고 있다면 이 항공기의 상승률은 몇 m/s인가?(단, 비행기의 중량 : 5,000kg$_f$, 항력 : 1,000kg$_f$, 프로펠러 효율 : 0.8)

① 3.4   ② 5.0
③ 6.0   ④ 6.8

해설
$P_a = \eta \times bhp = 0.8 \times 2 \times 700 = 1120$
$P_r = \dfrac{DV}{75} = \dfrac{1000 \times 50}{75} = 666.7$
$R.C = \dfrac{75(P_a - P_r)}{W} = \dfrac{75(1120 - 66.7)}{5000} = 6.79$

16 다음 중 수평 스핀(Flat Spin) 상태에서 받음각의 크기로 가장 적합한 것은?

① 약 5°
② 10~20°
③ 약 60°
④ 약 95° 이상

해설
• 수직스핀 : 받음각 20~40도
• 수평스핀 : 받음각 60도

17 제트 비행기의 최대 항속 시간에 해당하는 속도는 다음 중 어느 조건에서 이루어지는가?

① 최대 이용 추력
② 최소 이용 추력
③ 최대 필요 추력
④ 최소 필요 추력

18 전진하는 회전 날개 깃에 작용하는 양력을 헬리콥터 전진 속도(V)와 주 회전 날개의 회전 속도(v)로 옳게 설명한 것은?

① $(v-V)^2$에 비례한다.
② $(v+V)^2$에 비례한다.
③ $(\dfrac{v+V}{v-V})^2$에 비례한다.
④ $(\dfrac{v-V}{v+V})^2$에 비례한다.

해설
전진하는 회전날개 깃에 작용하는 양력은 $(v+V)^2$에 비례하고, 후퇴하는 회전날개 깃에 작용하는 양력은 $(v-V)^2$에 비례

19 도움 날개(Aileron) 및 승강기(Elevator)의 힌지 모멘트와 이들 조종면을 원하는 위치에 유지하기 위한 조종력과의 관계로 옳은 것은?

① 힌지 모멘트가 크면 조종력도 커야 한다.
② 힌지 모멘트가 커져도 필요한 조종력에는 변화가 없다.
③ 힌지 모멘트가 크면 조종력은 작아도 된다.
④ 아음속 항공기에서는 힌지 모멘트가 커질수록 필요한 조종력은 작아진다.

해설
$F_e = K \cdot H_e$

20 국제 표준 대기의 평균 해발 고도에서 특성값을 틀리게 짝지은 것은?

① 온도 : 20℃
② 압력 : 1013hPa
③ 밀도 : 1.225kg/m³
④ 중력 가속도 : 9.8066m/s²

해설
평균 해발고도의 기압, 밀도, 중력 가속도 및 온도는 다음과 같이 정한다.

$P_o = 1 atm = 760 mmHg = 29.92 \,in\, Hg$
$\quad = 10332.3 kg/m^2 = 14.7 psi = 101,325 Pa$
$\rho_0 = 1.225 kg/m^3 = 0.12492 kgs^2/m^4$
$\quad = 0.002378 slug/ft^3$
$T_0 = 15℃ = 288.16K = 59°F = 518.688R$
$g_0 = 9.8 m/s^2 = 32.2 ft/s^2$
$V_{a0} = 1116 ft/s = 340 m/s = 1224 km/h$

21 가스 터빈 엔진의 기본 구성 요소가 아닌 것은?

① 압축기
② 터빈
③ 연소실
④ 감속장치

해설
가스터빈의 기본 구성 요소는 가스 발생기라고 하며 압축기, 터빈, 연소실로 구성

22 가스 터빈 엔진에 사용되는 연료의 구비 조건이 아닌 것은?

① 가격이 저렴할 것
② 어는점이 높을 것
③ 인화점이 높을 것
④ 연료의 중량당 발열량이 클 것

해설
가스터빈기관 연료의 구비조건
• 증기압이 낮을 것
• 어는점이 낮을 것
• 인화점이 높을 것
• 대량 생산이 가능하고 가격이 저렴할 것
• 발열량이 크고 부식성이 없을 것
• 점성이 낮고 깨끗하며 균질일 것

23 오일 양이 매우 작은 상태에서 왕복 엔진을 시동하였을 때, 조종사는 어떤 현상을 인지할 수 있는가?

① 정상 작동을 한다.
② 오일 압력 계기가 0을 지시한다.
③ 오일 압력 계기가 동요(Fluctuation)한다.
④ 오일 압력 계기가 높은 압력을 지시한다.

24 단(Stage)당 압력비가 1.34인 9단 축류형 압축기의 출구 압력은 약 몇 psi인가? (단, 압축기 입구 압력은 14.7psi 이다)

① 177 ② 205
③ 255 ④ 276

해설
$\gamma = (r_s)^n = (1.34)^9 = 13.93$
압축기 출구압력 = 압축기 입구압력 × 압력비
= 14.7 × 13.93 = 204.77

25 이륙 시 정속 프로펠러에서 rpm과 피치각은 어떤 상태가 되어야 가장 효율적인가?

① 높은 rpm과 작은 피치각
② 높은 rpm과 큰 피치각
③ 낮은 rpm과 작은 피치각
④ 낮은 rpm과 큰 피치각

해설
이륙시에는 최대출력으로 작동하므로 정속 프로펠러는 높은 rpm으로 회전하고 속도는 작으므로 작은 피치각을 가져야 한다

26 오토 사이클의 열효율을 옳게 나타낸 것은? (단, ϵ : 압축비, κ : 비열비)

① $1 - \dfrac{1}{\epsilon^{K-1}}$ ② $\dfrac{k-1}{\epsilon^{k-1}}$

③ $1 - \epsilon^{\frac{1}{k-1}}$ ④ $\dfrac{1}{1-\epsilon^{k-1}}$

해설
$\eta_{tho} = 1 - (\dfrac{v_2}{v_1})^{k-1} = 1 - (\dfrac{1}{\epsilon})^{k-1} = 1 - \dfrac{1}{\epsilon^{k-1}}$

27 왕복 엔진 부품 중 윤활유에서 열을 가장 많이 흡수하는 부품은?

① 피스톤
② 배기 밸브
③ 푸시로드
④ 프로펠러 감속 기어

해설
왕복엔진 부품 중 윤활유에서 열을 가장 많이 흡수하는 부품은 연소실 열을 직접 받는 피스톤

28 왕복 엔진에서 마그네토(Magneto)의 브레이커 어셈블리에서 접촉 부분은? 일반적으로 어떤 재료로 되어 있는가?

① 은(Silver)
② 구리(Copper)
③ 코발트(Cobalt)
④ 백금(Platinum)-이리듐(Iridium) 합금

해설
브레이커 포인트(breaker point)
• 콘덴서(condenser)와 함께 1차 회로에 병렬
• 재질 : 백금과 이리듐의 합금

29 가스 터빈 엔진에서 압축기 실속(Compressor Stall)이 일어나는 경우는?

① 흡입 공기 압력이 높을 때
② 유입 공기 속도가 상대적으로 느릴 때
③ 항공기 속도가 터빈 회전 속도에 비하여 너무 빠를 때
④ 흡입구로 들어오는 램 공기(Ram-air)의 밀도가 높을 때

해설
압축기 실속 원인
• 로터 깃에 대한 받음각이 클 때, 즉 공기 흡입 속도가 작을수록, 기관 회전속도가 클수록 발생
• 압축기 출구 압력(CDP : Compressor Discharge Pressure)이 너무 높을 때
• 압축기 입구 온도(CIT : Compressor Inlet Temperature)가 너무 높을 때
• Choke 현상 발생시

30 가스 터빈 엔진 점화 계통의 구성품이 아닌 것은?

① 익사이터(Exciter)
② 이그나이터(Igniter)
③ 점화 전선(Ignition lead)
④ 임펄스 커플링(Impulse Coupling)

해설
임펄스 커플링은 왕복기관 부품

31 다음 중 디토네이션(Detonation)을 일으키는 요인은?

① 너무 늦은 점화 시기
② 낮은 흡입 공기 온도
③ 너무 낮은 옥탄가의 연료 사용
④ 너무 높은 옥탄가의 연료 사용

해설
너무 낮은 옥탄가의 연료 사용은 디토네이션의 원인

32 항공기 왕복 엔진의 벤튜리 부분에서 실린더 흡입 공기량으로부터 생긴 부압에 의해 가솔린을 빨아내고 혼합기를 만드는 방식의 기화기는?

① 부자식 기화기
② 충동식 기화기
③ 경계 압력식 기화기
④ 압력 분사식 기화기

33 다음 중 프로펠러 조속기의 파일롯(Pilot) 밸브의 위치를 결정하는데 직접적인 영향을 주는 것은?

① 플라이웨이트
② 엔진 오일 압력
③ 조종사의 위치
④ 펌프 오일 압력

해설
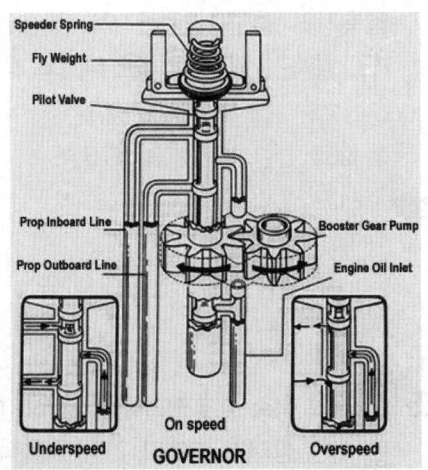

34 항공기 왕복 엔진의 출력 증가를 위하여 장착하는 과급기 중 가장 많이 사용되는 형식은?

① 기어식(Gear Type)
② 베인식(Vane Type)
③ 루츠식(Roots Type)
④ 원심식(Centrifugal Type)

해설
항공기 왕복엔진의 출력증가를 위하여 장착하는 과급기에는 원심식, 루츠식, 베인식이 있는데 이 중 가장 많이 쓰이는 것은 원심식

35 엔진의 공기 흡입구에 얼음이 생기는 것을 방지하기 위한 방빙(Anti Icing) 방법으로 옳은 것은?

① 배기가스를 인렛 스트러트(Inlet Strut)에 보낸다.
② 압축기 통과 전의 청정한 공기를 인렛(Inlet) 쪽으로 순환시킨다.
③ 압축기의 고온 브리드 공기를 흡입구(Intake), 인렛 가이드 베인(Inlet Guide Vane)으로 보낸다.
④ 더운 물을 엔진 인렛(Inlet) 속으로 분사한다.

36 가스 터빈 엔진의 오일 필터를 손상시키는 힘이 아닌 것은?

① 압력 변화로 인한 피로 힘
② 흐름 체적으로 인한 압력 힘
③ 가열된 오일에 의한 압력 힘
④ 열 순환(thermal cycling)으로 인한 피로 힘

해설
오일 필터에 작용하는 힘은
• 오일이 찬 상태에서 발생하는 압력 힘
• 흐름체적으로 인해 발생하는 압력 힘
• 고주파수(압력진동)로 인한 피로 힘
• 열순환으로 인한 피로 힘

37 가스 터빈 엔진에서 사용되는 추력 증가 장치로만 짝지어진 것은?

① Reverse Thrust, Afterburner
② Afterburner, Water-injection
③ Afterburner, Noise suppressor
④ Reverse Thrust, Water-injection

38 왕복 엔진에서 밸브 오버랩의 주된 효과가 아닌 것은?

① 실린더 냉각 효과를 높여준다.
② 실린더의 체적 효율을 높여준다.
③ 크랭크 축의 마모를 감소시켜 준다.
④ 배기가스를 완전히 배출시키는데 유리하다.

해설
밸브 오버랩의 효과
• 실린더 및 배기밸브의 냉각
• 배기가스의 완전배출
• 체적효율 증가

39 항공기용 왕복 엔진으로 사용하는 성형 엔진에 대한 설명으로 옳은 것은?

① 단열 성형 엔진은 실린더 수가 짝수로 구성되어 있다.
② 성형 엔진의 2열은 짝수의 실린더 번호가 부여된다.
③ 성형 엔진의 1열은 홀수의 실린더 번호가 부여된다.
④ 14기통 성형 엔진의 크랭크 핀은 2개이다.

해설
14기통 성형엔진은 2열이므로 크랭크 핀은 2개

40 비열비(κ)에 대한 식으로 옳은 것은? (단, C_p : 정압 비열, C_v : 정적 비열)

① $k = \dfrac{C_v}{C_p}$ ② $\kappa = \dfrac{C_p}{C_v}$

③ $k = 1 - \dfrac{C_p}{C_v}$ ④ $k = \dfrac{C_p - 1}{C_v}$

41 구조 부재의 일부분에 균열과 같은 결함이 잠재할 수 있다고 가정하고 기체의 안전한 사용 기간을 규정하여 안전성을 확보하는 설계 개념은?

① 정적 강도 설계
② 안전 수명 설계
③ 손상 허용 설계
④ 페일 세이프 설계

해설
• 안전 수명 설계 : 안정 수명을 정해놓고 그 수명 동안에는 피로균열이 발생하지 않게 충분한 강도를 가지도록 하는 것
• 페일세이프 설계 : 구조물의 요소가 일정 수명 동안 손상이 발생하지 않도록 각 구조물의 필요 강도를 결정하여 설계

42 부품 번호가 AN 470 AD 3-5 인 리벳에서 "AD"는 무엇을 나타내는가?

① 리벳의 직경이 $\frac{3}{16}$ 인치이다.
② 리벳의 길이는 머리를 제외한 길이이다.
③ 리벳의 머리 모양이 유니버설 머리이다.
④ 리벳의 재질이 알루미늄 합금인 2117 이다.

해설
AN 470 AD 3-5
AN : AN표준기호
470 : 리벳의 종류(유니버설 리벳)
AD : 알루미늄 합금 2117 T
3 : 리벳 직경(3/32인치)
5 : 리벳 길이(5/16인치)

43 다음 중 SAE 규격에 따른 합금강으로 탄소를 가장 많이 함유하고 있는 것은?

① 6150   ② 4130
③ 2330   ④ 1025

해설
6150
6 : 합금의 종류
1 : 합금 원소의 합금량
50 : 탄소 함유량(%)

44 항공기 엔진을 장착하거나 보호하기 위한 구조물이 아닌 것은?

① 킬빔   ② 나셀
③ 포드   ④ 카울링

해설
• 킬빔 : 동체 착륙 시 객실 내 승객을 보호 하기 위해 이 구조물이 비행기 배 부분에 있어서 슬라이딩 착륙 가능
• 나셀 : 기체에 장착된 엔진을 둘러싼 부분으로 나셀의 바깥 면은 공기 역학적 저항을 작게 하기 위한 유선형으로 제작
• 포드 : 파일론에 의해 장착되는 기관과 카울링을 부착하는 터보엔진의 부품
• 카울링 : 엔진이나 엔진에 부수되는 보기 및 엔진 마운트나 방화벽 주위에 접근할 수 있도록 장 탈착할 수 있는 덮개

45 착륙 장치(Landing Gear)에 사용되는 올레오 완충 장치(Oleo Shock Absorber)의 충격 흡수 원리에 대한 설명으로 옳은 것은?

① 스트럿 실린더(Strut Cylinder)에 공급되는 공기의 마찰 에너지를 이용하여 충격을 흡수한다.
② 헬리컬 스프링(Helical Spring)이 탄성체의 탄성 변형 에너지 형식으로 충격을 흡수한다.
③ 공기의 압축성 효과에 의한 탄성에너지와 작동유 흐름 제한에 따른 에너지 손실에 의해 충격을 흡수한다.
④ 리프스프링(Leaf Spring) 자체가 랜딩 스트럿(Landing Strut)역할을 하여 충격을 굽힘 에너지로 흡수한다.

해설
올레오 완충장치(공유압식)
• 현대 항공기에 가장 많이 사용
• 항공기가 착륙할 때 받는 충격을 유체의 운동 에너지와 공기의 압축성을 이용하여 충격을 흡수하는 장치
• 완충효율 70~80% 정도

46 접개식 강착 장치(Retractable Landing Gear)에서 부주의로 인해 착륙 장치가 접히는 것을 방지하기 위한 안전 장치를 나열한 것은?

① Down Lock, Safety Pin, Up Lock
② Down Lock, Up Lock, Ground Lock
③ Up Lock, Safety Pin, Ground Lock
④ Down Lock, Safety Pin, Ground Lock

47 티타늄 합금의 성질에 대한 설명으로 옳은 것은?

① 열전도 계수가 크다.
② 불순물이 들어가면 가공 후 자연 경화를 일으켜 강도를 좋게 한다.
③ 티타늄은 고온에서 산소, 질소, 수소 등과 친화력이 매우 크고, 또한 이러한 가스를 흡수하면 강도가 매우 약해진다.
④ 합금 원소로서 Cu가 포함되어 있어 취성을 감소시키는 역할을 한다.

해설
티타늄 합금
- 고속으로 비행하는 기체구조에 사용되며 고온에서 산소, 질소, 수소 등과 친화력이 매우 크고, 이 가스를 흡수하면 강도가 매우 약해진다.
- 연강의 2~3배나 되는 강도를 지니며, 비중이 작을 뿐만 아니라 피로(반복적으로 하중(힘)이 작용하여 재료의 특성(강도)이 저하되는 현상)에 강하고 부식에도 강함
- 소재의 값이 비싸고 가공하기 쉽지 않아 일반 비행기에는 방화벽, 내열벽 등 국한된 부분에만 사용

48 실속 속도가 90mph인 항공기를 120mph로 수평 비행 중 조종간을 급히 당겨 최대 양력 계수가 작용하는 상태라면 주날개에 작용하는 하중 배수는 약 얼마인가?

① 1.5 ② 1.78
③ 2.3 ④ 2.57

해설
$n = \dfrac{V^2}{V_s^2} = \dfrac{120^2}{90^2} = 1.78$

49 그림과 같이 100N의 힘(P)이 작용하는 구조물에서 지점 A의 반력(R_1)은 몇 N인가? (단, 구조물 ABC는 4분원이다)

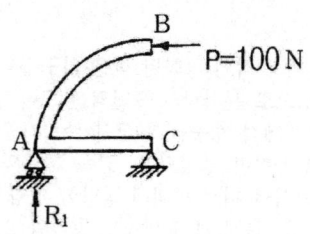

① 100 ② 50
③ 25   ④ 0

해설
C를 중심으로 모멘트는 평형
$R_1 \times r = P \times r$
$R_1 = P = 100$

50 항공기에 작용하는 하중에 대한 설명으로 옳은 것은?

① 구조물에 가해지는 힘을 응력이라 한다.
② 하중에는 탑재물의 중량, 공기력, 관성력, 지면 반력, 충격력 등이 있다.
③ 구조물인 항공기는 하중을 지지하기 위한 외력으로 응력을 가진다.
④ 면적당 작용하는 내력의 크기를 하중이라 한다.

해설
항공기 하중은 외부에서 물체에 가해지는 힘으로 비행 중에는 무게, 공기력, 추력 등이 발생하며 하중에는 탑재물의 중량, 공기력, 관성력, 지면반력, 충격력 등이 있다.

51 숏 피닝(Shot Peening) 작업으로 나타나는 주된 효과는?

① 내부 균열 및 변형 방지
② 크롬 도금으로 인한 표면 부식 방지
③ 표면 강도 증가와 스트레스 부식 방지
④ 광택 감소로 인한 표면 마찰 증가와 내열성 증가

해설
숏 피닝 작업 경화된 작은 쇠구슬을 피가공물에 고압으로 분사시켜 표면의 강도를 증가시킴으로써 기계적 성능을 향상시키는 가공법으로 압축 잔류응력이 생성되며, 금속 재료의 피로저항을 증가시켜 피로 파괴에 상당한 영향을 준다는 것이고 이를 통해 표면강도 증가와 스트레스 부식을 방지

52 표와 같은 항공기의 기본 자기 무게에 대한 무게 중심(c.g)의 위치는 몇 cm인가?

측정 항목	측정 무게(N)	거리(cm)
왼쪽 바퀴	3200	135
오른쪽 바퀴	3100	135
앞바퀴	700	-45
연료	2500	-10

① 176.4　② 187.6
③ 194.4　④ 201.6

해설
$$c.g = \frac{\text{모멘트의 합}}{\text{하중의 합}}$$
$$= \frac{3200 \times 135 + 3100 \times 135 + 700 \times (-45) - 2500 \times (-10)}{3200 + 3100 + 700 - 2500}$$
$$= 187.55$$

53 리브너트(Rivnut)를 사용하는 방법으로 옳은 것은?

① 금속면에 우포를 씌울 때 사용한다.
② 두꺼운 날개 표피에 리브를 붙일 때 사용한다.
③ 한쪽 면에서만 작업이 가능한 제빙 장치 등을 설치할 때 사용한다.
④ 기관 마운트와 같은 중량물을 구조물에 부착할 때 사용한다.

해설
리브 너트(Rivnut)
- 생크 안쪽에 구멍이 뚫려 나사가 나있는 곳에 리브너트를 끼워 시계방향으로 돌리면 생크가 압축을 받아 오그라들면서 돌출부위 생성
- 항공기의 날개나 테일 표면에 고무제빙부츠를 장착하는데 사용

54 [보기]에서 설명하는 작업의 명칭은?

[보기]
- 플러쉬 헤드 리벳의 헤드를 감추기 위해 사용
- 리벳 헤드의 높이보다 판재의 두께가 얇은 경우 사용

① 디버링(Deburing)
② 딤플링(Dimpling)
③ 클램핑(Clamping)
④ 카운터 싱킹(Counter Sinking)

해설
- 딤플링 작업 : 플러쉬 헤드 리벳의 헤드를 감추기 위해 사용, 리벳 헤드의 높이보다 판재의 두께가 얇은 경우 사용
- 디버링 : 버를 제거한다는 뜻으로 드릴 작업후 구멍을 말끔하게 하기 위한 작업
- 카운터 싱크 : 접시머리 볼트나 나사가 금속등에 잘 맞을 수 있도록 구멍의 테투리를 넓히는 작업
- 크림핑 : 길이를 짧게 하기 위해 판재를 주름잡는 가공

55 항공기 구조의 특정 위치를 쉽게 알 수 있도록 위치를 표시하는 것 중 기준 수평면과 일정 거리를 두며 평행한 선은?

① 기준선(Datum Line)
② 버턱선(Buttock Line)
③ 동체 수위선(Body Water Line)
④ 동체 위치선(Body Station Line)

해설
- 동체 수위선 : 항공기 높이의 위치를 표시하기 위하여 동체의 임의의 높이에 기준면을 정하고 이를 기준으로 높이를 inch 단위로 측정하여 위치를 표시하는 방식
- 버턱선 : 항공기 수직 중심선을 기준으로 여기에 평행으로 좌우로 측정된 거리를 inch로 표시하는 방식
- 동체 위치선 : 항공기 전후 위치 표시를 위하여 기준면을 0으로 수평거리를 inch로 표시

56 항공기 기체 판재에 적용한 릴리프 홀(Relief Hole)의 주된 목적은?
① 무게 감소 ② 강도 증가
③ 좌굴 방지 ④ 응력 집중 방지

해설
릴리프 홀(relief hole)
2개 이상의 굴곡이 교차하는 장소는 안쪽 접선의 교점에 응력이 집중하여 교점에 균열이 일어나는 것을 방지. 응력제거 구멍. 1/8인치 이상

57 FRCM(Fiber Reinforced Composite Material)의 모재(Matrix) 중 사용 온도 범위가 가장 큰 것은?
① FRC(Fiber Reinforced Ceramic)
② FRP(Fiber Reinforced Plastic)
③ FRM(Fiber Reinforced Metallics)
④ C/C 복합재(Carbon-Carbon Composite Material)

해설
모재의 사용 온도 범위

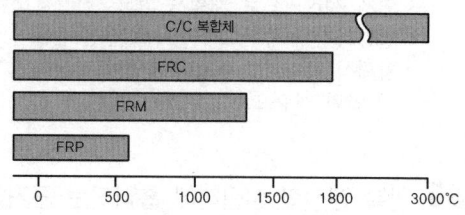

58 토크 렌치의 길이는 10인치이고, 5인치의 연장 공구를 사용하여 작업을 하여 토크 렌치의 지시값이 300lb이라면 실제 너트에 가해진 토크는 몇 in-lb인가?
① 400 ② 450
③ 500 ④ 550

해설
$R = \dfrac{L}{L+E} \times T = \dfrac{10}{10+5} \times T = 300 \times T$
$T = 450$

59 리벳 작업을 위한 구멍 뚫기 작업에 대한 설명으로 옳은 것은?
① 드릴 작업 전 리밍 작업을 한다.
② 드릴 작업 후 구멍의 버(Burr)는 되도록 보존하도록 한다.
③ 구멍은 리벳 직경보다 약간 작게 한다.
④ 리밍 작업 시 회전 방향을 일정하게 하여 가공한다.

해설
리벳 작업 순서 : 드릴링-리밍-버링
리밍 작업 시에는 회전방향을 일정하게 하여 가공하는 것이 중요

60 항공기 조종 장치의 종류가 아닌 것은?
① 동력 조종 장치(Power Control System)
② 매뉴얼 조종 장치(Manual Control System)
③ 부스터 조종 장치(Booster Control System)
④ 수압식 조종 장치(Water Pressure Control System)

해설
• 동력 조종장치(power control system) : 발동기의 출력을 조종하는 장치
• 매뉴얼 조종장치(manual control system) : 수동 조종계통으로 조종면을 수동으로 조종하는 계통
• 부스터 조종장치(booster control system) : 출력을 향상시켜주는 조종장치

61 전원회로에서 전압계(Voltmeter)와 전류계(Ammeter)를 부하로 연결하는 방법으로 옳은 것은?
① 전압계와 전류계 모두 직렬연결 한다.
② 전압계와 전류계 모두 병렬연결 한다.
③ 전압계는 병렬, 전류계는 직렬연결 한다.
④ 전압계는 직렬, 전류계는 병렬연결 한다.

해설

전류계
- 전류계는 부하에 직렬로 연결하여 전류 측정
- 전류계의 감도보다 큰 전류를 측정하려면 션트저항(분류기)을 전류계에 병렬로 연결하여 대부분의 전류를 션트저항으로 흐르게 하고, 전류계에는 감도보다 적은 전류 생성

전압계
- 전압계는 부하에 병렬로 연결하여 전압 측정
- 전압계의 감도보다 큰 전압을 측정하려면 직렬저항(배율기)을 전압계에 직렬로 연결하여 대부분의 전압이 직렬저항에서 강하되고, 전압계에는 감도보다 작은 전압이 작용

62 VOR국은 전파를 이용하여 방위 정보를 항공기에 송신하는데 이때 VOR국에서 관찰하는 항공기의 방위는?

① 진방위 ② 상대 방위
③ 자방위 ④ 기수 방위

해설
- 진방위 : 평면직교좌표계에서 어떤 점과 원점을 잇는 선이 자오선과 이루는 방위각
- 상대방위 : 선수 방향을 기준으로 한 방위로서, 선수를 기준으로 하여 시계 방향으로 360°까지 측정하거나, 좌현 또는 우현 쪽으로 각각 180°까지 측정
- 자방위 : 자북을 기준선의 방향으로 한 방위
- 기수방위 : 항공기 등의 진로 방향, 기수 방위를 말하며, 일반적으로 북쪽을 기준한 각도로 나타내는 항공기의 세로축이 가리키는 방향

63 교류 발전기의 정격이 115V, 1kVA, 역률이 0.866 이라면 무효 전력(Reactive Power)은 얼마인가?(단, 역률(Power Factor) 0.866은 cos30°에 해당한다)

① 500 W ② 866 W
③ 500 Var ④ 866 Var

해설
무효전력(VAR) = $VI\sin\theta$ = $1000\sin30$ = 500

64 열을 받게 되면 스테인리스강으로 된 케이스가 늘어나게 되므로, 금속 스트럿이 펴지면서 접촉점이 연결되어 회로를 형성시키는 화재 경고 장치는?

① 열전쌍식 화재 경고 장치
② 광전지식 화재 경고 장치
③ 열 스위치식 화재 경고 장치
④ 저항 루프형 화재 경고 장치

해설
화재 탐지기
- 열 스위치식(thermal switch type) 탐지기 : 낮은 열팽창률의 니켈-철 합금인 금속 스트럿이 서로 휘어져 있어 평상시에는 접촉점이 떨어져 있으나, 열을 받게 되면 열팽창률이 높은 스테인리스강으로 된 케이스가 늘어나게 되므로 금속 스트럿이 펴지면서 접촉점이 연결되어 경고 장치 회로가 작동
- 열전쌍(thermocouple) 탐지기 : 특정 온도 이상의 조건에서 감지하는 열 스위치 장치와는 달리 온도의 상승률을 기준으로 화재 감지
- 연속 저항 루프 화재 탐지기(resistance loop type detector) : 스테인리스 강이나 인코넬 튜브로 만들어져 있으며, 인코넬 튜브안은 절연체 세라믹으로 채워져 있고, 전기적 신호를 전송하기 위하여 2개의 니켈 전선이 들어 있음
- 압력식 탐지기 : 화재나 과열이 발생하면 가스의 압력 상승으로 감지하는 방식

65 왕복 엔진의 실린더에 흡입되는 공기압을 아네로이드와 다이어프램을 사용하여 절대 압력으로 측정하는 계기는?

① 윤활유 압력계
② 제빙 압력계
③ 증기압식 압력계
④ 흡입 압력계

해설
- 흡입 압력계 : 왕복 기관에서 흡입 공기의 압력을 측정하는 계기, 1개의 아네로이드와 1개의 다이어프램을 사용
- 제빙 압력계 : 부르동관
- 작동유 압력계 : 작동유의 압력을 지시하는 계기, 부르동관

66 솔레노이드 코일의 자계세기를 조정하기 위한 요소가 아닌 것은?

① 철심의 투자율
② 전자석의 코일 수
③ 도체를 흐르는 전류
④ 솔레노이드 코일의 작동 시간

해설
솔레노이드 코일의 자계세기를 조정하기 위해서는 철심의 투자율, 전자석의 코일 수, 도체를 흐르는 전류를 알아야 한다.

67 공기 순환 공기 조화 계통(Air Cycle Air Conditioning)에 대한 설명으로 틀린 것은?

① 냉매를 사용하여 공기를 냉각시킨다.
② 수분 분리기는 압축 공기로부터 수분을 제거하기 위해 사용된다.
③ 항공기 공기압 계통에 공기를 공급한다.
④ 항공기 객실에 압력을 가하기 위하여 엔진 추출 공기를 사용한다.

68 수평의(Vertical Gyro)는 항공기에서 어떤 축의 자세를 감지하는가?

① 기수 방위
② 롤 및 피치
③ 롤 및 기수 방위
④ 피치 및 기수 방위

69 VHF 무전기의 교신 가능 거리에 대한 설명으로 옳은 것은?

① 장애물이 있을 때에는 100km 이내로 제한된다.
② 송신 출력을 높여도 가시거리 이내로 제한된다.
③ 항공기 운항 속도를 늦추면 더 먼 거리까지 교신이 가능하다.
④ 안테나 성능 향상으로 장애물과 상관없이 100km 이상 교신이 가능하다.

해설
• VHF무전기는 30키로 정도까지는 송수신 가능
• 송신 추력을 높여도 가시거리 이내로 제한

70 압력 조절기에서 킥인(Kick-In)과 킥아웃(Kick-Out) 상태는 어떤 밸브의 상호 작용으로 발생하는가?

① 체크 밸브와 릴리프 밸브
② 체크 밸브와 바이패스 밸브
③ 흐름 조절기와 릴리프 밸브
④ 흐름 평형기와 바이패스 밸브

해설
Kick-in
계통 압력이 낮을 때 : 바이패스 밸브가 닫히고 체크 밸브 열림

Kick-out
계통 압력이 높을 때 : 바이패스 밸브는 열리고 체크 밸브는 닫혀서 높은 압력의 유압은 저장 탱크로 귀환시킴

71 항공기 속도에서 등가 대기 속도에서 대기 밀도를 보정한 속도는?

① IAS   ② CAS
③ TAS   ④ EAS

해설
대기속도
• IAS(지시대기속도) – 대기속도계가 지시하는 속도
• CAS(수정대기속도) – 계기 자체의 오차를 수정한 속도
• EAS(등가대기속도) – 공기의 압축성 효과를 고려한 속도
• TAS(진대기 속도) – 밀도를 보정한 속도

72 그림에서 압력계에 나타나는 압력은 몇 kgf/cm²인가? (단, 단면적은 A측 2cm², B측 10cm²이며, 작용하는 힘은 A측 50kgf, B측 250kgf이다)

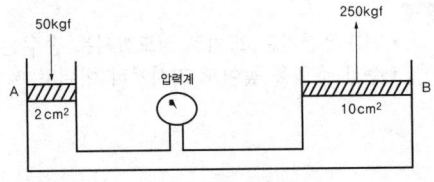

① 25　　② 50
③ 100　　④ 250

해설
$P = \dfrac{F}{A} = \dfrac{50}{2} = 25\,\text{kg}_f/\text{cm}^2$

73 자이로의 섭동 각속도를 나타낸 것으로 옳은 것은? (단, M : 외부력에 의한 모멘트, L : 각 운동량이다)

① $\dfrac{M}{L}$　　② $\dfrac{L}{M}$
③ $L - M$　　④ $M \times L$

해설
섭동성 = 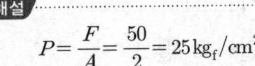 = M/L

74 축전지 터미널(Battery Teminal)에 부식을 방지하기 위한 방법으로 가장 적합한 것은?

① 납땜을 한다.
② 증류수로 씻어낸다.
③ 페인트로 얇은 막을 만들어 준다.
④ 그리스(Grease)로 얇은 막을 만들어 준다.

75 교류 발전기의 병렬 운전 시 고려해야 할 사항이 아닌 것은?

① 위상　　② 전류
③ 전압　　④ 주파수

해설
교류발전기의 병렬운전조건 3가지
• 기전력(전압)의 크기가 같을 것
• 위상이 같을 것
• 주파수가 같을 것

76 압축 공기 제빙 부츠 계통의 팽창 순서를 제어하는 것은?

① 제빙 장치 구조
② 분배 밸브
③ 흡입 안전 밸브
④ 진공 펌프

77 항공기가 산악 또는 지면과 충돌하는 것을 방지하는 장치는?

① Air Traffic Control System
② Inertial Navigation System
③ Distance Measuring Equipment
④ Ground Proximity Warning System

해설
지상 접근 경고 장치(GPWS: Ground Proximity warning System)
항공기가 산악 또는 지표면에 과도하게 접근하면 미리 조종사에게 알려 주어 지상과의 충돌을 피할 수 있도록 하는 장치

78 공압 계통에 대한 설명으로 옳은 것은?

① 유압과 비교하여 큰 힘을 얻을 수 있다.
② 공압 계통은 리저버(Reservoir)가 필요하다.
③ 공기압은 비압축성이라 그대로의 힘이 잘 전달된다.
④ 공압 계통은 리턴 라인(Return Line)이 필요하다.

79 자기 나침반(Magnetic Compass)의 자차 수정 시기가 아닌 것은?

① 엔진 교환 작업 후 수행한다.
② 지시에 이상이 있다고 의심이 갈 때 수행한다.
③ 철재 기체 구조재의 대수리 작업 후 수행한다.
④ 기체의 구조 부분을 검사할 때 항상 수행한다.

80 항공기가 야간에 불시착했을 때 기내·외를 밝혀주는 비상용 조명(Emergency Light)은 최소 몇 분간 조명하여야 하는가?

① 10분   ② 30분
③ 60분   ④ 90분

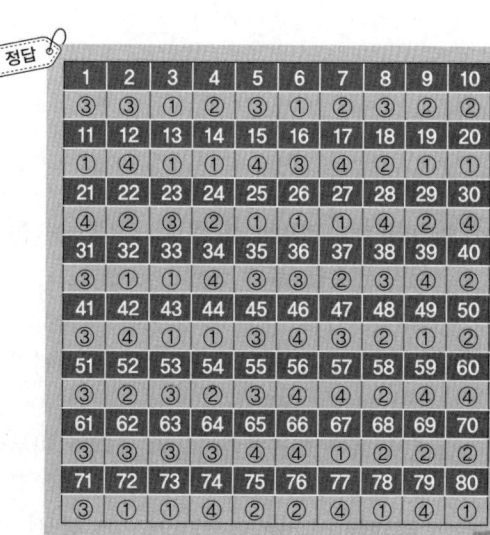

2018년 제1회 기출문제

자격종목 및 등급(선택분야)	종목코드	시험시간	문제지형별	수검번호	성명
항공산업기사		2시간	A		

01 무동력(Power off)비행 시 실속속도와 동력(Power on)비행 시 실속속도의 관계로 옳은 것은?

① 서로 동일하다.
② 비교할 수 없다.
③ 동력비행 시의 실속속도가 더 크다.
④ 무동력비행 시의 실속속도가 더 크다.

해설
실속
날개에서 발생하는 양력이 비행기 무게를 감당하지 못하여 비행기가 하강하는 경우
- 무동력 실속(Power off Stall) : 기관의 출력을 줄일 때 비행기의 속도가 작아져서 양력이 비행기 무게보다 작게되어 비행기가 침하하는 현상
- 동력 실속(Power on Stall) : 기관의 출력은 충분히 크나 날개의 받음각이 너무 커서 날개 윗면의 박리로 인하여 양력을 발생하지 못하여 비행기가 고도를 유지할 수 없는 상태

02 날개의 길이(Span)가 10m이고 넓이가 25 m^2인 날개의 가로세로비(Aspect ratio)는?

① 2 ② 4
③ 6 ④ 8

해설
$$AR = \frac{b}{c_m} = \frac{S}{c^2} = \frac{b^2}{S} = \frac{10^2}{25} = 4$$

03 헬리콥터의 제자리 비행 시 발생하는 전이성향 편류를 옳게 설명한 것은?

① 주로터가 회전할 때 토크를 상쇄하기 위해 미부로터가 수평추력을 발생시키는 것
② 단일로터 헬리콥터에서 주로터와 미부로터의 추력이 효과적인 균형을 이룰 때 헬리콥터가 옆으로 흐르는 현상
③ 종렬로터와 동축로터 시스템의 헬리콥터에서 토크를 방지하기 위한 로터가 상호 반대로 회전하는 것
④ 헬리콥터의 주로터 회전방향이 반대방향으로 동체가 돌아가려는 성질

해설
전이성향
제자리 비행 중 단일 회전익(Single Rotor) 계통의 헬기는 우측으로 밀리는 경향이 있는데, 이 현상은 메인로터의 토크를 상쇄시키기 위한 테일로터의 추진력이 우측으로 작용하기 때문이다. 이러한 현상을 막기 위해 메인로터의 회전면을 좌로 기울여야 한다.
- 전이성향을 억제하기 위한 설계 방법
  - 메인 트랜스미션(Main Transmission)을 헬기 동체가 수평에서 약간 좌측으로 기울도록 장착
  - 비행조종계통을 사이클릭이 중앙에 있을 때 회전익 회전면이 약간 왼쪽으로 기울도록 설계
  - 제자리 비행을 하기 위해 컬렉티브를 증가시켰을 때 회전익 회전면이 약간 좌측으로 기울도록 컬렉티브 피치 조종계통을 설계

04 유체흐름과 관련된 각 용어의 설명이 옳게 짝지어진 것은?

① 박리 : 층류에서 난류로 변하는 현상
② 층류 : 유체가 진동을 하면서 흐르는 흐름
③ 난류 : 유체 유동특성이 시간에 대해 일정한 정상류
④ 경계층 : 벽면에 가깝고 점성이 작용하는 유체의 층

해설
①번 천이현상이다.
②번 층류는 유체흐름이 일정하게 층을 이루고 흐르는 흐름

③번 유체의 각 부분이 시간적이나 공간적으로 불규칙한 운동을 하면서 흘러가는 흐름

05 프로펠러의 역피치(Reverse Pitch)를 사용하는 주된 목적은?

① 후진비행을 위해서
② 추력의 증가를 위해서
③ 착륙 후의 제동을 위해서
④ 추력을 감소시키기 위해서

해설
역피치란 프로펠러 블레이드의 받음각이 0보다 작은 값이 될 때의 피치를 말하며 착륙 후의 제동을 위해 사용

06 임계마하수가 0.70인 직사각형 날개에서 임계마하수를 0.91로 높이기 위해서는 후퇴각을 약 몇 도(°)로 해야 하는가

① 10°
② 20°
③ 30°
④ 40°

해설

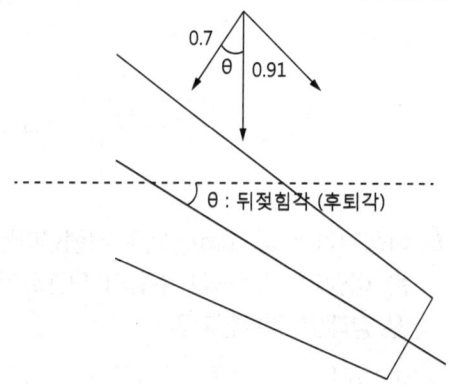

직사각형 날개의 임계마하수가 0.7이므로 후퇴날개의 임계마하수(0.91)의 시위선 방향의 마하수 성분이 0.7이다.
$\theta = \cos^{-1}(\frac{0.7}{0.91}) = 39.7°$

07 비행기의 이륙활주거리를 짧게 하기 위한 방법이 아닌 것은?

① 엔진의 추력을 크게 한다.
② 비행기의 무게를 감소한다.
③ 슬랫(Slat)과 플랩(Flap)을 사용한다.
④ 항력을 줄이기 위해 작은 날개를 사용한다.

해설
이륙거리를 짧게 하기 위한 방법
$$S = \frac{W}{2g} \frac{V^2}{T-D-F}$$
• 무게가 가벼워야 한다.
• 기관의 추력이 커야 한다.
• 항력이 작은 비행자세로 비행하여야 한다.
• 맞바람을 받으면서 이륙한다.
• 고양력장치를 사용한다.
• 마찰력이 작아야 한다.
• 큰 날개를 사용한다.

08 항력계수가 0.02이며, 날개면적이 $20m^2$인 항공기가 $150m/s$로 등속도 비행을 하기 위해 필요한 추력은 약 몇 kgf인가? (단, 공기의 밀도는 $0.125 kgf \cdot s^2/m^4$이다)

① 433
② 563
③ 643
④ 723

해설
등속도비행 시 추력=항력
$D = \frac{1}{2}\rho V^2 C_D S$
$= \frac{1}{2} \times 0.125 \times 150^2 \times 0.02 \times 20 = 562.5$

09 항공기가 스핀상태에서 회복하기 위해 주로 사용하는 조종면은?

① 러더
② 에일러론
③ 스포일러
④ 엘리베이터

해설
스핀에서 회복할 수 있는 최소고도는 300m이고 러더를 사용하여 회전을 멈추고 서서히 상승한다.

10 비행기의 방향 조종에서 방향키 부유각(Float Angle)에 대한 설명으로 옳은 것은?

① 방향키를 고정했을 때 공기력에 의해 방향키가 변위되는 각
② 방향키를 자유로 했을 때 공기력에 의해 방향키가 자유로이 변위되는 각
③ 방향키를 밀었을 때 공기력에 의해 방향키가 변위되는 각
④ 방향키를 당겼을 때 공기력에 의해 방향키가 변위되는 각

11 해면고도에서 표준대기의 특성값으로 틀린 것은?

① 표준온도는 15°F이다.
② 밀도는 $1.23 kg \cdot m^3$이다.
③ 대기압은 $760 mmHg$이다.
④ 중력가속도는 $32.2 ft/s^2$이다.

12 날개끝 실속을 방지하는 보조장치 및 방법으로 틀린 것은?

① 경계층 펜스를 설치한다.
② 톱날 앞전 형태를 도입한다.
③ 날개의 후퇴각을 크게 한다.
④ 날개가 워시아웃(Wash out) 형상을 갖도록 한다.

해설) 후퇴각을 크게하면 오히려 날개끝 실속이 더욱 발생하고 전진각 날개를 사용하면 날개 끝 실속을 줄일 수 있다.

13 등속수평비행에서 경사각을 주어 선회하는 경우 동일고도를 유지하기 위한 선회속도와 수평비행속도와의 관계로 옳은 것은? (단, V_L : 수평비행속도, V : 선회속도, ϕ : 경사각이다)

① $V = \dfrac{V_L}{\sqrt{\cos\phi}}$ ② $V = \dfrac{V_L}{\cos\phi}$

③ $V = \sqrt{\dfrac{V_L}{\cos\phi}}$ ④ $V = \dfrac{\sqrt{V_L}}{\cos\phi}$

14 날개하중이 $30 kgf/s^2$이고 무게가 $1000 kgf$인 비행기가 $7000m$ 상공에서 급강하 하고 있을 때 항력계수가 0.1이라면 급강하 속도는 몇 m/s인가? (단, 밀도는 $0.06 kgf \cdot s^2/m^4$이다.)

① 100 ② $100\sqrt{3}$
③ 200 ④ $100\sqrt{5}$

해설)
$$V_T = \sqrt{\dfrac{2W}{\rho C_D S}} = \sqrt{\dfrac{2}{0.06 \times 0.1} \times 30} = 100 m/s$$

15 무게가 $4000 kgf$, 날개면적 $30 m^2$인 항공기가 최대양력계수 1.4로 착륙할 때 실속도는 약 몇 m/s인가? (단, 공기의 밀도는 $1/8 kgf \cdot s^2/m^4$이다.)

① 10 ② 19
③ 30 ④ 39

해설)
$$V_s = \sqrt{\dfrac{2W}{\rho C_{Lmax} S}} = \sqrt{\dfrac{2 \times 4000}{1/8 \times 1.4 \times 30}} = 39 m/s$$

16 비행기가 트림(Trim)상태로 비행한다는 것은 비행기 무게중심 주위의 모멘트가 어떤 상태인 경우인가?

① "부(−)"인 경우
② "정(+)"인 경우
③ "영(0)"인 경우
④ "정"과 "영"인 경우

해설) 트림상태=평형상태로 모든 모멘트 값이 '0'인 상태

17 비행기가 평형상태에서 이탈된 후, 평형상태와 이탈상태를 반복하면서 그 변화의 진폭이 시간의 경과에 따라 발산하는 경우를 가장 옳게 설명한 것은?

① 정적으로 안정하고, 동적으로는 불안정하다.
② 정적으로 안정하고, 동적으로도 안정하다.
③ 정적으로 불안정하고, 동적으로는 안정하다.
④ 정적으로 불안정하고, 동적으로도 불안정하다.

해설

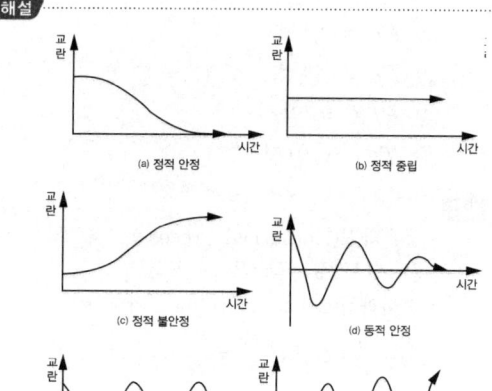

동적안정, 동적중립, 동적불안정은 모두 처음으로 돌아가려는 초기의 경향이 있으므로 정적안정

18 태양이 방출하는 자외선에 의하여 대기가 전리되어 자유전자의 밀도가 커지는 대기권 층은?

① 중간권 ② 열권
③ 성층권 ④ 극외권

해설

자유전자가 많아 전파가 반사되어 통신장애를 일으키는 곳은 열권이다.

19 프로펠러에 작용하는 토크(Torque)의 크기를 옳게 나타낸 것은? (단, ρ : 공기밀도, n : 프로펠러 회전수 C_q : 토크계수, D : 프로펠러의 지름이다)

① $C_q \rho n^2 D^5$
② $C_q \rho n D$
③ $\dfrac{C_q D^2}{\rho n}$
④ $\dfrac{\rho n}{C_q D^2}$

해설

• 추력 $T = C_t \rho n^2 D^4$
• 토크 $Q = C_q \rho n^2 D^5$
• 동력 $P = C_p \rho n^3 D^5$

20 헬리콥터에서 회전날개의 회전 위치에 따른 양력 비대칭 현상을 없애기 위한 방법은?

① 회전깃에 비틀림을 준다.
② 플래핑힌지를 사용한다.
③ 꼬리회전날개를 사용한다.
④ 리드-래그힌지를 사용한다

해설

전진깃과 후퇴깃의 양력불균형을 맞추기 위해 플래핑힌지 사용

21 가스터빈엔진의 후기연소기가 작동중일 때 배기노즐 단면적의 변화로 옳은 것은?

① 감소된다.
② 증가된다.
③ 변화 없다.
④ 증가 후 감소된다.

해설

초음속 상태에선 속도를 증가시키기 위해 배기노즐의 단면적을 증가시켜준다.

22 그림과 같은 P-V 선도는 어떤 사이클을 나타낸 것인가?

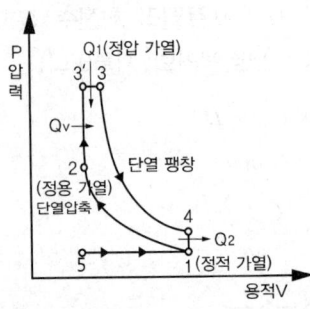

① 정압사이클
② 정적사이클
③ 합성사이클
④ 카르노사이클

해설
디젤사이클=정압사이클
디젤엔진의 기본이 되는 사이클로, 단열압축, 정압팽창, 단열팽창, 정적방열로 이루어지는 열기관의 사이클

23 왕복엔진에서 순환하는 오일에 열을 가하는 요인 중 가장 영향이 적은 것은?

① 연료펌프
② 로커암 베어링
③ 커넥팅로드
④ 피스톤과 실린더 벽베어링

해설
연료펌프는 열을 발생하는 부분이 아니므로 오일에 열을 가하는 요인 중 가장 영향이 적음

24 프로펠러의 평형작업에 관한 설명으로 틀린 것은?

① 2깃 프로펠러는 수직 또는 수평평형검사 중 한 가지만 수행한 후 수정 작업한다.
② 동적불평형은 프로펠러 깃 요소들의 중심이 동일한 회전면에서 벗어났을 때 발생한다.
③ 정적불평형은 프로펠러의 무게중심이 회전축과 일치하지 않을 때 발생한다.
④ 깃의 회전궤도가 일정하지 못할 때에는 진동이 발생하므로 깃 끝 궤도검사를 실시한다.

해설
2깃 프로펠러 평형작업 시 수직 또는 수평평형 검사 모두 수행

25 가스를 팽창 또는 압축시킬 때 주위와 열의 출입을 완전히 차단시킨 상태에서 변화하는 과정을 나타낸 식은? (단, P는 압력, v는 비체적, T는 온도, K는 비열비)

① Pv = 일정
② Pv = 일정
③ P/T = 일정
④ T/v = 일정

해설
• 등온과정(Isothermal Process)
$Pv = C$(일정), 또는 $P_1v_1 = P_2v_2$
• 정적과정(Constant Volume Process)
$\frac{P}{T} = \frac{R}{v} = C$, 또는 $\frac{P_1}{T_1} = \frac{P_2}{T_2}$
• 정압과정(Constant Pressure Process)
$\frac{v}{T} = \frac{R}{P} = C$, 또는 $\frac{v_1}{T_1} = \frac{v_2}{T_2}$
• 단열과정(Adiabatic Process)
$Pv^k = C$

26 제트엔진의 압축기에서 압축된 고온의 공기를 일부 우회시켜 압축기 흡입부의 방빙, 연료가열 및 항공기 여압과 제빙에 사용하는데 이 공기를 제어하는 장치는?

① 차단밸브
② 섬프밸브
③ 블리드밸브
④ 점화가스밸브

27 항공기용 왕복엔진의 이상적인 사이클은?
① 오토사이클 ② 디젤사이클
③ 카르노사이클 ④ 브레이톤사이클

해설
- 카르노사이클 : 가장 이상적인 사이클
- 오토사이클 : 왕복기관에 적용되는 정적사이클
- 브레이톤사이클 : 가스터빈기관에 적용되는 정압사이클

28 체적을 일정하게 유지시키면서 단위질량을 단위온도로 높이는데 필요한 열량은?
① 단열 ② 비열비
③ 정압비열 ④ 정적비열

29 축류형 압축기에서 1단(Stage)의 의미를 옳게 설명한 것은?
① 저압압축기(Low Compressor)를 말한다.
② 고압압축기(High Compressor)를 말한다.
③ 1열의 로터(Rotor)와 1열의 스테이터(Stator)를 말한다.
④ 저압압축기(Low Compressor)와 고압압축기(High Compressor)의 1쌍을 말한다.

30 속도 $1080 km/h$로 비행하는 항공기에 장착된 터보제트 기관이 $294 kg/s$로 공기를 흡입하여 $400 m/s$로 배기시킬 때 비추력은 약 얼마인가?
① 8.2 ② 10.2
③ 12.2 ④ 14.2

해설
$$F_s = \frac{F_n}{W_a} = \frac{V_j - V_a}{g} = \frac{400 - \frac{1080}{3.6}}{9.8} = 10.20$$

31 왕복엔진의 밸브작동장치 중 유압 타펫(Hydraulic Tappet)의 장점이 아닌 것은?
① 밸브 개폐시기를 정확하게 한다.
② 밸브 작동기구의 충격과 소음을 방지한다.
③ 열팽창 변화에 의한 밸브간극을 항상 "0"으로 자동 조장한다.
④ 엔진 작동 시 열팽창을 작게하여 실린더 헤드의 온도는 낮춘다.

해설
대향형 기관에서는 Hydraulic Valve Lift를 사용하여 오일압력에 의해 작동 중 밸브간극을 항상 "0"으로 유지하므로 정비가 간단하고 작동이 유연

32 항공기엔진의 오일필터가 막혔다면 어떤 현상이 발생 하는가?
① 엔진 윤활계통의 윤활 결핍현상이 온다.
② 높은 오일압력 때문에 필터가 파손된다.
③ 오일이 바이패스밸브(Bypass Valve)를 통하여 흐른다.
④ 높은 오일압력으로 체크밸브(Check Valve)가 작동하여 오일이 되돌아 온다.

33 정속프로펠러(Constant Speed Propeller)에 대한 설명으로 옳은 것은?
① 조속기에 의해서 자동적으로 피치를 조정할 수 있다.
② 3방향 선택밸브(3 Way Valve)에 의해 피치가 변경된다.
③ 저피치(Low Pitch)와 고피치(High Pitch)인 2개의 위치만을 선택할 수 있다.
④ 깃각(Blade Angle)이 하나로 고정되어 피치 변경이 불가능하다.

해설
조속기(Governor)
원하는 RPM을 선택하면 조속기가 피치 조정

34 가스터빈엔진의 연료계통에 사용되는 P&D 밸브(Pressurizing & Dump Valve)의 역할이 아닌 것은?

① 연료의 흐름을 1차 연료와 2차 연료로 분리시킨다.
② 엔진이 정지되었을 때 연료노즐에 남아있는 연료를 외부로 방출한다.
③ 연료의 압력이 일정압력 이상이 될 때까지 연료의 흐름을 차단한다.
④ 펌프 출구압력이 규정 값 이상으로 높아지면 열려서 연료를 기어펌프 입구로 되돌려 보낸다.

해설
여압 및 드레인밸브의 목적
• 연료의 흐름을 1, 2차로 분리
• 일정한 압력이 될 때까지 연료 차단
• 엔진 정지 시 매니폴드나 연료노즐에 남아있는 연료를 배출

35 엔진 윤활유 탱크 내 설치된 호퍼(Hopper)의 기능은?

① 엔진의 급가속 시 윤활유의 공급량을 증대시킨다.
② 엔진으로부터 배유된 윤활유의 온도를 측정한다.
③ 윤활유에 연료를 혼합하여 윤활유의 점도를 조정한다.
④ 시동 시 신속히 오일온도를 상승시키게 한다.

해설
호퍼탱크(Hopper Tank)
오일탱크 내에 위치하며 시동 시 오일온도를 상승시켜 난기운전 시간단축, 배면비행 시 오일공급, 거품방지

36 왕복엔진의 크랭크케이스 내부에 과도한 가스 압력이 형성되었을 경우 크랭크케이스를 보호하기 위하여 설치된 장치는?

① 블리드(Bleed) 장치
② 브레더(Breather) 장치
③ 바이패스(By-pass) 장치
④ 스케벤지(Scavenge) 장치

해설
브레더(Breather) 장치
저장탱크 내의 압력과 대기압과의 사이에 차가 발생했을 때 대기를 탱크 내로 흡인하거나 또는 탱크 내의 압력을 밖으로 방출해서 탱크 내를 대기압과 평형을 이룬 압력으로 만들어 탱크 보호

37 추진 시 공기를 흡입하지 않고 자체 내의 고체 또는 액체의 산화제와 연료를 사용하는 엔진은?

① 로켓 ② 램제트
③ 펄스제트 ④ 터보프롭

해설
로켓은 비흡인엔진으로 내장된 산화제를 연소

38 항공기용 왕복엔진의 연료계통에서 베이퍼록(Vapor Lock)의 원인이 아닌 것은?

① 연료온도 상승
② 연료의 낮은 휘발성
③ 연료탱크 내부의 거품발생
④ 연료에 작용되는 압력의 저하

해설
베이퍼록의 원인
• 연료 증기압이 연료 압력보다 클 때
• 연료관에 열이 가해질 때
• 연료관이 심히 굴곡되거나 오리피스가 있을 때

39 헬리콥터용 터보샤프트엔진을 시운전실에서 시험하였더니 24,000rpm에서 토크가 $51kg \cdot m$이었다면 이때 엔진은 약 몇 마력(ps)인가?

① 1709 ② 2105
③ 2400 ④ 2571

해설

$BHP = \dfrac{2\pi \times P \times R \times n}{75 \times 60} = \dfrac{P \times R \times n}{716} = \dfrac{T \times n}{716}$ [PS]

R : 크랭크암의 회전반지름(m)
P : 실린더 내의 전압력(kg)
n : 분당 회전수(rpm)
T : PR-토크($kg \cdot m$)0

40 왕복엔진의 작동 중에 안전을 위해 확인해야 하는 변수가 아닌 것은?

① 오일압력
② 흡기압력
③ 연료온도
④ 실린더헤드온도

41 SAE 4130 합금강에서 숫자 4는 무엇을 의미하는가?

① 크롬
② 몰리브덴강
③ 4%의 카본
④ 0.04%의 카본

해설

강의 종류	재료번호
탄소강	1×××
망간강	13××
니켈강	2×××
니켈크롬강	3×××
몰리브덴강	40××
	44××
크롬몰리브덴강	41××
니켈크롬몰리브덴강	43××
	47××

42 세미모노코크(Semi-monocoque)구조형식의 비행기 동체에서 표피가 주로 담당하는 하중은?

① 굽힘과 비틀림
② 인장력과 압축력
③ 비틀림과 전단력
④ 굽힘, 인장력 및 압축력

해설

세미모노코크 구조 부재의 역할
• 스트링거(Stringer, 세로지) : 외피의 좌굴(Buckling) 방지
• 세로대(Longeron) : 세로 방향의 주부재로 굽힘 하중을 담당
• 링(Ring) : 수직 방향의 보강재로서 세로지와 합쳐 외피 보호
• 벌크헤드(Bulkhead) : 집중 하중을 외피(Skin)에 골고루 분산하고 동체가 비틀림에 의해 변형되는 것 방지
• 외피(Skin) : 동체에 작용하는 전단응력을 담당하고 때로는 스트링거와 함께 압축 및 인장 응력을 담당

43 그림과 같은 외팔보에 집중하중(P_1, P_2)이 작용할 때 벽 지점에서의 굽힘모멘트를 옳게 나타낸 것은?

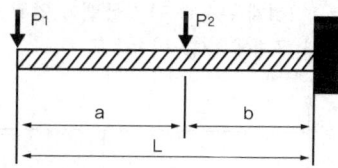

① 0
② $-P_1 a$
③ $-P_1 L - P_2 b$
④ $-P_1 b + P_2 b$

44 판금작업 시 구부리는 판재에서 바깥면의 굽힘 연장선의 교차점과 굽힘 접선과의 거리를 무엇이라고 하는가?

① 세트백(Set Back)
② 굽힘각도(Degree of Bend)
③ 굽힘여유(Bend Allowance)
④ 최소반지름(Minimum Radius)

45 그림과 같은 $V-n$ 선도에서 n_1은 설계제한 하중배수, 점선 1B는 돌풍하중 배수선도라면 옳게 짝지은 것은?

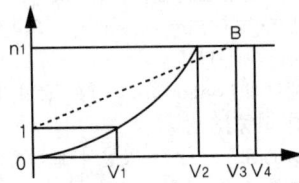

① V_1 - 설계순항속도
② V_2 - 설계운용속도
③ V_3 - 설계급강하속도
④ V_4 - 실속속도

해설
- V_D(설계 급강하 속도) : 구조상의 안전성과 조종면의 안전을 보장하는 설계상의 최대 허용 속도
- V_C(설계 순항속도) : 가장 효율적인 속도
- V_B(설계 돌풍 운용속도) : 기상 조건이 나빠 돌풍이 예상될 때 항공기는 V_B 이하로 비행
- V_A(설계 운용속도) : 플랩이 업된 상태에서 설계 무게에 대한 실속속도

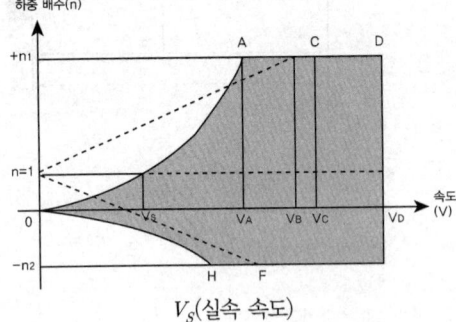

46 양극산화처리 방법 중 사용전압이 낮고, 소모 전력량이 적으며, 약품가격이 저렴하고 폐수처리도 비교적 쉬워 가장 경제적인 방법은?

① 수산법
② 인산법
③ 황산법
④ 크롬산법

해설
- 수산법 : 두껍고 강한 피막 형성, 내식성우수, 가격이 비싸다
- 황산법 : 소모되는 전력량이 적으며 매우 경제적이다
- 크롬산법 : 반투명이나 에나멜과 같은 외관이다.

47 항공기의 고속화에 따라 기체재료가 알루미늄합금에서 티타늄합금으로 대체되고 있는데 티타늄합금과 비교한 알루미늄합금의 어떠한 단점 때문인가?

① 너무 무겁다.
② 열에 강하지 못하다.
③ 전기저항이 너무 크다.
④ 공기와의 마찰로 마모가 심하다.

해설
티타늄
- 비중 4.5로 내식성, 내열성(용융점 : 1,730℃)이 좋고 비강도가 큼
- 용도 : 방화벽, 외피, 압축기 디스크, 깃(Blade)

48 항공기의 연료계통에 대한 고려사항으로 틀린 것은?

① 고도에 따른 공기와 연료의 특성변화를 고려해야 한다.
② 항공기의 운동자세와 무관하게 연료를 엔진으로 공급할 수 있어야 한다.
③ 연료의 소모량에 따라 변하는 항공기의 무게중심에 대한 균형을 유지하여야 한다.
④ 연료탱크가 주날개에 장착된 항공기는 날개 끝 부분의 연료부터 사용해야 한다.

해설
연료탱크가 날개에 부착되면 연료는 날개 뿌리 부분부터 사용되며 날개 끝에 있는 연료가 빈공간을 채우면서 균형을 맞춘다.

49 다음 중 용접 조인트(Joint) 형식에 속하지 않는 것은?

① 랩조인트(Lap Joint)
② 티조인트(Tee Joint)
③ 버트조인트(Butt Joint)
④ 더블조인트(Double Joint)

해설
용접 조인트의 종류
Butt Joint, Tee Joint, Edge Joint, Corner Joint, Lap Joint

50 비행 중 발생하는 불균형 상태를 탭을 변위시킴으로써 정적균형을 유지하여 정상 비행을 하도록 하는 장치는?

① 트림탭(Trim Tab)
② 서보탭(Servo Tab)
③ 스프링탭(Spring Tab)
④ 밸런스탭(Balance Tab)

51 항공기 중량을 측정한 결과를 이용하여 날개 앞전으로부터 무게중심까지의 거리를 MAC(공력평균시위) 백분율로 표시하면 약 얼마인가?

앞바퀴(Nose Landing Gear) : 1500kg
우측 주바퀴(Main Landing Gear) : 3500kg
좌측 주바퀴(Main Landing Gear) : 3400kg

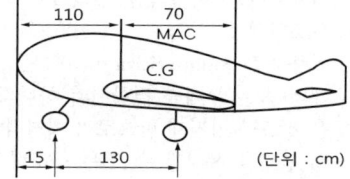

(단위 : cm)

① 14.5% MAC ② 16.9% MAC
③ 21.7% MAC ④ 25.4% MAC

해설
$c.g = \dfrac{\text{모멘트의 합}}{\text{무게의 합}}$

$= \dfrac{1500 \times 15 + (3500 + 3400) \times 145}{1500 + 3500 + 3400} = 121.8$

$c.g \text{의 위치} = \dfrac{121.8 - 110}{70} = 0.16857$

52 비상구, 소화제 발사장치, 비상용 제동장치핸들, 스위치, 커버 등을 잘못 조작하는 것을 방지하고, 비상 시 쉽게 제거할 수 있도록 하는 안전결선은?

① 고정결선(Lock Wire)
② 전단결선(Shear Wire)
③ 다선식 안전결선법(Multi Wire Method)
④ 복선식 안전결선법(Double Twist Method)

해설
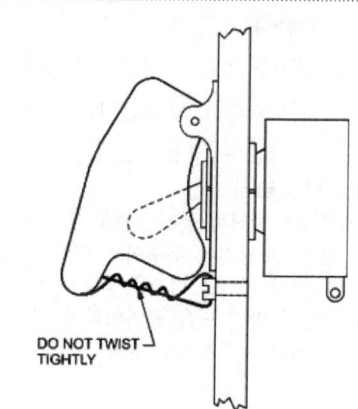

Shear Wiring Switch Guard

53 다음과 같은 특징을 갖는 착륙장치의 형식은?

• 지상에서 항공기 동체의 수평 유지로 기내에서 승객들의 이동이 용이다.
• 고속상태에서 항공기의 급제동이 가능하고 지상전복을 방지하여 안정성이 좋다.
• 조종사는 이·착륙 시 넓은 시야각을 갖는다.

① 고정식 착륙장치
② 앞바퀴식 착륙장치
③ 직렬식 착륙장치
④ 뒷바퀴식 착륙장치

54 다음 중 응력을 설명한 것으로 옳은 것은?

① 단위 체적당 무게이다.
② 단위 체적당 질량이다.
③ 단위 길이당 늘어난 길이이다.
④ 단위 면적당 힘 또는 힘의 세기이다.

55 나셀(Nacelle)에 대한 설명으로 옳은 것은?

① 기체의 인장하중을 담당한다.
② 엔진을 장착하여 하중을 담당하기 위한 구조물이다.
③ 기체에 장착된 엔진을 둘러싼 부분을 말한다.
④ 일반적으로 기체의 중심에 위치하여 날개구조를 보완한다.

해설

나셀(Nacelle)
- 기체에 장착된 엔진을 둘러싼 부분
- 엔진 및 엔진에 부수되는 각종 장치를 장착하기 위한 공간을 마련
- 나셀의 바깥 면은 공기역학적 저항을 작게 하기 위한 유선형으로 제작

56 항공기용 볼트의 부품번호가 AN 3 DD 5 A인 경우 "DD"를 가장 옳게 설명한 것은?

① 부식저항용 강을 나타낸다.
② 카드뮴도금한 강을 나타낸다.
③ 싱크에 드릴작업이 되지 않은 상태를 나타낸다.
④ 재질을 표시하는 것으로 2024 알루미늄합금을 나타낸다.

해설

AN 3 DD H 5 A
- AN : 규격(AN 표준기호)
- 3 : 볼트 지름이 3/16인치
- DD : 볼트 재질로 2024 알루미늄 합금을 나타낸다(C : 내식강).
- H : 머리에 구멍 유무(H : 구멍유, 무표시 : 구멍무)
- 5 : 볼트 길이가 5/8인치
- A : 나사 끝에 구멍이 유무(A : 구멍무, 무표시 : 구멍유)

57 원형단면의 봉이 비틀림 하중을 받을 때 비틀림 모멘트에 대한 식으로 옳은 것은?

① 굽힘응력×(단면계수÷단면의 반지름)
② 전단응력×(횡탄성계수÷단면의 반지름)
③ 전단변형도×(단면오차모멘트÷단면의 반지름)
④ 전단응력×(극관성모멘트÷단면의 반지름)

해설

$\tau_{max} = \dfrac{TR}{J}$ 이므로 $T = \dfrac{\tau_{max} J}{R}$

T : 비틀림모멘트, τ_{max} : 최대전단응력, J : 극관성 모멘트, R : 반지름

58 다음 중 평소에는 하중을 받지 않는 예비 부재를 가지고 있는 구조형식은?

① 이중구조
② 하중경감구조
③ 대치구조
④ 다중하중경로구조

해설

- 다경로하중구조(Redundant Structure) : 일부 부재가 파괴 될 경우 그 부재가 담당하던 하중을 분담할 수 있는 다른 부재가 있어 구조 전체로서는 치명적인 결과를 가져오지 않는 구조형식
- 이중구조(Double Structure) : 큰 부재 대신 2개의 작은 부재를 결합시켜 하나의 부재와 같은 강도를 가지게 함으로써 치명적인 파괴로부터 안전을 유지할 수 있는 구조형식
- 대치구조(Back up Structure) : 하나의 부재가 전체의 하중을 지탱하고 있을 경우 이 부재가 파손될 것을 대비하여 준비된 예비적인 대치 부재를 가지고 있는 구조형식
- 하중경감구조(Load Dropping Structure) : 부재가 파손되기 시작하면 변형이 크게 일어나므로 주변의 다른 부재에 하중을 전달 시켜 원래 부재의 추가적인 파괴를 막는 구조 형식

59 다른 재질의 금속이 접촉하면 접촉전기와 수분에 의해 국부전류 흐름이 발생하여 부식을 초래하게 되는 현상을 무엇이라고 하는가?

① Galvanic Corrosion
② Bonding
③ Anti-corrosion
④ Age Hardening

해설
이질금속간 부식(Galvanic Corrosion)
두 종류의 이질 금속이 접촉하여 전해질로 연결되어 한쪽의 금속에 전기·화학적인 부식 발생
※ 동전기 부식이라고도 함

60 항공기 기체수리 작업 시 리벳팅 전에 임시 고정하는 데 사용하는 공구는?

① 시트파스너   ② 딤플링
③ 캠-룩파스너 ④ 스퀴즈

61 화재감지계통에서 화재의 지시에 대한 설명으로 옳은 것은?

① 가청 알람 시스템과 경고등으로 화재를 확인할 수 있다.
② 화재가 진행하는 동안 발생 초기에만 지시해 준다.
③ 화재가 다시 발생할 때에는 다시 지시하지 않아야 한다.
④ 화재를 지시하지 않을 때 최대의 전력 소모가 되어야 한다.

해설
화재경고장치는 적색경고 표시등과 음향경고로 구성

62 신호에 따라 반송파의 진폭을 변화시키는 변조방식은?

① FM 방식   ② AM 방식
③ PCM 방식   ④ PM 방식

해설
• AM(Amplitude Modulation) : 신호의 크기에 따른 반송파의 진폭 변조
• FM(Frequency Modulation) : 신호의 크기에 따른 반송파의 주파수 변조

63 지상 무선국을 중심으로 하여 360° 전방향에 대해 비행 방향을 항공기에 지시할 수 있는 기능을 갖추고 있는 항법장치는?

① VOR   ② M/B
③ LRRA   ④ G/S

해설
초단파 전방향 무선표지(VOR : VHF Omni-Directional Ranging)
VOR 지상 무선국별로 고유의 주파수를 360° 전방향으로 전파를 송신하여 항행하는 항공기에 방위 정보를 알려 주는 장치

방위 지시기
(RMI : rotarty magnetic indicator)

64 항공기에서 직류를 교류로 변환시켜 주는 장치는?

① 정류기(Rectifier)
② 인버터(Inverter)
③ 컨버터(Converter)
④ 변압기(Transformer)

해설
• 인버터 : 직류를 교류로 변환시키는 장치
• 정류기 : 교류를 직류로 변환시키는 장치

65 항공기 날개 부위 중 리딩에지(Leading Edge)에 발생하는 빙결을 방지 또는 제거하는 방법이 아닌 것은?

① 전기적인 열을 가해 제거
② 압축공기에 의해 팽창되는 장치로 제거
③ 엔진 압축기부에서 추출된 블리드(Bleed) 공기로 제거
④ 드레인 마스트(Drain Mast)에 사용되는 물로 제거

66 대형 항공기의 객실을 여압하기 위해 가장 고려하여야 할 문제는?

① 항공기의 최대운영속도
② 항공기의 최저운영실속속도
③ 항공기의 내부와 외부의 압력 차
④ 항공기의 최저운영고도 이하에서 객실 고도

해설
항공기 여압에 제한을 주는 요소는 항공기 기체의 구조강도이고 이는 항공기 내외부의 압력차 때문이다.

67 공함(Pressure Capsule)을 응용한 계기가 아닌 것은?

① 선회계
② 고도계
③ 속도계
④ 승강계

해설
선회계는 자이로의 섭동성을 이용

68 그림과 같은 불평형 브리지회로에서 단자 A, B간의 전위차를 구하고, A와 B 중 전위가 높은 쪽을 옳게 표시한 것은?

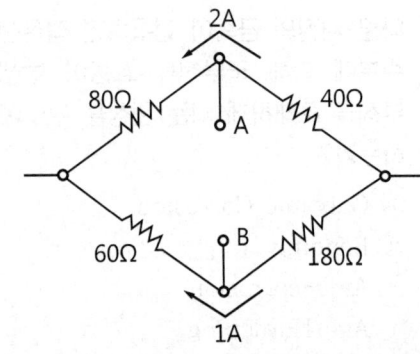

① 100V, A < B   ② 220V, A < B
③ 100V, A > B   ④ 220V, A > B

69 ND(Navigation Display)에 나타나지 않는 정보는?

① DME Data
② Ground Speed
③ Radio Altitude
④ WinSpeed/Direction

해설
항법표시장치(ND : Navigation Display)
현재위치, 기수방위, 비행방향, 설정코스 이탈 여부, 비행예정코스, 도중 통과지점까지의 거리 및 방위, 소요시간 지시, 풍향, 풍속, 대지속도, 구름 등이 표시

70 다음 중 오리피스체크밸브에 대한 설명으로 옳은 것은?

① 유압도관 내의 거품을 제거하는 밸브
② 유압 계통 내의 압력 상승을 막는 밸브
③ 일시적으로 작동유의 공급량을 증가시키는 밸브
④ 한 방향의 유량은 정상적으로 흐르게 하고 다른 방향의 유량은 작게 흐르도록 하는 밸브

해설
오리피스체크밸브(Orifice Check Valve)
오리피스와 체크밸브의 기능을 합한 것, 작동유가 오른쪽에서 왼쪽으로 흐를 때 정상 공급, 반대로 흐를 때는 흐름 제한

71 위성으로부터 전파를 수신하여 자신의 위치를 알아내는 계통으로서 처음에는 군사 목적으로 이용하였으나 민간 여객기, 자동차용으로도 실용화되어 사용 중인 것은?

① 로란(LORAN)
② 관성항법(INS)
③ 오메가(OMEGA)
④ 위성항법(GPS)

해설
위성항법장치(GPS : Global Positioning System)
인공위성에서 지구로부터의 전파를 수신하여 다시 전파를 발사하는 송수신기를 장착하여 거리 및 거리변화율의 측정과 함께 위치결정

72 유압계통에서 레저버(Reservoir) 내에 있는 스탠드파이프(Stand Pipe)의 주된 역할은?

① 벤트(Vent) 역할을 한다.
② 비상 시 작동유의 예비공급 역할을 한다.
③ 탱크 내의 거품이 생기는 것을 방지하는 역할을 한다.
④ 계통 내의 압력 유동을 감소시키는 역할을 한다.

해설
스탠드 파이프(Stand Pipe)
비상 시 사용할 작동유의 저장 및 탱크로부터의 이물질 혼입 방지

73 도체의 단면에 1시간 동안 10,800C 의 전하가 흘렀다면 전류는 몇 A 인가?

① 3
② 18
③ 30
④ 180

해설
$I = \dfrac{Q}{T} = \dfrac{10800}{3600} = 3A$

74 무선통신장치에서 송신기(Transmitter)의 기능에 대한 설명으로 틀린 것은?

① 신호를 증폭한다.
② 교류 반송파 주파수를 발생시킨다.
③ 입력정보신호를 반송파에 적재한다.
④ 가청신호를 음성신호로 변환시킨다.

75 D급 화재의 종류에 해당하는 것은?

① 기름에서 일어나는 화재
② 금속물질에서 일어나는 화재
③ 나무 및 종이에서 일어나는 화재
④ 전기가 원인이 되어 전기 계통에 일어나는 화재

해설
• A급 화재(일반화재) : 종이, 나무, 의류
• B급 화재(기름화재) : 연료, 윤활유, Grease
• C급 화재(전기화재) : 전기가 원인으로 발생
• D급 화재(금속화재) : 마그네슘, 분말금속 등 금속물질에 의한 화재

76 다음 중 항법계기에 속하지 않는 계기는?

① INS
② CVR
③ DME
④ TACAN

77 계기착륙장치인 로컬라이저(Localizer)에 대한 설명으로 틀린 것은?

① 수신기에서 90Hz, 150Hz 변조파 감도를 비교하여 진행방향을 알아낸다.
② 로컬라이저의 위치는 활주로의 진입단 반대쪽에 있다.
③ 활주로에 대하여 적절한 수직 방향의 각도 유지를 수행하는 장치이다.
④ 활주로에 접근하는 항공기에 활주로 중심선을 제공하는 지상시설이다.

해설

ILS의 주요 시설
- 방위각 시설(Localizer) : 활주로에 접근하는 비행기에 활주로 중심선을 제공해주는 지상시설
- 활공각 시설(Glide Slope) : 활주로에 착륙하기 위하여 접근 중인 항공기에 안전한 착륙 각도인 약 3°의 활공각 정보를 제공
- Marker Beacon : 진입로상의 일정한 통과지점에 대한 위치정보를 제공하는 시설

78 다음 중 황산납축전지 캡(Cap)의 용도가 아닌 것은?
① 외부와 내부의 전선연결
② 전해액의 보충, 비중측정
③ 충전 시 발생되는 가스배출
④ 배면비행 시 전해액의 누설방지

해설

황산납축전지 캡의 역할
전해액 보충, 비중측정, 충전 시 산소 및 수소가스 방출, 배면비행 시 전해액의 누설방지

79 교류와 직류 겸용이 가능하며, 인가되는 전류의 형식에 관계없이 항상 일정한 방향으로 구동될 수 있는 전동기는?
① Induction Motor
② Universal Motor
③ Reversible Motor
④ Synchronous Motor

80 버든튜브식 오일압력계가 지시하는 압력은?
① 동압   ② 대기압
③ 게이지압   ④ 절대압

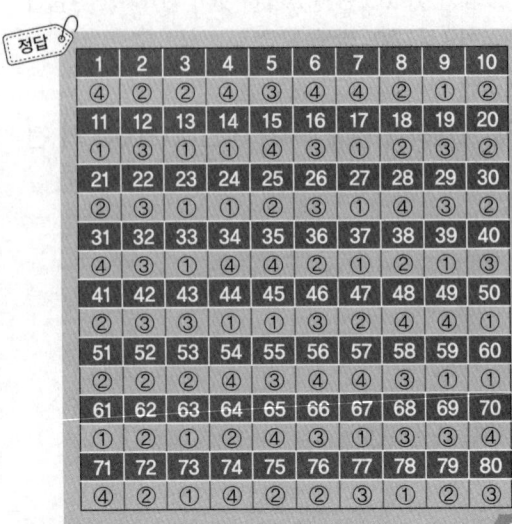

2018년 제2회 기출문제

자격종목 및 등급(선택분야)	종목코드	시험시간	문제지형별
항공산업기사		2시간	A

01 에어포일(Airfoil)의 공력중심에 대한 설명으로 틀린 것은?
① 일반적으로 압력중심보다 뒤에 위치한다.
② 일반적으로 공력중심에 대한 피칭모멘트계수는 음의 값이다.
③ 받음각이 변해도 피칭모멘트가 일정한 기준점을 말한다.
④ 대부분의 아음속 에어포일은 앞전에서 시위선 길이의 1/4에 위치한다.

해설
일반적으로 공기력 중심은 시위의 25%에 위치하고, 압력중심은 25% 후방에 위치한다.

02 헬리콥터 회전날개의 추력을 계산하는데 사용되는 이론은?
① 엔진의 연료소비율에 따른 연소이론
② 로터블레이드의 코닝각의 속도변화 이론
③ 로터블레이드의 회전관성을 이용한 관성이론
④ 회전면 앞에서의 공기유동량과 회전면 뒤에서의 공기유동량의 차이를 운동량에 적용한 이론

해설
운동량 이론
회전날개에 의해서 만들어지는 회전면에서의 운동량 차이를 이용하여 추력을 구하는 방법

03 2,000m의 고도에서 활공기가 최대 양항비 8.5인 상태로 활공한다면 이 비행기가 도달할 수 있는 최대수평거리는 몇 m인가?
① 25,500 ② 21,300
③ 17,000 ④ 12,300

해설
$\tan\theta = \dfrac{1}{\text{양항비}} = \dfrac{\text{고도}}{\text{활공거리}}$
활공거리 = 양항비×고도 = 2000×8.5 = 17000

04 공기를 강체로 가정하여 프로펠러를 1회 전시킬 때 전진하는 거리를 무엇이라고 하는가?
① 유효피치 ② 기하학적 피치
③ 프로펠러슬립 ④ 프로펠러피치

05 대기권을 높은 층에서부터 낮은 층의 순서로 나열한 것은?
① 대류권 → 열권 → 중간권 → 성층권 → 극외권
② 대류권 → 성층권 → 중간권 → 열권 → 극외권
③ 극외권 → 열권 → 중간권 → 성층권 → 대류권
④ 극외권 → 성층권 → 중간권 → 열권 → 대류권

06 다음 중 정적 중립을 나타낸 것은?
①

②

③

④

07 이상기체의 온도(T), 밀도(ρ) 그리고 압력(P)과의 관계를 옳게 나타낸 것은? (단, V: 체적, v: 비체적, R: 기체상수이다)

① $P = TV$
② $Pv = RT$
③ $P = \dfrac{RT}{\rho}$
④ $P = RV$

08 층류와 난류에 대한 설명으로 옳은 것은?

① 층류는 난류보다 유속의 구배가 크다.
② 층류는 난류보다 경계층(Boundary Layer)이 두껍다.
③ 층류는 난류보다 박리(Separation)가 쉽다.
④ 난류에서 층류로 변하는 지역을 천이지역(Transition Region)이라고 한다.

해설
층류는 박리가 발생하고 난류는 유체의 혼합이 잘 이루어져 운동량이 잘 전달되므로 박리가 지연

09 다음 중 프로펠러에 의한 동력을 구하는 식으로 옳은 것은 (단, n: 프로펠러 회전수, D: 프로펠러의 직경, ρ: 유체밀도, C_p: 동력계수이다.)

① $C_p \rho n^3 D^5$
② $C_p \rho n^2 D^4$
③ $C_p \rho n^3 D^4$
④ $C_p \rho n^2 D^5$

해설
- 추력 $T = C_t \rho n^2 D^4$
- 토크 $Q = C_q \rho n^2 D^5$
- 동력 $P = C_p \rho n^3 D^5$

10 날개골의 모양에 따른 특성 중 캠버에 대한 설명으로 틀린 것은?

① 받음각이 0도 일 때도 캠버가 있는 날개골은 양력을 발생한다.
② 캠버가 크면 양력은 증가하나 항력은 비례적으로 감소한다.
③ 두께나 앞전 반지름이 같아도 캠버가 다르면 받음각에 대한 양력과 항력의 차이가 생긴다.
④ 저속비행기는 캠버가 큰 날개골을 이용하고 고속비행기는 캠버가 작은 날개골을 사용한다.

해설
캠버가 크면 양력과 항력 모두 증가

11 헬리콥터 회전날개의 조종장치 중 주기피치조종과 피치조종을 위해서 사용되는 장치는?

① 평형탭(Balance Tab)
② 안정바(Stabilizer Bar)
③ 회전경사판(Swash Plate)
④ 트랜스미션(Transmission)

해설
회전경사판
회전날개허브의 아래쪽에 위치하여 피치각을 만들어 주는 기구로 조종간을 움직이면 경사판 작동

12 키돌이(Loop) 비행 시 상단점에서의 하중배수를 0 이라고 하면 이론적으로 하단점에서의 하중배수는 얼마인가?

① 0
② 1
③ 3
④ 6

13 등속수평비행을 하기 위한 힘의 관계를 옳게 나열한 것은?

① 양력 = 무게, 추력 > 양력
② 양력 > 무게, 추력 = 항력
③ 양력 > 무게, 추력 > 항력
④ 양력 = 무게, 추력 = 항력

14 비행기의 무게가 $3000kg$, 경사각이 $60°$, $150km/h$ 의 속도로 정상선회하고 있을 때 선회반지름은 약 몇 m 인가?

① 102.3 ② 200
③ 302.3 ④ 500

해설
$$R = \frac{V^2}{g \tan\phi} = \frac{(\frac{150}{3.6})^2}{9.8 \times \tan 60°} = 102.28m$$

15 비행기의 동적안정성이 (+) 인 비행상태에 대한 설명으로 옳은 것은?

① 진동수가 점차 감소한다.
② 진동수가 점차 증가한다.
③ 진폭이 점차로 증가한다.
④ 진폭이 점차로 감소한다.

16 받음각이 클 때 기체 전체가 실속되고 그 결과 옆놀이와 빗놀이를 수반하여 나선을 그리면서 고도가 감소되는 비행 상태는?

① 스핀(Spin)상태
② 더치롤(Dutch Roll) 상태
③ 크랩방식(Crab Method)에 의한 비행상태
④ 윙다운방식(Wing Down Method)에 의한 비행상태

17 제트항공기가 최대항속시간을 비행하기 위해 최대가 되어야 하는 것은? (단, C_L은 양력계수, C_D는 항력계수이다.)

① $\dfrac{C_L^{\frac{3}{2}}}{C_D}$ ② $\dfrac{C_L}{C_D}$

③ $\dfrac{C_L^{\frac{1}{2}}}{C_D}$ ④ $\dfrac{C_L}{C_D^{\frac{1}{2}}}$

해설

구분	항속거리		항속시간	
	프로펠러기	제트기	프로펠러기	제트기
양항비	$(\dfrac{C_L}{C_D})_{max}$	$(\dfrac{C_L^{\frac{1}{2}}}{C_D})_{max}$	$(\dfrac{C_L^{\frac{3}{2}}}{C_D})_{max}$	$(\dfrac{C_L}{C_D})_{max}$
고도		고고도		저고도

18 정지상태인 항공기가 가속도 $2m/s^2$으로 가속되었을 때, 30초 되었을 때 거리는 몇 m인가?

① 100
② 400
③ 900
④ 1200

해설
$$S = \frac{1}{2}at^2 = \frac{1}{2} \times 2 \times 30^2 = 900$$

19 항공기를 오른쪽으로 선회시킬 경우 가해 주어야 할 힘은? (단, 오른쪽 방향은 양(+)으로 한다)

① 양(+)피칭모멘트
② 음(−)롤링모멘트
③ 제로(0)롤링모멘트
④ 양(+)롤링모멘트

20 레이놀즈수(Reynold's Number)를 나타내는 식으로 옳은 것은? (단, c : 날개의 시위길이, μ : 절대점성계수, ν : 동점성계수, ρ : 공기밀도, V : 공기속도이다.)

① $\dfrac{Vc}{\rho}$ ② $\dfrac{Vc}{\nu}$

③ $\dfrac{Vc}{\mu}$ ④ $\dfrac{Vc\nu}{\rho}$

21 가스터빈엔진에서 길이가 짧으며 구조가 간단하고, 연소효율이 좋은 연소실은?

① 캔형
② 터뷸러형
③ 애뉴러형
④ 실린더형

해설

애뉴러형 연소실의 장점
- 연소실 구조가 간단
- 캔형에 비해 길이가 짧다.
- 연소가 안정하여 연소정지현상이 없다.
- 출구온도 분포가 균일
- 연소효율이 좋다.

22 가스터빈엔진 연료의 성질에 대한 설명으로 옳은 것은?

① 발열량은 연료를 구성하는 탄화수소와 그 외 화합물의 함유물에 의해서 결정된다.
② 가스터빈엔진 연료는 왕복엔진보다 인화점이 낮다.
③ 유황분이 많으면 공해문제를 일으키지만 엔진 고온부품의 수명은 연장된다.
④ 연료 노즐에서의 분출량은 연료의 점도에는 영향을 받으나, 노즐의 형상에는 영향을 받지 않는다.

23 항공기엔진의 오일교환을 정해진 기간마다 해야 하는 주된 이유로 옳은 것은?

① 오일이 연료와 희석되어 피스톤을 부식시키기 때문
② 오일의 색이 점차 짙게 변하기 때문
③ 오일이 열과 산화에 노출되어 점성이 커지기 때문
④ 오일이 습기, 산, 미세한 찌꺼기로 인해 오염되기 때문

24 왕복엔진용 윤활유의 점도에 관한 설명으로 틀린 것은?

① 점도는 윤활유의 흐름에 저항하는 유체마찰을 뜻한다.
② 일반적으로 겨울철에는 고점도 윤활유를 사용한다.
③ 윤활유의 점도를 알 수 있는 것으로 SUS가 사용된다.
④ 점도 변화율은 점도지수(Viscosity Index)로 나타낸다.

25 왕복엔진 점화과정에서의 이상 연소가 아닌 것은?

① 역화
② 조기점화
③ 디토네이션
④ 블로우바이

해설

블로우바이
내연기관 등에서 연소가스가 피스톤 또는 밸브를 빠져나올 때 이상하게 유출되는 현상

26 터빈엔진을 사용하는 도중 배기가스온도(EGT)가 높게 나타났다면 다음 중 주된 원인은?

① 과도한 연료흐름
② 연료필터 막힘
③ 과도한 바이패스비
④ 오일압력의 상승

27 가스터빈엔진에서 사용되는 시동기의 종류가 아닌 것은?

① 전기식시동기(Electric Starter)
② 시동발전기(Starter Generator)
③ 공기식시동기(Pneumatic Starter)
④ 마그네토시동기(Magneto Starter)

28 4500lbs의 엔진이 3분 동안 5ft의 높이로 끌어 올리는 데 필요한 동력은 몇 ft·lbs/min인가?

① 6,500
② 7,500
③ 8,500
④ 9,000

해설

동력 = 힘×속도 = $4500 \times \dfrac{5}{3} = 7,500$

29 가스터빈엔진에서 윤활유의 구비조건이 아닌 것은?

① 유동점이 낮아야 한다.
② 부식성이 낮아야 한다.
③ 점도지수가 낮아야 한다.
④ 화학안정성이 높아야 한다.

해설

가스터빈기관 윤활유의 구비 조건
- 점성과 유동점이 낮을 것(-56~250℃ 까지)
- 점도 지수가 높을 것
- 공기와 윤활유의 분리성이 좋을 것
- 인화점, 산화 안정성, 열적 안정성이 높고 기화성이 낮을 것

30 항공기왕복엔진에서 마력의 크기에 대한 설명으로 옳은 것은?

① 가장 큰 값은 마찰마력이다.
② 가장 큰 값은 제동마력이다.
③ 가장 큰 값은 지시마력이다.
④ 마력들의 크기는 모두 같다.

해설

지시마력=제동마력+마찰마력

31 벨마우스(Bellmouth) 흡입구에 대한 설명으로 틀린 것은?

① 헬리콥터 또는 터보프롭 항공기에 사용 가능하다.
② 흡입구는 공력 효율을 고려하여 확산형으로 제작한다.
③ 흡입구에 아주 얇은 경계층과 낮은 압력손실로 덕트 손실이 거의 없다.
④ 대부분 이물질 흡입방지를 위한 인렛 스크린을 설치한다.

해설

벨마우스흡입구(Bellmouth)
엔진의 앞에 스크린이 달려있는 장치로 입구가 수축형이고 높은 항력을 만들지만 공력효율이 좋아 저속도에서 항력이 상쇄되는 이점이 있어 헬리콥터 등에서 많이 사용

32 왕복엔진의 피스톤 지름이 16cm인 피스톤에 $6370 kPa$의 가스압력이 작용하면 피스톤에 미치는 힘은 약 몇 kN인가?

① 63   ② 98
③ 110 ④ 128

해설

$P = \dfrac{F}{A}$ 이므로

$F = PA = 6370 \times \dfrac{\pi}{4} \times 0.16^2 = 13069\, kgf = 128.076$

33 왕복엔진의 점화계통에서 E-gap 각이란 마그네토의 폴(Pole)의 중립위치로부터 어떤 지점까지의 각도를 말하는가?

① 접점이 열리는 지점
② 접점이 닫히는 지점
③ 1차 전류가 가장 낮은 점
④ 2차 전류가 가장 낮은 점

해설

E-gap
최전영구자석이 중립위치를 출발하여 브레이커 포인트가 떨어지려는 순간까지 회전하는 각도를 크랭크축의 회전각도로 환산한 각도

34 왕복엔진의 평균유효압력에 대한 설명으로 옳은 것은?

① 사이클 당 유효일을 행정길이로 나눈 값
② 사이클 당 유효일을 행정체적으로 나눈 값
③ 행정길이를 사이클 당 엔진의 유효일로 나눈 값
④ 행정체적을 사이클 당 엔진의 유효일로 나눈 값

35 일반적으로 왕복엔진의 배기가스 누설 여부를 점검하는 방법으로 옳은 것은?

① 배기가스온도(EGT)가 비정상적으로 올라가는지 살펴본다.
② 공기흡입관의 압력계기가 안정되지 않고 흔들리며 지시(Fluctuating Indication)하는지 살펴본다.
③ 엔진카울 및 주변 부품 등에 심한 그을음(Exhaust Soot)이 묻어 있는지 검사한다.
④ 엔진 배기부분을 알칼리 용액 또는 샌드블라스팅(Sand Blasting)으로 세척을 하고 정밀검사를 한다.

36 그림과 같은 브레이튼 사이클의 P-V 선도에서 각 과정과 명칭이 틀린 것은?

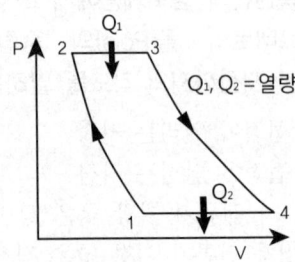

① 1-2 : 단열압축
② 2-3 : 정적수열
③ 3-4 : 단열팽창
④ 4-1 : 정압방열

해설
- 1-2 : 단열압축
- 2-3 : 정압연소
- 3-4 : 단열팽창
- 4-1 : 정압방열

37 왕복엔진의 압력식 기화기에서 저속혼합 조정(Idle Mixture Control)을 하는 동안 정확한 혼합비를 알 수 있는 계기는?

① 공기압력계기
② 연료유량계기
③ 연료압력계기
④ RPM계기와 MAP계기

38 프로펠러의 깃의 허브중심으로부터 깃끝까지의 길이가 R, 깃각이 β 일 때 이 프로펠러의 기하학적 피치는?

① $2\pi R tan\beta$
② $2\pi R sin\beta$
③ $2\pi R cos\beta$
④ $2\pi R sec\beta$

해설
$GP = 2\pi R\tan\beta = \pi D\tan\beta$

39 프로펠러를 [보기]와 같이 분류한 기준으로 가장 적합한 것은?

[보기]
- 유형 A : 고정피치 프로펠러
- 유형 B : 지상조정피치 프로펠러
- 유형 C : 정속 프로펠러

① 프로펠러의 최대 회전속도
② 프로펠러 지름의 최대 크기
③ 프로펠러 피치의 조정방식
④ 프로펠러 유효피치의 크기

40 제트엔진의 추력을 결정하는 압력비(EPR : Engine Pressure Ratio)의 정의는?

① $\dfrac{터빈입구압력}{엔진입구압력}$

② $\dfrac{엔진입구압력}{터빈입구압력}$

③ $\dfrac{터빈출구압력}{엔진입구압력}$

④ $\dfrac{엔진입구압력}{터빈출구압력}$

해설
EPR
가스터빈엔진의 추력을 나타내며 EPR은 압축기 입구의 압력과 터빈배출부 압력의 비율이다.

41 실속속도가 120km/h인 수송기의 설계제한 하중배수가 4.4인 경우 이 수송기의 설계운용속도는 약 몇 km/h인가?

① 228   ② 252
③ 264   ④ 270

해설
$V = V_s \sqrt{n} = 120\sqrt{4.4} = 251.7$

42 키놀이 조종계통에서 승강키에 대한 설명으로 옳은 것은?

① 일반적으로 승강키의 페달에 의존한다.
② 세로축을 중심으로 하는 항공기 운동에 사용한다.
③ 일반적으로 수평 안정판의 뒷전에 장착되어 있다.
④ 수직축을 중심으로 좌우로 회전하는 운동을 한다.

43 세미모노코크(Semi-monocoque)구조에 대한 설명으로 틀린 것은?

① 트러스구조보다 복잡하다.
② 뼈대가 모든 하중을 담당한다.
③ 하중의 일부를 표피가 담당한다.
④ 프레임, 정형재, 링, 스트링거로 이루어져 있다.

44 다음 중 착륙거리를 단축시키는데 사용하는 보조 조종면은?

① 스테빌레이터
② 브레이크브리딩
③ 플라이트스포일러
④ 그라운드스포일러

45 항공기용 알루미늄합금 판재에 드릴작업을 할 때 가장 적합한 드릴각도, 작업속도, 작업압력을 옳게 나열한 것은?

① 118°, 고속회전, 손힘을 균일하게
② 140°, 저속회전, 매우 힘있게
③ 90°, 저속회전, 변화있게
④ 75°, 저속회전,, 매우 세게

해설
알루미늄 합금판재에 작업할 때는 118°로 고속회전 균일한 힘으로 해야 한다.

46 항공기 날개구조에서 리브(Rib)의 기능으로 옳은 것은?

① 날개 내부구조의 집중응력을 담당하는 골격이다.
② 날개에 걸리는 하중을 스킨에 분산시킨다.
③ 날개의 스팬(Span)을 늘리기 위하여 사용되는 연장부분이다.
④ 날개의 곡면상태를 만들어주며, 날개의 표면에 걸리는 하중을 스파에 전달시킨다.

47 AN426AD3-5 리벳의 부품번호에 대한 각 의미로 옳게 짝지어진 것은?

① 426 : 플러시머리리벳
② AD : 알루미늄합금 2017T
③ 3 : 3/16인치의 직경
④ 5 : 5/32인치의 길이

해설

AN 426 AD - 3 - 5
- AN 426 : 리벳의 종류(플러시머리 리벳)
- AD : 재질(알루미늄 합금 2117T)
- 3 : 리벳 직경(3/32인치)
- 5 : 리벳 길이(5/16인치)

48 다음 중 토크렌치의 형식이 아닌 것은?

① 빔식(Beam Type)
② 제한식(Limit Type)
③ 다이얼식(Dial Type)
④ 버니어식(Vernier Type)

49 다음 중 대형 항공기 연료탱크 내 연료 분배 계통의 구성품에 해당되지 않는 것은?

① 연료차단밸브
② 섬프드레인밸브
③ 부스트(승압)펌프
④ 오버라이드트랜스퍼펌프

해설

섬프드레인밸브 - 윤활계통

50 다음과 같은 항공기 트러스 구조에서 부재 BD의 내력은 몇인가?

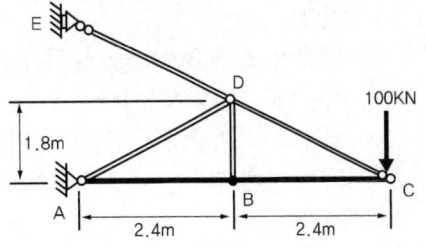

① 0
② 100
③ 150
④ 200

해설

B점에서 라미의 정리를 적용하면
$$\frac{F_{BD}}{\sin 180} = \frac{F_{AB}}{\sin 90}$$
$$F_{BD} = \frac{\sin 180}{\sin 90} F_{AB} = 0$$

51 그림과 같이 인장력 P를 받는 봉에 축적되는 탄성에너지에 관한 설명으로 틀린 것은?

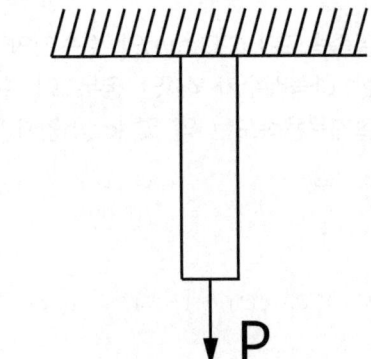

① 봉의 길이에 비례한다.
② 하중의 제곱에 비례한다.
③ 봉의 단면적에 비례한다.
④ 재료의 탄성계수에 반비례한다.

해설

$$U = \frac{EA\delta^2}{2l}$$

52 항공기의 구조물에서 프레팅(Fretting)부식이 생기는 원인으로 가장 적합한 것은?

① 잘못된 열처리에 의해 발생
② 표면에 생성된 산화물에 의해 발생
③ 서로 다른 금속간의 접촉에 의해 발생
④ 서로 밀착된 부품간에 아주 작은 진동에 의해 발생

해설
프레팅(Fretting)부식
서로 밀착한 부품 간에 계속적으로 아주 작은 진동이 일어날 경우 그 표면에 생기는 부식

53 항공기엔진의 카울링에 대한 설명으로 옳은 것은?

① 엔진을 둘러싸고 있는 전체부분이다.
② 엔진과 기체를 차단하는 벽의 구조물이다.
③ 엔진의 추력을 기체에 전달하는 구조물이다.
④ 엔진이나 엔진에 부수되는 보기 주위를 쉽게 접근할 수 있도록 장탈·착하는 덮개이다.

54 복합재료인 수지용기의 라벨에 "pot life 30min, shelf life 12 Mo."라고 적혀 있다면 옳은 설명은?

① 수지가 선반에 보관된 기간이 12개월이다.
② 얇은 판재 두께의 12배의 넓이로 작업한다.
③ 수지를 촉매와 섞어 혼합시키면 30분 안에 사용하여 작업을 끝내야 한다.
④ 용기의 크기는 최소 12in 크기로 최소 30분 동안 혼합한다.

55 다음 중 변형률에 대한 설명으로 틀린 것은?

① 변형률은 길이와 길이의 비이므로 차원은 없다.
② 변형률은 변화량과 본래의 치수와의 비를 말한다.
③ 변형률은 비례한계 내에서 응력과 정비례 관계가 있다.
④ 일반적으로 인장봉에서 가로변형률은 신장률을 나타내며, 축변형률은 폭의 증가를 나타낸다.

56 두께 0.051in의 판을 $\frac{1}{4}$in 굴곡반경으로 90° 굽힌다면 굴곡허용량(Bend Allowance)은 약 몇 in 인가?

① 0.342
② 0.433
③ 0.652
④ 0.833

해설
$$BA = \frac{\theta}{360} 2\pi (R + \frac{1}{2}T)$$
$$= \frac{90}{360} \times 2\pi \times (\frac{1}{4} + \frac{1}{2} \times 0.051) = 0.4328$$

57 항공기의 중량과 균형(Weight and Balance) 조정을 수행하는 주된 목적은?

① 순항 시 수평비행을 위하여
② 항공기의 조종성 보장을 위하여
③ 효율적인 비행과 안전을 위하여
④ 갑작스러운 돌풍 등 예기치 않은 비행조건에 대처하기 위하여

58 SAE 규격으로 표시한 합금강의 종류가 옳게 짝지어진 것은?

① 13XX : 망간강
② 23XX : 망간-크롬강
③ 51XX : 니켈-크롬-몰리브덴강
④ 61XX : 니켈-몰리브덴강

해설

강의 종류	재료 번호
탄소강	1×××
망간강	13××
니켈강	2×××
니켈크롬강	3×××
몰리브덴강	40××
	44××
크롬몰리브덴강	41××
니켈크롬몰리브덴강	43××
	47××
크롬강	5×××
크롬바나듐강	6×××

59 강관의 용접작업 시 조인트 부위를 보강하는 방법이 아닌 것은?

① 평가세트(Flat Gassets)
② 스카프패치(Scarf Patch)
③ 손가락판(Finger Strapes)
④ 삽입가세트(Insert Gassets)

60 복합재료의 강화재 중 무색 투명하며 전기부도체인 섬유로서 우수한 내열성 때문에 고온 부위의 재료로 사용되는 것은?

① 아라미드섬유
② 유리섬유
③ 알루미나섬유
④ 보론섬유

해설

복합재료의 강화재
- 유리섬유 : 기계적 강도 떨어짐(레이돔, 객실 내부 구조 등 2차 구조에 사용)
- 탄소섬유 : 유기 섬유를 탄화시켜 제조하며, 열처리를 더하여 흑연화시킨 것, 강도, 강성이 뛰어나 1차 구조물 재료로 사용, 우주정비에 적합
- 아라미드섬유 : 일명 케블라, 황색으로 전기 부도체이며 전파 투과 가능
- 보론섬유 : 첨단 복합 재료로서 가장 오래전부터 실용화를 시도한 섬유로 가격이 비싸고 취급이 어려움
- 알루미나섬유 : 내열성과 취성이 뛰어나며 부도체
- 세라믹 : 1,200℃의 고온에서도 거의 원래의 강도와 유연성을 유지, 방화벽, 우주선 등 고열을 받는 곳에 사용

61 항공기에서 고도 경고 장치(Altitude Alert System)의 주된 목적은?

① 지정된 비행고도를 충실히 유지하기 위하여
② 착륙장치를 내릴 수 있는 고도를 지시하기 위하여
③ 고양력장치를 펼치기 위한 고도를 지시하기 위하여
④ 항공기가 상승 시 설정된 고도에 진입된 것을 지시하기 위하여

해설

고도경고장치(Altitude Alert System)
조종사가 선택한 고도와 항공기의 고도를 항상 비교하여 접근 도달 및 이탈 등의 상태를 나타내는 장치

62 교류회로에서 피상전력이 100kVA이고, 유효전력은 80kW, 무효전력은 60kVar일 때 역률은 얼마인가?

① 0.60
② 0.75
③ 0.80
④ 1.25

해설

$역률 = \dfrac{유효전력}{피상전력} = \dfrac{80}{100} = 0.8$

63 항공기의 자기컴퍼스가 270°(W)를 가리키고 있고, 편각은 6°40′, 복각은 48°50′인 경우 항공기가 비행하는 실제 방향은?

① 221°10′
② 263°20′
③ 276°40′
④ 318°50′

해설

- 편각(편차)(Variation) : 지축과 지자기축이 이루는 각
- 복각(Dip) : 지구 수평면과 자기자석이 이루는 각
- 수평분력(Horizontal Component) : 지자기의 지구 수평면 방향의 힘

64 피토관 및 정압공에서 받은 공기압의 차압으로 속도계가 지시하는 속도를 무엇이라고 하는가?

① 지시대기속도(IAS)
② 진대기속도(TAS)
③ 등가대기속도(EAS)
④ 수정대기속도(CAS)

65 지상 근무자가 다른 지상 근무자 또는 조종사와 통화할 수 있는 장치는?

① 객실(Cabin) 인터폰
② 화물(Freight) 인터폰
③ 서비스(Service) 인터폰
④ 플라이트(Flight) 인터폰

해설

승무원상호간 통화 장치(Service Interphone System)
- 비행 중 조종실과 객실 승무원석 및 조리실(Galley)간 통화 연락을 하는 장치
- 지상 정비시 조종실과 정비사 간의 점검상 필요한 기체 외부와의 통화 연락을 하기 위한 장치

66 엔진을 시동하여 아이들(Idle)로 운전할 경우 발전기 전압이 축전지 전압보다 낮게 출력될 때 발생되는 현상은?

① 발전기와 축전지가 부하로부터 분리된다.
② 축전지는 부하로부터 분리되고, 발전기가 전체의 부하를 담당한다.
③ 발전기와 축전지가 병렬로 접속되어 전체 부하를 담당한다.
④ 역전류 차단기에 의해 발전기가 부하로부터 분리된다.

해설

역전류차단기(Cutout Relay)
직류 발전기가 고장나거나 성능저하 시 출력전압이 낮아질 때, 축전지에서 발전기로 역전류가 흐르는 것을 차단하는 장치

67 유압계통에서 작동기의 작동방향을 결정하기 위해 사용되는 것은?

① 축압기(Accumulator)
② 체크밸브(Check Valve)
③ 선택밸브(Selector Valve)
④ 압력릴리프밸브(Pressure Relief Valve)

해설

선택밸브(Selector Valve)
- 유로를 선정해주는 밸브
- 회전형, 포핏형, 스풀형, 피스톤형 및 플런저형 등

68 서머커플형(Thermocouple Type) 화재탐지장치에 관한 설명으로 옳은 것은?

① 연기감지에 의해 작동한다.
② 빛의 세기에 의해 작동한다.
③ 급격한 움직임에 의해 작동한다.
④ 온도상승에 의한 기전력 발생으로 작동한다.

해설

열전쌍(Thermocouple) 탐지기
특정 온도 이상의 조건에서 감지하는 열스위치 장치와는 달리 온도의 상승률을 기준으로 화재 감지

69 고도계의 오차 중 탄성오차에 대한 설명으로 틀린 것은?

① 재료의 피로현상에 의한 오차이다.
② 온도 변화에 의해서 탄성계수가 바뀔 때의 오차이다.
③ 확대장치의 가동부분, 연결 등에 의해 생기는 오차이다.
④ 압력 변화에 대응한 휘어짐이 회복되기까지의 시간적인 지연에 따른 지연효과에 의한 오차이다.

해설

고도계의 오차
- 탄성오차 : 히스테리시스(Histerisis), 편위(Drift), 잔류효과(After Effect)와 같이 일정한 온도에서의 탄성체 고유의 오차로서 재료의 특성 때문에 생긴다.
- 온도오차
  - 온도의 변화에 의하여 고도계의 각 부분이 팽창, 수축하여 생기는 오차
  - 온도 변화에 의하여 공함, 그밖에 탄성체의 탄성률의 변화에 따른 오차
  - 대기의 온도 분포가 표준 대기와 다르기 때문에 생기는 오차

- 눈금오차 : 일정한 온도에서 진동을 가하여 기계적 오차를 뺀 계기의 특유의 오차이다. 일반적으로 고도계의 오차는 눈금 오차를 말하며, 수정이 가능하다.
- 기계적오차 : 계기 각 부분의 마찰, 기구의 불평형, 가속도와 진동 등에 의하여 바늘이 일정하게 지시하지 못함으로써 생기는 오차이다. 이들은 압력의 변화와 관계가 없으며 수정이 가능하다.

70 다음 중 엔진의 상태를 지시하는 엔진계기의 종류가 아닌 것은?

① RPM계기　② ADI
③ EGT계기　④ Fuel Flowmeter

해설
자세지시계(ADI : Attitude Director Indicator)
- 조종사 앞면 계기판 중앙에 장착하여 항공기의 자세를 알려주는 장치
- 항공기의 피치와 경사각(Bank)을 지시

71 엔진의 회전수와 관계없이 항상 일정한 회전수를 발전기축에 전달하는 장치는?

① 정속구동장치(C.S.D)
② 전압조절기(Voltage Regulator)
③ 감쇠변압기(Damping Transformer)
④ 계자제어장치(Field Control Relay)

해설
정속구동장치(CSD : Constant Speed Drive)
- 항공기에서의 출력주파수가 400Hz로 일정하게 유지하기 위하여 엔진의 구동축과 발전기축 사이에 정속구동장치를 설치하여 엔진의 회전수에 관계없이 항상 일정한 회전수를 발전기축에 전달
- 주파수 조절범위 : 400±1[Hz]로서 2[Hz] 미만

72 항공기 방화시스템에 대한 설명으로 옳은 것은?

① 방화시스템은 감지(Detection), 소화(Extinguishing), 탈출(Evacuation) 시스템으로 구성되어 있다.

② 엔진의 화재감지에 사용되는 감지기(Detector)는 주로 스모그감지장치(Smoke Detector)이다.
③ 연속저항 루프화재탐지기에는 키드시스템(Kidde System)과 펜웰시스템(Fenwal System)이 있다.
④ 항공기에 화재가 감지되면 자동적으로 해당 소화시스템(Extinguishing System)이 작동되어 화재를 진압한다.

해설
연속저항루프식
키드식, 그레이너식, 펜웰식이 있다. 상온에서는 써미스터의 전기저항으로 인해 와이어가 떨어져 있지만 화재로 인해 온도가 상승하면 써미스터의 전기저항이 급격히 감소되어 2개의 와이어가 접지되어 화재경보가 울린다.
- 키드식 : 인코넬튜브 안에 두 개의 와이어가 있고 튜브 내부에는 써미스터 재료로 차있음. 상온에서는 써미스터의 전기저항으로 인해 와이어가 떨어져있지만 화재로 인해 온도가 상승하면 써미스터의 전기저항이 급격히 감소되어 2개의 와이어가 접지되어 화재경보가 울린다.
- 그레이너식 : 스텐리스강튜브 안에 1개의 와이어가 들어있고 주위를 코어가 둘러싸고 있는데 이 코어는 써미스터와 같은 원리로 전기저항의 변화에 의해 화재경보를 알려준다.
- 펜웰식 : 스텐리스튜브 내에 하나의 와이어가 들어있는데 온도상승 시 두 물질의 전기저항이 낮아져서 화재경보가 울림

73 자기콤파스(Magnetic Compass)의 북선오차에 대한 설명으로 틀린 것은?

① 항공기가 선회할 때 발생하는 오차이다.
② 항공기가 북극 지방을 비행할 때 콤파스 회전부가 기울어져 발생하는 오차이다.
③ 항공기가 북진하다 선회할 때 실제 선회각보다 작은 각이 지시된다.
④ 콤파스 회전부의 중심과 지지점이 일치하지 않기 때문에 발생한다.

해설
북선오차
북진하다가 동서로 선회할 때 생기는 오차로 선회할 때 나타난다고 하여 선회오차라고도 한다.

74 다음 중 붉은 색을 띠며 인화점이 낮은 작동유는?

① 식물성유
② 합성유
③ 광물성유
④ 동물성유

해설
- 식물성유 : 파란색
- 광물성유 : 붉은색
- 합성유 : 자주색

75 현대 항공기에서 사용되는 결빙방지방법이 아닌 것은?

① 화학물질 처리
② 발열소자를 사용한 가열
③ 팽창식 부츠를 활용한 제빙
④ 기계적 운동으로 인한 마찰열 발생

해설
방빙계통
- 전기식 방빙 : 날개 앞전 내부에 스팬방향으로 전열선을 설치하여 전기를 통함으로서 전기저항에 의한 열로 어는 것을 방지
- 공기식 방빙 : 제트기관 또는 연소가열기나 열교환기로부터 뜨거운 공기를 날개 앞전 내부에 덕트를 설치하여 분사함으로써 결빙방지
- 화학적 방빙 : 이소프로필알코올이나 에틸렌글리콜과 알코올을 섞은 용액을 분사하여 물의 어는점을 낮게 함으로써 결빙을 방지

76 객실여압(Cabin Pressurization)장치가 있는 항공기의 순항고도에서 적절한 객실고도는?

① 6,000ft
② 8,000ft
③ 10,000ft
④ 12,000ft

77 황산납축전지(Lead Acid Battery)의 충전작용의 결과로 나타나는 현상은?

① 전해액 속의 황산의 양은 줄어든다.
② 물의 양은 증가하고 전해액은 묽어진다.
③ 내부저항은 증가하고 단자전압은 감소한다.
④ 양극판은 과산화납으로, 음극판은 해면상납이 된다.

해설

양극　　전해액　　음극(방전)　양극　　전해액　　음극
$$PbO_2 + 2H_2SO_4 + Pb \underset{(충전)}{\rightleftarrows} PbSO_4 + 2H_2O + PbSPO_4$$

78 다음 중 자동착륙시스템(Autoland System)의 종류가 아닌 것은?

① Dual System
② Triplex System
③ Dual-dual System
④ Triple-triple System

79 항공기의 전기회로에 사용되는 스위치에 대한 설명으로 틀린 것은?

① 푸시버튼스위치는 접속방식에 따라 SPUT, SPWT, DPUT, DPWT가 있다.
② 항공기의 토글스위치는 운동 부분이 공기 중에 노출되지 않도록 케이스로 보호되어 있다.
③ 회선선택스위치는 한 회로만 개방하고 다른 회로는 동시에 닫히게 하는 역할을 한다.
④ 마이크로스위치는 짧은 움직임으로 회로를 개폐시키는 것으로, 착륙장치와 플랩 등을 작동시키는 전동기의 작동을 제한하는 스위치로 사용된다.

해설

토글스위치 = 스너프스위치(Snuffer Switch)
- 항공기 조종실의 각종 조작 스위치로 사용
- 내부의 스프링에 의해 접점이 이동하여 개폐되므로 소형이지만 전류의 차단 능력이 높다.
- 토글 스위치는 접속 방법에 따라 SPST, SPDT, DPST, DPDT 등으로 구분
- S는 Single, P는 Pole, D는 Double, T는 Throw를 의미

80 항공기 안테나에 대한 설명으로 옳은 것은?

① 첨단 항공기는 안테나가 필요 없다.
② 일반적으로 주파수가 높을수록 안테나의 길이가 짧아진다.
③ ADF는 주로 다이폴안테나가 사용된다.
④ HF 통신용은 전리층 반사파를 이용하기 때문에 안테나가 필요 없다.

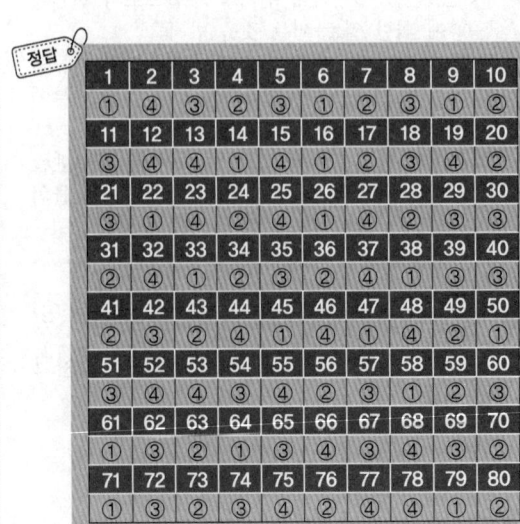

1	2	3	4	5	6	7	8	9	10
①	④	③	②	③	①	②	③	①	②
11	12	13	14	15	16	17	18	19	20
③	④	④	①	④	①	②	③	④	②
21	22	23	24	25	26	27	28	29	30
③	①	④	②	④	①	④	②	③	③
31	32	33	34	35	36	37	38	39	40
②	④	①	②	③	②	④	①	③	③
41	42	43	44	45	46	47	48	49	50
②	③	②	④	①	④	①	④	②	①
51	52	53	54	55	56	57	58	59	60
③	④	④	③	④	③	③	①	②	③
61	62	63	64	65	66	67	68	69	70
①	③	②	①	③	③	④	③	④	②
71	72	73	74	75	76	77	78	79	80
①	③	②	②	④	②	④	④	①	②

2018년 제4회 기출문제

자격종목 및 등급(선택분야)	종목코드	시험시간	문제지형별
항공산업기사		2시간	A

01 공기가 아음속의 흐름으로 풍동 내의 지점 1을 밀도 ρ, 속도 250m/s로 통과하고 지점 2를 밀도 $\frac{4}{5}\rho$인 상태로 지난다면, 이 때 속도는 약 몇 m/s 인가?(단, 지점 2의 단면적은 지점 1의 $\frac{1}{2}$이다)

① 155 ② 215
③ 465 ④ 625

해설

$\rho_1 A_1 V_1 = \rho_2 A_2 V_2$

$\rho \times A \times 250 = \frac{4}{5}\rho \times \frac{1}{2} A \times V$

$V = \dfrac{250}{\frac{4}{5} \times \frac{1}{2}} = 625$

02 날개의 뒤젖힘각 효과(Sweep Back Effect)에 대한 설명으로 옳은 것은?

① 방향안정과 가로안정 모두에 영향이 있다.
② 방향안정과 가로안정 모두에 영향이 없다.
③ 가로안정에는 영향이 있고 방향안정에는 영향이 없다.
④ 방향안정에는 영향이 있고 가로안정에는 영향이 없다

03 유도항력계수에 대한 설명으로 옳은 것은?

① 유도항력계수와 유도항력은 반비례한다.
② 유도항력계수는 비행기 무게에 반비례한다.
③ 유도항력계수는 양력의 제곱에 반비례한다.
④ 날개의 가로세로비가 커지면 유도항력계수는 작아진다.

해설

$C_{Di} = \dfrac{C_L^2}{\pi e AR}$

04 중량이 2000kgf 인 항공기가 받음각 4°로 등속수평비행을 하고 있을 때 이 항공기에 작용하는 항력은 몇 kgf인가?

① 100
② 200
③ 300
④ 400

05 프로펠러 깃의 받음각에 가장 큰 영향을 주는 2가지 요소는?

① 깃각과 인장력
② 굽힘모멘트와 추력
③ 비행속도와 회전수
④ 원심력과 공기탄성력

해설

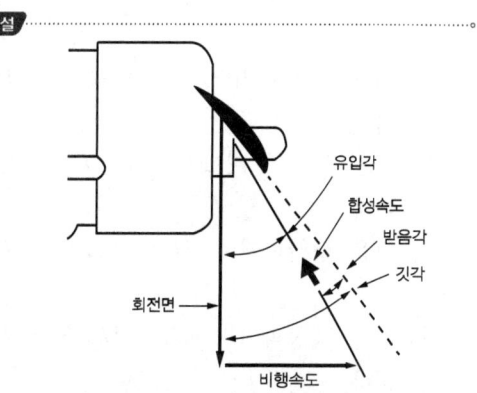

받음각은 피치각의 영향을 받고 피치각은 회전속도와 비행속도의 영향을 받는다.

06 그림과 같은 날개(Wing)의 테이퍼비(Taper Ratio)는 얼마인가?

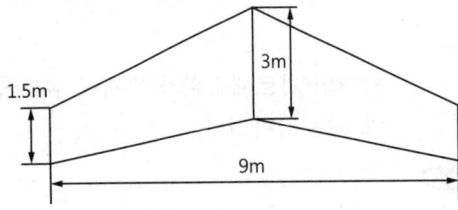

① 0.5
② 1.0
③ 3.5
④ 6.0

해설

$$\lambda = \frac{C_t}{C_r} = \frac{1.5}{3} = 0.5$$

07 그림과 같이 초음속 흐름에 쐐기형 에어포일 주위에 충격파와 팽창파가 생성될 때 각각의 흐름의 마하수(M)와 압력(P)에 대한 설명으로 옳은 것은?

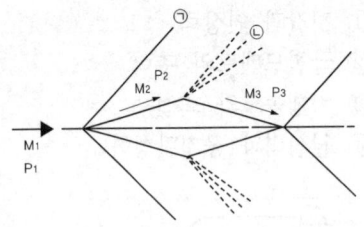

① ㉠은 충격파이며 $M_1 > M_2, P_1 < P_2$ 이다.
② ㉡은 충격파이며 $M_2 < M_3, P_2 > P_3$ 이다.
③ ㉠은 팽창파이며 $M_1 < M_2, P_1 > P_2$ 이다.
④ ㉡은 팽창파이며 $M_2 > M_3, P_2 < P_3$ 이다.

해설

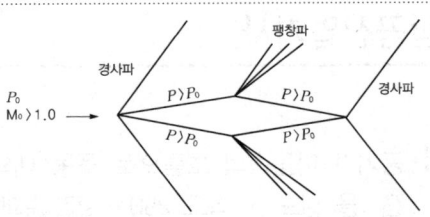

08 항공기가 선회경사각 30도로 정상선회할 때 작용하는 원심력이 3,000kgf 이라면 비행기의 무게는 약 몇 kgf 인가?

① 6,150   ② 6,000
③ 5,800   ④ 5,196

해설

$\tan\phi = \dfrac{C.F}{W}$ 이므로

$$W = \frac{C.F}{\tan\phi} = \frac{3,000}{\tan 30} = 5,196.15$$

09 수직강하와 함께 비행기의 자전(Auto Rotation)운동을 이루는 현상은?

① 스핀(Spin) 현상
② 디프실속(Deep Stall) 현상
③ 날개드롭(Wing Drop) 현상
④ 가로방향 불안정(Dutch Roll) 현상

10 항공기 총 중량 24000kgf의 75%가 주(제동)바퀴에 작용한다면 마찰계수가 0.7일 때 주바퀴의 최소 제동력은 몇 kgf이어야 하는가?

① 5,250
② 6,300
③ 12,600
④ 25,200

해설

$24,000 \times 0.75 \times 0.7 = 12,600$

11 비행기의 세로안정을 향상시키는 방법이 아닌 것은?

① 꼬리날개효율을 높인다.
② 꼬리날개부피를 최대한 줄인다.
③ 무게중심의 위치를 공기역학적 중심 앞으로 위치시킨다.
④ 무게중심과 공기역학적 중심과의 수직거리를 양(+)의 값으로 한다.

해설
비행기의 세로안정 향상법
• 무게중심이 공기역학적 중심보다 앞에 위치
• 무게중심이 공기역학적 중심보다 아래에 위치
• 꼬리날개부피(Tail Volume) 즉, $St \cdot \ell$이 클수록 안정
• 꼬리날개효율($\frac{q_t}{q}$)이 클수록 안정

12 제트 비행기의 속도에 따른 추력변화 그래프 분석을 통해 알 수 있는 최대항속거리에 대한 조건으로 옳은 것은?

① 속도에 대한 필요추력의 비가 최대인 값
② 속도에 대한 필요추력의 비가 최소인 값
③ 속도에 대한 이용추력의 비가 최대인 값
④ 속도에 대한 이용추력의 비가 최소인 값

13 회전익장치가 하나뿐인 헬리콥터는 질량이 큰 동체가 하나의 점에 매달려 있는 것과 같아 한번 흔들리면 전후좌우로 자연스럽게 진동운동을 하게 되는데 이런 현상을 무엇이라 하는가?

① 지면효과(Ground Effect)
② 시계추작동(Pendular Action)
③ 코리오리스 효과(Coriolis Effect)
④ 편류(Drift or Translating Tendency)

해설
시계추작동(Pendular Action)
• 주회전익장치가 하나뿐인 헬리콥터는 시계추의 구조와 같이 질량이 상당히 큰 동체가 하나의 점에 매달려 있는 것과 같아 한번 흔들리면 시계추와 같이 전후 또는 좌우로 자연스럽게 발생하는 진동운동
• 과도하게 조종할수록 더욱 커지므로 조종조작은 가급적 부드럽게 수행

14 지구를 둘러싸고 있는 대기를 지표에서 고도가 높아지는 방향으로 순서대로 나열한 것은?

① 성층권, 대류권, 중간권, 열권, 외기권
② 대류권, 중간권, 열권, 성층권, 외기권
③ 성층권, 열권, 중간권, 대류권, 외기권
④ 대류권, 성층권, 중간권, 열권, 외기권

15 일반적인 프로펠러의 깃뿌리에서 깃끝으로 위치변화에 따른 깃각의 변화를 옳게 설명한 것은?

① 커진다.
② 작아진다.
③ 일정하다.
④ 종류에 따라 다르다.

16 직경 20cm인 원형배관이 직경 10cm인 원형 배관과 연결되어 있다. 직경 20cm인 원형배관을 지난 공기가 직경 10cm인 원형배관을 지나게 되면 유속의 변화는 어떻게 되는가?

① 2배로 증가한다.
② $\frac{1}{2}$로 감소한다.
③ 4배로 증가한다.
④ $\frac{1}{4}$로 감소한다.

해설
단면적과 속도는 반비례하므로 지름과 속도는 지름의 제곱에 반비례

17 수평꼬리날개에 의한 모멘트의 크기를 가장 옳게 설명한 것은?(단, 양(+), 음(-)의 부호는 고려하지 않는다.)

① 수평꼬리날개의 면적이 클수록, 수평꼬리날개 주위의 동압이 작을수록 커진다.
② 수평꼬리날개의 면적이 클수록, 수평꼬리날개 주위의 동압이 클수록 커진다.
③ 수평꼬리날개의 면적이 작을수록, 수평꼬리날개주위의 동압이 클수록 커진다.
④ 수평꼬리날개의 면적이 작을수록, 수평꼬리날개주위의 동압이 작을수록 커진다.

해설
키놀이모멘트 $M = C_M \cdot q \cdot S \cdot c$

18 항공기엔진이 정지한 상태에서 수직강하하고 있을 때 도달할 수 있는 최대속도인 종극속도 상태의 경우는?

① 항공기 양력과 항력이 같은 경우
② 항공기 양력의 수평분력과 항력의 수직분력이 같은 경우
③ 항공기 총중량과 항공기에 발생되는 항력이 같아지는 경우
④ 항공기 총중량과 항공기에 발생되는 양력이 같은 경우

19 헬리콥터에서 양력 불균형이 일어나지 않도록 하는 주 회전날개 깃의 플래핑작용의 결과로 나타나는 현상으로 옳은 것은?

① 후퇴하는 깃에는 최대상향 변위가 기수 전방에서 나타난다.
② 후퇴하는 깃에는 최대상향 변위가 기수 후방에서 나타난다.
③ 전진하는 깃에는 최대상향 변위가 기수 후방에서 나타난다.
④ 전진하는 깃에는 최대상향 변위가 기수 전방에서 나타난다.

20 다음 중 양(+)의 가로안정성(Lateral Stability)에 기여하는 요소로 거리가 먼 것은?

① 저익(Low Wing)
② 상반각(Dihedral Angle)
③ 후퇴각(Sweep Back Angle)
④ 수직꼬리날개(Vertical Tail)

21 가스터빈엔진의 압축기 블레이드 오염(Dirty or Contamination)으로 발생되는 현상이 아닌 것은?

① 연료소모율 증가
② 엔진서지(Surge)
③ 엔진회전속도 증가
④ 배기가스 온도 증가

해설
압축기 깃의 오염으로 압축기 실속이 발생할 수 있고 이로 인해 배기가스온도 증가

22 왕복엔진의 크랭크핀(Crank Pin)의 속이 비어 있는 이유가 아닌 것은?

① 윤활유의 통로 역할을 한다.
② 열팽창에 의한 파손을 방지한다.
③ 크랭크축의 전체 무게를 줄여준다.
④ 탄소 침전물 등 이물질을 모으는 슬러지실(Sludge Chamber) 역할을 한다.

해설
크랭크핀(Crank Pin/Crank Throw)
• 커넥팅로드의 대단부가 연결되는 부분
• 무게 경감과 오일 통로 및 Sludge Chamber의 역할을 위해 중공으로 제작

23 제트엔진에서 착륙거리를 줄이기 위하여 사용하는 장치는?

① 베인   ② 방향타
③ 노즐   ④ 역추력 장치

24 압축비가 8인 경우 오토사이클(Otto Cycle)의 열효율은 약 몇 % 인가?

① 48.9 ② 56.5
③ 78.2 ④ 94.5

해설

$\eta = 1 - (\frac{1}{r})^{k-1} = 1 - (\frac{1}{8})^{1.4-1} = 0.5647$

25 터보제트엔진의 추진효율이 1일 때는?

① 비행속도가 음속을 돌파할 때
② 비행속도와 배기가스 속도가 같을 때
③ 비행속도가 배기가스 속도보다 빠를 때
④ 비행속도가 배기가스 속도보다 늦을 때

해설

$\eta_p = \dfrac{2V_a}{V_j + V_a}$

26 열역학에서 가역과정에 대한 설명으로 옳은 것은?

① 마찰과 같은 요인이 있어도 상관없다.
② 주위의 작은 변화에 의해서는 반대과정을 만들 수 없다.
③ 계와 주위가 항상 불균형 상태여야 한다.
④ 과정이 일어난 후에도 처음과 같은 에너지양을 갖는다.

해설

가역과정(Reversible Process)
완전 탄성 충돌과 같이 반응이 반대로 진행되더라도 물리 법칙에 위배되지 않는 과정

27 항공기 연료 "옥탄가 90"에 대한 설명으로 옳은 것은?

① 노말헵탄 10%에 세탄 90%의 혼합물과 같은 정도를 나타내는 가솔린이다.
② 연소 후에 발생하는 옥탄가스의 비율이 90% 정도를 차지하는 가솔린이다.
③ 연소 후에 발생하는 세탄가스의 비율이 10% 정도를 차지하는 가솔린이다.
④ 이소옥탄 90%에 노말헵탄 10%의 혼합물과 같은정도를 나타내는가솔린이다.

해설

옥탄가(Octan Number : O.N)
• 안티노크성의 정도를 수치로 나타낸 것
• 이소옥탄과 노말헵탄으로 만든 표준연료 중 이소옥탄이 함유된 %(체적 비율)

28 윤활계통 중 오일탱크의 오일을 베어링까지 공급해 주는 것은?

① 드레인계통(Drain System)
② 가압계통(Pressure System)
③ 브래더계통(Breather System)
④ 스캐빈지계통(Scavenge System)

29 비행속도가 V, 회전속도가 n(rpm)인 프로펠러의 1회전 소요시간이 $\dfrac{60}{n}$초일 때 유효피치를 나타내는 식은?

① $\dfrac{60V}{n}$
② $\dfrac{60n}{V}$
③ $\dfrac{nV}{60}$
④ $\dfrac{V}{60}$

해설

기하학적 피치 : $GP = 2\pi R \tan\beta$

30 FADEC(Full Authority Digital Electronic Control)에서 조절하는 것이 아닌 것은?

① 오일압력
② 엔진연료유량
③ 압축기 가변스테이터 각도
④ 실속방지용 압축기 블리드밸브

해설

FADEC(Full Authority Digital Engine Control, 통합 디지털 엔진제어장치)
항공기에서 입력되는 명령에 따라 엔진과 기체의 총체적인 시스템을 제어하는 장치로서 엔진의 작동과 상태, 고장 등을 항시 모니터링하고 있으며 자체진단 기능을 통해 물리적인 결함뿐만 아니라 외부의 요소들도 감지하는 기능을 지니고 있다. 터보팬 엔진이 장착된 여객기를 기준으로 가장 중요한 기능은 운항상황에 맞게 N1과 N2의 RPM이 한계치를 넘지 않도록 연료의 투입량이나 공기의 흐름을 조절하는 것으로서 최적의 엔진 효율과 연료를 절감하는 효과도 가져오게 된다. 또한 배기가스의 온도 및 압축기와 터빈의 간격을 적절하게 유지해서 가장 안전한 엔진의 가동상태를 구현하는 역할도 하며 이 내용은 EICAS를 통해 조종사에게 실시간으로 전송된다.

31 왕복엔진의 고압 마그네토(Magneto)에 대한 설명으로 틀린 것은?

① 콘덴서는 브레이커 포인트와 병렬로 연결되어 있다.
② 전기누설 가능성이 많은 고공용 항공기에 적합하다.
③ 1차 회로는 브레이커 포인트가 붙어있을 때에만 폐회로를 형성한다.
④ 마그네토의 자기회로는 회전영구자석, 폴슈(Pole Shoe) 및 철심으로 구성되어 있다.

해설

• 고압점화계통 : 1차 코일에서 저압이 발생하면 2차 코일에서 20,000~25,000V의 높은 전압이 유도되어 점화플러그에 고압의 전기를 공급
• 저압점화계통 : 마그네토에서는 저전압을 발생시켜 전선을 통해 실린더로 공급되고, 스파크 플러그 바로 전에서 변압 코일로 고압으로 승압시켜 점화플러그에 고전압을 공급, 전기누설 없어 고공을 비행하는 항공기에 적합

32 왕복엔진의 부자식 기화기에서 부자실(Float Chamber)의 연료유면이 높아졌을 때 기화기에서 공급하는 혼합비는 어떻게 변하는가?

① 농후해진다.
② 희박해진다.
③ 변하지 않는다.
④ 출력이 증가하면 희박해진다.

해설

부자실의 유면이 높으면 농후해지고 낮으면 희박해진다.

33 가스터빈엔진의 공압시동기(Pneumatic)에 공급되는 고압공기 동력원이 아닌 것은?

① 지상동력장치(Ground Power Unit)
② 보조동력장치(Auxiliary Power Unit)
③ 다른 엔진의 배기가스(Exhaust Gas)
④ 다른 엔진의 블리드공기(Bleed Air)

34 왕복엔진에서 엔진오일의 기능이 아닌 것은?

① 재생작용   ② 기밀작용
③ 윤활작용   ④ 냉각작용

35 다음 중 고공에서 극초음속으로 비행할 경우 성능이 가장 좋은 엔진은?

① 터보팬엔진   ② 램제트엔진
③ 펄스제트엔진 ④ 터보제트엔진

36 속도 1,080km/h로 비행하는 항공기에 장착된 터보제트엔진이 중량유량 294kgf/s로 공기를 흡입하여 400m/s로 배기분사시킬 때 진추력은 몇 N인가?

① 1,000   ② 3,000
③ 29,400   ④ 108,000

해설

$$F_n(N) = \dot{m}_a(V_j - V_a) = 294(400 - \frac{1080}{3.6}) = 29400$$

37 정속프로펠러의 블레이드각이 증가하면 나타나는 현상은?

① 회전수가 감소한다.
② 엔진출력이 감소한다.
③ 진동과 소음이 심해진다.
④ 실속속도가 감소하고 소음이 증가한다

해설

정속프로펠러 과속(Over Speed) 상태
플라이웨이트 벌어짐 → 파일러트밸브가 위로 올라감 → 작동실린더에서 오일이 배출 → 카운터 웨이트가 벌어짐 → 블레이드 각 증가 → rpm 감소 → 정속 상태

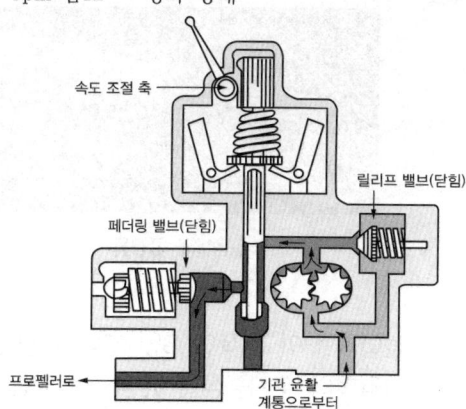

38 겨울철 왕복엔진 작동(Reciprocating Engine Operation in Winter)전 점검사항이 아닌 것은?

① 연료가열(Fuel Heating)
② 섬프드레인(Sump Drain)
③ 엔진예열(Engine Preheat)
④ 결빙방지제 첨가(Anti-icing Fluid Additive)

39 항공용 왕복엔진의 효율과 마력에 대한 설명으로 틀린 것은?

① 지시마력은 지압선도로부터 구할 수 있다.
② 연료소비율(SFC)은 1마력당 1시간 동안의 연료소비량이다.
③ 기계효율은 지시마력과 이론마력의 비이다.
④ 축마력은 실제 크랭크축으로부터 측정한다.

해설

기계효율(Mechanical Efficiency)
$\eta_m = \frac{bHP}{iHP} \times 100(\%)$ 제동마력과 지시마력의 비로서 현재 약 85%~95% 정도

40 지시마력을 나타내는 식
$iHP = \frac{P_{mi}LANK}{75 \times 2 \times 60}$ 에서 N이 의미하는 것은? (단, P_{mi} : 지시평균 유효압력, L : 행정길이, A : 실린더 단면적, K : 실린더 수이다.)

① 축마력
② 기계효율
③ 제동평균 유효압력
④ 엔진의 분당 회전수

41 다음 AA(Aluminum Association) 규격의 알루미늄합금 중 마그네슘 성분이 없거나 가장 적게 함유된 것은?

① 2024
② 3003
③ 5052
④ 7075

해설

명칭	Si	Fe	Cu	Mn	Mg	Zn	Cr	Ti
1100	1.0		0.05~0.20	0.05	–	0.10	–	–
2011	0.40	0.7	5.0~6.0	–	–	0.30	–	–
2024	0.5	0.5	3.8~4.9	0.30~0.9	1.2~1.8	0.25	0.10	–
3003	0.6	0.7	0.05~0.20	1.0~1.5	–	0.10	–	–
4032	11.0~13.5	1.0	0.50~1.3	–	0.8~1.3	0.25	0.10	–
5052	0.25	0.40	0.10	0.10	2.2~2.8	0.10	0.15~0.35	–
7075	0.40	0.5	1.2~2.0	0.30	2.1~2.9	5.1~6.1	0.18~0.35	–

42 다음 중 날개에 발생한 비틀림 하중을 감당하기에 가장 효과적인 것은?

① 스파 ② 스킨
③ 리브 ④ 토션박스

해설

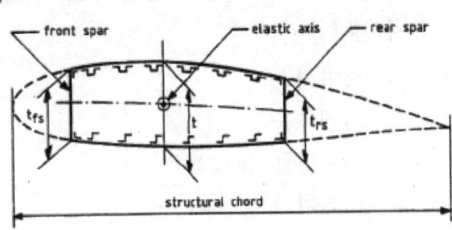

토션박스
항공기 날개의 전방 스파와 후방스파 사이의 공간을 박스의 형태로 제작하여 주로 비틀림 하중을 담당

43 항공기 기체의 비틀림 강도를 높이기 위한 방법으로 틀린 것은?

① 기체의 길이를 증가시킨다.
② 기체 표피의 두께를 증가시킨다.
③ 표피소재의 전단계수를 증가시킨다.
④ 기체의 극단면 2차 모멘트를 증가시킨다.

44 금속판재를 굽힘가공할 때 응력에 의해 영향을 받지 않는 부위를 무엇이라 하는가?

① 굽힘선(Bend Line)
② 몰드선(Mold Line)
③ 중립선(Neural Line)
④ 세트백선(Setback Line)

45 항공기가 비행 중 오른쪽으로 옆놀이 현상이 발생하였다면 지상정비작업으로 옳은 것은?

① 왼쪽 보조날개 고정탭을 올린다.
② 방향타의 탭을 왼쪽으로 굽힌다.
③ 오른쪽 보조날개 고정탭을 올린다.
④ 방향타의 탭을 오른쪽으로 굽힌다.

해설

도움날개 고정탭

46 높이가 H이고 폭이 B인 그림과 같은 직사각형의 무게중심을 원점으로 하는 X축에 대한 관성모멘트는?

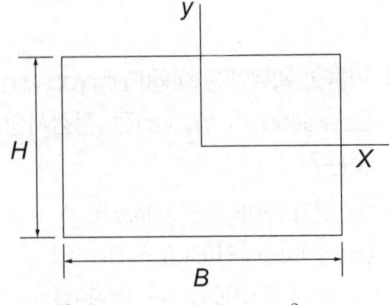

① $\dfrac{BH^3}{36}$ ② $\dfrac{BH^3}{24}$

③ $\dfrac{BH^3}{12}$ ④ $\dfrac{BH^3}{4}$

해설

구 분		사각형	삼각형	원
도형				
도심축 (I_X)	I_X	$\dfrac{bh^3}{12}$	$\dfrac{bh^3}{36}$	$\dfrac{\pi d^4}{64}$
	I_Y	$\dfrac{hb^3}{12}$	$\dfrac{hb^3}{36}$	
임의축 (I_x)	상단	$\dfrac{bh^3}{3}$	$\dfrac{bh^3}{4}$	$\dfrac{5\pi d^4}{64}$
	하단		$\dfrac{bh^3}{12}$	

기본도형의 2차 모멘트

47 경항공기에 사용되는 일반적인 고무완충식 착륙장치(Landing Gear)의 완충효율은 약 몇 % 인가?

① 30 ② 50
③ 75 ④ 100

48 2개의 알루미늄 판재를 리벳팅하기 위해 구멍을 뚫으려할 때 판재가 움직이려 한다면 사용해야 하는 것은?

① 클레코 ② 리머
③ 버킹바 ④ 뉴메틱해머

49 다음 중 부식의 종류에 해당되지 않는 것은?

① 응력부식 ② 표면부식
③ 입자간부식 ④ 자장부식

50 알루미나(Alumina)섬유의 특징으로 틀린 것은?

① 은백색으로 도체이다.
② 금속과 수지와의 친화력이 좋다.
③ 표면처리를 하지 않아도 FRP나 FRM으로 할 수 있다.
④ 내열성이 뛰어나 공기 중에서 1300℃로 가열해도 취성을 갖지 않는다.

해설

알루미나섬유
내열성이 뛰어나 공기 중에서 1300℃로 가열해도 취성을 갖지 않고, 표면처리를 하지 않아도 FRP나 FRM으로 할 수 있고, 금속과 수지와의 친화력이 좋습니다. 그리고 전기 광학적 특성은 유리섬유와 같이 무색투명하고 부도체이다.

51 샌드위치구조의 특징에 대한 설명이 아닌 것은?

① 습기와 열에 강하다.
② 기존의 보강재보다 중량당 강도가 크다.
③ 같은 강성을 갖는 다른 구조보다 무게가 가볍다.
④ 조종면(Control Surface)이나 뒷전(Trailing Edge)등에 사용된다.

해설

샌드위치 구조의 장점
• 무게에 비행 강도가 크다
• 음진동에 잘 견딘다.
• 피로와 굽힘 하중에 강함
• 보온 방습성이 우수
• 진동에 대한 감쇄성이 크다
• 항공기의 무게 감소
단점
• 손상상태 파악 곤란
• 집중하중 및 고온에 약함

52 볼트그립 길이와 볼트가 장착되는 재료의 두께에 관한 설명으로 옳은 것은?

① 볼트가 장착될 재료의 두께는 볼트그립 길이의 2배여야 한다.
② 볼트그립 길이는 가장 얇은 판 두께의 3배가 되어야 한다.
③ 볼트가 장착될 재료의 두께는 볼트그립 길이에 볼트 직경의 길이를 합한 것과 같아야 한다.
④ 볼트그립 길이는 볼트가 장착되는 재료의 두께와 같거나 약간 길어야 한다.

53 항공기에 일반적으로 사용하는 리벳 중 순수 알루미늄(99.45%)으로 구성된 리벳은?

① 1100
② 2017-T
③ 5056
④ 2117-T

54 케이블턴버클 안전결선방법에 대한 설명으로 옳은 것은?

① 배럴의 검사구멍에 핀을 꽂아 핀이 들어가지 않으면 양호한 것이다.
② 단선식 결선법은 턴버클엔드에 최소 10회 감아 마무리한다.
③ 복선식 결선법은 케이블 직경이 1/8 in 이상인 경우에 주로 사용한다.
④ 턴버클엔드의 나사산이 배럴 밖으로 10개 이상 나오지 않도록 한다.

55 조종 케이블이 작동 중에 최소의 마찰력으로 케이블과 접촉하여 직선운동을 하게 하며, 케이블을 작은 각도 이내의 범위에서 방향을 유도하는 것은?

① 풀리(Pulley)
② 페어리드(Fairlead)
③ 벨크랭크(Bell Crank)
④ 케이블드럼(Cable Drum)

> **해설**
> 케이블가이드(Cable Guide)
> 조종 케이블이 기체의 구조물을 관통하는 곳이나 케이블 방향을 바꾸기 위하여 장착
> • 페어리드(Fairlead) : 케이블이 관통하는 기체 구조의 격벽 등에 장착하여 구조물과 케이블의 마찰을 방지하는 역할을 하며, 3° 이내의 직선 구간에 사용
> • 에어실(Air Seal) : 기체 구조의 여압 부위를 관통하는 격벽에 장착하여 압력이 빠져 나가는 것을 방지
> • 풀리(Pulley) : 버스드럼(Bus Drum)이라고도 불리며, 조종 케이블의 처짐을 방지하거나 방향을 바꾸는 역할

56 그림과 같은 수송기의 V-n 선도에서 A와 D의 연결선은 무엇을 나타내는가?

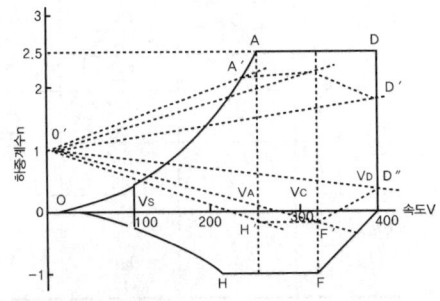

① 돌풍하중배수
② 양력계수
③ 설계 순항속도
④ 설계제한 하중배수

57 항공기 나셀에 대한 설명으로 틀린 것은?

① 나셀의 구조는 세미모노코크구조 형식으로 세로부재와 수직부재로 구성되어 있다.
② 항공기 엔진을 동체에 장착하는 경우에도 나셀의 설치는 필요하다.
③ 나셀은 외피, 카울링, 구조부재, 방화벽, 엔진마운트로 구성되며 유선형이다.
④ 나셀은 안으로 통과하여 나가는 공기의 양을 조절하여 엔진의 냉각을 조절한다.

58 다음 중 한쪽에서만 작업이 가능하도록 고안된 리벳이 아닌 것은?

① 리브너트(Rivnut)
② 체리리벳(Cherry Rivet)
③ 폭발리벳(Explosive Rivet)
④ 솔리드생크리벳(Solid Shank Rivet)

59 엔진이 2대인 항공기의 엔진을 1750kg의 모델에서 1850kg의 모델로 교환하였으며, 엔진은 기준선에서 후방 40cm에 위치하였다. 엔진을 교환하기 전의 항공기 무게 평형(Weight and Balance)기록에는 항공기 무게 15000kg, 무게중심은 기준선후방 35cm에 위치하였다면, 새로운 엔진으로 교환 후 무게중심위치는?

① 기준선 전방 약 32cm
② 기준선 전방 약 20cm
③ 기준선 후방 약 35cm
④ 기준선 후방 약 45cm

해설
새로운 무게 중심
$= \dfrac{총모멘트 \pm 변화된 모멘트}{총무게 \pm 변화된 무게}$
$= \dfrac{15000 \times 0.35 + 200 \times 0.4}{15000 + 200} = 0.3507$

60 그림과 같이 길이가 2m인 외팔보에 2개의 집중하중 400kg, 200kg이 작용할 때 고정단에 생기는 최대 굽힘모멘트의 크기는 약 몇 kg-m인가?

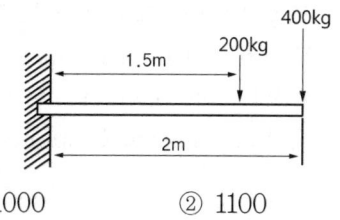

① 1000   ② 1100
③ 1200   ④ 1500

해설
$M = P \cdot L = 200 \times 1.5 + 400 \times 2 = 1100$

61 항공기에서 레인리펠런트(Rain Repellent)를 사용하기 가장 적합한 때는?

① 많은 눈이 내릴 때
② 블리드 공기를 사용할 수 없을 때
③ 폭우가 내려 시야를 확보할 수 없을 때
④ 윈드실드(Windshield)가 결빙되어 있을 때

해설
제우 계통의 종류
• 윈드실드 와이퍼
• 에어커튼(Air Curtain)
• 레인리펠런트(Rain Repellent)

62 저주파 증폭기에서 수신기 전체의 성능을 판단할 때 활용되는 특성이 아닌 것은?

① 감도   ② 검출도
③ 충실도   ④ 선택도

63 다음 중 3상 교류를 사용하는 항공용 계기는?

① 데신(Desyn)
② 오토신(Autosyn)
③ 전기용량식 연료량계
④ 전자식 타코메타(Tachometer)

해설
오토신(Autosyn)
• 26V 400Hz의 교류 전원을 사용
• 고정자는 3상
• 회전자 - 전자석

64 항공기 VHF통신장치에 관한 설명으로 틀린 것은?

① 근거리 통신에 이용된다.
② VHF통신 채널 간격은 30kHz이다.
③ 수신기에는 잡음을 없애는 스퀠치회로를 사용하기도 한다.
④ 국제적으로 규정된 항공 초단파 통신 주파수 대역은 108~136MHz이다.

해설
초단파(VHF : Very High Frequency)통신
• 항공기와 항공기, 또는 항공기와 지상국이 서로 교신하는 데 사용
• 118.000~136.975[MHz]의 초단파 항공 주파수 범위에서 작동

- 25[kHz] 간격으로 760개 채널
- 무선 튜닝 패널, 음성 관리 장치, SELCAL 해독 장치에 연결
- AM(amplitude modulation) 변조방식사용
- DSB(Double side band)방식
  - 스켈치회로(SQL:Squelch)
  - 신호 입력이 없을 때에는 자동적으로 저주파 증폭기를 다 죄어서 잡음을 없애도록 만든 회로
  - 싱글슈퍼헤테로다인 수신방식
  - PTT(Push-to-talk) 방식

65 다음 중 일반적인 계기의 구성부가 아닌 것은?
① 수감부
② 지시부
③ 확대부
④ 압력부

66 다음 중 전위차 및 기전력의 단위는?
① 볼트(V)
② 오옴(Ω)
③ 패러드(F)
④ 암페어(A)

67 자동조종항법장치에서 위치정보를 받아 자동적으로 항공기를 조종하여 목적지까지 비행시키는 기능은?
① 유도기능
② 조종기능
③ 안정화기능
④ 방향탐지기능

68 유압계통에서 열팽창이 적은 작동유를 필요로 하는 1차적인 이유는?
① 고고도에서 증발감소를 위해서
② 화재를 최대한 방지하기 위해서
③ 고온일 때 과대압력 방지를 위해서
④ 작동유의 순환불능을 해소하기 위해서

69 고도계 오차의 종류가 아닌 것은?
① 눈금오차
② 밀도오차
③ 온도오차
④ 기계적오차

해설
고도계의 오차
눈금오차, 온도오차, 탄성오차, 기계오차

70 항공기의 조명계통(Light System)에 대한 설명으로 옳은 것은?
① 객실(Cabin)의 조명은 일반적으로 형광등(Floodlight)에 의해 직접 조명된다.
② 충돌방지등(Anti-collision Light)은 비행 중에만 점멸(Flashing)된다.
③ 패슨시트벨트(Fasten Seat Belt) 사인라이트(Sign Light)는 항공기의 비행자세에 따라 자동으로 조종(On/Off Control) 된다.
④ 조종실의 인테그랄 인스투르먼트 라이트(Integral Instrument Light)는 포텐시오미터(Potentiometer)에 의해 디밍컨트롤(Dimming Control) 할 수 있다.

71 계기의 지시속도가 일정할 때 기압이 낮아지면 진대기속도의 변화는?
① 감소한다.
② 증가한다.
③ 변화가 없다.
④ 변화는 일정하지 않다.

해설
지시대기속도가 일정하면 밀도가 변하지 않는 한 진대기속도도 일정

72 다음 중 항공기에 사용되는 화재탐지기가 아닌 것은?

① 저항루프(Loop)형 탐지기
② 바이메탈(Bimetal)형 탐지기
③ 열전대(Thermocouple)형 탐지기
④ 코일을 이용한 자기(Magnetic)형 탐지기

> **해설**
> 화재탐지기
> • 열스위치식(Thermal Switch Type)탐지기
> • 열전쌍(Thermocouple)탐지기
> • 연속저항루프 화재탐지기(Resistance Loop Type Detector)
> • 압력식 탐지기
> • 연기탐지기

73 유압계통에 있는 축압기(Accumulator)의 설치위치로 가장 적합한 곳은?

① 공급라인(Supply Line)
② 귀환라인(Return Line)
③ 작업라인(Working Line)
④ 압력라인(Pressure Line)

74 축전지에서 용량의 표시기호는?

① Ah   ② Bh
③ Vh   ④ Fh

75 지자기의 3요소가 아닌 것은

① 복각(Dip)
② 편차(Variation)
③ 자차(Deviation)
④ 수평분력(Horizontal Component)

76 기상레이다(Weather Radar)에 대한 설명으로 틀린 것은?

① 반사파의 강함은 강우 또는 구름 속의 물방울 밀도에 반비례한다.
② 청천 난기류역은 기상레이다에서 감지하지 못한다.
③ 영상은 반사파의 강약을 밝음 또는 색으로 구별한다.
④ 전파의 직진성, 등속성으로부터 물체의 방향과 거리를 알 수 있다.

77 5A/50mV인 분류기저항 양단에 걸리는 전압이 0.04V인 경우 이 회로의 전원버스에 흐르는 전류는 몇 A 인가?

① 1
② 2
③ 3
④ 4

78 다음 중 직류전동기가 아닌 것은?

① 유도전동기
② 복권전동기
③ 분권전동기
④ 직권전동기

79 다음 중 회로보호 장치로 볼 수 없는 것은?

① 퓨즈
② 계전기
③ 회로차단기
④ 열보호장치

> **해설**
> 계전기(Relay)
> • 조종석에 설치되어있는 스위치를 사용하여 많은 양의 전류가 흐르는 회로를 작동하는 일종의 전자기 스위치
> • 큰 전류가 조종석에 흐르지 않으므로 다른 전자장치에 대한 전자유도장해 감소
> • 조종석 스위치를 적은 전류로 제어하므로 스파크에 의한 스위치 손상 방지

제5부 기출문제

80 미국연방항공국(FAA)의 규정에 명시된 항공기의 최대 객실고도는 약 몇 ft인가?

① 6000   ② 7000
③ 8000   ④ 9000

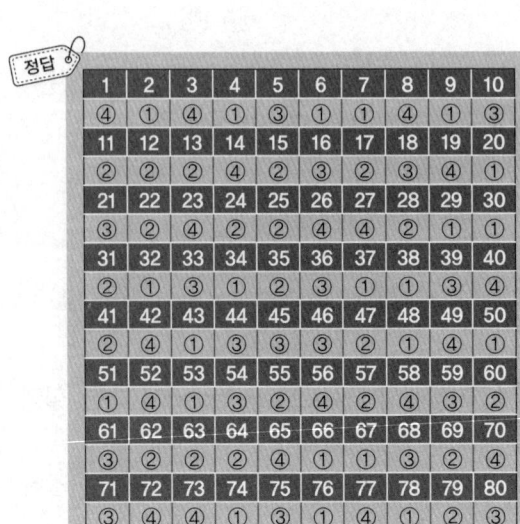

항공산업기사 필기시험문제

발 행 일	2019년 1월 5일 개정2판 1쇄 인쇄 2019년 1월 10일 개정2판 1쇄 발행
저 자	최형식 · 권효덕 · 이승호 강현민 · 양용호 공저
발 행 처	 크라운출판사 http://www.crownbook.com
발 행 인	이상원
신고번호	제 300-2007-143호
주 소	서울시 종로구 율곡로13길 21
대표전화	02) 745-0311~3
팩 스	02) 766-3000
홈페이지	www.crownbook.com
ISBN	978-89-406-4024-1 / 13550

특별판매정가 35,000원

이 도서의 판권은 크라운출판사에 있으며, 수록된 내용은 무단으로 복제, 변형하여 사용할 수 없습니다.
Copyright CROWN, ⓒ 2019 Printed in Korea

이 도서의 문의를 편집부(02-6430-7020)로 연락주시면 친절하게 응답해 드립니다.